Química Geral

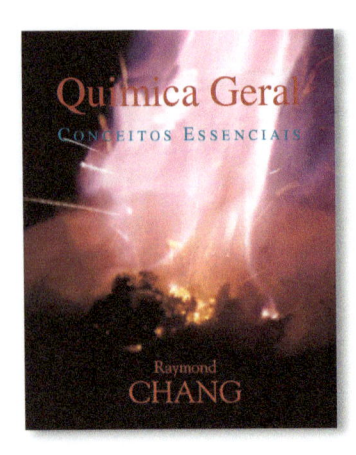

Imagem da Capa

A reação entre nitrato de potássio e sacarose, um processo altamente exotérmico.

C456q	Chang, Raymond.
	    Química geral : conceitos essenciais / Raymond Chang ; tradução: Maria José Ferreira Rebelo...[et al.]. – 4. ed. – Porto Alegre : AMGH, 2010.
	    XX, 778 p. ; 28 cm.
	
	ISBN 978-85-63308-04-7
	
	1. Química. I. Título.
	
	                                              CDU 54

Catalogação na publicação: Renata de Souza Borges CRB-10/1922

Raymond CHANG
Williams College

Química Geral
CONCEITOS ESSENCIAIS

Quarta Edição

Tradução
Maria José Ferreira Rebelo
Fernando Manuel Sales Brito Palma
Fernando Manuel Sebastião Silva Fernandes
Filomena de Fátima Martins Freitas
Maria Francisca Morais e Viegas
Maria Helena Ribeiro Matias Mendonça
Maria Isabel da Silva Pereira
Faculdade de Ciências, Universidade de Lisboa

Revisão Técnica
Denise de Oliveira Silva
Graduação em Química, Mestrado em Química Inorgânica e Doutorado em Ciências, Química Inorgânica, pelo Instituto de Química da USP. Pós-Doutorado pela Texas A. & M. University, EUA. Professora Doutora do Departamento de Química Fundamental do Instituto de Química da USP.

Vera R. Leopoldo Constantino
Graduação em Química e Doutorado em Química pelo Instituto de Química da UNESP. Pós-Doutorado pela Michigan State University, EUA. Professora Associada do Departamento de Química Fundamental do Instituto de Química da USP.

McGraw Hill   bookman®

AMGH Editora Ltda.

2010

Obra originalmente publicada sob o título
General Chemistry: The Essential Concepts, fourth edition
© 2006 by The McGraw-Hill Companies, Inc.
ISBN da obra original: 0072828382

Editora: *Giselia Costa*
Preparação de Texto: *Maria Alice da Costa e Mônica de Aguiar Rocha*
Imagem da Capa: © *Larry Stepanowicz, Fundamental Photograps, NYC*
Design da Capa: *Jaime E. O'Neal*
Diagramação: *ERJ Composição Editorial e Artes Gráficas Ltda.*

Reservados todos os direitos de publicação, em língua portuguesa, à
AMGH Editora Ltda. (AMGH EDITORA é uma parceria entre
ARTMED Editora S.A. e MCGRAW-HILL EDUCATION).
Av. Jerônimo de Ornelas, 670 - Santana
90040-340 Porto Alegre RS
Fone (51) 3027-7000 Fax (51) 3027-7070

É proibida a duplicação ou reprodução deste volume, no todo ou em parte,
sob quaisquer formas ou por quaisquer meios (eletrônico, mecânico, gravação,
fotocópia, distribuição na Web e outros), sem permissão expressa da Editora.

SÃO PAULO
Av. Embaixador Macedo Soares, 10.735 - Galpão 5 - Cond. Espace Center
Vila Anastácio 05095-035 São Paulo SP
Fone (11) 3665-1100 Fax (11) 3667-1333

SAC 0800 703-3444

IMPRESSO NO BRASIL
PRINTED IN BRAZIL

Sobre o Autor

Raymond Chang nasceu em Hong-Kong e cresceu entre sua cidade natal e Xangai. Formou-se em Química na London University, fez doutorado na Yale University e pós-doutorado na Washington University. É professor do Departamento de Química do Williams College desde 1968.

É membro do American Chemical Society Examination Committee, do National Chemistry Olympiad, do Graduate Record Examination (GRE) Committee e editor do *The Chemical Educator*. É autor de livros sobre físico-química, química industrial e ciências físicas. Chang tem como passatempos a jardinagem, o tênis e o ping-pong e o violino.

Sumário

Lista de Animações xvi
Prefácio xvii
Uma Palavra ao Estudante xx

Introdução 1

1.1 O Estudo da Química 2
1.2 O Método Científico 2
1.3 Classificação da Matéria 4
1.4 Propriedades Físicas e Químicas da Matéria 7
1.5 Medidas 8
1.6 Trabalhando com Números 13
1.7 Análise Dimensional na Resolução de Problemas 18

Resumo de Fatos e Conceitos 22
Palavras-chave 22
Questões e Problemas 22

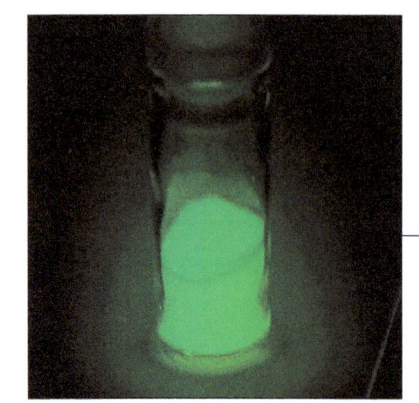

Átomos, Moléculas e Íons 28

2.1 Teoria Atômica 29
2.2 Estrutura do Átomo 30
2.3 Número Atômico, Número de Massa e Isótopos 35
2.4 Tabela Periódica 36
2.5 Moléculas e Íons 37
2.6 Fórmulas Químicas 39
2.7 Nomenclatura de Compostos 43

Resumo de Fatos e Conceitos 50
Palavras-chave 51
Questões e Problemas 51

Estequiometria 56

3.1 Massa Atômica 57
3.2 Número de Avogrado e Massa Molar de um Elemento 58
3.3 Massa Molar 62
3.4 Espectrômetro de Massa 65
3.5 Composição Percentual dos Compostos 66

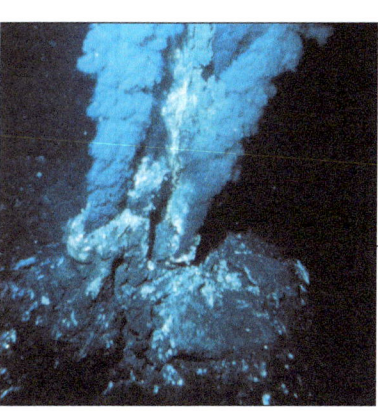

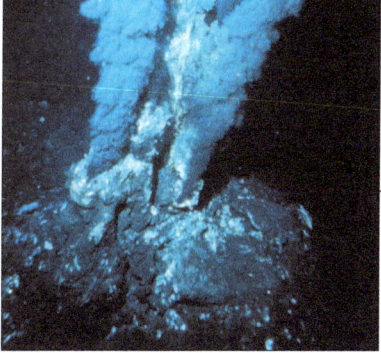

3.6 Determinação Experimental de Fórmulas Empíricas 69
3.7 Reações Químicas e Equações Químicas 71
3.8 Quantidades de Reagentes e Produtos 76
3.9 Reagentes Limitantes e Rendimento da Reação 80

Resumo de Fatos e Conceitos 84
Palavras-chave 85
Questões e Problemas 85

Reações em Solução Aquosa 93

4.1 Propriedades Gerais das Soluções Aquosas 94
4.2 Reações de Precipitação 96
4.3 Reações Ácido-Base 100
4.4 Reações de Oxirredução 105
4.5 Concentração de Soluções 113
4.6 Estequiometria 117

Resumo de Fatos e Conceitos 122
Palavras-chave 122
Questões e Problemas 123

Gases 130

5.1 Substâncias que Existem como Gases 131
5.2 Pressão de um Gás 132
5.3 Leis dos Gases 134
5.4 Equação do Gás Ideal 140
5.5 Lei de Dalton das Pressões Parciais 146
5.6 Teoria Cinético-molecular dos Gases 151
5.7 Desvios do Comportamento Ideal 157

Resumo de Fatos e Conceitos 160
Palavras-chave 160
Questões e Problemas 161

Relações de Energia em Reações Química 168

6.1 Natureza da Energia e Tipos de Energia 169
6.2 Variações de Energia em Reações Químicas 170
6.3 Introdução à Termodinâmica 171
6.4 Entalpia de Reações Químicas 177
6.5 Calorimetria 182
6.6 Entalpia-Padrão de Formação e de Reação 188

Resumo de Fatos e Conceitos 193
Palavras-chave 194
Questões e Problemas 194

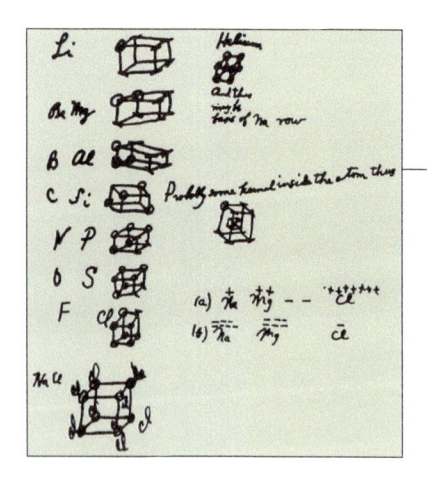

7 A Estrutura Eletrônica dos Átomos 201

- 7.1 Da Física Clássica à Teoria Quântica 202
- 7.2 O Efeito Fotoelétrico 206
- 7.3 Teoria de Bohr do Átomo de Hidrogênio 207
- 7.4 Dualidade da Natureza do Elétron 212
- 7.5 Mecânica Quântica 214
- 7.6 Números Quânticos 216
- 7.7 Orbitais Atômicos 217
- 7.8 Configuração Eletrônica 222
- 7.9 O Princípio da Construção 228

Resumo de Fatos e Conceitos 232
Palavras-chave 233
Questões e Problemas 233

8 Tabela Periódica 239

- 8.1 Desenvolvimento da Tabela Periódica 240
- 8.2 Classificação Periódica dos Elementos 241
- 8.3 Variação Periódica das Propriedades Físicas 244
- 8.4 Energia de Ionização 250
- 8.5 Afinidade Eletrônica 253
- 8.6 Variação das Propriedades Químicas dos Elementos Representativos 255

Resumo de Fatos e Conceitos 266
Palavras-chave 266
Questões e Problemas 266

9 Ligação Química I: Ligação Covalente 272

- 9.1 Símbolos de Lewis 273
- 9.2 Ligação Covalente 274
- 9.3 Eletronegatividade 276
- 9.4 Escrevendo Estruturas de Lewis 279
- 9.5 Carga Formal e Estrutura de Lewis 281
- 9.6 Conceito de Ressonância 284
- 9.7 Exceções à Regra do Octeto 286
- 9.8 Energia de Ligação 290

Resumo de Fatos e Conceitos 293
Palavras-chave 294
Questões e Problemas 294

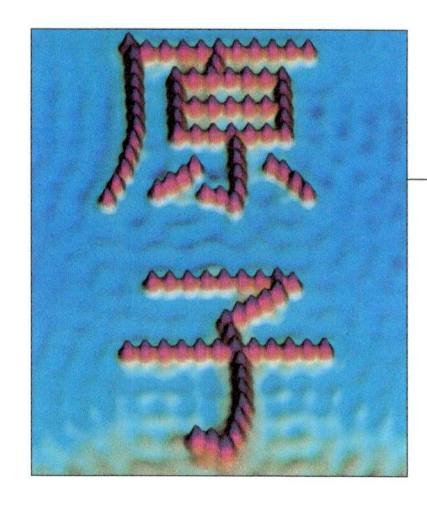

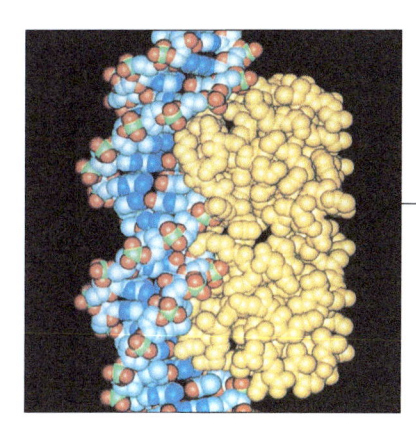

10 Ligação Química II: Geometria Molecular e Hibridização de Orbitais Atômicos 299

- 10.1 Geometria Molecular 300
- 10.2 Momentos de Dipolo 309
- 10.3 Teoria da Ligação de Valência 312
- 10.4 Hibridização de Orbitais Atômicos 315
- 10.5 Hibridização em Moléculas com Ligações Duplas e Triplas 323
- 10.6 Teoria dos Orbitais Moleculares 326

Resumo de Fatos e Conceitos 335
Palavras-chave 336
Questões e problemas 336

11 Introdução à Química Orgânica 341

- 11.1 Classes de Compostos Orgânicos 342
- 11.2 Hidrocarbonetos Alifáticos 342
- 11.3 Hidrocarbonetos Aromáticos 356
- 11.4 Química dos Grupos Funcionais 360
- 11.5 Quiralidade — A Orientação ds Moléculas 367

Resumo de Fatos e Conceitos 370
Palavras-chave 370
Questões e Problemas 371

12 Forças Intermoleculares, Líquidos e Sólidos 376

- 12.1 Teoria Cinética Molecular de Líquidos e Sólidos 377
- 12.2 Forças Intermoleculares 378
- 12.3 Propriedades dos Líquidos 383
- 12.4 Estrutura Cristalina 387
- 12.5 Ligação nos Sólidos 391
- 12.6 Mudanças de Fase 394
- 12.7 Diagramas de Fases 401

Resumo de Fatos e Conceitos 403
Palavras-chave 403
Questões e Problemas 404

Propriedades Físicas das Soluções 410

- 13.1 Tipos de Soluções 411
- 13.2 Perspectiva Molecular do Processo de Dissolução 411
- 13.3 Unidades de Concentração 414
- 13.4 Efeito da Temperatura na Solubilidade 417
- 13.5 Efeito da Pressão na Solubilidade dos Gases 418
- 13.6 Propriedades Coligativas 420

Resumo de Fatos e Conceitos 431
Palavras-chave 432
Questões e Problemas 432

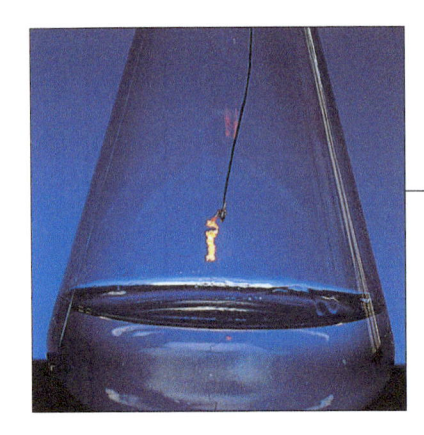

Cinética Química 438

- 14.1 Velocidade de uma Reação 439
- 14.2 Leis de Velocidade 443
- 14.3 Relação entre a Concentração do Reagente e o Tempo 447
- 14.4 Energia de Ativação e Dependência das Constantes de Velocidade em Relação à Temperatura 455
- 14.5 Mecanismos de Reação 460
- 14.6 Catálise 464

Resumo de Fatos e Conceitos 469
Palavras-chave 470
Questões e Problemas 470

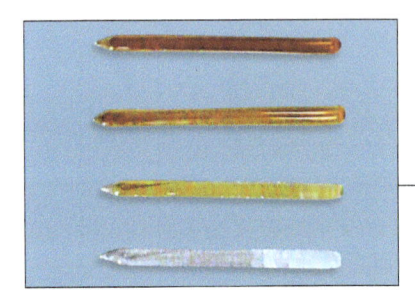

Equilíbrio Químico 478

- 15.1 Conceito de Equilíbrio 479
- 15.2 Expressões para a Constante de Equilíbrio 482
- 15.3 Que Informação a Constante de Equilíbrio Fornece? 489
- 15.4 Fatores que Afetam o Equilíbrio Químico 494

Resmo de Fatos e Conceitos 501
Palavras-chave 502
Questões e Problemas 502

16

Ácidos e Bases 510

- 16.1 Ácidos e Bases de Brønsted 511
- 16.2 Propriedades Ácido-Base da Água 512
- 16.3 pH — Uma Medida de Acidez 514
- 16.4 Força de Ácidos e de Bases 517
- 16.5 Ácidos Fracos e Constantes de Ionização Ácida 521
- 16.6 Bases Fracas e Constantes de Ionização Básicas 531
- 16.7 Relação entre as Constantes de Ionização de Ácidos e Bases Conjugadas 533
- 16.8 Estrutura Molecular e a Força dos Ácidos 534
- 16.9 Propriedades Ácido-Base de Sais 537
- 16.10 Óxidos Ácidos, Básicos e Anfóteros 543
- 16.11 Ácidos e Bases de Lewis 545

Resumo de Fatos e Conceitos 546
Palavras-chave 547
Questões e Problemas 547

17

Equilíbrios Ácido-Base e Outros Equilíbrios 553

- 17.1 Equilíbrios Homogêneos *versus* Heterogêneos em Solução 554
- 17.2 Soluções Tampão 554
- 17.3 Titulações Ácido-Base 559
- 17.4 Indicadores Ácido-Base 565
- 17.5 Equilíbrios Envolvendo Sais Pouco Solúveis 568
- 17.6 Efeito do Íon Comum e Solubilidade 574
- 17.7 Equilíbrios Envolvendo Íons Complexos e Solubilidade 576
- 17.8 Aplicação do Princípio do Produto de Solubilidade à Análise Qualitativa 579

Resumo de Fatos e Conceitos 582
palavras-chave 582
Questões e Problemas 582

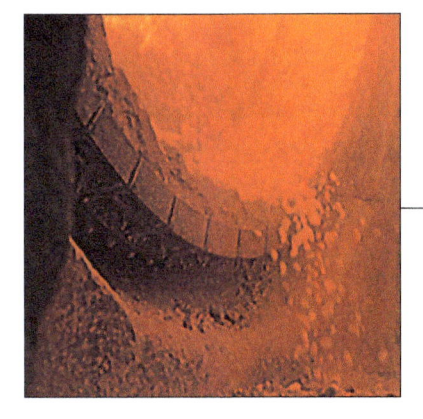

18

Termodinâmica 588

- 18.1 As Três Leis da Termodinâmica 589
- 18.2 Processos Espontâneos 589
- 18.3 Entropia 590
- 18.4 A Segunda Lei da Termodinâmica 595
- 18.5 Energia Livre de Gibbs 600

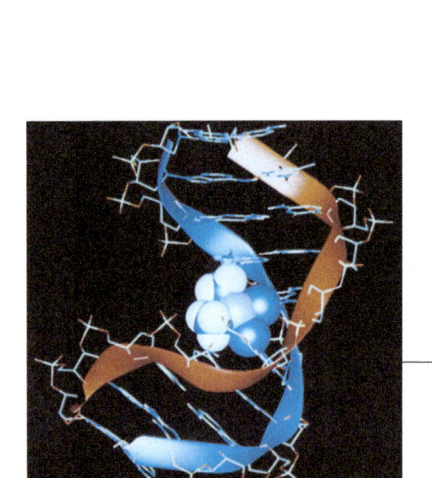

18.6 Energia Livre e Equilíbrio Químico 607
18.7 Termodinâmica nos Sistemas Vivos 611

Resumo de Fatos e Conceitos 613
Palavras-chave 613
Questões e Problemas 613

19 Reação de Oxirredução e Eletroquímica 620

19.1 Reações de Oxirredução 621
19.2 Células Galvânicas 624
19.3 Potenciais Padrão de Redução 626
19.4 Espontaneidade das Reações de Oxirredução 632
19.5 Efeito da Concentração na Fem da Célula 635
19.6 Baterias 639
19.7 Corrosão 644
19.8 Eletrólise 646
19.9 Eletrometalurgia 652

Resumo de Fatos e Conceitos 653
Palavras-chave 653
Questões e Problemas 654

20 Química dos Compostos de Coordenação 662

20.1 Propriedades dos Metais de Transição 663
20.2 Compostos de Coordenação 666
20.3 Geometria dos Compostos de Coordenação 670
20.4 Ligações nos Compostos de Coordenação: Teoria do Campo Cristalino 672
20.5 Reações dos Compostos de Coordenação 679
20.6 Compostos de Coordenação nos Organismos Vivos 679

Resumo de Fatos e Conceitos 681
Palavras-chave 682
Questões e Problemas 682

21 Química Nuclear 685

21.1 Natureza das Reações Nucleares 686
21.2 Estabilidade Nuclear 688
21.3 Radioatividade Natural 693
21.4 Transmutação Nuclear 697
21.5 Fissão Nuclear 699
21.6 Fusão Nuclear 704
21.7 Aplicações dos Isótopos 706

21.8 Efeitos Biológicos da Radiação 709

Resumo de Fatos e Conceitos 710
Palavras-chave 711
Questões e Problemas 711

22
Polímeros Orgânicos — Sintéticos e Naturais 716

22.1 Propriedades dos Polímeros 717
22.2 Polímeros Orgânicos Sintéticos 717
22.3 Proteínas 721
22.4 Ácidos Nucleicos 729

Resumo de Fatos e Conceitos 731
Palavras-chave 732
Questões e Problemas 732

Apêndice 1 Unidades para a Constante dos Gases 735

Apêndice 2 Dados Termodinâmicos a 1 atm e 25°C 736

Apêndice 3 Operações Matemáticas 740

Apêndice 4 Elementos e a Origem de Seus Nomes e Símbolos 743

Glossário 749
Respostas aos Problemas Pares 756
Créditos 763
Índice Analítico 765

Lista de Animações

As animações listadas aqui estão relacionadas no texto do livro, indicadas pelos ícones apresentados nas laterais do texto ao longo dos capítulos e indicam que existe uma animação para um dado tópico no Online Learning Center/Student Edition (*http://www.mhhe.com/physsci/chemistry/chang/*).

Mantivemos nesta lista os títulos das animações em inglês para facilitar a localização no Online Learning Center. No texto do livro, os nomes das animações estão em português.

Animações Chang

Acid-base titrations (17.3)
Acid ionization (16.5)
Activation energy (14.4)
Alpha, beta, and gamma rays (2.2)
Alpha-particle scattering (2.2)
Atomic and ionic radius (8.3)
Base ionization (16.6)
Buffer solutions (17.2)
Cathode ray tube (2.2)
Chemical equilibrium (15.1)
Chirality (11.5)
Collecting a gas over water (5.5)
Dissolution of an ionic and a covalent compound (13.2)
Electron configurations (7.8)
Emission spectra (7.3)
Equilibrium vapor pressure (12.6)
Galvanic cells (19.2)
The gas laws (5.3)
Heat flow (6.4)
Hybridization (10.4)
Hydration (4.1)
Ionic vs. covalent bonding (9.3)
Le Chatelier's principle (15.4)
Limiting reagent (3.9)
Making a solution (4.5)
Millikan oil drop (2.2)
Neutralization reactions (4.3)
Orientation of collision (14.4)
Oxidation-reduction reactions (4.4 & 19.1)
Packing spheres (12.4)
Polarity of molecules (10.2)
Precipitation reactions (4.2)
Preparing a solution by dilution (4.5)
Radioactive decay (21.3)
Sigma and pi bonds (10.5)
Strong electrolytes, weak electrolytes, and nonelectrolytes (4.1)
VSEPR (10.1)

Animações McGraw-Hill

Atomic line spectra (7.3)
Charles's law (5.3)
Cubic unit cells and their origins (12.4)
Dissociation of strong and weak acids (16.5)
Dissolving table salt (4.1)
Electronegativity (9.3)
Equilibrium (15.1)
Exothermic and endothermic reactions (6.2)
Formal charge calculations (9.5)
Formation of an ionic compound (9.3)
Formation of the covalent bond in H_2 (10.4)
Half-life (14.3)
Influence of shape on polarity (10.2)
Law of conservation of mass (2.1)
Molecular shape and orbital hybridization (10.4)
Nuclear medicine (21.7)
Operation of voltaic cell (19.2)
Oxidation-reduction reaction (4.4 & 19.1)
Phase diagrams and the states of matter (12.7)
Reaction rate and the nature of collisions (14.4)
Three states of matter (1.3)
Using a buffer (17.2)
VSEPR theory and the shapes of molecules (10.1)

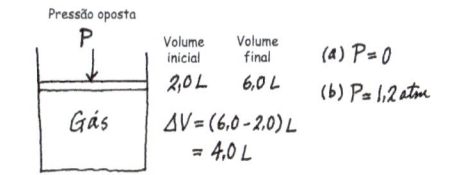

Prefácio

Química Geral – Conceitos Essenciais tem o conteúdo necessário para uma disciplina introdutória de química geral. Os tópicos centrais são abordados de maneira concisa, mas sem prejuízo de profundidade, clareza ou exatidão. Esse texto fornece uma base sólida da química geral, tanto em relação aos princípios quanto às aplicações. Seu formato atrai os professores que valorizam a eficiência, ao mesmo tempo em que atende aos estudantes mais exigentes.

Características Gerais

O objetivo principal deste livro é disponibilizar os recursos didáticos como a organização, a programação de arte, a didática, a leitura e os recursos adicionais para facilitar o trabalho do professor e ajudar o estudante. Resumimos aqui alguns dos destaques.

Didática

O desenvolvimento da habilidade para resolver problemas é o nosso objetivo principal. Os Exemplos contêm uma etapa de estratégia após a apresentação do problema, seguida por um processo de resolução passo a passo e depois por uma verificação, solicitando ao estudante que examine a sua resposta para verificar se faz sentido. Além disso, referências nas margens permitem aos estudantes aplicarem novas habilidades a problemas semelhantes, no final de cada capítulo. Cada Exemplo é seguido de um Exercício que pede para os estudantes resolverem um problema similar por conta própria. As respostas aos Exercícios são fornecidas após o final de cada capítulo. As respostas aos Problemas pares estão no final do livro.

Como professor, frequentemente digo aos meus alunos que uma boa ferramenta de aprendizagem é fazer um esboço manuscrito. Em alguns dos Exemplos, eu incluí esse tipo de desenho (veja o Exemplo 6.1). Isso é o que um cientista (ela ou ele) faria ao resolver um problema (muitas vezes é chamado de "cálculo no verso de um envelope").

Os Conceitos Essenciais na página de abertura do capítulo estão listados para concentrar a atenção do estudante nos conceitos daquele capítulo.

Também há, no início do livro, uma tabela periódica. Nessa tabela, acrescentei os nomes sob os símbolos dos elementos. Esse formato traz a vantagem de reunir toda a informação relevante no mesmo local.

Organização

- No Capítulo 4, são apresentadas discussões detalhadas de tipos de reações.
- Há uma explicação clara sobre a pressão atmosférica (Seção 5.2).
- No Capítulo 6, as unidades de variação de entalpia (ΔH) para as reações químicas são dadas em kJ/mol. As mesmas unidades "por mol" são usadas para as variações de entropia (ΔS) e energia livre de Gibbs (ΔG) no Capítulo 18. Dessa forma, as unidades ficam consistentes em importantes equações termodinâmicas, como a Equação (18.14).
- No Capítulo 7, são usados gráficos de probabilidade radial para explicar o efeito de blindagem.
- No Capítulo 15, esclarece-se a influência da temperatura sobre o sistema reacional no equilíbrio.
- No Capítulo 16 há uma seção sobre estrutura molecular e força ácida.
- A discussão sobre entropia e energia livre de Gibbs está abordada no Capítulo 18. No Capítulo 20 há uma seção sobre compostos de coordenação em sistemas vivos.

Arte

Nos esforçamos para apresentar aos leitores um *design* bem organizado e gráfico. Os desenhos esquemáticos têm uma aparência clara e interessante e, ainda assim, mantiveram informações químicas exatas.

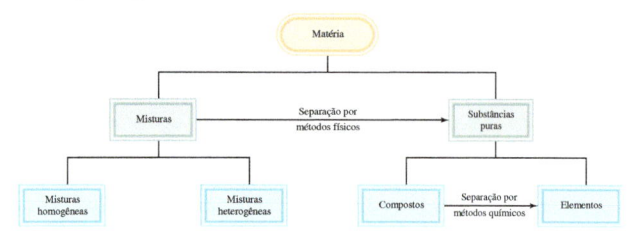

A arte molecular, criada pelo programa Spartan, é eficaz para enfatizar geometria molecular. Como os autores também utilizam muito os *mapas de potencial eletrostático* para mostrar distribuições de cargas nas moléculas, cabe uma breve explicação sobre o significado desses mapas. Imagine a situação em que uma carga positiva se aproxima de uma molécula. A interação entre essa carga positiva e algum ponto da molécula será atrativa se esse ponto tiver uma carga negativa. Ao contrário, a interação será repulsiva se o ponto tiver uma carga positiva. Desse modo, podemos calcular tais interações sobre toda a molécula e apresentar os resultados na forma de um "mapa" de acordo com as cores do arco-íris (do vermelho para o azul, vamos da região de maior carga negativa para a de maior carga positiva). O mapa de potencial eletrostático de dada molécula pode ser usado para representar a distribuição de carga dentro da molécula, conforme ilustrado na Figura 9.3. Esses mapas ajudam o estudante a entender melhor a polaridade de moléculas, as forças intermoleculares, as propriedades ácido-base e o mecanismo de reação.

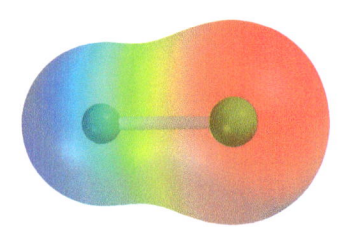

Uma arte molecular está adicionada aos desenhos esquemáticos e a vários problemas nos finais dos capítulos. Além disso, fotos complementam o *layout* visual. Há combinações de fotos e arte focando aspectos macroscópicos e microscópicos.

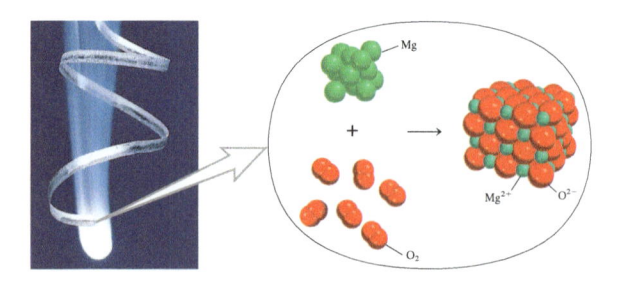

Recursos Adicionais

O site deste livro, em inglês:

www.mhhe.com/physcci/chemistry/chang

contém recursos adicionais que certamente tornarão o estudo da química uma experiência inesquecível.

O ícone do mouse que aparece nos capítulos indica uma animação ou atividade interativa que aproxima da realidade áreas da química que são difíceis de entender apenas com a leitura.

Acesse o site e, na página do livro, clique na capa deste livro. Há um menu no lado esquerdo, explore cada opção.

Na parte inferior do lado esquerdo há o Online Learning Center; clique na Student Edition — explore capítulo a capítulo as animações (Animations Center), os exercícios interativos (Interactives Exercises), pratique os exercícios on-line (Internet Exercises) e os exercícios de múltipla escolha (Quizzes).

Não deixe de ver todas as animações e atividades interativas; são ferramentas de aprendizado simples e divertidas que abrangem ampla gama de tópicos.

Centro de Aprendizagem On-line

O estudante encontrará os centros de animação e de interatividade no aprimorado *Online Learning Center* para *General Chemistry,* em inglês. Encontrará também artigos com notícias atuais em química e ciências relacionadas, bem como uma biblioteca de *links* para ajudar com conceitos difíceis ou fazer pesquisa em química.

Outros Recursos para o Aluno

Além do Online Learning Center há vários outros recursos disponíveis em língua inglesa e que podem ser adquiridos fazendo um pedido em uma livraria local ou diretamente em uma livraria nos Estados Unidos:
Students Solutions Manual, Student Study Guide, Understanding Chemistry (Lovett/Chang), *Essential Study Partner, Schaum's Outline of College Chemistry.*

Recursos para o Professor

Os docentes interessados em conhecer os recursos disponíveis para esta obra devem cadastrar-se na área do professor da Bookman (*www.bookman.com.br*). No Online Learning Center da editora original (*www.mhhe.com/physcci/chemistry/chang*) o professor pode criar um curso interativo integrando os recursos do site com as suas aulas. Entre os recursos disponíveis para o professor no Online Learning Center (mediante senha fornecida pela editora) estão: *Instructor's Manual, Instruction Solutions's Manual, Overhead Transparencies, PowerPoint Lecture Presentation.*

Agradecimentos

Gostaria de agradecer às pessoas relacionadas a seguir que trabalharam na revisão ou participaram de vários simpósios da McGraw-Hill sobre química geral. Seu conhecimento profundo das necessidades dos alunos e professores têm valor inestimável para mim e foi especialmente valioso na revisão deste livro:

Patricia Amateis *Virginia Tech University*
Ramesh Arasasingham *University of California at Irvine*
Dale E. Arrington *South Dakota School of Mines & Tech*
Margaret Asirvatham *University of Colorado–Boulder*
Brian Augustine *James Madison University*
Monica Baloga *Florida Institute of Technology*
Debbie Beard *Mississippi State University*
Dennis W. Bennet *University of Wisconsin–Milwaukee*
Bob Blake *Texas Tech University*
Roberto Bogomoini *University of California, Santa Cruz*
Bob Boikess *Rutgers University*
Philip Brucat *University of Florida*
David Coker *Boston University*
Nordulf Debye *Towson University*
Daniel M. Downey *James Madison University*
Deanna Dunlavy *New Mexico State University*
Rosemary I. Effiong *University of Tennessee–Martin*
Don Elbers *Southeastern Louisiana University*
Tom Engel *University of Washington, Seattle*
Jeffrey Evans *University of Southern Mississippi*
Debra Feakes *Southwest Texas State University*
Neil Fitzgerald *Marist College*
Sonya Franklin *University of Iowa*
Cheryl Frech *University of Central Oklahoma*
Becky Gee *Long Island University*
Nancy Gardner *California State University, Long Beach*
Russ Geanangel *University of Houston*
David Grainger *Colorado State University*
Leo T. Hall *Eastern Oklahoma State College*
Jerry Haky *Florida Atlantic University*
Anthony Harmon *University of Tennessee–Martin*
Melissa Hines *Cornell University*
John Hopkins *Louisiana State University, Baton Rouge*
Paul Hunter *Michigan State University*
Andy Jorgensen *University of Toledo*
Lina Karam *Hudson Valley Community College*
Steve Keller *University of Missouri*
Floyd Klavetter *Indian University of Pennsylvania*
Jim Konzelman *Gainesville College*
Mary Beth Kramer *University of Delaware*
Brian Laird *University of Kansas*
James J. Leary *James Madison University*
Michael Lerner *Oregon State University*
Vahe M. Marganian *Bridgewater State College*
Julie Marshall *Lubbock Christian University*
John Moore *University of Maryland–College Park*
Richard Nafshun *Oregon State University*
Sue Nurrenbern *Purdue University*
Enrique Olivas *El Paso Community College*
Greg Oswald *North Dakota State University*
Jason Overby *College of Charleston*
Yasmin Patell *Kansas State University*
LeRoy Peterson, Jr. *Francis Marion University*
Greg Pippin *Tennessee Technological University*
William Quintana *New Mexico State University*
Bill Robinson *Purdue University*
Jill Robinson *Indiana University*
Raymond Sadeghi *University of Colorado–Boulder*
Svein Saebo *Mississippi State University*
Barbara Sawrey *University of California, San Diego*
Shirish Shah *Towson University*
David E. Smith *New Mexico State University*
Mary Sohn *Florida Institute of Technology*
Alan Stolzenberg *West Virginia University*
Greg Szulczewski *University of Alabama*
Vicente Talanquer *University of Arizona*
Jason Telford *University of Iowa*
James Tyrrell *Southern Illinois University*
Martin Vala *University of Florida*
Haobin Wang *New Mexico State University*
Philip Watson *Oregon State University*
Richard Weaver *Ferris State University*
Gary White *Middle Tennessee State University*
William A. Williams *Hudson Valley Community College*
Vicky Willamson *Texas A&M University*
Kim Woodrum *University of Kentucky*
Crystal Lin Yau *Towson University*

Agradeço a Francis Carey por seus comentários sobre o Capítulo 11 e a Ed Vitz pelos úteis debates.

Como sempre, tenho sido bastante beneficiado pelas discussões e conversas com meus colegas do Williams College e pela correspondência com muitos professores em todas as partes do mundo.

Tenho imenso prazer em agradecer o apoio dos membros do McGraw-Hill's College Division: Doug Dinardo, Tami Hodge, Kevin Kane, Tammy Ben, Marty Lang e Michael Lange. Gostaria de mencionar especialmente Gloria Schiesl, pela supervisão da produção, David Hash pelo projeto do livro, John Leland pela pesquisa de fotos, Jeffry Schimtt e Judi David pelos recursos em mídia. Thomas Timp forneceu aconselhamento e apoio sempre que necessitei. Finalmente, um agradecimento muito especial para Shirley Oberbroeckling, a editora de desenvolvimento, por seu cuidado e entusiasmo pelo projeto e sua supervisão em todos os estágios da fase de redação desta edição. Eu me sinto privilegiado em trabalhar com estas pessoas tão dedicadas e profissionais.

Raymond Chang

Uma Palavra ao Estudante

A química geral é freqüentemente apontada como uma disciplina difícil, mais difícil que as demais. Há algumas justificativas para essa visão. Primeiro, a química tem um vocabulário muito especializado. Estudar química é como aprender uma nova língua. Além disso, alguns conceitos são abstratos. Porém, com aplicação, pode-se completar este curso com sucesso vindo, inclusive, a apreciá-lo. Aqui estão algumas sugestões para ajudá-lo a formar bons hábitos de estudo e dominar o material deste livro:

- Assista às aulas regularmente e tome notas cuidadosamente.
- Se possível, revise sempre os tópicos discutidos em sala de aula no mesmo dia em que são apresentados. Utilize este livro para complementar as suas anotações.
- Pense de maneira crítica. Pergunte para você mesmo se realmente entendeu o significado de um termo ou o uso de uma equação. Uma boa maneira de avaliar o aprendizado é explicar um conceito para um colega de classe ou alguma outra pessoa.
- Não hesite em pedir ajuda ao seu professor ou ao monitor.

As ferramentas de **Química Geral** foram planejadas com o intuito de capacitá-lo a ser bem-sucedido neste curso. A instrução a seguir explica como você deve proceder para tirar a máxima vantagem do texto, tecnologia e outras ferramentas.

- Antes de ler o capítulo, leia a relação dos tópicos e os conceitos essenciais abordados para tomar conhecimento dos itens importantes. Use a relação dos tópicos para organizar as suas anotações em classe.
- Use o *Ícone das Atividades Interativas e Animações* para explorar o conteúdo on-line (em inglês). As interatividade e os "quizzes" são exercícios que você faz no site para revisar conceitos desafiadores. As animações e atividades interativas estão disponíveis no site do livro (www.mhhe.com/physcci/chemistry/chang). As animações são valiosas na apresentação de um conceito e capacitam o estudante a manipular ou escolher etapas, de modo que ocorra total compreensão.
- No final de cada capítulo, você encontrará um resumo dos fatos e conceitos, e uma lista de palavras-chaves, que o ajudarão na revisão para as avaliações.
- As definições das palavras-chaves poderão ser estudadas no contexto das páginas citadas na listagem no final do capítulo ou no glossário no final do livro.
- O Centro de Aprendizagem Online (em inglês) abriga uma extraordinária quantidade de recursos. Acesse o site *www.mhhe.com/physcci/chemistry/chang* e clique no capa do livro para explorar questões dos capítulos, animações, atividades interativas, simulações e mais.
- O estudo cuidadoso dos exemplos dados no decorrer de cada capítulo irá melhorar a sua habilidade em analisar problemas e realizar cálculos para solucioná-los. Reserve um tempo também para resolver o exercício proposto que segue cada exemplo para ter certeza de que você entendeu como solucionar o tipo de problema ilustrado no exemplo. As respostas dos exercícios propostos aparecem no final de cada capítulo, após os problemas. Para praticar mais, você pode procurar os problemas semelhantes indicados na margem próxima ao exemplo.
- As questões e problemas no final do capítulo estão organizados por sessões.
- As últimas páginas mostram uma lista importante de figuras e tabelas com páginas referenciadas. Esse índice é conveniente porque permite obter informações com rapidez quando você está resolvendo problemas ou estudando assuntos relacionados em diferentes capítulos.

Seguindo essas sugestões e permanecendo em dia com suas tarefas, você descobrirá que a química é desafiadora, mas menos difícil e **muito mais interessante** do que você esperava.

Raymond Chang

Introdução

1

1.1   O Estudo da Química   2
      Como Estudar Química
1.2   O Método Científico   2
1.3   Classificação da Matéria   4
      Substâncias e Misturas • Elementos e Compostos
1.4   Propriedades Físicas e Químicas da Matéria   7
1.5   Medidas   8
      Unidades SI • Massa e Peso • Volume • Densidade • Escalas de Temperatura
1.6   Trabalhando com Números   13
      Notação Científica • Algarismos Significativos • Exatidão e Precisão
1.7   Análise Dimensional na Resolução de Problemas   18
      Um lembrete sobre Resolução de Problemas

Conceitos Essenciais

- **O Estudo da Química**   A Química trata das propriedades da matéria e das transformações que ela sofre. Elementos e compostos são substâncias que participam das transformações químicas.
- **Propriedades Químicas e Físicas**   Para caracterizarmos uma substância, precisamos conhecer suas propriedades físicas, que podem ser observadas sem que ocorra mudança de sua identidade, e suas propriedades químicas, que são observadas somente quando ocorrem modificações químicas.
- **Medidas e Unidades**   A Química é uma ciência quantitativa e requer medidas. Geralmente, a cada quantidade medida (por exemplo: massa, volume, densidade e temperatura) associa-se uma unidade. As unidades usadas em química baseiam-se no sistema internacional (SI) de unidades.
- **Trabalhando com Números**   A notação científica é usada para expressar números grandes e pequenos, e cada número em uma medida deve indicar os dígitos significativos, denominados algarismos significativos.
- **Cálculos em Química**   Uma maneira simples e eficiente de efetuar cálculos em química é a análise dimensional. Neste procedimento, monta-se uma equação de tal modo que todas as unidades se cancelam, exceto aquelas que devem permanecer na resposta final.

Metal sódio reagindo com gás cloro para formar cloreto de sódio, ou sal de cozinha. A Química trata das propriedades da matéria e das transformações que ela sofre.

1.1 O Estudo da Química

Seja ou não este o seu primeiro curso de química, certamente você deve ter algumas idéias a respeito da natureza desta ciência e do que fazem os químicos. Provavelmente você deve pensar que a química é praticada em um laboratório por uma pessoa de jaleco branco estudando o que acontece em tubos de ensaio. Essa descrição é aceitável até certo ponto. A Química é, basicamente, uma ciência experimental e boa parte do conhecimento vem da pesquisa realizada em laboratório. Além disso, o químico de hoje pode usar um computador para estudar a estrutura microscópica e as propriedades químicas das substâncias, ou empregar equipamentos eletrônicos sofisticados para analisar poluentes emitidos por automóveis ou substâncias tóxicas presentes no solo. Muitas fronteiras na biologia e na medicina estão sendo exploradas em nível de átomos e moléculas — as unidades estruturais em que se baseia o estudo da química. Os químicos participam no desenvolvimento de novos fármacos e de produtos agrícolas. Mais ainda, os químicos estão buscando soluções para o problema da poluição ambiental e para a substituição das fontes de energia. A maioria das atividades industriais, não importa quais sejam seus produtos, depende da química. Por exemplo, os químicos desenvolveram polímeros (moléculas muito grandes) que as indústrias usam para fabricar uma ampla variedade de produtos, que incluem vestuário, utensílios de cozinha, órgãos artificiais e brinquedos. Na verdade, em razão das suas aplicações diversas, a química é freqüentemente denominada como "ciência central".

Como Estudar Química

Comparada com outros assuntos, tem-se a noção de que a química é mais difícil que outras matérias, pelo menos em nível introdutório. Uma justificativa para essa percepção é o fato de a química possuir um vocabulário muito especializado. Estudar química é como aprender uma nova linguagem. Além disso, alguns conceitos são abstratos. Mas, com esforço, você poderá concluir o curso com sucesso — e verá que estudar química é também muito agradável. Damos aqui algumas sugestões para ajudá-lo a adquirir bons hábitos de estudo e aproveitar ao máximo o conteúdo deste livro:

- Freqüente as aulas regularmente e faça anotações com atenção.
- Se possível, sempre revise os tópicos que aprendeu no mesmo dia em que foram abordados na aula. Use este livro para complementar suas anotações.
- Pense criticamente. Pergunte a si mesmo se você realmente entendeu o significado de um termo ou o uso de uma equação. Uma boa maneira de testar o seu nível de compreensão é explicar o conceito a um colega de classe ou a alguma outra pessoa.
- Não hesite em fazer perguntas ao seu professor ou monitor da disciplina para esclarecer dúvidas ou solicitar ajuda.

Você verá que a química é muito mais do que números, fórmulas e teorias abstratas. É uma disciplina lógica com idéias e aplicações muito interessantes.

1.2 O Método Científico

Todas as ciências, incluindo as ciências sociais, empregam variações do que é denominado **método científico**, uma *abordagem sistemática à investigação científica*. Por exemplo, um psicólogo que queira saber o efeito do ruído na capacidade das pessoas em aprender química e um químico interessado em medir a quantidade de calor liberada pela combustão do hidrogênio no ar seguirão quase o mesmo procedimento na realização das suas investigações. O primeiro passo é definir cuidadosamente o problema. O segundo inclui a realização de experimentos, fazendo observações cuidadosas e registrando informações, ou *resultados*, sobre o sistema — a parte do universo que está sendo investigada. (Nos exemplos citados, os sistemas são: um grupo de pessoas, que o psicólogo estudará, e uma mistura de hidrogênio e ar.)

Os resultados obtidos em uma investigação podem ser tanto **qualitativos**, *que consistem em observações gerais sobre o sistema,* quanto **quantitativos**, *que compreendem números obtidos em várias medidas do sistema.* Os químicos geralmente usam símbolos padronizados e equações no registro de suas medidas e observações. Essa forma de representação não apenas simplifica o processo de manutenção dos registros, como também proporciona uma base comum para a comunicação com outros químicos. A Figura 1.1 resume os passos principais do processo de investigação.

Depois de completar os experimentos e registrar os dados, o próximo passo no método científico é a interpretação, ou seja, o cientista vai tentar explicar o fenômeno observado. Com base nos dados obtidos, o pesquisador formula uma **hipótese**, ou uma explicação para um dado conjunto de observações. Outros experimentos são, então, planejados para testar quantas vezes forem possíveis a validade da hipótese, e o processo se repete.

Após a coleta de grande quantidade de dados, torna-se desejável, com freqüência, resumir a informação de maneira concisa, na forma de uma lei. Em ciência, *lei* é um enunciado verbal ou matemático, conciso, que trata de uma relação entre fenômenos, e que é sempre invariável nas mesmas condições. Por exemplo, de acordo com a segunda lei do movimento de *Sir* Isaac Newton, da qual talvez você se recorde da ciência do ensino médio, a força é igual ao produto da massa pela aceleração ($F = ma$). De acordo com essa lei, um aumento no valor da massa ou da aceleração de um objeto sempre resultará em um aumento proporcional do valor da força do objeto, e uma diminuição da massa ou da aceleração sempre resultará em uma diminuição da força.

As hipóteses que sobrevivem a vários testes experimentais para comprovar suas validades podem evoluir para teorias. Uma **teoria** é *um princípio unificador que explica um conjunto de fatos e/ou as leis que neles se baseiam.* As teorias também são constantemente testadas. Se uma teoria for refutada por um experimento, terá de ser eliminada, ou então modificada de modo que se torne consistente com as observações experimentais. Comprovar ou refutar uma teoria pode demorar anos ou até séculos, em parte porque a tecnologia necessária pode não estar disponível. A teoria atômica, que estudaremos no Capítulo 2, é um desses casos. Foram necessários mais de dois mil anos para elaborar esse princípio fundamental da química, proposto por Demócrito, um antigo filósofo grego.

Raramente o progresso científico ocorre em rígidas etapas. Algumas vezes, a lei pode preceder a teoria; outras, acontece o contrário. Dois cientistas podem começar a trabalhar em um projeto exatamente com o mesmo objetivo, mas terminar com abordagens totalmente diferentes. Eles podem ser conduzidos a direções muito diferentes, afinal, como para qualquer pessoa, seu modo de pensar e de trabalhar é influenciado por sua experiência e personalidade.

Embora o crédito da formulação de uma teoria ou de uma lei muitas vezes seja atribuído a um único indivíduo, as grandes descobertas, em geral, resultam de contribuições cumulativas e da experiência de muitos indivíduos que nelas trabalharam. Há, naturalmente, um elemento de sorte envolvido nas descobertas científicas, mas diz-se que "a sorte favorece uma mente preparada". É preciso ser uma pessoa atenta e bem treinada para reconhecer o significado de uma descoberta acidental e tirar vantagem disso. É freqüente o público tomar conhecimento dos avanços científicos mais espetaculares. Para cada história de sucesso, todavia, há centenas de casos em que cientistas passaram anos trabalhando em projetos que não foram bem-sucedidos. Resultados positivos foram obtidos depois de muitos erros e de forma tão lenta que passaram despercebidos. No entanto, mesmo os insucessos contribuem de alguma maneira para um conhecimento cada vez maior sobre o universo físico. É o amor pela pesquisa que mantém muitos cientistas no laboratório.

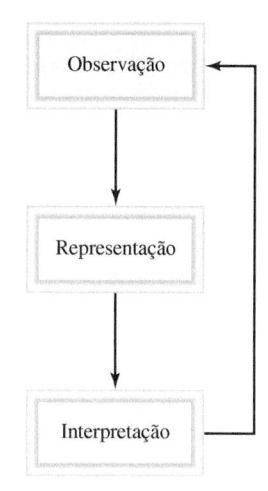

Figura 1.1
Os três níveis de estudo da química e as suas relações: a observação trata de eventos do mundo macroscópico; átomos e moléculas constituem o mundo microscópico. A representação é uma simplificação científica para descrever um experimento usando símbolos e equações químicas. Os químicos usam o seu conhecimento de átomos e moléculas para explicar um fenômeno observado.

"Estudo das transformações" é o significado dos caracteres chineses para Química.

1.3 Classificação da Matéria

Matéria é tudo aquilo que ocupa espaço e tem massa. A **química** trata do estudo da matéria e das transformações que ela sofre. Toda matéria, pelo menos em princípio, pode existir em três estados: sólido, líquido e gasoso. Sólidos são objetos rígidos com formas definidas. Os líquidos são menos rígidos que os sólidos e são fluidos, sendo capazes de fluir e assumir a forma dos recipientes que os contêm. Os gases são fluidos como os líquidos mas, diferentemente desses, podem se expandir indefinidamente.

Os três estados da matéria podem ser interconvertidos sem que haja mudança na composição da substância. Com aquecimento, um sólido (por exemplo, gelo) irá fundir-se para formar um líquido (a água). (A temperatura em que essa transição ocorre é denominada *ponto de fusão*.) Posterior aquecimento irá converter o líquido em gás. (Essa conversão ocorre no *ponto de ebulição* do líquido.) Por outro lado, sob resfriamento, um gás se condensa em líquido. Quando o líquido é resfriado, congela na forma sólida. A Figura 1.2 mostra os três estados da água. Dentre as substâncias comuns, a água apresenta propriedades peculiares, uma vez que as moléculas no estado líquido estão mais próximas entre elas do que no estado sólido.

Figura 1.2
Os três estados da matéria. Uma barra de ferro quente transforma gelo em água e vapor.

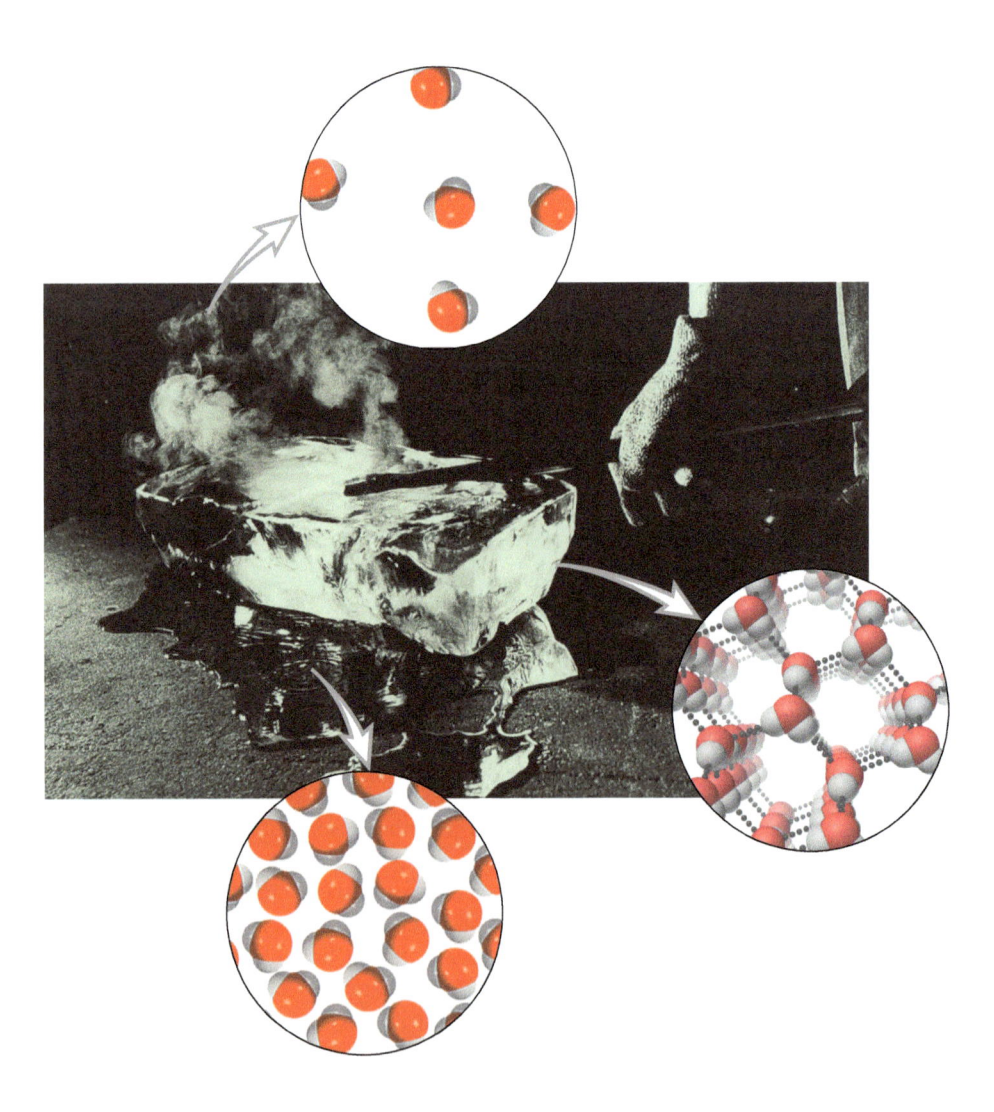

Figura 1.3
(a) A mistura contém limalha de ferro e areia. (b) Um ímã separa a limalha de ferro da mistura. A mesma técnica é usada, em uma escala maior, para separar o ferro e o aço de objetos não magnéticos como o alumínio, o vidro e os plásticos.

Substâncias e Misturas

Uma **substância** é *uma forma de matéria que tem uma composição definida (constante) e propriedades características*. Exemplos de substâncias são: a água, a prata, o etanol, o sal (cloreto de sódio) e o dióxido de carbono. As substâncias diferem umas das outras quanto à composição, e podem ser identificadas pelo aspecto, odor, sabor e outras propriedades. Atualmente, mais de 20 milhões de substâncias são conhecidas e a lista cresce rapidamente.

Uma **mistura** é *uma combinação de duas ou mais substâncias em que estas conservam as suas identidades características*. Alguns exemplos são o ar, as bebidas refrigerantes, o leite e o cimento. As misturas não têm uma composição constante. Por isso, amostras de ar coletadas em várias cidades certamente terão composições diferentes em decorrência das diferenças de altitude, poluentes e assim por diante.

As misturas podem ser homogêneas ou heterogêneas. Ao colocar uma colher de açúcar em água, o açúcar se dissolve e *a composição da mistura*, após suficiente agitação, *é a mesma em toda a extensão da solução*. Essa solução é uma **mistura homogênea**. Se areia for misturada com limalha de ferro, contudo, os grãos de areia e as limalhas de ferro mantêm-se separados (Figura 1.3). Esse tipo de mistura, *em que a composição não é uniforme*, é chamado de **mistura heterogênea**. Ao se adicionar óleo à água, obtém-se outra mistura heterogênea porque a composição do líquido resultante não é constante.

Qualquer mistura, homogênea ou heterogênea, pode ser criada e depois separada, por meios físicos, nos seus componentes puros sem que ocorra alteração na identidade desses componentes. Assim, o açúcar pode ser recuperado de uma solução aquosa por aquecimento e evaporação da água até à secura. A condensação do vapor de água permite recuperar esse outro componente. Para separarmos a mistura ferro-areia, podemos usar um ímã para isolar a limalha de ferro, pois a areia não é atraída por esse (veja a Figura 1.3b). Depois da separação, os componentes da mistura terão a mesma composição e propriedades que tinham no início.

Elementos e Compostos

Uma substância pode ser constituída por um elemento ou um composto. Um **elemento** *é uma substância que não pode ser separada em substâncias mais simples por processos químicos*. Até agora, foram identificados 115 elementos. (Veja a lista dos elementos no início do livro.)

TABELA 1.1 Alguns Elementos Comuns e os Seus Símbolos						
Nome	Símbolo	Nome	Símbolo	Nome	Símbolo
Alumínio	Al	Flúor	F	Oxigênio	O
Arsênio	As	Ouro	Au	Fósforo	P
Bário	Ba	Hidrogênio	H	Platina	Pt
Bromo	Br	Iodo	I	Potássio	K
Cálcio	Ca	Ferro	Fe	Silício	Si
Carbono	C	Chumbo	Pb	Prata	Ag
Cloro	Cl	Magnésio	Mg	Sódio	Na
Crômio	Cr	Mercúrio	Hg	Enxofre	S
Cobalto	Co	Níquel	Ni	Estanho	Sn
Cobre	Cu	Nitrogênio	N	Zinco	Zn

Os químicos usam símbolos do alfabeto para representar os elementos. A primeira letra do símbolo é *sempre* maiúscula e a segunda, m*inúscula.* Por exemplo, Co é o símbolo do elemento cobalto, enquanto CO é a fórmula da molécula do monóxido de carbono que é constituída pelos elementos carbono e oxigênio. A Tabela 1.1 mostra os nomes e os símbolos de alguns elementos mais comuns. Os símbolos de alguns elementos são derivados do latim — por exemplo, Au de *aurum* (ouro), Fe de *ferrum* (ferro) e Na de *natrium* (sódio) —, enquanto a maior parte deles vem do inglês.

A Figura 1.4 mostra os elementos mais abundantes na crosta terrestre e no corpo humano. Como se pode observar, apenas cinco elementos (oxigênio, silício, alumínio, ferro e cálcio) constituem mais do que 90% da crosta da Terra. Desses cinco elementos, somente o oxigênio está entre os mais abundantes nos sistemas vivos.

A maior parte dos elementos pode interagir com um ou mais outros elementos para formar compostos. Podemos definir um **composto** como *uma substância composta de átomos de dois ou mais elementos quimicamente unidos em proporções fixas.* O hidrogênio gasoso, por exemplo, queima em presença de gás oxigênio para formar a água, um composto que tem propriedades bastante diferentes daquelas dos materiais iniciais. A água é constituída por duas partes de hidrogênio e uma parte de oxigênio. Essa composição não se altera, quer a água venha de uma torneira na sua casa, do rio Yang-tze na China ou de uma calota de gelo de Marte. Diferentemente das misturas, os compostos sosmente podem ser separados em seus componentes puros por processos químicos.

Figura 1.4
(a) Abundância natural dos elementos em percentagem de massa. Por exemplo, a abundância do oxigênio é de 45,5%. Isso significa que em uma amostra de 100 g da crosta terrestre há, em média, 45,5 g do elemento oxigênio. (b) Abundância dos elementos no corpo humano em percentagem de massa.

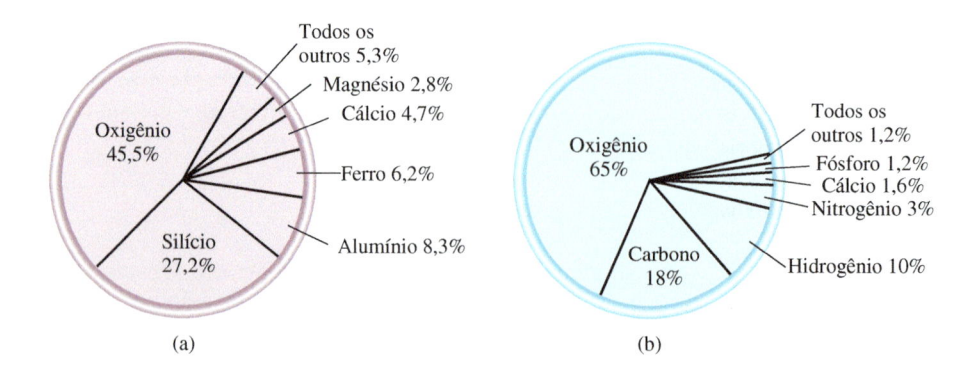

(a) Oxigênio 45,5%; Silício 27,2%; Alumínio 8,3%; Ferro 6,2%; Cálcio 4,7%; Magnésio 2,8%; Todos os outros 5,3%.

(b) Oxigênio 65%; Carbono 18%; Hidrogênio 10%; Nitrogênio 3%; Cálcio 1,6%; Fósforo 1,2%; Todos os outros 1,2%.

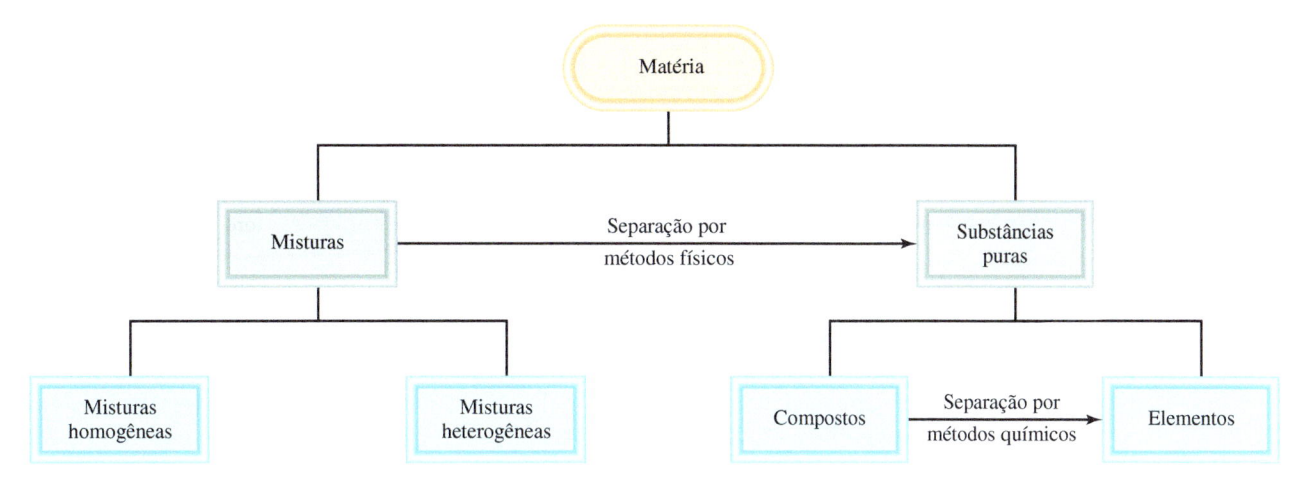

```
                        Matéria
                           |
        ┌──────────────────┴──────────────────┐
        |        Separação por                |
     Misturas ──métodos físicos──→       Substâncias
                                              puras
        |                                     |
   ┌────┴────┐                         ┌──────┴──────┐
 Misturas  Misturas                  Compostos ──Separação por──→ Elementos
homogêneas heterogêneas                        métodos químicos
```

Figura 1.5 A classificação da matéria.

As relações entre os elementos, compostos e outras categorias de matéria estão resumidas na Figura 1.5.

1.4 Propriedades Físicas e Químicas da Matéria

As substâncias são identificadas pelas suas propriedades, bem como pelas suas composições. A cor, o ponto de fusão, o ponto de ebulição, e a densidade são propriedades físicas. Uma **propriedade física** *pode ser medida e observada sem que haja alteração na composição ou na identidade de uma substância.* Por exemplo, podemos medir o ponto de fusão do gelo aquecendo um bloco de gelo e registrando a temperatura na qual ele se converte em água. A água difere do gelo apenas na aparência, não na composição, logo essa é uma transformação física; podemos congelar a água e recuperar o gelo na forma original. Portanto, o ponto de fusão de uma substância é uma propriedade física. Do mesmo modo, quando dizemos que o gás hélio é mais leve que o ar, estamos nos referindo a uma propriedade física.

Por outro lado, a afirmação "O hidrogênio queima em presença do gás oxigênio para formar água" descreve uma **propriedade química** do hidrogênio, porque *para observar esta propriedade temos de realizar uma transformação química,* nesse caso, a combustão. Depois da transformação, as substâncias originais, o hidrogênio e o oxigênio gasosos, terão desaparecido e uma substância química diferente — água — terá se formado. *Não é possível* recuperar o hidrogênio nem o oxigênio a partir da água recorrendo a uma transformação física, como ebulição ou congelamento.

Sempre que cozinhamos um ovo, realizamos uma transformação química. Quando submetidas a uma temperatura de cerca de 100ºC, a gema e a clara do ovo sofrem mudanças que alteram não só seus aspectos físicos, mas também sua constituição química. Ao ser ingerido, o ovo novamente é transformado, em nosso organismo, por substâncias denominadas *enzimas*. O processo de digestão é outro exemplo de transformação química. O que acontece durante esse processo depende das propriedades químicas, das enzimas específicas e também do tipo de alimento.

Todas as propriedades mensuráveis da matéria podem ser classificadas em duas categorias: propriedades extensivas e propriedades intensivas. O valor medido de uma **propriedade extensiva** *depende da quantidade de matéria considerada.* Massa, comprimento e volume são propriedades extensivas. Mais matéria significa mais massa. Os valores da mesma propriedade extensiva podem ser somados. Por exemplo, duas moedas de cobre terão uma massa total que é igual à soma das massas de cada moeda; o volume total de água em dois béqueres é igual à soma dos volumes de água contidos em cada um deles.

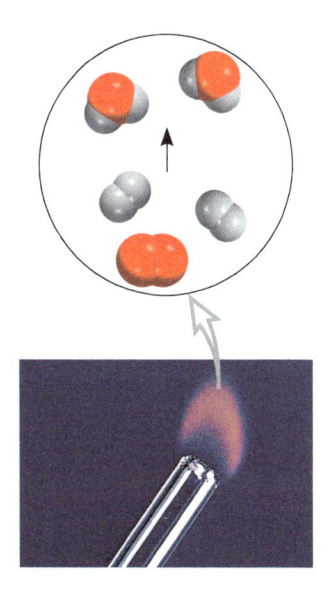

Hidrogênio queima no ar para formar água.

O valor medido de uma ***propriedade intensiva*** *não depende da quantidade de matéria considerada*. A temperatura é uma propriedade intensiva. Vamos supor que tenhamos dois béqueres com água a mesma temperatura. Se juntarmos os conteúdos de água dos dois béqueres em um béquer maior, a temperatura da água neste béquer será a mesma que aquelas dos béqueres separados. Ao contrário da massa e do volume, a temperatura e outras propriedades intensivas, tais como ponto de fusão, ponto de ebulição e densidade, não são aditivas.

1.5 Medidas

O estudo da química depende muito da realização de medidas. Por exemplo, os químicos usam medidas para comparar propriedades de diferentes substâncias e para avaliar modificações ocorridas em um experimento. Alguns instrumentos comuns permitem-nos medir propriedades de uma substância: a régua mede comprimento; a bureta, a pipeta, a proveta e o balão volumétrico medem volume (Figura 1.6); a balança mede massa; o termômetro, temperatura. Esses instrumentos servem para medidas de ***propriedades macroscópicas***, que *podem ser determinadas diretamente*. As ***propriedades microscópicas***, *na escala atômica ou molecular, têm de ser determinadas por métodos indiretos*, como veremos no Capítulo 2.

Uma quantidade medida é geralmente escrita na forma de um número acompanhado de uma unidade apropriada. Dizer que a distância de carro entre São Paulo e Rio de Janeiro por determinado caminho é 429 não tem qualquer significado. Temos de especificar que a distância é de 429 quilômetros. Na ciência, as unidades são essenciais para expressar corretamente as medidas.

Unidades SI

Durante muitos anos os cientistas registraram as medidas em *unidades métricas*, que estão relacionadas em termos decimais, isto é, por potências de 10. Contudo, em 1960, a Conferência Geral de Pesos e Medidas, autoridade internacional em unidades, propôs um sistema métrico revisto denominado ***Sistema Internacional de Unidades*** (abrevia-

Interatividade:
Unidades Básicas do SI
Centro de Aprendizagem
Online, Interativo.

Figura 1.6
Alguns instrumentos para medidas de volume comuns em um laboratório de química. Esses instrumentos não estão em escala proporcional uns em relação aos outros. Discutiremos a utilização desses instrumentos de medida no Capítulo 4.

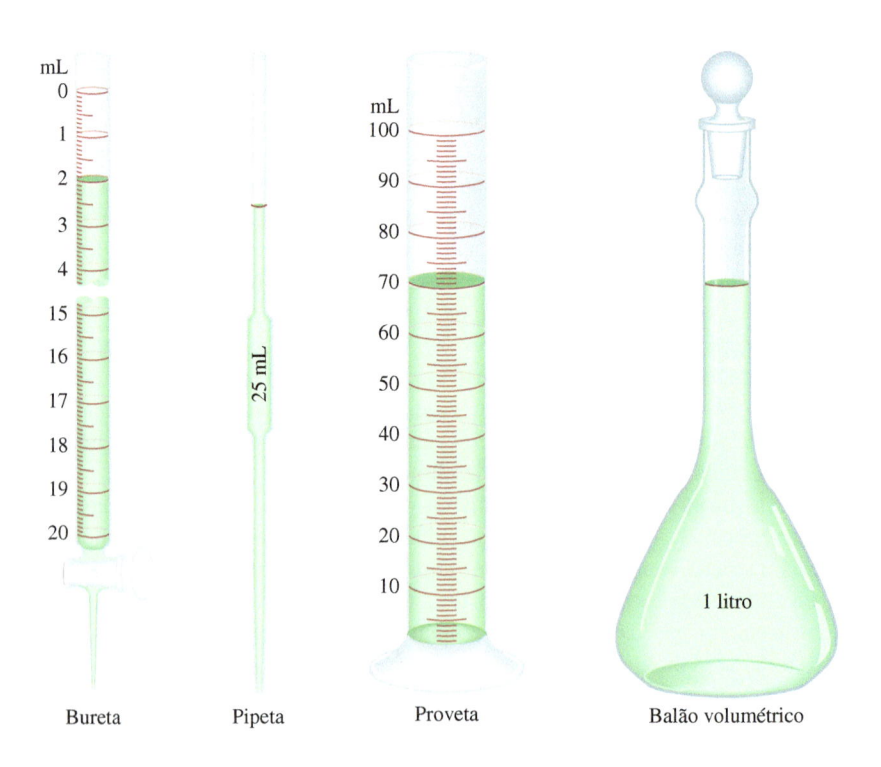

Bureta   Pipeta   Proveta   Balão volumétrico

TABELA 1.2 — Unidades Básicas SI

Nome da Grandeza Básica	Nome da Unidade	Símbolo
Comprimento	metro	m
Massa	quilograma	kg
Tempo	segundo	s
Corrente elétrica	ampére	A
Temperatura	kelvin	K
Quantidade de substância	mol	mol
Intensidade luminosa	candela	cd

damente *SI*, do francês Système International d'Unités). A Tabela 1.2 apresenta as sete unidades básicas do SI. Todas as outras unidades de medidas podem ser derivadas dessas unidades básicas. Tal como as unidades métricas, as unidades SI modificam-se em termos decimais por uma série de prefixos, como mostra a Tabela 1.3. Neste livro, usaremos unidades métricas e também SI.

As medidas que utilizaremos com freqüência no nosso estudo de química incluem o tempo, a massa, o volume, a densidade e a temperatura.

Interatividade:
Prefixos das Unidades
Centro de Aprendizagem
Online, Interativo.

Massa e Peso

Massa *é uma medida da quantidade de matéria em um objeto.* Os termos "massa" e "peso" são muitas vezes usados indistintamente, embora, estritamente falando, se refiram a grandezas diferentes. Em termos científicos, ***peso*** *é a força que a gravidade exerce em um objeto.* Uma maçã que cai de uma árvore é atraída pela gravidade da Terra. A massa da maçã é constante e não depende da sua localização, mas o peso depende. Por exemplo, à superfície da Lua, a maçã pesaria apenas um sexto do que pesa na Terra, porque a massa da Lua é menor. Isso explica por que os astronautas são capazes de pular com relativa facilidade apesar de suas roupas e de seus equipamentos

Astronauta pulando na superfície da Lua.

TABELA 1.3 — Os Prefixos Usados com as Unidades SI

Prefixo	Símbolo	Significado	Exemplo
Tera-	T	1.000.000.000.000 ou 10^{12}	1 terâmetro (Tm) = 1×10^{12} m
Giga-	G	1.000.000.000 ou 10^{9}	1 gigâmetro (Gm) = 1×10^{9} m
Mega-	M	1.000.000 ou 10^{6}	1 megâmetro (Mm) = 1×10^{6} m
Quilo-	k	1.000 ou 10^{3}	1 quilômetro (km) = 1×10^{3} m
Deci-	d	1/10 ou 10^{-1}	1 decímetro (dm) = 0,1 m
Centi-	c	1/100 ou 10^{-2}	1 centímetro (cm) = 0,01 m
Mili-	m	1/1.000 ou 10^{-3}	1 milímetro (mm) = 0,001 m
Micro-	μ	1/1.000.000 ou 10^{-6}	1 micrômetro (μm) = 1×10^{-6} m
Nano-	n	1/1.000.000.000 ou 10^{-9}	1 nanômetro (nm) = 1×10^{-9} m
Pico-	p	1/1.000.000.000.000 ou 10^{-12}	1 picômetro (pm) = 1×10^{-12} m

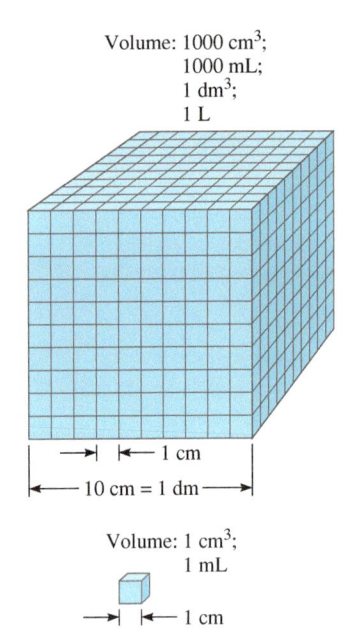

Figura 1.7
Comparação de dois volumes, 1 mL e 1.000 mL.

Volume: 1000 cm³; 1000 mL; 1 dm³; 1 L

10 cm = 1 dm

Volume: 1 cm³; 1 mL

1 cm

Interatividade:
Densidade
Centro de Aprendizagem Online, Interativo

TABELA 1.4
Densidades de Algumas Substâncias a 25° C

Substância	Densidade (g/cm³)
Ar	0,001
Etanol	0,79
Água	1,00
Mercúrio	13,6
Sal de cozinha	2,2
Ferro	7,9
Ouro	19,3
Ósmio*	22,6

*Ósmio (Os) é o elemento mais denso conhecido.

volumosos. A massa de um objeto pode ser facilmente determinada com uma balança, e, estranhamente, esse processo é denominado pesagem.

A unidade básica SI da massa é o *quilograma* (kg), mas em química o uso da unidade menor, *grama* (g), é mais conveniente:

$$1 \text{ kg} = 1000 \text{ g} = 1 \times 10^3 \text{ g}$$

Volume

Volume é o *comprimento (m) elevado ao cubo*, assim a unidade SI correspondente é o *metro cúbico* (m³). No entanto, os químicos trabalham em geral com volumes muito menores como o centímetro cúbico (cm³) e o decímetro cúbico (dm³):

$$1 \text{ cm}^3 = (1 \times 10^{-2} \text{ m})^3 = 1 \times 10^{-6} \text{ m}^3$$
$$1 \text{ dm}^3 = (1 \times 10^{-1} \text{ m})^3 = 1 \times 10^{-3} \text{ m}^3$$

Outra unidade de volume comum, que não pertence ao SI, é o litro (L). Um *litro é o volume ocupado por um decímetro cúbico*. Os químicos geralmente usam as unidades L e mL para líquidos. Um litro é igual a 1.000 mililitros (mL) ou 1.000 centímetros cúbicos:

$$1 \text{ L} = 1000 \text{ mL}$$
$$= 1000 \text{ cm}^3$$
$$= 1 \text{ dm}^3$$

e um mililitro é igual a um centímetro cúbico:

$$1 \text{ mL} = 1 \text{ cm}^3$$

A Figura 1.7 compara as dimensões relativas dos dois volumes.

Densidade

Densidade é *a massa de um objeto dividida pelo seu volume*:

$$\text{densidade} = \frac{\text{massa}}{\text{volume}}$$

ou

$$d = \frac{m}{V} \tag{1.1}$$

onde d, m e V representam a densidade, a massa e o volume, respectivamente. Observe que a densidade é uma propriedade intensiva que não depende da quantidade de massa presente. Para dado material, V aumenta com o aumento de m, assim a razão da massa pelo volume é sempre a mesma.

A unidade derivada do SI para a densidade é o quilograma por metro cúbico (kg/m³). Essa unidade é relativamente grande para a maior parte das aplicações químicas. Por isso, é comum usar gramas por centímetro cúbico (g/cm³) e o seu equivalente, gramas por mililitro (g/mL) para as densidades de sólidos e de líquidos. A Tabela 1.4 traz a densidade de algumas substâncias.

EXEMPLO 1.1

O ouro é um metal precioso quimicamente inerte. É usado essencialmente em joalheria, em próteses dentárias e em equipamentos eletrônicos. Um pedaço de lingote de ouro com a massa de 301 g tem um volume de 15,6 cm³. Calcule a densidade do ouro.

Barras de ouro.

Solução   Dados a massa e o volume, pede-se para calcular a densidade. Portanto, com base na Equação 1.1, podemos escrever

$$d = \frac{m}{V}$$
$$= \frac{301 \text{ g}}{15,6 \text{ cm}^3}$$
$$= 19,3 \text{ g/cm}^3$$

Problemas semelhantes: 1.17, 1.18.

Exercício   Um pedaço de platina metálica de densidade igual a 21,5 g/cm³ ocupa o volume de 4,49 cm³. Qual é a sua massa?

Escalas de Temperatura

Há três escalas de temperatura em uso, atualmente. As suas unidades são ºF (graus Fahrenheit), ºC (graus Celsius) e K (kelvin). A escala Fahrenheit define os pontos de congelamento e de ebulição normais da água como exatamente iguais a 32ºF e 212ºF, respectivamente. Na escala Celsius o intervalo entre o ponto de congelamento (0ºC) e o ponto de ebulição (100ºC) da água é de 100 graus. Como se pode observar na Tabela 1.2, ***kelvin*** é *a unidade SI básica de temperatura*; é a escala de temperatura *absoluta*. Por absoluto entende-se que o zero na escala kelvin, representado por 0 K, é a temperatura mais baixa que se pode atingir, em teoria. Por outro lado, os valores 0ºF e 0ºC têm base no comportamento de uma substância escolhida arbitrariamente — a água. A Figura 1.8 compara as três escalas de temperatura.

Observe que a escala kelvin não tem o sinal de grau. As temperaturas expressas em kelvin, também, nunca podem ser negativas.

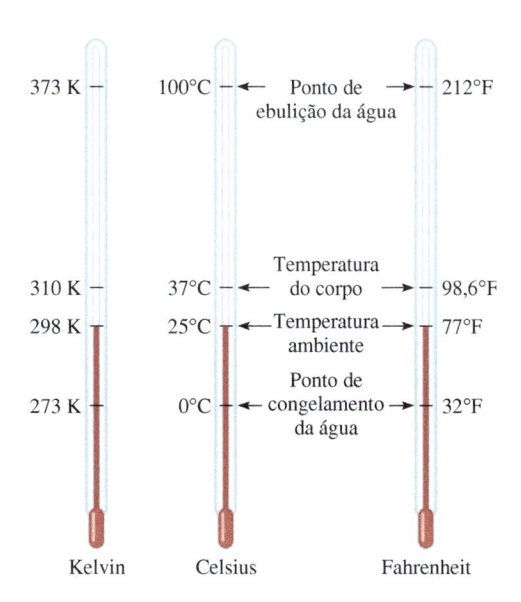

Figura 1.8
Comparação entre as três escalas de temperatura: Celsius, Fahrenheit e a escala absoluta (kelvin). Note que há 100 divisões, ou 100 graus, entre o ponto de congelamento e o ponto de ebulição da água na escala Celsius e há 180 graus entre os mesmos limites de temperatura na escala Fahrenheit. A escala Celsius foi inicialmente chamada de escala centígrada.

Um grau na escala Fahrenheit corresponde a apenas 100/180, ou 5/9, de um grau na escala Celsius. Para convertermos graus Fahrenheit em Celsius, escrevemos

$$?°C = (°F - 32°F) \times \frac{5°C}{9°F} \qquad (1.2)$$

A equação seguinte é usada para converter graus Celsius em Fahrenheit:

$$?°F = \frac{9°F}{5°C} \times (°C) + 32°F \qquad (1.3)$$

As escalas Celsius e kelvin têm unidades de igual magnitude: isto é, um grau Celsius é equivalente a um kelvin. Estudos experimentais mostraram que o zero absoluto na escala Kelvin é equivalente a $-273{,}15°C$ na escala Celsius. Assim, podemos usar a equação seguinte para converter graus Celsius em kelvin:

$$? K = (°C + 273{,}15°C)\frac{1\,K}{1°C} \qquad (1.4)$$

A solda é muito usada na fabricação de circuitos eletrônicos.

EXEMPLO 1.2

(a) A solda é uma liga de estanho e chumbo usada em circuitos eletrônicos. Determinada solda tem um ponto de fusão de 224°C. Qual é a sua temperatura de fusão em graus Fahrenheit? (b) O hélio possui o ponto de ebulição mais baixo dentre todos os elementos: $-452°F$. Converta essa temperatura a graus Celsius. (c) O mercúrio, único metal que existe no estado líquido à temperatura ambiente, funde-se a $-38{,}9°C$. Converta o valor de seu ponto de fusão a kelvin.

Solução Os três itens requerem que convertamos escalas de temperatura, logo, vamos precisar das Equações (1.2), (1.3) e (1.4). Lembre-se de que a temperatura mais baixa na escala Kelvin é zero (0 K); portanto, ela nunca pode ser negativa.

(a) Para fazer essa conversão, escrevemos:

$$\frac{9°F}{5°C} \times (224°C) + 32°F = 435°F$$

(b) Aqui, temos

$$(-452°F - 32°F) \times \frac{5°C}{9°F} = -269°C$$

(c) O ponto de fusão do mercúrio em kelvin é dado por

$$(-38{,}9°C + 273{,}15°C) \times \frac{1\,K}{1°C} = 234{,}3\,K$$

Exercício Converta (a) 327,5°C (o ponto de fusão do chumbo) a graus Fahrenheit; (b) 172,9°F (o ponto de ebulição do etanol) a graus Celsius; e (c) 77 K, o ponto de ebulição do nitrogênio líquido, a graus Celsius.

Problemas semelhantes: 1.19, 1.20.

1.6 Trabalhando com Números

Discutimos anteriormente algumas das unidades usadas em química, agora vamos abordar as técnicas para trabalhar com números associados às medidas: notação científica e algarismos significativos.

Notação Científica

Os químicos muitas vezes lidam com números que são muito grandes ou muito pequenos. Por exemplo, em 1 g do elemento hidrogênio há cerca de

$$602.200.000.000.000.000.000.000$$

átomos de hidrogênio. A massa de cada átomo de hidrogênio é de apenas

$$0,00000000000000000000000166 \text{ g}$$

É complicado trabalharmos com esses números e fácil cometer erros ao realizarmos cálculos aritméticos. Considere a seguinte multiplicação:

$$0,0000000056 \times 0,00000000048 = 0,000000000000000002688$$

Facilmente seríamos levados a omitir ou colocar um zero a mais depois da vírgula. Portanto, quando trabalhamos com números muito grandes ou muito pequenos, empregamos um sistema denominado *notação científica*. Independentemente de sua magnitude, todos os números podem ser expressos na forma

$$N \times 10^n$$

em que N é qualquer número entre 1 e 10 e n, o expoente, é um inteiro positivo ou negativo. Qualquer número expresso dessa forma está representado em notação científica.

Vamos supor que, dado um número, devemos representá-lo em notação científica. Basicamente, temos que saber o valor de n. Contamos o número de casas que a vírgula deve se deslocar para obter o número N (que fica entre 1 e 10). Se a vírgula se moveu para a esquerda, então n é um número inteiro positivo; se foi para a direita, n é um inteiro negativo. Os exemplos, a seguir, ilustram o uso da notação científica:

(1) Escreva 568,762 em notação científica:

$$568,762 = 5,68762 \times 10^2$$

Observe que a vírgula se deslocou duas casas para a esquerda e $n = 2$.

(2) Escreva 0,00000772 em notação científica:

$$0,00000772 = 7,72 \times 10^{-6}$$

Aqui, a vírgula deslocou-se seis casas para a direita e $n = -6$.

Lembre-se do seguinte. Primeiro, $n = 0$ é usado para números que não estão expressos em notação científica. Por exemplo, $74,6 \times 10^0$ ($n = 0$) é equivalente a 74,6. Segundo, na prática, omite-se o expoente quando $n = 1$. Assim a notação científica para 74,6 é $7,46 \times 10$ e não $7,46 \times 10^1$.

Qualquer número elevado à potência zero é igual a um.

A seguir, veremos como a notação científica pode ser utilizada em operações aritméticas.

Adição e Subtração

Para somarmos ou subtrairmos usando a notação científica, em primeiro lugar, devemos escrever cada quantidade — digamos, N_1 e N_2 — com o mesmo expoente n. Depois combinamos N_1 e N_2; os expoentes mantêm-se os mesmos. Consideremos os exemplos seguintes:

$$(7,4 \times 10^3) + (2,1 \times 10^3) = 9,5 \times 10^3$$
$$(4,31 \times 10^4) + (3,9 \times 10^3) = (4,31 \times 10^4) + (0,39 \times 10^4)$$
$$= 4,70 \times 10^4$$
$$(2,22 \times 10^{-2}) - (4,10 \times 10^{-3}) = (2,22 \times 10^{-2}) - (0,41 \times 10^{-2})$$
$$= 1,81 \times 10^{-2}$$

Multiplicação e Divisão

Para multiplicarmos números expressos em notação científica devemos multiplicar N_1 e N_2 do modo usual, porém, *somar* os expoentes. Para dividirmos usando a notação científica, dividimos N_1 e N_2 normalmente e *subtraímos* os expoentes. Os exemplos, a seguir, mostram como se realizam essas operações:

$$(8,0 \times 10^4) \times (5,0 \times 10^2) = (8,0 \times 5,0)(10^{4+2})$$
$$= 40 \times 10^6$$
$$= 4,0 \times 10^7$$
$$(4,0 \times 10^{-5}) \times (7,0 \times 10^3) = (4,0 \times 7,0)(10^{-5+3})$$
$$= 28 \times 10^{-2}$$
$$= 2,8 \times 10^{-1}$$
$$\frac{6,9 \times 10^7}{3,0 \times 10^{-5}} = \frac{6,9}{3,0} \times 10^{7-(-5)}$$
$$= 2,3 \times 10^{12}$$
$$\frac{8,5 \times 10^4}{5,0 \times 10^9} = \frac{8,5}{5,0} \times 10^{4-9}$$
$$= 1,7 \times 10^{-5}$$

Algarismos Significativos

Com exceção dos casos em que todos os números são inteiros (por exemplo quando se conta o número de alunos em uma sala de aula), muitas vezes é impossível obter o valor exato da quantidade em estudo. Por isso, é importante apontar a margem de erro em uma medida indicando claramente o número de **algarismos significativos**, ou seja, *os dígitos que têm significado em uma quantidade medida ou calculada.* Quando se usam algarismos significativos, o último dígito é incerto. Por exemplo, podemos medir o volume de determinada quantidade de líquido utilizando uma proveta cuja escala nos dá uma incerteza de 1 mL na medida. Se o volume observado é igual a 6 mL, então o volume real está no intervalo entre 5 mL e 7 mL. Esse volume do líquido é representado como (6 ± 1) mL. Nesse caso, há apenas um algarismo significativo (o dígito 6) que apresenta incerteza de mais ou menos 1 mL. Para maior exatidão, podemos usar uma proveta com divisões menores, de modo que o volume medido tenha uma incerteza de apenas 0,1 mL. Nesse caso, se o volume observado para o líquido é igual a 6,0 mL, o valor real fica entre 5,9 mL e 6,1 mL e podemos expressar a quantidade como (6,0 ± 0,1) mL. Podemos melhorar ainda mais o instrumento de medida e obter mais algarismos significativos, porém, em todos os casos, o último dígito é sempre incerto; a grandeza dessa incerteza depende do instrumento de medida utilizado.

A Figura 1.9 mostra uma balança moderna. Balanças como esta estão disponíveis em muitos laboratórios de química geral; elas nos pemitem medir a massa de objetos com quatro casas decimais. Portanto, a massa medida terá tipicamente quatro algarismos significativos (por exemplo, 0,8642 g) ou mais (por exemplo, 3,9745 g). Se observarmos atentamente o número de algarismos significativos de uma medida como a massa, teremos a certeza de que os cálculos envolvendo os dados refletirão a precisão da medida.

Orientação para o Uso de Algarismos Significativos

Em trabalhos de natureza científica, devemos ter cuidado para escrever o número correto de algarismos significativos. De modo geral, é bastante fácil determiná-lo com base nas seguintes regras:

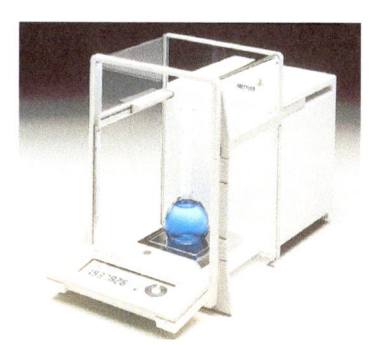

Figura 1.9
Balança de prato simples.

1. Qualquer dígito diferente de zero é significativo. Assim, 845 cm tem três algarismos significativos; 1,234 kg tem quatro algarismos significativos e assim por diante.

2. Os zeros entre dígitos diferentes de zero são significativos. Desse modo, 606 m contém três algarismos significativos; 40.501 kg possui cinco algarismos significativos e assim por diante.

3. Os zeros à esquerda do primeiro dígito diferente de zero não são significativos. A função deles é indicar a posição da vírgula decimal. Por exemplo, 0,08 L tem um algarismo significativo; 0,0000349 g possui três algarismos significativos e assim por diante.

4. Se um número for maior que 1, todos os zeros à direita da vírgula contam como algarismos significativos. Portanto, 2,0 mg possui dois algarismos significativos; 40,062 mL contém cinco algarismos significativos e 3,040 dm contém quatro algarismos significativos. Se um número for inferior a 1, então apenas os zeros que estão no fim do número e os zeros que estão entre dígitos diferentes de zero são significativos. Isso quer dizer que 0,090 kg contém dois algarismos significativos; 0,3005 L possui quatro algarismos significativos; 0,00420 min contém três algarismos significativos e assim por diante.

5. Para números que não contêm vírgulas, os zeros finais (isto é, os zeros que estão depois do último dígito diferente de zero) podem ou não ser significativos. Dessa maneira, 400 cm pode ter um algarismo significativo (o dígito 4), dois algarismos significativos (40) ou três algarismos significativos (400). Não podemos saber qual das situações é a correta sem mais informações. Usando a notação científica, contudo, podemos evitar a ambigüidade o número 400 pode ser expresso como 4×10^2 para um algarismo significativo; $4,0 \times 10^2$ para dois algarismos significativos ou $4,00 \times 10^2$ para três algarismos significativos.

EXEMPLO 1.3

Determine o número de algarismos significativos das seguintes medidas: (a) 478 cm, (b) 6,01 g; (c) 0,825 m; (d) 0,043 kg; (e) $1,310 \times 10^{22}$ átomos; (f) 7.000 mL.

Solução   (a) Três, porque todos os dígitos são diferentes de zero. (b) Três, pois os zeros entre dígitos diferentes de zero são significativos. (c) Três, visto que os zeros à esquerda do primeiro dígito diferente de zero não contam como algarismos significativos. (d) Dois, pela mesma razão do item (c). (e) Quatro, porque o número é maior que 1 e, portanto, todos os zeros escritos à direita da vírgula contam como algarismos significativos. (f) Esse é um caso ambíguo. O número de algarismos significativos pode ser quatro ($7,000 \times 10^3$), três ($7,00 \times 10^3$), dois ($7,0 \times 10^3$) ou um (7×10^3). Esse exemplo ilustra a necessidade de usar a notação científica para indicar o número correto de algarismos significativos.

Problemas semelhantes: 1.27, 1.28.

Exercício   Determine o número de algarismos significativos em cada uma das medidas seguintes: (a) 24 mL; (b) 3.001 g; (c) 0,0320 m³; (d) $6,4 \times 10^4$ moléculas; (e) 560 kg.

Um segundo conjunto de regras especifica como lidar com os algarismos significativos em cálculos.

1. Na adição e na subtração, o resultado não pode ter mais dígitos à direita da vírgula que qualquer um dos números originais. Considere três exemplos:

$$\begin{array}{r} 89{,}332 \\ +\ 1{,}1 \quad \longleftarrow \text{um dígito depois da vírgula} \\ \hline 90{,}432 \quad \longleftarrow \text{arredonda para 90,4} \end{array}$$

$$\begin{array}{r} 2{,}097 \\ -0{,}12 \quad \longleftarrow \text{dois dígitos depois da vírgula} \\ \hline 1{,}977 \quad \longleftarrow \text{arredonda para 1,98} \end{array}$$

Para o arredondamento devemos proceder da seguinte maneira. Se o primeiro dígito do conjunto que será arredondado for menor que 5, simplesmente eliminamos os dígitos que o seguem. Assim, 8,724 é arredondado para 8,72 se quisermos apenas duas casas decimais. Se o dígito que segue o primeiro do conjunto for igual ou maior que 5, adicionamos 1 ao primeiro dígito. Dessa forma, 8,727 é arredondado para 8,73 e 0,425 para 0,43.

2. Na multiplicação e na divisão, o número de algarismos significativos no produto final ou no quociente é determinado pelo número original que tem o *menor* número de algarismos significativos. Os exemplos seguintes ilustram essa regra:

$$2{,}8 \times 4{,}5039 = 12{,}61092 \longleftarrow \text{arredonda para 13}$$

$$\frac{6{,}85}{112{,}04} = 0{,}0611388789 \longleftarrow \text{arredonda para 0,0611}$$

3. Lembre-se de que os *números exatos* obtidos de definições (como 1 pé = 12 pol, em que 12 é um número exato) ou da contagem de objetos podem ser considerados com um número infinito de algarismos significativos.

EXEMPLO 1.4

Realize as seguintes operações aritméticas indicando o número correto de algarismos significativos: (a) 11.254,1 g + 0,1983 g; (b) 66,59 L − 3,113 L; (c) 8,16 m × 5,1355; (d) 0,0154 kg ÷ 88,3 mL; (e) 2,64 × 10^3 cm + 3,27 × 10^2 cm.

Solução   Na adição e na subtração, o número de casas decimais no resultado é determinado pelo número que possui menos algarismos significativos. O mesmo acontece na multiplicação e na divisão.

(a) $\begin{array}{r} 11.254{,}1 \text{ g} \\ +\ \ \ \ 0{,}1983 \text{ g} \\ \hline 11.254{,}2983 \text{ g} \longleftarrow \text{arredonda para 11.254,3 g} \end{array}$

(b) $\begin{array}{r} 66{,}59 \text{ L} \\ -\ \ 3{,}113 \text{ L} \\ \hline 63{,}477 \text{ L} \longleftarrow \text{arredonda para 63,48 L} \end{array}$

(c) 8,16 m × 5,1355 = 41,90568 m ⟵ arredonda para 41,9 m

(d) $\dfrac{0{,}0154 \text{ kg}}{88{,}3 \text{ mL}}$ = 0,000174405436 kg/mL ⟵ arredonda para 0,000174 kg/mL
ou 1,74 × 10^{-4} kg/mL

(Continua)

(e) Primeiro convertemos $3{,}27 \times 10^2$ cm em $0{,}327 \times 10^3$ cm e depois efetuamos a adição $(2{,}64 \text{ cm} + 0{,}327 \text{ cm}) \times 10^3$. Seguindo o procedimento apresentado em (a), obtemos o resultado $2{,}97 \times 10^3$ cm.

Problemas semelhantes: 1.29, 1.30.

Exercício Efetue as seguintes operações aritméticas e arredonde os resultados para o número de algarismos significativos adequado: (a) $26{,}5862 \text{ L} + 0{,}17 \text{ L}$; (b) $9{,}1 \text{ g} - 4{,}682 \text{ g}$; (c) $7{,}1 \times 10^4 \text{ dm} \times 2{,}2654 \times 10^2 \text{ dm}$; (d) $6{,}54 \text{ g} \div 86{,}5542 \text{ mL}$; (e) $(7{,}55 \times 10^4 \text{ m}) - (8{,}62 \times 10^3 \text{ m})$.

O processo de arredondamento que apresentamos aplica-se a cálculos que envolvem apenas uma operação. Para uma *cadeia de cálculos*, isto é, cálculos que envolvem mais de uma etapa, usamos um procedimento diferente. Considere o seguinte cálculo em duas etapas:

Primeira etapa: $A \times B = C$

Segunda etapa: $C \times D = E$

Suponhamos que $A = 3{,}66$, $B = 8{,}45$ e $D = 2{,}11$. O arredondamento de C para três ou quatro algarismos significativos, leva a números diferentes de E:

Método 1	Método 2
$3{,}66 \times 8{,}45 = 30{,}9$	$3{,}66 \times 8{,}45 = 30{,}93$
$30{,}9 \times 2{,}11 = 65{,}2$	$30{,}93 \times 2{,}11 = 65{,}3$

Se tivéssemos feito a conta $3{,}66 \times 8{,}45 \times 2{,}11$ na máquina de calcular sem arredondar o resultado parcial, teríamos obtido $E = 65{,}3$. O procedimento recomendado neste livro é o seguinte: para as etapas intermediárias manteremos um dígito adicional além dos algarismos significativos. Isso garante que pequenos erros provenientes de arredondamentos em cada etapa não se somem, afetando o resultado final.

Exatidão e Precisão

Na discussão sobre medidas e algarismos significativos é útil distinguir entre *exatidão e precisão*. **Exatidão** nos dá uma idéia *da aproximação entre a medida efetuada e o verdadeiro valor da grandeza medida*. Para um cientista, existe uma distinção entre exatidão e precisão. **Precisão** *refere-se ao grau de aproximação entre duas ou mais medidas de uma mesma grandeza* (Figura 1.10).

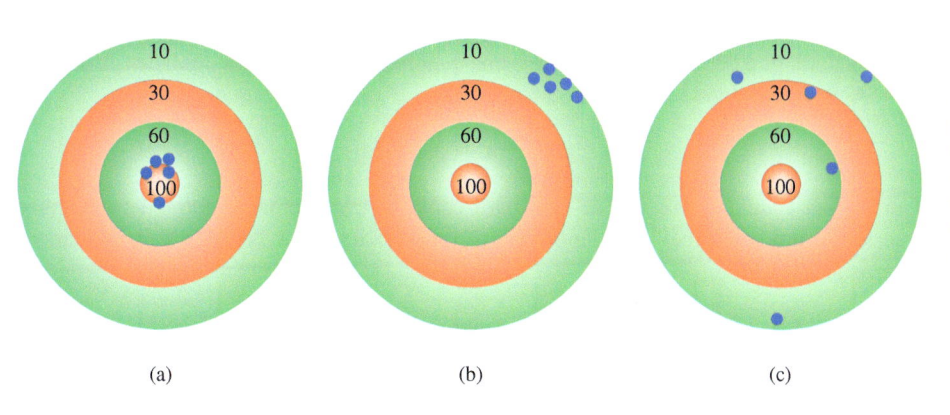

Interatividade:
Exatidão e Precisão
Centro de Aprendizagem
Online, Interativo

Figura 1.10
A distribuição dos dardos em um alvo mostra a diferença entre precisão e exatidão (a) Boa exatidão e boa precisão. (b) Pouca exatidão e boa precisão.
(c) Pouca exatidão e pouca precisão. Os pontos mostram as posições dos dardos.

(a)　　(b)　　(c)

A diferença entre *exatidão* e precisão é sutil, mas importante. Suponha, por exemplo, que seja solicitado a três estudantes que determinem a massa de um pedaço de fio de cobre. Os resultados de duas pesagens sucessivas por aluno são

	Aluno A	Aluno B	Aluno C
	1,964 g	1,972 g	2,000 g
	1,978 g	1,968 g	2,002 g
Valor médio	1,971 g	1,970 g	2,001 g

A massa real do fio é de 2,000 g. Os resultados do Aluno B são mais *precisos* que os do Aluno A (1,972 g e 1,968 g apresentam menor desvio em relação a 1,970 g do que 1,964 g e 1,978 g em relação a 1,971 g), mas nenhum dos conjuntos é muito *exato*. Os resultados do Aluno C não são só os mais *precisos*, bem como os mais *exatos*, porque o valor médio está mais próximo do valor real. Geralmente as medidas que apresentam grande exatidão são também muito precisas. Entretanto, medidas muito precisas não garantem resultados exatos. Por exemplo, uma régua mal calibrada ou uma balança defeituosa podem fornecer leituras precisas, porém erradas.

1.7 Análise Dimensional na Resolução de Problemas

A realização de medidas cuidadosas e o uso adequado dos algarismos significativos, juntamente com cálculos corretos, levarão a resultados numéricos exatos. Mas, para terem significado, esses devem ser expressos nas unidades adequadas. O procedimento usado para converter unidades na resolução de problemas químicos chama-se *análise dimensional* (também denominado *método factor-label*). A análise dimensional, técnica simples e que exige pouca memorização, baseia-se na relação entre unidades diferentes que exprimem a mesma quantidade física. Por exemplo, sabemos que a unidade monetária "real" é diferente da unidade "centavo". Contudo, 1 real é *equivalente* a 100 centavos porque ambos representam a mesma quantidade de dinheiro; isto é,

$$1 \text{ real} = 100 \text{ centavos}$$

Essa equivalência permite-nos escrever o fator de conversão

$$\frac{1 \text{ real}}{100 \text{ centavos}}$$

se quisermos converter centavos para reais. Inversamente, o fator de conversão

$$\frac{100 \text{ centavos}}{1 \text{ real}}$$

permite-nos converter reais em centavos. Um fator de conversão é, portanto, uma fração cujo numerador e denominador são a mesma quantidade expressa em unidades diferentes.

Agora considere o problema

$$? \text{ centavos} = 2,46 \text{ reais}$$

Como essa é uma conversão de real para centavo, escolhemos o fator de conversão que tem a unidade "real" no denominador (para cancelar os "reais" de 2,46 reais) e escrevemos

$$2,46 \text{ reais} \times \frac{100 \text{ centavos}}{1 \text{ real}} = 246 \text{ centavos}$$

Note que o fator de conversão 100 centavos/1 real contém números exatos, e deste modo não afeta o número de algarismos significativos no resultado final.

Consideremos, a seguir, a conversão de 57,8 m para centímetros. Esse problema pode ser expresso como

$$? \text{ cm} = 57,8 \text{ m}$$

Por definição,

$$1 \text{ cm} = 1 \times 10^{-2} \text{ m}$$

Como estamos convertendo "m" em "cm", escolhemos o fator de conversão que contém metros no denominador,

$$\frac{1 \text{ cm}}{1 \times 10^{-2} \text{ m}}$$

e escrevemos a conversão como

$$\begin{aligned} ? \text{ cm} &= 57,8 \text{ m} \times \frac{1 \text{ cm}}{1 \times 10^{-2} \text{ m}} \\ &= 5780 \text{ cm} \\ &= 5,78 \times 10^3 \text{ cm} \end{aligned}$$

Observe que a notação científica é usada para indicar que a resposta possui três algarismos significativos. Mais uma vez, o fator de conversão 1 cm/1 $\times 10^{-2}$ m contém números exatos; portanto, não afeta o número de algarismos significativos do resultado.

Em geral, para aplicarmos a análise dimensional, utilizamos a relação

quantidade dada $\times$ fator de conversão = quantidade desejada

e as unidades cancelam-se da seguinte forma:

$$\cancel{\text{unidade dada}} \times \frac{\text{unidade desejada}}{\cancel{\text{unidade dada}}} = \text{unidade desejada}$$

Na análise dimensional, as unidades são transportadas ao longo de toda a seqüência de cálculos. Dessa forma, se a equação estiver correta, todas as unidades serão canceladas, exceto a desejada. Se não for esse o caso, então deve-se ter cometido algum tipo de erro, o qual pode ser detectado revendo a resolução.

Um Lembrete sobre Resolução de Problemas

A esta altura, você já deve ter aprendido o que é notação científica, algarismos significativos e análise dimensional, os quais o ajudarão na resolução de problemas numéricos. A química é uma ciência experimental, e muitos dos seus problemas são de natureza quantitativa. A chave do sucesso na resolução de problemas é a prática. Assim como um maratonista não pode se preparar para uma corrida simplesmente lendo livros sobre corridas e um violinista não pode ter sucesso em um concerto limitando-se a memorizar a partitura, você não pode estar seguro de seu conhecimento sobre química sem resolver problemas. Os passos seguintes vão ajudá-lo a melhorar sua capacidade de resolver problemas numéricos.

1. Leia a pergunta com atenção. Compreenda a informação dada e o que é pedido para resolver. Freqüentemente é útil fazer um esquema que possa ajudá-lo a visualizar a situação.

2. Encontre a equação apropriada que relacione a informação dada e a quantidade desconhecida. Às vezes, a resolução de problemas pode envolver mais que um passo, e você pode ter de consultar tabelas não fornecidas no problema. A análise dimensional é muitas vezes necessária para fazer conversões.
3. Verifique na sua resposta se o sinal, as unidades e os algarismos significativos estão corretos.
4. Um aspecto importante na resolução de problemas é a capacidade de julgar se a resposta é razoável. É relativamente fácil detectar um sinal errado ou unidades incorretas. Mas se um número (digamos 8) fosse colocado incorretamente no denominador e não no numerador, o resultado seria um valor muito pequeno ainda que o sinal e as unidades da quantidade calculada estivessem corretos.
5. Uma forma de conferir rapidamente a resposta é estabelecer uma estimativa em "números redondos". A idéia aqui é arredondar os números para simplificar a aritmética. Essa é uma aproximação útil porque a conta pode ser facilmente efetuada sem o uso de calculadora. A resposta obtida não será exata, contudo, estará próxima da correta.

EXEMPLO 1.5

O consumo médio diário de glicose (uma forma de açúcar) por uma pessoa é de 0,0833 libras (lb). Qual é a massa em miligramas (mg)? (1 lb = 453,6 g.)

Estratégia   O problema pode ser expresso da seguinte maneira:

$$? \text{ mg} = 0{,}0833 \text{ lb}$$

A relação entre libras e gramas é dada no problema. Essa relação vai permitir a conversão de libras em gramas. É necessária uma conversão métrica de gramas a miligramas (1 mg = 1×10^{-3} g). Identifique os fatores de conversão apropriados para cancelar libras e gramas e obter a unidade miligramas na sua resposta.

Solução   A seqüência de conversões é

$$\text{libras} \longrightarrow \text{gramas} \longrightarrow \text{miligramas}$$

Usando os seguintes fatores de conversão

$$\frac{453{,}6 \text{ g}}{1 \text{ lb}} \quad \text{e} \quad \frac{1 \text{ mg}}{1 \times 10^{-3} \text{ g}}$$

obtemos a resposta em um único passo:

$$? \text{ mg} = 0{,}0833 \text{ lb} \times \frac{453{,}6 \text{ g}}{1 \text{ lb}} \times \frac{1 \text{ mg}}{1 \times 10^{-3} \text{ g}} = 3{,}78 \times 10^4 \text{ mg}$$

Verificação   Fazendo uma estimativa grosseira, temos que 1 lb é aproximadamente 500 g e que 1 g = 1.000 mg. Logo, 1 lb é aproximadamente 5×10^5 mg. Arredondando 0,0833 lb para 0,1 lb, obtemos 5×10^4 mg, que está próximo do resultado obtido.

Exercício   Um rolo de papel alumínio tem massa de 1,07 kg. Qual é a massa em libras?

Problema semelhante: 1.37(a).

Como os Exemplos 1.6 e 1.7 ilustram, os fatores de conversão podem ser elevados ao quadrado ou ao cubo na análise dimensional.

EXEMPLO 1.6

Um adulto normal tem 5,2 L de sangue. Qual é o volume do sangue em m^3?

Estratégia O problema pode ser esquematizado como

$$? \, m^3 = 5{,}2 \, L$$

Quantos fatores de conversão serão necessários para este problema? Lembre-se de que $1 \, L = 1.000 \, cm^3$ e que $1 \, cm = 1 \times 10^{-2} \, m$.

Solução Aqui precisamos de dois fatores de conversão: um para converter litros em cm^3 e outro para converter centímetros em metros:

$$\frac{1000 \, cm^3}{1 \, L} \quad e \quad \frac{1 \times 10^{-2} \, m}{1 \, cm}$$

Como o segundo fator de conversão lida com comprimento (cm e m) e queremos obter o volume, devemos elevá-lo ao cubo para dar

$$\frac{1 \times 10^{-2} \, m}{1 \, cm} \times \frac{1 \times 10^{-2} \, m}{1 \, cm} \times \frac{1 \times 10^{-2} \, m}{1 \, cm} = \left(\frac{1 \times 10^{-2} \, m}{1 \, cm}\right)^3$$

Isso significa que $1 \, cm^3 = 1 \times 10^{-6} \, m^3$. Agora, podemos escrever

$$? \, m^3 = 5{,}2 \, L \times \frac{1000 \, cm^3}{1 \, L} \times \left(\frac{1 \times 10^{-2} \, m}{1 \, cm}\right)^3 = 5{,}2 \times 10^{-3} \, m^3$$

Verificação Dos fatores de conversão usados, podemos observar que $1 \, L = 1 \times 10^{-3} \, m^3$. Portanto, 5 L de sangue seria igual a $5 \times 10^{-3} \, m^3$, valor este que se aproxima da resposta obtida.

Exercício O volume de uma sala é $1{,}08 \times 10^8 \, dm^3$. Qual é o volume em m^3?

Problema semelhante: 1.38(g).

EXEMPLO 1.7

A densidade da prata é $10{,}5 \, g/cm^3$. Converta-a para unidades de kg/m^3.

Estratégia O problema pode ser esquematizado como

$$? \, kg/m^3 = 10{,}5 \, g/cm^3$$

São necessários dois fatores de conversão para este problema: g $\longrightarrow$ kg e $cm^3 \longrightarrow m^3$. Lembre-se de que $1 \, kg = 1.000 \, g$ e $1 \, cm = 1 \times 10^{-2} \, m$.

Solução No Exemplo 1.6 vimos que $1 \, cm^3 = 1 \times 10^{-6} \, m^3$. Os fatores de conversão são

$$\frac{1 \, kg}{1000 \, g} \quad e \quad \frac{1 \, cm^3}{1 \times 10^{-6} \, m^3}$$

Finalmente,

$$? \, kg/m^3 = \frac{10{,}5 \, g}{1 \, cm^3} \times \frac{1 \, kg}{1000 \, g} \times \frac{1 \, cm^3}{1 \times 10^{-6} \, m^3} = 10.500 \, kg/m^3$$

$$= 1{,}05 \times 10^4 \, kg/m^3$$

Uma moeda de prata.

Verificação Como $1 \, m^3 = 1 \times 10^6 \, cm^3$, esperaríamos que a massa de $1 \, m^3$ fosse muito superior à de $1 \, cm^3$. Logo, a resposta é razoável.

Exercício A densidade do metal mais leve, o lítio (Li), é $5{,}34 \times 10^2 \, kg/m^3$. Converta-a a g/cm^3.

Problema semelhante: 1.39.

Resumo de Fatos e Conceitos

1. O método científico é uma abordagem sistemática à investigação e começa com a coleta de informações por meio de observações e de medidas. No processo, formulam-se e testam-se hipóteses, leis e teorias.
2. Os químicos estudam a matéria e as substâncias que a compõem. Todas as substâncias, em princípio, podem existir em três estados: sólido, líquido e gasoso. A interconversão entre esses estados pode ser realizada com a mudança da temperatura.
3. Os elementos são as substâncias químicas mais simples. Os compostos são formados pela combinação de átomos de diferentes elementos. As substâncias apresentam propriedades físicas e químicas que lhe são características. As primeiras podem ser observadas sem mudanças nas identidades das substâncias. Já as segundas são observadas quando ocorrem mudanças de identidade nas substâncias.
4. Em todas as ciências, inclusive na química, as unidades SI são usadas para expressar quantidades físicas. Os números descritos em notação científica têm a forma $N \times 10^n$, em que N é um número entre 1 e 10, e n é um número inteiro positivo ou negativo. A notação científica nos ajuda a lidar com quantidades muito grandes e muito pequenas. O número de algarismos significativos indica a exatidão da medida.
5. No método *factor-label* usado para resolver problemas, as unidades são multiplicadas, divididas ou canceladas como se fossem quantidades algébricas. A obtenção de unidades corretas no resultado final garante que o cálculo foi realizado adequadamente.

Palavras-chave

Algarismos significativos, p. 14
Composto, p. 6
Densidade, p. 10
Elemento, p. 5
Exatidão, p. 17
Hipótese, p. 3
Kelvin, p. 11
Lei, p. 3
Litro, p. 10
Massa, p. 9
Matéria, p. 4
Método científico, p. 2
Mistura heterogênea, p. 5
Mistura homogênea, p. 5
Mistura, p. 5
Peso, p. 9
Precisão, p. 17
Propriedade extensiva, p. 7
Propriedade física, p. 7
Propriedade intensiva, p. 8
Propriedade macroscópica, p. 8
Propriedade microscópica, p. 8
Propriedade química, p. 7
Qualitativa, p. 3
Quantitativa, p. 3
Química, p. 4
Sistema Internacional de Unidades (SI), p. 8
Substância, p. 5
Teoria, p. 3
Volume, p. 10

Questões e Problemas

Definições Básicas
Questões de Revisão

1.1 Defina os seguintes termos: (a) matéria, (b) massa, (c) peso, (d) substância, (e) mistura.

1.2 Quais dessas afirmações é cientificamente correta?
"A massa do aluno é 56 kg."
"O peso do aluno é 56 kg."

1.3 Dê um exemplo de mistura homogênea e de mistura heterogênea.

1.4 Qual a diferença entre uma propriedade física e uma propriedade química?

1.5 Dê um exemplo de propriedade intensiva e de propriedade extensiva.

1.6 Defina esses termos: (a) elemento, (b) composto.

Problemas

• 1.7 Responda se as afirmações a seguir descrevem propriedades físicas ou químicas. (a) Gás oxigênio sofre combustão. (b) Fertilizantes ajudam a aumentar a produção agrícola. (c) A água entra em ebulição abaixo de 100°C no topo de uma montanha. (d) Chumbo é mais denso do que alumínio. (e) Urânio é um elemento radioativo.

• 1.8 Responda se as afirmações a seguir descrevem mudança física ou química. (a) Gás hélio dentro de um balão tende a vazar após poucas horas. (b) O feixe de luz de uma lanterna vai diminuindo e finalmente se apaga. (c) Suco de laranja congelado é reconstituído por adição de água. (d) O crescimento das plantas depende da energia do sol em um processo denominado fotossíntese. (e) O

Níveis de Dificuldade: • Fácil •• Médio ••• Difícil.

sal contido em uma colher é dissolvido em uma tigela de sopa.

- 1.9 Quais das seguintes propriedades são intensivas e quais são extensivas? (a) comprimento, (b) volume, (c) temperatura, (d) massa.
- **1.10** Quais das seguintes propriedades são intensivas e quais são extensivas? (a) área, (b) cor, (c) densidade.
- 1.11 Classifique cada uma destas substâncias como elemento ou composto: (a) hidrogênio, (b) água, (c) ouro, (d) açúcar.
- **1.12** Classifique cada uma destas substâncias como elemento ou composto: (a) cloreto de sódio (sal de cozinha), (b) hélio, (c) álcool, (d) platina.

Unidades
Questões de Revisão

1.13 Dê os nomes das unidades básicas SI para os seguintes termos: (a) comprimento, (b) área, (c) volume, (d) massa, (e) tempo, (f) força, (g) energia, (h) temperatura.

1.14 Escreva os números representados pelos prefixos seguintes: (a) mega-, (b) quilo-, (c) deci-, (d) centi-, (e) mili-, (f) micro-, (g) nano-, (h) pico-.

1.15 Defina densidade. Quais as unidades que os químicos geralmente usam para a densidade? A densidade é uma propriedade intensiva ou extensiva?

1.16 Descreva as equações para conversão de graus nas escalas Celsius a Fahrenheit e Fahrenheit a Celsius.

Problemas

- 1.17 Uma esfera de chumbo tem massa igual a $1,20 \times 10^4$ g, e seu volume é $1,05 \times 10^3$ cm^3. Calcule a densidade do chumbo.
- **1.18** Mercúrio é o único metal líquido à temperatura ambiente. Sua densidade é 13,6 g/mL. Quantos gramas de mercúrio vão ocupar um volume de 95,8 mL?
- 1.19 (a) Normalmente o corpo humano pode suportar uma temperatura de 105°F por um curto período, sem danos permanentes no cérebro ou em outros órgãos vitais. Qual é o valor dessa temperatura em graus Celsius? (b) O etilenoglicol é um composto orgânico líquido, usado como anticongelante nos radiadores dos carros, e congela a −11,5°C. Calcule a temperatura de congelamento em graus Fahrenheit. (c) A temperatura na superfície do Sol é cerca de 6.300°C. Qual é a temperatura em graus Fahrenheit? (d) A temperatura de combustão do papel é 451°F. Qual é a temperatura em graus Celsius?
- **1.20** (a) Converta as seguintes temperaturas para kelvin: (i) 113°C, o ponto de fusão do enxofre, (ii) 37°C, a temperatura corporal normal, (iii) 357°C, o ponto de ebulição do mercúrio. (b) Converta as temperaturas seguintes a graus Celsius: (i) 77 K, o ponto de ebulição do nitrogênio líquido, (ii) 4,2 K, o ponto de ebulição do hélio líquido, (iii) 601 K, o ponto de fusão do chumbo.

Notação Científica
Problemas

- 1.21 Escreva os números seguintes em notação científica: (a) 0,000000027, (b) 356, (c) 0,096.
- **1.22** Escreva os números seguintes em notação científica: (a) 0,749, (b) 802,6, (c) 0,000000621.
- 1.23 Converta para notação não científica: (a) $1,52 \times 10^4$, (b) $7,78 \times 10^{-8}$.
- **1.24** Transforme em notação não científica: (a) $3,256 \times 10^{-5}$, (b) $6,03 \times 10^6$.
- 1.25 Expresse os resultados dos cálculos seguintes em notação científica:

    (a) $145,75 + (2,3 \times 10^{-1})$
    (b) $79.500 \div (2,5 \times 10^2)$
    (c) $(7,0 \times 10^{-3}) - (8,0 \times 10^{-4})$
    (d) $(1,0 \times 10^4) \times (9,9 \times 10^6)$

- **1.26** Expresse os resultados dos cálculos seguintes em notação científica:

    (a) $0,0095 + (8,5 \times 10^{-3})$
    (b) $653 \div (5,75 \times 10^{-8})$
    (c) $850.000 - (9,0 \times 10^5)$
    (d) $(3,6 \times 10^{-4}) \times (3,6 \times 10^6)$

Algarismos Significativos
Problemas

- 1.27 Qual é o número de algarismos significativos em cada uma das grandezas seguintes? (a) 4.867 milhas, (b) 56 mL, (c) 60.104 t, (d) 2.900 g.
- **1.28** Qual é o número de algarismos significativos em cada uma das grandezas seguintes? (a) 40,2 g/cm^3, (b) 0,0000003 cm, (c) 70 min, (d) $4,6 \times 10^{19}$ átomos.
- •• 1.29 Realize as operações seguintes como se fossem cálculos de resultados experimentais e escreva a resposta nas unidades corretas e com o número certo de algarismos significativos:

    (a) 5,6792 m + 0,6 m + 4,33 m
    (b) 3,70 g − 2,9133 g
    (c) 4,51 cm × 3,6666 cm

- •• **1.30** Realize as operações seguintes como se fossem cálculos de resultados experimentais e indique a resposta nas unidades corretas e com o número certo de algarismos significativos:

    (a) 7,310 km ÷ 5,70 km
    (b) $(3,26 \times 10^{-3}$ mg$) - (7,88 \times 10^{-5}$ mg$)$
    (c) $(4,02 \times 10^6$ dm$) + (7,74 \times 10^7$ dm$)$

Análise Dimensional
Problemas

- •• 1.31 Realize as conversões seguintes: (a) 22,6 m para decímetros, (b) 25,4 mg para quilogramas.

1.32 Faça as conversões seguintes: (a) 242 lb para miligramas, (b) 68,3 cm³ para metros cúbicos.

1.33 O preço do ouro em um determinado dia de 2004 foi de $ 315 por onça troy. Qual foi o preço de 1,00 g de ouro naquele dia (1 onça troy = 31,03 g).

1.34 Quantos segundos há em um ano solar (365,24 dias)?

1.35 Quantos minutos demora a luz do Sol a chegar à Terra? (A distância do Sol à Terra é de 93 milhões de milhas; a velocidade da luz é igual a $3{,}00 \times 10^8$ m/s.)

1.36 Um corredor lento percorre 1 milha em 13 min. Calcule a velocidade em (a) pol/s, (b) m/min, (c) km/h. (1 mi = 1.609 m; 1 pol (polegada) = 2,54 cm).

1.37 Realize as conversões: (a) Uma pessoa com 6,0 pés (ft) de altura pesa 168 kg (lb). Determine a altura dessa pessoa em metros e o seu peso em quilogramas. (1 lb = 453,6 g; 1 m = 3,28 pés). (b) O limite de velocidade em vigor em alguns estados é de 55 milhas por hora. Qual é o limite de velocidade em quilômetros por hora? (c) A velocidade da luz é $3{,}00 \times 10^{10}$ cm/s. Quantas milhas a luz percorre em 1 hora? (d) Chumbo é uma substância tóxica. A quantidade "normal" de chumbo no sangue de um ser humano é cerca de 0,40 parte por milhão (isto é, 0,40 g de chumbo por um milhão de gramas de sangue). Um valor de 0,80 parte por milhão (ppm) é considerado perigoso. Quantos gramas de chumbo existem em $6{,}0 \times 10^3$ g de sangue (a quantidade de sangue de um adulto normal) se o conteúdo em chumbo for de 0,62 ppm?

1.38 Faça as conversões seguintes: (a) 1,42 ano-luz para quilômetros (um ano-luz é uma medida astronômica de distância — a distância percorrida pela luz em um ano, ou 365 dias; (b) 32,4 jardas para centímetros; (c) $3{,}0 \times 10^{10}$ cm/s para pés/s; (d) 47,4°F para graus Celsius; (e) −273,15°C (a temperatura mais baixa) para graus Fahrenheit; (f) 71,2 cm³ para m³; 7,2 m³ para litros.

1.39 O alumínio é um metal leve (densidade = 2,70 g/cm³) usado na construção de aeronaves, cabos de transmissão de alta voltagem, latas de bebidas e chapas. Qual é a sua densidade em kg/m³?

1.40 A densidade do gás amônia, em certas condições, é 0,625 g/L. Calcule essa densidade em g/cm³.

Problemas Adicionais

1.41 Quais das afirmações seguintes descrevem propriedades físicas e quais descrevem propriedades químicas? (a) O ferro tende a enferrujar. (b) Em regiões industrializadas, a água da chuva tende a ser ácida. (c) As moléculas de hemoglobina têm cor vermelha. (d) Quando se deixa um copo com água ao Sol, a água desaparece gradualmente. (e) O dióxido de carbono do ar é convertido em moléculas mais complexas pelas plantas durante a fotossíntese.

1.42 Em 2004 cerca de 87,0 bilhões de libras de ácido sulfúrico foram produzidas nos Estados Unidos. Converta essa grandeza para toneladas.

1.43 Suponha que foi desenvolvida uma nova escala de temperatura na qual o ponto de fusão (−117,3°C) e o ponto de ebulição (78,3°C) do etanol são considerados 0°S e 100°S, respectivamente, em que S é o símbolo da nova escala de temperatura. Deduza uma equação que relacione as leituras nessa escala com as leituras na escala Celsius. Qual seria a leitura nesse termômetro a 25°C?

1.44 Para determinar a densidade de uma barra de seção retangular de um metal, um aluno fez as seguintes medidas: comprimento = 8,53 cm; largura = 2,4 cm; altura = 1,0 cm; massa = 52,7064 g. Calcule a densidade do metal com o número correto de algarismos significativos.

1.45 Calcule a massa de: (a) uma esfera de ouro com 10,0 cm de raio [o volume de uma esfera de raio r é $V = (\frac{4}{3})\pi r^3$; a densidade do ouro é 19,3 g/cm³], (b) um cubo de platina de aresta 0,040 mm (densidade da platina = 21,4 g/cm³), (c) 50,0 mL de etanol (densidade do etanol = 0,798 g/mL)

1.46 Um tubo de vidro cilíndrico com o comprimento de 12,7 cm é preenchido com mercúrio. A massa de mercúrio necessária para encher o tubo é 105,5 g. Calcule o diâmetro interno do tubo. (Densidade do mercúrio = 13,6 g/mL.)

1.47 Para determinar o volume de um balão (de vidro), procedeu-se da seguinte maneira. O balão foi pesado seco e depois preenchido com água. As massas do balão vazio e cheio de água forem de 56,12 g e 87,39 g, respectivamente, e a densidade da água for de 0,9976 g/cm³; calcule o volume do balão em cm³.

1.48 Um objeto de prata (Ag) metálica com a massa de 194,3 g é colocado em uma proveta contendo 242,0 mL de água. O volume final observado é de 260,5 mL. Com esses dados calcule a densidade da prata.

1.49 O experimento descrito no Problema 1.48 é uma forma rudimentar mas conveniente de determinar a densidade de alguns sólidos. Descreva um experimento semelhante que lhe permitisse determinar a densidade do gelo. Especifique quais seriam os requisitos do líquido usado no seu esperimento.

1.50 A velocidade do som no ar à temperatura ambiente é cerca de 343 m/s. Calcule essa velocidade em milhas por hora.

1.51 Os termômetros normalmente usados em residências permitem a leitura dentro de ±0,1°F, mas aqueles usados nos consultórios médicos são mais exatos (±0,1°C). Expresse o percentual de erro em graus Celsius esperado para cada um desses termômetros para uma temperatura corporal de 38,9°C.

1.52 Um termômetro marca 24,2 °C ± 0,1°C. Calcule o valor dessa temperatura em graus Fahrenheit. Qual é a incerteza?

1.53 A vanilina (usada para dar sabor a sorvetes de baunilha e a outros alimentos) é uma substância cujo aroma é detectado pelo nariz humano em quantidades ínfimas. O limite de detecção é $2{,}0 \times 10^{-11}$ g por litro de ar. Considerando o preço de 50 g de vanilina igual a R$ 270, determine o custo da quantidade mínima de vanilina necessária para que o seu aroma seja detectado em um hangar para aeronaves de grande porte cujo volume é 5×10^7 pés³.

1.54 Um adulto em repouso necessita de 240 mL de oxigênio puro/min e respira cerca de 12 vezes por minuto. Se o ar inalado contiver 20% de oxigênio por volume e o ar exalado 16%, qual será o volume de ar inspirado de cada vez? (Suponha que o volume inalado seja equivalente ao do ar exalado.)

1.55 O volume total de água do mar é $1,5 \times 10^{21}$ L. Admita que a água do mar contenha 3,1% de cloreto de sódio por massa e que a sua densidade seja 1,03 g/mL. Calcule a massa total de cloreto de sódio em quilogramas e em toneladas. (1 t = 2.000 lb; 1 lb = 453,6 g.)

1.56 O magnésio (Mg) é um metal valioso usado em ligas, em baterias e na fabricação de produtos químicos. É obtido geralmente a partir da água do mar, que contém cerca de 1,3 g de Mg para cada quilograma de água. Calcule o volume de água do mar (em litros) necessário para extrair $8,0 \times 10^4$ toneladas de Mg. (Densidade da água do mar = 1,03 g/mL.)

1.57 Pede-se a um estudante para comprovar se um determinado cadinho é de platina pura. Ele pesa o cadinho primeiro em ar e depois suspenso em água (densidade = 0,9986 g/cm^3). As leituras são 860,2 g e 820,2 g, respectivamente. Com base nessas medidas e sabendo que a densidade da platina é 21,45 g/cm^3, qual deveria ser a sua conclusão? (*Sugestão*: Um objeto suspenso em um fluido sofre uma impulsão igual à massa de líquido deslocado pelo objeto. Despreze a impulsão no ar.)

1.58 A que temperatura um termômetro graduado em graus Celsius é igual à de um graduado em graus Farenheit?

1.59 A área da superfície e a profundidade média do oceano Pacífico são de $1,8 \times 10^8$ km^2 e $3,9 \times 10^3$ m, respectivamente. Calcule o volume de água desse oceano em litros.

1.60 A percentagem de erro é, muitas vezes, expressa como o valor absoluto da diferença entre o valor real e o valor experimental, dividida pelo valor real:

Percentual de erro =

$$\frac{|\text{valor real} - \text{valor experimental}|}{|\text{valor real}|} \times 100\%$$

em que as linhas verticais indicam valores absolutos. Calcule a percentagem de erro das seguintes medidas: (a) a densidade experimental do álcool (etanol) igual a 0,802 g/mL. (Valor real: 0,798 g/mL.) (b) Uma análise indicou que a massa de ouro em um brinco é de 0,837 g. (Valor real: 0,864 g.)

1.61 O ósmio (Os) é o elemento mais denso conhecido (densidade = 22,57 g/cm^3). Calcule a massa, em quilogramas, de uma esfera de ósmio com 15 cm de diâmetro (aproximadamente o tamanho de uma *laranja*). Veja o Problema 1.45 para calcular o volume de uma esfera.

1.62 Um volume de 1,0 mL de água do mar contém cerca de $4,0 \times 10^{-12}$ g de ouro. O volume total de água oceânica é $1,5 \times 10^{21}$ L. Calcule a quantidade total de ouro (em gramas) presente na água do mar e o valor desse ouro, supondo que o preço do ouro seja de $ 350 por onça. Com tanto ouro por aí, por que ninguém enriqueceu extraindo ouro do oceano?

1.63 A fina camada exterior da Terra, denominada crosta, contém apenas 0,50% da massa terrestre total e, no entanto, é a fonte de quase todos os elementos (a atmosfera fornece elementos como o oxigênio, nitrogênio e outros gases). O silício (Si) é o segundo elemento mais abundante da crosta terrestre (27,2% em massa). Calcule a massa de silício em quilogramas existente na crosta da Terra. (A massa da Terra é $5,9 \times 10^{21}$ t. 1 t = 2.000 lb; 1 lb = 453,6 g.)

1.64 O diâmetro de um átomo de cobre (Cu) é aproximadamente $1,3 \times 10^{-10}$ m. Quantas vezes um fio de cobre de 10 cm terá de ser dividido, até que fique reduzido a dois átomos de cobre separados? (Suponha que existam ferramentas adequadas para esse procedimento e que os átomos de cobre estejam alinhados e em contato uns com os outros.) Arredonde sua resposta para um número inteiro.

1.65 Um litro de gasolina no motor de um automóvel produz em média 9,5 kg de dióxido de carbono, um gás que promove o efeito estufa, isto é, o aquecimento da atmosfera terrestre. Calcule a produção anual de dióxido de carbono em quilogramas, para 40 milhões de carros percorrendo cada 5.000 milhas com um consumo de 20 milhas por litro.

1.66 Uma chapa de alumínio (Al) tem uma área total de 1.000 pés^2 e uma massa de 3,636 g. Qual é a espessura da folha em milímetros? (Densidade do Al = 2,699 g/cm^3.)

1.67 O cloro é usado para desinfetar piscinas. A concentração estabelecida para isso é 1 ppm de cloro ou 1 g de cloro por milhão de gramas de água. Calcule o volume de solução de cloro (em mililitros) que a dona de uma piscina deve usar, se a solução contiver 6,0% de cloro em massa e houver 2×10^4 galões de água na piscina. (1 galão = 3,79 L; densidade dos líquidos = 1,0 g/mL).

1.68 A fluoretação é o processo de adicionar compostos de flúor à água para consumo de modo que evite a cárie dentária. Basta uma concentração de 1 ppm para esse propósito (1 ppm significa uma parte por milhão, ou 1 g de flúor para um milhão de gramas de água). O composto normalmente usado para a fluoretação é o fluoreto de sódio, que também é adicionado a alguns cremes dentais. Calcule a quantidade necessária, por ano, de fluoreto de sódio em quilogramas em uma cidade com 50.000 habitantes se o consumo diário de água por pessoa for de 150 galões. Qual é a percentagem de fluoreto de sódio "desperdiçada" se cada pessoa utilizar apenas 6,0 L de água por dia para beber e cozinhar? (O fluoreto de sódio contém 45,0% em massa de flúor. 1 galão = 3,79 L. 1 ano = 365 dias. Densidade da água = 1,0 g/mL.)

1.69 Na conservação de águas em reservatórios, os químicos espalham uma película fina de material inerte sobre a superfície da água para reduzir sua velocidade de evaporação. O pioneiro dessa técnica foi Benjamin Franklin há três séculos. Franklin verificou que 0,10 mL de óleo podia espalhar-se sobre uma área de 40 m^2 na superfície da água. Considerando que o óleo forme uma *monocamada*, isto é, uma camada com a espessura de uma molécula, calcule o comprimento de cada molécula de óleo em nanômetros (1 nm = 1×10^{-9} m).

••1.70 Os feromônios são substâncias secretadas por fêmeas de várias espécies de insetos para atrair os machos. Tipicamente, $1,0 \times 10^{-8}$ g de feromônio são suficientes para alcançar todos os machos em um raio de 0,50 mi. Calcule a densidade do feromônio (em gramas por litro) em um volume circular de ar com um raio de 800 m e uma altura de 1.220 cm.

••1.71 Uma companhia de gás em Massachussetts cobra US$ 1,30 por 1,50 pé^3 de gás natural. (a) Converta esse custo para dólares por litro de gás. (b) Se for necessário 0,304 pé^3 de gás para ferver 1 litro de água, partindo da temperatura ambiente (25ºC), quanto custará ferver 2,1 L de água contida em uma chaleira?

• Problemas Especiais

1.72 Os dinossauros dominaram a vida na Terra durante milhões de anos e depois desapareceram de repente. Para resolver o mistério, os paleontologistas estudaram fósseis e esqueletos encontrados em rochas em várias camadas da crosta terrestre. As suas descobertas permitiram-lhes fazer um mapa com as espécies que existiam na Terra em períodos geológicos específicos. Também mostraram que não havia esqueletos de dinossauros em rochas formadas imediatamente após o período Cretáceo, que aconteceu há cerca de 65 milhões de anos. Admite-se, portanto, que os dinossauros foram extintos a cerca de 65 milhões de anos.

Entre as várias hipóteses levantadas para explicar o seu desaparecimento duas se destacam: uma ruptura da cadeia alimentar e uma alteração drástica do clima causada por erupções vulcânicas violentas. Contudo, não havia provas convincentes de qualquer das hipóteses até 1977. Então, um grupo de paleontologistas que trabalhava na Itália obteve alguns dados intrigantes em uma escavação próxima de Gubbio. A análise química de uma camada de argila depositada por cima de sedimentos formados no período Cretáceo (e, portanto, uma camada que registra acontecimentos ocorridos *depois* do período Cretáceo) apresentava um conteúdo surpreendentemente elevado do elemento irídio (Ir). O irídio é muito raro na crosta da Terra, mas é relativamente abundante em asteróides.

Essa investigação levou à hipótese de que a extinção dos dinossauros teria ocorrido da seguinte maneira. Para justificar a quantidade de irídio encontrada, os cientistas sugeriram que um asteróide grande, com vários quilômetros de diâmetro teria atingido a Terra próximo do tempo em que os dinossauros desapareceram. O impacto do asteróide na superfície da Terra deve ter sido tão violento que, literalmente, vaporizou grande quantidade de rochas, terrenos e outros materiais. A poeira e detritos resultantes flutuaram no ar e bloquearam a luz do sol durante meses, talvez anos. Na ausência de luz solar abundante, as plantas não podiam crescer, e o registro fóssil confirma que muitos tipos de plantas, de fato, desapareceram nessa época. Conseqüentemente, é claro, muitos animais que se alimentavam de plantas morreram e, por sua vez, os animais carnívoros começaram a passar fome. A diminuição de fontes alimentares afetou, obviamente, os animais grandes que necessitam de grandes quantidades de alimentos. Potanto, os enormes dinossauros desapareceram em razão da falta de comida.

(a) Como o estudo da extinção dos dinossauros ilustra o método científico?

(b) Sugira duas maneiras de testar a hipótese.

(c) Na sua opinião, justifica-se a referência à explicação do asteróide como a teoria da extinção dos dinossauros?

(d) As provas existentes sugerem que cerca de 20% da massa do asteróide, após atravessar as camadas superiores da atmosfera, converteu-se em poeira e se espalhou uniformemente por toda a Terra. Essa poeira correspondia a cerca de 0,02 g/cm^2 da superfície terrestre. Provavelmente o asteróide teria uma densidade de cerca de 2 g/cm^3. Calcule a massa em (quilogramas e em toneladas) do asteróide e seu raio em metros, admitindo que era uma esfera. (A área da Terra é $5,1 \times 10^{14}$ m^2; 1 lb = 453,6 g.) (Fonte: *Consider a Spherical Cow — A Course in Environmental Problem Solving*. Mill Valley, CA: J. Harte, University Science Books, 1988. Reprodução autorizada.)

Conceito artístico sobre Orbitador Climático do planeta Marte.

1.73 O Orbitador Climático de Marte, que deveria ser o primeiro satélite climático do planeta vermelho, foi destruído pelo aquecimento quando entrava na atmosfera de Marte em 1999. A perda da espaçonave foi causada pela falha em converter unidades de medida inglesas em unidades SI no software de navegação. Os engenheiros que construíram a espaçonave especificaram a sua impulsão em libras, que é uma unidade inglesa. Os cientistas da Nasa presumiram que os dados recebidos tinham sido expressos em newtons (N). Expressa como uma unidade de força, 1 lb é a força da atração gravitacional sobre um objeto com essa massa, e 1 N = 1 kg m/s². Qual é a relação entre essas duas unidades de força, ou seja, libra e newton? Por que a espaçonave entrou em Marte em uma órbita muito mais baixa do que a planejada? [1lb = 0,4536 kg; aceleração da gravidade (g) = 9,81 m/s². Segunda lei de movimento de Newton? força = massa × aceleração.]

Respostas dos Exercícios

1.1 96,5 g. **1.2** (a) 621,5°F, (b) 78,3°C, (c) −196°C.
1.3 (a) Dois, (b) quatro, (c) três, (d) dois, (e) três ou dois.
1.4 (a) 26,76 L, (b) 4,4 g, (c) 1,6 × 10⁷ dm²,
(d) 0,0756 g/mL, (e) 6,69 × 10⁴ m. **1.5** 2,36 lb.
1.6 1,08 × 10⁵ m³. **1.7** 0,534 g/cm³.

2 Átomos, Moléculas e Íons

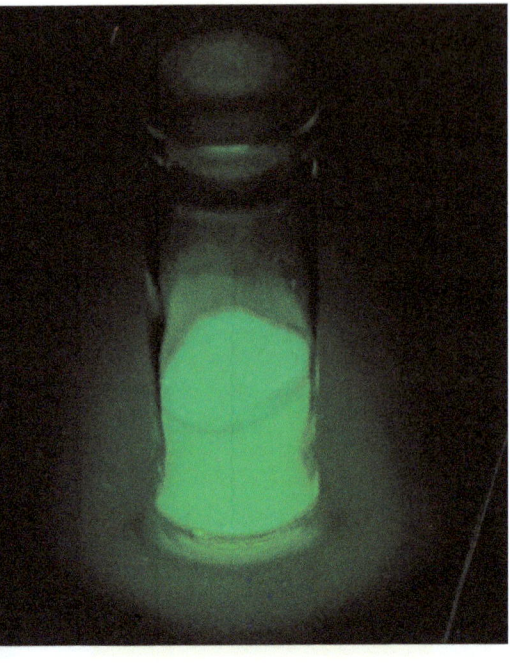

O brilho observado no processo de decaimento do rádio (Ra). O estudo da radioatividade contribuiu para o avanço da compreensão dos cientistas sobre a estrutura atômica.

2.1 Teoria Atômica 29
2.2 Estrutura do Átomo
Elétron • Radioatividade • Próton e Núcleo • O Nêutron
2.3 Número Atômico, Número de Massa e Isótopos 35
2.4 Tabela Periódica 36
2.5 Moléculas e Íons 37
Moléculas • Íons
2.6 Fórmulas Químicas 39
Fórmulas Moleculares • Fórmulas Empíricas • Fórmulas dos Compostos Iônicos
2.7 Nomenclatura de Compostos 43
Compostos Iônicos • Compostos Moleculares • Ácidos e Bases • Hidratos

Conceitos Essenciais

Desenvolvimento da Teoria Atômica A busca por unidades fundamentais da matéria teve início na Antiguidade. A versão moderna da teoria atômica foi concebida por John Dalton, cientista que postulou que os elementos são constituídos de partículas extremamente pequenas, denominadas átomos, e que todos os átomos de um elemento são idênticos, mas diferentes dos átomos de todos os outros elementos.

A Estrutura do Átomo Os experimentos efetuados no século XIX e no início do século XX permitiram que os cientistas descobrissem que o átomo é constituído de três partículas elementares: o próton, o nêutron e o elétron. O próton possui carga positiva, o elétron tem carga negativa e o nêutron não possui carga. Os prótons e os nêutrons estão localizados em uma pequena região no centro do átomo, denominada núcleo, e os elétrons estão distribuídos ao redor do núcleo.

Como Identificar Átomos O número de prótons no núcleo é denominado número atômico; átomos de elementos distintos possuem números atômicos diferentes. Os isótopos são átomos de um mesmo elemento que possuem números de nêutrons diferentes. O número de massa é a soma do número de prótons e de nêutrons no átomo. Em virtude de o átomo ser eletricamente neutro, o seu número de prótons é igual ao seu número de elétrons.

A Tabela Periódica Os elementos químicos podem ser arranjados de acordo com suas propriedades físicas e químicas em um quadro denominado tabela periódica. A tabela periódica permite classificar os elementos (em metais, metalóides e não-metais) e correlacionar suas propriedades de maneira sistemática. A tabela é a fonte mais útil de informações químicas.

Dos Átomos aos Íons e Moléculas Os átomos da maioria dos elementos interagem para formar compostos que são classificados como moleculares ou iônicos. As fórmulas químicas informam o tipo e o número de átomos que formam uma molécula ou composto.

Nomenclatura dos Compostos Os nomes de muitos compostos inorgânicos podem ser deduzidos por meio de um conjunto de regras simples.

2.1 Teoria Atômica

No século V a.C., o filósofo grego Demócrito expressou a crença de que toda a matéria consistia em partículas, muito pequenas e indivisíveis, às quais ele chamou de *átomos* (que significa indivisível). Embora a idéia de Demócrito não tenha sido aceita por muitos dos seus contemporâneos (como Platão e Aristóteles), ela prevaleceu. Resultados experimentais de investigações científicas deram suporte ao conceito de "atomismo" e gradualmente fizeram surgir as definições modernas de elementos e compostos. Em 1808, um cientista e professor inglês, John Dalton, formulou uma definição precisa dos blocos indivisíveis constituintes da matéria aos quais denominamos átomos.

O trabalho de Dalton marcou o início da era moderna da química. As hipóteses acerca da natureza da matéria nas quais a teoria atômica de Dalton se baseia podem ser resumidas da seguinte forma:

1. Os elementos são constituídos por partículas extremamente pequenas chamadas átomos.
2. Todos os átomos de dado elemento são idênticos, tendo o mesmo tamanho, massa e propriedades químicas. Os átomos de um elemento são diferentes dos átomos de todos os outros elementos.
3. Os compostos são constituídos por átomos de mais de um elemento. Em qualquer composto, a razão entre os números de átomos de quaisquer elementos presentes é um número inteiro ou uma fração simples.
4. Uma reação química envolve apenas a separação, combinação ou rearranjo dos átomos: não resulta na sua criação ou destruição.

A Figura 2.1 é uma representação esquemática das hipóteses 2 e 3.

O conceito de átomo de Dalton era bem mais detalhado e específico que o de Demócrito. A segunda hipótese afirma que os átomos de um elemento são diferentes daqueles de todos os outros elementos. Dalton não tentou descrever a estrutura ou composição dos átomos — ele não fazia idéia de como era na realidade o átomo. Mas percebeu que as diferentes propriedades apresentadas por elementos como o hidrogênio e o oxigênio podem ser explicadas pressupondo-se que os átomos de hidrogênio não sejam os mesmos que os de oxigênio.

A terceira hipótese sugere que, para formar determinado composto, precisamos não só de átomos dos elementos certos, como também de números específicos desses átomos. Essa idéia é uma extensão de uma lei publicada em 1799 por Joseph Proust, um químico francês. A ***lei das proporções definidas*** de Proust afirma que *amostras diferentes do mesmo composto contêm sempre a mesma proporção em massa dos seus elementos constituintes*. Assim, se analisássemos amostras de dióxido de carbono gasoso obtidas de fontes diferentes, encontraríamos em cada uma a mesma razão entre as massas de carbono e de oxigênio. É então razoável que, se a razão entre as massas dos diferentes elementos em dado composto é fixa, a razão do número de átomos desses elementos também deverá ser constante.

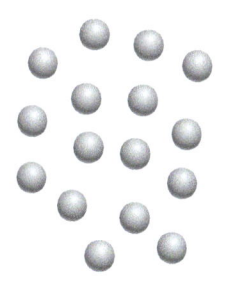

Átomos do elemento X   Átomos do elemento Y   Um composto dos elementos X e Y
                (a)   (b)

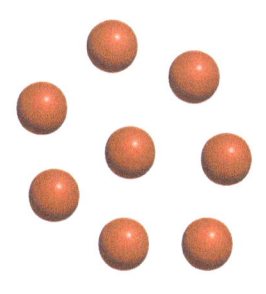

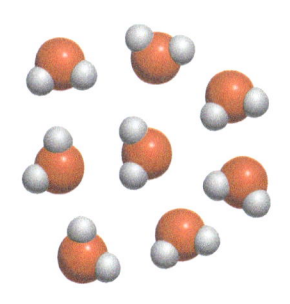

Figura 2.1
(a) De acordo com a teoria atômica de Dalton, os átomos do mesmo elemento são idênticos, mas são diferentes daqueles de outros elementos. (b) Um composto formado por átomos dos elementos X e Y. Nesse caso, a razão entre o número de átomos do elemento X e dos átomos do elemento Y é 2:1.

30   Química Geral

Monóxido de carbono

$\dfrac{O}{C} = \dfrac{1}{1}$

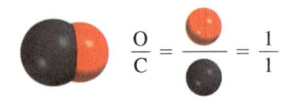

Dióxido de carbono

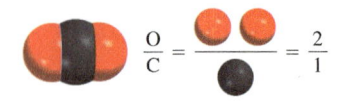

$\dfrac{O}{C} = \dfrac{2}{1}$

A razão entre o oxigênio no monóxido de carbono e o oxigênio no dióxido de carbono é: 1:2

Figura 2.2
Ilustração da lei das proporções múltiplas.

Animação:
Tubo de Raios Catódicos.
Centro de Aprendizagem
Online. Animações.

A terceira hipótese de Dalton apóia outra lei importante, a ***lei das proporções múltiplas***. De acordo com essa lei, *se dois elementos podem combinar-se para formar mais de um composto, as massas de um elemento que se combinam com dada massa do outro elemento estão na razão de números pequenos e inteiros*. A teoria de Dalton explica a lei das proporções múltiplas de forma muito simples: compostos diferentes constituídos pelos mesmos elementos diferem no número de átomos de cada espécie com que se combinam. Por exemplo, o carbono forma dois compostos estáveis com o oxigênio, chamados de monóxido de carbono e dióxido de carbono. As técnicas de medição modernas indicam que um átomo de carbono se combina com um átomo de oxigênio no monóxido de carbono e com dois átomos de oxigênio no dióxido de carbono. Assim, a razão entre o oxigênio no monóxido de carbono e o oxigênio no dióxido de carbono é 1:2. Esse resultado é consistente com a lei das proporções múltiplas, porque a massa de um elemento em um composto é proporcional ao número de átomos do elemento presente (Figura 2.2).

A quarta hipótese de Dalton é outra forma de exprimir a ***lei da conservação da massa***, que diz que *a matéria não pode ser criada nem destruída*.[†] Como a matéria é constituída por átomos que não são alterados em uma reação química, então a massa também deve se conservar. A visão brilhante de Dalton sobre a natureza da matéria foi o principal estímulo para o progresso rápido da química no século XIX.

2.2 Estrutura do Átomo

Com base na teoria atômica de Dalton, podemos definir um ***átomo*** como *a unidade básica de um elemento que pode participar de uma combinação química*. Dalton imaginou um átomo que era simultaneamente indivisível e extremamente pequeno. Contudo, uma série de investigações que tiveram início na década de 1850 e se estenderam até o século XX demonstraram claramente que os átomos possuem na realidade uma estrutura interna; isto é, eles são constituídos por partículas ainda menores, chamadas de *partículas subatômicas*. Essa investigação levou à descoberta de três dessas partículas — os elétrons, os prótons e os nêutrons.

Elétron

Na década de 1890 muitos cientistas foram "apanhados" pelo estudo da ***radiação***, *a emissão e transmissão de energia através do espaço na forma de ondas*. A informação obtida com essa investigação contribuiu grandemente para a compreensão da estrutura atômica. Um instrumento usado para investigar esse fenômeno era o tubo de raios catódicos, o precursor do tubo de televisão (Figura 2.3). Trata-se de um tubo de vidro do qual se retira a maior parte do ar. Quando se ligam as duas placas metálicas à fonte de alta tensão, a placa carregada negativamente, denominada *cátodo*, emite uma radiação invisível. Os raios catódicos são atraídos para a placa com carga positiva, conhecida como *ânodo,* passam através de um orifício e continuam o percurso até a outra extremidade do tubo. Quando os raios atingem a superfície coberta com um revestimento especial, produzem uma fluorescência forte ou uma luz intensa.

Em algumas experiências, duas placas carregadas eletricamente e um ímã foram colocados na parte externa do tudo de raios catódicos (veja a Figura 2.3). Quando o campo magnético está ligado e o campo elétrico, desligado, os raios catódicos atingem o ponto A. Quando se aplica apenas o campo elétrico, os raios atingem o ponto C. Quando ambos os campos, elétrico e magnético, estão desligados ou ligados, mas equilibrados anulando a influência um do outro, a radiação atinge o ponto B. De acordo com

---

[†]De acordo com Albert Einstein, massa e energia são aspectos alternados de uma única entidade chamada de *massa-energia*. As reações químicas geralmente envolvem ganho ou perda de calor e de outras formas de energia. Assim, quando energia é liberada em uma reação, por exemplo, massa também é perdida. Entretanto, alterações na massa em reações químicas são muito pequenas para serem detectadas, com exceção das reações nucleares (veja o Capítulo 21). Assim, para todo efeito prático, massa é conservada.

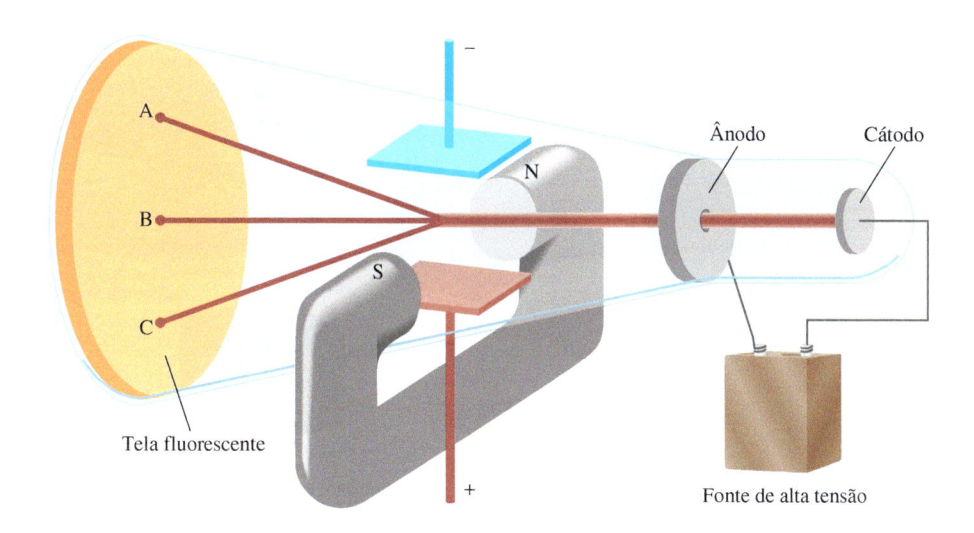

Figura 2.3
Um tubo de raios catódicos com um campo elétrico perpendicular à direção dos raios catódicos e um campo magnético externo. Os símbolos N e S representam os pólos norte e sul do ímã. Os raios catódicos atingirão a extremidade do tubo em: A, na presença do campo magnético; C, na presença de um campo elétrico, e B, quando não há campos externos ou quando os efeitos dos campos elétrico e magnético se anulam.

a teoria eletromagnética, um corpo carregado em movimento comporta-se como um ímã e pode interagir com os campos elétrico e magnético que atravessa. Em virtude de os raios catódicos serem atraídos pela placa com carga positiva e repelidos pela placa com carga negativa, devem ser constituídos por partículas com carga negativa. Essas *partículas com carga negativa são denominadas* **elétrons**. A Figura 2.4 mostra o efeito de uma barra magnética em um raio catódico.

O físico inglês J. J. Thomson usou o tubo de raios catódicos e seu conhecimento da teoria eletromagnética para determinar a razão entre a carga elétrica e a massa de um elétron. O número que ele encontrou foi $-1,76 \times 10^8$ C/g, em que C é o *coulomb*, a unidade de carga elétrica. A partir daí, em uma série de experiências realizadas entre 1908 e 1917, R. A. Millikan, um físico norte-americano, descobriu que a carga de um elétron era de $-1,6022 \times 10^{-19}$ C. Com base nesses resultados, ele calculou a massa do elétron:

Os elétrons estão usualmente associados aos átomos. Contudo, também podem ser estudados individualmente.

Animação:
Gota de Óleo de Millikan.
Centro de Aprendizagem
Online. Animações.

$$\text{massa de um elétron} = \frac{\text{carga}}{\text{carga/massa}}$$

$$= \frac{-1,6022 \times 10^{-19} \text{ C}}{-1,76 \times 10^8 \text{ C/g}}$$

$$= 9,10 \times 10^{-28} \text{ g}$$

que é uma massa extremamente pequena.

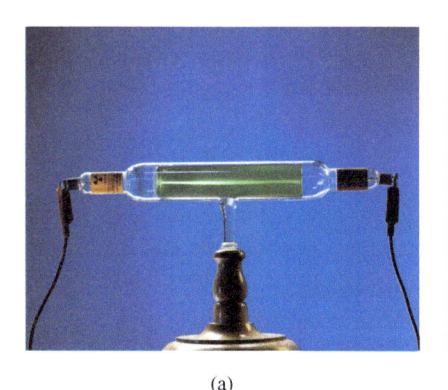

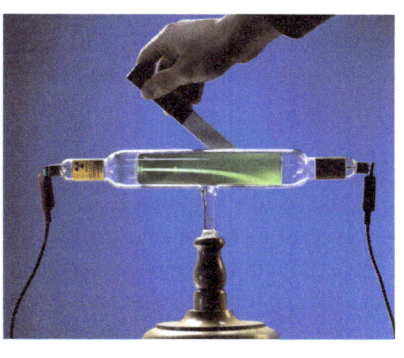

Figura 2.4
(a) Um raio catódico produzido em um tubo de descarga se movimentando do cátodo (esquerda) para o ânodo (direita). O raio é invisível, mas a fluorescência do sulfeto de zinco que recobre o vidro permite a sua visualização em verde. (b) O raio catódico é desviado para baixo quando o pólo norte do ímã é aproximado. Quando a polaridade do ímã é revertida, o raio é desviado para a direção oposta.

Figura 2.8
Os prótons e os nêutrons de um átomo estão contidos em um núcleo extremamente pequeno. Os elétrons são apresentados como "nuvens" em torno do núcleo.

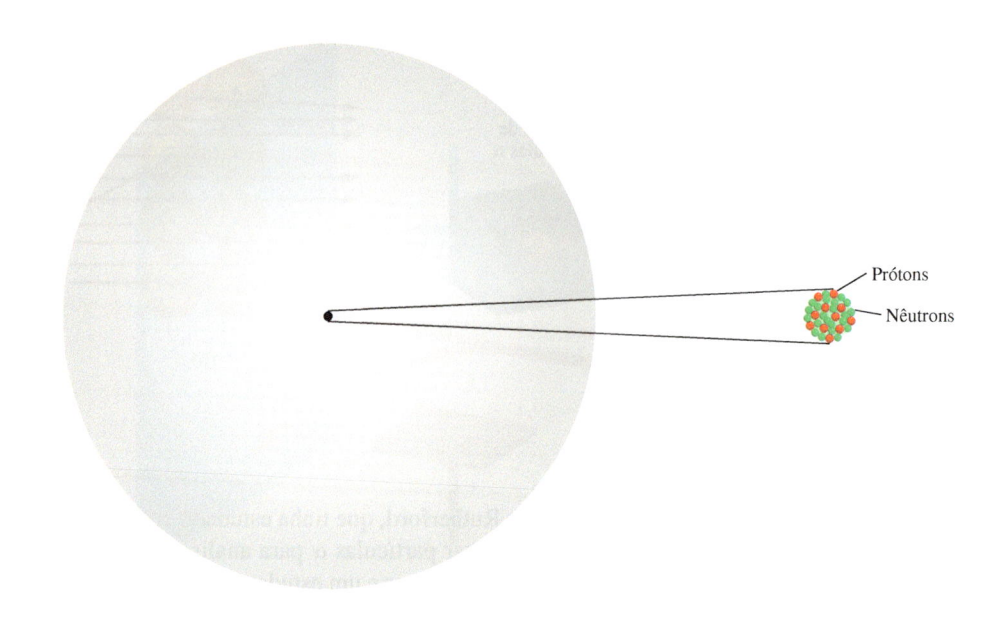

O Nêutron

O modelo de estrutura atômica de Rutherford deixou um grande problema por resolver. Sabia-se que o hidrogênio, o átomo mais simples, continha apenas um próton e o átomo de hélio, dois prótons. Portanto, a razão entre a massa do átomo de hélio e a massa do átomo de hidrogênio deveria ser 2:1. (Como os elétrons são muito mais leves que os prótons, a sua contribuição para a massa atômica pode ser desprezada.) Na realidade, contudo, é 4:1.

Rutherford e outros postularam que devia existir outro tipo de partícula subatômica no núcleo atômico; a prova foi fornecida por outro físico inglês, James Chadwick, em 1932. Quando Chadwick bombardeou uma folha fina de berílio com partículas α, o metal emitiu uma radiação de energia muito elevada, semelhante aos raios γ. Experiências posteriores mostraram que a radiação era constituída por um terceiro tipo de partícula subatômica, à qual Chadwick deu o nome de **nêutrons**, porque elas mostraram ser *partículas eletricamente neutras com uma massa ligeiramente superior à massa dos prótons*.

O mistério da razão das massas podia agora ser explicado. No núcleo de hélio há dois prótons e dois nêutrons, mas, no núcleo de hidrogênio, apenas um próton e nenhum nêutron, daí a razão 4:1.

A Figura 2.8 indica a localização das partículas elementares (prótons, nêutrons e elétrons) em um átomo. Existem outras partículas subatômicas, porém o próton, o elétron e o nêutron são os três componentes fundamentais do átomo que são importantes na química. A Tabela 2.1 mostra as massas e cargas dessas três partículas elementares.

TABELA 2.1 Massa e Cargas das Partículas Subatômicas

Partícula	Massa (g)	Carga	
		Coulomb	Unidades de Carga
Elétron*	$9,10939 \times 10^{-28}$	$-1,6022 \times 10^{-19}$	-1
Próton	$1,67262 \times 10^{-24}$	$+1,6022 \times 10^{-19}$	$+1$
Nêutron	$1,67493 \times 10^{-24}$	0	0

*Medições mais refinadas deram-nos um valor mais preciso da massa do elétron que o valor encontrado por Millikan.

2.3 Número Atômico, Número de Massa e Isótopos

Todos os átomos podem ser identificados pelo número de prótons e de nêutrons que contêm. O **número atômico (Z)** *é o número de prótons no núcleo de cada átomo de um elemento*. Em um átomo neutro, o número de prótons é igual ao número de elétrons e, por isso, o número atômico também indica o número de elétrons presentes no átomo. A identidade química de um átomo pode ser determinada apenas pelo seu número atômico. Por exemplo, o número atômico do nitrogênio é 7. Isso significa que cada átomo de nitrogênio contém 7 prótons e 7 elétrons. Visto de outra maneira, qualquer átomo no universo que contenha 7 prótons é corretamente chamado de "nitrogênio".

O **número de massa (A)** *é o número total de prótons e de nêutrons presentes no núcleo de um átomo de um elemento*. Com exceção da forma mais comum de hidrogênio, que tem um próton e nenhum nêutron, todos os núcleos atômicos contêm prótons e nêutrons. Em geral, o número de massa é dado por:

$$\text{número de massa} = \text{número de prótons} + \text{número de nêutrons}$$
$$= \text{número atômico} + \text{número de nêutrons}$$

O número de nêutrons em um átomo é igual à diferença entre o número de massa e o número atômico, ou $(A - Z)$. Por exemplo, o número de massa do flúor é 19 e o número atômico, 9 (o que indica 9 prótons no núcleo). Assim, o número de nêutrons em um átomo de flúor é $19 - 9 = 10$. Observe que o número atômico, o número de nêutrons e o número de massa devem ser inteiros positivos (números inteiros).

Os átomos de dado elemento não têm todos a mesma massa. A maior parte dos elementos tem dois ou mais **isótopos** — *átomos que têm o mesmo número atômico, mas números de massa diferentes*. Por exemplo, há três isótopos de hidrogênio. Um deles, conhecido simplesmente como hidrogênio, possui um próton e nenhum nêutron. O isótopo de *deutério* contém um próton e um nêutron, e o *trítio* tem um próton e dois nêutrons. A melhor maneira de designar o número atômico e o número de massa de um átomo de um elemento (X) é mostrada a seguir:

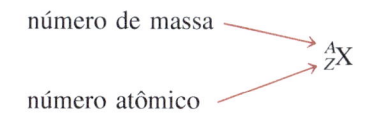

número de massa ⟶ $^{A}_{Z}X$
número atômico ⟶

Assim, para os isótopos de hidrogênio, escrevemos:

$$^{1}_{1}H \qquad ^{2}_{1}H \qquad ^{3}_{1}H$$
hidrogênio   deutério   trítio

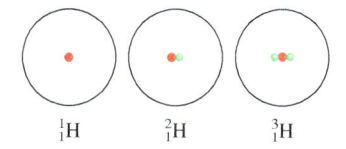

Como outro exemplo, considere dois isótopos comuns de urânio com números de massa de 235 e 238, respectivamente:

$$^{235}_{92}U \qquad ^{238}_{92}U$$

O primeiro isótopo é usado nos reatores nucleares e em bombas atômicas, enquanto o segundo isótopo não possui as propriedades necessárias para essas aplicações. Com a exceção do hidrogênio, que tem nomes diferentes para cada um dos seus isótopos, os isótopos dos elementos são identificados pelos seus números de massa. Assim, os dois isótopos anteriores são chamados de urânio-235 (pronuncia-se como "urânio duzentos e trinta e cinco") e urânio-238 (pronuncia-se como "urânio duzentos e trinta e oito").

As propriedades químicas de um elemento são determinadas pelos prótons e elétrons nos seus átomos: os nêutrons não participam das transformações químicas em condições normais. Por isso, os isótopos do mesmo elemento têm propriedades químicas semelhantes, formando os mesmos tipos de compostos e apresentando reatividades semelhantes.

EXEMPLO 2.1

Indique o número de prótons, de nêutrons e de elétrons, em cada uma das seguintes espécies: (a) $^{17}_{8}O$, (b) $^{199}_{80}Hg$ e (c) $^{200}_{80}Hg$.

Estratégia   Lembre-se de que o número superior indica o número de massa e o número inferior designa o número atômico. O número de massa é sempre maior que o número atômico. (A única exceção é o $^{1}_{1}H$, onde o número de massa é igual ao número atômico.)

Solução

(a) O número atômico é 8, logo há 8 prótons. O número de massa é 17, portanto o número de nêutrons é 17 − 8 = 9. O número de elétrons é igual ao número de prótons, ou seja, 8.

(b) O número atômico é 80, dessa forma, há 80 prótons. O número de massa é 199, logo, o número de nêutrons é 199 − 80 = 119. O número de elétrons é 80.

(c) Aqui o número de prótons é o mesmo que em (b), ou seja, 80. O número de nêutrons corresponde a 200 − 80 = 120. O número de elétrons também é o mesmo que em (b), 80. As espécies em (b) e (c) são isótopos do mercúrio e quimicamente semelhantes.

Exercício   Quantos prótons, nêutrons e elétrons existem no seguinte isótopo de cobre: $^{63}_{29}Cu$.

Problemas semelhantes: 2.14, 2.16.

2.4 Tabela Periódica

Mais da metade dos elementos hoje conhecidos foi descoberta entre 1800 e 1900. Durante esse período, os químicos notaram que muitos elementos apresentavam fortes semelhanças entre si. O reconhecimento da regularidade periódica nas propriedades físicas e químicas e a necessidade de organizar um grande volume de informação disponível acerca das propriedades das substâncias elementares levaram ao desenvolvimento da **tabela periódica** — *um quadro em que os elementos com propriedades físicas e químicas semelhantes estão agrupados.* A Figura 2.9 mostra a tabela periódica moderna na qual os elementos estão ordenados pelo seu número atômico (que aparece acima do símbolo do elemento) em *linhas horizontais* chamadas de **períodos** e em *colunas verticais* denominadas **grupos ou famílias**, de acordo com as semelhanças nas suas propriedades químicas. Observe que os elementos 111-115 foram sintetizados recentemente e ainda não lhes foi atribuído um nome.

Os elementos podem ser divididos em três categorias — metais, não-metais e metalóides.[1] Um **metal** é *um bom condutor de calor e de eletricidade*, enquanto um **não-metal** é *um mau condutor de calor e de eletricidade*. Um **metalóide** *tem propriedades intermediárias entre as dos metais e as dos não-metais*. A Figura 2.9 revela que a maioria dos elementos conhecidos são metais; apenas 17 elementos são não-metais e oito elementos, metalóides. Da esquerda para a direita ao longo de um período, as propriedades físicas e químicas dos elementos variam gradualmente de metálicas para não metálicas. A tabela periódica é uma ferramenta útil que relaciona as propriedades dos elementos de uma forma sistemática e ajuda-nos a fazer previsões sobre o comportamento químico. Veremos mais de perto essa pedra angular da química no Capítulo 8.

---

[1] N. T.: Em português, é comum designarmos os metalóides por semimetais.

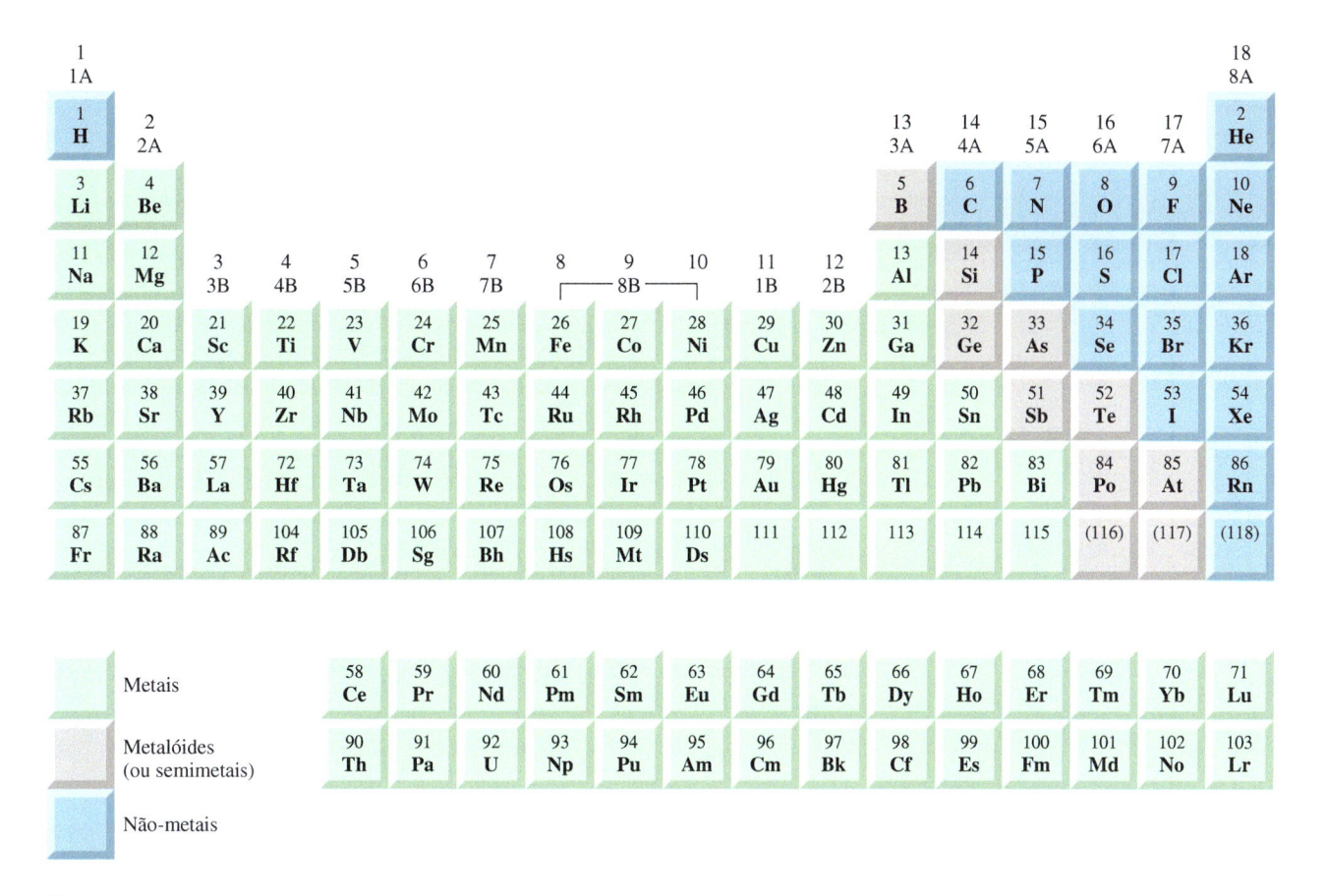

Figura 2.9
A tabela periódica moderna. Os elementos estão dispostos de acordo com os números atômicos representados acima dos seus símbolos. Com a exceção do hidrogênio (H), não metais aparecem na extrema direita da tabela. As duas filas de metais que aparecem abaixo do corpo principal da tabela estão colocadas assim por convenção, para evitar que a tabela fique muito larga. Na realidade, o cério (Ce) devia ser exibido após o lantânio (La), e o tório (Th) devia vir depois do actínio (Ac). A designação de 1-18 foi recomendada pela União Internacional de Química Pura e Aplicada (Iupac). A outra numeração apresentada é a tradicional. Os elementos 116-118 ainda não foram sintetizados.

Os elementos são freqüentemente denominados de acordo com o número do grupo ao qual pertencem na tabela periódica (grupo 1, grupo 2 e assim por diante)[2]. Porém, por conveniência, alguns grupos de elementos possuem nomes especiais. Os elementos do grupo 1 (Li, Na, K, Rb, Cs e Fr) são chamados de **metais alcalinos** e os elementos do grupo 2 (Be, Mg, Ca, Sr, Ba e Ra) são conhecidos como **metais alcalino-terrosos**. Os elementos do grupo 17 (F, Cl, Br, I e At) são conhecidos como **halogênios**, e aqueles do grupo 18 (He, Ne, Ar, Kr, Xe e Rn) são denominados **gases nobres**. Os nomes de outros grupos ou famílias serão introduzidos mais adiante.

2.5 Moléculas e Íons

De todos os elementos, apenas os seis gases nobres do Grupo 18 da tabela periódica (He, Ne, Ar, Kr, Xe e Rn) existem na natureza como átomos isolados. Por isso, são chamados de gases *monoatômicos* (que significa *um único átomo*). A maior parte da matéria é composta por moléculas ou íons formados por átomos.

---
[2] N. T.: Segundo as recomendações recentes da União Internacional de Química Pura e Aplicada (Iupac), os grupos são numerados de 1 a 18. Essa recomendação é utilizada nesta tradução.

Discutiremos a natureza da ligação química nos Capítulos 9 e 10.

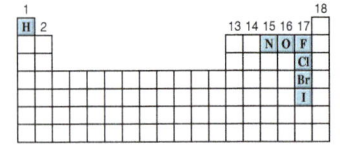

Os elementos que existem como moléculas diatômicas.

No Capítulo 8, veremos por que átomos de diferentes elementos ganham (ou perdem) um número específico de elétrons.

Moléculas

Uma **molécula** é *um agregado de, pelo menos, dois átomos ligados em um arranjo definido por forças químicas* (também chamadas de *ligações químicas*). Uma molécula pode conter átomos do mesmo elemento ou átomos de dois ou mais elementos unidos em uma razão fixa, de acordo com a lei das proporções definidas introduzida na Seção 2.1. Assim, uma molécula não é necessariamente um composto, o qual, por definição, é constituído por dois ou mais elementos. O hidrogênio gasoso, por exemplo, é uma substância que consiste em moléculas com dois átomos de H. A água, por outro lado, é um composto molecular que contém hidrogênio e oxigênio na proporção de dois átomos de H e um átomo de O. Tal como os átomos, as moléculas são eletricamente neutras.

A molécula de hidrogênio, simbolizada como H_2, é denominada **molécula diatômica** porque *contém apenas dois átomos*. Outros elementos que existem na forma de moléculas diatômicas são o nitrogênio (N_2) e o oxigênio (O_2), tal como os elementos do Grupo 7 — o flúor (F_2), o cloro (Cl_2), o bromo (Br_2) e o iodo (I_2). É claro que uma molécula diatômica pode conter átomos de elementos diferentes. Exemplos disso são o cloreto de hidrogênio (HCl) e o monóxido de carbono (CO).

A grande maioria das moléculas contém mais que dois átomos. Podem ser átomos do mesmo elemento, como no ozônio (O_3), que é constituído por três átomos de oxigênio, ou podem ser combinações de dois ou mais elementos diferentes. As *moléculas que contêm mais que dois átomos* são chamadas de **moléculas poliatômicas**, como o ozônio, a água (H_2O) e a amônia (NH_3).

Íons

Um **íon** é *um átomo ou grupo de átomos que tem uma carga positiva ou negativa*. O número de prótons com carga positiva no núcleo de um átomo mantém-se o mesmo durante as transformações químicas, mas um átomo poderá ganhar ou perder elétrons de carga negativa. A perda de um ou mais elétrons origina um **cátion**, ou seja, *um íon com carga positiva*. Por exemplo, um átomo de sódio (Na) pode facilmente perder um elétron e se tornar um cátion sódio, que é representado por Na^+:

Átomo de Na	Íon Na^+
11 prótons	11 prótons
11 elétrons	10 elétrons

No entanto, um **ânion** é *um íon com carga negativa* em virtude de um aumento do número de elétrons. Um átomo de cloro (Cl), por exemplo, pode ganhar um elétron e tornar-se o íon cloreto Cl^-:

Átomo de Cl	Íon Cl^-
17 prótons	17 prótons
17 elétrons	18 elétrons

O cloreto de sódio (NaCl), o sal de cozinha, é denominado um **composto iônico** porque é *formado por cátions e ânions*.

Um átomo pode perder ou ganhar mais de um elétron. Como exemplos de íons formados pela perda ou ganho de mais de um elétron, temos o Mg^{2+}, Fe^{3+}, S^{2-} e N^{3-}. Esses íons, tal como o Na^+ e Cl^-, são chamados de **íons monoatômicos** porque *contêm apenas um átomo*. A Figura 2.10 mostra as cargas de alguns íons monoatômicos. Com apenas algumas exceções, os metais tendem a formar cátions, enquanto os não-metais formam ânions.

Além disso, dois ou mais átomos podem combinar-se para formar um íon com carga positiva ou negativa. **Íons poliatômicos** como OH^- (íon hidróxido), CN^- (íon cianeto) e NH_4^+ (íon amônio) são *os que contêm mais de um átomo*.

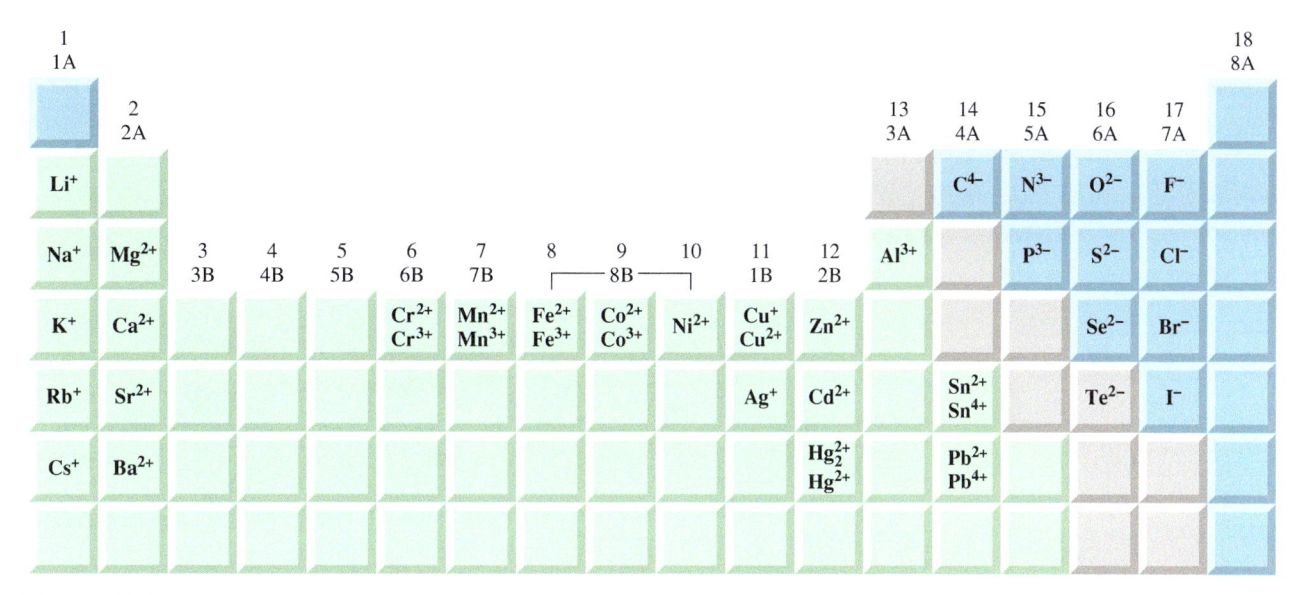

Figura 2.10
Íons monoatômicos comuns dispostos de acordo com a sua posição na tabela periódica. Observe que o íon Hg_2^{2+} tem dois átomos.

2.6 Fórmulas Químicas

Os químicos usam **fórmulas químicas** para *representar a composição das moléculas e dos compostos iônicos em termos de símbolos químicos*. Por composição, entende-se não apenas os elementos presentes, mas também o número de cada tipo de átomos que estão combinados. Aqui, preocupam-nos dois tipos de fórmula: as moleculares e as empíricas.

Fórmulas Moleculares

Uma **fórmula molecular** indica o número exato de átomos de cada elemento em uma *substância*. Em nossa discussão sobre as moléculas, cada exemplo foi dado com sua fórmula molecular entre parênteses. Assim, H_2 é a fórmula molecular do hidrogênio; O_2, do oxigênio; O_3, do ozônio; e H_2O, da água. O índice numérico indica o número de átomos de um elemento presente. Não há qualquer índice para o O em H_2O porque na molécula de água existe apenas um átomo de oxigênio e, portanto, o número "1" é omitido da fórmula. Observe que o oxigênio (O_2) e o ozônio (O_3) são alótropos do oxigênio. Um **alótropo** corresponde a uma *de duas ou mais formas distintas de um elemento*. As duas formas alotrópicas do carbono — o diamante e a grafite — são consideravelmente diferentes não apenas nas suas propriedades, mas também em seus custos.

Modelos Moleculares

As moléculas são demasiado pequenas para que possamos observá-las diretamente. Um modo efetivo de visualizá-las é pelo uso de modelos moleculares. Atualmente, estão em uso dois tipos padrão: os modelos de *esferas e bastões* e os modelos *espaciais* (Figura 2.11). Nos *kits* de modelos de esferas e bastões, os átomos são esferas de madeira ou de plástico com orifícios. Varetas ou molas são usadas para representar as ligações químicas. Os ângulos que elas formam com os átomos aproximam-se daqueles da ligação nas moléculas reais. Com a exceção do átomo de hidrogênio, H, as bolas são todas do mesmo tamanho e cada tipo de átomo é representado por uma cor específica. Nos modelos espaciais, os átomos são representados por esferas truncadas que se conectam por um sistema de fecho, de modo que as ligações não são visíveis. As esferas têm

Veja o código de cores dos átomos na última página.

	Hidrogênio	Água	Amônia	Metano
Fórmula molecular	H_2	H_2O	NH_3	CH_4

Fórmula estrutural	H—H	H—O—H	H—N—H
			      |
			      H
				H
				    |
				H—C—H
				    |
				    H

Figura 2.11
As fórmulas moleculares e estruturais e os modelos moleculares de quatro moléculas comuns.

dimensões proporcionais às dos átomos. O primeiro passo na construção de um modelo molecular é escrever a ***fórmula estrutural***, que *mostra a maneira como os átomos se ligam entre si na molécula.* Por exemplo, sabe-se que na molécula de água, cada um dos átomos de H se encontra ligado ao átomo de O. Portanto, a fórmula estrutural da água é H—O—H. Um traço entre dois símbolos atômicos representa uma ligação química.

Os modelos de esferas e bastões revelam claramente o arranjo tridimensional dos átomos e são relativamente fáceis de construir. Contudo, as esferas não são proporcionais às dimensões dos átomos. Além disso, os bastões exageram grandemente o espaço entre os átomos em uma molécula. Os modelos espaciais são mais rigorosos, pois apresentam a variação do tamanho dos átomos. Seus inconvenientes são o tempo que levam para serem construídos e não mostram muito bem as posições tridimensionais dos átomos. Usaremos os dois tipos de modelos ao longo do texto.

Fórmulas Empíricas

A fórmula molecular do peróxido de hidrogênio (água oxigenada), uma substância anti-séptica e branqueadora de tecidos e de cabelo, é H_2O_2. Essa fórmula indica que cada molécula de peróxido de hidrogênio consiste em dois átomos de hidrogênio e dois átomos de oxigênio. A razão do número de átomos de hidrogênio para o número de átomos de oxigênio é 2:2 ou 1:1. A fórmula empírica do peróxido de hidrogênio é HO. Assim, a ***fórmula empírica*** *revela quais os elementos presentes e a razão mais simples em números inteiros, entre eles,* mas não necessariamente o número de átomos real em dada molécula. Como outro exemplo, consideremos o composto hidrazina (N_2H_4), que é usado como combustível de foguetes. A fórmula empírica da hidrazina é NH_2. Embora a razão de nitrogênio para hidrogênio seja 1:2 quer na fórmula molecular (N_2H_4) quer na fórmula empírica (NH_2), apenas a fórmula molecu-

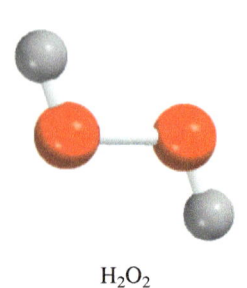

H_2O_2

lar nos indica o número real de átomos de N (dois) e de H (quatro) presentes na molécula de hidrazina.

As fórmulas empíricas são as fórmulas *químicas* mais simples. São escritas reduzindo-se os índices das fórmulas moleculares aos menores números inteiros possíveis. As fórmulas moleculares são as fórmulas *verdadeiras* das moléculas. Se soubermos a fórmula molecular, também saberemos a fórmula empírica, mas o contrário não é verdadeiro. Por que, então, os químicos se preocupam com fórmulas empíricas? Como veremos no Capítulo 3, quando os químicos analisam um composto desconhecido, o primeiro passo normalmente é determinar a fórmula empírica dos compostos. Com informações adicionais, é possível deduzir a fórmula molecular.

Para muitas moléculas, a fórmula molecular e a fórmula empírica são apenas uma e a mesma. Alguns exemplos são a água (H_2O), a amônia (NH_3), o dióxido de carbono (CO_2) e o metano (CH_4).

> A palavra "empírico" significa "derivado da experiência". Como veremos no Capítulo 3, as fórmulas empíricas são determinadas experimentalmente.

EXEMPLO 2.2

Escreva a fórmula molecular do metanol, um solvente orgânico e anticongelante, por meio do seu modelo molecular de esferas e bastões, representado na margem direita.

Solução Reveja os símbolos químicos. Há quatro átomos de H, um átomo de C e um átomo de O. Portanto, a fórmula molecular é CH_4O. Contudo, a maneira usual de escrever a fórmula molecular do metanol é CH_3OH porque mostra como os átomos se encontram ligados na molécula.

Exercício Escreva a fórmula molecular do clorofórmio, usado como solvente e agente de limpeza. Na margem está ilustrado o modelo de esferas e bastões do clorofórmio.

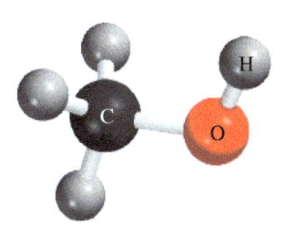

Metanol

Problemas semelhantes: 2.43; 2.44.

EXEMPLO 2.3

Escreva as fórmulas empíricas das seguintes moléculas: (a) acetileno (C_2H_2), que é utilizado nos maçaricos dos soldadores; (b) glicose ($C_6H_{12}O_6$), uma substância conhecida como o açúcar do sangue; e (c) o óxido nitroso (N_2O), um gás usado como anestésico (gás hilariante) e como propulsor dos aerossóis de cremes batidos.

Estratégia Lembre-se de que para escrever uma fórmula empírica, os índices na fórmula molecular têm de ser convertidos nos menores números inteiros possíveis.

Solução

(a) No acetileno há dois átomos de carbono e dois átomos de hidrogênio. Dividindo os índices por 2, obtemos a fórmula empírica CH.
(b) Na glicose há 6 átomos de carbono, 12 átomos de hidrogênio e 6 átomos de oxigênio. Dividindo os índices por 6, obtemos a fórmula empírica CH_2O. Observe que, se tivéssemos dividido os índices por 3, teríamos obtido a fórmula $C_2H_4O_2$. Embora a razão dos átomos de carbono para o hidrogênio e para o oxigênio em $C_2H_4O_2$ seja a mesma que em $C_6H_{12}O_6$ (1:2:1), $C_2H_4O_2$ não é a fórmula mais simples, pois os índices não estão na razão do menor número inteiro.
(c) Como os índices em N_2O já estão na forma dos menores números inteiros, a fórmula empírica do óxido nitroso é igual à sua fórmula molecular.

Exercício Escreva a fórmula empírica da cafeína ($C_8H_{10}N_4O_2$), um estimulante que se encontra no chá e no café.

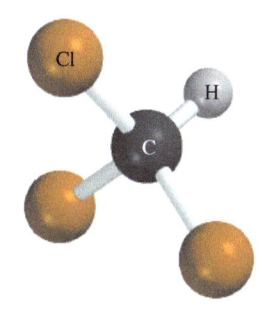

Clorofórmio

Problemas semelhantes: 2.41, 2.42.

(a)   (b)   (c)

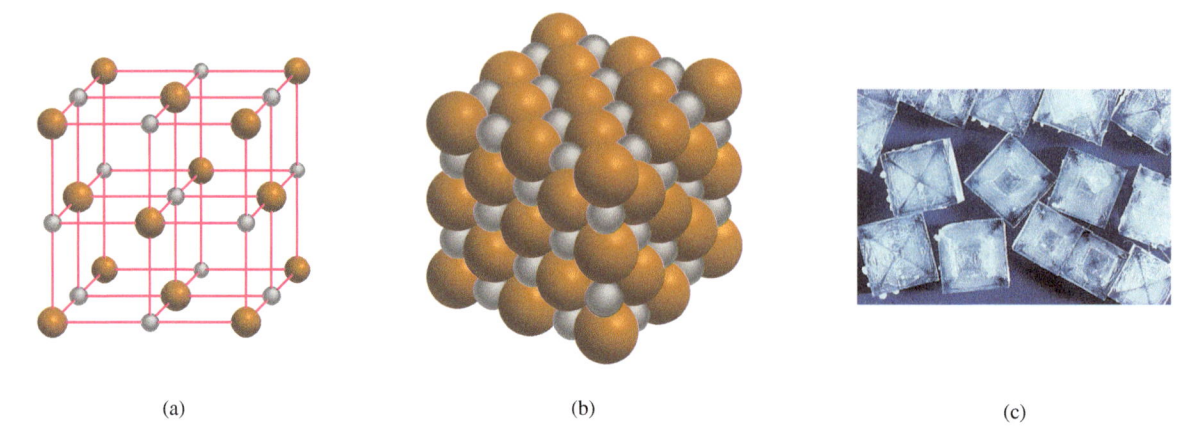

Figura 2.12
(a) A estrutura do cloreto de sódio sólido. (b) Na realidade, os cátions estão em contato com os ânions. Tanto em (a) quanto em (b), as esferas menores representam os íons Na^+ e as esferas maiores, os íons Cl^-. (c) Cristais de NaCl.

Interatividade:
Formação de um Composto Iônico.
Centro de Aprendizagem Online. Interativo.

Fórmulas dos Compostos Iônicos

As fórmulas dos compostos iônicos são, em geral, as mesmas que as suas fórmulas empíricas, pois os compostos iônicos não são formados por unidades moleculares distintas. Por exemplo, uma amostra sólida de cloreto de sódio (NaCl) consiste em um número igual de íons Na^+ e de Cl^- dispostos em uma rede tridimensional (Figura 2.12). Nesses compostos há uma razão de 1:1 entre cátions e ânions de modo que o composto é eletricamente neutro. Como pode ser visto na Figura 2.12, nenhum dos íons Na^+ está associado a apenas um íon Cl^-. De fato, cada íon Na^+ está igualmente ligado a seis íons Cl^- que o rodeiam e vice-versa. Assim, NaCl é a fórmula empírica do cloreto de sódio. Em outros compostos iônicos, a estrutura em si pode ser diferente, mas a disposição dos cátions e dos ânions é tal que os compostos são todos eletricamente neutros. Observe que as cargas do cátion e do ânion não aparecem na fórmula do composto iônico.

Para que os compostos iônicos sejam eletricamente neutros, a soma das cargas do ânion e do cátion em cada fórmula deve ser zero. Se as cargas do cátion e do ânion forem numericamente diferentes, aplicamos a seguinte regra para tornar a fórmula eletricamente neutra: *o índice do cátion é numericamente igual à carga do ânion, e o índice do ânion é numericamente igual à carga do cátion.* Se as cargas são numericamente iguais, então não são necessários índices. Essa regra é conseqüência do fato de as fórmulas dos compostos iônicos serem fórmulas empíricas e, dessa forma, os índices devem sempre ser reduzidos aos menores valores possíveis. Consideremos alguns exemplos.

- **Brometo de potássio**. O cátion potássio K^+ e o ânion brometo Br^- se combinam para formar o composto iônico brometo de potássio. A soma das cargas é $+1 + (-1) = 0$, portanto não são necessários índices. A fórmula é KBr.

- **Iodeto de zinco.** O cátion zinco Zn^{2+} e o ânion iodeto I^- se combinam para formar o iodeto de zinco. A soma das cargas de um íon Zn^{2+} e de um íon I^- é de $+2 + (-1) = +1$. Para que as cargas somem zero, multiplicamos a carga -1 do ânion por 2 e acrescentamos o índice "2" ao símbolo do iodo. Portanto, a fórmula do iodeto de zinco é ZnI_2.

- **Óxido de alumínio.** O cátion é Al^{3+} e o ânion de oxigênio é O^{2-}. O diagrama seguinte ajuda-nos a determinar os índices para o composto formado pelo cátion e pelo ânion:

$$\text{Al}^{3+} \quad \text{O}^{2-}$$

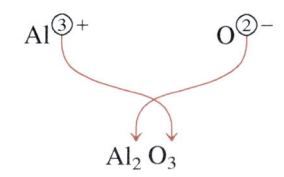

$$\text{Al}_2\text{O}_3$$

A soma das cargas é 2(+3) + 3(−2) = 0. Assim, a fórmula do óxido de alumínio é Al₂O₃.

2.7 Nomenclatura de Compostos

Além de usar fórmulas para mostrar a composição de moléculas e compostos, os químicos desenvolveram um sistema para nomear substâncias com base em suas composições. Primeiro dividimos as substâncias em três categorias: compostos iônicos, compostos moleculares e ácidos e bases. Em seguida aplicamos algumas regras para derivar o nome científico para uma determinada substância.

Compostos Iônicos

Na Seção 2.5 aprendemos que os compostos iônicos são constituídos por cátions (íons positivos) e por ânions (íons negativos). Com a exceção importante do íon amônio, NH_4^+, todos os cátions que nos interessam derivam de átomos de metais. Os cátions metálicos recebem o nome de seus elementos. Por exemplo,

Elemento			Nome do Cátion
Na	sódio	Na^+	íon sódio (ou cátion sódio)
K	potássio	K^+	íon potássio (ou cátion potássio)
Mg	magnésio	Mg^{2+}	íon magnésio (ou cátion magnésio)
Al	alumínio	Al^{3+}	íon alumínio (ou cátion alumínio)

Os metais mais reativos (em verde) e os não-metais mais reativos (em azul) se combinam para formar compostos iônicos.

Muitos compostos iônicos são **compostos binários** ou *compostos formados por apenas dois elementos*. Para compostos binários, o primeiro elemento nomeado é o ânion não metálico seguido do cátion metálico. Assim, NaCl é o cloreto de sódio. O nome do ânion pode ser obtido tirando a primeira parte do nome do elemento (cloro) e adicionando "-eto". O brometo de potássio (KBr) e o iodeto de zinco (ZnI₂) são também compostos binários. A Tabela 2.2 fornece a nomenclatura na terminação em "-eto" de alguns ânions monoatômicos comuns de acordo com a sua posição na tabela periódica.

TABELA 2.2 Nomenclatura na Terminação em "-eto" de Alguns Ânions Monoatômicos Comuns de Acordo com sua Posição na Tabela Periódica

Grupo 14	Grupo 15	Grupo 16	Grupo 17
C Carbeto (C^{4-})*	N Nitreto (N^{3-})	S Sulfeto (S^{2-})	F Fluoreto (F^-)
Si Siliceto (Si^{4-})	P Fosfeto (P^{3-})	Se Seleneto (Se^{2-})	Cl Cloreto (Cl^-)
		Te Telureto (Te^{2-})	Br Brometo (Br^-)
			I Iodeto (I^-)

*A palavra "carbeto" também é usada para o ânion C_2^{2-}.

TABELA 2.3 Nomes e Fórmulas de Alguns Cátions e Ânions Inorgânicos Comuns

Cátion	Ânion
Alumínio (Al^{3+})	Brometo (Br^-)
Amônio (NH_4^+)	Carbonato (CO_3^{2-})
Bário (Ba^{2+})	Clorato (ClO_3^-)
Cádmio (Cd^{2+})	Cloreto (Cl^-)
Cálcio (Ca^{2+})	Cromato (CrO_4^{2-})
Césio (Cs^+)	Cianeto (CN^-)
Crômio(III) ou crômico (Cr^{3+})	Dicromato ($Cr_2O_7^{2-}$)
Cobalto(II) ou cobaltoso (Co^{2+})	Diidrogenofosfato ($H_2PO_4^-$)
Cobre(I) ou cuproso (Cu^+)	Fosfato (PO_4^{3-})
Cobre(II) ou cúprico (Cu^{2+})	Fluoreto (F^-)
Chumbo(II) ou chumboso (Pb^{2+})	Hidreto (H^-)
Estanho(II) ou estanoso (Sn^{2+})	Hidrogenocarbonato ou bicarbonato (HCO_3^-)
Estrôncio (Sr^{2+})	Hidrogenofosfato (HPO_4^{2-})
Ferro(II) ou ferroso (Fe^{2+})	Hidrogenossulfato ou bissulfato (HSO_4^-)
Ferro(III) ou férrico (Fe^{3+})	Hidróxido (OH^-)
Hidrogênio (H^+)	Iodeto (I^-)
Lítio (Li^+)	Nitrato (NO_3^-)
Magnésio (Mg^{2+})	Nitreto (N^{3-})
Manganês ou manganoso (Mn^{2+})	Nitrito (NO_2^-)
Mercúrio(I) ou mercuroso (Hg_2^{2+})*	Óxido (O^{2-})
Mercúrio(II) ou mercúrico (Hg^{2+})	Permanganato (MnO_4^-)
Potássio (K^+)	Peróxido (O_2^{2-})
Prata (Ag^+)	Sulfato (SO_4^{2-})
Sódio (Na^+)	Sulfeto (S^{2-})
Zinco (Zn^{2+})	Sulfito (SO_3^{2-})
	Tiocianato (SCN^-)

*Como indicado, o mercúrio(I) existe como um par de átomos.

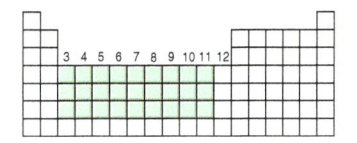

Os metais de transição são os elementos dos Grupos 3 a 11 (veja a Figura 2.9).

$FeCl_2$ (à esquerda) e $FeCl_3$ (à direita).

A terminação em "-eto" também é usada para alguns ânions contendo elementos diferentes como o íon cianeto (CN^-). Assim, o composto KCN é nomeado como cianeto de potássio. Essa e várias outras substâncias são chamadas de **compostos ternários**, significando *compostos constituídos por três elementos*. A Tabela 2.3 apresenta uma lista em ordem alfabética dos nomes de alguns cátions e ânions comuns.

Alguns metais, especialmente os *metais de transição*, podem formar mais de um tipo de cátion. Tomemos o ferro como exemplo. O ferro pode formar dois cátions: Fe^{2+} e Fe^{3+}. O procedimento aceito para designar os diferentes cátions de um *mesmo* elemento é usar numerais romanos. O numeral romano I indica uma carga positiva, II significa duas cargas positivas e assim por diante. Isso é chamado de *sistema Stock*. Nesse sistema, os íons Fe^{2+} e o Fe^{3+} são chamados de ferro(II) e ferro(III) e os compostos $FeCl_2$ (contendo o íon Fe^{2+}) e $FeCl_3$ (contendo o íon Fe^{3+}) são chamados de "cloreto de ferro dois" e "cloreto de ferro três", respectivamente. Outro exemplo, os átomos de manganês (Mn) podem assumir várias cargas positivas diferentes:

Mn^{2+}: MnO óxido de manganês(II)
Mn^{3+}: Mn_2O_3 óxido de manganês(III)
Mn^{4+}: MnO_2 óxido de manganês(IV)

Esses nomes são pronunciados como "óxido de manganês dois", "óxido de manganês três" e "óxido de manganês quatro".

EXEMPLO 2.4

Indique os nomes dos seguintes compostos: (a) $Cu(NO_3)_2$, (b) KH_2PO_4 e (c) NH_4ClO_3.

Estratégia A nossa referência para os nomes dos cátions e dos ânions é a Tabela 2.3. Lembre-se de que, se um metal pode formar cátions com cargas diferentes (veja a Figura 2.10), precisamos usar o sistema Stock.

Solução

(a) O íon nitrato (NO_3^-) tem uma carga negativa, portanto o íon cobre deve ter duas cargas positivas. Como o cobre forma íons Cu^+ e Cu^{2+}, temos de usar o sistema Stock e chamar o composto de nitrato de cobre(II).
(b) O cátion é K^+ e o ânion é $H_2PO_4^-$ (diidrogenofosfato). Como o potássio só forma íons de um tipo (K^+), não é preciso usar potássio(I) no nome. O composto é o diidrogenofosfato de potássio.
(c) O cátion é NH_4^+ (íon amônio) e o ânion é ClO_3^-. O composto é o clorato de amônio.

Exercício Indique os nomes dos seguintes compostos: (a) PbO e (b) Li_2SO_3.

Problemas semelhantes: 2.47(a), (b), (e).

EXEMPLO 2.5

Escreva as fórmulas dos seguintes compostos: (a) nitrito de mercúrio(I), (b) sulfeto de césio e (c) fosfato de cálcio.

Estratégia Consultamos a Tabela 2.3 para ver as fórmulas dos cátions e dos ânions. Lembre-se de que no sistema Stock os numerais romanos fornecem-nos informação sobre as cargas dos cátions.

Solução

(a) O numeral romano mostra que o íon mercúrio tem a carga +1. De acordo com a Tabela 2.3, contudo, o íon mercúrio(I) é diatômico (isto é, Hg_2^{2+}) e o íon nitrito é NO_2^-. Logo, a fórmula é $Hg_2(NO_2)_2$.
(b) Cada íon sulfeto tem duas cargas negativas e cada íon césio possui uma carga positiva (o césio está no Grupo 1, como o sódio). Logo, a fórmula é Cs_2S.
(c) Cada íon cálcio (Ca^{2+}) tem duas cargas positivas e cada íon fosfato (PO_4^{3-}) tem três cargas negativas. Para que a soma das cargas seja zero, temos de ajustar o número de cátions e de ânions:

$$3(+2) + 2(-3) = 0$$

Assim, a fórmula é $Ca_3(PO_4)_2$.

Problemas semelhantes: 2.49(a), (b), (h).

Exercício Escreva as fórmulas dos seguintes compostos iônicos: (a) sulfato de rubídio e (b) hidreto de bário.

Interatividade:
Formação de um Composto Covalente
Centro de Aprendizagem Online. Interativo.

TABELA 2.4

Prefixos Gregos Usados em Nomes de Compostos Moleculares

Prefixo	Significado
Mono-	1
Di-	2
Tri-	3
Tetra-	4
Penta-	5
Hexa-	6
Hepta-	7
Octa-	8
Nona-	9
Deca-	10

Compostos Moleculares

Ao contrário dos compostos iônicos, os compostos moleculares contêm unidades moleculares discretas. Eles são normalmente formados por elementos não metálicos (veja a Figura 2.9). Muitos compostos moleculares são compostos binários. A nomenclatura de compostos binários é semelhante à nomenclatura de compostos binários iônicos. O segundo elemento da fórmula é lido primeiro, com uma terminação adequada e, depois, o primeiro elemento. Vejamos alguns exemplos:

HCl   cloreto de hidrogênio   SiC   carbeto de silício
HBr   brometo de hidrogênio

É comum um par de elementos formar vários compostos diferentes. Nesses casos, evita-se a confusão na nomenclatura dos compostos usando prefixos gregos para indicar o número de átomos de cada elemento presente (Tabela 2.4). Considere os exemplos seguintes:

CO   Monóxido de carbono SO_3 Trióxido de enxofre
CO_2 Dióxido de carbono NO_2 Dióxido de nitrogênio
SO_2 Dióxido de enxofre N_2O_4 Tetróxido de dinitrogênio

As regras que se seguem são úteis nos nomes de compostos com prefixos:

- O prefixo "mono-" pode ser omitido para o segundo elemento. Por exemplo, PCl_3 é chamado tricloreto de fósforo, e não tricloreto de monofósforo. Assim, a ausência de um prefixo para o segundo elemento normalmente significa que há apenas um átomo desse elemento presente na molécula.
- Nos óxidos, por vezes omite-se a terminação em "a" do prefixo. Por exemplo, N_2O_4 pode ser chamado tetróxido de dinitrogênio em vez de tetraóxido de dinitrogênio.

Os compostos moleculares contendo hidrogênio são exceções ao uso de prefixos gregos. Tradicionalmente, muitos desses compostos são conhecidos quer pelo seu nome comum não sistemático quer por nomes que não indicam especificamente o número de átomos de H presentes:

B_2H_6 Diborano PH_3 Fosfina
CH_4 Metano H_2O Água
SiH_4 Silano H_2S Sulfeto de hidrogênio
NH_3 Amônia

Observe que mesmo a ordem de escrita dos elementos na fórmula de compostos de hidrogênio é irregular. Na água e no sulfeto de hidrogênio, o H é escrito primeiro, enquanto nos outros compostos aparece no fim.

Escrever as fórmulas de compostos moleculares é, em geral, simples. Assim, o nome trifluoreto de arsênio significa que há um átomo de As e três átomos de F em cada molécula, e a fórmula molecular é AsF_3. Note que a ordem dos elementos na fórmula é inversa da do nome.

A Figura 2.13 resume as etapas da atribuição do nome dos compostos iônicos e dos compostos moleculares.

EXEMPLO 2.6

Indique o nome dos seguintes compostos: (a) $SiCl_4$ e (b) P_4O_{10}.

Solução Recorremos à Tabela 2.4 para ver os prefixos.

(a) Como há quatro átomos de cloro, o composto é o tetracloreto de silício.

(Continua)

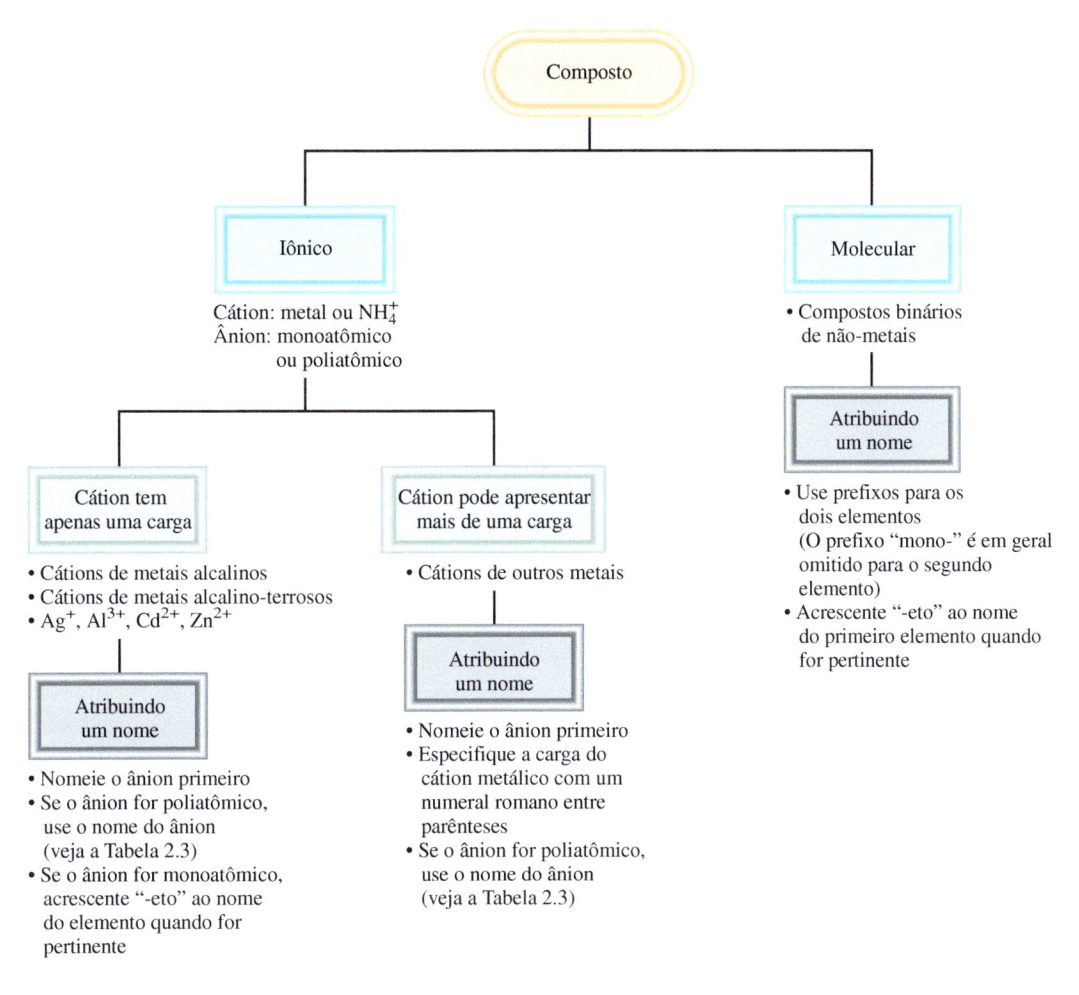

Figura 2.13
Fluxograma para atribuir nomes aos compostos iônicos e aos compostos moleculares

(b) Há quatro átomos de fósforo e dez átomos de oxigênio, logo o composto é o decóxido de tetrafósforo. Observe que se omitiu o "a" de "deca".

Exercício de Revisão Escreva as fórmulas químicas dos seguintes compostos moleculares: (a) NF_3 e (b) Cl_2O_7.

Problemas semelhantes: 2.47(c), (h), (j).

EXEMPLO 2.7

Escreva as fórmulas químicas dos seguintes compostos moleculares: (a) dissulfeto de carbono e (b) hexabrometo de dissilício.

Solução Consultamos a Tabela 2.4 para os prefixos.

(a) Como há dois átomos de enxofre e um átomo de carbono presentes, a fórmula é CS_2.
(b) Há dois átomos de silício e seis átomos de bromo, portanto a fórmula é Si_2Br_6.

Problemas semelhantes: 2.49 (f), (g).

Exercício Escreva as fórmulas químicas dos seguintes compostos moleculares: (a) tetrafluoreto de enxofre e (b) pentóxido de dinitrogênio.

TABELA 2.5 — Alguns Ácidos Simples

Ânion	Ácido Correspondente
F^- (fluoreto)	HF (ácido fluorídrico)
Cl^- (cloreto)	HCl (ácido clorídrico)
Br^- (brometo)	HBr (ácido bromídrico)
I^- (iodeto)	HI (ácido iodídrico)
CN^- (cianeto)	HCN (ácido cianídrico)
S^{2-} (sulfeto)	H_2S (ácido sulfídrico)

Ácidos e Bases

Nomenclatura dos Ácidos

Um **ácido** pode ser descrito como uma *substância que libera ou produz íons de hidrogênio (H^+) quando dissolvida em água.* As fórmulas dos ácidos contêm um ou mais átomos de hidrogênio e um grupo aniônico. Os ânions cujo nome termina em "-eto" formam ácidos com uma terminação em "-ico", como mostra a Tabela 2.5. Em alguns casos parece haver dois nomes para a mesma fórmula química. Por exemplo, sabemos que HCl refere-se tanto a cloreto de hidrogênio quanto a ácido clorídrico. O nome atribuído ao composto depende do seu estado físico. No estado gasoso ou no estado líquido puro, HCl é um composto molecular chamado de cloreto de hidrogênio. Quando se encontra dissolvido em água, as moléculas dividem-se em íons H^+ e Cl^-; nesse caso, a substância é denominada ácido clorídrico.

H^+ é equivalente a um *próton*, e às vezes é referido como tal.

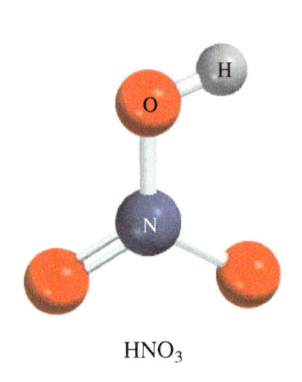

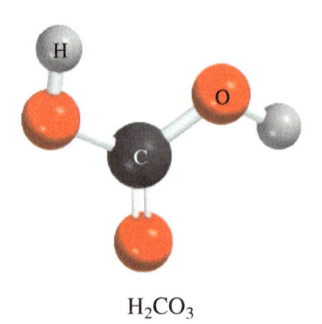

Os **oxiácidos** são ácidos que *contêm hidrogênio, oxigênio e outro elemento (o elemento central).* As fórmulas dos oxiácidos são escritas normalmente com o H primeiro, seguido do elemento central e depois o oxigênio:

HNO_3 Ácido nítrico H_2SO_4 Ácido sulfúrico
H_2CO_3 Ácido carbônico $HClO_3$ Ácido clórico

Muitas vezes, dois ou mais oxiácidos podem ter o mesmo elemento central, mas um número diferente de átomos de oxigênio. Começando com os oxiácidos, cujo nome termina em "-ico", usamos as regras seguintes para dar nome a esses compostos.

1. Adição de um átomo de oxigênio ao ácido "-ico": ele é chamado de ácido "per . . . -ico". Assim, acrescentando um átomo de O a $HClO_3$ transforma o ácido clórico em ácido perclórico, $HClO_4$.
2. A remoção de um átomo de O do ácido "-ico": ele é denominado ácido "-oso". Dessa forma, o ácido nítrico, HNO_3, torna-se ácido nitroso, HNO_2.
3. A remoção de dois átomos de O do ácido "-ico": o ácido é conhecido como ácido "hipo . . . -oso". Portanto, quando $HBrO_3$ é convertido em HBrO, o ácido é nomeado ácido hipobromoso.

As regras para dar nomes a **oxiânions**, os *ânions dos oxiácidos*, são as seguintes:

1. Quando todos os íons H são removidos do ácido "-ico", o nome do ânion termina em "-ato". Por exemplo, o ânion CO_3^{2-} derivado de H_2CO_3 é chamado de carbonato.
2. Quando todos os íons H são removidos do ácido "-oso", o nome do ânion termina em "-ito". Dessa forma, o ânion ClO_2^- derivado de $HClO_2$, é denominado clorito.

HNO_3

H_2CO_3

TABELA 2.6	Nomes de Oxiácidos e de Oxiânions que Contêm Cloro
Ácido	**Ânion**
$HClO_4$ (ácido perclórico)	ClO_4^- (perclorato)
$HClO_3$ (ácido clórico)	ClO_3^- (clorato)
$HClO_2$ (ácido cloroso)	ClO_2^- (clorito)
$HClO$ (ácido hipocloroso)	ClO^- (hipoclorito)

3. Os nomes dos ânions em que um ou mais (mas não todos) íons hidrogênio foram removidos devem indicar o número de íons H presentes. Por exemplo, considere os ânions derivados do ácido fosfórico:

H_3PO_4	Ácido fosfórico	HPO_4^{2-}	Hidrogenofosfato
$H_2PO_4^-$	Diidrogenofosfato	PO_4^{3-}	Fosfato

Observe que normalmente omitimos o prefixo "mono-" quando há apenas um H no ânion. A Tabela 2.6 fornece os nomes dos oxiácidos e oxiânions que contêm cloro, e a Figura 2.14 resume a nomenclatura dos oxiácidos e dos oxiânions.

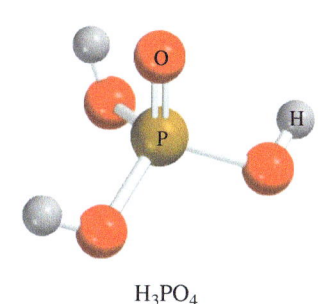

H_3PO_4

EXEMPLO 2.8

Diga o nome dos seguintes oxiácido e oxiânion: (a) H_3PO_3 e (b) IO_4^-.

Solução Consultamos a Figura 2.14 e a Tabela 2.6.

(a) Começamos com o ácido de referência, o ácido fosfórico (H_3PO_4). Como H_3PO_3 tem um átomo de O a menos, é chamado de ácido fosforoso.

(b) O ácido de origem é HIO_4. Como o ácido tem mais um átomo de O que o nosso ácido de referência, o ácido iódico (HIO_3), é denominado ácido periódico. Logo, o ânion derivado de HIO_4 chama-se periodato.

Exercício Indique a seguir o nome do oxiácido e do oxiânion: (a) $HBrO$ e (b) HSO_4^-.

Problemas semelhantes: 2.48(f), 2.49(c).

Nomenclatura das Bases

Uma **base** pode ser descrita como *uma substância que produz íons hidróxido (OH^-) quando dissolvida em água.* Alguns exemplos são:

NaOH	Hidróxido de sódio	$Ba(OH)_2$	Hidróxido de bário
KOH	Hidróxido de potássio		

A amônia (NH_3), um composto molecular no estado gasoso ou no estado líquido puro, também é classificada como uma base comum. À primeira vista pode parecer uma exceção à definição de base. Mas observe que desde que uma substância *produza* íons hidróxido, quando dissolvida em água, não necessita conter íons hidróxido na sua estrutura para ser considerada uma base. De fato, quando a amônia se dissolve em água, reage parcialmente com ela para produzir íons NH_4^+ e íons OH^-. Assim, pode ser devidamente classificada como uma base.

Figura 2.14
Dando nomes a oxiácidos e a oxiânions.

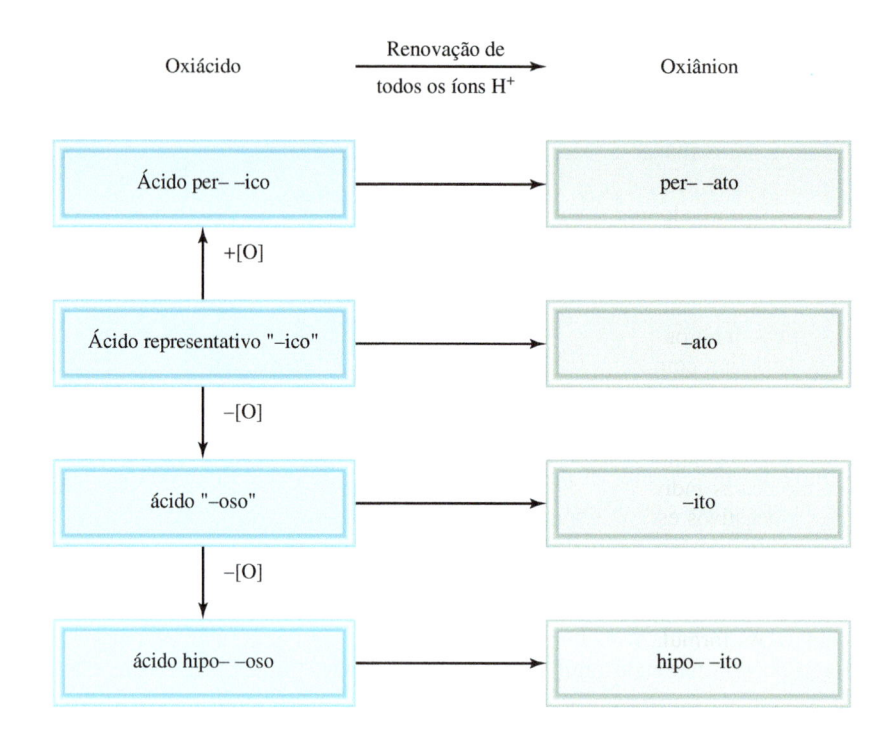

Oxiácido → (Renovação de todos os íons H⁺) → Oxiânion

- Ácido per- -ico → per- -ato
  - ↑ +[O]
- Ácido representativo "-ico" → -ato
  - ↓ -[O]
- ácido "-oso" → -ito
  - ↓ -[O]
- ácido hipo- -oso → hipo- -ito

$CuSO_4 \cdot 5H_2O$ (à esquerda) é azul; $CuSO_4$ (à direita) é branco.

Hidratos

Os **hidratos** são *compostos que têm um número específico de moléculas de água ligadas a si*. Por exemplo, no seu estado normal, cada unidade de sulfato de cobre(II) tem cinco moléculas de água a ela associadas. O nome sistemático para esse composto é sulfato de cobre pentaidratado e a sua fórmula pode ser escrita como $CuSO_4 \cdot 5H_2O$. As moléculas de água podem ser retiradas por aquecimento. Quando isso acontece, o composto resultante é $CuSO_4$, que é por vezes chamado de sulfato de cobre(II) *anidro*; "anidro" significa que o composto já não tem moléculas de água a ele associadas (veja a foto à margem esquerda). Alguns exemplos de hidratos são:

$BaCl_2 \cdot 2H_2O$ cloreto de bário diidratado
$LiCl \cdot H_2O$ cloreto de lítio monoidratado
$MgSO_4 \cdot 7H_2O$ sulfato de magnésio heptaidratado

Resumo de Fatos e Conceitos

1. A química moderna começou com a teoria atômica de Dalton, que afirma que: toda matéria é composta de partículas minúsculas e indivisíveis chamadas de átomos; todos os átomos do mesmo elemento são idênticos; os compostos contêm átomos de elementos diferentes, combinados na razão de números inteiros; e os átomos não são criados nem destruídos nas reações químicas (lei de conservação da massa).
2. Os átomos dos elementos que constituem determinado composto estão combinados sempre nas mesmas proporções de massa (lei das proporções definidas). Quando dois elementos se combinam para formar mais de um tipo de composto, as massas de um elemento que se combinam com dada massa do outro elemento estão na razão de números inteiros pequenos (lei das proporções múltiplas).

3. Um átomo consiste em um núcleo central muito denso contendo prótons e nêutrons, com elétrons em movimento em torno do núcleo a uma distância relativamente grande. Os prótons têm carga positiva, os nêutrons não têm carga e os elétrons têm carga negativa. Os prótons e os nêutrons têm aproximadamente a mesma massa, que é cerca de 1.840 vezes maior que a massa de um elétron.

4. O número atômico de um elemento é o número de prótons no núcleo de um átomo desse elemento; ele determina a identidade do elemento. O número de massa é a soma do número de prótons e de nêutrons no núcleo. Isótopos são átomos do mesmo elemento com o mesmo número de prótons, mas números diferentes de nêutrons.

5. As fórmulas químicas combinam os símbolos dos elementos constituintes com índices numéricos inteiros para mostrar o tipo e o número de átomos contidos na menor unidade de um composto. A fórmula molecular contém o número específico e o tipo de átomos combinados em cada molécula de um composto. A fórmula empírica mostra a razão mais simples dos átomos combinados na molécula.

6. Os compostos químicos ou são compostos moleculares (em que as menores unidades são moléculas individuais e discretas) ou são compostos iônicos (em que íons positivos e negativos estão unidos em decorrência de uma atração mútua). Os compostos iônicos são constituídos por cátions e ânions, que se formam quando os átomos perdem ou ganham elétrons, respectivamente.

7. O nome de muitos compostos inorgânicos pode ser deduzido de um conjunto de regras simples. As fórmulas podem ser escritas com base nos nomes dos compostos.

• Palavras-chave

Ácido, p. 48
Alótropo, p. 39
Ânion, p. 38
Átomo, p. 30
Base, p. 49
Cátion, p. 38
Compostos binários, p. 43
Compostos iônicos, p. 38
Compostos ternários, p. 44
Elétron, p. 31
Famílias, p. 36
Fórmula empírica, p. 40
Fórmula estrutural, p. 40

Fórmula molecular, p. 39
Gases nobres, p. 37
Grupos, p. 37
Halogênios, p. 37
Hidrato, p. 50
Íon, p. 38
Íon monoatômico, p. 38
Íon poliatômico, p. 38
Isótopo, p. 35
Lei das proporções definidas, p. 29
Lei das proporções múltiplas, p. 30
Lei de conservação da massa,

p. 30
Metais alcalino-terrosos, p. 37
Metais alcalinos, p. 37
Metal, p. 36
Metalóide, p. 36
Molécula, p. 38
Molécula diatômica, p. 38
Molécula poliatômica, p. 38
Não-metal, p. 36
Nêutron, p. 34
Núcleo, p. 33
Número atômico (Z), p. 35
Número de massa (A), p. 35

Oxiácido, p. 48
Oxiânion, p. 48
Partícula alfa (α), p. 32
Partícula beta (β), p. 32
Período, p. 36
Próton, p. 33
Radiação, p. 30
Radioatividade, p. 32
Raios alfa (α), p. 32
Raios beta (β), p. 32
Raios gama (γ), p. 32
Tabela periódica, p. 36

• Questões e Problemas

Estrutura do Átomo
Questões de Revisão

2.1 Defina os seguintes termos: (a) partícula α, (b) partícula β, (c) raios γ, (d) raios X.

2.2 Quais são os tipos de radiação emitidos pelos elementos radioativos?

2.3 Compare as propriedades de: partículas α, raios catódicos, prótons, nêutrons e elétrons. O que se entende por "partícula fundamental"?

2.4 Descreva as contribuições dos seguintes cientistas para o nosso conhecimento da estrutura atômica: J. J. Thomson, R. A. Millikan, Ernest Rutherford e James Chadwick.

2.5 Uma amostra de elemento radioativo pode perder massa gradualmente. Explique o que acontece com a amostra.

2.6 Descreva o experimento que permite afirmar que o núcleo ocupa uma fração muito pequena do volume do átomo.

Problemas

2.7 O diâmetro de um átomo de hélio é cerca de 1×10^2 pm. Suponha que pudéssemos alinhar átomos de hélio, lado a lado, em contato uns com os outros. Aproximadamente, quantos átomos seriam necessários para que a distância de uma ponta a outra fosse 1 cm?

2.8 O raio de um átomo é cerca de 10.000 vezes maior que o do núcleo. Se um átomo fosse ampliado de modo que o raio do núcleo fosse 10 cm, qual seria o raio do átomo em metros?

Número Atômico, Número de Massa e Isótopos
Questões de Revisão

2.9 Defina os termos: (a) número atômico, (b) número de massa. Por que o conhecimento do número atômico nos permite deduzir o número de elétrons presentes no átomo?

2.10 Por que todos os átomos de um elemento têm o mesmo número atômico, embora possam ter números de massa diferentes? Que nome é dado a átomos do mesmo elemento com números de massa diferentes? Explique o significado de cada um dos termos no símbolo $^A_Z X$.

Problemas

2.11 Qual é o número de massa de um átomo de ferro que tem 28 nêutrons?

2.12 Calcule o número de nêutrons do ^{239}Pu.

2.13 Para cada uma das espécies seguintes, determine o número de prótons e o número de nêutrons no núcleo:

$$^3_2He, \ ^4_2He, \ ^{24}_{12}Mg, \ ^{25}_{12}Mg, \ ^{48}_{22}Ti, \ ^{79}_{35}Br, \ ^{195}_{78}Pt$$

2.14 Indique o número de prótons, nêutrons e elétrons em cada uma das espécies seguintes:

$$^{15}_7N, \ ^{33}_{16}S, \ ^{63}_{29}Cu, \ ^{84}_{38}Sr, \ ^{130}_{56}Ba, \ ^{186}_{74}W, \ ^{202}_{80}Hg$$

2.15 Escreva o símbolo apropriado para cada um dos seguintes isótopos: (a) $Z = 11$, $A = 23$; (b) $Z = 28$, $A = 64$.

2.16 Escreva o símbolo apropriado para cada um dos isótopos seguintes: (a) $Z = 74$, $A = 186$; (b) $Z = 80$; $A = 201$.

A Tabela Periódica
Questões de Revisão

2.17 O que é a tabela periódica e qual o seu significado no estudo da química? O que são grupos e períodos na tabela periódica?

2.18 Indique duas diferenças entre um metal e um não-metal.

2.19 Escreva os nomes e os símbolos de quatro elementos de cada uma das seguintes categorias: (a) não-metal; (b) metal; (c) metalóide.

2.20 Defina, com dois exemplos, os termos seguintes: (a) metais alcalinos; (b) metais alcalino-terrosos; (c) halogênios; (d) gases nobres.

Problemas

2.21 Os elementos cujos nomes terminam em "-io" são, em geral, metálicos; o sódio é um exemplo. Identifique um não-metal cujo nome também termina em "-io".

2.22 Descreva a variação das propriedades (de metais para não-metais ou de não-metais para metais) quando nos deslocamos (a) ao longo de um grupo e (b) ao longo de um período da tabela periódica.

2.23 Consulte um livro que contenha dados físicos e químicos (pergunte ao seu professor onde poderá encontrar um exemplar) para encontrar (a) dois metais menos densos que a água, (b) dois metais mais densos que o mercúrio, (c) o elemento metálico mais denso, (d) o elemento não metálico mais denso que se conhece.

2.24 Agrupe os elementos seguintes em pares com propriedades químicas semelhantes: K, F, P, Na, Cl e N.

Moléculas e Íons
Questões de Revisão

2.25 Qual é a diferença entre um átomo e uma molécula?

2.26 O que são alótropos? Dê um exemplo. Como se distinguem os alótropos de isótopos?

2.27 Descreva os dois modelos moleculares geralmente usados.

2.28 Dê um exemplo de: (a) um cátion monoatômico, (b) um ânion monoatômico, (c) um cátion poliatômico, (d) um ânion poliatômico.

Problemas

2.29 Qual dos diagramas seguintes representa moléculas diatômicas, moléculas poliatômicas, moléculas que não são compostos, moléculas que são compostos, ou uma substância elementar?

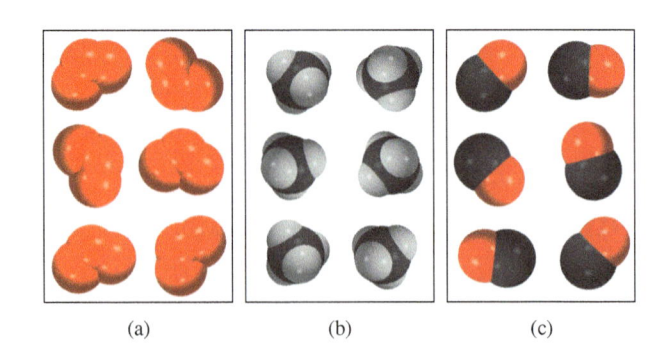

2.30 Qual dos diagramas seguintes representa moléculas diatômicas, moléculas poliatômicas, moléculas que não são compostos, ou uma substância elementar?

Níveis de Dificuldade: • Fácil •• Médio ••• Difícil.

(a)   (b)   (c)

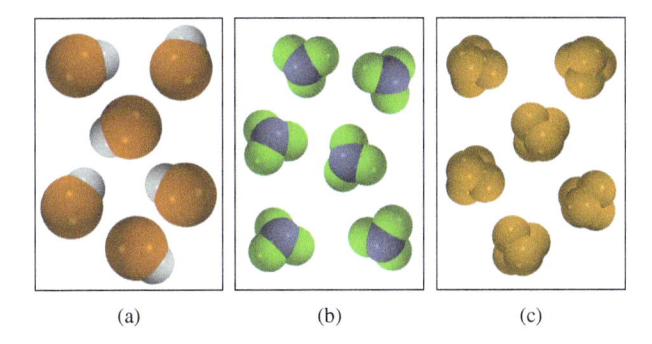

- 2.31 Identifique como substância elementar ou compostos: NH₃, N₂, S₈, NO, CO, CO₂, H₂, SO₂.
- •• **2.32** Dê dois exemplos de: (a) molécula diatômica contendo átomos do mesmo elemento, (b) molécula diatômica contendo átomos de elementos diferentes, (c) molécula poliatômica contendo átomos do mesmo elemento, (d) molécula poliatômica contendo átomos de elementos diferentes.
- •• 2.33 Indique o número de prótons e de elétrons em cada um dos íons seguintes: Na⁺, Ca²⁺, Al³⁺, Fe²⁺, I⁻, F⁻, S²⁻, O²⁻, N³⁻.
- •• **2.34** Indique o número de prótons e de elétrons em cada um dos íons seguintes: K⁺, Mg²⁺, Fe³⁺, Br⁻, Mn²⁺, C⁴⁻, Cu²⁺.

Fórmulas Químicas
Questões de Revisão

2.35 O que uma fórmula química representa? Qual é a razão dos átomos nas seguintes fórmulas moleculares? (a) NO, (b) NCl₃, (c) N₂O₄, (d) P₄O₆.

2.36 Defina fórmula molecular e fórmula empírica. Quais são as semelhanças e as diferenças entre a fórmula empírica e a fórmula molecular de um composto?

2.37 Dê exemplo de um caso em que duas moléculas têm fórmulas moleculares diferentes, mas a mesma fórmula empírica.

2.38 O que significa P₄? Em que difere de 4P?

2.39 O que é um composto iônico? Como se consegue a neutralidade elétrica em um composto iônico?

2.40 Explique por que as fórmulas dos compostos iônicos são iguais às suas fórmulas empíricas.

Problemas

- • 2.41 Quais são as fórmulas empíricas dos compostos seguintes? (a) C₂N₂, (b) C₆H₆, (c) C₉H₂₀, (d) P₄O₁₀, (e) B₂H₆
- • **2.42** Quais são as fórmulas empíricas dos compostos seguintes? (a) Al₂Br₆, (b) Na₂S₂O₄, (c) N₂O₅, (d) K₂Cr₂O₇
- • 2.43 Escreva a fórmula molecular da glicina, um aminoácido presente em proteínas. O sistema de cores indica: preto (carbono), azul (nitrogênio), vermelho (oxigênio) e cinza (hidrogênio).

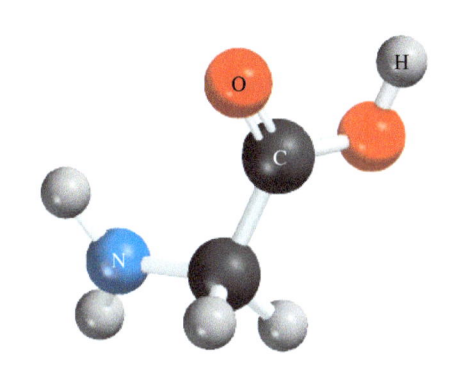

- • 2.44 Escreva a fórmula molecular do etanol. O sistema de cores indica: preto (carbono), vermelho (oxigênio) e cinza (hidrogênio).

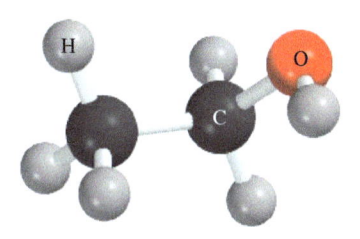

- •• 2.45 Quais desses compostos são provavelmente iônicos? E quais os provavelmente moleculares? SiCl₄, LiF, BaCl₂, B₂H₆, KCl, C₂H₄
- •• **2.46** Quais desses compostos são provavelmente iônicos? E quais os provavelmente moleculares? CH₄, NaBr, BaF₂, CCl₄, ICl, CsCl, NF₃

Nomenclatura de Compostos
Problemas

- •• 2.47 Indique o nome dos seguintes compostos: (a) Na₂CrO₄, (b) K₂HPO₄, (c) HBr (gasoso), (d) HBr (em água), (e) Li₂CO₃, (f) K₂Cr₂O₇, (g) NH₄NO₂, (h) PF₃, (i) PF₅, (j) P₄O₆, (k) CdI₂, (l) SrSO₄, (m) Al(OH)₃.
- •• **2.48** Indique o nome dos seguintes compostos: (a) KClO, (b) Ag₂CO₃, (c) FeCl₂, (d) KMnO₄, (e) CsClO₃, (f) HIO, (g) FeO, (h) Fe₂O₃, (i) TiCl₄, (j) NaH, (k) Li₃N, (l) Na₂O, (m) Na₂O₂.
- •• 2.49 Escreva as fórmulas dos seguintes compostos: (a) nitrito de rubídio, (b) sulfeto de potássio, (c) ácido perbrômico, (d) fosfato de magnésio, (e) hidrogenofosfato de cálcio, (f) tricloreto de boro, (g) heptafluoreto de iodo, (h) sulfato de amônio, (i) perclorato de prata, (j) cromato de ferro(III).

Biológica: 2.43. **Conceitual:** 2.29, 2.30, 2.31, 2.32, 2.55, 2.56, 2.71, 2.75.

2.50 Escreva as fórmulas dos seguintes compostos: (a) cianeto de cobre(I), (b) clorito de estrôncio, (c) ácido perclórico, (d) ácido iodídrico, (e) fosfato de dissódio e amônio, (f) carbonato de chumbo(II), (g) fluoreto de estanho(II), (h) decassulfeto de tetrafósforo, (i) óxido de mercúrio(II), (j) iodeto de mercúrio(I).

Problemas Adicionais

2.51 Um isótopo de um elemento metálico tem número de massa 65 e 35 nêutrons no núcleo. O cátion derivado desse isótopo tem 28 elétrons. Escreva o símbolo desse cátion.

2.52 Dentre os seguintes pares de espécies, identifique aquele em que as duas espécies apresentam maior semelhança em suas propriedades químicas. (a) $_{1}^{1}H$ e $_{1}^{1}H^{+}$, (b) $_{7}^{14}N$ e $_{7}^{14}N^{3-}$, (c) $_{6}^{12}C$ e $_{6}^{13}C$.

2.53 A seguinte tabela indica o número de elétrons, prótons e nêutrons em átomos ou em íons de alguns elementos. (a) Quais são as espécies neutras? (b) Quais têm carga negativa? (c) Quais têm carga positiva? (d) Quais são os símbolos convencionais para todas as espécies?

Átomo ou Íon ou Elemento	A	B	C	D	E	F	G
Número de elétrons	5	10	18	28	36	5	9
Número de prótons	5	7	19	30	35	5	9
Número de nêutrons	5	7	20	36	46	6	10

2.54 O que está errado ou é ambíguo nessa descrição? (a) 1 g de hidrogênio, (b) quatro moléculas de NaCl.

2.55 Conhecem-se os seguintes sulfetos de fósforo: P_4S_3, P_4S_7, e P_4S_{10}. Esses compostos obedecem à lei das proporções múltiplas?

2.56 Quais das seguintes espécies são elementos, moléculas (mas não compostos), compostos (mas não moléculas) e quais são compostos e moléculas? (a) SO_2, (b) S_8, (c) Cs, (d) N_2O_5, (e) O, (f) O_2, (g) O_3, (h) CH_4, (i) KBr, (j) S, (k) P_4, (l) LiF.

2.57 Por que o cloreto de magnésio ($MgCl_2$) não é chamado de cloreto de magnésio(II)?

2.58 Alguns compostos são mais conhecidos pelos seus nomes comuns do que pelos seus nomes químicos sistemáticos. Consulte um livro técnico, um dicionário ou o seu professor e escreva a fórmula química dessas substâncias: (a) gelo seco, (b) sal de cozinha, (c) gás hilariante, (d) mármore, (e) cal viva, (f) cal extinta, (g) barrilha, (h) leite de magnésia.

2.59 Preencha os espaços vazios na tabela seguinte.

Símbolo		$_{26}^{54}Fe^{2+}$			
Prótons	5			79	86
Nêutrons	6		16	117	136
Elétrons	5		18	79	
Carga			−3		0

2.60 (a) Quais são os elementos que mais provavelmente formarão compostos iônicos? (b) Quais são os elementos metálicos com capacidade de formar cátions com cargas diferentes?

2.61 Muitos compostos iônicos possuem tanto alumínio (um metal do grupo 13) ou um metal do grupo 1 ou do grupo 2 e um não metal — oxigênio, nitrogênio ou um halogênio (grupo 17). Escreva as fórmulas químicas e os nomes de todos os compostos binários que possam resultar de tais combinações.

2.62 Qual dos símbolos seguintes dá mais informação sobre o átomo: ^{23}Na ou $_{11}Na$? Justifique.

2.63 Escreva as fórmulas químicas e os nomes dos ácidos que contêm elementos do Grupo 17. Faça o mesmo para os elementos dos Grupos 13, 14, 15 e 16.

2.64 Dos 115 elementos conhecidos, apenas dois são líquidos à temperatura ambiente (25ºC). Quais são? (*Sugestão:* Um dos elementos é um metal familiar e o outro pertence ao Grupo 17.)

2.65 Agrupe em pares aqueles elementos que você espera que possuam propriedades químicas semelhantes: K, F, P, Na, Cl e N.

2.66 Diga quais são os elementos que existem como gases à temperatura ambiente. (*Sugestão:* A maior parte desses elementos encontra-se nos Grupos 15, 16, 17, 18.)

2.67 Os metais do Grupo 11, Cu, Ag e Au, são chamados de metais de cunhagem. Que propriedades químicas os tornam convenientes para fazer moedas e jóias?

2.68 Os elementos do Grupo 18 são chamados de gases nobres. Sugira um significado para "nobre" nesse contexto.

2.69 A fórmula do óxido de cálcio é CaO. Quais são as fórmulas do óxido de magnésio e do óxido de estrôncio?

2.70 Um mineral comum de bário é a barita, ou sulfato de bário ($BaSO_4$). Como os elementos do mesmo grupo da tabela periódica têm propriedades químicas semelhantes, é de esperar que se encontre sulfato de rádio ($RaSO_4$) misturado com a barita, pois o rádio é o último elemento do Grupo 2. Contudo, as únicas fontes de compostos de rádio na natureza são os minerais de urânio. Por quê?

2.71 O flúor reage com o hidrogênio (H) e com o deutério (D) para gerar fluoreto de hidrogênio (HF) e fluoreto de deutério (DF) [em que deutério ($_{1}^{2}H$) é um isótopo de hidrogênio]. Certa quantidade de flúor reagirá com massas diferentes dos dois isótopos de hidrogênio? Esse fato violará a lei das proporções definidas? Justifique.

2.72 Indique a fórmula e o nome do composto binário formado pelos seguintes elementos: (a) Na e H, (b) B e O, (c) Na e S, (d) Al e F, (e) F e O, (f) Sr e Cl.

2.73 Preencha os espaços vazios na tabela seguinte.

Cátion	Ânion	Fórmula	Nome
			Bicarbonato de magnésio
		$SrCl_2$	
Fe^{3+}	NO_2^-		
			Clorato de manganês (II)
		$SnBr_4$	
Co^{2+}	PO_4^{3-}		
Hg_2^{2+}	I^-		
		Cu_2CO_3	
			Nitreto de lítio
Al^{3+}	S^{2-}		

2.74 Identifique os seguintes elementos: (a) um halogênio cujo ânion contém 36 elétrons, (b) um gás nobre radioativo que possui 86 prótons, (c) um elemento do Grupo 16 cujo ânion contém 36 elétrons, (d) um cátion de metal alcalino que contém 36 elétrons, (e) um cátion de elemento do grupo 14 que contém 80 elétrons.

• Problema Especial

2.75 (a) Descreva a experiência de Rutherford e diga como ela conduziu à estrutura do átomo. Como Rutherford foi capaz de estimar o número de prótons em um núcleo a partir da difração das partículas α? (b) Considere o átomo ^{23}Na. Dado que o raio e a massa do núcleo são $3,04 \times 10^{-15}$ m e $3,82 \times 10^{-23}$ g, respectivamente, calcule a densidade do núcleo em g/cm³. O raio de um átomo ^{23}Na é 186 pm. Calcule a densidade do espaço ocupado pelo elétron no átomo de sódio. Os seus resultados dão suporte ao modelo atômico de Rutherford? [o volume de uma esfera é $(4/3)\pi r^3$, onde r é o raio].

• Respostas dos Exercícios

2.1 29 prótons, 34 nêutrons e 29 elétrons. **2.2** $CHCl_3$. **2.3** $C_4H_5N_2O$. **2.4** (a) óxido de chumbo(II), (b) sulfeto de lítio. **2.5** (a) Rb_2SO_4, (b) BaH_2. **2.6** (a) trifluoreto de nitrogênio, (b) heptóxido de dicloro. **2.7** (a) SF_4, (b) N_2O_5. **2.8** (a) ácido hipobromoso, (b) íon hidrogenossulfato.

3 Estequiometria

Queima de enxofre em oxigênio para formar dióxido de enxofre.

3.1 Massa Atômica 57
Massa Atômica Média

3.2 Número de Avogadro e Massa Molar de um Elemento 58

3.3 Massa Molecular 62

3.4 Espectrômetro de Massa 65

3.5 Composição Percentual dos Compostos 66

3.6 Determinação Experimental de Fórmulas Empíricas 69
Determinação de Fórmulas Moleculares

3.7 Reações Químicas e Equações Químicas 71
Escrevendo Equações Químicas • Balanceamento de Equações Químicas

3.8 Quantidades de Reagentes e Produtos 76

3.9 Reagentes Limitantes e Rendimento da Reação 80
Rendimento da Reação

Conceitos Essenciais

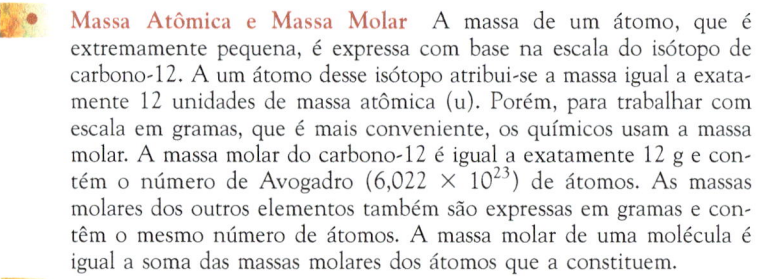

Massa Atômica e Massa Molar A massa de um átomo, que é extremamente pequena, é expressa com base na escala do isótopo de carbono-12. A um átomo desse isótopo atribui-se a massa igual a exatamente 12 unidades de massa atômica (u). Porém, para trabalhar com escala em gramas, que é mais conveniente, os químicos usam a massa molar. A massa molar do carbono-12 é igual a exatamente 12 g e contém o número de Avogadro ($6,022 \times 10^{23}$) de átomos. As massas molares dos outros elementos também são expressas em gramas e contêm o mesmo número de átomos. A massa molar de uma molécula é igual a soma das massas molares dos átomos que a constituem.

Composição Percentual de um Composto A constituição de um composto é mais convenientemente expressa em termos de sua composição percentual, ou seja, das porcentagens em massa de cada um dos seus elementos. A partir da fórmula química, podemos calcular a composição percentual de um composto. A determinação experimental da composição percentual e da massa molar permite determinar a fórmula química.

Escrevendo Equações Química O que acontece em uma reação química pode ser representado por meio de fórmulas químicas em uma equação química. Uma equação química deve ser balanceada de modo que haja o mesmo número e tipo de átomos tanto para os reagentes, que são os materiais de partida, quanto para os produtos, substâncias formadas ao final de cada reação.

Relações de Massa para uma Reação Química Se conhecermos a(s) quantidade(s) de reagente(s), podemos prever, com base na equação química, a(s) quantidade(s) de produto(s) formado(s), ou seja o rendimento da reação. Essa informação é muito importante para reações efetuadas em laboratório, bem como em escala industrial. Na prática, o rendimento real é quase sempre menor do que o previsto pela equação, em razão de várias complicações que podem ocorrer.

3.1 Massa Atômica

Neste capítulo, vamos estudar as relações de massa de átomos e moléculas, utilizando conceitos já aprendidos sobre estrutura química e fórmulas. Essas relações vão nos ajudar a explicar a composição dos compostos, e também como essas composições podem mudar.

A massa de um átomo depende do número de elétrons, prótons e nêutrons que o constituem. O conhecimento da massa atômica é de extrema importância no trabalho laboratorial. Mas os átomos são partículas extremamente pequenas — mesmo o menor grão de poeira que a nossa vista possa detectar contém cerca de 1×10^{16} átomos! Na prática, é impossível pesar um único átomo, porém, podemos determinar experimentalmente a *relação* de massa entre dois átomos. O primeiro passo é atribuir um valor de massa a um átomo de determinado elemento e considerá-la massa-padrão.

De acordo com uma convenção internacional, ***massa atômica*** (às vezes chamada de *peso atômico*) é *a massa de um átomo em unidades de massa atômica (*u*)*. Uma **unidade de massa atômica** é definida como *a massa igual a exatamente 1/12 da massa de um átomo de carbono-12*. O carbono-12 é o isótopo do carbono constituído por seis prótons e seis nêutrons. Por convenção, estabeleceu-se que a massa atômica do carbono-12 é igual a 12 u, e é o padrão para a medida de massas atômicas de outros elementos. Experimentalmente, verifica-se que, em média, um átomo de hidrogênio contém apenas 8,400% da massa do carbono-12. Assim, se considerarmos que a massa de um átomo de carbono-12 é igual a exatamente 12 u, a massa do hidrogênio será $0,084 \times 12,00$ u, ou seja, igual a 1,008 u. Cálculos análogos mostram que as massas atômicas do oxigênio e do ferro são, respectivamente, iguais a 16,00 u e 55,85 u. Embora não tenhamos conhecimento de qual é a massa atômica média do ferro, sabemos que é 56 vezes superior à massa do hidrogênio.

A Seção 3.4 apresenta um método para se determinar a massa atômica.

Uma unidade de massa atômica é também chamada de dalton.

Massa Atômica Média

Ao consultarmos a tabela de massas atômicas, como a que é apresentada logo no início deste livro, verificamos que o valor da massa atômica do carbono é 12,01 u e não 12,00 u. Essa diferença pode ser explicada pelo fato de que a maior parte dos elementos (incluindo o carbono) existentes na natureza possui mais de um isótopo. Por essa razão, quando se determina a massa atômica de um elemento, geralmente indica-se o valor da massa *média* da mistura natural de seus isótopos. Por exemplo, as abundâncias naturais do carbono-12 e carbono-13 são, respectivamente, 98,90% e 1,10%. A massa atômica do carbono-13, determinada experimentalmente, é 13,00335 u. Na verdade, a massa atômica média do carbono pode ser calculada pela expressão:

$$\text{massa atômica do carbono natural} = (0{,}9890)(12{,}00000 \text{ u}) + (0{,}0110)(13{,}00335 \text{ u}) = 12{,}01 \text{ u}$$

Observe que, nos cálculos, é necessário converter as porcentagens a valores fracionários. O valor de 98,90%, por exemplo, é igual a 98,90/100, ou seja, 0,9890. Uma vez que a abundância natural do isótopo carbono-12 seja muito superior à do carbono-13, o valor da massa atômica média está muito mais próximo de 12 u do que de 13 u.

É importante entender que ao dizermos que a massa atômica do carbono é 12,01 u, estamos nos referindo a um valor *médio*. Se fosse possível medir a massa de um único átomo de carbono, o valor encontrado seria 12,00000 u ou 13,00335 u, mas nunca igual a 12,01 u.

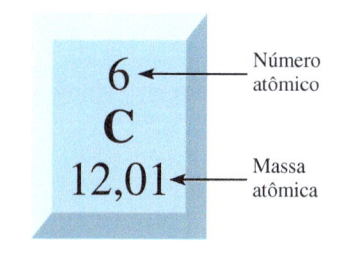

Cobre.

Problemas semelhantes: 3.5, 3.6.

EXEMPLO 3.1

O cobre, um metal conhecido desde a Antigüidade, é utilizado em cabos elétricos e em moedas, dentre outras aplicações. As massas atômicas dos seus dois isótopos estáveis, $^{63}_{29}Cu$ (69,09%) e $^{65}_{29}Cu$ (30,91%) são iguais a 62,93 u e 64,9278 u, respectivamente. Calcule a massa atômica média do cobre. As abundâncias relativas são dadas entre parênteses.

Estratégia   A contribuição de cada isótopo para a massa atômica média depende de sua abundância relativa. Multiplicando a massa de cada isótopo pela sua abundância fracionária (não percentual), obteremos a sua contribuição para o valor da massa atômica média.

Solução   Primeiro devemos converter os valores dados em porcentagens a valores fracionários: 69,09% = 69,09/100 = 0,6909 e 30,91% = 30,91/100 = 0,3091. Essas contribuições individuais de cada isótopo são então somadas, para se obter a massa atômica média do elemento.

$$(0,6909)(62,93 \text{ u}) + (0,3091)(64,9278 \text{ u}) = 63,55 \text{ u}$$

Verificação   Se o valor da massa atômica média estiver situado entre os valores de massa dos dois isótopos, pode-se considerar que o resultado obtido é razoável. Note que em razão da abundância do isótopo $^{63}_{29}Cu$ ser superior à do $^{65}_{29}Cu$, o valor da massa atômica média está mais próximo de 62,93 u que de 64,9278 u.

Exercício   As massas atômicas dos dois isótopos estáveis do boro, $^{10}_{5}B$ (19,78%) e $^{11}_{5}B$ (80,22%) são, respectivamente, 10,0129 u e 11,0093 u. Calcule a massa atômica média do boro.

As massas atômicas de muitos elementos têm sido determinadas com exatidão até cinco ou seis algarismos significativos. Contudo, para os nossos objetivos, serão utilizadas massas atômicas com quatro algarismos significativos (veja a tabela de massas atômicas no verso da capa). Para simplificar, omitiremos o termo "média" ao discutirmos as massas atômicas dos elementos.

3.2 Número de Avogadro e Massa Molar de um Elemento

As unidades de massa atômica fornecem uma escala relativa para as massas dos elementos. Os átomos possuem massas muito pequenas e não existe balança que permita pesá-los diretamente em unidades de massa atômica. Como em situações concretas trabalhamos com amostras macroscópicas constituídas por enorme número de átomos, é conveniente utilizar uma unidade especial que possibilite descrevê-los. A idéia de usar uma unidade para representar um grande número de objetos não é nova. Por exemplo, um par (dois itens), uma dúzia (12 itens) e uma grosa (144 itens) são unidades familiares. Para os químicos, os átomos e moléculas são medidos em mols.

"Molar" é o adjetivo derivado do substantivo "mol".

No sistema SI, o **mol** é *a quantidade de substância que contém tantas entidades elementares (átomos, moléculas ou outras partículas) quantas existem em, exatamente, 12 g (ou 0,012 kg) do isótopo carbono-12*. O número de átomos existente em 12 g de carbono-12 foi determinado experimentalmente e denomina-se **número de Avogadro** **(N_A)**, em honra ao cientista italiano Amedeo Avogadro. O valor, atualmente aceito, para esse número é

$$N_A = 6,0221367 \times 10^{23}$$

Figura 3.1
Um mol de cada um dos seguintes elementos comuns: carbono (carvão em pó), enxofre (pó amarelo), ferro (pregos), cobre (fios) e mercúrio (metal líquido prateado).

Geralmente, arredondamos o número de Avogadro para $6,022 \times 10^{23}$. Dessa forma, 1 mol de átomos de hidrogênio contém $6,022 \times 10^{23}$ átomos de hidrogênio, assim como uma dúzia de laranjas contém 12 laranjas. A Figura 3.1 apresenta amostras contendo 1 mol de vários elementos comuns.

Vimos que 1 mol de átomos de carbono-12 tem massa igual a exatamente 12 g e contém $6,022 \times 10^{23}$ átomos. Essa massa do carbono-12 denomina-se **_massa molar_** (*ℳ*), a qual é definida como *a massa (em gramas ou quilogramas) de 1 mol de unidades* (tais como átomos ou moléculas) de uma substância. Observe que a massa molar do carbono-12 (em gramas) é numericamente igual à sua massa atômica expressa em u. Do mesmo modo, a massa atômica do sódio (Na) é 22,99 u e a sua massa molar é 22,99 g; a massa atômica do fósforo é 30,97 u e a sua massa molar é 30,97 g e assim por diante. Se soubermos a massa atômica de um elemento, saberemos também a sua massa molar.

<small>Nos cálculos, as unidades de massa molar utilizadas são g/mol ou kg/mol.</small>

Usando a massa atômica e a massa molar, podemos calcular a massa em gramas de um único átomo de carbono-12. Com base nas considerações anteriores, sabemos que 1 mol de átomos de carbono-12 pesa exatamente 12 g. Dessa forma, podemos escrever a seguinte igualdade

12,00 g de carbono-12 = 1 mol de átomos de carbono-12

Por conseguinte, podemos escrever o fator de conversão como

$$\frac{12,00 \text{ g de carbono-12}}{1 \text{ mol de átomos de carbono-12}}$$

(Note que, nos cálculos, utilizamos a unidade "mol" para representar o número de mols.) Da mesma forma, como existem $6,022 \times 10^{23}$ átomos em um mol de átomos de carbono-12, temos

1 mol de átomos de carbono-12 = $6,022 \times 10^{23}$ átomos de carbono-12

```
Massa do         m/ℳ      Número de mols      nN_A       Número de átomos
elemento (m)   ⇌          do elemento (N)    ⇌           do elemento (n)
                nℳ                             N/N_A
```

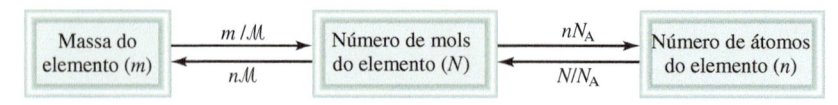

Figura 3.2
Relação entre massa (m em gramas) de um elemento e seu número de mols (n), e entre o número de mols de um elemento e seu número de átomos (N). $\mathcal{M}$ representa a massa molar (g/mol) do elemento e N_A o número de Avogadro.

e o fator de conversão é

$$\frac{1 \text{ mol de átomos de carbono-12}}{6{,}022 \times 10^{23} \text{ átomos de carbono-12}}$$

Agora, podemos calcular a massa (em gramas) de 1 átomo de carbono-12 do seguinte modo:

$$1 \text{ átomo de carbono-12} \times \frac{1 \text{ mol de átomos de carbono-12}}{6{,}022 \times 10^{23} \text{ átomos de carbono-12}} \times \frac{12{,}00 \text{ g de carbono-12}}{1 \text{ mol de átomos de carbono-12}}$$

$$= 1{,}993 \times 10^{-23} \text{ g de carbono-12}$$

Usando o resultado obtido anteriormente, podemos determinar a relação entre unidades de massa atômica e gramas. Sabendo que a massa de cada átomo de carbono-12 é igual a exatamente 12 u, o número de unidades de massa atômica correspondente a 1 g será

$$\frac{\text{unidade de massa atômica}}{\text{grama}} = \frac{1 \text{ átomo de carbono-12}}{1{,}993 \times 10^{-23} \text{ g}} \times \frac{12 \text{ unidades de massa atômica}}{1 \text{ átomo de carbono-12}}$$

$$= 6{,}022 \times 10^{23} \text{ u/g}$$

Ou seja,

$$1 \text{ g} = 6{,}022 \times 10^{23} \text{ u}$$

e

$$1 \text{ u} = 1{,}661 \times 10^{-24} \text{ g}$$

Esse exemplo mostra-nos que o número de Avogadro pode ser utilizado para a conversão de unidades de massa atômica em gramas e vice-versa.

Conhecendo o número de Avogadro e a massa molar podemos realizar conversões entre massa e mols de átomos e também entre número de átomos e massa, e ainda calcular a massa de um único átomo. Para tal, recorremos aos seguintes fatores de conversão:

$$\frac{1 \text{ mol de átomos de X}}{\text{massa molar de X}} \quad \text{e} \quad \frac{1 \text{ mol de átomos de X}}{6{,}022 \times 10^{23} \text{ átomos de X}}$$

em que X representa o símbolo de um elemento. Na Figura 3.2 resumem-se a relação entre a massa e o número de mols de um elemento, e a relação entre o número de mols e o número de átomos de um elemento.

EXEMPLO 3.2

O zinco (Zn) é um metal prateado utilizado na fabricação de latão (liga com cobre) e na proteção do ferro contra a corrosão. Quantos mols de Zn existem em 23,3 g de Zn?

Zinco.

(Continua)

Estratégia Queremos que a resposta seja dada em mols de zinco. Qual é o fator mais adequado para converter gramas em mols? Utilizando o fator de conversão apropriado, as unidades grama vão se cancelar e a resposta será obtida na unidade mol como se pretende.

Solução O fator de conversão necessário para converter gramas em mols é a massa molar. Na tabela periódica, encontramos que o valor da massa molar do Zn é 65,39 g. Podemos, então, escrever

$$1 \text{ mol Zn} = 65{,}39 \text{ g Zn}$$

Por meio dessa igualdade, podemos considerar dois fatores de conversão

$$\frac{1 \text{ mol Zn}}{65{,}39 \text{ g Zn}} \quad \text{e} \quad \frac{65{,}39 \text{ g Zn}}{1 \text{ mol Zn}}$$

O fator de conversão da esquerda é o correto. As unidades grama serão canceladas e a resposta será dada em mol. O número de mols de Zn é

$$23{,}3 \text{ g Zn} \times \frac{1 \text{ mol Zn}}{65{,}39 \text{ g Zn}} = 0{,}356 \text{ mol Zn}$$

Existem, então, 0,356 mol de Zn em 23,3 g de Zn.

Verificação Como o valor 23,3 g é inferior ao da massa molar do Zn, podemos esperar que o resultado seja um número menor que 1 mol.

Problema semelhante: 3.15.

Exercício Calcule quantos gramas de chumbo (Pb) existem em 12,4 mol de chumbo.

EXEMPLO 3.3

O enxofre (S) é um elemento não metálico que está presente no carvão. Na queima do carvão, o enxofre é convertido em dióxido de enxofre e, eventualmente, em ácido sulfúrico, originando o fenômeno denominado chuva ácida. Quantos átomos existem em 16,3 g de S?

Estratégia A questão pede uma resposta em átomos de enxofre. Não é possível fazer a conversão direta de gramas em átomos de enxofre. Qual será a unidade que nos permite efetuar a conversão de gramas de enxofre para chegar em átomos? O que representa o número de Avogadro?

Solução São necessárias duas conversões: a primeira de gramas para mols e, em seguida, de mols para número de partículas (átomos). O primeiro passo assemelha-se ao do Exemplo 3.2. Considerando que

$$1 \text{ mol S} = 32{,}07 \text{ g S}$$

o fator de conversão será

$$\frac{1 \text{ mol S}}{32{,}07 \text{ g S}}$$

O número de Avogadro é a chave do segundo passo. Temos

$$1 \text{ mol} = 6{,}022 \times 10^{23} \text{ partículas (átomos)}$$

e os fatores de conversão são os seguintes

$$\frac{6{,}022 \times 10^{23} \text{ átomos de S}}{1 \text{ mol S}} \quad \text{e} \quad \frac{1 \text{ mol S}}{6{,}022 \times 10^{23} \text{ átomos de S}}$$

(Continua)

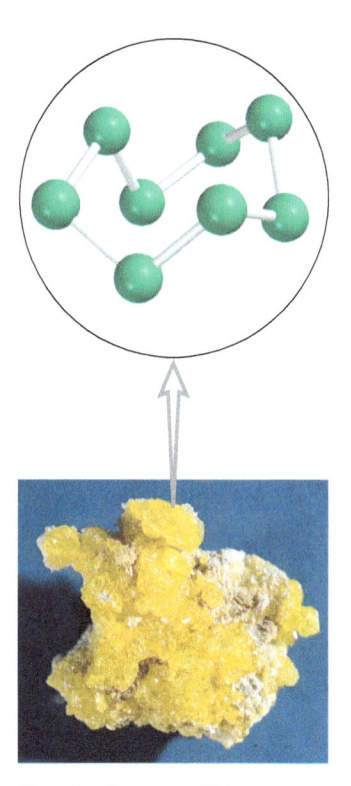

Enxofre elementar (S_8) constituído por oito átomos de S ligados em forma de anel.

O fator de conversão da esquerda é o mais adequado à resolução do problema, pois o número de átomos de S encontra-se no numerador. Calculamos em primeiro lugar o número de mols contido em 16,3 g de S e, em seguida, o número de átomos contido no número de mols de S:

$$\text{gramas de S} \longrightarrow \text{mols de S} \longrightarrow \text{número de átomos de S}$$

Podemos combinar essas conversões em uma única etapa

$$16{,}3 \text{ g S} \times \frac{1 \text{ mol S}}{32{,}07 \text{ g S}} \times \frac{6{,}022 \times 10^{23} \text{ átomos S}}{1 \text{ mol S}} = 3{,}06 \times 10^{23} \text{ átomos S}$$

Existem, portanto, $3{,}06 \times 10^{23}$ átomos de S em 16,3 g de S.

Verificação Poderiam 16,3 g de S conter um número de átomos inferior ao número de Avogadro? Qual a massa correspondente ao número de Avogadro de átomos de S?

Exercício Calcule o número de átomos existente em 0,551 g de potássio (K).

Problemas semelhantes: 3.20, 3.21.

EXEMPLO 3.4

A prata (Ag) é um metal precioso usado principalmente em jóias. Qual é a massa (em gramas) de um átomo de prata?

Estratégia A questão pede a massa de um átomo de Ag. Quantos átomos de Ag existem em 1 mol de Ag e qual é a massa molar da Ag?

Solução Sabendo que 1 mol de Ag contém $6{,}022 \times 10^{23}$ átomos de Ag e pesa 107,9 g, podemos calcular a massa de um átomo de Ag da seguinte maneira:

$$1 \text{ átomo de Ag} \times \frac{1 \text{ mol de Ag}}{6{,}022 \times 10^{23} \text{ átomos de Ag}} \times \frac{107{,}9 \text{ g}}{1 \text{ mol de Ag}} = 1{,}792 \times 10^{-22} \text{ g}$$

Exercício Qual é a massa (em gramas) de um átomo de iodo?

Prata.

Problema semelhante: 3.17.

Interatividade:
Massa Molecular
Centro de aprendizagem
Online, Interativo

3.3 Massa Molecular

Se conhecermos as massas atômicas dos átomos constituintes de uma molécula, podemos calcular a massa dessa molécula. A ***massa molecular*** (às vezes chamada de *peso molecular*) é *a soma das massas atômicas (em u) dos átomos da molécula*. Por exemplo, a massa molecular de H_2O é

$$2(\text{massa atômica do H}) + \text{massa atômica do O}$$

ou $\quad 2(1{,}008 \text{ u}) + 16{,}00 \text{ u} = 18{,}02 \text{ u}$

Temos de multiplicar a massa atômica de cada elemento pelo número de átomos desse elemento presente na molécula e, depois, somar as contribuições de todos os elementos.

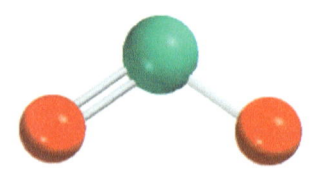

EXEMPLO 3.5

Calcule as massas moleculares (em u) dos seguintes compostos: (a) dióxido de enxofre (SO_2) e (b) cafeína ($C_8H_{10}N_4O_2$).

SO_2

(Continua)

Estratégia Como se combinam as massas atômicas dos diferentes elementos para gerar a massa molecular de um composto?

Solução Para calcularmos a massa molecular, temos de somar as massas atômicas de todos os constituintes da molécula. Para cada elemento, multiplicamos a massa atômica pelo número de átomos existentes na molécula. As massas atômicas são encontradas na tabela periódica.

(a) Na molécula de SO_2 existem dois átomos de O e um átomo de S, então temos

$$\text{massa molecular do } SO_2 = 32{,}07 \text{ u} + 2(16{,}00 \text{ u})$$
$$= 64{,}07 \text{ u}$$

(b) Na cafeína existem oito átomos de C, dez átomos de H, quatro átomos de N e dois átomos de O; portanto, a massa molecular de $C_8H_{10}N_4O_2$ é igual a

$$8(12{,}01 \text{ u}) + 10(1{,}008 \text{ u}) + 4(14{,}01 \text{ u}) + 2(16{,}00 \text{ u}) = 194{,}20 \text{ u}$$

Problemas semelhantes: 3.23, 3,24.

Exercício Qual é a massa molecular do metanol (CH_4O)?

Conhecendo a massa molecular, podemos determinar a massa molar de uma molécula ou composto. A massa molar (em gramas) é numericamente igual à massa molecular (em u). Por exemplo, a massa molecular da água é 18,02 u, logo a sua massa molar é 18,02 g. Note que 1 mol de água pesa 18,02 g e contém $6{,}022 \times 10^{23}$ *moléculas* de H_2O, tal como 1 mol de carbono elementar contém $6{,}022 \times 10^{23}$ *átomos* de carbono.

Nos Exemplos 3.6 e 3.7, podemos ver como o conhecimento da massa molar permite-nos calcular o número de mols e de átomos individuais presentes em dada quantidade de um composto.

EXEMPLO 3.6

O metano (CH_4) é o principal componente do gás natural. Quantos mols de CH_4 existem em 6,07 g de CH_4?

Estratégia Dada a quantidade em gramas de CH_4, pede-se a conversão para mols de CH_4. Qual é o fator de conversão mais adequado para transformar gramas em mols? Temos de encontrar o fator de conversão que permita cancelar as unidades grama, de forma que o resultado seja obtido em mols.

Solução O fator de conversão a ser utilizado na transformação de gramas em mols é a massa molar. Em primeiro lugar, temos de calcular a massa molar do CH_4 e, em seguida, proceder como no Exemplo 3.5:

$$\text{massa molar do } CH_4 = 12{,}01 \text{ g} + 4(1{,}008 \text{ g})$$
$$= 16{,}04 \text{ g}$$

Como

$$1 \text{ mol } CH_4 = 16{,}04 \text{ g } CH_4$$

o fator de conversão adequado deve conter gramas no denominador de modo que cancele essa unidade e deixe a unidade mol no numerador:

$$\frac{1 \text{ mol } CH_4}{16{,}04 \text{ g } CH_4}$$

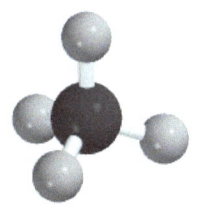

CH_4

Gás metano queimando em um fogão de cozinha.

(Continua)

Podemos, então, escrever

$$6{,}07 \text{ g CH}_4 \times \frac{1 \text{ mol CH}_4}{16{,}04 \text{ g CH}_4} = 0{,}378 \text{ mol CH}_4$$

Assim, concluímos que existe 0,378 mol de CH_4 em 6,07 g de CH_4.

Verificação Será que 6,07 g de CH_4 equivale a menos que 1 mol de CH_4? Qual é a massa de 1 mol de CH_4?

Problema semelhante: 3.26.

Exercício Calcule o número de mols de clorofórmio ($CHCl_3$) contidos em 198 g de clorofórmio.

EXEMPLO 3.7

Quantos átomos de hidrogênio estão presentes em 25,6 g de uréia $[(NH_2)_2CO]$, uma substância utilizada como fertilizante, em rações animais e na manufatura de polímeros? A massa molar da uréia é 60,06 g.

Estratégia A questão pede o número de átomos de hidrogênio existentes em 25,6 g de uréia. Não é possível converter diretamente gramas de uréia em átomos de hidrogênio. Em que unidades devemos transformar gramas para depois obter número de átomos? Como o número de Avogadro pode ser utilizado nesse caso? Quantos átomos de H existem em 1 molécula de uréia?

Solução Para calcularmos o número de átomos de H, primeiro devemos converter gramas de uréia em número de moléculas de uréia. O modo de resolver essa parte é semelhante ao do Exemplo 3.3. A fórmula molecular da uréia mostra-nos que existem quatro átomos de H em uma molécula de uréia. Precisamos de três fatores de conversão: a massa molar da uréia, o número de Avogadro e o número de átomos de H presentes em 1 molécula de uréia. Podemos combinar essas três conversões

gramas de uréia ⟶ mols de uréia ⟶ moléculas de uréia ⟶ átomos de H

em um só cálculo,

$$25{,}6 \text{ g } (NH_2)_2CO \times \frac{1 \text{ mol } (NH_2)_2CO}{60{,}06 \text{ g } (NH_2)_2CO} \times \frac{6{,}022 \times 10^{23} \text{ moléculas } (NH_2)_2CO}{1 \text{ mol } (NH_2)_2CO}$$

$$\times \frac{4 \text{ átomos de H}}{1 \text{ molécula } (NH_2)_2CO} = 1{,}03 \times 10^{24} \text{ átomos de H}$$

O método utilizado baseia-se na razão entre moléculas (uréia) e átomos (hidrogênio). Mas podemos também resolver o problema considerando a razão entre mols de uréia e mols de hidrogênio utilizando os seguintes passos:

gramas de uréia ⟶ mols de uréia ⟶ mols de H ⟶ átomos de H

Problemas semelhantes: 3.27, 3.28.

Tente resolver dessa forma.

Verificação Parece razoável o resultado? Quantos átomos de H existem em 60,06 g de uréia?

Exercício Quantos átomos de H existem em 72,5 g de isopropanol (álcool para fricção usado em massagem), C_3H_8O?

Uréia.

Finalmente, cabe ressaltar que para compostos iônicos como o NaCl e o MgO, que não são constituídos por unidades moleculares discretas, usa-se o termo *massa por fórmula*. A fórmula mínima do NaCl contém um íon Na$^+$ e um íon Cl$^-$. Assim, a massa por fórmula do NaCl é a massa de uma fórmula mínima:

$$\text{massa por fórmula do NaCl} = 22{,}99 \text{ u} + 35{,}45 \text{ u}$$
$$= 58{,}44 \text{ u}$$

e sua massa molar é 58,44 g.

> Para moléculas, a massa por fórmula e a massa molecular referem-se à mesma quantidade.

3.4 Espectrômetro de Massa

O método mais direto e preciso para determinar massas atômicas e moleculares é a espectrometria de massa, representada esquematicamente na Figura 3.3. Em um *espectrômetro de massa*, uma amostra gasosa é bombardeada com um feixe de elétrons de alta energia. Esses elétrons colidem com os átomos (ou moléculas) do gás arrancando um de seus elétrons e gerando os correspondentes íons positivos. Os feixes de íons positivos (de massa m e carga e) são acelerados ao passarem por duas placas carregadas com cargas opostas e, ao saírem, são defletidos para trajetórias curvas por um campo magnético. O raio de curvatura depende da razão carga–massa (ou seja, de e/m). Os íons com menor e/m apresentam curvaturas maiores do que aqueles com maior e/m, de modo que os íons que possuem a mesma carga mas diferentes massas são separados uns dos outros. A massa de cada íon (e portanto a massa de cada átomo ou molécula que o origina) é determinada por meio da magnitude de sua deflexão. O detector registra uma corrente elétrica para cada tipo de íon que o atinge. As quantidades de corrente geradas são diretamente proporcionais ao número de íons, o que permite determinar a abundância relativa dos isótopos.

O primeiro espectrômetro de massa, desenvolvido nos anos 1920 pelo físico inglês F. W. Aston, era rudimentar para os padrões atuais. Apesar disso, permitiu demonstrar de forma irrefutável a existência dos isótopos — neônio-20 (massa atômica igual a 19,9924 u e abundância natural de 90,92%) e neônio-22 (massa atômica igual a 21,9914 u e abundância natural de 8,82%). Com o desenvolvimento e aperfeiçoamento de espectrômetros mais sensíveis e sofisticados, os cientistas ficaram surpresos ao descobrirem que o neônio apresenta um terceiro isótopo estável com massa atômica igual a 20,9940 u e abundância natural de 0,257% (Figura 3.4). Esse exemplo ilustra bem a importância da precisão experimental em uma ciência quantitativa como é a química. O neônio-21 não pôde ser detectado nas experiências iniciais em virtude de sua baixa abundância, que é de apenas 0,257% (em outras palavras, apenas 26 em cada 10.000 átomos de Ne são de neônio-21). As massas das moléculas podem ser determinadas de forma semelhante com auxílio do espectrômetro de massa.

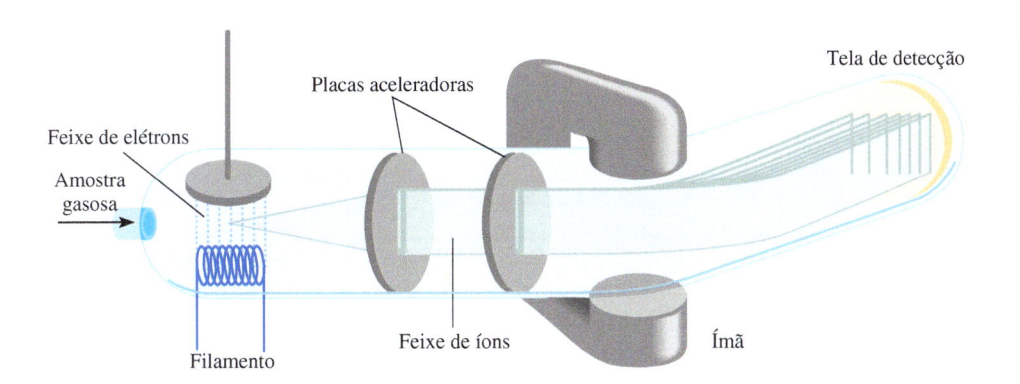

Figura 3.3
Diagrama esquemático de um espectrômetro de massa.

Figura 3.4
O espectro de massa dos três isótopos do neônio.

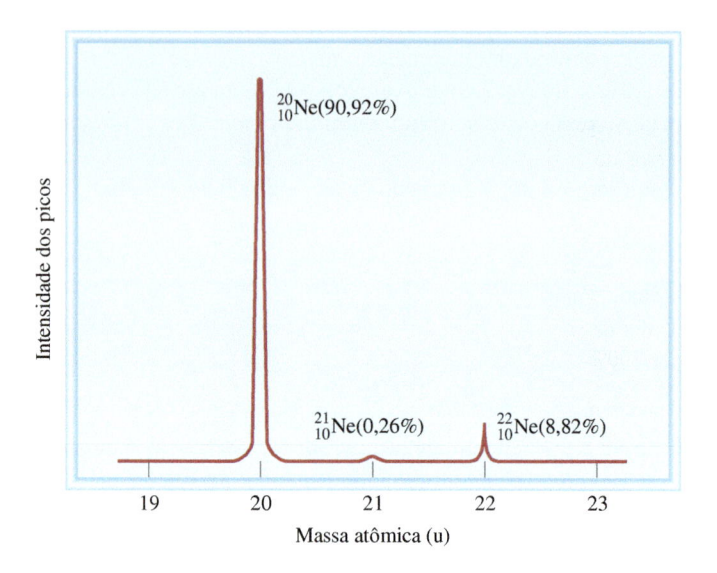

3.5 Composição Percentual dos Compostos

Como vimos, conhecendo a fórmula de um composto sabemos qual é o número de átomos de cada um de seus elementos constituintes. Entretanto, suponha que precisamos verificar qual a pureza de um composto que será utilizado em um experimento de laboratório. Por meio da fórmula, podemos calcular qual é a contribuição percentual de cada elemento para a massa total do composto. Comparando a composição percentual calculada com a composição percentual obtida experimentalmente, é possível determinar a pureza da amostra.

A **composição percentual** é a *porcentagem em massa de cada elemento em um composto*. A composição percentual é obtida dividindo-se a massa de cada elemento existente em 1 mol de composto pela massa molar do composto e, em seguida, multiplicando-se o valor obtido por 100. Matematicamente, a composição percentual de um elemento em um composto é dada por

$$\text{composição percentual de um elemento} = \frac{n \times \text{massa molar do elemento}}{\text{massa molar do composto}} \times 100\%$$

(3.1)

em que n é o número de mols do elemento presente em 1 mol do composto. Por exemplo, em 1 mol de peróxido de hidrogênio (H_2O_2) há 2 mols de átomos de H e 2 mols de átomos de O. As massas molares de H_2O_2, H e O são, respectivamente, 34,02 g, 1,008 g e 16,00 g. Portanto, a composição percentual do H_2O_2 é calculada do seguinte modo:

$$\%H = \frac{2 \times 1{,}008\ g}{34{,}02\ g} \times 100\% = 5{,}926\%$$

$$\%O = \frac{2 \times 16{,}00\ g}{34{,}02\ g} \times 100\% = 94{,}06\%$$

A soma dessas porcentagens é 5,926% + 94,06% = 99,99%. A pequena diferença entre esse valor e 100% é decorrente dos arredondamentos feitos nos valores das massas molares dos elementos. Observe que se utilizássemos a fórmula empírica (HO) para os cálculos, teríamos obtido o mesmo resultado.

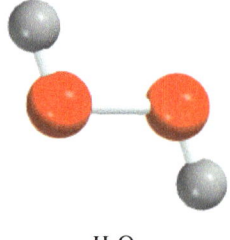

EXEMPLO 3.8

O ácido fosfórico (H_3PO_4) é um líquido viscoso, incolor, utilizado em detergentes, fertilizantes, pastas de dentes e para dar um sabor picante em bebidas carbonatadas. Calcule a composição percentual em massa dos elementos H, O e P nesse composto.

Estratégia   Lembre-se do procedimento usado para cálculos de porcentagem. Suponha que dispomos de 1 mol de H_3PO_4. A porcentagem em massa de cada elemento (H, O e P) é dada pela massa molar combinada dos átomos do elemento existente em 1 mol de H_3PO_4, dividida pela massa molar do H_3PO_4, e, então, multiplicada por 100%.

Solução   A massa molar do H_3PO_4 é 97,99 g. A porcentagem em massa de cada elemento no H_3PO_4 é calculada do seguinte modo:

$$\%H = \frac{3(1{,}008 \text{ g}) \text{ H}}{97{,}99 \text{ g } H_3PO_4} \times 100\% = 3{,}086\%$$

$$\%P = \frac{30{,}97 \text{ g P}}{97{,}99 \text{ g } H_3PO_4} \times 100\% = 31{,}61\%$$

$$\%O = \frac{4(16{,}00 \text{ g}) \text{ O}}{97{,}99 \text{ g } H_3PO_4} \times 100\% = 65{,}31\%$$

Verificação   A soma das porcentagens perfaz 100%? A soma das porcentagens é (3,086% + 31,61% + 65,31%) = 100,01%. A pequena diferença entre esse valor e 100% é conseqüência dos arredondamentos feitos nos valores das massas molares dos elementos.

Exercício   Calcule a composição percentual em massa de cada um dos elementos presentes no ácido sulfúrico (H_2SO_4).

Problema semelhante: 3.40.

O processo de resolução usado no Exemplo 3.8. pode ser invertido se necessário. Dada a composição percentual em massa de um composto, podemos determinar a sua fórmula empírica (Figura 3.5). Como estamos trabalhando com porcentagens e a soma de todas as porcentagens é igual a 100%, torna-se conveniente, nesse caso, assumir que partimos de 100 g de composto tal como mostrado no Exemplo 3.9.

EXEMPLO 3.9

O ácido ascórbico (vitamina C), usado no tratamento do escorbuto, é constituído por 40,92% de carbono (C), 4,58% de hidrogênio (H) e 54,50% de oxigênio (O), em massa. Determine a sua fórmula empírica.

Estratégia   Em uma fórmula química, os subscritos representam a razão do número de mols de cada um dos elementos que se combinam para formar 1 mol de composto. Como podemos converter porcentagem (em massa) em mols? Se considerarmos uma amostra de composto com exatamente 100 g, saberemos qual a massa de cada elemento existente nesse composto? Como podemos converter gramas em mols?

Solução   Se dispormos de 100 g de ácido ascórbico, as porcentagens de cada elemento podem ser diretamente convertidas em gramas. Nessa amostra, teremos 40,92 g de C, 4,58 g de H e 54,50 g de O. Como os subscritos nas fórmulas químicas se referem a razão molar, precisamos converter gramas em mol, para cada elemento.

(Continua)

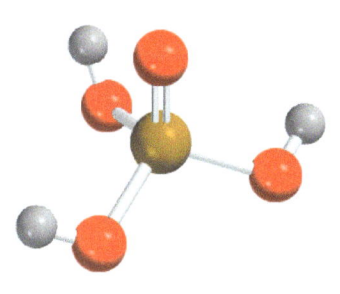

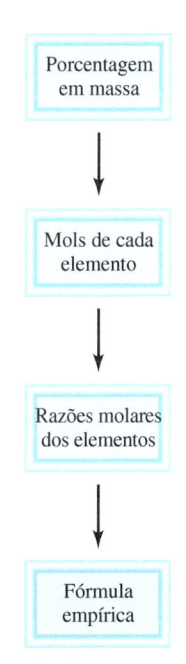

Figura 3.5
Procedimento para determinar a fórmula empírica de um composto partindo da sua composição percentual.

O fator de conversão necessário nesse caso é a massa molar de cada um dos elementos. Considerando n o número de mols de cada elemento, temos

$$n_C = 40{,}92 \text{ g C} \times \frac{1 \text{ mol C}}{12{,}01 \text{ g C}} = 3{,}407 \text{ mol C}$$

$$n_H = 4{,}58 \text{ g H} \times \frac{1 \text{ mol H}}{1{,}008 \text{ g H}} = 4{,}54 \text{ mol H}$$

$$n_O = 54{,}50 \text{ g O} \times \frac{1 \text{ mol O}}{16{,}00 \text{ g O}} = 3{,}406 \text{ mol O}$$

Desse modo obtemos a fórmula $C_{3,407}H_{4,54}O_{3,406}$, que indica as identidades e as proporções em mols dos átomos presentes no composto. As fórmulas químicas, no entanto, são escritas com números inteiros. Tente converter os subscritos em números inteiros, dividindo-os pelo menor deles (3,406):

$$C: \frac{3{,}407}{3{,}406} \approx 1 \quad H: \frac{4{,}54}{3{,}406} = 1{,}33 \quad O: \frac{3{,}406}{3{,}406} = 1$$

em que o sinal $\approx$ significa "aproximadamente igual a". Chegamos, então, à fórmula $CH_{1,33}O$ para o ácido ascórbico. Agora, falta converter 1,33, o subscrito do H, em um número inteiro. Isso pode ser feito pelo procedimento de tentativas e erros:

$$1{,}33 \times 1 = 1{,}33$$
$$1{,}33 \times 2 = 2{,}66$$
$$1{,}33 \times 3 = 3{,}99 \approx 4$$

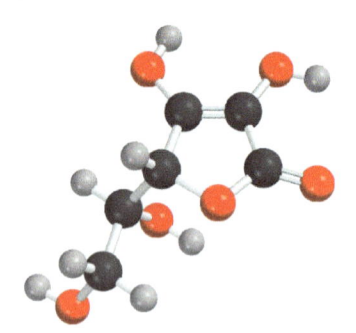

A fórmula molecular do ácido ascórbico é $C_6H_8O_6$.

Problemas semelhantes: 3.49, 3.50.

Uma vez que $1{,}33 \times 3$ nos dá um valor inteiro (4), multiplicamos todos os subscritos por 3 e obtemos, finalmente, a fórmula empírica para o ácido ascórbico, $C_3H_4O_3$.

Verificação   Os subscritos da fórmula $C_3H_4O_3$ foram convertidos nos menores números inteiros possíveis?

Exercício   Determine a fórmula empírica de um composto cuja composição percentual em massa é: K: 24,75%; Mn: 34,77%; O: 40,51%.

Os químicos, freqüentemente, precisam saber qual é a massa real de um elemento em dada quantidade de composto. Na indústria de mineração, por exemplo, com base nesse dado, os cientistas obtêm informações sobre a qualidade do minério. Como calcular a composição percentual em massa dos elementos em dada substância é relativamente fácil, o problema acima pode ser resolvido de um modo direto.

EXEMPLO 3.10

A calcopirita ($CuFeS_2$) é o principal mineral de cobre. Calcule quantos quilogramas de cobre existem em $3{,}71 \times 10^3$ kg de calcopirita.

Estratégia   A calcopirita é constituída por Cu, Fe e S. A massa de Cu está relacionada com a sua porcentagem em massa no composto. Como calculamos a porcentagem em massa de um elemento?

Calcopirita.

(Continua)

Solução As massas molares do Cu e do $CuFeS_2$ são, respectivamente, 63,55 g e 183,5 g. A porcentagem em massa de Cu será então

$$\%Cu = \frac{\text{massa molar de Cu}}{\text{massa molar de CuFeS}_2} \times 100\%$$

$$= \frac{63,55 \text{ g}}{183,5 \text{ g}} \times 100\% = 34,63\%$$

Para calcularmos a massa de Cu presente em $3,71 \times 10^3$ kg de amostra de $CuFeS_2$, temos de converter a porcentagem em número fracionário (ou seja, converter 34,63% em 34,63/100, ou 0,3463) e escrever

massa de Cu em $CuFeS_2$ = 0,3463 × (3,71 × 10^3 kg) = 1,28 × 10^3 kg

Verificação Como sugestão, observe que o valor da porcentagem em massa de Cu está por volta de 33%, de modo que um terço da massa deve ser do Cu; ou seja, $\frac{1}{3} \times 3,71 \times 10^3$ kg ≈ $1,24 \times 10^3$ kg. Esse valor é, de fato, coerente com o resultado obtido na resolução do problema.

Problema semelhante: 3.45.

Exercício Calcule quantos gramas de Al estão presentes em 371 g de Al_2O_3.

3.6 Determinação Experimental de Fórmulas Empíricas

O fato de podermos determinar a fórmula empírica de um composto partindo de sua composição percentual permite-nos identificar experimentalmente os compostos. Para isso, procede-se da seguinte maneira. Primeiro, por meio da análise química podemos saber quantos gramas de cada elemento estão presentes em determinada quantidade de composto. Em seguida, para cada elemento convertemos em número de mols as quantidades dadas em gramas. Finalmente, podemos determinar a fórmula empírica do composto segundo o modo explicativo do Exemplo 3.9.

Consideremos como exemplo o composto etanol. Quando o etanol é queimado em um aparato experimental tal como o representado na Figura 3.6, formam-se dióxido de carbono (CO_2) e água (H_2O). Como o gás de entrada não continha na sua composição nem carbono nem hidrogênio, podemos concluir que tanto o carbono (C) quanto o hidrogênio (H) provêm do etanol, bem como provavelmente o oxigênio (O). (No processo de combustão, usa-se oxigênio molecular, mas parte do oxigênio pode também ser proveniente da amostra de etanol.)

As massas de CO_2 e H_2O produzidas podem ser determinadas medindo-se os aumentos de massa ocorridos nos absorvedores de CO_2 e de H_2O, respectivamente.

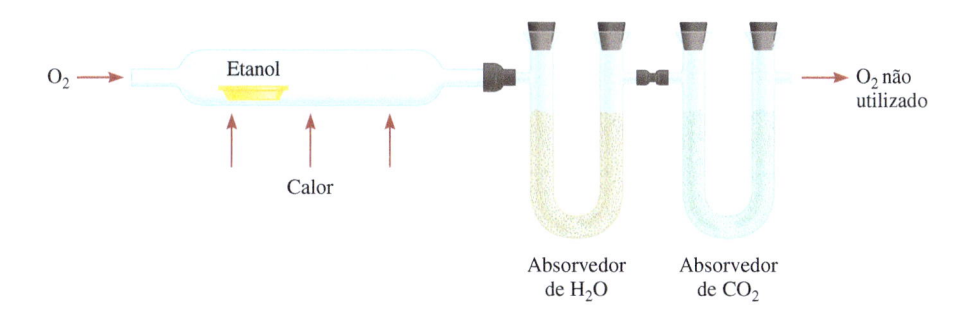

Figura 3.6
Aparato experimental para a determinação da fórmula empírica do etanol. Os absorvedores são substâncias capazes de reter água e dióxido de carbono, respectivamente.

Supondo que em determinado experimento a combustão de 11,5 g de etanol produz 22,0 g de CO_2 e 13,5 g de H_2O, podemos calcular as massas de carbono e de hidrogênio presentes na amostra de etanol, da seguinte maneira:

$$\text{massa de C} = 22,0 \text{ g CO}_2 \times \frac{1 \text{ mol CO}_2}{44,01 \text{ g CO}_2} \times \frac{1 \text{ mol C}}{1 \text{ mol CO}_2} \times \frac{12,01 \text{ g C}}{1 \text{ mol C}}$$
$$= 6,00 \text{ g C}$$

$$\text{massa de H} = 13,5 \text{ g H}_2\text{O} \times \frac{1 \text{ mol H}_2\text{O}}{18,02 \text{ g H}_2\text{O}} \times \frac{2 \text{ mol H}}{1 \text{ mol H}_2\text{O}} \times \frac{1,008 \text{ g H}}{1 \text{ mol H}}$$
$$= 1,51 \text{ g H}$$

Portanto, 11,5 g de etanol contêm 6,00 g de carbono e 1,51 g de hidrogênio. A massa restante deve ser de oxigênio, ou seja,

$$\text{massa de O} = \text{massa da amostra} - (\text{massa de C} + \text{massa de H})$$
$$= 11,5 \text{ g} - (6,00 \text{ g} + 1,51 \text{ g})$$
$$= 4,0 \text{ g}$$

O número de mols de cada elemento presente em 11,5 g de etanol é

$$\text{mols de C} = 6,00 \text{ g C} \times \frac{1 \text{ mol C}}{12,01 \text{ g C}} = 0,500 \text{ mol C}$$

$$\text{mols de H} = 1,51 \text{ g H} \times \frac{1 \text{ mol H}}{1,008 \text{ g H}} = 1,50 \text{ mol H}$$

$$\text{mols de O} = 4,0 \text{ g O} \times \frac{1 \text{ mol O}}{16,00 \text{ g O}} = 0,25 \text{ mol O}$$

Desse modo, a fórmula obtida é $C_{0,50}H_{1,5}O_{0,25}$ (arredondando-se o número de mols para dois algarismos significativos). Como o número de átomos deve ser um número inteiro, dividimos os subscritos por 0,25 (o subscrito menor) e chegamos à fórmula empírica do etanol, C_2H_6O.

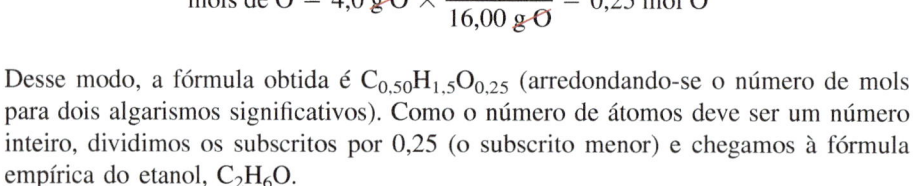

Podemos agora entender melhor o significado da palavra "empírico", que quer dizer "baseado apenas em observações e medidas experimentais". A fórmula empírica do etanol foi determinada pela análise do composto considerando sua composição elementar. Nenhum conhecimento a respeito de como os átomos estão quimicamente ligados para formar a molécula foi necessário.

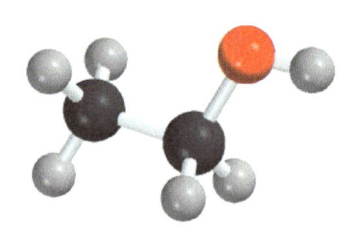

A fórmula molecular do etanol é igual à sua fórmula empírica.

Determinação de Fórmulas Moleculares

A fórmula calculada por meio da composição percentual em massa é sempre a fórmula empírica do composto, uma vez que os coeficientes são sempre reduzidos aos seus menores valores inteiros. Para determinarmos a fórmula molecular real, temos de conhecer, além da fórmula empírica, um valor *aproximado* da massa molar do composto. Sabendo que a massa molar de um composto deve ser um múltiplo inteiro da massa molar da sua fórmula empírica, podemos usar a massa molar para determinar a fórmula molecular, tal como é demonstrado no Exemplo 3.11.

EXEMPLO 3.11

Uma amostra de um composto é constituída por 1,52 g de nitrogênio (N) e 3,47 g de oxigênio (O). A massa molar do composto está entre 90 g e 95 g. Determine a fórmula molecular e o valor correto da massa molar do composto.

(Continua)

Estratégia Para estabelecer a fórmula molecular, precisamos primeiro determinar a fórmula empírica. Como podemos converter gramas em mols? Por comparação entre os valores da massa molar empírica e experimental, podemos descobrir a relação entre as fórmulas empírica e molecular.

Solução Dadas as massas em gramas de N e O, utilize as massas molares de cada elemento para converter gramas em número de mols. Representando por n o número de mols de cada elemento, temos:

$$n_N = 1,52 \text{ g N} \times \frac{1 \text{ mol N}}{14,01 \text{ g N}} = 0,108 \text{ mol N}$$

$$n_O = 3,47 \text{ g O} \times \frac{1 \text{ mol O}}{16,00 \text{ g O}} = 0,217 \text{ mol O}$$

Assim, chegamos à fórmula $N_{0,108}O_{0,217}$, que dá as identidades, bem como as razões existentes entre os átomos. Contudo, as fórmulas químicas devem ser escritas utilizando-se números inteiros. Tente converter os subscritos, dividindo-os pelo menor deles (0,108), para encontrar os números inteiros adequados. Após os arredondamentos necessários, chegamos à fórmula empírica NO_2 para o composto em estudo.

A fórmula molecular pode ser igual à fórmula empírica ou então a algum múltiplo inteiro desta (por exemplo, dois, três, quatro ou mais vezes a fórmula empírica). A razão entre a massa molar real e a massa molar da fórmula empírica, leva à razão numérica entre as fórmulas empírica e molecular. Sabendo que a massa molar da fórmula empírica do NO_2 é

$$\text{massa molar empírica} = 14,01 \text{ g} + 2(16,00 \text{ g}) = 46,01 \text{ g}$$

podemos estimar a razão entre a massa molar e a massa molar empírica

$$\frac{\text{massa molar}}{\text{massa molar empírica}} = \frac{90 \text{ g}}{46,01 \text{ g}} \approx 2$$

A massa molar é o dobro da massa molar empírica, o que significa que existem duas unidades NO_2 em cada molécula do composto, e a fórmula molecular é $(NO_2)_2$, ou N_2O_4.

A massa molar real do composto é o dobro da massa molar empírica, ou seja, 2(46,01g) ou 92,02 g, valor que está, de fato, entre 90 g e 95 g.

Verificação Observe que para determinar a fórmula molecular por meio da fórmula empírica, precisamos conhecer apenas a massa molar *aproximada* do composto, visto que a massa molar real é um múltiplo inteiro (1×, 2×, 3×, . . .) da massa molar empírica. Portanto, a razão (massa molar/massa molar empírica) terá sempre um valor muito próximo de um número inteiro.

Exercício Uma amostra de um composto constituído por boro (B) e hidrogênio (H) contém 6,444 g de B e 1,803 g de H. A sua massa molar é aproximadamente 30 g. Qual é a sua fórmula molecular?

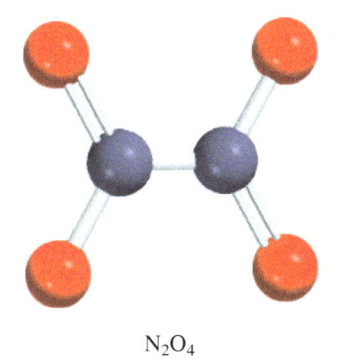

N_2O_4

Problemas semelhantes: 3.52, 3.53, 3.54.

3.7 Reações Químicas e Equações Químicas

Depois de termos estudado sobre as massas dos átomos e moléculas, vamos observar o que acontece aos átomos e moléculas em uma **reação química**, *um processo no qual uma substância (ou substâncias) se transforma em uma ou mais substâncias novas*. Para poderem se comunicar a respeito de reações químicas, os químicos estabeleceram uma forma-padrão de representá-las usando equações químicas. Uma ***equação química*** *baseia-se no uso de símbolos químicos para mostrar o que acontece durante uma reação química*. Nesta seção, aprenderemos a escrever e a balancear equações químicas.

Figura 3.7
Três formas de representar a combustão do hidrogênio. De acordo com a lei de conservação da massa, o número de cada tipo de átomo deve ser o mesmo em ambos os lados da equação.

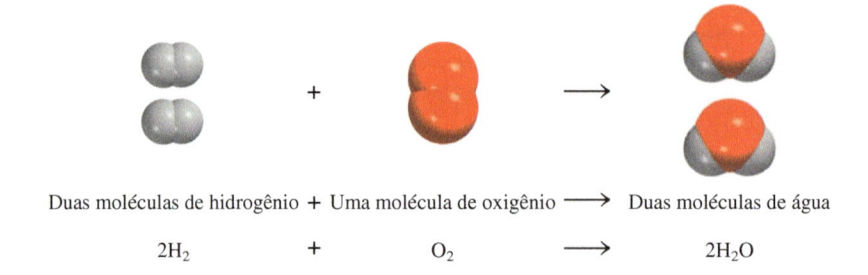

Duas moléculas de hidrogênio + Uma molécula de oxigênio ⟶ Duas moléculas de água

$$2H_2 + O_2 \longrightarrow 2H_2O$$

Escrevendo Equações Químicas

Vamos considerar o que acontece quando hidrogênio gasoso (H_2) queima-se ao ar (que contém oxigênio, O_2) para formar água (H_2O). Essa reação pode ser representada pela equação química

$$H_2 + O_2 \longrightarrow H_2O \tag{3.2}$$

em que o símbolo "+" significa "reage com" e a seta significa "para formar". Assim, essa expressão simbólica pode ser lida do seguinte modo: "O hidrogênio molecular reage com o oxigênio molecular para formar água". Considera-se que a reação ocorra da esquerda para a direita conforme é indicado pela seta.

No entanto, a Equação (3.2) não está completa porque o número de átomos de oxigênio no lado esquerdo (dois) é igual ao dobro do número de átomos de oxigênio do lado direito (um) da seta. De acordo com a lei de conservação da massa, deve haver o mesmo número de cada tipo de átomos em ambos os lados da seta; isto é, devemos ter tantos átomos no final da reação quantos tínhamos antes dela se iniciar. Podemos *balancear* a Equação (3.2) colocando um coeficiente apropriado (2, nesse caso) na frente do H_2 e do H_2O:

$$2H_2 + O_2 \longrightarrow 2H_2O$$

O coeficiente 1, como no caso do O_2, é omitido.

Essa *equação química balanceada* mostra que "duas moléculas de hidrogênio podem se combinar ou reagir com uma molécula de oxigênio para formar duas moléculas de água" (Figura 3.7). Como a razão entre o número de moléculas é igual à razão entre o número de mols, a equação pode também ser lida desse modo "2 mols de moléculas de hidrogênio reagem com 1 mol de moléculas de oxigênio para produzir 2 mols de moléculas de água". Conhecendo a massa de um mol de cada uma dessas substâncias, podemos também interpretar a equação como "4,04 g de H_2 reagem com 32,00 g de O_2 para gerar 36,04 g de H_2O". Essas três formas de ler a equação estão resumidas na Tabela 3.1.

TABELA 3.1 Interpretação de uma Equação Química

$2H_2$	+ O_2	$\longrightarrow 2H_2O$
Duas moléculas	+ uma molécula	⟶ duas moléculas
2 mol	+ 1 mol	⟶ 2 mol
2(2,02 g) = 4,04 g	+ 32,00 g	⟶ 2(18,02 g) = 36,04 g
36,04 g de reagentes		36,04 g de produto

Referimo-nos ao H_2 e ao O_2 na Equação (3.2) como **reagentes**, ou seja *os materiais de partida em uma reação química*. A água é o **produto,** ou *a substância formada como resultado da reação química*. Uma equação química é, então, a forma mais prática de um químico descrever uma reação. Por convenção, em uma equação química os reagentes são escritos do lado esquerdo da seta e os produtos, do lado direito da seta:

$$\text{reagentes} \longrightarrow \text{produtos}$$

Como informação adicional, os químicos, freqüentemente, indicam, os estados físicos dos reagentes e dos produtos usando as letras *g*, *l*, e *s* para gás, líquido e sólido, respectivamente. Por exemplo,

$$2CO(g) + O_2(g) \longrightarrow 2CO_2(g)$$
$$2HgO(s) \longrightarrow 2Hg(l) + O_2(g)$$

Para representarmos o que ocorre quando se dissolve cloreto de sódio (NaCl) em água, escrevemos

$$NaCl(s) \xrightarrow{H_2O} NaCl(aq)$$

em que *aq* designa o meio aquoso (ou seja, água). A indicação H_2O acima da seta, embora possa ser omitida para simplificação, simboliza o processo físico de dissolução de uma substância em água.

Balanceamento de Equações Químicas

Suponha que queiramos escrever uma equação para descrever uma reação química que acabamos de realizar no laboratório. Como devemos proceder? Como conhecemos as identidades dos reagentes, podemos escrever as suas fórmulas químicas. As identidades dos produtos são mais difíceis de estabelecer. Para o caso de reações simples, muitas vezes é possível prever qual(is) será(ão) o(s) produto(s). Para reações mais complexas, que envolvam três ou mais produtos, é necessário realizar testes adicionais a fim de comprovar a presença de compostos específicos.

Uma vez identificados todos os reagentes e produtos da reação e tendo escrito corretamente as suas fórmulas, podemos agrupá-los na seqüência convencional — os reagentes, no lado esquerdo, separados dos produtos, no lado direito, por uma seta. A equação escrita desse modo pode *não estar balanceada*, ou seja, os números de cada tipo de átomo em ambos os lados da equação podem não ser os mesmos. Em geral, podemos balancear uma equação química de acordo com as seguintes etapas:

1. Identifique todos os reagentes e produtos e escreva as suas fórmulas corretas nos lados esquerdo e direito da equação, respectivamente.

2. Inicie o balanceamento da equação testando diferentes coeficientes até chegar ao mesmo número de átomos de cada elemento em ambos os lados da equação. Podemos mudar os coeficientes (números que precedem as fórmulas), mas não os subscritos (números presentes nas fórmulas). Alterar os subscritos significa mudar a identidade da substância. Por exemplo, $2NO_2$ representa "duas moléculas de dióxido de nitrogênio", no entanto, se dobrarmos os subscritos, obteremos N_2O_4, que é a fórmula do tetróxido de dinitrogênio, um composto completamente diferente.

3. Primeiro, observe os elementos que aparecem apenas uma vez, e com igual número de átomos, em cada lado da equação: as fórmulas que contêm esses elementos devem ter o mesmo coeficiente. Não é necessário ajustar os coeficientes desses elementos nesse momento. Em seguida, observe os elementos que apare-

cem apenas uma vez, mas com números de átomos diferentes, em cada lado da equação. Efetue o balanceamento desses elementos. Finalmente, efetue o balanceamento dos elementos que aparecem em duas ou mais fórmulas de um mesmo lado da equação.

4. Confira se a equação está balanceada, certificando-se de que o número total de cada tipo de átomo, em ambos os lados da seta da equação, seja o mesmo.

Consideremos um exemplo específico. No laboratório, pequenas quantidades de oxigênio gasoso podem ser obtidas por aquecimento de clorato de potássio ($KClO_3$). Os produtos da reação são: oxigênio gasoso (O_2) e cloreto de potássio (KCl). Com essa informação, podemos escrever

$$KClO_3 \longrightarrow KCl + O_2$$

(Para simplificarmos, podemos omitir os estados físicos dos reagentes e produtos.) Os três elementos (K, Cl e O) aparecem somente uma vez em cada lado da equação, mas apenas K e Cl aparecem com igual número de átomos em ambos os lados. Assim, $KClO_3$ e KCl devem ter o mesmo coeficiente. O passo seguinte consiste em igualar o número de átomos de oxigênio em ambos os lados da equação. Como há três átomos de O no lado esquerdo e dois átomos de O no lado direito da equação, podemos acertar os átomos de O colocando o número 2 antes do $KClO_3$ e 3 antes do O_2.

$$2KClO_3 \longrightarrow KCl + 3O_2$$

Por fim, acertamos os átomos de K e Cl colocando o número 2 antes do KCl:

$$2KClO_3 \longrightarrow 2KCl + 3O_2 \tag{3.3}$$

Para conferir, podemos escrever uma tabela de balanceamento para os reagentes e produtos em que o número entre parênteses indica o número de átomos de cada elemento.

Reagentes	Produtos
K (2)	K (2)
Cl (2)	Cl (2)
O (6)	O (6)

Observe que a equação poderia também ser balanceada com coeficientes que são múltiplos 2 (para $KClO_3$), 2 (para KCl) e 3 (para O_2); por exemplo

$$4KClO_3 \longrightarrow 4KCl + 6O_2$$

No entanto, no balanceamento de equações, geralmente usa-se o *menor e mais simples*, dentre os conjuntos possíveis de coeficientes inteiros. A Equação (3.3), portanto, é a que está de acordo com essa convenção.

Agora, consideremos a combustão (ou seja, a queima) do etano (C_2H_6), componente do gás natural, em oxigênio ou ar, uma reação que gera como produtos dióxido de carbono (CO_2) e água. A equação não balanceada é

$$C_2H_6 + O_2 \longrightarrow CO_2 + H_2O$$

Note que os números de átomos em ambos os lados da equação, não são os mesmos para qualquer um dos elementos (C, H e O). Além disso, vemos que C e H aparecem apenas uma vez em cada lado da equação e O aparece nos dois compostos no lado direito (CO_2 e H_2O). Para acertar os átomos de C, colocamos o número 2 antes do CO_2:

$$C_2H_6 + O_2 \longrightarrow 2CO_2 + H_2O$$

Para acertar os átomos de H, colocamos o número 3 antes de H_2O:

$$C_2H_6 + O_2 \longrightarrow 2CO_2 + 3H_2O$$

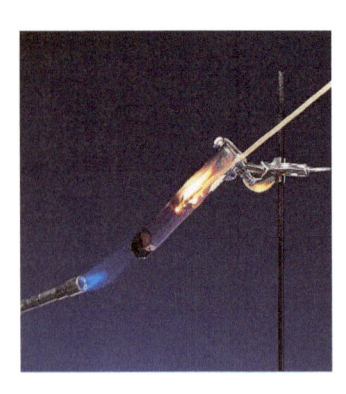

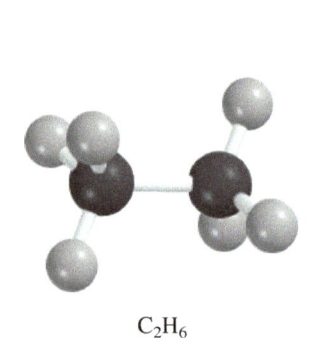

O clorato de potássio aquecido produz oxigênio, que suporta a combustão do graveto.

C_2H_6

Nesta etapa, os átomos de C e H estão balanceados, mas os átomos de O não, porque há sete átomos de O no lado direito e apenas dois no lado esquerdo da equação. A desigualdade de átomos de O pode ser eliminada colocando, no lado esquerdo da equação, o número $\frac{7}{2}$ antes do O_2:

$$C_2H_6 + \frac{7}{2}O_2 \longrightarrow 2CO_2 + 3H_2O$$

A "lógica" do uso do coeficiente $\frac{7}{2}$ pode ser explicada por existirem sete átomos de oxigênio no lado direito da equação, mas apenas um par de átomos (O_2) no lado esquerdo. Para balanceá-los, devemos nos perguntar quantos *pares* de átomos de oxigênio são necessários para igualar sete átomos de oxigênio. Assim, como 3,5 pares de sapatos igualam sete sapatos, $\frac{7}{2}$ moléculas de O_2 igualam sete átomos de oxigênio. Como podemos ver a seguir, a equação agora está balanceada:

Reagentes	Produtos
C (2)	C (2)
H (6)	H (6)
O (7)	O (7)

No entanto, normalmente é preferível expressar os coeficientes como números inteiros e não fracionários. Dessa forma, multiplica-se toda a equação por 2 para converter $\frac{7}{2}$ em 7:

$$2C_2H_6 + 7O_2 \longrightarrow 4CO_2 + 6H_2O$$

A correspondência final é

Reagentes	Produtos
C (4)	C (4)
H (12)	H (12)
O (14)	O (14)

Observe que os coeficientes utilizados no balanceamento da última equação são os menores dos conjuntos possíveis de números inteiros.

EXEMPLO 3.12

Quando o alumínio metálico é exposto ao ar, forma-se, em sua superfície, uma camada protetora de óxido de alumínio (Al_2O_3). Essa camada evita a posterior reação entre o alumínio e o oxigênio, e essa é a razão pela qual as latas de alumínio para armazenar bebidas não são corroídas. (No caso do ferro, a ferrugem, ou óxido de ferro(III), que se forma na superfície é porosa demais para proteger o ferro metálico e o enferrujamento continua.) Escreva a equação balanceada para a formação do Al_2O_3.

Estratégia Lembre-se de que as fórmulas dos elementos e dos compostos não podem ser alteradas ao efetuar o balanceamento das equações químicas. A equação química é balanceada colocando-se os coeficientes apropriados antes das fórmulas. Siga o procedimento descrito na página 73.

Solução A equação não balanceada é

$$Al + O_2 \longrightarrow Al_2O_3$$

Em uma equação balanceada, os números e os tipos de átomos em cada lado da equação devem ser os mesmos. Vemos que há um átomo de Al no lado dos reagentes e dois átomos de Al no lado dos produtos. Para acertarmos os átomos de Al, colocamos o coeficiente 2 antes do Al, no lado dos reagentes.

$$2Al + O_2 \longrightarrow Al_2O_3$$

(Continua)

Há dois átomos de O no lado dos reagentes e três átomos de O no lado dos produtos. Para acertar os átomos de O, colocamos o coeficiente $\frac{3}{2}$ antes do O_2 no lado dos reagentes.

$$2Al + \tfrac{3}{2}O_2 \longrightarrow Al_2O_3$$

Essa é uma equação balanceada. Contudo, normalmente as equações devem ser balanceadas com os menores coeficientes dos conjuntos possíveis de números *inteiros*. Assim sendo, multiplicamos toda a equação por 2 para obter números inteiros para os coeficientes.

$$2(2Al + \tfrac{3}{2}O_2 \longrightarrow Al_2O_3)$$

ou $\qquad\qquad 4Al + 3O_2 \longrightarrow 2Al_2O_3$

Verificação Para uma equação balanceada, os números e os tipos de átomos em cada lado da equação devem ser os mesmos. O resultado final é

Reagentes	Produtos
Al (4)	Al (4)
O (6)	O (6)

A equação está balanceada.

Exercício Efetue o balanceamento da equação que representa a reação que ocorre entre o óxido de ferro(III), Fe_2O_3, e o monóxido de carbono, CO, produzindo ferro (Fe) e dióxido de carbono (CO_2).

Problemas semelhantes: 3.59, 3.60.

3.8 Quantidades de Reagentes e Produtos

Uma pergunta básica que surge em um laboratório químico é a seguinte: "Qual é a quantidade de produto que se formará a partir de determinadas quantidades específicas de materiais de partida (reagentes)?". Ou, em outros casos, a questão é colocada ao contrário: "Qual é a quantidade de material de partida necessária para obter determinada quantidade específica de produto?". Para interpretarmos quantitativamente uma reação química, temos de aplicar o nosso conhecimento sobre massas molares e conceito de mol. ***Estequiometria*** *é o estudo quantitativo de reagentes e produtos em uma reação química.*

Seja qual for a unidade usada para os reagentes (ou produtos): mols, gramas, litros (para gases), ou qualquer outra, devemos sempre trabalhar com número de mols para determinar a quantidade de produto formado em uma reação química. Esse procedimento é denominado **método do mol** e significa, simplesmente, que podemos interpretar os *coeficientes estequiométricos de cada substância, em uma equação química, como equivalentes aos seus correspondentes números de mols*. Por exemplo, considere a combustão do monóxido de carbono, ao ar, que forma dióxido de carbono:

$$2CO(g) + O_2(g) \longrightarrow 2CO_2(g)$$

Os coeficientes estequiométricos mostram que duas moléculas de CO reagem com uma molécula de O_2 para formar duas moléculas de CO_2. Percebe-se que os números relativos de mols são iguais aos números relativos de moléculas:

$2CO(g)$	$+$	$O_2(g)$	$\longrightarrow$	$2CO_2(g)$
2 moléculas		1 molécula		2 moléculas
$2(6,022 \times 10^{23}$ moléculas)		$6,022 \times 10^{23}$ moléculas		$2(6,022 \times 10^{23}$ moléculas)
2 mol		1 mol		1 mol

Assim, essa equação pode ser lida da seguinte forma "2 mol de monóxido de carbono gasoso combinam-se com 1 mol de oxigênio gasoso para formar 2 mol

Interatividade:
O Método do Mol
Centro de Aprendizagem
Online, Interativo

de dióxido de carbono gasoso". Nos cálculos estequiométricos, dizemos que 2 mol de CO são equivalentes a 2 mol de CO_2, ou seja,

$$2 \text{ mol CO} \mathrel{\hat=} 2 \text{ mol CO}_2$$

em que o símbolo $\mathrel{\hat=}$ significa "estequiometricamente equivalente a" ou simplesmente "equivalente a". A razão molar entre CO e CO_2 é 2:2 ou 1:1, o que significa que se 10 mol de CO reagirem, 10 mol de CO_2 serão produzidos. Do mesmo modo, se 0,20 mol de CO reagirá, 0,20 mol de CO_2 será formado. Essas relações permitem-nos escrever os seguintes fatores de conversão

$$\frac{2 \text{ mol CO}}{2 \text{ mol CO}_2} \quad \text{e} \quad \frac{2 \text{ mol CO}_2}{2 \text{ mol CO}}$$

Paralelamente, 1 mol de $O_2 \mathrel{\hat=} 2$ mol de CO_2 e 2 mol de CO $\mathrel{\hat=}$ 1 mol de O_2.

Consideremos um exemplo simples em que 4,8 mol de CO reagem completamente com O_2 para formar CO_2. Para calcular a quantidade em mols de CO_2 produzido, utilizamos o fator de conversão que contém CO no denominador e escrevemos

$$\text{mol de CO}_2 \text{ produzidos} = 4,8 \text{ mol CO} \times \frac{1 \text{ mol CO}_2}{1 \text{ mol CO}}$$
$$= 4,8 \text{ mol CO}_2$$

Suponhamos, agora, que 10,7 g de CO reajam completamente com O_2 para formar CO_2. Quantos gramas de CO_2 serão produzidos? Para efetuarmos esse cálculo, lembremos que a relação entre CO e CO_2 pode ser deduzida com base na razão molar obtida por meio da equação balanceada. Portanto, em primeiro lugar, temos de converter gramas de CO em mols de CO, calcular o número de mols de CO_2 correspondente e, em seguida, convertê-lo em gramas de CO_2. As etapas de conversão são as seguintes:

$$\text{gramas de CO} \longrightarrow \text{mols de CO} \longrightarrow \text{mols de CO}_2 \longrightarrow \text{gramas de CO}_2$$

Primeiro, convertemos 10,7 g de CO em número de mols de CO, usando a massa molar do CO como fator de conversão:

$$\text{mol de CO} = 10,7 \text{ g CO} \times \frac{1 \text{ mol CO}}{28,01 \text{ g CO}}$$
$$= 0,382 \text{ mol CO}$$

Em seguida, calculamos o número de mols de CO_2 produzido:

$$\text{mol de CO}_2 = 0,382 \text{ mol CO} \times \frac{2 \text{ mol CO}_2}{2 \text{ mol CO}}$$
$$= 0,382 \text{ mol CO}_2$$

Por fim, calculamos a massa de CO_2 produzida, em gramas, usando a massa molar do CO_2 como fator de conversão:

$$\text{gramas de CO}_2 = 0,382 \text{ mol CO}_2 \times \frac{44,01 \text{ g CO}_2}{1 \text{ mol CO}_2}$$
$$= 16,8 \text{ g CO}_2$$

Essas três etapas de cálculo podem ser agrupadas em uma única, do seguinte modo:

$$\text{gramas de CO}_2 = 10,7 \text{ g CO} \times \frac{1 \text{ mol CO}}{28,01 \text{ g CO}} \times \frac{1 \text{ mol CO}_2}{1 \text{ mol CO}} \times \frac{44,01 \text{ g CO}_2}{1 \text{ mol CO}_2}$$
$$= 16,8 \text{ g CO}_2$$

Comparando os resultados obtidos, concluímos que o NH_3 é o reagente limitante porque conduz à formação de menor quantidade de $(NH_2)_2CO$.

(b) **Estratégia** Determinamos o número de mols de $((NH_2)_2CO$ produzido no item (a), considerando NH_3 como o reagente limitante. Como podemos agora converter mols em gramas?

Solução A massa molar de $(NH_2)_2CO$ é 60,06 g. Utilizamos esse valor como fator de conversão de mols em gramas de $(NH_2)_2CO$:

$$\text{massa de } (NH_2)_2CO = 18{,}71 \text{ mol } (NH_2)_2CO \times \frac{60{,}06 \text{ g } (NH_2)_2CO}{1 \text{ mol } (NH_2)_2CO}$$

$$= 1124 \text{ g } (NH_2)_2CO$$

Verificação A sua resposta parece ser satisfatória? Formaram-se 18,71 mol de produto. Qual é o valor da massa de 1 mol de $(NH_2)_2CO$?

(c) **Estratégia** Conforme anteriormente, podemos determinar a quantidade de CO_2 que reagiu para formar 18,71 mol de $(NH_2)_2CO$. A quantidade de CO_2 que sobra sem reagir é igual à diferença entre a quantidade inicial e aquela que reagiu.

Solução Partindo de 18,71 mol de $(NH_2)_2CO$, podemos calcular a massa de CO_2 que reagiu usando a razão molar, obtida por meio da equação balanceada, e a massa molar de CO_2. Os passos de conversão são

$$\text{mols de } (NH_2)_2CO \longrightarrow \text{mols de } CO_2 \longrightarrow \text{gramas de } CO_2$$

logo

$$\text{massa de } CO_2 \text{ que reagiu} = 18{,}71 \text{ mol } (NH_2)_2CO \times \frac{1 \text{ mol } CO_2}{1 \text{ mol } (NH_2)_2CO} \times \frac{44{,}01 \text{ g } CO_2}{1 \text{ mol } CO_2}$$

$$= 823{,}4 \text{ g } CO_2$$

A quantidade de CO_2 que resta (em excesso) é a diferença entre a quantidade existente no início da reação (1.142 g) e a quantidade que reagiu (823,4 g):

$$\text{massa de } CO_2 \text{ restante} = 1142 \text{ g} - 823{,}4 \text{ g} = 319 \text{ g}$$

Problema semelhante: 3.86.

Exercício A reação entre o alumínio e o óxido de ferro(III) pode atingir temperaturas que chegam aos 3.000°C e pode ser usada para soldar metais:

$$2Al + Fe_2O_3 \longrightarrow Al_2O_3 + 2Fe$$

Em dado processo, 124 g de Al reagiram com 601 g de Fe_2O_3. (a) Calcule a massa (em gramas) de Al_2O_3 formado. (b) Qual é a quantidade de reagente em excesso que sobra no final da reação?

O Exemplo 3.15 aborda um ponto importante. Na prática, os químicos geralmente escolhem para reagente limitante aquele que é mais caro, uma vez que, desse modo, todo, ou a maior parte dele, será consumido durante a reação química. Na síntese da uréia, o NH_3 é, invariavelmente, o reagente limitante por ser muito mais caro que o CO_2.

Rendimento da Reação

A quantidade de reagente limitante presente no início de uma reação determina o ***rendimento teórico*** dessa reação, ou seja, *a quantidade de produto que se formará se todo o reagente limitante for consumido durante a reação*. O rendimento teórico é, então, o *rendimento máximo* que se pode obter de acordo com a reação balanceada. Na prática, o ***rendimento real***, ou *a quantidade de produto realmente obtida na reação química*, é quase sempre menor que o rendimento teórico. Há muitas razões para justificar a diferença entre os rendimentos real e teórico. Por exemplo, muitas reações são reversíveis, de modo que não se processam a 100% da esquerda para a direita. Mesmo quando uma reação é 100% completa, pode ser difícil recolher todo o produto do meio reacional (digamos, de uma solução aquosa). Algumas reações são complexas no sentido em que os produtos formados podem continuar a reagir entre si ou com os reagentes para a formar ainda outros produtos. Essas reações adicionais vão reduzir o rendimento da primeira reação.

Para determinarem quão eficiente uma reação pode ser, os químicos freqüentemente usam a noção de **porcentagem de rendimento** para descrever *a proporção entre o rendimento real e o rendimento teórico*. Essa é calculada da seguinte forma:

$$\% \text{ rendimento} = \frac{\text{rendimento real}}{\text{rendimento teórico}} \times 100\% \qquad (3.4)$$

As porcentagens de rendimento podem variar de 1% a 100%. Os químicos se esforçam para maximizar a porcentagem de rendimento de uma reação Posteriormente, vamos estudar os fatores que podem afetar o rendimento das reações, como a temperatura e a pressão.

No Exemplo 3.16, vamos calcular o rendimento de um processo industrial.

EXEMPLO 3.16

O titânio é um metal forte e leve, resistente à corrosão, e é usado na construção de foguetes, aviões, motores a jato e aros de bicicletas. É preparado pela reação do cloreto de titânio(IV) com o magnésio fundido, entre 950ºC e 1.150ºC:

$$TiCl_4(g) + 2Mg(l) \longrightarrow Ti(s) + 2MgCl_2(l)$$

Em uma certa operação industrial efetuou-se a reação de $3{,}54 \times 10^7$ g de $TiCl_4$ com $1{,}13 \times 10^7$ g de Mg. (a) Determine o rendimento teórico para a obtenção de Ti em gramas. (b) Calcule a porcentagem de rendimento para o caso de serem efetivamente obtidos $7{,}91 \times 10^6$ g de Ti.

Os aros desta bicicleta são feitos de titânio.

(a) Estratégia Como há apenas dois reagentes, trata-se provavelmente de um problema sobre reagente limitante. O reagente que originar menor número de mols de produto é o limitante. Como podemos converter quantidade de reagente em quantidade de produto? Faça os cálculos dos possíveis números de mols de produto, Ti, formado, para cada um dos reagentes e, em seguida, compare-os.

Solução Realize dois cálculos, separadamente, para saber qual é o reagente limitante. Primeiro, partindo de $3{,}54 \times 10^7$ g de $TiCl_4$, calcule o número de mols de Ti que pode ser obtido se o $TiCl_4$ reagir completamente. As conversões usadas nesse caso são

$$\text{gramas de } TiCl_4 \longrightarrow \text{mols de } TiCl_4 \longrightarrow \text{mols de Ti}$$

então

$$\text{mol de Ti} = 3{,}54 \times 10^7 \text{ g } TiCl_4 \times \frac{1 \text{ mol } TiCl_4}{189{,}7 \text{ g } TiCl_4} \times \frac{1 \text{ mol Ti}}{1 \text{ mol } TiCl_4}$$

$$= 1{,}87 \times 10^5 \text{ mol Ti}$$

Em seguida, calcule o número de mols de Ti formados a partir de $1{,}13 \times 10^7$ g de Mg. Os passos são os seguintes

$$\text{gramas de Mg} \longrightarrow \text{mols de Mg} \longrightarrow \text{mols de Ti}$$

(Continua)

e escrevemos então

$$\text{mols de Ti} = 1{,}13 \times 10^7 \text{ g Mg} \times \frac{1 \text{ mol Mg}}{24{,}31 \text{ g Mg}} \times \frac{1 \text{ mol Ti}}{2 \text{ mol Mg}}$$

$$= 2{,}32 \times 10^5 \text{ mol Ti}$$

Assim, concluímos que TiCl$_4$ é o reagente limitante, porque é aquele que produz a menor quantidade de Ti. A massa de Ti obtida é

$$1{,}87 \times 10^5 \text{ mol Ti} \times \frac{47{,}88 \text{ g Ti}}{1 \text{ mol Ti}} = 8{,}95 \times 10^6 \text{ g Ti}$$

(b) Estratégia   A massa de Ti determinada no item (a) corresponde ao rendimento teórico. A quantidade mencionada no item (b) corresponde ao rendimento real da reação.

Solução   A porcentagem de rendimento é dada por

$$\% \text{rendimento} = \frac{\text{rendimento real}}{\text{rendimento teórico}} \times 100\%$$

$$= \frac{7{,}91 \times 10^6 \text{ g}}{8{,}95 \times 10^6 \text{ g}} \times 100\%$$

$$= 88{,}4\%$$

Problemas semelhantes: 3.89, 3.90.

Verificação   A porcentagem de rendimento deve ser inferior a 100%?

Exercício   O processo industrial de produção do vanádio metálico usado em ligas de aço baseia-se na reação do óxido de vanádio(V) com cálcio a altas temperaturas:

$$5\text{Ca} + \text{V}_2\text{O}_5 \longrightarrow 5\text{CaO} + 2\text{V}$$

Em determinado processo $1{,}54 \times 10^3$ g de V$_2$O$_5$ reagem com $1{,}96 \times 10^3$ g de Ca. (a) Calcule o rendimento teórico para o produto V. (b) Calcule a porcentagem de rendimento no caso de serem obtidos 803 g de V.

Resumo de Fatos e Conceitos

1. As massas atômicas são medidas em unidades de massa atômica (u), uma unidade relativa que se baseia no valor exatamente igual a 12 para o isótopo de C-12. A massa atômica atribuída aos átomos de determinado elemento é um valor médio das massas dos seus isótopos ponderadas com as respectivas abundâncias naturais. A massa molecular de uma molécula é a soma das massas dos seus átomos constituintes. Tanto a massa atômica quanto a massa molecular podem ser determinadas com um espectrômetro de massa.

2. Um mol é o número de Avogadro ($6{,}022 \times 10^{23}$) de átomos, moléculas ou qualquer outra partícula. A massa molar (em gramas) de um elemento ou composto é numericamente igual à sua massa em unidades de massa atômica (u) e contém o número de Avogadro de átomos (no caso dos elementos), moléculas (no caso de substâncias moleculares) ou fórmulas mínimas (no caso de compostos iônicos).

3. A composição percentual em massa de um composto é a porcentagem em massa de cada elemento presente. Sabendo qual a composição percentual em massa, podemos deduzir a fórmula empírica de um composto, e também sua fórmula molecular, caso a massa molar aproximada seja conhecida.

4. As transformações químicas, denominadas reações químicas, são representadas por equações químicas. As substâncias que sofrem transformação — os reagentes — são escritas no lado esquerdo e as substâncias formadas — os produtos — aparecem no lado direito da seta. As equações químicas têm de ser balanceadas de acordo com a lei de conservação da massa. Os números de átomos de cada elemento presentes nos

reagentes devem ser iguais aos números de átomos dos mesmos elementos presentes nos produtos.

5. Estequiometria é o estudo quantitativo de produtos e reagentes em reações químicas. Os cálculos estequiométricos são mais fáceis de realizar quando se expressam tanto as quantidades conhecidas como as desconhecidas, em termos de mols, para depois convertê-las em outras unidades, se necessário. Um reagente limitante é aquele que está presente na menor quantidade estequiométrica. Ele limita a quantidade de produto que pode ser formado. A quantidade de produto obtida em uma reação (rendimento real) pode ser menor do que a quantidade máxima possível (rendimento teórico). A razão entre essas duas quantidades multiplicada por 100 expressa a porcentagem de rendimento.

Palavras-chave

Composição percentual em massa, p. 66
Equação química, p. 71
Estequiometria, p. 76
Massa atômica. p. 57
Massa molar (M), p. 59

Massa molecular, p. 62
Método do mol, p. 76
Mol (mol), p. 58
Número de Avogadro (N_A), p. 58
Porcentagem de rendimento, p. 83

Produto, p. 73
Quantidade estequiométrica, p. 80
Reação química, p. 71
Reagente em excesso, p. 80
Reagente limitante, p. 80
Reagente, p. 73

Rendimento real, p. 82
Rendimento teórico, p. 82
Unidade de massa atômica (u), p. 57

Questões e Problemas

Massa Atômica

Questões de Revisão

3.1 Defina unidade de massa atômica (u). Qual é a necessidade de introduzir essa unidade?

3.2 Qual é a massa (em u) do átomo de carbono-12? Por que a massa atômica do carbono aparece com o valor de 12,01 u, na tabela periódica?

3.3 Explique, claramente, qual é o significado da afirmação "A massa atômica do ouro é 197,0 u".

3.4 Quais são os dados de que você necessita para determinar a massa atômica média de um elemento?

Problemas

•• 3.5 As massa atômicas do $^{35}_{17}Cl$ (75,53%) e $^{35}_{17}Cl$ (24,47%) são, respectivamente, 34,968 u e 36,956 u. Calcule a massa atômica média do cloro. As porcentagens entre parênteses representam as abundâncias relativas de cada isótopo.

•• **3.6** As massas atômicas do $^{6}_{3}Li$ e $^{7}_{3}Li$ são, respectivamente, 6,0151 u e 7,0160 u. Calcule as abundâncias naturais desses dois isótopos. A massa atômica média do Li é 6,941 u.

• 3.7 Qual é a massa, em gramas, de 13,2 u?

• **3.8** Quantas unidades de massa atômica (u) correspondem a 8,4 g?

Número de Avogadro e Massa Molar

Questões de Revisão

3.9 Defina o termo "mol". Qual é a unidade respectiva, utilizada em cálculos? O que tem o mol em comum com o par, a dúzia e a grosa? O que representa o número de Avogadro?

3.10 Qual é a massa molar de um átomo. Quais são as unidades mais usadas para massa molar?

Problemas

••• 3.11 A população da Terra é de cerca de 6,5 mil bilhões de pessoas. Suponha que em um processo de contagem de partículas, cada pessoa na Terra conta partículas idênticas na velocidade de duas partículas por segundo. Quantos anos seriam necessários para se contarem $6,0 \times 10^{23}$ partículas? Admita que cada ano tenha 365 dias.

••• **3.12** A espessura de uma folha de papel é de 0,0036 polegadas. Suponha que um livro contenha o número de Avogadro de páginas, calcule a espessura do livro em anos-luz. (*Sugestão:* Consulte o Problema 1.38 para a definição de anos-luz.)

•• 3.13 Quantos átomos existem em 5,10 mol de enxofre (S)?

• **3.14** Quantos mols de átomos de cobalto (Co) existem em $6,00 \times 10^9$ (6 bilhões) de átomos de Co?

• 3.15 Quantos mols de átomos de cálcio (Ca) existem em 77,4 g de Ca?

Níveis de Dificuldade: • Fácil •• Médio ••• Difícil.

- **3.16** Quantos gramas de ouro (Au) existem em 15,3 mol de Au?
- **3.17** Qual é a massa em gramas de um único átomo de cada um dos seguintes elementos: (a) Hg, (b) Ne?
- **3.18** Determine a massa em gramas de um único átomo de cada um dos elementos seguintes: (a) As, (b) Ni.
- **3.19** Indique a massa em gramas de $1,00 \times 10^{12}$ átomos de chumbo (Pb).
- **3.20** Quantos átomos estão presentes em 3,14 g de cobre (Cu)?
- **3.21** Dos casos indicados, a seguir, em qual deles há mais átomos: 1,10 g de átomos de hidrogênio ou 14,7 g de átomos de crômio?
- **3.22** Dos casos indicados, a seguir, qual deles tem maior massa: 2 átomos de chumbo ou $5,1 \times 10^{-23}$ mol de hélio?

Massa Molecular
Problemas

- **3.23** Calcule a massa molecular ou massa por fórmula (em u) de cada uma das seguintes substâncias: (a) CH_4, (b) NO_2, (c) SO_3, (d) C_6H_6, (e) NaI, (f) K_2SO_4, (g) $Ca_3(PO_4)_2$.
- **3.24** Calcule a massa molar de cada uma das seguintes substâncias: (a) Li_2CO_3, (b) CS_2, (c) $CHCl_3$ (clorofórmio), (d) $C_6H_8O_6$ (ácido ascórbico ou vitamina C), (e) KNO_3, (f) Mg_3N_2.
- **3.25** Calcule a massa molar de um composto sabendo que 152 g desse composto correspondem a 0,372 mol.
- **3.26** Quantas moléculas de etano (C_2H_6) existem em 0,334 g de C_2H_6.
- **3.27** Calcule o número de átomos de C, H e O presentes em 1,50 g de glicose ($C_6H_{12}O_6$), um açúcar.
- **3.28** A uréia [$(NH_2)_2CO$] é usada como fertilizante entre outras aplicações. Calcule o número de átomos de N, C, O e H existentes em $1,68 \times 10^4$ g de uréia.
- **3.29** Os feromônios são tipos especiais de compostos segregados pelas fêmeas de muitas espécies de insetos e servem para atrair os machos. Um dos feromônios apresenta fórmula $C_{19}H_{38}O$. A quantidade desse feromônio normalmente segregado pela fêmea é $1,0 \times 10^{-12}$ g. Quantas moléculas existem nessa quantidade?
- **3.30** A 4°C, a densidade de água é 1,00 g/mL. Quantas moléculas de água existem em 2,56 mL a essa temperatura?

Espectrometria de Massa
Questões de Revisão

- 3.31 Descreva o funcionamento de um espectrômetro de massa.
- 3.32 Descreva como procederia para determinar a abundância isotópica de um elemento com base em seu espectro de massa.

Problemas

- **3.33** O carbono tem dois isótopos estáveis, $^{12}_{6}C$ e $^{13}_{6}C$, e o flúor tem apenas um isótopo estável, $^{19}_{9}F$. Quantos picos podem-se observar no espectro de massa do íon positivo CF_4^+? Suponha que o íon não se quebre em fragmentos.
- **3.34** O hidrogênio tem dois isótopos estáveis, $^{1}_{1}H$ e $^{2}_{1}H$, e o enxofre quatro, $^{32}_{16}S$, $^{33}_{16}S$, $^{34}_{16}S$ e $^{36}_{16}S$. Quantos picos podem-se observar no espectro de massa do íon positivo do sulfeto de hidrogênio? Suponha que o íon não se quebre em fragmentos.

Composição Percentual e Fórmulas Químicas
Questões de Revisão

- 3.35 Use a amônia (NH_3) para explicar o que se entende por composição percentual em massa de um composto.
- 3.36 Explique como o conhecimento da composição percentual em massa de um composto desconhecido pode ser útil para identificá-lo.
- 3.37 Qual o significado da palavra "empírica" no termo fórmula empírica.
- 3.38 Conhecendo a fórmula empírica de um composto, que informação adicional é necessária para determinar sua fórmula molecular?

Problemas

- **3.39** O estanho (Sn) existe na crosta terrestre sob a forma de SnO_2. Calcule a composição percentual em massa de Sn e O no óxido de estanho.
- **3.40** O clorofórmio ($CHCl_3$) foi usado durante muitos anos como anestésico por inalação, apesar de ser tóxico e de causar graves danos ao fígado, aos rins e ao coração. Calcule a composição percentual em massa desse composto.
- **3.41** O álcool cinâmico é largamente utilizado em perfumaria, particularmente em sabonetes e cosméticos. Sua fórmula molecular é $C_9H_{10}O$. (a) Calcule a composição percentual em massa de C, H, e O no álcool cinâmico. (b) Quantas moléculas desse álcool existem em uma amostra de 0,469 g?
- **3.42** As substâncias indicadas, a seguir, são usadas como fertilizantes, por serem fontes de nitrogênio para os solos. Qual delas contém maior porcentagem em massa de nitrogênio?
  - (a) Uréia, $(NH_2)_2CO$
  - (b) Nitrato de amônio, NH_4NO_3
  - (c) Guanidina, $HNC(NH_2)_2$
  - (d) Amônia, NH_3
- **3.43** A alicina é o composto responsável pelo cheiro característico do alho. Uma análise desse composto forneceu as seguintes porcentagens em massa: C: 44,4%; H: 6,21%; S: 39,5%; O: 9,86%. Determine sua fórmula empírica. Sabendo que a massa molar é cerca de 162 g, qual é a fórmula molecular da alicina.

3.44 O peroxiacilnitrato (PAN) é um dos componentes do *smog* fotoquímico. É um composto constituído por C, H, N, e O. Determine a composição percentual em oxigênio e a fórmula empírica do composto com base na seguinte composição percentual em massa: 19,8% C, 2,50% H e 11,6% N. Sabendo que a massa molar é cerca de 120 g, determine a fórmula molecular do PAN.

3.45 A fórmula da ferrugem pode ser representada por Fe_2O_3. Calcule o número de mols de ferro existentes em 24,6 g desse composto.

3.46 Quantos gramas de enxofre (S) são necessários para reagir completamente com 246 g de mercúrio (Hg) e formar HgS?

3.47 Calcule a massa em gramas de iodo (I_2) que irá reagir completamente com 20,4 g de alumínio (Al) para formar iodeto de alumínio (AlI_3).

3.48 O fluoreto de estanho (II) (SnF_2) é um aditivo das pastas de dentes que previne a cárie dentária. Qual a massa em gramas de F existente em 24,6 g desse composto?

3.49 Determine as fórmulas empíricas dos compostos que apresentam as seguintes composições: (a) 2,1% H, 65,3% O, 32,6% S, (b) 20,2% Al, 79,8% Cl.

3.50 Determine as fórmulas empíricas dos compostos que apresentam as seguintes composições: (a) 40,1% C, 6,6% H, 53,3% O, (b) 18,4% C, 21,5% N, 60,1% K.

3.51 O silicato de cálcio é um agente anti-umectante que pode ser adicionado ao sal de cozinha. O $CaSiO_3$ tem a capacidade de absorver umidade até a ordem de 2,5 vezes a sua massa, permanecendo ainda como um pó bem soltinho. Calcule a composição percentual do $CaSiO_3$.

3.52 A fórmula empírica de dado composto é CH. Determine a sua fórmula molecular, sabendo que a sua massa molar é cerca de 78 g.

3.53 A massa molar da cafeína é 194,19 g. Qual é a sua fórmula molecular: $C_4H_5N_2O$ ou $C_8H_{10}N_4O_2$?

3.54 O glutamato monossódico (GMS) é suspeito de ser o responsável pela "síndrome do restaurante chinês", uma vez que esse intensificador de sabor pode provocar dores de cabeça e dores no peito. O GMS tem a seguinte composição em massa: 35,51% C, 4,77% H, 37,85% O, 8,29% N e 13,60% Na. Qual é a fórmula molecular desse composto, sabendo que a sua massa molar é cerca de 169 g?

Reações Químicas e Equações Químicas
Questões de Revisão

3.55 Utilize a formação da molécula de água a partir de hidrogênio e oxigênio, para explicar o significado dos seguintes termos: reação química, reagente e produto.

3.56 Qual é a diferença entre uma reação química e uma equação química?

3.57 Por que uma equação química tem de ser balanceada? Que lei é obedecida no balanceamento de uma equação química?

3.58 Escreva os símbolos utilizados em equações químicas para representar: gás, líquido, sólido e fase aquosa.

Problemas

3.59 Efetue o balanceamento das seguintes equações usando o método descrito na Seção 3.7:

(a) $C + O_2 \longrightarrow CO$
(b) $CO + O_2 \longrightarrow CO_2$
(c) $H_2 + Br_2 \longrightarrow HBr$
(d) $K + H_2O \longrightarrow KOH + H_2$
(e) $Mg + O_2 \longrightarrow MgO$
(f) $O_3 \longrightarrow O_2$
(g) $H_2O_2 \longrightarrow H_2O + O_2$
(h) $N_2 + H_2 \longrightarrow NH_3$
(i) $Zn + AgCl \longrightarrow ZnCl_2 + Ag$
(j) $S_8 + O_2 \longrightarrow SO_2$
(k) $NaOH + H_2SO_4 \longrightarrow Na_2SO_4 + H_2O$
(l) $Cl_2 + NaI \longrightarrow NaCl + I_2$
(m) $KOH + H_3PO_4 \longrightarrow K_3PO_4 + H_2O$
(n) $CH_4 + Br_2 \longrightarrow CBr_4 + HBr$

3.60 Efetue o balanceamento das seguintes equações usando o método descrito na Seção 3.7:

(a) $N_2O_5 \longrightarrow N_2O_4 + O_2$
(b) $KNO_3 \longrightarrow KNO_2 + O_2$
(c) $NH_4NO_3 \longrightarrow N_2O + H_2O$
(d) $NH_4NO_2 \longrightarrow N_2 + H_2O$
(e) $NaHCO_3 \longrightarrow Na_2CO_3 + H_2O + CO_2$
(f) $P_4O_{10} + H_2O \longrightarrow H_3PO_4$
(g) $HCl + CaCO_3 \longrightarrow CaCl_2 + H_2O + CO_2$
(h) $Al + H_2SO_4 \longrightarrow Al_2(SO_4)_3 + H_2$
(i) $CO_2 + KOH \longrightarrow K_2CO_3 + H_2O$
(j) $CH_4 + O_2 \longrightarrow CO_2 + H_2O$
(k) $Be_2C + H_2O \longrightarrow Be(OH)_2 + CH_4$
(l) $Cu + HNO_3 \longrightarrow Cu(NO_3)_2 + NO + H_2O$
(m) $S + HNO_3 \longrightarrow H_2SO_4 + NO_2 + H_2O$
(n) $NH_3 + CuO \longrightarrow Cu + N_2 + H_2O$

Quantidades de Reagentes e Produtos
Questões de Revisão

3.61 Em que lei se baseia a estequiometria? Por que razão é fundamental utilizar equações balanceadas na resolução de problemas estequiométricos?

3.62 Descreva as etapas fundamentais envolvidas no método do mol.

Problemas

3.63 Qual das seguintes equações é mais representativa da reação apresentada no diagrama da página 88?

Descritiva: 3.70a, 3.76a, 3.78, 3.93, 3.101a. Ambiental: 3.44, 3.69, 3.84, 3.103.

(a) 8A + 4B ⟶ C + D
(b) 4A + 8B ⟶ 4C + 4D
(c) 2A + B ⟶ C + D
(d) 4A + 2B ⟶ 4C + 4D
(e) 2A + 4B ⟶ C + D

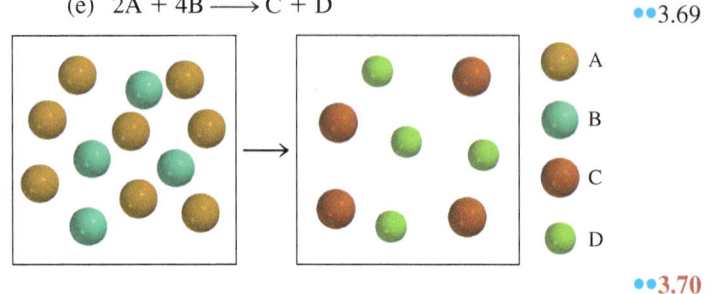

•3.64 Qual das seguintes equações é mais representativa da reação apresentada no diagrama seguinte?

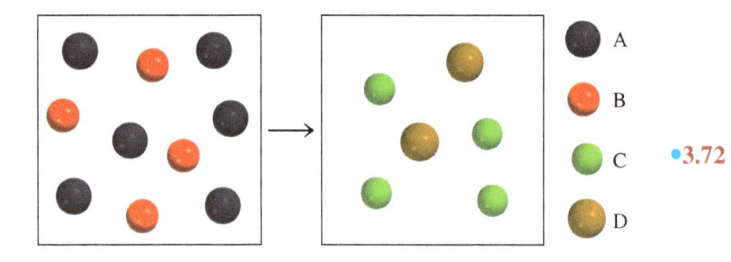

(a) A + B ⟶ C + D
(b) 6A + 4B ⟶ C + D
(c) A + 2B ⟶ 2C + D
(d) 3A + 2B ⟶ 2C + D
(e) 3A + 2B ⟶ 4C + 2D

•3.65 Considere a combustão do monóxido de carbono (CO) em gás oxigênio

$$2CO(g) + O_2(g) \longrightarrow 2CO_2(g)$$

Partindo de 3,60 mol de CO, calcule o número de mols de CO_2 produzidos se houver oxigênio suficiente para reagir com todo o CO.

•3.66 O tetracloreto de silício ($SiCl_4$) pode ser preparado por aquecimento de Si em cloro gasoso:

$$Si(s) + 2Cl_2(g) \longrightarrow SiCl_4(l)$$

Em dada reação, é produzido 0,507 mol de $SiCl_4$. Quantos mols de cloro molecular foram necessários nessa reação?

•3.67 A amônia é o principal fertilizante que fornece nitrogênio. A sua preparação é feita pela reação entre hidrogênio e nitrogênio a seguir

$$3H_2(g) + N_2(g) \longrightarrow 2NH_3(g)$$

Em determinada reação foram produzidos 6,0 mol de NH_3. Quantos mols de H_2 e N_2 reagiram para se obter essa quantidade de NH_3?

•3.68 Considere a combustão do butano (C_4H_{10}):

$$2C_4H_{10}(g) + 13O_2(g) \longrightarrow 8CO_2(g) + 10H_2O(l)$$

Calcule o número de mols de CO_2 formado pela reação de 5,0 mol de C_4H_{10} com excesso de O_2.

••3.69 A produção anual de dióxido de enxofre pela queima do carvão e de outros combustíveis fósseis, de escapamentos de automóveis e de outras fontes é de cerca de 26 milhões de toneladas. A equação para a reação é

$$S(s) + O_2(g) \longrightarrow SO_2(g)$$

Qual é a quantidade de enxofre (em toneladas), presente nas matérias-primas, necessária para se obter essa quantidade de SO_2?

••3.70 Quando se aquece fermento para bolos (bicarbonato de sódio ou hidrogenocarbonato de sódio, $NaHCO_3$) libera-se dióxido de carbono, que é o responsável pelo crescimento dos bolos, dos *donuts* e do pão. (a) Escreva a equação balanceada da decomposição do composto (um dos produtos é Na_2CO_3). (b) Calcule a massa de $NaHCO_3$ necessária para produzir 20,5 g de CO_2.

••3.71 Quando o cianeto de potássio (KCN) reage com ácidos, libera-se um gás mortal, o cianeto de hidrogênio (HCN). A equação é:

$$KCN(aq) + HCl(aq) \longrightarrow KCl(aq) + HCN(g)$$

Para uma amostra de 0,140 g de KCN tratada com excesso de HCl, calcule a quantidade em gramas de HCN formado.

•3.72 A fermentação é um processo químico complexo, presente na produção do vinho em que a glicose é convertida em etanol e dióxido de carbono:

$$\underset{\text{glicose}}{C_6H_{12}O_6} \longrightarrow \underset{\text{etanol}}{2C_2H_5OH} + 2CO_2$$

Partindo de 500,4 g de glicose, qual é a quantidade máxima de etanol, em gramas e litros, que se poderá obter nesse processo? (Densidade do etanol = 0,789 g/mL.)

•••3.73 No sulfato de cobre(II) pentahidratado ($CuSO_4 \cdot 5H_2O$), cada unidade de sulfato de cobre(II) cristalino está associada a cinco moléculas de água. Quando esse composto é aquecido ao ar acima de 100ºC, ocorre a perda das moléculas de água e também da sua cor azul:

$$CuSO_4 \cdot 5H_2O \longrightarrow CuSO_4 + 5H_2O$$

Supondo a obtenção de 9,60 g de $CuSO_4$ após o aquecimento de 15,01 g de composto azul, calcule o número de mols de H_2O originalmente presente no composto.

••3.74 Durante vários anos, a extração do ouro — isto é, a separação de ouro de outros materiais — envolveu a utilização de cianeto de potássio:

$$4Au + 8KCN + O_2 + 2H_2O \longrightarrow 4KAu(CN)_2 + 4KOH$$

Qual é a quantidade mínima de KCN, em mols, necessária para extrair 29,0 g de ouro?

Industrial: 3.28, 3.41, 3.42, 3.51, 3.67, 3.89, 3.91, 3.95, 3.102, 3.111, 3.115.

3.75 O calcário (CaCO$_3$) decompõe-se por aquecimento em cal viva (CaO) e dióxido de carbono. Calcule quantos gramas de cal viva podem ser obtidos a partir de 1 kg de calcário.

3.76 O óxido nitroso (N$_2$O) é também conhecido como "gás hilariante". Pode ser preparado por decomposição térmica do nitrato de amônio (NH$_4$NO$_3$). O outro produto é a água. (a) Escreva a equação balanceada para essa reação. (b) Quantos gramas de N$_2$O podem ser obtidos se forem usados na reação 0,46 mol de NH$_4$NO$_3$?

3.77 O fertilizante sulfato de amônio [(NH$_4$)$_2$SO$_4$] é preparado pela reação entre a amônia (NH$_3$) e o ácido sulfúrico:

$$2NH_3(g) + H_2SO_4(aq) \longrightarrow (NH_4)_2SO_4(aq)$$

Quantos quilogramas de NH$_3$ são necessários para produzir $1,00 \times 10^5$ kg de [(NH$_4$)$_2$SO$_4$]?

3.78 Uma das preparações de oxigênio gasoso em laboratório é realizada por decomposição térmica do clorato de potássio (KClO$_3$). Considerando que a decomposição seja completa, calcule quantos gramas de O$_2$ gasoso podem ser obtidos partindo de 46,0 g de KClO$_3$. (Os produtos são KCl e O$_2$.)

Reagentes Limitantes

Questões de Revisão

3.79 Defina reagente limitante e reagente em excesso. Qual é a importância do reagente limitante na previsão da quantidade de produto obtido em uma reação? Poderá existir um reagente limitante se a reação possuir apenas um reagente?

3.80 Dê um exemplo do dia-a-dia que ilustre o conceito de reagente limitante.

Problemas

3.81 Considere a reação

$$2A + B \longrightarrow C$$

(a) Neste diagrama representativo da reação descrita anteriormente, qual dos reagentes, A ou B, é o limitante? (b) Considerando a reação completa, represente esquematicamente o modelo molecular resultante, no final da reação, em função das quantidades de reagentes e produtos envolvidos. O arranjo atômico representado por C é ABA.

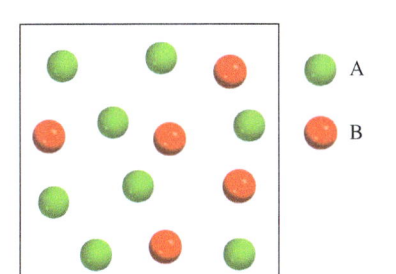

3.82 Considere a reação

$$N_2 + 3H_2 \longrightarrow 2NH_3$$

Supondo que cada modelo representa um mol de substância, mostre qual o número de mols de produto obtido e de reagente em excesso no final da reação.

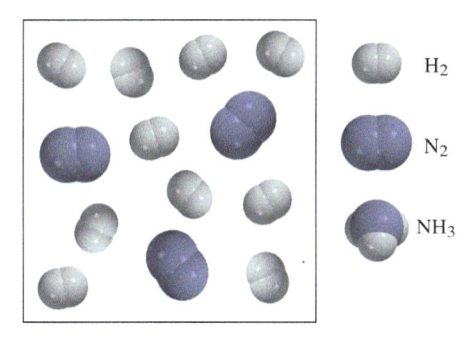

3.83 O óxido nítrico (NO) reage com o oxigênio gasoso para formar (NO$_2$), um gás castanho-escuro:

$$2NO(g) + O_2(g) \longrightarrow 2NO_2(g)$$

Em dada experiência, 0,886 mol de NO são misturados com 0,503 mol de O$_2$. Determine, usando cálculos, qual dos dois reagentes é o reagente limitante. Calcule também o número de mols de NO$_2$ produzido.

3.84 O desaparecimento do ozônio (O$_3$) na estratosfera tem sido, nos últimos anos, alvo de grande preocupação por parte da comunidade científica. Acredita-se que o ozônio possa reagir com o óxido nítrico (NO), que é liberado pelos aviões a jato em grande altitude. A reação é:

$$O_3 + NO \longrightarrow O_2 + NO_2$$

Se 0,740 g de O$_3$ reage com 0,670 g de NO, quantos gramas de NO$_2$ são produzidos? Qual dos compostos é o reagente limitante? Calcule o número de mols do reagente em excesso, que sobra no final da reação.

3.85 O propano (C$_3$H$_8$) é um componente do gás natural que tem uso doméstico para cozinhar ou aquecer. (a) Efetue o balanceamento da equação seguinte, que representa a combustão do propano ao ar:

$$C_3H_8 + O_2 \longrightarrow CO_2 + H_2O$$

(b) Quantos gramas de dióxido de carbono são produzidos na combustão de 3,65 mol de propano? Considere que o oxigênio é o reagente em excesso nessa reação.

3.86 Considere a reação

$$MnO_2 + 4HCl \longrightarrow MnCl_2 + Cl_2 + 2H_2O$$

Se 0,86 mol de MnO$_2$ reage com 48,2 g de HCl, qual é o reagente consumido em primeiro lugar? Quantos gramas de Cl$_2$ são produzidos?

Rendimento da Reação
Questões de Revisão

3.87 Por que o rendimento teórico de uma reação é determinado apenas pela quantidade do reagente limitante?

3.88 Por que o rendimento real é quase sempre menor que o rendimento teórico?

Problemas

••3.89 O fluoreto de hidrogênio é utilizado na fabricação de freons (que destroem o ozônio na estratosfera) e na produção de alumínio metálico. O método de preparação é descrito pela reação

$$CaF_2 + H_2SO_4 \longrightarrow CaSO_4 + 2HF$$

Em determinado processo 6,00 kg de CaF_2 são tratados com excesso de H_2SO_4, originando 2,86 kg de HF. Calcule o rendimento em porcentagem de HF.

••3.90 A nitroglicerina ($C_3H_5N_3O_9$) é um explosivo poderoso. A sua decomposição pode ser representada por

$$4C_3H_5N_3O_9 \longrightarrow 6N_2 + 12CO_2 + 10H_2O + O_2$$

Essa reação libera grande quantidade de calor e muitos produtos gasosos. É por causa da súbita formação de gases e da rápida expansão de volume, que se produz a explosão. (a) Qual é a quantidade máxima de O_2, em gramas, que pode ser obtida a partir de $2,00 \times 10^2$ g de nitroglicerina? (b) Calcule o rendimento percentual dessa reação considerando que a quantidade de O_2 produzida é 6,55 g.

••3.91 O óxido de titânio(IV) (TiO_2) é uma substância branca produzida pela ação do ácido sulfúrico sobre o mineral ilmenita ($FeTiO_3$):

$$FeTiO_3 + H_2SO_4 \longrightarrow TiO_2 + FeSO_4 + H_2O$$

Por ser opaco e não tóxico esse mineral é adequado para uso como pigmento em plásticos e tintas. Em dado processo $8,00 \times 10^3$ kg de $FeTiO_3$ produzem $3,67 \times 10^3$ kg de TiO^2. Qual é o rendimento percentual da reação?

••3.92 Por aquecimento, o lítio reage com o nitrogênio para formar nitreto de lítio:

$$6Li(s) + N_2(g) \longrightarrow 2Li_3N(s)$$

Calcule o rendimento teórico, em gramas, de Li_3N, quando 12,3 g de Li reagem com 33,6 g de N_2. Se o rendimento real do Li_3N for de 5,89 g, qual a porcentagem de rendimento da reação?

Problemas Adicionais

•••3.93 No diagrama seguinte estão representados os produtos (CO_2 e H_2O) formados por combustão de um hidrocarboneto (constituído apenas por átomos de C e H). Escreva uma equação para essa reação. (*Sugestão:* A massa molar do hidrocarboneto é cerca de 30 g.)

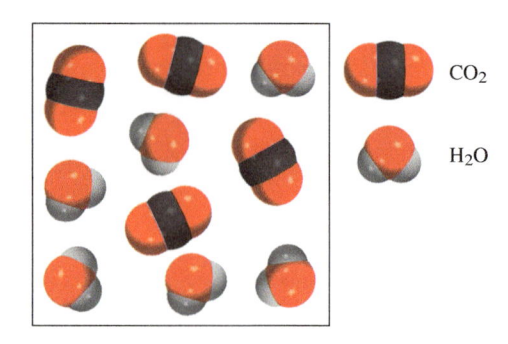

••3.94 Considere a reação entre o hidrogênio e oxigênio, ambos no estado gasoso:

$$2H_2(g) + O_2(g) \longrightarrow 2H_2O(g)$$

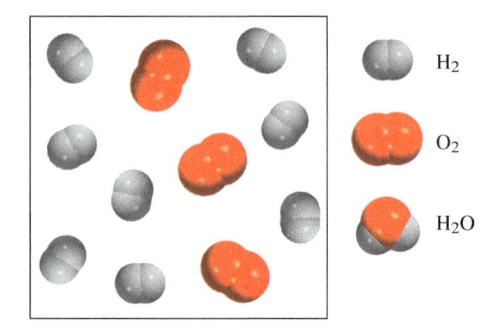

Considerando que a reação é completa, qual dos diagramas representa as quantidades de reagentes e produtos resultantes após o término da reação?

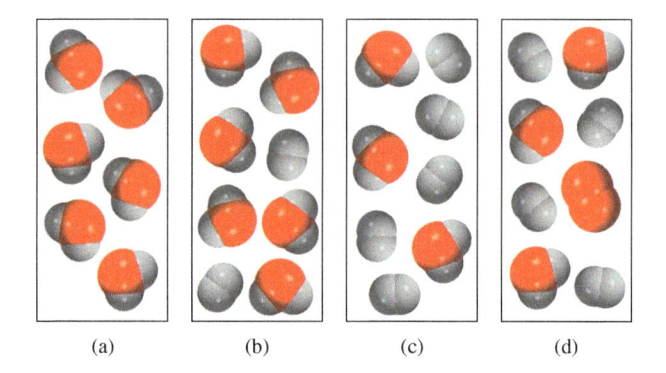

(a) (b) (c) (d)

•••3.95 Industrialmente, o ácido nítrico é produzido pelo processo Ostwald, que pode ser representado pelo seguinte conjunto de equações químicas:

$$4NH_3(g) + 5O_2(g) \longrightarrow 4NO(g) + 6H_2O(l)$$
$$2NO(g) + O_2(g) \longrightarrow 2NO_2(g)$$
$$2NO_2(g) + H_2O(l) \longrightarrow HNO_3(aq) + HNO_2(aq)$$

Qual é a massa de NH_3 (em g) necessária para a obtenção de 1,00 tonelada de HNO_3 pelo procedimento descrito anteriormente, supondo que a porcentagem de rendimento seja de 80% em cada uma das etapas?

3.96 Uma amostra de um composto constituído por Cl e O reage com excesso de H_2, produzindo 0,233 g de HCl e 0,403 g de H_2O. Determine a fórmula empírica do composto.

3.97 Um elemento X tem uma massa atômica igual a 33,42 u. Uma amostra de 27,22 g desse elemento combina-se com 84,10 g de outro elemento Y, formando o composto XY. Calcule a massa atômica de Y.

3.98 O sulfato de alumínio hidratado $[Al_2(SO_4)_3 \cdot xH_2O]$ contém 8,20% em massa de Al. Calcule x, ou seja, o número de moléculas de água associadas a cada unidade de $Al_2(SO_4)_3$.

3.99 Uma barra de ferro pesava 664 g. Depois de ter estado em contato com o ar úmido durante um mês, 1/8 do ferro transformou-se em ferrugem (Fe_2O_3). Calcule as massas finais da barra de ferro e da ferrugem.

3.100 Um certo óxido metálico apresenta fórmula MO, em que M é um metal. Uma amostra de 39,46 g desse óxido, é aquecida a altas temperaturas em atmosfera de hidrogênio com a finalidade de remover o oxigênio sob a forma de moléculas de água. No final da reação, restam 31,70 g do metal M. Sabendo que a massa atômica do O é 16,00 u, calcule a massa atômica de M e identifique esse elemento.

3.101 Uma amostra de zinco (Zn) impura é tratada com excesso de ácido sulfúrico (H_2SO_4) formando sulfato de zinco ($ZnSO_4$) e hidrogênio molecular (H_2). (a) Escreva a equação balanceada para a reação. (b) Calcule a porcentagem de pureza da amostra considerando que 0,0764 g de H_2 são obtidos a partir de 3,86 g de amostra, (c) Que suposições foram necessárias para resolver o item (b)?

3.102 Uma das reações que ocorre em um alto-forno, no qual o minério de ferro é convertido em ferro fundido, é

$$Fe_2O_3 + 3CO \longrightarrow 2Fe + 3CO_2$$

Suponha que $1,64 \times 10^3$ kg de Fe foram obtidos a partir de $2,62 \times 10^3$ kg de amostra de Fe_2O_3. Supondo que a reação é completa, qual deve ser a porcentagem de pureza de Fe_2O_3 na amostra inicial?

3.103 O dióxido de carbono (CO_2) é o principal gás responsável pelo aquecimento global (efeito estufa). A queima de combustíveis fósseis é uma das principais causas do aumento da concentração de CO_2 na atmosfera. O dióxido de carbono é também o produto final do metabolismo (veja o Exemplo 3.14). Usando a glicose como exemplo de alimento, determine a produção anual humana de CO_2, considerando que cada pessoa consome $5,0 \times 10^2$ g de glicose por dia. A população mundial é de 6,5 bilhões, e há 365 dias em um ano.

3.104 Os carboidratos são compostos constituídos por carbono, hidrogênio, oxigênio e em que a razão elementar entre hidrogênio e oxigênio é de 2:1. Sabendo que a porcentagem em massa de carbono em dado carboidrato é de 40,0%, determine as fórmulas empírica e molecular desse composto, considerando que sua massa molar é aproximadamente igual a 178 g.

3.105 2,40 g de um óxido do metal X (massa molar de X = 55,9 g/mol) foram queimados em monóxido de carbono (CO) produzindo o metal puro e dióxido de carbono. A massa de metal formado é 1,68 g. Por meio desses dados, mostre que a fórmula mais simples para esse óxido é X_2O_3 e escreva uma equação balanceada para a reação.

3.106 Um composto X contém 63,3% de manganês (Mn) e 36,7% de O (porcentagens em massa). Quando X é aquecido, o oxigênio gasoso é envolvido em uma reação, formando um novo composto, Y, que contém 72,0% de Mn e 28,0% de O. (a) Determine as fórmulas empíricas de X e Y. (b) Escreva uma equação balanceada para a conversão de X em Y.

3.107 Uma amostra contendo NaCl, Na_2SO_4 e $NaNO_3$ tem a seguinte composição elementar: Na: 32,08%; O: 36,01%; Cl: 19,51%. Calcule a porcentagem em massa de cada composto na amostra.

3.108 Quando 0,273 g de Mg é fortemente aquecido em atmosfera de nitrogênio (N_2), ocorre uma reação química. O produto da reação pesa 0,378 g. Determine a fórmula empírica do composto que contém Mg e N e dê o nome desse composto.

3.109 Uma amostra de metano (CH_4) e etano (C_2H_5) com massa 13,43 g é completamente queimada em oxigênio. Sabendo que a massa total de CO_2 e de H_2O produzida é igual a 64,84 g, calcule a fração de CH_4 na mistura.

3.110 O uso do ácido esteárico ($C_{18}H_{36}O_2$) na determinação da *ordem de grandeza* do número de Avogadro é considerado um método rudimentar, porém, eficaz. Quando se adiciona ácido esteárico à água, as moléculas do ácido agrupam-se na superfície da água formando uma monocamada. A área da seção de corte de cada molécula de ácido é de 0,21 nm². Em dado experimento, verificou-se que foram necessários $1,4 \times 10^{-4}$ g de ácido esteárico para formar uma monocamada recobrindo a superfície da água contida em um recipiente de 20 cm de diâmetro. Com base nessas medidas, determine o número de Avogadro. (A área do círculo de raio r é πr^2.)

3.111 O octano (C_8H_{18}) é um componente da gasolina. A combustão completa do octano leva à formação de CO_2 e H_2O. A combustão incompleta produz CO e H_2O, o que não só reduz a eficiência do motor, mas também é tóxico. Em determinado teste, foram consumidos 1.000 galões de octano por motor. A massa total de CO, CO_2 e H_2O produzida foi de 11,53 kg. Calcule a eficiência do processo, ou seja, determine a fração de octano convertida em CO_2. A densidade do octano é 2,650 kg/galão.

3.112 Uma reação com porcentagem de rendimento de 90%, pode ser considerada bem-sucedida. Contudo, a síntese de moléculas complexas, tais como a clorofila e várias drogas anticancerígenas, tem de ser realizada em múltiplas etapas. Qual será o rendimento total de uma reação com 30 etapas se em cada uma delas o rendimento atingido for de 90%?

3.113 Uma mistura de $CuSO_4 \cdot 5H_2O$ e $MgSO_4 \cdot 7H_2O$ é aquecida até toda a água ser liberada. Se 5,020 g da mistura produzem 2,988 g dos sais anidros, qual é a porcentagem em massa de $CuSO_4 \cdot 5H_2O$ na mistura?

Problemas Especiais

3.114 (a) Em uma pesquisa química investigou-se, por espectrometria de massa, dois isótopos de um elemento. Ao longo do tempo, foram registrados diversos espectros de massa dos referidos isótopos. Ao analisar esses espectros, verificou-se que a altura do pico maior (correspondente ao isótopo mais abundante) aumentava gradualmente com o tempo, em relação a do pico menor (do isótopo menos abundante). Considerando que o espectrômetro de massa estava em boas condições de funcionamento, qual você acha que foi a causa desta variação?

(b) A espectrometria de massa pode ser usada para identificar as fórmulas de moléculas com pequenas massas moleculares. Para ilustrar esse aspecto, identifique a molécula que provavelmente origina picos em: 16 u, 17 u, 18 u e 64 u, no espectro de massa.

(c) Entre outras, há duas moléculas que podem dar origem a um pico em 44 u: C_3H_8 e CO_2. Nesses casos, é necessário procurar outros picos que possam aparecer em decorrência da quebra da molécula em fragmentos menores, em um espectrômetro. Por exemplo, se além do pico observado em 44 u existir outro em 15 u, qual será a molécula? Por quê?

(d) Com que precisão é necessário medir as massas de C_3H_8 e CO_2 para ser possível distingui-las? Considere: ^1H(1,00797 u), ^{12}C (12,00000 u) e ^{16}O (15,99491).

(e) A cada ano são roubados milhões de dólares em ouro. Na maioria dos casos o ouro é fundido e enviado para o exterior. Desse modo, o valor do ouro é preservado, mas sua identificação é prejudicada. O ouro é um metal altamente inerte que existe na natureza na forma não combinada. Durante a sua mineralização, ou seja, formação de pepitas de ouro a partir de partículas microscópicas do metal, vários elementos como cádmio (Cd), chumbo (Pb) e zinco (Zn) são incorporados às pepitas. As quantidades e os tipos de impurezas ou traços de elementos presentes no ouro variam de acordo com o local onde ocorreu a mineração. Com base nessa informação, descreva como você identificaria a fonte de um peça de ouro suspeita de ter sido roubada de um banco federal?

3.115 Potassa é qualquer mineral de potássio que pode ser utilizado como fonte de potássio. A maior parte da potassa produzida é destinada aos fertilizantes. As maiores fontes de potassa são o cloreto de potássio (KCl) e o sulfato de potássio (K_2SO_4). A produção da potassa muitas vezes é referida como equivalente à do óxido de potássio (K_2O) ou ainda à quantidade de K_2O que se pode obter a partir de qualquer mineral. (a) Se o preço de KCl for de R$ 1,40 por kg, a que preço (R$ por kg) terá de ser vendido o K_2SO_4 para fornecer a mesma quantidade de potássio? (b) Qual a massa de K_2O (em kg), que contém um número de mols de átomos de K igual ao existente em 1,00 kg de KCl?

Respostas dos Exercícios

3.1 10,81 u. **3.2** $2,57 \times 10^3$ g. **3.3** $8,49 \times 10^{21}$ átomos de K. **3.4** $2,07 \times 10^{-22}$ g. **3.5** 32,04 u. **3.6** 1,66 mol. **3.7** $5,81 \times 10^{24}$ átomos de H. **3.8** H: 2,055%; S: 32,69%; O: 65,25%. **3.9** $KMnO_4$ (permanganato de potássio). **3.10** 196 g. **3.11** B_2H_6. **3.12** $Fe_2O_3 + 3CO \longrightarrow 2Fe + 3CO2$. **3.13** (a) 0,508 mol, (b) 2,21 g. **3.14** 235 g. **3.15** (a) 234 g, (b) 234 g. **3.16** (a) 863 g, (b) 93,0%.

Reações em Solução Aquosa

4

4.1 Propriedades Gerais das Soluções Aquosas 94
Eletrólito versus Não-eletrólito

4.2 Reações de Precipitação 96
Solubilidade • Equações Completas e Equações Iônicas

4.3 Reações Ácido-Base 100
Propriedades Gerais dos Ácidos e Bases • Ácidos e Bases de Brønsted • Neutralização Ácido-Base • Reações Ácido-Base Que Conduzem à Formação de Gases

4.4 Reações de Oxirredução 105
Número de Oxidação • Algumas Reações de Oxirredução Comuns

4.5 Concentração de Soluções 113
Diluição de Soluções

4.6 Estequiometria 117
Análise Gravimétrica • Titulações Ácido-Base

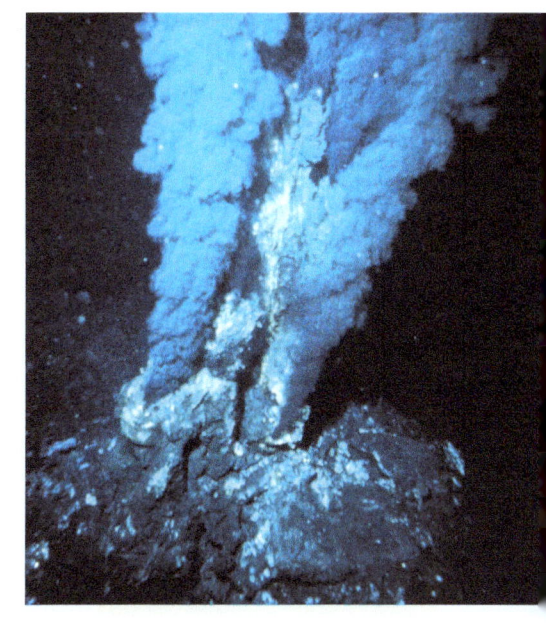

"Fumarola negra", sulfetos metálicos insolúveis formados no leito do oceano, em meio à lava de um vulcão da cordilheira oceânica.

Conceitos Essenciais

- **Reações em Solução Aquosa** Muitas reações químicas e quase todas as reações bioquímicas ocorrem em meio aquoso. As substâncias (solutos) que se dissolvem em água (solvente) podem ser divididas em duas categorias (eletrólitos e não-eletrólitos), dependendo de suas capacidades em conduzir a corrente elétrica.

- **Três Principais Tipos de Reações** Em uma reação de precipitação, o produto, uma substância insolúvel, separa-se da solução. Uma reação ácido-base envolve a transferência de um próton (H^+) de um ácido para uma base. Em uma reação de oxirredução, elétrons são transferidos de um agente redutor para um agente oxidante. Esses três tipos representam a maioria das reações em sistemas químicos e biológicos.

- **Estequiometria** Os estudos quantitativos das reações em solução requerem o conhecimento da concentração da solução, usualmente expressa em molaridade (mol/L). Esses estudos incluem a análise gravimétrica, que envolve medidas de massa, e titulações nas quais a concentração de uma solução é determinada pela reação com uma solução de concentração conhecida.

4.1 Propriedades Gerais das Soluções Aquosas

Muitas reações químicas e virtualmente todos os processos biológicos ocorrem em meio aquoso. Portanto, é importante compreendermos as propriedades de diferentes substâncias em solução com água. Para darmos início, o que é uma solução? Uma *solução* é *uma mistura homogênea de duas ou mais substâncias*. O *soluto* é *a substância presente em menor quantidade* e o *solvente* é *a substância existente em maior quantidade*. Uma solução pode ser gasosa (como o ar), sólida (como uma liga metálica) ou líquida (água do mar, por exemplo). Nesta seção, iremos discutir apenas *soluções aquosas*, em que *o soluto é inicialmente um líquido ou um sólido e o solvente é a água*.

Eletrólitos *versus* Não-eletrólitos

Todos os solutos em água pertencem a uma de duas categorias: eletrólitos ou não-eletrólitos. Um *eletrólito* é *uma substância que, quando dissolvida em água, produz uma solução capaz de conduzir eletricidade*. Um *não-eletrólito* *não conduz eletricidade quando dissolvido em água*. A Figura 4.1 mostra um método fácil e direto de distinguir eletrólitos de não-eletrólitos. Um par de eletrodos de platina é imerso em um béquer contendo água. Para que a lâmpada se acenda, a corrente elétrica deve passar de um eletrodo para outro, completando assim o circuito. A água pura é um condutor de eletricidade muito fraco. No entanto, se adicionarmos uma pequena quantidade de cloreto de sódio (NaCl), a lâmpada acende-se logo que o sal tenha se dissolvido na água. Quando o NaCl sólido, um composto iônico, se dissolve em água, seus íons Na^+ e Cl^- se separam. Os íons Na^+ são atraídos para o eletrodo negativo e os íons Cl^- para o eletrodo positivo. Esse movimento iônico é equivalente ao fluxo de elétrons ao longo de um fio metálico. Como a solução de NaCl conduz eletricidade, dizemos que o NaCl é um eletrólito. A água pura contém muitos poucos íons, por isso não conduz eletricidade.

A comparação da intensidade da luz da lâmpada para as *mesmas quantidades molares* de diferentes substâncias dissolvidas ajuda-nos a distinguir entre eletrólitos fortes e fracos. Uma característica dos eletrólitos fortes é que se considera que o soluto está 100% dissociado nos seus íons em solução. (Por *dissociação* entende-se a quebra do composto em cátions e ânions.) Dessa forma, podemos representar o cloreto de sódio dissolvido na água como

$$NaCl(s) \xrightarrow{H_2O} Na^+(aq) + Cl^-(aq)$$

Figura 4.1
Uma montagem para distinguir entre eletrólitos e não-eletrólitos. A facilidade com que uma solução conduz eletricidade depende do número de íons que contém. (a) Uma solução não-eletrolítica não possui íons e, assim, a lâmpada não se acende. (b) Uma solução de um eletrólito fraco tem pequeno número de íons, e a luz da lâmpada é fraca. (c) Uma solução de um eletrólito forte detém grande número de íons, e a luz da lâmpada é forte. A quantidade molar dos solutos dissolvidos é igual nos três casos.

(a) (b) (c)

TABELA 4.1	Classificação dos Solutos em Solução Aquosa	
Eletrólitos Fortes	Eletrólitos Fracos	Não-eletrólitos
HCl	CH_3COOH	$(NH_2)_2CO$ (uréia)
HNO_3	HF	CH_3OH (metanol)
$HClO_4$	HNO_2	C_2H_5OH (etanol)
H_2SO_4*	NH_3	$C_6H_{12}O_6$ (glicose)
NaOH	$H_2O^†$	$C_{12}H_{22}O_{11}$ (sacarose)
$Ba(OH)_2$		
Compostos iônicos		

*H_2SO_4 tem dois átomos de hidrogênio ionizáveis.
†A água pura é um eletrólito extremamente fraco.

Essa equação nos diz que todo o cloreto de sódio se dissolve e se separa em Na^+ e Cl^-; não há unidades NaCl não dissociadas em solução.

A Tabela 4.1 apresenta alguns exemplos de eletrólitos fortes, eletrólitos fracos e não-eletrólitos. Compostos iônicos, como o cloreto de sódio, iodeto de potássio (KI) e nitrato de cálcio [$Ca(NO_3)_2$], são eletrólitos fortes. É interessante observar que os fluidos do corpo humano contêm muitos eletrólitos fortes e fracos.

A água é um bom solvente para compostos iônicos. Apesar de a água ser uma molécula eletricamente neutra, ela tem uma região positiva (os átomos de H) e uma região negativa (os átomos de O) ou "pólos" positivos e negativos; por essa razão a água é classificada como um solvente *polar*. Quando um composto iônico como o cloreto de sódio é dissolvido em água, a rede tridimensional dos íons no sólido é destruída, e os íons Na^+ e Cl^- se separam. Em solução, cada íon Na^+ é rodeado por um número de moléculas de água orientadas com sua extremidade negativa na direção do cátion. Do mesmo modo, cada íon Cl^- é rodeado por um número de moléculas de água orientadas com sua extremidade positiva na direção do ânion (Figura 4.2). *O processo no qual um íon é rodeado por moléculas de água dispostas de determinada maneira é chamado de hidratação*. A hidratação ajuda a estabilizar os íons em solução e evita a combinação entre cátions e ânions.

Os ácidos e as bases são também eletrólitos. Alguns ácidos, incluindo o ácido clorídrico (HCl) e o ácido nítrico (HNO_3), são eletrólitos fortes. Esses ácidos ionizam-se completamente em água; por exemplo, quando o gás cloreto de hidrogênio é dissolvido em água, formam-se íons H^+ e Cl^- hidratados:

$$HCl(g) \xrightarrow{H_2O} H^+(aq) + Cl^-(aq)$$

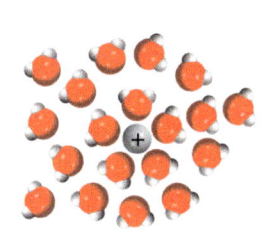

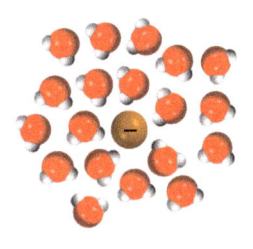

Figura 4.2
Hidratação dos íons Na^+ e Cl^-.

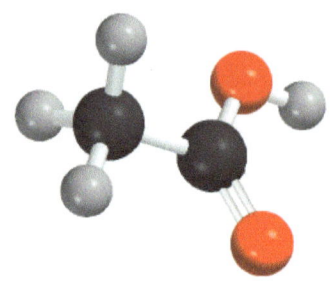

CH₃COOH

Existem muitos tipos de equilíbrio químico. Retomaremos esse tópico muito importante no Capítulo 15.

Animação:
Reações de Precipitação
Centro de Aprendizagem
Online, Animações

Em outras palavras, *todas* as moléculas de HCl dissolvidas originam íons H^+ e Cl^- hidratados. Assim, quando escrevemos HCl(*aq*), entende-se que apenas estão presentes na solução íons $H^+(aq)$ e $Cl^-(aq)$, não havendo moléculas de HCl hidratadas. No entanto, alguns ácidos, como o ácido acético (CH_3COOH), que dá ao vinagre o sabor ácido, não se ionizam completamente, sendo designados eletrólitos fracos. Representa-se a ionização do ácido acético como

$$CH_3COOH(aq) \rightleftharpoons CH_3COO^-(aq) + H^+(aq)$$

em que CH_3COO^- é denominado íon acetato. (Neste livro, utilizaremos o termo *dissociação* para os compostos iônicos e *ionização* para os ácidos e bases.) Ao escrevermos a fórmula do ácido acético como CH_3COOH, indicamos que o átomo de hidrogênio que sofre ionização se encontra no grupo COOH.

A seta dupla $\rightleftharpoons$ em uma equação química indica que a reação é ***reversível***, isto é, a *reação pode ocorrer nos dois sentidos*. Inicialmente, algumas moléculas de CH_3COOH são quebradas originando íons CH_3COO^- e H^+. À medida que o tempo passa, alguns dos íons CH_3COO^- e H^+ podem se combinar formando moléculas CH_3COOH. Por fim, atinge-se uma etapa em que as moléculas de ácido se quebram tão depressa quanto a combinação dos íons. Esse estado químico, *em que não se observa qualquer transformação efetiva* (embora uma atividade contínua se verifique em nível molecular), é denominado **equilíbrio químico**. Assim, o ácido acético é um eletrólito fraco porque sua ionização em água é incompleta. Pelo contrário, em uma solução de ácido clorídrico, os íons H^+ e Cl^- não têm tendência a combinar entre si para formar HCl molecular. Utiliza-se, portanto, uma seta simples nas equações químicas para representar ionizações completas.

Nas seções 4.2–4.4 estudaremos três tipos de reações em meio aquoso (precipitação, ácido-base e oxirredução) que são muito importantes em processos industriais, ambientais e biológicos. Elas também possuem papel relevante no nosso dia-a-dia.

4.2 Reações de Precipitação

Um dos tipos mais comuns de reação que ocorre em solução aquosa é a ***reação de precipitação***, *caracterizada pela formação de um produto insolúvel, ou precipitado*. Um ***precipitado*** é um *sólido insolúvel que se separa da solução*. As reações de precipitação envolvem geralmente compostos iônicos. Por exemplo, quando uma solução aquosa de nitrato de chumbo [$Pb(NO_3)_2$] é adicionada a uma solução aquosa de iodeto de potássio (KI), ocorre a formação de um precipitado amarelo de iodeto de chumbo (PbI_2):

$$Pb(NO_3)_2(aq) + 2KI(aq) \longrightarrow PbI_2(s) + 2KNO_3(aq)$$

O nitrato de potássio fica em solução. A Figura 4.3 mostra a evolução dessa reação.

A reação acima é um exemplo de reação de metátese (também chamada de reação de dupla troca), uma reação que envolve a troca de partes entre dois compostos. (Nesse caso, os compostos trocam os íons NO_3^- e I^-). Como veremos, as reações de precipitação discutidas neste capítulo são exemplos de reações de metátese.

Solubilidade

Como poderemos prever se haverá formação de um precipitado quando se misturam duas soluções? A formação de um precipitado depende da **solubilidade** do soluto, que é definida como *a máxima quantidade de soluto que pode ser dissolvida em certa*

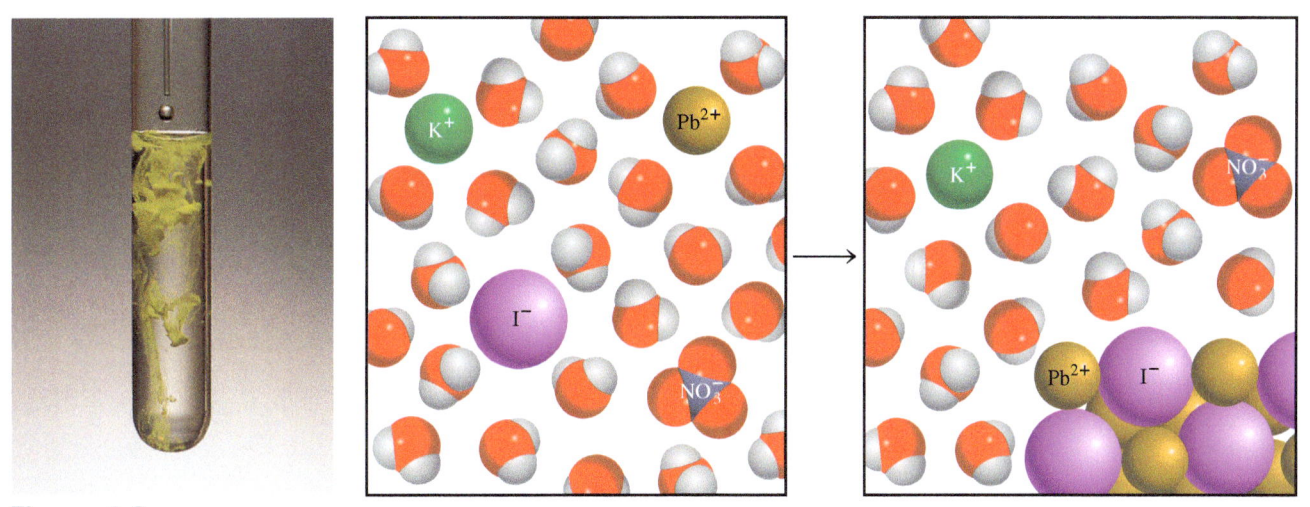

Figura 4.3
Formação de um precipitado (amarelo) de PbI$_2$ quando uma solução de Pb(NO$_3$)$_2$ é adicionada a uma solução de KI.

quantidade de solvente a dada temperatura. Qualitativamente, as substâncias classificam-se como "solúveis", "pouco solúveis" ou "insolúveis". Uma substância é solúvel quando uma quantidade considerável dessa substância se dissolve a olho nu em certa quantidade de água. Caso contrário, a substância é considerada pouco solúvel ou insolúvel. Todos os compostos iônicos são eletrólitos fortes, mas não são todos igualmente solúveis.

A Tabela 4.2 apresenta alguns compostos iônicos e a sua classificação em solúveis ou insolúveis. Lembre-se de que mesmo os compostos classificados como insolúveis se dissolvem em determinada extensão. Na Figura 4.4 estão representados vários precipitados.

TABELA 4.2 Regras de Solubilidade para Compostos Iônicos em Água a 25°C

Compostos Solúveis	Exceções
Compostos contendo íons de metais alcalinos (Li$^+$, Na$^+$, K$^+$, Rb$^+$, Cs$^+$) e o íon amônio (NH$_4^+$)	
Nitratos (NO$_3^-$), bicarbonatos (HCO$_3^-$), e cloratos (ClO$_3^-$)	
Haletos (Cl$^-$, Br$^-$, I$^-$)	Haletos de Ag$^+$, Hg$_2^{2+}$ e Pb^{2+}
Sulfatos (SO$_4^{2-}$)	Sulfatos de Ag$^+$, Ca^{2+}, Sr^{2+}, Ba^{2+}, Hg$_2^{2+}$ e Pb^{2+}

Compostos Insolúveis	Exceções
Carbonatos (CO$_3^{2-}$), fosfatos (PO$_4^{3-}$), cromatos (CrO$_4^{2-}$), e sulfetos (S^{2-})	Compostos contendo íons de metais alcalinos e o íon amônio
Hidróxidos (OH$^-$)	Compostos contendo íons de metais alcalinos e o íon Ba^{2+}

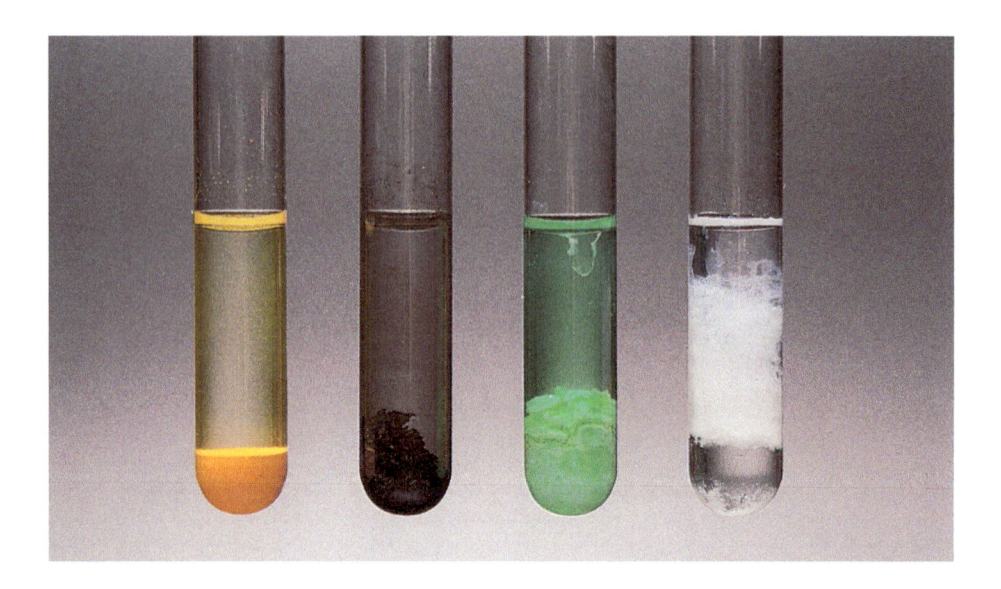

Figura 4.4.
Aspecto de alguns precipitados. Da esquerda para a direita: CdS, PbS, Ni(OH)₂, Al(OH)₃.

EXEMPLO 4.1

Classifique os seguintes compostos iônicos como solúveis ou insolúveis: (a) sulfato de prata (Ag_2SO_4), (b) carbonato de cálcio ($CaCO_3$), (c) fosfato de sódio (Na_3PO_4).

Estratégia   Embora não seja necessário memorizar os valores de solubilidade dos compostos, devem-se, no entanto, estabelecer regras: todos os compostos iônicos contendo cátions de metais alcalinos, o íon amônio, o íon nitrato, o íon bicarbonato e o íon clorato são solúveis. Para outros compostos, deve-se consultar a Tabela 4.2.

Solução   (a) De acordo com a Tabela 4.2, Ag_2SO_4 é insolúvel.
(b) O composto é um carbonato e o Ca é um metal do Grupo 2.
Logo, $CaCO_3$ é insolúvel.
(c) O sódio é um metal alcalino (Grupo 1), logo Na_3PO_4 é solúvel.

Exercício   Classifique os seguintes compostos iônicos como solúveis ou insolúveis: (a) CuS, (b) $Mg(OH)_2$, (c) $Zn(NO_3)_2$.

Problemas semelhantes: 4.19, 4.20.

Equações Completas e Equações Iônicas

A equação que descreve a precipitação do iodeto de chumbo na página 96 é denominada **equação completa** porque *as fórmulas dos compostos estão escritas como se todas as espécies participassem da reação*. Uma equação completa é útil porque identifica os reagentes (ou seja, o nitrato de chumbo e o iodeto de potássio). Para realizar essa reação no laboratório, de fato é necessário utilizar os dois reagentes indicados na equação completa. No entanto, uma equação completa não descreve com exatidão o que acontece em nível microscópico.

Como mencionado anteriormente, quando os compostos iônicos se dissolvem em água, separam-se completamente em cátions e ânions. Essas equações, para serem mais realistas, devem mostrar os íons provenientes da dissociação dos compostos iônicos dissolvidos. Por conseguinte, voltando à reação entre o iodeto de potássio e o nitrato de chumbo, devemos escrever

$$Pb^{2+}(aq) + 2NO_3^-(aq) + 2K^+(aq) + 2I^-(aq) \longrightarrow PbI_2(s) + 2K^+(aq) + 2NO_3^-(aq)$$

A equação anterior é um exemplo de **equação iônica**, que *apresenta as espécies dissolvidas como íons livres*. Nas equações iônicas, os íons que não estão envolvidos na reação global, nesse caso os íons K^+ e NO_3^-, são chamados de **íons espectadores**. Como os íons espectadores aparecem em ambos os lados da equação e não sofrem alteração durante a reação química, podem ser eliminados. Para salientar a transformação que ocorreu, escrevemos a **equação iônica simplificada**, ou seja, *a equação que nos mostra apenas as espécies que participam na reação*:

$$Pb^{2+}(aq) + 2I^-(aq) \longrightarrow PbI_2(s)$$

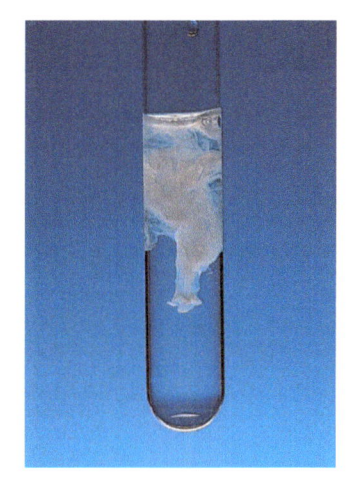

Em um outro exemplo, a adição de uma solução aquosa de cloreto de bário ($BaCl_2$) a uma solução aquosa de sulfato de sódio (Na_2SO_4) leva à formação de um precipitado branco de sulfato de bário ($BaSO_4$) (Figura 4.5). A equação completa para essa reação é

$$BaCl_2(aq) + Na_2SO_4(aq) \longrightarrow BaSO_4(s) + 2NaCl(aq)$$

Figura 4.5
Formação do precipitado de $BaSO_4$.

A equação iônica da reação será

$$Ba^{2+}(aq) + 2Cl^-(aq) + 2Na^+(aq) + SO_4^{2-}(aq) \longrightarrow$$
$$BaSO_4(s) + 2Na^+(aq) + 2Cl^-(aq)$$

Eliminando os íons espectadores (Na^+ e Cl^-) nos dois lados da equação, obtemos a equação iônica simplificada

$$Ba^{2+}(aq) + SO_4^{2-}(aq) \longrightarrow BaSO_4(s)$$

Os passos seguintes resumem o procedimento para escrever equações iônicas e equações iônicas simplificadas.

1. Escrever uma equação completa balanceada para a reação.
2. Reescrever a equação mostrando que substâncias se encontram dissociadas em íons em solução. Considere que todos os eletrólitos fortes, quando dissolvidos em água, se encontram completamente dissociados nos seus cátions e ânions. Esse procedimento conduz-nos à equação iônica.
3. Identificar e eliminar os íons espectadores em ambos os lados da equação para chegar à equação iônica simplificada.

Interatividade:
Escrever uma Equação Iônica Simplificada
Centro de Aprendizagem Online, Interatividades

EXEMPLO 4.2

Indique quais os produtos que se obtêm quando uma solução de fosfato de potássio (K_3PO_4) se mistura com uma solução de nitrato de cálcio [$Ca(NO_3)_2$]. Escreva a equação iônica simplificada correspondente.

Estratégia Com os dados do enunciado, vamos escrever em primeiro lugar uma equação não balanceada

$$K_3PO_4(aq) + Ca(NO_3)_2(aq) \longrightarrow ?$$

O que acontece a um composto iônico quando se dissolve em água? Quais os íons resultantes da dissociação de K_3PO_4 e $Ca(NO_3)_2$? O que acontece quando cátions e ânions se juntam em solução?

Formação de um precipitado resultante da reação entre $K_3PO_4(aq)$ e $Ca(NO_3)_2(aq)$.

(Continua)

Solução Em solução o K_3PO_4 dissocia-se nos íons K^+ e PO_4^{3-} e o $Ca(NO_3)_2$ dissocia-se nos íons Ca^{2+} e NO_3^-. De acordo com as regras da Tabela 4.2, os íons cálcio (Ca^{2+}) e fosfato (PO_4^{3-}) vão formar um composto insolúvel, o fosfato de cálcio [$Ca_3(PO_4)_2$], enquanto o outro produto da reação, KNO_3, é solúvel e permanece na solução. Por isso, esta é uma reação de precipitação. A equação completa balanceada é

$$2K_3PO_4(aq) + 3Ca(NO_3)_2(aq) \longrightarrow 6KNO_3(aq) + Ca_3(PO_4)_2(s)$$

Para podermos escrever a equação iônica simplificada, teremos de escrever primeiro a equação iônica com todos os cátions e ânions presentes:

$$6K^+(aq) + 2PO_4^{3-}(aq) + 3Ca^{2+}(aq) + 6NO_3^-(aq) \longrightarrow$$
$$6K^+(aq) + 6NO_3^-(aq) + Ca_3(PO_4)_2(s)$$

Eliminando os íons espectadores K^+ e NO_3^-, obtemos a equação iônica simplificada

$$3Ca^{2+}(aq) + 2PO_4^{3-}(aq) \longrightarrow Ca_3(PO_4)_2(s)$$

Verificação Observe que, como começamos por balancear a equação completa, ao escrevermos a equação iônica, o número de átomos e de cargas positivas e negativas deverá ser o mesmo em ambos os lados da equação.

Problemas semelhantes: 4.21, 4.22.

Exercício Indique os produtos formados quando se misturam soluções de $Al(NO_3)_3$ e $NaOH$. Escreva a equação iônica simplificada correspondente.

4.3 Reações Ácido-Base

Para a maioria das pessoas, os ácidos e as bases são tão familiares como a aspirina e o leite de magnésia, embora muitos não saibam quimicamente como se designam — ácido acetilsalicílico (aspirina) e hidróxido de magnésio (leite de magnésia). Além de fazerem parte da composição de muitos medicamentos e produtos de uso doméstico, os ácidos e as bases são importantes em processos industriais e essenciais na manutenção de sistemas biológicos. Antes de discutirmos as reações ácido-base, é de extrema importância conhecer um pouco mais sobre os próprios ácidos e bases.

Propriedades Gerais de Ácidos e Bases

Na Seção 2.7, definimos ácidos como as substâncias que se ionizam em água para originar íons H^+ e bases como as substâncias que se ionizam em água para formar íons OH^-. Essas definições foram formuladas no final do século XIX pelo químico sueco Svante Arrhenius para classificar substâncias cujas propriedades em solução aquosa eram bem conhecidas.

Ácidos

- Os ácidos têm sabor azedo; por exemplo, o vinagre deve seu sabor ao ácido acético, e o limão e outras frutas cítricas contêm ácido cítrico.
- Os ácidos provocam mudanças de cor nos corantes vegetais; por exemplo, causam uma alteração na cor do tornassol de azul para vermelho.
- Os ácidos reagem com certos metais, tais como o zinco, magnésio e ferro para produzir hidrogênio gasoso. Uma reação típica é aquela que ocorre entre o ácido clorídrico e o magnésio:

$$2HCl(aq) + Mg(s) \longrightarrow MgCl_2(aq) + H_2(g)$$

- Os ácidos reagem com carbonatos e bicarbonatos, como Na_2CO_3, $CaCO_3$ e $NaHCO_3$, para produzir o dióxido de carbono gasoso (Figura 4.6). Por exemplo,

$$2HCl(aq) + CaCO_3(s) \longrightarrow CaCl_2(aq) + H_2O(l) + CO_2(g)$$
$$HCl(aq) + NaHCO_3(s) \longrightarrow NaCl(aq) + H_2O(l) + CO_2(g)$$

- As soluções aquosas de ácidos conduzem eletricidade.

Bases

- As bases têm sabor amargo.
- As bases são escorregadias ao tato; por exemplo, os sabões, que contêm bases, apresentam essa característica.
- As bases provocam mudanças de cor nos corantes vegetais; por exemplo, causam alteração na cor do tornassol de vermelho para azul.
- As soluções aquosas de bases conduzem eletricidade.

Ácidos e Bases de Brønsted

As definições de ácidos e bases segundo Arrhenius são limitadas, pois aplicam-se apenas a soluções aquosas. Definições mais gerais foram propostas pelo químico dinamarquês Johannes Brønsted em 1932; um **ácido de Brønsted** é um *doador de prótons,* e uma **base de Brønsted** é um *receptor de prótons*. Note que as definições de Brønsted não requerem que os ácidos e bases se encontrem em solução aquosa.

O ácido clorídrico é um ácido de Brønsted, uma vez que doa um próton em água:

$$HCl(aq) \longrightarrow H^+(aq) + Cl^-(aq)$$

Observe também que H^+ é um átomo de hidrogênio que perdeu o seu elétron, ou seja, é um simples próton. O tamanho de um próton é de cerca de 10^{-15} m, comparado com o diâmetro médio de um átomo ou íon que é aproximadamente de 10^{-10} m. Uma partícula tão pequena carregada não pode existir em solução aquosa como entidade individual em razão da forte atração exercida sobre ela pelo pólo negativo (o átomo de O) de uma molécula de água. Conseqüentemente, o próton existe na forma hidratada, como representada na Figura 4.7. Assim sendo, a ionização do ácido clorídrico deve ser escrita da seguinte forma:

$$HCl(aq) + H_2O(l) \longrightarrow H_3O^+(aq) + Cl^-(aq)$$

O *próton hidratado, H_3O^+,* é denominado **íon hidrônio**. Essa equação mostra a reação em que um ácido de Brønsted (HCl) doa um próton a uma base de Brønsted (H_2O).

Experimentalmente, está demonstrado que o íon hidrônio é posteriormente hidratado pelo que se deduz que o próton deverá ter várias moléculas de água associadas. Como as características ácidas do próton não são afetadas pelo seu grau de hidratação, neste texto iremos usar $H^+(aq)$ para representar o próton hidratado. Essa notação é usada por conveniência, mas H_3O^+ está mais perto da realidade. Observe que ambas as notações representam a mesma espécie em solução aquosa.

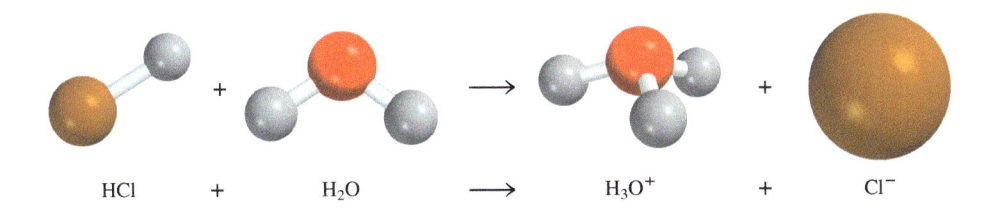

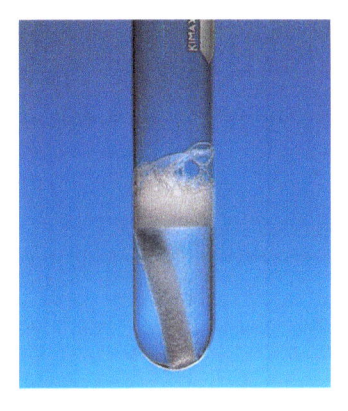

Figura 4.6
Um pedaço de giz, que é principalmente constituído por $CaCO_3$, reage com ácido clorídrico para produzir o gás dióxido de carbono.

Ilustração Mapa de potencial eletrostático do íon H_3O^+. Na representação do espectro das cores do arco-íris, a região mais rica em elétrons está representada em vermelho e a região mais pobre em elétrons, em azul.

Figura 4.7
Ionização do HCl em água para a formação do íon hidrônio e do íon cloreto.

HCl + H_2O ⟶ H_3O^+ + Cl^-

Entre os ácidos normalmente usados no laboratório estão o ácido clorídrico (HCl), o ácido nítrico (HNO$_3$), o ácido acético (CH$_3$COOH), o ácido sulfúrico (H$_2$SO$_4$) e o ácido fosfórico (H$_3$PO$_4$). Os três primeiros são **ácidos monopróticos**, ou seja, *cada unidade do ácido origina um íon hidrogênio após a sua ionização*:

$$HCl(aq) \longrightarrow H^+(aq) + Cl^-(aq)$$
$$HNO_3(aq) \longrightarrow H^+(aq) + NO_3^-(aq)$$
$$CH_3COOH(aq) \rightleftharpoons CH_3COO^-(aq) + H^+(aq)$$

Dado que a ionização do ácido acético é incompleta (note a utilização das setas duplas), ele é um eletrólito fraco e, por isso, denomina-se ácido fraco (veja a Tabela 4.1). Por essa razão, tanto o HCl como o HNO$_3$ são ácidos fortes porque são eletrólitos fortes, portanto estão completamente ionizados em solução (observe o uso de uma única seta).

O ácido sulfúrico (H$_2$SO$_4$) é um ácido diprótico, pois *cada unidade do ácido origina dois íons H^+*, em duas etapas distintas:

$$H_2SO_4(aq) \longrightarrow H^+(aq) + HSO_4^-(aq)$$
$$HSO_4^-(aq) \rightleftharpoons H^+(aq) + SO_4^{2-}(aq)$$

O H$_2$SO$_4$ é um eletrólito forte ou ácido forte (a primeira etapa da ionização é completa), mas o HSO$_4^-$ é um ácido fraco ou eletrólito fraco e necessitamos de setas duplas para representar a sua ionização incompleta.

Os **ácidos tripróticos**, *que originam três íons H^+*, existem em menor número. O ácido triprótico mais conhecido é o ácido fosfórico, cujas etapas de ionização são:

$$H_3PO_4(aq) \rightleftharpoons H^+(aq) + H_2PO_4^-(aq)$$
$$H_2PO_4^-(aq) \rightleftharpoons H^+(aq) + HPO_4^{2-}(aq)$$
$$HPO_4^{2-}(aq) \rightleftharpoons H^+(aq) + PO_4^{3-}(aq)$$

As três espécies (H$_3$PO$_4$, H$_2$PO$_4^-$, e HPO$_4^{2-}$) são ácidos fracos e usamos setas duplas para representar cada etapa de ionização. Os ânions como H$_2$PO$_4^-$ e HPO$_4^{2-}$ são obtidos em soluções aquosas de fosfatos, como NaH$_2$PO$_4$ e Na$_2$HPO$_4$.

A Tabela 4.1 mostra que o hidróxido de sódio (NaOH) e o hidróxido de bário [Ba(OH)$_2$] são eletrólitos fortes. Isso significa que se ionizam completamente em solução:

$$NaOH(s) \xrightarrow{H_2O} Na^+(aq) + OH^-(aq)$$
$$Ba(OH)_2(s) \xrightarrow{H_2O} Ba^{2+}(aq) + 2OH^-(aq)$$

O íon OH$^-$ pode aceitar um próton:

$$H^+(aq) + OH^-(aq) \longrightarrow H_2O(l)$$

Portanto, OH$^-$ é uma base de Brønsted.

A amônia (NH$_3$) é também classificada como uma base de Brønsted porque pode aceitar um íon H$^+$ (Figura 4.8):

$$NH_3(aq) + H_2O(l) \rightleftharpoons NH_4^+(aq) + OH^-(aq)$$

A amônia é um eletrólito fraco (e, portanto, uma base fraca), pois apenas uma pequena fração das moléculas de NH$_3$ dissolvidas reage com a água para formar os íons NH$_4^+$ e OH$^-$.

A base forte mais comum usada em laboratório é o hidróxido de sódio. É barata e solúvel. (De fato, todos os hidróxidos de metais alcalinos são solúveis.) A base fraca

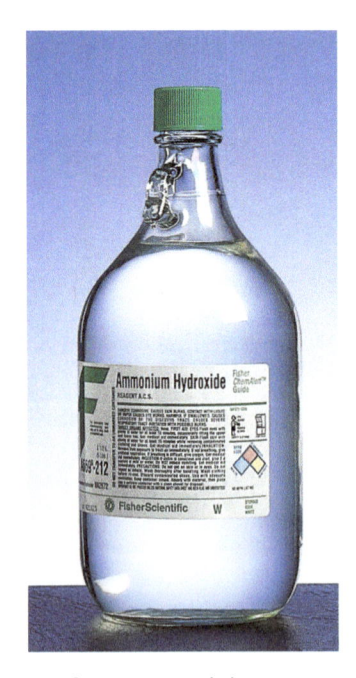

Um frasco com amônia aquosa, que, às vezes, é chamada incorretamente de hidróxido de amônio.

NH₃ + H₂O ⇌ NH₄⁺ + OH⁻

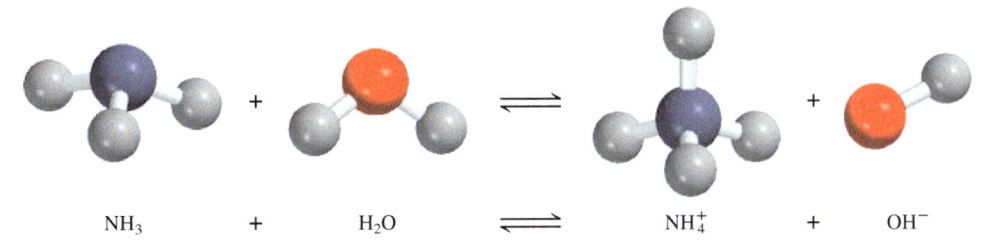

Figura 4.8
Ionização da amônia em água para formar o íon amônio e o íon hidróxido.

mais comum é a solução aquosa de amônia que, às vezes, é incorretamente denominada hidróxido de amônio; não há qualquer evidência que mostre que o NH₄OH exista na realidade. Todos os elementos do Grupo 2 formam hidróxidos do tipo M(OH)$_2$, em que M representa um metal alcalino-terroso. De todos esses hidróxidos, apenas o Ba(OH)$_2$ é solúvel. Os hidróxidos de magnésio e cálcio são usados em medicina e na indústria. Hidróxidos de outros metais, como Al(OH)$_3$ e Zn(OH)$_2$, são insolúveis e não utilizados como bases.

O Exemplo 4.3 classifica as substâncias em ácidos ou bases de Brønsted.

EXEMPLO 4.3

Classifique cada uma das espécies em solução aquosa como ácido ou base de Brønsted: (a) HBr, (b) NO_2^-, (c) HCO_3^-.

Estratégia   Quais são as características de um ácido de Brønsted? Terá a substância pelo menos um átomo de H? Com exceção da amônia, a maioria das bases de Brønsted conhecidas são ânions.

Solução   (a) Sabemos que o HCl é um ácido. Dado que Br e Cl são ambos halogênios (Grupo 7), é de esperar que o HBr, tal como o HCl, se ionize em água do seguinte modo:

$$HBr(aq) \longrightarrow H^+(aq) + Br^-(aq)$$

Assim sendo, HBr é um ácido de Brønsted.

(b) Em solução, o íon nitrito pode aceitar um próton da água para formar o ácido nitroso:

$$NO_2^-(aq) + H^+(aq) \longrightarrow HNO_2(aq)$$

Essa propriedade faz de NO_2^- uma base de Brønsted.

(c) O íon bicarbonato é um ácido de Brønsted porque se ioniza em solução do seguinte modo:

$$HCO_3^-(aq) \rightleftharpoons H^+(aq) + CO_3^{2-}(aq)$$

E é também uma base de Brønsted, uma vez que pode aceitar um próton para formar ácido carbônico:

$$HCO_3^-(aq) + H^+(aq) \rightleftharpoons H_2CO_3(aq)$$

Comentário   A espécie HCO_3^- diz-se que é *anfótera*, visto possuir propriedades de ácido e base. As setas duplas indicam a reversibilidade da reação.

Problemas semelhantes: 4.31, 4.32.

Exercício   Classifique cada uma das seguintes espécies em ácido ou base de Brønsted: (a) SO_4^{2-}, (b) HI, (c) $H_2PO_4^-$.

Animação:
Reações de
Neutralização
Centro de Aprendizagem
Online, Animações

Neutralização Ácido-Base

Uma *reação de neutralização* é *aquela que ocorre entre um ácido e uma base*. De modo geral, as reações ácido-base em meio aquoso produzem um *sal* e água. O *sal* é um composto iônico constituído por um cátion diferente de H^+ e um ânion diferente de OH^- ou O^{2-}:

$$\text{ácido} + \text{base} \longrightarrow \text{sal} + \text{água}$$

Por exemplo, quando uma solução de HCl é misturada com uma solução de NaOH, ocorre a seguinte reação

$$HCl(aq) + NaOH(aq) \longrightarrow NaCl(aq) + H_2O(l)$$

As reações ácido-base ocorrem geralmente de maneira completa.

No entanto, como tanto o ácido como a base são eletrólitos fortes, estão completamente ionizados em solução. A equação iônica é

$$H^+(aq) + Cl^-(aq) + Na^+(aq) + OH^-(aq) \longrightarrow Na^+(aq) + Cl^-(aq) + H_2O(l)$$

A equação iônica simplificada pode ser representada por

$$H^+(aq) + OH^-(aq) \longrightarrow H_2O(l)$$

Os íons Na^+ e Cl^- são íons espectadores.

Consideremos a reação entre NaOH e o ácido cianídrico (HCN), um ácido fraco:

$$HCN(aq) + NaOH(aq) \longrightarrow NaCN(aq) + H_2O(l)$$

Nesse caso, a equação iônica é

$$HCN(aq) + Na^+(aq) + OH^-(aq) \longrightarrow Na^+(aq) + CN^-(aq) + H_2O(l)$$

e a equação iônica simplificada será

$$HCN(aq) + OH^-(aq) \longrightarrow CN^-(aq) + H_2O(l)$$

Os exemplos seguintes também são reações de neutralização ácido-base, representadas pelas equações completas

$$HF(aq) + KOH(aq) \longrightarrow KF(aq) + H_2O(l)$$
$$H_2SO_4(aq) + 2NaOH(aq) \longrightarrow Na_2SO_4(aq) + 2H_2O(l)$$
$$Ba(OH)_2(aq) + 2HNO_3(aq) \longrightarrow Ba(NO_3)_2(aq) + 2H_2O(l)$$

Reações Ácido-Base que Conduzem à Formação de Gases

Alguns sais como carbonatos (contêm o íon CO_3^{2-}), bicarbonatos (contêm o íon HCO_3^-, sulfitos (contêm o íon SO_3^{2-}) e sulfetos (contêm o íon S^{2-}) reagem com ácidos formando produtos gasosos. Por exemplo, a equação completa da reação entre a carbonato de sódio (Na_2CO_3) e HCl(aq) é

Veja a Figura 4.6 na página 101

$$Na_2CO_3(aq) + 2HCl(aq) \longrightarrow 2NaCl(aq) + H_2CO_3(aq)$$

O ácido carbônico é instável e, se presente em solução em concentração suficiente, decompõe-se como:

$$H_2CO_3(aq) \longrightarrow H_2O(l) + CO_2(g)$$

Reações semelhantes envolvendo os outros sais mencionados são

$$NaHCO_3(aq) + HCl(aq) \longrightarrow NaCl(aq) + H_2O(l) + CO_2(g)$$
$$Na_2SO_3(aq) + 2HCl(aq) \longrightarrow 2NaCl(aq) + H_2O(l) + SO_2(g)$$
$$K_2S(aq) + 2HCl(aq) \longrightarrow 2KCl(aq) + H_2S(g)$$

4.4 Reações de Oxirredução

Enquanto as reações ácido-base podem ser caracterizadas como processos de transferência de prótons, as reações denominadas **reações de oxirredução**, ou **redox**, são consideradas *reações de transferência de elétrons*. As reações de oxirredução são muito comuns no mundo que nos rodeia. É o caso da combustão de combustíveis fósseis, bem como o da ação dos alvejantes domésticos. A maior parte dos elementos metálicos e não metálicos é obtida dos seus minerais por processos de oxidação ou redução.

Muitos processos de oxirredução importantes ocorrem em água, mas nem todas as reações de oxirredução têm lugar em solução aquosa. As reações de oxirredução em meio não aquoso são mais simples de serem tratadas, por isso vamos iniciar nossa discussão com uma reação na qual dois elementos se combinam para formar um composto. Consideremos a formação do óxido de magnésio (MgO) a partir do magnésio e do oxigênio (Figura 4.9):

$$2Mg(s) + O_2(g) \longrightarrow 2MgO(s)$$

O óxido de magnésio (MgO) é um composto iônico, formado pelos íons Mg^{2+} e O^{2-}. Nessa reação, dois átomos de magnésio dão ou transferem quatro elétrons a dois átomos de O (em O_2). Para simplificarmos, podemos pensar nesse processo em duas etapas, uma envolvendo a perda dos quatro elétrons dos átomos de Mg e a outra envolvendo o ganho de quatro elétrons por uma molécula de O_2:

$$2Mg \longrightarrow 2Mg^{2+} + 4e^-$$
$$O_2 + 4e^- \longrightarrow 2O^{2-}$$

Animação:
Reações de Oxirredução
Centro de Aprendizagem
Online, Animações

Em uma semi-reação de oxidação, os elétrons aparecem como produtos; em uma semi-reação de redução, os elétrons aparecem como reagentes.

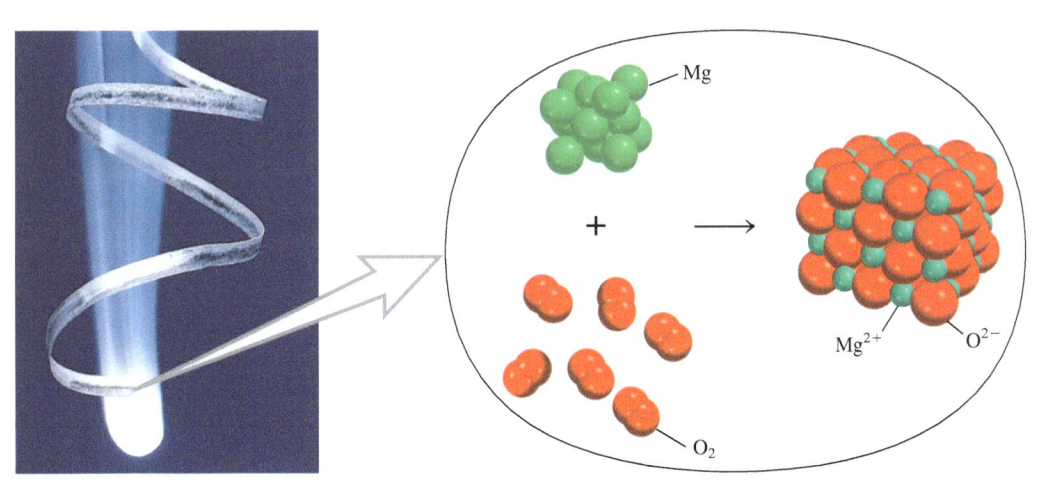

Figura 4.9
O magnésio queima em oxigênio para formar o óxido de magnésio.

Cada uma dessas etapas é denominada **semi-reação** e mostra, *de forma explícita, os elétrons envolvidos em uma reação* de oxirredução. A soma das semi-reações dá a reação global:

$$2Mg + O_2 + 4e^- \longrightarrow 2Mg^{2+} + 2O^{2-} + 4e^-$$

ou, se eliminarmos os elétrons que aparecem em ambos os lados da equação,

$$2Mg + O_2 \longrightarrow 2Mg^{2+} + 2O^{2-}$$

Finalmente, os íons Mg^{2+} e O^{2-} combinam-se para formar MgO:

$$2Mg^{2+} + 2O^{2-} \longrightarrow 2MgO$$

> Os agentes oxidantes são sempre reduzidos e os agentes redutores são sempre oxidados. Essa afirmação pode parecer confusa, mas é simplesmente uma conseqüência das definições dos dois processos.

A semi-reação que envolve perda de elétrons designa-se **reação de oxidação**. O termo "oxidação" foi originalmente utilizado pelos químicos para indicar combinações de elementos com o oxigênio. *A semi-reação que envolve ganho de elétrons* denomina-se **reação de redução**. Na formação do óxido de magnésio, o magnésio é oxidado. Diz-se que o metal atua como **agente redutor**, visto *ceder elétrons* ao oxigênio, causando assim a sua redução. O oxigênio é reduzido, atuando como **agente oxidante** porque *aceita elétrons* do magnésio, causando dessa forma a sua oxidação. Observe que a extensão da oxidação em uma reação de oxirredução deve ser igual à extensão da redução, isto é, o número de elétrons perdidos por um agente redutor deve ser igual ao número de elétrons ganhos por um agente oxidante.

Número de Oxidação

As definições de oxidação e redução em termos de perda e ganho de elétrons aplicam-se à formação de compostos iônicos, tais como o MgO. No entanto, essas definições não caracterizam corretamente a formação do ácido clorídrico (HCl) e dióxido de enxofre (SO_2):

$$H_2(g) + Cl_2(g) \longrightarrow 2HCl(g)$$
$$S(s) + O_2(g) \longrightarrow SO_2(g)$$

Dado que o HCl e o SO_2 não são compostos iônicos, mas sim moleculares, não ocorre a transferência efetiva de elétrons na formação desses compostos, como acontece no caso do CaO. Contudo, os químicos consideram conveniente tratar essas reações como reações de oxirredução, porque há fatos experimentais que mostram a existência de uma transferência parcial de elétrons (do H para o Cl no HCl e do S para o O no SO_2).

Para acompanhar o percurso dos elétrons nas reações de oxirredução, é conveniente atribuir números de oxidação aos reagentes e aos produtos. O **número de oxidação**, também chamado de **estado de oxidação**, refere-se ao *número de cargas que um átomo teria em uma molécula (ou em um composto iônico) se houvesse transferência completa de elétrons*. Por exemplo, podemos reescrever as equações anteriores para a formação do HCl e do SO_2 do seguinte modo:

$$\overset{0}{H_2}(g) + \overset{0}{Cl_2}(g) \longrightarrow 2\overset{+1\;-1}{HCl}(g)$$
$$\overset{0}{S}(s) + \overset{0}{O_2}(g) \longrightarrow \overset{+4\;-2}{SO_2}(g)$$

Os números acima dos símbolos dos elementos são os números de oxidação. Em ambas as reações indicadas, não existem números sobre os átomos das moléculas dos reagentes. Portanto, os seus números de oxidação são zero. No entanto, para os produtos, considera-se que houve uma transferência completa de elétrons e que os átomos ganharam ou perderam elétrons. Os números de oxidação refletem o número de elétrons "transferidos".

Os números de oxidação disponíveis nos permitem identificar, rapidamente, os elementos que são oxidados ou reduzidos. Os elementos que apresentam um aumento do número de oxidação — hidrogênio e enxofre nos exemplos anteriores — são oxidados. O cloro e o oxigênio são reduzidos, assim seus números de oxidação sofrem uma diminuição em relação aos seus valores iniciais. Observe que o somatório dos números de oxidação do H e do Cl no HCl ($+1$ e -1) é zero. Da mesma forma, se somarmos as cargas do S ($+4$) e dos dois átomos de O [$2 \times (-2)$], o total é zero. Isso acontece porque as moléculas de HCl e SO_2 são neutras, visto que a soma das cargas é nula.

Utilizam-se as regras seguintes para atribuição dos números de oxidação:

1. Nos elementos livres (isto é, no estado não combinado), cada átomo tem número de oxidação zero. Cada átomo em H_2, Br_2, Na, Be, K, O_2 e P_4 tem o mesmo número de oxidação: zero.

2. Para íons compostos por apenas um átomo (ou seja, íons monoatômicos), o número de oxidação é igual à carga do íon. Assim, o íon Li^+ tem número de oxidação $+1$; o íon Ba^{2+} de $+2$, o íon Fe^{3+} de $+3$, o íon I^- de -1, o íon O^{2-} de -2 e assim sucessivamente. Todos os metais alcalinos possuem número de oxidação $+1$ e todos os metais alcalino-terrosos têm número de oxidação $+2$ nos seus compostos. O alumínio tem um número de oxidação $+3$ em todos os seus compostos.

3. Na maioria dos compostos de oxigênio (por exemplo, MgO e H_2O), o número de oxidação do oxigênio é -2, mas no peróxido de hidrogênio (H_2O_2) e no íon peróxido (O_2^{2-}), o seu número de oxidação é -1.

4. O número de oxidação do hidrogênio é $+1$, exceto quando está ligado a metais em compostos binários. Nesses casos, por exemplo, em LiH, NaH, CaH_2, o número de oxidação é -1.

5. O flúor tem o número de oxidação -1 em *todos* os compostos. Os outros halogênios (Cl, Br e I) possuem números de oxidação negativos quando existem como íons haletos nos seus compostos. Quando combinados com o oxigênio, por exemplo nos oxiácidos e oxiânions (veja a Seção 2.7), têm números de oxidação positivos.

6. Em uma molécula neutra, o somatório dos números de oxidação de todos os átomos tem de ser zero. Em um íon poliatômico, o somatório dos números de oxidação de todos os elementos tem de ser igual à carga total do íon. Por exemplo, no íon amônio, NH_4^+, o número de oxidação de N é -3 e o de H, $+1$. Assim, o somatório dos números de oxidação é $-3 + 4(+1) = +1$, que é a carga total do íon.

7. Os números de oxidação não são obrigatoriamente números inteiros. Por exemplo, o número de oxidação do oxigênio no íon superóxido, O_2^-, é $-\frac{1}{2}$.

EXEMPLO 4.4

Atribua números de oxidação a todos os elementos dos seguintes compostos e íons:
(a) Li_2O, (b) HNO_3, (c) $Cr_2O_7^{2-}$.

Estratégia De modo geral, seguimos as regras descritas e atribuímos os números de oxidação de acordo com elas. Lembre-se de que todos os metais alcalinos têm número de oxidação $+1$, bem como o hidrogênio e, na maioria dos casos, o oxigênio possui número de oxidação -2 nos seus compostos.

(Continua)

Solução (a) Segundo a regra nº 2, atribuímos ao lítio o número de oxidação +1 (Li^+) e ao oxigênio o número de oxidação -2 (O^{2-}).

(b) Nessa fórmula, temos o ácido nítrico que produz em solução os íons H^+ e NO_3^-. Segundo a regra nº 4, o hidrogênio terá o número de oxidação +1. Assim sendo, o outro grupo (o íon nitrato) terá uma carga global de -1. O oxigênio tem número de oxidação -2 e se representarmos por x o número de oxidação do nitrogênio poderemos escrever o íon como

$$[N^{(x)}O_3^{(2-)}]^-$$

logo,
$$x + 3(-2) = -1$$

ou
$$x = +5$$

(c) Nesse caso, utilizamos a regra nº 6 e verificamos que o somatório dos números de oxidação no íon dicromato $Cr_2O_7^{2-}$ deverá ser -2. Sabemos que o número de oxidação do oxigênio é -2, portanto, o que fica para ser determinado é o número de oxidação do Cr, que vamos chamar de y. O íon dicromato poderá, então, ser escrito como

$$[Cr_2^{(y)}O_7^{(2-)}]^{2-}$$

assim,
$$2(y) + 7(-2) = -2$$

ou
$$y = +6$$

Verificação Para cada um dos casos estudados, o somatório dos números de oxidação de todos os átomos será igual à carga total das espécies?

Exercício Atribua números de oxidação a todos os elementos nos seguintes composto e íon: (a) PF_3, (b) MnO_4^-.

Problemas semelhantes: 4.43, 4.45.

A Figura 4.10 mostra os números de oxidação conhecidos para os elementos mais comuns dispostos de acordo com as suas posições na tabela periódica. Podemos resumir o conteúdo da figura do seguinte modo:

- Os elementos metálicos têm, geralmente, números de oxidação positivos, enquanto os elementos não metálicos podem ter números de oxidação positivos ou negativos.
- O número de oxidação mais elevado que um elemento representativo dos Grupos 1A–7A pode ter é igual ao número do grupo a que pertence. Por exemplo, os halogênios estão no Grupo 7A, logo, o maior número de oxidação que eles poderão ter é +7.
- Os metais de transição (Grupos 3-11) geralmente podem ter vários números de oxidação.

Algumas Reações de Oxirredução Comuns

Entre as reações de oxirredução mais comuns estão: reações de combinação, de decomposição, de combustão e de deslocamento.

Reações de Combinação

A ***Reação de combinação*** é aquela em que *duas ou mais substâncias se combinam para formar um único produto*. Por exemplo,

Nem todas as reações de combinação são reações de oxirredução, bem como as reações de decomposição.

$$\overset{0}{S}(s) + \overset{0}{O_2}(g) \longrightarrow \overset{+4\ -2}{SO_2}(g)$$

$$\overset{0}{3Mg}(s) + \overset{0}{N_2}(g) \longrightarrow \overset{+2\ -3}{Mg_3N_2}(s)$$

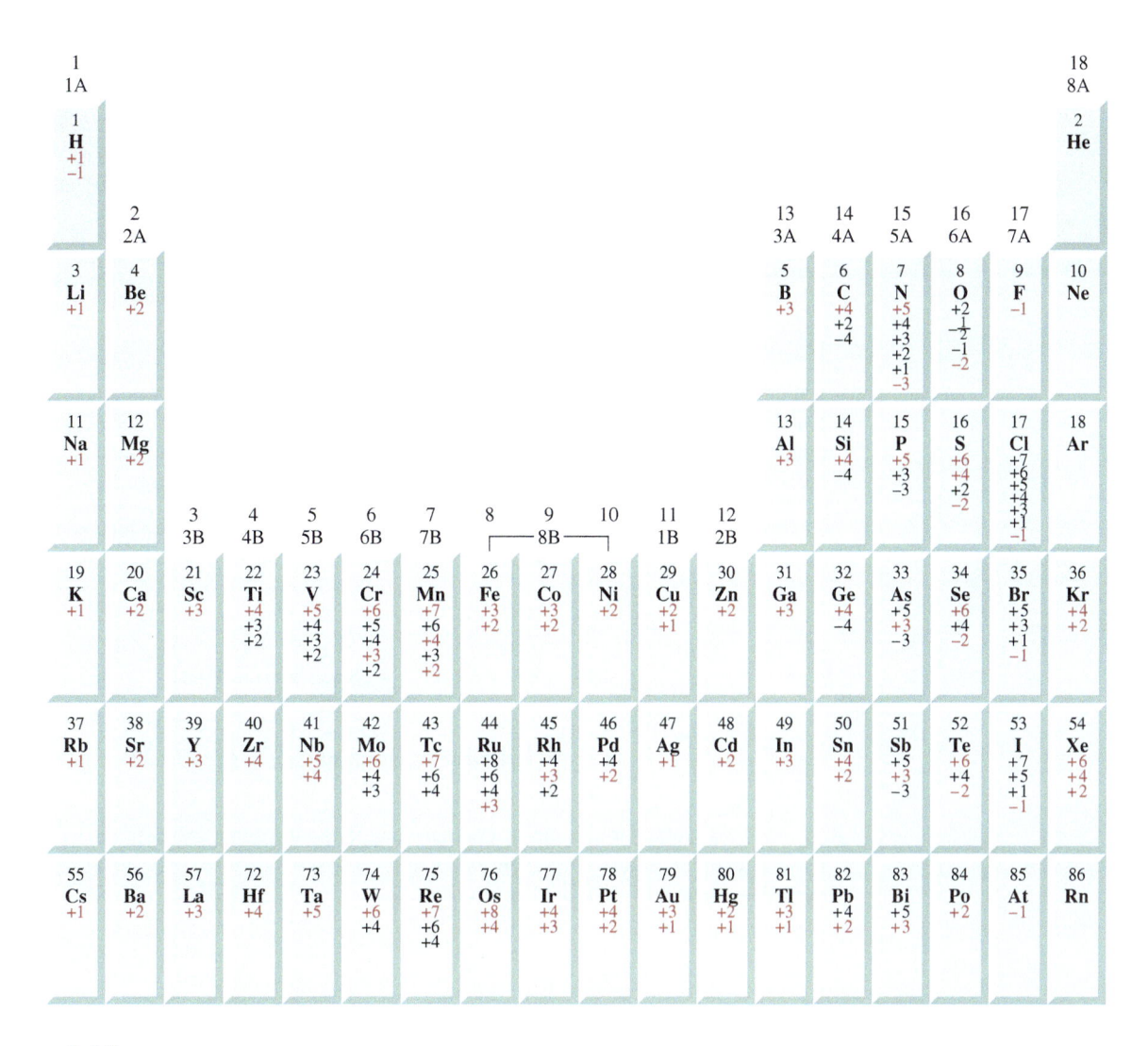

Figura 4.10
Números de oxidação dos elementos nos seus compostos. O número de oxidação mais comum está representado na cor vermelha.

Reações de Decomposição

As reações de decomposição são o oposto das reações de combinação. Especificamente, uma ***reação de decomposição*** é *a quebra de um composto em dois ou mais componentes*. Por exemplo,

$$\overset{+2\;-2}{2HgO}(s) \longrightarrow \overset{0}{2Hg}(l) + \overset{0}{O_2}(g)$$

$$\overset{+5\;-2}{2KClO_3}(s) \longrightarrow \overset{-1}{2KCl}(s) + \overset{0}{3O_2}(g)$$

$$\overset{+1\;-1}{2NaH}(s) \longrightarrow \overset{0}{2Na}(s) + \overset{0}{H_2}(g)$$

Observe que apenas assinalamos os números de oxidação dos elementos oxidados ou reduzidos.

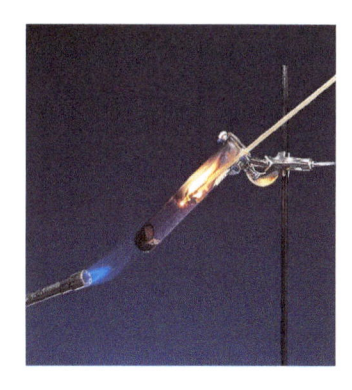

O aquecimento do clorato de potássio produz oxigênio molecular, que suporta a combustão da lasca de madeira.

Todas as reações de combustão são reações redox.

Reações de Combustão

A *reação de combustão* é a reação na qual uma substância reage com oxigênio, liberando geralmente calor e luz, produzindo uma chama. As reações entre magnésio e enxofre com oxigênio descritas anteriormente são reações de combustão. Outro exemplo é a reação de queima do propano (C_3H_8), um componente do gás natural usado para aquecimento doméstico e cozimento:

$$C_3H_8(g) + 5O_2(g) \longrightarrow 3CO_2(g) + 4H_2O(l)$$

Reações de Deslocamento

Em uma *reação de deslocamento*, *um íon (ou átomo) em um composto é substituído por um íon (ou átomo) de outro elemento*. A maior parte das reações de deslocamento enquadram-se em uma das três subcategorias: deslocamento de hidrogênio, deslocamento de metal ou deslocamento de halogênio.

1. Deslocamento de Hidrogênio. Todos os metais alcalinos e alguns alcalino-terrosos (Ca, Sr e Ba), que são os elementos metálicos mais reativos, deslocam o hidrogênio da água fria (Figura 4.11):

$$\overset{0}{2Na}(s) + 2\overset{+1}{H_2}O(l) \longrightarrow 2\overset{+1}{Na}\overset{+1}{OH}(aq) + \overset{0}{H_2}(g)$$

$$\overset{0}{Ca}(s) + 2\overset{+1}{H_2}O(l) \longrightarrow \overset{+2}{Ca}(\overset{+1}{OH})_2(s) + \overset{0}{H_2}(g)$$

Muitos metais, incluindo os que não reagem com a água, são capazes de deslocar o hidrogênio dos ácidos. Por exemplo, o zinco (Zn) e o magnésio (Mg) não reagem com água fria, mas sim com o ácido clorídrico:

$$\overset{0}{Zn}(s) + 2\overset{+1}{H}Cl(aq) \longrightarrow \overset{+2}{Zn}Cl_2(aq) + \overset{0}{H_2}(g)$$

$$\overset{0}{Mg}(s) + 2\overset{+1}{H}Cl(aq) \longrightarrow \overset{+2}{Mg}Cl_2(aq) + \overset{0}{H_2}(g)$$

A Figura 4.12 mostra as reações entre o ácido clorídrico (HCl) e o ferro (Fe), o zinco (Zn) e o magnésio (Mg). Essas reações são usadas na preparação do hidrogênio gasoso em laboratório.

Figura 4.11
Reações de (a) sódio (Na) e (b) cálcio (Ca) com água fria. Observe que a reação é mais violenta com Na que com Ca.

(a)   (b)

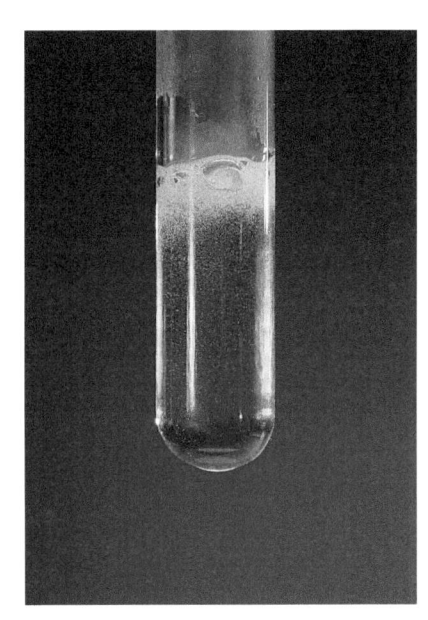

Figura 4.12
Da esquerda para a direita: reações do ferro (Fe), zinco (Zn) e magnésio (Mg) com ácido clorídrico, gerando gás hidrogênio e cloretos metálicos (FeCl$_2$, ZnCl$_2$, MgCl$_2$). A reatividade desses metais se reflete na velocidade de evolução do gás hidrogênio, que é menor para o metal menos reativo, Fe, e maior para o metal mais reativo, Mg.

2. Deslocamento de Metal. Um metal em um composto pode ser deslocado por outro metal no seu estado não combinado. Por exemplo, quando o zinco metálico é adicionado à solução contendo sulfato de cobre (CuSO$_4$), ele desloca íons Cu^{2+} da solução (Figura 4.13):

$$\overset{0}{\text{Zn}}(s) + \overset{+2}{\text{Cu}}\text{SO}_4(aq) \longrightarrow \overset{+2}{\text{Zn}}\text{SO}_4(aq) + \overset{0}{\text{Cu}}(s)$$

A equação iônica simplificada é

$$\overset{0}{\text{Zn}}(s) + \overset{+2}{\text{Cu}}{}^{2+}(aq) \longrightarrow \overset{+2}{\text{Zn}}{}^{2+}(aq) + \overset{0}{\text{Cu}}(s)$$

Do mesmo modo, o cobre metálico desloca íons prata da solução contendo nitrato de prata (AgNO$_3$) (como também mostrado na Figura 4.13):

$$\overset{0}{\text{Cu}}(s) + 2\overset{+1}{\text{Ag}}\text{NO}_3(aq) \longrightarrow \overset{+2}{\text{Cu}}(\text{NO}_3)_2(aq) + 2\overset{0}{\text{Ag}}(s)$$

A equação iônica simplificada é

$$\overset{0}{\text{Cu}}(s) + 2\overset{+1}{\text{Ag}}{}^+(aq) \longrightarrow \overset{+2}{\text{Cu}}{}^{2+}(aq) + 2\overset{0}{\text{Ag}}(s)$$

Trocando o papel dos metais, não se observa uma reação. Em outras palavras, o cobre metálico não deslocará os íons zinco do sulfato de zinco, assim como a prata metálica não deslocará os íons cobre do nitrato de cobre.

Figura 4.13
Reações de deslocamento de metais em solução.

A barra de zinco está em uma solução aquosa de $CuSO_4$

Os íons Cu^{2+} são convertidos em átomos de Cu. Os átomos de Zn entram na solução como íons Zn^{2+}.

Quando um pedaço de fio de cobre é colocado em uma solução aquosa de $AgNO_3$ os átomos de Cu entram na solução como íons Cu^{2+}, e os íons Ag^+ são convertidos em Ag sólido.

Uma forma fácil de prever se uma reação de deslocamento de metal ou de hidrogênio vai ocorrer é consultar a *série de atividades* (às vezes chamada de *série eletroquímica*), mostrada na Figura 4.14. Basicamente, uma série de atividades é *um conveniente resumo de resultados de muitas reações de deslocamento possíveis* semelhantes às discutidas anteriormente. De acordo com essa série, qualquer metal acima do hidrogênio desloca-o da água ou de um ácido, mas os metais abaixo do hidrogênio já não têm essa capacidade. De fato, qualquer metal apresentado na série reagirá com qualquer outro metal (em um composto) que se encontre abaixo dele. Por exemplo, o Zn está acima do Cu, logo o zinco vai deslocar os íons cobre do sulfato de cobre.

3. Deslocamento de Halogênio. Outra série de atividade semelhante resume o comportamento dos halogênios nas reações de deslocamento:

$$F_2 > Cl_2 > Br_2 > I_2$$

O poder desses elementos como agentes oxidantes diminui à medida que nos movemos do flúor para o iodo no Grupo 7, visto que o flúor molecular pode substituir os íons cloreto, brometo e iodeto em solução. Na realidade, o flúor molecular é tão

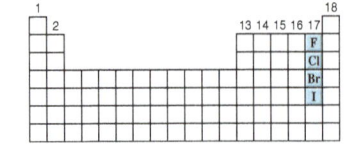

Halogênios.

Figura 4.14
A série de atividade para os metais. Os metais estão dispostos de acordo com a sua capacidade de deslocar o hidrogênio da água ou dos ácidos. O lítio (Li) é o metal mais reativo e o ouro (Au), o menos reativo.

$Li \rightarrow Li^+ + e^-$
$K \rightarrow K^+ + e^-$
$Ba \rightarrow Ba^{2+} + 2e^-$
$Ca \rightarrow Ca^{2+} + 2e^-$
$Na \rightarrow Na^+ + e^-$
Reagem com água fria para produzir H_2

$Mg \rightarrow Mg^{2+} + 2e^-$
$Al \rightarrow Al^{3+} + 3e^-$
$Zn \rightarrow Zn^{2+} + 2e^-$
$Cr \rightarrow Cr^{3+} + 3e^-$
$Fe \rightarrow Fe^{2+} + 2e^-$
$Cd \rightarrow Cd^{2+} + 2e^-$
Reagem com vapor de água para produzir H_2

$Co \rightarrow Co^{2+} + 2e^-$
$Ni \rightarrow Ni^{2+} + 2e^-$
$Sn \rightarrow Sn^{2+} + 2e^-$
$Pb \rightarrow Pb^{2+} + 2e^-$
$H_2 \rightarrow 2H^+ + 2e^-$
Reagem com ácidos para produzir H_2

$Cu \rightarrow Cu^{2+} + 2e^-$
$Ag \rightarrow Ag^+ + e^-$
$Hg \rightarrow Hg^{2+} + 2e^-$
$Pt \rightarrow Pt^{2+} + 2e^-$
$Au \rightarrow Au^{3+} + 3e^-$
Não reagem com água ou ácidos para produzir H_2

(Aumento do poder redutor)

reativo que também ataca a água; por isso essas reações não podem ser realizadas em solução aquosa. No entanto, o cloro molecular pode deslocar os íons brometo e iodeto em solução aquosa. As equações de deslocamento são:

$$\overset{0}{Cl_2}(g) + 2\overset{-1}{K}Br(aq) \longrightarrow 2\overset{-1}{K}Cl(aq) + \overset{0}{Br_2}(l)$$

$$\overset{0}{Cl_2}(g) + 2\overset{-1}{Na}I(aq) \longrightarrow 2\overset{-1}{Na}Cl(aq) + \overset{0}{I_2}(s)$$

As equações iônicas são:

$$\overset{0}{Cl_2}(g) + 2\overset{-1}{Br}(aq) \longrightarrow 2\overset{-1}{Cl^-}(aq) + \overset{0}{Br_2}(l)$$

$$\overset{0}{Cl_2}(g) + 2\overset{-1}{I^-}(aq) \longrightarrow 2\overset{-1}{Cl^-}(aq) + \overset{0}{I_2}(s)$$

O bromo molecular, por sua vez, pode deslocar o íon iodeto em solução:

$$\overset{0}{Br_2}(l) + 2\overset{-1}{I^-}(aq) \longrightarrow 2\overset{-1}{Br^-}(aq) + \overset{0}{I_2}(s)$$

Invertendo o papel dos halogênios, não ocorre qualquer reação. Assim, o bromo não pode deslocar os íons cloreto, e o iodo não pode deslocar os íons brometo e cloreto.

O bromo (um líquido vermelho fumegante) é preparado industrialmente pela ação do cloro sobre a água do mar, uma fonte rica de íons Br^-.

4.5 Concentração de Soluções

No estudo da estequiometria envolvendo soluções, é necessário conhecer com precisão as quantidades de reagentes presentes nas soluções e, ainda, controlar essas quantidades para que ocorra uma reação em solução aquosa.

A ***concentração de uma solução*** é *a quantidade de soluto presente em dada quantidade de solvente ou solução.* (Nesta discussão, considera-se que o soluto seja um líquido ou um sólido e o solvente, um líquido.) A concentração de uma solução pode ser expressa de diferentes modos, como poderemos ver no Capítulo 12. Aqui, iremos considerar apenas uma das unidades de concentração mais comuns em química, a **molaridade (M)** ou **concentração molar**, que se define como *o número de mols de soluto em 1 litro (L) de solução*.* A molaridade é definida pela equação

$$M = \text{molaridade} = \frac{\text{mols de soluto}}{\text{litros de solução}} \quad (4.1)$$

Dessa forma, uma solução 1,46 molar de glicose ($C_6H_{12}O_6$), ou seja, 1,46 M de $C_6H_{12}O_6$, contém 1,46 mol de soluto ($C_6H_{12}O_6$) em 1 L de solução; uma solução 0,52 molar de uréia [$(NH_2)_2CO$], ou seja, 0,52 M de $(NH_2)_2CO$, contém 0,52 mol de $(NH_2)_2CO$ (de soluto) em 1 L de solução e assim sucessivamente.

É evidente que nem sempre trabalhamos com soluções de exatamente 1 L. Isso não causa nenhum problema se não nos esquecermos de converter o volume da solução para litros. Dessa maneira, uma solução de 500 mL contendo 0,730 mol de $C_6H_{12}O_6$ tem do mesmo modo uma concentração 1,46 M:

$$M = \text{molaridade} = \frac{0{,}730 \text{ mol}}{0{,}500 \text{ L}}$$

$$= 1{,}46 \text{ mol/L} = 1{,}46 \, M$$

O número de mols de soluto é dado por volume (L) × molaridade (M).

Como se pode ver, a unidade de molaridade é mol por litro, portanto, 500 mL de uma solução que contém 0,730 mol de $C_6H_{12}O_6$ é equivalente a 1,46 mol/L ou 1,46 M*. Note que a concentração, tal como a densidade, é uma propriedade intensiva, uma vez que o seu valor não depende da quantidade de solução.

O procedimento para preparar uma solução de molaridade conhecida é o seguinte. Um composto (o soluto) é, em primeiro lugar, pesado com exatidão e transferido para um balão volumétrico com o auxílio de um funil (Figura 4.15). Em seguida, é adicionada água ao balão, agitando cuidadosamente para dissolver o sólido. Depois que *todo* o sólido for dissolvido, mais água é adicionada com muito cuidado até o nível da solução atingir exatamente a marca do balão. Sabendo o volume da solução no balão e a quantidade de composto (o número de mols) dissolvido, calcu-

Animação:
Preparação de uma Solução
Centro de Aprendizagem Online, Animações

Figura 4.15
Preparação de uma solução de molaridade conhecida. (a) Uma quantidade conhecida de soluto sólido é transferida para um balão volumétrico; em seguida, é adicionada água por um funil. (b) O sólido é lentamente dissolvido por uma agitação suave do balão. (c) Depois do sólido ter sido completamente dissolvido, adiciona-se mais água até o nível da solução atingir a marca do balão. Conhecendo o volume da solução e a quantidade de soluto dissolvida, podemos calcular a molaridade da solução preparada.

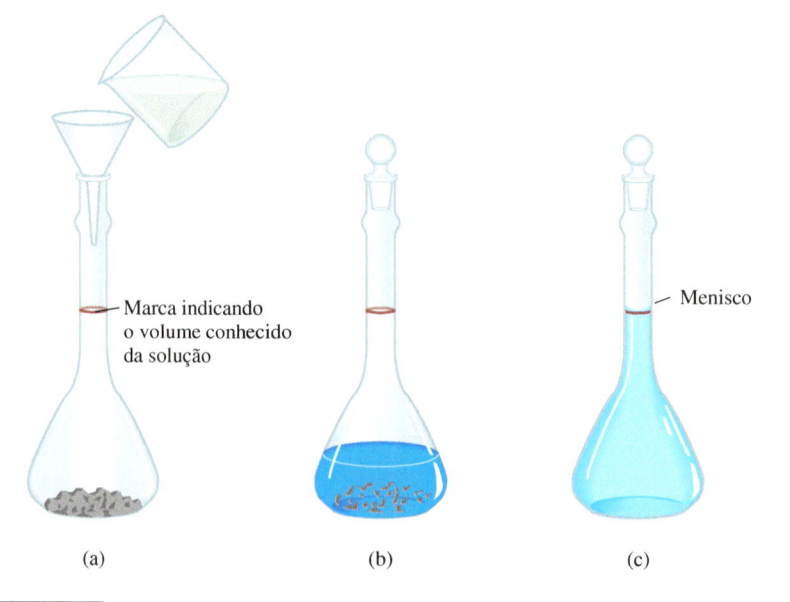

---
* N. R. T.: Atualmente, recomenda-se que a unidade da molaridade, M, seja substituída por mol/L ou mol L^{-1}.

lamos a molaridade utilizando a Equação 4.1. Observe que esse procedimento não implica o conhecimento da quantidade de água adicionada, desde que o volume final da solução seja conhecido.

EXEMPLO 4.5

Quantos gramas de dicromato de potássio ($K_2Cr_2O_7$) são necessários para preparar 250 mL de uma solução cuja concentração é 2,16 M?

Estratégia   Quantos mols de $K_2Cr_2O_7$ existem em 1 L (ou 1.000 mL) de uma solução 2,16 M de $K_2Cr_2O_7$? Como podemos converter mols em gramas?

Solução   O primeiro passo consiste em determinar o número de mols de $K_2Cr_2O_7$ presentes em 250 mL ou 0,250 L de uma solução 2,16 M:

$$\text{mols de } K_2Cr_2O_7 = 0{,}250 \text{ L sol} \times \frac{2{,}16 \text{ mol } K_2Cr_2O_7}{1 \text{ L sol}}$$

$$= 0{,}540 \text{ mol } K_2Cr_2O_7$$

A massa molar do $K_2Cr_2O_7$ é 294,2 g, então, escrevemos

$$\text{gramas de } K_2Cr_2O_7 \text{ necessárias} = 0{,}540 \text{ mol } K_2Cr_2O_7 \times \frac{294{,}2 \text{ g } K_2Cr_2O_7}{1 \text{ mol } K_2Cr_2O_7}$$

$$= 159 \text{ g } K_2Cr_2O_7$$

Verificação   Fazendo uma estimativa grosseira, a massa seria dada por [molaridade (mol/L) × volume (L) × massa molar (g/mol)] ou [2 mol/L × 0,25 L × 300 g/mol] = 150 g. Assim, a resposta obtida é razoável.

Exercício   Qual é a molaridade de uma solução de etanol (C_2H_5OH) que contém 1,77 g de etanol em 85,0 mL de solução?

Solução de $K_2Cr_2O_7$.

Problemas semelhantes: 4.55, 4.57.

Diluição de Soluções

As soluções concentradas são normalmente armazenadas em local apropriado e usadas no laboratório quando necessário. Freqüentemente, diluem-se essas soluções "estoques" antes de trabalharmos com elas. A ***diluição*** *é um procedimento para a preparação de soluções menos concentradas por meio de outras mais concentradas*.

Suponha que queiramos preparar 1 L de uma solução 0,400 M de $KMnO_4$ por meio de uma solução 1,00 M de $KMnO_4$. Para isso, necessitamos de 0,400 mol de $KMnO_4$. Como existe 1,00 mol de $KMnO_4$ em 1 L de uma solução 1,00 M de $KMnO_4$, há 0,400 mol de $KMnO_4$ em 0,400 L da mesma solução:

$$\frac{1{,}00 \text{ mol}}{1 \text{ L sol}} = \frac{0{,}400 \text{ mol}}{0{,}400 \text{ L sol}}$$

Assim, precisamos retirar 400 mL da solução 1,00 M de $KMnO_4$ e diluir até 1.000 mL adicionando água (em um balão volumétrico de 1 L). Esse método nos dá 1 L da solução pretendida de 0,400 M de $KMnO_4$.

Ao efetuar um processo de diluição, é útil relembrar que adicionando mais solvente a determinada quantidade da solução estoque, modifica-se (diminui) a concentração da solução sem variar o número de mols de soluto presentes na solução (Figura 4.16). Em outras palavras,

mols de soluto antes da diluição = mols de soluto depois da diluição

Animação:
Preparação de uma Solução por Diluição
Centro de Aprendizagem Online, Animações

Duas soluções de $KMnO_4$ em diferentes concentrações.

Figura 4.16
A diluição de uma solução mais concentrada (a) para uma menos concentrada (b) não muda o número total de partículas de soluto (18).

(a)   (b)

Pelo fato de a molaridade ser definida como mol de soluto por litro de solução, vemos que o número de mols de soluto é dado por

$$\underbrace{\frac{\text{mols de soluto}}{\text{litros de solução}}}_{M} \times \underbrace{\text{volume de solução (em litros)}}_{V} = \text{mols de soluto}$$

ou

$$MV = \text{mols de soluto}$$

Como todo o soluto provém da solução original, podemos concluir que

$$\underbrace{M_i V_i}_{\substack{\text{mols de soluto} \\ \text{antes da diluição}}} = \underbrace{M_f V_f}_{\substack{\text{mols de soluto} \\ \text{após a diluição}}} \tag{4.2}$$

em que M_i e M_f são as concentrações inicial e final da solução em molaridade, e V_i e V_f são os volumes inicial e final da solução, respectivamente. É claro que as unidades de V_i e V_f têm de ser iguais (mL ou L) para que o cálculo esteja correto. Para verificarmos a razoabilidade dos resultados, devemos ter sempre $M_i > M_f$ e $V_f > V_i$.

EXEMPLO 4.6

Descreva como você prepararia $5,00 \times 10^2$ mL de uma solução 1,75 M de H_2SO_4, a partir de uma solução estoque 8,61 M de H_2SO_4.

Estratégia   Uma vez que a concentração da solução final é menor que a da solução original, trata-se de um processo de diluição. Não se esqueça de que em uma diluição a concentração da solução diminui, mas o número de mols do soluto não varia.

Solução   Vamos preparar os cálculos apresentando os dados:

$$M_i = 8,61\ M \qquad M_f = 1,75\ M$$
$$V_i = ? \qquad V_f = 5,00 \times 10^2\ \text{mL}$$

Substituindo na Equação (4.2)

$$(8,61\ M)(V_i) = (1,75\ M)(5,00 \times 10^2\ \text{mL})$$

$$V_i = \frac{(1,75\ M)(5,00 \times 10^2\ \text{mL})}{8,61\ M}$$

$$= 102\ \text{mL}$$

(Continua)

Devemos, então, diluir 102 mL da solução 8,61 M de H_2SO_4 em água suficiente para originar um volume final de $5,00 \times 10^2$ mL em um balão volumétrico de 500 mL para obter a concentração desejada.

Verificação   Como o volume inicial é menor que o volume final, a resposta é razoável.

Exercício   Como você prepararia $2,00 \times 10^2$ mL de uma solução 0,866 M de NaOH, a partir de uma solução estoque 5,07 M?

4.6 Estequiometria

No Capítulo 3 estudamos cálculo estequiométrico em termos do método do mol, que trata os coeficientes em uma equação balanceada como o número de mols de reagentes e produtos. Trabalhando com soluções de molaridade conhecida, podemos usar a relação MV = número de mols do soluto. Vamos examinar dois tipos de análises que envolvem estequiometria em solução: análise gravimétrica e titulação ácido-base.

Análise Gravimétrica

A **análise gravimétrica** *é um procedimento experimental que inclui a medida da massa.* Um dos tipos de experimento de análise gravimétrica envolve a formação, isolamento e determinação da massa de um precipitado. Esse procedimento é geralmente utilizado com compostos iônicos. Uma amostra de uma substância de composição desconhecida é dissolvida em água e colocada para reagir com outra substância formando um precipitado. O precipitado é filtrado, seco e pesado. Conhecendo a massa e a fórmula química do precipitado formado, podemos determinar a massa de determinado componente químico (isto é, do ânion ou do cátion) da amostra original. Por meio da massa do componente e da massa da amostra original, podemos determinar a composição porcentual de massa do componente no composto original.

Uma reação que é normalmente estudada em análise gravimétrica, pois os reagentes podem ser obtidos no estado puro, é

$$AgNO_3(aq) + NaCl(aq) \longrightarrow NaNO_3(aq) + AgCl(s)$$

A equação iônica simplificada é

$$Ag^+(aq) + Cl^-(aq) \longrightarrow AgCl(s)$$

O precipitado é o cloreto de prata (veja a Tabela 4.2). Como exemplo, vamos calcular a pureza de uma amostra de NaCl obtido da água do mar. Para isso, precisamos determinar de forma *experimental* a porcentagem em massa de Cl no NaCl. Primeiro, pesaremos com exatidão uma amostra de NaCl e dissolveremos em água. Em seguida, adicionaremos uma quantidade suficiente de solução de $AgNO_3$ à solução de NaCl para causar a precipitação de todos os íons Cl^- presentes na solução sob a forma de AgCl. Nesse procedimento, o NaCl é o reagente limitante e o $AgNO_3$, o reagente em excesso. Finalmente, o precipitado de AgCl é separado da suspensão por filtração e, em seguida, seco e pesado. Por meio da massa de AgCl, podemos calcular a massa de Cl utilizando a porcentagem em massa de Cl em AgCl. Como essa mesma quantidade de Cl estava presente na amostra original de NaCl, podemos então calcular a porcentagem de massa de Cl no NaCl e, assim, determinar a sua pureza. A Figura 4.17 apresenta os passos básicos dessa experiência.

A análise gravimétrica é uma técnica altamente precisa, visto que a massa de uma amostra pode ser medida rigorosamente. Contudo, esse método apenas poderá ser apli-

Problemas semelhantes: 4.65, 4.66.

(a) (b) (c)

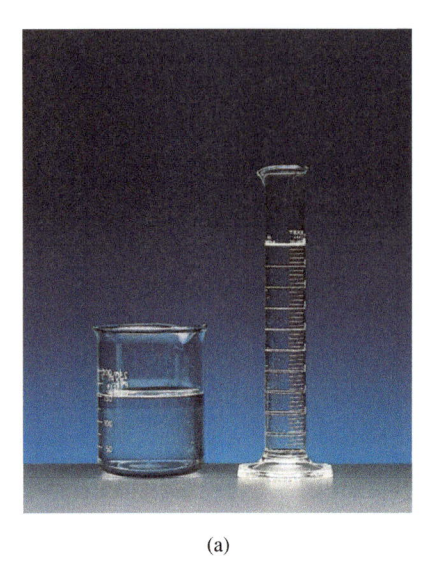

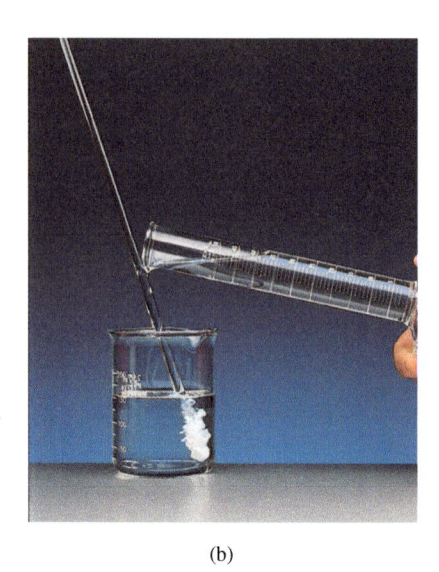

Figura 4.17
Principais etapas de uma análise gravimétrica. (a) Uma solução contendo uma quantidade conhecida de NaCl em um béquer. (b) A precipitação de AgCl por adição de solução de $AgNO_3$ com uma proveta. Nessa reação, o $AgNO_3$ é o reagente em excesso e o NaCl o reagente limitante. (c) A solução contendo o precipitado de AgCl é filtrada com um cadinho filtrante previamente pesado, que permite a passagem do líquido (mas não do precipitado). O cadinho com o sólido é, então, removido da montagem, seco em uma estufa e pesado novamente. A diferença entre essa massa e a do cadinho vazio é a massa de precipitado de AgCl.

cado somente para o caso de reações que ocorrem completamente ou que tenham um rendimento perto dos 100%. Assim, se o AgCl fosse ligeiramente solúvel e não insolúvel, não seria possível retirar da solução de NaCl os íons Cl^- e os cálculos subseqüentes estariam errados.

EXEMPLO 4.7

Uma amostra de 0,5662 g de um composto iônico contendo íons cloreto e um metal desconhecido é dissolvida em água e tratada com excesso de $AgNO_3$. Se a massa do precipitado de AgCl formado for de 1,0882 g, qual será a porcentagem em massa de Cl no composto original?

Estratégia Pede-se para calcular a porcentagem em massa de Cl em uma amostra desconhecida, que será dada por

$$\%Cl = \frac{\text{massa de Cl}}{0,5662 \text{ g de amostra}} \times 100\%$$

A única fonte de íons Cl^- é o composto original. Esses íons cloreto vão fazer parte do precipitado de AgCl. Será possível calcular a massa dos íons Cl^- conhecendo a porcentagem em massa de Cl no AgCl?

Solução As massas molares do Cl e do AgCl são 35,45 g e 143,4 g, respectivamente. Portanto, a porcentagem em massa do Cl no AgCl será dada por

$$\%Cl = \frac{35,45 \text{ g Cl}}{143,4 \text{ g AgCl}} \times 100\%$$
$$= 24,72\%$$

Em geral, a análise gravimétrica não estabelece identidade do desconhecido, mas nos aproxima das possibilidades.

(Continua)

Em seguida, vamos determinar a massa de Cl existente em 1,0882 g de AgCl. Para isso, vamos representar 24,72% por 0,2472 e escrever

$$\text{massa de Cl} = 0{,}2472 \times 1{,}0882 \text{ g}$$
$$= 0{,}2690 \text{ g}$$

Visto que o composto original contém a mesma quantidade de íons Cl⁻, a porcentagem de massa de Cl no composto será

$$\%\text{Cl} = \frac{0{,}2690 \text{ g}}{0{,}5662 \text{ g}} \times 100\%$$
$$= 47{,}51\%$$

Problemas semelhantes: 4.72.

Exercício Uma amostra de 0,3220 g de um composto iônico contendo íons bromato (Br⁻) é dissolvida em água e tratada com excesso de AgNO₃. Se a massa do precipitado de AgBr formado for de 0,6964 g, qual será a porcentagem em massa de Br no composto original?

Titulações Ácido-Base

Estudos quantitativos de reações de neutralização ácido-base são geralmente efetuados usando-se uma técnica conhecida como titulação. Em **titulação**, uma *solução de concentração exatamente conhecida*, denominada **solução-padrão**, *é adicionada gradualmente a outra solução de concentração desconhecida, até que a reação química entre as duas esteja completa.* Se conhecermos os volumes da solução-padrão e da solução desconhecida usados na titulação, juntamente com a concentração da solução-padrão, podemos calcular a concentração da solução desconhecida.

O hidróxido de sódio é uma das bases mais usadas em laboratório. No entanto, é difícil obter hidróxido de sódio sólido em uma forma pura em virtude de sua *tendência para absorver a umidade do ar* e, quando em solução, reagir facilmente com o dióxido de carbono. Por essas razões, a solução de hidróxido de sódio deve ser *padronizada* antes de utilizada em trabalhos analíticos que requerem grande exatidão. Podemos padronizar a solução de hidróxido de sódio titulando-a com a solução de um ácido de concentração exatamente conhecida. O composto normalmente escolhido para essa tarefa é um ácido monoprótico conhecido como hidrogenoftalato de potássio cuja fórmula é KHC₈H₄O₄. O hidrogenoftalato de potássio é um sólido branco e solúvel, comercializado em uma forma altamente pura. A reação entre o hidrogenoftalato de potássio e o hidróxido de sódio é

$$KHC_8H_4O_4(aq) + NaOH(aq) \longrightarrow KNaC_8H_4O_4(aq) + H_2O(l)$$

Hidrogenoftalato de potássio

e a equação iônica simplificada é

$$HC_8H_4O_4^-(aq) + OH^-(aq) \longrightarrow C_8H_4O_4^{2-}(aq) + H_2O(l)$$

O procedimento para a titulação é apresentado na Figura 4.18. Primeiro, uma quantidade conhecida de hidrogenoftalato de potássio é transferida para um erlenmeyer e adicionada a determinada quantidade de água destilada para perfazer o volume de solução pretendida. Em seguida, uma solução de NaOH contida em uma bureta é cuidadosamente adicionada à solução de hidrogenoftalato de potássio até que se atinja o **ponto de equivalência**, ou seja, *o ponto no qual o ácido reagiu completamente com a base, neutralizando-a.* O ponto de equivalência é normalmente detectado por uma variação brusca de cor de um indicador inicialmente adicionado à solução ácida. Em titulações ácido-base, os **indicadores** são *substâncias que apresentam cores bem distintas em meio ácido e básico.* Um dos indicadores mais usados é a fenolftaleína, que

Figura 4.18
(a) Montagem para uma titulação ácido-base. Uma solução de NaOH é adicionada de uma bureta à uma solução de hidrogenoftalato de potássio contida em um erlenmeyer. (b) Quando é atingido o ponto de equivalência, observa-se o aparecimento de uma cor rosa na solução. Nesta figura, a cor foi intensificada para melhor visualização.

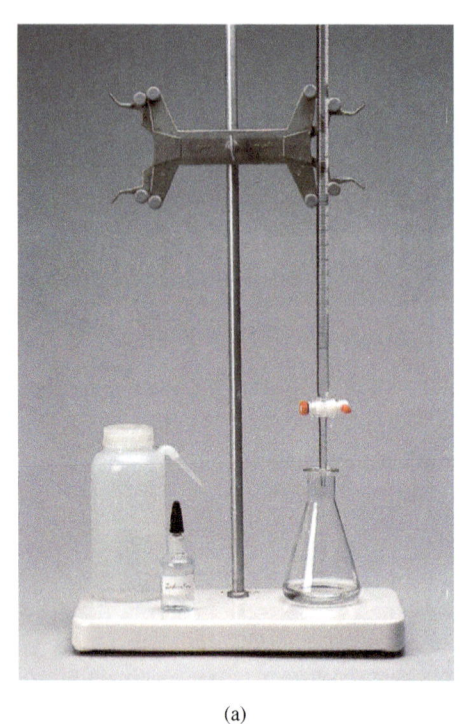

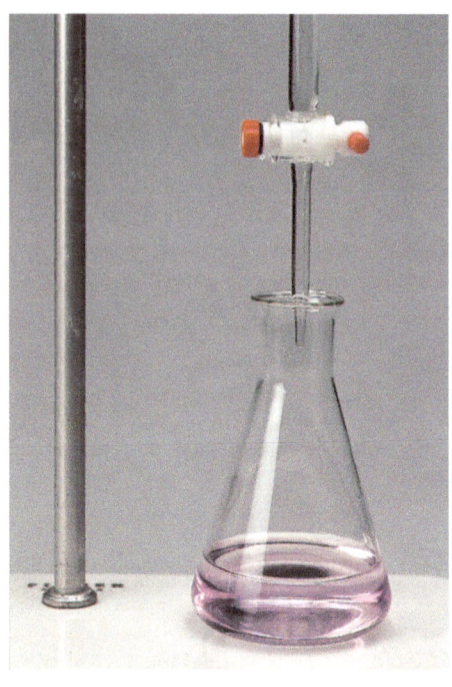

(a)   (b)

é incolor em soluções ácidas e neutras, mas rosa em soluções básicas. No ponto de equivalência, todo o hidrogenoftalato de potássio presente foi neutralizado pelo NaOH adicionado, e a solução ainda é incolor. No entanto, se adicionarmos mais uma gota de solução de NaOH da bureta, a solução se tornará imediatamente rosa, uma vez que ela agora é básica.

EXEMPLO 4.8

Em uma titulação, um aluno verifica que são necessários 23,48 mL de uma solução de NaOH para neutralizar 0,5468 g de hidrogenoftalato de potássio. Qual é a concentração (em molaridade) da solução de NaOH?

Estratégia Pretendemos determinar a molaridade da solução de NaOH. Qual é a definição de molaridade?

$$\text{molaridade do NaOH} = \frac{\text{mol NaOH}}{\text{L de solução}}$$

(queremos calcular) ← molaridade do NaOH ; mol NaOH ← necessário determinar ; L de solução ← dado

O volume da solução de NaOH é dado no enunciado do problema. Portanto, necessitamos conhecer o número de mols de NaOH para estabelecer a molaridade. Pela equação balanceada da reação entre o hidrogenoftalato de potássio e o NaOH apresentada anteriormente, vemos que 1 mol de hidrogenoftalato de potássio neutraliza 1 mol de NaOH. Quantos mols de hidrogenoftalato de potássio estão presentes em 0,5468 g de hidrogenoftalato de potássio?

Solução Em primeiro lugar, calculamos o número de mols de hidrogenoftalato de potássio consumidos na titulação:

$$\text{mols de KHP} = 0{,}5468 \text{ g KHP} \times \frac{1 \text{ mol KHP}}{204{,}2 \text{ g KHP}}$$

$$= 2{,}678 \times 10^{-3} \text{ mol KHP}$$

(Continua)

Visto que 1 mol hidrogenoftalato de potássio ≃ 1 mol de NaOH, deve haver 2,678 × 10⁻³ mol de NaOH em 23,48 mL de solução de NaOH. Finalmente, calculamos o número de mols de NaOH existentes em 1 L de solução, ou seja, a molaridade do seguinte modo:

$$\text{molaridade da solução de NaOH} = \frac{2{,}678 \times 10^{-3} \text{ mol NaOH}}{23{,}48 \text{ mL sol}} \times \frac{1000 \text{ mL sol}}{1 \text{ L sol}}$$

$$= 0{,}1141 \text{ mol NaOH}/1 \text{ L solução} = 0{,}1141 \, M$$

Problema semelhante: 4.77, 4.78.

Exercício Quantos gramas de hidrogenoftalato de potássio serão necessários para neutralizar 18,46 mL de uma solução 0,1004 M de NaOH?

A reação de neutralização entre o NaOH e o hidrogenoftalato de potássio é um dos tipos mais simples de neutralização ácido-base conhecidos. Agora, suponha que, em vez de hidrogenoftalato de potássio, queremos utilizar na titulação um ácido diprótico como, por exemplo, o H_2SO_4. A reação é representada por

$$2\text{NaOH}(aq) + H_2SO_4(aq) \longrightarrow Na_2SO_4(aq) + 2H_2O(l)$$

Pelo fato de que 2 mol de NaOH ≃ 1 mol de H_2SO_4, necessitamos do dobro da quantidade de NaOH para reagir completamente com uma solução de H_2SO_4 cuja concentração molar e volume sejam *iguais* aos de um ácido monoprótico tal como HCl. Entretanto, necessitamos do dobro da quantidade de HCl para neutralizar uma solução de $Ba(OH)_2$ com concentração e volume iguais aos de uma solução de NaOH, visto que 1 mol de $Ba(OH)_2$ produz 2 mols de íons OH^-:

$$2\text{HCl}(aq) + Ba(OH)_2(aq) \longrightarrow BaCl_2(aq) + 2H_2O(l)$$

Em cálculos envolvendo titulações ácido-base, independentemente do ácido ou base envolvidos na reação, deve-se ter em conta que o número total de mols de íons H^+ que reagiu no ponto de equivalência tem de ser igual ao número de mols de íons OH^- que também reagiu.

EXEMPLO 4.9

Quantos mililitros (mL) de uma solução 0,610 M de NaOH são necessários para neutralizar 20,0 mL de uma solução 0,245 M de H_2SO_4?

Estratégia Queremos calcular o volume de solução de NaOH. Pela definição de molaridade [veja a Equação (4.1)], escrevemos

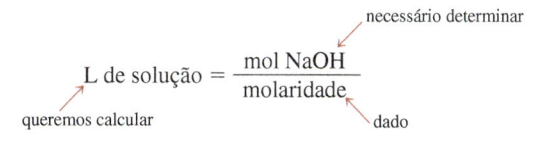

$$\underset{\text{queremos calcular}}{\text{L de solução}} = \frac{\overset{\text{necessário determinar}}{\text{mol NaOH}}}{\underset{\text{dado}}{\text{molaridade}}}$$

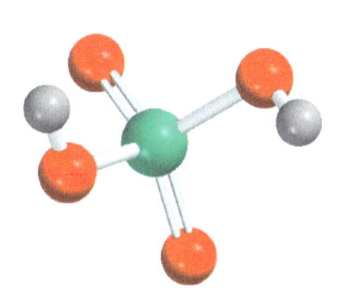

H_2SO_4 tem dois hidrogênios ionizáveis.

Observando a reação de neutralização anterior, vemos que 1 mol de H_2SO_4 neutraliza 2 mols de NaOH. Quantos mols de H_2SO_4 estão presentes em 20,0 mL de uma solução 0,245 M de H_2SO_4? Quantos mols de NaOH serão neutralizadas por essa quantidade de H_2SO_4?

Solução Primeiro, calculamos o número de mols de H_2SO_4 existentes em 20,0 mL de solução:

$$\text{mols de } H_2SO_4 = \frac{0{,}245 \text{ mol } H_2SO_4}{1000 \text{ mL solução}} \times 20{,}0 \text{ mL solução}$$

$$= 4{,}90 \times 10^{-3} \text{ mol } H_2SO_4$$

(Continua)

Da estequiometria, vemos que 1 mol de $H_2SO_4 \simeq$ 2 mol NaOH. Portanto, o número de mols de NaOH que reagiu é $2 \times 4{,}90 \times 10^{-3}$ mol, ou seja, $9{,}80 \times 10^{-3}$ mol. Pela definição de molaridade [veja a Equação (4.1)], temos

$$\text{litros de solução} = \frac{\text{mols de soluto}}{\text{molaridade}}$$

ou

$$\text{volume de NaOH} = \frac{9{,}80 \times 10^{-3} \text{ mol NaOH}}{0{,}610 \text{ mol/L solução}}$$

$$= 0{,}0161 \text{ L ou } 16{,}1 \text{ mL}$$

Problemas semelhantes: 4.79 (b), (c).

Exercício Quantos mililitros de uma solução 1,28 M de H_2SO_4 são necessários para neutralizar 60,2 mL de uma solução 0,427 M de KOH?

• Resumo de Fatos e Conceitos

1. As soluções aquosas são condutoras de eletricidade se os solutos forem eletrólitos. Se os solutos forem não-eletrólitos, as soluções não conduzem eletricidade.
2. As três principais categorias de reações químicas que ocorrem em solução aquosa são as reações de precipitação, reações ácido-base e reações de oxirredução.
3. Pelas regras gerais de solubilidade de compostos iônicos, podemos prever se em uma reação se formará um precipitado.
4. Os ácidos de Arrhenius ionizam-se em água para gerar íons H^+ e as bases ionizam-se em água para dar íons OH^-. Os ácidos de Brønsted doam prótons e as bases aceitam prótons. A reação de um ácido com uma base é denominada neutralização.
5. Nas reações de oxirredução, a oxidação e a redução ocorrem sempre simultaneamente. A oxidação caracteriza-se por uma perda de elétrons e a redução por um ganho de elétrons. Os números de oxidação nos ajudam a acompanhar a distribuição das cargas e são atribuídos a todos os átomos em um composto ou íon de acordo com um conjunto específico de regras. A oxidação pode ser definida como um aumento do número de oxidação; a redução pode ser estabelecida como uma diminuição do número de oxidação.
6. A concentração de uma solução é a quantidade de soluto presente em determinada quantidade de solução. A molaridade exprime a concentração como o número de mols de soluto em 1 L de solução. Adicionando um solvente a uma solução, processo conhecido por diluição, diminui-se a concentração (molaridade) da solução sem variar o número de mols de soluto presente na solução.
7. A análise gravimétrica é uma técnica que permite estabelecer a identidade de um composto e/ou a concentração de uma solução por medição de massa. Experiências gravimétricas envolvem freqüentemente reações de precipitação.
8. Nas titulações ácido-base, uma solução de concentração conhecida (por exemplo, uma base) é adicionada gradualmente a uma solução de concentração desconhecida (como um ácido) com o objetivo de determinar a concentração desconhecida. O ponto na qual a reação de titulação estiver completa é chamado de ponto de equivalência.

• Palavras-chave

Ácido de Brønsted, p. 101
Ácido diprótico, p. 102
Ácido monoprótico, p. 102
Ácido triprótico, p. 102
Agente oxidante, p. 106
Agente redutor, p. 106
Análise gravimétrica, p. 117
Base de Brønsted, p. 101
Concentração de uma solução, p. 113
Concentração molar, p. 114

Diluição, p. 102
Eletrólito, p. 94
Equação iônica, p. 99
Equação iônica simplificada, p 99
Equação completa, p. 98
Equilíbrio químico, p. 96
Estado de oxidação, p. 106
Hidratação, p. 95
Íon espectador, p. 99
Íon hidrônio, p. 101

Indicador, p. 119
Molaridade (*M*), p. 114
Não-eletrólito, p. 94
Número de oxidação, p. 106
Ponto de equivalência, p. 119
Precipitado, p. 96
Reação de combinação, p. 108
Reação de combustão, p. 110
Reação de decomposição, p. 109

Reação de deslocamento, p. 110
Reação de metátese, p. 96
Reação de neutralização, p. 104
Reação de oxidação, p. 106
Reação de oxirredução, p. 105
Reação de precipitação, p. 96
Reação redox, p. 105
Reação de redução, p. 106
Reação reversível, p. 96
Sal, p. 104

Semi-reação, p. 106
Série de atividades, p. 112
Solubilidade, p. 96
Solução, p. 94
Solução aquosa, p. 94
Solução-padrão, p. 119
Soluto, p. 94
Solvente, p. 94
Titulação, p. 119

Questões e Problemas

Propriedades de Soluções Aquosas
Questões de Revisão

4.1 Defina soluto, solvente e solução descrevendo o processo de dissolução de um sólido em um líquido.

4.2 Indique a diferença entre um eletrólito e um não-eletrólito e entre eletrólito fraco e eletrólito forte.

4.3 Descreva o processo de hidratação. Quais são as propriedades da água que possibilitam que suas moléculas interajam com outros íons em solução?

4.4 Indique a diferença entre os seguintes símbolos usados em equações químicas: ⟶ e ⇌?

4.5 A água, como se sabe, é um eletrólito extremamente fraco, pois não conduz eletricidade. Por que então somos avisados, com freqüência, para não utilizar aparelhos elétricos quando estamos com as mãos molhadas?

4.6 O fluoreto de lítio (LiF) é um eletrólito forte. Quais são as espécies que estão realmente presentes em LiF(*aq*)?

Problemas

•4.7 No diagrama seguinte estão representadas as soluções aquosas de três compostos. Identifique qual deles é um não-eletrólito, um eletrólito fraco e um eletrólito forte.

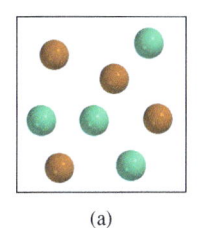

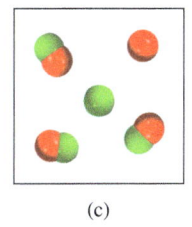

(a)   (b)   (c)

••4.8 Dos diagramas seguintes, qual é o que melhor representa a hidratação do NaCl quando dissolvido em água? Note que o íon Cl^- é maior que o íon Na^+.

(a)   (b)   (c)

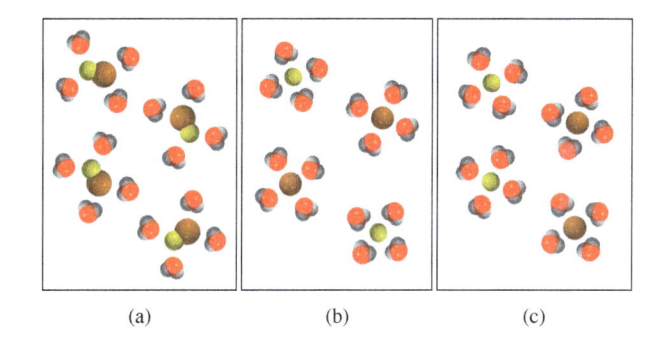

••4.9 Classifique cada uma das substâncias seguintes como eletrólito forte, eletrólito fraco ou não-eletrólito: (a) H_2O, (b) KCl, (c) HNO_3, (d) CH_3COOH, (e) $C_{12}H_{22}O_{11}$.

••4.10 Identifique cada uma das substâncias seguintes como eletrólito forte, eletrólito fraco ou não-eletrólito: (a) $Ba(NO_3)_2$, (b) Ne, (c) NH_3, (d) NaOH.

•4.11 A passagem de eletricidade por uma solução eletrolítica é causada pelo movimento de (a) apenas dos elétrons, (b) somente dos cátions, (c) só dos ânions, (d) pelos cátions e ânions.

••4.12 Indique e explique quais dos seguintes sistemas são condutores de eletricidade: (a) NaCl sólido, (b) NaCl fundido, (c) solução aquosa de NaCl.

••4.13 Dado um composto X solúvel em água, descreva como você poderia determinar se o composto é um eletrólito ou um não-eletrólito. Se fosse um eletrólito, como você poderia determinar se é forte ou fraco?

••4.14 Explique por que uma solução de HCl em benzeno não conduz eletricidade mas em água conduz.

Reações de Precipitação
Questões de Revisão

4.15 Qual é a diferença entre uma equação iônica e uma equação completa?

Níveis de Dificuldade: • Fácil •• Médio ••• Difícil.

4.16 Qual é a vantagem de escrever equações iônicas simplificadas?

Problemas

•• 4.17 Duas soluções aquosas de AgNO₃ e NaCl foram misturadas. Qual dos diagramas seguintes representa melhor a mistura resultante?

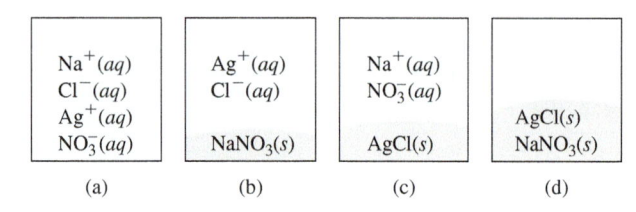

(a)	(b)	(c)	(d)
$Na^+(aq)$ $Cl^-(aq)$ $Ag^+(aq)$ $NO_3^-(aq)$	$Ag^+(aq)$ $Cl^-(aq)$ $NaNO_3(s)$	$Na^+(aq)$ $NO_3^-(aq)$ $AgCl(s)$	$AgCl(s)$ $NaNO_3(s)$

•• 4.18 Duas soluções aquosas de KOH e MgCl₂ foram misturadas. Qual dos diagramas seguintes representa melhor a mistura resultante?

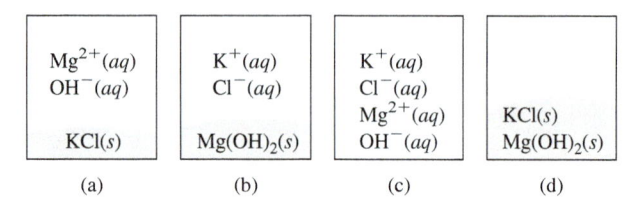

(a)	(b)	(c)	(d)
$Mg^{2+}(aq)$ $OH^-(aq)$ $KCl(s)$	$K^+(aq)$ $Cl^-(aq)$ $Mg(OH)_2(s)$	$K^+(aq)$ $Cl^-(aq)$ $Mg^{2+}(aq)$ $OH^-(aq)$	$KCl(s)$ $Mg(OH)_2(s)$

• 4.19 Classifique os seguintes compostos como solúveis ou insolúveis em água: (a) $Ca_3(PO_4)_2$, (b) $Mn(OH)_2$, (c) $AgClO_3$, (d) K_2S.

• 4.20 Classifique os seguintes compostos como solúveis ou insolúveis em água: (a) $CaCO_3$, (b) $ZnSO_4$, (c) $Hg(NO_3)_2$, (d) $HgSO_4$, (e) NH_4ClO_4.

••• 4.21 Escreva as equações iônica e iônica simplificada para as reações seguintes:

(a) $AgNO_3(aq) + Na_2SO_4(aq) \longrightarrow$

(b) $BaCl_2(aq) + ZnSO_4(aq) \longrightarrow$

(c) $(NH_4)_2CO_3(aq) + CaCl_2(aq) \longrightarrow$

••• 4.22 Escreva as equações iônica e iônica simplificada para as reações seguintes:

(a) $Na_2S(aq) + ZnCl_2(aq) \longrightarrow$

(b) $K_3PO_4(aq) + 3Sr(NO_3)_2(aq) \longrightarrow$

(c) $Mg(NO_3)_2(aq) + 2NaOH(aq) \longrightarrow$

•• 4.23 Qual dos seguintes processos resultará em uma reação de precipitação? (a) Misturar uma solução de NaNO₃ com uma solução de CuSO₄. (b) Misturar uma solução de BaCl₂ com uma solução de K₂SO₄. Escreva a equação iônica simplificada para a reação de precipitação.

•• 4.24 Com base na Tabela 4.2, sugira um método pelo qual se possa separar os seguintes pares de cátions, supondo que estejam juntos em solução aquosa e que o íon nitrato seja o ânion comum: (a) K^+ e Ag^+, (b) Ba^{2+} e Pb^{2+}, (c) NH_4^+ e Ca^{2+}, (d) Ba^{2+} e Cu^{2+}.

Reações Ácido-Base
Questões de Revisão

4.25 Indique as propriedades gerais dos ácidos e das bases.

4.26 Defina ácido e base segundo Arrhenius e Brønsted. Por que o conceito de Brønsted é mais útil na descrição das propriedades ácido-base?

4.27 Dê um exemplo de um ácido monoprótico, um ácido diprótico e um ácido triprótico.

4.28 Quais são as características de uma reação de neutralização ácido-base?

4.29 Quais são os fatores que qualificam um composto como um sal? Especifique quais dos compostos seguintes são sais: CH₄, NaF, NaOH, CaO, BaSO₄, HNO₃, NH₃, KBr.

4.30 Identifique as substâncias seguintes como ácidos ou bases, fortes ou fracos: (a) NH_3, (b) H_3PO_4, (c) $LiOH$, (d) $HCOOH$ (ácido fórmico), (e) H_2SO_4, (f) HF, (g) $Ba(OH)_2$.

Problemas

•• 4.31 Identifique cada uma das espécies seguintes como ácido ou base de Brønsted ou ambos: (a) HI, (b) CH_3COO^-, (c) $H_2PO_4^-$, (d) HSO_4^-.

•• 4.32 Identifique cada uma das espécies seguintes como ácido ou base de Brønsted ou ambos: (a) PO_4^{3-}, (b) ClO_2^-, (c) NH_4^+, (d) HCO_3^-.

••• 4.33 Faça o balanço das seguintes equações e escreva as correspondentes equações iônicas e iônicas simplificadas (se for apropriado):

(a) $HBr(aq) + NH_3(aq) \longrightarrow$

(b) $Ba(OH)_2(aq) + H_3PO_4(aq) \longrightarrow$

(c) $HClO_4(aq) + Mg(OH)_2(s) \longrightarrow$

••• 4.34 Faça o balanço das seguintes equações e escreva as correspondentes equações iônicas e iônicas simplificadas (se for apropriado):

(a) $CH_3COOH(aq) + KOH(aq) \longrightarrow$

(b) $H_2CO_3(aq) + NaOH(aq) \longrightarrow$

(c) $HNO_3(aq) + Ba(OH)_2(aq) \longrightarrow$

Reações de Oxirredução
Questões de Revisão

4.35 Defina os seguintes termos: semi-reação, reação de oxidação, reação de redução, agente redutor, agente oxidante e reação de oxirredução.

4.36 Defina número de oxidação. Como o número de oxidação pode ser usado para identificar reações de oxirredução? Explique por que, exceto para os compostos iônicos, o número de oxidação não tem nenhum significado físico.

4.37 (a) Sem consultar a Figura 4.10, diga quais os números de oxidação dos metais alcalinos e alcalino-terrosos nos seus compostos. (b) Cite quais são os números de oxidação máximos que os elementos dos Grupos 13-17 podem ter?

Biológica: 4.96. **Conceitual:** 4.7, 4.8, 4.11, 4.13, 4.17, 4.18, 4.82, 4.83, 4.84, 4.89, 4.99, 4.100, 4.112.

Problema Especial

4.113 O magnésio é um metal valioso e leve, usado como um metal estrutural e em ligas, em baterias e em síntese química. Embora o magnésio seja abundante na crosta terrestre, é mais barato retirá-lo da água do mar. O magnésio é o segundo cátion mais abundante no mar (após o sódio); há aproximadamente 1,3 g de magnésio em 1 kg de água do mar. O método de obtenção do magnésio a partir da água do mar envolve todos os três tipos de reações discutidas neste capítulo: precipitação, ácido-base e de oxirredução. No primeiro estágio de obtenção do magnésio, calcário ($CaCO_3$) é aquecido a altas temperaturas para produzir cal viva, ou óxido de cálcio (CaO):

$$CaCO_3(s) \longrightarrow CaO(s) + CO_2(g)$$

Quando o óxido de cálcio é misturado com a água do mar, ocorre a formação do hidróxido de cálcio [$Ca(OH)_2$], que é pouco solúvel e se dissocia gerando íons Ca^{2+} e OH^-:

$$CaO(s) + H_2O(l) \longrightarrow Ca^{2+}(aq) + 2OH^-(aq)$$

O excesso de íons hidroxila provoca a precipitação do hidróxido de magnésio (que é muito menos solúvel que o hidróxido de cálcio):

$$Mg^{2+}(aq) + 2OH^-(aq) \longrightarrow Mg(OH)_2(s)$$

O hidróxido de magnésio sólido é separado por filtração e colocado para reagir com ácido clorídrico para formar cloreto de magnésio ($MgCl_2$):

$$Mg(OH)_2(s) + 2HCl(aq) \longrightarrow MgCl_2(aq) + 2H_2O(l)$$

Após a evaporação da água, o cloreto de magnésio sólido é fundido em uma célula de aço. O cloreto de magnésio fundido contém íons Mg^{2+} e Cl^-. Em um processo chamado de eletrólise, uma corrente elétrica passa através da célula para reduzir os íons Mg^{2+} e oxidar os íons Cl^-. As semi-reações são

$$Mg^{2+} + 2e^- \longrightarrow Mg$$
$$2Cl^- \longrightarrow Cl_2 + 2e^-$$

O hidróxido de magnésio é obtido da água do mar em tanques de deposição na companhia Dow Chemical em Freeport, no Texas (EUA).

A reação global é

$$MgCl_2(l) \longrightarrow Mg(s) + Cl_2(g)$$

Assim é produzido o magnésio metálico. O gás cloro gerado pode ser convertido em ácido clorídrico e reciclado pelo processo.

(a) Identifique os processos de precipitação, ácido-base e de oxirredução.

(b) Em vez de óxido de cálcio, por que simplesmente não se adiciona hidróxido de sódio para precipitar o hidróxido de magnésio?

(c) Ás vezes um mineral chamado de dolomita (uma combinação de $CaCO_3$ e $MgCO_3$) é usado para substituir o calcário ($CaCO_3$) na etapa de precipitação do hidróxido de magnésio. Qual é a vantagem de usar dolomita?

(d) Quais são as vantagens de extrair o magnésio do oceano em vez da crosta terrestre?

Respostas dos Exercícios

4.1 (a) Insolúvel, (b) insolúvel, (c) solúvel.
4.2 $Al^{3+}(aq) + 3OH^-(aq) \longrightarrow Al(OH)_3(s)$.
4.3 (a) base de Brønsted. (b) ácido de Brønsted,
(c) Ácido de Brønsted e base de Brønsted.
4.4 (a) P: +3, F: −1; (b) Mn: +7, O: −2. **4.5** 0,452 M.
4.6 Diluir 34,2 mL de solução estoque para 200 mL.
4.7 92,02%. **4.8** 0,3822 g. **4.9** 10,0 mL.

5 Gases

O primeiro vôo livre de um balão de ar quente ocorreu sobre Paris em 1783.

5.1 Substâncias Que Existem como Gases 131
5.2 Pressão de um Gás 132
Unidades SI de Pressão • Pressão Atmosférica
5.3 Leis dos Gases 134
Relação Pressão-Volume: Lei de Boyle • Relação Pressão-Volume: Lei de Charles e Gay-Lussac • Relação Volume-Quantidade: Lei de Avogadro
5.4 Equação do Gás Ideal 140
Densidade e Massa Molar de uma Substância Gasosa • Estequiometria de Reações com Gases
5.5 Lei de Dalton das Pressões Parciais 146
5.6 Teoria Cinético-Molecular dos Gases 151
Aplicações das Leis dos Gases • Distribuição das Velocidades Moleculares • Raiz Quadrada da Velocidade Quadrática Média • Difusão e Efusão de Gases
5.7 Desvios do Comportamento Ideal 157

Conceitos Essenciais

Propriedades dos Gases Os gases assumem o volume e a forma de seus recipientes; eles são facilmente compressíveis, se misturam igualmente e completamente e possuem densidades muito menores que as dos líquidos e dos sólidos.

Pressão dos Gases A pressão é uma das propriedades mais facilmente mensuráveis dos gases. Um barômetro mede a pressão atmosférica e um manômetro mede a pressão de um gás no laboratório.

As Leis dos Gases No decorrer dos anos, várias leis foram desenvolvidas para explicar o comportamento físico dos gases. Essas leis mostram as relações entre pressão, temperatura, volume e quantidade de um gás.

A Equação dos Gases Ideais As moléculas de gás ideal não possuem volume e não exercem força umas sobre as outras. A baixas pressões e altas temperaturas, a maioria dos gases assume o comportamento ideal e seu comportamento físico é descrito pela equação do gás ideal.

Teoria Cinético-Molecular dos Gases As propriedades macroscópicas como a pressão e a temperatura de um gás podem ser relacionadas com o movimento cinético das moléculas. A teoria cinético-molecular dos gases supõe que as moléculas são ideais, o número de moléculas é muito grande e que seus movimentos são totalmente aleatórios. Tanto a difusão quanto a efusão dos gases demonstram o movimento molecular aleatório e são governadas pelas mesmas leis matemáticas.

Comportamento dos Gases Não-Ideais Para explicar o comportamento dos gases reais, a equação do gás ideal é modificada de modo a incluir o volume finito das moléculas e as forças atrativas entre elas.

5.1 Substâncias Que Existem como Gases

Vivemos no fundo de um oceano de ar cuja composição em volume é aproximadamente 78% de N_2, 21% de O_2 e 1% de outros gases, incluindo CO_2. Nos dias de hoje, a química dessa mistura gasosa vital tornou-se um alvo de grande interesse em virtude dos efeitos nocivos da poluição atmosférica. Aqui, focaremos o comportamento das substâncias que existem como gases nas condições atmosféricas normais que, por definição, são condições para uma temperatura de 25°C e para uma pressão de 1 atmosfera (atm) (veja a Seção 5.2).

Nas condições atmosféricas normais, apenas 11 elementos são gases. A Tabela 5.1 mostra esses elementos juntamente com alguns compostos gasosos. Observe que o hidrogênio, o nitrogênio, o oxigênio, o flúor e o cloro existem como moléculas gasosas diatômicas. Outra forma de oxigênio, o ozônio (O_3), é também um gás à temperatura ambiente. Todos os elementos do Grupo 18, os gases nobres, são gases monoatômicos: He, Ne, Ar, Kr, Xe e Rn.

Dos gases apresentados na Tabela 5.1, só o O_2 é essencial para a nossa sobrevivência. O cianeto de hidrogênio (HCN) é um veneno letal. O monóxido de carbono (CO), sulfeto de hidrogênio (H_2S), dióxido de nitrogênio (NO_2), O_3, e o dióxido de enxofre são ligeiramente menos tóxicos. Os gases He, Ne e Ar são quimicamente inertes, isto é, não reagem com nenhuma substância. Com exceção de F_2, Cl_2 e NO_2, a maioria dos gases é incolor. A cor castanho-escura do NO_2 é, às vezes, visível no ar poluído. Todos os gases têm as seguintes características físicas:

- Os gases tomam o volume e a forma dos recipientes onde estão contidos.
- O estado gasoso é o mais compressível dos estados da matéria.
- Os gases misturam-se completamente e de um modo homogêneo, quando confinados no mesmo recipiente.
- Os gases têm densidades muito mais baixas que os líquidos e os sólidos.

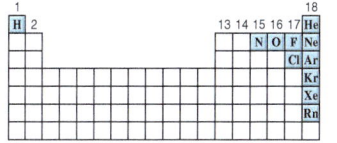

Elementos que existem como gases a 25°C e 1 atm. Os gases nobres (os elementos do Grupo 18) são monoatômicos; os elementos restantes existem como moléculas diatômicas. O ozônio (O_3) também é um gás.

Gás NO_2.

TABELA 5.1 Algumas Substâncias Que São Gases a 25°C e 1 atm

Elementos	Compostos
H_2 (hidrogênio molecular)	HF (fluoreto de hidrogênio)
N_2 (nitrogênio molecular)	HCl (cloreto de hidrogênio)
O_2 (oxigênio molecular)	HBr (brometo de hidrogênio)
O_3 (ozônio)	HI (iodeto de hidrogênio)
F_2 (flúor molecular)	CO (monóxido de carbono)
Cl_2 (cloro molecular)	CO_2 (dióxido de carbono)
He (hélio)	NH_3 (amônia)
Ne (neônio)	NO (óxido nítrico)
Ar (argônio)	NO_2 (dióxido de nitrogênio)
Kr (criptônio)	N_2O (óxido nitroso)
Xe (xenônio)	SO_2 (dióxido de enxofre)
Rn (radônio)	H_2S (sulfeto de hidrogênio)
	HCN (cianeto de hidrogênio)*

*A temperatura de ebulição do HCN é 26°C, mas é suficientemente próxima da temperatura ambiente para qualificá-lo como gás nas condições atmosféricas normais.

Um gás é uma substância que está normalmente no estado gasoso às temperaturas e pressões usuais; um vapor é a forma gasosa de qualquer substância que corresponda a um líquido ou um sólido às temperaturas e pressões normais. Portanto, a 25°C e 1 atm, fala-se do vapor d'água e do gás oxigênio.

5.2 Pressão de um Gás

Quando os gases entram em contato com uma superfície, eles exercem pressão sobre ela porque as moléculas dos gases estão em movimento constante. O ser humano está tão bem-adaptado fisiologicamente à pressão do ar que não se apercebe dela, talvez como os peixes que não estão cientes da pressão da água sobre eles.

A existência da pressão atmosférica é fácil de demonstrar. Um exemplo cotidiano é a capacidade de beber um líquido com um canudo. A aspiração do ar que se encontra dentro do canudo reduz a pressão interior. A pressão atmosférica que se exerce sobre o líquido o faz subir para substituir o ar que foi aspirado.

Unidades SI de Pressão

A pressão é uma das propriedades dos gases mais fáceis de medir. Para compreender como se pode medir a pressão de um gás, é importante saber como se derivam as unidades de medida. Comecemos pela velocidade e pela aceleração.

A *velocidade* é designada como a variação da distância com o tempo, isto é,

$$\text{velocidade} = \frac{\text{distância percorrida}}{\text{tempo}}$$

A unidade SI para a velocidade é m/s, embora também se use cm/s.

A *aceleração* é a variação da velocidade com o tempo, ou seja,

$$\text{aceleração} = \frac{\text{variação de velocidade}}{\text{tempo}}$$

A aceleração mede-se em m/s^2 (ou cm/s^2).

A segunda lei do movimento, formulada por Sir Isaac Newton no final do século XVII, define outra unidade, a *força*, da qual se derivam as unidades de pressão. De acordo com essa lei,

$$\text{força} = \text{massa} \times \text{aceleração}$$

Nesse contexto, a *unidade SI da força* é o **newton (N)**, em que

$$1 \text{ N} = 1 \text{ kg m/s}^2$$

> 1 N é quase equivalente à força da gravidade que a Terra exerce sobre uma maçã.

Por fim, denomina-se **pressão** como *a força aplicada por unidade de área*:

$$\text{pressão} = \frac{\text{força}}{\text{área}}$$

A unidade SI de pressão é o **pascal (Pa)**, definido como *um newton por metro quadrado*:

$$1 \text{ Pa} = 1 \text{ N/m}^2$$

Pressão Atmosférica

Os átomos e as moléculas dos gases na atmosfera, bem como os constituintes de toda a matéria, estão sujeitos à força da gravidade da Terra. Como conseqüência, a atmosfera é muito mais densa perto da superfície da Terra que a grandes altitudes. (O ar fora da cabine pressurizada de um avião a 9 km é demasiado rarefeito para se poder respirar.) De fato, a densidade do ar diminui muito rapidamente à medida que aumenta a distância da Terra. Verifica-se, experimentalmente, que até uma altitude de 6,4 km já se tem 50% da atmosfera, até 16 km, 90% e até 32 km, 99%. Não é de admirar que quanto mais denso for o ar, maior é a pressão que ele exerce. A força suportada por qualquer área exposta à atmosfera terrestre é igual *ao peso exercido por uma coluna de ar sobre essa área*. A **pressão atmosférica** *é a pressão exercida pela atmosfera terrestre* (Figura 51). O valor da pressão atmosférica depende do local, da temperatura e das condições meteorológicas.

A pressão atmosférica é exercida apenas para baixo, como se pode inferir da sua definição? Imagine o que aconteceria, então, se segurássemos uma folha de papel (com ambas as mãos) acima da nossa cabeça. Esperar-se-ia que a folha de papel se dobrasse em virtude da pressão atmosférica nela exercida, mas isso não se verifica. A razão é que o ar, assim como a água, é um fluido. A pressão exercida sobre um objeto em um líquido provém de todos os sentidos — de baixo e de cima, como da esquerda e da direita. Em nível molecular, a pressão atmosférica explica-se pelas colisões entre as moléculas do ar com qualquer superfície em que estejam em contato. O valor da pressão depende da freqüência e da intensidade do impacto das moléculas com a superfície. Daí se conclui que existem tantas moléculas para colidir com o papel vindas de cima quantas as que vêm de baixo, por isso o papel permanece plano.

Como se mede a pressão atmosférica? O **barômetro** é provavelmente *o instrumento mais conhecido para medir a pressão atmosférica*. Um barômetro simples é constituído por um tubo de vidro longo, fechado em uma das extremidades e cheio de mercúrio. Se o tubo for cuidadosamente invertido sobre uma cuba com mercúrio de modo que não haja entrada de ar, algum mercúrio fluirá do tubo para a cuba, criando-se vácuo na parte superior do tubo (Figura 5.2). O peso do mercúrio que permanece no tubo é suportado pela pressão atmosférica que atua na superfície do mercúrio na cuba. A **pressão atmosférica-padrão (1 atm)** *é igual à pressão que suporta uma coluna do mercúrio com exatamente 760 milímetros (ou 76 cm) de altura a 0°C no nível de mar*. Em outras palavras, uma atmosfera-padrão é igual à pressão de 760 mmHg, em que o mmHg representa a pressão exercida por uma coluna de mercúrio com 1 milímetro de altura. A unidade mmHg também se chama *torr*, em homenagem ao cientista italiano Evangelista Torricelli, que inventou o barômetro. Assim,

$$1 \text{ torr} = 1 \text{ mmHg}$$

e

$$1 \text{ atm} = 760 \text{ mmHg (exatamente)}$$
$$= 760 \text{ torr}$$

A relação entre atmosfera e pascal (veja o Apêndice 1) é

$$1 \text{ atm} = 101.325 \text{ Pa}$$
$$= 1{,}01325 \times 10^5 \text{ Pa}$$

e porque 1.000 Pa = 1 kPa (kilopascal)

$$1 \text{ atm} = 1{,}01325 \times 10^2 \text{ kPa}$$

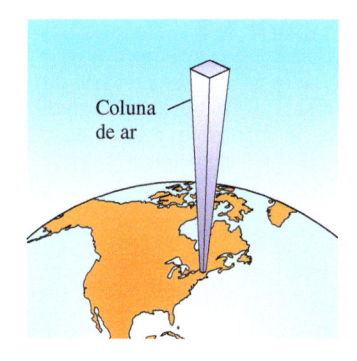

Figura 5.1
Uma coluna de ar que se estende do nível do mar até a atmosfera superior.

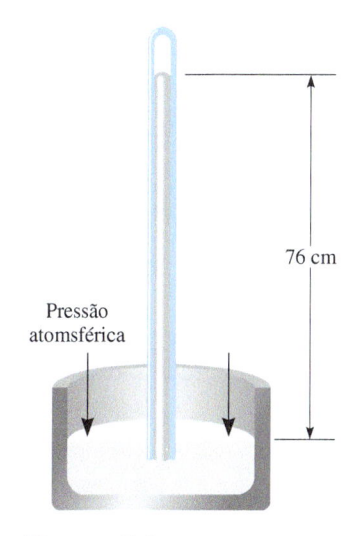

Figura 5.2
Barômetro para medir a pressão atmosférica. Na parte superior do tubo, sobre o mercúrio, existe vácuo. A coluna de mercúrio é suportada pela pressão atmosférica.

EXEMPLO 5.1

A pressão no exterior de um avião a jato voando a grande altitude é consideravelmente mais baixa que a pressão atmosférica-padrão. O ar dentro da cabine tem de ser pressurizado para proteger os passageiros. Qual é a pressão na cabine, em atmosferas, se a leitura do barômetro for de 688 mmHg?

(Continua)

Figura 5.3
Dois tipos de manômetros usados para medir a pressão dos gases. (a) Pressão do gás inferior à atmosférica. (b) Pressão do gás superior à atmosférica.

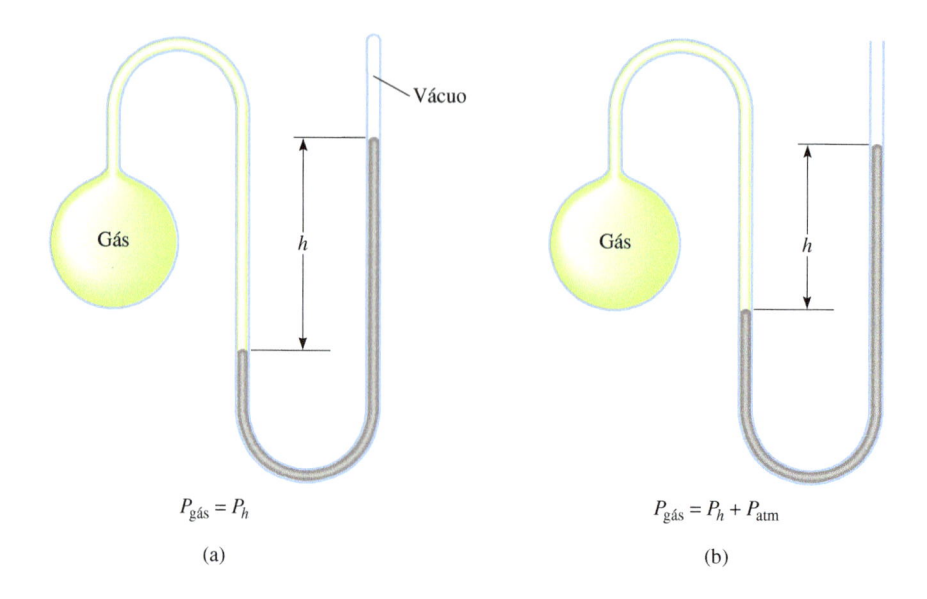

(a) $P_{gás} = P_h$

(b) $P_{gás} = P_h + P_{atm}$

Estratégia   Dado que 1 atm = 760 mmHg, para obter a pressão em atmosferas é necessário o seguinte fator de conversão

$$\frac{1 \text{ atm}}{760 \text{ mmHg}}$$

Solução   A pressão na cabine é dada por:

$$\text{pressão} = 688 \text{ mmHg} \times \frac{1 \text{ atm}}{760 \text{ mmHg}}$$

$$= 0,905 \text{ atm}$$

Exercício   Converta 749 mmHg em atmosferas.

Problema semelhante: 5.14.

Um **manômetro** é *um dispositivo que serve para medir a pressão dos gases quando não se encontram na atmosfera*. O princípio de funcionamento de um manômetro é semelhante ao do barômetro. Há dois tipos de manômetros, como mostrado na Figura 5.3. O *manômetro de tubo fechado* é geralmente utilizado para medir pressões inferiores à pressão atmosférica [Figura 5.3 (a)], enquanto o *manômetro de tubo aberto* é mais indicado para medir pressões iguais ou superiores à pressão atmosférica [Figura 5.3 (b)].

Quase todos os barômetros e a maioria dos manômetros usam mercúrio como fluido de trabalho, apesar de esta ser uma substância tóxica com um vapor prejudicial. A justificativa é de que o mercúrio tem uma densidade muito elevada (13,6 g/mL) em comparação com a maior parte dos outros líquidos. Uma vez que a altura do líquido em uma coluna é inversamente proporcional à respectiva densidade, essa propriedade permite a construção de pequenos manômetros e barômetros, manuseáveis.

Animação:
Leis dos Gases
Centro de Aprendizagem
Online, Animações

5.3 Leis dos Gases

As leis dos gases, que vamos estudar neste capítulo, resumem os resultados de inúmeras experiências feitas ao longo de séculos sobre as propriedades físicas dos gases. Essas leis são generalizações importantes sobre o comportamento macroscópico das substâncias gasosas, e têm representado um marco fundamental na história da ciência. Todas essas leis, juntas, tiveram um papel importante no desenvolvimento de muitas idéias em química.

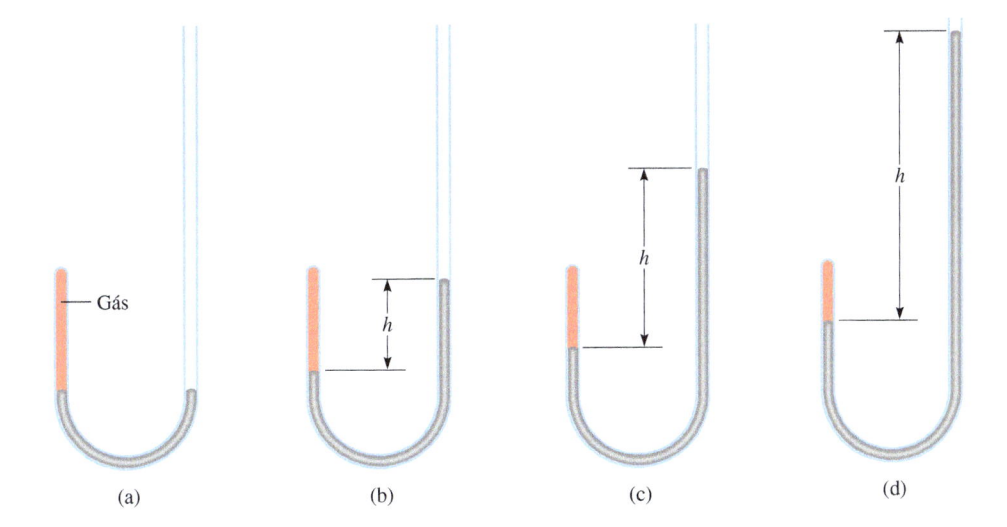

Figura 5.4
Dispositivo para estudar a relação entre a pressão e o volume de um gás. No item (a), a pressão do gás é igual à pressão atmosférica. A pressão exercida sobre o gás aumenta do item (a) para o item (d) à medida que se adiciona mercúrio e o volume do gás diminui, como a lei de Boyle prevê. O acréscimo de pressão exercida sobre o gás torna-se evidente através da diferença entre os níveis de mercúrio (h mmHg). A temperatura do gás é mantida constante.

A Relação Pressão-Volume: Lei de Boyle

No século XVII, o químico inglês Robert Boyle estudou o comportamento dos gases de um modo sistemático e quantitativo. Em uma série de estudos, Boyle investigou a relação pressão-volume de uma amostra gasosa usando um dispositivo como o mostrado na Figura 5.4. Na Figura 5.4(a), a pressão exercida no gás pelo mercúrio adicionado ao tubo é igual à pressão atmosférica. Na Figura 5.4(b), um aumento na pressão em decorrência da adição de mais mercúrio resultou na diminuição no volume de gás e em níveis desiguais de mercúrio no tubo. Boyle observou que, quando a temperatura é mantida constante, à medida que a pressão (P) total aplicada — pressão atmosférica mais a pressão em virtude da adição de mercúrio — aumenta, o volume (V) ocupado por certa quantidade de gás diminui. Essa relação entre pressão e volume é evidente nos itens (b), (c) e (d) da Figura 5.4. Inversamente, se a pressão aplicada diminuir, o volume que o gás ocupa aumenta.

Podemos escrever uma expressão matemática que evidencia a relação inversa existente entre a pressão e o volume:

$$P \propto \frac{1}{V}$$

em que o símbolo $\propto$ significa *proporcional a*. Para mudar $\propto$ para um sinal de igual, devemos escrever

$$P = k_1 \times \frac{1}{V} \quad (5.1a)$$

A pressão aplicada sobre o gás é igual à pressão do gás.

no qual k_1 é uma constante chamada de *constante de proporcionalidade*. A Equação (5.1a) é a expressão da **lei de Boyle**, *que estabelece que a pressão de certa quantidade de gás mantido à temperatura constante é inversamente proporcional ao volume do gás*. Rearranjando a Equação (5.1a), obtém-se

$$PV = k_1 \quad (5.1b)$$

Interatividade:
Lei de Boyle
Centro de Aprendizagem
Online, Interativo

Essa forma da lei de Boyle mostra que o produto da pressão e do volume de um gás é constante para dada quantidade de gás à temperatura constante. O diagrama no topo da Figura 5.5 representa esquematicamente a lei de Boyle. A quantidade n é o número de mols de um gás e R é uma constante que será definida na Seção 5.4. Assim, a constante de proporcionalidade k_1 nas Equações (5.1) é igual a nRT.

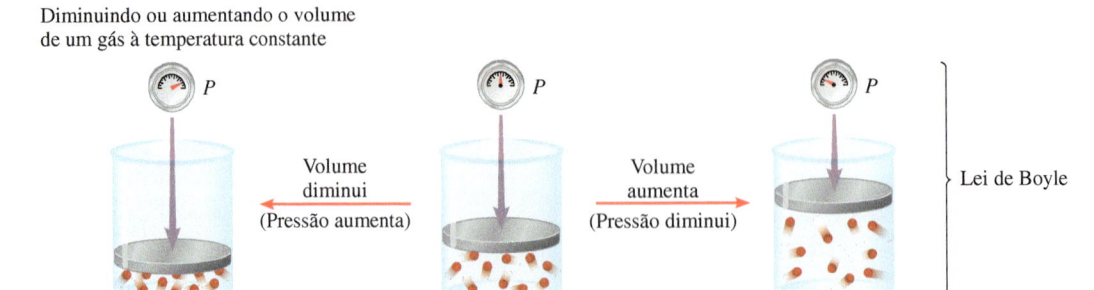

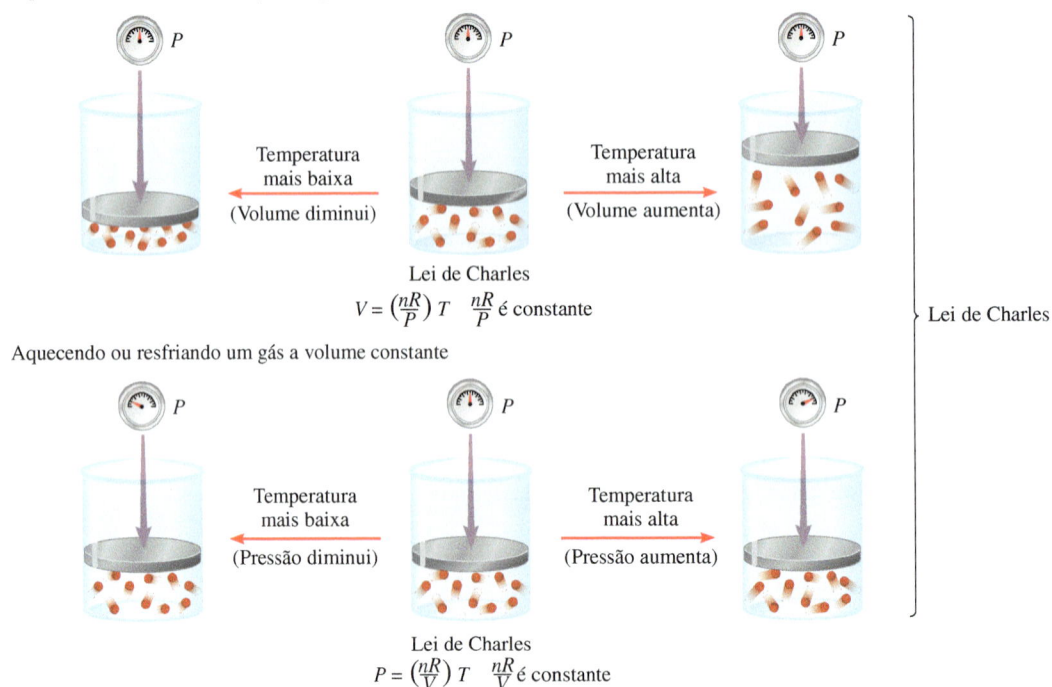

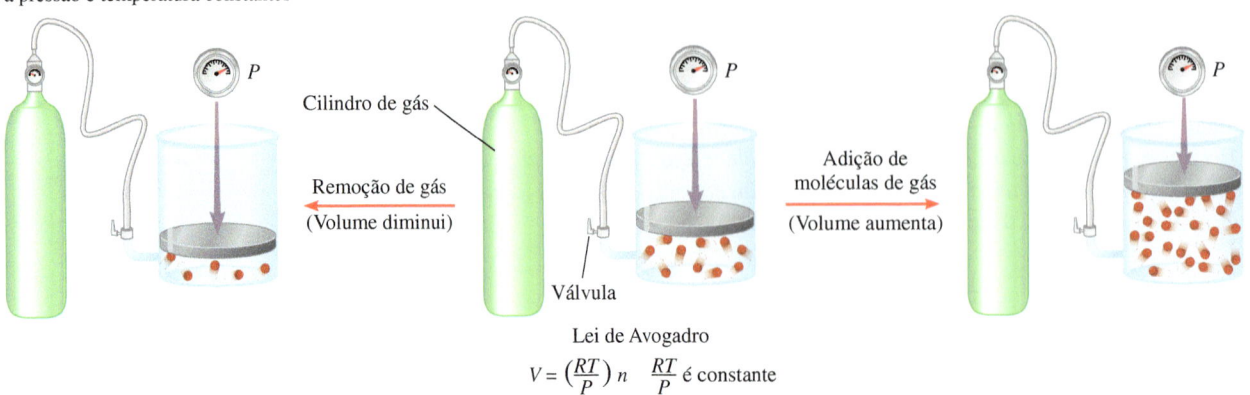

Figura 5.5
Ilustrações esquemáticas das leis de Boyle, de Charles e de Avogadro.

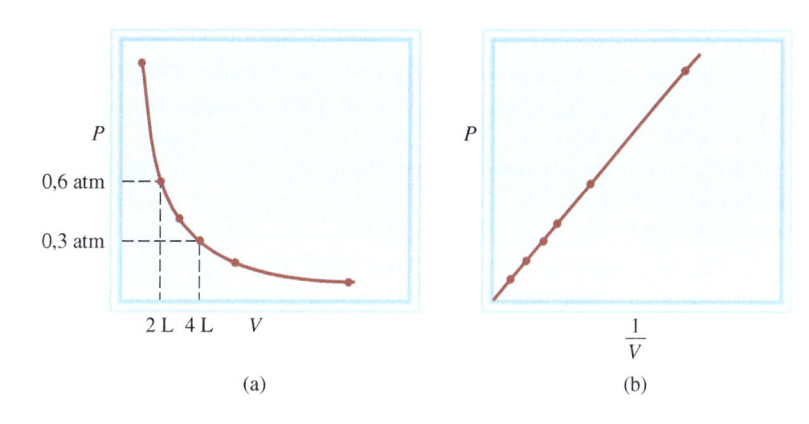

Figura 5.6
Variação do volume de uma amostra de gás com a pressão exercida sobre ele, à temperatura constante. (a) P em função de V. Note que o volume do gás duplica quando a pressão se reduz à metade. (b) P em função de $1/V$.

O conceito de uma quantidade proporcional a outra e o uso de uma constante de proporcionalidade podem ser compreensíveis pela seguinte analogia. A receita diária de um cinema depende do preço dos bilhetes (em reais por bilhete) e do número de bilhetes vendidos. Admitindo que o cinema tenha um preço único para todos os bilhetes, pode-se escrever

$$\text{receitas} = (\text{reais/bilhete}) \times \text{número de bilhetes vendidos}$$

Uma vez que o número de bilhetes varia de dia para dia, as receitas em determinado dia são proporcionais ao número de bilhetes vendidos:

$$\text{receitas} \propto \text{número de bilhetes vendidos}$$
$$= C \times \text{número de bilhetes vendidos}$$

em que C, a constante de proporcionalidade, é o preço por bilhete.

A Figura 5.6 mostra duas maneiras convencionais de exprimir graficamente as descobertas de Boyle. A Figura 5.6(a) é uma representação gráfica da equação $PV = k_1$; a Figura 5.6(b) representa a equação equivalente $P = k_1 \times 1/V$. Observe que essa última equação tem a forma de uma equação linear $y = mx + b$, em que $b = 0$.

Embora os valores individuais de pressão e volume possam variar muito para dada amostra de gás, desde que a temperatura permaneça constante e a quantidade de gás não varie, P vezes V é sempre igual a mesma constante. Portanto, para determinada amostra de gás sujeita a dois conjuntos de condições diferentes e a mesma temperatura, podemos escrever

$$P_1V_1 = k_1 = P_2V_2$$

ou

$$P_1V_1 = P_2V_2 \tag{5.2}$$

em que V_1 e V_2 são os volumes às pressões P_1 e P_2, respectivamente.

A Relação Temperatura-Volume: Lei de Charles e de Gay-Lussac

A lei de Boyle baseia-se no fato de a temperatura do sistema permanecer constante. Mas, suponhamos que a temperatura varie: como uma variação na temperatura afeta o volume e a pressão de um gás? Comecemos pelo efeito da temperatura no volume de um gás. Os primeiros investigadores que propuseram essa relação foram os cientistas franceses, Jacques Charles e Joseph Gay-Lussac. Os seus estudos mostraram que, a

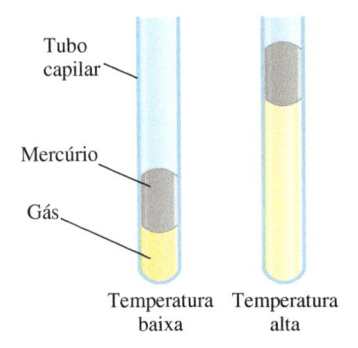

Figura 5.7
Variação do volume de uma amostra de gás com a temperatura, a pressão constante. A pressão exercida sobre o gás é a soma da pressão atmosférica e da pressão em virtude do peso do mercúrio.

Em condições experimentais especiais, os cientistas têm conseguido atingir temperaturas que diferem do zero absoluto em pequenas frações do kelvin.

pressão constante, o volume de uma amostra gasosa aumenta quando o gás for aquecido e diminui quando ele for resfriado (Figura 5.7). As relações quantitativas que envolvem essas variações de temperatura e volume revelam-se extraordinariamente consistentes. Por exemplo, observa-se um fenômeno interessante quando se estuda a relação temperatura-volume a várias pressões. A qualquer pressão, o gráfico do volume em função da temperatura é uma linha reta. Extrapolando a reta até ao volume nulo, encontra-se o valor de −273,15°C na interseção com o eixo da temperatura. A qualquer outra pressão, obtém-se uma reta diferente para o gráfico do volume em função da temperatura, mas o valor da temperatura para o volume nulo continua a ser o *mesmo* e igual a −273,15°C (Figura 5.8). (Na prática, só podemos medir o volume de um gás em uma gama limitada de temperaturas, porque todos os gases se condensam a temperaturas baixas para formar líquidos.)

Em 1848, o físico escocês Lord Kelvin compreendeu o significado desse fenômeno. Ele identificou a temperatura −273,15°C como **zero absoluto**, *teoricamente o valor de temperatura mais baixo que é possível atingir*. Tomando o *zero absoluto como ponto de partida*, construiu uma **escala absoluta de temperaturas**, hoje chamada de **escala Kelvin de temperaturas**. Na escala Kelvin, um kelvin (K) tem o mesmo valor que um grau Celsius. A única diferença entre a escala absoluta de temperaturas e a escala Celsius é que a posição do zero está deslocada. Os pontos importantes na correspondência das duas escalas são os seguintes:

	Escala Kelvin	Escala Celsius
Zero absoluto	0 K	−273,15°C
Ponto de congelamento da água	273,15 K	0°C
Ponto de ebulição da água	373,15 K	100°C

A conversão entre °C e K é dada na Seção 1.5

$$? \text{ K} = (°\text{C} + 273,15°\text{C}) \frac{1 \text{ K}}{1 °\text{C}}$$

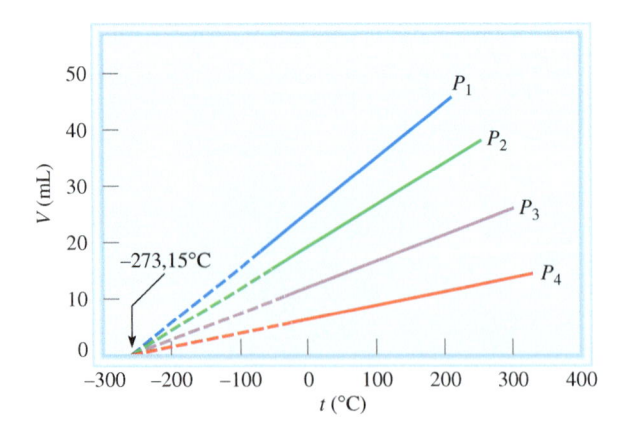

Figura 5.8
Variação do volume de uma amostra de gás com a temperatura, a pressão constante. Cada linha representa a variação a uma dada pressão. As pressões aumentam de P_1 a P_4. Todos os gases acabam por condensar (tornar-se líquidos) se forem resfriados a temperaturas suficientemente baixas; as partes cheias das retas representam a região onde a temperatura é superior ao ponto de condensação. Quando essas retas são extrapoladas ou prolongadas (partes tracejadas), todas convergem para o ponto de interseção que representa o volume nulo e a temperatura de −273,15°C.

A conversão entre °C e K é apresentada na Seção 1.5. Na maior parte dos cálculos usaremos 273 em vez de 273,15 para relacionar K com °C. Por convenção usa-se T para temperatura absoluta (kelvin) e t para indicar a temperatura na escala Celsius.

A dependência do volume de um gás relativamente a temperatura é dada por

$$V \propto T$$
$$V = k_2 T$$

ou
$$\frac{V}{T} = k_2 \qquad (5.3)$$

em que k_2 é a constante de proporcionalidade. A Equação (5.3) é conhecida como **lei de Charles e de Gay-Lussac**, ou simplesmente **lei de Charles**, que estabelece que *o volume de certa quantidade de gás, mantendo-se a pressão constante é diretamente proporcional à temperatura absoluta do gás*. A lei de Charles encontra-se também ilustrada na Figura 5.5. Vemos que a constante de proporcionalidade k_2 na Equação (5.3) é igual a nR/P.

Como fizemos para as relações pressão-volume a temperatura constante, podemos comparar dois conjuntos de condições volume-temperatura para uma determinada amostra de gás, a pressão constante. Por meio da Equação (5.3), podemos escrever

$$\frac{V_1}{T_1} = k_2 = \frac{V_2}{T_2}$$

ou
$$\frac{V_1}{T_1} = \frac{V_2}{T_2} \qquad (5.4)$$

em que V_1 e V_2 são os volumes do gás às temperaturas T_1 e T_2 (ambas em kelvin), respectivamente.

A lei de Charles, expressa de outra forma, mostra que, para certa quantidade de gás, ocupando determinado volume, a pressão do gás é proporcional à temperatura

$$P \propto T$$
$$P = k_3 T$$

oru
$$\frac{P}{T} = k_3 \qquad (5.5)$$

Da Figura 5.5, vemos que $k_3 = nR/V$. Recorrendo à Equação (5.5), tem-se

$$\frac{P_1}{T_1} = k_3 = \frac{P_2}{T_2}$$

ou
$$\frac{P_1}{T_1} = \frac{P_2}{T_2} \qquad (5.6)$$

em que P_1 e P_2 são as pressões do gás às temperaturas T_1 e T_2, respectivamente.

A Relação Volume-Quantidade: Lei de Avogadro

O trabalho do cientista italiano Amedeo Avogadro complementou os estudos de Boyle, Charles e Gay-Lussac. Em 1811, publicou uma hipótese que diz que, a mesma tempe-

Avogadro já foi mencionado na Seção 3.2.

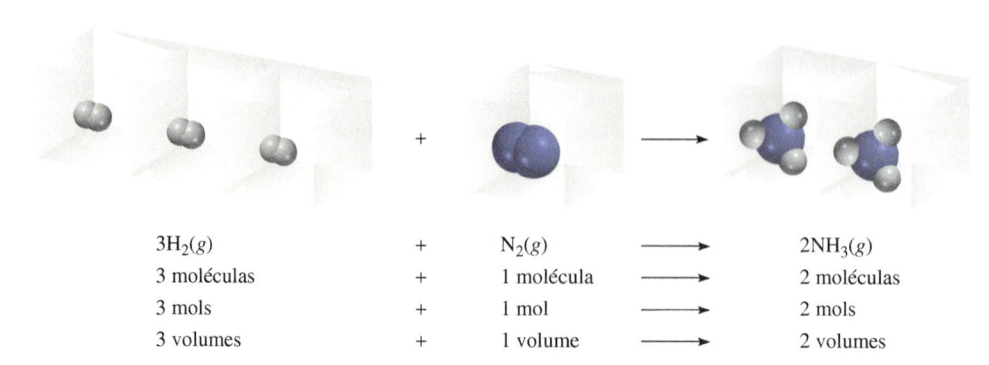

3H$_2$(g)	+	N$_2$(g)	→	2NH$_3$(g)
3 moléculas	+	1 molécula	→	2 moléculas
3 mols	+	1 mol	→	2 mols
3 volumes	+	1 volume	→	2 volumes

Figura 5.9
Relação entre os volumes dos gases em uma reação química. A razão entre o volume de hidrogênio molecular e de nitrogênio molecular é 3:1 e entre o volume de amônia (o produto) e de hidrogênio molecular e nitrogênio molecular combinados (os reagentes) é 2:4 ou 1:2.

ratura e pressão, volumes iguais de gases diferentes contêm o mesmo número de moléculas (ou átomos se o gás for monoatômico). Daí resulta que o volume de qualquer gás deve ser proporcional ao número de mols de moléculas presentes; isto é,

$$V \propto n$$
$$V = k_4 n \tag{5.7}$$

em que n representa o número de mols e k_4 é a constante de proporcionalidade. A Equação (5.7) é a expressão matemática da **lei de Avogadro** que diz que, *a pressão e a temperatura constantes, o volume de um gás é diretamente proporcional ao número de mols do gás.* Da Figura 5.5, vemos que $k_4 = RT/P$.

Segundo a lei de Avogadro, quando dois gases reagem um com o outro, os volumes reacionais estão um para o outro em uma razão simples. Se o produto for um gás, o seu volume também está relacionado com o volume dos reagentes por uma razão simples (fato já demonstrado por Gay-Lussac). Consideremos, por exemplo, a síntese da amônia a partir de hidrogênio e nitrogênio moleculares:

$$3H_2(g) + N_2(g) \longrightarrow 2NH_3(g)$$
$$\text{3 mols} \quad \text{1 mol} \quad \text{2 mols}$$

Uma vez que, a mesma pressão e temperatura, os volumes dos gases são diretamente proporcionais ao número de mols dos gases presentes, podemos escrever agora

$$3H_2(g) + N_2(g) \longrightarrow 2NH_3(g)$$
$$\text{3 volumes} \quad \text{1 volume} \quad \text{2 volumes}$$

A razão entre os volumes de hidrogênio molecular e de nitrogênio molecular é 3:1, e a razão entre o volume de amônia (o produto) e o volume de hidrogênio e nitrogênio moleculares (os reagentes) é 2:4 ou 1:2 (Figura 5.9).

5.4 Equação do Gás Ideal

Vamos fazer um resumo das leis dos gases discutidas até agora:

Lei de Boyle: $V \propto \dfrac{1}{P}$ (a n e T constantes)

Lei de Charles: $V \propto T$ (a n e P constantes)

Lei de Avogadro: $V \propto n$ (a P e T constantes)

Podemos combinar as três expressões para formar uma única equação geral para o comportamento dos gases:

$$V \propto \frac{nT}{P}$$

$$V = R\frac{nT}{P}$$

ou

$$PV = nRT \qquad (5.8)$$

em que *R*, a *constante de proporcionalidade*, é designada **constante dos gases**. A Equação (5.8), *que descreve a relação entre as quatro variáveis experimentais P, V, T e n*, chama-se **equação do gás ideal**. Um **gás ideal** é *um gás hipotético cuja relação pressão-volume-temperatura pode ser completamente descrita pela equação do gás ideal*. As moléculas do gás ideal não se atraem nem se repelem e o seu volume é desprezível quando comparado com o volume do recipiente. Embora não exista na natureza nada que se comporte como um gás ideal, as discrepâncias no comportamento dos gases reais não afetam significativamente os cálculos em uma gama razoável de temperaturas e pressões. Portanto, podemos usar com segurança a equação dos gases ideais para resolver muitos problemas que envolvem os gases.

Antes de aplicarmos a equação do gás ideal a um sistema real, devemos calcular a constante dos gases *R*. A 0°C (273,15 K) e à pressão de 1 atm, muitos gases reais comportam-se como gases ideais. Os resultados experimentais mostram que, nessas condições, 1 mol de um gás ideal ocupa 22,414 L, o que é um pouco superior ao volume de uma bola de basquete, como mostra a Figura 5.10. *As condições de 0°C e 1 atm* são denominadas de **pressão e temperatura padrão**, abreviadas por **PTP***. Por meio da Equação (5.8), podemos escrever

$$R = \frac{PV}{nT}$$
$$= \frac{(1 \text{ atm})(22{,}414 \text{ L})}{(1 \text{ mol})(273{,}15 \text{ K})}$$
$$= 0{,}082057 \frac{\text{L} \cdot \text{atm}}{\text{K} \cdot \text{mol}}$$
$$= 0{,}082057 \text{ L} \cdot \text{atm/K} \cdot \text{mol}$$

Lembre-se de que a equação do gás ideal, ao contrário das leis dos gases discutidas na Secção 5.3, aplica-se a sistemas que não estão sujeitos a variações de pressão, volume, temperatura e quantidade de gás.

A constante dos gases pode ser expressa em diferentes unidades (veja o Apêndice 1).

Figura 5.10
Comparação entre o volume molar na PTP (que é aproximadamente 22,4 L) e o volume de uma bola de basquete.

---

*N. R. T.: Os termos "pressão e temperatura padrão" vem substituindo os termos "condições normais de temperatura e pressão" (CNTP).

Os pontos entre L e atm e entre K e mol lembram-nos de que L e atm estão no numerador e K e mol, no denominador. Na maioria dos cálculos, arredonda-se o valor de R para três algarismos significativos (0,0821 L · atm/K · mol) e usa-se 22,4 L para o volume molar de um gás na PTP.

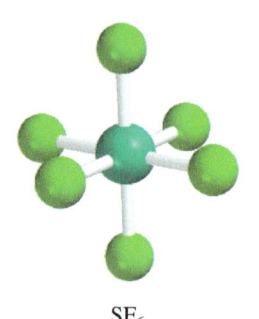

EXEMPLO 5.2

O hexafluoreto de enxofre (SF_6) é um gás incolor, inodoro e pouco reativo. Calcule a pressão (em atm) exercida por 1,82 mol do gás em um recipiente de aço de volume igual a 5,43 L a 45°C.

Estratégia O problema dá a quantidade de gás, o seu volume e a sua temperatura. Há variação das propriedades do gás? Qual equação devemos aplicar para obtermos a pressão? Que unidade de temperatura deve ser utilizada?

Solução Como não ocorre qualquer variação nas propriedades do gás, podemos usar a equação dos gases ideais para calcular a pressão. Rearranjando a Equação (5.8), escrevemos

$$P = \frac{nRT}{V}$$
$$= \frac{(1,82 \text{ mol})(0,0821 \text{ L} \cdot \text{atm/K} \cdot \text{mol})(45 + 273) \text{ K}}{5,43 \text{ L}}$$
$$= 8,75 \text{ atm}$$

Exercício Calcule o volume (em litros) ocupado por 2,12 mols de óxido nítrico (NO) a 6,54 atm e a 76°C.

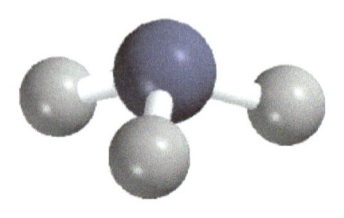

EXEMPLO 5.3

Calcule o volume (em litros) ocupado por 7,40 g de NH_3 na PTP.

Estratégia Que volume ocupa 1 mol de um gás ideal na PTP? Quantos mols há em 7,40 g de NH_3?

Solução Tendo em conta que 1 mol de um gás ideal ocupa 22,41 L na PTP, e utilizando a massa molar de NH_3 (17,03 g), escrevemos a seqüência de conversões como

gramas de $NH_3 \longrightarrow$ mols de $NH_3 \longrightarrow$ litros de NH_3 na PTP

e o volume de NH_3 é, então, dado por

$$V = 7,40 \text{ g } NH_3 \times \frac{1 \text{ mol } NH_3}{17,03 \text{ g } NH_3} \times \frac{22,4 \text{ L}}{1 \text{ mol } NH_3}$$
$$= 9,73 \text{ L}$$

É freqüente em química, especialmente em cálculos que envolvem a lei dos gases, um problema ser resolvido por diferentes modos. Nesse caso, o problema também pode ser resolvido convertendo-se, em primeiro lugar, 7,40 g de NH_3 em número de mols de NH_3, e aplicando-se, em seguida, a equação de gás ideal ($V = nRT/P$). Experimente.

Verificação Dado que 7,40 g de NH_3 é menor que a sua massa molar, o seu volume na PTP deve ser menor que 22,4 litros. Portanto, a resposta é razoável.

Exercício Qual é o volume (em litros) ocupado por 49,8 g de HCl na PTP?

A equação do gás ideal é útil para resolver problemas que não envolvam variações de P, V, T e n para uma amostra gasosa. No entanto, às vezes temos de tratar de casos em que há variações de pressão, volume e temperatura ou até da quantidade de um gás. Quando as condições variam, temos de usar uma versão modificada da equação de gás ideal que envolva as condições iniciais e finais. Deduz-se essa equação do seguinte modo. Pela Equação (5.8),

$$R = \frac{P_1V_1}{n_1T_1} \text{ (antes da mudança)} \quad \text{e} \quad R = \frac{P_2V_2}{n_2T_2} \text{ (depois da mudança)}$$

Conseqüentemente,

$$\frac{P_1V_1}{n_1T_1} = R = \frac{P_2V_2}{n_2T_2} \tag{5.9}$$

Se $n_1 = n_2$, como acontece normalmente, dado que a quantidade de gás não varia na maior parte dos casos, a equação transforma-se em

$$\frac{P_1V_1}{T_1} = \frac{P_2V_2}{T_2} \tag{5.10}$$

> Os subscritos 1 e 2 representam o estado inicial e final do gás. Todas as leis dos gases discutidas, em sua grande parte, são provenientes da Equação (5.9).

EXEMPLO 5.4

Uma pequena bolha sobe do fundo de um lago, onde a temperatura e a pressão são 8°C e 6,4 atm, até a superfície da água, na qual a temperatura e a pressão são 25°C e 1,0 atm, respectivamente. Se o volume inicial da bolha era 2,1 mL, calcule o seu volume final (em mL).

Estratégia Na resolução desse tipo de problema, em que é fornecida uma grande quantidade de informação, às vezes, é útil fazer um esquema da situação, como mostrado a seguir:

Inicial
$P_1 = 6,4$ atm
$V_1 = 2,1$ mL
$t_1 = 8°C$

Final
$P_2 = 1,0$ atm
$V_2 = ?$
$t_2 = 25°C$

$n_1 = n_2$

Que unidade da temperatura se deve usar no cálculo?

Solução De acordo com a Equação (5.9)

$$\frac{P_1V_1}{n_1T_1} = \frac{P_2V_2}{n_2T_2}$$

Admitimos que a quantidade de ar na bolha permanece constante, isto é, $n_1 = n_2$, de modo que

$$\frac{P_1V_1}{T_1} = \frac{P_2V_2}{T_2}$$

que é a Equação (5.10). Resume-se a seguir a informação fornecida anteriormente:

Condições Iniciais	Condições Finais
$P_1 = 6,4$ atm	$P_2 = 1,0$ atm
$V_1 = 2,1$ mL	$V_2 = ?$
$T_1 = (8 + 273)$ K = 281 K	$T_2 = (25 + 273)$ K = 298 K

> Podemos usar quaisquer unidades apropriadas para o volume (ou pressão) desde que usemos as mesmas unidades em ambos os lados da equação.

(Continua)

Rearranjando a Equação (5.10), obtém-se

$$V_2 = V_1 \times \frac{P_1}{P_2} \times \frac{T_2}{T_1}$$

$$= 2,1 \text{ mL} \times \frac{6,4 \text{ atm}}{1,0 \text{ atm}} \times \frac{298 \text{ K}}{281 \text{ K}}$$

$$= 14 \text{ mL}$$

Verificação Vemos que o volume final envolve o produto do volume inicial pelo quociente das pressões (P_1/P_2) e pelo quociente das temperaturas (T_2/T_1). Recorde-se de que o volume é inversamente proporcional à pressão e diretamente proporcional à temperatura. Dado que a pressão diminui e a temperatura aumenta enquanto a bolha sobe, esperamos que o volume da bolha aumente. De fato, nesse caso a variação da pressão desempenha um papel fundamental na variação de volume.

Exercício Um gás inicialmente com o volume de 4,0 L, à pressão de 1,2 atm e à temperatura de 66°C é submetido a uma alteração de modo que o seu volume e temperatura finais sejam 1,7 L e 42°C. Qual é a pressão final? Suponha que o número de mols se mantenha constante.

Problemas semelhantes: 5.35, 5.39.

Densidade e Massa Molar de uma Substância Gasosa

A equação do gás ideal pode ser aplicada para calcular a densidade ou a massa molar de uma substância gasosa. Rearranjando a Equação (5.8), escrevemos

$$\frac{n}{V} = \frac{P}{RT}$$

O número de mols do gás, n, é dado por

$$n = \frac{m}{\mathcal{M}}$$

no qual m é a massa do gás em gramas e $\mathcal{M}$ é a sua massa molar. Portanto,

$$\frac{m}{\mathcal{M}V} = \frac{P}{RT}$$

Uma vez que a densidade, d, é a massa por unidade de volume, podemos escrever

$$d = \frac{m}{V} = \frac{P\mathcal{M}}{RT} \tag{5.11}$$

A Equação (5.11) nos permite calcular a densidade de um gás (na unidade de gramas por litro). Freqüentemente, a densidade de um gás pode ser medida; assim, essa equação pode ser rearranjada de modo que permita o cálculo da massa molar de uma substância gasosa:

$$\mathcal{M} = \frac{dRT}{P} \tag{5.12}$$

Em uma experiência típica, enche-se um balão de vidro de volume conhecido com a substância gasosa em estudo. Mede-se a temperatura e a pressão da amostra e determina-se a massa do balão de vidro cheio de gás (Figura 5.11). Em seguida, faz-se

Figura 5.11
Dispositivo para medir a densidade de um gás. Enche-se o balão de vidro de volume conhecido com o gás a certa temperatura e pressão. Primeiro, pesa-se o balão de vidro cheio e, depois, esvazia-se (ligando-o a uma bomba de vácuo) e pesa-se novamente. A diferença entre as duas massas é a massa do gás. Sabendo o volume do balão de vidro, podemos calcular a densidade do gás.

vácuo no interior do balão de vidro e pesa-se novamente. A diferença entre as massas é a massa do gás. A densidade do gás é igual à sua massa dividida pelo volume do balão de vidro. Dado que conhecemos a densidade do gás, podemos calcular, então, a massa molar da substância usando a Equação (5.12).

EXEMPLO 5.5

Um químico sintetizou um composto gasoso de cloro e oxigênio, de cor amarelo-esverdeada, e obteve o valor de 7,71 g/L para a sua densidade a 36°C e a 2,88 atm. Calcule a massa molar do composto e determine a respectiva fórmula molecular.

Estratégia   Uma vez que as Equações (5.11) e (5.12) são o rearranjo uma da outra, podemos calcular a massa molar de um gás se soubermos a sua densidade, temperatura e pressão. A fórmula molecular do composto deve estar de acordo com a sua massa molar. Qual é a unidade de temperatura que se deve utilizar?

Solução   Da Equação (5.12)

$$\mathcal{M} = \frac{dRT}{P}$$
$$= \frac{(7,71 \text{ g/L})(0,0821 \text{ L} \cdot \text{atm/K} \cdot \text{mol})(36 + 273) \text{ K}}{2,88 \text{ atm}}$$
$$= 67,9 \text{ g/mol}$$

Podemos determinar a fórmula do composto por tentativa e erro, com base apenas no conhecimento das massas molares do cloro (35,45 g) e do oxigênio (16,00 g). Sabemos que um composto contendo um átomo de Cl e um átomo de O teria uma massa molar de 51,45 g, que é muito baixa, enquanto a massa molar de um composto constituído por dois átomos de Cl e um átomo de O é 86,90 g, que é um valor demasiado elevado. Assim, o composto deve conter um átomo de Cl e dois átomos de O, isto é, ClO_2, que tem uma massa molar de 67,45 g.

ClO_2

Exercício   A densidade de um composto orgânico gasoso é 3,38 g/L a 40°C e a 1,97 atm. Qual é a sua massa molar?

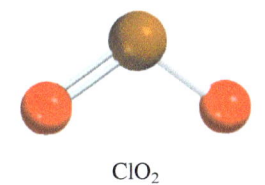

Problemas semelhantes: 5.47, 5.49.

Estequiometria de Reações com Gases

No Capítulo 3, utilizamos as relações entre quantidades (em mols) e massas (em gramas) dos reagentes e dos produtos para resolver problemas de estequiometria. Quando os reagentes e/ou produtos são gases, podemos também usar as relações entre quantidades (mols, n) e volume (V) para resolver esses problemas (Figura 5.12).

EXEMPLO 5.6

A azida de sódio (NaN_3) é usada em alguns *air bags* de automóveis. O impacto da colisão desencadeia a decomposição de NaN_3 do seguinte modo:

$$2NaN_3(s) \longrightarrow 2Na(s) + 3N_2(g)$$

(Continua)

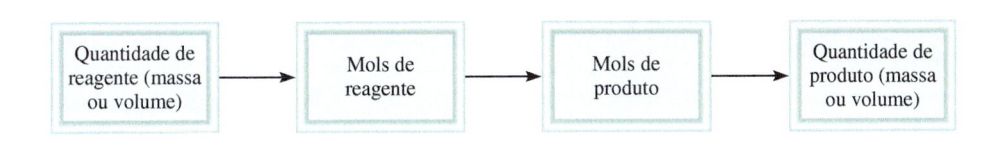

Quantidade de reagente (massa ou volume) → Mols de reagente → Mols de produto → Quantidade de produto (massa ou volume)

Figura 5.12
Cálculos estequiométricos envolvendo gases.

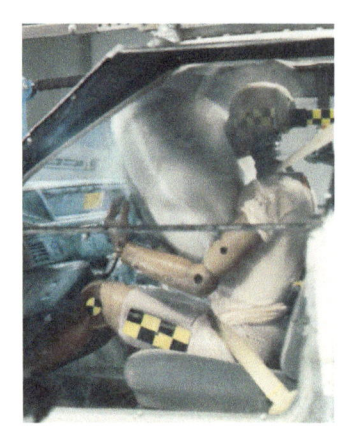

Um *air bag* pode proteger o condutor de um automóvel em caso de colisão.

O nitrogênio gasoso produzido vai insuflar rapidamente o saco existente entre o motorista e o pára-brisa. Calcule o volume de N_2 formado na decomposição de 60,0 g de NaN_3 a 80°C e 823 mmHg

Estratégia Da equação balanceada, vemos que a decomposição de 2 mols de NaN_3 produzem 3 mols de N_2, portanto, o fator de conversão entre NaN_3 e N_2 é

$$\frac{3 \text{ mol } N_2}{2 \text{ mol } NaN_3}$$

Uma vez que é dada a massa de NaN_3, podemos calcular o número de mols de NaN_3 e, então, o número de mols de N_2 produzido. Por fim, podemos calcular o volume de N_2 usando a equação do gás ideal.

Solução A seqüência de conversões é a seguinte:

$$\text{gramas de } NaN_3 \longrightarrow \text{mols de } NaN_3 \longrightarrow \text{mols de } N_2 \longrightarrow \text{volume de } N_2$$

Em primeiro lugar, calculamos o número de mols de N_2 produzidos por 60,0 g de NaN_3:

$$\text{mols de } N_2 = 60{,}0 \text{ g NaN}_3 \times \frac{1 \text{ mol NaN}_3}{65{,}02 \text{ g NaN}_3} \times \frac{3 \text{ mol } N_2}{2 \text{ mol NaN}_3}$$

$$= 1{,}38 \text{ mol } N_2$$

O volume de 1,38 mol de N_2 pode ser obtido usando a equação do gás ideal:

$$V = \frac{nRT}{P} = \frac{(1{,}38 \text{ mol})(0{,}0821 \text{ L} \cdot \text{atm/K} \cdot \text{mol})(80 + 273 \text{ K})}{(823/760) \text{ atm}}$$

$$= 36{,}9 \text{ L}$$

Problemas semelhantes: 5.51, 5.52.

Exercício A equação para a transformação metabólica da glicose ($C_6H_{12}O_6$) é a mesma que a equação de combustão da glicose no ar:

$$C_6H_{12}O_6(s) + 6O_2(g) \longrightarrow 6CO_2(g) + 6H_2O(l)$$

Calcule o volume do CO_2 produzido a 37°C e 1,00 atm quando 5,60 g de glicose são usados na reação citada anteriormente.

5.5 Lei de Dalton das Pressões Parciais

Interatividade:
Lei de Dalton
Centro de aprendizagem
Online, Interativo

Como mencionamos anteriormente, a pressão do gás resulta do impacto das moléculas do gás contra as paredes de um contêiner.

Até agora, nos concentramos no comportamento das substâncias gasosas puras, contudo, os estudos experimentais envolvem muitas vezes misturas de gases. Por exemplo, em um estudo de poluição atmosférica, podemos estar interessados na relação pressão-volume-temperatura de uma amostra de ar, que contém vários gases. Nesse caso e em todos os casos que envolvem misturas gasosas, a pressão total do gás está relacionada com **pressões parciais**, isto é, *as pressões individuais dos constituintes gasosos na mistura*. Em 1801, Dalton formulou uma lei, atualmente conhecida como **lei de Dalton das pressões parciais**, que *estabelece que a pressão total de uma mistura de gases é a soma das pressões que cada gás exerceria se estivesse presente sozinho*. A Figura 5.13 ilustra a Lei de Dalton.

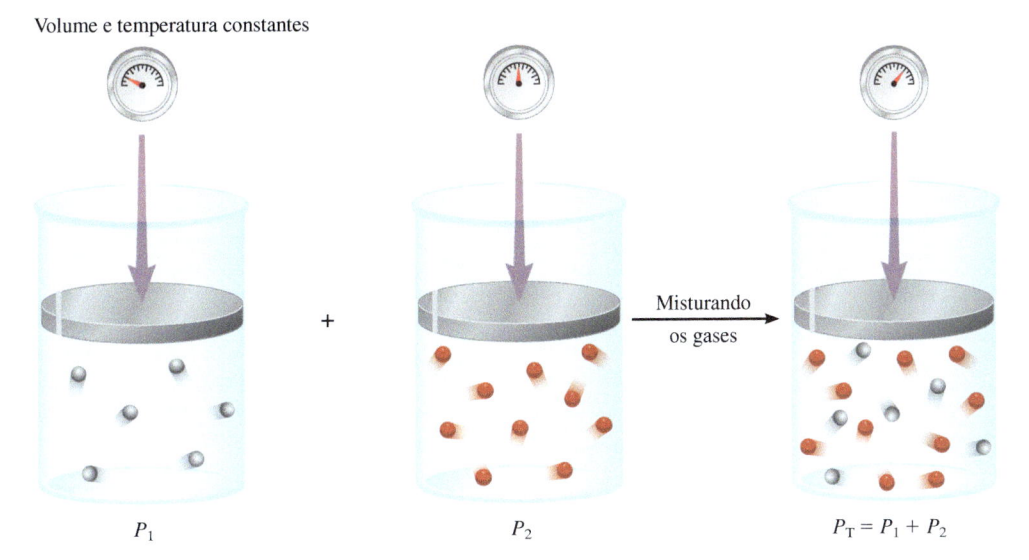

Figura 5.13
Ilustração esquemática da lei de Dalton das Pressões Parciais.

Considere o caso em que duas substâncias gasosas, A e B, estão contidas em um recipiente de volume V. A pressão exercida pelo gás A, de acordo com a equação do gás ideal, é

$$P_A = \frac{n_A RT}{V}$$

em que n_A é o número de mols de A presente. Analogamente, a pressão exercida pelo gás B é

$$P_B = \frac{n_B RT}{V}$$

Em uma mistura dos gases A e B, a pressão total P_T resulta das colisões dos dois tipos de moléculas, A e B, com as paredes do recipiente. Então, de acordo com a lei de Dalton,

$$\begin{aligned}P_T &= P_A + P_B \\ &= \frac{n_A RT}{V} + \frac{n_B RT}{V} \\ &= \frac{RT}{V}(n_A + n_B) \\ &= \frac{nRT}{V}\end{aligned}$$

na qual n, o número total de mols dos gases presentes, é dado por $n = n_A + n_B$ e P_A e P_B são as pressões parciais dos gases A e B, respectivamente. Para uma mistura de gases, então, P_T só depende do número total de mols dos gases presentes, mas não da natureza das suas moléculas.

Em geral, a pressão total de uma mistura de gases é dada por

$$P_T = P_1 + P_2 + P_3 + \cdots$$

em que P_1, P_2, P_3, ... são as pressões parciais dos componentes 1, 2, 3, ... Para ver como cada pressão parcial está relacionada com a pressão total, considere novamente o caso de uma mistura de dois gases A e B. Dividindo P_A por P_T, obtém-se

$$\frac{P_A}{P_T} = \frac{n_A RT/V}{(n_A + n_B)RT/V}$$

$$= \frac{n_A}{n_A + n_B}$$

$$= X_A$$

em que X_A é denominada de fração molar do gás A. A **fração molar** é *uma quantidade adimensional que exprime a razão entre o número de mols de um componente e o número de mols de todos os componentes presentes.* Em geral, a fração molar do componente i em uma mistura é dada por

$$X_i = \frac{n_i}{n_T} \qquad (5.13)$$

na qual n_i e o n_T são o número de mols do componente i e o número total de mols presente, respectivamente. A fração molar é sempre menor que 1. Podemos agora exprimir a pressão parcial de A como

$$P_A = X_A P_T$$

De forma análoga,

$$P_B = X_B P_T$$

Observe que a soma das frações molares para uma mistura de gases deve ser igual à unidade. Se estiverem presentes apenas dois componentes, então

$$X_A + X_B = \frac{n_A}{n_A + n_B} + \frac{n_B}{n_A + n_B} = 1$$

Se um sistema contém mais que dois gases, a pressão parcial do componente i está relacionada com a pressão total por

$$P_i = X_i P_T \qquad (5.14)$$

Como as pressões parciais são determinadas? Um manômetro apenas pode medir a pressão total de uma mistura gasosa. Para obtermos as pressões parciais, necessitamos conhecer as frações molares dos componentes, o que envolveria análises químicas elaboradas. O método mais direto para medir pressões parciais é usar um espectrômetro de massa. As intensidades relativas dos picos em um espectro de massa são diretamente proporcionais às quantidades existentes, bem como às frações molares dos gases presentes.

EXEMPLO 5.7

Uma mistura de gases contém 4,46 mols de neônio (Ne), 0,74 mol de argônio (Ar) e 2,15 mols de xenônio (Xe). Calcule a pressão parcial dos gases se a pressão total for 2,00 atm a uma dada temperatura.

(Continua)

Estratégia Qual é a relação entre a pressão parcial de um dos gases e a pressão total dos gases? Como podemos calcular a fração molar de um gás?

Solução De acordo com a Equação (5.14), a pressão parcial do Ne (P_{Ne}) é igual ao produto de sua fração molar (X_{Ne}) pela pressão total (P_T)

$$P_{Ne} = X_{Ne} P_T$$

(é necessário calcular) — (é preciso encontrar) — (dado)

Com a Equação (5.13), calculamos a fração molar do Ne da seguinte forma:

$$X_{Ne} = \frac{n_{Ne}}{n_{Ne} + n_{Ar} + n_{Xe}} = \frac{4{,}46 \text{ mol}}{4{,}46 \text{ mol} + 0{,}74 \text{ mol} + 2{,}15 \text{ mol}}$$
$$= 0{,}607$$

De forma semelhante,

$$P_{Ne} = X_{Ne} P_T$$
$$= 0{,}607 \times 2{,}00 \text{ atm}$$
$$= 1{,}21 \text{ atm}$$

Por conseguinte,

$$P_{Ar} = X_{Ar} P_T$$
$$= 0{,}10 \times 2{,}00 \text{ atm}$$
$$= 0{,}20 \text{ atm}$$

e

$$P_{Xe} = X_{Xe} P_T$$
$$= 0{,}293 \times 2{,}00 \text{ atm}$$
$$= 0{,}586 \text{ atm}$$

Problemas semelhantes: 5.57, 5.58.

Verificação Certifique-se de que a soma das pressões parciais seja igual à pressão total fornecida, isto é, (1,21 + 0,20 + 0,586) atm = 2,00 atm.

Exercício Uma amostra de gás natural contém 8,24 mols de metano (CH_4), 0,421 mol de etano (C_2H_6) e 0,116 mol de propano (C_3H_8). Se a pressão total dos gases é 1,37 atm, quais são as pressões parciais dos gases?

A lei de Dalton das pressões parciais é empregada no cálculo de volumes de gases coletados sobre a água. Por exemplo, quando o clorato de potássio é aquecido ($KClO_3$), ele se decompõe em KCl e O_2:

$$2KClO_3(s) \longrightarrow 2KCl(s) + 3O_2(g)$$

Animação:
Coleta de um gás sobre a água.
Centro de Aprendizagem
Online, Animações

O oxigênio liberado pode ser coletado sobre a água, como se mostra na Figura 5.14. Inicialmente, a garrafa invertida está completamente cheia de água. À medida que se produz oxigênio, as bolhas do gás sobem até a parte superior da garrafa invertida e deslocam a água. Esse método de colher gases pressupõe que eles não reajam com a água e que, praticamente, não se dissolvam nela. Essas hipóteses são válidas para o oxigênio, mas, no caso de gases como o NH_3, que se dissolvem facilmente em água, esse procedimento não é possível. Contudo, o oxigênio gasoso recolhido dessa maneira não é puro porque há também vapor d'água na garrafa. A pressão total dos gases é igual à soma das pressões exercidas pelo oxigênio e pelo vapor d'água:

$$P_T = P_{O_2} + P_{H_2O}$$

Figura 5.14
Dispositivo para a coleta de um gás sobre a água. Faz-se borbulhar o oxigênio produzido pelo aquecimento de clorato de potássio ($KClO_3$), na presença de uma pequena quantidade de dióxido de manganês (MnO_2), para tornar a reação mais rápida, através de água, e colhe-se em uma garrafa, como se pode observar. A água que está inicialmente presente na garrafa é empurrada através do gargalo pelo oxigênio.

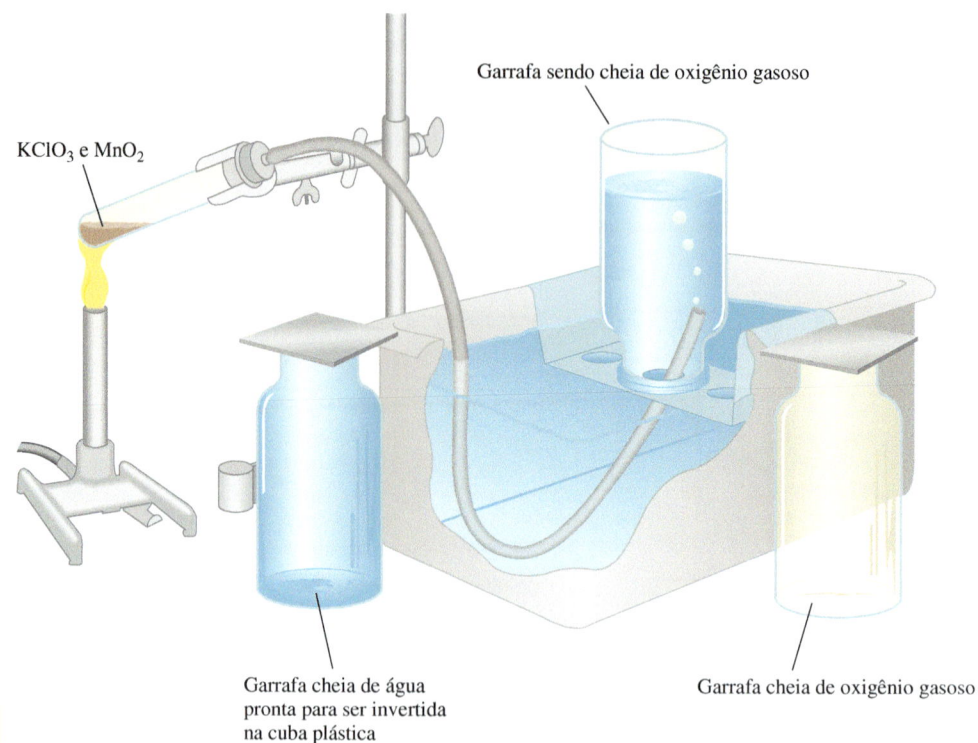

TABELA 5.2
Pressão de Vapor da Água a Várias Temperaturas

Temperatura (°C)	Pressão de Vapor d'Água (mmHg)
0	4,58
5	6,54
10	9,21
15	12,79
20	17,54
25	23,76
30	31,82
35	42,18
40	55,32
45	71,88
50	92,51
55	118,04
60	149,38
65	187,54
70	233,7
75	289,1
80	355,1
85	433,6
90	525,76
95	633,90
100	760,00

Conseqüentemente, devemos ter em conta a pressão causada pela presença de vapor d'água, quando calculamos a quantidade de O_2 produzida. A Tabela 5.2 mostra a pressão de vapor da água a várias temperaturas.

EXEMPLO 5.8

O oxigênio gasoso produzido na decomposição do clorato de potássio é colhido como mostrado na Figura 5.14. O volume do gás coletado a 24°C e à pressão atmosférica de 762 mmHg é 128 mL. Calcule a massa (em gramas) do oxigênio obtido. A pressão do vapor d'água a 24°C é 22,4 mmHg.

Estratégia Para calcularmos a massa de O_2 produzida, devemos começar por calcular a pressão parcial do O_2 na mistura. Qual é a lei dos gases que necessitamos utilizar? Como convertemos a pressão do O_2 gasoso para massa de O_2 em gramas?

Solução A lei de Dalton das pressões parciais permite-nos saber que

$$P_T = P_{O_2} + P_{H_2O}$$

Portanto,

$$P_{O_2} = P_T - P_{H_2O}$$
$$= 762 \text{ mmHg} - 22,4 \text{ mmHg}$$
$$= 740 \text{ mmHg}$$

Segundo a equação do gás ideal, escrevemos

$$PV = nRT = \frac{m}{\mathcal{M}}RT$$

(Continua)

em que m e $\mathcal{M}$ são a massa de O_2 recolhido e a massa molar de O_2, respectivamente. Por rearranjo da equação, obtemos

$$m = \frac{PV\mathcal{M}}{RT} = \frac{(740/760)\text{atm}(0,128 \text{ L})(32,00 \text{ g/mol})}{(0,0821 \text{ L} \cdot \text{atm/K} \cdot \text{mol})(273 + 24) \text{ K}}$$
$$= 0,164 \text{ g}$$

Problemas semelhantes: 5.61, 5.62.

Exercício O hidrogênio gasoso produzido quando o cálcio metálico reage com a água é coletado como ilustrado na Figura 5.14. O volume do gás recolhido a 30°C e à pressão de 988 mmHg é 641 mL. Qual é a massa (em gramas) do hidrogênio gasoso obtido? A pressão do vapor d'água a 30°C é 31,82 mmHg.

5.6 Teoria Cinético-Molecular dos Gases

As leis dos gases nos ajudam a prever o seu comportamento, mas não explicam o que acontece em nível molecular e o que origina as modificações que observamos no mundo macroscópico. Por exemplo, por que o volume de um gás aumenta quando ele é aquecido?

No século XIX, alguns físicos, como o austríaco Ludwig Boltzmann e o escocês James Clerk Maxwell, descobriram que as propriedades físicas dos gases podiam ser explicadas com base nos movimentos das moléculas individuais. Esse movimento molecular é uma forma de *energia* que se define como a capacidade de realizar trabalho ou de produzir modificações. Em mecânica, o *trabalho* é definido como o produto da força pelo deslocamento. Visto que a energia pode ser medida como trabalho, podemos escrever

$$\text{energia} = \text{trabalho realizado}$$
$$= \text{força} \times \text{deslocamento}$$

*A unidade SI de energia é o **joule (J)**:*

$$1 \text{ J} = 1 \text{ kg m}^2/\text{s}^2$$
$$= 1 \text{ N m}$$

Alternativamente, a energia pode ser expressa em quilojoules (kJ):

$$1 \text{ kJ} = 1000 \text{ J}$$

Como veremos no Capítulo 6, há muitas formas diferentes de energia. A energia cinética (**EC**) é o tipo de energia despendida por um objeto em movimento, ou *energia do movimento*.

As descobertas de Maxwell, Boltzmann e outros deram origem a um conjunto de generalizações sobre o comportamento dos gases que ficaram conhecidas, desde essa época, como a **teoria cinético-molecular dos gases**, ou simplesmente, como *teoria cinética dos gases*. As hipóteses fundamentais da teoria cinética são as seguintes:

1. Um gás é constituído por moléculas, separadas umas das outras por distâncias muito maiores que as suas próprias dimensões. As moléculas podem ser consideradas "pontos", isto é, possuem massa, mas têm volume desprezível.

2. As moléculas de um gás estão em movimento constante em todas as direções e colidem freqüentemente umas com as outras. As colisões entre as moléculas são perfeitamente elásticas. Em outras palavras, a energia é transferida de uma molécula para outra como conseqüência de uma colisão. No entanto, a energia total de todas as moléculas em um sistema permanece constante.

3. Não existem forças atrativas nem repulsivas entre as moléculas de um gás.

4. A energia cinética média das moléculas é proporcional à temperatura do gás, em kelvin. Quaisquer gases a mesma temperatura têm a mesma energia cinética média. A energia cinética média de uma molécula é dada por

$$\overline{EC} = \tfrac{1}{2}m\overline{u^2}$$

na qual m é a massa da molécula e u, a sua velocidade. A barra horizontal indica um valor médio. A quantidade $\overline{u^2}$ é chamada de velocidade quadrática média; é a média das velocidades quadráticas de todas as moléculas:

$$\overline{u^2} = \frac{u_1^2 + u_2^2 + \cdots + u_N^2}{N}$$

em que N é o número de moléculas presentes.

Pela hipótese 4, pode-se escrever

$$\overline{EC} \propto T$$
$$\tfrac{1}{2}m\overline{u^2} \propto T$$
$$\tfrac{1}{2}m\overline{u^2} = CT \tag{5.15}$$

em que C é uma constante de proporcionalidade e T, a temperatura absoluta.

Segundo a teoria cinético-molecular, a pressão de um gás é o resultado das colisões entre as suas moléculas e as paredes do recipiente. A pressão depende da freqüência das colisões por unidade de área e da "força" com que as moléculas batem na parede. A teoria possibilita também uma interpretação molecular da temperatura. De acordo com a Equação (5.15), a temperatura absoluta de um gás é uma medida da energia cinética média das moléculas. Em outras palavras, a temperatura absoluta dá indicação sobre o movimento caótico das moléculas — quanto mais elevada for a temperatura, maior será a energia do movimento. O movimento molecular caótico é, por vezes, referido como movimento térmico porque está relacionado com a temperatura da amostra gasosa.

Aplicação das Leis dos Gases

Embora a teoria cinética dos gases se baseie em um modelo muito simples, o tratamento matemático envolvido é complexo. No entanto, é possível aplicar a teoria em uma base qualitativa para tratar das propriedades gerais das substâncias no estado gasoso. Os exemplos seguintes ilustram a amplitude da sua utilidade:

- **Compressibilidade dos Gases.** Uma vez que as moléculas na fase gasosa estão separadas por grandes distâncias (hipótese 1), os gases podem ser comprimidos facilmente para ocupar volumes menores.

- **Lei de Boyle.** A pressão exercida por um gás resulta do choque das suas moléculas com as paredes do recipiente. A freqüência de colisões, ou o número de colisões moleculares com as paredes por segundo, é proporcional à densidade (isto é, ao número de moléculas por unidade de volume) do gás. Diminuindo o volume de dada quantidade de gás, aumenta a sua densidade e, por conseguinte, a freqüência das colisões. Por essa razão, a pressão de um gás é inversamente proporcional ao volume que ele ocupa e vice-versa.

- **Lei de Charles.** Visto que a energia cinética média das moléculas de um gás é proporcional à temperatura absoluta da amostra (hipótese 4), um aumento de temperatura implica elevação da energia cinética média. Então, se o gás for aquecido, as moléculas vão colidir com as paredes do recipiente com mais freqüência e com mais força, fazendo que a pressão aumente. O volume do gás aumentará até que a sua pressão seja equilibrada pela pressão externa constante (veja a Figura 5.7).

- **Lei de Avogadro.** Mostramos que a pressão de um gás é diretamente proporcional à densidade e à temperatura. Uma vez que a massa do gás é diretamente proporcional ao número de mols (*n*), podemos representar a densidade por n/V. Portanto,

$$P \propto \frac{n}{V} T$$

Para dois gases, 1 e 2, escrevemos

$$P_1 \propto \frac{n_1 T_1}{V_1} = C \frac{n_1 T_1}{V_1}$$

$$P_2 \propto \frac{n_2 T_2}{V_2} = C \frac{n_2 T_2}{V_2}$$

onde *C* é a constante de proporcionalidade. Assim, para dois gases nas mesmas condições de pressão, volume e temperatura (isto é, quando $P_1 = P_2$, $T_1 = T_2$ e $V_1 = V_2$), $n_1 = n_2$, que é a expressão matemática da lei de Avogadro.

- **Lei de Dalton das Pressões Parciais.** Se as moléculas não se atraem nem se repelem (hipótese 3), então a pressão exercida pelas moléculas de um gás não é afetada pela presença de outro gás. Como conseqüência, a pressão total é dada pela soma das pressões individuais dos gases.

> Outro modo de enunciar a lei de Avogadro é dizer que, a mesma pressão e temperatura, volumes iguais de gases (sejam do mesmo gás ou de gases diferentes) contêm igual número de moléculas.

Distribuição das Velocidades Moleculares

A teoria cinética dos gases nos permite estudar o movimento molecular com mais detalhes. Suponhamos que temos um grande número de moléculas gasosas, por exemplo, 1 mol, dentro de um recipiente. Desde que se mantenha a temperatura constante, a energia cinética média e a velocidade quadrática média não vão variar ao longo do tempo. Como esperado, o movimento das moléculas é totalmente aleatório e imprevisível. Em um dado instante, quantas moléculas estão em movimento com uma determinada velocidade? Para responder a essa questão, Maxwell analisou o comportamento das moléculas de gases a diferentes temperaturas.

A Figura 5.15(a) mostra *curvas de distribuição de velocidades de Maxwell* para o nitrogênio gasoso a três temperaturas diferentes. A dada temperatura, a curva de distribuição nos diz qual o número de moléculas que se movem com certa velocidade. O pico de cada curva representa a *velocidade mais provável*, isto é, a velocidade do maior número de moléculas. Observe que a velocidade mais provável aumenta quando a temperatura sobe (o pico se desloca para a direita). Além disso, a curva começa também a achatar com a elevação da temperatura, indicando um aumento do número de moléculas que se move com maior velocidade. A Figura 5.15 (b) mostra as distribuições de velocidade de três gases a *mesma* temperatura. A diferença das curvas pode ser explicada considerando que as moléculas mais leves se deslocam, em média, com maior rapidez que as mais pesadas.

Raiz Quadrada da Velocidade Quadrática Média

Com que rapidez se move uma molécula, em média, a qualquer temperatura *T*? Uma forma de estimar a velocidade molecular é calcular a ***raiz quadrada da velocidade quadrática média*** (u_{rqm}), que é *uma velocidade molecular média*. Um dos resultados da teoria cinética dos gases é que a energia cinética total de 1 mol de qualquer gás é igual

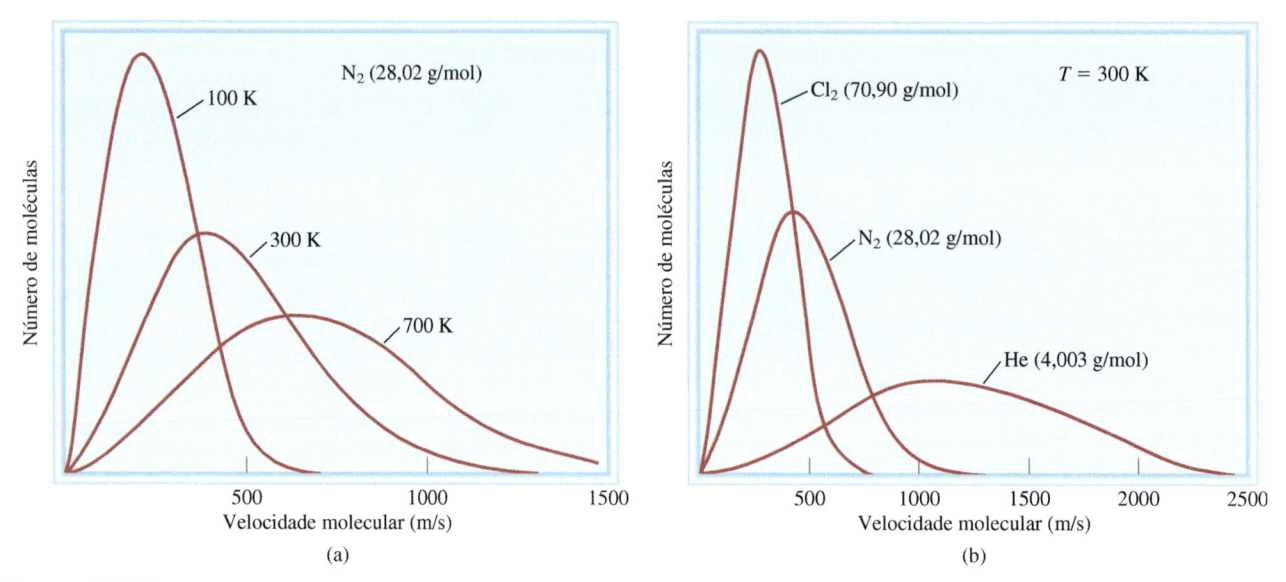

Figura 5.15
(a) A distribuição das velocidades para o nitrogênio gasoso a três temperaturas diferentes. Quanto mais elevada a temperatura, maior número de moléculas move-se com maior rapidez. (b) As distribuições de velocidades para três gases a 300 K. A uma dada temperatura, as moléculas mais leves movem-se, em média, mais rapidamente.

a $\frac{3}{2}RT$. Anteriormente, vimos que a energia cinética média de uma molécula é $\frac{1}{2}m\overline{u^2}$ e, por isso, podemos escrever

$$N_A\left(\tfrac{1}{2}m\overline{u^2}\right) = \tfrac{3}{2}RT$$

em que N_A é o número de Avogadro. Como $N_A m = \mathcal{M}$, onde $\mathcal{M}$ é a massa molar, a equação anterior pode ser rearranjada para dar

$$\overline{u^2} = \frac{3RT}{\mathcal{M}}$$

Aplicando a raiz quadrada a ambos os membros, obtém-se

$$\sqrt{\overline{u^2}} = u_{\text{rqm}} = \sqrt{\frac{3RT}{\mathcal{M}}} \qquad (5.16)$$

A Equação (5.16) mostra que a raiz quadrada da velocidade quadrática média de um gás aumenta com a raiz quadrada da sua temperatura (em kelvin). Como $\mathcal{M}$ se encontra no denominador, então, quanto mais pesado for o gás, mais lentamente se movem as suas moléculas. Se substituirmos R por 8,314 J/K · mol (veja o Apêndice 1) e convertermos a massa molar a kg/mol, então u_{rqm} será calculado em metro por segundo (m/s).

EXEMPLO 5.9

Calcule a raiz quadrada das velocidades quadráticas médias dos átomos de hélio e das moléculas de nitrogênio em m/s a 25°C.

Estratégia Para calcularmos a raiz quadrada da velocidade quadrática média, necessitamos da Equação (5.16). Que unidades devem ser usadas para R e $\mathcal{M}$ de modo que u_{rqm} seja expresso em m/s?

(Continua)

Solução   Para calcular u_{rqm}, as unidades de R devem ser 8,314 J/K · mol e, como 1 J = 1 kg m²/s², a massa molar deve estar em kg/mol. A massa molar de He é 4,003 g/mol, ou 4,003 × 10⁻³ kg/mol. Da Equação (5.16),

$$u_{rqm} = \sqrt{\frac{3RT}{\mathcal{M}}}$$

$$= \sqrt{\frac{3(8{,}314 \text{ J/K} \cdot \text{mol})(298 \text{ K})}{4{,}003 \times 10^{-3} \text{ kg/mol}}}$$

$$= \sqrt{1{,}86 \times 10^6 \text{ J/kg}}$$

Usando o fator de conversão, 1 J = 1 kg m²/s², obtemos

$$u_{rqm} = \sqrt{1{,}86 \times 10^6 \text{ kg m}^2/\text{kg} \cdot \text{s}^2}$$
$$= \sqrt{1{,}86 \times 10^6 \text{ m}^2/\text{s}^2}$$
$$= 1{,}36 \times 10^3 \text{ m/s}$$

O procedimento é o mesmo para N_2 cuja massa molar é 28,02 g/mol, ou 2,802 × 10⁻² kg/mol, assim escrevemos

$$u_{rqm} = \sqrt{\frac{3(8{,}314 \text{ J/K} \cdot \text{mol})(298 \text{ K})}{2{,}802 \times 10^{-2} \text{ kg/mol}}}$$

$$= \sqrt{2{,}65 \times 10^5 \text{ m}^2/\text{s}^2}$$

$$= 515 \text{ m/s}$$

Verificação   Dado que o He é um gás mais leve, esperamos que, em média, os seus átomos se movam com maior rapidez que as moléculas de N_2. Uma maneira rápida de verificar a resposta é ver que a razão dos dois valores u_{rqm} (1,36 × 10³/515 ≈ 2,6) devia ser igual à raiz quadrada da razão entre as massas molares de N_2 e He, isto é, $\sqrt{28/4} \approx 2{,}6$.

Exercício   Calcule a raiz quadrada da velocidade quadrática média do cloro molecular em m/s a 20°C.

Problemas semelhantes: 5.71, 5.72.

Os cálculos no Exemplo 5.9 têm uma relação interessante com a composição da atmosfera da Terra. A Terra, ao contrário de Júpiter, por exemplo, não tem quantidades apreciáveis de hidrogênio ou hélio na sua atmosfera. Por que será? Sendo um planeta menor que Júpiter, a Terra tem uma atração gravitacional mais fraca em relação a esses gases leves. Um cálculo muito simples mostra que uma molécula, para escapar ao campo gravitacional da Terra, deve possuir uma velocidade de escape igual ou maior que 1,1 × 10⁴ m/s. Uma vez que a velocidade média do hélio é consideravelmente maior que a do nitrogênio ou do oxigênio moleculares, mais átomos de hélio escapam da atmosfera terrestre para o espaço. Conseqüentemente, uma quantidade muito pequena de hélio está presente na nossa atmosfera. No entanto, Júpiter, com uma massa aproximadamente 320 vezes maior que a da Terra, retém tanto gases pesados quanto leves em sua atmosfera.

Júpiter. O interior desse planeta de grande massa é principalmente constituído por hidrogênio.

Difusão e Efusão dos Gases

Difusão dos Gases

Uma demonstração direta do movimento aleatório é proporcionada pela ***difusão***, *a mistura gradual das moléculas de um gás com as moléculas de outro em virtude de suas propriedades cinéticas.* Apesar das velocidades moleculares serem muito elevadas, o

A difusão sempre ocorre de uma região de maior concentração para uma de menor concentração.

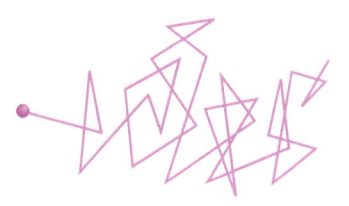

Figura 5.16
O trajeto efetuado por uma única molécula de gás. Cada mudança no sentido representa uma colisão com outra molécula.

processo de difusão demora um tempo relativamente longo até se completar. Por exemplo, quando se abre um frasco com solução de amônia concentrada na extremidade de uma bancada de laboratório, demora algum tempo até que uma pessoa na outra extremidade da bancada sinta o cheiro. Isso porque uma molécula ao mover-se de uma extremidade da bancada à outra sofre numerosas colisões, como se pode ver na Figura 5.16. Assim, a difusão dos gases acontece sempre gradualmente, e não instantaneamente como as velocidades moleculares parecem sugerir. Além disso, e uma vez que a raiz quadrada da velocidade quadrática média de um gás leve é maior que a de um gás mais pesado (veja o Exemplo 5.9), um gás mais leve se difundirá mais depressa que um gás mais pesado. A Figura 5.17 ilustra a difusão gasosa.

Em 1832, o químico escocês Thomas Graham observou que, sob as mesmas condições de temperatura e pressão, as velocidades de difusão dos gases são inversamente proporcionais à raiz quadrada de suas massas molares. Essa afirmação, agora conhecida como *lei de difusão de Graham*, é expressa matematicamente como

$$\frac{r_1}{r_2} = \sqrt{\frac{\mathcal{M}_2}{\mathcal{M}_1}} \qquad (5.17)$$

onde r_1 e r_2 são as velocidades de difusão dos gases 1 e 2, e $\mathcal{M}_1$ e $\mathcal{M}_2$ são suas massas molares, respectivamente.

Efusão dos Gases

Enquanto a difusão é um processo no qual um gás se mistura gradualmente com outro, a *efusão* é *um processo no qual um gás sob pressão escapa de um compartimento de um contêiner para outro através de uma pequena abertura*. A Figura 5.18 mostra a efusão de um gás no vácuo. Embora a efusão seja diferente da difusão, a velocidade de efusão de um gás tem a mesma forma que a lei de difusão de Graham [veja a equação (5.17)]. Um balão de borracha preenchido com hélio se esvazia mais rápido que um balão preenchido com ar porque a velocidade de efusão dos átomos mais leves de hélio através dos poros da borracha é maior que a das moléculas do ar. Industrialmente, a efusão de gases é usada para separar isótopos de urânio nas formas gasosas $^{235}UF_6$ e $^{238}UF_6$. Submetendo os dois gases a várias etapas de efusão, os cientistas conseguiram obter o isótopo ^{235}U altamente enriquecido, que foi usado na construção das bombas atômicas durante a Segunda Guerra Mundial.

Figura 5.17
Difusão de um gás. NH_3 gasoso (de um frasco contendo amônia) combina-se com HCl gasoso (de um frasco contendo ácido clorídrico) para formar NH_4Cl sólido. Uma vez que NH_3 é mais leve e, portanto, se difunde mais rapidamente, o sólido NH_4Cl aparece, primeiro, mais próximo ao frasco de HCl (à direita).

EXEMPLO 5.10

Um gás inflamável composto apenas de átomos de carbono e hidrogênio sofre um processo de efusão através de uma barreira porosa em 1,50 min. Sob as mesmas condições de temperatura e pressão, o mesmo volume de gás bromo leva 4,73 min para atravessar a mesma barreira. Calcule a massa molar do gás desconhecido e procure descobrir qual é o gás.

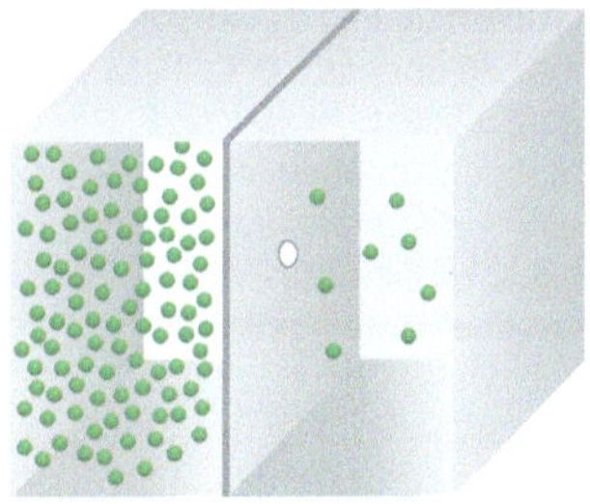

Estratégia A velocidade de efusão é o número de moléculas que passa através de um orifício em determinado intervalo de tempo. Quanto mais tempo o gás leva, menor é a velocidade de efusão. Portanto, a Equação (5.17) pode ser escrita como $r_1/r_2 = t_2/t_1 = \sqrt{\mathcal{M}_2/\mathcal{M}_1}$, onde t_1 e t_2 são os tempos de efusão dos gases 1 e 2, respectivamente.

Solução Considerando a massa molar do Br_2, podemos escrever

$$\frac{1{,}50 \text{ min}}{4{,}73 \text{ min}} = \sqrt{\frac{\mathcal{M}}{159{,}8 \text{ g/mol}}}$$

onde $\mathcal{M}$ é a massa molar do gás desconhecido. Isolando $\mathcal{M}$, obtemos

$$\mathcal{M} = \left(\frac{1{,}50 \text{ min}}{4{,}73 \text{ min}}\right)^2 \times 159{,}8 \text{ g/mol}$$

$$= 16{,}1 \text{ g/mol}$$

Dada que a massa molar do carbono é 12,01 g e que a do hidrogênio é 1,008 g, o gás inflamável é o metano (CH_4).

Exercício Um gás desconhecido leva 192 segundos para atravessar uma parede porosa enquanto o mesmo volume de gás N_2 leva, nas mesmas condições de temperatura e pressão, 84 segundos. Qual a massa molar do gás desconhecido?

Figura 5.18
Efusão de um gás. As moléculas de um gás se movem de uma região de alta pressão (esquerda) para uma de baixa pressão, através de um orifício.

Problemas semelhantes: 5.108, 5.109.

5.7 Desvios do Comportamento Ideal

As leis dos gases e a teoria cinético-molecular pressupõem que as moléculas no estado gasoso não exercem qualquer tipo de força, atrativa ou repulsiva, umas sobre as outras. Outro pressuposto é que o volume das moléculas seja desprezível quando comparado com o do recipiente. Pode-se dizer que um gás apresenta um *comportamento ideal* quando essas duas condições são satisfeitas.

Embora possamos admitir que os gases reais se comportem como um gás ideal, não se pode esperar que o sejam em todas as condições. Por exemplo, sem as forças intermoleculares, os gases não poderiam condensar para formar líquidos. A questão importante é a seguinte: em que condições é mais provável que os gases não se comportem como gases ideais?

A Figura 5.19 mostra gráficos PV/RT em função de P para três gases reais a dada temperatura. Esses gráficos fornecem um teste para o comportamento de gás ideal. De acordo com a equação de gás ideal (para 1 mol de gás), PV/RT é igual a 1, independentemente da pressão efetiva do gás. (Quando $n = 1$, $PV = nRT$ torna-se $PV = RT$, ou $PV/RT = 1$.) Isso só é verdade para gases reais, a pressões moderadamente baixas (≤ 5 atm); à medida que a pressão aumenta, observam-se desvios significativos. As forças atrativas entre as moléculas só atuam a distâncias relativamente curtas. Em um gás, à pressão atmosférica, as moléculas estão muito afastadas e essas forças atrativas são desprezíveis. A pressões elevadas, a densidade do gás aumenta; as moléculas estão muito mais perto umas das outras. Então, as forças intermoleculares podem tornar-se de tal modo significativas que afetam o movimento das moléculas e o gás deixa de se comportar como um gás ideal.

Figura 5.19
Gráfico de PV/RT versus P de 1 mol de um gás a 0°C. Para 1 mol de gás ideal, $PV/RT = 1$, independentemente da pressão que o gás esteja. Para os gases reais, observamos vários desvios da idealidade a pressões elevadas. A pressões muito baixas, todos os gases exibem comportamento ideal; isto é, os seus valores PV/RT convergem para 1 à medida que P se aproxima de zero.

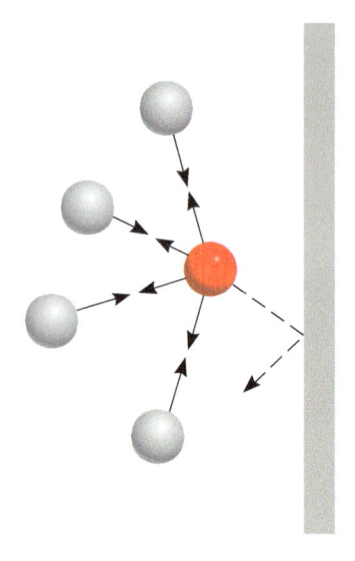

Figura 5.20
Efeito das forças intermoleculares na pressão exercida por um gás. A velocidade de uma molécula que se move em direção à parede do recipiente (esfera vermelha) é reduzida pelas forças atrativas exercidas pelas moléculas vizinhas (esferas cinza-claro). Conseqüentemente, o choque dessa molécula na parede não é tão forte como seria se não existissem forças intermoleculares. Em geral, o valor que se mede para a pressão de um gás é menor que a pressão que o gás exerceria se tivesse o comportamento de gás ideal.

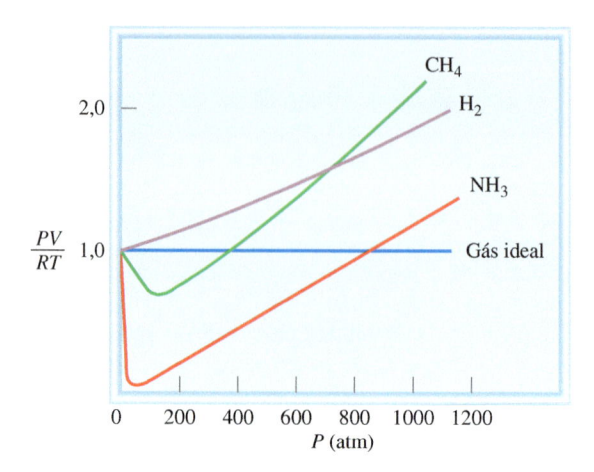

Outra maneira de observar o desvio ao comportamento de gás ideal é baixar a temperatura. O resfriamento de um gás diminui a energia cinética média das moléculas, o que, de certa forma, as priva da capacidade que elas têm de vencer a influência das suas atrações mútuas.

Para estudar com precisão os gases reais, é preciso introduzir algumas modificações na equação do gás ideal, para considerar as forças intermoleculares e os volumes moleculares finitos. Essa análise foi feita pela primeira vez em 1873 pelo físico holandês J. D. van der Waals. O tratamento de van der Waals, além de ser matematicamente simples, fornece uma interpretação para o comportamento dos gases reais em nível molecular.

Consideremos determinada molécula que se aproxima da parede de um recipiente (Figura 5.20). As atrações exercidas pelas moléculas vizinhas tendem a amortecer o choque dessa molécula com a parede. O efeito global é a diminuição da pressão relativamente ao valor esperado para um gás ideal. Van der Waals sugeriu que a pressão exercida por um gás ideal, P_{ideal}, está relacionada com a pressão medida experimentalmente, isto é, a pressão observada, P_{obs}, da seguinte forma:

$$P_{ideal} = \underbrace{P_{obs}}_{\text{pressão observada}} + \underbrace{\frac{an^2}{V^2}}_{\text{termo de correção}}$$

em que a é uma constante e n e V são o número de mols e o volume do gás, respectivamente. O termo de correção da pressão (an^2/V^2) pode ser explicado da seguinte maneira. A interação entre as moléculas que dá origem ao afastamento do comportamento de gás ideal depende da freqüência com que duas moléculas se aproximam uma da outra. O número de tais "encontros" aumenta com o quadrado do número de moléculas por unidade de volume, $(n/V)^2$, porque a presença de cada uma das duas moléculas em determinada região é proporcional a n/V. A quantidade P_{ideal} é a pressão que se mediria se não existissem atrações intermoleculares e a é apenas uma constante de proporcionalidade no termo de correção da pressão.

Outra correção diz respeito ao volume ocupado pelas moléculas do gás. A quantidade V, na equação do gás ideal, representa o volume do recipiente. Contudo, cada molécula ocupa um volume intrínseco finito, embora pequeno. Portanto, o volume efetivo do gás se torna igual a $(V - nb)$, em que n é o número de mols do gás e b, uma constante. O termo nb representa o volume ocupado por n mols do gás.

Tendo em conta as correções para a pressão e o volume, podemos reescrever a equação de gás ideal como se segue:

$$\left(P + \frac{an^2}{V^2}\right)(V - nb) = nRT \tag{5.18}$$

$\underbrace{\phantom{P + \frac{an^2}{V^2}}}_{\text{pressão corrigida}}$ $\underbrace{}_{\text{volume corrigido}}$

A Equação (5.18), *que relaciona P, V, T e n para um gás real*, é conhecida como a **equação de van der Waals**. As constantes de van der Waals a e b são escolhidas para cada gás de forma que se obtenha a melhor concordância possível entre a Equação (5.18) e o comportamento de um gás em particular.

A Tabela 5.3 mostra os valores de a e b para alguns gases. O valor de a exprime a força com que as moléculas de dado gás se atraem mutuamente. Vemos que os átomos de hélio têm a atração mais fraca, porque o hélio tem o menor valor de a. Há também uma correlação grosseira entre o tamanho molecular e b. De modo geral, quanto maior for a molécula (ou o átomo), maior será b, mas a relação entre b e o tamanho molecular (ou atômico) não é simples.

TABELA 5.3
Constantes de van der Waals de alguns Gases Comuns

Gás	a $\left(\dfrac{\text{atm} \cdot \text{L}^2}{\text{mol}^2}\right)$	b $\left(\dfrac{\text{L}}{\text{mol}}\right)$
He	0,034	0,0237
Ne	0,211	0,0171
Ar	1,34	0,0322
Kr	2,32	0,0398
Xe	4,19	0,0266
H_2	0,244	0,0266
N_2	1,39	0,0391
O_2	1,36	0,0318
Cl_2	6,49	0,0562
CO_2	3,59	0,0427
CH_4	2,25	0,0428
CCl_4	20,4	0,138
NH_3	4,17	0,0371
H_2O	5,46	0,0305

EXEMPLO 5.11

Sabendo que 3,50 mols de NH_3 ocupam 5,20 L a 47°C, calcule a pressão do gás (em atm) usando (a) a equação do gás ideal e (b) a equação de van der Waals.

Estratégia Para calcularmos a pressão de NH_3, utilizando a equação do gás ideal, procedemos como no Exemplo 5.2. Que correções são necessárias aos termos da pressão e do volume na equação de van der Waals?

Solução (a) Temos os seguintes dados:

$$V = 5{,}20 \text{ L}$$
$$T = (47 + 273) \text{ K} = 320 \text{ K}$$
$$n = 3{,}50 \text{ mol}$$
$$R = 0{,}0821 \text{ L} \cdot \text{atm/K} \cdot \text{mol}$$

Substituindo na equação do gás ideal, obtém-se

$$P = \frac{nRT}{V}$$
$$= \frac{(3{,}50 \text{ mol})(0{,}0821 \text{ L} \cdot \text{atm/K} \cdot \text{mol})(320 \text{ K})}{5{,}20 \text{ L}}$$
$$= 17{,}7 \text{ atm}$$

(b) Necessitamos da Equação (5.18). Em primeiro lugar, é conveniente calcularmos separadamente os termos de correção na Equação (5.18). Da Tabela 5.3, temos

$$a = 4{,}17 \text{ atm} \cdot \text{L}^2/\text{mol}^2$$
$$b = 0{,}0371 \text{ L/mol}$$

pelo que os termos de correção para a pressão e volume são

$$\frac{an^2}{V^2} = \frac{(4{,}17 \text{ atm} \cdot \text{L}^2/\text{mol}^2)(3{,}50 \text{ mol})^2}{(5{,}20 \text{ L})^2} = 1{,}89 \text{ atm}$$

$$nb = (3{,}50 \text{ mol})(0{,}0371 \text{ L/mol}) = 0{,}130 \text{ L}$$

(Continua)

Por fim, substituindo esses valores na equação de van der Waals, temos

$(P + 1{,}89 \text{ atm})(5{,}20 \text{ L} - 0{,}130 \text{ L}) = (3{,}50 \text{ mol})(0{,}0821 \text{ L} \cdot \text{atm/K} \cdot \text{mol})(320 \text{ K})$

$P = 16{,}2 \text{ atm}$

Problemas semelhantes: 5.79, 5.80.

Verificação Com base nos seus conhecimentos sobre o comportamento não ideal de um gás, é aceitável obter um valor de pressão por meio da equação de van der Waals que seja menor que o obtido pela equação de gás ideal? Por quê?

Exercício Usando os dados da Tabela 5.3, calcule a pressão exercida por 4,37 mols de cloro molecular colocados em um volume de 2,45 L a 38°C. Compare a pressão com aquela obtida usando a equação do gás ideal.

Resumo de Fatos e Conceitos

1. Nas condições ambientais, existem diversos elementos no estado gasoso: H_2, N_2, O_2, O_3, F_2, Cl_2 e os elementos do Grupo 18 (os gases nobres).
2. Os gases exercem pressão porque as suas moléculas se movem livremente e colidem com qualquer superfície com a qual entrem em contato. As unidades de pressão de um gás podem ser milímetros de mercúrio (mmHg), torr, pascal e atmosfera. Uma atmosfera é igual a 760 mmHg ou 760 torr.
3. As relações pressão-volume para os gases ideais seguem a lei de Boyle: o volume é inversamente proporcional à pressão (a T e n constantes). As relações temperatura-volume para os gases ideais são descritas pela lei de Charles e de Gay-Lussac: o volume é diretamente proporcional à temperatura (a P e n constantes). O zero absoluto ($-273{,}15$°C) é a mais baixa temperatura que teoricamente se pode atingir. A escala Kelvin de temperatura toma 0 K como o zero absoluto. Em todos os cálculos que envolvem as leis dos gases, a temperatura deve ser expressa em kelvin. As relações quantidade-volume para os gases ideais são descritas pela lei de Avogadro: volumes iguais de gases contêm números iguais de moléculas (a T e P constantes).
4. A equação dos gases ideais, $PV = nRT$, engloba as leis de Boyle, de Charles e de Avogadro. Essa equação descreve o comportamento de um gás ideal.
5. Segundo a lei de Dalton das pressões parciais, em uma mistura de gases, cada gás exerce a mesma pressão que exerceria se estivesse sozinho e ocupasse o mesmo volume.
6. A teoria cinético-molecular, um método matemático de descrever o comportamento das moléculas de um gás, baseia-se nas seguintes hipóteses: as moléculas dos gases estão separadas por distâncias muito maiores que as suas próprias dimensões, possuem massa mas um volume desprezível, estão em movimento constante e colidem freqüentemente umas com as outras. As moléculas não se atraem nem se repelem. Uma curva de distribuição de velocidade de Maxwell mostra quantas moléculas de um gás se movem às várias velocidades a uma dada temperatura. À medida que a temperatura aumenta, maior é o número de moléculas que se move com as velocidades mais elevadas.
7. Na difusão, dois gases se misturam gradualmente. Na efusão, as moléculas do gás se movem através de um pequeno orifício, sob pressão. Ambos os processos são governados pelas mesmas leis matemáticas
8. A equação de van der Waals é uma modificação da equação do gás ideal que leva em conta o comportamento não ideal dos gases reais. Ela introduz correções para dois fatos: as moléculas do gás real exercem forças umas sobre as outras e possuem volume. As constantes de van der Waals são determinadas experimentalmente para cada gás.

Palavras-chave

Barômetro, p. 133
Constante dos gases, p. 141
Difusão, p. 155
Efusão, p. 156
Energia cinética (EC), p. 151
Equação de van der Waals, p. 159
Equação do gás ideal, p. 141
Escala absoluta de temperatura, p. 138
Escala Kelvin de temperatura, p. 138
Fração molar, p. 148

Gás ideal, p. 141
Joule (J), p. 151
Lei de Dalton das pressões parciais, p. 146
Lei de Avogadro, p. 140
Lei de Boyle, p. 135

Lei de Charles e de Gay-Lussac, p. 139
Lei de Charles, p. 139
Lei de difusão de Graham, p. 156
Manômetro, p. 134
Newton (N), p. 132

Pascal (Pa), p. 132
Pressão atmosférica-padrão (1 atm), p. 133
Pressão atmosférica, p. 133
Pressão, p. 132
Pressões parciais, p. 146

Pressão e temperatura padrão (PTP), p. 141
Teoria cinético-molecular dos gases, p. 151
Raiz quadrada da velocidade quadrática média (u_{rqm}), p. 153
Zero absoluto, p. 138

Questões e Problemas

Substâncias Que Existem como Gases
Questões de Revisão

5.1 Cite o nome de cinco elementos e de cinco compostos que sejam gasosos à temperatura ambiente.

5.2 Indique quais são as características físicas dos gases.

Pressão de um Gás
Questões de Revisão

5.3 Defina pressão e aponte as unidades comumente empregadas para essa propriedade dos gases.

5.4 Descreva como se usa um barômetro e um manômetro para medir a pressão dos gases.

5.5 Por que razão o mercúrio é uma substância mais adequada para uso em um barômetro do que a água?

5.6 Explique por que a altura do mercúrio em um barômetro é independente da área da seção reta do tubo. O barômetro funcionaria se o tubo tivesse um ângulo de inclinação de 15° (veja a Figura 5.2)?

5.7 Seria mais fácil beber a água com um canudo no pico do Monte Everest ou no seu sopé? Explique.

5.8 A pressão atmosférica em uma mina que esteja 500 m abaixo do nível do mar é maior ou menor que 1 atm?

5.9 Qual é a diferença entre um gás e um vapor? A 25°C, qual das seguintes substâncias na fase gasosa pode ser chamada de gás e qual pode ser chamada de vapor: nitrogênio molecular (N_2), mercúrio?

5.10 Se a distância máxima para elevar a água de um poço usando uma bomba de sucção é 10,3 m, explique como é possível obter água e petróleo de centenas de metros abaixo da superfície da Terra.

5.11 Se a leitura de um barômetro diminuir em dado local do mundo, por que ela deve elevar-se em algum outro local?

5.12 Por que os astronautas têm de usar roupas protetoras quando estão na superfície da lua?

Problemas

•5.13 Converta 562 mmHg em atm.

•**5.14** A pressão atmosférica no pico do Monte McKinley em um determinado dia é 606 mmHg. Qual é o valor dessa pressão em atm e em kPa?

Leis dos Gases
Questões de Revisão

5.15 Escreva em palavras e na forma de equação as seguintes leis dos gases: lei de Boyle, lei de Charles e lei de Avogadro. Em cada caso, indique quais as condições de aplicabilidade das leis e aponte as unidades de todas as grandezas que figurem nas equações.

5.16 Explique por que um balão meteorológico de hélio se expande à medida que sobe no ar. Considere que a temperatura permaneça constante.

Problemas

••5.17 Uma amostra gasosa de uma substância é resfriada à pressão constante. Qual dos seguintes diagramas representa melhor a situação se a temperatura final for (a) superior ao ponto de ebulição da substância e (b) inferior ao ponto de ebulição, mas superior ao ponto de fusão da substância?

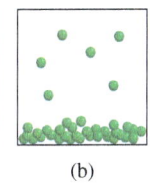

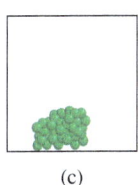

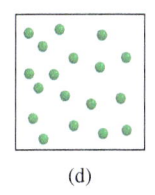

(a) (b) (c) (d)

••**5.18** Considere a seguinte amostra gasosa em um cilindro munido de um êmbolo. Inicialmente, existem n mols de gás à temperatura T, pressão P e volume V.

Escolha o cilindro na p. 162 que represente corretamente o gás após cada uma das seguintes alterações. (1) A pressão no pistão é triplicada mantendo-se constantes n e T. (2) A temperatura duplica para n e P constantes. (3) São adicionados n mols de outro gás, a T e P constantes.

Níveis de Dificuldade: • Fácil •• Médio ••• Difícil.

(4) *T* é reduzida à metade e a pressão no pistão é diminuída a um quarto de seu valor original.

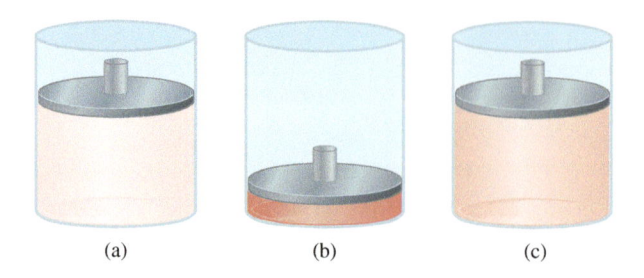

(a)   (b)   (c)

- 5.19 Deixa-se expandir um gás que ocupa um volume de 725 mL à pressão de 0,970 atm, à temperatura constante, até que a sua pressão se torne igual a 0,541 atm. Qual é o volume final?
- **5.20** A 46°C, uma amostra de amônia gasosa exerce uma pressão de 5,3 atm. Qual é a pressão quando o volume do gás for reduzido a um décimo (0,10) do valor original a mesma temperatura?
- 5.21 O volume de um gás medido a 1,00 atm é 5,80 L. Qual é a pressão do gás em mmHg se o volume aumentar para 9,65 L? (A temperatura permanece constante.)
- **5.22** Uma amostra de ar ocupa 3,8 L quando a pressão é de 1,2 atm. (a) Que volume ocupará a 6,6 atm? (b) Que pressão será necessária para comprimir o ar até 0,075 L? (A temperatura permanece constante.)
- 5.23 Aquecem-se 36,4 L de gás metano de 25°C a 88°C, à pressão constante. Qual é o volume final do gás?
- **5.24** Uma amostra de gás hidrogênio inicialmente a 88°C e ocupando 9,6 L é resfriada, à pressão constante, até que o seu volume final seja 3,4 L. Qual é a temperatura final?
- 5.25 A combustão da amônia em oxigênio origina o óxido nítrico (NO) e vapor d'água. Quantos volumes de NO se obtêm de um volume de amônia a mesma pressão e temperatura?
- ••**5.26** O cloro e o flúor moleculares combinam-se para formar um produto gasoso. Nas mesmas condições de pressão e temperatura, verifica-se que um volume de Cl_2 reage com três volumes de F_2 para produzir dois volumes do produto. Qual é a fórmula do produto?

Equação do Gás Ideal
Questões de Revisão

5.27 Apresente as características de um gás ideal.

5.28 Escreva a equação do gás ideal e enuncie-a também por palavras. Diga quais são as unidades de cada um dos termos da equação

5.29 Quais são as condições de pressão e temperatura padrão (PTP)? Qual é a conseqüência de se fixar condições padrão para a pressão e a temperatura sobre o volume de 1 mol de gás ideal?

5.30 Por que a densidade de um gás é muito mais baixa que a de um líquido ou de um sólido nas condições atmosféricas? Que unidades são usadas comumente para expressar a densidade dos gases?

Problemas

- •5.31 Uma amostra de gás nitrogênio contida em um recipiente de capacidade igual a 2,3 L e à temperatura de 32°C exerce uma pressão de 4,7 atm. Calcule o número de mols do gás.
- •5.32 Uma amostra de 6,9 mols de monóxido de carbono está dentro de um recipiente de volume igual a 30,4 L. Qual é a pressão do gás (em atm) se a temperatura for 62°C?
- 5.33 Que volume ocuparão 5,6 mols de hexafluoreto de enxofre (SF_6) se a temperatura e a pressão do gás forem 128°C e 9,4 atm?
- •5.34 Certa quantidade de gás a 25°C e à pressão de 0,800 atm está contida em um balão de vidro. Suponha que o balão de vidro possa suportar uma pressão de 2,00 atm. Qual é a temperatura máxima que o gás pode ser aquecido sem o balão de vidro estourar?
- 5.35 Deixa-se subir um balão cheio de gás com um volume de 2,50 L a 1,2 atm e 25°C, até a estratosfera (cerca de 30 km acima da superfície da Terra), onde a temperatura e a pressão são -23°C e $3,00 \times 10^{-3}$ atm, respectivamente. Calcule o volume final do balão.
- •**5.36** Aumenta-se a temperatura de uma amostra com 2,5 L de um gás, inicialmente na PTP, até 250°C, mantendo-se o volume constante. Calcule a pressão final do gás em atm.
- ••5.37 Diminui-se a pressão de 6,0 L de um gás ideal, dentro de um recipiente flexível, até um terço do seu valor original, e a sua temperatura absoluta diminui para a metade. Qual é o volume final do gás?
- •**5.38** Um gás liberado durante a fermentação da glicose (fabricação de vinho) ocupa um volume de 0,78 L quando medido a 20,1°C e 1,00 atm. Qual é o volume do gás à temperatura de fermentação de 36,5°C e à pressão de 1,00 atm?
- •5.39 Um gás ideal, inicialmente a 0,85 atm e 66°C, foi expandido até que o seu volume, pressão e temperatura fossem 94 mL, 0,60 atm e 45°C, respectivamente. Qual era o seu volume inicial?
- •**5.40** O volume de um gás nas condições PTP é 488 mL. Calcule o seu volume a 150°C e 22,5 atm.
- •5.41 Um gás a 772 mmHg e 35,0°C ocupa um volume de 6,85 L. Calcule seu volume nas condições PTP.
- •**5.42** O dióxido de carbono sólido é denominado gelo seco. Coloca-se uma amostra de 0,050 g de gelo seco em um balão evacuado de 4,6 L, a 30°C. Calcule a pressão no interior do balão depois de todo o gelo seco ter sido convertido em CO_2 gasoso.

Biológica: 5.38, 5.49, 5.63, 5.89, 5.99, 5.100, 5.101. Conceitual: 5.17, 5.18, 5.25, 5.26, 5.73, 5.81, 5.86, 5.88, 5.95, 5.102, 5.111.

- 5.43 Nas condições PTP, 0,280 L de um gás pesa 0,400 g. Calcule a massa molar do gás.

- 5.44 Uma quantidade de gás pesando 7,10 g, a 741 torr e 44°C, ocupa um volume de 5,40 L. Qual é a sua massa molar?

- 5.45 As moléculas de ozônio na estratosfera absorvem a maior parte da radiação solar perigosa. Os valores típicos da temperatura e da pressão do ozônio na estratosfera são 250 K e $1,0 \times 10^{-3}$ atm, respectivamente. Quantas moléculas de ozônio estão presentes em um litro de ar nessas condições?

- 5.46 Admitindo que o ar contenha 78% de N_2, 21% de O_2 e 1% de Ar (% em volume), quantas moléculas de cada tipo de gás estão presentes em 1,0 L de ar nas condições PTP?

- 5.47 Um balão de 2,10 L contém 4,65 g de gás a 1,00 atm e 27,0°C. (a) Calcule a densidade do gás em g/L. (b) Qual é a massa molar do gás?

- 5.48 Calcule a densidade do brometo do hidrogênio (HBr) gasoso, em gramas por litro, a 733 mmHg e 46°C.

- 5.49 Um determinado produto anestésico contém 64,9% de C, 13,5% de H e 21,6% de O (porcentagens em massa). A 120°C e 750 mmHg, 1,00 L do composto gasoso pesa 2,30 g. Qual é a sua fórmula molecular?

- 5.50 A fórmula empírica de um composto é SF_4. A 20°C, 0,100 g do composto gasoso ocupa um volume de 22,1 mL e exerce uma pressão de 1,02 atm. Qual é a fórmula molecular do gás?

- 5.51 Dissolvendo 3,00 g de uma amostra impura de carbonato de cálcio em ácido clorídrico produziu-se 0,656 L de dióxido carbono (medidos a 20,0°C e 792 mmHg). Calcule a porcentagem, em massa, de carbonato de cálcio na amostra. Indique todos os pressupostos.

- 5.52 Calcule a massa, em gramas, do cloreto de hidrogênio produzido quando 5,6 L de hidrogênio molecular, medidos na PTP, reagem com um excesso de cloro molecular gasoso.

- 5.53 Uma quantidade de 0,225 g de um metal M (massa molar = 27,0 g/mol) liberou 0,303 L de hidrogênio molecular (medidos a 17°C e 741 mmHg) ao reagir com ácido clorídrico em excesso. Deduza, com base nesses dados, a equação correspondente e escreva as fórmulas do óxido e do sulfato de M.

- 5.54 Um composto de fósforo e flúor foi analisado do seguinte modo: transformou-se todo o composto em um gás a 97,3 mmHg e 77°C, aquecendo 0,2324 g do composto em um reservatório de 378 cm³. A seguir, misturou-se o gás com uma solução de cloreto de cálcio que transformou todo o flúor em 0,2631 g de CaF_2. Determine a fórmula molecular do composto.

Lei de Dalton das Pressões Parciais
Questões de Revisão

5.55 Defina a lei de Dalton das pressões parciais e explique o que entende por fração molar. A fração molar tem unidades?

5.56 Uma amostra de ar contém apenas nitrogênio e oxigênio cujas pressões parciais são 0,80 atm e 0,20 atm, respectivamente. Calcule a pressão total e as frações molares dos gases.

Problemas

- 5.57 Uma mistura de gases contém CH_4, C_2H_6 e C_3H_8. Se a pressão total for 1,50 atm e o número de mols de gases presentes forem 0,31 mol de CH_4, 0,25 mol de C_2H_6 e 0,29 mol de C_3H_8, calcule as pressões parciais dos gases.

- 5.58 Um balão de 2,5 L, a 15°C, contém uma mistura de N_2, He e Ne com as pressões parciais de 0,32 atm, 0,15 atm e 0,42 atm, respectivamente. (a) Calcule a pressão total da mistura. (b) Calcule o volume, em litros, ocupado pelo He e Ne, na PTP, se o N_2 for removido seletivamente.

- 5.59 O ar seco próximo do nível do mar tem a seguinte composição em volume: 78,08% N_2; 20,94% O_2; 0,93% Ar; 0,05% CO_2. A pressão atmosférica é 1,00 atm. Calcule (a) a pressão parcial de cada gás em atm e (b) a concentração de cada gás em mol/L, a 0°C. (*Sugestão:* Uma vez que o volume é proporcional ao número de mols presentes, as frações molares dos gases podem ser expressas como as razões dos volumes a mesma temperatura e pressão.)

- 5.60 Uma mistura de hélio e neônio é coletada sobre a água a 28,0°C e 745 mmHg. Se a pressão parcial do hélio for 368 mmHg, qual será a pressão parcial do neônio? (Pressão do vapor d'água a 28°C = 28,3 mmHg.)

- 5.61 Um amostra de sódio metálico reage completamente com água, de acordo com a seguinte reação:

$$2Na(s) + 2H_2O(l) \longrightarrow 2NaOH(aq) + H_2(g)$$

O hidrogênio produzido é coletado sobre a água a 25,0°C. O volume do gás é 246 mL, a 1,00 atm. Calcule a massa (em gramas) de sódio usado na reação. (Pressão do vapor d'água a 25°C = 0,0313 atm.)

- 5.62 Uma amostra de zinco metálico reage completamente com um excesso do ácido clorídrico:

$$Zn(s) + 2HCl(aq) \longrightarrow ZnCl_2(aq) + H_2(g)$$

O hidrogênio produzido é coletado sobre a água a 25,0°C usando uma montagem semelhante àquela mostrada na Figura 5.14. O volume do gás é 7,80 L e a pressão é 0,980 atm. Calcule a quantidade de zinco metálico, em gramas, consumido na reação. (Pressão do vapor d'água a 25°C = 23,8 mmHg.)

Descritiva: 5.84a, 5.94a, 5.98a. Meio Ambiente: 5.45, 5.88, 5.99. Industrial: 5.87.

5.63 Os mergulhadores de grandes profundidades usam oxigênio misturado com hélio. Calcule a porcentagem volumétrica de oxigênio na mistura se o mergulhador tiver de submergir até uma profundidade onde a pressão total seja 4,2 atm. A pressão parcial do oxigênio é mantida a 0,20 atm nessa profundidade.

5.64 Uma amostra de gás amônia (NH_3) decompõe-se completamente em nitrogênio e hidrogênio sobre fio de ferro aquecido. Se a pressão total for 866 mmHg, calcule as pressões parciais de N_2 e H_2.

Teoria Cinético-molecular dos Gases
Questões de Revisão

5.65 Quais são as hipóteses em que se baseia a teoria cinético-molecular dos gases?

5.66 O que é movimento térmico?

5.67 O que a curva de distribuição de velocidades de Maxwell nos diz? Pode aplicar-se a teoria de Maxwell a uma amostra de 200 moléculas? Explique.

5.68 Escreva a expressão para a raiz quadrada da velocidade quadrática média de um gás à temperatura T. Defina cada termo da equação e mostre as unidades usadas nos cálculos.

5.69 Qual das seguintes afirmações está correta: (a) calor é produzido quando as moléculas de um gás se chocam umas com as outras; (b) quando um gás é aquecido, a freqüência das colisões das moléculas é maior.

5.70 O hexafluoreto de urânio (UF_6) é um gás muito mais pesado que o hélio, embora as energias cinéticas médias das amostras dos dois gases tenham o mesmo valor, a dada temperatura. Explique.

Problemas

5.71 Compare a raiz quadrada das velocidades quadráticas médias de O_2 e de UF_6 a 65°C.

5.72 A temperatura na estratosfera é −23°C. Calcule a raiz quadrada das velocidades quadráticas médias das moléculas de N_2, O_2 e O_3 nessa região.

5.73 A distância média percorrida por uma molécula entre colisões sucessivas designa-se *caminho livre médio*. Para uma dada quantidade de gás, de que modo o caminho livre médio de um gás depende (a) da densidade, (b) da temperatura a volume constante, (c) da pressão à temperatura constante, (d) do volume à temperatura constante e (e) do tamanho dos átomos?

5.74 A uma determinada temperatura, as velocidades de seis moléculas em um gás são 2,0 m/s, 2,2 m/s, 2,6 m/s, 2,7 m/s, 3,3 m/s, e 3,5 m/s. Calcule a raiz quadrada da velocidade quadrática média e a velocidade média das moléculas. Esses dois valores médios são próximos um do outro, mas o valor da raiz quadrada da velocidade quadrática média é sempre o maior dos dois. Por quê?

Desvios ao Comportamento Ideal
Questões de Revisão

5.75 Apresente duas evidências que mostrem que os gases não se comportam como ideais em todas as condições.

5.76 Em que condições se espera que um gás tenha um comportamento mais próximo do gás ideal: (a) temperatura elevada e pressão baixa; (b) temperatura elevada e pressão alta; (c) temperatura baixa e pressão alta; (d) temperatura baixa e pressão baixa.

5.77 Escreva a equação de van der Waals para um gás real. Explique com clareza o significado dos termos de correção para a pressão e para o volume.

5.78 A temperatura de um gás real que se expande no vácuo geralmente diminui. Explique.

Problemas

5.79 Usando os dados da Tabela 5.3, calcule a pressão exercida por 2,50 mols de CO_2, confinados em um volume de 5,00 L, a 450 K. Compare essa pressão com a calculada usando a equação do gás ideal.

5.80 Uma amostra de 10,0 mols de um gás em um recipiente de 1,50 L exerce uma pressão de 130 atm a 27°C. Trata-se de um gás ideal?

Problemas Adicionais

5.81 Discuta os seguintes fenômenos em termos das leis dos gases: (a) a pressão em um pneu de automóvel aumenta em um dia quente, (b) o "estouro" de um saco de papel, (c) a expansão de um balão meteorológico à medida que ele sobe no ar, (d) o som forte que se ouve quando uma lâmpada estoura.

5.82 A nitroglicerina, um composto explosivo, decompõe-se de acordo com a seguinte equação

$4C_3H_5(NO_3)_3(s) \longrightarrow$
$\quad 12CO_2(g) + 10H_2O(g) + 6N_2(g) + O_2(g)$

Calcule o volume total dos gases produzidos na decomposição de $2,6 \times 10^2$ g de nitroglicerina quando coletados a 1,2 atm e a 25°C. Quais são as pressões parciais dos gases nessas condições?

5.83 A fórmula empírica de um composto é CH. A 200°C, 0,145 g do composto ocupa 97,2 mL à pressão de 0,74 atm. Qual é a fórmula molecular do composto?

5.84 Quando submetido a aquecimento, o nitrito de amônio (NH_4NO_2) se decompõe gerando nitrogênio. Essa propriedade química é utilizada no enchimento de algumas bolas de tênis. (a) Escreva a equação balanceada para a reação. (b) Calcule a quantidade (em gramas) de NH_4NO_2 necessária para encher uma bola de tênis até atingir o volume de 86,2 mL, a 1,20 atm e 22°C.

5.85 A porcentagem em massa de bicarbonato (HCO_3^-) no Alka-Seltzer é 32,5%. Calcule o volume (em mL) de CO_2 produzido a 37°C e 1,00 atm quando uma pessoa ingere um comprimido de 3,29 g. (*Sugestão:* A reação se dá entre HCO_3^- e o ácido HCl existente no estômago.)

5.86 O ponto de ebulição do nitrogênio líquido é −196°C. Pode-se dizer que o nitrogênio é um gás ideal, apenas com base nessa informação?

5.87 No processo metalúrgico de refinação do níquel, o metal é primeiro purificado por meio da reação com monóxido de carbono formando-se tetracarbonilo de níquel, que é um gás a 43°C:

$$Ni(s) + 4CO(g) \longrightarrow Ni(CO)_4(g)$$

O níquel pode ser separado de outras impurezas sólidas por esse processo. (a) Partindo de 86,4 g de Ni, calcule a pressão de $Ni(CO)_4$ em um balão de 4,00 L de volume. (Admita que a reação anterior ocorra completamente.) (b) Continuando a aquecer a amostra acima de 43°C, observa-se que a pressão do gás aumenta muito mais rapidamente que o previsto pela equação de gás ideal. Explique.

••5.88 A pressão parcial do dióxido de carbono varia com as estações do ano. No Hemisfério Norte, espera-se que essa pressão seja mais alta no verão ou no inverno? Explique.

••5.89 Um adulto saudável exala cerca de $5,0 \times 10^2$ mL de uma mistura gasosa em cada expiração. Calcule o número de moléculas presentes nesse volume a 37°C e 1,1 atm. Indique os componentes majoritários dessa mistura gasosa.

••5.90 O bicarbonato de sódio ($NaHCO_3$) chama-se fermento em pó porque, quando aquecido, libera dióxido de carbono gasoso, que é responsável pelo crescimento de bolachas, bolos e pão. (a) Calcule o volume (em litros) de CO_2 produzido pelo aquecimento de 5,0 g de $NaHCO_3$ a 180°C e 1,3 atm. (b) O bicarbonato de amônio (NH_4HCO_3) também é usado para o mesmo fim. Sugira uma vantagem e uma desvantagem para o uso culinário de NH_4HCO_3 em vez de $NaHCO_3$.

•••5.91 Um barômetro cuja seção da área transversal tem 1,00 cm^2 indica uma pressão de 76,0 cm de mercúrio ao nível do mar. A pressão exercida por essa coluna de mercúrio é igual à pressão que o ar exerce sobre 1 cm^2 da superfície terrestre. Sabendo que a densidade do mercúrio é 13,6 g/mL e que o raio médio da Terra é 6.371 km, calcule a massa total da atmosfera terrestre em quilogramas. (*Sugestão:* A área superficial de uma esfera é $4\pi r^2$, sendo r o raio da esfera.)

••5.92 Alguns produtos comerciais usados no desentupimento de canos contêm dois componentes: o hidróxido de sódio e o alumínio em pó. Quando a mistura é colocada em um cano entupido, ocorre a seguinte reação:

$$2NaOH(aq) + 2Al(s) + 6H_2O(l) \longrightarrow 2NaAl(OH)_4(aq) + 3H_2(g)$$

O calor gerado nessa reação ajuda a fundir as obstruções, como a gordura, e o hidrogênio liberado agita os sólidos que entopem o cano. Calcule o volume de H_2 formado, na PTP, se 3,12 g de Al forem tratados com NaOH em excesso.

••5.93 Considere que o volume de uma amostra do gás HCl puro era 189 mL a 25°C e 108 mmHg. Admita que foi dissolvido completamente, em aproximadamente 60 mL de água, e que foi titulado com uma solução de NaOH em que se utilizaram 15,7 mL da solução para neutralizar o HCl. Calcule a molaridade (ou concentração molar) da solução de NaOH.

••5.94 A combustão do propano (C_3H_8) com oxigênio produz dióxido de carbono gasoso e vapor d'água. (a) Escreva a equação química balanceada dessa reação. (b) Calcule o volume (em litros) de dióxido de carbono que poderia ser produzido a partir de 7,45 g de propano, na PTP.

••5.95 Considere a montagem apresentada a seguir. Quando se introduz uma pequena quantidade de água em um frasco apertando o bulbo de um conta-gotas medicinal, a água no béquer sai pela extremidade do longo tubo de vidro na forma de um esguicho voltado para cima. Explique essa observação. (*Sugestão:* O cloreto de hidrogênio gasoso é solúvel em água.)

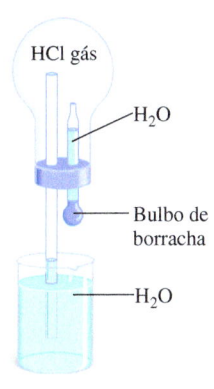

•••5.96 O óxido nítrico (NO) reage com o oxigênio molecular segundo a equação

$$2NO(g) + O_2(g) \longrightarrow 2NO_2(g)$$

Inicialmente, o NO e o O_2 estão separados, como mostra a figura. Quando a válvula é aberta, a reação ocorre completamente e com rapidez. Determine quais gases sobram no final da reação e calcule suas pressões parciais. Considere que a temperatura se mantém em 25°C.

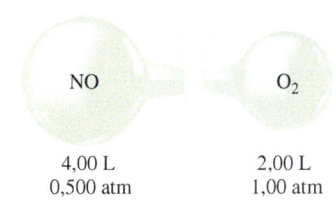

•••5.97 O dispositivo mostrado no diagrama pode ser usado para medir velocidades atômicas e moleculares. Suponha que um feixe de átomos metálicos seja dirigido para um cilindro rotativo no vácuo. Uma pequena abertura no cilindro permite que os átomos se choquem com um alvo. Uma vez que o cilindro esteja rodando, os átomos que se deslocam com velocidades diferentes se chocam com o alvo em posições diferentes. Com o tempo, deposita-se uma camada de metal sobre o alvo, verificando-se que a variação na sua espessura corresponde à distribuição de velocidades de Maxwell. Em uma experiência, descobriu-se que, a 850°C, alguns átomos de bismuto (Bi) se chocavam com o alvo em um ponto situado a 2,80 cm do ponto diretamente oposto à fenda. Se o diâmetro do cilindro for 15,0 cm e ele estiver rodando a 130 rotações por segundo, calcule: (a) a velocidade (m/s) com que o alvo se move (*sugestão:* o perímetro de um círculo é dado por $2\pi r$, em que r é o raio); (b) o tempo (em segundos) que o alvo leva para se deslocar de 2,80 cm; (c) a velocidade dos átomos de Bi. Compare o seu resultado do item (c) com a u_{rqm} do Bi a 850°C. Comente a diferença.

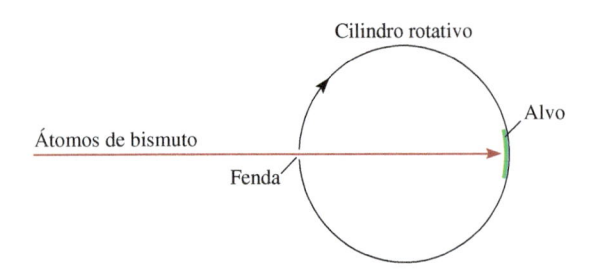

5.98 Os óxidos ácidos, tal como o dióxido de carbono, reagem com óxidos básicos, como o óxido de cálcio (CaO) e o óxido de bário (BaO), dando origem à formação de sais (carbonatos metálicos). (a) Escreva as equações que representam essas duas reações. (b) Um estudante colocou uma mistura de BaO e CaO, com 4,88 g de massa, em um balão de 1,46 L contendo dióxido de carbono a 35°C e 746 mmHg. Depois de completas as reações, verificou que a pressão do CO_2 tinha diminuído para 252 mmHg. Calcule a composição porcentual da mistura.

5.99 O motor de um automóvel produz monóxido de carbono (CO), um gás tóxico, a taxa de aproximadamente 188 g de CO por hora. Um carro é deixado em funcionamento em uma garagem mal ventilada com 6,0 m de comprimento, 4,0 m de largura e 2,2 m de altura, a 20°C. (a) Calcule a taxa da produção de CO em mols por minuto. (b) Quanto tempo levaria para se atingir uma concentração letal de CO de 1.000 ppmv (partes por milhão em volume)?

5.100 O ar que entra nos pulmões termina o seu trajeto em sacos minúsculos designados alvéolos. É nos alvéolos que o oxigênio se difunde no sangue. O raio médio dos alvéolos é 0,0050 cm e o ar no seu interior contém 14% de oxigênio. Admitindo que a pressão nos alvéolos é 1,0 atm e a temperatura, 37°C, calcule o número de moléculas de oxigênio em um dos alvéolos. (*Sugestão:* O volume de uma esfera de raio r é $\frac{4}{3}\pi r^3$.)

5.101 Diz-se que cada inspiração que fazemos contém, em média, moléculas que foram exaladas por Wolfgang Amadeus Mozart (1756-1791). Os cálculos que se seguem demonstram a validade dessa afirmação. (a) Calcule o número total de moléculas na atmosfera. (*Sugestão:* Use o resultado do Problema 5.91 e 29,0 g/mol como massa molar do ar.) (b) Admitindo que o volume de cada respiração (por inspiração ou expiração) seja 500 mL, calcule o número de moléculas exaladas em cada respiração a 37°C, que é a temperatura do corpo humano. (c) Considerando que Mozart viveu exatamente 35 anos, qual o número de moléculas que exalou nesse período? (Considere que em média uma pessoa respire 12 vezes por minuto.) (d) Calcule a fração de moléculas na atmosfera que foi expelida por Mozart. Quantas moléculas exaladas por Mozart inspiramos a cada inalação de ar? Arredonde a sua resposta para um algarismo significativo. (e) Identifique três pressupostos importantes nesses cálculos.

5.102 Quais dos seguintes gases, nas mesmas condições de temperatura e pressão, apresentariam um comportamento mais próximo do comportamento do gás ideal: Ne, N_2 ou CH_4? Justifique.

5.103 Com base nos seus conhecimentos sobre a teoria cinética dos gases, deduza a lei de difusão de Graham [Equação (5.17)].

5.104 Uma amostra de 6,11 g de uma liga de Cu-Zn reage com ácido HCl originando hidrogênio gasoso. Se o hidrogênio gasoso possui um volume de 1,26 L a 22°C e 728 mmHg, qual é a porcentagem de zinco na liga? (*Sugestão:* O cobre não reage com o HCl.)

5.105 Faça uma estimativa da distância (em nanômetros) entre as moléculas do vapor d'água a 100°C e 1,0 atm. Considere que o vapor tem comportamento ideal. Repita o cálculo para a água líquida a 100°C, considerando que a densidade da água é 0,96 g/cm³ nessa temperatura. Comente os seus resultados. (Considere a molécula de água esférica e com um diâmetro de 0,3 nm). (*Sugestão:* Calcule primeiro o número de densidade das moléculas de água. Em seguida, converta o número de densidade em densidade linear, isto é, número de moléculas em uma direção.)

5.106 O chefe de um almoxarifado mediu o conteúdo de um tambor de 94,6 L parcialmente cheio de acetona em um dia em que a temperatura era 18,0°C e a pressão atmosférica 750 mmHg e verificou que existiam 58,3 L do solvente. Depois de selar devidamente o tambor, um assistente deixou-o cair ao transportá-lo para o laboratório de orgânica. O tambor foi danificado e seu volume interno diminuiu para 77,2 L. Qual é a pressão total no interior do tambor após o acidente? A pressão do vapor de acetona a 18,0°C é 400 mmHg. (*Sugestão:* Quando o tambor foi selado, a pressão no seu interior, que é igual à soma das pressões do ar e da acetona, era igual à pressão atmosférica.)

5.107 O hidreto de lítio reage com água como se segue:

$$LiH(s) + H_2O(l) \longrightarrow LiOH(aq) + H_2(g)$$

Durante a Segunda Guerra Mundial, os pilotos dos Estados Unidos transportavam tabletes de LiH. Na hipótese de uma aterrissagem forçada no mar, o LiH reagiria com a água, enchendo os coletes e botes salva-vidas com o hidrogênio gasoso. Quantos gramas de LiH são necessários para encher um colete salva-vidas de 4,1 L a 0,97 atm e a 12°C?

5.108 Uma amostra do gás mencionado no Problema 5.38 se efunde através de uma barreira porosa em 15,0 min. Sob as mesmas condições de temperatura e pressão, o gás N_2 leva 12,0 min para efundir através da mesma barreira. Calcule a massa molar do gás e tente descobrir que gás poderia ser.

5.109 O níquel forma um composto gasoso de fórmula $Ni(CO)_x$. Qual o valor de x, sabendo-se que, nas mesmas condições de temperatura e pressão, o metano (CH_4) efunde 3,3 vezes mais rápido que o composto?

Problemas Especiais

5.110 Aplique o seu conhecimento da teoria cinética dos gases às seguintes situações.

(a) Pode-se falar a respeito da temperatura de uma única molécula?

(b) Dois frascos de volumes V_1 e V_2 ($V_2 > V_1$) contêm o mesmo número de átomos do hélio à mesma temperatura. (i) Compare a raiz quadrada das velocidades quadráticas médias e as energias cinéticas médias dos átomos de hélio (He) nos frascos. (ii) Compare a freqüência e a força com que átomos colidem com as paredes dos seus recipientes.

(c) O mesmo número de átomos de He são colocados em dois frascos com o mesmo volume às temperaturas T_1 e T_2 ($T_2 > T_1$). (i) Compare a raiz quadrada das velocidades quadráticas médias dos átomos nos dois frascos. (ii) Compare a freqüência e a força com que os átomos colidem com as paredes de seus recipientes.

(d) Coloca-se um número igual de átomos de hélio e de neônio (Ne) em dois frascos de mesmo volume. A temperatura de ambos os gases é 74°C. Comente a validade das seguintes afirmações: (i) A raiz quadrada da velocidade quadrática média do He é igual à do Ne. (ii) As energias cinéticas médias dos dois gases são iguais. (iii) A raiz quadrada da velocidade quadrática média de cada átomo de He é $1,47 \times 10^3$ m/s.

5.111 Com base na Figura 5.19, explique o seguinte: (a) Por que as curvas decaem antes de subirem? (b) Por que todas as curvas convergem para 1 em valores de pressão muito baixas? (c) Qual a interpretação para o fato de uma curva interceptar a linha horizontal referente ao gás ideal? Esse fato significa que nesse ponto o gás se comporta como ideal?

5.112 Ao consultar a Figura 5.15, vemos que o máximo de cada curva da distribuição da velocidade é denominado velocidade mais provável (u_{mp}) porque é a velocidade que o maior número de moléculas possui. A velocidade mais provável é dada por $u_{mp} = \sqrt{2RT/\mathcal{M}}$. (a) Compare u_{mp} com u_{rqm} para o nitrogênio a 25°C. (b) O diagrama seguinte mostra as curvas de distribuição de velocidade de Maxwell para um gás ideal a duas temperaturas diferentes T_1 e T_2. Calcule o valor de T_2.

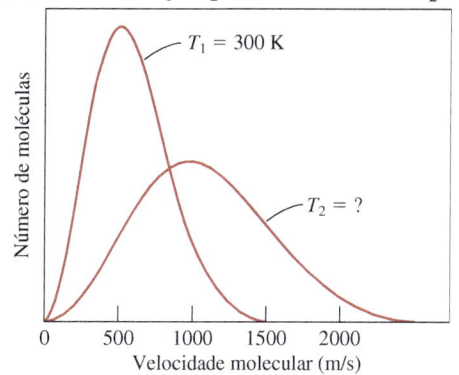

Respostas dos Exercícios

5.1 0,986 atm. **5.2** 9,29 L. **5.43** 30,6 L. **5.4** 2,6 atm. **5.5** 44,1 g/mol. **5.6** 4,75 L. **5.7** CH_4: 1,29 atm; C_2H_6: 0,0657 atm; C_3H_8: 0,0181 atm. **5.8** 0,0653 g. **5.9** 321 m/s. **5.10** 146 g/mol. **5.11** 30,0 atm; 45,5 atm usando a equação do gás ideal.

6 Relações de Energia em Reações Química

6.1 Natureza da Energia e Tipos de Energia 169
6.2 Variações de Energia em Reações Químicas 170
6.3 Introdução à Termodinâmica 171
Primeira Lei da Termodinâmica • Trabalho e Calor
6.4 Entalpia de Reações Químicas 177
Entalpia • Entalpia de Reações • Equações Termoquímicas • Comparações entre ΔH e ΔE
6.5 Calorimetria 182
Calor Específico e Capacidade Calorífica • Calorimetria a Volume Constante • Calorimetria a Pressão Constante
6.6 Entalpia Padrão de Formação e de Reação 188
O Método Direto • O Método Indireto

Incêndio Florestal – uma reação exotérmica indesejável.

Conceitos Essenciais

Energia As diversas formas de energia são, ao menos em princípio, interconvertíveis.

Primeira Lei da Termodinâmica A primeira lei da termodinâmica, que se baseia na lei da conservação da energia, relaciona a variação de energia interna de um sistema com o calor transferido e o trabalho realizado. Essa lei também pode ser expressa de modo a mostrar a relação entre a variação de energia interna e a variação de entalpia para um determinado processo.

Termoquímica A maioria das reações químicas envolve absorção ou liberação de calor. A pressão constante, o calor transferido é igual à variação de entalpia. O calor transferido é medido com auxílio de um calorímetro e, sob condições estabelecidas, usam-se calorímetros que trabalham a pressões e volumes constantes.

Entalpia Padrão de uma Reação A entalpia padrão de uma reação corresponde à variação de entalpia quando a pressão é de 1 atm. Pode ser calculada por meio dos valores de entalpia padrão de formação dos reagentes e produtos. A entalpia padrão de formação de um composto pode ser determinada de modo indireto com base na Lei de Hess.

6.1 Natureza da Energia e Tipos de Energia

"Energia" é um termo muito usado, que representa um conceito abstrato. Por exemplo, quando nos sentimos cansados, podemos dizer que não temos *energia*; por outro lado, ouvimos falar da necessidade de encontrarem alternativas para os recursos *energéticos* não renováveis. Ao contrário da matéria, a energia é reconhecida por seus efeitos, e não podemos vê-la, tocá-la, cheirá-la ou pesá-la.

A *energia* normalmente é definida como *a capacidade de realizar trabalho*. No Capítulo 5, definimos trabalho como "força × distância", entretanto, veremos, em breve, que há outros tipos de trabalho. Todas as formas de energia são capazes de gerar trabalho (isto é, de exercer uma força ao longo de uma distância), mas nem todas são igualmente relevantes para a química. A energia das marés, por exemplo, pode ser controlada para produzir trabalho útil, porém, a relação entre as marés e a química é pequena. Os químicos definem **trabalho** como a variação de energia diretamente resultante de um processo. A energia cinética — energia produzida por um objeto em movimento — é uma forma de energia com interesse especial para os químicos. Outras formas são energia radiante, energia térmica, energia química e energia potencial.

A *energia radiante*, ou *energia solar*, *provém do Sol* e é a fonte de energia primária da Terra. A energia solar aquece a atmosfera e a superfície da Terra, estimula o crescimento da vegetação pelo processo conhecido como fotossíntese e influencia os padrões climáticos globais.

Energia térmica é *a energia associada ao movimento randômico dos átomos e das moléculas*. Em geral, pode ser calculada a partir de medidas de temperatura. Quanto mais intenso for o movimento dos átomos e das moléculas em uma amostra de matéria mais quente essa se tornará e maior será sua energia térmica. Contudo, precisamos fazer uma distinção cuidadosa entre energia térmica e temperatura. Uma xícara de café a 70°C está a uma temperatura mais elevada que uma banheira cheia de água quente a 40°C, mas há muito mais energia térmica armazenada na água da banheira porque o seu volume e a sua massa são muito maiores que os do café, e, consequentemente, se há mais moléculas de água, maior é o movimento molecular.

Energia química é *uma forma de energia armazenada dentro das unidades estruturais das substâncias químicas*; sua quantidade é determinada pelo tipo e arranjo dos átomos na substância considerada. Quando as substâncias participam de reações químicas, a energia química é liberada, armazenada ou convertida em outras formas de energia.

Energia potencial é *a energia disponível como conseqüência da posição de um objeto*. Por exemplo, por causa da sua altitude, uma rocha no alto de um penhasco tem maior energia potencial e deve provocar maior impacto ao cair dentro da água do que uma rocha semelhante colocada no meio do penhasco. A energia química pode ser considerada uma forma de energia potencial porque está associada às posições relativas e aos arranjos dos átomos que compõem uma dada substância.

Todas as formas de energia podem ser interconvertidas (pelo menos, em princípio). Sentimo-nos quentes quando estamos expostos ao Sol, pois a energia solar radiante se transforma em energia térmica na nossa pele. Quando praticamos exercício físico, a energia química armazenada nos nossos corpos é usada para produzir energia cinética. Quando uma bola começa a rolar ladeira abaixo, a sua energia potencial é convertida em energia cinética. É possível, sem dúvida, dar muitos outros exemplos. Embora a energia possa assumir formas diferentes e interconvertíveis, os cientistas chegaram à conclusão de que ela não pode ser destruída nem criada. Quando uma forma de energia desaparece, outra (de igual grandeza) deve aparecer, e vice-versa. Esse princípio é conhecido como a **lei da conservação da energia:** *a quantidade total de energia no universo é sempre constante*.

O conceito de energia cinética foi introduzido no Capítulo 5.

À medida que a água passa pela barragem, sua energia potencial é convertida em energia cinética. Essa energia é usada para gerar eletricidade e denomina-se energia hidroelétrica.

6.2 Variações de Energia em Reações Químicas

As variações de energia que ocorrem durante as reações químicas freqüentemente, apresentam tanto interesse prático quanto as relações de massa discutidas no Capítulo 3. Por exemplo, na vida cotidiana, a importância da realização de reações de combustão a partir do gás natural e do petróleo deve-se em maior parte à liberação de energia térmica do que à formação dos produtos água e dióxido de carbono.

Quase todas as reações químicas absorvem ou produzem (liberam) energia, geralmente na forma de calor. É importante compreender a distinção entre energia térmica e calor. ***Calor*** *é a transferência de energia térmica entre dois corpos que estão a temperaturas diferentes*. Falamos muitas vezes em "fluxo de calor" de um objeto quente para um objeto frio. Embora o termo "calor" implique transferência de energia, costumamos falar em "calor absorvido" ou "calor liberado" quando descrevemos variações de energia que ocorrem em um processo. *A área de estudo das variações de calor que ocorrem nas reações químicas* chama-se **termoquímica**.

Para analisarmos as variações de energia associadas às reações químicas, temos primeiro de definir o ***sistema***, ou seja, *a parte específica do universo que nos interessa*. Para os químicos, um sistema geralmente inclui substâncias envolvidas em transformações químicas e físicas. Por exemplo, em um experimento de neutralização ácido-base, o sistema pode ser um béquer contendo 50 mL de HCl ao qual se adicionaram 50 mL de NaOH. *O restante do universo fora do sistema designa-se* ***vizinhança***.

Há três tipos de sistemas. Um ***sistema aberto*** *pode trocar massa e energia, geralmente na forma de calor, com a vizinhança*. Por exemplo, um sistema aberto pode consistir em certa quantidade de água dentro de um recipiente aberto, como mostrado na Figura 6.1(a). Se fecharmos o frasco, como na Figura 6.1(b), de modo que o vapor d'água não possa escapar do recipiente nem condensar-se dentro dele, criamos um ***sistema fechado*** que *permite transferência de energia (calor), mas não de massa*. Se colocarmos água em um recipiente totalmente isolado, construímos um ***sistema isolado*** que *não permite transferência de massa nem de energia*, como mostrado na Figura 6.1(c).

A combustão do gás hidrogênio em oxigênio é uma das muitas reações químicas que liberam quantidades consideráveis de energia:

$$2H_2(g) + O_2(g) \longrightarrow 2H_2O(l) + \text{energia}$$

Nesse caso, a mistura reacional (moléculas de hidrogênio, oxigênio e água) é chamada de *sistema* e o restante do universo, de *vizinhança*. Uma vez que a energia não pode ser criada nem destruída, qualquer energia perdida pelo sistema deve ser adquirida pela vizinhança. Então, o calor produzido no processo de combustão é transferido do

Figura 6.1.
Três sistemas constituídos por água dentro de um frasco: (a) um sistema aberto que permite transferência de massa e de energia com a vizinhança; (b) um sistema fechado que permite transferência de energia, mas não de massa; e (c) um sistema isolado que não permite transferência de massa nem de energia (aqui o frasco está envolvido por uma câmara de vácuo).

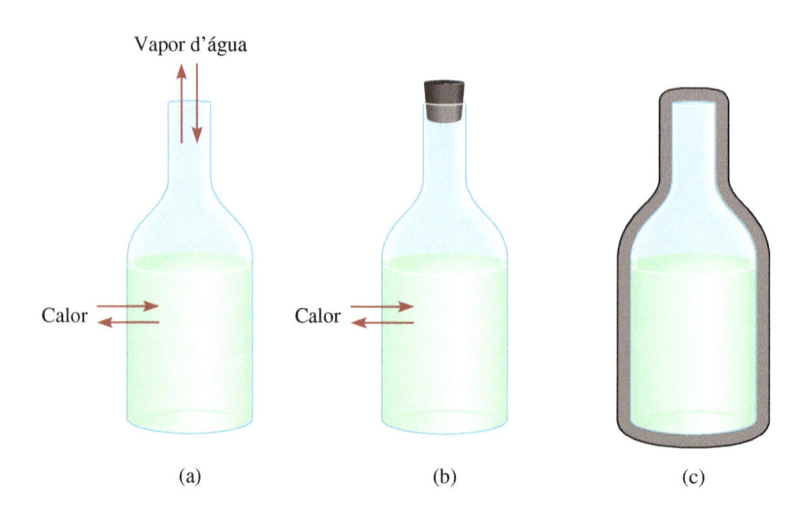

Figura 6.2
O desastre do Hindenburg. O Hindenburg, um dirigível alemão preenchido com hidrogênio, foi destruído por um incêndio de grandes proporções em Lakehurst, Nova Jersey, em 1937.

sistema para a vizinhança. Essa reação é um exemplo de **processo exotérmico**, que é *qualquer processo que libera calor, isto é, transfere energia térmica para o meio exterior.*

Considere, agora, outra reação, a decomposição do óxido de mercúrio(II) (HgO) em temperaturas elevadas:

$$\text{energia} + 2\text{HgO}(s) \longrightarrow 2\text{Hg}(l) + \text{O}_2(g)$$

Essa reação é um exemplo de **processo endotérmico**, *no qual calor tem de ser fornecido ao sistema* (isto é, ao HgO) *pela sua vizinhança.*

Nas reações exotérmicas, a energia total dos produtos é menor do que a energia total dos reagentes. Essa diferença corresponde ao calor fornecido pelo sistema à vizinhança. Acontece exatamente o contrário para as reações endotérmicas. Nesse caso, a diferença de energia entre os produtos e os reagentes é igual ao calor fornecido ao sistema pela vizinhança.

Exo- provém da palavra grega que significa "para fora"; endo- significa "para dentro".

Por aquecimento, o HgO decompõe-se em Hg e O_2.

6.3 Introdução à Termodinâmica

A termoquímica faz parte de um tema mais amplo, denominado **termodinâmica**, que trata do *estudo científico da interconversão de calor e outras formas de energia.* As leis da termodinâmica nos orientam na compreensão da energética e da direção de evolução dos processos. Nesta seção vamos nos concentrar na primeira lei da termodinâmica, que é particularmente relevante ao estudo da termoquímica. Continuaremos a discussão de outros aspectos da termodinâmica no Capítulo 18.

Em termodinâmica, estudam-se as variações no **estado de um sistema**, que é definido pelos *valores de todas as propriedades macroscópicas importantes, por exemplo, composição, energia, temperatura, pressão e volume.* Energia, pressão, volume e temperatura são **funções de estado** — *propriedades determinadas apenas pelo estado do sistema, independentemente das condições em que ele foi atingido.* Em outras palavras, quando ocorre uma alteração no estado do sistema, a magnitude da variação de qualquer função de estado vai depender apenas dos estados inicial e final do sistema e não do modo como a alteração ocorreu.

O estado de dada quantidade de gás é especificado pelo seu volume, pressão e temperatura. Considere 1 L de um gás a 2 atm e 300 K (estado inicial). Suponha que ocorra um processo, à temperatura constante, tal que a pressão do gás diminua para 1 atm. De

Figura 6.3
O aumento de energia potencial gravitacional que ocorre quando uma pessoa sobe uma montanha desde o sopé até o cume é independente do caminho percorrido.

A letra grega delta, Δ, representa variação. Neste texto, usa-se como sinônimo de final-inicial.

Lembre-se de que um objeto possui energia potencial em virtude de sua posição ou composição química.

Interatividade:
Conservação de Energia.
Centro de Aprendizagem Online, Interativo

acordo com a lei de Boyle, o volume do gás deve aumentar para 2 L. O estado final corresponde então a: 1 atm, 300 K e 2 L. A variação de volume (ΔV) é

$$\Delta V = V_f - V_i$$
$$= 2\,L - 1\,L$$
$$= 1\,L$$

em que V_i e V_f são os volumes inicial e final, respectivamente. A variação do volume será sempre 1 L, não importando o modo como se atinge o estado final (por exemplo, a pressão do gás pode ser primeiro aumentada e, em seguida, diminuída para 1 atm). Portanto, o volume de um gás é uma função de estado. De modo análogo, pode-se mostrar que a pressão e a temperatura são também funções de estado.

A energia é outra função de estado. Por exemplo, o aumento "líquido" da energia potencial gravitacional, quando subimos de um mesmo ponto de partida até o cume de uma montanha, é sempre o mesmo, qualquer que seja o caminho percorrido. (Figura 6.3).

Primeira Lei da Termodinâmica

A ***primeira lei da termodinâmica*** que se baseia no princípio da conservação de energia, estabelece *que a energia pode ser convertida de uma forma em outra, mas não pode ser criada ou destruída.*[†] Como sabemos que é realmente assim? Seria impossível provar a validade da primeira lei da termodinâmica se tivéssemos de determinar o conteúdo energético total do universo. Até mesmo a determinação da energia total contida em 1 g de ferro seria extremamente difícil. Felizmente, podemos testar a validade da primeira lei em um processo medindo apenas a *variação* da energia interna, entre os estados *inicial* e *final*, do sistema, Essa variação da energia interna ΔE é dada por

$$\Delta E = E_f - E_i$$

em que E_i e E_f são as energias internas do sistema nos estados inicial e final, respectivamente.

A energia interna do sistema tem duas componentes: energia cinética e energia potencial. A componente energia cinética está associada aos vários tipos de movimento molecular e também ao movimento dos elétrons no interior das moléculas. A energia potencial é determinada pelas interações de atração entre os elétrons e o núcleo e pelas interações de repulsão entre elétrons e entre núcleos na mesma molécula, bem como pelas interações entre moléculas. É impossível medir com exatidão todas essas contribuições e, portanto, não podemos calcular com certeza a energia total de um sistema. Contudo, as variações de energia podem ser determinadas experimentalmente.

[†]Veja a discussão no Capítulo 2 sobre a relação entre massa e energia nas reações químicas.

Consideremos a reação entre 1 mol de enxofre e 1 mol de oxigênio gasoso que produz 1 mol de dióxido de enxofre:

$$S(s) + O_2(g) \longrightarrow SO_2(g)$$

Nesse caso, o nosso sistema é composto pelas moléculas dos reagentes S e O_2 e pelas moléculas do produto SO_2. Não conhecemos os valores da energia interna das moléculas dos reagentes nem das moléculas dos produtos, mas podemos medir com exatidão a *variação* do conteúdo energético, ΔE, que é dada por

$\Delta E = E(\text{produto}) - E(\text{reagentes})$
   $= $ conteúdo energético de 1 mol $SO_2(g)$ $-$ conteúdo energético de [1 mol $S(s)$ + 1 mol $O_2(g)$]

Enxofre queimando em oxigênio produz SO_2.

Verifica-se que essa reação libera calor. Nesse caso, a energia do produto é menor do que as energias dos reagentes e ΔE é negativo.

Se interpretarmos a liberação de calor nessa reação como uma transformação de parte da energia química contida nas moléculas em energia térmica, concluímos que a transferência de energia a partir do sistema para a vizinhança não altera a energia total do universo. Isto é, a soma das variações de energia deve ser zero:

$$\Delta E_{\text{sis}} + \Delta E_{\text{viz}} = 0$$

ou
$$\Delta E_{\text{sis}} = -\Delta E_{\text{viz}}$$

em que os índices "sist" e "viz" indicam sistema e vizinhança, respectivamente. Portanto, se o sistema tiver uma variação de energia igual a ΔE_{sist}, o restante do universo, ou a vizinhança, deverá ter uma variação de energia de igual magnitude, mas de sinal oposto ($-\Delta E_{\text{viz}}$); energia que se ganha em um local deve ter sido perdida em outro. Além disso, em virtude de poder assumir várias formas, a energia perdida por um sistema pode ser ganha por outro em uma forma diferente. Por exemplo, a energia liberada na combustão de petróleo em uma central elétrica pode, no final, ser usada em nossas residências na forma de energia elétrica, calor, luz etc.

Em química, estamos interessados, normalmente, nas variações energéticas associadas a um sistema (que pode ser um balão contendo reagentes e produtos) e não associadas à vizinhança. Portanto, uma forma mais útil de expressar a primeira lei é

$$\Delta E = q + w \tag{6.1}$$

Usam-se letras minúsculas (tal como w e q) para representar grandezas termodinâmicas que não são funções de estado.

(Deixamos de usar o índice "sist" para simplificar.) A Equação (6.1) diz que a variação da energia interna ΔE de um sistema é igual à somatória da troca de calor q entre o sistema e a vizinhança e do trabalho w efetuado sobre o (ou pelo) sistema. As convenções de sinais para q e w são as seguintes: q é positivo para um processo endotérmico e negativo para um processo exotérmico, e w é positivo para o trabalho efetuado sobre o sistema pela vizinhança e negativo para o trabalho efetuado pelo sistema sobre a vizinhança. Podemos comparar a primeira lei da termodinâmica a um balancete de energia, por analogia com um balancete bancário que faça conversão entre moedas correntes. Pode-se retirar ou depositar dinheiro em quaisquer outras moedas (como a variação da energia em decorrência da troca de calor e do trabalho efetuado). Porém, o valor da conta bancária do cliente só depende do saldo, depois de efetuadas essas transações, e não da moeda utilizada.

Por conveniência, o termo "interna" será omitido algumas vezes ao discutirmos a energia interna de um sistema.

A Equação (6.1) pode parecer abstrata, mas, na verdade, é muito lógica. Se um sistema perde calor para a vizinhança ou realiza trabalho sobre ela, devemos esperar que a sua energia interna diminua pois ambos os processos consomem energia. Por essa razão, tanto q como w são negativos. Ao contrário, se houver adição de calor ao sistema ou se

TABELA 6.1 Convenções de Sinais para o Calor e o Trabalho

Processo	Sinal
Trabalho efetuado pelo sistema sobre a vizinhança	−
Trabalho efetuado sobre o sistema pela vizinhança	+
Calor absorvido pelo sistema a partir da vizinhança (processo endotérmico)	+
Calor absorvido pela vizinhança a partir do sistema (processo exotérmico)	−

for efetuado trabalho sobre ele, a sua energia interna deverá aumentar. Nesse caso, tanto q como w serão positivos. A Tabela 6.1 resume as convenções de sinais para q e w.

Trabalho e Calor

Vimos que o trabalho pode ser definido como a força F multiplicada pela distância d:

$$w = Fd \tag{6.2}$$

Em termodinâmica, o trabalho tem um significado mais amplo que inclui trabalho mecânico (por exemplo, um guindaste que levanta uma barra de aço), trabalho elétrico (uma bateria que fornece elétrons para acender a lâmpada de uma lanterna) e trabalho em superfície (soprar uma bolha de sabão). Nesta seção, vamos nos concentrar no trabalho mecânico; no Capítulo 19, discutiremos a natureza do trabalho elétrico.

Uma maneira de ilustrar o trabalho mecânico é estudar a expansão ou a compressão de um gás. Muitos processos químicos e biológicos envolvem variação de volume de gases. Um exemplo prático é o motor de combustão interna de um automóvel. A energia do veículo é fornecida pela expansão e compressão sucessivas dos cilindros que ocorre em virtude da combustão da mistura gasolina-ar. A Figura 6.4 mostra um gás contido dentro de um cilindro munido de um êmbolo móvel, sem peso e sem atrito, para dado volume, a certa pressão e temperatura. À medida que o gás se expande, empurra o êmbolo para cima contra uma pressão atmosférica externa constante P. O trabalho efetuado pelo gás sobre a vizinhança é

$$w = -P\Delta V \tag{6.3}$$

em que ΔV, a variação de volume, é dada por $V_f - V_i$. O sinal de menos na Equação (6.3) está de acordo com a convenção utilizada para w. Quando o gás se expande, $\Delta V > 0$, e $-P\Delta V$ é uma quantidade negativa. Para a compressão do gás (trabalho realizado sobre o sistema), $\Delta V < 0$, e $-P\Delta V$ é uma quantidade positiva.

Figura 6.4
Expansão de um gás contra uma pressão externa constante (por exemplo, a pressão atmosférica). O gás está em um cilindro equipado com um êmbolo móvel e sem peso. O trabalho realizado é expresso por $-P\Delta V$.

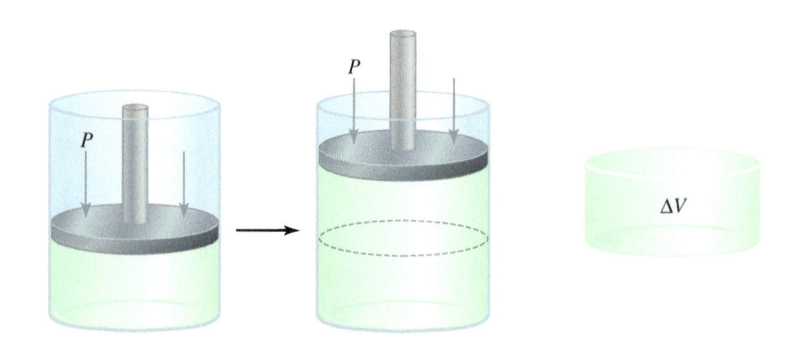

A Equação (6.3) foi deduzida considerando-se o fato de que o produto pressão × volume pode ser expresso como (força/aérea) × volume, isto é,

$$P \times V = \underbrace{\frac{F}{d^2}}_{\text{pressão}} \times \underbrace{d^3}_{\text{volume}} = Fd = w$$

em que F é a força oposta e d tem dimensões de comprimento, d^2 possui dimensões de área e d^3, dimensões de volume. Portanto, o produto da pressão pelo volume é igual à força multiplicada pela distância, ou seja, o trabalho. Pode-se ver que, para dado aumento no volume (isto é, para certo valor de ΔV), o trabalho realizado depende do valor da pressão externa oposta P. Se P for igual a zero (isto é, se o gás se expandir contra o vácuo), o trabalho realizado deverá também ser zero. Se P tiver um valor positivo, diferente de zero, então o trabalho realizado será dado por $-P\Delta V$.

De acordo com a Equação (6.3), as unidades para o trabalho realizado pelo ou sobre o gás são litro × atmosfera. Para expressar o trabalho realizado na unidade joules, que é mais familiar, usa-se o fator de conversão (veja o Apêndice 1).

$$1 \text{ L} \cdot \text{atm} = 101{,}3 \text{ J}$$

EXEMPLO 6.1

O volume de um gás aumenta de 2,0 L para 6,0 L, a temperatura constante. Calcule o trabalho realizado pelo gás se ocorrer sua expansão (a) contra o vácuo e (b) contra uma pressão constante de 1,2 atm.

Estratégia Neste caso, um pequeno esquema da situação pode ser útil:

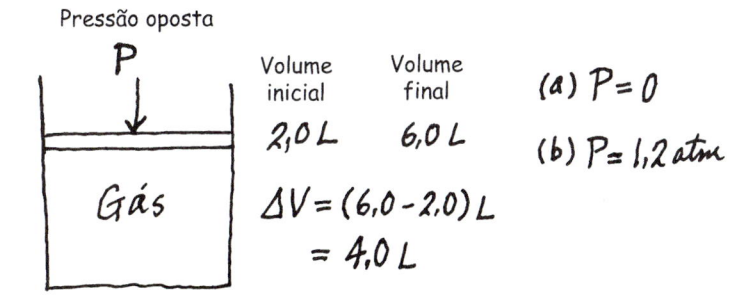

O trabalho realizado durante a expansão do gás é igual ao produto da pressão externa oposta pela variação de volume. Qual é o fator de conversão entre L · atm e J?

Solução

(a) Uma vez que a pressão externa é zero, não será realizado trabalho durante a expansão.

$$\begin{aligned} w &= -P\Delta V \\ &= -(0)(6{,}0 - 2{,}0) \text{ L} \\ &= 0 \end{aligned}$$

(b) A pressão externa é igual a 1,2 atm, logo

$$\begin{aligned} w &= -P\Delta V \\ &= -(1{,}2 \text{ atm})(6{,}0 - 2{,}0) \text{ L} \\ &= -4{,}8 \text{ L} \cdot \text{atm} \end{aligned}$$

(Continua)

Para convertermos o resultado obtido para joules, escrevemos

$$w = -4,8 \text{ L} \cdot \text{atm} \times \frac{101,3 \text{ J}}{1 \text{ L} \cdot \text{atm}}$$

$$= -4,9 \times 10^2 \text{ J}$$

Problemas semelhantes: 6.15, 6.16.

Verificação Como se trata da expansão de um gás (o trabalho é efetuado pelo sistema sobre a vizinhança), o trabalho realizado tem sinal negativo.

Exercício Um gás expande-se de 264 mL para 971 mL, a temperatura constante. Calcule o trabalho realizado (em joules) pelo gás se a expansão ocorrer (a) no vácuo e (b) contra uma pressão constante de 4,00 atm.

Como a temperatura se mantém constante, a lei de Boyle pode ser usada para mostrar que a pressão final é a mesma em (a) e (b).

O Exemplo 6.1 mostra que o trabalho não é uma função de estado. Embora os estados inicial e final sejam os mesmos nas partes (a) e (b), as quantidades de trabalho realizado são diferentes porque as pressões externas, opostas, são diferentes. *Não podemos escrever* $\Delta w = w_f - w_i$. O trabalho realizado não depende só do estado inicial e do estado final, depende também do modo como o processo ocorre, ou seja, do caminho.

O outro componente da energia interna é o calor, q. Tal como o trabalho, o calor não é uma função de estado. Considere que a temperatura de 100,0 g de água, inicialmente a 20,0°C, seja elevada para 30,0°C a 1 atm. Durante esse processo que quantidade de calor é transferida para a água? Não sabemos a resposta porque o processo não é especificado. Uma maneira de aumentar a temperatura é aquecer a água usando um bico de Bunsen, ou então, usando um aquecedor elétrico de imersão. Em qualquer um dos casos o valor calculado para o calor transferido é 4.184 J.[†]

Alternativamente, podemos provocar o aumento da temperatura agitando a água com uma barrinha de agitador magnético até que a temperatura desejada seja alcançada, em conseqüência da fricção. O calor transferido nesse caso é zero. Ou podemos elevar a temperatura da água de 20°C para 25°C primeiro por aquecimento direto, agitando-a em seguida até atingir 30°C. Em qualquer um dos casos, o valor de q estará entre 0 e 4.184 J. Esse exemplo simples mostra que o calor associado a um dado processo, como o trabalho, depende do modo como o processo é realizado, isto é, *não podemos escrever* $\Delta q = q_f - q_i$. É importante notar que embora nem o calor nem o trabalho sejam funções de estado, a soma $(q + w)$ é igual a ΔE e, como vimos anteriormente, E é uma função de estado. Assim, se a mudança do caminho entre o estado inicial e o estado final causar um aumento no valor de q, o valor de w será diminuído pela mesma quantidade e vice-versa.

Em resumo, o calor e o trabalho não são funções de estado, pois não são propriedades de um sistema. Esses manifestam-se apenas durante o processo (durante a transformação). Dessa forma, os seus valores dependem do caminho do processo, variando de acordo com esse.

EXEMPLO 6.2

O trabalho realizado quando um gás é comprimido em um cilindro como o mostrado na Figura 6.4 é 462 J. Durante esse processo, ocorre uma transferência de 128 J, na forma de calor, do gás para a vizinhança. Calcule a variação de energia para esse processo.

(Continua)

[†]O calor transferido para a água é $q = mc\Delta t$, em que m é a massa da água em gramas, c é o calor específico da água (4,184 J/g · °C), e Δt a variação de temperatura. Assim, $q = (100,0 \text{ g})(4,184 \text{ J/g} \cdot °\text{C})(10°\text{C}) = 4.184$ J. O calor específico será discutido na Seção 6.5.

Estratégia A compressão é trabalho realizado sobre o sistema, ou seja sobre o gás; qual é o sinal de *w*? O gás libera calor para a vizinhança. Esse processo é endotérmico ou exotérmico? Qual é o sinal de *q*?

Solução A variação de energia do gás pode ser calculada usando-se a Equação (6.1). O trabalho de compressão é positivo e o valor de *q* é negativo porque o gás libera calor. Portanto, temos

$$\begin{aligned}\Delta E &= q + w \\ &= -128 \text{ J} + 462 \text{ J} \\ &= 334 \text{ J}\end{aligned}$$

Conseqüentemente, ocorre um aumento de 334 J na energia do gás

Exercício Um gás expande-se e realiza um trabalho (*P-V*) de 279 J sobre a vizinhança. Ao mesmo tempo, absorve 216 J de calor a partir da vizinhança. Qual é a variação de energia do sistema?

Problemas semelhantes: 6.17, 6.18.

6.4 Entalpia de Reações Químicas

A próxima etapa consiste em estudar como a primeira lei da termodinâmica pode ser aplicada a processos que ocorrem sob diferentes condições. Especificamente, consideraremos uma situação em que o volume do sistema é mantido constante e outra em que a pressão aplicada ao sistema é constante.

Se uma reação química ocorre a volume constante, então $\Delta V = 0$, e nessa transformação nenhum trabalho (*P-V*) é realizado. Pela Equação (6.1) obtém-se

$$\begin{aligned}\Delta E &= q - P\Delta V \\ &= q_v\end{aligned} \quad (6.4)$$

Adicionamos o índice "*v*" para lembrar que esse é um processo que ocorre a volume constante. À primeira vista essa igualdade pode parecer estranha, porque mostramos anteriormente que *q* não é uma função do estado. Contudo, o processo ocorre sob volume constante, de modo que calor trocado pode ter somente um único valor, que é igual a ΔE.

Entalpia

Além de freqüentemente inconvenientes, condições em que o volume é mantido constante são, às vezes, impossíveis de conseguir. A maioria das reações ocorre sob condições em que a pressão é mantida constante (geralmente a pressão atmosférica). O aumento do número de mols do gás ao final dessas reações indica que o sistema realiza trabalho sobre a vizinhança (expansão). Isso ocorre porque o gás formado deve empurrar o ar da vizinhança para poder entrar na atmosfera. Por outro lado, quando há maior consumo do que produção de moléculas do gás, o trabalho é realizado pela vizinhança sobre o sistema (compressão). Finalmente, nos casos em que não há qualquer variação no número de mols dos gases ao transformar reagentes em produtos, nenhum trabalho é realizado.

Em geral, para um processo a pressão constante escreve-se

$$\begin{aligned}\Delta E &= q + w \\ &= q_p - P\Delta V\end{aligned}$$

ou $\quad q_p = \Delta E + P\Delta V \quad (6.5)$

em que o índice "*p*" representa a condição de pressão constante.

Vamos introduzir agora uma nova função termodinâmica para o sistema, denominada *entalpia* (**H**), que é definida pela equação

$$H = E + PV \tag{6.6}$$

E é a energia interna do sistema e *P* e *V* são a pressão e o volume do sistema, respectivamente. Dado que *E* e *PV* têm unidades de energia, a entalpia também é expressa em unidades de energia. Além disso, *E*, *P* e *V* são funções de estado, isto é, as variações em (*E* + *PV*) só dependem dos estados inicial e final. Conseqüentemente, a variação em *H*, isto é ΔH, também depende apenas dos estados inicial e final. Portanto, *H* é uma função do estado.

Para qualquer processo, a variação da entalpia, de acordo com a Equação (6.6) é dada por

$$\Delta H = \Delta E + \Delta(PV) \tag{6.7}$$

Se a pressão for mantida constante, então

$$\Delta H = \Delta E + P\Delta V \tag{6.8}$$

Comparando as Equações (6.8) e (6.5), vemos que para um processo a pressão constante, $q_p = \Delta H$. Mais uma vez, embora *q* não seja uma função de estado, a variação de calor a pressão constante é igual a ΔH porque o "caminho" está definido e, por conseguinte, ele pode assumir um único valor específico.

Agora, temos duas grandezas, ΔE e ΔH, que podem ser associadas a uma reação química. Ambas são medidas de variações de energia, porém sob diferentes condições. Se a reação ocorre sob volume constante, o calor transferido, q_v, é igual a ΔE. Entretanto, quando a reação é realizada a pressão constante, o calor transferido, q_p, é igual a ΔH.

Entalpia de Reações

A maior parte das reações consiste em processos que ocorrem a pressão constante; nesses casos, podemos igualar a troca de calor à variação da entalpia. Para qualquer reação do tipo

$$\text{reagentes} \longrightarrow \text{produtos}$$

definimos a variação de entalpia, denominada **entalpia de reação**, **ΔH**, como *a diferença entre as entalpias dos produtos e as entalpias dos reagentes*:

$$\Delta H = H(\text{produtos}) - H(\text{reagentes}) \tag{6.9}$$

A entalpia de reação pode ser positiva ou negativa, dependendo do processo. Para um processo endotérmico (em que ocorre absorção de calor pelo sistema a partir da vizinhança), ΔH é positivo (isto é, $\Delta H > 0$). Para um processo exotérmico (em que ocorre liberação de calor pelo sistema para a vizinhança), ΔH é negativo (isto é, $\Delta H < 0$).

Por analogia, a variação da entalpia pode ser analisada da mesma forma que a variação de saldo no extrato de uma conta bancária. Suponha que o saldo inicial seja R$ 100. Depois de uma transação (depósito ou saque), a variação do saldo bancário, ΔX, é dada por

$$\Delta X = X_{\text{final}} - X_{\text{inicial}}$$

em que *X* representa o saldo bancário. Se for efetuado um depósito de R$ 80 na conta, então ΔX = R$ 180 – R$ 100 = R$ 80. Esse exemplo corresponde ao que ocorre no caso de uma reação endotérmica. (O saldo aumenta e a entalpia do sistema, também.)

No entanto, um saque de R$ 60 significa ΔX = R$ 40 − R$ 100 = −R$ 60. O sinal negativo de ΔX indica que o saldo diminuiu. Analogamente, um valor negativo de ΔH reflete uma diminuição na entalpia do sistema, como conseqüência de um processo exotérmico. A diferença entre essa analogia e a Equação (6.9) é que, enquanto o saldo bancário exato é sempre conhecido, não há como saber os valores das entalpias de cada produto e de cada reagente. Na prática, apenas a *diferença* entre esses valores pode ser medida.

Apliquemos agora a idéia de variações de entalpia a dois processos comuns, o primeiro envolvendo uma transformação física e o segundo, uma transformação química.

Equações Termoquímicas

A 0°C e à pressão de 1 atm, o gelo se funde, gerando água no estado líquido. Medidas experimentais, mostram que, nessas condições, para cada mol de gelo convertido em água líquida, o sistema (gelo) absorve 6,01 quilojoules (kJ) de energia térmica. Sendo a pressão constante, o calor transferido é igual à variação de entalpia, ΔH. Além disso, trata-se de um processo endotérmico, conforme é esperado para uma transformação que envolve absorção de energia como é a fusão do gelo [Figura 6.5(a)]. Conseqüentemente, o valor de ΔH tem sinal positivo. A equação para essa transformação física é

$$H_2O(s) \longrightarrow H_2O(l) \qquad \Delta H = 6,01 \text{ kJ/mol}$$

O aparecimento de "por mol" na unidade de ΔH significa que se trata de uma variação de entalpia *por mol de reação (ou de processo), tal como está escrito*, isto é, para a conversão de 1 mol de gelo em 1 mol de água no estado líquido.

Um outro exemplo é a combustão do metano (CH_4), o componente principal do gás natural:

$$CH_4(g) + 2O_2(g) \longrightarrow CO_2(g) + 2H_2O(l) \quad \Delta H = -890,4 \text{ kJ/mol}$$

De acordo com nossa experiência sabemos que a combustão do gás natural libera calor para a vizinhança, sendo assim é um processo exotérmico. Sob pressão constante esse calor transferido é igual à variação de entalpia e ΔH deve ter sinal negativo [(Figura 6.5(b)]. Mais uma vez, a unidade "por mol" de reação para ΔH significa que quando 1 mol de CH_4 reage com 2 mol de O_2 para gerar 1 mol de CO_2 e 2 mol de H_2O líquida, são liberados 890,4 kJ de calor para a vizinhança.

As equações para a fusão do gelo e para a combustão do metano são exemplos de **equações termoquímicas**, que *mostram as variações da entalpia assim como as*

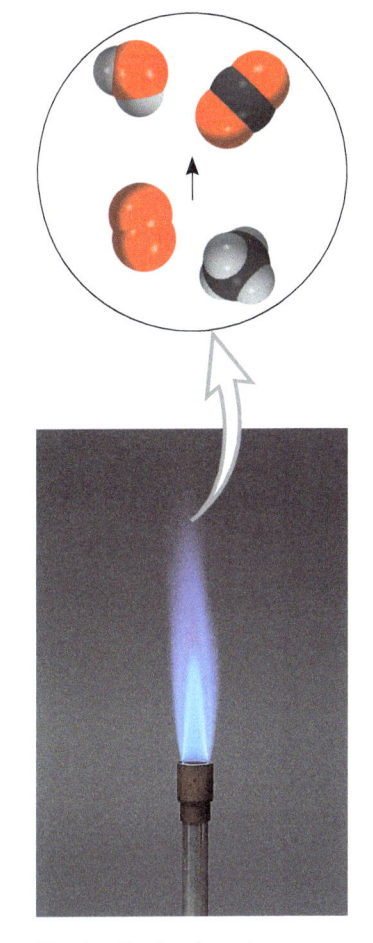

Combustão do gás metano em um bico de Bunsen.

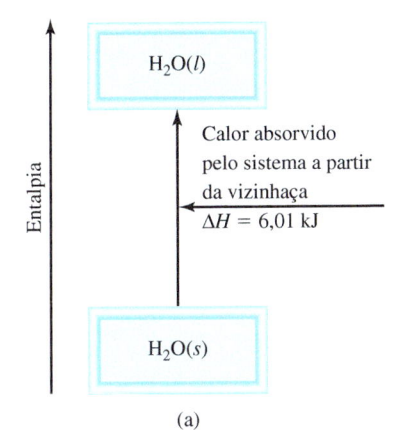

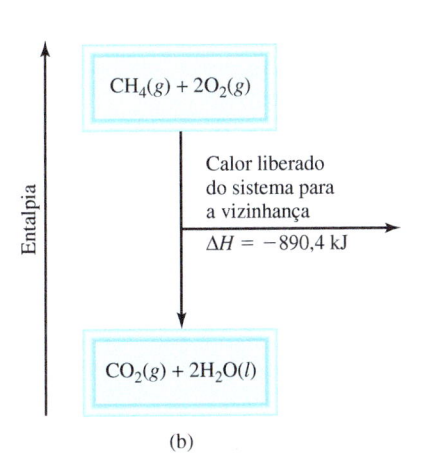

Figura 6.5
(a) A fusão de 1 mol de gelo a 0°C (processo endotérmico) resulta em um aumento de 6,01 kJ na entalpia do sistema. (b) A combustão de 1 mol de metano em oxigênio gasoso (processo exotérmico) resulta em uma diminuição de 890,4 kJ na entalpia do sistema.

relações de massa. É essencial apresentar uma equação já balanceada ao citar a variação da entalpia de uma reação. Os pontos que se seguem são úteis para escrever e interpretar equações termoquímicas:

1. Ao escrevermos equações termoquímicas, devemos sempre especificar os estados físicos de todos os reagentes e produtos, porque esses ajudam a determinar as variações reais da entalpia. Por exemplo, na equação da combustão do metano, se indicarmos o vapor d'água em vez de água líquida como um dos produtos,

$$CH_4(g) + 2O_2(g) \longrightarrow CO_2(g) + 2H_2O(g) \quad \Delta H = -802,4 \text{ kJ/mol}$$

a variação da entalpia será igual a $-802,4$ kJ em vez de $-890,4$ kJ, pois são necessários 88,0 kJ para converter 2 mols de água líquida em vapor d'água, isto é,

$$2H_2O(l) \longrightarrow 2H_2O(g) \quad \Delta H = 88,0 \text{ kJ/mol}$$

2. Se multiplicarmos os membros de ambos os lados de uma equação termoquímica por um fator *n*, então o valor de ΔH também deve variar de acordo com o mesmo fator. Assim, para a fusão do gelo, se $n = 2$, temos

$$2H_2O(s) \longrightarrow 2H_2O(l) \quad \Delta H = 2(6,01 \text{ kJ/mol}) = 12,0 \text{ kJ/mol}$$

3. Quando invertemos uma equação, mudamos os papéis dos reagentes e dos produtos. Como conseqüência, o valor de ΔH para a equação permanece o mesmo, mas o seu sinal muda. Por exemplo, se uma reação consome energia térmica da vizinhança (é endotérmica), então a reação inversa deve liberar energia térmica de volta para a vizinhança (isto é, deve ser exotérmica) e a expressão da variação da entalpia deve também mudar de sinal. Dessa forma, invertendo os processos da fusão do gelo e da combustão do metano, temos as seguintes equações termoquímicas

$$H_2O(l) \longrightarrow H_2O(s) \quad \Delta H = -6,01 \text{ kJ/mol}$$

$$CO_2(g) + 2H_2O(l) \longrightarrow CH_4(g) + 2O_2(g) \quad \Delta H = 890,4 \text{ kJ/mol}$$

e um processo que era endotérmico passa a ser exotérmico e vice-versa.

> Não se esqueça que *H* é uma propriedade extensiva.

EXEMPLO 6.3

Dada a equação termoquímica

$$SO_2(g) + \tfrac{1}{2}O_2(g) \longrightarrow SO_3(g) \quad \Delta H = -99,1 \text{ kJ/mol}$$

calcule o calor liberado quando 74,6 g de SO_2 (massa molar = 64,07 g/mol) se convertem em SO_3.

Estratégia A equação termoquímica mostra que para cada mol de SO_2 queimado são liberados 99,1 kJ de calor (observe o sinal negativo). Por conseguinte, o fator de conversão é

$$\frac{-99,1 \text{ kJ}}{1 \text{ mol } SO_2}$$

Quantos mols de SO_2 existem em 74,6 g de SO_2? Qual é o fator de conversão entre gramas e mols?

(Continua)

Solução Precisamos calcular, em primeiro lugar, o número de mols de SO_2 contidos em 74,6 g do composto e determinar, então, quantos quilojoules são produzidos pela reação exotérmica. A seqüência de conversões é a seguinte:

gramas de SO_2 ⟶ mols de SO_2 ⟶ quilojoules de calor gerado

Conseqüentemente, o calor produzido é dado por

$$74{,}6 \text{ g SO}_2 \times \frac{1 \text{ mol SO}_2}{64{,}07 \text{ g SO}_2} \times \frac{-99{,}1 \text{ kJ}}{1 \text{ mol SO}_2} = -115 \text{ kJ}$$

Verificação Uma vez que 74,6 g é maior que a massa molar do SO_2, espera-se que o calor liberado seja maior que $-99{,}1$ kJ. O sinal negativo indica que essa reação é exotérmica.

Problema semelhante: 6.26.

Exercício Calcule a quantidade de calor liberada durante a combustão de 266 g de fósforo branco (P_4) em ar, de acordo com a equação

$$P_4(s) + 5O_2(g) \longrightarrow P_4O_{10}(s) \qquad \Delta H = -3013 \text{ kJ/mol}$$

Comparação entre ΔH e ΔE

Qual é a relação que existe entre ΔH e ΔE para um dado processo? Vamos considerar a reação entre o sódio metálico e a água:

$$2Na(s) + 2H_2O(l) \longrightarrow 2NaOH(aq) + H_2(g) \quad \Delta H = -367{,}5 \text{ kJ/mol}$$

Essa equação termoquímica nos diz que, quando 2 mols de sódio reagem com um excesso de água, 367,5 kJ de calor são liberados. Note que um dos produtos da reação é o hidrogênio gasoso, que deve empurrar o ar para entrar na atmosfera. Como conseqüência, parte da energia produzida pela reação é usada para realizar o trabalho de empurrar um volume de ar (ΔV) contra a pressão atmosférica (P) (Figura 6.6). Para calcularmos a variação da energia interna, rearranjamos a Equação (6.8) como se segue:

$$\Delta E = \Delta H - P\Delta V$$

Se considerarmos que a temperatura é 25°C e ignorarmos a pequena variação no volume da solução, podemos mostrar que o volume de 1 mol de H_2 gasoso, a 1,0 atm e 298 K, é igual a 24,5 L, logo $-P\Delta V = -24{,}5$ L · atm ou $-2{,}5$ kJ. Finalmente,

$$\Delta E = -367{,}5 \text{ kJ/mol} - 2{,}5 \text{ kJ/mol}$$
$$= -370{,}0 \text{ kJ/mol}$$

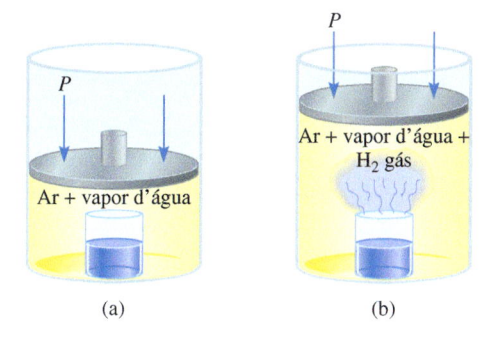

Sódio reage com água produzindo hidrogênio gasoso.

Figura 6.6
(a) Um béquer com água no interior de um cilindro munido de um êmbolo móvel. A pressão no interior é igual à pressão atmosférica. (b) Quando o metal sódio reage com a água, o gás hidrogênio empurra o êmbolo para cima (realizando trabalho sobre a vizinhança do sistema) até que a pressão no interior seja novamente igual à do exterior.

Para reações que não resultam em variação do número de mols de gases ao transformar reagentes em produtos [por exemplo, $H_2(g) + Cl_2(g) \longrightarrow 2HCl(g)$], $\Delta E = \Delta H$.

Esse cálculo mostra que ΔE e ΔH apresentam aproximadamente o mesmo valor. A magnitude de ΔH é menor que a de ΔE, pois parte da energia interna liberada é usada para realizar o trabalho de expansão do gás, e dessa forma, menos calor é liberado. Para as reações que não envolvem gases, ΔV é geralmente muito pequeno e, por isso, ΔE é praticamente igual a ΔH.

Outro modo de calcular a variação da energia interna de uma reação na fase gasosa pressupõe comportamento de gás ideal e temperatura constante. Nesse caso,

$$\begin{aligned}\Delta E &= \Delta H - \Delta(PV) \\ &= \Delta H - \Delta(nRT) \\ &= \Delta H - RT\Delta n\end{aligned} \qquad (6.10)$$

em que Δn é definido como

Δn = número de mols dos produtos gasosos − número de mols dos reagentes gasosos

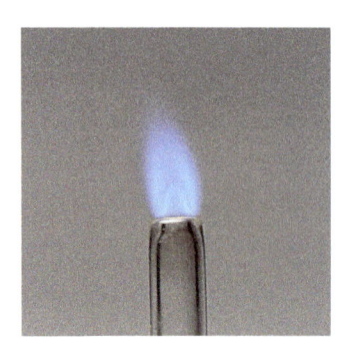

EXEMPLO 6.4

Calcule a variação da energia interna quando 2 mol de CO são convertidos em 2 mol de CO_2, a 1 atm e 25°C:

$$2CO(g) + O_2(g) \longrightarrow 2CO_2(g) \qquad \Delta H = -566{,}0 \text{ kJ/mol}$$

Estratégia Dada a variação da entalpia, ΔH, para a reação, pede-se o cálculo da variação da energia interna, ΔE. Então, vamos precisar da Equação (6.10). Qual é a variação do número de mols dos gases? ΔH é dado em quilojoules, que unidades devem ser usadas para R?

Solução Com base na equação química, vemos que 3 mols de gases são convertidos em 2 mols de gases de modo que

Δn = número de mols dos produtos gasosos − número de mols dos reagentes gasosos
 = 2 − 3
 = −1

Considerando R = 8,314 J/K · mol e T = 298 K na Equação (6.10), podemos escrever

$$\begin{aligned}\Delta E &= \Delta H - RT\Delta n \\ &= -566{,}0 \text{ kJ/mol} - (8{,}314 \text{ J/K} \cdot \text{mol})\left(\frac{1 \text{ kJ}}{1000 \text{ J}}\right)(298 \text{ K})(-1) \\ &= -563{,}5 \text{ kJ/mol}\end{aligned}$$

Verificação Sabendo que o sistema reacional de gases sofre uma compressão (3 mols para 2 mols), é aceitável que $\Delta H > \Delta E$, em valor absoluto?

Exercício Qual é o valor de ΔE para a formação de 1 mol de CO, a 1 atm e 25°C?

$$C(\text{grafite}) + \tfrac{1}{2}O_2(g) \longrightarrow CO(g) \qquad \Delta H = -110{,}5 \text{ kJ/mol}$$

Problema semelhante: 6.27.

A combustão do monóxido de carbono ao ar produz dióxido de carbono.

6.5 Calorimetria

No laboratório, as trocas de calor em processos físicos e químicos são medidas com um *calorímetro*, um recipiente fechado projetado especificamente para esse fim. Como o estudo sobre **calorimetria**, isto é, a *medida das trocas de calor*, depende da compreensão dos conceitos de calor específico e capacidade calorífica, vamos começar por considerar essas duas grandezas.

Calor Específico e Capacidade Calorífica

O *calor específico* (c) de uma substância é a quantidade de calor necessária para elevar de um grau Celsius a temperatura de um grama da substância. A *capacidade calorífica* (C) de uma substância é a quantidade de calor necessária para elevar de um grau Celsius a temperatura de dada quantidade da substância. O calor específico é uma propriedade intensiva enquanto a capacidade calorífica é uma propriedade extensiva. A relação que existe entre a capacidade calorífica e o calor específico de uma substância é

$$C = ms \quad (6.11)$$

em que m é a massa da substância em gramas. Por exemplo, o calor específico da água é 4,184 J/g · °C e a capacidade calorífica de 60,0 g de água é

$$(60{,}0 \text{ g})(4{,}184 \text{ J/g} \cdot °\text{C}) = 251 \text{ J/}°\text{C}$$

Observe que as unidades do calor específico são J/g · °C e da capacidade calorífica, J/°C. A Tabela 6.2 mostra os calores específicos de algumas substâncias comuns.

Se conhecermos o calor específico e a massa de uma substância, a variação da temperatura da amostra (Δt) nos indicará a quantidade de calor (q) que foi absorvida ou liberada em determinado processo. A equação para calcular o calor transferido é a seguinte:

$$q = ms\Delta t \quad (6.12)$$

$$q = C\Delta t \quad (6.13)$$

em que m é a massa da amostra e Δt é a variação de temperatura:

$$\Delta t = t_{\text{final}} - t_{\text{inicial}}$$

Os sinais de q seguem a mesma convenção utilizada para a variação de entalpia: q é positivo para processos endotérmicos e negativo para processos exotérmicos.

TABELA 6.2

Calores Específicos de Algumas Substâncias Comuns

Substância	Calor Específico (J/g · °C)
Al	0,900
Au	0,129
C (grafite)	0,720
C (diamante)	0,502
Cu	0,385
Fe	0,444
Hg	0,139
H_2O	4,184
C_2H_5OH (etanol)	2,46

EXEMPLO 6.5

Uma amostra de 466 g de água é aquecida de 8,50°C a 74,60°C. Calcule a quantidade de calor (em quilojoules) absorvida pela água.

Estratégia   Sabemos qual a quantidade e qual o calor específico da água. Com essa informação e considerando o aumento de temperatura, podemos calcular a quantidade de calor absorvida (q).

Solução   Usando a Equação (6.12), podemos escrever

$$\begin{aligned} q &= ms\Delta t \\ &= (466 \text{ g})(4{,}184 \text{ J/g} \cdot °\text{C})(74{,}60°\text{C} - 8.50°\text{C}) \\ &= 1{,}29 \times 10^5 \text{ J} \times \frac{1 \text{ kJ}}{1000 \text{ J}} \\ &= 129 \text{ kJ} \end{aligned}$$

Verificação   As unidades g e °C se cancelam e ficamos com kJ, a unidade desejada. O calor tem sinal positivo uma vez que é absorvido pela água a partir da vizinhança.

Exercício   Uma barra de ferro de massa igual a 869 g é resfriada de 94°C até 5°C. Calcule o calor (em quilojoules) liberado pelo metal.

Problema semelhante: 6.34.

Calorimetria a Volume Constante

> "Volume constante" refere-se ao volume do recipiente, que não muda durante a reação. Note que o recipiente que contém a amostra permanece intacto depois da medição. O termo "bomba calorimétrica" faz lembrar a natureza explosiva da reação (em pequena escala) na presença de um excesso de oxigênio.

O calor de combustão geralmente é medido colocando-se uma massa conhecida do composto dentro de um reservatório de aço, chamado *bomba calorimétrica a volume constante*, que é preenchido com oxigênio até a pressão aproximada de 30 atm. A bomba fechada é imersa em uma quantidade conhecida de água, como mostrado na Figura 6.7. A ignição da amostra é feita eletricamente e o calor produzido pela combustão pode ser calculado com exatidão registrando-se a elevação da temperatura da água. O calor liberado pela amostra é absorvido pela água e pela bomba. O calorímetro é projetado especialmente de modo que se possa admitir que não há perdas de calor (ou massa) para a vizinhança durante o tempo de duração da medida. Portanto, podemos considerar que a bomba e a água na qual está submersa constituem um sistema isolado. Como não há entrada e nem saída de calor do sistema durante o processo, a troca de calor do sistema ($q_{sistema}$) deve ser zero e podemos escrever a equação

$$q_{sistema} = q_{cal} + q_{reac}$$
$$= 0 \qquad (6.14)$$

na qual q_{cal} e q_{reac} são os calores transferidos para o calorímetro e para a reação, respectivamente. Então

$$q_{reac} = -q_{cal} \qquad (6.15)$$

Para calcular a quantidade q_{cal}, precisamos conhecer a capacidade calorífica do calorímetro (C_{cal}) e o aumento da temperatura, que é dado por

$$q_{cal} = C_{cal}\Delta t \qquad (6.16)$$

> Observe que C_{cal} abrange tanto a bomba do calorímetro quanto a água da vizinhança.

A quantidade C_{cal} é calibrada por meio da queima de uma substância cujo valor do calor de combustão é conhecido com exatidão. Por exemplo, sabe-se que a combustão

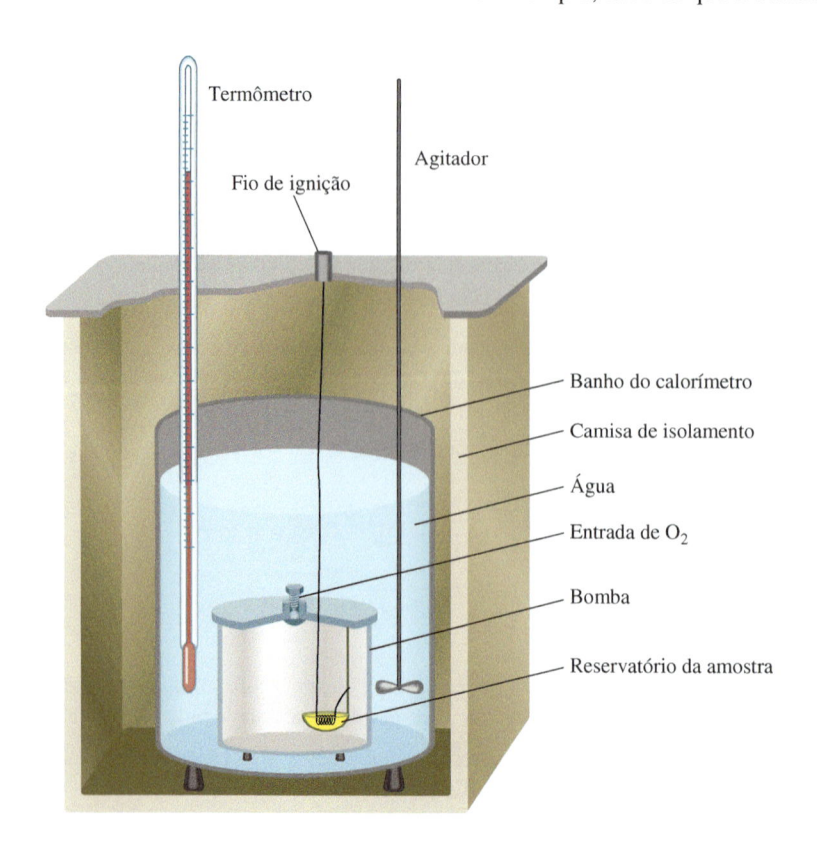

Figura 6.7
Bomba calorimétrica a volume constante. O calorímetro é preenchido com oxigênio antes de ser colocado no banho. Faz-se a ignição elétrica da amostra e o calor produzido pela reação pode ser determinado com exatidão por meio da medida da elevação da temperatura da quantidade conhecida de água da vizinhança.

de 1 g de ácido benzóico (C_6H_5COOH) libera 26,42 kJ de calor. Se o aumento de temperatura for de 4,673°C, então a capacidade calorífica do calorímetro será

$$C_{cal} = \frac{q_{cal}}{\Delta t}$$

$$= \frac{26,42 \text{ kJ}}{4,673°C} = 5,654 \text{ kJ}/°C$$

Após a determinação de C_{cal}, o calorímetro pode ser usado para medir o calor de combustão de outras substâncias.

Observe que pelo fato de as reações em uma bomba calorimétrica ocorrerem, geralmente, a volume constante, e não a pressão constante, a troca de calor medido *não* corresponde à variação de entalpia ΔH (veja a Seção 6.4). Embora seja possível corrigir os valores medidos de modo que correspondam aos valores de ΔH, geralmente as correções são pequenas, e não serão tratadas aqui. Finalmente, é interessante lembrar que os conteúdos energéticos dos alimentos e dos combustíveis (normalmente expressos em calorias, sendo 1 cal = 4,184 J) são medidos com calorímetros a volume constante.

EXEMPLO 6.6

A massa de 1,435 g de naftaleno ($C_{10}H_8$) — uma substância de odor pungente usada como repelente de traças — foi queimada em uma bomba calorimétrica a volume constante. Em conseqüência, a temperatura da água elevou-se de 20,28°C para 25,95°C. Considerando que a capacidade calorífica da bomba mais a da água é 10,17 kJ/°C, calcule o calor de combustão do naftaleno em termos de mol, isto é, determine o calor molar de combustão.

Estratégia   Sabendo quais são a capacidade calorífica e a elevação de temperatura, como podemos calcular o calor absorvido pelo calorímetro? Que quantidade de calor foi liberada pela combustão de 1,435 g de naftaleno? Qual é o fator de conversão entre gramas e mols de naftaleno?

$C_{10}H_8$

Solução   O calor que a bomba e a água absorvem é igual ao produto da capacidade calorífica pela variação de temperatura. Supondo que nenhum calor seja perdido para a vizinhança, a partir da Equação (6.16), podemos escrever

$$q_{cal} = C_{cal}\Delta t$$
$$= (10,17 \text{ kJ}/°C)(25,95°C - 20,28°C)$$
$$= 57,66 \text{ kJ}$$

Como $q_{sist} = q_{cal} + q_{reac} = 0$, $q_{cal} = -q_{reac}$. O calor transferido na reação é de $-57,66$ kJ. Esse é o calor liberado pela combustão de 1,435 g de $C_{10}H_8$, portanto, podemos escrever o fator de conversão como

$$\frac{-57,66 \text{ kJ}}{1,435 \text{ g } C_{10}H_8}$$

A massa molar do naftaleno é 128,2 g, então o calor de combustão de 1 mol de naftaleno é

$$\text{calor molar de combustão} = \frac{-57,66 \text{ kJ}}{1,435 \text{ g } C_{10}H_8} \times \frac{128,2 \text{ g } C_{10}H_8}{1 \text{ mol } C_{10}H_8}$$
$$= -5,151 \times 10^3 \text{ kJ/mol}$$

Verificação   Sabendo que a reação de combustão é exotérmica e que a massa molar do naftaleno é muito maior que 1,4 g, a resposta obtida é aceitável? Nas condições em que a reação ocorre, o calor transferido ($-57,66$ kJ) pode ser igualado à variação de entalpia da reação?

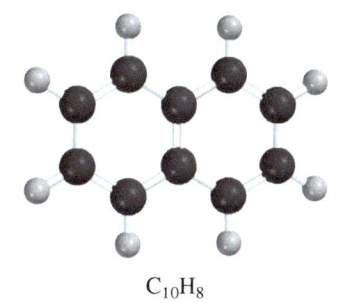

Problema semelhante: 6.37.

(Continua)

Exercício A massa de 1,922 g de metanol (CH_3OH) foi queimada em uma bomba calorimétrica a volume constante. Em conseqüência, a temperatura da água elevou-se de 4,20°C. Calcule o calor molar de combustão do metanol sabendo que a capacidade calorífica da bomba mais a da água é igual a 10,4 kJ/°C.

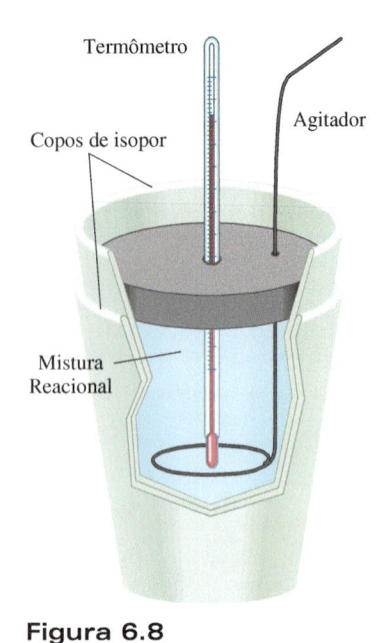

Figura 6.8
Calorímetro a pressão constante feito com dois copos de isopor. O copo externo ajuda a isolar a mistura reacional do meio ambiente (vizinhança). Duas soluções de volume conhecido contendo os reagentes a mesma temperatura são cuidadosamente misturadas no calorímetro. O calor absorvido ou liberado pela reação pode ser determinado pela medida da variação da temperatura.

Calorimetria a Pressão Constante

O calorímetro a pressão constante, que é um dispositivo mais simples que o de volume constante, é usado para determinar trocas de calor de reações que não sejam de combustão. Na sua forma mais básica, o calorímetro a pressão constante pode ser construído com dois copos de isopor, conforme a Figura 6.8. Calorímetros desse tipo podem ser usados tanto para medir calores envolvidos em uma série de reações, como reação de neutralização ácido-base, como para medir calores de dissolução e calores de diluição. Como a pressão é constante, o calor transferido no processo (q_{reac}) é igual à variação de entalpia (ΔH). De modo análogo ao do calorímetro a volume constante, o calorímetro a pressão constante é considerado um sistema isolado. Além disso, a pequena capacidade calorífica dos copos pode ser desprezada nos cálculos. Na Tabela 6.3 apresentam-se algumas reações estudadas com um calorímetro a pressão constante.

EXEMPLO 6.7

Uma esfera de chumbo, com 26,47 g de massa a 89,98°C, foi colocada em um calorímetro a pressão constante, cuja capacidade calorífica é desprezível, contendo 100,0 mL de água. A temperatura da água aumentou de 22,50°C até 23,17°C. Qual é o calor específico da esfera de chumbo?

Estratégia Apresenta-se a seguir um esquema das situações inicial e final:

Inicial: Pb — 26,47 g; 89,98°C; 100 g H_2O; 22,50°C

Final: 23,17°C

(Continua)

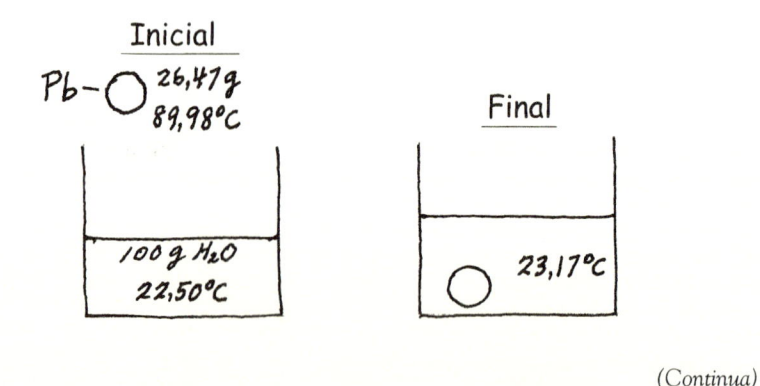

TABELA 6.3 Calores de Algumas Reações Comuns Medidos a Pressão Constante

Tipo de Reação	Exemplo	ΔH (kJ)
Calor de neutralização	$HCl(aq) + NaOH(aq) \longrightarrow NaCl(aq) + H_2O(l)$	−56,2
Calor de ionização	$H_2O(l) \longrightarrow H^+(aq) + OH^-(aq)$	56,2
Calor de fusão	$H_2O(s) \longrightarrow H_2O(l)$	6,01
Calor de vaporização	$H_2O(l) \longrightarrow H_2O(g)$	44,0*
Calor de reação	$MgCl_2(s) + 2Na(l) \longrightarrow 2NaCl(s) + Mg(s)$	−180,2

*Medido a 25°C. A 100°C, o valor é 40,79 kJ/mol.

Sabemos quais são as massas da água e da esfera de chumbo, bem como as temperaturas inicial e final. Admitindo que não haja qualquer perda de calor para a vizinhança, podemos igualar o calor liberado pela esfera de chumbo ao calor absorvido pela água. Conhecendo o calor específico da água, podemos calcular o calor específico do chumbo.

Solução Considerando o calorímetro um sistema isolado (nenhum calor é transferido para a vizinhança), podemos escrever

$$q_{Pb} + q_{H_2O} = 0$$

ou

$$q_{Pb} = -q_{H_2O}$$

O calor absorvido pela água é dado por

$$q_{H_2O} = ms\Delta t$$

em que m e c são a massa e o calor específico, respectivamente, e $\Delta t = t_{final} - t_{inicial}$. Portanto,

$$q_{H_2O} = (100,0 \text{ g})(4,184 \text{ J/g} \cdot °C)(23,17°C - 22,50°C)$$
$$= 280,3 \text{ J}$$

Como o calor liberado pela esfera de chumbo é igual ao calor absorvido pela água, então $q_{Pb} = -280,3$ J. Para o calor específico do Pb, escrevemos

$$q_{Pb} = ms\Delta t$$
$$-280,3 \text{ J} = (26,47 \text{ g})(s)(23,17°C - 89,98°C)$$
$$s = 0,158 \text{ J/g} \cdot °C$$

Problema semelhante: 6.76.

Exercício Um rolamento de esferas de aço inoxidável de 30,14 g, a 117,82°C, é colocado em um calorímetro a pressão constante que contém 120,0 mL de água a 18,44°C. Sabendo que o calor específico do rolamento de esferas é 0,474 J/g · °C, calcule a temperatura final da água. Suponha que a capacidade calorífica do calorímetro pode ser desprezada.

EXEMPLO 6.8

Misturou-se $1,00 \times 10^2$ mL de HCl, 0,500 M, com $1,00 \times 10^2$ mL de NaOH, 0,500 M, em um calorímetro a pressão constante com capacidade calorífica desprezível. A temperatura inicial das soluções de HCl e NaOH era a mesma, 22,50°C, e a temperatura final da mistura foi de 25,86°C. Calcule o calor transferido na reação de neutralização em termos de mol.

$$NaOH(aq) + HCl(aq) \longrightarrow NaCl(aq) + H_2O(l)$$

Suponha que as soluções apresentem densidades e calores específicos iguais aos da água (1,00 g/mL e 4,184 J/g · °C, respectivamente).

Estratégia Se a temperatura aumentou, a reação de neutralização é exotérmica. Como se calcula o calor absorvido pela solução resultante da mistura? Qual é o calor da reação? Qual é o fator de conversão para exprimir o calor de reação em termos de mols?

Solução Supondo que não haja qualquer perda de calor para a vizinhança, $q_{sist} = q_{sol} + q_{reac} = 0$, então $q_{reac} = -q_{sol}$, em que q_{sol} é o calor absorvido pela solução resultante da mistura. Como a densidade da solução é 1,00 g/mL, então a massa de 100 mL de uma solução é igual a 100 g. Assim,

$$q_{sol} = ms\Delta t$$
$$= (1,00 \times 10^2 \text{ g} + 1,00 \times 10^2 \text{ g})(4,184 \text{ J/g} \cdot °C)(25,86°C - 22,50°C)$$
$$= 2,81 \times 10^3 \text{ J}$$
$$= 2,81 \text{ kJ}$$

(Continua)

Como $q_{reac} = -q_{sol}$, então $q_{reac} = -2{,}81$ kJ.

Com base nas concentrações molares fornecidas, o número de mols tanto de HCl quanto de NaOH em $1{,}00 \times 10^2$ mL de solução é

$$\frac{0{,}500 \text{ mol}}{1 \text{ L}} \times 0{,}100 \text{ L} = 0{,}0500 \text{ mol}$$

Como conseqüência, o calor de neutralização, quando 1,00 mol de HCl reage com 1,00 mol de NaOH, é

$$\text{calor de neutralização} = \frac{-2{,}81 \text{ kJ}}{0{,}0500 \text{ mol}} = -56{,}2 \text{ kJ/mol}$$

Verificação O sinal é consistente com a natureza da reação? Nas condições da reação, pode igualar-se o calor transferido à variação de entalpia?

Exercício Mistura-se $4{,}00 \times 10^2$ mL de HNO_3, 0,600 M com $4{,}00 \times 10^2$ mL de $Ba(OH)_2$, 0,300 M, em um calorímetro a pressão constante cuja capacidade calorífica é desprezível. A temperatura inicial de ambas as soluções é a mesma e igual a 18,46ºC. Qual é a temperatura final da solução? (Use o resultado do Exemplo 6.8 nos seus cálculos.)

Problema semelhante: 6,38,

6.6 Entalpia-Padrão de Formação e de Reação

Até agora aprendemos que a variação de entalpia de uma reação pode ser determinada por meio da medida do calor absorvido ou liberado (a pressão constante). A Equação (6.9) nos diz que ΔH também pode ser calculado se soubermos os valores reais das entalpias de todos os reagentes e produtos. Porém, como já foi dito, não existe maneira de medir o valor *absoluto* da entalpia de uma substância, apenas valores *relativos* a uma referência arbitrária podem ser determinados. Esse problema é semelhante ao que os geógrafos encontram quando querem especificar as altitudes de determinados vales ou montanhas. Em vez de tentarem inventar uma escala "absoluta" de altitude (baseada talvez na distância a partir do centro da Terra?), eles entraram em acordo para que todas as alturas e profundidades geográficas sejam expressas em relação ao nível do mar, uma referência arbitrária cuja altitude é definida como "zero" metro. Do mesmo modo, os químicos concordaram em admitir um ponto de referência arbitrário para a entalpia.

O ponto de referência equivalente ao "nível do mar" para as expressões de entalpia chama-se **entalpia-padrão de formação (ΔH_f°)**. Diz-se que as substâncias estão no *estado-padrão* a *1 atm*, e daí se origina o termo "*entalpia-padrão*". O sobrescrito "º" indica que a medida foi feita nas condições-padrão (1 atm), e o subscrito "f" significa formação. Por convenção, *a entalpia-padrão de formação de qualquer elemento na sua forma mais estável é zero*. Considere o elemento oxigênio, por exemplo. O oxigênio molecular (O_2) é mais estável do que sua correspondente forma alotrópica, o ozônio (O_3), a 1 atm e 25ºC. Dessa forma, podemos escrever $\Delta H_f^\circ(O_2) = 0$, mas $\Delta H_f^\circ(O_3) \neq 0$. De um modo semelhante, considerando as formas alotrópicas do carbono, temos que a grafite é mais estável que o diamante, a 1 atm e 25ºC, e desse modo $\Delta H_f^\circ(\text{C, grafite}) = 0$ e $\Delta H_f^\circ(\text{C, diamante}) \neq 0$. Com base nessa descrição para os elementos, podemos agora definir a entalpia-padrão de formação de um composto como *a transferência de calor que ocorre quando 1 mol do composto é formado a partir de seus elementos à pressão de 1 atm*. A Tabela 6.4 apresenta uma lista das entalpias-padrão de formação para vários elementos e compostos. (Para uma lista mais completa de valores de ΔH_f°, veja o Apêndice 2.) Observe que embora não haja especificação de temperatura para o estado-padrão, usaremos sempre valores de ΔH_f° medidos a 25ºC em nossas discussões, uma vez que a maioria do dados da termodinâmica é coletada a essa temperatura.

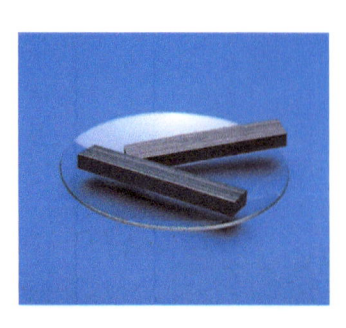

Grafite (em cima) e diamante (em baixo).

TABELA 6.4	Entalpias-Padrão de Formação de Algumas Substâncias Inorgânicas a 25°C		
Substância	ΔH_f° (kJ/mol)	Substância	ΔH_f° (kJ/mol)
Ag(s)	0	$H_2O_2(l)$	−187,6
AgCl(s)	−127,04	Hg(l)	0
Al(s)	0	$I_2(s)$	0
$Al_2O_3(s)$	−1669,8	HI(g)	25,94
$Br_2(l)$	0	Mg(s)	0
HBr(g)	−36,2	MgO(s)	−601,8
C(grafite)	0	$MgCO_3(s)$	−1112,9
C(diamante)	1,90	$N_2(g)$	0
CO(g)	−110,5	$NH_3(g)$	−46,3
$CO_2(g)$	−393,5	NO(g)	90,4
Ca(s)	0	$NO_2(g)$	33,85
CaO(s)	−635,6	$N_2O_4(g)$	9,66
$CaCO_3(s)$	−1206,9	$N_2O(g)$	81,56
$Cl_2(g)$	0	O(g)	249,4
HCl(g)	−92,3	$O_2(g)$	0
Cu(s)	0	$O_3(g)$	142,2
CuO(s)	−155,2	S(ortorrômbico)	0
$F_2(g)$	0	S(monoclínico)	0,30
HF(g)	−268,61	$SO_2(g)$	−296,1
H(g)	218,2	$SO_3(g)$	−395,2
$H_2(g)$	0	$H_2S(g)$	−20,15
$H_2O(g)$	−241,8	ZnO(s)	−347,98
$H_2O(l)$	−285,8		

A importância das entalpias-padrão de formação é que, uma vez conhecidos os seus valores, podemos prontamente calcular a ***entalpia-padrão de reação***, ΔH°_{reac}, definida como *a entalpia de uma reação realizada à pressão de 1 atm*. Por exemplo, considere a reação hipotética

$$aA + bB \longrightarrow cC + dD$$

em que a, b, c e d são os coeficientes estequiométricos. Para essa reação, ΔH°_{reac} é dado por

$$\Delta H^\circ_{reac} = [c\Delta H_f^\circ(C) + d\Delta H_f^\circ(D)] - [a\Delta H_f^\circ(A) + b\Delta H_f^\circ(B)] \quad (6.17)$$

Podemos generalizar a Equação (6.17) como:

$$\Delta H^\circ_{reac} = \Sigma n \Delta H_f^\circ(\text{produtos}) - \Sigma m \Delta H_f^\circ(\text{reagentes}) \quad (6.18)$$

na qual m e n representam os coeficientes estequiométricos para os reagentes e os produtos e Σ (sigma) significa "o somatório de". Observe que nos cálculos os coeficientes estequiométricos são apenas números, desprovidos de unidades.

O valor de ΔH°_{reac} pode ser calculado por meio da Equação (6.18), somente se os valores de ΔH_f° dos compostos que participam na reação forem conhecidos. Existem dois métodos que podem ser aplicados para determinar esses valores: o método direto e o método indireto.

O Método Direto

Esse método de medida de ΔH_f° aplica-se a compostos que podem ser prontamente sintetizados a partir dos seus elementos. Suponha que queiramos saber qual é a entalpia de formação do dióxido de carbono. Devemos medir a entalpia da reação que ocorre entre o carbono (grafite) e o oxigênio molecular, nos seus estados-padrão, produzindo dióxido de carbono, também no estado-padrão:

$$C(\text{grafite}) + O_2(g) \longrightarrow CO_2(g) \quad \Delta H_{\text{reac}}^\circ = -393,5 \text{ kJ/mol}$$

Conforme sabemos, experimentalmente, essa reação se completa. Assim, com base na Equação (6.17), podemos escrever

$$\Delta H_{\text{reac}}^\circ = \Delta H_f^\circ(CO_2, g) - [\Delta H_f^\circ(C, \text{grafite}) + \Delta H_f^\circ(O_2, g)]$$
$$= -393,5 \text{ kJ/mol}$$

Como tanto a grafite como o O_2 são formas alotrópicas elementares estáveis, $\Delta H_f^\circ(C, \text{grafite})$ e $\Delta H_f^\circ(O_2, g)$ são iguais a zero. Portanto,

$$\Delta H_{\text{reac}}^\circ = \Delta H_f^\circ(CO_2, g) = -393,5 \text{ kJ/mol}$$

ou
$$\Delta H_f^\circ(CO_2, g) = -393,5 \text{ kJ/mol}$$

Note que o fato de considerarmos o valor arbitrário zero para o ΔH_f° de cada elemento na sua forma mais estável, no estado-padrão, não afeta de modo algum os nossos cálculos. Lembre-se de que em termoquímica estamos interessados apenas nas *variações* de entalpia já que esses valores podem ser determinados experimentalmente, ao contrário dos valores absolutos da entalpia. A escolha do zero como "nível de referência" do valor de entalpia facilita os cálculos. Referindo-nos novamente à analogia com a altitude terrestre, verificamos que a altitude do Monte Evereste é 2.654 m maior do que a do Monte McKinley. Essa diferença não é afetada pela decisão de fixar o nível do mar a 0 m ou a 300 m.

Outros compostos que podem ser estudados pelo método direto são SF_6, P_4O_{10} e CS_2. As equações que representam as suas obtenções são

$$S(\text{ortorrômbico}) + 3F_2(g) \longrightarrow SF_6(g)$$
$$P_4(\text{branco}) + 5O_2(g) \longrightarrow P_4O_{10}(s)$$
$$C(\text{grafite}) + 2S(\text{ortorrômbico}) \longrightarrow CS_2(l)$$

Observe que S(ortorrômbico) e P(branco) são as formas alotrópicas mais estáveis, respectivamente, dos elementos enxofre e fósforo, a 1 atm e 25°C e, portanto, os correspondentes valores de ΔH_f° são iguais a zero.

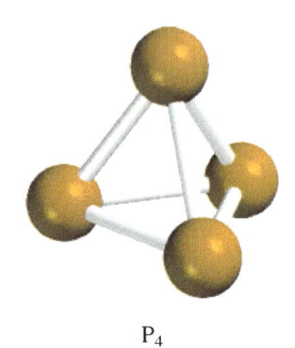

P_4

Fósforo branco queima ao ar formando P_4O_{10}.

O Método Indireto

Há muitos compostos que não podem ser sintetizados diretamente a partir dos seus elementos. Em alguns casos as reações se processam muito lentamente, em outros, ocorrem reações paralelas que produzem substâncias diferentes do composto desejado. Nesses casos, o ΔH_f° pode ser determinado por uma aproximação indireta baseada na lei de Hess do somatório de calores, ou simplesmente lei de Hess, instituída pelo químico suíço Germain Hess. A *lei de Hess* pode ser enunciada do seguinte modo: *quando os reagentes são convertidos em produtos, a variação de entalpia é a mesma quer a reação se dê em uma única etapa ou em uma série de etapas.* Em outras palavras, se conseguirmos quebrar a reação de interesse em uma série de reações cujos valores de $\Delta H_{\text{reac}}^\circ$ possam ser medidos, poderemos calcular o valor de $\Delta H_{\text{reac}}^\circ$ para a reação global. A lei de Hess baseia-se no fato de H ser uma função do estado, e assim, ΔH depende apenas dos estados inicial e final (isto é, apenas da natureza dos reagentes e dos produtos). A variação da entalpia será a mesma quer a reação total ocorra em uma única etapa ou em muitas etapas.

A seguir temos uma analogia para a lei de Hess. Suponha que subamos de elevador do primeiro ao sexto andar de um edifício. O ganho na nossa energia potencial gravitacional (que corresponde à variação de entalpia para o processo global) é o mesmo se formos diretamente para o sexto andar ou se pararmos em cada andar durante o nosso percurso de subida (subdividindo o percurso em uma série de etapas).

Suponha que estejamos interessados na entalpia-padrão de formação do monóxido de carbono (CO). Podemos representar a reação como

$$C(\text{grafite}) + \tfrac{1}{2}O_2(g) \longrightarrow CO(g)$$

No entanto, a queima da grafite também produz dióxido de carbono (CO_2) e por isso não podemos medir diretamente a variação de entalpia para o CO com base na reação acima. Em vez disso, podemos empregar uma rota indireta baseada na lei de Hess. É possível realizar separadamente, duas reações completas,

(a) $\quad\quad\quad C(\text{grafite}) + O_2(g) \longrightarrow CO_2(g) \quad \Delta H°_{\text{reac}} = -393,5 \text{ kJ/mol}$
(b) $\quad\quad\quad CO(g) + \tfrac{1}{2}O_2(g) \longrightarrow CO_2(g) \quad \Delta H°_{\text{reac}} = -283,0 \text{ kJ/mol}$

Primeiro, invertemos a equação (b) para obter

(c) $\quad\quad\quad CO_2(g) \longrightarrow CO(g) + \tfrac{1}{2}O_2(g) \quad \Delta H°_{\text{reac}} = +283,0 \text{ kJ/mol}$

Como as equações químicas podem ser adicionadas ou subtraídas da mesma forma que equações algébricas, podemos realizar as operações (a) + (c), obtendo

(a) $\quad\quad C(\text{grafite}) + O_2(g) \longrightarrow CO_2(g) \quad\quad \Delta H°_{\text{reac}} = -393,5 \text{ kJ/mol}$
(c) $\quad\quad\quad\quad\quad\quad CO_2(g) \longrightarrow CO(g) + \tfrac{1}{2}O_2(g) \quad \Delta H°_{\text{reac}} = +283,0 \text{ kJ/mol}$
(d) $\quad\quad C(\text{grafite}) + \tfrac{1}{2}O_2(g) \longrightarrow CO(g) \quad\quad \Delta H°_{\text{reac}} = -110,5 \text{ kJ/mol}$

Portanto $\Delta H°_f(CO) = -110,5$ kJ/mol. Retornando, vemos que a reação global é a de formação de CO_2 [Equação (a)], que pode ser quebrada em duas partes [Equações (d) e (b)]. A Figura 6.9 mostra o esquema global do nosso procedimento.

A regra geral para a aplicação da lei de Hess é arranjar uma série de equações químicas (correspondendo a uma série de etapas) de tal forma que, quando somadas, todas as espécies se cancelem com exceção dos reagentes e dos produtos que fazem parte da reação global. Isso significa que nos interessam os elementos à esquerda da seta e o composto desejado à direita da seta. Muitas vezes será necessário multiplicar algumas ou todas as equações que representam as etapas individuais, por coeficientes apropriados.

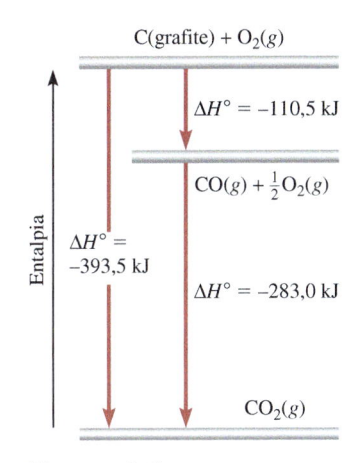

Figura 6.9
A variação de entalpia para a formação de 1 mol de CO_2 a partir de grafite e O_2 pode ser quebrada em duas etapas de acordo com a lei de Hess.

Lembre-se de inverter o sinal de ΔH ao inverter uma equação.

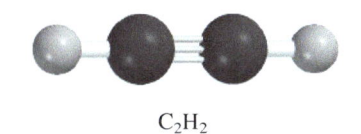

EXEMPLO 6.9

Calcule a entalpia-padrão de formação do acetileno (C_2H_2) a partir dos seus elementos:

$$2C(\text{grafite}) + H_2(g) \longrightarrow C_2H_2(g)$$

As equações para cada etapa e as correspondentes variações de entalpia são

(a) $\quad\quad C(\text{grafite}) + O_2(g) \longrightarrow CO_2(g) \quad\quad\quad\quad \Delta H°_{\text{reac}} = -393,5 \text{ kJ/mol}$
(b) $\quad\quad H_2(g) + \tfrac{1}{2}O_2(g) \longrightarrow H_2O(l) \quad\quad\quad\quad \Delta H°_{\text{reac}} = -285,8 \text{ kJ/mol}$
(c) $\quad\quad 2C_2H_2(g) + 5O_2(g) \longrightarrow 4CO_2(g) + 2H_2O(l) \quad \Delta H°_{\text{reac}} = -2598,8 \text{ kJ/mol}$

Estratégia O nosso objetivo nesse caso é calcular a variação de entalpia para a formação de C_2H_2 a partir dos seus elementos C e H. Porém, a reação não ocorre diretamente, por isso devemos recorrer ao método indireto usando a informação fornecida pelas Equações (a), (b) e (c).

(Continua)

Solução Na síntese de C_2H_2 são necessários 2 mols de grafite como reagente. Assim, multiplicamos a Equação (a) por 2 para obter

(d) $\qquad 2C(\text{grafite}) + 2O_2(g) \longrightarrow 2CO_2(g) \quad \Delta H^\circ_{\text{reac}} = 2(-393,5 \text{ kJ/mol})$
$\qquad\qquad\qquad\qquad\qquad\qquad\qquad\qquad\qquad\qquad\qquad = -787,0 \text{ kJ/mol}$

Em seguida, será necessário 1 mol de H_2 como reagente, que é fornecido pela Equação (b). Por último, é preciso produzir 1 mol de C_2H_2. Na Equação (c) tem-se 2 mols de C_2H_2 como reagente, então temos de inverter a equação e dividi-la por 2:

(e) $\qquad 2CO_2(g) + H_2O(l) \longrightarrow C_2H_2(g) + \frac{5}{2}O_2(g) \quad \Delta H^\circ_{\text{reac}} = \frac{1}{2}(2598,8 \text{ kJ/mol})$
$\qquad\qquad\qquad\qquad\qquad\qquad\qquad\qquad\qquad\qquad\qquad = 1299,4 \text{ kJ/mol}$

Adicionando as Equações (d), (b) e (e), obtemos

$$\begin{array}{ll}
2C(\text{grafite}) + 2O_2(g) \longrightarrow 2CO_2(g) & \Delta H^\circ_{\text{reac}} = -787,0 \text{ kJ/mol} \\
H_2(g) + \frac{1}{2}O_2(g) \longrightarrow H_2O(l) & \Delta H^\circ_{\text{reac}} = -285,8 \text{ kJ/mol} \\
2CO_2(g) + H_2O(l) \longrightarrow C_2H_2(g) + \frac{5}{2}O_2(g) & \Delta H^\circ_{\text{reac}} = 1299,4 \text{ kJ/mol} \\
\hline
2C(\text{grafite}) + H_2(g) \longrightarrow C_2H_2(g) & \Delta H^\circ_{\text{reac}} = 226,6 \text{ kJ/mol}
\end{array}$$

Portanto, o $\Delta H^\circ_{\text{f}} = \Delta H^\circ_{\text{reac}} = 226,6$ kJ/mol. O valor de $\Delta H^\circ_{\text{f}}$ indica que quando 1 mol de C_2H_2 é sintetizado a partir de 2 mols de C (grafite) e 1 mol de H_2, 226,6 kJ de calor são absorvidos pelo sistema reacional a partir da vizinhança. Conseqüentemente, o processo é endotérmico.

Exercício Calcule a entalpia-padrão de formação do dissulfeto de carbono (CS_2) a partir dos seus elementos, sabendo que

$$\begin{array}{ll}
C(\text{grafite}) + O_2(g) \longrightarrow CO_2(g) & \Delta H^\circ_{\text{reac}} = -393,5 \text{ kJ/mol} \\
S(\text{ortorrômbico}) + O_2(g) \longrightarrow SO_2(g) & \Delta H^\circ_{\text{reac}} = -296,4 \text{ kJ/mol} \\
CS_2(l) + 3O_2(g) \longrightarrow CO_2(g) + 2SO_2(g) & \Delta H^\circ_{\text{reac}} = -1073,6 \text{ kJ/mol}
\end{array}$$

Um maçarico de oxiacetileno produz uma chama de temperatura alta (3000°C) e é usado na solda de metais.

Problemas semelhantes: 6.62, 6.63.

EXEMPLO 6.10

O pentaborano-9, B_5H_9, é um líquido incolor e muito reativo que pode inflamar-se produzindo uma chama ou até mesmo explodir quando exposto ao oxigênio.
A reação é

$$2B_5H_9(l) + 12O_2(g) \longrightarrow 5B_2O_3(s) + 9H_2O(l)$$

Nos anos 1950, o pentaborano-9 foi considerado um combustível potencial para foguetes uma vez que produz grande quantidade de calor por grama. Porém, a idéia foi abandonada porque o B_2O_3 sólido, que se forma na combustão do B_5H_9, é um abrasivo, que poderia destruir rapidamente o tubo de descarga do foguete. Calcule o calor liberado (em quilojoules) quando um grama de composto reage com o oxigênio. A entalpia-padrão de formação do B_5H_9 é 73,2 kJ/mol.

Estratégia A entalpia de uma reação é a diferença entre o somatório das entalpias dos produtos e o somatório das entalpias dos reagentes. A entalpia de cada espécie (reagente ou produto) é dada pelo produto do coeficiente estequiométrico pela entalpia-padrão de formação da espécie.

Solução Usando os valores de $\Delta H^\circ_{\text{f}}$ do Apêndice 2 e a Equação (6.17), podemos escrever

$\Delta H^\circ_{\text{reac}} = [5\Delta H^\circ_{\text{f}}(B_2O_3) + 9\Delta H^\circ_{\text{f}}(H_2O)] - [2\Delta H^\circ_{\text{f}}(B_5H_9) + 12\Delta H^\circ_{\text{f}}(O_2)]$
$\qquad\quad = [5(-1263,6 \text{ kJ/mol}) + 9(-285,8 \text{ kJ/mol})] - [2(73,2 \text{ kJ/mol}) + 12(0 \text{ kJ/mol})]$
$\qquad\quad = -9036,6 \text{ kJ/mol}$

(Continua)

Observando a equação balanceada, essa é quantidade de calor que foi liberada para cada 2 mols de B_5H_9 que reagiram. Podemos usar a seguinte razão

$$\frac{-9036,6 \text{ kJ}}{2 \text{ mol } B_5H_9}$$

para converter essa razão em kJ/g B_5H_9. A massa molar de B_5H_9 é 63,12 g, então

$$\text{calor liberado por grama de } B_5H_9 = \frac{-9036,6 \text{ kJ}}{2 \text{ mol } B_5H_9} \times \frac{1 \text{ mol } B_5H_9}{63,12 \text{ g } B_5H_9}$$

$$= -71,58 \text{ kJ/g } B_5H_9$$

Verificação   O sinal negativo é consistente com o fato do B_5H_9 ter sido considerado para uso como combustível de foguete? Um teste rápido é considerar que 2 mols de B_5H_9 pesam aproximadamente 2×63 g, ou seja, 126 g, e liberam aproximadamente -9×10^3 kJ de calor na combustão. Portanto, o calor liberado por grama de B_5H_9 é aproximadamente -9×10^3 kJ/126 g ou $-71,4$ kJ/g.

Problemas semelhantes: 6.54, 6.57.

Exercício   A queima do benzeno (C_6H_6) ao ar produz dióxido de carbono e água líquida. Calcule o calor liberado (em quilojoules) por grama de composto que reage com oxigênio. A entalpia-padrão de formação do benzeno é 49,04 kJ/mol.

• Resumo de Fatos e Conceitos

1. Energia é a capacidade de realizar trabalho. Há muitas formas de energia e todas elas são interconvertíveis. A lei de conservação da energia estabelece que a quantidade total de energia no universo é sempre constante.

2. Qualquer processo que libere energia para a vizinhança é chamado de processo exotérmico; qualquer processo que absorva calor da vizinhança é denominado processo endotérmico.

3. O estado de um sistema é definido por variáveis, tais como composição, volume, temperatura e pressão. A variação na função de estado de um sistema depende apenas dos estados inicial e final do sistema e não do caminho pelo qual se deu a transformação. A energia é uma função de estado; o trabalho e o calor não são funções de estado.

4. A energia pode ser convertida de uma forma para outra, mas não pode ser criada ou destruída (primeira lei da termodinâmica). Em química, estamos particularmente interessados nas energias térmica, elétrica e mecânica, as quais estão usualmente associadas ao trabalho envolvendo pressão e volume.

5. A variação de entalpia (ΔH, normalmente expressa em quilojoules) é uma medida do calor da reação (ou de qualquer outro processo), a pressão constante. A entalpia é uma função de estado. Uma variação na entalpia ΔH é igual a $\Delta E + P\Delta V$ para um processo a pressão constante. Para reações químicas a pressão constante, ΔH é dado por $\Delta E + RT\Delta n$, em que Δn é a diferença entre número de mols dos produtos gasosos e número de mols dos reagentes gasosos.

6. As variações de calor em processos físicos e químicos são medidas com calorímetros que operam a volume constante ou a pressão constante.

7. A lei de Hess estabelece que a variação de entalpia global de uma reação é igual à soma das variações de entalpia das etapas individuais que constituem a reação global. A entalpia-padrão de uma reação pode ser calculada por meio das entalpias-padrão de formação dos reagentes e dos produtos.

Palavras-chave

Calor, p. 182
Calor específico (c), p. 182
Calorimetria, p. 182
Capacidade calorífica (C), p. 183
Energia, p. 169
Energia potencial, p. 169
Energia química, p. 169
Energia radiante, p. 169
Energia térmica, p. 169
Entalpia (H), p. 178
Entalpia-padrão de formação (ΔH_f°) p. 188
Entalpia de reação (ΔH), p. 178
Entalpia-padrão de reação (ΔH_{reac}°), p. 188
Equação termoquímica, p. 179
Estado-padrão, p. 188
Estado de um sistema, p. 171
Função de estado, p. 171
Lei da conservação da energia, p. 169
Lei de Hess, p. 190
Primeira lei da termodinâmica, p. 172
Processo endotérmico, p. 171
Processo exotérmico, p. 171
Sistema, p. 170
Sistema aberto, p. 170
Sistema fechado, p. 170
Sistema isolado, p. 170
Termodinâmica, p. 171
Termoquímica, p. 170
Trabalho, p. 169
Vizinhança, p. 170

Questões e Problemas

Definições
Questões de Revisão

6.1 Defina os seguintes termos: sistema, vizinhança, sistema aberto, sistema fechado, sistema isolado, energia térmica, energia química, energia potencial, energia cinética e lei de conservação da energia.

6.2 O que é o calor? Qual é a diferença entre calor e energia térmica? Em que condições há transferência de calor de um sistema para outro?

6.3 Quais são as unidades de energia normalmente utilizadas em química?

6.4 Um caminhão, trafega inicialmente a 60 km por hora, e pára bruscamente em um semáforo. Será que essa transformação viola a lei de conservação da energia? Explique.

6.5 Considere as várias formas de energia: química, térmica, luminosa, mecânica e elétrica. Sugira maneiras de interconverter essas formas de energia.

6.6 Descreva as interconversões de formas de energia que ocorrem nos seguintes processos: (a) Atirar uma bola ao ar e apanhá-la, (b) Acender uma lanterna, (c) Subir de teleférico até o cume de uma montanha e descer esquiando, (d) Acender um fósforo e deixá-lo queimar.

Variações de Energia em Reações Químicas
Questões de Revisão

6.7 Defina os seguintes termos: termoquímica, processo exotérmico e processo endotérmico.

6.8 A estequiometria baseia-se na lei de conservação da massa. Em que lei baseia-se a termoquímica?

6.9 Descreva dois processos exotérmicos e dois processos endotérmicos.

6.10 Em geral, as reações de decomposição são endotérmicas, enquanto as reações de combinação são exotérmicas. Dê uma explicação qualitativa para essas tendências.

Primeira Lei da Termodinâmica
Questões de Revisão

6.11 Em que princípio se baseia a primeira lei da termodinâmica? Explique as convenções de sinal na equação $\Delta E = q + w$.

6.12 Explique o que se entende por função de estado. Dê dois exemplos de grandezas que sejam funções de estado e dois que não sejam.

6.13 A energia interna de um gás ideal depende apenas da sua temperatura. Faça uma análise do seguinte processo de acordo com a primeira lei. Uma amostra de um gás ideal expande-se contra a pressão atmosférica, a temperatura constante. (a) O gás realiza trabalho sobre a vizinhança? (b) Há transferência de calor entre o sistema e a vizinhança? Se houver, em que direção? (c) Qual é o valor de ΔE para o gás nesse processo?

6.14 Considere as seguintes transformações.

(a) $Hg(l) \longrightarrow Hg(g)$
(b) $3O_2(g) \longrightarrow 2O_3(g)$
(c) $CuSO_4 \cdot 5H_2O(s) \longrightarrow CuSO_4(s) + 5H_2O(g)$
(d) $H_2(g) + F_2(g) \longrightarrow 2HF(g)$

Em qual das reações, a pressão constante, o trabalho é realizado pelo sistema sobre a vizinhança? E pela vizinhança sobre o sistema? Em qual delas não há realização de trabalho?

Problemas

•6.15 Uma amostra de gás nitrogênio sofre uma expansão de volume de 1,6 L para 5,4 L, a temperatura constante. Calcule o trabalho realizado em joules quando a expansão ocorre (a) contra o vácuo, (b) contra uma pressão constante de 0,80 atm e (c) contra uma pressão constante de 3,7 atm.

•6.16 Um gás com o volume inicial de 26,7 mL expande-se até 89,3 mL, a temperatura constante. Calcule o trabalho realizado (em joules) quando a expansão ocorre (a) contra o vácuo, (b) contra uma pressão constante de 1,5 atm e (c) contra uma pressão constante de 2,8 atm.

•6.17 Um gás expande-se e realiza um trabalho P-V de 325 J sobre a vizinhança. Simultaneamente, absorve da vizinhança 127 J de calor. Calcule a variação de energia do gás.

•6.18 O trabalho efetuado para comprimir um gás é de 74 J. Em conseqüência, 26 J do calor são liberados para a vizinhança. Calcule a variação de energia do gás.

••6.19 Calcule o trabalho realizado quando 50,0 g de estanho são dissolvidos em um excesso de ácido a 1,00 atm e 25ºC:

$$Sn(s) + 2H^+(aq) \longrightarrow Sn^{2+}(aq) + H_2(g)$$

Suponha que o gás se comporta como gás ideal.

••6.20 Calcule o trabalho realizado, em joules, quando 1,0 mol de água se vaporiza a 1,0 atm e 100ºC. Suponha que o volume da água líquida seja desprezível comparado ao do vapor a 100ºC e que o gás se comporte como um gás ideal.

Entalpia de Reações Químicas
Questões de Revisão

6.21 Defina os seguintes termos: entalpia e entalpia de reação. Em que condições o calor de uma reação é igual à sua variação de entalpia?

6.22 Por que é importante indicar o estado físico (isto é, gasoso, líquido, sólido ou aquoso) de cada substância nas equações termoquímicas?

6.23 Explique o significado da seguinte equação termoquímica:

$$4NH_3(g) + 5O_2(g) \longrightarrow 4NO(g) + 6H_2O(g)$$
$$\Delta H = -904 \text{ kJ/mol}$$

6.24 Considere a seguinte reação:

$$2CH_3OH(l) + 3O_2(g) \longrightarrow 4H_2O(l) + 2CO_2(g)$$
$$\Delta H = -1452,8 \text{ kJ/mol}$$

Qual é o valor de ΔH se (a) a equação for multiplicada por 2, (b) o sentido da reação for invertido de modo que os produtos se transformem nos reagentes e vice-versa, e (c) o produto for vapor d'água em vez de água líquida?

Problemas

•6.25 O primeiro passo na recuperação industrial do zinco a partir do minério de sulfeto de zinco é a ustulação, isto é, a conversão de ZnS em ZnO por aquecimento:

$$2ZnS(s) + 3O_2(g) \longrightarrow 2ZnO(s) + 2SO_2(g)$$
$$\Delta H = -879 \text{ kJ/mol}$$

Calcule o calor liberado (em kJ) por grama de ZnS.

•6.26 Determine a quantidade de calor (em kJ) liberado quando $1,26 \times 10^4$ g de NO_2 são produzidos de acordo com a equação

$$2NO(g) + O_2(g) \longrightarrow 2NO_2(g)$$
$$\Delta H = -114,6 \text{ kJ/mol}$$

••6.27 Considere a reação

$$2H_2O(g) \longrightarrow 2H_2(g) + O_2(g)$$
$$\Delta H = 483,6 \text{ kJ/mol}$$

Supondo que 2,0 mol de $H_2O(g)$ são convertidos em $H_2(g)$ e $O_2(g)$ contra uma pressão de 1,0 atm, a 125ºC, determine o valor de ΔE para essa reação.

••6.28 Considere a reação

$$H_2(g) + Cl_2(g) \longrightarrow 2HCl(g)$$
$$\Delta H = -184,6 \text{ kJ/mol}$$

Sabendo que 3 mol de H_2 reagem com 3 mol de Cl_2 para formar HCl, calcule o trabalho realizado (em joules) contra a pressão de 1,0 atm, a 25ºC. Qual é o valor de ΔE para essa reação? Suponha que a reação seja completa.

Calorimetria
Questões de Revisão

6.29 Qual é a diferença entre calor específico e capacidade calorífica? Quais são as unidades para essas duas grandezas? Qual é a propriedade intensiva e qual é a propriedade extensiva?

6.30 Defina calorimetria e descreva os dois tipos de calorímetros comumente utilizados. Diga por que é importante conhecer a capacidade calorífica do calorímetro em uma medida calorimétrica. Como se determina esse valor?

Problemas

••6.31 Considere os seguintes dados:

Metal	Al	Cu
Massa (g)	10	30
Calor Específico (J/g · ºC)	0,900	0,385
Temperatura (ºC)	40	60

Quando esses dois metais forem colocados em contato, qual dos seguintes fenômenos ocorrerá?

(a) O calor fluirá do Al para o Cu porque o Al tem um calor específico maior.

(b) O calor fluirá do Cu para o Al, pois o Cu tem uma massa maior.

(c) O calor fluirá do Cu para o Al já que o Cu tem uma capacidade calorífica maior.

(d) O calor fluirá do Cu para o Al visto que o Cu está a uma temperatura superior.

(e) Não haverá fluxo de calor em qualquer sentido.

Biológica: 6.71, 6.87. Conceitual: 6.47, 6.48, 6.49, 6.50, 6.65, 6.79, 6.91, 6.86, 6.101, 6.104, 6.105, 6.106, 6.107. Descritiva: 6.68b, 6.102a.

•6.32 Considere dois metais A e B, cada um com massa de 100 g, à temperatura inicial de 20°C. A tem um calor específico superior ao de B. Qual dos metais levará mais tempo para atingir a temperatura de 21°C, sob as mesmas condições de aquecimento?

•6.33 Um pedaço de prata com massa de 362 g tem uma capacidade calorífica de 85,7 J/°C. Qual é o calor específico da prata?

•6.34 Um pedaço de cobre metálico com massa de 6,22 kg, a 20,5°C, é aquecido a 324,3°C. Calcule o calor (em kJ) absorvido pelo metal.

•6.35 Calcule a quantidade de calor liberado (em kJ) quando 366 g de mercúrio são resfriados, de 77,0°C a 12,0°C.

••6.36 Uma folha de ouro de 10,0 g, à temperatura de 18,0°C, é colocada sobre uma folha de ferro de 20,0 g, à temperatura de 55,6°C. Qual é a temperatura final dos dois metais combinados? Suponha que não haja perdas de calor para a vizinhança. (*Sugestão:* O calor absorvido pelo ouro deve ser igual ao calor perdido pelo ferro. Os calores específicos dos metais são dados na Tabela 6.2.)

••6.37 Uma amostra de 0,1375 g de magnésio sólido é queimada em uma bomba calorimétrica a volume constante cuja capacidade calorífica é de 3.024 J/°C. A temperatura aumenta de 1,126°C. Calcule o calor liberado na queima do Mg, em kJ/g e em kJ/mol.

•••6.38 Misturam-se $2,00 \times 10^2$ mL de HCl, 0,862 M, com $2,00 \times 10^2$ mL de Ba(OH)$_2$, 0,431 M, em um calorímetro a pressão constante, cuja capacidade calorífica é desprezível. A temperatura inicial das soluções de HCl e Ba(OH)$_2$ é 20,48°C. Para o processo

$$H^+(aq) + OH^-(aq) \longrightarrow H_2O(l)$$

o calor de neutralização é igual a $-56,2$ kJ/mol. Qual é a temperatura final da mistura das duas soluções?

Entalpia de Formação e de Reação-padrão
Questões de Revisão

6.39 Qual é o significado de condição de estado-padrão?

6.40 Como são determinadas as entalpias-padrão de um elemento e de um composto?

6.41 Defina entalpia-padrão de uma reação.

6.42 Escreva a equação para calcular a entalpia de uma reação. Defina todos os termos.

6.43 Defina a lei de Hess. Explique, usando um exemplo, a utilidade da lei de Hess em termoquímica.

6.44 Descreva como os químicos usam a lei de Hess para determinar ΔH_f° de um composto medindo o seu calor (entalpia) de combustão.

Problemas

•6.45 Qual(is) dos seguintes valores de entalpia-padrão de formação é (são) diferente(s) de zero, a 25°C? Na(*s*), Ne(*g*), CH$_4$(*g*), S$_8$(*s*), Hg(*l*), H(*g*).

•6.46 Os valores de ΔH_f° dos dois alótropos de oxigênio O$_2$ e O$_3$ são iguais a 0 e 142,2 kJ/mol, respectivamente, a 25°C. Qual das duas é a forma mais estável a essa temperatura?

•6.47 Qual das duas é a quantidade mais negativa, a 25°C: ΔH_f° para H$_2$O(*l*) ou ΔH_f° para H$_2$O(*g*)?

•6.48 Indique se o valor de ΔH_f° é maior, menor ou igual a zero para esses elementos, a 25°C: (a) Br$_2$(*g*); Br$_2$(*l*), (b) I$_2$(*g*); I$_2$(*s*).

••6.49 Os compostos com valores de ΔH_f° negativos são, em geral, mais estáveis do que aqueles que apresentam valores de ΔH_f° positivos. O ΔH_f° do H$_2$O$_2$(*l*) é negativo (veja a Tabela 6.4). Por que, então, o H$_2$O$_2$ (*l*) tem tendência a se decompor em H$_2$O (*l*) e O$_2$ (*g*)?

••6.50 Sugira maneiras (com as equações apropriadas) de medir os valores de ΔH_f° do Ag$_2$O (*s*) e do CaCl$_2$ (*s*), a partir dos seus respectivos elementos. Nenhum cálculo é necessário.

•6.51 Calcule o calor de decomposição para o seguinte processo, a pressão constante e a temperatura de 25°C:

$$CaCO_3(s) \longrightarrow CaO(s) + CO_2(g)$$

(Pesquise os valores da entalpia-padrão de formação dos reagentes e dos produtos na Tabela 6.4.)

••6.52 As entalpias-padrão de formação dos íons em soluções aquosas são obtidas arbitrariamente, atribuindo-se o valor zero aos íons H$^+$, isto é, ΔH_f° [H$^+$(*aq*)] = 0.

(a) Para a seguinte reação

$$HCl(g) \xrightarrow{H_2O} H^+(aq) + Cl^-(aq)$$
$$\Delta H^\circ = -74,9 \text{ kJ/mol}$$

Calcule ΔH_f° para os íons Cl$^-$.

(b) Sabendo que ΔH_f° para os íons OH$^-$ é $-229,6$ kJ/mol, calcule a entalpia de neutralização quando 1 mol de um ácido forte monoprótico (tal como HCl) é titulado com 1 mol de uma base forte (como o KOH), a 25°C.

•6.53 Calcule os calores de combustão para as seguintes reações, com base nas entalpias-padrão de formação apresentadas no Apêndice 2:

(a) $2H_2(g) + O_2(g) \longrightarrow 2H_2O(l)$

(b) $2C_2H_2(g) + 5O_2(g) \longrightarrow 4CO_2(g) + 2H_2O(l)$

•6.54 Calcule os calores de combustão para as seguintes reações, com base nas entalpias-padrão de formação apresentadas no Apêndice 2:

(a) $C_2H_4(g) + 3O_2(g) \longrightarrow 2CO_2(g) + 2H_2O(l)$

(b) $2H_2S(g) + 3O_2(g) \longrightarrow 2H_2O(l) + 2SO_2(g)$

•6.55 Metanol, etanol e *n*-propanol são três alcoóis comuns. Quando 1,00 g de cada um desses alcoóis é queimado em ar, ocorre liberação de calor, como se pode ver pelos seguintes dados: (a) metanol (CH$_3$OH): $-22,6$ kJ; (b) etanol (C$_2$H$_5$OH): $-29,7$ kJ; (c) *n*-propanol (C$_3$H$_7$OH),

−33,4 kJ. Calcule o calor de combustão de cada um desses alcoóis em kJ/mol.

•• 6.56 A variação de entalpia-padrão para a reação

$$H_2(g) \longrightarrow H(g) + H(g)$$

é 436,4 kJ. Calcule a entalpia-padrão de formação do hidrogênio atômico (H).

• 6.57 Por meio das entalpias-padrão de formação, calcule ΔH°_{reac} da reação

$$C_6H_{12}(l) + 9O_2(g) \longrightarrow 6CO_2(g) + 6H_2O(l)$$

Para $C_6H_{12}(l)$, $\Delta H^\circ_f = -151,9$ kJ/mol.

• 6.58 Determine a quantidade de calor (em kJ) liberada quando se produzem $1,26 \times 10^4$ g de amônia, de acordo com a seguinte equação

$$N_2(g) + 3H_2(g) \longrightarrow 2NH_3(g)$$
$$\Delta H^\circ_{reac} = -92,6 \text{ kJ/mol}$$

Suponha que a reação ocorra em condições-padrão a 25°C.

•• 6.59 A 850°C, $CaCO_3$ sofre uma decomposição substancial gerando CaO e CO_2. Considerando que a 850°C os valores de ΔH°_f dos reagentes e dos produtos sejam os mesmos que a 25°C, calcule a variação de entalpia (em kJ) para a produção de 66,8 g de CO_2.

• 6.60 Com os seguintes dados:

$$S(\text{ortorrômbico}) + O_2(g) \longrightarrow SO_2(g)$$
$$\Delta H^\circ_{reac} = -296,06 \text{ kJ/mol}$$

$$S(\text{monoclínico}) + O_2(g) \longrightarrow SO_2(g)$$
$$\Delta H^\circ_{reac} = -296,36 \text{ kJ/mol}$$

calcule a variação de entalpia da transformação

$$S(\text{ortorrômbico}) \longrightarrow S(\text{monoclínico})$$

(Monoclínico e ortorrômbico são duas formas alotrópicas diferentes do enxofre elementar.)

•• 6.61 A partir dos seguintes dados:

$$C(\text{grafite}) + O_2(g) \longrightarrow CO_2(g)$$
$$\Delta H^\circ_{reac} = -393,5 \text{ kJ/mol}$$

$$H_2(g) + \tfrac{1}{2}O_2(g) \longrightarrow H_2O(l)$$
$$\Delta H^\circ_{reac} = -285,8 \text{ kJ/mol}$$

$$2C_2H_6(g) + 7O_2(g) \longrightarrow 4CO_2(g) + 6H_2O(l)$$
$$\Delta H^\circ_{reac} = -3119,6 \text{ kJ/mol}$$

calcule a variação de entalpia da reação

$$2C(\text{grafite}) + 3H_2(g) \longrightarrow C_2H_6(g)$$

•• 6.62 A partir dos seguintes calores de combustão,

$$CH_3OH(l) + \tfrac{3}{2}O_2(g) \longrightarrow CO_2(g) + 2H_2O(l)$$
$$\Delta H^\circ_{reac} = -726,4 \text{ kJ/mol}$$

$$C(\text{grafite}) + O_2(g) \longrightarrow CO_2(g)$$
$$\Delta H^\circ_{reac} = -393,5 \text{ kJ/mol}$$

$$H_2(g) + \tfrac{1}{2}O_2(g) \longrightarrow H_2O(l)$$
$$\Delta H^\circ_{reac} = -285,8 \text{ kJ/mol}$$

calcule a entalpia de formação do metanol (CH_3OH) a partir dos seus elementos:

$$C(\text{grafite}) + 2H_2(g) + \tfrac{1}{2}O_2(g) \longrightarrow CH_3OH(l)$$

• 6.63 Calcule a variação de entalpia-padrão da reação

$$2Al(s) + Fe_2O_3(s) \longrightarrow 2Fe(s) + Al_2O_3(s)$$

sabendo que

$$2Al(s) + \tfrac{3}{2}O_2(g) \longrightarrow Al_2O_3(s)$$
$$\Delta H^\circ_{reac} = -1601 \text{ kJ/mol}$$

$$2Fe(s) + \tfrac{3}{2}O_2(g) \longrightarrow Fe_2O_3(s)$$
$$\Delta H^\circ_{reac} = -821 \text{ kJ/mol}$$

Problemas Adicionais

•• 6.64 Uma maneira conveniente de trabalhar com as entalpias das reações é atribuir, por convenção, o valor arbitrário igual a zero para a entalpia da forma mais estável de cada elemento no estado-padrão, a 25°C. Explique por que essa convenção não pode ser aplicada a reações nucleares.

• 6.65 Considere as duas reações seguintes:

$$A \longrightarrow 2B \qquad \Delta H^\circ_{reac} = \Delta H_1$$
$$A \longrightarrow C \qquad \Delta H^\circ_{reac} = \Delta H_2$$

Determine a variação de entalpia para o processo

$$2B \longrightarrow C$$

•• 6.66 A variação da entalpia-padrão ΔH° para a decomposição térmica do nitrato de prata, de acordo com a equação abaixo, é +78,67 kJ.

$$AgNO_3(s) \longrightarrow AgNO_2(s) + \tfrac{1}{2}O_2(g)$$

A entalpia-padrão de formação do $AgNO_3(s)$ é −123,02 kJ/mol. Calcule a entalpia-padrão de formação do $AgNO_2(s)$.

•• 6.67 A hidrazina, N_2H_4, decompõe-se de acordo com a seguinte equação:

$$3N_2H_4(l) \longrightarrow 4NH_3(g) + N_2(g)$$

(a) Sabendo que a entalpia-padrão de formação da hidrazina é 50,42 kJ/mol, calcule ΔH° para a sua decomposição. (b) Tanto a hidrazina quanto a amônia queimam em oxigênio, produzindo H_2O (l) e N_2 (g). Escreva as equações balanceadas para cada um desses processos e calcule ΔH° para cada um deles. Em termos de massa (por kg), qual dos dois compostos, hidrazina ou amônia, seria o melhor combustível?

•• 6.68 Considere a reação

$$N_2(g) + 3H_2(g) \longrightarrow 2NH_3(g)$$
$$\Delta H^\circ_{rxn} = -92,6 \text{ kJ/mol}$$

Calcule o trabalho realizado (em joules) contra a pressão de 1,0 atm, a 25°C para a reação de 2,0 mol de N_2 com

6,0 mol de H_2 formando NH_3. Qual é o valor de ΔE para essa reação? Suponha que a reação seja completa.

• • **6.69** Calcule o calor liberado quando 2,00 L de Cl_2 (g), densidade igual a 1,88 g/L, reagem com sódio metálico em excesso, a 25°C e 1 atm, para gerar cloreto de sódio.

• • 6.70 A fotossíntese produz glicose, $C_6H_{12}O_6$, e oxigênio a partir de dióxido de carbono e água:

$$6CO_2 + 6H_2O \longrightarrow C_6H_{12}O_6 + 6O_2$$

(a) Como você determinaria experimentalmente o valor de $\Delta H°_{reac}$ para essa reação? (b) A radiação solar produz cerca de $7,0 \times 10^{14}$ kg de glicose por ano na Terra. Qual é o valor de $\Delta H°$ correspondente?

• **6.71** Uma amostra de 2,10 mol de ácido acético cristalino, inicialmente a 17,0°C, sofre fusão, e depois é aquecida até 118,1°C (seu ponto de ebulição normal) a 1,00 atm. A amostra vaporiza a 118,1°C e depois é resfriada rapidamente até 17,0°C, e dessa forma é recristalizada. Calcule $\Delta H°$ para o processo global descrito.

• • 6.72 Calcule o trabalho realizado, em joules, para a reação

$$2Na(s) + 2H_2O(l) \longrightarrow 2NaOH(aq) + H_2(g)$$

quando 0,34 g de Na reagem com água, a 0°C e 1,0 atm, formando hidrogênio.

• • **6.73** Com os seguintes dados:

$$H_2(g) \longrightarrow 2H(g) \quad \Delta H° = 436,4 \text{ kJ/mol}$$
$$Br_2(g) \longrightarrow 2Br(g) \quad \Delta H° = 192,5 \text{ kJ/mol}$$
$$H_2(g) + Br_2(g) \longrightarrow 2HBr(g)$$
$$\Delta H° = -72,4 \text{ kJ/mol}$$

calcule $\Delta H°$ para a reação

$$H(g) + Br(g) \longrightarrow HBr(g)$$

• 6.74 O metanol (CH_3OH) é um solvente orgânico que também é utilizado como combustível em alguns motores de automóveis. Calcule a entalpia-padrão de formação do metanol, com base nos seguintes dados:

$$2CH_3OH(l) + 3O_2(g) \longrightarrow 2CO_2(g) + 4H_2O(l)$$
$$\Delta H°_{reac} = -1452,8 \text{ kJ/mol}$$

• • **6.75** Uma amostra de 44,0 g de um metal desconhecido a 99,0°C foi colocada em um calorímetro a pressão constante contendo 80,0 g de água a 24,0°C. Verificou-se que a temperatura final do sistema era 28,4°C. Calcule o calor específico do metal. (A capacidade calorífica do calorímetro é 12,4 J/°C.)

• • 6.76 Uma amostra de 1,00 mol de amônia, a 14,0 atm e 25°C, contida em um cilindro equipado com um êmbolo móvel expande-se contra uma pressão externa constante de 1,00 atm. No equilíbrio, a pressão e o volume do gás são 1,00 atm e 23,5 L, respectivamente. (a) Calcule a temperatura final da amostra. (b) Calcule q, w e ΔE para o processo. O calor específico da amônia é 0,0258 J/g · °C.

• • **6.77** O gás de gasogênio (monóxido de carbono) é produzido através da passagem de ar sobre coque ao rubro:

$$C(s) + \tfrac{1}{2}O_2(g) \longrightarrow CO(g)$$

O gás d'água (mistura de monóxido de carbono e hidrogênio) é preparado fazendo-se passar vapor d'água sobre coque ao rubro:

$$C(s) + H_2O(g) \longrightarrow CO(g) + H_2(g)$$

Durante muitos anos, tanto o gás de gasogênio como o gás d'água foram usados como combustíveis na indústria e nas cozinhas domésticas. A produção desses gases em larga escala era feita em alternância, isto é, produzia-se primeiro o gás de gasogênio, a seguir o gás d'água e assim sucessivamente. Com base na termoquímica, explique a escolha desse procedimento.

• • 6.78 Se a energia é conservada, como se explica que haja uma crise energética?

• • • **6.79** A chamada economia do hidrogênio baseia-se na produção de hidrogênio a partir da água usando energia solar. A combustão do gás ocorre de acordo com a equação:

$$2H_2(g) + O_2(g) \longrightarrow 2H_2O(l)$$

Uma das principais vantagens de usar hidrogênio como combustível é o fato de ele não ser poluente. A grande desvantagem resulta em se tratar de um gás e, portanto, ser mais difícil de armazenar do que os líquidos ou os sólidos. Calcule o volume de gás hidrogênio, a 25°C e 1,00 atm, necessário para produzir uma quantidade de energia equivalente àquela obtida na combustão de um galão de octano (C_8H_{18}). A densidade do octano é 2,66 kg/galão e a sua entalpia-padrão de formação é $-249,9$ kJ/mol. (1 galão = 3,785 L.)

• • • 6.80 Qual volume de etano (C_2H_6), medido a 23,0°C e 752 mmHg, seria necessário submeter à combustão para elevar a temperatura de 855 g de água de 25,0°C a 98,0°C?

• • **6.81** O calor de vaporização de um líquido ΔH_{vap} é a energia necessária para vaporizar 1,00 g de líquido à sua temperatura de ebulição. Em um experimento, foram colocados 60,0 g de nitrogênio líquido (temperatura de ebulição -196°C) em um copo de isopor contendo $2,00 \times 10^2$ g de água a 55,3°C. Calcule o calor molar de vaporização do nitrogênio líquido se a temperatura final da água for 41,0°C.

• 6.82 Calcule o trabalho realizado (em joules) quando 1,0 mol de água congela a 0°C e 1,0 atm. Os volumes de 1 mol de água e de 1 mol de gelo, a 0°C, são iguais a 0,0180 L e 0,0196 L, respectivamente.

• **6.83** Em qual das seguintes reações tem-se que $\Delta H°_{reac} = \Delta H°_f$?

(a) $H_2(g) + S(\text{ortorrômbico}) \longrightarrow H_2S(g)$

(b) $C(\text{diamante}) + O_2(g) \longrightarrow CO_2(g)$

(c) $H_2(g) + CuO(s) \longrightarrow H_2O(l) + Cu(s)$

(d) $O(g) + O_2(g) \longrightarrow O_3(g)$

• • 6.84 Uma quantidade de 0,020 mol de um gás, volume de 0,050 L, inicialmente a 20°C, sofre uma expansão, a temperatura constante, até que o seu volume seja de 0,50 L. Calcule o trabalho realizado (em joules) pelo gás ao expandir-se (a) contra o vácuo e (b) contra uma pressão constante de 0,20 atm. (c) Se o gás do item (b) for expandido sem restrições até que sua pressão seja igual à

- 6.85 (a) Para que a utilização seja mais eficiente, os compartimentos do congelador de um refrigerador devem estar completamente cheios de alimentos. Qual é a base termodinâmica para essa recomendação? (b) Estando a mesma temperatura inicialmente, o chá e o café permanecem quentes por muito mais tempo em um recipiente térmico do que o caldo de galinha. Explique.

- 6.86 Calcule a variação de entalpia-padrão para o processo de fermentação (veja o Problema 3.72).

- 6.87 Os esquiadores e as pessoas envolvidas em atividades ao ar livre em climas frios podem dispor de "pacotes" quentes portáteis. A embalagem de papel permeável ao ar contém uma mistura de ferro em pó, cloreto de sódio e outros componentes, todos umedecidos ligeiramente com água. A reação exotérmica que produz calor é muito comum — o enferrujamento do ferro:

$$4Fe(s) + 3O_2(g) \longrightarrow 2Fe_2O_3(s)$$

Quando se remove o invólucro de plástico, as moléculas de O_2 penetram através do papel e dão início à reação. Um pacote típico contém 250 g de ferro e pode aquecer as mãos ou os pés durante quatro horas. Qual é o calor (em kJ) produzido por essa reação? (*Sugestão*: Veja no Apêndice 2 os valores de $\Delta H_f°$.)

- 6.88 Uma pessoa comeu 226,7 g de queijo (um consumo energético de 4.000 kJ). Supondo que nada dessa energia tenha sido armazenada em seu corpo, que massa de água (em gramas) teve de ser perdida por transpiração para que a temperatura inicial do corpo se mantivesse? (São necessários 44,0 kJ para vaporizar 1 mol de água.)

- 6.89 O Oceano Pacífico tem um volume total estimado de $7,2 \times 10^8$ km^3. Uma bomba atômica, de tamanho médio, quando explode produz $1,0 \times 10^{15}$ J de energia. Calcule o número de bombas atômicas necessárias para liberar energia suficiente para elevar em 1°C a temperatura da água do Oceano Pacífico.

- 6.90 A massa de 19,2 g de gelo seco (dióxido de carbono sólido) sublima (evapora-se) em um dispositivo como aquele mostrado na Figura 6.4. Calcule o trabalho de expansão realizado contra uma pressão externa constante de 0,995 atm, à temperatura constante de 22°C. Suponha que o volume inicial de gelo seco seja insignificante e que o CO_2 se comporte como um gás ideal.

- 6.91 A entalpia de combustão do ácido benzóico (C_6H_5COOH) é usada, muitas vezes, como padrão para calibrar bombas calorimétricas que operam a volume constante; o seu valor exato é de $-3.226,7$ kJ/mol. Quando se faz a combustão de 1,9862 g de ácido benzóico, a temperatura aumenta de 21,84°C até 25,67°C. Qual é a capacidade calorífica do calorímetro? (Considere que a quantidade de água no calorímetro seja exatamente igual a 2.000 g.)

- 6.92 A cal é constituída por óxido de cálcio (CaO, denominada cal viva) e hidróxido de cálcio [Ca(OH)$_2$, designado cal extinta]. Ela é usada na indústria do aço para remover impurezas ácidas, no controle da poluição atmosférica, para remover os óxidos ácidos tal como o SO_2, e no tratamento da água. A cal viva é obtida industrialmente por aquecimento da rocha calcária ($CaCO_3$) acima de 2.000°C:

$$CaCO_3(s) \longrightarrow CaO(s) + CO_2(g)$$
$$\Delta H° = 177,8 \text{ kJ/mol}$$

A cal extinta é produzida por tratamento da cal viva com água:

$$CaO(s) + H_2O(l) \longrightarrow Ca(OH)_2(s)$$
$$\Delta H° = -65,2 \text{ kJ/mol}$$

A reação exotérmica da cal viva com água e os valores muito pequenos dos calores específicos tanto da cal viva (0,946 J/g · °C) quanto da cal extinta (1,20 J/g · °C) tornam perigoso o armazenamento e o transporte da cal em recipientes de madeira. As embarcações de madeira, ao transportar cal, podem ocasionalmente incendiar-se caso ocorra vazamento de água para o porão. (a) Qual é a temperatura final do produto, Ca(OH)$_2$ caso uma amostra de 500 g de água reaja com uma quantidade equimolar de CaO (ambas à mesma temperatura inicial de 25°C)? Suponha que o produto absorva todo o calor liberado na reação. (b) Sabendo que as entalpias padrão de formação do CaO e da H$_2$O são $-635,6$ kJ/mol e $-285,8$ kJ/mol, respectivamente, calcule a entalpia-padrão de formação do Ca(OH)$_2$.

- 6.93 O óxido de cálcio (CaO) é usado para remover o dióxido de enxofre gerado pelas estações de abastecimento de energia baseadas na queima do carvão:

$$2CaO(s) + 2SO_2(g) + O_2(g) \longrightarrow 2CaSO_4(s)$$

Calcule a variação de entalpia desse processo, caso $6,6 \times 10^5$ g de SO_2 sejam removidos, todo dia, por esse processo.

- 6.94 Um balão, com 16 m de diâmetro, é inflado com hélio a 18°C. (a) Calcule a massa de He no balão, admitindo comportamento de gás ideal. (b) Calcule o trabalho (em joules) durante o processo, a uma pressão atmosférica de 98,7 kPa.

- 6.95 (a) Todos os dias uma pessoa bebe quatro copos de água fria (3,0°C). O volume de cada copo é de $2,5 \times 10^2$ mL. Quanto de calor (em kJ) o corpo precisa fornecer para elevar a temperatura da água até 37°C (temperatura normal do corpo)? (b) Que quantidade de calor seu corpo perderia caso você ingerisse $8,0 \times 10^2$ g de neve, a 0°C, para matar a sede? (A quantidade de calor necessária para fundir a neve é 6,01 kJ/mol.)

- 6.96 Determine a entalpia-padrão de formação do etanol (C_2H_5OH) a partir da entalpia-padrão de combustão ($-1.367,4$ kJ/mol).

- 6.97 Coloca-se gelo a 0°C em um copo de isopor contendo 361 g de um refrigerante a 23°C. O calor específico da bebida é aproximadamente o mesmo da água. Depois que o gelo e a bebida atingem a temperatura de equilíbrio de 0°C, ainda sobra algum gelo. Determine a massa de gelo que se fundiu. Despreze a capacidade calorífica do copo. (*Sugestão*: É necessário 334 J para fundir 1 g de gelo a 0°C.)

6.98 Uma companhia de gás cobra R$ 1,30 por 4,6 m³ de gás natural (CH₄), a 20°C e 1,0 atm. Calcule o custo envolvido no aquecimento de 200 mL de água (o suficiente para fazer uma xícara de café ou de chá) de 20°C até 100°C. Suponha que apenas 50% do calor gerado pela combustão é usado para aquecer a água; o calor restante é perdido para o ambiente.

6.99 Calcule a energia interna de um dirigível da Goodyear cheio de gás hélio a $1{,}2 \times 10^5$ Pa. O volume do dirigível é $5{,}5 \times 10^3$ m³. Se toda a energia for usada para aquecer 10,0 toneladas de cobre a 21°C, calcule a temperatura final do metal. (*Sugestão:* Veja a Seção 5.6 para o cálculo da energia interna de um gás. 1 t = $9{,}072 \times 10^5$ g.)

6.100 Em geral, as reações de decomposição são endotérmicas, enquanto as de combinação são exotérmicas. Dê uma explicação qualitativa para essas tendências.

6.101 O acetileno (C_2H_2) pode ser obtido por reação do carbeto de cálcio (CaC_2) com água. (a) Escreva a equação da reação. (b) Qual é a quantidade máxima de calor (em quilojoules) gerada na combustão do acetileno, partindo-se de 74,6 g de CaC_2?

6.102 Quando 1,034 g de naftaleno ($C_{10}H_8$) é queimado em uma bomba calorimétrica a volume constante, a 298 K, há liberação de 41,56 kJ de calor. Calcule ΔE e ΔH para a reação, em termos de mols.

Problemas Especiais

6.103 (a) Uma máquina de fazer neve contém uma mistura de ar comprimido e vapor de água a uma pressão de cerca de 20 atm. Quando a mistura se espalha na atmosfera expande-se tão rapidamente que, praticamente, não ocorrem trocas de calor entre o sistema (ar e água) e a vizinhança. (Em termodinâmica esse processo é denominado adiabático.) Faça uma análise com base na primeira lei da termodinâmica e mostre como a neve se forma nessas condições.

(b) Se alguma vez você já encheu um pneu de bicicleta com uma bomba deve ter observado um aquecimento no corpo da válvula. A bomba atua comprimindo o ar que existe no seu interior e dentro do pneu. O processo é suficientemente rápido para ser tratado como adiabático. Aplique a primeira lei da termodinâmica para explicar o efeito do aquecimento.

(c) O manual do motorista diz que a distância percorrida por um automóvel após a freagem quadruplica ao duplicar sua velocidade; isto é, se um carro a 40 km/h, percorre 9,1 m antes de parar, então um carro a uma velocidade de 80 km/h deverá percorrer 36,6 m. Justifique essa afirmação usando a primeira lei da termodinâmica. Considere que ao parar a energia cinética ($\frac{1}{2}mu^2$) do automóvel é totalmente convertida em calor.

6.104 Por que o ar frio e úmido e o ar quente e úmido são mais desconfortáveis que o ar seco a mesma temperatura? (Os calores específicos do vapor d'água e do ar são, aproximadamente, 1,9 J/g · °C e 1,0 J/g · °C, respectivamente.)

6.105 A temperatura média nos desertos é alta durante o dia, mas muito baixa durante a noite, enquanto ao longo das regiões costeiras é mais moderada. Explique.

6.106 Do ponto de vista termoquímico, explique por que os extintores de incêndio à base de dióxido de carbono ou de água não devem ser usados em um incêndio provocado por magnésio.

Respostas dos Exercícios

6.1 (a) 0, (b) −286 J.   **6.2** −63 J.   **6.3** $-6{,}47 \times 10^3$ kJ.
6.4 −111,7 kJ/mol.   **6.5** −34,3 kJ.   **6.6** −728 kJ/mol.
6.7 21,19°C.   **6.8** 22,49°C.   **6.9** 87,3 kJ/mol.
6.10 −41,83 kJ/g.

A Estrutura Eletrônica dos Átomos

7

7.1 Da Física Clássica à Teoria Quântica 202
Radiação Eletromagnética • Teoria Quântica de Planck

7.2 O Efeito Fotoelétrico 206

7.3 Teoria de Bohr do Átomo de Hidrogênio 207
Espectros de Emissão • Espectro de Emissão do Átomo de Hidrogênio

7.4 Dualidade da Natureza do Elétron 212

7.5 Mecânica Quântica 214
A Descrição Mecânico-Quântica do Átomo de Hidrogênio

7.6 Números Quânticos 216
Número Quântico Principal (n) • Número Quântico de Momento Angular (ℓ) • Número Quântico Magnético (m_ℓ) • Número Quântico de Spin Eletrônico (m_s)

7.7 Orbitais Atômicos 217
Orbitais s • Orbitais p • Orbitais d e Outros Orbitais de Maior Energia • Energias dos Orbitais

7.8 Configuração Eletrônica 222
Princípio da Exclusão de Pauli • Diamagnetismo e Paramagnetismo • O Efeito de Blindagem em Átomos Polieletrônicos • Regra de Hund • Regras Gerais para Distribuir os Elétrons nos Orbitais Atômicos

7.9 O Princípio da Construção 228

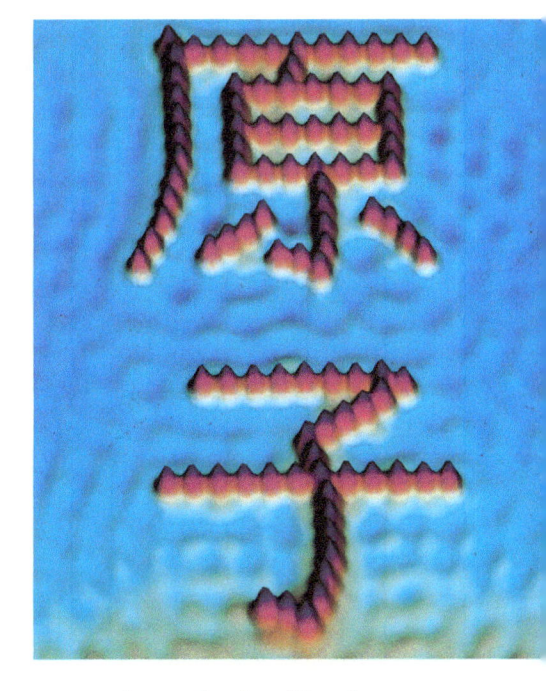

Imagem da palavra "átomo", com caracteres chineses, em arranjo formado por átomos de ferro detectados pela técnica de microscopia de tunelamento por varredura.

Conceitos Essenciais

Teoria Quântica de Planck Para explicar que a radiação emitida por objetos depende do comprimento de onda, Planck propôs que os átomos e as moléculas poderiam emitir (ou absorver) energia somente em quantidades discretas denominadas quanta. A teoria de Planck causou uma revolução na física.

O Advento da Mecânica Quântica O trabalho de Planck levou à explicação do efeito fotoelétrico, descoberto por Einstein, que postulou que a luz consiste em partículas denominadas fótons, e do espectro de emissão do átomo de hidrogênio proposto por Bohr. O posterior desenvolvimento na teoria quântica teve contribuições de *de Broglie*, que demonstrou que os elétrons podem apresentar propriedades de onda ou de partícula, e de Heisenberg, que propôs uma limitação inerente às medidas em sistemas submicroscópicos. Os avanços culminaram com a equação de Schrödinger, a qual descreve o comportamento e a energia dos átomos e moléculas.

O Átomo de Hidrogênio A resolução da equação de Schrödinger para o átomo de hidrogênio leva a energias quantizadas para o elétron e a uma série de funções de onda denominadas orbitais atômicos. Os orbitais atômicos são descritos por números quânticos específicos; os orbitais permitem saber quais são as regiões nas quais os elétrons podem ser encontrados. Os resultados obtidos para o átomo de hidrogênio, com pequenas modificações, podem ser aplicados a outros átomos mais complexos.

O Princípio da Construção A construção da tabela periódica pode ser feita com base no aumento do número atômico e adição gradual de elétrons. Algumas orientações específicas (o princípio da exclusão de Pauli e a regra de Hund) nos ajudam a escrever as configurações eletrônicas para os estados fundamentais dos elementos, as quais indicam como os elétrons são distribuídos nos orbitais atômicos.

7.1 Da Física Clássica à Teoria Quântica

As primeiras tentativas para compreender os átomos e as moléculas não tiveram muito êxito. Supondo que as moléculas se comportam como bolas elásticas, os físicos conseguiram prever e explicar alguns fenômenos macroscópicos tal como a pressão exercida por um gás. No entanto, esse modelo não era adequado para justificar a estabilidade das moléculas, pois não explicava as forças que mantêm a coesão dos átomos. Foi preciso muito tempo para perceber — e ainda mais tempo para aceitar — que as propriedades dos átomos e das moléculas *não* são governadas pelas mesmas leis físicas que se aplicam tão bem aos objetos macroscópicos.

A nova era da física começou em 1900, com um jovem físico alemão chamado Max Planck. Enquanto analisava os dados da radiação emitida por sólidos aquecidos a várias temperaturas, Planck descobriu que os átomos e as moléculas emitiam energia apenas em determinadas quantidades discretas, ou *quanta*. Os físicos sempre haviam considerado que a energia era contínua, o que implicava que qualquer quantidade de energia podia ser liberada em um processo envolvendo radiação. A *teoria quântica* de Planck revolucionou completamente a física. De fato, as numerosas pesquisas que se seguiram alteraram para sempre o nosso conceito de natureza.

Para compreendermos a teoria quântica, devemos ter algum conhecimento sobre a natureza das ondas. Entende-se por **onda** uma *perturbação vibracional com transmissão de energia*. A velocidade da onda depende do tipo da onda e da natureza do meio através do qual ela se propaga (por exemplo, ar, água ou vácuo). *A distância entre pontos idênticos em ondas sucessivas* é denominada **comprimento de onda λ** (lambda). A **freqüência ν** (ni) de uma onda é *o número de ondas que passam por um determinado ponto a cada segundo*. A **amplitude** é *a distância vertical entre o ponto médio e a crista ou a depressão da onda (ou seja, a altura da onda)* (Figura 7.1a). A Figura 7.1b mostra duas ondas que têm a mesma amplitude, mas possuem comprimentos de onda e freqüências diferentes.

Uma propriedade importante de uma onda em propagação no espaço é a sua velocidade (u), que pode ser expressa multiplicando-se o comprimento de onda pela freqüência da onda:

$$u = \lambda \nu \tag{7.1}$$

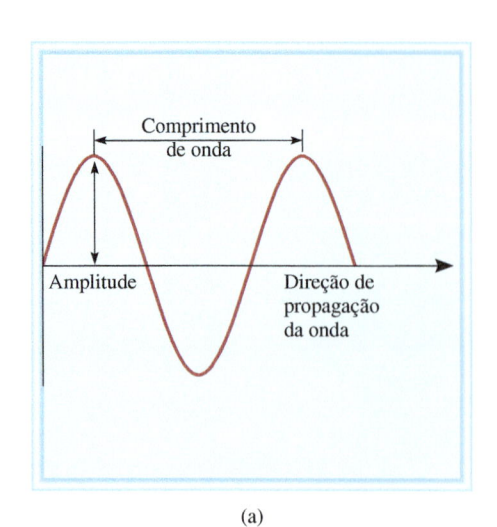

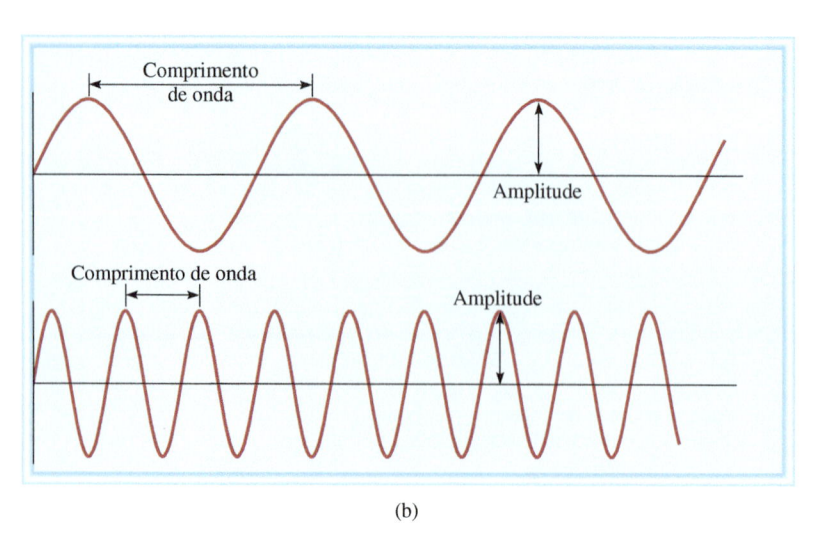

Interatividade:
Comprimento de onda, Freqüência e Amplitude
Centro de Aprendizagem Online, Interativo

Figura 7.1
(a) Comprimento de onda e amplitude. (b) Duas ondas que têm comprimentos e freqüências diferentes. A de cima apresenta comprimento de onda três vezes maior do que a de baixo, mas sua freqüência é apenas um terço do valor da freqüência da outra onda. Ambas apresentam a mesma amplitude e a mesma velocidade.

A "lógica" inerente à Equação (7.1) torna-se evidente ao se analisarem as dimensões físicas envolvidas nos três termos. O comprimento de onda (λ) expressa o comprimento de uma onda, ou seja, distância/onda. A freqüência (ν) indica o número de ondas que passa em determinado ponto por unidade de tempo, ou seja, ondas/tempo. O produto desses dois termos, portanto, resulta na dimensão de distância/tempo, que corresponde à velocidade:

$$\frac{\text{distância}}{\text{tempo}} = \frac{\text{distância}}{\text{onda}} \times \frac{\text{ondas}}{\text{tempo}}$$

O comprimento de onda é geralmente expresso em metros, centímetros ou nanômetros e a freqüência é medida em hertz (Hz), sendo

$$1 \text{ Hz} = 1 \text{ ciclo/s}$$

A palavra "ciclo" pode ser omitida e a freqüência expressa, por exemplo, em 25/s (lê-se "25 por segundo").

Radiação Eletromagnética

Há muitos tipos de ondas, tais como as ondas aquáticas, as ondas sonoras e as ondas luminosas. Em 1873, James Clerk Maxwell sugeriu que a luz visível era constituída por ondas eletromagnéticas. De acordo com a teoria de Maxwell, uma **onda eletromagnética** tem um *componente de campo elétrico* e um *componente de campo magnético*. Ambos possuem o mesmo comprimento de onda e a mesma freqüência, e por isso a mesma velocidade, mas propagam-se em planos perpendiculares entre si (Figura 7.2). A importância da teoria de Maxwell reside na descrição matemática do comportamento geral da luz. Em particular, esse modelo descreve exatamente como a energia, sob a forma de radiação, pode propagar-se como campos elétricos e magnéticos oscilantes, no espaço. A **radiação eletromagnética** é *a emissão e transmissão de energia na forma de ondas eletromagnéticas*.

As ondas eletromagnéticas propagam-se a uma velocidade de cerca de $3{,}00 \times 10^8$ metros por segundo (valor arredondado) no vácuo. Essa velocidade muda de um meio para outro, porém as variações não são significativas o suficiente para comprometer os nossos cálculos. Por convenção, usamos o símbolo c para a velocidade das ondas eletromagnéticas, que é mais comumente denominada *velocidade da luz*. O comprimento de onda das ondas eletromagnéticas geralmente é expresso em nanômetros (nm).

Ondas sonoras e aquáticas não são ondas eletromagnéticas, ao contrário dos raios X e das ondas de rádio.

EXEMPLO 7.1

O comprimento de onda da luz verde dos semáforos está centrado em 522 nm. Qual é a freqüência dessa radiação?

Estratégia Dado o comprimento de onda de uma onda eletromagnética, pede-se para calcular a sua freqüência. Rearranjando a Equação (7.1) e substituindo u por c (a velocidade da luz), obtém-se:

$$\nu = \frac{c}{\lambda}$$

(Continua)

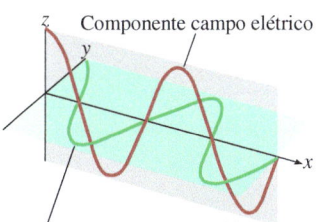

Figura 7.2
Os componentes de uma onda eletromagnética: campo elétrico e campo magnético. Ambos apresentam o mesmo comprimento de onda, a mesma freqüência e a mesma amplitude, mas oscilam em dois planos perpendiculares entre si.

Solução Como a velocidade da luz é dada em metros por segundo, é conveniente, em primeiro lugar, converter o comprimento de onda para metros. Lembre-se de que 1 nm = 1×10^{-9} m (veja a Tabela 1.3). Podemos escrever

$$\lambda = 522 \text{ nm} \times \frac{1 \times 10^{-9} \text{ m}}{1 \text{ nm}} = 522 \times 10^{-9} \text{ m}$$
$$= 5{,}22 \times 10^{-7} \text{ m}$$

Substituindo os valores do comprimento de onda e da velocidade da luz ($3{,}00 \times 10^8$ m/s), a freqüência é

$$\nu = \frac{3{,}00 \times 10^8 \text{ m/s}}{5{,}22 \times 10^{-7} \text{ m}}$$
$$= 5{,}75 \times 10^{14}/\text{s, ou } 5{,}75 \times 10^{14} \text{ Hz}$$

Problema semelhante: 7.7.

Verificação A resposta mostra que $5{,}75 \times 10^{14}$ ondas passam por um ponto fixo a cada segundo. Essa freqüência tão elevada é coerente com o alto valor da velocidade da luz.

Exercício Qual é o comprimento de onda (em metros) de uma onda eletromagnética cuja freqüência é $3{,}64 \times 10^7$ Hz?

A Figura 7.3 mostra vários tipos de radiação eletromagnética, que diferem entre si quanto ao comprimento de onda e a freqüência. As longas ondas de rádio são emitidas por grandes antenas, tais como as usadas nas estações de radiodifusão. As ondas da luz visível, que são mais curtas, são produzidas pelos movimentos dos elétrons dentro dos átomos e moléculas. As ondas mais curtas de todas, e que possuem as maiores freqüências, são os raios γ (gama), que resultam de alterações no interior dos núcleos atômicos (veja o Capítulo 2). Como veremos adiante, quanto maior a freqüência, mais energética é a radiação. Desse modo, a radiação ultravioleta, os raios X e os raios γ são radiações de alta energia.

Teoria Quântica de Planck

Quando os sólidos são aquecidos, emitem radiação eletromagnética em ampla gama de comprimentos de onda. O brilho opaco e vermelho de um aquecedor elétrico e a luz branca e brilhante de uma lâmpada de tungstênio são exemplos de radiação emitida por sólidos aquecidos.

As medidas realizadas no final do século XIX mostraram que a quantidade de energia da radiação emitida por um objeto, a determinada temperatura, depende do comprimento de onda. As tentativas para explicar essa dependência, com base na teoria ondulatória já estabelecida e também nas leis da termodinâmica, foram satisfatórias apenas parcialmente. Uma das teorias explicava essa dependência para comprimentos de onda mais curtos, mas falhava para comprimentos de onda maiores. A outra era adequada para comprimentos de onda mais longos, mas não para comprimentos de onda mais curtos. Parecia que algo de fundamental faltava às leis da física clássica.

Planck resolveu o problema com uma hipótese radicalmente distinta dos conceitos da época. A física clássica considera que átomos e moléculas podiam emitir (ou absorver) qualquer quantidade arbitrária de energia radiante. Planck sugeriu que os átomos e moléculas podiam emitir (ou absorver) energia apenas em quantidades discretas, ou seja, em pequenos pacotes bem definidos. Planck deu o nome de ***quantum*** à *menor quantidade de energia que pode ser emitida (ou absorvida) na forma de radiação eletromagnética*. A energia E de um único *quantum* de energia é dada por

$$E = h\nu \tag{7.2}$$

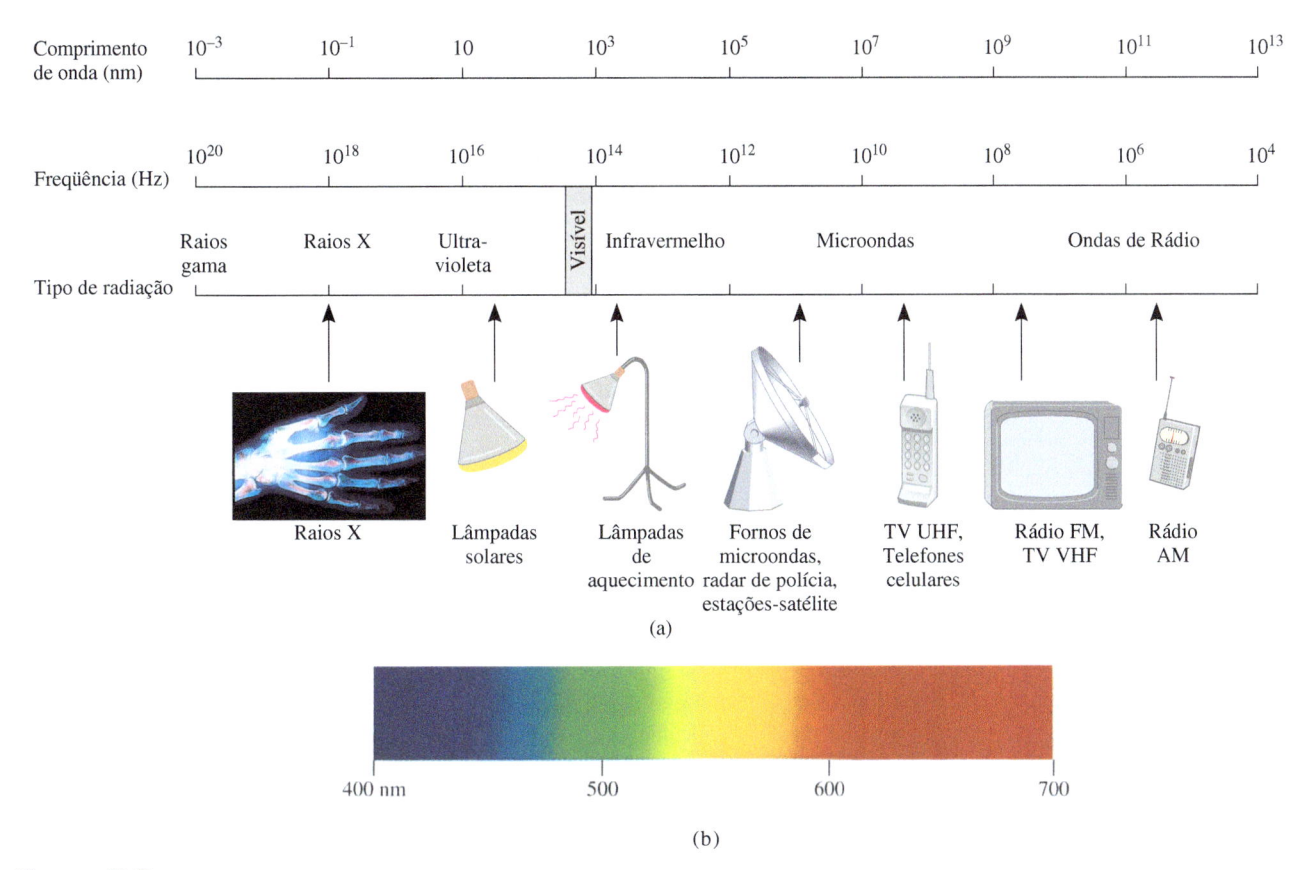

Figura 7.3
(a) Tipos de radiação eletromagnética. Os raios gama têm os comprimentos de onda mais curtos e as freqüências mais altas; as ondas de rádio têm os maiores comprimentos de onda e as menores freqüências. Cada tipo de radiação engloba uma gama específica de comprimentos de onda (e freqüências). (b) A região da luz visível situa-se na faixa de comprimentos de onda de 400 nm (violeta) a 700 nm (vermelho).

em que h é *a constante de Planck* e ν é a freqüência da radiação. O valor da constante de Planck é $6,63 \times 10^{-34}$ J · s. Como $\nu = c/\lambda$, a Equação (7.2) pode ser expressa como

$$E = h\frac{c}{\lambda} \quad (7.3)$$

De acordo com a teoria quântica, a energia é emitida sempre em múltiplos de $h\nu$, como por exemplo, $h\nu$, $2\,h\nu$, $3\,h\nu$, ..., mas nunca como $1,67\,h\nu$ ou $4,98\,h\nu$. Na época em que Planck apresentou a sua teoria, não podia explicar por que as energias deviam ter valores fixos ou quantizados dessa maneira. No entanto, sua hipótese era adequada para correlacionar os resultados experimentais de emissão por sólidos em *toda* a gama de comprimentos de onda; todos eles eram consistentes com a teoria quântica.

A idéia de que a energia deve ser quantizada, ou seja, "dividida em pacotes discretos" pode parecer estranha, contudo, o conceito de quantização tem muitas analogias. Por exemplo, uma carga elétrica também é quantizada: o seu valor só pode ser um múltiplo inteiro de e, a carga de um elétron. A própria matéria é quantizada, pois o número de elétrons, prótons e nêutrons, e também o número de átomos em uma amostra de matéria, devem ser inteiros. O nosso sistema monetário é baseado em um *quantum* de valor denominado centavo. Mesmo os processos em sistemas vivos envolvem fenômenos quantizados. Os ovos que uma galinha bota são quantizados; uma gata prenhe dá à luz um número inteiro de gatinhos e não metade ou três quartos de um gatinho.

7.2 O Efeito Fotoelétrico

Em 1905, apenas cinco anos depois de Planck apresentar a sua teoria quântica, o físico americano de origem alemã, Albert Einstein, aplicou-a para resolver outro mistério da física, o **efeito fotoelétrico**, um fenômeno em que *elétrons são expelidos da superfície de certos metais expostos a uma luz de determinada freqüência mínima, denominada freqüência-limite* (Figura 7.4). O número de elétrons expelidos era proporcional à intensidade (ou brilho) da radiação, mas as energias dos elétrons não. Abaixo da freqüência-limite nenhum elétron era expelido por mais intensa que fosse a luz.

O efeito fotoelétrico não podia ser explicado pela teoria ondulatória da luz. No entanto, Einstein fez uma suposição extraordinária. Sugeriu que um feixe de luz é, na realidade, um feixe de partículas. Essas *partículas de luz* são agora conhecidas como **fótons**. Usando a teoria quântica da radiação proposta por Planck como ponto de partida, Einstein deduziu que cada fóton deve possuir uma energia E, dada pela equação

$$E = h\nu$$

> Esta equação tem a mesma forma que a Equação (7.2) porque, como veremos, a radiação eletromagnética é emitida e absorvida na forma de fótons.

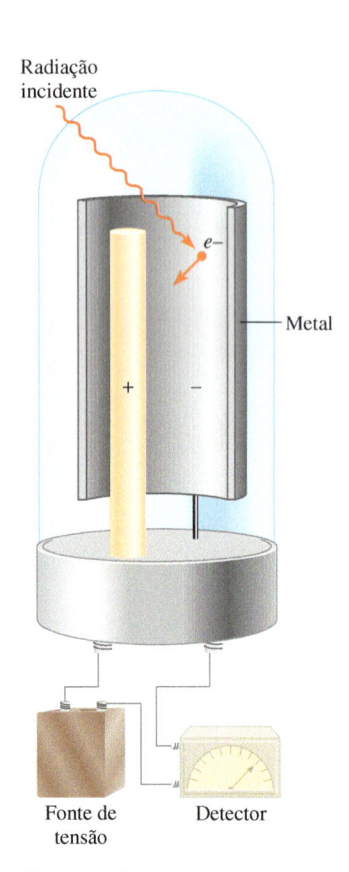

em que ν é a freqüência da luz. Os elétrons estão aprisionados em um metal por forças atrativas e para arrancá-los, é necessário uma luz cuja freqüência seja suficientemente elevada (ou seja, a energia seja suficientemente elevada). Um feixe de luz incidindo na superfície de um metal é equivalente ao disparo de um feixe de partículas — fótons — sobre os átomos do metal. Se a freqüência dos fótons for tal que $h\nu$ é exatamente igual à energia que segura os elétrons no metal, então a energia da luz será suficiente apenas para arrancar os elétrons. Porém, se a freqüência da luz for maior, além de serem expelidos, os elétrons também vão adquirir certa energia cinética. Essa situação é resumida pela equação

$$h\nu = KE + BE$$

em que EC é a energia cinética do elétron expelido e EL corresponde à energia de ligação do elétron no metal. Reescrevendo a Equação (7.3) como

$$KE = h\nu - BE$$

verifica-se que quanto mais energético for o fóton (isto é, quanto maior sua freqüência), maior é a energia cinética adquirida pelo elétron expelido.

Agora, consideremos dois feixes de luz que possuem a mesma freqüência (que é maior que a freqüência-limite), mas intensidades diferentes. O feixe de luz mais intenso é constituído por maior número de fótons; conseqüentemente, pode arrancar maior número de elétrons da superfície do metal do que o feixe de luz menos intenso. Portanto, quanto mais intensa a luz, maior o número de elétrons emitidos pelo alvo metálico; quanto maior a freqüência da luz, maior a energia cinética dos elétrons expelidos.

Figura 7.4
Um dispositivo para estudar o efeito fotoelétrico. Incide-se luz de determinada freqüência sobre uma superfície metálica limpa. Os elétrons expelidos são atraídos para o eletrodo positivo. O fluxo de elétrons é registrado por um detector.

EXEMPLO 7.2

Calcule a energia (em joules) de (a) um fóton de comprimento de onda $5,00 \times 10^4$ nm (região do infravermelho) e (b) um fóton de comprimento de onda $5,00 \times 10^{-2}$ nm (região dos raios X).

Estratégia Em ambos os itens, (a) e (b), é dado o comprimento de onda de um fóton e pede-se para calcular a sua energia. Para isso, precisamos usar a Equação (7.3).

(Continua)

Solução (a) Da Equação (7.3),

$$E = h\frac{c}{\lambda}$$

$$= \frac{(6{,}63 \times 10^{-34}\text{ J}\cdot\text{s})(3{,}00 \times 10^8\text{ m/s})}{(5{,}00 \times 10^4\text{ nm})\dfrac{1 \times 10^{-9}\text{ m}}{1\text{ nm}}}$$

$$= 3{,}98 \times 10^{-21}\text{ J}$$

Essa é a energia de um único fóton de comprimento de onda $5{,}00 \times 10^4$ nm.

(b) Seguindo o mesmo procedimento de (a), podemos mostrar que a energia do fóton de comprimento de onda $5{,}00 \times 10^{-2}$ nm é $3{,}98 \times 10^{-15}$ J.

Verificação Como a energia de um fóton aumenta com a diminuição do comprimento de onda, verificamos que um fóton de "raios X" é 1×10^6, ou um milhão de vezes, mais energético que um fóton de "infravermelho".

Exercício A energia de um fóton é $5{,}87 \times 10^{-20}$ J. Qual é o seu comprimento de onda (em nanômetros)?

Problema semelhante: 7.15.

A teoria corpuscular da luz, proposta por Einstein, causou um dilema para os cientistas. Se, por um lado, explicava satisfatoriamente o efeito fotoelétrico, por outro, não era consistente com o já conhecido comportamento ondulatório. A única forma de resolver esse dilema foi aceitar a idéia de que a luz possui *ambas* as propriedades: de partícula e de onda. Dependendo do experimento, a luz pode comportar-se como onda ou como um feixe de partículas. Esse conceito era totalmente estranho à forma como os físicos entendiam a matéria e a radiação, e foi preciso muito tempo para que o aceitassem. Conforme veremos na seção 7.4, a natureza dual (partícula-onda) não é exclusiva da luz, mas sim característica de toda a matéria, inclusive dos elétrons.

7.3 Teoria de Bohr do Átomo de Hidrogênio

O trabalho de Einstein abriu caminho para a solução de outro mistério da física do século XIX: os espectros de emissão dos átomos.

Espectros de Emissão

Desde o século XVII, quando Newton mostrou que a luz solar é composta por vários componentes de cores diferentes, que podem ser recombinados para produzir luz branca, os químicos e físicos vêm estudando as características dos ***espectros de emissão***, isto é, *espectros contínuos* ou *espectros de linhas da radiação emitida pelas substâncias*. O espectro de emissão de uma substância pode ser observado fornecendo-se energia a uma amostra do material, na forma de energia térmica ou outra (tal como uma descarga elétrica de alta voltagem se a substância for gasosa). Uma barra de ferro incandescente (na cor vermelha ou branca) recentemente removida de uma fonte de alta temperatura produz um brilho característico. Esse brilho coincide com a região do seu espectro de emissão captada pela visão humana. O calor emitido coincide com outra região desse espectro — a região do infravermelho. Uma característica comum aos espectros de emissão do Sol e de um sólido aquecido é que ambos são contínuos; isto é, todos os comprimentos de onda da luz visível estão representados nos espectros (veja a região visível na Figura 7.3).

Animação:
Espectros de Emissão
Centro de Aprendizagem
Online, Animações

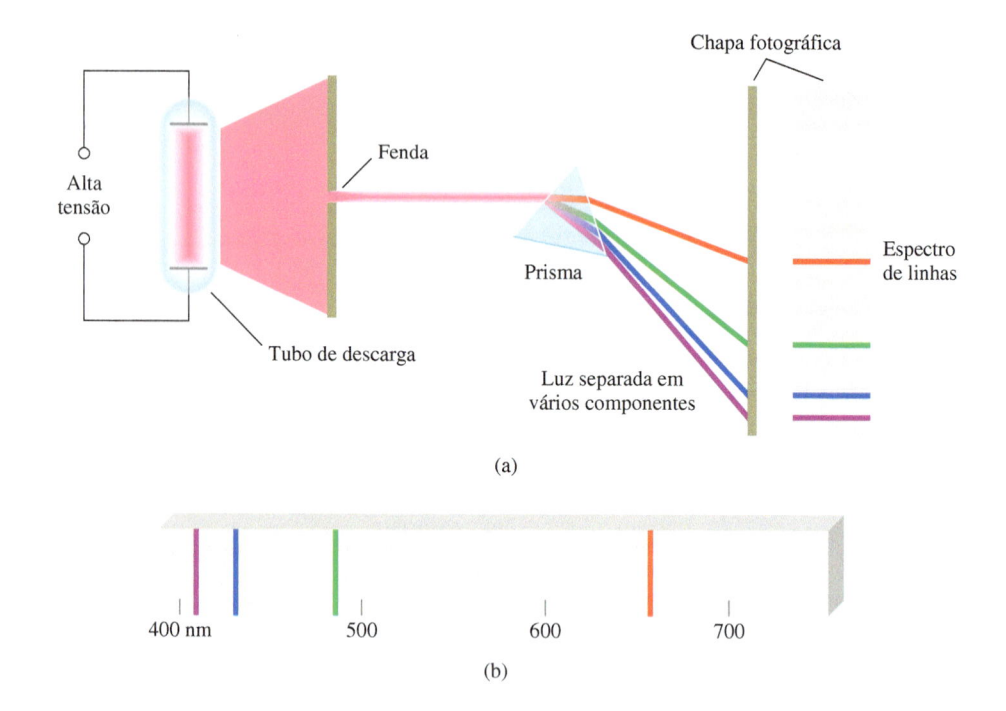

Figura 7.5
(a) Um arranjo experimental para estudar o espectro de emissão de átomos e moléculas. O gás em estudo encontra-se em um tubo de descarga contendo dois eletrodos. O fluxo de elétrons, ao passar do eletrodo negativo para o eletrodo positivo, colide com o gás. Esse processo de colisão pode, eventualmente, levar à emissão de luz pelos átomos (ou moléculas). Ao atravessar um prisma, a luz emitida é separada nos seus componentes. Cada componente de cor é focado em uma posição definida, de acordo com seu comprimento de onda e forma uma imagem colorida da fenda na chapa fotográfica. As imagens coloridas são denominadas linhas espectrais. (b) O espectro de emissão de linhas dos átomos de hidrogênio.

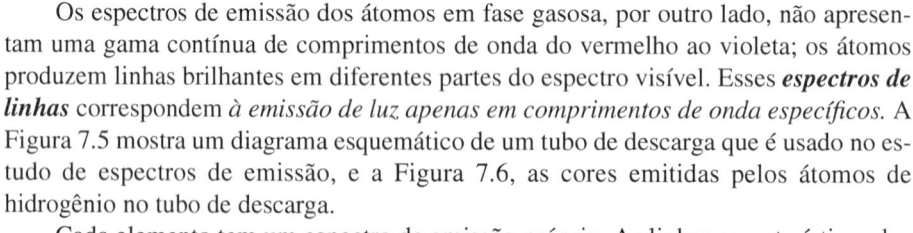

Ao aplicarmos uma alta voltagem entre os dois garfinhos, alguns íons de sódio presentes no pedaço de picles são convertidos a átomos de sódio no estado excitado. Ao retornarem ao seu estado fundamental, esses átomos emitem uma característica luz amarela.

Os espectros de emissão dos átomos em fase gasosa, por outro lado, não apresentam uma gama contínua de comprimentos de onda do vermelho ao violeta; os átomos produzem linhas brilhantes em diferentes partes do espectro visível. Esses **espectros de linhas** correspondem *à emissão de luz apenas em comprimentos de onda específicos.* A Figura 7.5 mostra um diagrama esquemático de um tubo de descarga que é usado no estudo de espectros de emissão, e a Figura 7.6, as cores emitidas pelos átomos de hidrogênio no tubo de descarga.

Cada elemento tem um espectro de emissão próprio. As linhas características dos espectros atômicos podem ser utilizadas em análise química para identificar átomos desconhecidos, assim como as impressões digitais são empregadas na identificação de pessoas. A identidade de um elemento é estabelecida quando as linhas do espectro de emissão da amostra desconhecida coincidem exatamente com aqueles do espectro de um elemento já conhecido. Embora a importância da utilização desse procedimento tenha sido reconhecida há muito tempo, a origem dessas linhas não foi esclarecida até o início do século XX.

Espectro de Emissão do Átomo de Hidrogênio

Em 1913, não muito depois das descobertas de Planck e de Einstein, o físico dinamarquês Niels Bohr apresentou uma explicação teórica para o espectro do átomo de hidrogênio. O tratamento de Bohr é muito complexo e não é mais considerado totalmente correto. Por isso, vamos nos concentrar apenas nas suposições mais importantes e nos resultados finais, que explicam as linhas espectrais.

Quando Bohr iniciou seu estudo, os físicos já sabiam que o átomo contém elétrons e prótons. Eles concebiam o átomo como uma entidade em que os elétrons giravam, em órbitas circulares e com altas velocidades, ao redor do núcleo. Esse modelo era atraente porque assemelhava-se aos movimentos dos planetas ao redor do Sol. Para o átomo de hidrogênio, acreditava-se que a atração eletrostática entre o próton "solar" positivo e o elétron "planetário" negativo atraía o elétron para dentro e que essa força era exatamente compensada pela aceleração do movimento circular do elétron na direção oposta.

O modelo de Bohr para o átomo incluía a noção de elétrons movendo-se em órbitas circulares, porém com uma importante restrição: o único elétron presente no átomo de hidrogênio poderia ser localizado somente em determinadas órbitas. Uma vez que a cada órbita associa-se uma energia em particular, as energias relativas ao movimento do elétron nas órbitas permitidas deviam ter valores fixos, ou seja, *quantizados*. A emissão de radiação por um átomo de hidrogênio excitado foi atribuída, por Bohr, ao decaimento do elétron de uma órbita mais energética para outra menos energética, com emissão de um *quantum* de energia (um fóton) na forma de luz (Figura 7.7). Com argumentos baseados na interação eletrostática e nas leis do movimento de Newton, Bohr mostrou que o elétron de um átomo de hidrogênio pode apresentar valores de energias dados por

$$E_n = -R_H\left(\frac{1}{n^2}\right) \quad (7.4)$$

em que R_H, a constante de Rydberg (em homenagem ao físico sueco Johannes Rydberg), tem o valor $2,18 \times 10^{-18}$ J. O número n é inteiro e denomina-se número quântico principal; e assume os valores $n = 1, 2, 3, \ldots$.

O sinal negativo na Equação (7.4) segue uma convenção arbitrária, para indicar que a energia do elétron no átomo é *mais baixa* que a energia de um *elétron livre*, ou seja, que está infinitamente afastado do núcleo. Atribui-se arbitrariamente o valor zero para a energia de um elétron livre. Matematicamente, isso corresponde a fixar n igual a infinito na Equação (7.4) de modo que $E_\infty = 0$. Conforme o elétron se aproxima do núcleo (à medida que n decresce), E_n torna-se maior em valor absoluto, mas também mais negativo. O valor mais negativo possível é então atingido quando $n = 1$, que corresponde ao estado mais estável de energia. Esse é denominado **estado fundamental** ou **nível fundamental**, que se refere ao *estado de menor energia de um sistema* (que é um átomo, no nosso caso). A estabilidade do elétron diminui para $n = 2, 3, \ldots$. Cada um desses níveis é chamado de **estado excitado** ou **nível excitado**, pois apresenta *energia superior à do estado fundamental*. Um elétron do hidrogênio que tem n maior que 1 está em um estado excitado. O raio de cada órbita circular no modelo de Bohr depende de n^2. Portanto, à medida que n aumenta de 1 para 2, 3, o raio da órbita aumenta muito rapidamente. Quanto maior a energia do estado excitado, mais afastado do núcleo (e menos atraído por ele) se encontra o elétron.

A teoria de Bohr permite explicar o espectro de linhas do átomo de hidrogênio. A energia radiante absorvida pelo átomo faz o elétron mover-se de um estado de menor energia (caracterizada por um menor valor de n) para um estado de maior energia (caracterizado por um maior valor de n). Ao contrário, energia radiante (na forma de um fóton) é emitida quando o elétron se move de um estado de maior energia para outro de menor energia. O movimento quantizado do elétron de um estado de energia para outro é análogo ao movimento de uma bola de tênis subindo ou descendo um conjunto de degraus (Figura 7.8). A bola pode estar em qualquer um dos degraus, mas nunca entre degraus. A passagem da bola de um degrau mais baixo para um degrau mais alto é um processo que requer energia, enquanto a passagem de um degrau mais alto para um mais baixo é um processo que libera energia. A quantidade de energia envolvida em qualquer um dos tipos de processos é determinada pela distância entre os degraus inicial e final. Da mesma forma, a quantidade de energia necessária para mover o elétron no átomo de Bohr depende da diferença entre os níveis de energia dos estados inicial e final.

Para aplicarmos a Equação (7.4) ao processo de emissão em um átomo de hidrogênio, vamos supor que o elétron esteja inicialmente em um estado caracterizado pelo número quântico principal n_i. Durante a emissão, o elétron decai para um estado de energia mais baixo caracterizado pelo número quântico principal n_f (os índices i e f cor-

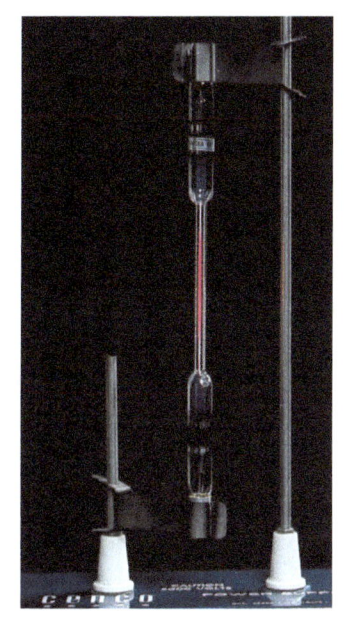

Figura 7.6
Átomos de hidrogênio em um tubo de descarga emitem luz. A cor observada resulta da combinação de cores emitidas no espectro visível.

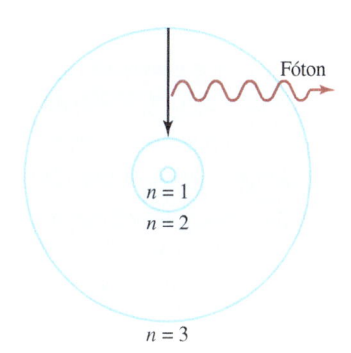

Figura 7.7
O processo de emissão em um átomo de hidrogênio excitado, de acordo com a teoria de Bohr. Um elétron originalmente em uma órbita de energia elevada ($n = 3$) passa para uma órbita de energia mais baixa ($n = 2$). Como resultado, um fóton com energia $h\nu$ é emitido. O valor $h\nu$ é igual à diferença entre as energias das duas órbitas que são ocupadas pelo elétron no processo de emissão. Para simplificar, apenas três órbitas são mostradas na figura.

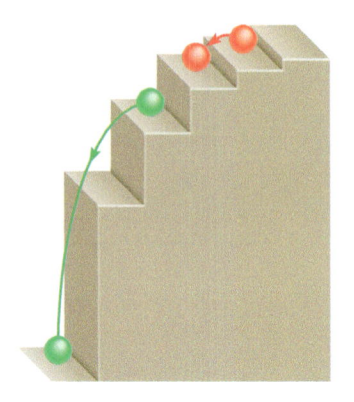

Figura 7.8
Uma analogia mecânica para os processos de emissão. A bola pode estar em qualquer degrau, mas não entre degraus.

respondem aos estados inicial e final, respectivamente). Esse estado de energia mais baixa pode ser um outro estado excitado ou o estado fundamental. A diferença entre as energias dos estados inicial e final é

$$\Delta E = E_f - E_i$$

Pela Equação (7.4),

$$E_f = -R_H\left(\frac{1}{n_f^2}\right)$$

e

$$E_i = -R_H\left(\frac{1}{n_i^2}\right)$$

Então

$$\Delta E = \left(\frac{-R_H}{n_f^2}\right) - \left(\frac{-R_H}{n_i^2}\right)$$

$$= R_H\left(\frac{1}{n_i^2} - \frac{1}{n_f^2}\right)$$

Como essa transição resulta na emissão de um fóton de freqüência ν e energia $h\nu$, podemos escrever

$$\Delta E = h\nu = R_H\left(\frac{1}{n_i^2} - \frac{1}{n_f^2}\right) \tag{7.5}$$

Quando um fóton é emitido, $n_i > n_f$. Conseqüentemente, o termo entre parênteses tem sinal negativo e ΔE também é negativo (perde-se energia para a vizinhança). Quando energia é absorvida, $n_i < n_f$, o termo entre parênteses tem sinal positivo e ΔE é positivo. Cada linha no espectro de emissão corresponde a uma transição particular em um átomo de hidrogênio. Quando estudamos um grande número de átomos de hidrogênio, observamos todas as transições possíveis e, portanto, as linhas espectrais correspondentes. O brilho de uma linha espectral depende de quantos fótons de mesmo comprimento de onda são emitidos.

O espectro de emissão do hidrogênio consiste de uma ampla gama de comprimentos de onda, indo do infravermelho ao ultravioleta. A Tabela 7.1 mostra as séries de transições, no espectro do hidrogênio, que receberam os nomes dos seus descobridores. A série de Balmer foi particularmente fácil de estudar porque algumas das suas linhas se encontram na região do visível.

A Figura 7.7 mostra uma única transição. No entanto, quando as transições são apresentadas como na Figura 7.9, obtém-se mais informações. Cada linha horizontal representa um nível de energia permitido para o elétron em um átomo de hidrogênio. Os níveis de energia estão identificados pelos seus números quânticos principais.

TABELA 7.1 As Diversas Séries do Espectro de Emissão do Átomo de Hidrogênio

Séries	n_f	n_i	Região do Espectro
Lyman	1	2, 3, 4, ...	Ultravioleta
Balmer	2	3, 4, 5, ...	Visível e ultravioleta
Paschen	3	4, 5, 6, ...	Infravermelho
Brackett	4	5, 6, 7, ...	Infravermelho

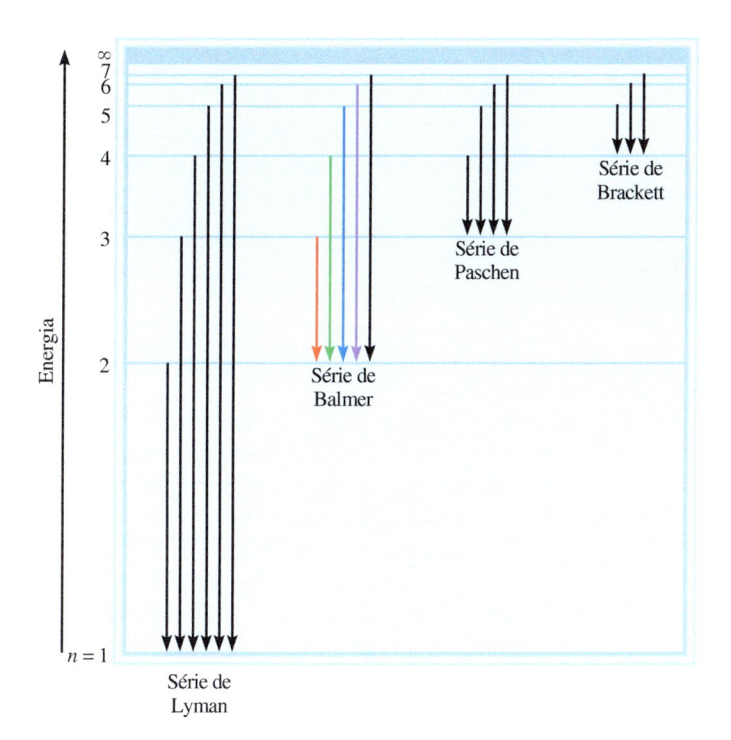

Figura 7.9
Os níveis de energia no átomo de hidrogênio e as várias séries de emissão. Cada nível de energia corresponde a um estado energético, permitido para uma órbita, conforme postulado por Bohr e mostrado na Figura 7.7. As linhas de emissão são identificadas de acordo com o esquema apresentado na Tabela 7.1.

EXEMPLO 7.3

Qual é o comprimento de onda de um fóton (em nanômetros) emitido durante uma transição do estado $n_i = 5$ para o estado $n_f = 2$ no átomo de hidrogênio?

Estratégia São dados os estados inicial e final do processo de emissão. Podemos calcular a energia do fóton emitido usando a Equação (7.5). Então, a partir das Equações (7.2) e (7.1), podemos obter o comprimento de onda do fóton. O valor da constante de Rydberg é dado no texto.

Solução Usando a Equação (7.5), escrevemos

$$\Delta E = R_H \left(\frac{1}{n_i^2} - \frac{1}{n_f^2} \right)$$
$$= 2{,}18 \times 10^{-18} \text{ J} \left(\frac{1}{5^2} - \frac{1}{2^2} \right)$$
$$= -4{,}58 \times 10^{-19} \text{ J}$$

O sinal negativo indica que essa energia está associada a um processo de emissão. Omitiremos o sinal de menos do ΔE, pois o comprimento de onda do fóton deve ser positivo. Esse pode ser calculado com base na equação: $\Delta E = h\nu$ ou $\nu = \Delta E/h$, escrevendo-se

$$\lambda = \frac{c}{\nu}$$
$$= \frac{ch}{\Delta E}$$
$$= \frac{(3{,}00 \times 10^8 \text{ m/s})(6{,}63 \times 10^{-34} \text{ J} \cdot \text{s})}{4{,}58 \times 10^{-19} \text{ J}}$$
$$= 4{,}34 \times 10^{-7} \text{ m}$$
$$= 4{,}34 \times 10^{-7} \text{ m} \times \left(\frac{1 \text{ nm}}{1 \times 10^{-9} \text{ m}} \right) = 434 \text{ nm}$$

O sinal negativo está de acordo com a convenção que indica que há liberação de energia para a vizinhança.

(Continua)

Problemas semelhantes: 7.31, 7.32.

Verificação O comprimento de onda está na região visível da radiação eletromagnética (veja a Figura 7.3). Coerentemente, como $n_f = 2$, essa transição origina uma linha espectral na série de Balmer (veja a Tabela 7.1).

Exercício Qual é o comprimento de onda (em nanômetros) de um fóton emitido durante uma transição do estado $n_i = 6$ para o estado $n_f = 4$, no átomo de hidrogênio.

7.4 Dualidade da Natureza do Elétron

Os físicos ficaram perplexos e intrigados com a teoria de Bohr. Perguntavam-se por que as energias do elétron do hidrogênio são quantizadas. Em outras palavras, por que, no átomo de Bohr, o elétron limita-se a orbitar, em torno do núcleo, a determinadas distâncias fixas? Durante uma década, ninguém, nem mesmo Bohr, apresentou uma explicação lógica. Em 1924, o físico francês, Louis de Broglie, propôs uma solução para esse enigma. De Broglie imaginou que se as ondas de luz podem comportar-se como um feixe de partículas (fótons), então, talvez partículas como os elétrons possam ter propriedades ondulatórias. Segundo de Broglie, um elétron ligado ao núcleo comporta-se como uma *onda estacionária*. As ondas estacionárias podem ser geradas dedilhando-se, por exemplo, a corda de um violão (Figura 7.10) e são descritas como estacionárias porque não se propagam ao longo da corda. Alguns pontos da corda, denominados **nós**, não se movem; *a amplitude da onda nesses pontos é zero*. Existe um nó em cada extremidade e podem existir nós entre elas. Quanto maior a freqüência de vibração, menor é o comprimento de onda da onda estacionária e maior é o número de nós. Como mostra a Figura 7.10, podem existir somente certos comprimentos de onda para qualquer dos movimentos permitidos da corda.

De Broglie argumentou que, se o elétron realmente comporta-se como uma onda estacionária, no átomo de hidrogênio, o comprimento da onda deve ajustar-se exatamente à circunferência da órbita (Figura 7.11). Caso contrário, a própria onda se cancelaria parcialmente em cada órbita sucessiva. No final, a amplitude da onda seria reduzida a zero e a onda deixaria de existir.

A relação entre a circunferência de uma órbita permitida ($2\pi r$) e o comprimento de onda (λ) do elétron é dada por

$$2\pi r = n\lambda \tag{7.6}$$

em que r é o raio da órbita, l é o comprimento de onda da onda eletrônica e $n = 1, 2, 3, \ldots$. Como n é um número inteiro, à medida que aumenta de 1 para 2, 3 e assim por diante, apenas certos valores podem ser assumidos por r. E, como a energia do elétron depende do tamanho da órbita (ou de r), o seu valor tem de ser quantizado.

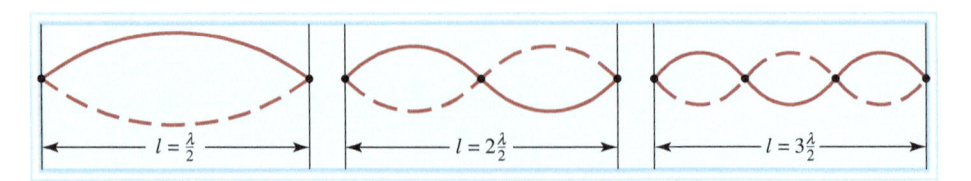

Figura 7.10
As ondas estacionárias geradas pela vibração de uma corda de violão. Cada ponto representa um nó. O comprimento da corda (l) deve ser igual a um número inteiro de metade do comprimento de onda ($\lambda/2$).

O raciocínio de *de Broglie* levou à conclusão de que as ondas podem comportar-se como partículas e as partículas podem exibir propriedades ondulatórias. De Broglie deduziu que as propriedades corpusculares e ondulatórias estão relacionadas pela expressão

$$\lambda = \frac{h}{mu} \qquad (7.7)$$

em que λ, m e u são o comprimento de onda associado a uma partícula em movimento, sua massa e sua velocidade, respectivamente. A Equação (7.7) implica que uma partícula em movimento pode ser tratada como uma onda e que uma onda pode exibir as propriedades de uma partícula. Observe que do lado esquerdo da Equação (7.7) tem-se o comprimento de onda, uma propriedade ondulatória, enquanto do lado direito tem-se a massa, uma propriedade corpuscular.

EXEMPLO 7.4

Calcule o comprimento de onda da "partícula" nos seguintes casos: (a) O serviço mais rápido no jogo de tênis é cerca de 68 m/s. Calcule o comprimento de onda associado a uma bola de tênis que pesa $6{,}0 \times 10^{-2}$ kg movendo-se a essa velocidade. (b) Calcule o comprimento de onda de um elétron ($9{,}1094 \times 10^{-31}$ kg) que se move à velocidade de 63 m/s.

Estratégia São dadas a massa e a velocidade da partícula em (a) e (b) e pede-se para calcular o comprimento de onda, portanto, precisamos da Equação (7.7). Note que, como as unidades da constante de Planck são J · s, m e u devem estar em kg e m/s (1 J = 1 kg m²/s²), respectivamente.

Solução (a) Usando a Equação (7.7), podemos escrever

$$\lambda = \frac{h}{mu}$$
$$= \frac{6{,}63 \times 10^{-34}\,\text{J}\cdot\text{s}}{(6{,}0 \times 10^{-2}\,\text{kg}) \times 68\,\text{m/s}}$$
$$= 1{,}6 \times 10^{-34}\,\text{m}$$

Comentário Esse comprimento de onda é extremamente pequeno se levarmos em conta que o tamanho de um átomo é da ordem de 1×10^{-10} m. Por essa razão, as propriedades ondulatórias de uma bola de tênis não podem ser detectadas por qualquer instrumento de medição existente.

(b) Nesse caso,

$$\lambda = \frac{h}{mu}$$
$$= \frac{6{,}63 \times 10^{-34}\,\text{J}\cdot\text{s}}{(9{,}1094 \times 10^{-31}\,\text{kg}) \times 68\,\text{m/s}}$$
$$= 1{,}1 \times 10^{-5}\,\text{m}$$

Comentário Esse comprimento de onda ($1{,}1 \times 10^{-5}$ m ou $1{,}1 \times 10^{4}$ nm) encontra-se na região do infravermelho. O cálculo mostra que apenas os elétrons (ou outras partículas submicroscópicas) possuem comprimentos de onda mensuráveis.

Exercício Calcule o comprimento de onda (em nanômetros) de um átomo de H (massa = $1{,}674 \times 10^{-27}$ kg) que se move à velocidade de $7{,}00 \times 10^{2}$ cm/s.

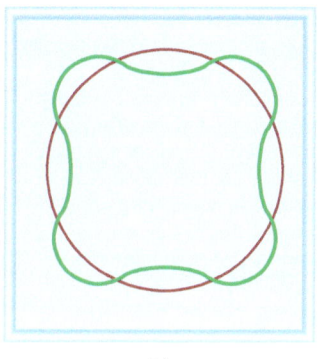

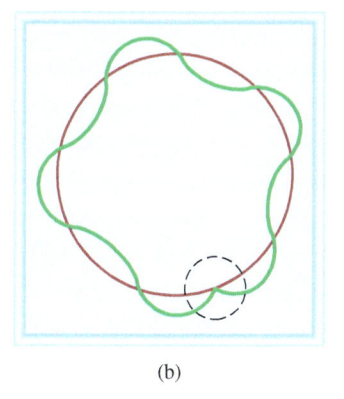

Figura 7.11
(a) A circunferência da órbita é igual a um número inteiro de comprimentos de onda. Essa é uma órbita permitida. (b) A circunferência da órbita não é igual a um número inteiro de comprimentos de onda. Como resultado, a onda não se fecha. Essa é uma órbita proibida.

Problemas semelhantes: 7.40, 7.41.

Figura 7.12
À esquerda: Padrão de difração de raios X de uma folha de alumínio. À direita: Difração de elétrons por uma folha de alumínio. A semelhança entre os dois padrões mostra que os elétrons podem comportar-se como raios X e apresentar propriedades ondulatórias.

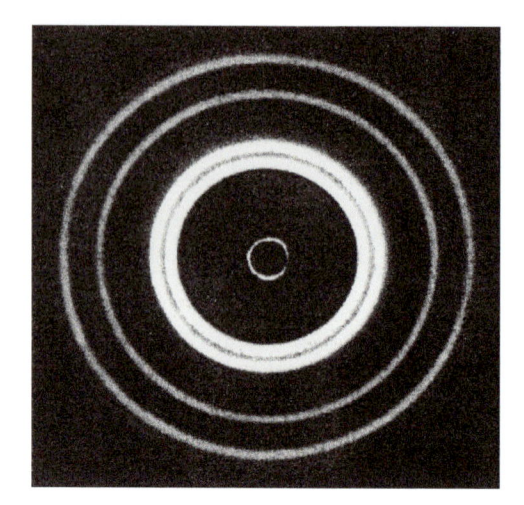

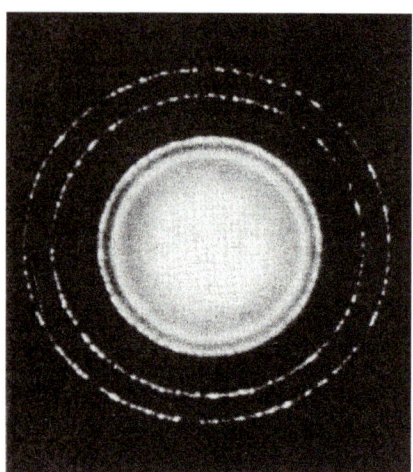

O Exemplo 7.4 mostra que, embora a equação proposta por de Broglie possa ser aplicada a diversos sistemas, as propriedades ondulatórias tornam-se observáveis apenas no caso de objetos submicroscópicos. Essa distinção pode ser explicada com base no fato de ser muito pequeno o valor da constante de Planck, h, que aparece no numerador da Equação 7.7.

Logo depois *de Broglie* ter introduzido essa equação, Clinton Davisson e Lester Germer, nos Estados Unidos, e G. P. Thomson, na Inglaterra, demonstraram que os elétrons, de fato, possuem propriedades ondulatórias. Direcionando um feixe de elétrons através de uma folha fina de ouro, Thomson obteve, numa tela, um conjunto de anéis concêntricos, padrão semelhante ao observado ao utilizarem-se raios x (que são ondas). A Figura 7.12, mostra imagens desses padrões para o alumínio.

7.5 Mecânica Quântica

O sucesso espetacular da teoria de Bohr foi seguido por uma série de decepções. A abordagem de Bohr não era adequada par explicar os espectros de emissão de átomos contendo mais que um elétron, tais como os átomos de hélio e de lítio. Não permitia também explicar o aparecimento de novas linhas no espectro de emissão do hidrogênio na presença de um campo magnético. Outro problema surgiu com a descoberta das propriedades ondulatórias dos elétrons. Como pode a "posição" de uma onda ser especificada? Não se pode definir a localização precisa de uma onda porque ela se estende no espaço.

A natureza dual dos elétrons causou grande problema devido ao fato de sua massa ser extremamente pequena. Para descrever a questão de se tentar localizar uma partícula subatômica que se comporta como onda, o físico alemão, Werner Heisenberg, formulou um princípio que hoje é conhecido como ***princípio da incerteza de Heisenberg***: *é impossível determinar ao mesmo tempo, e com certeza, o momento linear (produto da massa pela velocidade) e a posição de uma partícula*. Em outras palavras, para medir com precisão o momento de uma partícula, é preciso contentar-se com uma medida menos precisa de sua posição, e vice-versa. Aplicando o princípio da incerteza de Heisenberg ao átomo de hidrogênio, vê-se que é inerentemente impossível saber qual a localização exata e o valor exato do momento do elétron. Portanto, não é apropriado imaginar o elétron movendo-se ao redor do núcleo em órbitas bem definidas.

Na realidade, com base na teoria de Bohr é possível explicar os espectros de emissão dos íons He^+ e Li^{2+} tão bem quanto o do hidrogênio. No entanto, esses três sistemas têm algo em comum — cada um contém um único elétron. Assim, o modelo de Bohr funciona com sucesso apenas para o átomo de hidrogênio e para "íons do tipo hidrogênio".

É certo que Bohr contribuiu significativamente para a nossa compreensão dos átomos, e sua proposta de que a energia de um elétron em um átomo é quantizada permanece válida ainda hoje. Entretanto, a teoria de Bohr não forneceu uma descrição completa do comportamento eletrônico nos átomos. Em 1926, o físico austríaco, Erwin Schrödinger, usando cálculos matemáticos complicados, formulou uma equação (análoga às leis do movimento de Newton para objetos macroscópicos) que descreve o comportamento e as energias de partículas submicroscópicas, em geral. Para resolver a *equação de Schrödinger* são necessários cálculos avançados, que não iremos discutir. No entanto, é importante saber que a equação incorpora tanto o comportamento corpuscular, em termos da massa m, quanto o comportamento ondulatório, em termos de uma *função de onda* ψ (psi), a qual depende da localização espacial do sistema (tal como um elétron em um átomo).

A função de onda, por si só, não tem um significado físico direto. Entretanto, a probabilidade de encontrar o elétron em uma determinada região do espaço é proporcional ao quadrado da função de onda, ψ^2. A idéia de relacionar ψ^2 à probabilidade originou-se em uma analogia baseada na teoria ondulatória. De acordo com essa teoria, a intensidade da luz é proporcional ao quadrado da amplitude da onda, ou seja, ψ^2. O local mais provável para encontrar um fóton é onde a intensidade é maior, ou seja, onde o valor de ψ^2 é maior. Com base em argumento semelhante, ψ^2 pode ser associado à probabilidade de se encontrar o elétron em uma região em torno do núcleo.

A equação de Schrödinger deu início a uma nova era na física e na química, lançando um novo campo, a *mecânica quântica* (também denominada *mecânica ondulatória*). Hoje, o desenvolvimento da teoria quântica, a partir de 1913 — ano em que Bohr apresentou sua análise do átomo de hidrogênio — até 1926, é chamado de "teoria quântica antiga".

A Descrição Mecânico-Quântica do Átomo de Hidrogênio

A equação de Schrödinger especifica os estados de energia possíveis que um elétron pode assumir em um átomo de hidrogênio e identifica as funções de onda (ψ) correspondentes. Esses estados de energia e funções de onda são caracterizados por um conjunto de números quânticos (discutidos a seguir), com os quais pode-se construir um modelo abrangente do átomo de hidrogênio.

De acordo com a mecânica quântica, não se pode marcar a posição exata de um elétron em um átomo, mas é possível definir a região onde o elétron pode estar em um dado instante. O conceito de **densidade eletrônica** *dá a probabilidade de um elétron ser encontrado em uma região particular de um átomo*. O quadrado da função de onda, ψ^2, define a distribuição da densidade eletrônica no espaço tridimensional em volta do núcleo. Regiões de elevada densidade eletrônica representam alta probabilidade de se encontrar o elétron, enquanto regiões de baixa densidade eletrônica representam baixa probabilidade de se encontrar o elétron (Figura 7.13).

A descrição mecânico-quântica de um átomo pode ser distinguida do modelo de Bohr, falando-se de orbital atômico em vez de órbita. Entende-se **orbital atômico** como *a função de onda de um elétron em um átomo*. Quando dizemos que um elétron está em determinado orbital, significa que a distribuição da densidade eletrônica ou a probabilidade de localizar o elétron no espaço é descrita pelo quadrado da função de onda associada a esse orbital. Um orbital atômico, portanto, tem uma energia característica bem como uma distribuição de densidade eletrônica característica.

A equação de Schrödinger funciona perfeitamente para um átomo simples de hidrogênio, que possui um elétron e um próton, mas não pode ser resolvida com exatidão para qualquer átomo que contenha mais de um elétron! Os químicos e físicos, felizmente, aprenderam a superar esse tipo de dificuldade fazendo aproximações. Por exemplo, embora o comportamento dos elétrons em **átomos**

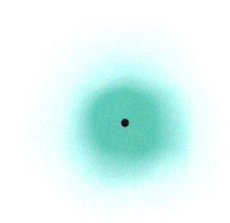

Figura 7.13
Uma representação da distribuição de densidade eletrônica ao redor do núcleo de um átomo de hidrogênio. Esta indica uma elevada probabilidade de se encontrar o elétron mais perto do núcleo.

O átomo de hélio é considerado polieletrônico, em termos da mecânica quântica, embora tenha apenas dois elétrons.

polieletrônicos (isto é, *átomos que contêm dois ou mais elétrons*) não seja o mesmo que em um átomo de hidrogênio, podemos supor que provavelmente a diferença não é muito grande. Dessa forma, as energias e funções de onda obtidas para o átomo de hidrogênio podem ser consideradas como boas aproximações do comportamento dos elétrons em átomos mais complexos. De fato, essa abordagem fornece descrições razoavelmente confiáveis do comportamento eletrônico em átomos polieletrônicos.

7.6 Números Quânticos

Na mecânica quântica, são necessários três **números quânticos** para *descrever a distribuição dos elétrons no hidrogênio e em outros átomos*. Esses números derivam da solução matemática da equação de Schrödinger para o átomo de hidrogênio e são denominados: *número quântico principal*, *número quântico de momento angular* e *número quântico magnético*. Esses números quânticos serão usados para descrever orbitais atômicos e para identificar os elétrons que neles se encontram. Um quarto número quântico — o *número quântico de spin* — é usado para descrever o comportamento de um elétron específico e completar a descrição dos elétrons nos átomos.

Número Quântico Principal (n)

> A Equação (7.4) aplica-se apenas ao átomo de hidrogênio.

O número quântico principal (n) pode ter valores inteiros: 1, 2, 3 e assim sucessivamente; corresponde ao número quântico da Equação (7.4). Em um átomo de hidrogênio, o valor de n determina a energia de um orbital. Mas, como veremos, isso não se aplica a átomos com muitos elétrons. O número quântico principal também está relacionado com a distância média entre o elétron, em determinado orbital, e o núcleo. Quanto maior o valor de n, maior a distância média entre o elétron (em dado orbital) e o núcleo e, por conseguinte, maior é o orbital.

Número Quântico de Momento Angular (ℓ)

O número quântico de momento angular (ℓ) refere-se ao "formato" dos orbitais (veja a Seção 7.7). Os valores de ℓ dependem do valor do número quântico principal, n. Para um dado valor de n, ℓ pode assumir valores inteiros entre 0 e $(n-1)$. Se $n = 1$, existe apenas um valor possível para ℓ, ou seja, $\ell = n - 1 = 1 - 1 = 0$. Se $n = 2$, há dois valores para ℓ: 0 e 1. Se $n = 3$, existem três valores para ℓ: 0, 1 e 2. O valor de ℓ geralmente é designado pelas letras $s, p, d, \ldots$, conforme mostrado a seguir:

ℓ	0	1	2	3	4	5
Nome do orbital	s	p	d	f	g	h

Dessa forma, se $\ell = 0$, temos um orbital s; se $\ell = 1$, temos um orbital p e assim por diante.

Um conjunto de orbitais com o mesmo valor de n freqüentemente é chamado de camada. Um ou mais orbitais que apresentam os mesmos valores de n e ℓ são chamados de subcamada. Por exemplo, a camada com $n = 2$ é composta por duas subcamadas, $\ell = 0$ e 1 (valores permitidos para $n = 2$).

> Lembre-se de que o "2" em 2s refere-se ao valor de n, e "s" simboliza o valor de ℓ.

Essas subcamadas são conhecidas como camadas $2s$ e $2p$, em que o número 2 designa o valor de n, e as letras s e p, os valores de ℓ.

Número Quântico Magnético (m_ℓ)

O número quântico magnético (m_ℓ) descreve a orientação do orbital no espaço (veja a Seção 7.7). Dentro de uma subcamada, o valor de m_ℓ depende do valor do número quântico de momento angular, ℓ. Para um certo valor de ℓ, há $(2\ell + 1)$ valores inteiros de m_ℓ:

$$-\ell, (-\ell + 1), \ldots 0, \ldots (+\ell - 1), +\ell$$

Se $\ell = 0$, então $m_\ell = 0$. Se $\ell = 1$, há $[(2 \times 1) + 1]$, ou seja, três valores de m_ℓ: $-1, 0$, e 1. Se $\ell = 2$, há $[(2 \times 2) + 1]$, ou seja, cinco valores de m_ℓ: $-2, -1, 0, 1$, e 2. O número de valores de m_ℓ indica o número de orbitais em uma subcamada que apresentam um valor de ℓ particular.

Para concluir a nossa discussão sobre esses três números quânticos, consideremos a situação em que $n = 2$ e $\ell = 1$. Esses valores de n e ℓ indicam que temos uma subcamada $2p$ e que, nessa subcamada, existem *três* orbitais $2p$ (porque existem três valores de m_ℓ, que são -1, 0 e 1).

Número Quântico de Spin Eletrônico (m_s)

Verificou-se, experimentalmente, que as linhas dos espectros de emissão dos átomos de hidrogênio e de sódio podiam ser desdobradas por um campo magnético externo. Para explicar esses resultados, os físicos tiveram de supor que os elétrons comportam-se como pequenos ímãs. Essas propriedades magnéticas podem ser justificadas considerando-se que os elétrons giram em torno de seu próprio eixo, como faz a Terra. De acordo com a teoria eletromagnética, uma carga em rotação gera um campo magnético e é esse movimento que faz o elétron comportar-se como um ímã. A Figura 7.14 mostra os dois movimentos giratórios de um elétron, um no sentido horário e outro no sentido anti-horário. Para explicar o movimento de rotação do elétron (*spin* eletrônico), é necessário introduzir um quarto número quântico, chamado de *número quântico de spin eletrônico* (m_s), cujos valores podem ser $+\frac{1}{2}$ ou $-\frac{1}{2}$.

Figura 7.14
Spins de um elétron no (a) sentido horário e (b) sentido anti-horário. Os campos magnéticos gerados por esses dois movimentos de spin são análogos aqueles criados por dois ímãs. As setas voltadas para cima e para baixo são usadas para representar os dois sentidos do spin.

7.7 Orbitais Atômicos

A Tabela 7.2 mostra a relação entre os números quânticos e os orbitais atômicos. Podemos ver que quando $\ell = 0$, $(2\ell + 1) = 1$ e existe um único valor para m_ℓ, portanto temos um orbital s. Quando $\ell = 1$, $(2\ell + 1) = 3$ e há três valores para m_ℓ, ou seja, há três orbitais p, designados por p_x, p_y e p_z. Quando $\ell = 2$, $(2\ell + 1) = 5$ e há

Interatividade:
Formatos dos Orbitais e Energia
Centro de Aprendizagem Online, Interativo

TABELA 7.2 Relação entre os Números Quânticos e os Orbitais Atômicos

n	ℓ	m_ℓ	Número de Orbitais	Designações dos Orbitais Atômicos
1	0	0	1	$1s$
2	0	0	1	$2s$
	1	$-1, 0, 1$	3	$2p_x, 2p_y, 2p_z$
3	0	0	1	$3s$
	1	$-1, 0, 1$	3	$3p_x, 3p_y, 3p_z$
	2	$-2, -1, 0, 1, 2$	5	$3d_{xy}, 3d_{yz}, 3d_{xz},$ $3d_{x^2-y^2}, 3d_{z^2}$
$\vdots$	$\vdots$	$\vdots$	$\vdots$	$\vdots$

Uma subcamada *s* contém um orbital, uma subcamada *p*, três orbitais, e uma subcamada *d*, cinco orbitais.

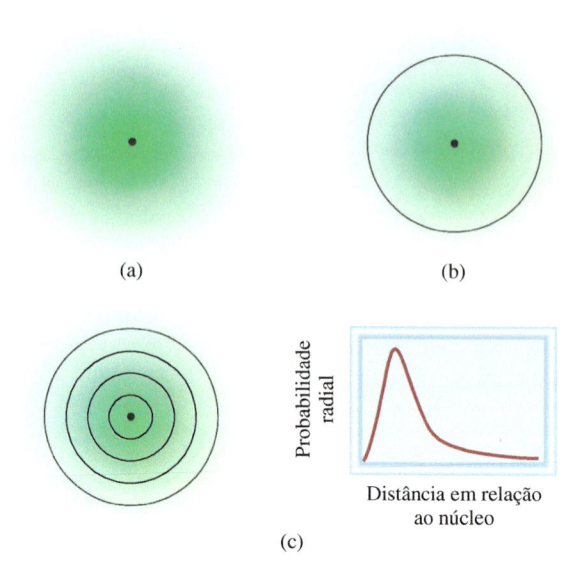

Figura 7.15
(a) Distribuição da densidade eletrônica no orbital 1s do hidrogênio em função da distância em relação ao núcleo. A densidade eletrônica diminui rapidamente à medida que a distância em relação ao núcleo aumenta. (b) Diagrama de superfície-limite do orbital 1s do hidrogênio. (c) Um modo mais realístico de visualizar a distribuição de densidade eletrônica é dividir o orbital 1s em sucessivas camadas concêntricas. O gráfico da probabilidade de se encontrar o elétron em cada camada, denominada probabilidade radial, em função da distância em relação ao núcleo apresenta um valor máximo em 52,9 pm. É interessante notar que esse valor de distância é igual ao raio da órbita mais interna no modelo de Bohr.

Teoricamente, afastando-se do núcleo, não existe um limite externo para a função de onda de um orbital. Isso leva a questões filosóficas interessantes sobre o tamanho dos átomos. Mas, em comum acordo, os químicos propuseram uma definição operacional de tamanho atômico, como veremos em capítulos posteriores.

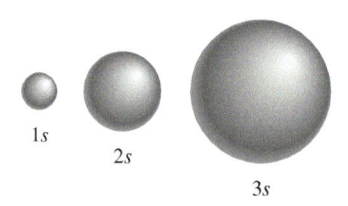

Figura 7.16
Diagramas de superfície-limite dos orbitais 1s, 2s e 3s do hidrogênio. Cada esfera contém cerca de 90% da densidade eletrônica total. Todos os orbitais s são esféricos. Fazendo uma aproximação, podemos dizer que o tamanho de um orbital é proporcional a n^2, sendo n o número quântico principal.

cinco valores de m_ℓ, sendo os correspondentes cinco orbitais d indicados com subscritos mais elaborados. Nas seções seguintes consideraremos os orbitais s, p e d separadamente.

Orbitais s

Uma das questões importantes quando se estudam as propriedades dos orbitais atômicos é: quais são os formatos dos orbitais? Estritamente falando, um orbital não tem um formato bem-definido porque a função de onda que o caracteriza estende-se do núcleo até o infinito. Nesse sentido, é difícil dizer com o que um orbital se assemelha. Por outro lado, é muito conveniente imaginar formas específicas para os orbitais, particularmente na discussão da formação de ligações químicas, como veremos nos Capítulos 9 e 10.

Embora, em princípio, um elétron possa ser encontrado em qualquer lugar no espaço, sabemos que, na maior parte do tempo, ele deve estar próximo ao núcleo. A Figura 7.15(a) mostra a distribuição de densidade eletrônica em um orbital 1s do hidrogênio em função da distância em relação ao núcleo. Como se pode ver, a densidade eletrônica decresce rapidamente à medida que a distância aumenta. Fazendo uma aproximação, podemos dizer que há cerca de 90% de probabilidade de se encontrar o elétron dentro de uma esfera de raio 100 pm (1 pm = 1×10^{-12} m), que está em torno do núcleo. Dessa forma, podemos representar o orbital 1s desenhando um ***diagrama de superfície-limite*** que *engloba cerca de 90% da densidade eletrônica total em um orbital*, como mostra a Figura 7.15(b). Um orbital 1s representado dessa maneira é simplesmente uma esfera.

A Figura 7.16 apresenta os diagramas de superfície-limite para os orbitais 1s, 2s e 3s do hidrogênio. Todos os orbitais s são esféricos, mas diferem quanto ao tamanho que aumenta à medida que o número quântico principal aumenta. Embora os detalhes da variação de densidade eletrônica dentro de cada superfície-limite sejam perdidos, não há sérias desvantagens ao se fazer essa aproximação. Para nós, as características mais importantes dos orbitais atômicos são os seus formatos e tamanhos *relativos*, os quais são adequadamente representados pelos diagramas de superfície-limite.

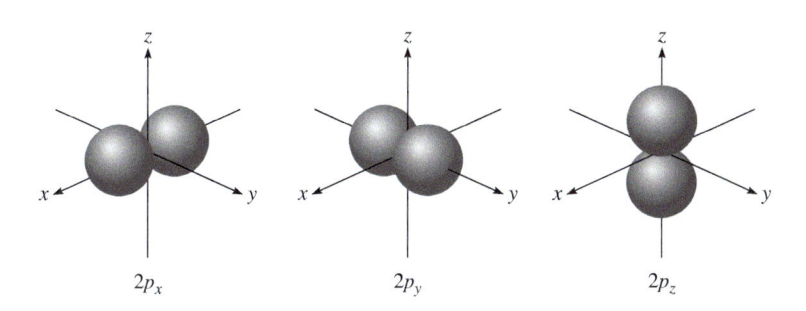

Figura 7.17
Os diagramas de superfície-limite dos três orbitais $2p$. Esses orbitais são idênticos quanto ao formato e a energia, mas suas orientações são diferentes. Os orbitais p que possuem números quânticos principais maiores têm formatos semelhantes a estes.

Orbitais p

Deve ficar bem claro que os orbitais p começam com o número quântico principal $n = 2$. Quando $n = 1$, o número quântico de momento angular ℓ pode assumir apenas o valor zero; portanto, nesse caso, só pode haver um orbital $1s$. Como vimos anteriormente, quando $\ell = 1$, o número quântico magnético m_ℓ pode ter os valores -1, 0 e 1. Começando com $n = 2$ e $\ell = 1$, temos três orbitais $2p$: $2p_x$, $2p_y$ e $2p_z$ (Figura 7.17). As letras subscritas indicam os eixos ao longo dos quais os orbitais estão orientados. Esses três orbitais p são idênticos quanto ao tamanho, formato e energia; a diferença que existe entre eles é quanto à orientação. Observe, contudo, que não há uma relação simples entre os valores de m_ℓ e as direções x, y e z. Para nossos propósitos, você precisa lembrar apenas que: como existem três valores possíveis para m_ℓ, tem que haver três orbitais p com diferentes orientações.

Com base nos diagramas de superfície-limite dos orbitais p na Figura 7.17, pode-se imaginar o formato de cada orbital p como dois lóbulos opostamente situados em relação ao núcleo. Analogamente aos orbitais s, os tamanhos dos orbitais p aumentam quando se passa de $2p$ para $3p$, $4p$ e assim sucessivamente.

Orbitais d e Outros Orbitais de Maior Energia

Para $\ell = 2$, existem cinco valores de m_ℓ, que correspondem a cinco orbitais d. O menor valor de n para um orbital d é 3. Como ℓ nunca pode ser maior que $n - 1$, para $n = 3$ e $\ell = 2$, temos cinco orbitais $3d$ ($3d_{xy}$, $3d_{yz}$, $3d_{xz}$, $3d_{x^2-y^2}$ e $3d_{z^2}$) conforme pode-se ver na Figura 7.18. De modo análogo aos orbitais p, as diferentes orientações dos orbitais d correspondem a diferentes valores de m_ℓ, mas nesse caso também não há uma correspondência direta entre uma dada orientação e um valor particular de m_ℓ. Todos os orbitais $3d$ em um átomo têm o mesmo valor de energia. Os orbitais d para os quais n é maior do que 3 ($4d$, $5d$, ...) apresentam formatos semelhantes a estes.

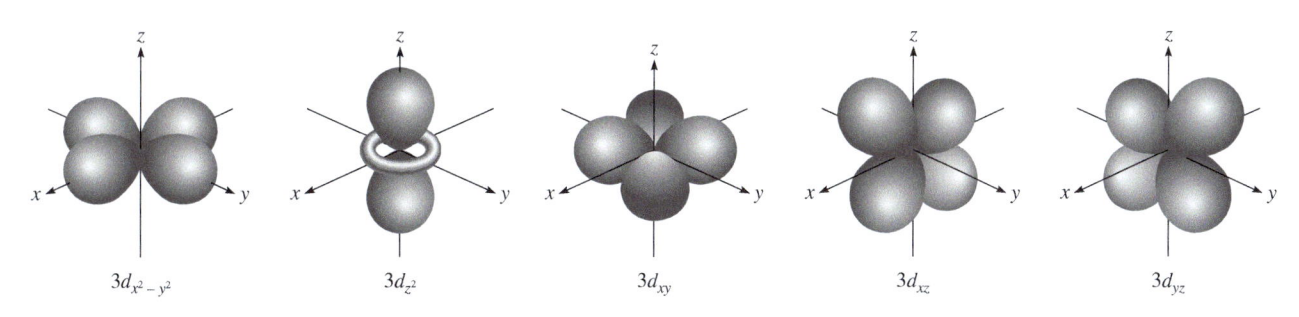

Figura 7.18
Diagramas de superfície limite dos cinco orbitais $3d$. Apesar do orbital $3d_{z^2}$ ter um formato diferente, ele equivale aos outros quatro orbitais em todos os outros aspectos. Os orbitais d com números quânticos superiores têm formatos semelhantes.

Os orbitais que têm energias mais elevadas do que os orbitais d são designados por $f, g, \ldots$ e assim sucessivamente. Os orbitais f são importantes quando se considera o comportamento de elementos com números atômicos maiores que 57, porém seus formatos são difíceis de representar. Em química geral não são abordados os orbitais com valores de ℓ maiores que 3 (os orbitais g e seguintes).

EXEMPLO 7.5

Indique os valores de n, ℓ e m_ℓ para os orbitais da subcamada $4d$.

Estratégia   Quais são as relações entre n, ℓ e m_ℓ? O que representam "4" e "d" em $4d$?

Solução   Conforme vimos anteriormente, o número que consta na designação da subcamada é o número quântico principal, portanto, nesse caso, $n = 4$. A letra indica o tipo do orbital. Como se trata de orbitais d, então $\ell = 2$. Os valores de m_ℓ podem variar de $-\ell$ a ℓ. Logo, m_ℓ pode ser igual a $-2, -1, 0, 1$ ou 2.

Verificação   Os valores de n e ℓ são fixos para $4d$, mas m_ℓ pode assumir um dos cinco valores, que correspondem a cinco orbitais d.

Exercício   Dê os valores dos números quânticos associados aos orbitais da subcamada $3p$.

Problema semelhante: 7.55.

EXEMPLO 7.6

Qual é o número total de orbitais associados ao número quântico principal $n = 3$?

Estratégia   Para calcular o número total de orbitais para um dado valor de n, precisa-se escrever, em primeiro lugar, os possíveis valores de ℓ. Então, determinamos quantos valores de m_ℓ estão associados a cada valor de ℓ. O número total de orbitais é igual à soma de todos os valores de m_ℓ.

Solução   Para $n = 3$, os valores possíveis de ℓ são 0, 1 e 2. Então, há um orbital $3s$ ($n = 3$, $\ell = 0$ e $m_\ell = 0$), três orbitais $3p$ ($n = 3$, $\ell = 1$ e $m_\ell = -1, 0, 1$) e cinco orbitais $3d$ ($n = 3$, $\ell = 2$ e $m_\ell = -2, -1, 0, 1, 2$). O número total de orbitais é $1 + 3 + 5 = 9$.

Verificação   O número total de orbitais para um dado valor de n é igual a n^2. Então, nesse caso, temos que $3^2 = 9$. Você pode comprovar a validade dessa relação?

Exercício   Qual é o número total de orbitais associados ao número quântico principal $n = 4$?

Problema semelhante: 7.60.

Energias dos Orbitais

Agora que já temos algum conhecimento sobre os formatos e os tamanhos dos orbitais atômicos, podemos analisar as suas energias relativas e verificar como os níveis de energia influenciam na distribuição real dos elétrons nos átomos.

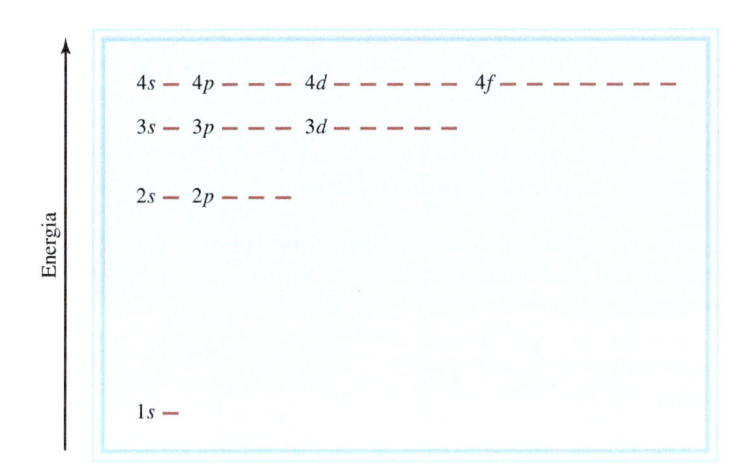

Figura 7.19
Níveis energéticos dos orbitais em um átomo de hidrogênio. Cada pequena linha horizontal representa um orbital. Todos os orbitais que apresentam o mesmo número quântico principal (n) têm a mesma energia.

De acordo com a Equação (7.4), a energia de um elétron em um átomo de hidrogênio é determinada somente pelo seu número quântico principal. Assim, as energias dos orbitais do hidrogênio aumentam do seguinte modo (Figura 7.19):

$$1s < 2s = 2p < 3s = 3p = 3d < 4s = 4p = 4d = 4f < \cdots$$

Apesar de as distribuições de densidade eletrônica serem diferentes para os orbitais 2s e 2p, o elétron do hidrogênio tem a mesma energia quer se encontre no orbital 2s ou 2p. O orbital 1s do átomo de hidrogênio corresponde à condição mais estável, ou seja, o estado fundamental. Um elétron nesse orbital é mais fortemente atraído pelo núcleo porque está mais próximo dele. Um elétron em um orbital 2s, 2p ou outro de energia maior, no átomo de hidrogênio, está em um estado excitado.

O panorama energético para átomos polieletrônicos é mais complexo do que o do átomo de hidrogênio. A energia de um elétron em um átomo polieletrônico depende tanto do número quântico de momento angular quanto do número quântico principal (Figura 7.20). Para átomos polieletrônicos, os níveis de energia 3d e 4s são muito próximos. A energia total do átomo, entretanto, depende não apenas do somatório das energias dos orbitais, mas também da energia de repulsão entre os elétrons que se encontram nesses orbitais (cada orbital pode conter até dois elétrons, como veremos na Seção 7.8). Como resultado, a energia total de um átomo será menor quando a sub-

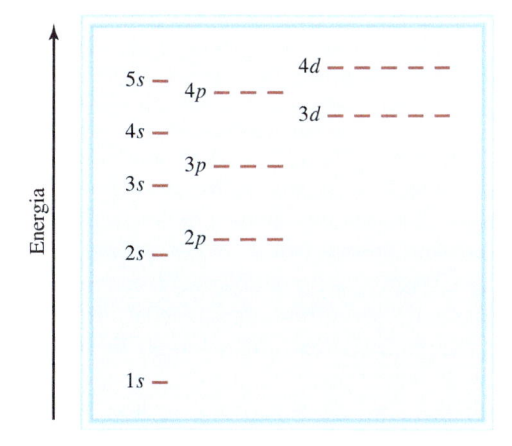

Figura 7.20
Níveis energéticos dos orbitais em um átomo polieletrônico. Note que o nível de energia depende tanto do valor de n e quanto do valor de ℓ.

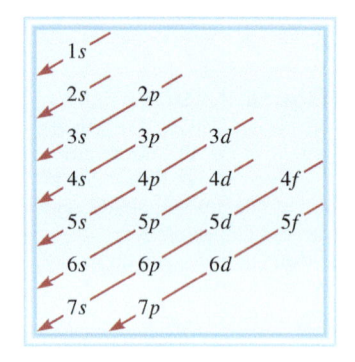

Figura 7.21
Ordem de preenchimento das subcamadas atômicas em um átomo polieletrônico. Começa-se pelo orbital 1s e continua-se de acordo com a direção das setas: $1s < 2s < 2p < 3s < 3p < 4s < 3d < \ldots$

camada 4s for preenchida antes da subcamada 3d. A Figura 7.21 descreve a ordem em que os orbitais são preenchidos em um átomo polieletrônico. Consideraremos alguns exemplos específicos na Seção 7.8.

7.8 Configuração Eletrônica

Os quatro números quânticos n, ℓ, m_ℓ e m_s permitem identificar completamente um elétron em qualquer orbital atômico. De certa forma, podemos considerar o conjunto dos quatro números quânticos como o "endereço" de um elétron em um átomo, da mesma maneira que os nomes de rua, cidade, estado e o código postal (CEP) especificam o endereço de uma pessoa. Por exemplo, os quatro números quânticos para um orbital eletrônico 2s são $n = 2$, $\ell = 0$, $m_\ell = 0$ e $m_s = +\frac{1}{2}$ ou $-\frac{1}{2}$. Não é conveniente escrever todos os números quânticos individuais e por isso usa-se a notação simplificada (n, ℓ, m_ℓ, m_s). Para o exemplo anterior, os números quânticos podem ser $(2, 0, 0, +\frac{1}{2})$ ou então $(2, 0, 0, -\frac{1}{2})$. O valor de m_s não tem qualquer influência na energia, tamanho, formato ou orientação do orbital, mas estabelece como é o arranjo dos elétrons em determinado orbital.

Animação:
Configurações Eletrônicas
Centro de Aprendizagem
Online, Animações

EXEMPLO 7.7

Escreva os quatro números quânticos para um elétron em um orbital 3p.

Estratégia O que "3" e "p" representam em 3p? Quantos orbitais (valores de m_ℓ) existem em uma subcamada 3p? Quais são os valores possíveis do número quântico de *spin* eletrônico?

Solução Para começar, sabemos que o número quântico principal n é igual a 3 e que o número quântico de momento angular ℓ deve ser 1 (porque trata-se de um orbital p). Para $\ell = 1$, há três valores de m_ℓ, ou seja, −1, 0 e 1. Como o número quântico de *spin* eletrônico m_s pode ser $+\frac{1}{2}$ ou $-\frac{1}{2}$, concluímos que há seis maneiras possíveis para identificar o elétron usando a notação (n, ℓ, m_ℓ, m_s):

$$(3, 1, -1, +\tfrac{1}{2}) \quad (3, 1, -1, -\tfrac{1}{2})$$
$$(3, 1, 0, +\tfrac{1}{2}) \quad (3, 1, 0, -\tfrac{1}{2})$$
$$(3, 1, 1, +\tfrac{1}{2}) \quad (3, 1, 1, -\tfrac{1}{2})$$

Verificação Nos seis casos possíveis, os valores de n e ℓ são constantes, mas os valores de m_ℓ e m_s podem variar.

Exercício Escreva os quatro números quânticos para um elétron em um orbital 5p.

Problema semelhante: 7.56.

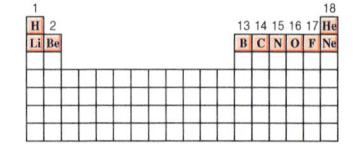

O átomo de hidrogênio é um sistema particularmente simples porque contém apenas um elétron. O elétron pode estar em um orbital 1s (o estado fundamental), ou pode encontrar-se em algum orbital de energia mais elevada (um estado excitado). Para entender o comportamento eletrônico de átomos polieletrônicos, temos que conhecer a **configuração eletrônica** do átomo, isto é, *como os elétrons estão distribuídos nos vários orbitais atômicos.* Usando os primeiros dez elementos (do hidrogênio ao neônio) vamos ilustrar as regras para escrever as configurações eletrônicas para átomos no *estado fundamental*. (Na Seção 7.9 descreveremos como essas regras podem ser aplicadas aos demais elementos da tabela periódica.) Para essa discussão, lembre-se de que o número de elétrons em um átomo é igual ao número atômico (Z).

A Figura 7.19 indica que o elétron, no estado fundamental do átomo de hidrogênio, deve estar no orbital 1s, e desse modo a sua configuração eletrônica é $1s^1$:

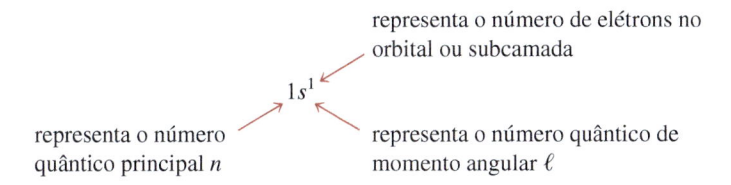

$1s^1$ — representa o número de elétrons no orbital ou subcamada

representa o número quântico principal n

representa o número quântico de momento angular ℓ

A configuração eletrônica também pode ser representada por um *diagrama de orbitais* (representação usando caixas) que mostra o *spin* do elétron (veja a Figura 7.14):

H   [↑]
    $1s^1$

A seta voltada para cima representa um dos possíveis movimentos de *spin* do elétron. (Alternativamente, podíamos ter representado o elétron com a seta voltada para baixo.) A caixa representa um orbital atômico.

Lembre-se de que o sentido do spin eletrônico não afeta a energia do elétron.

Princípio de Exclusão de Pauli

Para determinar as configurações eletrônicas de átomos polieletrônicos usa-se o ***princípio de exclusão de Pauli*** (nome dado em homenagem ao físico austríaco Wolfgang Pauli). Esse princípio estabelece que *dois elétrons em um átomo não podem ter o mesmo conjunto de quatro números quânticos*. Se dois elétrons em um átomo tiverem os mesmos valores de n, ℓ e m_ℓ (ou seja, estiverem no *mesmo* orbital atômico), então eles devem ter valores diferentes de m_s. Em outras palavras, somente dois elétrons podem ocupar o mesmo orbital e esses elétrons devem ter *spins* opostos. Considere o átomo de hélio, que possui dois elétrons. As três maneiras possíveis de colocar os dois elétrons no orbital 1s são as seguintes:

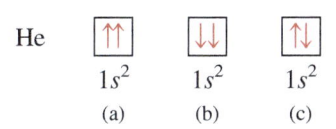

Interatividade:
Princípio de Exclusão de Pauli
Centro de Aprendizagem Online, Interativo

He [↑↑]   [↓↓]   [↑↓]
    $1s^2$ $1s^2$ $1s^2$
    (a)   (b)   (c)

Os diagramas (a) e (b) são descartados pelo princípio de exclusão de Pauli. Em (a), ambos os elétrons têm o mesmo *spin* (seta para cima) e teriam os mesmos números quânticos (1, 0, 0, $+\frac{1}{2}$); em (b), ambos os elétrons têm o mesmo *spin* (seta para baixo) e também teriam os mesmos números quânticos (1, 0, 0, $-\frac{1}{2}$). Apenas a configuração (c) é fisicamente aceitável, pois os elétrons tem conjuntos de números quânticos diferentes: (1, 0, 0, $+\frac{1}{2}$) e (1, 0, 0, $-\frac{1}{2}$). Sendo assim, a configuração do átomo de hélio é a seguinte:

He [↑↓]
    $1s^2$

Observe que $1s^2$ deve ser lido como "um s dois" e não "um s ao quadrado".

Quando os elétrons têm spins opostos, dizemos que estão emparelhados. No átomo de hélio, $m_s = +\frac{1}{2}$ para um elétron e $m_s = -\frac{1}{2}$ para o outro.

Diamagnetismo e Paramagnetismo

O princípio de exclusão de Pauli é um dos princípios fundamentais da mecânica quântica. Esse princípio pode ser comprovado por uma simples observação. Se os dois elétrons no orbital 1s do átomo de hélio tivessem *spins* iguais ou paralelos (↑↑ ou ↓↓),

Figura 7.22
Os spins (a) paralelos e (b) antiparalelos de dois elétrons. Em (a), os dois campos magnéticos reforçam-se mutuamente. Em (b), os dois campos magnéticos cancelam-se mutuamente.

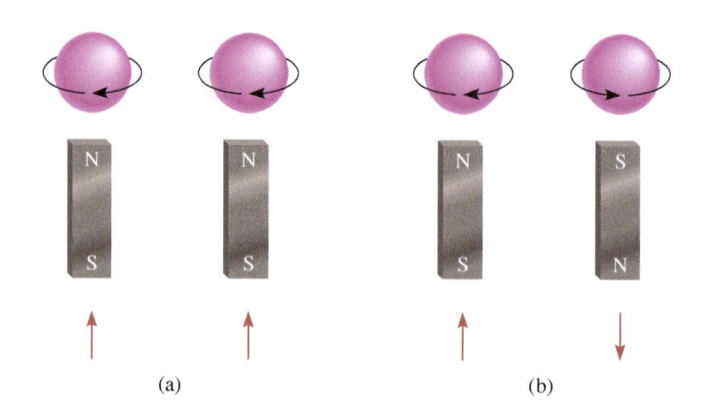

os seus campos magnéticos efetivos reforçariam-se um ao outro [Figura 7.22(a)]. De acordo com esse arranjo, o gás hélio seria paramagnético. As substâncias *paramagnéticas* são aquelas que *contêm spins desemparelhados e são atraídas por um ímã*. Por outro lado, se os *spins* eletrônicos estão emparelhados, ou são antiparalelos entre si (↑↓ ou ↓↑), os efeitos magnéticos cancelam-se [Figura 7.22(b)]. As substâncias *diamagnéticas não contêm spins desemparelhados e são muito fracamente repelidas por um ímã*.

As medidas de propriedades magnéticas fornecem uma evidência direta das configurações eletrônicas dos elementos. Os avanços que ocorreram no *design* de instrumentos nos últimos 30 anos nos permitem hoje determinar o número de elétrons desemparelhados em um dado átomo. Observa-se, experimentalmente, que o átomo de hélio no estado fundamental não possui um campo magnético efetivo. Portanto, os dois elétrons no orbital 1s devem estar emparelhados de acordo com o princípio de exclusão de Pauli, e o hélio gasoso é diamagnético. Uma regra útil que devemos ter em mente é que qualquer átomo com um número *ímpar* de elétrons sempre possuirá um ou mais elétrons desemparelhados porque é necessário um número par de elétrons para um emparelhamento completo. Porém, átomos que apresentam um número par de elétrons podem ou não ter *spins* desemparelhados. Veremos adiante a razão desse comportamento.

Como outro exemplo, considere o átomo de lítio ($Z = 3$) que tem três elétrons. O terceiro elétron não pode ir para o orbital 1s porque teria inevitavelmente um conjunto de quatro números quânticos idêntico ao conjunto de um dos dois primeiros elétrons. Então, esse elétron "entra" no próximo orbital de energia mais elevada, que é o orbital 2s (veja a Figura 7.20). A configuração eletrônica do lítio é $1s^2 2s^1$ e o seu diagrama de orbitais é

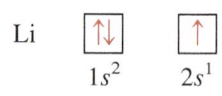

Li ↑↓   ↑
   $1s^2$ $2s^1$

O átomo de lítio contém um elétron desemparelhado e é, portanto, paramagnético.

O Efeito de Blindagem em Átomos Polieletrônicos

Observa-se, experimentalmente que, em um átomo polieletrônico, o orbital 2s está em um nível de energia mais baixo do que o orbital 2p. Por quê? Comparando as configurações eletrônicas $1s^2 2s^1$ e $1s^2 2p^1$, notamos que, em ambos os casos, o orbital 1s está preenchido com dois elétrons. A Figura 7.23 mostra os gráficos de probabilidade radial para os orbitais 1s, 2s e 2p. Como os orbitais 2s e 2p são maiores que o orbital 1s, um elétron em qualquer um daqueles orbitais passará mais tempo longe do núcleo do que um elétron no orbital 1s. Dessa forma, podemos pensar que um elétron 2s ou 2p

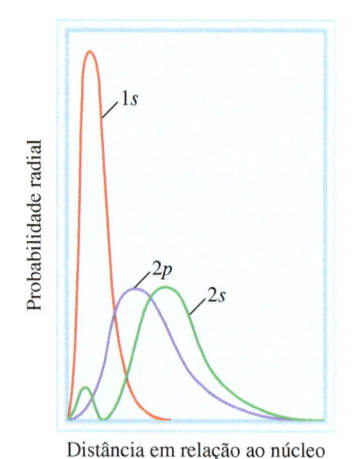

Figura 7.23
Gráficos de probabilidade radial para os orbitais 1s, 2s e 2p. Os elétrons 1s blindam efetivamente os elétrons 2s e 2p em relação ao núcleo. O orbital 2s é mais penetrante do que o orbital 2p.

está parcialmente "blindado" da força atrativa do núcleo pelos elétrons 1s. A conseqüência importante do efeito de blindagem é que esse *reduz* a atração eletrostática entre os prótons no núcleo e o elétron no orbital 2s ou 2p.

A maneira como a densidade eletrônica varia à medida que nos afastamos do núcleo depende do tipo de orbital. Embora um elétron 2s passe a maior parte do tempo (em média) ligeiramente mais afastado do núcleo do que o elétron 2p, a densidade eletrônica perto do núcleo é efetivamente maior para o elétron 2s (veja o menor pico para o elétron 2s na Figura 7.23). Por essa razão, diz-se que o orbital 2s é mais "penetrante" do que o orbital 2p. Então, um elétron 2s é menos blindado pelos elétrons 1s e mais fortemente atraído pelo núcleo. De fato, para o mesmo número quântico principal n, o poder penetrante diminui à medida que aumenta o número quântico de momento angular ℓ, ou

$$s > p > d > f > \cdots$$

Como a estabilidade de um elétron é determinada pela força de sua atração pelo núcleo, então um elétron 2s terá menor energia que um elétron 2p. Dito de outra maneira, é preciso menos energia para remover um elétron 2p do que um elétron 2s, porque um elétron 2p não é tão fortemente atraído pelo núcleo quanto o 2s. O átomo de hidrogênio tem apenas um elétron e, portanto, não apresenta efeito de blindagem.

Continuando nossa discussão para os átomos dos dez primeiros elementos, o próximo é o berílio ($Z = 4$). A configuração eletrônica do estado fundamental do berílio é $1s^2 2s^2$ ou

Be [↑↓] [↑↓]
    $1s^2$ $2s^2$

O berílio é diamagnético de acordo com o esperado.

A configuração eletrônica do boro ($Z = 5$) é $1s^2 2s^2 2p^1$ ou

B [↑↓] [↑↓] [↑][ ][ ]
   $1s^2$ $2s^2$ $2p^1$

Observe que o elétron desemparelhado pode estar no orbital $2p_x$, $2p_y$ ou $2p_z$. A escolha é completamente arbitrária, pois os três orbitais p são equivalentes em termos de energia. Conforme mostra o diagrama, o boro é paramagnético.

Regra de Hund

A configuração eletrônica do carbono ($Z = 6$) é $1s^2 2s^2 2p^2$. Há diferentes maneiras de distribuir dois elétrons entre três orbitais p:

[↑↓][ ][ ]   [↑][↓][ ]   [↑][↑][ ]
$2p_x$ $2p_y$ $2p_z$ $2p_x$ $2p_y$ $2p_z$ $2p_x$ $2p_y$ $2p_z$
   (a)   (b)   (c)

Nenhum dos três arranjos viola o princípio de exclusão de Pauli, então, temos que determinar qual deles apresentará maior estabilidade. A resposta é dada pela **regra de Hund** (nome dado em homenagem ao físico alemão Frederick Hund), que estabelece que *o arranjo mais estável dos elétrons em subcamadas é aquele que contém o maior* *número de spins paralelos*. O arranjo apresentado em (c) satisfaz essa condição. Tanto em (a) como em (b) os dois *spins* cancelam-se mutuamente. Dessa forma, o diagrama orbital do carbono é

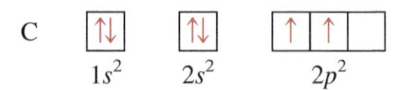

$$C \quad \boxed{\uparrow\downarrow}_{1s^2} \quad \boxed{\uparrow\downarrow}_{2s^2} \quad \boxed{\uparrow\,|\,\uparrow\,|\,}_{2p^2}$$

Qualitativamente podemos entender por que o arranjo (c) é preferível ao (a). Em (a), os dois elétrons estão no mesmo orbital $2p_x$, e essa proximidade resulta em maior repulsão mútua do que quando os dois elétrons ocupam orbitais diferentes, por exemplo, $2p_x$ e $2p_y$. A escolha de (c) em vez de (b) é mais sutil, mas pode ser justificada com fundamentos teóricos. O fato de os átomos de carbono terem dois elétrons desemparelhados está de acordo com a regra de Hund.

A configuração eletrônica do nitrogênio ($Z = 7$) é $1s^2 2s^2 2p^3$:

$$N \quad \boxed{\uparrow\downarrow}_{1s^2} \quad \boxed{\uparrow\downarrow}_{2s^2} \quad \boxed{\uparrow\,|\,\uparrow\,|\,\uparrow}_{2p^3}$$

Novamente, a regra de Hund impõe que todos os elétrons $2p$ tenham *spins* paralelos entre si; o átomo de nitrogênio contém três elétrons desemparelhados.

A configuração eletrônica do oxigênio ($Z = 8$) é $1s^2 2s^2 2p^4$. Um átomo de oxigênio tem dois elétrons desemparelhados:

$$O \quad \boxed{\uparrow\downarrow}_{1s^2} \quad \boxed{\uparrow\downarrow}_{2s^2} \quad \boxed{\uparrow\downarrow\,|\,\uparrow\,|\,\uparrow}_{2p^4}$$

A configuração eletrônica do flúor ($Z = 9$) é $1s^2 2s^2 2p^5$. Os nove elétrons estão dispostos da seguinte maneira:

$$F \quad \boxed{\uparrow\downarrow}_{1s^2} \quad \boxed{\uparrow\downarrow}_{2s^2} \quad \boxed{\uparrow\downarrow\,|\,\uparrow\downarrow\,|\,\uparrow}_{2p^5}$$

O átomo de flúor tem um elétron desemparelhado.

No neônio ($Z = 10$), a subcamada $2p$ está completamente preenchida. A configuração eletrônica do neônio é $1s^2 2s^2 2p^6$ e *todos* os elétrons estão emparelhados, conforme representado no diagrama seguinte:

$$Ne \quad \boxed{\uparrow\downarrow}_{1s^2} \quad \boxed{\uparrow\downarrow}_{2s^2} \quad \boxed{\uparrow\downarrow\,|\,\uparrow\downarrow\,|\,\uparrow\downarrow}_{2p^6}$$

O neônio gasoso deve ser diamagnético e a observação experimental comprova essa previsão.

Regras Gerais para Distribuir os Elétrons nos Orbitais Atômicos

Interatividade:
Regras de Preenchimento dos Orbitais
Centro de Aprendizagem Online, Interativo

Com base nos exemplos anteriores, podemos formular algumas regras para determinar o número máximo de elétrons que podem ser atribuídos às várias subcamadas e orbitais para um dado valor de *n*:

1. Cada camada ou nível principal de número quântico *n* contém *n* subcamadas. Por exemplo, se $n = 2$, então há duas subcamadas (dois valores de ℓ) com números quânticos de momento angular iguais a 0 e 1.

2. Cada subcamada de número quântico ℓ contém ($2\ell + 1$) orbitais. Por exemplo, se $\ell = 1$, então há três orbitais *p*.

3. Não se pode colocar mais que dois elétrons em cada orbital. Assim, o número máximo de elétrons é simplesmente igual ao dobro do número de orbitais que são utilizados.
4. Uma maneira rápida de determinar o número máximo de elétrons que um átomo pode ter em um dado nível principal n é usar a fórmula $2n^2$.

EXEMPLO 7.8

Qual é o número máximo de elétrons que podem estar presentes no nível principal com $n = 3$?

Estratégia Dado o número quântico principal (n), podemos determinar todos os valores possíveis do número quântico de momento angular (ℓ). As regras anteriores mostram que o número de orbitais para cada valor de ℓ é ($2\ell + 1$). Assim, podemos determinar o número total de orbitais. Quantos elétrons podem ser acomodados em cada orbital?

Solução Quando $n = 3$, $\ell = 0$, 1 e 2. O número de orbitais para cada valor de ℓ é dado por

Valor de ℓ	Número de Orbitais ($2\ell + 1$)
0	1
1	3
2	5

O número total de orbitais é nove. Como cada orbital pode acomodar dois elétrons, o número máximo de elétrons que podem estar nos orbitais é 2×9, ou 18.

Verificação Se usarmos a fórmula (n^2) do Exemplo 7.6, o número total de orbitais será 3^2 e o número total de elétrons, $2(3^2)$ ou 18. Em geral, o número de elétrons, em um dado nível principal de energia n, é $2n^2$.

Problemas semelhantes: 7.62, 7.63.

Exercício Calcule o número total de elétrons que podem estar presentes no nível principal com $n = 4$.

EXEMPLO 7.9

Um átomo de oxigênio tem um total de oito elétrons. Escreva os quatro números quânticos para cada um dos oito elétrons no estado fundamental.

Estratégia Começamos com $n = 1$ e continuamos a preencher os orbitais de acordo com a ordem indicada na Figura 7.21. Para cada valor de n, determinamos os valores possíveis de ℓ. Para cada valor de ℓ, atribuímos os valores possíveis de m_ℓ. Podemos colocar os elétrons nos orbitais de acordo com o princípio da exclusão de Pauli e a regra de Hund.

Solução Começamos com $n = 1$, então $\ell = 0$, uma subcamada que corresponde ao orbital 1s. Esse orbital pode acomodar um total de dois elétrons. Em seguida, $n = 2$ e ℓ pode ser 0 ou 1. A subcamada $\ell = 0$ contém um orbital 2s, que pode acomodar dois elétrons. Os quatro elétrons restantes são colocados na subcamada $\ell = 1$, que contém três orbitais 2p. O diagrama orbital é

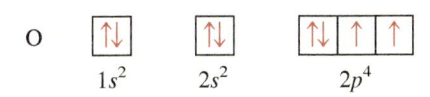

O [↑↓] [↑↓] [↑↓][↑][↑]
   $1s^2$ $2s^2$ $2p^4$

(Continua)

Os resultados estão resumidos na tabela seguinte:

Elétron	n	ℓ	m_ℓ	m_s	Orbital
1	1	0	0	$+\frac{1}{2}$	} 1s
2	1	0	0	$-\frac{1}{2}$	
3	2	0	0	$+\frac{1}{2}$	} 2s
4	2	0	0	$-\frac{1}{2}$	
5	2	1	-1	$+\frac{1}{2}$	
6	2	1	0	$+\frac{1}{2}$	} $2p_x, 2p_y, 2p_z$
7	2	1	1	$+\frac{1}{2}$	
8	2	1	1	$-\frac{1}{2}$	

É claro que a colocação do oitavo elétron no orbital simbolizado por $m_\ell = 1$ é completamente arbitrária. Seria igualmente correto colocá-lo no orbital que tem $m_\ell = 0$ ou $m_\ell = -1$.

Problema semelhante: 7.85.

Exercício Escreva o conjunto completo dos números quânticos para cada um dos elétrons do boro (B).

Neste ponto, vamos resumir os principais aspectos do que foi abordado sobre configurações eletrônicas do estado fundamental e propriedades dos elétrons nos átomos:

1. Em um átomo, dois elétrons nunca podem ter o mesmo conjunto de quatro números quânticos. Esse é o princípio da exclusão de Pauli.

2. Cada orbital atômico pode ser ocupado por, no máximo, dois elétrons. Esses devem ter spins opostos, ou seja, diferentes números quânticos de spin eletrônico.

3. O arranjo mais estável dos elétrons em uma subcamada é aquele que apresenta o maior número de spins paralelos. Essa é a regra de Hund.

4. Átomos que possuem um ou mais elétrons desemparelhados são paramagnéticos. Átomos nos quais todos os spins eletrônicos estão emparelhados são diamagnéticos.

5. Em um átomo de hidrogênio, a energia do elétron depende unicamente de seu número quântico principal n. Em átomos polieletrônicos, a energia de um elétron depende tanto de n quanto de seu número quântico de momento angular ℓ.

6. Em átomos polieletrônicos, as subcamadas são preenchidas de acordo com a ordem apresentada na Figura 7.21.

7. Para elétrons que têm o mesmo número quântico principal, o poder de penetração, ou a proximidade ao núcleo, diminui segundo a ordem $s > p > d > f$. Isso significa, por exemplo, que a energia necessária para remover um elétron $3s$ é maior do que a necessária para remover um elétron $3p$ de um átomo polieletrônico.

7.9 O Princípio da Construção

Nesta seção, estenderemos aos demais elementos as regras que foram usadas para escrever as configurações eletrônicas dos dez primeiros. Esse processo tem como base o princípio de Aufbau. De acordo com o ***princípio de Aufbau***, *da mesma maneira que os prótons são gradualmente adicionados ao núcleo, os elétrons são gradualmente adicionados aos orbitais atômicos para formar os elementos.* Por meio desse processo, é possível adquirir um conhecimento detalhado das configurações eletrônicas dos estados fundamentais dos elementos. Como veremos mais adiante, esse conhecimento nos ajuda a compreender e a prever as propriedades dos elementos e a explicar por que a tabela periódica funciona tão bem.

A Tabela 7.3 mostra as configurações eletrônicas do estado fundamental dos elementos, do H ($Z = 1$) até o Ds ($Z = 110$). As configurações eletrônicas de todos

A palavra alemã "Aufbau" significa "construção".

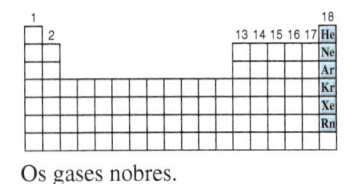

Os gases nobres.

TABELA 7.3 — As Configurações Eletrônicas dos Estados Fundamentais dos Elementos*

Número Atômico	Símbolo	Configuração Eletrônica	Número Atômico	Símbolo	Configuração Eletrônica	Número Atômico	Símbolo	Configuração Eletrônica
1	H	$1s^1$	38	Sr	$[Kr]5s^2$	75	Re	$[Xe]6s^24f^{14}5d^5$
2	He	$1s^2$	39	Y	$[Kr]5s^24d^1$	76	Os	$[Xe]6s^24f^{14}5d^6$
3	Li	$[He]2s^1$	40	Zr	$[Kr]5s^24d^2$	77	Ir	$[Xe]6s^24f^{14}5d^7$
4	Be	$[He]2s^2$	41	Nb	$[Kr]5s^14d^4$	78	Pt	$[Xe]6s^14f^{14}5d^9$
5	B	$[He]2s^22p^1$	42	Mo	$[Kr]5s^14d^5$	79	Au	$[Xe]6s^14f^{14}5d^{10}$
6	C	$[He]2s^22p^2$	43	Tc	$[Kr]5s^24d^5$	80	Hg	$[Xe]6s^24f^{14}5d^{10}$
7	N	$[He]2s^22p^3$	44	Ru	$[Kr]5s^14d^7$	81	Tl	$[Xe]6s^24f^{14}5d^{10}6p^1$
8	O	$[He]2s^22p^4$	45	Rh	$[Kr]5s^14d^8$	82	Pb	$[Xe]6s^24f^{14}5d^{10}6p^2$
9	F	$[He]2s^22p^5$	46	Pd	$[Kr]4d^{10}$	83	Bi	$[Xe]6s^24f^{14}5d^{10}6p^3$
10	Ne	$[He]2s^22p^6$	47	Ag	$[Kr]5s^14d^{10}$	84	Po	$[Xe]6s^24f^{14}5d^{10}6p^4$
11	Na	$[Ne]3s^1$	48	Cd	$[Kr]5s^24d^{10}$	85	At	$[Xe]6s^24f^{14}5d^{10}6p^5$
12	Mg	$[Ne]3s^2$	49	In	$[Kr]5s^24d^{10}5p^1$	86	Rn	$[Xe]6s^24f^{14}5d^{10}6p^6$
13	Al	$[Ne]3s^23p^1$	50	Sn	$[Kr]5s^24d^{10}5p^2$	87	Fr	$[Rn]7s^1$
14	Si	$[Ne]3s^23p^2$	51	Sb	$[Kr]5s^24d^{10}5p^3$	88	Ra	$[Rn]7s^2$
15	P	$[Ne]3s^23p^3$	52	Te	$[Kr]5s^24d^{10}5p^4$	89	Ac	$[Rn]7s^26d^1$
16	S	$[Ne]3s^23p^4$	53	I	$[Kr]5s^24d^{10}5p^5$	90	Th	$[Rn]7s^26d^2$
17	Cl	$[Ne]3s^23p^5$	54	Xe	$[Kr]5s^24d^{10}5p^6$	91	Pa	$[Rn]7s^25f^26d^1$
18	Ar	$[Ne]3s^23p^6$	55	Cs	$[Xe]6s^1$	92	U	$[Rn]7s^25f^36d^1$
19	K	$[Ar]4s^1$	56	Ba	$[Xe]6s^2$	93	Np	$[Rn]7s^25f^46d^1$
20	Ca	$[Ar]4s^2$	57	La	$[Xe]6s^25d^1$	94	Pu	$[Rn]7s^25f^6$
21	Sc	$[Ar]4s^23d^1$	58	Ce	$[Xe]6s^24f^15d^1$	95	Am	$[Rn]7s^25f^7$
22	Ti	$[Ar]4s^23d^2$	59	Pr	$[Xe]6s^24f^3$	96	Cm	$[Rn]7s^25f^76d^1$
23	V	$[Ar]4s^23d^3$	60	Nd	$[Xe]6s^24f^4$	97	Bk	$[Rn]7s^25f^9$
24	Cr	$[Ar]4s^13d^5$	61	Pm	$[Xe]6s^24f^5$	98	Cf	$[Rn]7s^25f^{10}$
25	Mn	$[Ar]4s^23d^5$	62	Sm	$[Xe]6s^24f^6$	99	Es	$[Rn]7s^25f^{11}$
26	Fe	$[Ar]4s^23d^6$	63	Eu	$[Xe]6s^24f^7$	100	Fm	$[Rn]7s^25f^{12}$
27	Co	$[Ar]4s^23d^7$	64	Gd	$[Xe]6s^24f^75d^1$	101	Md	$[Rn]7s^25f^{13}$
28	Ni	$[Ar]4s^23d^8$	65	Tb	$[Xe]6s^24f^9$	102	No	$[Rn]7s^25f^{14}$
29	Cu	$[Ar]4s^13d^{10}$	66	Dy	$[Xe]6s^24f^{10}$	103	Lr	$[Rn]7s^25f^{14}6d^1$
30	Zn	$[Ar]4s^23d^{10}$	67	Ho	$[Xe]6s^24f^{11}$	104	Rf	$[Rn]7s^25f^{14}6d^2$
31	Ga	$[Ar]4s^23d^{10}4p^1$	68	Er	$[Xe]6s^24f^{12}$	105	Db	$[Rn]7s^25f^{14}6d^3$
32	Ge	$[Ar]4s^23d^{10}4p^2$	69	Tm	$[Xe]6s^24f^{13}$	106	Sg	$[Rn]7s^25f^{14}6d^4$
33	As	$[Ar]4s^23d^{10}4p^3$	70	Yb	$[Xe]6s^24f^{14}$	107	Bh	$[Rn]7s^25f^{14}6d^5$
34	Se	$[Ar]4s^23d^{10}4p^4$	71	Lu	$[Xe]6s^24f^{14}5d^1$	108	Hs	$[Rn]7s^25f^{14}6d^6$
35	Br	$[Ar]4s^23d^{10}4p^5$	72	Hf	$[Xe]6s^24f^{14}5d^2$	109	Mt	$[Rn]7s^25f^{14}6d^7$
36	Kr	$[Ar]4s^23d^{10}4p^6$	73	Ta	$[Xe]6s^24f^{14}5d^3$	110	Ds	$[Rn]7s^25f^{14}6d^8$
37	Rb	$[Kr]5s^1$	74	W	$[Xe]6s^24f^{14}5d^4$			

*O símbolo [He] é denominado cerne de Hélio e representa $1s^2$. [Ne] designa-se cerne do Neônio e representa $1s^22s^22p^6$. [Ar] chama-se cerne de Argônio e representa [Ne]$3s^23p^6$. [Kr] é dito cerne de Criptônio e representa [Ar]$4s^23d^{10}4p^6$. [Xe] é conhecido como cerne de Xenônio e representa [Kr]$5s^24d^{10}5p^6$. [Rn] intitula-se cerne do Radônio e representa [Xe]$6s^24f^{14}5d^{10}6p^6$.

os elementos, exceto hidrogênio e hélio, são representadas por um **cerne de gás nobre**, que *apresenta, entre parênteses, o **elemento gás nobre** que imediatamente antecede o elemento que está sendo considerado*, seguido pelos símbolos das subcamadas mais energéticas preenchidas da camada mais externa. Observe que as configurações eletrônicas dessas subcamadas preenchidas mais elevadas, seguem um padrão semelhante quando se comparam: do elemento sódio ($Z = 11$) até argônio ($Z = 18$) e do elemento lítio ($Z = 3$) até neônio ($Z = 10$).

Como foi mencionado na Seção 7.7, a subcamada $4s$ é preenchida antes da subcamada $3d$ em um átomo polieletrônico (veja a Figura 7.21). Portanto, a configuração eletrônica do potássio ($Z = 19$) é $1s^22s^22p^63s^23p^64s^1$. Sabendo que $1s^22s^22p^63s^23p^6$ corresponde à configuração eletrônica do argônio, podemos simplificar a configuração eletrônica do potássio escrevendo $[Ar]4s^1$, em que $[Ar]$ representa o "cerne de argônio". Da mesma forma, para o cálcio ($Z = 20$) podemos escrever $[Ar]4s^2$. A colocação do elétron mais externo do potássio no orbital $4s$ (em vez de $3d$) é fortemente apoiada por evidência experimental. A comparação seguinte também sugere que esta é a configuração correta. A química do potássio é muito semelhante à do lítio e à do sódio, os dois primeiros metais alcalinos. Os elétrons mais externos tanto do lítio como do sódio estão em orbitais s (e não há qualquer ambigüidade na atribuição dessas configurações eletrônicas); portanto é de se esperar que o último elétron do potássio também ocupe o orbital $4s$, em vez do orbital $3d$.

Os elementos que vão do escândio ($Z = 21$) até o cobre ($Z = 29$) são metais de transição. São denominados **metais de transição** os elementos que apresentam *subcamadas d não completamente preenchidas ou que facilmente geram cátions com subcamadas d incompletas*. Considere a primeira série dos metais de transição, do escândio ao cobre. Nessa série, elétrons adicionais são colocados nos orbitais $3d$, de acordo com a regra de Hund. Existem, no entanto, dois casos que não seguem o padrão regular. A configuração eletrônica do crômio ($Z = 24$) é $[Ar]4s^13d^5$, e não $[Ar]4s^23d^4$, como se poderia prever. Da mesma maneira, há uma quebra da regularidade, para o cobre, cuja configuração eletrônica é $[Ar]4s^13d^{10}$, em vez de $[Ar]4s^13d^9$. Essas exceções podem ser explicadas com base no fato de que as subcamadas semipreenchidas ($3d^5$) ou completamente preenchidas ($3d^{10}$) apresentam estabilidade um pouco maior. Os elétrons que estão na mesma subcamada (nesse caso, os orbitais d) possuem a mesma energia, mas apresentam distribuições espaciais diferentes. Conseqüentemente, a blindagem de um sobre o outro é relativamente pequena e os elétrons são mais fortemente atraídos pelo núcleo quando a configuração é $3d^5$. De acordo com a regra de Hund, o diagrama de orbitais para o crômio é

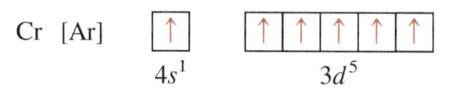

Cr [Ar]   ↑   ↑ ↑ ↑ ↑ ↑
          $4s^1$ $3d^5$

Os metais de transição.

Assim, o Cr tem um total de seis elétrons desemparelhados. Para o cobre, o diagrama de orbitais é

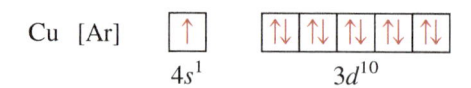

Cu [Ar]   ↑   ↑↓ ↑↓ ↑↓ ↑↓ ↑↓
          $4s^1$ $3d^{10}$

Nesse caso, também, com o preenchimento completo dos orbitais $3d$, ocorre um ganho extra de estabilidade.

Para os elementos que vão do Zn ($Z = 30$) ao Kr ($Z = 36$), as subcamadas $4s$ e $4p$ podem ser diretamente preenchidas. Com o rubídio ($Z = 37$), os elétrons começam a entrar no nível energético $n = 5$.

As configurações eletrônicas na segunda série dos metais de transição [do ítrio ($Z = 39$) à prata ($Z = 47$)] também não seguem um padrão regular, mas esses detalhes não serão abordados aqui.

O sexto período da tabela periódica começa com o césio ($Z = 55$) e o bário ($Z = 56$) cujas configurações eletrônicas são, respectivamente, $[Xe]6s^1$ e $[Xe]6s^2$. Em seguida, vem o lantânio ($Z = 57$). De acordo com a Figura 7.21, seria esperado que,

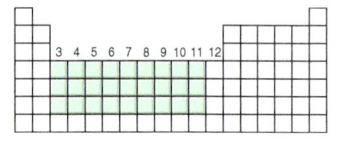

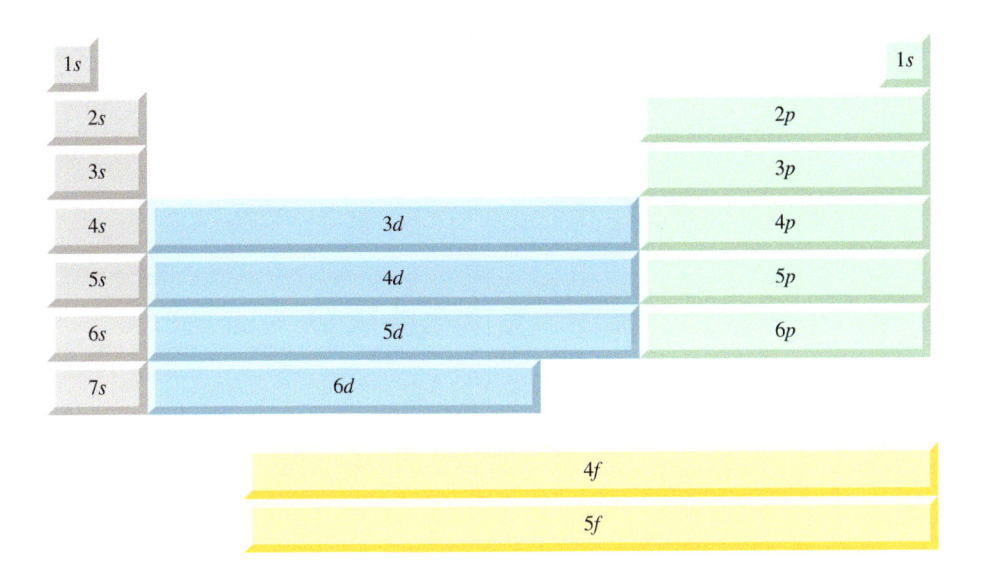

Figura 7.24
Classificação dos grupos de elementos na tabela periódica, de acordo com o tipo de subcamada preenchida com elétrons.

após o preenchimento do orbital 6s, os elétrons adicionais fossem colocados nos orbitais 4f. Na realidade, as energias dos orbitais 5d e 4f são muito próximas; para o lantânio o orbital 4f tem uma energia pouco maior que a do orbital 5d. Dessa forma, a configuração eletrônica do lantânio é [Xe]$6s^2 5d^1$ e não [Xe]$6s^2 4f^1$.

Seguem-se ao lantânio, os 14 elementos conhecidos como **lantanídeos** ou **série das terras raras** [do cério (Z = 58) ao lutécio (Z = 71)]. Os metais da série das terras raras *têm subcamadas 4f não completamente preenchidas ou geram cátions com subcamadas 4f incompletas*. Nessa série, os elétrons são adicionados aos orbitais 4f. Depois do preenchimento completo da subcamada 4f, o próximo elétron do lutécio entra na subcamada 5d. Note que a configuração eletrônica do gadolínio (Z = 64) é [Xe]$6s^2 4f^7 5d^1$ em vez de [Xe]$6s^2 4f^8$. Tal como o crômio, o gadolínio adquire uma estabilidade extra com a subcamada semipreenchida ($4f^7$).

A terceira série de metais de transição, incluindo lantânio e háfnio (Z = 72) até o ouro (Z = 79), é caracterizada pelo preenchimento da subcamada 5d. As subcamadas 6s e 6p são preenchidas em seguida, levando até o elemento radônio (Z = 86).

A última *linha de elementos* é a **série dos actinídeos**, que começa com o tório (Z = 90). *A maioria desses elementos não é encontrada na natureza, mas já foi sintetizada*.

Com poucas exceções, você deve ser capaz de escrever as configurações eletrônicas de qualquer elemento, usando a Figura 7.21 como um guia. Os elementos que requerem um cuidado particular são os metais de transição, os lantanídeos e os actinídeos. Conforme visto anteriormente, para valores mais elevados do número quântico principal *n*, a ordem de preenchimento das subcamadas pode, em alguns casos, ser invertida. A Figura 7.24 agrupa os elementos de acordo com o tipo de subcamada em que os elétrons mais externos são colocados.

EXEMPLO 7.10

Escreva as configurações eletrônicas do estado fundamental para (a) enxofre (S) e (b) paládio (Pd), que é diamagnético.

(a) **Estratégia** Quantos elétrons tem o átomo de S (Z = 16)? Começamos com *n* = 1 e continuamos a preencher os orbitais segundo a ordem apresentada na Figura 7.21. Para cada valor de ℓ, atribuímos os valores possíveis de m_ℓ. Podemos colocar elétrons nos orbitais, com base no princípio de exclusão de Pauli e na regra de Hund, e então escrever a configuração eletrônica. A tarefa simplifica-se se usarmos, para representar os elétrons mais internos, o cerne do gás nobre que precede o enxofre.

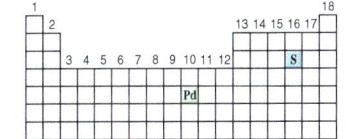

(Continua)

Solução   O enxofre tem 16 elétrons. O cerne de gás nobre nesse caso é [Ne]. (Ne é o gás nobre do período anterior ao do enxofre.) [Ne] representa $1s^2 2s^2 2p^6$. Restam, então, seis elétrons para preencher a subcamada 3s e, parcialmente, a subcamada 3p. Assim, a configuração eletrônica do S é $1s^2 2s^2 2p^6 3s^2 3p^4$ ou $[Ne]3s^2 3p^4$.

(b) Estratégia   Podemos usar a mesma aproximação de (a). O que significa dizer que Pd é um elemento diamagnético?

Solução   O paládio tem 46 elétrons. O cerne de gás nobre nesse caso é [Kr]. (Kr é o gás nobre do período anterior ao do paládio.) [Kr] representa

$$1s^2 2s^2 2p^6 3s^2 3p^6 4s^2 3d^{10} 4p^6$$

Os dez elétrons restantes são distribuídos entre os orbitais 4d e 5s. As três escolhas são (1) $4d^{10}$ (2) $4d^9 5s^1$ e (3) $4d^8 5s^2$. Como o paládio é diamagnético, todos os elétrons estão emparelhados e a sua configuração eletrônica deve ser

$$1s^2 2s^2 2p^6 3s^2 3p^6 4s^2 3d^{10} 4p^6 4d^{10}$$

ou simplesmente $[Kr]4d^{10}$. As configurações em (2) e (3) representam, ambas, elementos paramagnéticos.

Problemas semelhantes: 7.91, 7.92.

Verificação   Para confirmar a resposta, escreva os diagramas de orbitais para (1), (2) e (3).

Exercício   Escreva a configuração do estado fundamental para o fósforo (P).

Resumo de Fatos e Conceitos

1. A teoria quântica desenvolvida por Planck explica com sucesso a emissão de radiação por sólidos aquecidos. A teoria quântica estabelece que os átomos e moléculas emitem energia radiante em pequenas quantidades discretas (*quanta*), e não de modo contínuo. Esse comportamento é governado pela relação $E = h\nu$, em que E é a energia da radiação, h é a constante de Planck e ν é a freqüência da radiação. A energia é sempre emitida em múltiplos inteiros de $h\nu$ (1 $h\nu$, 2 $h\nu$, 3 $h\nu$, . . .).

2. Usando a teoria quântica, Einstein resolveu um mistério da física — o efeito fotoelétrico. Einstein propôs que a luz pode-se comportar como um feixe de partículas (fótons).

3. O espectro de linhas do hidrogênio, outro mistério para os físicos do século XIX, também foi explicado com base na teoria quântica. Bohr desenvolveu um modelo para o átomo de hidrogênio no qual a energia do seu único elétron está quantizada — limitada a certos valores determinados por um número inteiro, o número quântico principal.

4. Diz-se que um elétron em seu estado de energia mais estável está no estado fundamental, e um elétron em um estado de energia superior ao estado fundamental está em um estado excitado. No modelo de Bohr, um elétron emite um fóton quando retorna de um estado de maior energia (estado excitado) para um estado de energia mais baixa (o estado fundamental ou outro estado menos excitado). A liberação de quantidades de energia específicas na forma de fótons é coerente com as linhas observadas no espectro de emissão do átomo de hidrogênio.

5. A descrição da luz como onda-partícula proposta por Einstein foi estendida por de Broglie para toda a matéria que está em movimento. O comprimento de onda de uma partícula em movimento, de massa m e velocidade u, é dado pela equação formulada por de Broglie $\lambda = h/mu$.

6. A equação de Schrödinger descreve os movimentos e as energias de partículas submicroscópicas. Essa equação lançou a mecânica quântica e uma nova era na física.

7. A equação de Schrödinger dá os estados de energia possíveis para um elétron em um átomo de hidrogênio e a probabilidade de se localizá-lo em uma região particular ao redor do núcleo. Esses resultados podem ser aplicados com uma precisão razoável aos átomos polieletrônicos.
8. Um orbital atômico é uma função (ψ) que define a distribuição da densidade eletrônica (ψ^2) no espaço. Os orbitais são representados por diagramas de densidade eletrônica ou diagramas de superfície-limite.
9. Em um átomo, cada elétron é caracterizado por quatro números quânticos: o número quântico principal n identifica o nível de energia principal, ou a camada, do orbital; o número quântico de momento angular ℓ indica o formato do orbital; o número quântico magnético m_ℓ especifica a orientação do orbital no espaço; e o número quântico de *spin* eletrônico m_s indica o sentido do *spin* do elétron.
10. Cada nível de energia tem um único orbital s que é representado por uma esfera cujo centro é o núcleo atômico. Os três orbitais p estão presentes para $n = 2$ e para valores de n mais elevados; cada um deles apresenta dois lóbulos e os pares de lóbulos são ortogonais. A partir de $n = 3$, existem cinco orbitais d com formatos e orientações mais complexas.
11. A energia do elétron em um átomo de hidrogênio é determinada unicamente pelo seu número quântico principal. Mas, nos átomos polieletrônicos, a energia de um elétron é determinada pelo número quântico principal e também pelo número quântico de momento angular.
12. Dois elétrons em um mesmo átomo nunca podem ter os mesmos conjuntos de quatro números quânticos (princípio de exclusão de Pauli).
13. O arranjo mais estável dos elétrons em uma subcamada é aquele que apresenta o maior número de *spins* paralelos (regra de Hund). Os átomos com um ou mais *spins* eletrônicos desemparelhados são paramagnéticos. Os átomos em que todos os elétrons estão emparelhados são diamagnéticos.
14. O princípio de Aufbau dá uma orientação para construir os elementos, ou seja, preencher seus orbitais atômicos com elétrons. A tabela periódica classifica os elementos de acordo com os seus números atômicos e, portanto, de acordo com as configurações eletrônicas dos seus átomos.

• Palavras-chave

Amplitude, p. 202
Átomo polieletrônico, p. 215
Cerne de gás nobre, p. 230
Comprimento de onda, (λ), p. 202
Configuração eletrônica, p. 222
Densidade eletrônica, p. 215
Diagrama de superfície-limite, p. 218
Diamagnético, p. 224

Efeito fotoelétrico, p. 206
Espectros de emissão, p. 207
Espectros de linhas, p. 208
Nível (ou estado) fundamental, p. 209
Fótons, p. 206
Freqüência (ν), p. 202
Metais de transição, p. 230
Nível (ou estado) excitado, p. 209

Nós, p. 212
Números quânticos, p. 216
Onda, p. 202
Onda eletromagnética, p. 203
Orbital atômico, p. 215
Paramagnético, p. 224
Princípio de exclusão de Pauli, p. 223
Princípio da incerteza de Heisenberg, p. 214

Princípio de Aufbau, p. 228
Quantum, p. 204
Radiação eletromagnética, p. 203
Regra de Hund, p. 225
Série das terras raras, p. 231
Série dos actinídeos, p. 231
Série dos lantanídeos (ou das terras raras), p. 231

• Questões e Problemas

Teoria Quântica e Radiação Eletromagnética
Questões de Revisão

7.1 O que é uma onda? Explique os seguintes termos associados às ondas: comprimento de onda, freqüência e amplitude.

7.2 Quais são as unidades do comprimento de onda e da freqüência de ondas eletromagnéticas? Qual é a velocidade da luz em metros por segundo?

7.3 Cite os tipos de radiação eletromagnética, começando com a de maior comprimento de onda e terminando com a de menor comprimento de onda.

Níveis de Dificuldade: • Fácil •• Médio ••• Difícil.

7.4 Dê os valores do maior e do menor comprimento de onda que definem a região do visível no espectro eletromagnético.

7.5 Explique sucintamente a teoria quântica de Planck e o que é um *quantum*. Quais são as unidades da constante de Planck?

7.6 Apresente dois exemplos, do dia-a-dia, que ilustram o conceito de quantização.

Problemas

7.7 (a) Qual é o comprimento de onda (em nanômetros) da luz com freqüência $8,6 \times 10^{13}$ Hz? (b) Qual é a freqüência (em Hz) da luz cujo comprimento de onda é 566 nm?

7.8 (a) Qual é a freqüência da luz de comprimento de onda 456 nm? (b) Qual é o comprimento de onda (em nanômetros) da radiação de freqüência $2,45 \times 10^9$ Hz? (Esse é o tipo de radiação usado nos fornos de microondas.)

7.9 A distância média entre Marte e a Terra é aproximadamente $2,1 \times 10^8$ km. Quanto tempo imagens de televisão transmitidas pelo veículo espacial *Viking*, da superfície de Marte, levariam para atingir a Terra?

7.10 Quantos minutos uma onda de rádio levaria para propagar-se do planeta Vênus até a Terra? (A distância média entre Vênus e a Terra = 45 milhões de quilômetros.)

7.11 A unidade SI para tempo é o segundo, que é definido como 9.192.631.770 ciclos de radiação associados a um certo processo de emissão do átomo de césio. Calcule o comprimento de onda dessa radiação (com três algarismos significativos). Em que região do espectro eletromagnético está o comprimento de onda calculado?

7.12 A unidade SI para comprimento é o metro, que é definido como o comprimento igual a 1.650.763,73 comprimentos de onda da luz emitida por uma transição energética particular nos átomos de criptônio. Calcule a freqüência da luz com três algarismos significativos.

O Efeito Fotoelétrico
Questões de Revisão

7.13 Explique o que se entende por efeito fotoelétrico.

7.14 O que são fótons? Que papel teve a explicação do efeito fotoelétrico, dada por Einstein, para o desenvolvimento da interpretação da natureza da radiação eletromagnética com base na dualidade partícula-onda?

Problemas

7.15 Um fóton tem um comprimento de onda de 624 nm. Calcule a energia desse fóton, em joules.

7.16 A cor azul do céu resulta do espalhamento da luz solar pelas moléculas do ar. A luz azul tem uma freqüência de aproximadamente $7,5 \times 10^{14}$ Hz. (a) Calcule o comprimento de onda, em nm, associado a essa radiação, e (b) calcule a energia, em joules, de um único fóton associado a essa freqüência.

7.17 Um fóton tem uma freqüência de $6,0 \times 10^4$ Hz. (a) Converta esta freqüência em comprimento de onda (nm). Essa freqüência encontra-se na região do visível? (b) Calcule a energia (em joules) desse fóton. (c) Calcule a energia (em joules) de 1 mol fótons, todos com essa mesma freqüência.

7.18 Qual é o comprimento de onda, em nm, da radiação que tem um conteúdo energético de $1,0 \times 10^3$ kJ/mol? Em que região do espectro eletromagnético encontra-se essa radiação?

7.19 Quando o cobre é bombardeado com elétrons de alta energia, ocorre emissão de raios X. Calcule a energia (em joules) associada aos fótons considerando que o comprimento de onda dos raios X é 0,154 nm.

7.20 Uma forma particular de radiação eletromagnética tem uma freqüência de $8,11 \times 10^{14}$ Hz. (a) Qual é o seu comprimento de onda em nanômetros? E em metros? (b) A que região do espectro eletromagnético esse comprimento de onda pode ser atribuído? (c) Qual é a energia (em joules) de um *quantum* dessa radiação?

Teoria de Bohr do Átomo de Hidrogênio
Questões de Revisão

7.21 O que são espectros de emissão? Em que os espectros de linhas diferem dos espectros contínuos?

7.22 O que é um nível de energia? Explique a diferença entre estado fundamental e estado excitado.

7.23 Descreva sucintamente a teoria de Bohr para o átomo de hidrogênio e como essa teoria explica o aparecimento de um espectro de emissão. Em que a teoria de Bohr difere dos conceitos da física clássica?

7.24 Explique o significado do sinal negativo na Equação (7.4).

Problemas

7.25 Explique por que os elementos produzem cores características quando emitem fótons.

7.26 Alguns compostos de cobre emitem luz verde quando aquecidos em uma chama. Como você determinaria se essa luz é composta por um ou por uma mistura de dois ou mais comprimentos de onda?

7.27 É possível que um material fluorescente emita radiação na região do ultravioleta depois de absorver luz visível? Justifique a sua resposta.

7.28 Explique como os astrônomos podem identificar os elementos presentes em estrelas distantes analisando a radiação eletromagnética emitida por elas.

7.29 Considere os seguintes níveis de energia de um átomo hipotético:

E_4 _____ $-1,0 \times 10^{-19}$ J
E_3 _____ $-5,0 \times 10^{-19}$ J
E_2 _____ -10×10^{-19} J
E_1 _____ -15×10^{-19} J

Biológica: **7.108, 7.111**. Conceitual: **7.25, 7.26, 7.27, 7.28, 7.57, 7.58, 7.66, 7.95, 7.96, 7.99, 7.115, 7.116**. Ambiental: **7.107**.

(a) Qual é o comprimento de onda do fóton necessário para excitar um elétron de E_1 para E_4? (b) Qual é a energia (em joules) que um fóton deve ter para excitar um elétron de E_2 para E_3? (c) Quando um elétron retorna do nível E_3 para o nível E_1, diz-se que ocorre um processo de emissão no átomo. Calcule o comprimento de onda do fóton emitido nesse processo.

•7.30 A primeira linha da série de Balmer ocorre a um comprimento de onda de 656,3 nm. Qual é a diferença de energia entre os dois níveis energéticos envolvidos na emissão responsável pelo aparecimento dessa linha espectral?

••7.31 Calcule o comprimento de onda (em nanômetros) de um fóton emitido por um átomo de hidrogênio quando o seu elétron retorna do estado $n = 5$ para o estado $n = 3$.

••7.32 Calcule a freqüência (Hz) e o comprimento de onda (nm) do fóton emitido quando um elétron retorna do nível $n = 4$ para o nível $n = 2$, no átomo de hidrogênio.

•7.33 Uma análise espectral cuidadosa mostra que a familiar luz amarela das lâmpadas de sódio (usadas nas iluminações de rua) é composta por fótons de dois comprimentos de onda: 589,0 nm e 589,6 nm. Qual é a diferença de energia (em joules) entre esses fótons?

•••7.34 Em um átomo de hidrogênio, ocorre uma transição de elétron, do estado de energia de número quântico principal n_i para o estado de $n = 2$. Qual é o valor de n_i sabendo que o fóton emitido tem comprimento de onda igual a 434 nm?

Dualidade Partícula-Onda
Questões de Revisão

7.35 Explique a afirmação: a matéria e a radiação têm uma "natureza dual".

7.36 Como a hipótese formulada por de Broglie explica o fato de serem quantizadas as energias do elétron em um átomo de hidrogênio?

7.37 Por que o significado da Equação (7.7) é válido para partículas submicroscópicas, como elétrons e átomos, e não para objetos macroscópicos?

7.38 Uma bola de beisebol em movimento possui propriedades ondulatórias? Em caso afirmativo, por que não podemos determiná-las?

Problemas

•7.39 Os nêutrons térmicos são nêutrons que se movem com velocidades comparáveis àquelas das moléculas do ar à temperatura ambiente. Esses nêutrons são os mais efetivos para iniciar uma reação nuclear em cadeia entre isótopos de ^{235}U. Calcule o comprimento de onda (em nm) associado a um feixe de nêutrons que se move a $7,00 \times 10^2$ m/s. (Massa de um nêutron = $1,675 \times 10^{-27}$ kg.)

•7.40 Os prótons podem ser acelerados, até atingirem velocidades próximas à da luz, em aceleradores de partículas. Estime o comprimento de onda (em nm) de um desses prótons movendo-se a $2,90 \times 10^8$ m/s. (Massa de um próton = $1,673 \times 10^{-27}$ kg.)

•7.41 Qual é o comprimento de onda, em cm, segundo a equação formulada por de Broglie, para um colibri de 12,4 g voando a $1,93 \times 10^2$ km/hora?

•7.42 Qual é o comprimento de onda (em nm), segundo a equação formulada por de Broglie, associado a uma bola (2,5 g) de tênis de mesa a velocidade de 56,4 km/hora?

Mecânica Quântica
Questões de Revisão

7.43 Quais são as limitações da teoria de Bohr?

7.44 Qual é o princípio da incerteza de Heisenberg? Qual é a equação de Schrödinger?

7.45 Qual é o significado físico da função de onda?

7.46 Como é usado o conceito de densidade eletrônica para descrever a posição de um elétron no tratamento mecânico-quântico de um átomo?

7.47 O que é um orbital atômico? Em que um orbital atômico difere de uma órbita?

7.48 Descreva as características de um orbital s, um orbital p e um orbital d. Quais dos seguintes orbitais não existem: $1p, 2s, 2d, 3p, 3d, 3f, 4g$?

7.49 Por que um diagrama de superfície-limite é útil para representar um orbital?

7.50 Descreva os quatro números quânticos usados para caracterizar um elétron em um átomo.

7.51 Qual é o número quântico que define uma camada? Quais são os números quânticos que definem uma subcamada?

7.52 Qual dos quatro números quânticos (n, ℓ, m_ℓ, m_s) determina (a) a energia de um elétron em um átomo de hidrogênio e em um átomo polieletrônico, (b) o tamanho de um orbital, (c) o formato de um orbital, (d) a orientação de um orbital no espaço?

Problemas

•7.53 Um elétron em um certo átomo está no nível quântico $n = 2$. Indique os valores possíveis de ℓ e de m_ℓ.

•7.54 Um elétron em um certo átomo está no nível quântico $n = 3$. Indique os valores possíveis de ℓ e de m_ℓ.

••7.55 Dê os valores dos números quânticos associados aos seguintes orbitais: (a) $2p$, (b) $3s$, (c) $5d$.

••7.56 Dê os valores dos quatro números quânticos de um elétron nos seguintes orbitais: (a) $3s$, (b) $4p$, (c) $3d$.

••7.57 Discuta as semelhanças e as diferenças entre os orbitais $1s$ e $2s$.

•7.58 Qual é a diferença entre os orbitais $2p_x$ e $2p_y$?

••7.59 Indique todas as subcamadas e orbitais possíveis associados ao número quântico principal n, para $n = 5$.

••7.60 Indique todas as subcamadas e orbitais possíveis associados ao número quântico principal n, para $n = 6$.

•7.61 Calcule o número total de elétrons que podem ocupar (a) um orbital s, (b) três orbitais p, (c) cinco orbitais d, (d) sete orbitais f.

- **7.62** Qual é o número total de elétrons que pode ser colocado em todos os orbitais que tenham o mesmo número quântico principal *n*?

- **7.63** Determine o número máximo de elétrons que pode ser encontrado em cada uma das seguintes subcamadas: 3*s*, 3*d*, 4*p*, 4*f*, 5*f*.

- **7.64** Indique o número total de (a) elétrons *p* no N ($Z = 7$); (b) elétrons *s* no Si ($Z = 14$); e (c) elétrons 3*d* no S ($Z = 16$).

- **7.65** Faça um esquema de todos os orbitais permitidos nos primeiros quatro níveis de energia principais do átomo de hidrogênio. Designe cada orbital pelo tipo (por exemplo, *s*, *p*) e indique o número de orbitais de cada tipo.

- **7.66** Por que os orbitais 3*s*, 3*p* e 3*d* têm a mesma energia no átomo de hidrogênio, mas energias diferentes em um átomo polieletrônico?

- **7.67** Indique, para cada um dos seguintes pares de orbitais do hidrogênio, qual tem maior energia: (a) 1*s*, 2*s*; (b) 2*p*, 3*p*; (c) $3d_{xy}$, $3d_{yz}$; (d) 3*s*, 3*d*; (e) 4*f*, 5*s*.

- **7.68** Qual dos orbitais, em cada um dos seguintes pares de um átomo polieletrônico, tem a menor energia? (a) 2*s*, 2*p*; (b) 3*p*, 3*d*; (c) 3*s*, 4*s*; (d) 4*d*, 5*f*.

Orbitais Atômicos
Questões de Revisão

- **7.69** Descreva os formatos dos orbitais *s*, *p* e *d*. Como esses formatos podem ser relacionados com os números quânticos *n*, ℓ e m_ℓ?

- **7.70** Cite os orbitais do hidrogênio em ordem crescente de energia.

Configuração Eletrônica
Questões de Revisão

- **7.71** O que é uma configuração eletrônica? Descreva a importância que o princípio de exclusão de Pauli e a regra de Hund desempenham ao escreverem-se as configurações eletrônicas dos elementos.

- **7.72** Explique o significado do símbolo $4d^6$.

- **7.73** Explique o significado de diamagnético e paramagnético. Dê exemplo de um elemento que seja diamagnético e outro que seja paramagnético. O que significa dizer que os elétrons estão emparelhados?

- **7.74** O que significa a expressão "blindagem dos elétrons" em um átomo? Usando o átomo de Li como exemplo, descreva o efeito de blindagem na energia dos elétrons em um átomo.

- **7.75** Defina os seguintes termos e dê um exemplo de cada um: metais de transição, lantanídeos, actinídeos.

- **7.76** Explique por que as configurações eletrônicas dos estados fundamentais do Cr e Cu são diferentes daquelas que esperaríamos.

- **7.77** Explique o significado de cerne de gás nobre. Escreva a configuração eletrônica do cerne do xenônio.

- **7.78** Dê a sua opinião sobre a seguinte afirmação: a probabilidade de encontrar dois elétrons com os quatro números quânticos idênticos, em um átomo, é zero.

Problemas

- **7.79** Indique quais dos seguintes conjuntos de números quânticos são inaceitáveis para um átomo e explique o porquê: (a) $(1, 0, \frac{1}{2}, \frac{1}{2})$, (b) $(3, 0, 0, +\frac{1}{2})$, (c) $(2, 2, 1, +\frac{1}{2})$, (d) $(4, 3, -2, +\frac{1}{2})$, (e) $(3, 2, 1, 1)$.

- **7.80** As configurações eletrônicas de estado fundamental, listadas a seguir, estão incorretas. Explique os erros que foram cometidos em cada uma delas e escreva as configurações eletrônicas corretas:
  Al: $1s^2 2s^2 2p^4 3s^2 3p^3$
  B: $1s^2 2s^2 2p^5$
  F: $1s^2 2s^2 2p^6$

- **7.81** O número atômico de um elemento é 73. Esse elemento é diamagnético ou paramagnético?

- **7.82** Indique o número de elétrons desemparelhados presentes em cada um dos átomos seguintes: B, Ne, P, Sc, Mn, Se, Kr, Fe, Cd, I, Pb.

- **7.83** Escreva as configurações eletrônicas do estado fundamental para os seguintes elementos: B, V, Ni, As, I, Au.

- **7.84** Escreva as configurações eletrônicas do estado fundamental para os seguintes elementos: Ge, Fe, Zn, Ni, W, Tl.

- **7.85** A configuração eletrônica de um átomo neutro é $1s^2 2s^2 2p^6 3s^2$. Escreva o conjunto completo de números quânticos para cada um dos elétrons. Identifique o elemento.

- **7.86** Qual das seguintes espécies tem o maior número de elétrons desemparelhados? S^+, S, ou S^-. Justifique a sua resposta.

O Princípio de Aufbau
Questões de Revisão

- **7.87** Enuncie o princípio de Aufbau e explique o seu papel na classificação dos elementos na tabela periódica.

- **7.88** Descreva as características dos seguintes grupos de elementos: metais de transição, lantanídeos, actinídeos.

- **7.89** O que é o cerne de gás nobre? Qual a simplificação que ele introduz ao escreverem-se as configurações eletrônicas?

- **7.90** Em que grupo e período insere-se o elemento ósmio?

Problemas

- **7.91** Utilize o princípio de Aufbau para obter a configuração eletrônica do estado fundamental do selênio.

- **7.92** Utilize o princípio de preenchimento para obter a configuração eletrônica do estado fundamental do tecnécio.

Problemas Adicionais

- **7.93** Quando um composto contendo íons de césio é aquecido na chama de um bico de Bunsen, há emissão de fótons de energia $4,30 \times 10^{-19}$ J. Qual é a cor da chama de césio?

7.94 Qual é o número máximo de elétrons, em um átomo, que pode ter os seguintes números quânticos? Especifique os orbitais nos quais os elétrons poderiam ser encontrados. (a) $n = 2$, $m_s = +\frac{1}{2}$; (b) $n = 4$, $m_\ell = +1$; (c) $n = 3$, $\ell = 2$; (d) $n = 2$, $\ell = 0$, $m_s = -\frac{1}{2}$; (e) $n = 4$, $\ell = 3$, $m_\ell = -2$.

7.95 Identifique os seguintes indivíduos e as suas contribuições para o desenvolvimento da teoria quântica: Bohr, de Broglie, Einstein, Planck, Heisenberg, Schrödinger.

7.96 Que propriedades dos elétrons são usadas na operação de um microscópio eletrônico?

7.97 Quantos fótons de comprimento de onda 660 nm precisam ser absorvidos para fundir $5,0 \times 10^2$ g de gelo? Em média, quantas moléculas de H_2O do gelo são convertidas para água em estado líquido, por um fóton? (*Sugestão:* São necessários 334 J para fundir 1g de gelo a 0ºC.)

7.98 Uma bola de beisebol é lançada a velocidade de 160,9 km/hora. (a) Calcule o comprimento de onda (em nm) da bola de beisebol de 0,141 kg, a essa velocidade. (b) Qual é o comprimento de onda de um átomo de hidrogênio a mesma velocidade?

7.99 Considerando apenas a configuração eletrônica do estado fundamental, existem mais elementos diamagnéticos ou paramagnéticos? Explique.

7.100 Um laser de rubi produz radiação de comprimento de onda 633 nm em pulsos cuja duração é $1,00 \times 10^{-9}$ s. (a) Se o laser produz 0,376 J de energia por pulso, quantos fótons são produzidos em cada pulso? (b) Calcule a potência (em watts) produzida por cada pulso do laser (1 W = 1 J/s).

7.101 Uma amostra de 368 g de água absorve radiação infravermelha de $1,06 \times 10^4$ nm, produzida por um laser de dióxido de carbono. Suponha que toda a radiação absorvida seja convertida em calor. Calcule o número de fótons desse comprimento de onda necessários para elevar de 5,00ºC a temperatura da água.

7.102 A fotodissociação da água

$$H_2O(l) + h\nu \longrightarrow H_2(g) + \tfrac{1}{2}O_2(g)$$

é sugerida como fonte de hidrogênio. O $\Delta H°_{reação}$, calculado com base em dados termoquímicos, é 285,8 kJ por mol de água decomposta. Calcule o comprimento de onda máximo (em nm) que forneceria a energia necessária para a reação. A luz solar seria adequada nesse processo?

7.103 Não há sobreposição das linhas espectrais das séries de Lyman e de Balmer. Verifique essa afirmação calculando o comprimento de onda mais longo associado à série de Lyman e o comprimento de onda mais curto associado à série de Balmer (em nm).

7.104 Somente uma fração da energia elétrica fornecida a uma lâmpada de tungstênio é convertida em luz visível. O restante da energia aparece na forma de radiação infravermelha (isto é, calor). Uma lâmpada de 75 W converte, em luz visível (considere o comprimento de onda 550 nm), 15,0% da energia recebida. Quantos fótons por segundo são emitidos pelo filamento da lâmpada? (1 W = 1 J/s.)

7.105 Um forno de microondas operando a $1,22 \times 10^8$ nm é usado para aquecer, de 20ºC a 100ºC, 150 mL de água (aproximadamente o volume de uma xícara de chá). Calcule o número de fótons necessário para 92,0% da energia das microondas ser convertida em energia térmica da água.

7.106 O íon He^+ contém apenas um elétron e é, por conseguinte, um "íon do tipo hidrogênio". Calcule para o íon He^+ os comprimentos de onda, por ordem crescente, das primeiras quatro transições na série de Balmer. Compare esses comprimentos de onda com aqueles correspondentes às mesmas transições em um átomo de H. Comente sobre as diferenças. (A constante de Rydberg para He^+ é $8,72 \times 10^{-18}$ J.)

7.107 O ozônio (O_3) presente na estratosfera absorve a radiação nociva do Sol de acordo com o processo de decomposição: $O_3 \longrightarrow O + O_2$. (a) Com base na Tabela 6.4, calcule o valor de $\Delta H°$ para esse processo. (b) Calcule o comprimento de onda máximo (em nm) dos fótons que possuem a energia necessária para promover a decomposição fotoquímica do ozônio.

7.108 A retina do olho humano pode detectar luz quando a energia radiante incidente for de pelo menos $4,0 \times 10^{-17}$ J. Quantos fótons com um comprimento de onda 600 nm correspondem a essa quantidade de energia?

7.109 Um elétron do átomo de hidrogênio, em um estado excitado, pode retornar ao estado fundamental de duas maneiras: (a) via transição direta em que é emitido um fóton de comprimento de onda λ_1 e (b) via estado excitado intermediário alcançado pela emissão de um fóton de comprimento de onda λ_2. Esse estado excitado intermediário retorna, então, para o estado fundamental emitindo outro fóton de comprimento de onda λ_3. Derive uma equação que relacione λ_1 com λ_2 e λ_3.

7.110 Um experimento fotoelétrico foi realizado incindindo-se, separadamente, um laser de 450 nm (luz azul) e um laser de 560 nm (luz amarela) sobre uma superfície metálica limpa, e medindo-se o número e a energia cinética dos elétrons expelidos. Qual das luzes deve ter gerado mais elétrons? Qual das luzes deve ter expelido elétrons com maior energia cinética? Suponha que cada laser forneça a mesma quantidade de energia à superfície metálica e que as freqüências das luzes laser estejam acima da freqüência limite.

7.111 A luz ultravioleta (UV) que é responsável pelo bronzeamento da pele encontra-se na região de 320 nm a 400 nm. Calcule a energia total (em joules) absorvida por uma pessoa exposta durante duas horas a essa radiação, sabendo que $2,0 \times 10^{16}$ fótons por centímetro quadrado, em um intervalo de 80 nm (320 nm a 400 nm), bombardeiam a superfície da Terra e que a área exposta do corpo é 0,45 m². Considere que apenas metade da radiação é absorvida e que a outra metade é refletida pelo corpo. (*Sugestão:* Use um comprimento de onda médio de 360 nm para calcular a energia de um fóton.)

7.112 Calcule o comprimento de onda de um átomo de hélio cuja velocidade é igual à velocidade quadrática média a 20ºC.

7.113 O Sol é rodeado por um círculo branco de material gasoso denominado coroa, que se torna visível durante um eclipse total. A temperatura da coroa é da ordem dos milhões de graus Celsius, e é elevada o suficiente para quebrar moléculas e remover alguns ou todos os elétrons dos átomos. Os astrônomos têm conseguido estimar a temperatura da coroa por meio do estudo das linhas de emissão de certos elementos, como, por exemplo, o espectro de emissão dos íons Fe^{14+} que foi registrado e analisado. Sabendo que é necessária uma energia de $3,5 \times 10^4$ kJ/mol para converter Fe^{13+} em Fe^{14+}, estime a temperatura da coroa do Sol. (*Sugestão:* A energia cinética média de um mol de gás é $\frac{3}{2}RT$.)

••**7.114** O isótopo radioativo Co-60 é utilizado em medicina nuclear para tratar certos tipos de câncer. Calcule o comprimento de onda e a freqüência de uma partícula gama, com energia de $1,29 \times 10^{11}$ J/mol, emitida no processo.

Problemas Especiais

7.115 Um elétron, em um átomo de hidrogênio, é excitado do estado fundamental até o estado $n = 4$. Dê a sua opinião a respeito de cada uma das seguintes afirmações (verdadeira ou falsa).

(a) $n = 4$ é o primeiro estado excitado.

(b) É necessário maior energia para ionizar (remover) o elétron do estado $n = 4$ do que do estado fundamental.

(c) O elétron está mais afastado do núcleo (em média) no estado $n = 4$ do que no estado fundamental.

(d) O comprimento de onda da luz emitida é maior quando o elétron retorna do estado $n = 4$ para $n = 1$ do que do estado $n = 4$ para $n = 2$.

(e) O comprimento de onda da radiação absorvida pelo átomo quando passa do estado $n = 1$ para $n = 4$ é igual ao da radiação emitida quando o átomo retorna do estado $n = 4$ para $n = 1$.

7.116 Quando ocorre a transição de um elétron entre níveis de energia de um átomo de hidrogênio, não há restrições quanto aos valores inicial e final do número quântico principal. No entanto, existe uma regra da mecânica-quântica que restringe os valores inicial e final do número quântico de momento angular ℓ. Essa *regra de seleção* estabelece que $\Delta \ell = \pm 1$, isto é, em uma transição, o valor de ℓ pode aumentar ou diminuir de 1 unidade apenas. De acordo com essa regra, quais das seguintes transições são permitidas: (a) $1s \longrightarrow 2s$, (b) $2p \longrightarrow 1s$, (c) $1s \longrightarrow 3d$, (d) $3d \longrightarrow 4f$, (e) $4d \longrightarrow 3s$?

7.117 Para "íons do tipo hidrogênio", isto é, íons contendo um único elétron, a Equação (7.4) é modificada do seguinte modo: $E_n = -R_H Z^2 (1/n^2)$, em que Z é o número atômico do átomo original. A figura a seguir representa o espectro de emissão de um "íon do tipo hidrogênio" na fase gasosa. Todas as linhas resultam de transições eletrônicas de estados excitados para o estado $n = 2$. (a) Que transições eletrônicas correspondem às linhas B e C? (b) Sendo o comprimento de onda da linha C igual a 27,1 nm, calcule os comprimentos de onda das linhas A e B. (c) Calcule a energia necessária para remover o elétron do íon, no estado $n = 4$. (d) Qual é o significado físico de contínuo?

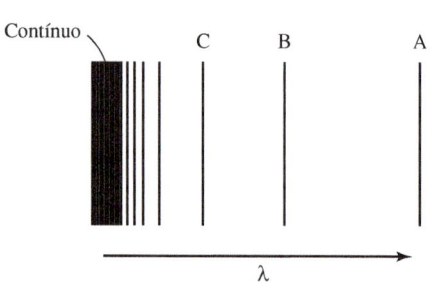

Respostas dos Exercícios

7.1 8,24 m.   **7.2** $3,39 \times 10^3$ nm.   **7.3** $2,63 \times 10^3$ nm.
7.4 56,6 nm.   **7.5** $n = 3, \ell = 1, m_\ell = -1, 0, 1$.   **7.6** 16.
7.7 $(5, 1, -1, +\frac{1}{2})$, $(5, 1, 0, +\frac{1}{2})$, $(5, 1, 1, +\frac{1}{2})$, $(5, 1, -1, -\frac{1}{2})$, $(5, 1, 0, -\frac{1}{2})$, $(5, 1, 1, -\frac{1}{2})$.   **7.8** 32.   **7.9** $(1, 0, 0, +\frac{1}{2})$, $(1, 0, 0, -\frac{1}{2})$, $(2, 0, 0, +\frac{1}{2})$, $(2, 0, 0, -\frac{1}{2})$, $(2, 1, -1, +\frac{1}{2})$. Existem outros cinco modos possíveis para escrever os números quânticos do último elétron.   **7.10** $[Ne]3s^2 3p^3$.

Tabela Periódica

8

8.1 Desenvolvimento da Tabela Periódica 240
8.2 Classificação Periódica dos Elementos 241
   Configurações Eletrônicas dos Cátions e dos Ânions
8.3 Variação Periódica das Propriedades Físicas 244
   Carga Nuclear Efetiva • Raio Atômico • Raio Iônico
8.4 Energia de Ionização 250
8.5 Afinidade Eletrônica 253
8.6 Variação das Propriedades Químicas dos Elementos Representativos 255
   Tendência Geral nas Propriedades Químicas • Propriedades dos Óxidos ao Longo de um Período

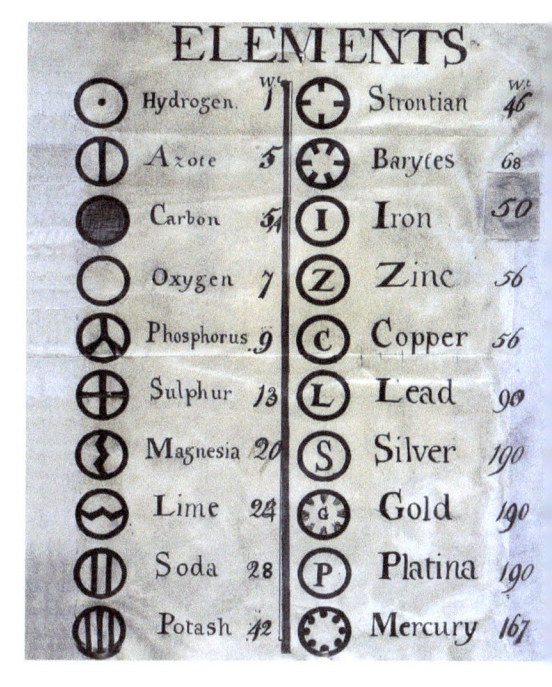

Tabela dos elementos de John Dalton, compilada no início do século XIX.

Conceitos Essenciais

- **Desenvolvimento da Tabela Periódica** No século XIX, os químicos observaram uma repetição sucessiva e regular nas propriedades físicas e químicas dos elementos. A tabela periódica concebida por Mendeleev, em particular, agrupava os elementos com exatidão e possibilitava predizer as propriedades de vários elementos que nem tinham sido descobertos.

- **A Classificação Periódica dos Elementos** Os elementos estão agrupados de acordo com as configurações eletrônicas de suas camadas mais externas, que são responsáveis pelas semelhanças em seus comportamentos químicos. A esses vários grupos são dados nomes especiais.

- **Variação Periódica nas Propriedades** As propriedades físicas dos elementos, como os raios atômico e iônico, variam de um modo regular e periódico. Em suas propriedades químicas também são observadas variações similares. As propriedades químicas de particular importância são a energia de ionização, que mede a tendência de um átomo de um elemento perder um elétron, e a afinidade eletrônica, que mede a tendência de um átomo receber um elétron. A energia de ionização e a afinidade eletrônica constituem a base para o entendimento da formação da ligação química.

8.1 Desenvolvimento da Tabela Periódica

No século XIX, quando os químicos tinham apenas uma vaga idéia sobre átomos e moléculas e não sabiam da existência dos elétrons e dos prótons, eles criaram a tabela periódica usando seus conhecimentos de massas atômicas. Medições rigorosas das massas atômicas de muitos elementos já tinham sido feitas. Ordenar os elementos de acordo com as suas massas atômicas em uma tabela periódica, parecia-lhes lógico uma vez que achavam que o comportamento químico devia estar relacionado de algum modo com a massa atômica.

Em 1864, o químico inglês John Newlands observou que, quando os elementos eram colocados em ordem das massas atômicas, cada um deles tinha propriedades semelhantes com o oitavo elemento seguinte. Newlands referiu-se a essa estranha relação como a *lei das oitavas*. Contudo, essa "lei" tornou-se inadequada para os elementos além do cálcio, e o trabalho de Newlands não foi aceito pela comunidade científica.

Cinco anos mais tarde, o químico russo Dimitri Mendeleev e o químico alemão Lothar Meyer apresentaram, independentemente, uma tabulação muito mais extensa dos elementos baseada na repetição regular e periódica das propriedades. O sistema de classificação de Mendeleev foi um grande avanço em relação ao de Newlands por duas razões. Primeira, agrupava os elementos de uma forma mais rigorosa de acordo com as suas propriedades. Igualmente importante, ela tornou possível prever as propriedades de vários elementos que ainda não tinham sido descobertos. Por exemplo, Mendeleev propôs a existência de um elemento desconhecido, ao qual chamou eka-alumínio e previu várias das suas propriedades. (*Eka* é uma palavra do sânscrito que significa "primeiro"; assim o eka-alumínio seria o primeiro elemento abaixo do alumínio no mesmo grupo.) Quando o gálio foi descoberto quatro anos mais tarde, as suas propriedades estavam de acordo com aquelas previstas para o eka-alumínio:

	Eka-Alumínio (Ea)	**Gálio (Ga)**
Massa atômica	68 uma	69,9 uma
Ponto de fusão	Baixo	29,78°C
Densidade	5,9 g/cm^3	5,94 g/cm^3
Fórmula do óxido	Ea$_2$O$_3$	Ga$_2$O$_3$

No entanto, as versões iniciais da tabela periódica continham inconsistências gritantes. Por exemplo, a massa atômica do argônio (39,95 uma) é maior que a do potássio (39,10 uma). Se os elementos estivessem organizados meramente de acordo com o aumento das massas atômicas, o argônio deveria aparecer na posição ocupada pelo potássio na nossa tabela periódica moderna (veja a contracapa). Mas nenhum químico colocaria o argônio, um gás inerte, no mesmo grupo do lítio e do sódio, dois metais muito reativos. Essa e outras discrepâncias sugeriam que deveria haver outra propriedade fundamental, que não a massa atômica, servindo de base da periodicidade observada.

Essa propriedade estava associada ao número atômico. Usando os resultados de experiências de difração de partículas α (veja a Seção 2.2), Rutherford fez uma estimativa do número de cargas positivas no núcleo de alguns elementos, mas até 1913 não havia um procedimento para a determinação dos números atômicos. Nesse mesmo ano, um jovem físico inglês, Henry Moseley, descobriu uma correlação entre o que ele chamou *número atômico* e a freqüência de raios X gerados bombardeando-se o elemento com elétrons de alta energia. Com algumas exceções, Moseley verificou que o número atômico aumenta na mesma ordem que a massa atômica. Por exemplo, o cálcio é o vigésimo elemento na ordem crescente de massas atômicas e tem número atômico 20. As discrepâncias que tinham intrigado anteriormente os cientistas, agora faziam sentido. O número atômico do argônio é 18 e o do potássio, 19, logo o potássio devia seguir-se ao argônio na tabela periódica.

Uma tabela periódica moderna, em geral, mostra o número atômico juntamente com o símbolo do elemento. Como já sabemos, o número atômico também indica o número de elétrons nos átomos de um elemento. As configurações eletrônicas dos elementos ajudam a explicar a repetição das propriedades físicas e químicas. A importância e a utilidade da tabela periódica reside no fato de podermos usar o nosso conhecimento das propriedades gerais e das tendências em um grupo ou período para prever com bastante rigor as propriedades de dado elemento, mesmo que esse elemento seja pouco familiar.

O Apêndice 4 explica os nomes e os símbolos dos elementos.

8.2 Classificação Periódica dos Elementos

A Figura 8.1 mostra a tabela periódica juntamente com as configurações eletrônicas das camadas mais externas dos elementos no estado fundamental. (As configurações eletrônicas dos elementos são também mostradas na Tabela 7.3.) Começando com o hidrogênio, vemos que as subcamadas são preenchidas na ordem indicada na Figura 7.21. Conforme o tipo de subcamada que está sendo preenchida, os elementos podem ser divididos em categorias — os elementos representativos, os gases nobres, os elementos de transição (ou metais de transição), os lantanídeos e os actinídeos. De acordo com a Figura 8.1, os ***elementos representativos*** (também chamados de *elementos do grupo principal*) são *os elementos dos Grupos 1A a 7A, em que todos têm subcamadas s ou p, do número quântico principal mais alto, parcialmente preenchidas.* Com exceção do hélio, os *gases nobres* (os elementos do Grupo 8A) têm todos a subcamada *p* totalmente preenchida. (As configurações eletrônicas são $1s^2$ para o hélio e ns^2np^6 para os outros gases nobres, em que *n* é o número quântico principal da camada mais externa.) Os metais de transição são os elementos dos Grupos 1B e 3B a 8B (ou 3 a 11), que têm subcamadas *d* parcialmente preenchidas ou facilmente produzem cátions com subcamadas *d* parcialmente preenchidas. (Esses metais são, às vezes, chamados de elementos de transição do bloco *d*.) Os

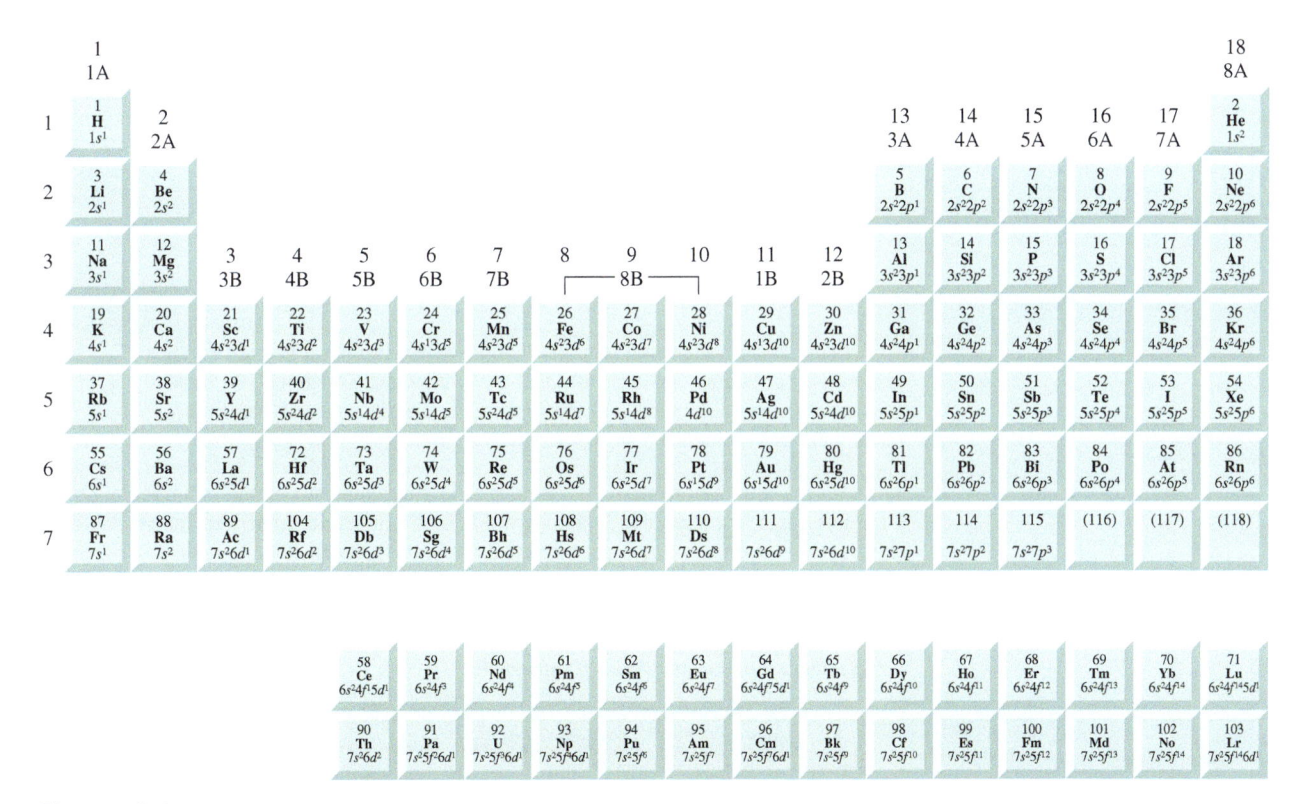

Figura 8.1
Configurações eletrônicas do estado fundamental dos elementos. Para simplificar, apenas são indicadas as configurações dos elétrons das camadas mais externas.

TABELA 8.1

Configurações Eletrônicas dos Elementos do Grupo 1 e do Grupo 2

Grupo 1		Grupo 2	
Li	[He]$2s^1$	Be	[He]$2s^2$
Na	[Ne]$3s^1$	Mg	[Ne]$3s^2$
K	[Ar]$4s^1$	Ca	[Ar]$4s^2$
Rb	[Kr]$5s^1$	Sr	[Kr]$5s^2$
Cs	[Xe]$6s^1$	Ba	[Xe]$6s^2$
Fr	[Rn]$7s^1$	Ra	[Rn]$7s^2$

Para os elementos representativos, os elétrons de valência são simplesmente os elétrons no nível principal de energia mais alta.

elementos do Grupo 2B ou 12 (Zn, Cd e Hg) não são nem elementos representativos nem metais de transição. Não há nenhum nome especial para esse grupo de metais. Os lantanídeos e os actinídeos são, muitas vezes, chamados de elementos de transição do bloco *f*, pois têm subcamadas *f* parcialmente preenchidas.

Quando examinamos as configurações eletrônicas de dado grupo, observa-se um padrão de distribuição. As configurações eletrônicas dos elementos dos Grupos 1 e 2 estão apresentadas na Tabela 8.1. Todos os metais alcalinos do Grupo 1A têm configurações eletrônicas da camada mais externa semelhantes: cada um tem um cerne de gás nobre e uma configuração ns^1 para o elétron mais externo. Do mesmo modo, os metais alcalino-terrosos do Grupo 2 têm um cerne de gás nobre e uma configuração ns^2 para os elétrons da última camada. *Os elétrons das camadas mais externas de um átomo, os que estão envolvidos nas ligações químicas,* são freqüentemente denominados ***elétrons de valência***. A semelhança na configuração eletrônica da camada mais externa (isto é, na configuração dos elétrons de valência) é responsável pelo fato de os elementos de um mesmo grupo apresentarem comportamento químico similar. Essa observação é válida também para os halogênios (os elementos do Grupo 17), que possuem configuração eletrônica da camada mais externa $ns^2 np^5$ e exibem propriedades muito semelhantes. Temos de ter cuidado, contudo, ao prever propriedades dos elementos dos Grupos 13 a 16. Por exemplo, os elementos do Grupo 14 possuem a mesma configuração eletrônica da camada mais externa, ($ns^2 np^2$), mas há uma variação nas propriedades químicas desses elementos: o carbono é um não-metal, o silício e o germânio são semimetais, e o estanho e o chumbo são metais.

Como um grupo, os gases nobres comportam-se de forma muito semelhante. Com exceção do criptônio e do xenônio, os demais elementos são totalmente inertes quimicamente. A razão é que esses elementos possuem as subcamadas $ns^2 np^6$ mais externas totalmente preenchidas, uma condição que representa grande estabilidade. Embora a configuração eletrônica das camadas mais externas dos elementos de transição não seja sempre a mesma dentro do grupo e não haja um padrão regular na variação da configuração eletrônica de um metal para o seguinte no mesmo período, todos os metais de transição partilham muitas características que os distinguem dos outros elementos. A razão é que esses metais têm uma subcamada *d* parcialmente preenchida. Do mesmo modo, os lantanídeos (e os actinídeos) assemelham-se uns aos outros porque possuem subcamadas *f* parcialmente preenchidas. A Figura 8.2 mostra os grupos de elementos discutidos aqui.

EXEMPLO 8.1

Um átomo de certo elemento tem 15 elétrons. Sem consultar a tabela periódica, responda às questões seguintes: (a) Qual é a configuração eletrônica do estado fundamental desse elemento? (b) Como deve ser classificado esse elemento? (c) O elemento é diamagnético ou paramagnético?

Estratégia (a) Vamos retomar ao princípio de preenchimento discutido na Seção 7.9. Devemos começar escrevendo a configuração eletrônica com o número quântico principal $n = 1$ e continuar o preenchimento até que todos os elétrons estejam distribuídos. (b) Qual é a configuração eletrônica característica dos elementos representativos? E dos elementos de transição? E dos gases nobres? (c) Examine o esquema de emparelhamento dos elétrons da camada mais externa. O que determina se um elemento é diamagnético ou paramagnético?

Solução (a) Sabemos que para $n = 1$, temos um orbital $1s$ (2 elétrons); para $n = 2$, temos um orbital $2s$ (2 elétrons) e três orbitais $2p$ (6 elétrons); para $n = 3$, temos um orbital $3s$ (2 elétrons). O número de elétrons que falta é $15 - 12 = 3$ e esses três elétrons devem ser colocados nos orbitais $3p$. A configuração eletrônica é $1s^2 2s^2 2p^6 3s^2 3p^3$.

(Continua)

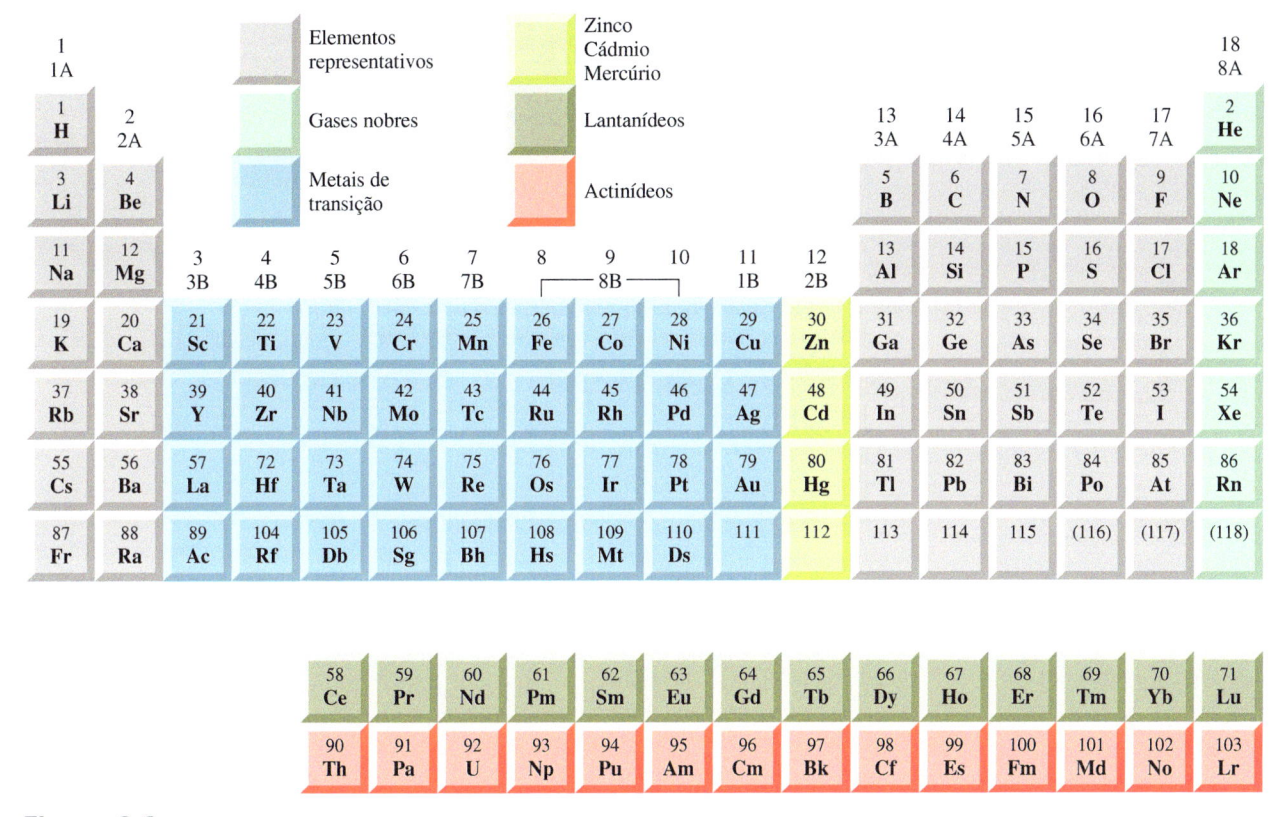

Figura 8.2
A classificação dos elementos. Note que os elementos do Grupo 12 são muitas vezes classificados como metais de transição mesmo que não apresentem as características dos metais de transição.

(b) Como a subcamada 3p não está completamente preenchida, esse é um elemento representativo. Com base na informação dada, não é possível dizer se é um metal, um não-metal ou um semimetal.

(c) De acordo com a regra de Hund, os três elétrons nos orbitais 3p têm *spins* paralelos (três elétrons desemparelhados). Portanto, o elemento é paramagnético.

Verificação Para a parte (b), observe que um metal de transição tem uma subcamada *d* parcialmente preenchida e um gás nobre tem a camada externa completamente preenchida. Já para a parte (c), lembre-se de que se o átomo contém um número ímpar de elétrons, então o elemento tem de ser paramagnético.

Problema semelhante: 8.16.

Exercício Um átomo de certo elemento tem 20 elétrons. (a) Escreva a configuração eletrônica do estado fundamental do elemento, (b) classifique o elemento, (c) determine se o elemento é diamagnético ou paramagnético.

Configurações Eletrônicas dos Cátions e dos Ânions

Como muitos compostos iônicos são constituídos por ânions e cátions monoatômicos, é útil saber como escrever as configurações eletrônicas dessas espécies iônicas. O procedimento para escrever as configurações eletrônicas dos íons requer apenas uma pequena extensão do método usado para os átomos neutros. Para a discussão, agruparemos os íons em duas categorias.

Íons Derivados dos Elementos Representativos

Na formação de um cátion a partir do átomo neutro de um elemento representativo, um ou mais elétrons são removidos da camada n mais alta ocupada. A seguir estão as configurações eletrônicas de alguns átomos e dos seus cátions correspondentes:

Na: [Ne]$3s^1$ Na$^+$: [Ne]
Ca: [Ar]$4s^2$ Ca^{2+}: [Ar]
Al: [Ne]$3s^2 3p^1$ Al^{3+}: [Ne]

Observe que cada íon tem uma configuração estável de gás nobre.

Na formação de um ânion, são acrescentados um ou mais elétrons à camada n mais alta parcialmente preenchida. Considere os exemplos seguintes:

H: $1s^1$ H$^-$: $1s^2$ ou [He]
F: $1s^2 2s^2 2p^5$ F$^-$: $1s^2 2s^2 2p^6$ ou [Ne]
O: $1s^2 2s^2 2p^4$ O^{2-}: $1s^2 2s^2 2p^6$ ou [Ne]
N: $1s^2 2s^2 2p^3$ N^{3-}: $1s^2 2s^2 2p^6$ ou [Ne]

Novamente, todos esses ânions têm também a configuração estável de gás nobre. Portanto, uma característica da maioria dos elementos representativos é que os íons derivados de seus átomos neutros possuem a configuração eletrônica da camada mais externa de gás nobre $ns^2 np^6$. Os átomos ou íons *que possuem o mesmo número de elétrons e, por isso, a mesma configuração eletrônica no estado fundamental* são **isoeletrônicos**. Assim, o H$^-$ e o He são isoeletrônicos; F$^-$, Na$^+$ e Ne também são isoeletrônicos.

Cátions Derivados de Metais de Transição

Na Seção 7.9, vimos que, nos metais de transição da primeira fila (Sc a Cu), o orbital $4s$ é sempre preenchido antes dos orbitais $3d$. Considere o manganês cuja configuração eletrônica é [Ar]$4s^2 3d^5$. Quando se forma o íon Mn^{2+}, podemos esperar a remoção de dois elétrons do orbital $3d$ para gerar a configuração [Ar]$4s^2 3d^3$. Na realidade, a configuração eletrônica do Mn^{2+} é [Ar]$3d^5$! A razão para isso acontecer é que as interações elétron-elétron e elétron-núcleo em um átomo neutro podem ser bastante diferentes das do seu íon. Assim, enquanto o orbital $4s$ é sempre preenchido antes do orbital $3d$ no Mn, os elétrons são removidos do orbital $4s$ para formar o íon Mn^{2+} porque os orbitais $3d$ são mais estáveis que o orbital $4s$ nos íons dos metais de transição. Por isso, quando se forma um cátion a partir de um átomo de um metal de transição, os elétrons são sempre removidos primeiro do orbital ns e depois dos orbitais $(n-1)d$.

Lembre-se de que a maior parte dos metais de transição pode formar mais de um cátion e que freqüentemente esses cátions não são isoeletrônicos com o gás nobre precedente.

> Note que a ordem de preenchimento de elétrons não determina ou prevê a ordem de remoção de elétrons nos metais de transição.

8.3 Variação Periódica das Propriedades Físicas

Como vimos, as configurações eletrônicas dos elementos apresentam uma variação periódica à medida que aumenta o número atômico. Conseqüentemente, há também variações periódicas no comportamento físico e químico. Nessa seção e nas duas seguintes, examinaremos algumas propriedades físicas dos elementos que estão no mesmo grupo ou período e outras propriedades que influenciam o comportamento químico dos elementos. Primeiro, olhemos para o conceito de carga nuclear efetiva, que tem um efeito direto nas dimensões atômicas e na tendência para a ionização.

Carga Nuclear Efetiva

No Capítulo 7, discutimos o efeito de blindagem que os elétrons próximos do núcleo exercem sobre os elétrons das camadas exteriores em átomos com muitos elétrons. A

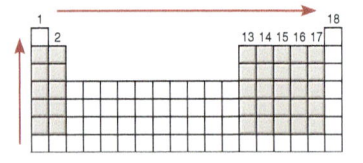

> O aumento da carga nuclear efetiva da esquerda para a direita ao longo de um período e de baixo para cima em um grupo para os elementos representativos.

presença de elétrons que promovem a blindagem reduz a atração eletrostática entre os prótons com carga positiva do núcleo e os elétrons exteriores. Além disso, as forças repulsivas entre os elétrons em um átomo com muitos elétrons reduzem ainda mais a força atrativa exercida pelo núcleo. O conceito de carga nuclear efetiva permite-nos ter em conta esses efeitos de blindagem nas propriedades periódicas.

Considere, por exemplo, o átomo de hélio, que tem a configuração $1s^2$ no estado fundamental. Os dois prótons do hélio conferem ao núcleo a carga +2, mas a força atrativa total dessa carga sobre os dois elétrons $1s$ é parcialmente compensada pela repulsão elétron-elétron. Conseqüentemente, dizemos que os elétrons $1s$ blindam um ao outro do núcleo. A carga nuclear efetiva (Z_{ef}), que é a carga sentida por um elétron, é dada por

$$Z_{ef} = Z - \sigma$$

em que Z é a carga nuclear real (isto é, o número atômico do elemento) e σ (sigma) é chamada a *constante de blindagem*. A constante de blindagem é maior que zero, porém menor que Z.

Uma maneira de ilustrar a blindagem dos elétrons é considerar a quantidade de energia necessária para remover os dois elétrons do átomo de hélio. As medidas mostram que são necessários 2373 kJ de energia para remover o primeiro elétron de 1 mol de átomos de hélio e 5251 kJ de energia para remover o elétron remanescente de 1 mol de íons He^+. A razão pela qual é necessária tanta energia a mais para remover o segundo elétron é que com apenas um elétron presente não há blindagem e o elétron sente todo o efeito da carga nuclear +2.

Para átomos com três ou mais elétrons, os elétrons em dada camada estão protegidos por elétrons nas camadas interiores (isto é, camadas mais próximas do núcleo), mas não por elétrons de camadas exteriores. Assim, em um átomo de lítio, cuja configuração eletrônica é $1s^22s^1$, o elétron $2s$ é protegido pelos dois elétrons $1s$, contudo, o elétron $2s$ não tem qualquer efeito de blindagem sobre os elétrons $1s$. Além disso, as camadas internas completas exercem efeito de blindagem sobre os elétrons exteriores de modo mais efetivo que os elétrons da mesma subcamada exercem uns sobre os outros.

Raio Atômico

Algumas propriedades físicas, incluindo densidade, ponto de fusão e ponto de ebulição, estão relacionadas com o tamanho dos átomos; no entanto, é difícil definir o tamanho do átomo. Como vimos no Capítulo 7, a densidade eletrônica estende-se além do núcleo, mas normalmente consideramos como tamanho do átomo o volume que contém cerca de 90% do total de densidade eletrônica em torno do núcleo. Quando temos de ser mais específicos, definimos o tamanho do átomo em termos do **raio atômico**, que é *metade da distância entre dois núcleos em dois átomos de metal adjacentes*.

Para átomos ligados de modo que formem uma rede tridimensional estendida, o raio atômico é simplesmente metade da distância entre os núcleos de dois átomos vizinhos [Figura 8.3(a)]. Em metais como o berílio, o raio atômico é definido como a metade da distância entre os núcleos de dois átomos adjacentes. Para os elementos que existem como moléculas diatômicas simples, como o iodo, o raio atômico é metade da distância entre os núcleos dos átomos na molécula [Figura 8.3(b)].

A Figura 8.4 mostra os raios atômicos de vários elementos de acordo com as suas posições na tabela periódica e a Figura 8.5 apresenta a variação dos raios atômicos desses elementos em função dos seus números atômicos. As tendências periódicas são claramente evidentes. Ao estudar as tendências, lembre-se de que o raio atômico é determinado em larga extensão pela força de atração entre o núcleo e os elétrons da camada mais externa. Quanto maior for a carga nuclear efetiva, maior é a força de atração do núcleo sobre esses elétrons e menor o raio atômico. Considere os elementos

Veja a Figura 7.23 para os gráficos da probabilidade radial das orbitais 1s e 2s.

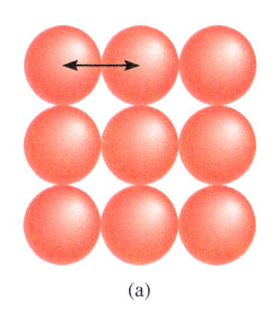

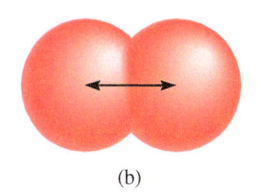

Figura 8.3
(a) Em metais como o berílio, o raio atômico é definido como metade da distância entre os núcleos de dois átomos adjacentes. (b) Para os elementos que existem como moléculas diatômicas, como o iodo, o raio do átomo é definido como metade da distância entre os núcleos.

Figura 8.4
Os raios atômicos (em picômetros) dos elementos representativos de acordo com a sua posição na tabela periódica. Observe que não há qualquer concordância geral sobre o tamanho dos raios atômicos. Interessam-nos apenas as tendências dos raios atômicos, não os seus valores precisos.

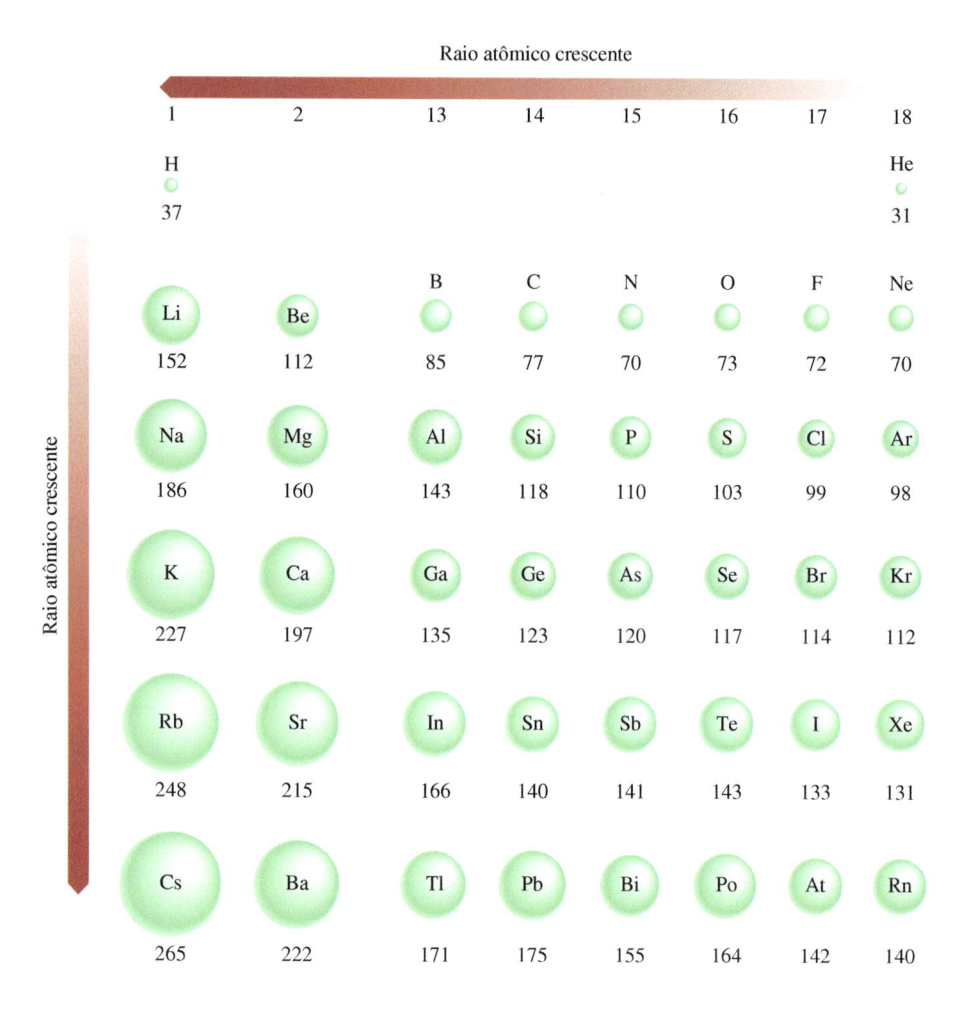

Raio atômico crescente

1	2	13	14	15	16	17	18
H 37							He 31
Li 152	Be 112	B 85	C 77	N 70	O 73	F 72	Ne 70
Na 186	Mg 160	Al 143	Si 118	P 110	S 103	Cl 99	Ar 98
K 227	Ca 197	Ga 135	Ge 123	As 120	Se 117	Br 114	Kr 112
Rb 248	Sr 215	In 166	Sn 140	Sb 141	Te 143	I 133	Xe 131
Cs 265	Ba 222	Tl 171	Pb 175	Bi 155	Po 164	At 142	Rn 140

Raio atômico crescente

Animação:
Raios Atômico e Iônico
Centro de Aprendizagem Online, Animações

Interatividade:
Raios Atômicos
Centro de Aprendizagem Online, Interativos

do segundo período desde o Li ao F, por exemplo. Deslocando da esquerda para a direita, vemos que o número de elétrons na camada mais interna ($1s^2$) se mantém constante enquanto a carga nuclear aumenta. Os elétrons adicionados para contrabalançar o aumento da carga nuclear não exercem qualquer blindagem uns sobre os outros. Em conseqüência, a carga nuclear efetiva aumenta gradualmente enquanto o número quântico principal se mantém constante ($n = 2$). Por exemplo, o elétron mais externo $2s$ do lítio é protegido do núcleo (que tem três prótons) pelos dois elétrons $1s$. Como aproximação, assumimos que o efeito de blindagem dos dois elétrons $1s$ é cancelar duas cargas positivas no núcleo. Assim, o elétron $2s$ apenas sente a atração de um próton no núcleo; a carga nuclear efetiva é $+1$. No berílio ($1s^2 2s^2$), cada um dos dois elétrons $2s$ está blindado pelos dois elétrons mais internos $1s$, que cancelam duas das quatro cargas positivas no núcleo. Como os elétrons $2s$ não se protegem entre si de forma efetiva, o resultado é que a carga nuclear efetiva de cada elétron $2s$ é maior que $+1$. Assim, como a carga nuclear efetiva aumenta, o raio atômico diminui gradualmente desde o lítio até ao flúor.

Dentro de um grupo de elementos, vemos que o raio atômico aumenta com o aumento do número atômico. Para os metais alcalinos no Grupo 1, o elétron mais externo está em um orbital ns. Como o tamanho do orbital aumenta com o aumento do número quântico principal n, o tamanho do átomo do metal aumenta do Li para o Cs. Podemos aplicar o mesmo raciocínio para os elementos de outros grupos.

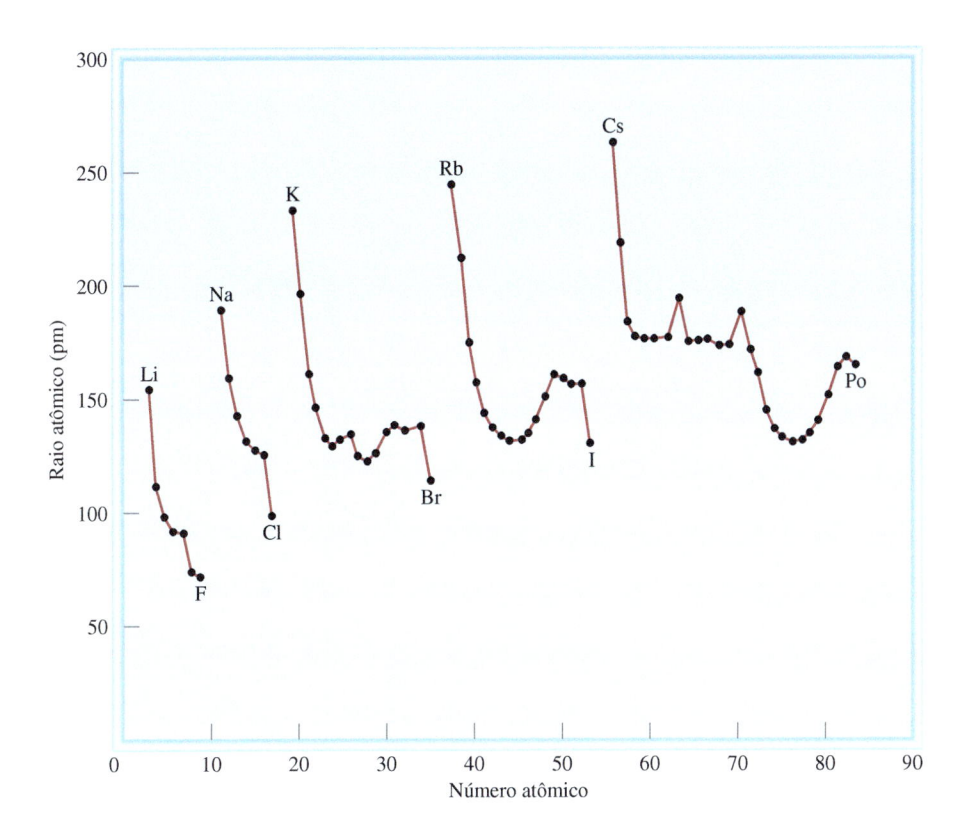

Figura 8.5
Raio atômico (em picômetros) dos elementos em função do seus números atômicos.

EXEMPLO 8.2

Considere a tabela periódica e disponha os elementos seguintes em ordem crescente do raio atômico: P, Si, N.

Estratégia Como varia o raio atômico ao longo de um grupo e em dado período? Quais dos elementos precedentes estão no mesmo grupo? No mesmo período?

Solução Na Figura 8.2, vemos que o N e o P estão no mesmo grupo (Grupo 15). Portanto, o raio do N é menor que o do P (o raio atômico aumenta à medida que descemos no grupo). O Si e o P estão no terceiro período e o Si está à esquerda do P. Logo, o raio do P é menor que o do Si (o raio atômico diminui quando nos deslocamos da esquerda para a direita ao longo de um período). Assim, a ordem crescente do raio atômico é N < P < Si.

Exercício Coloque os seguintes átomos em ordem decrescente do raio: C, Li, Be.

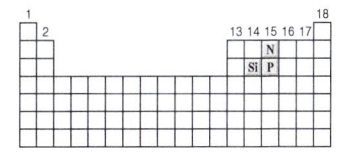

Problemas semelhantes: 8.37, 8.38.

Raio Iônico

Raio iônico é *o raio de um cátion ou de um ânion*. O raio iônico afeta as propriedades físicas e químicas de um composto iônico. Por exemplo, a estrutura tridimensional de um composto iônico depende das dimensões relativas dos seus cátions e ânions.

Quando um átomo neutro se converte em um íon, esperamos uma mudança no tamanho. Se o átomo forma um ânion, o seu tamanho (ou raio) aumenta, isso porque a carga nuclear mantém-se, mas a repulsão resultante do(s) elétron(s) adicional(is) aumenta o domínio da nuvem eletrônica. No entanto, a remoção de um ou mais elétrons de um átomo reduz a repulsão elétron-elétron, mas a carga nuclear mantém-se, logo a nu-

Interatividade:
Raios Iônicos
Centro de Aprendizagem Online, Interativo

Figura 8.6
Comparação dos raios atômicos com os raios iônicos. (a) Metais alcalinos e cátions de metais alcalinos. (b) Halogênios e os íons haleto.

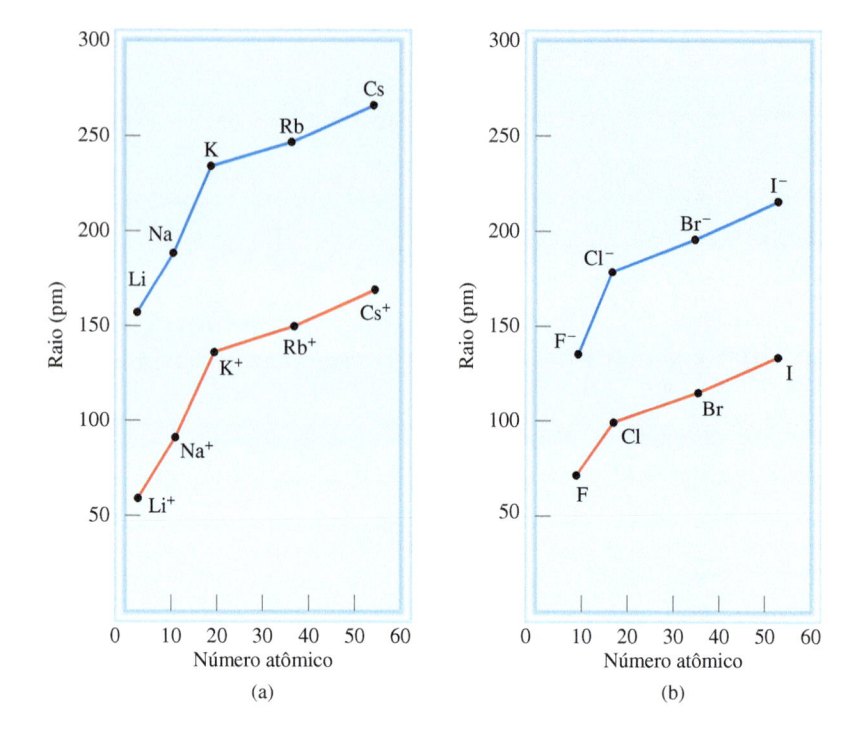

vem eletrônica diminui e o cátion é menor que o átomo. A Figura 8.6 mostra as variações de tamanho que resultam quando os metais alcalinos são convertidos em cátions e os halogênios são convertidos em ânions; a Figura 8.7 mostra as mudanças de tamanho que ocorrem quando o átomo de lítio reage com um átomo de flúor para formar uma unidade de LiF.

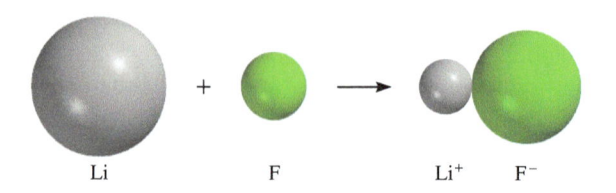

A Figura 8.8 mostra os raios dos íons derivados de elementos mais comuns ordenados de acordo com a posição dos elementos na tabela periódica. Podemos observar tendências paralelas entre os raios atômicos e os raios iônicos. Por exemplo, os raios atômico e iônico aumentam de cima para baixo em um grupo. Para íons derivados de átomos de grupos diferentes, uma comparação de tamanhos só faz sentido se os íons forem isoeletrônicos. Se examinarmos íons isoeletrônicos, vemos que os cátions são menores que os ânions. Por exemplo, o Na^+ é menor que o F^-. Ambos os íons têm o mesmo número de elétrons, mas Na ($Z = 11$) tem mais prótons que F ($Z = 9$). A carga nuclear efetiva do Na^+ resulta em raio menor.

Focando-nos em cátions isoeletrônicos, vemos que o raio dos *íons trivalentes* (íons que têm três cargas positivas) é menor que o dos *íons divalentes* (íons que têm duas cargas positivas) que, por sua vez, são menores que os *íons monovalentes* (íons que têm uma carga positiva). Essa tendência é claramente ilustrada pelos tamanhos de três íons isoeletrônicos do terceiro período: Al^{3+}, Mg^{2+} e Na^+ (veja a Figura 8.8). O íon Al^{3+} tem o mesmo número de elétrons que o Mg^{2+}, mas tem mais um próton. Assim, a nuvem eletrônica no Al^{3+} é mais retraída que no Mg^{2+}. O raio menor do Mg^{2+} comparado ao do Na^+ tem uma explicação semelhante. Voltando-nos para os ânions isoeletrônicos, vemos que o raio aumenta quando vamos do íon com uma carga

Figura 8.7
Mudanças de tamanho do Li e do F quando reagem para formar LiF.

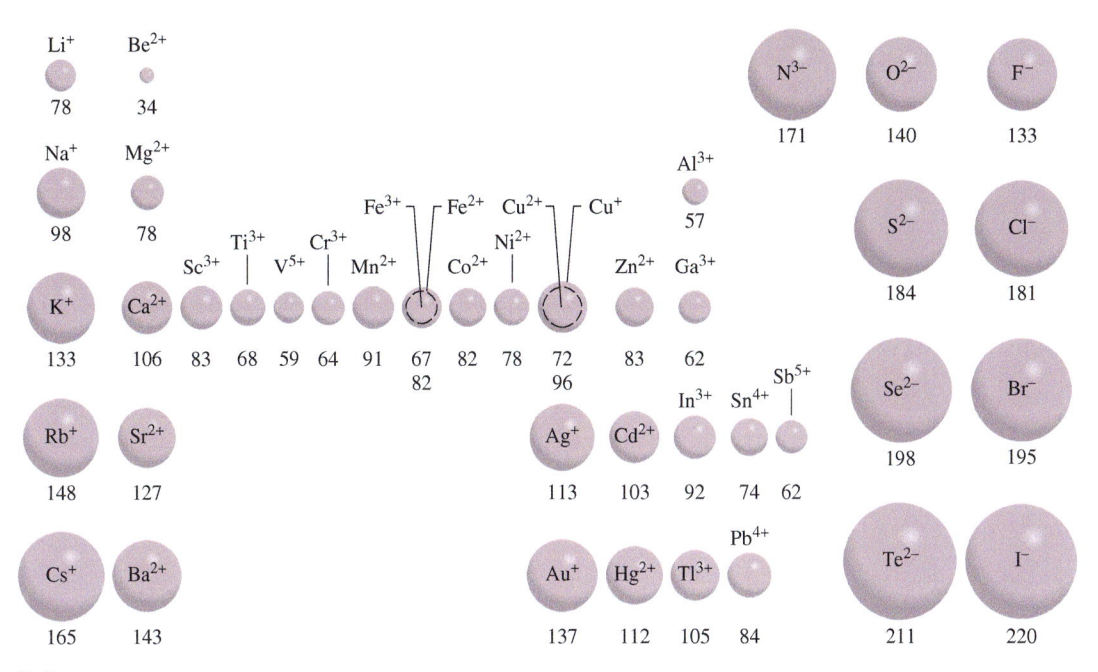

Figura 8.8
Raios iônicos (em picômetros) de elementos da mesma família arranjados de acordo com a posição dos elementos na tabela periódica.

negativa (−) para os de carga (2−) e assim por diante. Assim, o íon óxido é maior que o íon fluoreto porque o oxigênio tem um próton a menos que o flúor; a nuvem eletrônica está mais expandida no O^{2-}.

EXEMPLO 8.3

Para cada um dos pares seguintes, indique qual das duas espécies é maior: (a) N^{3-} ou F^-; (b) Mg^{2+} ou Ca^{2+}; (c) Fe^{2+} ou Fe^{3+}.

Estratégia Ao comparar raios iônicos, é útil classificar os íons em três categorias: (1) íons isoeletrônicos, (2) íons que têm a mesma carga e são gerados a partir de átomos do mesmo grupo e (3) íons com cargas diferentes, mas gerados a partir do mesmo átomo. No caso (1), os íons com maior carga negativa são sempre maiores; no caso (2), os íons de átomos de maior número atômico são sempre maiores; no caso (3), os íons com menor carga positiva são sempre maiores.

Solução (a) N^{3-} e F^- são isoeletrônicos e contêm dez elétrons. Como N^{3-} tem apenas sete prótons e F^-, nove, a menor atração exercida pelo núcleo sobre os elétrons resulta em um íon N^{3-} maior.

(b) Tanto o Mg como o Ca pertencem ao Grupo 2 (os metais alcalino-terrosos). Assim, o íon Ca^{2+} é maior que o íon Mg^{2+} porque os elétrons de valência do Ca estão em uma camada maior ($n = 4$) do que os do Mg ($n = 3$).

(c) Ambos os íons têm a mesma carga nuclear, mas o Fe^{2+} possui um elétron a mais (24 elétrons comparados com 23 elétrons do Fe^{3+}) e daí maior repulsão elétron-elétron. O raio do Fe^{2+} é maior.

Problemas semelhantes: 8.43, 8.45.

Exercício Selecione o íon menor em cada um dos pares seguintes: (a) K^+, Li^+; (b) Au^+, Au^{3+}; (c) P^{3-}, N^{3-}.

8.4 Energia de Ionização

Como veremos ao longo deste livro, as propriedades químicas de qualquer átomo são determinadas pela configuração dos elétrons de valência do átomo. A estabilidade desses elétrons mais externos é diretamente refletida nas energias de ionização do átomo. ***Energia de ionização*** é *a energia mínima necessária (em kJ/mol) para remover um elétron de um átomo no estado gasoso e no seu estado fundamental.* Em outras palavras, a energia de ionização é a quantidade de energia (em quilojoules) necessária para retirar 1 mol de elétrons de 1 mol de átomos gasosos. Nessa definição, especifica-se que os átomos estão na fase gasosa porque um átomo nessa fase não é influenciado pelos seus vizinhos e, portanto, não há forças intermoleculares (isto é, forças entre as moléculas) a serem consideradas ao se medir a energia de ionização.

A grandeza da energia de ionização é uma medida de quão "fortemente" o elétron se encontra ligado ao átomo. Quanto maior a energia de ionização, mais difícil é remover o elétron. Para um átomo de muitos elétrons, a quantidade de energia necessária para remover o primeiro elétron de um átomo no seu estado fundamental,

$$\text{energia} + X(g) \longrightarrow X^+(g) + e^- \tag{8.1}$$

é chamada de *primeira energia de ionização* (I_1). Na Equação (8.1), X representa um átomo de qualquer elemento e e^- é um elétron. A segunda energia de ionização (I_2) e a terceira energia de ionização estão ilustradas nas equações seguintes:

$$\text{energia} + X^+(g) \longrightarrow X^{2+}(g) + e^- \quad \text{segunda ionização}$$
$$\text{energia} + X^{2+}(g) \longrightarrow X^{3+}(g) + e^- \quad \text{terceira ionização}$$

O padrão continua para a remoção dos elétrons subseqüentes.

Quando um elétron é removido de um átomo, a repulsão entre os elétrons restantes diminui. Como a carga nuclear se mantém constante, é necessária mais energia para remover outro elétron do íon com carga positiva. Assim, as energias de ionização crescem sempre na ordem seguinte:

$$I_1 < I_2 < I_3 < \cdots$$

A Tabela 8.2 apresenta uma listagem das energias de ionização dos primeiros 20 elementos. A ionização é sempre um processo endotérmico. Por convenção, a energia absorvida por átomos (ou íons) em um processo de ionização tem um valor positivo. Assim, as energias de ionização são todas quantidades positivas. A Figura 8.9 mostra a variação da primeira energia de ionização com o número atômico. O gráfico apresenta claramente a periodicidade na estabilidade dos elétrons menos ligados. Note que, independentemente de pequenas irregularidades, a primeira energia de ionização dos elementos de um período aumenta com o aumento do número atômico. Essa tendência deve-se ao aumento da carga nuclear efetiva da esquerda para a direita (como no caso da variação dos raios atômicos). Uma carga nuclear efetiva maior implica um elétron exterior estar mais fortemente ligado, e portanto uma primeira energia de ionização maior. Um aspecto notável da Figura 8.9 são os picos, que correspondem aos gases nobres. As elevadas energias de ionização dos gases nobres, resultantes da estabilidade da sua configuração eletrônica no estado fundamental, justificam o fato da maior parte deles ser quimicamente inerte. De fato, o hélio ($1s^2$) possui o maior valor da primeira energia de ionização de todos os elementos.

Na parte inferior do gráfico da Figura 8.9 estão os elementos do Grupo 1 (os metais alcalinos) que têm as primeiras energias de ionização mais baixas. Cada um desses metais possui um elétron de valência (a configuração do elétron mais externo é ns^1), que é efetivamente blindado pelas camadas interiores totalmente preenchidas. Como conseqüência, é energeticamente fácil remover um elétron de um átomo de um metal alcalino para formar um íon monovalente (Li^+, Na^+, K^+, ...). Significativamente, as configurações eletrônicas desses cátions são isoeletrônicas com os gases nobres que os precedem na tabela periódica.

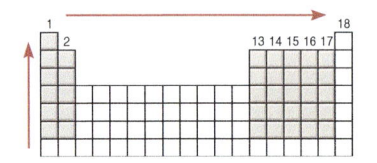

O aumento da primeira energia de ionização da esquerda para a direita ao longo de um período e de baixo para cima em um grupo de elementos representativos.

TABELA 8.2 — Energias de Ionização (kJ/mol) dos Primeiros 20 Elementos

Z	Elemento	Primeira	Segunda	Terceira	Quarta	Quinta	Sexta
1	H	1.312					
2	He	2.373	5.251				
3	Li	520	7.300	11.815			
4	Be	899	1.757	14.850	21.005		
5	B	801	2.430	3.660	25.000	32.820	
6	C	1.086	2.350	4.620	6.220	38.000	47.261
7	N	1.400	2.860	4.580	7.500	9.400	53.000
8	O	1.314	3.390	5.300	7.470	11.000	13.000
9	F	1.680	3.370	6.050	8.400	11.000	15.200
10	Ne	2.080	3.950	6.120	9.370	12.200	15.200
11	Na	495,9	4.560	6.900	9.540	13.400	16.600
12	Mg	738,1	1.450	7.730	10.500	13.600	18.000
13	Al	577,9	1.820	2.750	11.600	14.800	18.400
14	Si	786,3	1.580	3.230	4.360	16.000	20.000
15	P	1.012	1.904	2.910	4.960	6.240	21.000
16	S	999,5	2.250	3.360	4.660	6.990	8.500
17	Cl	1.251	2.297	3.820	5.160	6.540	9.300
18	Ar	1.521	2.666	3.900	5.770	7.240	8.800
19	K	418,7	3.052	4.410	5.900	8.000	9.600
20	Ca	589,5	1.145	4.900	6.500	8.100	11.000

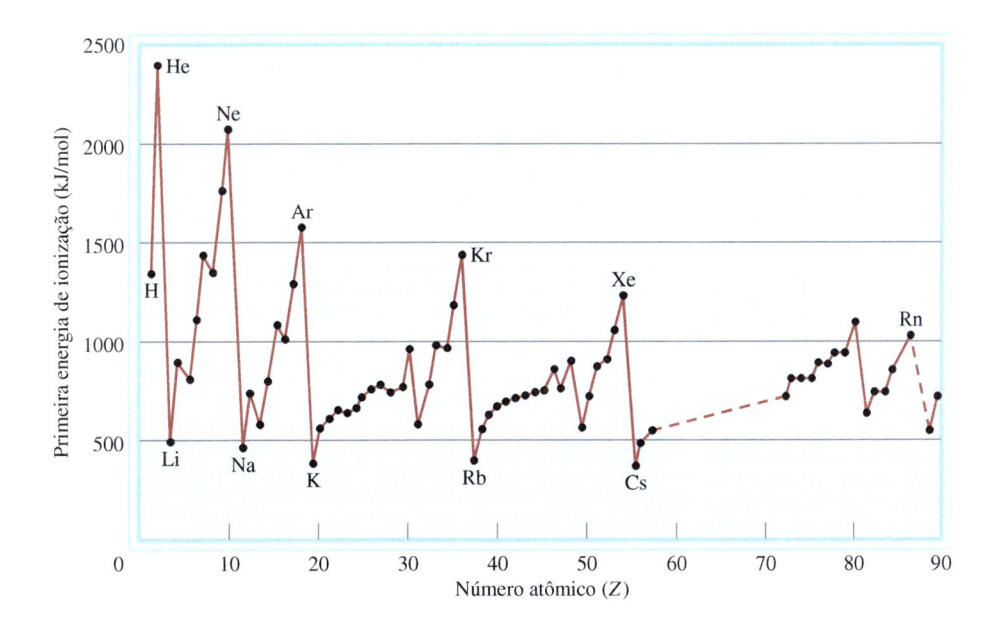

Figura 8.9
Variação da primeira energia de ionização com o número atômico. Note que os gases nobres têm energias de ionização elevadas, enquanto os metais alcalinos possuem energias de ionização baixas.

Os elementos do Grupo 2 (os metais alcalino-terrosos) têm os valores das primeiras energias de ionização maiores que os dos metais alcalinos. Os metais alcalino-terrosos possuem dois elétrons de valência (a configuração dos elétrons mais externos é ns^2). Como esses dois elétrons não se blindam bem um ao outro, a carga nuclear efetiva para um átomo de um metal alcalino-terroso é maior que a do metal alcalino precedente. A maior parte dos compostos dos metais alcalino-terrosos contém íons monopositivos (Mg^{2+}, Ca^{2+}, Sr^{2+}, Ba^{2+}). O íon Be^{2+} é isoeletrônico com Li^+ e com He, Mg^{2+} é isoeletrônico com Na^+ e com Ne e assim por diante.

Como mostra a Figura 8.9, os metais têm energias de ionização relativamente baixas comparadas com os não-metais. As energias de ionização dos semimetais situam-se em geral entre as dos metais e as dos não-metais. A diferença de energias de ionização sugere por que os metais formam cátions e os não-metais formam ânions em compostos iônicos. (O único cátion não metálico importante é o íon amônio, NH_4^+.) Para dado grupo, a energia de ionização diminui com o aumento do número atômico (isto é, à medida que descemos no grupo). Os elementos no mesmo grupo têm configurações eletrônicas dos elétrons mais externos semelhantes. Contudo, à medida que o número quântico principal n aumenta, a distância média de um elétron de valência ao núcleo também aumenta. A maior separação entre o elétron e o núcleo implica uma atração mais fraca, de modo que se torna cada vez mais fácil remover o primeiro elétron à medida que percorremos de um elemento para o seguinte ao longo do grupo. Assim, o caráter metálico dos elementos dentro de um grupo aumenta de cima para baixo. Essa tendência é particularmente notável nos elementos dos Grupos 13 a 17. Por exemplo, no Grupo 14, o carbono é um não-metal, o silício e o germânio são semimetais e o estanho e o chumbo são metais.

Embora a tendência geral na tabela periódica é que as primeiras energias de ionização aumentem da esquerda para a direita, existem algumas irregularidades. A primeira exceção ocorre entre os elementos dos Grupos 2 e 13 no mesmo período (por exemplo, entre o Be e o B e entre o Mg e o Al). Os elementos do Grupo 13 têm primeiras energias de ionização mais baixas que os elementos do Grupo 2, pois têm um único elétron na subcamada p mais externa (ns^2np^1), que está bem protegido pelos elétrons interiores e pelos elétrons ns^2. Por isso, é necessária menos energia para remover o único elétron p que para remover um elétron s emparelhado do mesmo nível de energia principal. A segunda irregularidade ocorre entre os Grupos 15 e 16 (por exemplo, entre o N e o O e entre o P e o S). Nos elementos do Grupo 15 (ns^2np^3), os elétrons p estão em três orbitais separados, de acordo com a regra de Hund. No Grupo 16 (ns^2np^4), o elétron adicional tem de emparelhar com um dos três elétrons p. A proximidade de dois elétrons no mesmo orbital resulta em uma repulsão eletrostática maior, que torna mais fácil ionizar um átomo de um elemento do Grupo 16, embora a carga nuclear tenha aumentado uma unidade. Dessa forma, as energias de ionização dos elementos do Grupo 16 são mais baixas que as dos elementos do Grupo 15 do mesmo período.

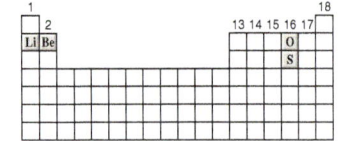

EXEMPLO 8.4

(a) Qual dos átomos deverá ter uma primeira energia de ionização mais baixa: o oxigênio ou o enxofre? (b) Qual dos átomos deverá ter maior segunda energia de ionização: o lítio ou o berílio?

Estratégia (a) A primeira energia de ionização diminui à medida que descemos em um grupo, porque o elétron mais externo está mais longe do núcleo e sente menos atração. (b) A remoção do elétron mais externo requer menos energia se estiver protegido por uma camada interior completa.

Solução (a) O oxigênio e o enxofre são elementos do Grupo 16. Eles têm a mesma configuração para os elétrons de valência (ns^2np^4), mas o elétron $3p$ do enxofre está

(Continua)

mais longe do núcleo e sente menor atração nuclear que o elétron 2p do oxigênio. Assim, podemos prever que o enxofre deverá ter uma primeira energia de ionização menor.

(b) A configuração eletrônica do Li e do Be é $1s^2 2s^1$ e $1s^2 2s^2$, respectivamente.

A segunda energia de ionização é a energia mínima necessária para remover um elétron de um íon monovalente gasoso no seu estado fundamental. Para o processo da segunda energia de ionização, escrevemos

$$\text{Li}^+(g) \longrightarrow \text{Li}^{2+}(g) + e^-$$
$$1s^2 \qquad \quad 1s^1$$
$$\text{Be}^+(g) \longrightarrow \text{Be}^{2+}(g) + e^-$$
$$1s^2 2s^1 \qquad 1s^2$$

Como os elétrons 1s protegem os elétrons 2s de forma muito mais eficiente do que eles se protegem um ao outro, prevemos que será mais fácil remover um elétron 2s do Be^+ que remover um elétron 1s do Li^+.

Verificação Compare o seu resultado com os dados da Tabela 8.2. Na parte (a), a sua previsão é consistente com o fato de o caráter metálico dos elementos aumentar à medida que descemos em um grupo? Na parte (b), a sua previsão justifica o fato de os metais alcalinos formarem íons +1, enquanto os metais alcalino-terrosos formam íons +2?

Problema semelhante: 8.53.

Exercício (a) Qual dos átomos seguintes terá maior primeira energia de ionização: N ou P? (b) Qual dos átomos seguintes deverá ter uma segunda energia de ionização menor: Na ou Mg?

8.5 Afinidade Eletrônica

Outra propriedade que tem uma grande influência no comportamento químico dos átomos é a sua capacidade de receber um ou mais elétrons. Essa propriedade é chamada de **afinidade eletrônica**, que é *o negativo da variação de energia que ocorre quando um elétron é aceito por um átomo no estado gasoso para originar um ânion.*

$$\text{X}(g) + e^- \longrightarrow \text{X}^-(g) \tag{8.2}$$

Considere o processo em que o flúor gasoso recebe um elétron:

$$\text{F}(g) + e^- \longrightarrow \text{F}^-(g) \qquad \Delta H = -328 \text{ kJ/mol}$$

A afinidade eletrônica do flúor tem, portanto, o valor +328 kJ/mol. Quanto mais positiva for a afinidade eletrônica de um elemento, maior é a afinidade de um átomo desse elemento para aceitar um elétron. Outra maneira de ver a afinidade eletrônica é pensar nela como a energia que se tem de fornecer ao ânion para lhe retirar um elétron. Para o flúor, escrevemos

$$\text{F}^-(g) \longrightarrow \text{F}(g) + e^- \qquad \Delta H = +328 \text{ kJ/mol}$$

Assim, uma afinidade eletrônica grande e positiva significa que o ânion é muito estável (isto é, o átomo tem uma grande tendência para aceitar um elétron), tal como uma energia de ionização elevada de um átomo significa que o elétron no átomo é muito estável.

Experimentalmente, a afinidade eletrônica é determinada pela remoção do elétron adicional do ânion. Ao contrário das energias de ionização, contudo, as afinidades eletrônicas são difíceis de medir porque os ânions de muitos elementos são instáveis. A Tabela 8.3 mostra as afinidades eletrônicas de alguns elementos representativos e dos gases nobres. A conclusão global é um aumento da tendência para aceitar elétrons (os valores da afinidade eletrônica tornam-se mais positivos) da esquerda para a direita ao longo de um período. As afinidades eletrônicas dos metais são muito menores que as

TABELA 8.3 — Afinidades Eletrônicas (kJ/mol) de Alguns Elementos Representativos e dos Gases Nobres*

1	2	3	4	5	6	7	8
H							He
73							< 0
Li	Be	B	C	N	O	F	Ne
60	≤ 0	27	122	0	141	328	< 0
Na	Mg	Al	Si	P	S	Cl	Ar
53	≤ 0	44	134	72	200	349	< 0
K	Ca	Ga	Ge	As	Se	Br	Kr
48	2.4	29	118	77	195	325	< 0
Rb	Sr	In	Sn	Sb	Te	I	Xe
47	4.7	29	121	101	190	295	< 0
Cs	Ba	Tl	Pb	Bi	Po	At	Rn
45	14	30	110	110	?	?	< 0

*As afinidades eletrônicas dos gases nobres, do Be e do Mg não foram determinadas experimentalmente, mas acredita-se que sejam próximas de zero ou negativas.

---

dos não-metais. Os valores variam pouco dentro de um dado grupo. Os halogênios (Grupo 17) têm os maiores valores de afinidades eletrônicas. Isso não é surpreendente quando percebemos que, ao aceitar um elétron, cada átomo de halogênio assume a configuração eletrônica estável do gás nobre imediatamente à sua direita. Por exemplo, a configuração eletrônica do F^- é $1s^2 2s^2 2p^6$ ou [Ne]; para o Cl^- a configuração é $[Ne]3s^2 3p^6$ ou [Ar] e assim por diante. Os cálculos mostram que todos os gases nobres têm afinidades eletrônicas inferiores a zero. Os ânions desses gases, se formados, seriam inerentemente instáveis.

A afinidade eletrônica do oxigênio tem um valor positivo (141 kJ/mol), o que significa que o processo

$$O(g) + e^- \longrightarrow O^-(g) \qquad \Delta H = -141 \text{ kJ/mol}$$

é favorável (exotérmico). No entanto, a afinidade eletrônica do íon O^- é muito negativa (−780 kJ/mol), o que significa que o processo

$$O^-(g) + e^- \longrightarrow O^{2-}(g) \qquad \Delta H = 780 \text{ kJ/mol}$$

é endotérmico, embora o íon O^{2-} seja isoeletrônico com o gás nobre Ne. Esse processo é desfavorável na fase gasosa, pois o aumento resultante da repulsão elétron-elétron contrabalança a estabilidade ganha pela aquisição da configuração de gás nobre. Contudo, note que o O^{2-} é comum em compostos iônicos (por exemplo, Li_2O e MgO); nos sólidos, o íon O^{2-} é estabilizado pelos cátions vizinhos.

> A afinidade eletrônica é positiva se a reação for exotérmica e negativa se a reação for endotérmica.

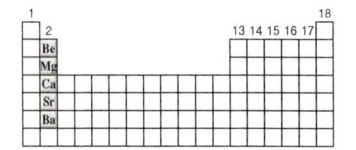

EXEMPLO 8.5

Por que as afinidades eletrônicas dos metais alcalino-terrosos, apresentados na Tabela 8.3, são negativas ou têm valores positivos pequenos?

Estratégia Como são as configurações eletrônicas dos metais alcalino-terrosos? O elétron adicionado a tal átomo estará fortemente ligado ao núcleo?

(Continua)

Solução A configuração dos elétrons de valência dos metais alcalino-terrosos é ns^2, em que n é o número quântico principal mais alto. Para o processo

$$M(g) + e^- \longrightarrow M^-(g)$$
$$ns^2 \qquad\qquad ns^2np^1$$

em que M representa um membro da família do Grupo 2, o elétron extra entra na subcamada np, que é efetivamente protegida pelos dois elétrons ns (os elétrons ns são mais penetrantes que os elétrons np) e os elétrons internos. Conseqüentemente, os metais alcalino-terrosos têm pouca tendência a receber mais um elétron.

Exercício É provável que o Ar forme o ânion Ar^-?

Problema semelhante: 8.62.

8.6 Variação das Propriedades Químicas dos Elementos Representativos

A energia de ionização e a afinidade eletrônica ajudam os químicos a compreender os tipos de reações em que os elementos participam e a natureza dos compostos dos elementos. Em nível conceitual, essas duas medidas estão relacionadas de maneira simples: a energia de ionização indica a atração de um átomo pelos seus próprios elétrons, enquanto a afinidade eletrônica exprime a atração de um átomo por um elétron adicional de outra fonte. Juntas nos dão uma visão da atração geral de um átomo por elétrons. Com esses conceitos, podemos examinar o comportamento químico dos elementos de uma forma sistemática, dando particular atenção à relação entre as propriedades químicas e a configuração eletrônica.

Vimos que o caráter metálico dos elementos *diminui* da esquerda para a direita ao longo de um período e *aumenta* de cima para baixo dentro de um grupo. Com base nessas tendências e o conhecimento de que os metais, em geral, têm energias de ionização baixas enquanto os não-metais possuem, geralmente, afinidades eletrônicas elevadas, podemos freqüentemente prever o resultado de uma reação que envolve alguns desses elementos.

Tendência Geral nas Propriedades Químicas

Antes de estudarmos os elementos em grupos individuais, observemos algumas tendências gerais. Os elementos de um mesmo grupo possuem comportamento químico similar porque têm configurações semelhantes para os elétrons mais externos. Essa afirmação, embora correta no sentido geral, deve ser aplicada com precaução. Os químicos há muito sabem que o primeiro elemento de cada grupo (o elemento do segundo período desde o lítio até ao flúor) difere dos restantes membros do mesmo grupo. O lítio, por exemplo, exibe muitas, mas não todas, das propriedades características dos metais alcalinos. De modo semelhante, o berílio é um membro atípico do Grupo 2 e assim por diante. A diferença pode ser atribuída ao tamanho muito pequeno do primeiro elemento de cada grupo (veja a Figura 8.4).

Outra tendência no comportamento químico dos elementos representativos é a relação diagonal. As ***relações diagonais*** são *semelhanças entre pares de elementos em grupos e períodos diferentes da tabela periódica*. Especificamente, os primeiros três membros do segundo período (Li, Be e B) exibem muitas semelhanças aos elementos colocados diagonalmente abaixo deles na tabela periódica (Figura 8.10). A razão para esse fenômeno é a proximidade das densidades de carga dos seus cátions. (*Densidade de carga* é a carga de um íon dividida pelo seu volume.) Os cátions com densidades de carga comparáveis reagem de modo semelhante com os ânions e, portanto, formam

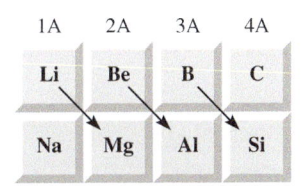

Figura 8.10
Relação diagonal na tabela periódica.

o mesmo tipo de compostos. Assim, a química do lítio assemelha-se à do magnésio (em alguns aspectos); o mesmo é válido para o berílio e o alumínio e para o boro e o silício. Diz-se que cada um desses pares exibe uma relação diagonal. Mais adiante veremos alguns exemplos desse tipo de relação.

Tenha em mente que uma comparação entre as propriedades de elementos do mesmo grupo é muito válida se estivermos lidando com elementos do mesmo tipo em quanto ao seu caráter metálico. Essa orientação aplica-se aos elementos dos Grupos 1 e 2, que são todos metais, e aos elementos dos Grupos 17 e 18, que são todos não-metais. Nos Grupos 13 a 16, nos quais os elementos passam de não-metais a metais ou de não-metais a semimetais, é natural esperar maior variação nas propriedades químicas embora os membros do mesmo grupo tenham configurações eletrônicas mais externas semelhantes.

Agora, vejamos mais de perto as propriedades químicas dos elementos representativos e dos gases nobres. (Consideraremos a química dos metais de transição no Capítulo 20.)

Hidrogênio ($1s^1$)

Não há uma posição totalmente adequada para o hidrogênio na tabela periódica. Tradicionalmente, o hidrogênio está no Grupo 1, mas na realidade poderia ser uma classe por si só. Tal como os metais alcalinos, ele tem um único elétron s de valência e forma um íon monopositivo (H^+), que está hidratado em solução. Contudo, o hidrogênio também forma o íon hidreto (H^-) em compostos iônicos como NaH e CaH_2. Nesse aspecto, o hidrogênio assemelha-se aos halogênios, em que todos formam íons mononegativos (F^-, Cl^-, Br^- e I^-) em compostos iônicos. Os hidretos iônicos reagem com a água para produzir hidrogênio e os respectivos hidróxidos metálicos:

$$2NaH(s) + 2H_2O(l) \longrightarrow 2NaOH(aq) + H_2(g)$$
$$CaH_2(s) + 2H_2O(l) \longrightarrow Ca(OH)_2(s) + 2H_2(g)$$

É claro que o composto mais importante do hidrogênio é a água, que se forma quando o hidrogênio queima no ar:

$$2H_2(g) + O_2(g) \longrightarrow 2H_2O(l)$$

Elementos do Grupo 1 (ns^1, $n \geq 2$)

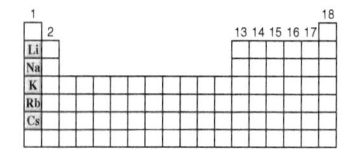

A Figura 8.11 mostra os elementos do Grupo 1, os metais alcalinos. Todos esses elementos têm energias de ionização baixas e, portanto, têm tendência a perder o único elétron de valência. De fato, na grande maioria dos seus compostos eles são íons monovalentes Esses metais são tão reativos que não se encontram na natureza no seu estado puro. Eles reagem com a água para produzir hidrogênio e o hidróxido do metal correspondente:

$$2M(s) + 2H_2O(l) \longrightarrow 2MOH(aq) + H_2(g)$$

em que M representa o metal alcalino. Quando expostos ao ar, perdem gradualmente o seu aspecto brilhante à medida que se combinam com o oxigênio para formar óxidos. O lítio forma o óxido de lítio (que contém o íon O^{2-}):

$$4Li(s) + O_2(g) \longrightarrow 2Li_2O(s)$$

Todos os outros metais alcalinos formam óxidos e *peróxidos* (contendo o íon O_2^{2-}). Por exemplo,

$$2Na(s) + O_2(g) \longrightarrow Na_2O_2(s)$$

Lítio (Li) Sódio (Na)

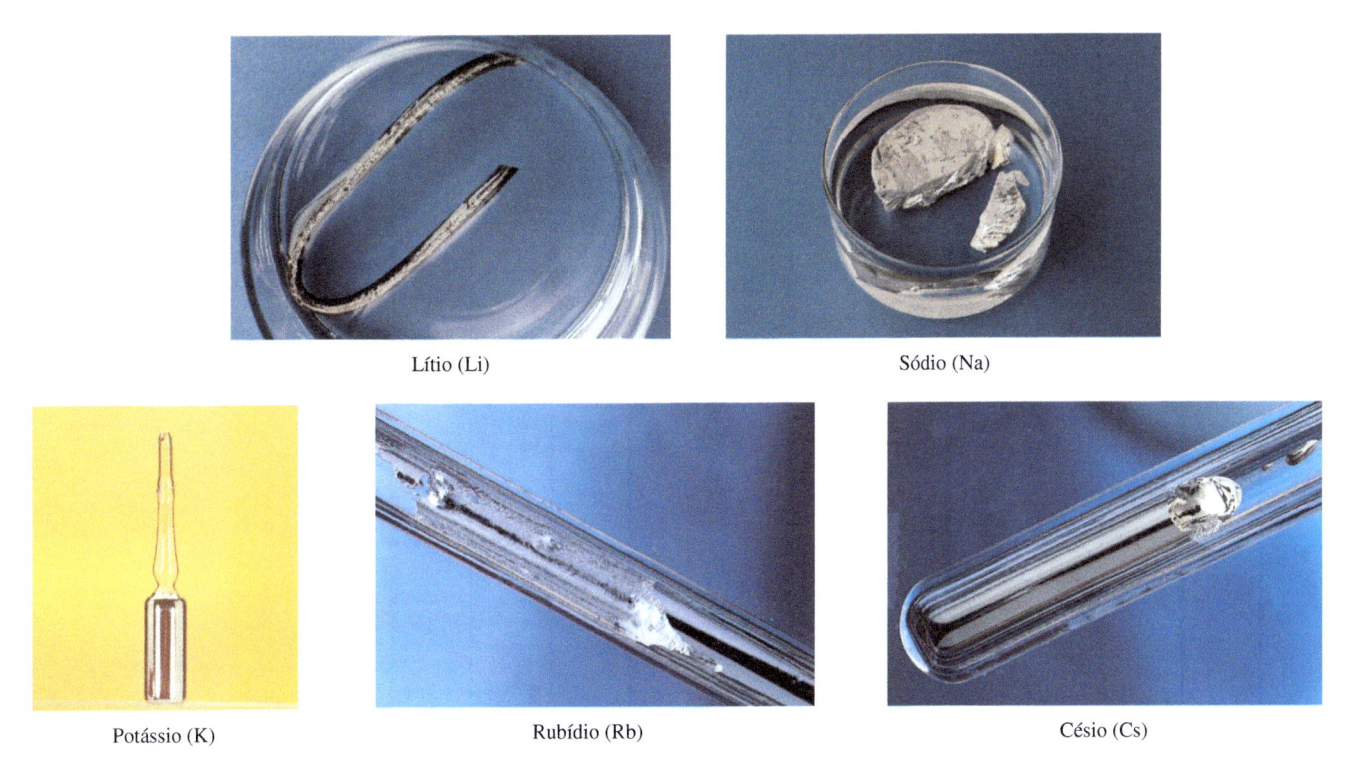

Potássio (K) Rubídio (Rb) Césio (Cs)

Figura 8.11
Elementos do Grupo 1: os metais alcalinos. O frâncio (não ilustrado) é radioativo.

O potássio, o rubídio e o césio formam *superóxidos* (contendo o íon O_2^-):

$$K(s) + O_2(g) \longrightarrow KO_2(s)$$

A razão pela qual diferentes tipos de óxidos são formados quando os metais alcalinos reagem com o oxigênio está relacionada com estabilidade dos óxidos no estado sólido. Como todos esses óxidos são compostos iônicos, a sua estabilidade depende da intensidade da força de atração entre os cátions e os ânions. O lítio tende a formar predominantemente o óxido de lítio porque esse composto é mais estável que o peróxido de lítio. A formação dos outros óxidos de metais alcalinos pode ser explicada de modo semelhante.

Elementos do Grupo 2 (ns^2, $n \geq 2$)

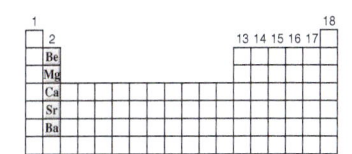

A Figura 8.12 mostra os elementos do Grupo 2. Como grupo, os metais alcalino-terrosos são um pouco menos reativos que os metais alcalinos. Tanto a primeira como a segunda energia de ionização diminuem do berílio para o bário. Assim, a tendência é formar íons M^{2+} (em que M representa um átomo de um metal alcalino-terroso) e, portanto, o caráter metálico aumenta de cima para baixo. A maior parte dos compostos de berílio (BeH_2 e os haletos de berílio, como o $BeCl_2$) e alguns compostos de magnésio (MgH_2, por exemplo) são de natureza molecular e não iônica.

As reatividades dos metais alcalino-terrosos com a água variam de forma bastante acentuada. O berílio não reage com a água; o magnésio reage lentamente com vapor d'água; o cálcio, o estrôncio e o bário são suficientemente reativos para atacarem a água fria:

$$Ba(s) + 2H_2O(l) \longrightarrow Ba(OH)_2(aq) + H_2(g)$$

Berílio (Be)   Magnésio (Mg)   Cálcio (Ca)

Estrôncio (Sr)   Bário (Ba)   Radium (Ra)

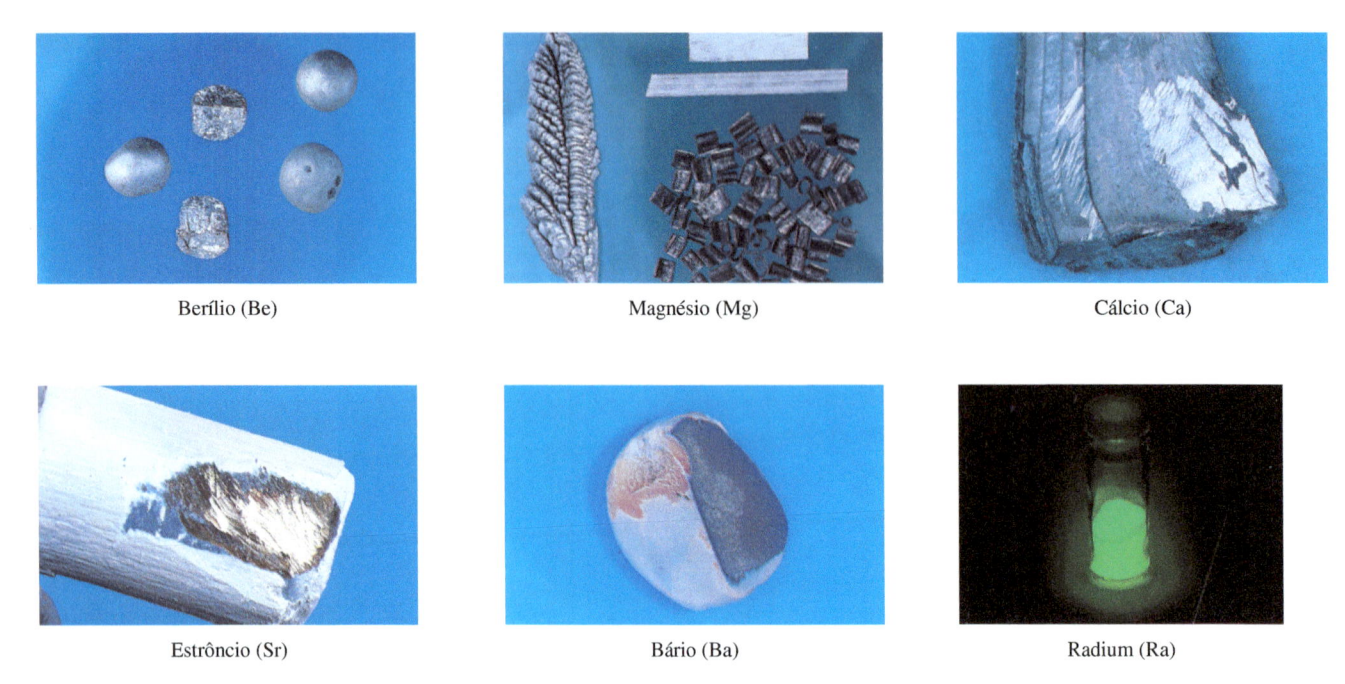

Figura 8.12
Elementos do Grupo 2: os metais alcalino-terrosos.

As reatividades dos metais alcalino-terrosos em relação ao oxigênio aumentam do berílio para o bário. O berílio e o magnésio formam óxidos (BeO e MgO) apenas em temperaturas elevadas, enquanto o CaO, SrO e o BaO são formados à temperatura ambiente.

O magnésio reage com ácidos em solução aquosa, liberando hidrogênio:

$$Mg(s) + 2H^+(aq) \longrightarrow Mg^{2+}(aq) + H_2(g)$$

O cálcio, o estrôncio e o bário reagem também com soluções aquosas de ácidos para liberar hidrogênio. Contudo, como esses metais também atacam a água, ocorrem duas reações simultaneamente.

As propriedades químicas do cálcio e do estrôncio nos dão um exemplo interessante de semelhança de um grupo periódico. O estrôncio-90, um isótopo radioativo, é um dos produtos das explosões de bombas atômicas. Se uma bomba atômica explode na atmosfera, o estrôncio-90 formado se depositará eventualmente na terra e na água e chegará aos nossos corpos por uma cadeia alimentar relativamente curta. Por exemplo, se as vacas comerem erva contaminada e beberem água contaminada, passarão o estrôncio-90 pelo leite. Como o cálcio e o estrôncio são quimicamente semelhantes, os íons Sr^{2+} podem substituir íons Ca^{2+} nos nossos ossos. Uma exposição constante do corpo à energia da radiação emitida pelos isótopos estrôncio-90 pode conduzir à anemia, leucemia e outras doenças crônicas.

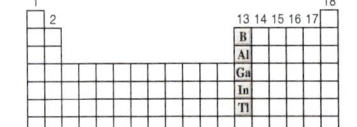

Elementos do Grupo 13 (ns^2np^1, $n \geq 2$)

O primeiro membro do Grupo 13, o boro, é um semimetal; os outros membros são metais (Figura 8.13). O boro não forma compostos binários iônicos e não reage com o oxigênio nem com a água. O elemento seguinte, o alumínio, forma prontamente o óxido de alumínio quando exposto ao ar:

$$4Al(s) + 3O_2(g) \longrightarrow 2Al_2O_3(s)$$

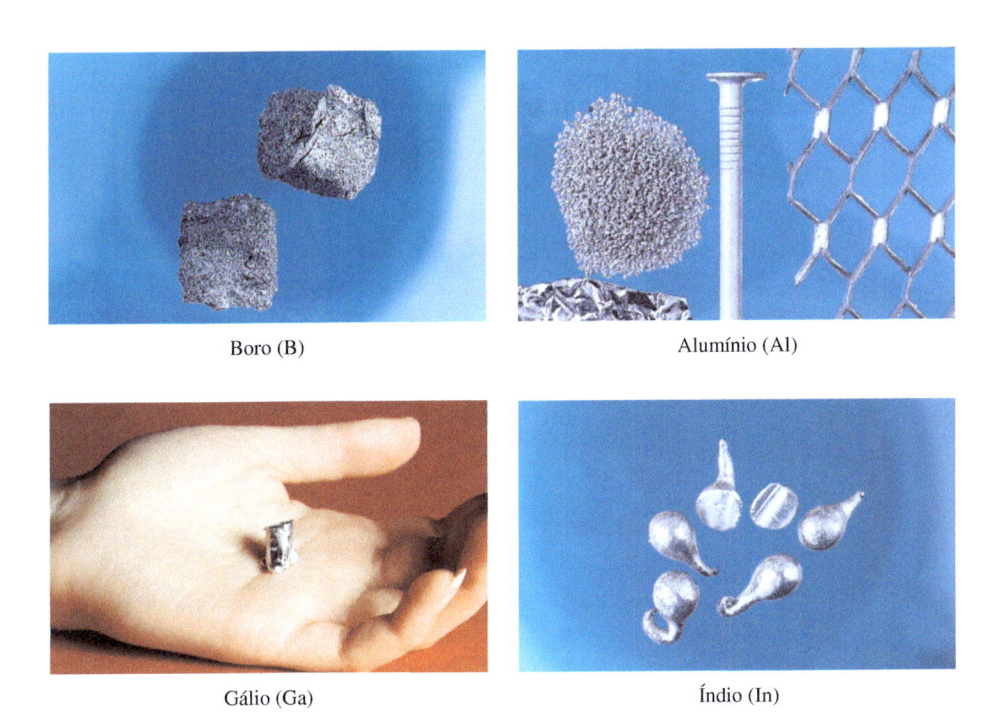

Figura 8.13
Elementos do Grupo 13.
O baixo ponto de fusão do gálio (29,8°C) provoca a sua fusão quando colocado na mão.

Boro (B)   Alumínio (Al)   Gálio (Ga)   Índio (In)

O alumínio que possui uma camada protetora de óxido é menos reativo que o alumínio elementar. O alumínio forma apenas íons trivalentes. Reage com o ácido clorídrico da seguinte maneira:

$$2Al(s) + 6H^+(aq) \longrightarrow 2Al^{3+}(aq) + 3H_2(g)$$

Os outros elementos metálicos do Grupo 13 formam tanto íons monovalentes como trivalentes. Descendo ao longo do grupo, vemos que o íon monovalente vai tornando-se mais estável que o íon trivalente.

Os elementos metálicos do Grupo 13 também formam muitos compostos moleculares. Por exemplo, o alumínio reage com o hidrogênio para formar AlH_3, que se assemelha ao BeH_2 nas suas propriedades. (Aqui está um exemplo da relação diagonal.) Assim, da esquerda para a direita na tabela periódica, vemos uma mudança gradual do caráter metálico para não metálico nos elementos representativos.

Elementos do Grupo 14 (ns^2np^2, $n \geq 2$)

O primeiro membro do Grupo 14, o carbono, é um não-metal, e os dois elementos seguintes, o silício e o germânio, são semimetais (Figura 8.14). Os elementos metálicos deste grupo, estanho e chumbo, não reagem com a água, mas sim com ácidos (ácido clorídrico, por exemplo) para liberar hidrogênio:

$$Sn(s) + 2H^+(aq) \longrightarrow Sn^{2+}(aq) + H_2(g)$$
$$Pb(s) + 2H^+(aq) \longrightarrow Pb^{2+}(aq) + H_2(g)$$

Os elementos do Grupo 14 formam compostos tanto no estado de oxidação +2 quanto no estado de oxidação +4. Para o carbono e para o silício, o estado de oxidação +4 é o mais estável. Por exemplo, CO_2 é mais estável que CO, e SiO_2 é um composto estável, mas o SiO não existe em condições normais. À medida que descemos no grupo, contudo, a tendência na estabilidade reverte-se. Nos compostos de estanho, o estado de oxidação +4 é apenas ligeiramente mais estável que o estado de oxidação +2. Nos

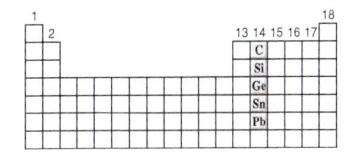

Carbono (grafite)   Carbono (diamante)   Silício (Si)

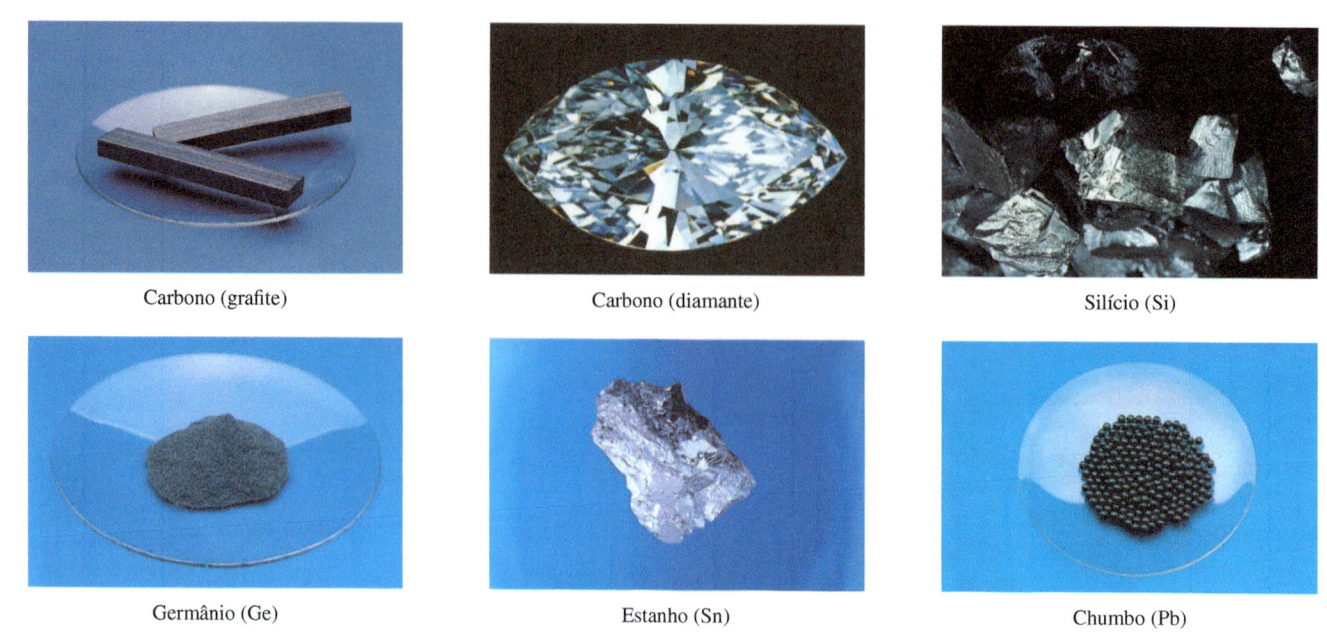

Germânio (Ge)   Estanho (Sn)   Chumbo (Pb)

Figura 8.14
Elementos do Grupo 14.

compostos de chumbo, o estado de oxidação +2 é, sem dúvida, o mais estável. A configuração dos elétrons mais externos do chumbo é $6s^2 6p^2$ e esse elemento tende a perder apenas os elétrons $6p$ (para formar Pb^{2+}) em vez dos elétrons $6p$ e $6s$ (para formar Pb^{4+}).

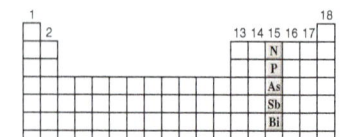

Elementos do Grupo 15 ($ns^2 np^3$, $n \geq 2$)

No Grupo 15, o nitrogênio e o fósforo são não-metais, o arsênio e o antimônio são semimetais e o bismuto é um metal (Figura 8.15). Assim, espera-se maior variação de propriedades dentro do grupo.

O nitrogênio elementar é um gás diatômico (N_2). Forma vários óxidos (NO, N_2O, NO_2, N_2O_4 e N_2O_5), dos quais apenas o N_2O_5 é sólido; os outros são gases. O nitrogênio tem tendência a aceitar três elétrons para formar o íon nitreto N^{3-} (adquirindo assim a configuração eletrônica $1s^2 2s^2 2p^6$, que é isoeletrônica com o neônio). A maior parte dos nitretos metálicos (Li_3N e Mg_3N_2, por exemplo) são compostos iônicos. O fósforo existe como moléculas P_4 e forma dois óxidos sólidos com as fórmulas P_4O_6 e P_4O_{10}. Os oxiácidos importantes HNO_3 e H_3PO_4 são formados quando os seguintes óxidos reagem com a água:

$$N_2O_5(s) + H_2O(l) \longrightarrow 2HNO_3(aq)$$
$$P_4O_{10}(s) + 6H_2O(l) \longrightarrow 4H_3PO_4(aq)$$

O arsênio, o antimônio e o bismuto têm estruturas tridimensionais estendidas. O bismuto é um metal muito menos reativo que aqueles dos grupos precedentes.

Elementos do Grupo 16 ($ns^2 np^4$, $n \geq 2$)

Os primeiros três elementos do Grupo 16 (oxigênio, enxofre e selênio) são não-metais, e os dois últimos (telúrio e polônio) são semimetais (Figura 8.16). O oxigênio é um gás diatômico; o enxofre e o selênio elementares têm fórmulas moleculares S_8 e Se_8, respectivamente; o telúrio e o polônio têm estruturas tridimensionais mais estendidas. (O polônio é um elemento radioativo que é difícil de estudar em laboratório.) O oxigênio tem tendência a aceitar dois elétrons para formar o íon óxido

Nitrogênio (N₂)

Fósforo branco e vermelho (P)

Arsênio (As)

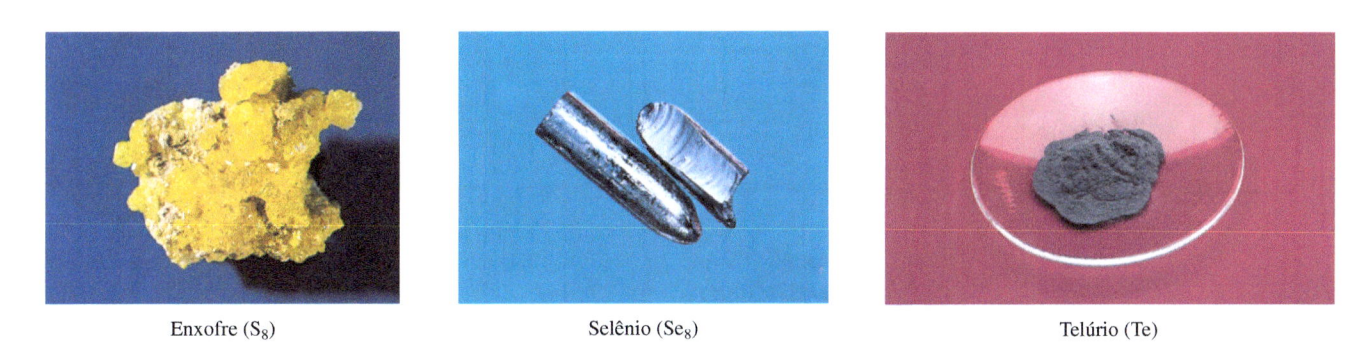

Antimônio (Sb)

Bismuto (Bi)

Figura 8.15
Elementos do Grupo 15. O nitrogênio molecular é um gás incolor e inodoro.

Enxofre (S₈)

Selênio (Se₈)

Telúrio (Te)

Figura 8.16
Elementos do Grupo 16: enxofre, selênio e telúrio. O oxigênio molecular é um gás incolor e inodoro. O polônio (não representado) é radioativo.

Figura 8.17
Elementos do Grupo 17: cloro, bromo e iodo. O flúor é um gás verde-amarelado que ataca os recipientes de vidro comum. O astato é radioativo.

(O^{2-}) em muitos compostos iônicos. O enxofre, o selênio e o telúrio também formam ânions divalentes negativos (S^{2-}, Se^{2-} e Te^{2-}). Os elementos deste grupo (especialmente o oxigênio) formam um grande número de compostos moleculares com não-metais. Os compostos importantes do enxofre são SO_2, SO_3 e H_2S. O ácido sulfúrico forma-se quando o trióxido de enxofre reage com a água:

$$SO_3(g) + H_2O(l) \longrightarrow H_2SO_4(aq)$$

Elementos do Grupo 17 (ns^2np^5, $n \geq 2$)

Todos os halogênios são não-metais que apresentam a fórmula geral X_2, em que X representa um elemento halogênio (Figura 8.17). Em virtude de sua grande reatividade, os halogênios nunca se encontram na natureza na forma elementar. (O último membro do Grupo 17, o astato, é um elemento radioativo. Pouco se sabe sobre as suas propriedades.) O flúor é tão reativo que ataca a água para gerar oxigênio:

$$2F_2(g) + 2H_2O(l) \longrightarrow 4HF(aq) + O_2(g)$$

Na realidade, a reação do flúor molecular com a água é bastante complexa; os produtos formados dependem das condições da reação. A reação representada acima é uma das várias transformações possíveis.

Os halogênios têm energias de ionização elevadas e afinidades eletrônicas grandes e positivas. Os ânions derivados dos halogênios (F^-, Cl^-, Br^- e I^-) são chamados de haletos e são isoeletrônicos com os gases nobres imediatamente à sua direita na tabela periódica. Por exemplo, o F^- é isoeletrônico com o Ne, o Cl^- com o Ar e assim por diante. A grande maioria dos haletos dos metais alcalinos e dos haletos dos metais alcalino-terrosos são compostos iônicos. Os halogênios também formam muitos compostos moleculares entre si (tais como ICl e BrF_3) e com elementos não metálicos de outros grupos (tais como NF_3, PCl_5 e SF_6). Os halogênios reagem com o hidrogênio para formar os haletos de hidrogênio:

$$H_2(g) + X_2(g) \longrightarrow 2HX(g)$$

Quando essa reação envolve o flúor, é explosiva, mas vai-se tornando cada vez menos violenta à medida que substituímos por cloro, bromo e iodo. Os haletos de hidrogênio dissolvem-se em água para formar os ácidos halogenídricos. O ácido fluorídrico (HF) é um ácido fraco (isto é, um eletrólito fraco), mas os outros ácidos halogenídricos (HCl, HBr e HI) são todos ácidos fortes (eletrólitos fortes).

Elementos do Grupo 18 (ns^2np^6, $n \geq 2$)

Todos os gases nobres existem como espécies monoatômicas (Figura 8.18). Os seus átomos têm as subcamadas ns e np exteriores completamente preenchidas, o que lhes dá grande estabilidade. (O hélio é $1s^2$.) As energias de ionização do Grupo 18 estão

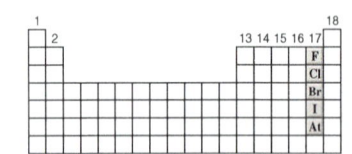

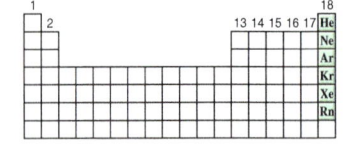

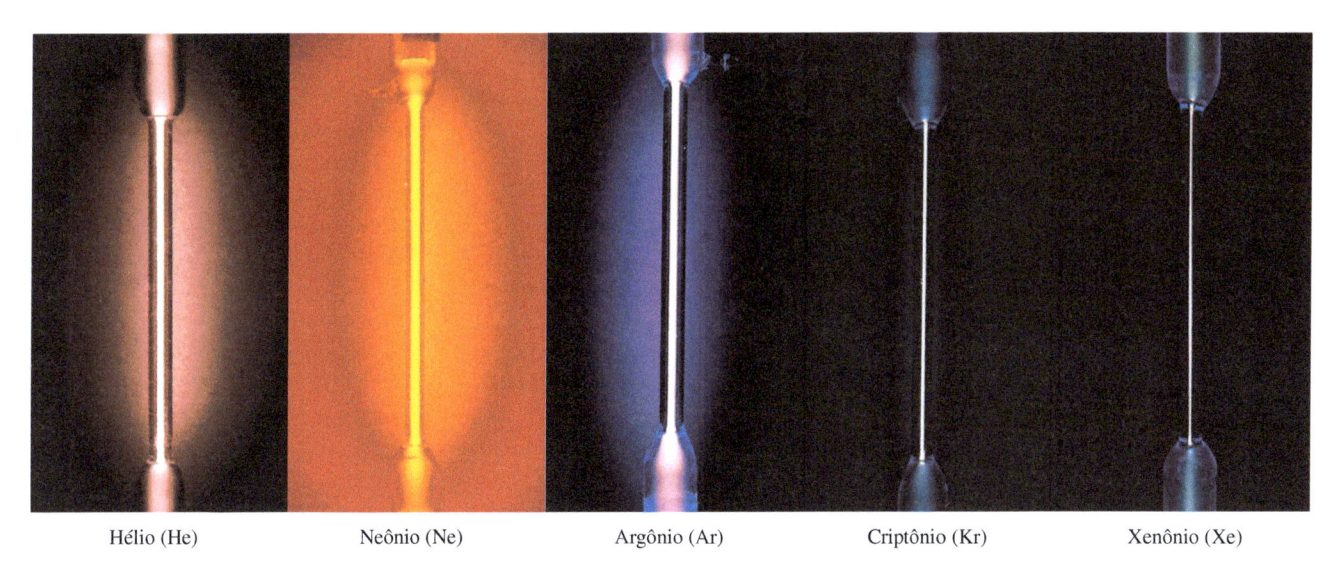

Figura 8.18
Todos os gases nobres são incolores e inodoros. Essas fotografias mostram as cores emitidas pelos gases em tubos de descarga.

entre as mais elevadas de todos os elementos, e esses gases não têm tendência a aceitar elétrons extras. Durante muitos anos esses gases foram, apropriadamente, chamados gases inertes. Até 1962 ninguém fora capaz de preparar um composto contendo qualquer um desses elementos. O químico inglês Neil Bartlett destruiu a antiga crença dos químicos sobre esses elementos quando expôs o xenônio ao hexafluoreto de platina, um agente oxidante muito forte, e provocou a seguinte reação (Figura 8.19):

$$Xe(g) + 2PtF_6(g) \longrightarrow XeF^+Pt_2F_{11}^-(s)$$

Desde essa época, vários compostos de xenônio (XeF_4, XeO_3, XeO_4, $XeOF_4$) e alguns compostos de criptônio (KrF_2, por exemplo) têm sido preparados (Figura 8.20). Apesar do grande interesse na química dos gases nobres, os seus compostos não têm qualquer aplicação comercial e não estão envolvidos em processos biológicos naturais. Não se conhece nenhum composto de hélio, de neônio ou de argônio.

Em 2000, os químicos prepararam um composto contendo argônio (HArF), que é estável apenas em temperaturas muito baixas.

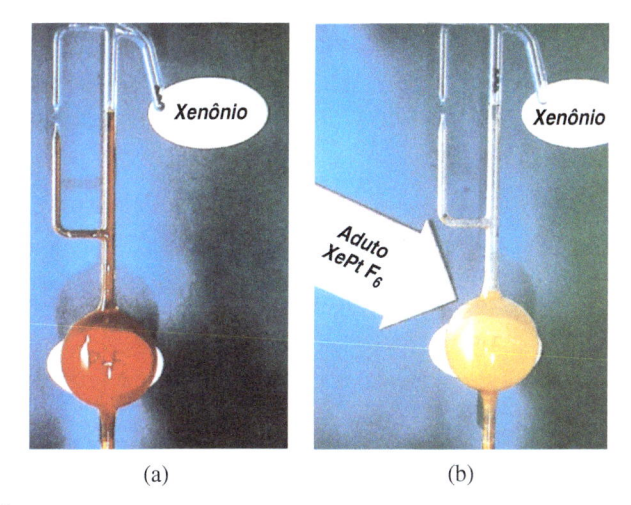

Figura 8.19
(a) Gás Xenônio (incolor) e PtF_6 (gás vermelho) quando separados. (b) Um composto amarelo-alaranjado é formado quando os dois gases se misturam. Observe que o produto foi inicialmente caracterizado erroneamente pela fórmula $XePtF_6$.

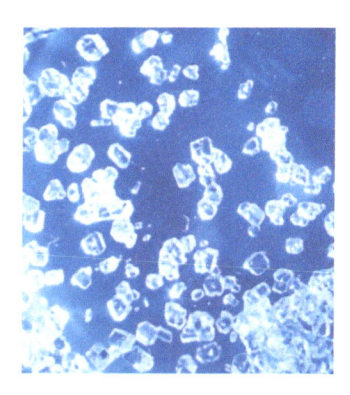

Figura 8.20
Cristais de tetrafluoreto de xenônio (XeF_4).

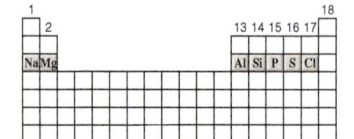

Propriedades dos Óxidos ao Longo de um Período

Uma maneira de comparar as propriedades dos elementos representativos ao longo de um período é examinar as propriedades de uma série de compostos semelhantes. Como o oxigênio se combina com quase todos os elementos, vamos comparar as propriedades de óxidos dos elementos do terceiro período para ver em que os metais diferem dos semimetais e dos não-metais. Alguns elementos do terceiro período (P, S e Cl) formam vários tipos de óxidos, mas, para simplificar, vamos considerar apenas os óxidos nos quais os elementos têm o número de oxidação mais alto. A Tabela 8.4 lista algumas características gerais desses óxidos. Observamos anteriormente que o oxigênio tem tendência a formar o íon óxido. Essa tendência é grandemente favorecida quando o oxigênio se combina com metais que têm energias de ionização baixas, nomeadamente, os dos Grupos 1 e 2 e o alumínio. Assim, Na_2O, MgO e Al_2O_3 são compostos iônicos, como indicado pelos seus pontos de fusão e de ebulição elevados. Esses óxidos têm estruturas tridimensionais estendidas nas quais cada cátion está rodeado de um número específico de ânions e vice-versa. À medida que as energias de ionização dos elementos aumentam da esquerda para a direita, o mesmo acontece com a natureza molecular dos óxidos que se formam. O silício é um semimetal; o seu óxido (SiO_2) também tem uma rede tridimensional imensa, embora não haja íons. Os óxidos de fósforo, de enxofre e do cloro são compostos moleculares constituídos por unidades pequenas e discretas. As fracas atrações entre essas moléculas resultam nos pontos de fusão e de ebulição relativamente baixos.

A maior parte dos óxidos pode ser classificada em ácidos ou básicos dependendo de produzirem ácidos ou bases quando dissolvidos em água ou se reagem como ácidos ou bases em certos processos. Alguns óxidos são **anfóteros**, o que significa que *apresentam propriedades ácidas e básicas*. Os primeiros dois óxidos do terceiro período, Na_2O e MgO, são óxidos básicos. Por exemplo, Na_2O reage com a água para formar a base hidróxido de sódio:

$$Na_2O(s) + H_2O(l) \longrightarrow 2NaOH(aq)$$

O óxido de magnésio é praticamente insolúvel; não reage com a água de modo perceptível. Contudo, reage com os ácidos de maneira que se assemelha a uma reação ácido-base:

$$MgO(s) + 2HCl(aq) \longrightarrow MgCl_2(aq) + H_2O(l)$$

Observe que os produtos dessa reação são um sal ($MgCl_2$) e água, os produtos normais de uma neutralização ácido-base.

O óxido de alumínio é ainda menos solúvel que o óxido de magnésio; também não reage com a água. Todavia, apresenta propriedades básicas ao reagir com ácidos:

$$Al_2O_3(s) + 6HCl(aq) \longrightarrow 2AlCl_3(aq) + 3H_2O(l)$$

TABELA 8.4 Algumas Propriedades dos Óxidos dos Elementos do Terceiro Período

	Na_2O	MgO	Al_2O_3	SiO_2	P_4O_{10}	SO_3	Cl_2O_7
Tipo de composto	←——— Iônico ———→			←——— Molecular ———→			
Estrutura	←——— Tridimensional estendida ———→				←——— Unidades moleculares discretas ———→		
Ponto de fusão (°C)	1275	2800	2045	1610	580	16,8	−91,5
Ponto de ebulição (°C)	?	3600	2980	2230	?	44,8	82
Natureza ácido-base	Básico	Básico	Anfótero	←——— Ácido ———→			

Também exibe propriedades ácidas ao reagir com bases:

$$Al_2O_3(s) + 2NaOH(aq) + 3H_2O(l) \longrightarrow 2NaAl(OH)_4(aq)$$

Note que essa neutralização ácido-base produz um sal, mas não produz água.

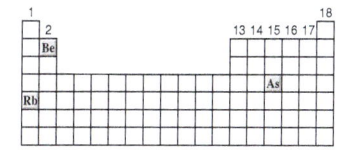

Assim, o Al_2O_3 é classificado como um óxido anfótero porque tem propriedades ácidas e básicas. Outros óxidos anfóteros são ZnO, BeO e Bi_2O_3.

O óxido de silício é insolúvel e não reage com a água. Tem, contudo, propriedades ácidas, pois reage com bases muito concentradas:

$$SiO_2(s) + 2NaOH(aq) \longrightarrow Na_2SiO_3(aq) + H_2O(l)$$

Por essa razão, as soluções aquosas concentradas de bases como NaOH(aq) não devem ser guardadas em recipientes de vidro Pyrex, que é feito de SiO_2.

Os óxidos restantes do terceiro período são ácidos e reagem com a água para formar o ácido fosfórico (H_3PO_4), o ácido sulfúrico (H_2SO_4) e o ácido perclórico ($HClO_4$):

$$P_4O_{10}(s) + 6H_2O(l) \longrightarrow 4H_3PO_4(aq)$$
$$SO_3(g) + H_2O(l) \longrightarrow H_2SO_4(aq)$$
$$Cl_2O_7(l) + H_2O(l) \longrightarrow 2HClO_4(aq)$$

Alguns óxidos como o CO e o NO são neutros; isto é, não reagem com a água para produzir uma solução ácida nem básica. Em geral, os óxidos que contêm elementos não metálicos não são básicos.

Esse breve estudo dos óxidos dos elementos do terceiro período mostra que à medida que o caráter metálico dos elementos diminui da esquerda para a direita ao longo de um período, seus óxidos variam de básicos para anfóteros e para ácidos. Os óxidos metálicos são, em geral, básicos, e a maioria dos óxidos de não-metais são ácidos. As propriedades intermediárias dos óxidos (como as apresentadas pelos óxidos anfóteros) são apresentadas pelos elementos cujas posições no período são intermediárias. Note também que, uma vez que o caráter metálico dos elementos aumenta de cima para baixo dentro de um grupo de elementos representativos, é de esperar que os óxidos dos elementos com maior número atômico sejam mais básicos que os dos elementos mais leves. Isso acontece de fato.

EXEMPLO 8.6

Classifique os óxidos seguintes como ácidos, básicos ou anfóteros: (a) Rb_2O, (b) BeO, (c) As_2O_5.

Estratégia Que tipo de elementos formam óxidos ácidos, oxidos básicos e óxidos anfóteros?

Solução (a) Como o rubídio é um metal alcalino, é de esperar que Rb_2O seja um óxido básico.

(b) O berílio é um metal alcalino-terroso. Contudo, já que é o primeiro membro do Grupo 2, é de esperar que possa ser um pouco diferente dos outros membros do grupo. No texto, vimos que o Al_2O_3 é anfótero. Como o berílio e o alumínio exibem uma relação diagonal, o BeO pode assemelhar-se ao Al_2O_3 nas suas propriedades. Verifica-se que o BeO é também um óxido anfótero.

(c) Como o arsênio é um não-metal, é de esperar que o As_2O_5 seja um óxido ácido.

Problema semelhante: 8.70.

Exercício Classifique os óxidos seguintes em ácidos, básicos ou anfóteros: (a) ZnO, (b) P_4O_{10}, (c) CaO.

Resumo de Fatos e Conceitos

1. Os químicos do século XIX desenvolveram a tabela periódica arranjando os elementos em ordem crescente das suas massas atômicas. As discrepâncias nas primeiras versões da tabela periódica foram resolvidas dispondo os elementos em ordem dos seus números atômicos.

2. A configuração eletrônica determina as propriedades de um elemento. A tabela periódica moderna classifica os elementos de acordo com os seus números atômicos e também pelas suas configurações eletrônicas. A configuração dos elétrons de valência afeta diretamente as propriedades dos átomos dos elementos representativos.

3. As variações periódicas das propriedades físicas dos elementos refletem as diferenças na estrutura atômica. O caráter metálico dos elementos diminui, ao longo de um período de metais, passando para semimetais e não-metais e aumenta de cima para baixo dentro de dado grupo de elementos representativos.

4. O raio atômico varia periodicamente com o arranjo dos elementos na tabela periódica. Diminui da esquerda para a direita e aumenta de cima para baixo.

5. A energia de ionização é uma medida da tendência de um átomo de resistir à perda de um elétron. Quanto maior a energia de ionização, mais forte é a atração entre o núcleo e o elétron. A afinidade eletrônica é uma medida da tendência de um átomo em ganhar um elétron. Quanto mais positiva a afinidade eletrônica, maior é a tendência do átomo para ganhar um elétron. Os metais têm em geral energias de ionização baixas e os não-metais possuem geralmente afinidades eletrônicas elevadas.

6. Os gases nobres são muito estáveis porque suas subcamadas ns e np exteriores estão completamente preenchidas. Os metais entre os elementos representativos (nos Grupos 1, 2 e 3) tendem a perder elétrons até que seus cátions se tornem isoeletrônicos com os gases nobres que os precedem na tabela periódica. Os não-metais dos Grupos 15, 16 e 17 tendem a aceitar elétrons até que seus ânions se tornem isoeletrônicos com os gases nobres que lhes seguem na tabela periódica.

Palavras-chave

Afinidade eletrônica, p. 253
Elétrons de valência, p. 242
Elementos representativos, p. 241
Energia de ionização, p. 250
Isoeletrônicos, p. 244
Óxido anfótero, p. 264
Raio atômico, p. 245
Raio iônico, p. 247
Relações diagonais, p. 255

Questões e Problemas

Desenvolvimento da Tabela Periódica
Questões de Revisão

8.1 Descreva sucintamente a importância da tabela periódica de Mendeleev.

8.2 Qual é a contribuição de Moseley para a tabela periódica moderna?

8.3 Descreva o esquema geral da tabela periódica moderna.

8.4 Qual é a relação mais importante entre os elementos do mesmo grupo da tabela periódica?

Classificação Periódica dos Elementos
Questões de Revisão

8.5 Quais dos elementos seguintes são metais, não-metais ou semimetais: As, Xe, Fe, Li, B, Cl, Ba, P, I, Si?

8.6 Compare as propriedades físicas e químicas dos metais e dos não-metais.

8.7 Faça um esboço (não são necessários detalhes) da tabela periódica. Indique as regiões onde se encontram os metais, os não-metais e os semimetais.

Níveis de Dificuldade: •Fácil ••Médio •••Difícil.

8.8 O que é um elemento representativo? Indique os nomes e os símbolos de quatro elementos representativos.

8.9 Sem recorrer à tabela periódica, escreva o nome e o símbolo de um elemento de cada um dos grupos seguintes: 13, 14, 15, 16, 17, 18, metais de transição.

8.10 Indique se os elementos seguintes existem como espécies atômicas, espécies moleculares ou estruturas tridimensionais estendidas na sua forma mais estável a 25ºC e a 1 atm. Escreva a fórmula molecular ou empírica para cada um: fósforo, iodo, magnésio, neônio, arsênio, carbono, enxofre, selênio e oxigênio.

8.11 Considere um sólido escuro e brilhante e determine se é iodo ou um elemento metálico. Sugira um teste não destrutivo para chegar à resposta correta.

8.12 O que são elétrons de valência? Para os elementos representativos, o número de elétrons de valência de um elemento é igual ao número do seu grupo. Mostre que isso é verdadeiro para os elementos seguintes: Al, Sr, K, Br, P, S, C.

8.13 Escreva a configuração eletrônica das camadas exteriores para (a) os metais alcalinos, (b) os metais alcalinoterrosos, (c) os halogênios, (d) os gases nobres.

8.14 Use os metais da primeira série de transição (do Sc ao Cu) como exemplo para ilustrar as características das configurações eletrônicas dos metais de transição.

Problemas

•8.15 Na tabela periódica, o elemento hidrogênio é às vezes agrupado aos metais alcalinos (como neste livro) e outras vezes aos halogênios. Explique por que o hidrogênio se pode assemelhar aos elementos do Grupo 1 e do Grupo 17.

••8.16 Um átomo neutro de dado elemento tem 17 elétrons. Sem consultar a tabela periódica, (a) escreva a configuração eletrônica do estado fundamental do elemento, (b) classifique o elemento, (c) determine se esse elemento é diamagnético ou paramagnético.

•8.17 Agrupe as configurações eletrônicas seguintes em pares que representariam propriedades químicas semelhantes dos seus átomos:
(a) $1s^2 2s^2 2p^6 3s^2$
(b) $1s^2 2s^2 2p^3$
(c) $1s^2 2s^2 2p^6 3s^2 3p^6 4s^2 3d^{10} 4p^6$
(d) $1s^2 2s^2$
(e) $1s^2 2s^2 2p^6$
(f) $1s^2 2s^2 2p^6 3s^2 3p^3$

•8.18 Agrupe as configurações eletrônicas seguintes em pares que representariam propriedades químicas semelhantes dos seus átomos:
(a) $1s^2 2s^2 2p^5$
(b) $1s^2 2s^1$
(c) $1s^2 2s^2 2p^6$
(d) $1s^2 2s^2 2p^6 3s^2 3p^5$
(e) $1s^2 2s^2 2p^6 3s^2 3p^6 4s^1$
(f) $1s^2 2s^2 2p^6 3s^2 3p^6 4s^2 3d^{10} 4p^6$

••8.19 Sem recorrer à tabela periódica, escreva as configurações eletrônicas dos elementos com os números atômicos seguintes: (a) 9, (b) 20, (c) 26, (d) 33. Classifique os elementos.

•8.20 Especifique o grupo da tabela periódica no qual se encontra cada um dos elementos seguintes: (a) [Ne]$3s^1$, (b) [Ne]$3s^2 3p^3$, (c) [Ne]$3s^2 3p^6$, (d) [Ar]$4s^2 3d^8$.

••8.21 Um íon M^{2+} derivado de um metal da primeira série dos metais de transição tem quatro elétrons na subcamada 3d. Qual deve ser o elemento M?

•8.22 Um íon metálico com a carga +3 tem cinco elétrons na subcamada 3d. Identifique o metal.

Configurações Eletrônicas de Íons
Questões de Revisão

8.23 Qual é a característica da configuração eletrônica dos íons estáveis derivados dos elementos representativos?

8.24 O que significa dizer que dois íons ou um átomo e um íon são isoeletrônicos?

8.25 O que está errado na afirmação: "Os átomos do elemento X são isoeletrônicos com os átomos do elemento Y"?

8.26 Dê três exemplos de íons de metais da primeira série de transição (Sc a Cu) cujas configurações eletrônicas são representadas por um cerne de argônio.

Problemas

••8.27 Escreva as configurações eletrônicas do estado fundamental dos íons seguintes: (a) Li^+, (b) H^-, (c) N^{3-}, (d) F^-, (e) S^{2-}, (f) Al^{3+}, (g) Se^{2-}, (h) Br^-, (i) Rb^+, (j) Sr^{2+}, (k) Sn^{2+}.

••8.28 Escreva as configurações eletrônicas do estado fundamental dos íons seguintes, que têm um papel importante em processos bioquímicos nos nossos corpos: (a) Na^+, (b) Mg^{2+}, (c) Cl^-, (d) K^+, (e) Ca^{2+}, (f) Fe^{2+}, (g) Cu^{2+}, (h) Zn^{2+}.

••8.29 Escreva as configurações eletrônicas dos estados fundamentais dos seguintes íons de metais de transição: (a) Sc^{3+}, (b) Ti^{4+}, (c) V^{5+}, (d) Cr^{3+}, (e) Mn^{2+}, (f) Fe^{2+}, (g) Fe^{3+}, (h) Co^{2+}, (i) Ni^{2+}, (j) Cu^+, (k) Cu^{2+}, (l) Ag^+, (m) Au^+, (n) Au^{3+}, (o) Pt^{2+}.

•8.30 Diga quais são os íons com carga +3 que têm as configurações eletrônicas seguintes: (a) [Ar]$3d^3$, (b) [Ar], (c) [Kr]$4d^6$, (d) [Xe]$4f^{14}5d^6$.

•8.31 Quais das espécies seguintes são isoeletrônicas umas com as outras? C, Cl^-, Mn^{2+}, B^-, Ar, Zn, Fe^{3+}, Ge^{2+}?

••8.32 Agrupe as espécies que são isoeletrônicas: Be^{2+}, F^-, Fe^{2+}, N^{3-}, He, S^{2-}, Co^{3+}, Ar.

Conceitual: 8.53, 8.54, 8.75, 8.87, 8.88, 8.92, 8.95, 8.99, 8.106. Descritivo: 8.15, 8.16, 8.17, 8.18, 8.37, 8.38, 8.39, 8.40, 8.41, 8.42, 8.43,

Variação Periódica das Propriedades Físicas
Questões de Revisão

8.33 Defina raio atômico. O tamanho de um átomo tem um significado preciso?

8.34 Como varia o raio atômico (a) da esquerda para a direita ao longo de um período e (b) de cima para baixo em um grupo?

8.35 Defina raio iônico. Como varia o tamanho de um átomo quando ele é convertido (a) em um ânion e (b) em um cátion?

8.36 Explique por que, para íons isoeletrônicos, os ânions são maiores do que os cátions.

Problemas

•8.37 Com base nas suas posições na tabela periódica, selecione o átomo com maior raio atômico em cada um dos pares seguintes: (a) Na, Cs; (b) Be, Ba; (c) N, Sb; (d) F, Br; (e) Ne, Xe.

•8.38 Coloque os átomos seguintes em ordem decrescente de raio atômico: Na, Al, P, Cl, Mg.

•8.39 Qual é o maior átomo no Grupo 14?

•8.40 Qual é o menor átomo no Grupo 17?

••8.41 Por que o raio do átomo de lítio é consideravelmente maior que o do átomo de hidrogênio?

••8.42 Use o segundo período da tabela periódica como exemplo para mostrar que o tamanho dos átomos diminui à medida que vamos da esquerda para a direita. Explique a tendência.

•8.43 Indique qual das espécies em cada um dos pares seguintes é menor: (a) Cl ou Cl^-, (b) Na ou Na^+, (c) O^{2-} ou S^{2-}, (d) Mg^{2+} ou Al^{3+}, (e) Au^+ ou Au^{3+}.

••8.44 Arranje os íons seguintes em ordem crescente de raio iônico: N^{3-}, Na^+, F^-, Mg^{2+}, O^{2-}.

•8.45 Diga qual dos íons seguintes é o maior e justifique: Cu^+ ou Cu^{2+}.

•8.46 Diga qual dos ânions seguintes é o maior e justifique: Se^{2-} ou Te^{2-}.

•8.47 Indique os estados físicos (gasoso, líquido ou sólido) dos elementos representativos do quarto período (K, Ca, Ga, Ge, As, Se, Br) a 1 atm e 25°C.

••8.48 Os pontos de ebulição do neônio e do criptônio são −245,9°C e −152,9°C, respectivamente. Usando esses dados, faça uma estimativa para o ponto de ebulição do argônio. (*Sugestão*: as propriedades do argônio são intermediárias entre aquelas do neônio e do criptônio.)

Energia de Ionização
Questões de Revisão

8.49 Defina energia de ionização. As medições de energias de ionização são geralmente feitas quando os átomos estão na fase gasosa. Por quê? Por que a segunda energia de ionização é sempre maior que a primeira para qualquer elemento?

8.50 Esboce os contornos da tabela periódica e mostre as tendências nos grupos e nos períodos relativos à primeira energia de ionização. Quais tipos de elementos apresentam maiores energias de ionização e quais possuem menores energias de ionização?

Problemas

••8.51 Use o terceiro período da tabela periódica como exemplo para ilustrar a variação das primeiras energias de ionização dos elementos quando nos deslocamos da esquerda para a direita. Explique a tendência.

••8.52 Em geral, a energia de ionização aumenta da esquerda para a direita ao longo de dado período. O alumínio, contudo, tem uma energia de ionização menor que a do magnésio. Explique.

••8.53 As primeira e segunda energias de ionização do K são 419 kJ/mol e 3.052 kJ/mol e as do Ca são 590 kJ/mol e 1.145 kJ/mol, respectivamente. Compare os valores e comente as diferenças.

••8.54 Dois átomos têm configurações eletrônicas $1s^2 2s^2 2p^6$ e $1s^2 2s^2 2p^6 3s^1$. A primeira energia de ionização de um deles é 2.080 kJ/mol e a do outro, 496 kJ/mol. Faça corresponder cada energia de ionização a cada uma das configurações eletrônicas dadas. Justifique a sua escolha.

••8.55 Um íon do tipo do hidrogênio é um íon que contém apenas um elétron. As energias de um elétron em um íon do tipo do hidrogênio são dadas por

$$E_n = -(2{,}18 \times 10^{-18}\ \text{J}) Z^2 \left(\frac{1}{n^2}\right)$$

em que n é o número quântico principal e Z é o número atômico do elemento. Calcule a energia de ionização (em quilojoules por mol) do íon He^+.

••8.56 O plasma é um estado da matéria constituído por íons positivos no estado gasoso e elétrons. No estado de plasma, um átomo de mercúrio pode ficar sem seus 80 elétrons e, portanto, existiria como Hg^{80+}. Use a equação do Problema 8.55 para calcular a energia necessária para o último passo da ionização, isto é,

$$Hg^{79+}(g) \longrightarrow Hg^{80+}(g) + e^-$$

Afinidade Eletrônica
Questões de Revisão

8.57 (a) Defina afinidade eletrônica. (b) As medições de afinidade eletrônica são feitas com átomos no estado gasoso. Por quê? (c) A energia de ionização é sempre uma quantidade positiva, enquanto a afinidade eletrônica pode ser positiva ou negativa. Explique.

8.58 Explique as tendências da afinidade eletrônica desde o alumínio ao cloro (veja a Tabela 8.3).

Problemas

•8.59 Coloque os elementos em cada um dos grupos seguintes em ordem crescente da afinidade eletrônica: (a) Li, Na, K; (b) F, Cl, Br, I.

•8.60 Especifique qual dos elementos seguintes você esperaria que tivesse a afinidade eletrônica maior: He, K, Co, S, Cl.

••8.61 Considerando as suas afinidades eletrônicas, você acha possível que os metais alcalinos formem um ânion como M^-, em que M representa um metal alcalino?

••8.62 Explique por que os metais alcalinos têm maior afinidade por elétrons que os alcalino-terrosos.

Variação das Propriedades dos Elementos Representativos

Questões de Revisão

8.63 O que significa relação diagonal? Indique dois pares de elementos que mostrem essa relação.

8.64 Quais os elementos com maior tendência de formar óxidos ácidos? E óxidos básicos? E óxidos anfóteros?

Problemas

••8.65 Use os metais alcalinos e os metais alcalino-terrosos como exemplo para mostrar como se podem prever as propriedades químicas dos elementos apenas por meio das suas configurações eletrônicas.

••8.66 Com base no seu conhecimento da química dos metais alcalinos, preveja algumas propriedades do frâncio, o último membro do grupo.

••8.67 Como um grupo, os gases nobres são muito estáveis quimicamente (apenas se conhecem compostos do Kr e do Xe). Por quê?

•••8.68 Por que os elementos do Grupo 1B (ou 11) são mais estáveis que os do Grupo 1A (ou 1) mesmo embora pareçam ter a mesma configuração eletrônica exterior ns^1, em que n é o número quântico principal da camada mais externa?

••8.69 Como variam as propriedades químicas dos óxidos da esquerda para a direita ao longo de um período? E de cima para baixo dentro de dado grupo?

••8.70 Prediga (e dê as equações balanceadas para) as reações entre cada um dos óxidos seguintes e a água: (a) Li_2O, (b) CaO, (c) CO_2.

••8.71 Escreva as fórmulas e os nomes dos compostos binários do hidrogênio com os elementos do segundo período (do Li ao F). Descreva como variam as propriedades físicas e químicas desses compostos da esquerda para a direita através do período.

•8.72 Qual é o óxido mais básico, MgO ou BaO? Por quê?

Problemas Adicionais

••8.73 Diga se cada uma das propriedades dos elementos representativos cresce ou diminui geralmente (a) da esquerda para a direita através do período e (b) de cima para baixo dentro de dado grupo: caráter metálico, tamanho atômico, energia de ionização, acidez dos óxidos.

••8.74 Recorrendo à tabela periódica, dê o nome de (a) elemento halogênio do quarto período, (b) um elemento semelhante ao fósforo em propriedades químicas, (c) o metal mais reativo do quinto período, (d) um elemento que tem o número atômico menor que 20 e é semelhante ao estrôncio.

••8.75 Por que os elementos que possuem altas energias de ionização geralmente possuem afinidades eletrônicas mais positivas?

••8.76 Coloque as seguintes espécies isoeletrônicas de acordo com (a) raio iônico crescente e (b) energia de ionização crescente: O^{2-}, F^-, Na^+, Mg^{2+}.

•••8.77 Escreva as fórmulas empíricas (ou moleculares) dos compostos que os elementos do terceiro período (do sódio ao cloro) devem formar com (a) oxigênio molecular e (b) cloro molecular. Em cada caso, diga se você espera que o composto tenha caráter iônico ou molecular.

•••8.78 O elemento M é um metal brilhante e muito reativo (ponto de fusão 63°C) e o elemento X é um não-metal muito reativo (ponto de fusão −7,2°C). Eles reagem para formar um composto com a fórmula empírica MX, um sólido incolor e quebradiço que funde a 734°C. Quando dissolvido em água ou quando fundido, a substância conduz a eletricidade. Quando se borbulha cloro através de uma solução aquosa contendo MX, aparece um líquido castanho-avermelhado e formam-se íons Cl^-. Com base nessas observações, identifique M e X. (Pode ser preciso consultar um livro de tabelas de química para obter os pontos de fusão.)

••8.79 Faça coincidir cada elemento da direita com a sua descrição à esquerda:

(a) Um líquido vermelho-escuro
(b) Um gás incolor que queima em oxigênio
(c) Um metal reativo que ataca a água
(d) Um metal brilhante usado em joalheria
(e) Um gás inerte

Cálcio (Ca)
Ouro (Au)
Hidrogênio (H_2)
Neônio (Ne)
Bromo (Br_2)

••8.80 Agrupe as espécies seguintes em pares isoeletrônicos: O^+, Ar, S^{2-}, Ne, Zn, Cs^+, N^{3-}, As^{3+}, N, Xe.

•8.81 Em qual dos itens seguintes as espécies estão escritas em ordem decrescente do raio? (a) Be, Mg, Ba, (b) N^{3-}, O^{2-}, F^-, (c) Tl^{3+}, Tl^{2+}, Tl^+.

•8.82 Qual das propriedades seguintes apresenta uma variação periódica clara? (a) primeira energia de ionização, (b) massa molar dos elementos, (c) número de isótopos de um elemento, (d) raio atômico.

••8.83 Quando se borbulha dióxido de carbono através de uma solução límpida de hidróxido de cálcio, a solução passa a ter aparência leitosa. Escreva a equação da reação e explique como essa reação ilustra que o CO_2 é um óxido ácido.

8.84 Considere quatro substâncias: um líquido vermelho volátil, um sólido escuro de aspecto metálico, um gás amarelo-claro e um gás amarelo-esverdeado que ataca o vidro. É dito que essas substâncias são os quatro primeiros membros do Grupo 17, os halogênios. Diga o nome de cada um deles.

8.85 Para cada par de elementos apresentados a seguir, indique três propriedades químicas que mostrem a sua semelhança: (a) sódio e potássio, (b) cloro e bromo.

8.86 Indique o nome do elemento que forma compostos, em condições apropriadas, com todos os outros elementos da tabela periódica, exceto He, Ne e Ar.

8.87 Explique por que é que a primeira afinidade eletrônica do enxofre é 200 kJ/mol, mas a segunda é −649 kJ/mol.

8.88 O íon H^- e o átomo de He têm dois elétrons $1s$ cada. Qual das duas espécies é maior? Justifique.

8.89 Os óxidos ácidos são aqueles que reagem com a água produzindo soluções ácidas enquanto os óxidos básicos geram soluções básicas. Os óxidos de elementos não metálicos são geralmente ácidos enquanto os dos metais são básicos. Preveja quais os produtos dos óxidos seguintes reagem com água: Na_2O, BaO, CO_2, N_2O_5, P_4O_{10}, SO_3. Escreva uma equação para cada uma das reações.

8.90 Escreva as fórmulas e os nomes dos óxidos dos elementos do segundo período (do Li ao N). Identifique os óxidos como ácidos, básicos ou anfóteros.

8.91 Diga se cada um dos elementos seguintes é um gás, um líquido ou um sólido nas condições atmosféricas. Diga também se existem na forma elementar como átomos, como moléculas ou como uma rede tridimensional: Mg, Cl, Si, Kr, O, I, Hg, Br.

8.92 Quais são os fatores que justificam a natureza única do hidrogênio?

8.93 A fórmula para calcular as energias de um elétron em um íon do tipo hidrogênio é

$$E_n = -(2,18 \times 10^{-18} \text{ J})Z^2\left(\frac{1}{n^2}\right)$$

Essa equação não pode ser aplicada a átomos com muitos elétrons. Uma forma de modificá-la para átomos mais complexos é substituir Z por $(Z - \sigma)$, em que Z é o número atômico e σ é uma quantidade adimensional positiva chamada de constante de blindagem. Considere um átomo de hélio como um exemplo. O significado físico de σ é que ele representa a medida da blindagem que os dois elétrons $1s$ exercem um sobre o outro. Assim a quantidade $(Z - \sigma)$ é apropriadamente denominada "carga nuclear efetiva". Calcule o valor de σ se a primeira energia de ionização do hélio for $3,94 \times 10^{-18}$ J por átomo. (Nos seus cálculos ignore o sinal de menos na equação dada.)

8.94 Uma técnica chamada de espectroscopia fotoeletrônica é usada para medir a energia de ionização dos átomos. Uma amostra é irradiada com luz ultravioleta (UV) e os elétrons são expelidos da camada de valência. São medidas as energias cinéticas dos elétrons expelidos. Como se conhecem a energia do fóton UV e a energia cinética do elétron, podemos escrever

$$h\nu = \text{IE} + \tfrac{1}{2}mu^2$$

em que ν é a frequência da luz UV, e m e u são a massa e a velocidade do elétron, respectivamente. Em uma experiência, verificou-se que a energia cinética do elétron expelido do potássio é $5,34 \times 10^{-19}$ J usando uma fonte UV de comprimento de onda 162 nm. Calcule a energia de ionização do potássio. Como se pode ter a certeza de que essa energia de ionização corresponde à da camada de valência (isto é, ao elétron menos ligado)?

8.95 A um aluno são dadas amostras de três elementos, X, Y e Z, que poderiam ser um metal alcalino, um membro do Grupo 14 e um membro do Grupo 15. Ele faz as seguintes observações: o elemento X tem um brilho metálico e conduz a eletricidade. Reage lentamente com o ácido clorídrico para produzir hidrogênio gasoso. O elemento Y é um sólido amarelo-claro que não conduz a eletricidade. O elemento Z tem um brilho metálico e conduz a eletricidade. Quando exposto ao ar, o elemento Z forma lentamente um pó branco. Uma solução do pó branco em água é básica. Dessas observações, o que se pode concluir acerca dos elementos?

8.96 Usando a informação dos valores dos pontos de ebulição, estime o ponto de ebulição do frâncio, que é um elemento radioativo:

Metal	Li	Na	K	Rb	Cs
ponto de ebulição (°C)	180,5	97,8	63,3	38,9	28,4

(*Sugestão*: Faça um gráfico do ponto de ebulição *versus* o número atômico.)

8.97 Experimentalmente, pode-se determinar a afinidade eletrônica de um elemento usando um raio laser para ionizar um ânion do elemento na fase gasosa:

$$X^-(g) + h\nu \longrightarrow X(g) + e^-$$

Recorrendo à Tabela 8.3, calcule o comprimento de onda (em nanômetros) correspondente à afinidade eletrônica do cloro. Em que região do espectro se situa esse comprimento de onda?

8.98 Indique o nome de um elemento do Grupo 1 ou do Grupo 2 que é um constituinte importante das substâncias seguintes: (a) um remédio para indigestão ácida, (b) um refrigerante em reatores nucleares, (c) no sal de Epsom, (d) no fermento, (e) na pólvora, (f) em uma liga leve, (g) em um fertilizante que também neutraliza a chuva ácida, (h) no cimento, e (i) granulado para estradas geladas. Você poderá pedir ao seu professor informações sobre alguns dos itens.

8.99 Explique por que é que a afinidade eletrônica do nitrogênio é aproximadamente zero, embora os elementos de ambos os lados, o carbono e o oxigênio, têm afinidades eletrônicas apreciáveis e positivas.

8.100 Pouco se sabe sobre a química do astato, o último membro do Grupo 17. Descreva as características físicas que se espera que esse halogênio tenha. Preveja os produtos da reação entre o astateto de sódio (NaAt) e o ácido sulfúrico. (*Sugestão:* O ácido sulfúrico é um agente oxidante.)

8.101 As energias de ionização do sódio (em kJ/mol), começando pela primeira e terminando na décima primeira, são 495,9, 4.560, 6.900, 9.540, 13.400, 16.600, 20.120, 25.490, 28.930, 141.360, 170.000. Faça um gráfico do logaritmo das energias de ionização (eixo y) em função do número de ionização (eixo x); por exemplo, log 495,5 é representado contra 1 (designado I_1, a primeira energia de ionização), log 4.560 é representado contra 2 (denominado I_2, a segunda energia de ionização) e assim por diante. (a) Designe I_1 até I_{11} com os elétrons em orbitais como $1s$, $2s$, $2p$ e $3s$. (b) O que se pode deduzir acerca das camadas eletrônicas com base nas quebras na curva?

8.102 Calcule o comprimento de onda máximo da luz (em nanômetros) necessária para ionizar um único átomo de sódio.

8.103 As primeiras quatro energias de ionização de um elemento são aproximadamente 738 kJ/mol, 1.450 kJ/mol, $7,7 \times 10^3$ kJ/mol e $1,1 \times 10^4$ kJ/mol. A que grupo periódico pertence esse elemento? Por quê?

8.104 Faça corresponder cada elemento da direita com a sua descrição à esquerda:

(a) Um gás amarelo-pálido que reage com a água.
(b) Um metal macio que reage com a água para a produção de hidrogênio.
(c) Um semimetal que é duro e tem um ponto de fusão elevado.
(d) Um gás incolor e inodoro.
(e) Um metal que é mais reativo que o ferro, mas não se corrói ao ar.

Nitrogênio (N_2)
Boro (B)
Alumínio (Al)
Flúor (F_2)
Sódio (Na)

8.105 Quando o metal magnésio queima no ar, dois produtos A e B são formados. O produto A reage com a água formando uma solução básica. O produto B reage com a água formando uma solução semelhante à de A e um gás de cheiro penetrante. Identifique A e B e escreva as equações para as reações.

• Problemas Especiais

8.106 No final do século XIX, o físico britânico Lord Rayleigh determinou com precisão a massa atômica de vários elementos, mas obteve um resultado inexplicável com o nitrogênio. Um dos métodos de preparação do nitrogênio envolvia a decomposição térmica da amônia:

$$2NH_3(g) \longrightarrow N_2(g) + 3H_2(g)$$

Outro método consistia em remover oxigênio, dióxido de carbono e vapor de água do ar. Invariavelmente, o nitrogênio obtido do ar era um pouco mais denso (aproximadamente 0,5%) que o nitrogênio obtido da decomposição da amônia.

Mais tarde, o químico inglês Sir William Ramsay realizou um experimento no qual o nitrogênio, obtido do ar pelo procedimento de Rayleigh, era passado sobre magnésio ao rubro para convertê-lo em nitreto de magnésio:

$$3Mg(s) + N_2(g) \longrightarrow Mg_3N_2(s)$$

Depois que todo o nitrogênio reagia com magnésio, Ramsay obtinha um gás desconhecido que não reagia com nada. A massa atômica desse gás era 39,95 uma. Ramsay chamou o gás de *argônio*, que significa "o preguiçoso" em grego.

(a) Com o auxílio de Sir William Crookes, o inventor do tubo de descarga, Rayleigh e Ramsay mostraram mais tarde que o argônio era um novo elemento. Descreva o tipo de experimento realizado que permitiu que eles chegassem a essa conclusão.
(b) Por que demorou tanto tempo para se descobrir o argônio?
(c) Uma vez descoberto o argônio, por que demorou relativamente pouco tempo para se descobrir o restante dos gases nobres?
(d) Por que o hélio foi o último gás nobre a ser descoberto na Terra?
(e) O único composto confirmado do radônio é o fluoreto de radônio, RnF. Cite duas razões pelas quais há tão poucos compostos de radônio.

8.107 No mesmo gráfico, represente a carga nuclear efetiva (mostrada entre parênteses) e o raio atômico (veja a Figura 8.4) em função do número atômico para os elementos do segundo período: Li(1,30), Be(1,95), B(2,60), C(3,25), N(3,90), O(4,55), F(5,20), Ne(5,85). Comente as tendências.

• Respostas dos Exercícios

8.1 (a) $1s^2 2s^2 2p^6 3s^2 3p^6 4s^2$, (b) é um elemento representativo, (c) diamagnético. **8.2** Li > Be > C. **8.3** (a) Li^+, (b) Au^{3+}, (c) N^{3-}. **8.4** (a) N, (b) Mg. **8.5** Não. **8.6** (a) anfótero, (b) ácido, (c) básico.

9 Ligação Química I: Ligação Covalente

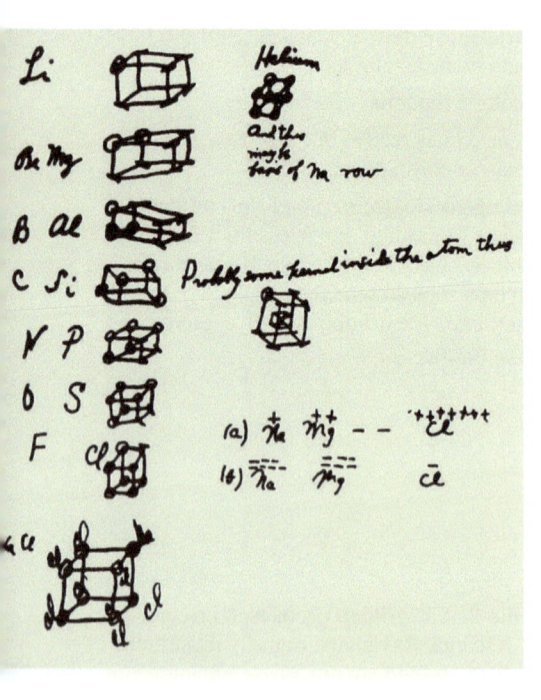

Lewis esboçou sua idéia sobre a regra do octeto no verso de um envelope.

9.1 Símbolos de Lewis 273
9.2 Ligação Covalente 274
9.3 Eletronegatividade 276
   Eletronegatividade e Número de Oxidação
9.4 Escrevendo as Estruturas de Lewis 279
9.5 Carga Formal e Estrutura de Lewis 281
9.6 Conceito de Ressonância 284
9.7 Exceções à Regra do Octeto 286
   O Octeto Incompleto • Moléculas com Número Ímpar de Elétrons • O Octeto Expandido
9.8 Energia de Ligação 290
   Utilização de Energias de Ligação em Termoquímica

Conceitos Essenciais

Ligação Covalente Lewis postulou a formação da ligação covalente em que os átomos compartilham um ou mais pares de elétrons. A regra do octeto foi formulada com o objetivo de verificar se as estruturas de Lewis estavam corretas. Segundo essa regra, com exceção do hidrogênio, um átomo tende a formar ligações até completar oito elétrons de valência.

Características das Estruturas de Lewis Além das ligações covalentes, a estrutura de Lewis mostra os pares de elétrons isolados (pares não envolvidos em ligações) dos átomos e também as cargas formais que resultam da contagem dos elétrons envolvidos nas ligações. A estrutura de ressonância consiste em duas ou mais estruturas de Lewis para uma molécula que não pode ser totalmente representada por uma única estrutura de Lewis.

Exceções à Regra do Octeto A regra do octeto aplica-se principalmente aos elementos do segundo período. As três exceções à regra do octeto são: o octeto incompleto, em que o átomo de uma molécula tem menos de oito elétrons de valência; as moléculas com número ímpar de elétrons de valência; e o octeto expandido, em que o átomo possui mais de oito elétrons de valência. Essas exceções podem ser explicadas por teorias de ligação química mais refinadas.

Termoquímica Baseada na Energia de Ligação Conhecendo-se a força das ligações covalentes ou as energias de ligação, é possível fazer uma estimativa da variação de entalpia de uma reação.

9.1 Símbolos de Lewis

O desenvolvimento da Tabela Periódica e do conceito de configuração eletrônica forneceu aos químicos uma base lógica para explicar a formação de moléculas e de compostos. Segundo a explicação formulada por Gilbert Lewis, os átomos se combinam de forma que atinjam a configuração eletrônica mais estável. A estabilidade máxima é alcançada quando um átomo torna-se isoeletrônico com um gás nobre.

Quando os átomos interagem para formar uma ligação química, apenas as suas regiões mais externas entram em contato. Por essa razão, quando estudamos a ligação química, nos concentramos primeiramente nos elétrons de valência. Para identificar os elétrons de valência em uma reação química, e garantir que o número total de elétrons não seja alterado, os químicos utilizam o sistema de pontos criado por Lewis e conhecido como símbolo de Lewis. O *símbolo de Lewis* consiste no símbolo do elemento e mais um ponto para cada elétron de valência presente no átomo desse elemento. A Figura 9.1 mostra os símbolos de Lewis para os elementos representativos e para os gases nobres. Observe que, com exceção do hélio, o número de elétrons de valência de cada átomo coincide com o número do grupo do elemento. Por exemplo, o Li que é um elemento do Grupo 1 tem um ponto que representa um elétron de valência; o Be, um elemento do Grupo 2, tem dois elétrons de valência (dois pontos) e assim por diante. Os elementos pertencentes ao mesmo grupo têm camadas externas com configurações eletrônicas semelhantes e, portanto, símbolos de Lewis semelhantes. Como os metais de transição, os lantanídeos e os actinídeos possuem camadas internas que não são totalmente preenchidas, em geral, não é possível escrever símbolos de Lewis simples para eles.

Neste capítulo, vamos aprender a utilizar as configurações eletrônicas e a Tabela Periódica para prever o tipo de ligação que os átomos podem formar, o número de ligações que o átomo de determinado elemento pode formar e a estabilidade do produto.

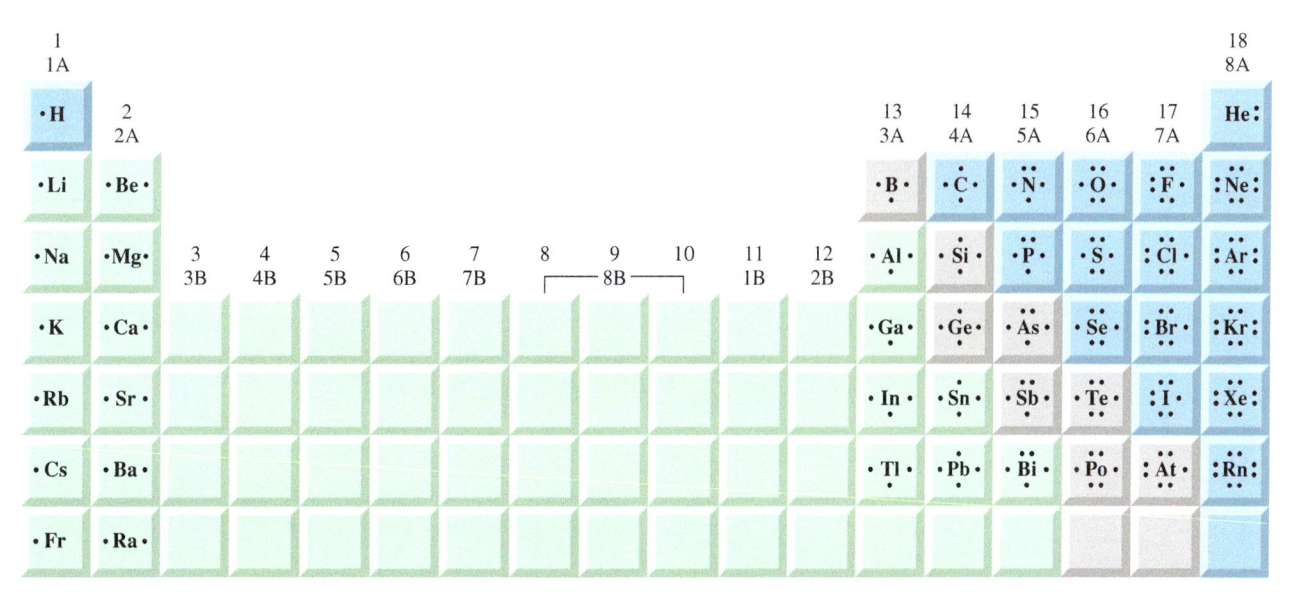

Figura 9.1
Símbolos de Lewis para os elementos representativos e os gases nobres. O número de pontos desemparelhados corresponde ao número de ligações que um átomo do elemento pode formar em um composto. Os códigos das cores são: verde (metais), azul (não-metais) e cinza (semimetais).

Interatividade:
Ligações Covalentes
Centro de Aprendizagem
Online, Interativo

9.2 Ligação Covalente

Embora o conceito de molécula tenha surgido no século XVII, foi apenas no início do século XX que os químicos começaram a compreender como e por que se formam as moléculas. O primeiro avanço importante foi a sugestão, de Gilbert Lewis, que uma ligação química envolve compartilhamento de elétrons pelos átomos. Lewis descreveu a formação da ligação química no H_2 da seguinte forma

$$H\cdot \; + \; \cdot H \longrightarrow H{:}H$$

Esse tipo de emparelhamento de elétrons é um exemplo de ***ligação covalente***, *uma ligação em que dois elétrons são compartilhados por dois átomos*. Os ***compostos covalentes*** são *aqueles que contêm apenas ligações covalentes*. Para simplificar, o par de elétrons compartilhados é muitas vezes representado por uma única linha. Assim, a ligação covalente na molécula de hidrogênio pode ser escrita como H—H. Em uma ligação covalente, cada elétron de um par compartilhado é atraído pelos núcleos de ambos os átomos. Esse tipo de atração mantém unidos os dois átomos no H_2 e é responsável pela formação de ligações covalentes em outras moléculas.

A formação de ligação covalente entre átomos polieletrônicos envolve apenas os elétrons de valência. Consideremos a molécula de flúor, F_2. A configuração eletrônica do F é $1s^2 2s^2 2p^5$. Os elétrons $1s$ têm baixa energia e permanecem a maior parte do tempo perto do núcleo. Por isso, não participam na formação de ligações. Dessa forma, cada átomo de F tem sete elétrons de valência (os elétrons $2s$ e $2p$). De acordo com a Figura 9.1, há apenas um elétron desemparelhado em F, e, portanto, a formação da molécula de F_2 pode ser representada da seguinte forma

$$:\!\ddot{F}\!\cdot \; + \; \cdot\!\ddot{F}\!: \longrightarrow \; :\!\ddot{F}\!:\!\ddot{F}\!: \quad \text{ou} \quad :\!\ddot{F}\!-\!\ddot{F}\!:$$

Observe que apenas dois elétrons de valência participam na formação do F_2. Os outros, elétrons não ligantes, são chamados de ***pares isolados*** — *pares de elétrons de valência que não estão envolvidos na formação de ligações covalentes*. Assim sendo, cada F no F_2 tem três pares de elétrons isolados:

$$\text{pares isolados} \longrightarrow :\!\ddot{F}\!-\!\ddot{F}\!: \longleftarrow \text{pares isolados}$$

As estruturas que usamos para representar compostos covalentes, tais como o H_2 e o F_2 são chamadas de estruturas de Lewis. Uma ***estrutura de Lewis*** é *a representação das ligações covalentes em que os pares de elétrons compartilhados são mostrados como linhas ou pares de pontos entre dois átomos, e os pares isolados de cada átomo são mostrados como pares de pontos no respectivo átomo*. Em uma estrutura de Lewis são mostrados apenas os elétrons de valência.

Consideremos a estrutura de Lewis da molécula de água. Na Figura 9.1 vê-se que o símbolo de Lewis do oxigênio tem dois pontos desemparelhados, ou seja, dois elétrons desemparelhados, e por isso espera-se que o O possa formar duas ligações covalentes. Como o hidrogênio tem somente um elétron, ele pode formar apenas uma ligação covalente. Dessa maneira, a estrutura de Lewis para a água é

$$H{:}\ddot{O}{:}H \quad \text{ou} \quad H-\!\ddot{O}\!-\!H$$

Nesse caso, o átomo de O tem dois pares de elétrons isolados. O átomo de hidrogênio não tem pares isolados porque o seu único elétron é utilizado para formar uma ligação covalente.

Nas moléculas F_2 e H_2O, os átomos de F e de O atingem a configuração estável de gás nobre por compartilhamento de elétrons:

$$:\!\ddot{F}\!(\!:\!)\!\ddot{F}\!: \qquad H(\!:\!)\ddot{O}(\!:\!)H$$

$8e^-\;\;8e^- \qquad\qquad 2e^-\;\;8e^-\;\;2e^-$

> Esta discussão aplica-se somente aos elementos representativos. Lembre-se de que para esses elementos, o número de elétrons de valência é igual ao número do grupo (Grupos 1–7).

A formação dessas moléculas ilustra a **regra do octeto**, formulada por Lewis: *qualquer átomo, exceto o hidrogênio, tende a formar ligações até completar oito elétrons de valência*. Em outras palavras, uma ligação covalente se forma quando não existirem elétrons suficientes para que cada átomo individual tenha um octeto completo. Os átomos individuais podem completar seus octetos compartilhando elétrons em uma ligação covalente. No caso particular do hidrogênio, atinge-se a configuração eletrônica do hélio, isto é, com o total de dois elétrons.

A regra do octeto funciona principalmente para os elementos do segundo período da Tabela Periódica. Esses elementos apresentam apenas as subcamadas 2s e 2p que podem conter um total de oito elétrons. Ao formar um composto covalente, o átomo de um desses elementos pode atingir a configuração eletrônica de gás nobre [Ne] compartilhando elétrons com outros átomos no mesmo composto. Mais adiante discutiremos algumas importantes exceções à regra do octeto, que darão mais informações sobre a natureza da ligação química.

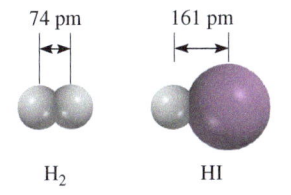

Figura 9.2
Comprimento de ligação (em pm) no H_2 e no HI.

Os átomos podem formar diferentes tipos de ligações covalentes. Em uma *ligação simples*, *dois átomos são mantidos juntos por um par de elétrons*. Em muitos compostos existem *ligações múltiplas*, isto é, *ligações em que dois átomos compartilham um ou mais pares de elétrons. Se dois átomos compartilham dois pares de elétrons*, a ligação covalente é uma *ligação dupla*. Encontram-se ligações duplas em moléculas como dióxido de carbono (CO_2) e etileno (C_2H_4):

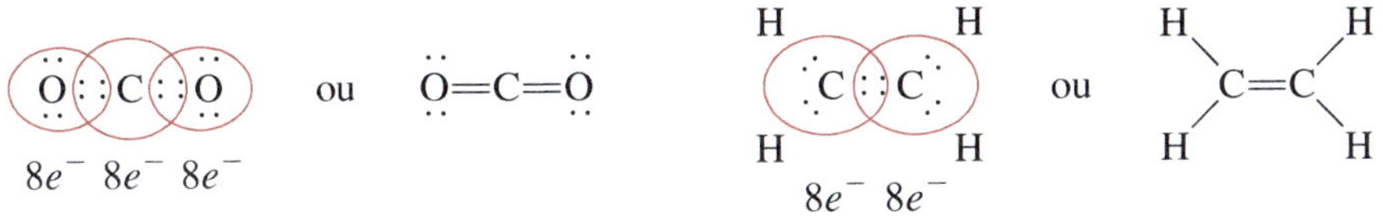

Daqui a pouco você aprenderá as regras para escrever as estruturas de Lewis. Agora queremos simplesmente que se familiarize com a linguagem a elas associada.

Quando *dois átomos compartilham três pares de elétrons*, como na molécula de nitrogênio (N_2), forma-se uma *ligação tripla*:

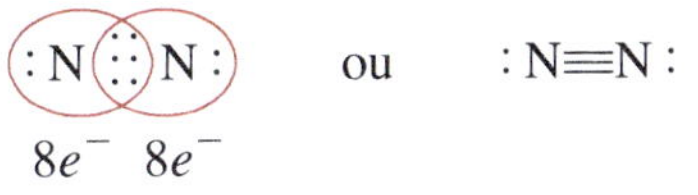

A molécula de acetileno (C_2H_2) também contém uma ligação tripla, neste caso, entre dois átomos de carbono:

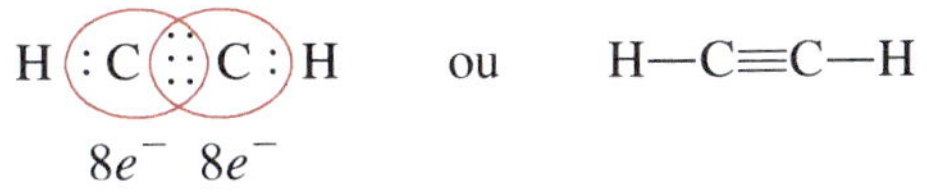

Note que no etileno e no acetileno todos os elétrons de valência são utilizados nas ligações; não há pares isolados nos átomos de carbono. De fato, com exceção do monóxido de carbono, as moléculas estáveis que contêm carbono não possuem pares isolados nos átomos desse elemento.

As ligações múltiplas são mais curtas do que as ligações covalentes simples. O *comprimento da ligação é* definido como *a distância entre os núcleos de dois átomos ligados covalentemente em uma molécula* (Figura 9.2). A Tabela 9.1 mostra alguns comprimentos de ligação determinados experimentalmente. Para um dado par de átomos, tal como carbono e nitrogênio, as ligações triplas são mais curtas do que as ligações duplas, as quais, por sua vez, são mais curtas que as ligações simples. Como veremos mais adiante, as ligações múltiplas que são mais curtas são também mais estáveis do que as ligações simples.

TABELA 9.1

Valores Médios dos Comprimentos de Ligação de Algumas Ligações Simples, Duplas e Triplas

Tipo de Ligação	Comprimento da Ligação (pm)
C—H	107
C—O	143
C=O	121
C—C	154
C=C	133
C≡C	120
C—N	143
C=N	138
C≡N	116
N—O	136
N=O	122
O—H	96

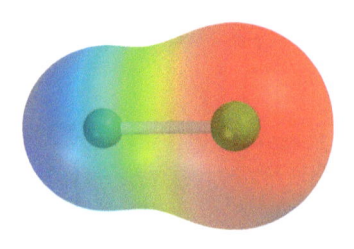

Figura 9.3
Representação do potencial eletrostático da molécula de HF. A distribuição eletrônica varia de acordo com as cores do arco-íris. A região de maior densidade eletrônica é vermelha e a de menor densidade eletrônica, azul.

Os valores de eletronegatividade não apresentam unidades.

9.3 Eletronegatividade

Uma ligação covalente, como dissemos, consiste no compartilhamento de um par de elétrons por dois átomos. Em uma molécula como H_2, em que os átomos são idênticos, esperamos que os elétrons sejam igualmente compartilhados — isto é, os elétrons passam, em média, o mesmo tempo na vizinhança de cada átomo. No entanto, na molécula de HF, que também possui uma ligação covalente, os átomos H e F não compartilham igualmente os elétrons ligantes porque H e F são átomos diferentes:

$$H-\ddot{\underset{..}{F}}:$$

A ligação no HF é denominada **ligação covalente polar**, ou simplesmente *ligação polar*, *porque os elétrons passam, em média, mais tempo na vizinhança de um átomo do que do outro*. A evidência experimental indica que na molécula de HF os elétrons passam mais tempo perto do átomo F. Podemos pensar nesse compartilhamento desigual de elétrons como uma transferência eletrônica parcial ou, como é mais comumente descrito, como um deslocamento da densidade eletrônica do átomo H para o átomo F (Figura 9.3). Desse "compartilhamento desigual" do par de elétrons ligantes resulta um relativo aumento da densidade eletrônica nas proximidades do átomo de flúor e uma correspondente diminuição da densidade eletrônica perto do átomo de hidrogênio. A ligação na molécula HF bem como outras ligações polares podem ser consideradas situações intermediárias entre ligação covalente (não polar), em que o compartilhamento de elétrons é exatamente igual, e **ligação iônica**, na qual a *transferência de elétron(s) é aproximadamente completa*.

Uma propriedade que nos ajuda a distinguir uma ligação covalente não polar de uma ligação covalente polar é a **eletronegatividade**, ou seja, *a capacidade de um átomo atrair para si os elétrons em uma ligação química*. Elementos mais eletronegativos apresentam tendência maior para atrair elétrons do que elementos menos eletronegativos. Conforme se espera, a eletronegatividade está relacionada com a afinidade eletrônica e com a energia de ionização. Assim, um átomo de flúor, que tem alta afinidade eletrônica (tende a receber elétrons com facilidade) e alta energia de ionização (não perde elétrons facilmente), apresenta uma eletronegatividade elevada. Por outro lado, o sódio tem baixa afinidade eletrônica, baixa energia de ionização e baixa eletronegatividade.

Aumento de eletronegatividade →

Aumento de eletronegatividade ↓

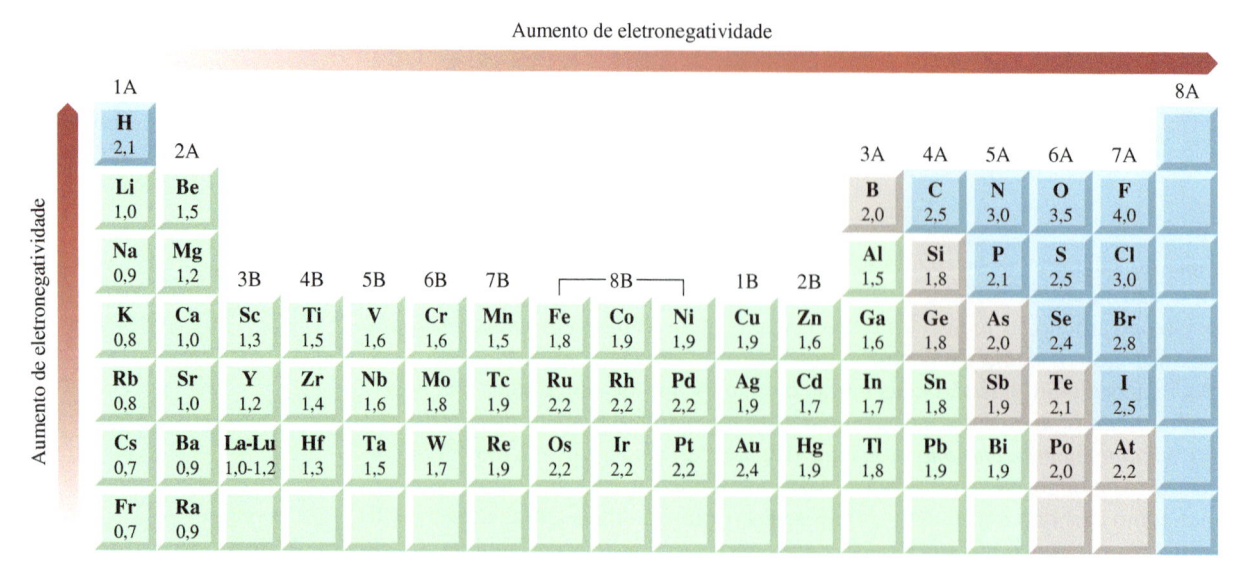

1A	2A	3B	4B	5B	6B	7B	8B	8B	8B	1B	2B	3A	4A	5A	6A	7A	8A
H 2,1																	
Li 1,0	Be 1,5											B 2,0	C 2,5	N 3,0	O 3,5	F 4,0	
Na 0,9	Mg 1,2											Al 1,5	Si 1,8	P 2,1	S 2,5	Cl 3,0	
K 0,8	Ca 1,0	Sc 1,3	Ti 1,5	V 1,6	Cr 1,6	Mn 1,5	Fe 1,8	Co 1,9	Ni 1,9	Cu 1,9	Zn 1,6	Ga 1,6	Ge 1,8	As 2,0	Se 2,4	Br 2,8	
Rb 0,8	Sr 1,0	Y 1,2	Zr 1,4	Nb 1,6	Mo 1,8	Tc 1,9	Ru 2,2	Rh 2,2	Pd 2,2	Ag 1,9	Cd 1,7	In 1,7	Sn 1,8	Sb 1,9	Te 2,1	I 2,5	
Cs 0,7	Ba 0,9	La-Lu 1,0-1,2	Hf 1,3	Ta 1,5	W 1,7	Re 1,9	Os 2,2	Ir 2,2	Pt 2,2	Au 2,4	Hg 1,9	Tl 1,8	Pb 1,9	Bi 1,9	Po 2,0	At 2,2	
Fr 0,7	Ra 0,9																

Figura 9.4
Valores de eletronegatividade de elementos comuns. A tendência não se aplica aos metais de transição.

A eletronegatividade é um conceito relativo, o que significa que a eletronegatividade de um elemento só pode ser medida em relação àquelas de outros elementos. Linus Pauling, químico norte-americano, inventou um método para calcular as eletronegatividades *relativas* de quase todos os elementos. Esses valores são apresentados na Figura 9.4. Uma análise cuidadosa dessa figura revela as tendências e relações entre os valores de eletronegatividade de elementos diferentes. Em um período da Tabela Periódica, a eletronegatividade aumenta, em geral, da esquerda para a direita, à medida que diminui o caráter metálico dos elementos. Dentro de cada grupo, a eletronegatividade diminui com o aumento do número atômico e o aumento do caráter metálico. Observe que os metais de transição não seguem essa tendência. Os elementos mais eletronegativos — halogênios, oxigênio, nitrogênio e enxofre — encontram-se no canto superior direito da Tabela Periódica e os elementos menos eletronegativos (os metais alcalinos e alcalino-terrosos) estão agrupados próximo do canto inferior esquerdo. Essas tendências são bem visíveis no gráfico da Figura 9.5.

Os átomos de elementos com eletronegatividades muito diferentes tendem a formar entre si ligações iônicas (como as que existem nos compostos NaCl e CaO) porque o átomo do elemento menos eletronegativo doa o seu elétron(s) ao átomo do elemento mais eletronegativo. Geralmente, uma ligação iônica se forma entre um átomo de um elemento metálico e um átomo de um elemento não metálico. Os átomos de elementos que possuem eletronegatividades semelhantes tendem a formar ligações covalentes polares porque nesse caso o deslocamento da densidade eletrônica em direção ao elemento mais eletronegativo é pequeno. A maior parte das ligações covalentes envolve átomos de elementos não metálicos. Apenas os átomos de um mesmo elemento, cujas eletronegatividades são iguais, podem unir-se por ligação covalente pura. Essas tendências e caraterísticas são esperadas com base no nosso conhecimento sobre energias de ionização e afinidades eletrônicas.

Não existe uma distinção nítida entre ligação polar e ligação iônica, mas a seguinte regra é útil para diferenciá-las. Forma-se uma ligação iônica quando a diferença de eletronegatividade entre os dois átomos envolvidos na ligação for igual ou superior a 2,0. Essa regra aplica-se à maioria dos compostos iônicos, mas não a todos. Forma-se uma ligação covalente polar quando a diferença de eletronegatividade entre os átomos estiver no intervalo de 0,5 a 1,6; se for menor que 0,3, a ligação normalmente é classificada como covalente, mas com pouca ou nenhuma polaridade. Às vezes, os químicos utilizam a quantidade *porcentagem de caráter iônico* para descrever a natureza de uma ligação. Uma ligação iônica pura teria 100% de caráter iônico (embora

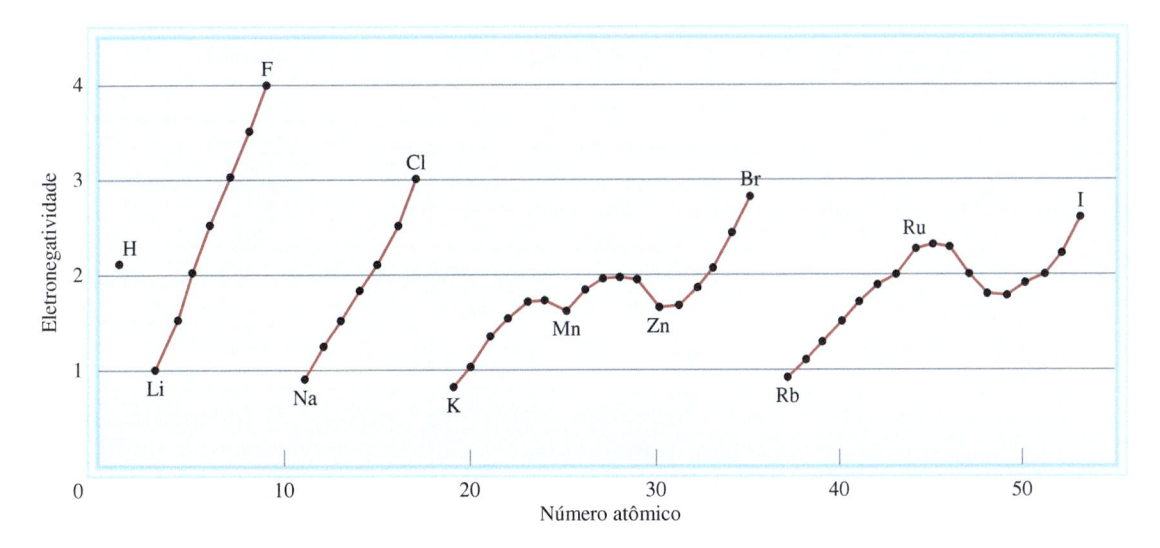

Animação:
Ligação Iônica *versus* Ligação Covalente
Centro de Aprendizagem Online, Animações

Figura 9.5
Variação da eletronegatividade com o número atômico. Os halogênios têm as eletronegatividades mais altas e os metais alcalinos, as mais baixas.

tal ligação não seja conhecida), enquanto uma ligação covalente pura (como a do H_2) tem 0% de caráter iônico.

A eletronegatividade e a afinidade eletrônica são conceitos relacionados, mas diferentes. Ambos indicam a tendência de um átomo para atrair elétrons. No entanto, a afinidade eletrônica refere-se à atração de um átomo isolado por um elétron adicional, enquanto a eletronegatividade significa a capacidade de um átomo, em uma ligação química (com outro átomo), atrair os elétrons compartilhados. Além disso, a afinidade eletrônica é uma quantidade medida experimentalmente, ao passo que a eletronegatividade é um número estimado que não pode ser medido.

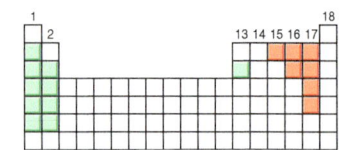

Os elementos mais eletronegativos são os não-metais (Grupos 5-7) e os menos eletronegativos são os metais alcalinos e os alcalino-terrosos (Grupos 1 e 2), e o alumínio. O berílio, primeiro membro do Grupo 2, forma principalmente compostos covalentes.

Problemas semelhantes: 9.13, 9.14.

EXEMPLO 9.1

Classifique as seguintes ligações como iônicas, covalentes polares ou covalentes:
(a) a ligação no HCl, (b) a ligação no KF e (c) a ligação CC no H_3CCH_3.

Estratégia   Seguimos a regra da diferença de eletronegatividade (limite 2,0) e consideramos os valores da Figura 9.4.

Solução   (a) A diferença de eletronegatividade entre H e Cl é 0,9, uma diferença significativa, mas não suficientemente grande (pela regra do limite 2,0) para classificar o HCl como um composto iônico. Portanto, a ligação entre H e Cl é covalente polar.

(b) A diferença de eletronegatividade entre K e F é 3,2, valor que está bem acima do limite 2,0; portanto a ligação entre K e F é iônica.

(c) Os dois átomos de carbono são idênticos em todos os aspectos — estão ligados entre si e cada um deles está ligado a três átomos de H. Assim, a ligação entre eles é covalente pura.

Exercício   Qual das seguintes ligações é covalente, covalente polar ou iônica?
(a) a ligação no CsCl, (b) a ligação no H_2S, (c) a ligação NN no H_2NNH_2.

Eletronegatividade e Número de Oxidação

No Capítulo 4 introduzimos as regras para atribuir números de oxidação aos elementos em seus compostos. O conceito de eletronegatividade é a base dessas regras. O número de oxidação corresponde, essencialmente, ao número de cargas que um átomo teria se os elétrons fossem transferidos completamente para o átomo mais eletronegativo de uma ligação química em uma molécula.

Consideremos a molécula NH_3, na qual o átomo N forma três ligações simples com os átomos H. A densidade eletrônica será deslocada do H para o N, porque o átomo N é mais eletronegativo do que o átomo H. Se a transferência fosse completa, cada H doaria um elétron ao N, que ficaria com uma carga total igual a -3, enquanto cada H teria carga $+1$. Assim, atribuímos o número de oxidação -3 ao N e o número de oxidação $+1$ ao H na molécula NH_3.

O oxigênio normalmente apresenta número de oxidação -2 nos seus compostos, exceto no peróxido de hidrogênio (H_2O_2), cuja estrutura de Lewis é

$$H-\ddot{\underset{..}{O}}-\ddot{\underset{..}{O}}-H$$

Uma ligação entre átomos idênticos não contribui para o número de oxidação desses átomos porque o par de elétrons da ligação é *igualmente* compartilhado. Como o H tem o número de oxidação $+1$, cada átomo de O apresenta número de oxidação -1.

Podemos entender agora por que o flúor sempre apresenta número de oxidação igual a -1? O F é o elemento mais eletronegativo e *geralmente* forma uma ligação simples em seus compostos. Portanto, teria sempre carga -1 se a transferência eletrônica fosse completa.

9.4 Escrevendo Estruturas de Lewis

Embora a regra do octeto e as estruturas de Lewis não representem uma imagem completa da ligação covalente, ajudam a explicar as ligações em muitos compostos e também as propriedades e reações de moléculas. Por essa razão, você deve saber escrever as estruturas de Lewis dos compostos. As etapas fundamentais para isso são as seguintes:

1. Escrever o esqueleto estrutural do composto utilizando os símbolos químicos e colocando perto uns dos outros os átomos que estão ligados. Para compostos simples, essa tarefa é relativamente fácil. Para os mais complexos, é necessário ter alguma informação sobre a estrutura do composto ou algum palpite inteligente sobre ela. Em geral, o átomo menos eletronegativo ocupa a posição central. O hidrogênio e o flúor ocupam normalmente as posições terminais (ou extremos) na estrutura de Lewis.

2. Contar o número total de elétrons de valência, recorrendo, se necessário, à Figura 9.1. Para ânions poliatômicos, adicionamos o número de cargas negativas a esse total. (Por exemplo, para o íon CO_3^{2-} adicionamos dois elétrons, pois a carga 2− indica que existem dois elétrons a mais do que os fornecidos pelos átomos). Para cátions poliatômicos, subtraímos o número de cargas positivas desse total. (Assim, para NH_4^+ subtraímos um elétron porque a carga +1 indica a perda de um elétron do grupo de átomos.)

3. Desenhar uma ligação covalente simples entre o átomo central e cada um dos átomos ao seu redor. Completar os octetos dos átomos ligados ao átomo central. (Lembre-se de que a camada de valência de um átomo de hidrogênio se completa com dois elétrons apenas.) Os elétrons que pertencem ao átomo central ou aos átomos vizinhos devem ser representados por pares isolados quando não estão envolvidos na ligação. O número total de elétrons a ser utilizado é o que foi determinado na etapa 2.

4. Após completar as etapas 1–3, se o átomo central tiver menos que oito elétrons, tente adicionar ligações duplas ou triplas entre ele e os átomos vizinhos, utilizando os pares isolados desses últimos para completar o octeto do átomo central.

EXEMPLO 9.2

Escreva a estrutura de Lewis do trifluoreto de nitrogênio (NF_3) em que os três átomos de F estão ligados ao átomo de N.

Solução Seguimos o procedimento anterior para escrever a estrutura de Lewis.

Passo 1: O átomo de N é menos eletronegativo que o átomo de F, desta forma o esqueleto estrutural do NF_3 pode ser representado por

$$\begin{array}{c} F \quad N \quad F \\ F \end{array}$$

Passo 2: As configurações eletrônicas das camadas mais externas do N e do F são, respectivamente, $2s^2 2p^3$ e $2s^2 2p^5$. Assim, existem 5 + (3 × 7) ou 26, elétrons de valência para distribuir no NF_3.

Passo 3: Desenhamos uma ligação covalente simples entre o N e cada F e completamos os octetos para os átomos F. Colocamos os dois elétrons restantes no N:

$$:\!\ddot{F}\!-\!\ddot{N}\!-\!\ddot{F}\!:\\ \quad\;\;\;|\\ \quad\;\;:\ddot{F}:$$

Como essa estrutura satisfaz a regra do octeto para todos os átomos, o passo 4 não é necessário.

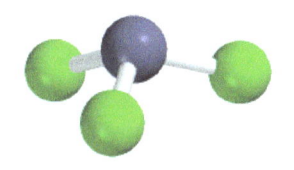

NF_3 é um gás incolor, inodoro e inerte.

(Continua)

Problema semelhante: 9.21.

Verificação Conte os elétrons de valência no NF$_3$ (tanto os ligantes quanto os pares isolados). O resultado é 26, igual à soma do número total de elétrons de valência dos três átomos de F (3 × 7 = 21) e do átomo de N (5).

Exercício Escreva a estrutura de Lewis para o dissulfeto de carbono (CS$_2$).

EXEMPLO 9.3

Escreva a estrutura de Lewis do ácido nítrico (HNO$_3$) em que os três átomos de O estão ligados ao átomo central N e o átomo de H ionizável está ligado a um dos átomos de O.

Solução Seguimos o procedimento já resumido para escrever as estruturas de Lewis.

Passo 1: O esqueleto estrutural do HNO$_3$ é

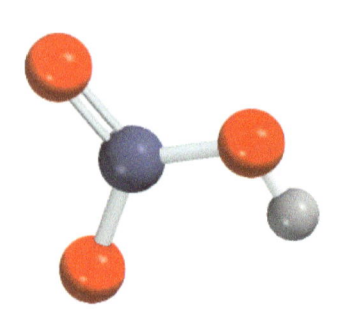

$$\text{O} \quad \text{N} \quad \text{O} \quad \text{H}$$
$$\text{O}$$

HNO$_3$ é um eletrólito forte.

Passo 2: As configurações eletrônicas das camadas mais externas do N, O e H são, respectivamente, $2s^2 2p^3$, $2s^2 2p^4$ e $1s^1$. Assim, existem 5 + (3 × 6) + 1 ou seja 24, elétrons de valência para distribuir no HNO$_3$.

Passo 3: Desenhamos ligações covalentes simples entre o N e cada um dos três átomos de O e entre um dos átomos de O e o átomo de H. Em seguida, distribuímos os elétrons de modo que seja cumprida a regra do octeto para os átomos de O:

$$:\ddot{\text{O}}-\text{N}-\ddot{\text{O}}-\text{H}$$
$$\quad\quad |$$
$$\quad\quad :\ddot{\text{O}}:$$

Passo 4: Vemos que essa estrutura satisfaz a regra do octeto para todos os átomos de O, mas não para o N. Este está com apenas seis elétrons. Então, devemos mover um par de elétrons isolados de um dos átomos de O terminais de modo que seja formada outra ligação com o N. Assim, a regra do octeto é também satisfeita para o átomo de N:

$$\ddot{\text{O}}=\text{N}-\ddot{\text{O}}-\text{H}$$
$$\quad\quad |$$
$$\quad\quad :\ddot{\text{O}}:$$

Problema semelhante: 9.21.

Verificação Verifique se todos os átomos (exceto H) satisfazem a regra do octeto. Conte os elétrons de valência no HNO$_3$ (pares de ligação e pares isolados). O resultado é 24, igual à soma do número total de elétrons de valência dos três átomos de O (3 × 6 = 18), do átomo de N (5) e do átomo de H (1).

Exercício Escreva a estrutura de Lewis do ácido fórmico (HCOOH).

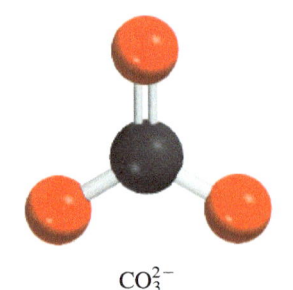

EXEMPLO 9.4

Escreva a estrutura de Lewis do íon carbonato (CO$_3^{2-}$).

Solução Seguimos o procedimento anterior para escrever estruturas de Lewis levando em conta que se trata de um ânion com duas cargas negativas.

CO$_3^{2-}$

(Continua)

Passo 1: Podemos deduzir qual é o esqueleto estrutural do íon carbonato sabendo que o C é menos eletronegativo que o O. Por isso, é provável que o C ocupe uma posição central na molécula, da seguinte forma:

O

O C O

Passo 2: As configurações eletrônicas das camadas mais externas do C e do O são $2s^22p^2$ e $2s^22p^4$, respectivamente, e o íon tem duas cargas negativas. Assim, o número total de elétrons é $4 + (3 \times 6) + 2$, ou seja, 24.

Passo 3: Desenhamos uma ligação covalente simples entre o C e cada O e assim a regra do octeto é obedecida para os átomos de O:

$$:\overset{..}{\underset{}{O}}:$$
$$:\overset{..}{\underset{..}{O}}-\overset{|}{C}-\overset{..}{\underset{..}{O}}:$$

Essa estrutura contém todos os 24 elétrons.

Passo 4: Embora a regra do octeto tenha sido cumprida para os átomos de O, não foi para o átomo de C. Movendo um par de elétrons isolados de um dos átomos de O para formar outra ligação com C, a regra do octeto também é satisfeita para o átomo de C:

$$\left[:\overset{..}{\underset{..}{O}}-\overset{\overset{..}{\underset{}{O}}:}{\underset{}{C}}=\overset{..}{\underset{..}{O}}: \right]^{2-}$$

Utilizamos parênteses para indicar que a carga −2 pertence ao íon como um todo.

Verificação Verifique se todos os átomos satisfazem à regra do octeto. Conte os elétrons de valência no CO_3^{2-} (das ligações químicas e dos pares isolados). O resultado é 24, igual à soma do número total de elétrons de valência dos três átomos de O ($3 \times 6 = 18$), do átomo de C (4) e das duas cargas negativas (2).

Problema semelhante: 9.22.

Exercício Escreva a estrutura de Lewis do íon nitrito (NO_2^-).

9.5 Carga Formal e Estrutura de Lewis

Comparando o número de elétrons de um átomo isolado com o número de elétrons associados ao mesmo átomo em uma estrutura de Lewis, podemos determinar a distribuição dos elétrons em uma molécula e desenhar a estrutura de Lewis mais plausível. O procedimento de contagem é o seguinte: para um átomo isolado, o número de elétrons é simplesmente o número de elétrons de valência. (Em geral, não precisamos nos preocupar com os elétrons mais internos.) Em uma molécula, os elétrons associados a um átomo são os elétrons não ligantes mais os elétrons de par(es) ligante(s). Porém, como os elétrons de uma ligação são compartilhados, devemos dividir igualmente os elétrons do par ligante entre os átomos que formam a ligação. A ***carga formal*** de um átomo *é a diferença de carga elétrica entre o número de elétrons de valência em um átomo isolado e o número de elétrons atribuídos a esse átomo em uma estrutura de Lewis.*

Para atribuirmos o número de elétrons a um átomo em uma estrutura de Lewis, procedemos do seguinte modo:

- Todos os elétrons não ligantes são atribuídos ao átomo.
- Quebramos a(s) ligação(ões) entre esse átomo e o(s) outro(s) átomo(s) e atribuímos metade dos elétrons ligantes ao átomo considerado.

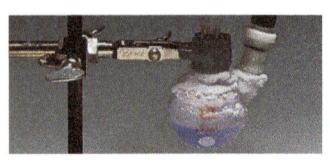

Ozônio líquido abaixo do seu ponto de ebulição (−111,3°C). O ozônio é um gás tóxico azul-claro e com odor acre.

Da mesma maneira, a quebra de uma ligação tripla transfere três elétrons para cada um dos átomos ligantes.

Vamos ilustrar o conceito de carga formal utilizando a molécula de ozônio (O_3). Usando o mesmo procedimento dos Exemplos 9.2 e 9.3, desenhamos o esqueleto estrutural do O_3 e adicionamos ligações e elétrons para satisfazer a regra do octeto para os dois átomos terminais:

$$:\ddot{O}-\ddot{O}-\ddot{O}:$$

Podemos ver que, embora todos os elétrons disponíveis tenham sido utilizados, a regra do octeto não foi satisfeita para o átomo central. Para remediarmos essa situação, temos de converter um par isolado de um dos átomos terminais em uma segunda ligação entre esse átomo e o átomo central, como se segue:

$$\ddot{O}=\ddot{O}-\ddot{O}:$$

A carga formal em cada átomo do O_3 pode agora ser calculada de acordo com o seguinte esquema:

	$\ddot{O}=\ddot{O}-\ddot{O}:$		
e^- de valência	6	6	6
e^- atribuído ao átomo	6	5	7
Diferença (carga formal)	0	+1	−1

em que as linhas onduladas vermelhas representam as quebras das ligações. Note que a quebra de uma ligação simples resulta na transferência de um elétron, a quebra de uma ligação dupla na transferência de dois elétrons para cada um dos átomos ligantes, e assim sucessivamente. As cargas formais dos átomos no O_3 são:

$$\ddot{O}=\overset{+}{\ddot{O}}-\ddot{O}:^-$$

Para cargas positivas e negativas unitárias, normalmente omitimos o numeral 1.

As seguintes regras são úteis para escrever cargas formais:

1. Para moléculas, a soma de todas as cargas formais tem de ser zero porque as moléculas são espécies eletricamente neutras. (Essa regra aplica-se, por exemplo, à molécula de O_3.)
2. Para os cátions, a soma de todas as cargas formais deve igualar a carga positiva do cátion.
3. Para os ânions, a soma de todas as cargas formais deve igualar a carga negativa do ânion.

Tenha sempre em mente que as cargas formais não representam uma separação real de cargas dentro da molécula. Na molécula de O_3, por exemplo, não há evidência de que o átomo central tenha uma carga +1 ou que um dos átomos terminais tenha carga −1. Escrever essas cargas nos átomos de uma estrutura de Lewis simplesmente nos ajuda a identificar os elétrons de valência na molécula.

EXEMPLO 9.5

Escreva as cargas formais do íon carbonato.

Solução A estrutura de Lewis para o íon carbonato foi desenvolvida no Exemplo 9.4:

$$\left[\begin{array}{c} :\ddot{O}: \\ \| \\ :\ddot{O}-C-\ddot{O}: \end{array} \right]^{2-}$$

(Continua)

As cargas formais dos átomos podem ser calculadas utilizando-se o seguinte procedimento.

O átomo de C: O átomo de C tem quatro elétrons de valência e não possui elétrons não ligantes na estrutura de Lewis. A quebra da ligação dupla e de duas ligações simples resulta em uma transferência de quatro elétrons para o átomo de C. Assim, a carga formal é $4 - 4 = 0$.

O átomo de O em C=O: o O tem seis elétrons de valência e há quatro elétrons não ligantes no átomo. A quebra da ligação dupla resulta na transferência de dois elétrons para esse átomo. Nesse caso, a carga formal é $6 - 4 - 2 = 0$.

O átomo de O em C—O: esse átomo tem seis elétrons não ligantes e a quebra da ligação simples transfere outro elétron para o átomo. A carga formal é $6 - 6 - 1 = -1$.

Assim, a estrutura de Lewis com as cargas formais para o CO_3^{2-} é:

$$\overset{\displaystyle :\ddot{O}:}{\underset{}{{}^{-}:\ddot{\underset{..}{O}}-C-\ddot{\underset{..}{O}}:{}^{-}}}$$

Verificação   Observe que a soma das cargas formais é -2, igual à carga do íon carbonato.

Exercício   Escreva as cargas formais para o íon nitrito (NO_2^-).

Problema semelhante: 9.22.

Às vezes, há mais de uma estrutura de Lewis aceitável para uma dada espécie. Nesses casos, geralmente podemos selecionar a estrutura de Lewis mais plausível utilizando as cargas formais e as seguintes orientações:

- Para moléculas, uma estrutura de Lewis em que não existem cargas formais é preferível a uma estrutura em que as cargas formais estejam presentes.
- Estruturas de Lewis com cargas formais elevadas ($+2, +3$ e/ou $-2, -3$ etc.) são menos plausíveis do que aquelas com cargas formais baixas.
- Dentre estruturas de Lewis com distribuições semelhantes de cargas formais, a mais plausível é aquela em que as cargas formais negativas estão nos átomos mais eletronegativos.

EXEMPLO 9.6

O formaldeído (CH_2O), um líquido de odor desagradável, tem sido tradicionalmente usado para conservar animais mortos em laboratório. Desenhe a estrutura de Lewis mais provável para esse composto.

Estratégia   Uma estrutura de Lewis plausível deve satisfazer a regra do octeto para todos os elementos, exceto o H, e ter as cargas formais (se existirem) distribuídas de acordo com as orientações referentes à eletronegatividade.

Solução   Os dois esqueletos estruturais possíveis são:

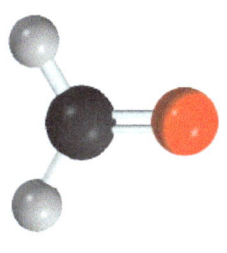

$$\begin{array}{cc} \text{H C O H} & \begin{array}{c} \text{H} \\ \text{C O} \\ \text{H} \end{array} \\ \text{(a)} & \text{(b)} \end{array}$$

CH_2O

(Continua)

Em primeiro lugar, desenhamos as estruturas de Lewis para cada uma das possibilidades

$$\overset{..\ \ \ +}{H-\underset{..}{C}=\underset{..}{O}-H} \qquad \overset{H}{\underset{H}{\diagdown}}C=\underset{..}{\overset{..}{O}}$$

(a)   (b)

Para mostrar as cargas formais, seguimos o procedimento dado no Exemplo 9.5. Na parte (a), o átomo de C tem um total de cinco elétrons (um par isolado mais três elétrons da quebra de uma ligação simples e de uma ligação dupla). Como o átomo de C tem quatro elétrons de valência, a carga formal no átomo é 4 − 5 = −1. O átomo de O tem um total de cinco elétrons (um par isolado e três elétrons da quebra de uma ligação simples e de uma ligação dupla). Como o átomo de O tem seis elétrons de valência, a carga formal no átomo é 6 − 5 = +1. Na parte (b), o átomo de C tem um total de quatro elétrons da quebra de duas ligações simples e de uma ligação dupla, assim sua carga formal é 4 − 4 = 0. O átomo de O tem um total de seis elétrons (dois pares isolados e dois elétrons da quebra de uma ligação dupla). Portanto, a carga formal no átomo é 6 − 6 = 0. Embora ambas as estruturas satisfaçam à regra do octeto, a estrutura (b) é a mais provável porque não apresenta cargas formais.

Problema semelhante: 9.23.

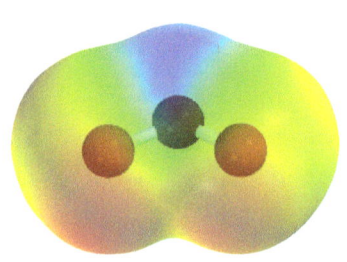

Verificação   Certifique-se de que, em cada caso, o número total de elétrons de valência seja 12. Você pode sugerir duas outras razões para justificar que a estrutura (a) é menos plausível?

Exercício   Desenhe a estrutura de Lewis mais razoável para uma molécula que contenha um átomo de N, um átomo de C e um átomo de H.

9.6 Conceito de Ressonância

O nosso desenho da estrutura de Lewis para o ozônio (O₃) satisfez a regra do octeto para o átomo central porque colocamos uma ligação dupla entre esse átomo e um dos dois átomos de O terminais. Na verdade, podemos colocar a ligação dupla em qualquer uma das duas posições possíveis, conforme mostrado nas estruturas de Lewis equivalentes:

$$\underset{..}{\overset{..}{O}}=\overset{+}{\underset{..}{O}}-\underset{..}{\overset{..}{O}}{:}^{-} \qquad {}^{-}{:}\underset{..}{\overset{..}{O}}-\overset{+}{\underset{..}{O}}=\underset{..}{\overset{..}{O}}$$

No entanto, nenhuma dessas duas estruturas de Lewis explica os comprimentos de ligação conhecidos para a molécula O₃.

Esperaríamos que o comprimento da ligação O—O fosse maior do que o da ligação O=O no O₃, pois sabemos que as ligações duplas são mais curtas que as ligações simples. Todavia, a evidência experimental mostra que ambas as ligações oxigênio-oxigênio têm o mesmo comprimento (128 pm). Para resolvermos essa discrepância, utilizamos *ambas* as estruturas de Lewis para representar a molécula de ozônio:

$$\underset{..}{\overset{..}{O}}=\overset{+}{\underset{..}{O}}-\underset{..}{\overset{..}{O}}{:}^{-} \longleftrightarrow {}^{-}{:}\underset{..}{\overset{..}{O}}-\overset{+}{\underset{..}{O}}=\underset{..}{\overset{..}{O}}$$

Representação do potencial eletrostático do O₃. A densidade eletrônica está igualmente distribuída entre os dois átomos de O terminais.

Cada uma dessas estruturas é denominada estrutura de ressonância. A ***estrutura de ressonância***, portanto, é *uma de duas ou mais estruturas de Lewis para uma molécula simples que não pode ser adequadamente representada por uma única estrutura de Lewis*. A seta dupla indica que as estruturas representadas são de ressonância.

O próprio termo ***ressonância*** significa *o uso de duas ou mais estruturas de Lewis para representar uma única molécula*. Do mesmo modo que um viajante me-

Interatividade:
Ressonância
Centro de Aprendizagem
Online, Interativo

dieval europeu pela África descreveu um rinoceronte como o cruzamento entre um grifo e um unicórnio, dois animais familiares, porém, imaginários, descrevemos a molécula de ozônio, uma molécula real, em termos de duas estruturas familiares, mas inexistentes.

Uma idéia errada sobre ressonância é a noção de que uma molécula, tal como o ozônio, de algum modo transite rapidamente de uma estrutura de ressonância para outra. Deve-se ter sempre em mente que *nenhuma* das estruturas de ressonância isoladas representa adequadamente a molécula real, que tem a sua própria e única estrutura estável. "Ressonância" é uma invenção humana concebida para contornar as limitações dos modelos simples das ligações químicas. Continuando com a analogia animal, o rinoceronte é uma criatura com identidade própria e não uma oscilação entre os míticos grifo e unicórnio!

O íon carbonato é um outro exemplo de ressonância:

De acordo com a evidência experimental, todas as ligações carbono-oxigênio no CO_3^{2-} são equivalentes. Por conseguinte, as propriedades do íon carbonato são melhor explicadas considerando-se o conjunto de suas estruturas de ressonância.

O conceito de ressonância aplica-se de igual modo a sistemas orgânicos. Um bom exemplo é a molécula de benzeno (C_6H_6):

Se uma dessas estruturas de ressonância correspondesse à estrutura real do benzeno, haveria dois comprimentos de ligação diferentes entre átomos de C adjacentes: um característico de ligação simples e o outro de ligação dupla. Na realidade, a distância entre todos os átomos de carbono adjacentes do benzeno é 140 pm, que é menor que a de uma ligação C—C (154 pm) e maior que a de uma ligação C=C (133 pm).

Um modo simples de esboçar a estrutura molecular do benzeno e de outros compostos que contêm o "anel benzênico" é mostrar apenas o esqueleto, e não os átomos de carbono e de hidrogênio. De acordo com essa convenção as estruturas de ressonância são representadas por

Note que os átomos de C nas pontas do hexágono e os átomos de H são todos omitidos, embora suas existências sejam subentendidas. Apenas as ligações entre os átomos de C são mostradas nesta representação.

Lembre-se dessa regra importante para desenhar estruturas de ressonância: as posições dos elétrons (ou seja, das ligações), mas não as dos átomos, podem ser rearranjadas em diferentes estruturas de ressonância. Em outras palavras, para uma dada espécie, os mesmos átomos devem estar ligados entre si em todas as estruturas de ressonância.

A estrutura hexagonal do benzeno foi proposta pela primeira vez pelo químico alemão August Kekulé (1829-1896).

NO₃⁻

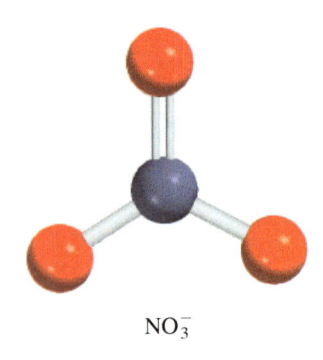

Problemas semelhantes: 9.29, 9.34.

EXEMPLO 9.7

Escreva as estruturas de ressonância (incluindo cargas formais) para o íon nitrato, NO_3^-, que apresenta o seguinte esqueleto estrutural:

$$O$$
$$O \quad N \quad O$$

Estratégia Seguimos o procedimento utilizado nos Exemplos 9.4 e 9.5 para escrever as estruturas de Lewis e calcular cargas formais.

Solução Como no caso do íon carbonato, podemos desenhar três estruturas de ressonância equivalentes para o íon nitrato:

Verificação Como o N possui cinco elétrons de valência, cada O tem seis elétrons de valência e existe uma carga negativa global, o número total de elétrons de valência é $5 + (3 \times 6) + 1 = 24$, igual ao número de elétrons de valência no íon NO_3^-.

Exercício Desenhe as estruturas de ressonância para o íon nitrito (NO_2^-).

9.7 Exceções à Regra do Octeto

Como mencionamos anteriormente, a regra do octeto aplica-se, sobretudo, aos elementos do segundo período. Existem três exceções a esta regra: o octeto incompleto, um número ímpar de elétrons, e um número de elétrons de valência maior que oito ao redor do átomo central.

O Octeto Incompleto

Para alguns compostos, o número de elétrons em torno do átomo central em uma molécula estável é menor do que oito. Consideremos, por exemplo, o berílio, que é um elemento do Grupo 2 (e do segundo período). A configuração eletrônica do berílio é $1s^2 2s^2$; ele tem dois elétrons de valência no orbital $2s$. Na fase gasosa, o hidreto de berílio (BeH_2) existe na forma de molécula discreta (ou isolada). A estrutura de Lewis do BeH_2 é

$$H—Be—H$$

Como podemos ver, existem apenas quatro elétrons ao redor do átomo de Be, e não há como satisfazer à regra do octeto para o berílio nessa molécula.

Os elementos do Grupo 3, particularmente o boro e o alumínio, também tendem a formar compostos nos quais apresentam menos de oito elétrons. Tomemos o boro como exemplo. Sua configuração eletrônica é $1s^2 2s^2 2p^1$, e ele tem um total de três elétrons de valência. O boro reage com os halogênios para formar uma classe de compostos com fórmula geral BX_3, em que X é um átomo de halogênio. Assim, no trifluoreto de boro existem apenas seis elétrons em torno do átomo de boro:

Interatividade:
Exceções à Regra do Octeto
Centro de Aprendizagem
Online, Interativo

O berílio, ao contrário dos outros elementos do Grupo 2, forma principalmente compostos covalentes, como por exemplo, o BeH_2.

Todas as estruturas de ressonância a seguir contêm uma ligação dupla entre os átomos B e F e satisfazem a regra do octeto para o boro:

$$\overset{+}{:\!\ddot{F}\!:}=\overset{:\ddot{F}:}{\underset{:\ddot{F}:}{B^-}} \longleftrightarrow :\ddot{F}-\overset{:\ddot{F}:^+}{\underset{:\ddot{F}:}{B^-}} \longleftrightarrow :\ddot{F}-\overset{:\ddot{F}:}{\underset{:\ddot{F}:^+}{B^-}}$$

O fato de o comprimento da ligação B—F no BF$_3$ (130,9 pm) ser menor do que o comprimento de uma ligação simples (137,3 pm) dá suporte às estruturas de ressonância, mesmo que em cada caso a carga formal negativa esteja localizada no átomo de boro e a carga formal positiva no átomo de flúor.

Embora o trifluoreto de boro seja estável, ele reage prontamente com a amônia. A melhor forma de representar essa reação é considerar a estrutura de Lewis na qual existem apenas seis elétrons de valência em torno do átomo de boro:

$$:\ddot{F}-\overset{:\ddot{F}:}{\underset{:\ddot{F}:}{B}} \;+\; :\!\overset{H}{\underset{H}{N}}\!-\!H \longrightarrow :\ddot{F}-\overset{:\ddot{F}:}{\underset{:\ddot{F}:}{B^-}}\!-\!\overset{H}{\underset{H}{N^+}}\!-\!H$$

As propriedades do BF$_3$ são melhor explicadas levando em conta todas as quatro estruturas de ressonância.

A ligação B—N no composto anterior é diferente das ligações covalentes discutidas até agora, no sentido de que os dois elétrons são doados pelo átomo de N. Esse tipo de ligação é denominada **ligação covalente coordenada** (também chamada de *ligação dativa*), e definida como *uma ligação covalente na qual um dos átomos doa ambos os elétrons*. Embora as propriedades de uma ligação covalente coordenada não sejam diferentes daquelas de uma ligação covalente normal (porque todos os elétrons são semelhantes, independentemente de sua origem), a distinção é útil para identificar os elétrons de valência e para atribuir as cargas formais.

Moléculas com Número Ímpar de Elétrons

Algumas moléculas contêm um número *ímpar* de elétrons. Dentre elas encontram-se o óxido nítrico (NO) e o dióxido de nitrogênio (NO$_2$):

$$\dot{\ddot{N}}=\ddot{O} \qquad \ddot{O}=N^+-\ddot{O}:^-$$

Como é necessário um número par de elétrons para haver emparelhamento completo (para completar oito elétrons), a regra do octeto claramente não pode ser satisfeita por todos os átomos em qualquer uma dessas moléculas.

As moléculas com um número ímpar de elétrons são, às vezes, chamadas de *radicais*. Muitos radicais são altamente reativos devido à tendência de o elétron desemparelhado formar ligação covalente com um elétron desemparelhado de outra molécula. Por exemplo, ao colidirem, duas moléculas de dióxido de nitrogênio formam o tetróxido de dinitrogênio; nessa molécula a regra do octeto é satisfeita tanto para o átomo de N quanto para o de O:

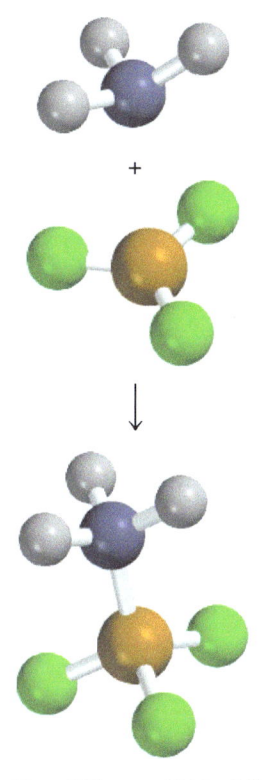

$$\overset{:\ddot{O}:}{\underset{:\ddot{O}:}{N}}\cdot \;+\; \cdot\overset{:\ddot{O}:}{\underset{:\ddot{O}:}{N}} \longrightarrow \overset{:\ddot{O}:}{\underset{:\ddot{O}:}{N}}-\overset{:\ddot{O}:}{\underset{:\ddot{O}:}{N}}$$

NH$_3$ + BF$_3$ ⟶ H$_3$N—BF$_3$

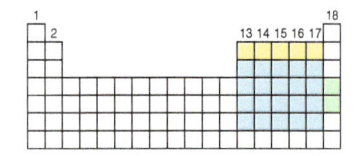

Amarelo: elementos do segundo período não podem expandir o octeto. Azul: os elementos assinalados do terceiro e seguintes períodos podem expandir o octeto. Verde: apenas alguns dos gases nobres podem apresentar octeto expandido.

O dicloreto de enxofre é um líquido tóxico, mal cheiroso e de cor vermelho-cereja (p.e.: 59°C).

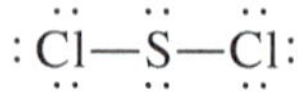

O Octeto Expandido

Os átomos dos elementos do segundo período não podem ter mais que oito elétrons de valência, mas aqueles do terceiro ou dos períodos seguintes da Tabela Periódica formam alguns compostos em que o átomo central está rodeado por mais de oito elétrons. Além dos orbitais $3s$ e $3p$, os elementos do terceiro período também têm orbitais $3d$ que podem ser utilizados na formação de ligações. Esses orbitais permitem que o átomo forme um *octeto expandido*. O hexafluoreto de enxofre é um composto muito estável, que apresenta octeto expandido. A configuração eletrônica do enxofre é $[Ne]3s^23p^4$. No SF_6, cada um dos seis elétrons de valência do enxofre forma uma ligação covalente com o átomo de flúor. Existem, portanto, 12 elétrons em torno do átomo de enxofre central:

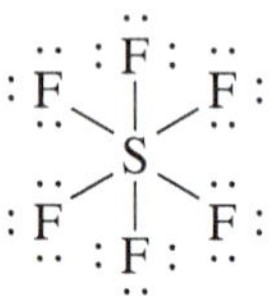

No Capítulo 10, veremos que esses 12 elétrons, ou seja, seis pares ligantes, estão acomodados em seis orbitais que se formam a partir do orbital $3s$, dos três orbitais $3p$ e de dois dos cinco orbitais $3d$. O enxofre também forma muitos compostos em que o átomo obedece à regra do octeto. No dicloreto de enxofre, por exemplo, o S está rodeado apenas por oito elétrons:

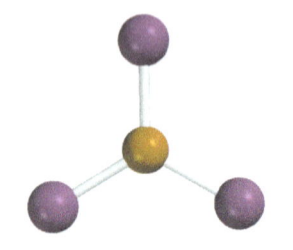

O AlI_3 tende a se dimerizar, ou seja, formar Al_2I_6 pela união de duas unidades de AlI_3

EXEMPLO 9.8

Faça um esboço da estrutura de Lewis para o triiodeto de alumínio (AlI_3).

Estratégia   Seguimos os procedimentos utilizados nos Exemplos 9.4 e 9.5 para desenhar a estrutura de Lewis e calcular as cargas formais.

Solução   As configurações eletrônicas das camadas mais externas do Al e do I são $3s^23p^1$ e $5s^25p^5$, respectivamente. O número total de elétrons de valência é $3 + (3 \times 7)$, ou seja 24. Como o Al é menos eletronegativo do que o I, ele ocupa a posição central e forma três ligações com os átomos de I:

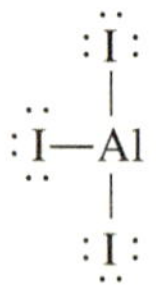

Note que não existem cargas formais nos átomos de Al e de I.

Verificação   Embora a regra do octeto tenha sido satisfeita para os átomos de I, existem apenas seis elétrons de valência ao redor do átomo de Al. Assim, o AlI_3 é um exemplo de octeto incompleto.

Exercício   Desenhe a estrutura de Lewis para o BeF_2.

Problema semelhante: 9.40.

EXEMPLO 9.9

Desenhe a estrutura de Lewis para o pentafluoreto de fósforo (PF_5), em que todos os cinco átomos de F estão ligados ao átomo de P central.

(Continua)

Estratégia Note que o P é um elemento do terceiro período. Vamos seguir os procedimentos dados nos Exemplos 9.5 e 9.6 para escrever a estrutura de Lewis e calcular as cargas formais.

Solução As configurações eletrônicas das camadas mais externas do P e do F são, respectivamente, $3s^2 3p^3$ e $2s^2 2p^5$, e assim o número total de elétrons de valência é $5 + (5 \times 7)$, ou seja 40. O fósforo, tal como o enxofre, é um elemento do terceiro período e, portanto, pode expandir seu octeto. A estrutura de Lewis do PF_5 é

$$\begin{array}{c} :\ddot{F}: \\ | \quad \ddot{F}: \\ :\ddot{F}-P \\ | \quad \ddot{F}: \\ :\ddot{F}: \end{array}$$

Observe que não existem cargas formais nos átomos de P e de F.

Verificação Embora a regra do octeto tenha sido satisfeita para os átomos de F, os dez elétrons de valência ao redor do átomo P indicam um octeto expandido.

Exercício Desenhe a estrutura de Lewis para o pentafluoreto de arsênio (AsF_5).

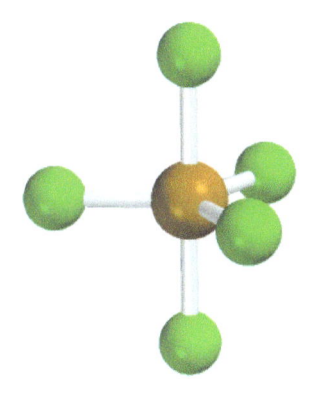

PF_5 é um composto gasoso reativo.

Problema semelhante: 9.42.

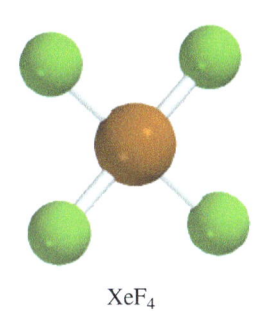

Uma nota final acerca do octeto expandido: muitas vezes, ao escrevermos estruturas de Lewis para compostos contendo átomos centrais de elementos do terceiro, ou dos períodos seguintes, verificamos que apesar de a regra do octeto ser satisfeita para todos os átomos, ainda ficam restando elétrons para distribuir. Nesses casos, os elétrons restantes devem ser colocados como pares isolados no átomo central.

EXEMPLO 9.10

Desenhe a estrutura de Lewis do composto de gás nobre tetrafluoreto de xenônio (XeF_4), no qual todos os átomos de F estão ligados ao átomo de Xe central.

Estratégia Observe que o Xe é um elemento do quinto período. Seguimos os procedimentos dos Exemplos 9.4 e 9.5 para desenhar a estrutura de Lewis e calcular as cargas formais.

Solução *Passo 1:* O esqueleto estrutural do XeF_4 é

$$\begin{array}{ccc} F & & F \\ & Xe & \\ F & & F \end{array}$$

Passo 2: As configurações eletrônicas das camadas mais externas do Xe e do F são $5s^2 5p^6$ e $2s^2 2p^5$, respectivamente, e portanto o número total de elétrons de valência é $8 + (4 \times 7)$, ou seja 36.

Passo 3: Colocamos ligações covalentes simples entre todos os átomos que estão ligados. A regra do octeto é satisfeita para todos os átomos de F, ficando cada um deles com três pares isolados. A soma dos elétrons dos pares isolados dos quatro átomos F (4×6) e dos quatro pares ligantes (4×2) é 32. Portanto, os quatro elétrons restantes devem ser alocados no átomo de Xe, como dois pares de elétrons isolados:

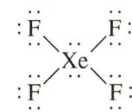

$$\begin{array}{c} :\ddot{F} \quad \ddot{F}: \\ \ddot{X}\ddot{e} \\ :\ddot{F} \quad \ddot{F}: \end{array}$$

Vemos que o átomo de Xe tem um octeto expandido. Não existem cargas formais nos átomos de Xe e de F.

Exercício Escreva a estrutura de Lewis para o tetrafluoreto de enxofre (SF_4).

XeF_4

Problema semelhante: 9.41.

9.8 Energia de Ligação

Uma medida da estabilidade de uma molécula é a sua *energia de ligação*, definida como *a variação de entalpia necessária para quebrar uma ligação em 1 mol de moléculas no estado gasoso*. (As energias de ligações em sólidos e líquidos são influenciadas pelas moléculas vizinhas.) Por exemplo a energia de ligação determinada experimentalmente para a molécula de hidrogênio, diatômica, é a seguinte:

$$H_2(g) \longrightarrow H(g) + H(g) \qquad \Delta H° = 436,4 \text{ kJ/mol}$$

Essa equação indica-nos que a quebra das ligações covalentes em 1 mol de moléculas de H_2 no estado gasoso requer a energia de 436,4 kJ/mol. Para a molécula de cloro, que é menos estável,

$$Cl_2(g) \longrightarrow Cl(g) + Cl(g) \qquad \Delta H° = 242,7 \text{ kJ/mol}$$

As energias de ligação também podem ser medidas diretamente para moléculas que contêm elementos diferentes, tal como o HCl,

$$HCl(g) \longrightarrow H(g) + Cl(g) \qquad \Delta H° = 431,9 \text{ kJ/mol}$$

e para moléculas que apresentam ligações duplas e triplas:

$$O_2(g) \longrightarrow O(g) + O(g) \qquad \Delta H° = 498,7 \text{ kJ/mol}$$
$$N_2(g) \longrightarrow N(g) + N(g) \qquad \Delta H° = 941,4 \text{ kJ/mol}$$

A estrutura de Lewis de O_2 é $\ddot{O}=\ddot{O}$.

Medir as forças de ligações covalentes em moléculas poliatômicas é mais complicado. Por exemplo, as medidas mostram que a energia necessária para quebrar a primeira ligação O—H é diferente daquela necessária para quebrar a segunda ligação O—H na molécula de H_2O:

$$H_2O(g) \longrightarrow H(g) + OH(g) \qquad \Delta H° = 502 \text{ kJ/mol}$$
$$OH(g) \longrightarrow H(g) + O(g) \qquad \Delta H° = 427 \text{ kJ/mol}$$

Em cada caso, é quebrada uma ligação O—H, mas a primeira etapa é mais endotérmica do que a segunda. A diferença entre os dois valores de $\Delta H°$ sugere que a segunda ligação O—H sofre influência das variações do ambiente químico.

Podemos compreender agora por que as energias das ligações O—H, em duas moléculas diferentes tais como o metanol (CH_3OH) e a água (H_2O) não são iguais: os seus ambientes químicos são diferentes. Portanto, para moléculas poliatômicas temos de considerar a energia *média* de ligação. Por exemplo, podemos medir as energias de ligações O—H para dez moléculas poliatômicas diferentes e obter a energia média da ligação O—H dividindo a soma das energias de ligação por 10. A Tabela 9.2 mostra as energias médias de ligação de várias moléculas diatômicas e poliatômicas. Como foi afirmado anteriormente, as ligações triplas são mais fortes do que as ligações duplas, as quais, por sua vez, são mais fortes do que as ligações simples.

Utilização de Energias de Ligação em Termoquímica

Comparando as mudanças termoquímicas que ocorrem durante algumas reações (Capítulo 6), verificamos a ocorrência de uma grande variação de entalpia ao considerar diferentes reações. Por exemplo, a combustão do gás hidrogênio na presença de oxigênio gasoso é razoavelmente exotérmica:

$$H_2(g) + \tfrac{1}{2}O_2(g) \longrightarrow H_2O(l) \qquad \Delta H° = -285,8 \text{ kJ/mol}$$

TABELA 9.2	Algumas Energias de Ligação de Moléculas Diatômicas* e Energias Médias de Ligação para Ligações em Moléculas Poliatômicas		
Energia	Energia de ligação (kJ/mol)	Energia	Energia de ligação (kJ/mol)
H—H	436,4	C—S	255
H—N	393	C=S	477
H—O	460	N—N	193
H—S	368	N=N	418
H—P	326	N≡N	941,4
H—F	568,2	N—O	176
H—Cl	431,9	N—P	209
H—Br	366,1	O—O	142
H—I	298,3	O=O	498,7
C—H	414	O—P	502
C—C	347	O=S	469
C=C	620	P—P	197
C≡C	812	P=P	489
C—N	276	S—S	268
C=N	615	S=S	352
C≡N	891	F—F	156,9
C—O	351	Cl—Cl	242,7
C=O†	745	Br—Br	192,5
C—P	263	I—I	151,0

*As energias de ligação das moléculas diatômicas (em negrito) têm mais algarismos significativos do que as energias de ligação das moléculas poliatômicas, porque são quantidades diretamente mensuráveis, e não o resultado de uma média de energias de ligação determinada com base nas energias, de ligação de muitos compostos.
†A energia de ligação C=O no CO_2 é 799 kJ/mol.

Por outro lado, a formação da glicose ($C_6H_{12}O_6$) a partir de água e dióxido de carbono, realizada de modo eficiente pela fotossíntese, é altamente endotérmica:

$$6CO_2(g) + 6H_2O(l) \longrightarrow C_6H_{12}O_6(s) + 6O_2(g) \quad \Delta H° = 2801 \text{ kJ/mol}$$

Podemos explicar essas variações se considerarmos a estabilidade das moléculas de cada reagente e de cada produto. Afinal, a maioria das reações químicas envolve a quebra e a formação de ligações. Dessa forma, o conhecimento das energias de ligação e, portanto, da estabilidade das moléculas nos dá alguma indicação sobre a natureza termoquímica das reações que as moléculas sofrem.

Em muitos casos, é possível prever a entalpia de reação aproximada, utilizando as energias médias de ligação. Como toda quebra de ligação química requer energia e toda formação de ligação química é sempre acompanhada de liberação de energia, podemos estimar a entalpia de uma reação contando o número total de ligações quebradas e formadas na reação e registrando todas as variações de energia correspondentes. A entalpia de reação na *fase gasosa* é dada por

$$\Delta H° = \Sigma EL(\text{reagentes}) - \Sigma EL(\text{produtos})$$
$$= \text{energia total fornecida} - \text{energia total liberada} \quad (9.1)$$

Figura 9.6
Variações das energias de ligação em (a) uma reação endotérmica e (b) uma reação exotérmica.

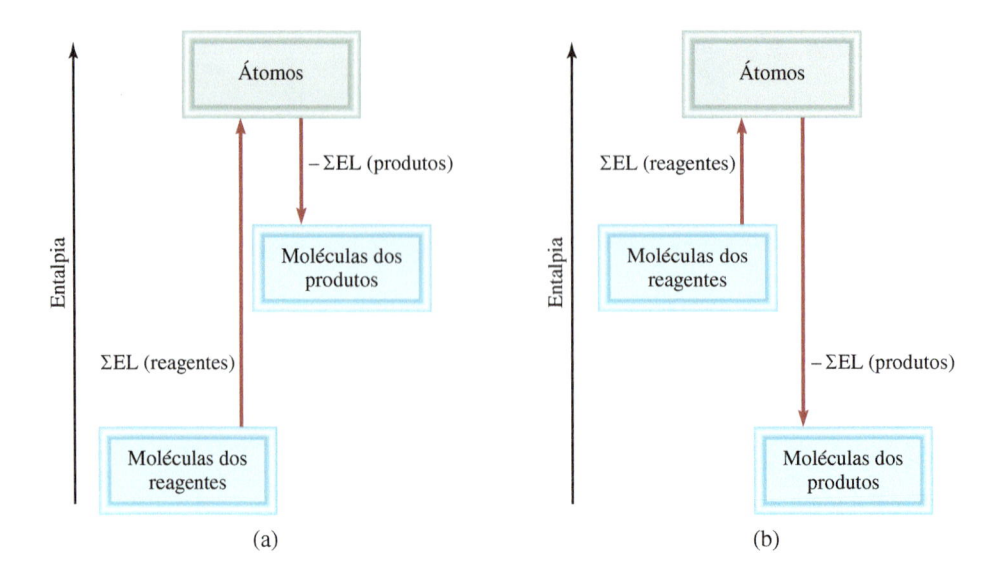

em que EL representa a energia média de ligação e Σ é o somatório. A Equação (9.1), tal como está escrita, considera a convenção do sinal para $\Delta H°$. Assim, se a energia total fornecida for maior do que a energia total liberada, $\Delta H°$ é positivo e a reação é endotérmica. Por outro lado, se a liberação for maior do que a absorção de energia, $\Delta H°$ é negativo e a reação é exotérmica (Figura 9.6). Se todas as moléculas, dos reagentes e dos produtos, forem diatômicas, a Equação (9.1) fornecerá resultados precisos porque as energias de ligação de moléculas diatômicas são conhecidas com precisão. Se algumas ou todas as moléculas dos reagentes e produtos forem poliatômicas, a Equação (9.1) fornecerá somente resultados aproximados, uma vez que as energias de ligação usadas nos cálculos são energias médias.

EXEMPLO 9.11

Calcule a variação de entalpia para a combustão do hidrogênio gasoso:

$$2H_2(g) + O_2(g) \longrightarrow 2H_2O(g)$$

Estratégia Observe que H_2O é uma molécula poliatômica e que precisamos utilizar o valor da energia média para a ligação O—H.

Solução Construímos a seguinte tabela:

Tipo de ligações quebradas	Número de ligações quebradas	Energia de ligação (kJ/mol)	Variação de energia (kJ/mol)
H—H (H_2)	2	436,4	872,8
O=O (O_2)	1	498,7	498,7

Tipo de ligações formadas	Número de ligações formadas	Energia de ligação (kJ/mol)	Variação de energia (kJ/mol)
O—H (H_2O)	4	460	1840

Em seguida, obtemos a energia total fornecida e a energia total liberada:

energia total fornecida = 872,8 kJ/mol + 498,7 kJ/mol = 1371,5 kJ/mol

energia total liberada = 1840 kJ/mol

(Continua)

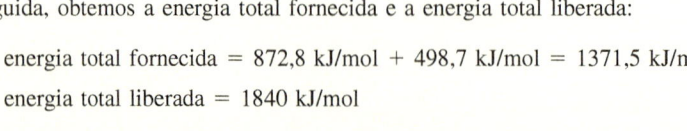

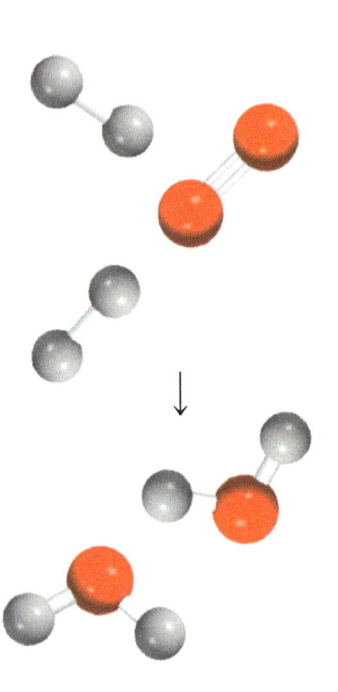

Utilizando a Equação (9.1), temos

$$\Delta H° = 1371,5 \text{ kJ/mol} - 1840 \text{ kJ/mol} = -469 \text{ kJ/mol}$$

Esse resultado é apenas uma estimativa, pois a energia da ligação O—H é uma quantidade média. Alternativamente, podemos utilizar a Equação (6.18) e os dados do Apêndice 2 para calcular a entalpia de reação:

$$\Delta H° = 2\Delta H_f°(H_2O) - [2\Delta H_f°(H_2) + \Delta H_f°(O_2)]$$
$$= 2(-241,8 \text{ kJ/mol}) - 0 - 0$$
$$= -483,6 \text{ kJ/mol}$$

Verificação   Note que o valor estimado com base nas energias médias de ligação é bastante próximo do valor calculado utilizando os dados para $\Delta H_f°$. Em geral, a Equação (9.1) funciona melhor para reações que são bastante endotérmicas ou bastante exotérmicas, isto é, reações para as quais $\Delta H_{rxn}° > 100$ kJ/mol ou $\Delta H_{rxn}° < -100$ kJ/mol.

Problema semelhante: 9.50.

Exercício   Para a reação:

$$H_2(g) + C_2H_4(g) \longrightarrow C_2H_6(g)$$

(a) Estime a entalpia de reação utilizando os valores das energias de ligação da Tabela 9.2.
(b) Calcule a entalpia de reação empregando as entalpias-padrão de formação. ($\Delta H_f°$ para H_2, C_2H_4 e C_2H_6 são, respectivamente, 0 kJ/mol, 52,3 kJ/mol e $-84,7$ kJ/mol.)

• Resumo de Fatos e Conceitos

1. Os símbolos de Lewis mostram os números de elétrons de valência dos átomos de determinados elementos e são muito úteis para os elementos representativos.
2. Em uma ligação covalente, dois elétrons (um par) são compartilhados por dois átomos. Nas ligações covalentes múltiplas, dois ou três pares de elétrons são compartilhados por dois átomos. Alguns átomos unidos por ligações covalentes também têm pares isolados, isto é, pares de elétrons que não estão envolvidos nas ligações. O arranjo dos elétrons ligantes e dos pares isolados ao redor dos átomos de uma molécula é representado pela estrutura de Lewis.
3. A eletronegatividade é a medida da capacidade de um átomo atrair elétrons em uma ligação química.
4. A regra do octeto prevê que os átomos formam ligações covalentes suficientes para que cada um tenha oito elétrons em torno de si. Quando um átomo, de um par de átomos ligados covalentemente, doa dois elétrons para a ligação, a estrutura de Lewis pode incluir a carga formal em cada átomo como meio de identificar os elétrons de valência. Existem exceções à regra do octeto, particularmente para compostos de berílio covalentes, para elementos do Grupo 3 e para elementos do terceiro e dos períodos seguintes da Tabela Periódica.
5. Para algumas moléculas ou íons poliatômicos, duas ou mais estruturas de Lewis com o mesmo esqueleto estrutural podem satisfazer à regra do octeto e parecer em quimicamente razoáveis. Nesse caso, é o conjunto dessas estruturas de ressonância que representa a molécula ou íon.
6. A força de uma ligação covalente é medida em termos de sua energia de ligação. As energias de ligação podem ser utilizadas para estimar as entalpias de reações.

Palavras-chave

Carga formal, p. 281
Compostos covalentes, p. 274
Comprimento da ligação, p. 275
Eletronegatividade, p. 276
Energia de ligação, p. 290
Estrutura de Lewis, p. 274
Estrutura de ressonância, p. 284
Ligação covalente coordenada, p. 287
Ligação covalente polar, p. 276
Ligação covalente, p. 274
Ligação dupla, p. 275
Ligação iônica, p. 276
Ligação múltipla, p. 275
Ligação simples, p. 275
Ligação tripla, p. 275
Pares isolados, p. 274
Regra do Octeto, p. 275
Ressonância, p. 284
Símbolo de Lewis, p. 273

Questões e Problemas

Símbolos de Lewis
Questões de Revisão

9.1 Em que consiste um símbolo de Lewis? A quais elementos, principalmente, ele se aplica?

9.2 Utilize o segundo membro de cada grupo, do grupo 1 ao 17, para mostrar que o número de elétrons de valência do átomo de um elemento é igual ao número do seu grupo.

9.3 Sem recorrer à Figura 9.1, escreva os símbolos de Lewis para os átomos dos seguintes elementos: (a) Be, (b) K, (c) Ca, (d) Ga, (e) O, (f) Br, (g) N, (h) I, (i) As, (j) F.

9.4 Escreva os símbolos de Lewis para os seguintes íons: (a) Li^+, (b) Cl^-, (c) S^{2-}, (d) Ba^{2+}, (e) N^{3-}.

9.5 Escreva os símbolos de Lewis para os seguintes átomos e íons: (a) I, (b) I^-, (c) S, (d) S^{2-}, (e) P, (f) P^{3-}, (g) Na, (h) Na^+, (i) Mg, (j) Mg^{2+}, (k) Al, (l) Al^{3+}, (m) Pb, (n) Pb^{2+}.

Ligação Covalente
Questões de Revisão

9.6 Qual foi a contribuição de Lewis para a nossa compreensão da ligação covalente?

9.7 Defina os seguintes termos: pares isolados, estrutura de Lewis, regra do octeto, comprimento de ligação.

9.8 Qual é a diferença entre um símbolo de Lewis e uma estrutura de Lewis?

9.9 Quantos pares de elétrons isolados existem nos átomos sublinhados destes compostos: H<u>Br</u>, H₂<u>S</u>, <u>C</u>H₄.

9.10 Qual é a diferença entre ligações simples, duplas e triplas? Dê exemplos de cada uma.

Eletronegatividade e Tipos de Ligação
Questões de Revisão

9.11 Defina eletronegatividade e explique a diferença entre eletronegatividade e afinidade eletrônica. Descreva como variam, em geral, as eletronegatividades dos elementos de acordo com a posição na tabela periódica.

9.12 O que é uma ligação covalente polar? Dê exemplo de dois compostos que contenham uma ou mais ligações covalentes polares.

Problemas

•9.13 Coloque as seguintes ligações em ordem crescente de caráter iônico: a ligação lítio-flúor no LiF, a ligação potássio-oxigênio no K_2O, a ligação nitrogênio-nitrogênio no N_2, a ligação enxofre-oxigênio no SO_2, a ligação cloro-flúor no ClF_3.

•9.14 Coloque as seguintes ligações em ordem crescente de caráter iônico: carbono-hidrogênio, flúor-hidrogênio, bromo-hidrogênio, sódio-cloro, potássio-flúor, lítio-cloro.

9.15 Quatro átomos são arbitrariamente designados por D, E, F e G. As suas eletronegatividades são as seguintes: D = 3,8, E = 3,3, F = 2,8 e G = 1,3. Supondo que esses átomos formam as moléculas DE, DG, EG e DF, como você arranjaria essas moléculas segundo uma ordem crescente de caráter covalente das ligações?

•9.16 Coloque as seguintes ligações em ordem crescente de caráter iônico: césio-flúor, cloro-cloro, bromo-cloro, silício-carbono.

•9.17 Classifique as seguintes ligações como iônicas, covalentes polares ou covalentes e explique suas respostas: (a) a ligação C-C no H_3CCH_3, (b) a ligação K-I no KI, (c) a ligação N-B no H_3NBCl_3, (d) a ligação Cl-O no ClO_2.

•9.18 Classifique as seguintes ligações como iônicas, covalentes polares, ou covalentes e explique suas respostas: (a) a ligação Si-Si no $Cl_3SiSiCl_3$, (b) a ligação Si-Cl no $Cl_3SiSiCl_3$, (c) a ligação Ca-F no CaF_2, (d) a ligação N-H no NH_3.

Estrutura de Lewis e Regra do Octeto
Questões de Revisão

9.19 Faça um resumo dos aspectos essenciais da regra do octeto proposta por Lewis. Essa regra aplica-se principalmente aos elementos do segundo período. Explique.

9.20 Explique o conceito de carga formal. As cargas formais em uma molécula representam separações reais de cargas?

Problemas

••9.21 Escreva as estruturas de Lewis para as seguintes moléculas: (a) ICl, (b) PH_3, (c) P_4 (cada P está ligado a outros

---
Níveis de Dificuldade: • Fácil •• Médio ••• Difícil.

três átomos de P), (d) H$_2$S, (e) N$_2$H$_4$, (f) HClO$_3$, (g) COBr$_2$ (C está ligado aos átomos de O e de Br).

•• 9.22 Escreva as estruturas de Lewis dos seguintes íons: (a) O$_2^{2-}$, (b) C$_2^{2-}$, (c) NO$^+$, (d) NH$_4^+$. Mostre as cargas formais.

•• 9.23 As seguintes estruturas de Lewis estão incorretas. Explique o que está errado e escreva a estrutura correta para cada molécula. (As posições relativas dos átomos estão corretamente representadas.)

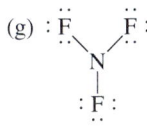

(a) H—C=N
(b) H=C=C=H
(c) O—Sn—O
(d) F—B(—F)—F com F
(e) H—O=F
(f) H—C(—F)—O
(g) F—N(—F)—F

• 9.24 O esqueleto estrutural do ácido acético mostrado a seguir está correto, mas algumas das ligações não. (a) Identifique as ligações incorretas e explique o que está errado. (b) Escreva a estrutura de Lewis correta para o ácido acético.

H=C(—H)—C(=O)—O—H

Ressonância
Questões de Revisão

9.25 Defina comprimento de ligação, ressonância e estrutura de ressonância.

9.26 É possível "isolar" a estrutura de ressonância de um composto para estudá-la? Explique.

Problemas

••• 9.27 Às vezes o conceito de ressonância é descrito fazendo-se uma analogia com uma mula, que é um cruzamento entre cavalo e jumento (ou égua e jumento). Compare essa analogia com aquela utilizada neste capítulo, ou seja, a descrição de um rinoceronte como o cruzamento entre um grifo e um unicórnio. Qual é a descrição mais apropriada? Por quê?

•• 9.28 Quais são as outras duas razões para escolher (b) no Exemplo 9.6?

••• 9.29 Escreva as estruturas de Lewis para as seguintes espécies, incluindo todas as formas de ressonância, e mostre as cargas formais: (a) HCO$_2^-$, (b) CH$_2$NO$_2^-$. As posições relativas dos átomos são as seguintes:

H—C(=O)(—O)   H$_2$C—N(=O)(—O)

•• 9.30 Desenhe três estruturas de ressonância para o íon clorato, ClO$_3^-$. Mostre as cargas formais.

• 9.31 Escreva três estruturas de ressonância para o ácido hidrazóico HN$_3$. O arranjo atômico é HNNN. Mostre as cargas formais.

•• 9.32 Desenhe duas estruturas de ressonância para o diazometano CH$_2$N$_2$. Mostre as cargas formais. O esqueleto estrutural da molécula é

H$_2$C—N—N

•• 9.33 Desenhe três estruturas de ressonância plausíveis para o íon OCN$^-$. Mostre as cargas formais.

•• 9.34 Desenhe três estruturas de ressonância para a molécula N$_2$O na qual os átomos estejam dispostos na ordem NNO. Indique as cargas formais.

Exceções à Regra do Octeto
Questões de Revisão

9.35 Por que regra do octeto não é válida para muitos compostos que contêm elementos do terceiro e dos outros períodos seguintes da tabela periódica?

9.36 Dê três exemplos de compostos que não satisfazem a regra do octeto. Escreva uma estrutura de Lewis para cada composto.

9.37 Em princípio, por ter sete elétrons de valência ($2s^2 2p^5$), o átomo de flúor poderia formar um composto com sete ligações covalentes ao seu redor. Tal composto poderia ser FH$_7$ ou FCl$_7$. Esses compostos nunca foram preparados. Por quê?

9.38 O que é uma ligação covalente coordenada? É diferente de uma ligação covalente normal?

Problemas

••• 9.39 A molécula BCl$_3$ tem um octeto incompleto em torno de B. Desenhe três estruturas de ressonância da molécula para as quais a regra do octeto seja satisfeita para os átomos de B e de Cl. Mostre as cargas formais.

••• 9.40 Na fase de vapor, o cloreto de berílio consiste em unidades moleculares discretas de BeCl$_2$. A regra do octeto é satisfeita para o Be nesse composto? Se isso não acontece, você consegue formar um octeto em torno do Be desenhando outra estrutura de ressonância? Até que ponto essa estrutura é plausível?

•••• 9.41 Dos gases nobres, apenas o Kr, Xe e Rn formam alguns compostos com o O e/ou o F. Escreva as estruturas de Lewis para as seguintes moléculas: (a) XeF$_2$, (b) XeF$_4$, (c) XeF$_6$, (d) XeOF$_4$, (e) XeO$_2$F$_2$. Em todos os casos, o Xe é o átomo central.

• 9.42 Escreva uma estrutura de Lewis para SbCl$_5$. A regra do octeto é obedecida nessa molécula?

• 9.43 Escreva estruturas de Lewis para SeF$_4$ e SeF$_6$. A regra do octeto é satisfeita para o Se?

Biológica: 9.57, 9.89. **Conceitual:** 9.27, 9.51, 9.60, 9.62, 9.63, 9.76, 9.84.

9.44 Escreva estruturas de Lewis para a reação

$$AlCl_3 + Cl^- \longrightarrow AlCl_4^-$$

Que tipo de ligação existe entre o Al e o Cl no produto da reação?

Energia de Ligação
Questões de Revisão

9.45 O que é energia de ligação? As energias de ligação de moléculas poliatômicas são valores médios. Por quê?

9.46 Explique por que a energia de ligação de uma molécula é normalmente definida em termos de uma reação em fase gasosa. Por que os processos de quebra de ligações são sempre endotérmicos e os de formação de ligações sempre exotérmicos?

Problemas

9.47 A partir dos dados a seguir, calcule a energia média da ligação N—H:

$NH_3(g) \longrightarrow NH_2(g) + H(g) \quad \Delta H° = 435$ kJ/mol
$NH_2(g) \longrightarrow NH(g) + H(g) \quad \Delta H° = 381$ kJ/mol
$NH(g) \longrightarrow N(g) + H(g) \quad \Delta H° = 360$ kJ/mol

9.48 Considere a reação

$$O(g) + O_2(g) \longrightarrow O_3(g) \quad \Delta H° = -107,2 \text{ kJ/mol}$$

calcule a energia média de ligação no O_3.

9.49 A energia de ligação de $F_2(g)$ é 156,9 kJ/mol. Calcule $\Delta H_f°$ para $F(g)$.

9.50 (a) Para a reação

$$2C_2H_6(g) + 7O_2(g) \longrightarrow 4CO_2(g) + 6H_2O(g)$$

prediga a entalpia da reação a partir das energias médias de ligação da Tabela 9.2. (b) Calcule a entalpia de reação com base nas entalpias-padrão de formação (veja o Apêndice 2) das moléculas dos reagentes e dos produtos e compare o resultado com a sua resposta da parte (a).

Problemas Adicionais

9.51 Faça a correspondência entre cada uma das variações de energia e os processos apresentados: energia de ionização, afinidade eletrônica, energia de ligação e entalpia-padrão de formação

(a) $F(g) + e^- \longrightarrow F^-(g)$
(b) $F_2(g) \longrightarrow 2F(g)$
(c) $Na(g) \longrightarrow Na^+(g) + e^-$
(d) $Na(s) + \frac{1}{2}F_2(g) \longrightarrow NaF(s)$

9.52 As fórmulas para os fluoretos dos elementos do terceiro período são NaF, MgF_2, AlF_3, SiF_4, PF_5, SF_6 e ClF_3. Classifique esses compostos como covalentes ou iônicos.

9.53 Utilize os valores de energia de ionização (veja a Tabela 8.2) e de afinidade eletrônica (veja a Tabela 8.3) para calcular a variação de energia (em kilojoules) para as seguintes reações:

(a) $Li(g) + I(g) \longrightarrow Li^+(g) + I^-(g)$
(b) $Na(g) + F(g) \longrightarrow Na^+(g) + F^-(g)$
(c) $K(g) + Cl(g) \longrightarrow K^+(g) + Cl^-(g)$

9.54 Descreva algumas características de um composto iônico, como o KF, que o distinguiria de um covalente, como o CO_2.

9.55 Escreva as estruturas de Lewis para BrF_3, ClF_5 e IF_7. Identifique aquelas em que a regra do octeto não é obedecida.

9.56 Escreva três estruturas de ressonância plausíveis para o íon azida N_3^- em que o arranjo dos átomos é NNN. Mostre as cargas formais.

9.57 O grupo amida desempenha papel importante na determinação de estruturas de proteínas:

Desenhe outra estrutura de ressonância para esse grupo. Mostre as cargas formais.

9.58 Dê um exemplo de íon ou molécula que tenha Al e (a) obedeça à regra do octeto, (b) tenha um octeto expandido, (c) tenha um octeto incompleto.

9.59 Desenhe quatro estruturas de ressonância plausíveis para o íon PO_3F^{2-}. O átomo P central está ligado aos três átomos de O e ao átomo de F. Mostre as cargas formais.

9.60 Tentativas de preparar os seguintes compostos como espécies estáveis, sob condições atmosféricas, falharam. Sugira possíveis razões para o fracasso.

$CF_2 \quad CH_5 \quad FH_2^- \quad PI_5$

9.61 Desenhe estruturas de ressonância plausíveis para os seguintes íons que contêm enxofre: (a) HSO_4^-, (b) SO_4^{2-}, (c) HSO_3^-, (d) SO_3^{2-}.

9.62 São verdadeiras ou falsas as afirmações seguintes? (a) as cargas formais representam separações reais de cargas; (b) $\Delta H°_{reac}$ pode ser previsto por meio das energias de ligação dos reagentes e dos produtos; (c) todos os compostos de elementos do segundo período obedecem à regra do octeto; (d) as estruturas de ressonância de uma molécula podem ser separadas umas das outras.

9.63 Uma regra para desenhar estruturas de Lewis plausíveis é que o átomo central seja invariavelmente menos eletronegativo que os átomos circundantes. Explique o porquê.

9.64 Utilizando a informação

$C(s) \longrightarrow C(g) \quad \Delta H°_{reac} = 716$ kJ/mol
$2H_2(g) \longrightarrow 4H(g) \quad \Delta H°_{reac} = 872,8$ kJ/mol

e sabendo que a energia média da ligação C—H é 414 kJ/mol, estime a entalpia-padrão de formação do metano (CH_4).

•9.65 Com base em considerações energéticas, qual das seguintes reações ocorrerá mais facilmente?

(a) $Cl(g) + CH_4(g) \longrightarrow CH_3Cl(g) + H(g)$
(b) $Cl(g) + CH_4(g) \longrightarrow CH_3(g) + HCl(g)$

(*Sugestão:* Consulte a Tabela 9.2 e suponha que a energia média da ligação C—Cl é 338 kJ/mol.)

••9.66 Qual das moléculas seguintes tem a ligação nitrogênio-nitrogênio mais curta? Explique.

$N_2H_4 \quad N_2O \quad N_2 \quad N_2O_4$

•9.67 A maioria dos ácidos orgânicos podem ser representados como RCOOH, em que COOH é o grupo carboxílico e R, a parte restante da molécula (por exemplo, R é CH_3 no ácido acético, CH_3COOH). (a) Desenhe uma estrutura de Lewis para o grupo carboxílico, (b) Após a ionização, o grupo carboxílico é convertido no grupo carboxilato, COO^-. Desenhe estruturas de ressonância para o grupo carboxilato.

••9.68 Quais das seguintes espécies são isoeletrônicas? NH_4^+, C_6H_6, CO, CH_4, N_2, $B_3N_3H_6$?

•••9.69 As seguintes espécies têm sido detectadas no espaço interestrelar: (a) CH, (b) OH, (c) C_2, (d) HNC, (e) HCO. Desenhe estruturas de Lewis para essas espécies e indique se elas são diamagnéticas ou paramagnéticas.

•9.70 O íon amideto, NH_2^-, é uma base de Brønsted. Represente a reação entre este íon e a água empregando estruturas de Lewis.

•••9.71 Desenhe estruturas de Lewis para as seguintes moléculas orgânicas: (a) tetrafluoretileno (C_2F_4), (b) propano (C_3H_8), (c) butadieno ($CH_2CHCHCH_2$), (d) propino (CH_3CCH), (e) ácido benzóico (C_6H_5COOH). (*Sugestão:* Para desenhar C_6H_5COOH, substitua um átomo de H no benzeno pelo grupo COOH.)

•••9.72 O íon triiodeto (I_3^-), no qual os átomos de I estão dispostos da forma I-I-I, é estável, mas o correspondente íon F_3^- não existe. Explique.

•••9.73 Compare a energia de ligação do F_2 com a variação de energia para o seguinte processo:

$F_2(g) \longrightarrow F^+(g) + F^-(g)$

Do ponto de vista energético, qual seria o modo de dissociação mais provável para F_2?

•••9.74 O isocianato de metila (CH_3NCO) é usado para produzir certos pesticidas. Em dezembro de 1984, em uma indústria química, houve infiltração de água em um tanque contendo essa substância. Como resultado, formou-se uma nuvem tóxica que matou milhares de pessoas em Bopal, Índia. Desenhe estruturas de Lewis para CH_3NCO, mostrando as cargas formais.

•9.75 Acredita-se que a molécula $ClONO_2$ esteja envolvida na destruição do ozônio na estratosfera da Antártida. Desenhe uma estrutura de Lewis plausível para essa molécula.

•9.76 Várias estruturas de ressonância da molécula de CO_2 são mostradas a seguir. Explique por que algumas delas não são tão importantes para descrever as ligações nessa molécula:

(a) $\ddot{O}=C=\ddot{O}$
(b) $:O\equiv C - \ddot{O}:^-$ (com + em O da esquerda)
(c) $:\overset{+}{O}\equiv C \quad \ddot{O}:^-$
(d) $:\ddot{O}-\overset{2+}{C}-\ddot{O}:^-$ (cargas negativas nos O)

•9.77 Desenhe uma estrutura de Lewis para cada uma das moléculas orgânicas seguintes, nas quais os átomos de carbono estão ligados uns aos outros por ligações simples: C_2H_6, C_4H_{10}, C_5H_{12}.

•9.78 Desenhe estruturas de Lewis para os clorofluorcarbonos (CFCs), os quais são parcialmente responsáveis pela destruição do ozônio na estratosfera: $CFCl_3$, CF_2Cl_2, CHF_2Cl, CF_3CHF_2.

•9.79 Desenhe estruturas de Lewis para as seguintes moléculas orgânicas. Em cada uma delas existe uma ligação C=C e os átomos de carbono restantes estão unidos por ligações C—C simples: C_2H_3F, C_3H_6, C_4H_8.

•9.80 Calcule $\Delta H°$ para a reação

$H_2(g) + I_2(g) \longrightarrow 2HI(g)$

utilizando (a) a Equação (9.1) e (b) a Equação (6.18), e sabendo que $\Delta H_f°$ para o $I_2(g)$ é 61,0 kJ/mol.

••9.81 Desenhe estruturas de Lewis para as seguintes moléculas orgânicas: (a) metanol (CH_3OH); (b) etanol (CH_3CH_2OH); (c) chumbo tetraetila [$Pb(CH_2CH_3)_4$] que foi usado na "gasolina com chumbo"; (d) metilamina (CH_3NH_2); (e) gás mostarda ($ClCH_2CH_2SCH_2CH_2Cl$), um gás venenoso usado na primeira Guerra Mundial; (f) uréia [$(NH_2)_2CO$], um fertilizante; e (g) glicina (NH_2CH_2COOH), um aminoácido.

••9.82 Escreva estruturas de Lewis para as seguintes espécies isoeletrônicas: (a) CO, (b) NO^+, (c) CN^-, (d) N_2. Mostre as cargas formais.

••9.83 O oxigênio forma três tipos de compostos iônicos em que estão presentes os ânions óxido (O^{2-}), peróxido (O_2^{2-}) e superóxido (O_2^-). Desenhe as estruturas de Lewis desses íons.

••9.84 Comente sobre a veracidade da seguinte afirmação: "Todos os compostos que contêm um átomo de gás nobre violam a regra do octeto".

•••9.85 (a) Com base nos seguintes dados:

$F_2(g) \longrightarrow 2F(g) \qquad \Delta H°_{reac} = 156{,}9$ kJ/mol
$F^-(g) \longrightarrow F(g) + e^- \qquad \Delta H°_{reac} = 333$ kJ/mol
$F_2^-(g) \longrightarrow F_2(g) + e^- \qquad \Delta H°_{reac} = 290$ kJ/mol

calcule a energia de ligação do íon F_2^-; (b) explique as diferenças entre as energias de ligação do F_2 e do F_2^-.

••9.86 Escreva três estruturas de ressonância para (a) o íon isocianato (CNO^-). Classifique-as em ordem de importância.

Orgânica: 9.24, 9.67, 9.71, 9.74, 9.77, 9.78, 9.79, 9.81, 9.89.

••9.87 O único composto conhecido que contém argônio é o HArF, que foi preparado em 2000. Desenhe uma estrutura de Lewis para esse composto.

••9.88 A experiência mostra que são consumidos 1656 kJ/mol para quebrar todas as ligações do metano (CH_4) e 4006 kJ//mol para quebrar todas as ligações do propano (C_3H_8). Com base nesses dados, calcule a energia média da ligação C—C.

••9.89 Entre os anestésicos inalatórios comuns estão:
halotano: $CF_3CHClBr$
enflurano: $CHFClCF_2OCHF_2$
isoflurano: $CF_3CHClOCHF_2$
metoxiflurano: $CHCl_2CF_2OCH_3$

Desenhe estruturas de Lewis para essas moléculas.

••9.90 Em escala industrial, a amônia é produzida pelo processo Haber em condições de alta pressão e alta temperatura:

$$N_2(g) + 3H_2(g) \longrightarrow 2NH_3(g)$$

Calcule a variação de entalpia para a reação utilizando (a) as energias de ligação e a Equação (9.1) e (b) os valores de ΔH_f° do Apêndice 2.

Problemas Especiais

9.91 O radical hidroxila neutro (OH) desempenha um papel importante na química atmosférica. É altamente reativo e tende a se combinar com um átomo de H de outros compostos, causando quebra das moléculas. Por isso, às vezes é chamado de radical "detergente" porque ajuda a limpar a atmosfera.

(a) Escreva a estrutura de Lewis desse radical.

(b) Consulte a Tabela 9.2 e explique por que o radical tem uma grande afinidade pelos átomos de H.

(c) Calcule a variação de entalpia da reação seguinte:

$$OH(g) + CH_4(g) \longrightarrow CH_3(g) + H_2O(g)$$

(d) O radical é formado quando a luz solar incide no vapor d'água. Calcule o comprimento de onda máximo (em nanômetros) necessário para quebrar a ligação O—H na H_2O.

9.92 O dicloroeteno ($C_2H_4Cl_2$) é utilizado para produzir o cloreto de vinila (C_2H_3Cl), que, por sua vez, é usado na manufatura do plástico cloreto de polivinila (PVC), encontrado em tubulações, revestimentos para fachadas de casas e edifícios, pisos e brinquedos.

(a) Desenhe as estruturas de Lewis para o dicloeteno e para o cloreto de vinila. Classifique as ligações como covalentes ou covalentes polares.

(b) O cloreto de polivinila é um polímero, ou seja, é uma molécula de massa molar muito elevada (da ordem de milhares a milhões de gramas). Ele é formado pela união de muitas moléculas de cloreto de vinila. A unidade repetitiva no cloreto de polivinila é —CH_2—CHCl—. Desenhe uma parte da molécula mostrando três dessas unidades.

(c) Calcule a variação de entalpia quando $1,0 \times 10^3$ kg de cloreto de vinila reagem para formar o cloreto de polivinila. Faça um comentário sobre o método industrial para tal processo.

Respostas dos Exercícios

9.1 (a) Iônico, (b) covalente polar, (c) covalente.

9.2 S=C=S **9.3** H—C(=O)—O—H **9.4** [O=N—O:]⁻

9.5 O=N—O:⁻ **9.6** H—C≡N:

9.7 O=N—O:⁻ ⟷ ⁻:O—N=O **9.8** :F—Be—F:

9.9 F—As(F)(F)—F (com :F:) **9.10** S com 4 F

9.11 (a) −119 kJ/mol, (b) −137,0 kJ/mol.

Ligação Química II: Geometria Molecular e Hibridização de Orbitais Atômicos

10

10.1 Geometria Molecular 300
Moléculas em que o Átomo Central Não Tem Pares Isolados • Moléculas em que o Átomo Central Tem um ou Mais Pares Isolados • Geometria de Moléculas com Mais de um Átomo Central • Regras para Aplicação do Modelo RPECV

10.2 Momentos de Dipolo 309

10.3 Teoria da Ligação de Valência 312

10.4 Hibridização de Orbitais Atômicos 315
Hibridização sp^3 • Hibridização sp • Hibridização sp^2 • Como Construir Orbitais Híbridos • Hibridização de Orbitais s, p e d

10.5 Hibridização em Moléculas com Ligações Duplas e Triplas 323

10.6 Teoria dos Orbitais Moleculares 326
Orbitais Moleculares Ligantes e Antiligantes • Configurações dos Orbitais Moleculares

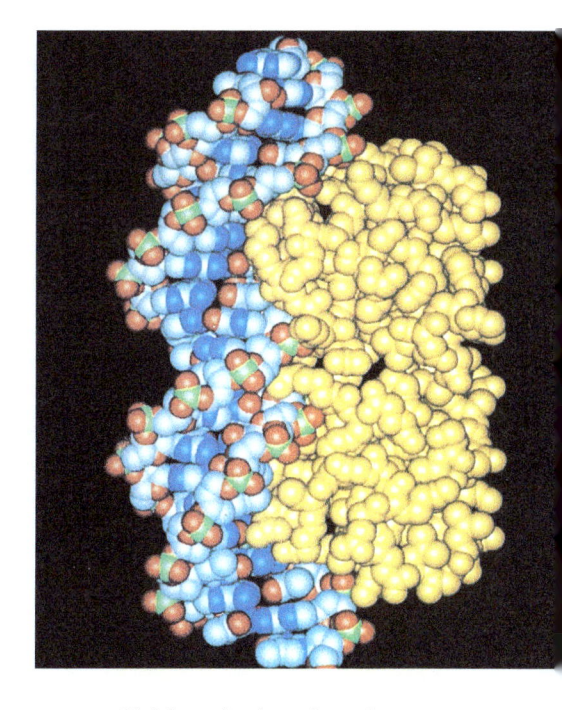

Modelos moleculares são usados para estudar reações bioquímicas complexas como aquelas que ocorrem entre proteínas e moléculas de DNA.

Conceitos Essenciais

Geometria Molecular A geometria molecular refere-se ao arranjo tridimensional de átomos em uma molécula. Para moléculas relativamente pequenas, em que o átomo central contém de duas a seis ligações, as geometrias podem ser previstas com um bom grau de confiabilidade pelo modelo da repulsão dos pares eletrônicos da camada de valência (RPECV). Esse modelo baseia-se no pressuposto de que as ligações químicas e os pares isolados tendem a permanecer o mais afastado possível uns dos outros para minimizar a repulsão.

Momentos de Dipolo Nas moléculas diatômicas, a diferença de eletronegatividade dos átomos que estão ligados dá origem a uma ligação polar e a um momento de dipolo. O momento de dipolo de uma molécula com três ou mais átomos depende tanto da polaridade das ligações quanto da geometria molecular. As medidas de momentos de dipolo podem nos ajudar a distinguir entre diferentes geometrias possíveis para uma molécula.

Hibridização de Orbitais Atômicos A hibridização é a descrição da ligação química em termos da mecânica quântica. Os orbitais atômicos são hibridizados, ou combinados, formando orbitais híbridos. Esses orbitais híbridos então interagem com outros orbitais atômicos para formar ligações químicas. Diferentes hibridizações podem gerar diversas geometrias moleculares. O conceito de hibridização explica a exceção à regra do octeto e também a formação das ligações duplas e triplas.

Teoria do Orbital Molecular Essa teoria descreve a ligação em termos da combinação de orbitais atômicos que gera orbitais associados à molécula como um todo. As moléculas são estáveis se o número de elétrons nos orbitais moleculares ligantes é maior do que o número de elétrons nos orbitais moleculares antiligantes. Escrevemos as configurações eletrônicas para orbitais moleculares assim como o fazemos para os orbitais atômicos, utilizando o princípio de exclusão de Pauli e a regra de Hund.

10.1 Geometria Molecular

A geometria molecular é o arranjo tridimensional dos átomos em uma molécula. A geometria de uma molécula influencia muitas de suas propriedades físicas e químicas, como pontos de fusão e de ebulição, densidade e tipos de reações em que a molécula participa. Em geral, os comprimentos de ligação e os ângulos entre ligações têm que ser determinados experimentalmente. Contudo, existe um procedimento simples que nos permite prever com considerável sucesso a geometria global de uma molécula ou íon, se soubermos qual é o número de elétrons ao redor do átomo central na sua estrutura de Lewis. Este procedimento baseia-se na hipótese de que os pares de elétrons da camada de valência de um átomo se repelem mutuamente. A ***camada de valência*** *é a camada mais externa de um átomo que se encontra ocupada por elétrons; nessa camada encontram-se os elétrons que estão normalmente envolvidos na formação de ligações químicas.* Em uma ligação covalente, um par de elétrons, comumente denominado *par ligante*, é responsável por manter dois átomos unidos. Contudo, em uma molécula poliatômica, na qual há duas ou mais ligações entre o átomo central e aqueles que o rodeiam, a repulsão entre elétrons de diferentes pares ligantes faz com que estes tendam a ficar o mais afastado possível uns dos outros. A geometria que a molécula acaba por adotar (conforme definida pelas posições de todos os átomos) é aquela que minimiza essa repulsão. Essa abordagem ao estudo da geometria molecular é designada ***Modelo de Repulsão dos Pares Eletrônicos da Camada de Valência (RPECV)*** porque *procura explicar o arranjo geométrico dos pares eletrônicos em torno de um átomo central em termos da repulsão eletrostática entre pares de elétrons.*

Há duas regras que governam a aplicação do modelo RPECV:

1. No que diz respeito à repulsão de pares de elétrons, as ligações duplas e triplas podem ser tratadas como se fossem ligações simples. Essa aproximação é boa em termos qualitativos. Entretanto, é preciso lembrar que as ligações múltiplas são efetivamente "mais volumosas" do que as ligações simples; isto é, como nas ligações múltiplas existem dois ou três pares de elétrons entre os átomos, suas densidades eletrônicas ocupam mais espaço.

2. Quando uma molécula possui duas ou mais estruturas de ressonância, podemos aplicar o modelo RPECV a qualquer uma delas. Geralmente, não se indicam as cargas formais.

Com esse modelo em mente, podemos prever a geometria de moléculas (e íons) de modo sistemático. Para isso, é conveniente dividir as moléculas em duas categorias, com base na presença ou na ausência de pares de elétrons isolados no átomo central.

Moléculas em que o Átomo Central Não Tem Pares Isolados

Por uma questão de simplicidade, consideraremos as moléculas que possuem átomos de apenas dois elementos, A e B, sendo A o átomo central. Essas moléculas têm a fórmula geral AB_x, em que x é um número inteiro 2, 3, ... (Se $x = 1$, a molécula é diatômica, AB, e por definição é linear.) Na maioria dos casos, x está compreendido entre 2 e 6.

A Tabela 10.1 apresenta cinco possíveis arranjos para os pares eletrônicos em torno do átomo central A. Como conseqüência da repulsão mútua, os pares de elétrons ficam afastados tanto quanto possível uns dos outros. Observe que a tabela mostra a disposição dos pares de elétrons, mas não a posição dos átomos, ao redor do átomo central. Moléculas em que o átomo central não possui pares isolados apresentam um destes cinco arranjos de pares de elétrons ligantes. Utilizando a Tabela 10.1 como referência, vamos analisar detalhadamente a geometria das moléculas que apresentam fórmulas AB_2, AB_3, AB_4, AB_5 e AB_6.

| TABELA 10.1 | Arranjo Espacial dos Pares de Elétrons em Torno de um Átomo Central (A) em uma Molécula e Geometria de Algumas Moléculas e Íons Simples nos quais o Átomo Central Não Possui Pares Isolados |

Número de Pares de Elétrons	Arranjo Espacial dos Pares de Elétrons*	Geometria Molecular*	Exemplos
2	Linear (180°)	B—A—B Linear	$BeCl_2$, $HgCl_2$
3	Trigonal planar (120°)	Trigonal planar	BF_3
4	Tetraédrica (109,5°)	Tetraédrica	CH_4, NH_4^+
5	Bipiramidal trigonal (90°, 120°)	Bipiramidal trigonal	PCl_5
6	Octaédrica (90°)	Octaédrica	SF_6

*As linhas coloridas são utilizadas apenas para indicar os formatos gerais; não representam ligações químicas.

AB_2: Cloreto de berílio ($BeCl_2$)

A estrutura de Lewis do cloreto de berílio no estado gasoso é:

$$:\ddot{Cl}-Be-\ddot{Cl}:$$

Os pares de elétrons repelem-se mutuamente e, por isso, devem situar-se nos extremos opostos de uma linha reta para ficarem o mais afastado possível um do outro. Assim, prevê-se que o ângulo CeBeCl é de 180° e a molécula, linear (veja a Tabela 10.1). O modelo de "bolas" e "varetas" $BeCl_2$ é

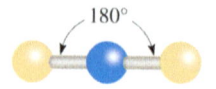

AB_3: Trifluoreto de boro (BF_3)

O trifluoreto de boro contém três ligações covalentes ou três pares ligantes. No arranjo mais estável, as três ligações BF apontam para os vértices de um triângulo equilátero com o átomo B no centro desse triângulo:

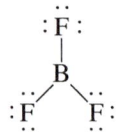

De acordo com a Tabela 10.1, a geometria do BF_3 é *trigonal planar* porque os três átomos terminais estão colocados nos vértices de um triângulo equilátero, no plano:

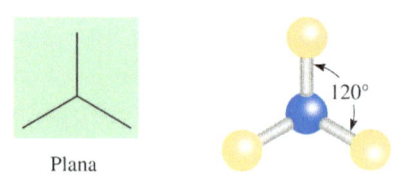

Desse modo, os três ângulos FBF são de 120° e os quatro átomos encontram-se no mesmo plano.

AB_4: Metano (CH_4)

A estrutura de Lewis do metano é:

Como existem quatro pares ligantes, o CH_4 tem uma geometria tetraédrica (veja a Tabela 10.1). Um *tetraedro* é um sólido geométrico com quatro faces (daí vem o prefixo *tetra*) que são todas triângulos equiláteros. Em uma molécula tetraédrica, o átomo central (nesse caso, C) está localizado no centro do tetraedro e os outros quatro átomos, nos vértices. Os ângulos de ligação são todos iguais a 109,5°.

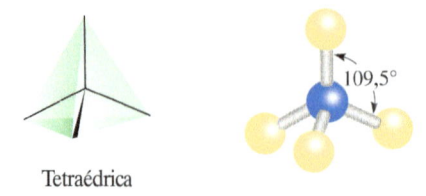

AB_5: Pentacloreto de fósforo (PCl_5)

A estrutura de Lewis do pentacloreto de fósforo (no estado gasoso) é:

A única maneira de minimizar as forças repulsivas entre os cinco pares de elétrons ligantes é dispor as ligações PCl na forma de uma bipirâmide trigonal (veja a Tabela 10.1). A bipirâmide trigonal pode ser gerada pela junção de dois tetraedros considerando uma base comum:

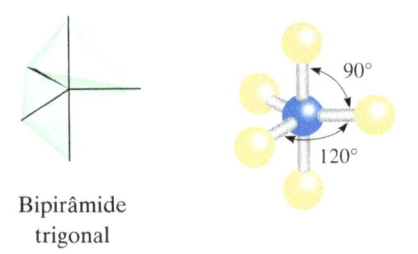

Bipirâmide trigonal

O átomo central (nesse caso, P) está no centro do triângulo comum e os átomos vizinhos situam-se nos cinco vértices da bipirâmide trigonal. Dizemos que os átomos que se encontram acima e abaixo do plano triangular ocupam posições *axiais* e aqueles que estão no plano triangular ocupam posições *equatoriais*. O ângulo formado entre duas ligações equatoriais é sempre igual a 120°; o ângulo entre uma ligação axial e uma equatorial é de 90° e o ângulo entre duas ligações axiais é de 180°.

AB_6: Hexafluoreto de enxofre (SF_6)

A estrutura de Lewis do hexafluoreto de enxofre é:

O arranjo mais estável para os seis pares ligantes SF é o aquele que tem formato de um octaedro, tal como indica a Tabela 10.1. Um octaedro possui oito faces (daí vem o prefixo *octa*) e pode ser gerado pela junção de duas pirâmides quadradas considerando uma base comum. O átomos central (nesse caso, S) está no centro da base quadrada e os outros seis átomos encontram-se nos seis vértices do octaedro. Nesse caso, todos os ângulos de ligações são iguais a 90°, exceto aqueles formados pelas ligações entre o átomo central e pares de átomos diametralmente opostos, que são ângulos de 180°. Como, em uma molécula octaédrica, as seis ligações são equivalentes, não podemos utilizar os termos "axial" e "equatorial", como no caso das moléculas com geometria bipiramidal trigonal.

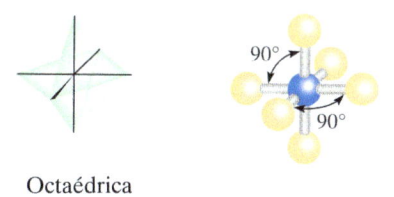

Octaédrica

Moléculas em que o Átomo Central Tem um ou Mais Pares Isolados

A determinação da geometria de uma molécula torna-se mais complexa quando o átomo central também possui pares isolados, além dos pares ligantes. Nesse tipo de molécula existe três tipos de forças repulsivas — forças repulsivas entre pares ligantes, forças repulsivas entre pares isolados e forças repulsivas entre pares ligantes e pares isolados. Em geral, de acordo com o modelo RPECV, as forças repulsivas diminuem segundo a ordem:

repulsão par isolado *versus* > repulsão par isolado *versus* > repulsão par ligante *versus*
       par isolado   par ligante   par ligante

Em uma ligação química, os elétrons estão sob a influência das forças atrativas exercidas, sobre eles, pelos núcleos de dois átomos. Esses elétrons apresentam menor "distribuição espacial", ou seja, ocupam menos espaço do que os elétrons não ligantes que estão associados apenas a um determinado átomo. Já os elétrons dos pares não ligantes ocupam mais espaço, sendo maiores as repulsões entre eles e os pares isolados e entre eles e os pares ligantes vizinhos, em uma molécula. Para que possamos contabilizar o número total de pares ligantes e de pares isolados, designamos as moléculas que possuem pares isolados como AB_xE_y, em que A é o átomo central, B um átomo ligado ao átomo central e E um par isolado localizado em A. Tanto x como y são números inteiros; $x = 2, 3, \ldots$, e $y = 1, 2, \ldots$. Os valores de x e de y indicam, respectivamente, o número de átomos ao redor do átomo central e o número de pares isolados pertencentes ao átomo central. De acordo com essa nomenclatura, o caso mais simples é o de uma molécula triatômica com um par isolado no átomo central e, portanto, de fórmula AB_2E.

Como mostram os exemplos seguintes, na maior parte dos casos, a presença de pares isolados no átomo central dificulta prever ângulos de ligação com exatidão.

AB_2E: Dióxido de enxofre (SO_2)

A estrutura de Lewis do dióxido de enxofre é

$$\ddot{\underset{..}{O}}=\ddot{S}-\ddot{\underset{..}{O}}:$$

Como no modelo RPECV as ligações duplas não são tratadas de modo diferente das ligações simples, consideramos que a molécula de SO_2 possui três pares de elétrons no átomo de S central. Destes pares, dois são ligantes e um é isolado. Consultando a Tabela 10.1, podemos concluir que o arranjo global dos três pares de elétrons é trigonal planar. No entanto, como um dos pares de elétrons é não ligante, a molécula de SO_2 apresenta formato "angular".

$$\ddot{S} \diagup\!\!\diagdown \ddot{O} \quad \ddot{O}$$

Como a repulsão par isolado-par ligante é maior do que a repulsão par ligante-par ligante, as duas ligações enxofre-oxigênio aproximam-se um pouco, resultando em um ângulo (OSO) menor do que 120°.

AB_3E: Amônia (NH_3)

A molécula de amônia possui três pares ligantes e um par isolado:

$$H-\ddot{N}-H$$
$$\underset{H}{|}$$

Conforme a Tabela 10.1, o arranjo global de quatro pares de elétrons é tetraédrico. Porém, como na molécula de NH_3 um dos pares de elétrons é isolado, a geometria da molécula é piramidal trigonal (semelhante a uma pirâmide com o átomo N na

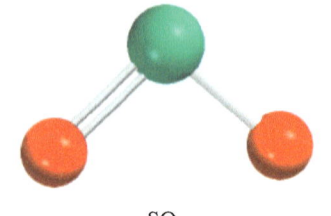

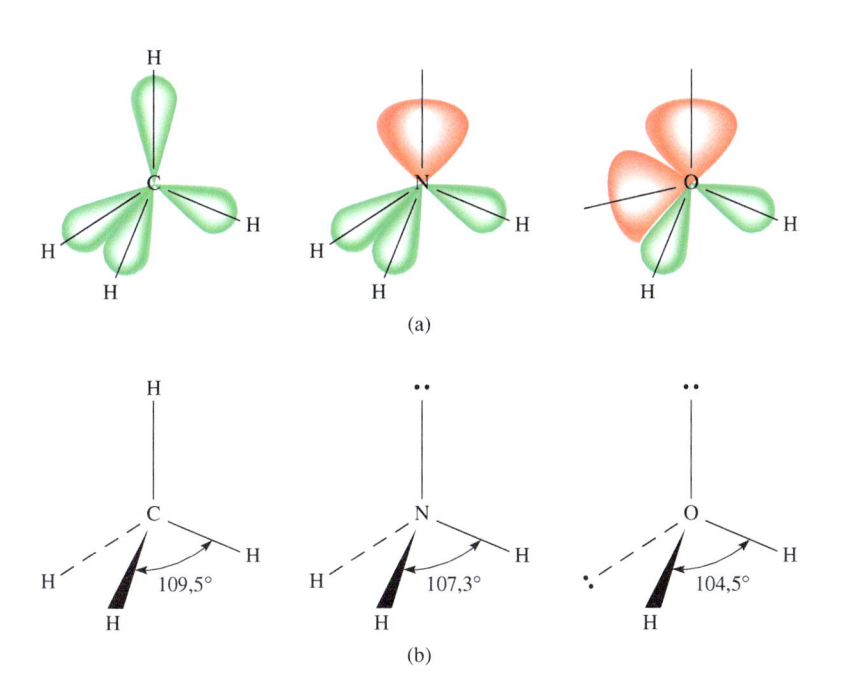

Figura 10.1
(a) Tamanhos relativos dos pares ligantes e dos pares não ligantes para CH_4, NH_3 e H_2O.
(b) Ângulos de ligação nas moléculas CH_4, NH_3 e H_2O. Note que as linhas tracejadas representam eixos de ligação voltados para trás do ("entrando" no) plano do papel, as linhas em forma de cunha representam eixos de ligação voltados para a frente do ("saindo" do) plano do papel e as linhas contínuas representam ligações que estão no plano do papel.

posição apical). Como o par isolado repele fortemente os pares ligantes, os três pares das ligações NH são "forçados" a se aproximar uns dos outros:

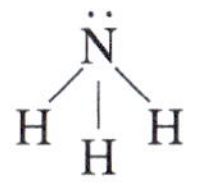

Como conseqüência, o ângulo HNH na molécula de amônia é menor do que o ângulo de um tetraedro ideal, que é de 109,5° (Figura 10.1).

AB_2E_2: Água (H_2O)

Uma molécula de água contém dois pares ligantes e dois pares isolados:

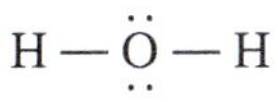

O arranjo espacial global dos quatro pares de elétrons na molécula de água é tetraédrico, semelhantemente ao arranjo dos pares eletrônicos da amônia. Contudo, a água possui dois pares isolados no átomo de O central. Como esses dois pares isolados tendem a ficar o mais distante possível um do outro, os dois pares eletrônicos das ligações OH devem se aproximar mais do que os pares das ligações NH (do NH_3). Dessa forma, podemos prever para a molécula de H_2O um desvio do ângulo ideal tetraédrico maior do aquele observado no caso do NH_3. Conforme mostra a Figura 10.1, o ângulo HOH é de 104,5°. A geometria da molécula H_2O é angular:

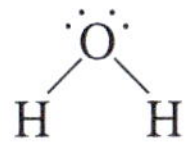

AB_4E: Tetrafluoreto de Enxofre (SF_4)

A estrutura de Lewis do SF_4 é a seguinte:

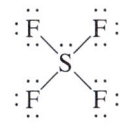

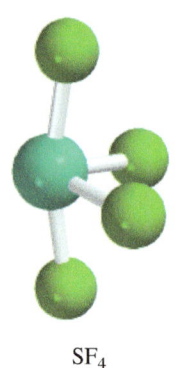

O átomo de enxofre central possui cinco pares de elétrons cujo arranjo espacial, de acordo com a Tabela 10.1, é bipiramidal trigonal. Porém, na molécula de SF$_4$ um desses pares de elétrons é isolado, e dessa forma, a molécula deve ter uma das seguintes geometrias:

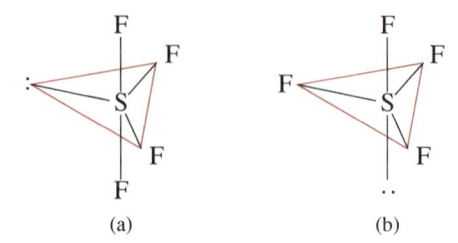

(a)   (b)

SF$_4$

Em (a) o par isolado ocupa uma posição equatorial e em (b), uma posição axial. Os pares da posição axial têm três pares vizinhos a 90° e um outro a 180°, enquanto os pares da posição equatorial tem dois pares vizinhos a 90° e mais dois a 120°. A repulsão é menor no caso (a) e, de fato, esta é a estrutura que se observa experimentalmente. Seu formato (se você girar a estrutura a 90°, no sentido horário, para vê-lo) pode ser descrito como análogo ao de uma gangorra. Os ângulos entre o S e os átomos de F axiais são de 173°, e os ângulos entre o S e os átomos de F equatoriais são de 102°.

A Tabela 10.2 mostra as geometrias de moléculas simples em que o átomo central possui um ou mais pares isolados, incluindo algumas moléculas que não discutimos anteriormente.

Geometria de Moléculas com Mais de um Átomo Central

Até aqui discutimos apenas a geometria de moléculas que têm um único átomo central. Na maior parte dos casos, é difícil definir a geometria global de moléculas que possuem mais de um átomo central. Geralmente só podemos descrever o formato em torno de cada um dos átomos centrais da molécula. Consideremos, por exemplo, a molécula de metanol, CH$_3$OH, cuja estrutura de Lewis é:

Os dois átomos centrais (ou não terminais) no metanol são C e O. Podemos dizer que os três pares ligantes CH e o par ligante CO estão tetraedricamente dispostos em torno do átomo de C. Os ângulos das ligações HCH e OCH são de aproximadamente 109°. O átomo de O, nesse caso, é equivalente ao que existe na molécula de água, pois esse também possui dois pares isolados e dois pares ligantes. Portanto, a porção HOC da molécula de metanol é angular e o ângulo HOC é aproximadamente igual a 105° (Figura 10.2).

Regras para Aplicação do Modelo RPECV

Tendo estudado as geometrias das moléculas com base em duas categorias: (átomo central com pares isolados ausentes e pares isolados presentes), vamos agora considerar algumas regras úteis para aplicação do modelo RPECV a todos os tipos de moléculas:

1. Escreva a estrutura de Lewis da molécula, considerando apenas os pares de elétrons que estão ao redor do átomo central (ou seja, daquele átomo que possui outros átomos ligados a ele).

2. Conte o número de elétrons ao redor do átomo central (pares ligantes e pares isolados). Trate as ligações duplas e triplas da mesma maneira que trata as ligações simples. Consulte a Tabela 10.1 para prever o arranjo espacial global dos pares de elétrons.

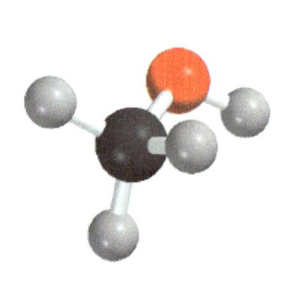

Figura 10.2
Geometria do CH$_3$OH.

Capítulo 10 Ligação Química II: Geometria Molecular e Hibridização de Orbitais Atômicos 307

TABELA 10.2 — Geometria de Moléculas e Íons Simples em que o Átomo Central Tem um ou Mais Pares Isolados

Tipo de Molécula	Número Total de Pares de Elétrons	Número de Pares Ligantes	Número de Pares Isolados	Arranjo dos Pares de Elétrons*	Geometria	Exemplos
AB_2E	3	2	1	Trigonal planar	Angular	SO_2
AB_3E	4	3	1	Tetraédrica	Piramidal trigonal	NH_3
AB_2E_2	4	2	2	Tetraédrica	Angular	H_2O
AB_4E	5	4	1	Bipiramidal trigonal	Tetraédrica distorcida (ou gangorra)	SF_4
AB_3E_2	5	3	2	Bipiramidal trigonal	Em formato de T	ClF_3
AB_2E_3	5	2	3	Bipiramidal trigonal	Linear	I_3^-
AB_5E	6	5	1	Octaédrica	Piramidal Quadrada	BrF_5
AB_4E_2	6	4	2	Octaédrica	Quadrado Planar	XeF_4

* As linhas tracejadas são utilizadas para mostrar as formas gerais, e não as ligações.

3. Utilize as Tabelas 10.1 e 10.2 para prever a geometria da molécula.

4. Ao prever ângulos de ligação, lembre que as repulsões entre um par isolado e outro par isolado, ou entre um par isolado e um par ligante, são maiores do que a repulsão entre dois pares ligantes. Em geral, não é fácil prever com exatidão os valores dos ângulos de ligação quando o átomo central possui um ou mais pares isolados.

O modelo RPECV permite prever com alguma segurança as geometrias de um grande número de estruturas moleculares. Os químicos recorrem a esse modelo pela sua simplicidade. Embora existam questionamentos teóricos sobre o fato de que a "repulsão entre pares de elétrons" determina o formato das moléculas, a suposição de que o modelo funciona conduz a previsões úteis (e, geralmente, confiáveis). Nesse nível de estudo da Química, não precisamos recorrer a outro modelo. O Exemplo 10.1 ilustra a aplicação do modelo RPECV.

EXEMPLO 10.1

Utilize o modelo RPECV para prever a geometria das seguintes moléculas e íons:
(a) AsH_3, (b) OF_2, (c) $AlCl_4^-$, (d) I_3^-, (e) C_2H_4.

Estratégia   A seqüência de etapas para determinar uma geometria molecular é a seguinte:

Desenhar a estrutura de Lewis ⟶ Determinar a distribuição espacial (o arranjo) dos pares de elétrons ⟶ Determinar a distribuição (o arranjo) dos pares ligantes ⟶ Determinar a geometria molecular com base nos pares ligantes

Solução   (a) A estrutura de Lewis do AsH_3 é:

$$H-\ddot{As}-H$$
$$|$$
$$H$$

Há quatro pares de elétrons em torno do átomo central, portanto o arranjo espacial dos pares eletrônicos é tetraédrico (veja a Tabela 10.1). Lembre-se de que a geometria de uma molécula é determinada pelo arranjo espacial dos átomos (de As e H, nesse caso). Assim, removendo o par isolado, ficamos com três pares ligantes e uma geometria piramidal trigonal, como no caso do NH_3. Embora não possamos prever com exatidão o ângulo HAsH, sabemos que ele é menor que 109,5°, porque a repulsão entre os pares ligantes das ligações As—H e o par isolado do As é maior do que a repulsão entre os pares ligantes As—H.

(b) A estrutura de Lewis do OF_2 é

$$:\ddot{\underset{..}{F}}-\ddot{\underset{..}{O}}-\ddot{\underset{..}{F}}:$$

Há quatro pares de elétrons em torno do átomo central, portanto o arranjo espacial dos pares eletrônicos é tetraédrico (veja a Tabela 10.1).). Lembre-se de que a geometria de uma molécula é determinada pelo arranjo espacial dos átomos (de O e F, nesse caso). Dessa forma, removendo os dois pares isolados, ficamos com dois pares ligantes e uma geometria angular, como no caso do H_2O. Embora não possamos prever com exatidão o ângulo FOF, sabemos que ele deve ser menor que 109,5°, porque a repulsão entre os pares ligantes das ligações O—F e os pares isolados do O é maior que a repulsão entre os pares ligantes O—F.

(c) A estrutura de Lewis do $AlCl_4^-$ é

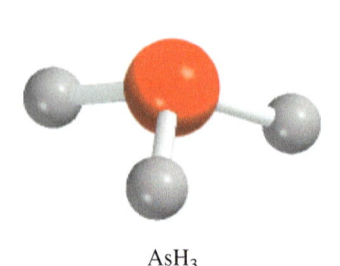

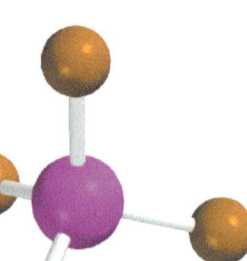

$$\left[\begin{array}{c} :\ddot{\underset{..}{Cl}}: \\ | \\ :\ddot{\underset{..}{Cl}}-Al-\ddot{\underset{..}{Cl}}: \\ | \\ :\ddot{\underset{..}{Cl}}: \end{array} \right]^-$$

(Continua)

Há quatro pares de elétrons em torno do átomo central, portanto o arranjo espacial desses pares eletrônicos é tetraédrico. Como não há pares isolados presentes, o arranjo dos pares ligantes é igual ao arranjo espacial dos pares eletrônicos. Assim sendo, $AlCl_4^-$ tem uma geometria tetraédrica com todos os ângulos ClAlCl iguais a 109,5°.

(d) A estrutura de Lewis do I_3^- é

$$\left[:\ddot{\underset{..}{I}}-\ddot{\underset{..}{I}}-\ddot{\underset{..}{I}}: \right]^-$$

Há cinco pares de elétrons em torno do átomo central I, portanto o arranjo espacial dos pares eletrônicos é bipiramidal trigonal. Dos cinco pares de elétrons, três são pares isolados e dois são pares ligantes. Lembre-se de que os pares isolados ocupam preferencialmente as posições equatoriais em uma bipirâmide trigonal (veja a Tabela 10.2). Portanto, removendo os pares isolados, ficamos com uma geometria linear para o I_3^-, isto é, com os três átomos de I posicionados em uma linha reta.

(e) A estrutura de Lewis do C_2H_4 é

$$\underset{H}{\overset{H}{}}C=C\underset{H}{\overset{H}{}}$$

De acordo com o modelo RPECV, a ligação C=C é tratada do mesmo modo que uma ligação simples. Como há três pares eletrônicos ao redor de cada C e não há pares isolados presentes, o arranjo espacial ao redor de cada átomo de C tem formato trigonal planar como no caso do BF_3, discutido anteriormente. Assim sendo, prevê-se que os ângulos de ligação no C_2H_4 sejam todos de 120°.

$$\underset{H\ \ 120°\ \ H}{\overset{H\ \ 120°\ \ H}{}}C=C\ 120°$$

Comentário   (1) A estrutura do íon I_3^- é uma das poucas em que o ângulo de ligação (180°) pode ser previsto com exatidão apesar de o átomo central possuir pares isolados. (2) No C_2H_4, todos os seis átomos estão no mesmo plano. O modelo RPECV não permite prever que a geometria global é planar, mas veremos adiante por que a molécula é plana. Na verdade, os ângulos são próximos, mas não iguais, a 120°, pois as ligações não são todas equivalentes entre si.

Exercício   Utilize o modelo RPECV para prever a geometria de (a) $SiBr_4$, (b) CS_2 e (c) NO_3^-.

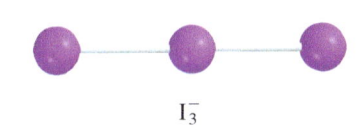

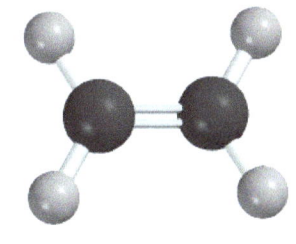

10.2 Momentos de Dipolo

Na Seção 9.2 aprendemos que o fluoreto de hidrogênio é um composto covalente com uma ligação polar. Há um deslocamento da densidade eletrônica do H para o F porque o átomo de F é mais eletronegativo do que o átomo de H (veja a Figura 9.3). A direção do deslocamento da densidade eletrônica é representada por uma seta cruzada ($\longmapsto$) sobre a estrutura de Lewis. Por exemplo,

$$\overset{\longmapsto}{H-\ddot{\underset{..}{F}}:}$$

A separação de cargas resultante pode ser representada por

$$\overset{\delta+\ \ \ \delta-}{H-\ddot{\underset{..}{F}}:}$$

Figura 10.3
Comportamento de moléculas polares (a) na ausência de um campo elétrico externo e (b) na presença de um campo elétrico externo. As moléculas apolares não são afetadas por um campo elétrico.

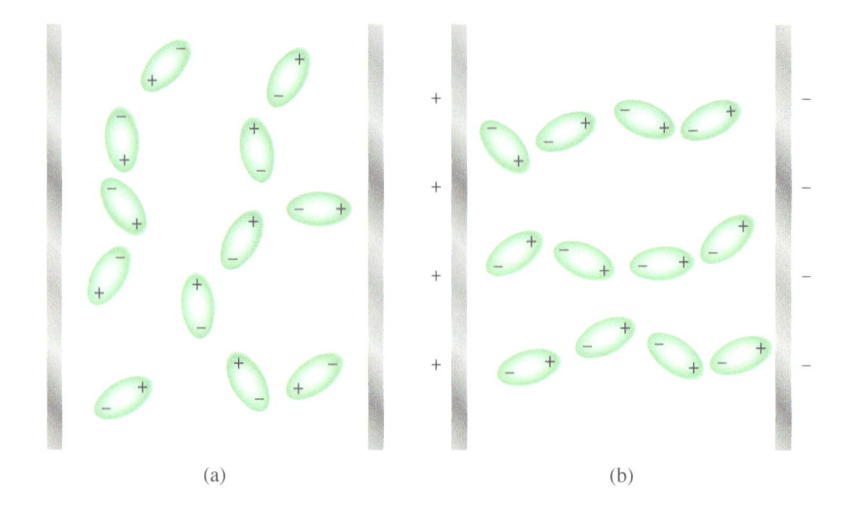

(a)   (b)

em que δ (delta) significa uma carga parcial. Essa separação de cargas pode ser comprovada em um campo elétrico (Figura 10.3). Quando se aplica o campo, as moléculas de HF orientam os seus centros de carga negativa na direção da placa positiva e os seus centros de carga positiva na direção da placa negativa. Esse alinhamento das moléculas pode ser detectado experimentalmente.

Uma medida quantitativa da polaridade de uma ligação é o seu **momento de dipolo** (**μ**), definido como o *produto da carga Q pela distância r entre as cargas*:

$$\mu = Q \times r \tag{10.1}$$

Em uma molécula diatômica como o HF, a carga Q é igual a $\delta+$ e $\delta-$.

Para manter a neutralidade elétrica, as cargas em ambas as extremidades de uma molécula diatômica eletricamente neutra devem ser iguais em magnitude, mas ter sinais opostos. Portanto, na Equação (10.1), Q refere-se apenas à magnitude (ou seja, ao valor em módulo) da carga e não ao seu sinal, e assim o valor de μ é sempre positivo. Os momentos de dipolo são sempre expressos em unidades debye (D), em homenagem ao físico e químico norte-americano de origem holandesa, Peter Debye. O fator de conversão é

$$1\ D = 3{,}336 \times 10^{-30}\ C\ m$$

em que as unidades C e m representam, respectivamente, Coulomb e metro.

As moléculas diatômicas formadas por átomos de *diferentes* elementos (por exemplo, HCl, CO e NO) *apresentam momentos de dipolo* e são chamadas de **moléculas polares**. As moléculas diatômicas formadas por átomos do *mesmo* elemento (por exemplo, H_2, F_2 e O_2) são exemplos de **moléculas apolares** porque *não apresentam momentos de dipolo*. Para uma molécula constituída por três ou mais átomos, a existência ou não de um momento de dipolo depende não só da polaridade das ligações, mas também da geometria molecular. Uma molécula, mesmo que possua ligações polares, pode não ter um momento de dipolo. O dióxido de carbono (CO_2), por exemplo, é uma molécula triatômica, logo a sua geometria pode ser linear ou angular:

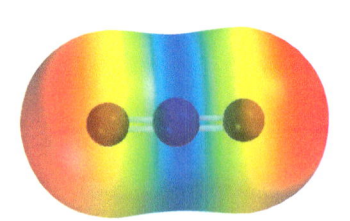

Cada uma das ligações carbono-oxigênio é polar, com a densidade eletrônica deslocada para o átomo de oxigênio que é mais eletronegativo. Contudo, a geometria linear da molécula faz que os momentos das duas ligações se cancelem.

O=C=O
Molécula linear
(sem momento de dipolo)

Momento angular
(tem momento de dipolo)
Momento de dipolo resultante

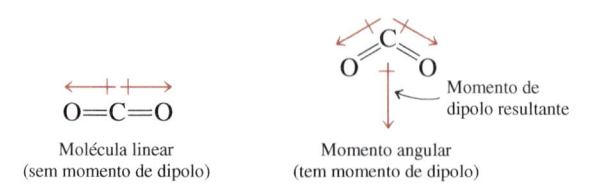

As setas mostram o deslocamento da densidade eletrônica do átomo de carbono, que é menos eletronegativo, para o átomo de oxigênio que é mais eletronegativo. Em ambos os casos, o momento de dipolo da molécula é o resultado da composição dos

TABELA 10.3 Momentos de Dipolo de Algumas Moléculas Polares

Molécula	Geometria	Momento de Dipolo (D)
HF	Linear	1,92
HCl	Linear	1,08
HBr	Linear	0,78
HI	Linear	0,38
H_2O	Angular	1,87
H_2S	Angular	1,10
NH_3	Piramidal trigonal	1,46
SO_2	Angular	1,60

dois *momentos de ligação*, ou seja, dos momentos de dipolo individuais das ligações polares C=O. O momento de dipolo de uma ligação é uma *grandeza vetorial*, o que significa que possui uma magnitude e uma direção. Assim, o momento de dipolo determinado experimentalmente para uma molécula é igual à soma vetorial dos momentos das ligações. Devido ao fato de apontarem em direções opostas na molécula linear de CO_2, a soma ou o momento de dipolo resultante deve ser zero. Por outro lado, se a molécula de CO_2 fosse angular, os dois momentos de ligação se reforçariam, e a molécula teria um momento de dipolo. Verifica-se, experimentalmente, que a molécula de dióxido de carbono não tem momento de dipolo. Podemos, então, concluir que a molécula é linear. A natureza linear dessa molécula foi confirmada também por outras medidas experimentais.

Os momentos de dipolo podem ser utilizados para distinguir entre moléculas que tenham a mesma fórmula, mas diferentes estruturas. Por exemplo, as duas moléculas seguintes existem; elas têm a mesma fórmula molecular ($C_2H_2Cl_2$) e o mesmo número e tipo de ligações, porém diferentes estruturas moleculares:

cis-dicloroetileno
$\mu = 1,89$ D

trans-dicloroetileno
$\mu = 0$

Interatividade:
Polaridade Molecular
Centro de Aprendizagem
Online, Interativos

O modelo RPECV prevê que o CO_2 seja uma molécula linear.

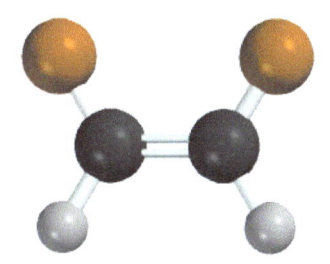

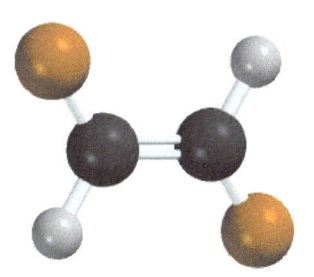

cis-dicloroetileno

trans-dicloroetileno

Como a molécula de *cis*-dicloroetileno é polar e a de *trans*-dicloroetileno não é, podemos distingui-las facilmente medindo os seus momentos de dipolo. Como veremos no próximo capítulo, a intensidade das forças intermoleculares também é parcialmente determinada pelos momentos de dipolo das moléculas. Na Tabela 10.3 apresentam-se os momentos de dipolo de algumas moléculas polares.

O Exemplo 10.2 mostra como podemos prever o momento de dipolo de uma molécula por meio do conhecimento da sua geometria.

EXEMPLO 10.2

Preveja se cada uma das seguintes moléculas possui momento de dipolo: (a) IBr, (b) BF_3 (trigonal planar), (c) CH_2Cl_2 (tetraédrica).

(Continua)

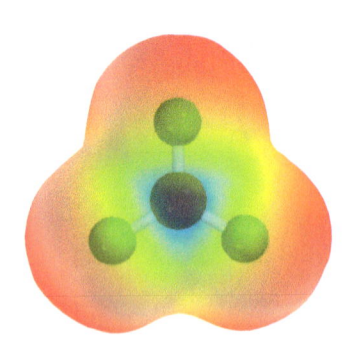

Mapa de potencial eletrostático mostrando que a densidade eletrônica está simetricamente distribuída na molécula de BF_3.

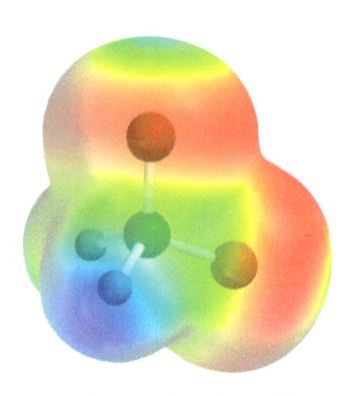

Mapa do potencial eletrostático do CH_2Cl_2. A densidade eletrônica está deslocada para os átomos Cl eletronegativos.

Problemas semelhantes: 10.19, 10.21 e 10.22.

Estratégia Lembre que o momento de dipolo de uma molécula depende não apenas da diferença de eletronegatividades entre os seus elementos, mas também da sua geometria. Uma molécula pode possuir ligações polares (se os átomos que se ligam tiverem eletronegatividades diferentes), mas não apresentar momento de dipolo se a sua geometria for altamente simétrica.

Solução (a) Por ser diatômico, o IBr (brometo de iodo) apresenta geometria linear. Como o bromo é mais eletronegativo que o iodo (veja a Figura 9.4), o IBr é polar, tendo o bromo no pólo negativo.

$$I\!-\!Br$$

Assim, a molécula de fato possui momento de dipolo.

(b) Por ser o flúor mais eletronegativo que o boro, cada ligação B—F no BF_3 (trifluoreto de boro) é polar e os momentos das três ligações são iguais. Contudo, a simetria de um formato trigonal planar implica que haja cancelamento mútuo dos momentos das três ligações:

Uma analogia com essa situação é a de um objeto que seja puxado nas três direções dos momentos de dipolo das ligações. Se as forças se igualarem, o objeto não se moverá. Conseqüentemente, o BF_3 não tem momento de dipolo, logo é uma molécula apolar.

(c) A estrutura de Lewis do CH_2Cl_2 (diclorometano) é

Essa molécula é semelhante a de CH_4, pois ambas apresentam estrutura tetraédrica. No entanto, como nem todas as ligações são iguais, existem na molécula três ângulos de ligação diferentes: HCH, HCCl e ClCCl. Esses ângulos de ligação têm valores próximos de mas não iguais, a 109,5°. Como o cloro é mais eletronegativo do que o carbono, que por sua vez é mais eletronegativo do que o hidrogênio, os momentos de dipolo das ligações não se anulam e a molécula apresenta momento de dipolo:

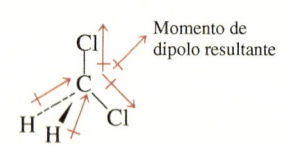

Assim, CH_2Cl_2 é uma molécula polar.

Exercício A molécula de $AlCl_3$ possui momento de dipolo?

10.3 Teoria da Ligação de Valência

O modelo RPECV, baseado principalmente nas estruturas de Lewis, é um método relativamente simples e direto de prever a geometria das moléculas. Mas, tal como foi salientado anteriormente, a teoria de Lewis não explica com clareza por que as ligações químicas se formam. O estabelecimento de uma relação entre a formação de uma ligação covalente e o emparelhamento de elétrons foi um passo dado na direção certa, mas não foi suficiente. Por exemplo, a teoria de Lewis descreve a ligação simples entre os átomos de hidrogênio na molécula de H_2 e entre os átomos de F no F_2 essencialmente da mesma forma — como o emparelhamento de dois elétrons. No entanto, essas duas moléculas possuem energias de dissociação e comprimentos de ligação bastante diferentes (436,4 kJ/mol e 74 pm para H_2 e 150,6 kJ/mol e 142 pm para F_2). Esses e muitos outros fatos não podem ser explicados pela teoria de Lewis. Para uma explicação mais completa sobre a formação de ligações químicas, é necessário recorrer à mecânica quântica. O estudo da ligação química com base na mecânica quântica também pemite compreender a geometria molecular.

Atualmente, são usadas duas teorias, que têm base na mecânica quântica, para descrever a formação da ligação covalente e a estrutura eletrônica das moléculas. A *teoria da ligação de valência (TLV)* supõe que os elétrons em uma molécula ocupam orbitais atômicos dos átomos individuais. Assim, permite-nos construir uma imagem de átomos individuais participando na formação das ligações. A segunda teoria, chamada de *teoria dos orbitais moleculares (TOM)*, já pressupõe a formação de orbitais moleculares a partir dos orbitais atômicos. Embora nenhuma dessas teorias explique completamente todos os aspectos da ligação química, cada uma delas tem dado sua contribuição para a nossa compreensão de muitas propriedades moleculares observadas.

Comecemos nossa discussão sobre a teoria da ligação de valência considerando a formação de uma molécula de H_2 a partir de dois átomos de H. A teoria de Lewis descreve a ligação H—H em termos do emparelhamento dos dois elétrons dos átomos de H. De acordo com a teoria da ligação de valência, a ligação covalente H—H forma-se pelo *recobrimento* dos dois orbitais atômicos 1s dos átomos de H. Recobrimento significa o compartilhamento de uma região comum no espaço pelos dois orbitais.

O que acontece aos dois átomos de H à medida que se aproximam para formar uma ligação? No início, quando os átomos estão bastante afastados, não há interação entre eles. Dizemos que a energia potencial do sistema (isto é, dos dois átomos H) é zero. À medida que os átomos vão se aproximando, cada elétron vai sendo atraído pelo núcleo do outro átomo; ao mesmo tempo, começa a haver repulsão entre os elétrons e também entre os núcleos dos dois átomos. Enquanto os átomos ainda se encontram separados, a atração é mais forte do que a repulsão; e a energia potencial do sistema *diminui* (isto é, torna-se negativa) à medida que os átomos vão se aproximando (Figura 10.4). Essa tendência continua até a energia potencial atingir um valor mínimo. Nesse ponto, em que a energia potencial é a mais baixa, o sistema atinge a sua maior estabilidade. Essa condição corresponde a um recobrimento significativo dos orbitais 1s e à formação de

Lembre-se de que a energia potencial de um objeto depende da sua posição.

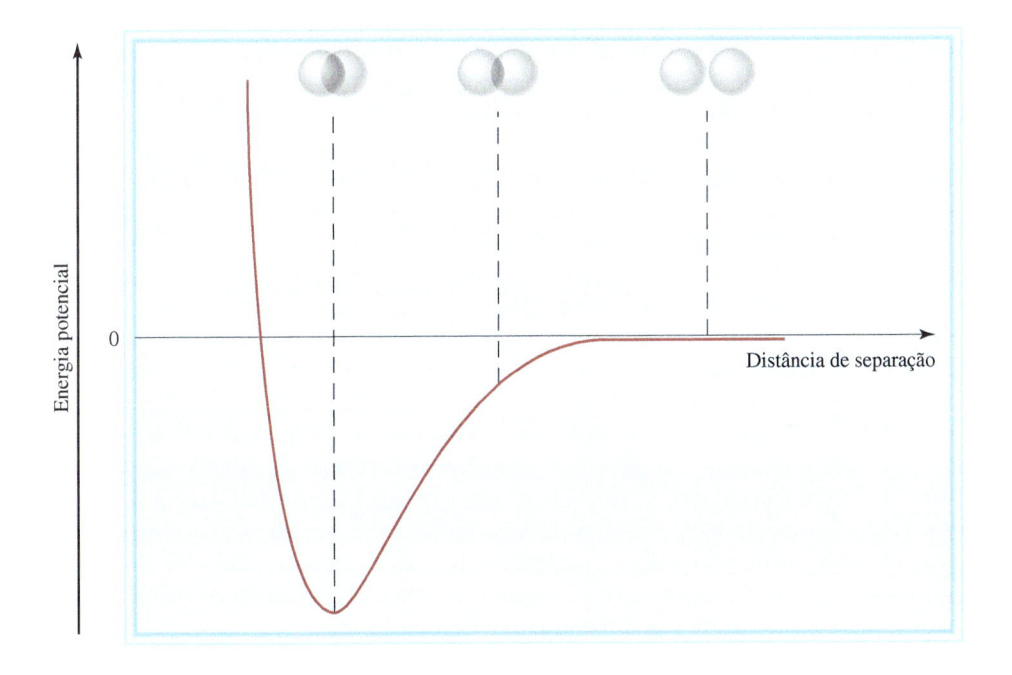

Figura 10.4
Variação da energia potencial de dois átomos de H em função da distância entre os seus núcleos. No ponto de energia potencial mínima, a molécula de H_2 está no seu estado mais estável e o comprimento de ligação é 74 pm. As esferas representam os orbitais 1s.

Figura 10.5
De cima para baixo: à medida que dois átomos de H se aproximam, seus orbitais 1s começam a interagir e cada elétron começa a sentir a atração do próton do outro átomo. Gradualmente, a densidade eletrônica aumenta na região entre os dois núcleos (cor vermelha). Forma-se uma molécula estável de H_2 quando a distância internuclear é 74 pm.

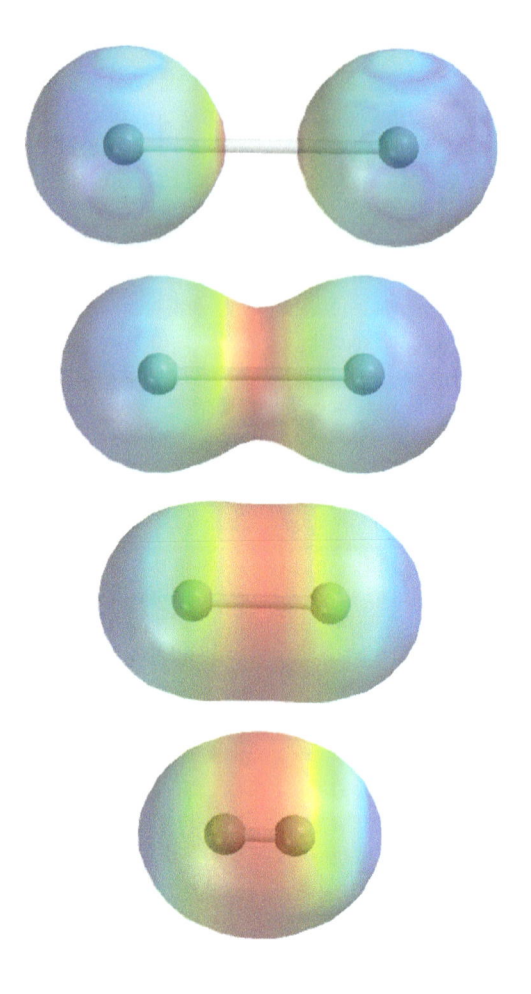

uma molécula estável de H_2. Se a distância entre os núcleos continuasse a diminuir, a energia potencial cresceria abruptamente tornando-se positiva como resultado do aumento das repulsões elétron-elétron e núcleo-núcleo. De acordo com a lei de conservação da energia, a diminuição da energia potencial em virtude da formação da molécula de H_2 deve ser acompanhada de liberação de energia. Experimentalmente, verifica-se que ocorre liberação de calor à medida que a molécula de H_2 é formada a partir de dois átomos de H. O inverso também é igualmente verdadeiro. É necessário fornecer energia à molécula para quebrar uma ligação H—H. A Figura 10.5 mostra outra formar de visualizar a formação da molécula de H_2.

Concluímos que a teoria da ligação de valência fornece uma imagem mais clara da formação da ligação química do que a teoria de Lewis. A teoria da ligação de valência estabelece que uma molécula estável se forma a partir dos átomos reagentes quando a energia potencial do sistema atinge um valor mínimo; a teoria de Lewis ignora as mudanças energéticas que ocorrem durante o processo de formação de ligações químicas.

O conceito de recobrimento de orbitais atômicos aplica-se igualmente bem a outras moléculas diatômicas que não o H_2. Assim, forma-se uma molécula estável de F_2 quando os dois orbitais 2p (que contêm elétrons desemparelhados) de dois átomos de F se recobrem para formar uma ligação covalente. Do mesmo modo, a formação da molécula de HF pode ser explicada pelo recobrimento do orbital 1s do H com o orbital 2p do F. Em qualquer dos casos, a TLV considera as variações de energia potencial em função da distância entre os átomos envolvidos na reação. Como os orbitais envolvidos não são do mesmo tipo em todos os casos, podemos perceber por que as energias e os comprimentos de ligação podem ser diferentes para as moléculas de H_2, F_2 e HF. Como mencionamos anteriormente, a teoria de Lewis trata *todas* as ligações covalentes do mesmo modo e não explica as diferenças existentes entre elas.

O diagrama orbital do átomo de F é apresentado na página 226.

10.4 Hibridização de Orbitais Atômicos

O conceito de recobrimento de orbitais atômicos aplica-se também a moléculas poliatômicas. Contudo, para o modelo de formação de ligações em moléculas poliatômicas seja satisfatório, ele deve explicar a geometria molecular. Discutiremos a seguir três exemplos de aplicação da TLV ao estudo da ligação química em moléculas poliatômicas.

Hibridização sp^3

Consideremos a molécula de CH_4. Se nos concentrarmos apenas nos elétrons de valência, podemos representar o diagrama orbital do C como

$$\boxed{\uparrow\downarrow} \quad \boxed{\uparrow\,|\,\uparrow\,|\,}$$
$$2s \qquad\quad 2p$$

Como o átomo de carbono tem dois elétrons desemparelhados (um em cada orbital $2p$), pode formar apenas duas ligações com átomos de hidrogênio em seu estado fundamental. Embora a espécie CH_2 seja conhecida, ela é muito instável. Para explicar a formação de quatro ligações C—H no metano, podemos tentar promover (ou seja, excitar energeticamente) um elétron do orbital $2s$ para um dos orbitais $2p$:

$$\boxed{\uparrow} \quad \boxed{\uparrow\,|\,\uparrow\,|\,\uparrow}$$
$$2s \qquad\quad 2p$$

Agora, no C há quatro elétrons desemparelhados que podem formar quatro ligações quatro C—H. A geometria, entretanto, não estaria correta; neste caso três dos ângulos de ligação MCM seriam de 90° (lembre-se de que os três orbitais $2p$ no átomo de carbono são perpendiculares entre si), mas experimentalmente observa-se que todos os ângulos são iguais a 109,5°.

Para explicar as ligações no metano, a TLV utiliza **orbitais híbridos** hipotéticos, que são *orbitais atômicos obtidos quando dois ou mais orbitais não equivalentes do mesmo átomo se combinam para a formação de ligações covalentes.* **Hibridização** é o termo aplicado para descrever a *combinação de orbitais atômicos de um átomo (geralmente um átomo central) para gerar uma série de orbitais híbridos.* Podemos gerar quatro orbitais híbridos equivalentes para o carbono se combinarmos o orbital $2s$ e os três orbitais $2p$:

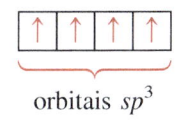

$$\boxed{\uparrow\,|\,\uparrow\,|\,\uparrow\,|\,\uparrow}$$
$$\underbrace{}_{\text{orbitais } sp^3}$$

Uma vez que os novos orbitais se formam de um orbital s e de três orbitais p, são denominados orbitais híbridos sp^3. A Figura 10.6 mostra o formato e as orientações dos orbitais sp^3. Esses quatro orbitais híbridos orientam-se na direção dos quatro vértices de um tetraedro regular. A Figura 10.7 mostra a formação de quatro ligações covalentes entre os orbitais híbridos sp^3 do carbono e os orbitais $1s$ do hidrogênio no CH_4. Dessa maneira, o CH_4 tem um formato tetraédrico e todos os ângulos HCH são de 109,5°. Note que, embora seja necessário fornecer energia para que ocorra a hibridização, essa energia é mais do que compensada pela energia liberada em decorrência da formação das ligações C—H. (Lembre-se de que a formação de ligações químicas é um processo exotérmico.)

A analogia seguinte é útil para a compreensão do processo de hibridização. Suponha que tenhamos um recipiente com solução vermelha e três outros com soluções azuis e que o volume de cada recipiente seja de 50 mL. A solução vermelha corresponde a um orbital $2s$, as soluções azuis representam os três orbitais $2p$ e os quatro volumes

sp^3 lê-se "s-p três".

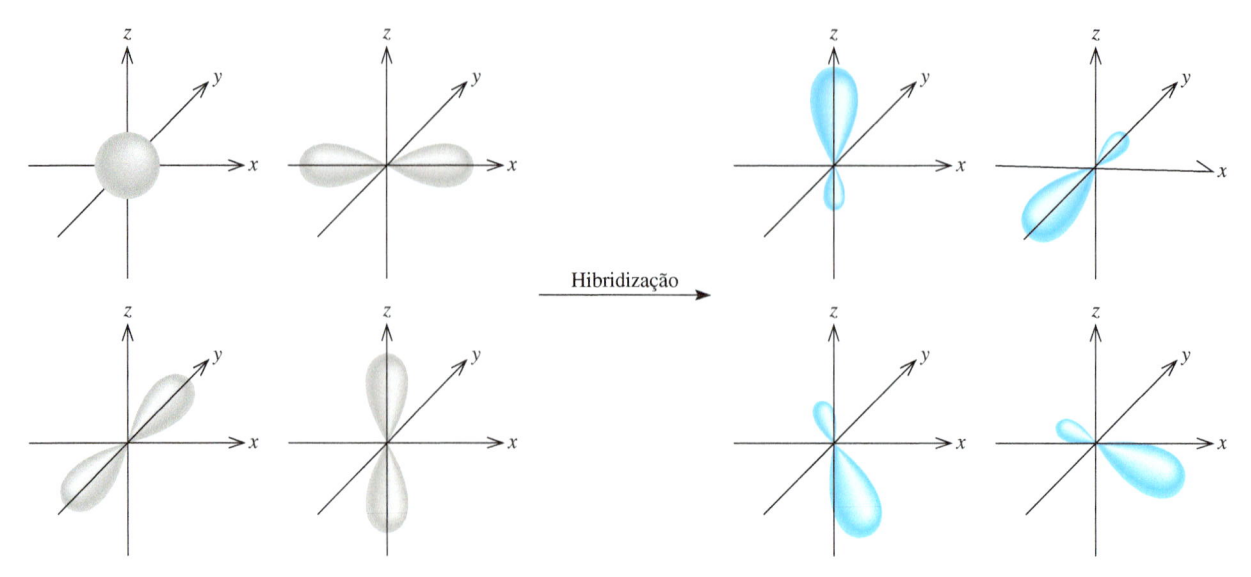

Figura 10.6
Formação de orbitais híbridos sp^3.

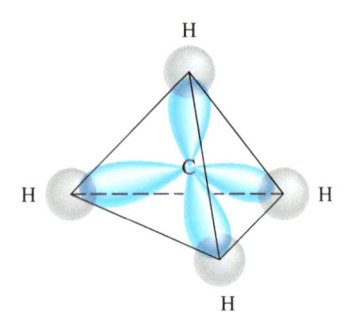

Figura 10.7
Formação de quatro ligações entre os orbitais híbridos sp^3 do carbono e os orbitais $1s$ do hidrogênio no CH_4.

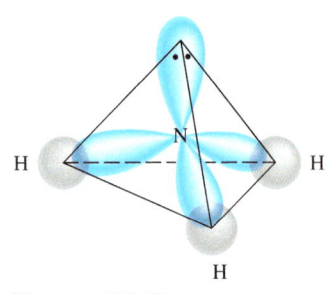

Figura 10.8
O átomo de N apresenta hibridização sp^3 no NH_3. Três orbitais híbridos sp^3 formam ligações com os átomos de H. O quarto orbital híbrido é ocupado pelo par isolado do nitrogênio.

iguais simbolizam quatro orbitais diferentes. Ao misturarmos as soluções, obtemos 200 mL de uma solução púrpura, a qual pode ser dividida em porções de 50 mL (isto é, o processo de hibridização gera quatro orbitais sp^3). Tal como a cor púrpura resulta dos componentes de cores vermelha e azul das soluções originais, também os orbitais híbridos sp^3 possuem simultaneamente características dos orbitais s e p.

A molécula de amônia (NH_3) representa outro caso de hibridização sp^3. A Tabela 10.1 mostra que o arranjo dos quatro pares de elétrons é tetraédrico. Assim sendo, as ligações na molécula NH_3 podem ser explicadas admitindo-se que o N, de modo análogo ao C no CH_4, apresenta uma hibridização sp^3. A configuração eletrônica do N no estado fundamental é $1s^2 2s^2 2p^3$, e portanto o diagrama orbital para o átomo de N hibridizado é

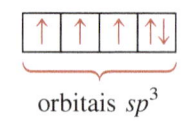

$$\underbrace{\boxed{\uparrow\,\,\uparrow\,\,\uparrow\,\,\uparrow\downarrow}}_{\text{orbitais } sp^3}$$

Três dos quatro orbitais híbridos formam ligações covalentes N—H e o quarto orbital híbrido acomoda o par de elétrons isolado do nitrogênio (Figura 10.8). A repulsão entre os elétrons do par isolado e os elétrons dos orbitais ligantes faz diminuir os ângulos HNH de 109,5° para 107,3°.

É importante compreender a relação existente entre a hibridização e o modelo RPECV. Podemos utilizar o conceito de hibridização para descrever a formação de ligações químicas somente quando o arranjo dos pares de elétrons já tenha sido previsto pelo modelo RPECV. Se o modelo RPECV prevê um arranjo tetraédrico dos pares de elétrons, então devemos supor que ocorre hibridização entre um orbital s e de três orbitais p para formar quatro orbitais híbridos sp^3. Em seguida, são apresentados exemplos de outros tipos de hibridização.

Hibridização sp

O modelo RPECV prevê que a molécula de cloreto de berílio ($BeCl_2$) é linear. O diagrama orbital para os elétrons de valência do berílio é

$$\underset{2s}{\boxed{\uparrow\downarrow}} \quad \underset{2p}{\boxed{\,\,\,\,}}$$

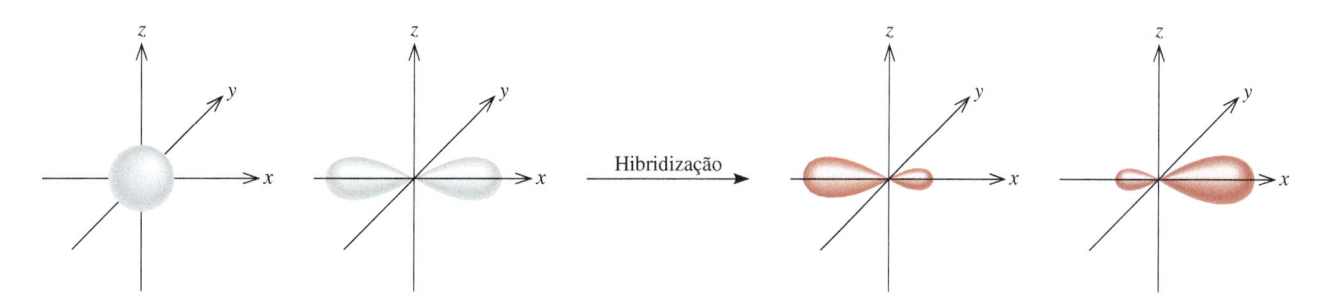

Figura 10.9
Formação de orbitais híbridos *sp*.

Sabemos que o Be no estado fundamental não forma ligações covalentes com o Cl porque seus elétrons estão emparelhados no orbital 2s. Então, recorremos à hibridização para explicar o comportamento do Be na formação de ligações. Em primeiro lugar, promovemos um elétron 2s a um orbital 2p, e como resultado temos:

$$\boxed{\uparrow}\ \boxed{\uparrow\ \ \ }$$
$$2s\quad\quad 2p$$

Agora há dois orbitais do Be disponíveis para formar ligações, os orbitais 2s e 2p. Contudo, se dois átomos de cloro se ligassem ao Be nesse estado excitado, um deles iria compartilhar um elétron 2s e o outro, um elétron 2p, resultando na formação de duas ligações BeCl não equivalentes. Esse resultado contradiz a evidência experimental. Na molécula real de BeCl$_2$, as duas ligações BeCl são idênticas sob todos os aspectos. Então é preciso considerar que os orbitais 2s e 2p se combinam ou se hibridizam para formar dois orbitais híbridos *sp* equivalentes:

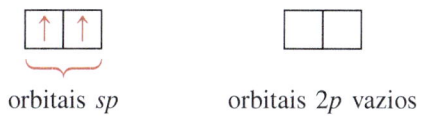

$$\boxed{\uparrow\ |\ \uparrow}\quad\quad \boxed{\ \ \ }$$
$$\underbrace{\text{orbitais } sp}\quad\quad \text{orbitais } 2p \text{ vazios}$$

A Figura 10.9 mostra o formato e a orientação dos orbitais *sp*. Esses dois orbitais híbridos dispõem-se ao longo da mesma linha, o eixo *x*, de modo que o ângulo entre eles é de 180°. Cada uma das ligações BeCl é formada pelo recobrimento de um orbital híbrido *sp* do Be com um orbital 3p do Cl. Desse modo, explica-se que a molécula BeCl$_2$ tem uma geometria linear (Figura 10.10).

Figura 10.10
A geometria linear do BeCl$_2$ pode ser explicada supondo que o Be apresenta hibridização *sp*. Os dois orbitais híbridos *sp* recobrem-se com os orbitais 3p dos cloros para formar duas ligações covalentes.

Hibridização sp^2

Observemos em seguida a molécula de BF$_3$ (trifluoreto de boro), para a qual o modelo RPECV prevê uma geometria planar. Considerando apenas os elétrons de valência, o diagrama orbital do B é

$$\boxed{\uparrow\downarrow}\ \boxed{\uparrow\ \ \ }$$
$$2s\quad\quad 2p$$

Em primeiro lugar, promovemos um elétron 2s para um orbital 2p vazio:

$$\boxed{\uparrow}\ \boxed{\uparrow\ |\ \uparrow\ |\ \ }$$
$$2s\quad\quad 2p$$

A combinação do orbital 2s com os dois orbitais 2p gera três orbitais híbridos sp^2:

$$\boxed{\uparrow\ |\ \uparrow\ |\ \uparrow}\quad\quad \boxed{\ }$$
$$\underbrace{sp^2 \text{ orbitais}}\quad\quad \text{orbital } 2p \text{ vazio}$$

sp^2 lê-se "s-p dois"

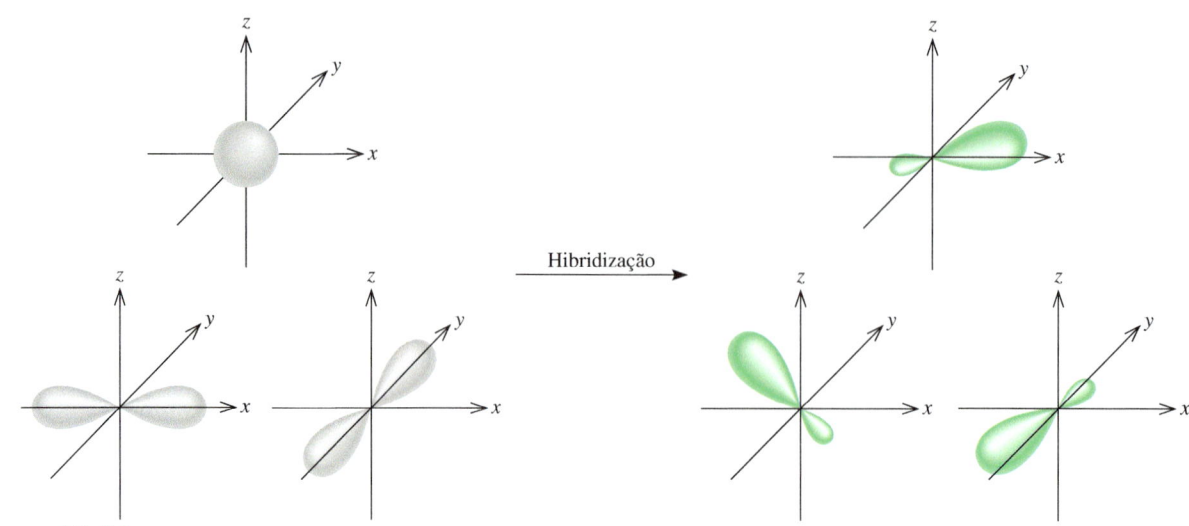

Figura 10.11
Formação de orbitais híbridos sp^2.

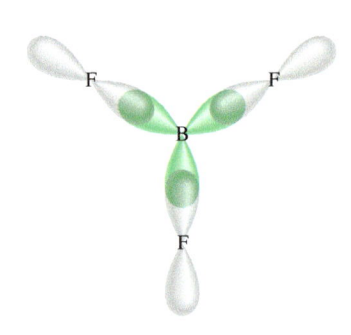

Figura 10.12
Os orbitais híbridos sp^2 do boro recobrem-se com orbitais $2p$ do flúor. A molécula de BF_3 é plana e todos os ângulos FBF são de 120°.

Esses três orbitais sp^2 situam-se no mesmo plano, e o ângulo entre quaisquer desses dois orbitais é de 120° (Figura 10.11). Cada uma das ligações BF é formada pelo recobrimento de um orbital híbrido sp^2 do boro com um orbital $2p$ do flúor (Figura 10.12). A molécula BF_3 é plana com todos os ângulos FBF iguais a 120°. Esse resultado está de acordo com as medidas experimentais e também com as previsões segundo o modelo RPECV.

Você pode ter percebido que existe uma interessante relação entre a hibridização e a regra do octeto. Qualquer que seja o tipo de hibridização, um átomo que originalmente possui um orbital s e três orbitais p continuará a ter quatro orbitais, um número suficiente para acomodar um total de oito elétrons ao formar um composto. Oito é o número máximo de elétrons que os átomos dos elementos do segundo período da tabela periódica podem acomodar nas suas camadas de valência. É por essa razão que a regra do octeto é normalmente obedecida pelos elementos do segundo período.

A situação é diferente para os átomos dos elementos do terceiro período. A regra do octeto será aplicável se utilizarmos apenas os orbitais $3s$ e $3p$ de um átomo para formar orbitais híbridos em uma molécula. No entanto, o mesmo átomo pode utilizar um ou mais dos orbitais $3d$, além dos orbitais $3s$ e $3p$. Nesses casos, a regra do octeto não é obedecida. Em breve, veremos exemplos específicos da participação de orbitais $3d$ no processo de hibridização.

Para resumirmos a nossa discussão sobre o processo de hibridização, salientamos que:

1. O conceito de hibridização não se aplica aos átomos isolados. É um modelo teórico utilizado apenas para explicar a ligação covalente.

2. A hibridização é o processo de combinação de, pelo menos, dois orbitais atômicos não equivalentes, por exemplo, orbitais s e p. Portanto, um orbital híbrido não é um orbital atômico puro. Os orbitais híbridos e os orbitais atômicos puros têm formatos muito diferentes.

3. O número de orbitais híbridos gerado é igual ao número de orbitais atômicos puros que participam no processo de hibridização.

4. O processo de hibridização requer energia; contudo, além de o sistema recuperar essa energia durante a formação de ligações químicas, ainda sobra uma parte que é liberada.

5. Em moléculas e íons poliatômicos, as ligações covalentes formam-se pelo recobrimento de orbitais híbridos ou de orbitais híbridos e orbitais atômicos puros.

Portanto, a descrição da formação de ligações envolvendo orbitais híbridos encaixa-se na teoria da ligação de valência; pressupõe-se que os elétrons em uma molécula ocupem os orbitais híbridos dos átomos individuais.

A Tabela 10.4 resume as hibridizações sp, sp^2 e sp^3, bem como outros tipos que discutiremos mais adiante.

TABELA 10.4 Orbitais Híbridos Importantes e Seus Respectivos Formatos

Orbitais Atômicos Puros do Átomo Central	Hibridização do Átomo Central	Número de Orbitais Híbridos	Formato dos Orbitais Híbridos	Exemplo
s, p	sp	2	Linear	$BeCl_2$
s, p, p	sp^2	3	Trigonal planar	BF_3
s, p, p, p	sp^3	4	Tetraédrica	CH_4, NH_4^+
s, p, p, p, d	sp^3d	5	Bipiramidal trigonal	PCl_5
s, p, p, p, d, d	sp^3d^2	6	Octaédrica	SF_6

Como Construir Orbitais Híbridos

Antes de avançarmos para a discussão da hibridização de orbitais d, vamos esquematizar o que é preciso saber para aplicar o conceito de hibridização à formação de ligações nas moléculas poliatômicas em geral. Em essência, a hibridização é uma simples extensão da teoria de Lewis e do modelo RPECV. Para atribuirmos um tipo de hibridização adequado ao átomo central de uma molécula, precisamos ter pelo menos uma idéia aproximada da geometria dessa molécula. Os passos a serem seguidos são:

1. Desenhar a estrutura de Lewis da molécula.
2. Prever o arranjo global dos pares eletrônicos (tanto pares ligantes como pares isolados) utilizando o modelo RPECV (veja a Tabela 10.1).
3. Deduzir o tipo de hibridização do átomo central fazendo coincidir o arranjo dos pares eletrônicos com o arranjo dos orbitais híbridos, conforme mostrado na Tabela 10.4.

EXEMPLO 10.3

Determine o tipo de hibridização do átomo central (sublinhado) de cada uma das seguintes moléculas: (a) $\underline{Be}H_2$, (b) $\underline{Al}I_3$ e (c) $\underline{P}F_3$. Descreva o processo de hibridização e determine a geometria molecular em cada um dos casos.

Estratégia   As etapas para determinar o tipo de hibridização do átomo central de uma molécula são:

Desenhar a estrutura de Lewis da molécula ⟶ Use VSEPR para determinar o arranjo dos pares de elétrons ao redor do átomo central (Tabela 10.1) ⟶ Use a Tabela 10.4 para determinar o estado de hibridização do átomo central

BeH₂

Solução   (a) A configuração eletrônica do Be no estado fundamental é $1s^2 2s^2$, e o átomo de Be tem dois elétrons de valência. A estrutura de Lewis do BeH₂ é

H—Be—H

Há dois pares ligantes em torno do Be, portanto, o arranjo dos pares de elétrons é linear. Concluímos que o Be utiliza orbitais híbridos sp em suas ligações com os átomos de H porque os orbitais sp têm arranjo linear (veja a Tabela 10.4). Podemos imaginar o processo de hibridização da seguinte maneira. Em primeiro lugar, desenhamos o diagrama orbital para o Be no estado fundamental:

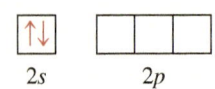

↑↓
2s   2p

Se promovermos um elétron 2s para um orbital 2p, obtemos o estado excitado:

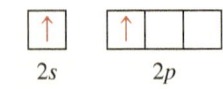

↑   ↑
2s   2p

Em seguida, combinamos os orbitais 2s e 2p para formar dois orbitais híbridos:

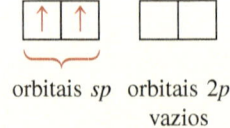

↑ ↑
orbitais sp orbitais $2p$ vazios

As duas ligações Be—H formam-se por recobrimento dos orbitais sp do Be com os orbitais $1s$ dos átomos de H. Assim, a molécula de BeH₂ é linear.

(Continua)

(b) A configuração eletrônica do Al no estado fundamental é [Ne]$3s^2 3p^1$. Portanto, o átomo de Al tem três elétrons de valência. A estrutura de Lewis do AlI$_3$ é

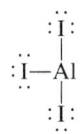

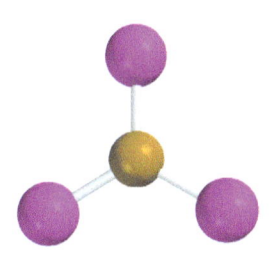

$$\ddot{\underset{..}{:}}\overset{..}{\underset{..}{I}}-Al\overset{|}{\underset{|}{\overset{:\ddot{I}:}{}}}\ddot{\underset{..}{:}}$$

AlI$_3$

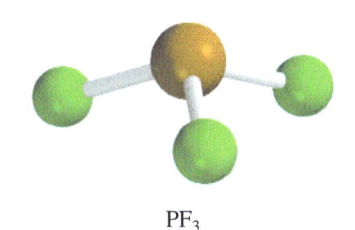

Há três pares de elétrons em torno do Al; dessa forma, o arranjo dos pares eletrônicos é trigonar planar. Concluímos que o Al utiliza orbitais híbridos sp^2 nas suas ligações com I porque esses orbitais apresentam um arranjo trigonar planar (veja a Tabela 10.4). O diagrama orbital do átomo de Al no estado fundamental é

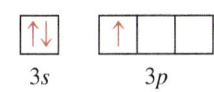

[↑↓] [↑][ ][ ]
 3s   3p

Se promovemos um elétron 3s para um orbital 3p, obtemos o seguinte estado excitado:

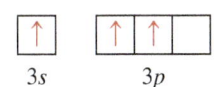

[↑] [↑][↑][ ]
 3s   3p

Combinamos em seguida os orbitais 3s e 3p para formar três orbitais híbridos sp^2:

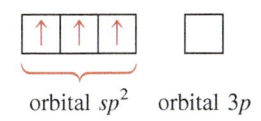

[↑][↑][↑]   [ ]
orbital sp^2 orbital 3p

Os orbitais híbridos sp^2 recobrem-se com os orbitais 5p do I para formar três ligações covalentes Al—I. Prevemos, então, que a molécula AlI$_3$ é trigonar planar e que todos os ângulos IAlI são de 120°.

(c) A configuração eletrônica do P no estado fundamental é [Ne]$3s^2 3p^3$. Portanto, o átomo de P tem cinco elétrons de valência. A estrutura de Lewis do PF$_3$ é

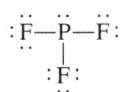

$$:\ddot{\underset{..}{F}}-\underset{\underset{:\ddot{F}:}{|}}{P}-\ddot{\underset{..}{F}}:$$

PF$_3$

Há quatro pares de elétrons em torno de P, portanto, o arranjo dos pares eletrônicos é tetraédrico. Concluímos que o P utiliza orbitais híbridos sp^3 ao ligar-se ao F, pois os orbitais sp^3 apresentam um arranjo tetraédrico (veja a Tabela 10.4). Podemos imaginar que o processo de hibridização ocorre como se descreve em seguida. O diagrama orbital do P no estado fundamental é

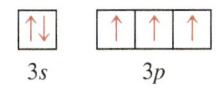

[↑↓] [↑][↑][↑]
 3s   3p

Se combinarmos os orbitais 3s e 3p, obteremos quatro orbitais híbridos sp^3.

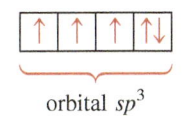

[↑][↑][↑][↑↓]
orbital sp^3

Assim como no caso da molécula de NH$_3$, um dos orbitais híbridos sp^3 é utilizado para acomodar o par isolado no P. Os outros três orbitais híbridos sp^3 formam ligações P—F covalentes com os orbitais 2p do F. Prevemos, então, que a geometria da molécula é piramidal trigonal; o ângulo FPF deve ser um pouco menor do que 109,5°.

Problemas semelhantes: 10.31 e 10.32.

Exercício Determine o tipo de hibridização dos átomos sublinhados em cada um dos seguintes compostos: (a) SiBr$_4$ e (b) BCl$_3$.

Hibridização de Orbitais s, p e d

Vimos que a hibridização explica com clareza a formação de ligações que envolvem orbitais s e p. Para os elementos do terceiro e seguintes períodos, contudo, nem sempre podemos explicar a geometria molecular admitindo apenas a hibridização dos orbitais s e p. Para compreendermos a formação de moléculas com geometria bipiramidal trigonal e octaédrica, por exemplo, devemos introduzir orbitais d no conceito de hibridização.

Considere a molécula de SF_6 como exemplo. Vimos na Seção 10.1 que a geometria dessa molécula é octaédrica, assim como o arranjo dos seis pares eletrônicos em torno do átomo central. A Tabela 10.4 mostra que o átomo de S no SF_6 tem hibridização sp^3d^2. A configuração eletrônica do S no estado fundamental é $[Ne]3s^23p^4$:

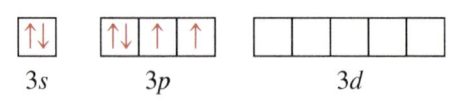

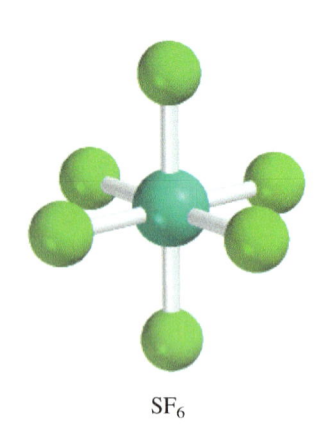

SF_6

sp^3d^2 lê-se "s-p três d dois"

Como o nível 3d tem energia bastante próxima as dos níveis 3s e 3p, podemos promover elétrons s e p para dois dos orbitais 3d:

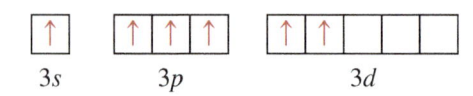

A combinação do orbital 3s com os três orbitais 3p e com os dois orbitais 3d gera seis orbitais híbridos sp^3d^2:

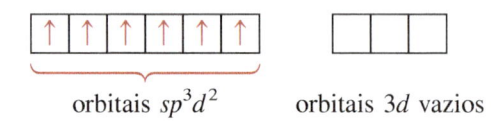

orbitais sp^3d^2 orbitais 3d vazios

As seis ligações S—F são formadas pelo recobrimento dos orbitais híbridos do átomo de S com os orbitais 2p dos átomos de F. Como há 12 elétrons ao redor do átomo S, a regra do octeto é violada. A utilização de orbitais d, em adição aos orbitais s e p, para formar um octeto expandido (veja a Seção 9.7) é um exemplo de *expansão da camada de valência*. Ao contrário do que acontece com os elementos do terceiro período, aqueles do segundo período não possuem níveis energéticos 2d, e por isso nunca poderão expandir as suas camadas de valência. (Lembre-se de que, quando n = 2, l = 0 ou 1. Assim, só podemos ter orbitais 2s e 2p.) Conseqüentemente, os átomos dos elementos do segundo período nunca poderão ter mais do que oito elétrons em qualquer de seus compostos.

EXEMPLO 10.4

Descreva o tipo de hibridização do fósforo no pentabrometo de fósforo (PBr_5).

Estratégia   Siga o mesmo procedimento do Exemplo 10.3.

Solução   A configuração eletrônica do P no estado fundamental é $[Ne]3s^23p^3$. Portanto, o átomo de P tem cinco elétrons de valência. A estrutura de Lewis de PBr_5 é

PBr_5

Há cinco pares de elétrons em torno do P; portanto, o arranjo dos pares eletrônicos é bipiramidal trigonal. Concluímos que o P utiliza orbitais híbridos sp^3d ao formar ligação com os átomos de bromo, porque os orbitais híbridos sp^3d apresentam geometria

(Continua)

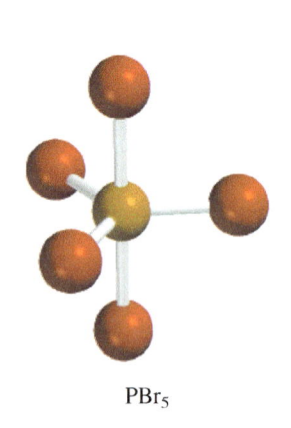

bipiramidal trigonal (veja a Tabela 10.4). O processo de hibridização pode ser imaginado como se descreve a seguir. O diagrama orbital do estado fundamental do átomo de P é

$$\underset{3s}{\boxed{\uparrow\downarrow}} \quad \underset{3p}{\boxed{\uparrow}\boxed{\uparrow}\boxed{\uparrow}} \quad \underset{3d}{\boxed{\;}\boxed{\;}\boxed{\;}\boxed{\;}\boxed{\;}}$$

Se promovermos um elétron 3s para um orbital 3d, obteremos o seguinte estado excitado:

$$\underset{3s}{\boxed{\uparrow}} \quad \underset{3p}{\boxed{\uparrow}\boxed{\uparrow}\boxed{\uparrow}} \quad \underset{3d}{\boxed{\uparrow}\boxed{\;}\boxed{\;}\boxed{\;}\boxed{\;}}$$

A combinação de um orbital 3s com três orbitais 3p e um orbital 3d gera cinco orbitais híbridos sp^3d:

$$\underbrace{\boxed{\uparrow}\boxed{\uparrow}\boxed{\uparrow}\boxed{\uparrow}\boxed{\uparrow}}_{\text{orbitais } sp^3d} \quad \underset{\text{orbitais } 3d \text{ vazios}}{\boxed{\;}\boxed{\;}\boxed{\;}\boxed{\;}}$$

Esses orbitais híbridos recobrem-se com os orbitais 4p do Br para formar cinco ligações P—Br covalentes. Como não há pares isolados no átomo de P, a geometria da molécula de PBr_5 é bipiramidal trigonal.

Exercício Descreva o tipo de hibridização do Se no SeF_6.

Figura 10.13
Hibridização sp^2 de um átomo de carbono. O orbital 2s combina-se apenas com dois orbitais 2p para formar três orbitais híbridos sp^2 equivalentes. Esse processo deixa um elétron em um orbital não hibridizado, o orbital $2p_z$.

Problema semelhante: 10.40.

10.5 Hibridização em Moléculas com Ligações Duplas e Triplas

O conceito de hibridização também é útil para moléculas que têm ligações duplas e triplas. Considere, por exemplo, a molécula de etileno, C_2H_4. No Exemplo 10.1, vimos que a molécula C_2H_4 contém uma ligação dupla carbono-carbono e apresenta geometria plana. Podemos explicar a geometria e as ligações no etileno se admitirmos que cada átomo de carbono apresenta hibridização sp^2. A Figura 10.13 mostra os diagramas orbitais desse processo de hibridização. Consideramos que apenas os orbitais $2p_x$ e $2p_y$ se combinam com o orbital 2s e que o orbital $2p_z$ permanece inalterado. A Figura 10.14 mostra que o orbital $2p_z$ é perpendicular ao plano dos orbitais híbridos. Como podemos explicar, agora, a ligação entre os átomos de carbono? Como mostra a Figura 10.15(a), cada átomo de carbono usa os três orbitais híbridos sp^2 para formar duas ligações com os orbitais 1s de dois átomos de hidrogênio e uma ligação com o orbital híbrido sp^2 do átomo de carbono adjacente. Além disso, os dois orbitais $2p_z$ não hibridizados dos átomos de carbono se recobrem lateralmente formando uma outra ligação [Figura 10.15(b)].

Há dois tipos distintos de ligação covalente na molécula de C_2H_4. As três ligações formadas por cada átomo de C na Figura 10.15(a) são todas *ligações sigma (ligações σ)*, isto é, *ligações covalentes formadas pelo recobrimento dos orbitais pelas suas extremidades, com a densidade eletrônica concentrada entre os núcleos dos átomos envolvidos na ligação*. O segundo tipo de ligação, designado *ligação pi (ligação π)*, é definido como *ligação covalente formada pelo recobrimento lateral dos orbitais, com densidade eletrônica concentrada acima e abaixo do plano que contém os núcleos dos átomos envolvidos na ligação*. Conforme mostrado na Figura 10.15(b), os dois átomos de C formam uma ligação pi. É a formação dessa ligação pi que confere ao etileno a sua geometria planar. A Figura 10.15(c) mostra a orientação das ligações sigma e pi. A Figura 10.16 traz um outro modo de representar a molécula C_2H_4 planar e a formação da ligação pi. Embora representemos normalmente a ligação dupla carbono-carbono por C=C (como fazemos em uma estrutura de Lewis) é importante não esquecer que as duas ligações covalentes são diferentes: uma delas é ligação sigma e a outra é uma ligação pi. De fato, as energias de ligação são de 270 kJ/mol e 350 kJ/mol para a ligação pi carbono-carbono e para a ligação sigma carbono-carbono, respectivamente.

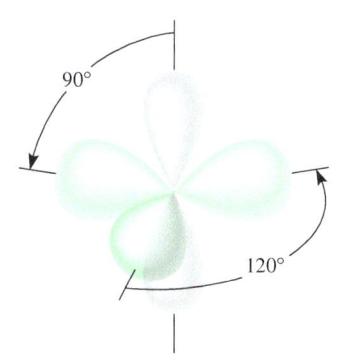

Figura 10.14
Cada átomo de carbono na molécula C_2H_4 tem três orbitais híbridos sp^2 (verde) e um orbital atômico puro $2p_z$ (cinza) que é perpendicular ao plano dos orbitais híbridos.

Figura 10.15
Formação das ligações na molécula de etileno, C_2H_4. (a) Vista de topo das ligações sigma entre os átomos de carbono e de hidrogênio. A molécula é planar, pois os átomos encontram-se todos no mesmo plano. (b) Vista lateral mostrando como os orbitais $2p_z$ dos dois átomos de carbono se recobrem lateralmente formando uma ligação pi. (c) As interações em (a) e (b) levam à formação das ligações sigma e pi no etileno. Observe que a densidade eletrônica correspondente à ligação pi situa-se acima e abaixo do plano da molécula.

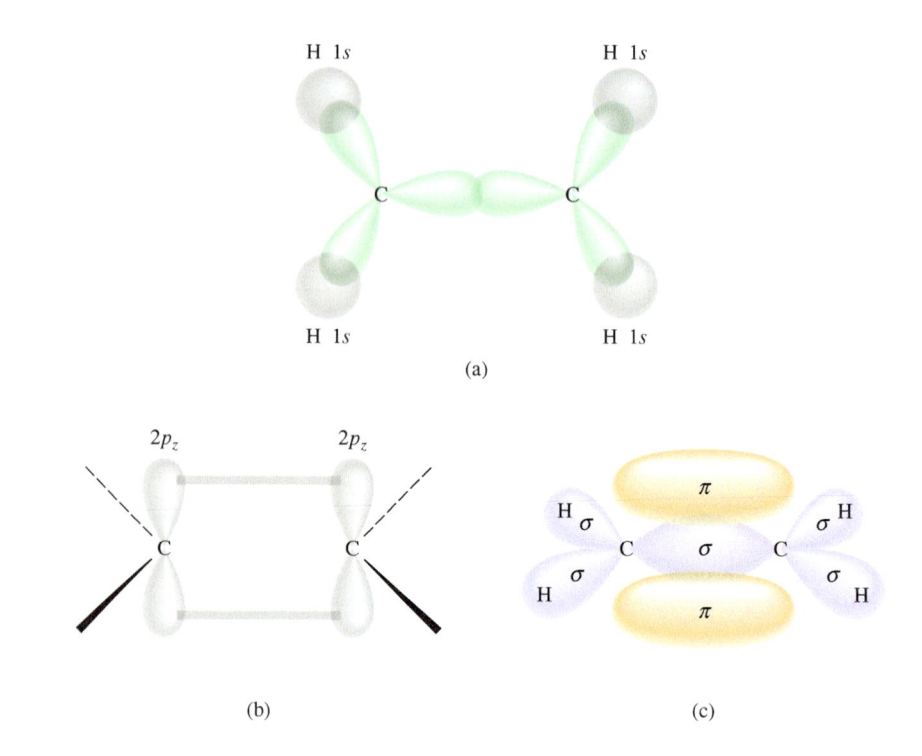

Figura 10.16
(a) Outra vista da formação da ligação pi na molécula de C_2H_4. Repare que os seis átomos estão todos no mesmo plano. É o recobrimento dos orbitais $2p_z$ que faz com que a molécula seja planar. (b) Mapa do potencial eletrostático do C_2H_4.

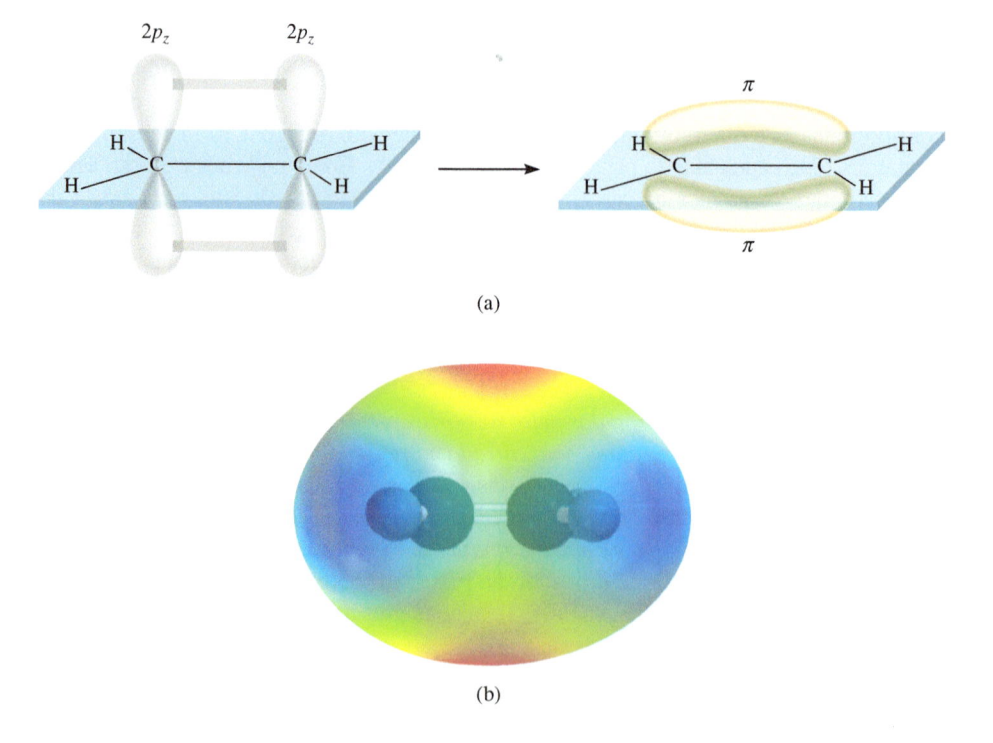

A molécula de acetileno (C₂H₂) contém uma ligação tripla carbono-carbono. Como a molécula é linear, podemos explicar a sua geometria e ligações se admitirmos que cada átomo de carbono apresenta hibridização sp resultante da combinação dos seus orbitais $2s$ e $2p_x$ (Figura 10.17). Tal como mostra a Figura 10.18, os dois orbitais híbridos sp de cada átomo de carbono formam uma ligação sigma com o orbital $1s$ do hidrogênio e outra ligação sigma com o outro átomo de carbono. Além disso, formam-se duas ligações pi por recobrimento lateral dos dois orbitais $2p_y$ e $2p_z$ não hibridizados. Assim, a ligação C≡C é formada por uma ligação sigma e duas ligações pi.

A seguinte regra nos ajuda a prever o tipo de hibridização em moléculas com ligações múltiplas: se o átomo central formar uma ligação dupla, a sua hibridização é sp^2; se formar duas ligações duplas ou uma ligação tripla, a sua hibridização é sp. Note que essa regra só se aplica aos átomos de elementos do segundo período. Os átomos de elementos do terceiro período e de períodos superiores que formam ligações múltiplas constituem um problema mais complexo e não serão tratados aqui.

Figura 10.17
Hibridização sp de um átomo de carbono. O orbital $2s$ combina-se apenas com um orbital $2p$ para formar dois orbitais híbridos sp. Esse processo deixa um elétron em cada um dos dois orbitais atômicos puros, os orbitais $2p_y$ e $2p_z$.

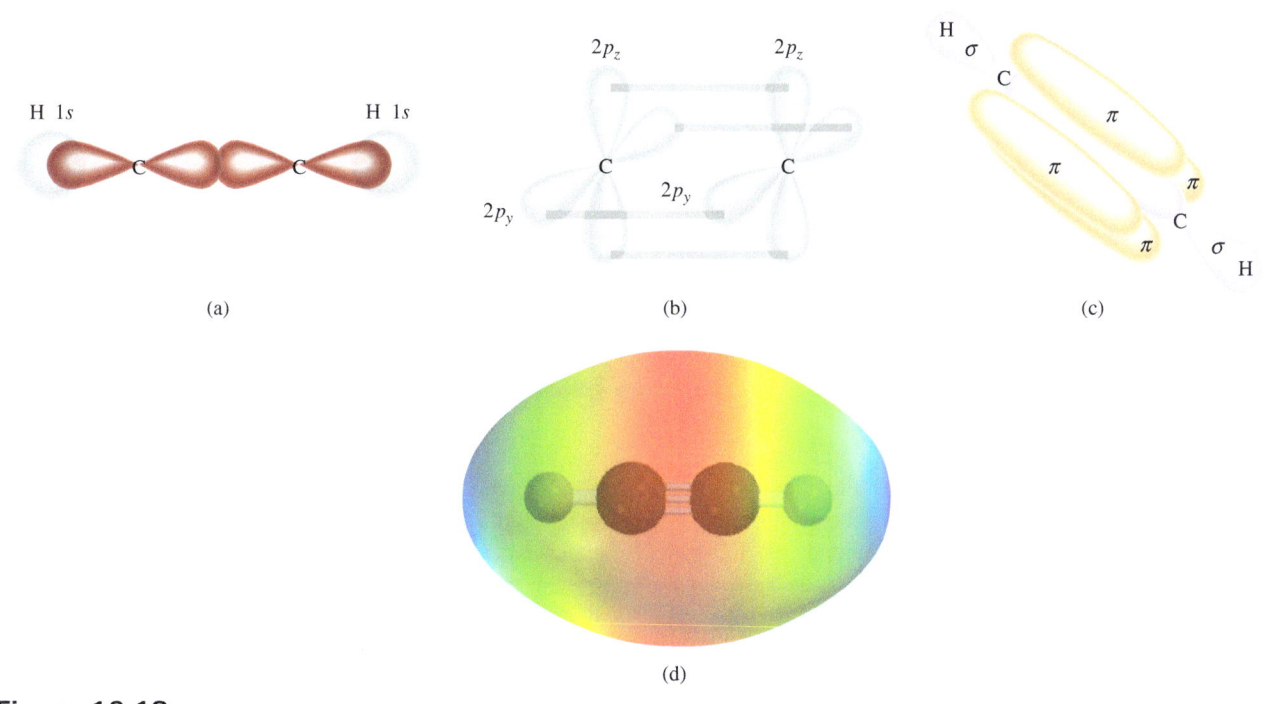

EXEMPLO 10.5

Descreva a formação das ligações químicas na molécula de formaldeído cuja estrutura de Lewis é

$$\begin{array}{c} H \\ \diagdown \\ C=\ddot{\underset{..}{O}} \\ \diagup \\ H \end{array}$$

Suponha que o átomo de O apresente hibridização sp^2.

(Continua)

Figura 10.18
Ligações na molécula de acetileno, C₂H₂. (a) Vista de topo mostrando o recobrimento dos orbitais sp dos átomos de carbono e o recobrimento de cada um desses orbitais com os orbitais $1s$ dos átomos de hidrogênio. Os átomos encontram-se todos sobre uma linha reta; portanto a molécula do acetileno é linear. (b) Recobrimento lateral dos orbitais $2p_y$ e $2p_z$ de cada átomo de C que leva à formação de duas ligações pi entre eles. (c) Formação das ligações sigma e pi como resultado das interações descritas em (a) e (b). (d) Mapa do potencial eletrostático do C₂H₂.

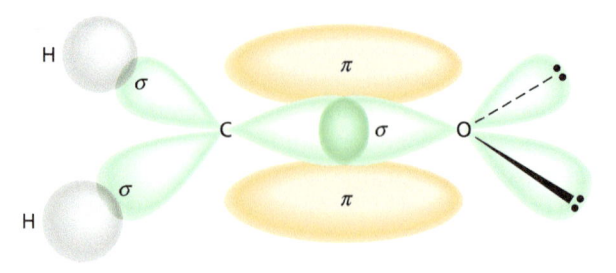

Figura 10.19
Ligações na molécula de formaldeído. Forma-se uma ligação sigma por recobrimento do orbital híbrido sp^2 do carbono com o orbital híbrido sp^2 do oxigênio; forma-se uma ligação pi por recobrimento dos orbitais $2p_z$ dos átomos de carbono e oxigênio. Os dois pares isolados do oxigênio ocupam os outros dois orbitais sp^2 desse átomo.

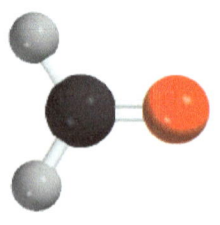

CH₂O

Estratégia   Siga o procedimento do Exemplo 10.3.

Solução   Há três pares de elétrons em torno do átomo de C, portanto o arranjo dos pares eletrônicos é trigonal planar. (Lembre-se de que no modelo RPECV uma ligação dupla é tratada do mesmo modo que uma ligação simples.) Concluímos que o átomo de C usa orbitais híbridos sp^2 ao formar ligações porque esses orbitais apresentam arranjo trigonal planar (veja a Tabela 10.4). Podemos imaginar os processos de hibridização para o C e o O conforme mostrado a seguir.

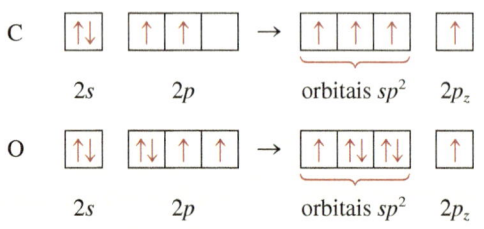

O carbono tem um elétron em cada um dos três orbitais sp^2 que são usados para formar ligações sigma com os átomos de H e de O. Há também um elétron no orbital $2p_z$, o qual forma ligação pi com o oxigênio. Dois dos orbitais híbridos sp^2 do oxigênio estão preenchidos com dois elétrons cada. Estes são os pares isolados do oxigênio. O seu terceiro orbital híbrido sp^2 que contém apenas um elétron é utilizado para formar uma ligação sigma com o carbono. O orbital $2p_z$ do oxigênio (com um elétron) recobre-se com o orbital $2p_z$ do carbono para formar uma ligação pi (Figura 10.19).

Exercício   Descreva as ligações químicas na molécula de cianeto de hidrogênio, HCN. Suponha uma hibridização sp para o N.

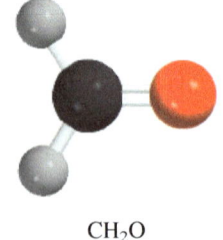

10.6 Teoria dos Orbitais Moleculares

A teoria da ligação de valência é um dos dois métodos da mecânica quântica empregado para explicar a formação de ligações químicas em moléculas. Essa teoria baseia-se no recobrimento espacial de orbitais atômicos para explicar, em termos qualitativos, a estabilidade das ligações covalentes. Recorrendo ao conceito de hibridização, a teoria da ligação de valência pode explicar as geometrias moleculares previstas pelo modelo RPECV. Contudo, a suposição de que em uma molécula os elétrons ocupam os orbitais atômicos dos átomos individuais é apenas uma aproximação, uma vez que cada elétron ligante deve ocupar um orbital que é característico da molécula como um todo.

Em alguns casos, a teoria da ligação de valência não pode explicar satisfatoriamente as propriedades observadas para moléculas. Considere a molécula de oxigênio cuja estrutura de Lewis é

$$\ddot{\text{O}}=\ddot{\text{O}}$$

De acordo com essa descrição, todos os elétrons do O_2 estão emparelhados e, portanto, o oxigênio deveria ser diamagnético. No entanto, verifica-se experimentalmente que a molécula de oxigênio tem dois elétrons desemparelhados (Figura 10.20). Esse fato indica a existência de uma deficiência fundamental na teoria da ligação de valência, e justifica a procura por uma aproximação alternativa para explicar a ligação química e as propriedades do O_2, e de outras moléculas, que não podem ser ser previstas pela teoria da ligação de valência.

As propriedades das moléculas, inclusive as magnéticas, às vezes, são melhor explicadas por outra teoria da mecânica quântica chamada de *teoria dos orbitais moleculares (TOM)*. A teoria dos orbitais moleculares descreve as ligações covalentes em termos de **orbitais moleculares**, que *resultam da interação entre os orbitais atômicos dos átomos envolvidos na ligação e estão associados à molécula como um todo*. A diferença entre um orbital molecular e um orbital atômico é que este último está associado somente a um átomo.

Figura 10.20
Como as moléculas de O_2 são paramagnéticas, o oxigênio líquido é atraído pelos pólos de um ímã.

Orbitais Moleculares Ligantes e Antiligantes

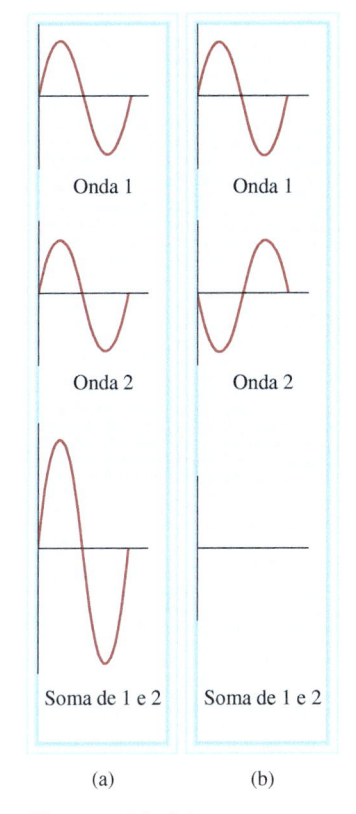

De acordo com a TOM, o recobrimento dos orbitais $1s$ de dois átomos de hidrogênio leva à formação de dois orbitais moleculares: um orbital molecular ligante e um orbital molecular antiligante. Um **orbital molecular ligante** tem *menor energia e maior estabilidade do que os orbitais atômicos dos quais se formou*. Um **orbital molecular antiligante** tem *maior energia e menor estabilidade que os orbitais atômicos dos quais se formou*. Assim como sugerem as designações "ligante" e "antiligante", se colocarmos elétrons em um orbital molecular ligante, obteremos uma ligação covalente estável, mas se os colocarmos em um orbital molecular antiligante, teremos uma ligação instável.

Em um orbital molecular ligante a densidade eletrônica é máxima entre os núcleos dos átomos envolvidos na ligação. No entanto, em um orbital molecular antiligante, a densidade eletrônica diminui a zero entre os núcleos dos átomos. Podemos compreender essa diferença se recordarmos que os elétrons (em orbitais) têm características ondulatórias. Uma propriedade típica das ondas permite que ondas do mesmo tipo interajam resultando em uma onda com amplitude superior ou amplitude inferior a das ondas originais. No primeiro caso, chamamos a interação de *interferência construtiva*; no segundo, de *interferência destrutiva* (Figura 10.21).

A formação de orbitais moleculares ligantes corresponde à interferência construtiva (o aumento da amplitude da onda é análogo à acumulação de densidade eletrônica entre os dois núcleos). A formação de orbitais moleculares antiligantes corresponde à interferência destrutiva (a diminuição da amplitude da onda é análoga à diminuição de densidade eletrônica entre os dois núcleos). As interações construtiva e destrutiva entre os dois orbitais $1s$ na molécula H_2 levam, então, à formação de um orbital molecular sigma ligante (σ_{1s}) e de um orbital molecular $\sigma_{1s}^\star$:

orbital molecular sigma ligante → σ_{1s} ← formado de orbitais $1s$

orbital molecular sigma antiligante → $\sigma_{1s}^\star$ ← formado de orbitais $1s$

Figura 10.21
Interferência construtiva (a) e interferência destrutiva (b) de duas ondas de mesmo comprimento de onda e mesma amplitude.

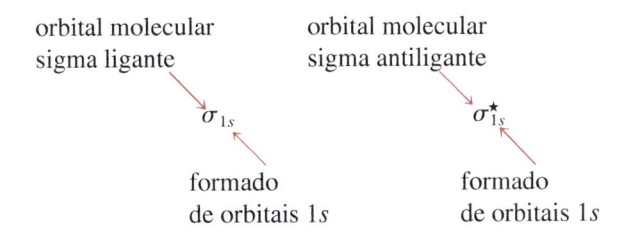

em que o asterisco representa um orbital molecular antiligante

Em um **orbital molecular sigma** (ligante ou antiligante) *a densidade eletrônica está concentrada simetricamente em torno de uma linha entre os núcleos dos dois átomos envolvidos na ligação*. Forma-se uma ligação sigma quando dois elétrons ocupam um orbital molecular sigma (veja a Seção 10.5). Lembre-se de que uma ligação covalente simples (por exemplo, H—H ou F—F) é quase sempre uma ligação sigma.

Os dois elétrons no orbital molecular sigma estão emparelhados. O princípio de exclusão de Pauli aplica-se a moléculas, assim como a átomos.

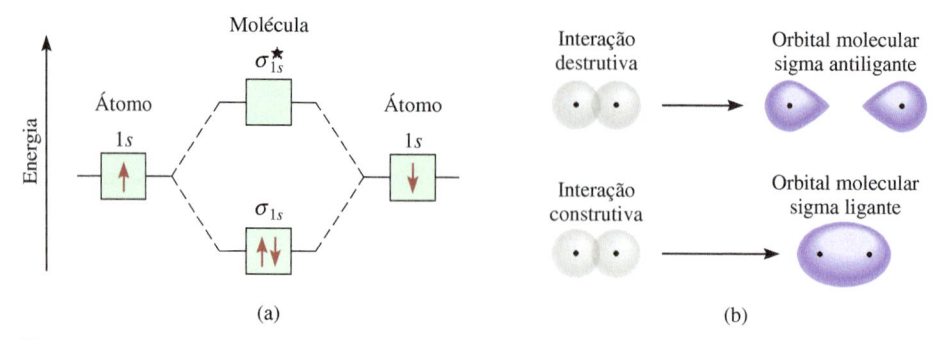

Figura 10.22
(*a*) Níveis de energia dos orbitais moleculares ligante e antiligante da molécula de H_2. Note que os dois elétrons no orbital σ_{1s} devem ter spins opostos de acordo com o princípio de exclusão de Pauli. Lembre-se de que quanto maior a energia de um orbital molecular, menos estáveis serão os elétrons que ocupam esse orbital. (b) As interações construtiva e destrutiva entre dois orbitais 1s do hidrogênio dão origem à formação de dois orbitais moleculares, um ligante e outro antiligante. No orbital molecular ligante há aumento de densidade eletrônica, na região internuclear, que age como uma "cola" de carga negativa que aproxima os núcleos, carregados positivamente.

A Figura 10.22 mostra o *diagrama de níveis de energia dos orbitais moleculares*, isto é, os níveis de energia relativos dos orbitais envolvidos na formação da molécula de H_2 e as interações construtiva e destrutiva entre os dois orbitais 1s. Observe que no orbital molecular antiligante há um *nó* entre os núcleos, ou seja, uma região de densidade eletrônica nula. Como a densidade eletrônica na região internuclear é zero, os núcleos de carga positiva repelem-se em vez de permanecerem juntos. Os elétrons no orbital molecular antiligante têm maior energia (e menor estabilidade) do que teriam nos átomos isolados. Por outro lado, os elétrons no orbital molecular ligante têm menor energia (e, portanto, maior estabilidade) do que teriam nos átomos isolados.

Embora tenhamos utilizado a molécula de hidrogênio para ilustrar a formação de orbitais moleculares, podemos aplicar os mesmos conceitos a outras moléculas. Na molécula de H_2, consideramos apenas as interações entre orbitais 1s; com moléculas mais complexas é necessário levar em conta outros orbitais atômicos. De qualquer modo, para todos os orbitais *s*, o processo é idêntico ao que utilizamos para os orbitais 1s. Assim sendo, a interação entre dois orbitais 2s ou 3s pode ser tratada de forma análoga ao indicado no diagrama de níveis de energia dos orbitais moleculares e no esquema de formação dos orbitais moleculares ligante e antiligante, como mostrado na Figura 10.22.

O processo é mais complexo para os orbitais *p* porque estes podem interagir entre si de dois modos diferentes. Por exemplo, dois orbitais 2p podem aproximar-se um do outro pelas suas extremidades para formar dois orbitais moleculares sigma, um ligante e outro antiligante, como é observado na Figura 10.23(a). Alternativamente, os dois orbitais *p* podem se recobrir lateralmente para dar origem a dois orbitais moleculares pi, um ligante e outro antiligante, como pode ser visto na Figura 10.23(b).

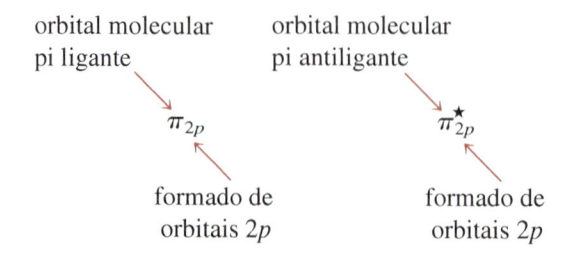

orbital molecular pi ligante → π_{2p} ← formado de orbitais 2p

orbital molecular pi antiligante → $\pi_{2p}^{\star}$ ← formado de orbitais 2p

Em um ***orbital molecular pi*** (ligante ou antiligante), *a densidade eletrônica concentra-se acima e abaixo da linha que une os núcleos dos dois átomos envolvidos na ligação.*

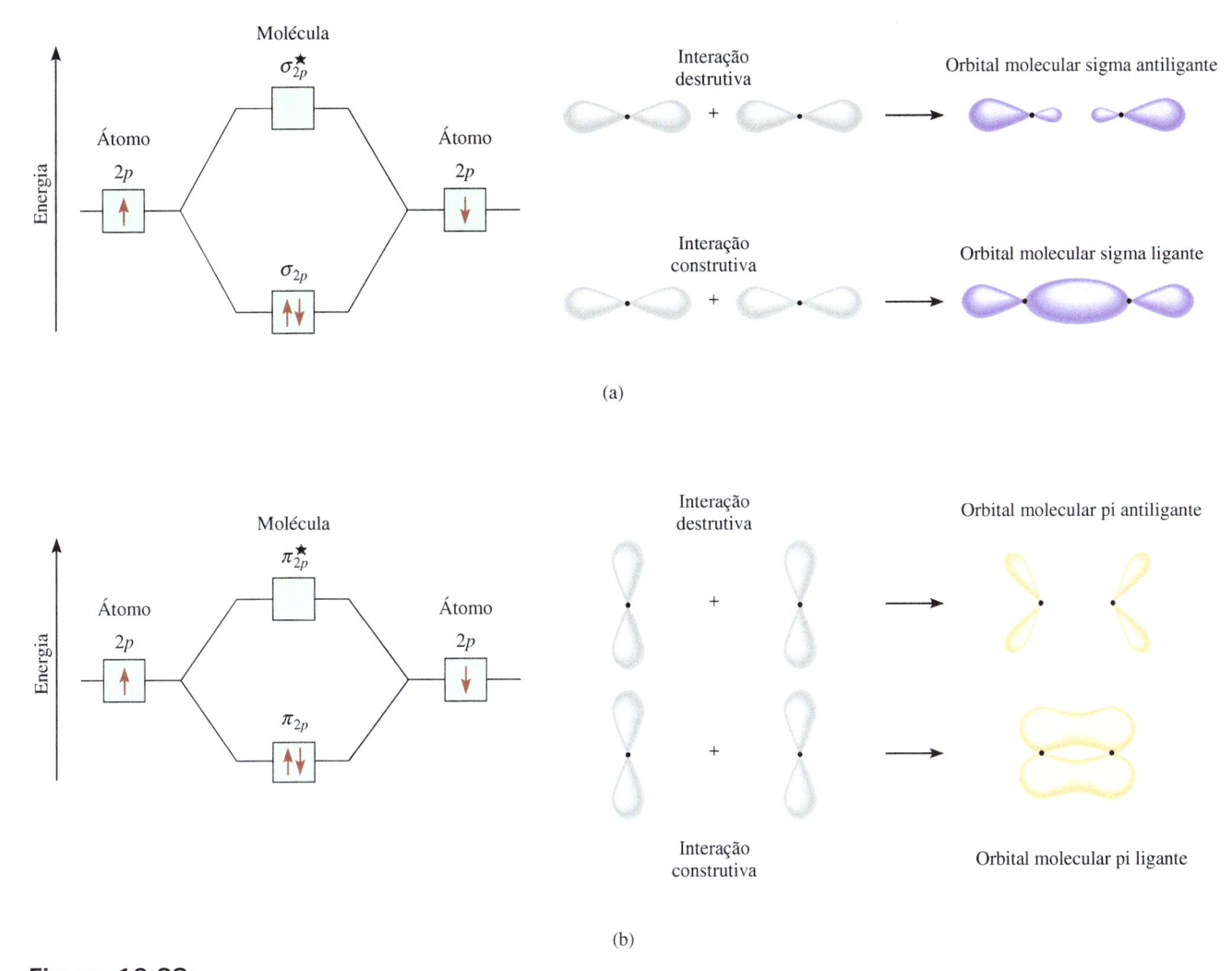

Figura 10.23
Duas interações possíveis entre dois orbitais *p* equivalentes e seus correspondentes orbitais moleculares. (a) Quando os orbitais *p* se recobrem pelas extremidades, forma-se um orbital molecular sigma ligante e um orbital molecular sigma antiligante. (b) Quando os orbitais *p* se recobrem lateralmente, forma-se um orbital molecular pi ligante e um orbital molecular pi antiligante. Normalmente, um orbital molecular sigma ligante é mais estável que um orbital molecular pi ligante, uma vez que a interação lateral leva a um menor recobrimento dos orbitais *p* do que a interação pelas extremidades. Supomos que os orbitais $2p_x$ se envolvem na formação do orbital molecular sigma. Os orbitais $2p_y$ e $2p_z$ podem interagir apenas para formar orbitais moleculares pi. O comportamento apresentado em (b) representa a interação entre os orbitais $2p_y$ ou $2p_z$.

Dois elétrons em um orbital molecular pi formam uma ligação pi (veja a Seção 10.5). Uma ligação dupla é quase sempre constituída por uma ligação sigma e uma ligação pi; uma ligação tripla é sempre constituída por uma ligação sigma e duas ligações pi.

Configurações dos Orbitais Moleculares

Para compreender as propriedades das moléculas, é necessário saber como estão distribuídos os elétrons nos orbitais moleculares. O procedimento para determinar a configuração eletrônica de uma molécula é análogo ao utilizado para estabelecer as configurações eletrônicas dos átomos (veja a Seção 7.8).

Regras que Regem a Configuração Eletrônica e a Estabilidade Molecular

Para escrevermos a configuração eletrônica de uma molécula, devemos primeiro colocar os orbitais moleculares em ordem crescente de energia. Em seguida, podemos utilizar as seguintes regras para preenchê-los com elétrons. As regras também nos ajudam a compreender as estabilidades dos orbitais moleculares.

1. O número de orbitais moleculares que se forma é sempre igual ao número de orbitais atômicos que se combinam.
2. Quanto mais estável for o orbital molecular ligante, menos estável será o correspondente orbital molecular antiligante.
3. O preenchimento de orbitais moleculares faz-se em ordem crescente de energia. Em uma molécula estável, o número de elétrons em orbitais moleculares ligantes é sempre maior do que o número de elétrons em orbitais moleculares antiligantes, porque colocamos os elétrons, em primeiro lugar, nos orbitais moleculares ligantes de energia mais baixa.
4. Tal como um orbital atômico, cada orbital molecular pode acomodar, no máximo, dois elétrons com *spins* opostos, de acordo com o princípio de exclusão de Pauli.
5. Quando os elétrons são colocados em orbitais moleculares de mesma energia, o arranjo mais estável é previsto pela regra de Hund, isto é, os elétrons entram nos orbitais moleculares com *spins* paralelos.
6. O número de elétrons nos orbitais moleculares é igual à soma de todos os elétrons dos átomos envolvidos na ligação.

Moléculas de Hidrogênio e de Hélio

Adiante, nesta seção, estudaremos moléculas formadas por átomos de elementos do segundo período. Antes, porém, será útil prever as estabilidades relativas das espécies simples H_2^+, H_2, He_2^+ e He_2, utilizando os diagramas de níveis de energia de orbitais moleculares mostrados na Figura 10.24. Os orbitais σ_{1s} e $\sigma_{1s}^\star$ podem acomodar um máximo de quatro elétrons. O número total aumenta de um elétron no H_2^+ até quatro elétrons no He_2. O princípio de exclusão de Pauli estabelece que cada orbital molecular pode acomodar, no máximo, dois elétrons com *spins* opostos. Nesses casos, nos interessam apenas as configurações eletrônicas do estado fundamental.

Para avaliarmos as estabilidades dessas espécies, calculamos a ***ordem de ligação***, que é definida como

$$\text{Ordem de ligação} = \frac{1}{2}\left(\begin{array}{c}\text{número de elétrons} \\ \text{em OM ligantes}\end{array} - \begin{array}{c}\text{número de elétrons} \\ \text{em OM antiligantes}\end{array}\right) \quad (10.2)$$

A energia de dissociação de uma ligação, ou energia de ligação (Seção 9.8), é uma medida quantitativa da força dessa ligação.

A ordem de ligação indica a força de uma ligação. Por exemplo, se há dois elétrons no orbital molecular ligante e nenhum no orbital molecular antiligante, a ordem de ligação é 1, o que significa que existe uma ligação covalente e que a molécula é estável. Note que a ordem de ligação pode ser fracionária, mas, se for zero (ou tiver um valor negativo), isso significa que a ligação não é estável e que a molécula não pode existir. A ordem de ligação só pode ser utilizada para se fazer comparações qualitativas. Por exemplo, tanto um orbital molecular sigma ligante com dois elétrons

Figura 10.24
Níveis de energia dos orbitais moleculares ligante e antiligante das espécies H_2^+, H_2, He_2^+ e He_2. Em todas elas, os orbitais moleculares formam-se pela interação de dois orbitais 1s.

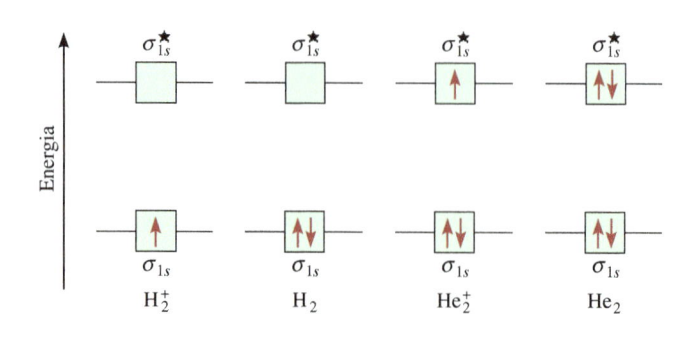

quanto um orbital molecular pi ligante, também com dois elétrons, apresentam ordem de ligação 1. Contudo, essas duas ligações são distintas com relação à força e ao comprimento porque as extensões dos recobrimentos dos orbitais atômicos são diferentes.

Agora estamos prontos para fazer previsões sobre as estabilidades das espécies H_2^+, H_2, He_2^+ e He_2 (veja a Figura 10.24). O íon molecular H_2^+ possui apenas um elétron no orbital σ_{1s}. Como na ligação covalente devem existir dois elétrons no orbital molecular ligante, o H_2^+ tem apenas metade de uma ligação, ou seja, uma ordem de ligação de $\frac{1}{2}$. Assim sendo, prevemos que a entidade H_2^+ seja estável. A sua configuração eletrônica é representada por $(\sigma_{1s})^1$.

A molécula de H_2 tem dois elétrons, ambos no orbital σ_{1s}. De acordo com o nosso esquema, dois elétrons equivalem a uma ligação inteira; portanto, a molécula de H_2 tem uma ordem de ligação 1, ou seja, uma ligação covalente inteira. A configuração eletrônica do H_2 é $(\sigma_{1s})^2$.

Para o íon molecular He_2^+, devemos colocar os primeiros dois elétrons no orbital σ_{1s} e o terceiro elétron no orbital $\sigma_{1s}^\star$. Como o orbital molecular antiligante desestabiliza a espécie molecular, esperamos que o He_2^+ seja menos estável do que o H_2. Em uma primeira aproximação, a instabilidade resultante do elétron no orbital $\sigma_{1s}^\star$ é cancelada pela presença de um dos elétrons σ_{1s}. A ordem de ligação é $\frac{1}{2}(2-1) = \frac{1}{2}$ e a estabilidade global do He_2^+ é semelhante à do íon molecular H_2^+. A configuração eletrônica do He_2^+ é $(\sigma_{1s})^2(\sigma_{1s}^\star)^1$.

O He_2 teria dois elétrons no orbital σ_{1s} e dois elétrons no orbital $\sigma_{1s}^\star$, a ordem de ligação seria zero e a molécula seria instável. A configuração eletrônica do He_2 seria $(\sigma_{1s})^2(\sigma_{1s}^\star)^2$.

Resumindo, podemos colocar essas quatro espécies em ordem decrescente de estabilidade, da seguinte maneira:

$$H_2 > H_2^+, He_2^+ > He_2$$

Sabemos que a molécula de hidrogênio é estável. O nosso método simples de orbitais moleculares prevê que H_2^+ e He_2^+ possuam também alguma estabilidade, pois ambos têm ordem de ligação $\frac{1}{2}$. De fato, suas existências foram demonstradas experimentalmente. O íon molecular H_2^+ é um pouco mais estável do que o íon He_2^+, porque possui apenas um elétron e por isso não existe nele repulsão elétron-elétron. Além disso, a repulsão nuclear também é menor para o H_2^+ do que para o He_2^+. A nossa previsão acerca do He_2 é de que essa molécula é instável. Contudo, em 1993 verificou-se experimentalmente que moléculas gasosas de He_2 podem existir, mas apenas sob condições especiais e seu tempo de vida é muito curto.

O sobrescrito em $(\sigma_{1s})^1$ indica que existe um elétron no orbital molecular sigma ligante.

Moléculas Diatômicas Homonucleares de Elementos do Segundo Período

Agora estamos em condições de estudar as configurações eletrônicas do estado fundamental de moléculas constituídas por elementos do segundo período. Consideraremos apenas o caso mais simples de **moléculas diatômicas homonucleares**, ou seja, *moléculas diatômicas que contêm átomos do mesmo elemento*.

A Figura 10.25 mostra o diagrama de níveis de energia de orbitais moleculares para a molécula do primeiro elemento do segundo período, Li_2. Esses orbitais moleculares são formados pelo recobrimento de orbitais $1s$ e $2s$. A seguir utilizaremos o diagrama para construir todas as moléculas diatômicas.

A situação é mais complexa quando a ligação envolve também orbitais p. Dois orbitais p podem formar uma ligação sigma ou uma ligação pi. Como há três orbitais p para cada átomo de qualquer elemento do segundo período, sabemos que a partir da interação construtiva dos orbitais atômicos resultarão um orbital molecular sigma e dois orbitais moleculares pi. O orbital molecular sigma forma-se pelo recobrimento dos orbitais $2p_x$ ao longo do eixo internuclear, isto é, do eixo x. Os orbitais $2p_y$ e $2p_z$ são perpendiculares ao eixo x e se recobrem lateralmente dando origem a dois orbitais moleculares pi. Os orbitais moleculares que se formam são designados σ_{2p_x}, π_{2p_y} e π_{2p_z},

Interatividade:
Níveis de Energia de Ligação
— Moléculas Diatômicas Homonucleares
Centro de Aprendizagem Online, Interativo

Figura 10.25
Diagrama de níveis de energia dos orbitais moleculares para a molécula Li$_2$. Os seis elétrons no Li$_2$ (a configuração eletrônica do Li é $1s^2 2s^1$) estão nos orbitais σ_{1s}, $\sigma_{1s}^\star$ e σ_{2s}. Como existem dois elétrons em cada um dos orbitais σ_{1s} e $\sigma_{1s}^\star$ (como no He$_2$), não haverá contribuição resultante efetiva, nem ligante nem antiligante, para a ligação. Assim, a ligação covalente simples no Li$_2$ deve-se apenas aos dois elétrons do orbital molecular ligante σ_{2s}. Note que embora o orbital antiligante ($\sigma_{1s}^\star$) tenha energia mais alta e, conseqüentemente seja menos estável, do que o orbital ligante (σ_{1s}), ele apresenta menor energia e maior estabilidade do que o orbital ligante σ_{2s}.

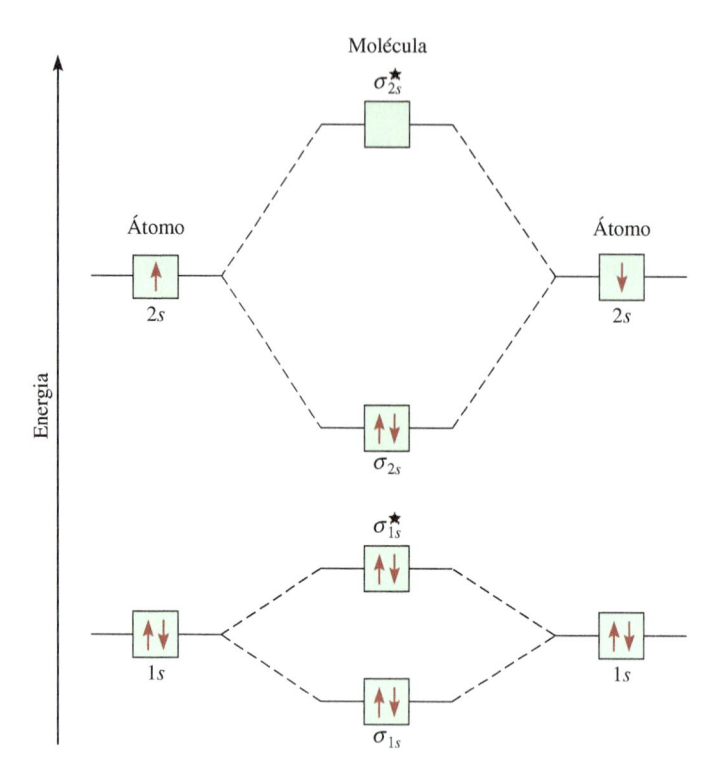

em que os índices subscritos indicam quais são os orbitais atômicos que participam na formação dos orbitais moleculares. A Figura 10.23 mostra que o recobrimento dos dois orbitais p geralmente é maior em um orbital molecular σ do que em um orbital molecular π, assim esperaríamos que o primeiro apresentasse uma energia menor. Contudo, as energias dos orbitais moleculares aumentam na seguinte ordem:

$$\sigma_{1s} < \sigma_{1s}^\star < \sigma_{2s} < \sigma_{2s}^\star < \pi_{2p_y} = \pi_{2p_z} \pm \sigma_{2p_x} < \pi_{2p_y}^\star = \pi_{2p_z}^\star < \sigma_{2p_x}^\star$$

A inversão de energias entre o orbital σ_{2p_x} e os orbitais π_{2p_y} e π_{2p_z} é decorrente da interação entre o orbital $2s$ de um átomo e o orbital $2p$ do outro. Na terminologia da TOM, dizemos que esses orbitais se misturam. No entanto, para que haja combinação, os orbitais $2s$ e $2p$ devem ter energias com valores muito próximos. Essa condição existe para moléculas dos elementos de menor número atômico, B$_2$, C$_2$ e N$_2$, e como resultado tem-se que o orbital σ_{2p_x} fica com energia relativa superior à dos orbitais π_{2p_y} e π_{2p_z}, como mostramos anteriormente. O processo é menos pronunciado para o O$_2$ e o F$_2$, e nessas moléculas o orbital σ_{2p_x} fica com energia inferior à dos orbitais π_{2p_y} e π_{2p_z}.

Considerando esses conceitos e recorrendo à Figura 10.26, que mostra a ordem crescente de energia para os orbitais moleculares $2p$, podemos escrever as configurações eletrônicas e prever as propriedades magnéticas e as ordens de ligação das moléculas diatômicas homonucleares de elementos do segundo período.

Molécula de Carbono (C$_2$)

O átomo de carbono tem configuração eletrônica $1s^2 2s^2 2p^2$, portanto, há 12 elétrons na molécula de C$_2$. Partindo da configuração do Li$_2$, para o C$_2$ temos que acrescentar quatro elétrons adicionais nos orbitais π_{2p_y} e π_{2p_z}. Assim, a configuração eletrônica do C$_2$ é

$$(\sigma_{1s})^2 (\sigma_{1s}^\star)^2 (\sigma_{2s})^2 (\sigma_{2s}^\star)^2 (\pi_{2p_y})^2 (\pi_{2p_z})^2$$

A ordem de ligação nesse caso é 2 e a molécula não tem elétrons desemparelhados. A existência de moléculas diamagnéticas C$_2$ no estado gasoso já foi detectada. Observe que as ligações duplas no C$_2$ são ambas ligações pi, porque os quatro elétrons estão em dois orbitais moleculares pi. Para a maior parte das moléculas, uma ligação dupla é formada por uma ligação sigma e por uma ligação pi.

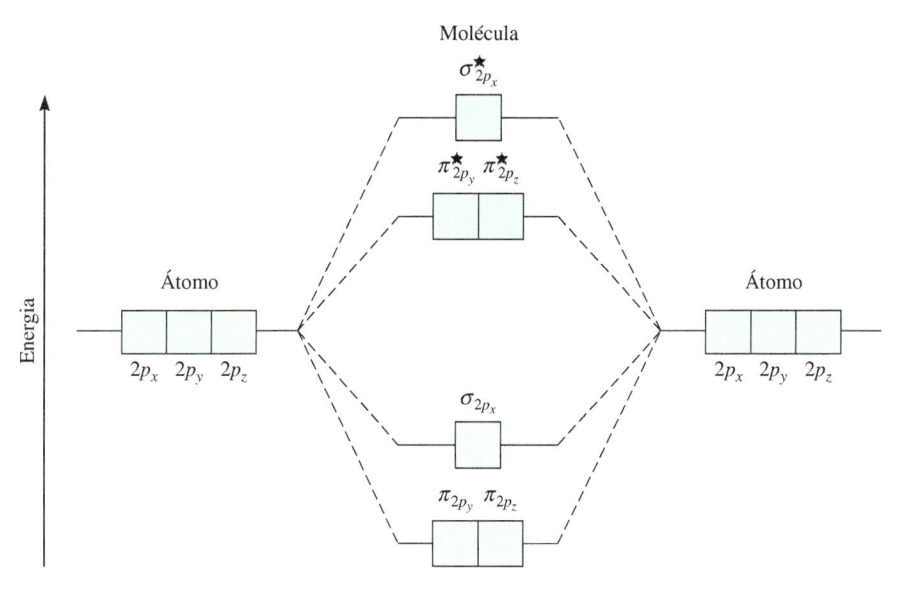

Figura 10.26
Diagrama geral de níveis de energia dos orbitais moleculares para moléculas diatômicas homonucleares de elementos do segundo período: Li_2, Be_2, B_2, C_2 e N_2. Para simplificar, os orbitais σ_{1s} e σ_{2s} foram omitidos. Note que nessas moléculas, o orbital σ_{2p_x} tem energia maior que os orbitais π_{2p_y} e π_{2p_z}. Conforme citado no texto, a combinação do orbital 2s de um átomo com o orbital 2p de outro eleva a energia do orbital σ_{2p_x}. Isso significa que os elétrons nos orbitais σ_{2p_x} são menos estáveis do que os elétrons nos orbitais π_{2p_y} e π_{2p_z}. Para O_2 e F_2, o orbital σ_{2p_x} tem energia menor do que os orbitais π_{2p_y} e π_{2p_z}.

Molécula de Oxigênio (O_2)

Como afirmamos anteriormente, a teoria da ligação de valência não permite explicar as propriedades magnéticas da molécula de oxigênio. Para mostrar os dois elétrons desemparelhados nessa molécula, precisamos recorrer a uma estrutura de ressonância alternativa àquela apresentada na página 326:

$$\cdot \ddot{\underset{..}{O}} — \ddot{\underset{..}{O}} \cdot$$

Essa estrutura é insatisfatória, pelo menos por duas razões. Em primeiro lugar, implica a presença de uma ligação covalente simples, mas os resultados experimentais dão forte evidência da existência de uma ligação dupla na molécula. Em segundo lugar, existem sete elétrons de valência ao redor de cada átomo de oxigênio, o que viola a regra do octeto.

A configuração eletrônica do O no estado fundamental é $1s^2 2s^2 2p^4$; portanto há 16 elétrons na molécula de O_2. Seguindo a ordem crescente de energia dos orbitais moleculares, anteriormente discutida, podemos escrever a configuração eletrônica da molécula de O_2 no estado fundamental como

$$(\sigma_{1s})^2(\sigma_{1s}^\star)^2(\sigma_{2s})^2(\sigma_{2s}^\star)^2(\sigma_{2p_x})^2(\pi_{2p_y})^2(\pi_{2p_z})^2(\pi_{2p_y}^\star)^1(\pi_{2p_z}^\star)^1$$

De acordo com a regra de Hund, os últimos dois elétrons entram nos orbitais $\pi_{2p_y}^\star$ e $\pi_{2p_z}^\star$ com *spins* paralelos. Se ignorarmos os orbitais σ_{1s} e σ_{2s} (porque seus efeitos na formação da ligação se anulam), podemos calcular a ordem de ligação do O_2 por meio da Equação (10.2):

$$\text{ordem de ligação} = \tfrac{1}{2}(6-2) = 2$$

Assim, a molécula de O_2 tem ordem de ligação 2 e é paramagnética; a previsão segundo esse modelo, portanto, é coerente com as observações experimentais.

TABELA 10.5 — Propriedades de Moléculas Diatômicas Homonucleares de Elementos do Segundo Período*

	Li_2	B_2	C_2	N_2	O_2	F_2	
$\sigma^{\star}_{2p_x}$	☐	☐	☐	☐	☐	☐	$\sigma^{\star}_{2p_x}$
$\pi^{\star}_{2p_y}, \pi^{\star}_{2p_z}$	☐☐	☐☐	☐☐	☐☐	↑ ↑	↑↓ ↑↓	$\pi^{\star}_{2p_y}, \pi^{\star}_{2p_z}$
σ_{2p_x}	☐	☐	☐	↑↓	↑↓	↑↓	π_{2p_y}, π_{2p_z}
π_{2p_y}, π_{2p_z}	☐☐	↑ ↑	↑↓ ↑↓	↑↓ ↑↓	↑↓	↑↓	σ_{2p_x}
$\sigma^{\star}_{2s}$	☐	↑↓	↑↓	↑↓	↑↓	↑↓	$\sigma^{\star}_{2s}$
σ_{2s}	↑↓	↑↓	↑↓	↑↓	↑↓	↑↓	σ_{2s}
Ordem de ligação	1	1	2	3	2	1	
Comprimento da ligação (pm)	267	159	131	110	121	142	
Energia de ligação (kJ/mol)	104,6	288,7	627,6	941,4	498,7	156,9	
Propriedades magnéticas	Diamagnética	Paramagnética	Diamagnética	Diamagnética	Paramagnética	Diamagnética	

*Para simplificar, omitem-se os orbitais σ_{1s} e $\sigma^{\star}_{1s}$. Esses dois orbitais acomodam um total de quatro elétrons. Lembre-se de que para O_2 e F_2 o orbital σ_{2p_x} tem menor energia do que os orbitais π_{2p_y} e π_{2p_z}.

A Tabela 10.5 resume as propriedades gerais das moléculas diatômicas estáveis do segundo período.

EXEMPLO 10.6

O íon N_2^+ pode ser preparado bombardeando-se a molécula de N_2 com elétrons em alta velocidade. Preveja as seguintes propriedades do N_2^+: (a) configuração eletrônica, (b) ordem de ligação, (c) propriedades magnéticas e (d) comprimento de ligação em relação ao do N_2 (é maior ou menor?).

Estratégia Utilizando a Tabela 10.5, podemos deduzir as propriedades de íons gerados a partir de moléculas homonucleares. Como a estabilidade de uma molécula varia em função do número de elétrons presentes nos orbitais moleculares ligantes e antiligantes? De qual orbital molecular o elétron é removido na formação de N_2^+ a partir do N_2? Que propriedades determinam se uma espécie é diamagnética ou paramagnética?

Solução Usando a Tabela 10.5, podemos deduzir as propriedades de íons gerados a partir de moléculas diatômicas homonucleares.

(a) Como o N_2^+ tem um elétron a menos do que o N_2, a sua configuração eletrônica é

$$(\sigma_{1s})^2(\sigma^{\star}_{1s})^2(\sigma_{2s})^2(\sigma^{\star}_{2s})^2(\pi_{2p_y})^2(\pi_{2p_z})^2(\sigma_{2p_x})^1$$

(b) Determina-se a ordem de ligação do N_2^+ com auxílio da Equação (10.2):

$$\text{ordem da ligação} = \tfrac{1}{2}(9 - 4) = 2,5$$

(c) O N_2^+ é paramagnético, pois tem um elétron desemparelhado.

(Continua)

(d) Como são os elétrons dos orbitais moleculares ligantes que mantêm os átomos unidos, o N_2^+ deve ter uma ligação mais fraca e, portanto, mais longa que o N_2. (Na realidade, o comprimento de ligação no N_2^+ é de 112 pm, enquanto no N_2 é de 110 pm.)

Verificação Devemos esperar que a ordem de ligação diminua, uma vez que um elétron foi removido do orbital molecular ligante. O íon N_2^+ tem um número ímpar de elétrons (13), portanto deve ser paramagnético.

Exercício Qual das seguintes espécies tem maior comprimento de ligação: F_2, F_2^+, our F_2^-?

Problemas semelhantes: 10.55, 10.56.

• Resumo de Fatos e Conceitos

1. O modelo RPECV, utilizado na previsão da geometria molecular, baseia-se no pressuposto de que os pares de elétrons da camada de valência se repelem mutuamente e tendem a permanecer o mais afastado possível uns dos outros. De acordo com o modelo RPECV, a geometria molecular pode ser prevista a partir do número de pares de elétrons ligantes e de pares isolados. Os pares isolados repelem os outros pares de elétrons mais fortemente do que os pares ligantes e, por isso, distorcem os ângulos de ligação em relação aos valores esperados para as geometrias ideais.

2. O momento de dipolo é uma medida da separação de carga em moléculas que possuem átomos de eletronegatividades diferentes. O momento de dipolo de uma molécula é a resultante dos momentos de ligação presentes nessa molécula. As medidas de momentos de dipolo fornecem informação acerca da geometria molecular.

3. Segundo a teoria da ligação de valência, os orbitais atômicos híbridos são formados por combinação e rearranjo de orbitais do mesmo átomo. Os orbitais híbridos têm, todos eles, energia e densidade eletrônica iguais; o número de orbitais híbridos é idêntico ao dos orbitais atômicos puros que se combinam para formá-los. A expansão da camada de valência pode ser explicada se assumirmos a ocorrência de hibridização dos orbitais s, p e d.

4. Na hibridização sp, os dois orbitais híbridos dispõem-se em linha reta; na hibridização sp^2, os três orbitais híbridos apontam para os vértices de um triângulo; na hibridização sp^3, os quatro orbitais híbridos são direcionados para os vértices de um tetraedro; na hibridização sp^3d, os cinco orbitais apontam para os vértices de uma bipirâmide trigonal; na hibridização sp^3d^2, os seis orbitais híbridos apontam para os vértices de um octaedro.

5. Em um átomo com hibridização sp^2 (por exemplo, carbono), o orbital p puro, que não participa na hibridização, pode formar uma ligação pi com outro orbital p. Uma ligação dupla carbono-carbono é constituída por uma ligação sigma e uma ligação pi. Em um átomo de carbono com hibridização sp, os dois orbitais p não hibridizados podem formar duas ligações pi com dois orbitais p de outro átomo (ou átomos). Uma ligação tripla carbono-carbono é constituída por uma ligação sigma e duas ligações pi.

6. A teoria dos orbitais moleculares descreve a ligação em termos da combinação e rearranjo dos orbitais atômicos para formar orbitais que estão associados à molécula como um todo. Os orbitais moleculares ligantes provocam um aumento da densidade eletrônica na região internuclear e têm menor energia que os orbitais atômicos individuais. Os orbitais moleculares antiligantes têm uma região de densidade eletrônica nula entre os núcleos e apresentam maior energia do que os orbitais atômicos individuais. As moléculas são estáveis se o número de elétrons nos orbitais moleculares ligantes for maior do que o número de elétrons nos orbitais moleculares antiligantes.

7. Escrevemos as configurações eletrônicas para os orbitais moleculares do mesmo modo que as escrevemos para os orbitais atômicos, considerando o princípio de exclusão de Pauli e a regra de Hund.

Palavras-chave

Camada de valência, p. 300
Hibridização, p. 315
Ligação pi (ligação π), p. 323
Ligações sigma (ligação σ), p. 323
Modelo de repulsão dos pares eletrônicos da camada de valência (RPECV), p. 300
Moléculas apolares, p. 310
Moléculas diatômicas homonucleares, p. 331
Molécula polar, p. 310
Momento de dipolo (μ), p. 310
Orbitais híbridos, p. 315
Orbital molecular antiligante, p. 327
Orbital molecular ligante, p. 327
Orbital molecular pi, p. 328
Orbital molecular sigma, p. 327
Orbitais moleculares, p. 327
Ordem de ligação, p. 330

Questões e Problemas

Geometria Molecular
Questões de Revisão

10.1 Defina geometria de uma molécula. Por que é importante o estudo da geometria molecular?

10.2 Faça o esboço de uma molécula triatômica linear, de uma molécula trigonal planar com quatro átomos, de uma molécula tetraédrica, de uma molécula bipiramidal trigonal e de uma molécula octaédrica. Dê os ângulos de ligação em cada caso.

10.3 Quantos átomos estão diretamente ligados ao átomo central nas seguintes moléculas: tetraédrica, bipiramidal trigonal e octaédrica?

10.4 Indique as características fundamentais do modelo RPECV. Explique por que a magnitude da repulsão diminui na ordem: par isolado-par isolado > par isolado-par ligante > par ligante-par ligante.

10.5 Por que, no arranjo bipiramidal trigonal, um par isolado ocupa posição equatorial e não posição axial?

10.6 A geometria do CH_4 poderia ser quadrado planar, com os quatro átomos de H nos vértices de um quadrado e o C no centro. Faça um esboço dessa geometria e compare a sua estabilidade com a da molécula tetraédrica de CH_4.

Problemas

••10.7 Utilize o modelo RPECV para prever as geometrias das seguintes espécies: (a) PCl_3, (b) $CHCl_3$, (c) SiH_4 e (d) $TeCl_4$.

••10.8 Quais são as geometrias das espécies? (a) $AlCl_3$, (b) $ZnCl_2$ e (c) $ZnCl_4^{2-}$.

••10.9 Utilize o modelo RPECV para prever a geometria das seguintes moléculas e íons: (a) $HgBr_2$, (b) N_2O (o arranjo dos átomos é NNO), e (c) SCN^- (o arranjo dos átomos é SCN).

••10.10 Qual a geometria dos íons? (a) NH_4^+, (b) NH_2^-, (c) CO_3^{2-}, (d) ICl_2^-, (e) ICl_4^-, (f) AlH_4^-, (g) $SnCl_5^-$, (h) H_3O^+, (i) BeF_4^{2-}.

••10.11 Descreva a geometria em torno de cada um dos três átomos centrais na molécula de CH_3COOH.

•10.12 Quais das seguintes espécies são tetraédricas? $SiCl_4$, SeF_4, XeF_4, CI_4, $CdCl_4^{2-}$

Momentos de Dipolo
Questões de Revisão

10.13 Defina momento de dipolo. Quais são as unidades e o símbolo para momento de dipolo?

10.14 Qual a relação existente entre o momento de dipolo de uma molécula e o momento de dipolo associado a uma ligação? Como é possível uma molécula ter momentos de ligação não nulos e mesmo assim ser apolar?

10.15 Um átomo não pode ter momento de dipolo permanente. Por quê?

10.16 As ligações nas moléculas de hidreto de berílio (BeH_2) são polares e, apesar disso, o momento de dipolo da molécula é zero. Explique.

Problemas

•10.17 Com base na Tabela 10.3, disponha as seguintes moléculas em ordem crescente de momento de dipolo: H_2O, H_2S, H_2Te e H_2Se.

•10.18 Os momentos de dipolo dos haletos de hidrogênio diminuem do HF para o HI (veja a Tabela 10.3). Explique essa tendência.

•••10.19 Coloque as seguintes moléculas em ordem crescente de momento de dipolo: H_2O, CBr_4, H_2S, HF, NH_3 e CO_2.

••10.20 A molécula de OCS tem um momento de dipolo superior ou inferior ao da molécula de CS_2?

•10.21 Qual das seguintes moléculas tem um momento de dipolo mais elevado?

(a) Br–C=C–H com H abaixo do Br e Br abaixo do H
(b) Br–C=C–Br com H abaixo de cada Br

Níveis de Dificuldade: • Fácil •• Médio ••• Difícil.

•• 10.22 Disponha os seguintes compostos em ordem crescente de momento de dipolo:

(a) 1,2-diclorobenzeno (b) 1,4-diclorobenzeno (c) 1,2,4-triclorobenzeno (d) 1,3-diclorobenzeno

Teoria da Ligação de Valência
Questões de Revisão

10.23 Em que consiste a teoria da ligação de valência? Em que difere essa teoria do conceito de ligação química de Lewis?

10.24 Utilize a teoria da ligação de valência para explicar as ligações químicas no Cl_2 e no HCl. Mostre como se recobrem os orbitais atômicos quando se forma uma ligação.

10.25 Desenhe a curva de variação de energia potencial para a formação da ligação na molécula de F_2.

Hibridização
Questões de Revisão

10.26 O que você entende por hibridização de orbitais atômicos? Por que é impossível para um átomo isolado existir em estado hibridizado?

10.27 Quais são as diferenças entre um orbital híbrido e um orbital atômico puro? É possível que dois orbitais $2p$ de um átomo se combinem para gerar dois orbitais híbridos?

10.28 Qual é o ângulo entre dois orbitais híbridos seguintes pertencentes ao mesmo átomo? (a) sp e sp, (b) sp^2 e sp^2, (c) sp^3 e sp^3.

10.29 Como você pode distinguir uma ligação sigma de uma ligação pi?

10.30 Quais dos seguintes pares de orbitais atômicos de átomos adjacentes podem se recobrir para formar uma ligação sigma? Quais os que se recobrem para formar uma ligação pi? E os que não podem se recobrir e que, portanto, não formam ligação? Suponha que o eixo x é o eixo internuclear, ou seja, a linha que une os núcleos dos dois átomos: (a) $1s$ e $1s$, (b) $1s$ e $2p_x$, (c) $2p_x$ e $2p_y$, (d) $3p_y$ e $3py$, (e) $2p_x$ e $2p_x$, (f) $1s$ e $2s$.

Problemas

•• 10.31 Utilize a hibridização de orbitais atômicos para descrever as ligações na molécula de AsH_3.

•• **10.32** Qual é o estado de hibridização do Si no SiH_4 e no $H_3Si-SiH_3$?

•• 10.33 Descreva a alteração na hibridização (se existir) do átomo de Al na seguinte reação:

$$AlCl_3 + Cl^- \longrightarrow AlCl_4^-$$

•• **10.34** Considere a reação:

$$BF_3 + NH_3 \longrightarrow F_3B-NH_3$$

Descreva as alterações nas hibridizações (se existirem) dos átomos B e N.

•• 10.35 Que orbitais híbridos são utilizados pelos átomos de nitrogênio nas seguintes espécies: (a) NH_3, (b) H_2N-NH_2, (c) NO_3^-

• **10.36** Quais são os orbitais híbridos dos átomos de carbono nas seguintes moléculas?

(a) H_3C-CH_3

(b) $H_3C-CH=CH_2$

(c) $CH_3-C\equiv C-CH_2OH$

(d) $CH_3CH=O$

(e) CH_3COOH

•• 10.37 Quais os orbitais híbridos são utilizados pelos átomos de carbono nas seguintes espécies: (a) CO, (b) CO_2, (c) CN^-.

•• **10.38** Qual é o estado de hibridização do átomo de N central no íon azida, N_3^-? (Arranjo dos átomos: NNN.)

••• 10.39 A molécula de aleno $H_2C=C=CH_2$ é linear (os três átomos C situam-se ao longo de uma linha reta). Quais são os estados de hibridização dos átomos de carbono? Desenhe diagramas que mostrem a formação das ligações sigma e pi na molécula de aleno.

• **10.40** Descreva a hibridização do fósforo no PF_5.

•• 10.41 Quantas ligações sigma e pi existem em cada uma das seguintes moléculas?

(a) $Cl-CH_2-Cl$ (b) $CH_2=CHCl$ (c) $H_3C-C\equiv C-C\equiv C-H$ (estrutura com dupla e tripla)

•• **10.42** Quantas ligações pi e sigma existem na molécula de tetracianoetileno?

$(N\equiv C)_2C=C(C\equiv N)_2$

Teoria dos Orbitais Moleculares
Questões de Revisão

10.43 Em que consiste a teoria dos orbitais moleculares? Quais as diferenças entre essa teoria e a teoria da ligação de valência?

10.44 Defina os seguintes termos: orbital molecular ligante, orbital molecular antiligante, orbital molecular pi, orbital molecular sigma.

Biológica: 10.84. Conceitual: 10.17, 10.18, 10.19, 10.20, 10.21, 10.22, 10.39, 10.47, 10.48, 10.50, 10.51, 10.53, 10.54, 10.55, 10.56, 10.57, 10.58,

10.45 Faça um esboço dos seguintes orbitais moleculares: σ_{1s}, $\sigma_{1s}^\star$, π_{2p} e $\pi_{2p}^\star$. Compare suas energias.

10.46 Explique o significado de ordem de ligação. É possível utilizar a ordem de ligação para fazer comparações quantitativas das forças de ligações químicas?

Problemas

•• **10.47** Utilize orbitais moleculares para explicar as variações da distância internuclear H—H que ocorrem quando a molécula de H_2 é ionizada, primeiro a H_2^+ e depois a H_2^{2+}.

•• **10.48** A formação de H_2 a partir de dois átomos de H é um processo energeticamente favorável. Apesar disso, em termos estatísticos, a probabilidade de dois átomos de H reagirem para formar a molécula de H_2 é menor que 100%. Fora os argumentos energéticos, como você poderia justificar essa observação com base apenas nos *spins* eletrônicos dos dois átomos de H?

•• **10.49** Desenhe um diagrama de níveis de energia de orbitais moleculares para cada uma das seguintes espécies: He_2, HHe, He_2^+. Utilize os valores de ordem de ligação para comparar suas estabilidades relativas. (Trate o HHe como uma molécula diatômica com três elétrons.)

•• **10.50** Disponha as seguintes espécies em ordem crescente de estabilidade: Li_2, Li_2^+, Li_2^-. Justifique sua opção com um diagrama de níveis energéticos dos orbitais moleculares.

• **10.51** Utilize a teoria dos orbitais moleculares para explicar que a molécula Be_2 não existe.

•• **10.52** Qual é a espécie com maior comprimento de ligação: B_2 ou B_2^+? Explique em termos da teoria dos orbitais moleculares.

•• **10.53** O acetileno (C_2H_2) tende a perder dois prótons (H^+) e formar o íon carbeto (C_2^{2-}), que está presente em diversos compostos iônicos, tais como CaC_2 e MgC_2. Descreva as ligações no íon C_2^{2-} utilizando a teoria dos orbitais moleculares. Compare a ordem de ligação do C_2^{2-} com a ordem de ligação do C_2.

••• **10.54** Compare as descrições da molécula de oxigênio usando a teoria de Lewis e a teoria dos orbitais moleculares.

•• **10.55** Explique por que a ordem de ligação do N_2 é maior que a do N_2^+, mas a ordem de ligação do O_2 é menor que a do O_2^+.

•• **10.56** Compare as estabilidades relativas das seguintes espécies e indique quais são suas propriedades magnéticas (isto é, se são diamagnéticas ou paramagnéticas): O_2, O_2^+, O_2^- (íon superóxido), O_2^{2-} (íon peróxido).

•• **10.57** Utilize a teoria dos orbitais moleculares para comparar as estabilidades relativas das espécies F_2 e F_2^+.

•• **10.58** Uma ligação simples é, quase sempre, uma ligação sigma, enquanto uma ligação dupla é quase sempre constituída por uma ligação sigma e uma ligação pi. Há muito poucas exceções a essa regra. Mostre que as moléculas B_2 e C_2 são exemplos dessas exceções.

Problemas Adicionais

•• **10.59** Quais das seguintes espécies químicas não deve ter geometria tetraédrica? (a) $SiBr_4$, (b) NF_4^+, (c) SF_4, (d) $BeCl_4^{2-}$, (e) BF_4^-, (f) $AlCl_4^-$

•• **10.60** Desenhe a estrutura de Lewis do brometo de mercúrio (II). Essa molécula é linear ou angular? Como você pode estabelecer sua geometria?

••• **10.61** Faça o esquema dos momentos de dipolo associados às ligações e dos momentos de dipolo resultantes das seguintes moléculas: H_2O, PCl_3, XeF_4, PCl_5, SF_6.

•• **10.62** Embora o carbono e o silício sejam ambos elementos do Grupo 14, são poucos os casos conhecidos de ligações Si=Si. Explique por que as ligações duplas silício-silício são, em geral, instáveis. (*Sugestão:* Compare os raios atômicos do C e do Si — consulte uma tabela. Que efeito tem o tamanho sobre a formação de ligações pi?)

• **10.63** Preveja a geometria e a hibridização do átomo de enxofre da molécula de dicloreto de enxofre (SCl_2).

••• **10.64** O pentafluoreto de antimônio, SbF_5, reage com XeF_4 e com XeF_6 para formar os compostos iônicos $XeF_3^+SbF_6^-$ e $XeF_5^+SbF_6^-$. Descreva a geometria dos cátions e do ânion nesses dois compostos.

•• **10.65** Escreva as estruturas de Lewis das seguintes moléculas e forneça a informação adicional pedida em cada caso: (a) BF_3. Geometria: planar ou não? (b) ClO_3^-. Geometria: planar ou não? (c) H_2O. Mostre a direção do momento de dipolo resultante. (d) OF_2. Molécula polar ou apolar? (e) SeO_2. Estime o ângulo da ligação OSeO.

••• **10.66** Preveja os ângulos de ligação das seguintes moléculas: (a) $BeCl_2$, (b) BCl_3, (c) CCl_4, (d) CH_3Cl, (e) Hg_2Cl_2 (arranjo dos átomos: ClHgHgCl), (f) $SnCl_2$, (g) H_2O_2, (h) SnH_4.

•• **10.67** Compare de modo sucinto as aproximações do modelo RPECV e da hibridização para o estudo da geometria molecular.

• **10.68** Descreva o estado de hibridização do arsênio na molécula de pentafluoreto de arsênio (AsF_5).

••• **10.69** Escreva as estruturas de Lewis das seguintes espécies e forneça a informação adicional pedida em cada caso: (a) SO_3. Polar ou apolar? (b) PF_3. Polar ou apolar? (c) F_3SiH. Mostre a direção do momento de dipolo resultante. (d) SiH_3^-. Geometria planar ou piramidal? (e) Br_2CH_2. Molécula polar ou apolar?

•• **10.70** Quais das seguintes moléculas são lineares? ICl_2^-, IF_2^+, OF_2, SnI_2, $CdBr_2$

10.71 Escreva a estrutura de Lewis do íon $BeCl_4^{2-}$. Preveja sua geometria e descreva o estado de hibridização do átomo de Be.

10.72 A molécula N_2F_2 pode existir em uma das formas seguintes:

(a) Qual é a hibridização do átomo de N na molécula?

(b) Qual das estruturas apresenta momento de dipolo?

10.73 O ciclopropano (C_3H_6) tem o formato de um triângulo, em que um átomo de C está ligado a dois átomos de H e a dois outros átomos de C em cada um dos vértices. O cubano (C_8H_8) tem o formato de um cubo em que um átomo C está ligado a um átomo de H e a três outros átomos de C situados em cada um dos vértices. (a) Desenhe as estruturas de Lewis dessas moléculas. (b) Compare os ângulos CCC dessas moléculas com os ângulos previstos para um átomo de C com hibridização sp^3. (c) Você esperaria que essas moléculas fossem fáceis de sintetizar?

10.74 O composto 1,2-dicloroetano ($C_2H_4Cl_2$) é apolar, enquanto que o *cis*-dicloroetileno ($C_2H_2Cl_2$) tem um momento de dipolo:

Essa diferença deve-se ao fato de os grupos unidos por uma ligação simples poderem efetuar uma rotação em torno da ligação, o que não acontece com os grupos unidos por uma ligação dupla. Com base nos seus conhecimentos sobre ligação química, explique por que existe rotação na molécula de 1,2-dicloroetano, mas não na de *cis*-dicloroetileno.

10.75 A molécula seguinte possui momento de dipolo?

(*Sugestão:* Veja a resposta do Problema 10.39.)

10.76 Os compostos tetracloreto de carbono (CCl_4) e o tetracloreto de silício ($SiCl_4$) apresentam geometria e hibridização semelhantes. Contudo, o CCl_4 não reage com a água mas o $SiCl_4$ sim. Explique essa diferença de reatividade química. (*Sugestão:* Acredita-se que a primeira etapa da reação é a adição de uma molécula de água ao átomo de Si no $SiCl_4$.)

10.77 Escreva a configuração eletrônica da molécula de B_2 no estado fundamental. A molécula é diamagnética ou paramagnética?

10.78 Quais os estados de hibridização dos átomos de C e N na seguinte molécula?

10.79 Utilize a teoria dos orbitais moleculares para explicar a diferença entre as energias de ligação do F_2 e do F_2^- (veja o Problema 9.85).

10.80 O caráter iônico da ligação em uma molécula diatômica pode ser avaliado pela fórmula

$$\frac{\mu}{ed} \times 100\%$$

em que μ é o momento de dipolo determinado experimentalmente (em C m), e é a carga eletrônica e d o comprimento de ligação em metros. (A quantidade ed é o momento de dipolo hipotético para o caso em que a transferência de um elétron do átomo menos eletronegativo para o mais eletronegativo é total.) Sabendo que o momento de dipolo e o comprimento de ligação do HF são, respectivamente, 1,92 D e 91,7 pm, calcule a porcentagem de caráter iônico da molécula.

10.81 As geometrias discutidas neste capítulo permitem uma elucidação razoavelmente direta dos ângulos de ligação. A exceção é o tetraedro, porque seus ângulos de ligação são difíceis de visualizar. Considere a molécula de CCl_4, que tem geometria tetraédrica e é apolar. Por comparação do momento de dipolo associado a uma ligação C—Cl qualquer com o momento de dipolo resultante das outras três ligações C—Cl, mostre que os ângulos de ligação são todos iguais a 109,5°.

10.82 O tricloreto de alumínio ($AlCl_3$) é uma molécula deficiente em elétrons e tende a formar um dímero (molécula formada por duas unidades $AlCl_3$):

$$AlCl_3 + AlCl_3 \longrightarrow Al_2Cl_6$$

(a) Desenhe uma estrutura de Lewis para o dímero. (b) Descreva o estado de hibridização do Al no $AlCl_3$ e no Al_2Cl_6. (c) Faça um esboço da geometria do dímero. (d) Essas moléculas possuem momento de dipolo?

10.83 Suponha que o fósforo, elemento do terceiro período, forma a molécula diatômica P_2, e como o nitrogênio forma a molécula N_2. (a) Escreva a configuração eletrônica do P_2. Use [Ne] para representar a configuração eletrônica para os primeiros dois períodos. (b) Calcule a sua ordem de ligação. (c) Qual é o seu caráter magnético (diamagnética ou paramagnética)?

Problemas Especiais

10.84 A progesterona é um hormônio responsável pelas características sexuais femininas. Na sua estrutura, escrita de modo simplificado, cada ponto onde encontram as linhas representa um átomo de C, e a maior parte dos átomos de H é omitida. Desenhe a estrutura completa da molécula mostrando todos os átomos de C e de H. Identifique os átomos de C que têm hibridização sp^2 e os que têm hibridização sp^3.

10.85 Os gases promotores do efeito estufa absorvem radiação infravermelha (calor) emitida da Terra e contribuem para o aquecimento global. A molécula de um desses gases possui um momento de dipolo permanente ou então um momento de dipolo transitório como resultado de seus movimentos vibratórios. Considere três dos modos vibracionais do dióxido de carbono

em que as setas indicam o movimento dos átomos. (Durante um ciclo completo de vibração, os átomos movem-se para uma posição extrema e logo após retornam em direção oposta para o outro extremo.) Quais dessas vibrações são responsáveis pelo fato do CO_2 provocar efeito estufa? Quais das seguintes moléculas podem agir como promotoras do efeito estufa: N_2, O_2, CO, NO_2 e N_2O?

10.86 As moléculas de *cis*-dicloroetileno e de *trans*-dicloroetileno apresentadas na página 311 podem interconverter-se por irradiação ou aquecimento. (a) Partindo do *cis*-dicloroetileno, mostre que a rotação de 180° em torno da ligação C=C quebrará a ligação pi, mas deixará a ligação sigma intacta. Explique a formação do *trans*-dicloroetileno por esse processo. (Considere a rotação como se fossem duas rotações consecutivas de 90°.) (b) Explique a diferença entre as energias da ligação pi (270 kJ/mol) e da ligação sigma (350 kJ/mol). (c) Qual é o maior comprimento de onda de luz necessário para realizar essa conversão?

10.87 Qual destas espécies químicas possui o menor valor para a primeira energia de ionização? (a) H ou H_2, e (b) O ou O_2? Explique.

Respostas dos Exercícios

10.1 (a) Tetraédrica, (b) linear, (c) trigonal planar. **10.2** Não. **10.3** (a) sp^3, (b) sp^2. **10.4** sp^3d^2. **10.5** O átomo de C tem hibridização sp. Forma uma ligação sigma com o átomo de H e outra com o átomo de N. Os dois orbitais p não hibridizados do átomo de C são usados para formar duas ligações pi com o átomo de N. O par isolado do átomo de N é colocado no orbital sp. **10.6** F_2^-.

Introdução à Química Orgânica

11

11.1 Classes de Compostos Orgânicos 342
11.2 Hidrocarbonetos Alifáticos 342
Alcanos • Cicloalcanos • Alcenos • Alcinos
11.3 Hidrocarbonetos Aromáticos 356
Nomenclatura de Compostos Aromáticos • Propriedades e Reações dos Compostos Aromáticos
11.4 Química dos Grupos Funcionais 360
Álcoois • Éteres • Aldeídos e Cetonas • Ácidos Carboxílicos • Ésteres • Aminas • Resumo de Grupos Funcionais
11.5 Quiralidade — A Orientação das Moléculas 367

Hidrato de metano (metano capturado em uma cavidade na estrutura de água congelada) em combustão.

Conceitos Essenciais

Compostos Orgânicos Esses compostos contêm principalmente átomos de carbono e de hidrogênio, e ainda nitrogênio, oxigênio, enxofre e átomos de outros elementos. Os compostos dos quais derivam todos os compostos orgânicos são os hidrocarbonetos — os alcanos (que contêm apenas ligações simples), os alcenos (que contêm ligações duplas carbono-carbono), os alcinos (que contêm ligações triplas carbono-carbono) e os hidrocarbonetos aromáticos (anel benzênico).

Grupos Funcionais A reatividade dos compostos orgânicos pode ser prevista com boa margem de confiança com base na presença de grupos funcionais, que são grupos de átomos responsáveis pelo comportamento químico dos compostos.

Quiralidade Certos compostos orgânicos podem existir como imagens especulares não sobreponíveis. Tais compostos são conhecidos como quirais. O enantiômero puro de um composto pode girar o plano da luz polarizada. Os enantiômeros têm propriedades físicas idênticas, mas apresentam diferentes propriedades químicas em relação a uma outra substância quiral.

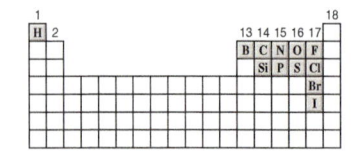

Elementos mais comuns em compostos orgânicos.

11.1 Classes de Compostos Orgânicos

O carbono pode formar um número maior de compostos do que qualquer outro elemento porque seus átomos podem, não somente formar ligações carbono-carbono simples, duplas ou triplas, mas também se unir em estruturas com cadeias ou anéis. *O ramo da química que estuda os compostos de carbono é a **química orgânica**.*

Podemos agrupar os compostos orgânicos em classes de acordo com os grupos funcionais neles presentes. *Um **grupo funcional** é um grupo de átomos amplamente responsável pelo comportamento químico da molécula em que está inserido.* Moléculas diferentes que possuem o mesmo grupo ou grupos funcionais reagem de modo semelhante. Assim, conhecendo as propriedades características de alguns grupos funcionais, podemos estudar e compreender as propriedades de muitos compostos orgânicos. Na segunda metade deste capítulo discutiremos os grupos funcionais denominados: alcoóis, éteres, aldeídos e cetonas, ácidos carboxílicos, e aminas.

Todos os compostos orgânicos derivam de um grupo de compostos conhecidos como **hidrocarbonetos** porque *são constituídos apenas por hidrogênio e carbono*. Estruturalmente, os hidrocarbonetos dividem-se em duas classes principais — alifáticos e aromáticos. Os **hidrocarbonetos alifáticos** *não contêm o grupo benzeno ou o anel benzênico, enquanto os **hidrocarbonetos aromáticos** possuem um ou mais anéis benzênicos.*

11.2 Hidrocarbonetos Alifáticos

Os hidrocarbonetos alifáticos dividem-se em alcanos, alcenos e alcinos, que serão discutidos nesta seção (Figura 11.1).

Alcanos

*Os **alcanos** são hidrocarbonetos que possuem a fórmula geral C_nH_{2n+2}, em que $n = 1$, 2, ... A característica essencial é que eles possuem apenas ligações covalentes simples.* Os alcanos são conhecidos como **hidrocarbonetos saturados** porque *contêm o número máximo de átomos de hidrogênio que podem ligar-se a todos os átomos de carbono presentes na molécula.*

O alcano mais simples (isto é, com $n = 1$) é o metano, CH_4, que é um produto natural resultante da decomposição bacteriana anaeróbica de matéria vegetal sob água. Como foi recolhido pela primeira vez em pântanos, o metano tornou-se conhecido como "gás dos pântanos". Outra fonte de metano, pouco provável, mas comprovada, são os cupins. Quando esses insetos vorazes comem madeira, os microorganismos que habitam seu sistema digestivo decompõem a celulose (o componente majoritário da

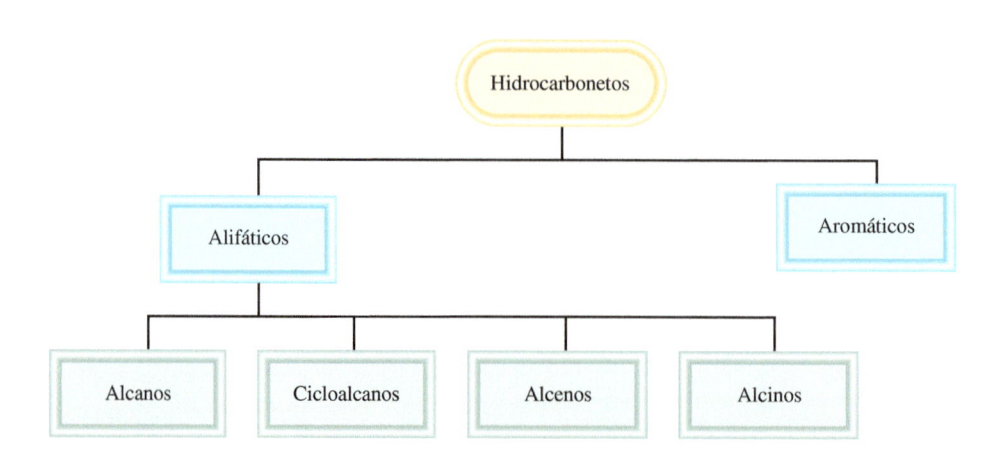

Interatividade:
Hidrocarbonetos Alifáticos
Centro de Aprendizagem Online, Interativo

Para dado número de átomos de carbono, o hidrocarboneto saturado contém o maior número possível de átomos de hidrogênio.

Figura 11.1
Classificação dos hidrocarbonetos.

Figura 11.2
Estruturas dos primeiros quatro alcanos. Observe que o butano pode existir em duas formas estruturalmente diferentes, denominadas isômeros.

Metano (CH_4)   Etano (C_2H_6)   Propano (C_3H_8)

n-Butano (C_4H_{10})   Isobutano (C_4H_{10})

madeira) em metano, dióxido de carbono e outros compostos. Estima-se que os cupins produzem anualmente 170 milhões de toneladas de metano! O metano também é produzido em alguns processos de tratamento de esgotos. Comercialmente, é obtido a partir do gás natural.

A Figura 11.2 mostra as estruturas dos primeiros quatro alcanos (de $n = 1$ a $n = 4$). O gás natural é uma mistura de metano, etano e uma pequena quantidade de propano. No Capítulo 10, discutimos a ligação química no metano. Podemos supor que o átomo de carbono apresenta hibridização sp^3 em todos os alcanos. As estruturas do etano e do propano são muito fáceis de compreender, pois só há uma forma de efetuar ligações entre os átomos de carbono nessas moléculas. No butano, contudo, pode haver dois modos diferentes de ligação entre os átomos de carbono que resultam em diferentes compostos denominados *n*-butano (*n* significa normal) e isobutano. O *n*-butano é um alcano de cadeia linear porque os átomos de carbono estão dispostos em uma cadeia contínua. Em um alcano de cadeia ramificada, tal como o isobutano, um ou mais átomos de carbono estão ligados a um átomo de carbono não-terminal. Isômeros que diferem entre si com relação à ordem em que os átomos estão ligados são chamados de ***isômeros estruturais***.

Na série dos alcanos, à medida que o número de átomos de carbono aumenta, o número de isômeros estruturais cresce rapidamente. Por exemplo, o C_4H_{10}, possui dois isômeros; o decano, $C_{10}H_{22}$ tem 75 isômeros; e o alcano $C_{30}H_{62}$ contém cerca de 400 milhões ou 4×10^8 isômeros possíveis! Obviamente, a maior parte desses isômeros não existe na natureza e nem foram sintetizados. Todavia, os números ajudam a explicar por que o carbono é encontrado em um número muito maior de compostos do que qualquer outro elemento.

Os cupins são uma fonte natural de metano.

EXEMPLO 11.1

Quantos isômeros estruturais podem ser identificados para o pentano, C_5H_{12}?

Estratégia   Para moléculas de hidrocarbonetos pequenas (oito átomos de carbono, ou menos), é relativamente fácil determinar o número de isômeros estruturais pelo método de tentativas e erros.

(Continua)

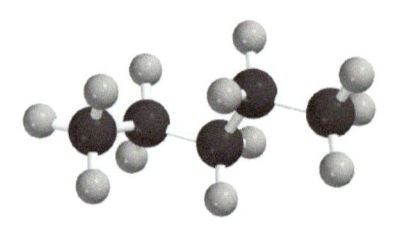

n-pentano

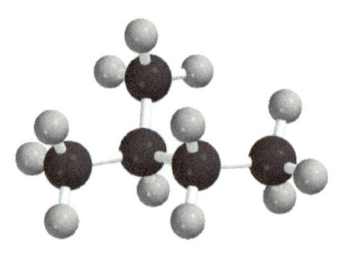

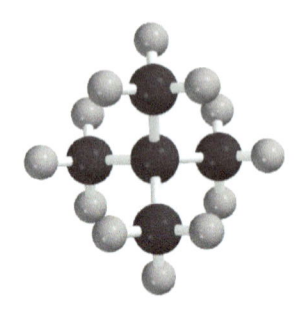

2-metilbutano

2,2-dimetilpropano

Problemas semelhantes: 11.11, 11.12.

Solução   O primeiro passo é escrever a estrutura em cadeia linear:

$$\begin{array}{c} \text{H} \quad \text{H} \quad \text{H} \quad \text{H} \quad \text{H} \\ | \quad | \quad | \quad | \quad | \\ \text{H}-\text{C}-\text{C}-\text{C}-\text{C}-\text{C}-\text{H} \\ | \quad | \quad | \quad | \quad | \\ \text{H} \quad \text{H} \quad \text{H} \quad \text{H} \quad \text{H} \end{array}$$

n-pentano
(p. e. 36,1°C)

A segunda estrutura tem necessariamente de ser uma cadeia ramificada:

$$\begin{array}{c} \text{H} \quad \text{CH}_3 \quad \text{H} \quad \text{H} \\ | \quad | \quad | \quad | \\ \text{H}-\text{C}-\text{C}-\text{C}-\text{C}-\text{H} \\ | \quad | \quad | \quad | \\ \text{H} \quad \text{H} \quad \text{H} \quad \text{H} \end{array}$$

2-metilbutano
(p. e. 27,9°C)

É ainda possível outra estrutura com cadeia ramificada:

$$\begin{array}{c} \text{H} \quad \text{CH}_3 \quad \text{H} \\ | \quad | \quad | \\ \text{H}-\text{C}-\text{C}-\text{C}-\text{H} \\ | \quad | \quad | \\ \text{H} \quad \text{CH}_3 \quad \text{H} \end{array}$$

2,2-dimetilpropano
(p. e. 9,5°C)

Não há mais estruturas possíveis para um alcano com a fórmula molecular C_5H_{12}. Portanto, o pentano tem três isômeros estruturais, para os quais o número de átomos de carbono e de hidrogênio é o mesmo, apesar das diferenças em suas estruturas.

Exercício   Quantos isômeros estruturais existem com a fórmula C_6H_{14}?

A Tabela 11.1 mostra os pontos de fusão e de ebulição dos isômeros de cadeias lineares para os primeiros dez alcanos. Os quatro primeiros são gases à temperatura ambiente; do pentano ao decano são líquidos. À medida que aumenta o tamanho da molécula, eleva-se o ponto de ebulição.

O óleo cru é fonte de muitos hidrocarbonetos.

TABELA 11.1 Os Primeiros Dez Alcanos de Cadeia Linear

Nome do Hidrocarboneto	Fórmula Molecular	Número de Átomos de Carbono	Ponto de Fusão (°C)	Ponto de Ebulição (°C)
Metano	CH_4	1	−182,5	−161,6
Etano	CH_3-CH_3	2	−183,3	−88,6
Propano	$CH_3-CH_2-CH_3$	3	−189,7	−42,1
Butano	$CH_3-(CH_2)_2-CH_3$	4	−138,3	−0,5
Pentano	$CH_3-(CH_2)_3-CH_3$	5	−129,8	36,1
Hexano	$CH_3-(CH_2)_4-CH_3$	6	−95,3	68,7
Heptano	$CH_3-(CH_2)_5-CH_3$	7	−90,6	98,4
Octano	$CH_3-(CH_2)_6-CH_3$	8	−56,8	125,7
Nonano	$CH_3-(CH_2)_7-CH_3$	9	−53,5	150,8
Decano	$CH_3-(CH_2)_8-CH_3$	10	−29,7	174,0

Figura 11.3
Diferentes representações do 2-metilbutano. (a) Fórmula estrutural. (b) Fórmula abreviada. (c) Fórmula esqueletal. (d) Modelo molecular.

Desenhando Estruturas Químicas

Antes de prosseguirmos, será útil aprendermos diferentes maneiras de desenhar a estrutura dos compostos orgânicos. Consideremos o 2-metilbutano (C_5H_{12}). Para saber como os átomos estão ligados nessa molécula, precisamos primeiro escrever a fórmula molecular "expandida", $CH_3CH(CH_3)CH_2CH_3$, e depois desenhar sua fórmula estrutural, que aparece na Figura 11.3(a). Embora seja informativa, essa estrutura leva algum tempo para ser desenhada. Portanto, os químicos criaram modos de simplificar a representação. A Figura 11.3(b) é uma versão abreviada e a estrutura mostrada na Figura 11.3(c) é chamada de *estrutura esqueletal*, em que todas as letras C e H são omitidas. Pressupõe-se que haja um átomo de carbono em cada intersecção de duas linhas (ligações) e nas extremidades de cada linha. Como todo átomo de C forma quatro ligações, podemos sempre deduzir o número de átomos de H ligados a qualquer átomo de C. Um dos dois grupos CH_3 terminais é representado por uma linha vertical. O que falta nessas estruturas, porém, é a tridimensionalidade da molécula, a qual é mostrada no modelo molecular da Figura 11.3(d). Dependendo do objetivo da discussão, pode-se escolher uma dessas representações para descrever as propriedades da molécula.

Mais adiante discutiremos a nomenclatura dos alcanos.

A estrutura esqueletal é a mais simples. Qualquer outro átomo, que não seja de C e H, deve ser explicitamente indicado nesse tipo de estrutura.

Conformação do Etano

A geometria molecular nos dá o arranjo espacial dos átomos em uma molécula. Em virtude dos movimentos moleculares internos, os átomos, porém, não se mantêm em posições fixas. Sendo assim, até mesmo uma molécula simples como o etano pode ser estruturalmente mais complicada do que se imagina.

Os dois átomos de C do etano são híbridos sp^3 e se unem por uma ligação sigma (veja a Seção 10.5). As ligações sigma possuem simetria cilíndrica, isto é, o recobrimento dos orbitais sp^3 é o mesmo independentemente da rotação da ligação C—C. A rotação dessa ligação, porém, não é totalmente livre por causa das interações entre os átomos de H em diferentes átomos de C. A Figura 11.4 mostra as duas *conformações* extremas do etano. **Conformações** são *diferentes arranjos espaciais de uma molécula gerados pela rotação em torno de ligações simples*. Na conformação alternada, os três átomos de H ligados a um átomo de C estão invertidos em relação aos três átomos de H do outro átomo de carbono, enquanto na conformação eclipsada os dois grupos de átomos de H estão alinhados paralelamente um ao outro.

Um modo mais simples e eficiente de visualizar essas duas conformações é utilizando a projeção de Newman, que também aparece na Figura 11.4. Veja a ligação C—C com as extremidades voltadas para o observador. Os dois átomos de C são representados por um círculo. As ligações C—H associadas ao átomo de C frontal são

Figura 11.4
Modelos moleculares e projeções de Newman das conformações alternada e eclipsada do etano. O ângulo diédrico na forma alternada é de 60°, enquanto na forma eclipsada é de 0°. Na projeção de Newman da forma eclipsada a ligação C—C aparece com uma pequena rotação para mostrar os átomos de H ligados ao átomo de C "de trás". A proximidade entre os átomos de H e os átomos de C na forma eclipsada resulta em maior repulsão, e portanto em instabilidade relativamente à forma alternada.

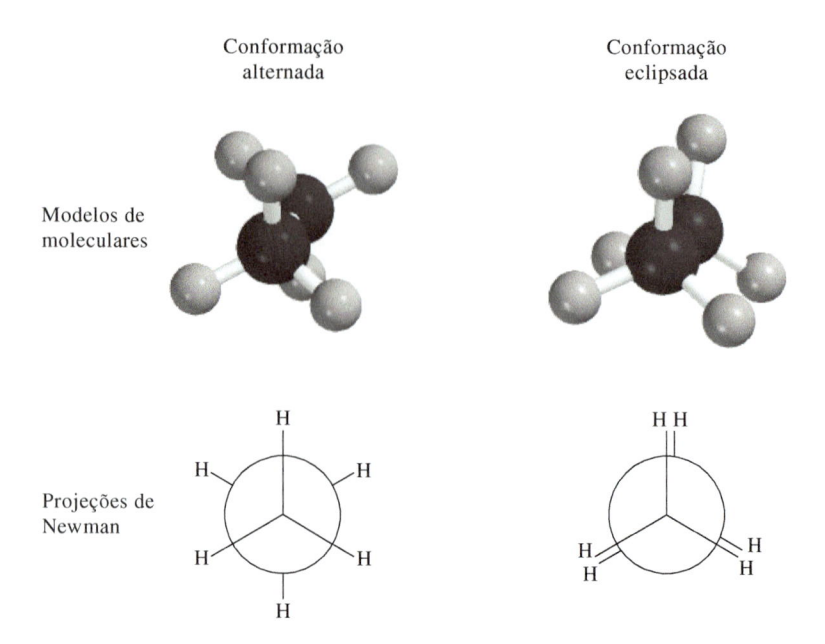

as linhas que seguem para o centro do círculo, e as ligações C—H associadas ao átomo de C "de trás" aparecem como linhas que seguem para as bordas do círculo. A forma eclipsada do metano é menos estável que a forma alternada. A Figura 11.5 mostra a variação da energia potencial no etano como uma função da rotação. A rotação de um grupo CH_3 em relação ao outro é descrita em termos do ângulo entre as ligações C—H dos carbonos "da frente" e "de trás", conhecido como ângulo *diédrico*. O ângulo diédrico para a primeira conformação eclipsada é zero. Uma rotação de 60° em sentido horário em torno da ligação C—C gera uma conformação alternada, que é convertida em outra conformação eclipsada por uma rotação similar e assim por diante.

A análise conformacional de moléculas é muito importante para entender os detalhes de reações simples de hidrocarbonetos até proteínas e DNAs.

Figura 11.5
Diagrama da energia potencial para a rotação interna no etano. Aqui o ângulo diédrico é definido pelo ângulo entre as duas ligações C—H (com esferas vermelhas representando os átomos de H). Ângulos diédricos de 0°, 120°, 240° e 360° representam a conformação eclipsada, enquanto os de 60°, 180° e 300° representam a conformação alternada. Assim, a rotação de 60° transforma a conformação eclipsada na alternada e vice-versa.
A conformação alternada é mais estável do que a eclipsada, sendo a diferença energética de 12 kJ/mol. Mas essas duas formas se interconvertem rapidamente e não podem ser separadas uma da outra.

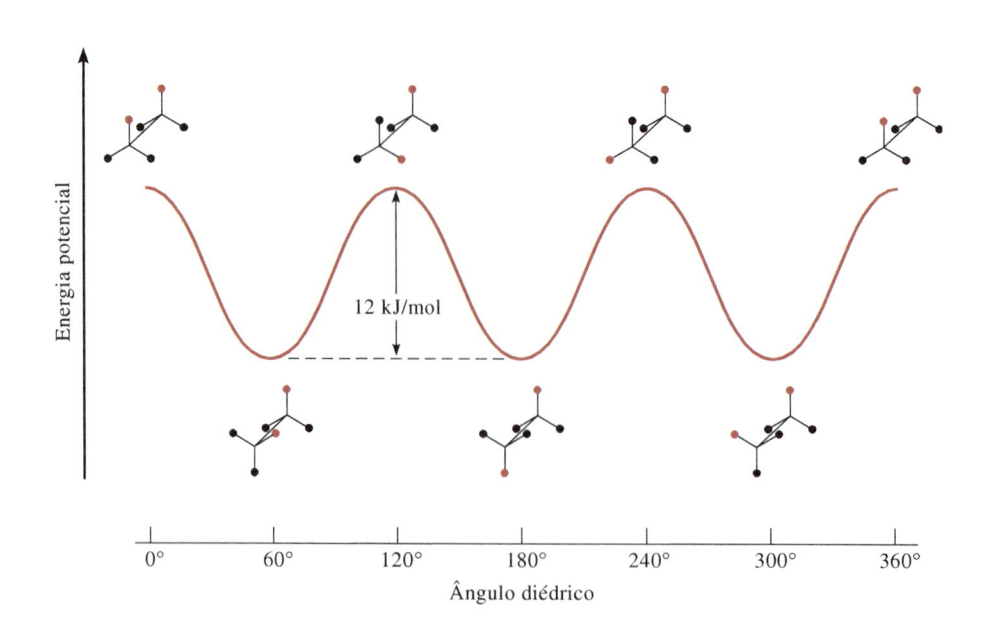

Nomenclatura dos Alcanos

A nomenclatura dos alcanos, bem como a de todos os compostos orgânicos, é baseada nas recomendações da União Internacional de Química Pura e Aplicada (IUPAC). Os primeiros quatro alcanos (metano, etano, propano e butano) têm nomes não sistemáticos. Tal como mostra a Tabela 11.1, para os alcanos que contêm de cinco a dez átomos de carbono, o número de átomos de carbono reflete-se no prefixo grego utilizado. Vejamos em seguida alguns exemplos de aplicação das regras da IUPAC:

1. O nome principal do hidrocarboneto é aquele dado à cadeia contínua de átomos de carbono mais longa da molécula. Assim, o nome do composto abaixo é heptano porque há sete átomos de carbono na cadeia mais longa.

$$\underset{1}{CH_3}-\underset{2}{CH_2}-\underset{3}{CH_2}-\underset{4}{CH}(\underset{}{CH_3})-\underset{5}{CH_2}-\underset{6}{CH_2}-\underset{7}{CH_3}$$

2. A remoção de um átomo de hidrogênio de um alcano origina um grupo *alquila*. Por exemplo, quando um átomo de hidrogênio é removido do metano, ficamos com o fragmento CH_3, chamado grupo *metila*. De modo semelhante, a remoção de um átomo de hidrogênio da molécula de etano gera um grupo *etila* ou C_2H_5. A Tabela 11.2 traz os nomes dos principais grupos alquila. Qualquer cadeia que seja uma ramificação da cadeia principal é designada como um grupo alquila.

3. Quando um ou mais átomos de hidrogênio são substituídos por outros grupos, o nome do composto deve indicar as localizações dos átomos de carbono em que ocorreram as substituições. O procedimento é numerar cada átomo de carbono da cadeia mais longa na direção que atribui os menores números às posições de todas as ramificações. Considere os diferentes sistemas de numeração aplicados ao *mesmo* composto:

$$\underset{1}{CH_3}-\underset{2}{CH}(\underset{}{CH_3})-\underset{3}{CH_2}-\underset{4}{CH_2}-\underset{5}{CH_3}\qquad\underset{1}{CH_3}-\underset{2}{CH_2}-\underset{3}{CH_2}-\underset{4}{CH}(\underset{}{CH_3})-\underset{5}{CH_3}$$

2-metilpentano   4-metilpentano

O composto da esquerda está corretamente numerado porque o grupo metila está localizado no carbono 2 da cadeia de cinco átomos (pentano); no composto da direita, o grupo metila está localizado no carbono 4. Assim, o nome do composto é 2-metilpentano e não 4-metilpentano. Observe que o nome da cadeia ramificada e o nome da cadeia principal são escritos como uma única palavra; e um hífen separa essa palavra do algarismo que indica a localização da cadeia ramificada.

4. Quando há mais de uma ramificação alquila do mesmo tipo, utilizamos prefixos como *di-*, *tri-* ou *tetra-* com o nome do grupo alquila. Considere os seguintes exemplos:

$$\underset{1}{CH_3}-\underset{2}{CH}(\underset{}{CH_3})-\underset{3}{CH}(\underset{}{CH_3})-\underset{4}{CH_2}-\underset{5}{CH_2}-\underset{6}{CH_3}\qquad\underset{1}{CH_3}-\underset{2}{CH_2}-\underset{3}{C}(\underset{}{CH_3})_2-\underset{4}{CH_2}-\underset{5}{CH_2}-\underset{6}{CH_3}$$

2,3-dimetilhexano   3,3-dimetilhexano

Quando há dois ou mais grupos alquila diferentes, os nomes dos grupos são escritos em ordem alfabética. Por exemplo,

$$\underset{1}{CH_3}-\underset{2}{CH_2}-\underset{3}{CH}(\underset{}{CH_3})-\underset{4}{CH}(\underset{}{C_2H_5})-\underset{5}{CH_2}-\underset{6}{CH_2}-\underset{7}{CH_3}$$

4-etil-3-metilheptano

TABELA 11.2
Principais Grupos Alquila

Nome	Fórmula
Metila	—CH_3
Etila	—CH_2—CH_3
n-Propila	—$(CH_2)_2$—CH_3
n-Butila	—$(CH_2)_3$—CH_3
Isopropila	—CH(CH_3)$_2$
t-Butila*	—C(CH_3)$_3$

*A letra *t* significa terciário.

TABELA 11.3
Nomes dos Principais Grupos Substituintes

Grupo Funcional	Nome
—NH₂	Amino
—F	Flúor
—Cl	Cloro
—Br	Bromo
—I	Iodo
—NO₂	Nitro
—CH=CH₂	Vinila

5. É claro que os alcanos podem ter muitos tipos diferentes de substituintes. A Tabela 11.3 indica os nomes de alguns, entre eles os grupos nitro e bromo. Por exemplo, o composto

$$\underset{1}{CH_3}-\underset{2}{\underset{|}{\underset{NO_2}{CH}}}-\underset{3}{\underset{|}{\underset{Br}{CH}}}-\underset{4}{CH_2}-\underset{5}{CH_2}-\underset{6}{CH_3}$$

é chamado 3-bromo-2-nitrohexano. Note que os grupos substituintes aparecem em ordem alfabética no nome, e a cadeia é numerada na direção que atribui o número mais baixo ao primeiro átomo de carbono substituído.

EXEMPLO 11.2

Dê o nome IUPAC ao seguinte composto:

$$CH_3-\underset{\underset{CH_3}{|}}{\overset{\overset{CH_3}{|}}{C}}-CH_2-\underset{\overset{CH_3}{|}}{CH}-CH_2-CH_3$$

Estratégia Seguimos as regras da IUPAC e recorremos à Tabela 11.2 para dar nome ao composto. Quantos átomos de carbono existem na cadeia mais longa?

Solução Como a cadeia mais longa tem seis átomos de carbono, o composto do qual esse se origina é designado hexano. Note que há dois grupos metila ligados ao átomo de carbono número 2 e um grupo metila ligado ao átomo de carbono número 4.

$$\underset{1}{CH_3}-\underset{2}{\underset{\underset{CH_3}{|}}{\overset{\overset{CH_3}{|}}{C}}}-\underset{3}{CH_2}-\underset{4}{\underset{\overset{CH_3}{|}}{CH}}-\underset{5}{CH_2}-\underset{6}{CH_3}$$

Portanto, o composto é chamado de 2,2,4-trimetilhexano.

Exercício Dê o nome IUPAC do seguinte composto:

$$CH_3-\underset{\overset{CH_3}{|}}{CH}-CH_2-\underset{\overset{C_2H_5}{|}}{CH}-CH_2-\underset{\overset{C_2H_5}{|}}{CH}-CH_2-CH_3$$

Problemas semelhantes 11.28(a), (b), (c).

O Exemplo 11.3 mostra que prefixos como di-, tri- ou tetra- são utilizados quando necessários, mas ignorados ao serem ordenados alfabeticamente.

EXEMPLO 11.3

Escreva a fórmula estrutural do 3-etil-2,2-dimetilpentano.

Estratégia Seguimos o procedimento anterior e a informação contida na Tabela 11.2 para escrever a fórmula estrutural do composto. Quantos átomos de carbono existem na cadeia mais longa?

(Continua)

Solução O nome do composto do qual esse se origina é pentano, desse modo a cadeia mais longa tem cinco átomos de carbono. Há dois grupos metila ligados ao carbono número 2 e um grupo etila ligado ao carbono número 3. Assim sendo, a estrutura do composto é

$$\overset{1}{CH_3}-\overset{\overset{\displaystyle CH_3}{|}}{\underset{\underset{\displaystyle CH_3}{|}}{\overset{2}{C}}}-\overset{\overset{\displaystyle C_2H_5}{|}}{\overset{3}{CH}}-\overset{4}{CH_2}-\overset{5}{CH_3}$$

Problemas semelhantes 11.27(a), (c), (e).

Exercício Escreva a fórmula estrutural do 5-etil-2,6-dimetiloctano.

Reações dos Alcanos

Em geral, os alcanos não são considerados substâncias muito reativas. Contudo, em condições adequadas, eles podem reagir. Por exemplo, o gás natural, a gasolina e o óleo combustível são alcanos que sofrem reações de combustão altamente exotérmicas:

$$CH_4(g) + 2O_2(g) \longrightarrow CO_2(g) + 2H_2O(l) \quad \Delta H° = -890,4 \text{ kJ/mol}$$
$$2C_2H_6(g) + 7O_2(g) \longrightarrow 4CO_2(g) + 6H_2O(l) \quad \Delta H° = -3119 \text{ kJ/mol}$$

Essas e outras reações de combustão semelhantes têm sido utilizadas há muito tempo em processos industriais, em aquecimentos de residências e em cozinhas domésticas.

Halogenação de alcanos — isto é, substituição de um ou mais átomos de hidrogênio por átomos de halogênio — é um outro tipo de reação dos alcanos. Quando uma mistura de metano e cloro é aquecida acima de 100°C ou irradiada com luz de comprimento de onda adequado, forma-se cloreto de metila:

$$CH_4(g) + Cl_2(g) \longrightarrow \underset{\text{cloreto de metila}}{CH_3Cl(g)} + HCl(g)$$

Se o gás cloro estiver presente em excesso, a reação pode continuar:

$$CH_3Cl(g) + Cl_2(g) \longrightarrow \underset{\text{cloreto de metileno}}{CH_2Cl_2(l)} + HCl(g)$$

$$CH_2Cl_2(l) + Cl_2(g) \longrightarrow \underset{\text{clorofórmio}}{CHCl_3(l)} + HCl(g)$$

$$CHCl_3(l) + Cl_2(g) \longrightarrow \underset{\text{tetracloreto de carbono}}{CCl_4(l)} + HCl(g)$$

Evidências experimentais sugerem que a etapa inicial da primeira reação de halogenação ocorre da seguinte forma:

$$Cl_2 + \text{energia} \longrightarrow Cl\cdot + Cl\cdot$$

Portanto, quebra-se a ligação covalente do Cl_2 e formam-se dois átomos de cloro. Sabemos que a ligação Cl—Cl é quebrada quando a mistura é aquecida ou irradiada, pois a energia de ligação do Cl_2 é de 242,7 kJ/mol, enquanto são necessários 414 kJ/mol para quebrar as ligações C—H no metano (CH_4).

Um átomo de cloro é um ***radical***, que *contém um elétron desemparelhado* (indicado por um ponto). Os átomos de cloro são altamente reativos e atacam as moléculas de metano de acordo com a seguinte equação

$$CH_4 + Cl\cdot \longrightarrow \cdot CH_3 + HCl$$

Essa reação produz cloreto de hidrogênio e o radical metila · CH_3. Esse radical é outra espécie reativa; combina-se com o cloro molecular para dar cloreto de metila e um átomo de cloro:

$$\cdot CH_3 + Cl_2 \longrightarrow CH_3Cl + Cl \cdot$$

A produção de cloreto de metileno a partir do cloreto de metila e as reações posteriores podem ser explicadas da mesma forma. O mecanismo real é mais complexo do que a seqüência de reações que mostramos, pois geralmente ocorrem "reações paralelas" que não levam à formação do produto desejado, tais como

$$Cl \cdot + Cl \cdot \longrightarrow Cl_2$$
$$\cdot CH_3 + \cdot CH_3 \longrightarrow C_2H_6$$

Os alcanos em que um ou mais átomos de hidrogênio foram substituídos por halogênio são chamados de *haletos de alquila*. Dentre o grande número de haletos de alquila, os mais conhecidos são o clorofórmio ($CHCl_3$), o tetracloreto de carbono (CCl_4), o cloreto de metileno (CH_2Cl_2) e os clorofluorohidrocarbonetos.

O clorofórmio é um líquido volátil e de sabor adocicado utilizado durante muitos anos como anestésico. Contudo, em virtude de sua toxicidade (pode causar danos severos ao fígado, rins e coração), foi substituído por outros compostos. O tetracloreto de carbono, também uma substância tóxica, é utilizado como produto de limpeza, pois remove manchas de gordura dos tecidos. O cloreto de metileno é usado como solvente para descafeinar o café e para remover tintas.

Os nomes sistemáticos do cloreto de metila, cloreto de metileno e clorofórmio são clorometano, diclorometano e triclorometano, respectivamente.

Cicloalcanos

Os alcanos cujos átomos de carbono formam anéis chamam-se **cicloalcanos**. A fórmula geral é C_nH_{2n}, em que $n = 3, 4, \ldots$. O cicloalcano mais simples é o ciclopropano, C_3H_6 (Figura 11.6). Muitas substâncias biologicamente ativas, tais como os antibióticos, os açúcares, o colesterol e os hormônios contêm um ou mais desses anéis. O ciclohexano pode assumir duas conformações diferentes, denominadas cadeira e barco, ambas relativamente livres de tensão angular (Figura 11.7). Por "tensão angular" entende-se que os ângulos das ligações de cada átomo de carbono desviam-se do valor do ângulo tetraédrico de 109,5° requerido para a hibridização sp^3.

Interatividade:
Ciclohexano — Conformações
Barco e Cadeira
Centro de Aprendizagem
Online, Interativo

Além do C, átomos de N, O e S também podem ocupar posições no anel nestes compostos.

Alcenos

Os **alcenos** (também chamados de *olefinas*) *contêm, pelo menos, uma ligação dupla carbono-carbono*. Os alcenos têm a fórmula geral C_nH_{2n}, em que $n = 2, 3, \ldots$. O alceno mais simples é o etileno, no qual ambos os átomos de carbono apresentam hibridização sp^2 e a ligação dupla é formada por uma ligação sigma e uma ligação pi (veja a Seção 10.5).

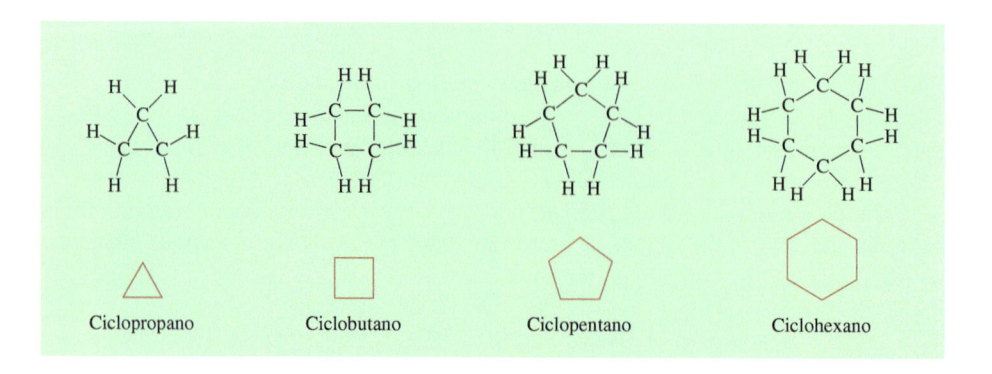

Figura 11.6
Estruturas dos quatro primeiros cicloalcanos e de suas formas simplificadas (esqueletais).

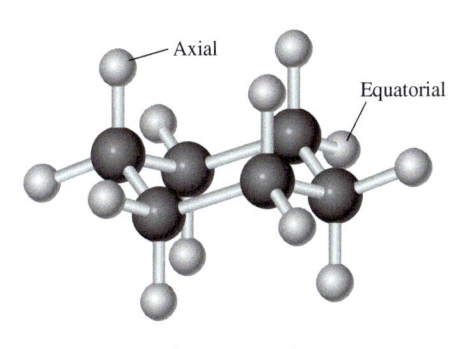

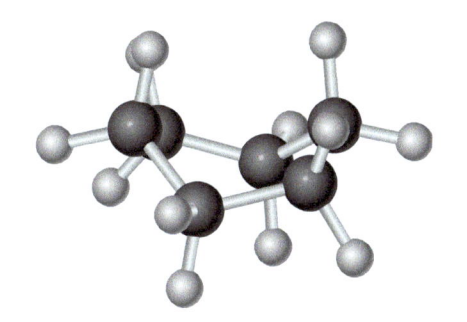

Figura 11.7
A molécula de ciclohexano pode existir em vários formatos. O formato mais estável é a conformação cadeira e a menos estável é a conformação barco. Os dois tipos de átomos de hidrogênio são denominados de axial e equatorial, respectivamente.

Conformação cadeira — Axial, Equatorial

Conformação barco

Isômeros Geométricos dos Alcenos

Em um composto como o etano, C_2H_6, a rotação dos dois grupos metila em torno da ligação simples carbono-carbono (que é uma ligação sigma) é bastante livre. A situação é diferente para as moléculas que contêm ligações duplas carbono-carbono, tais como o etileno, C_2H_4. Além da ligação sigma, existe uma ligação pi entre os dois átomos de carbono. A rotação em torno da ligação carbono-carbono não afeta a ligação sigma, mas desalinha os dois orbitais $2p_z$, reduzindo o recobrimento e, por conseguinte, destruindo parcial ou totalmente a ligação pi (veja a Figura 10.15). Esse processo requer fornecimento de energia da ordem de 270 kJ/mol. Por essa razão, a rotação em torno da ligação dupla carbono-carbono é consideravelmente impedida, embora não seja impossível. Conseqüentemente, as moléculas que contêm ligações duplas carbono-carbono (isto é, os alcenos) podem ter **isômeros geométricos**, *que apresentam o mesmo tipo e número de átomos e as mesmas ligações químicas, mas diferentes arranjos espaciais. Esses isômeros não podem interconverter-se sem que haja quebra de ligação química.*

A molécula de 1,2-dicloroetileno, ClHC=CHCl, pode existir em duas formas diferentes, chamadas de *cis*-1,2-dicloroetileno e *trans*-1,2-dicloroetileno, que são isômeros geométricos:

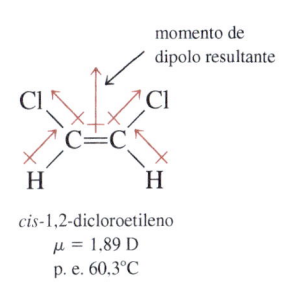

cis-1,2-dicloroetileno
μ = 1,89 D
p. e. 60,3°C

trans-1,2-dicloroetileno
μ = 0
p. e. 47,5°C

em que o termo *cis* significa que dois átomos (ou grupos de átomos) estão em posições adjacentes relativamente um ao outro e *trans* significa que os dois átomos (ou grupos de átomos) estão em posições opostas entre si. Geralmente, os isômeros *cis* e *trans* têm propriedades físicas e químicas bastante diferentes. A interconversão de dois isômeros geométricos pode ser feita por ação do calor ou da irradiação com luz. A esse processo dá-se o nome de *isomerização cis-trans* ou isomerização geométrica (Figura 11.8).

Isomerização cis-trans no Processo da Visão

As moléculas da retina que respondem à luz são as rodopsinas. A rodopsina tem dois componentes chamados 11-*cis*-retinal e opsina (Figura 11.9). O retinal é o componente sensível à luz, e a opsina é uma proteína. Ao receber um fóton da região do visível o 11-*cis*-retinal isomeriza-se totalmente para a forma *trans-retinal* por meio de quebra de uma ligação pi carbono-carbono. Com isso, a ligação sigma carbono-carbono restante

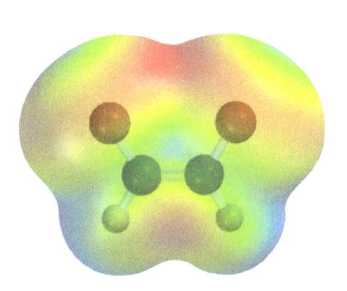

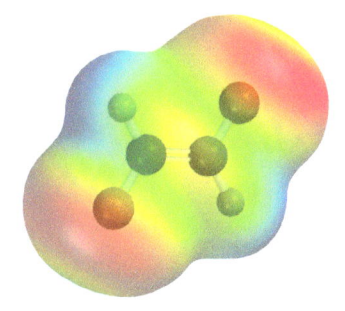

A molécula de *cis*-1,2-dicloroetileno (de cima) é polar e os momentos de dipolo associados às ligações se reforçam mutuamente.
No *trans*-1,2-dicloroetileno os momentos de dipolo se cancelam e a molécula é apolar.

Figura 11.8
A quebra e o restabelecimento da ligação pi. Quando um composto que contém uma ligação C=C é aquecido ou excitado pela luz, rompe-se a ligação pi mais fraca. Assim, torna-se livre a rotação da ligação sigma carbono-carbono simples. Uma rotação de 180° converte um isômero *cis* em isômero *trans*, e vice-versa. Observe que a linha tracejada representa um eixo de ligação para trás do plano do papel, a linha cuneiforme representa um eixo de ligação para a frente do papel e a linha sólida, ligações no plano do papel. As letras A e B representam átomos (que não o H) ou grupos de átomos. Aqui temos uma isomerização *cis-trans*.

torna-se livre para efetuar movimento de rotação e transforma-se gerando o *trans* retinal. Nesse instante, um impulso elétrico é gerado e transmitido ao cérebro, que forma uma imagem visual O retinal totalmente convertido na forma *trans* não se encaixa no sítio de ligação da opsina e finalmente se separa da proteína. Passado algum tempo, o isômero *trans* volta à forma 11-*cis* retinal pela ação de uma enzima (na ausência de luz) e a rodopsina é regenerada pela ligação do isômero *cis* na opsina e o ciclo visual pode começar novamente.

Nomenclatura dos Alcenos

Ao dar nome a um alceno, é necessário indicar as posições das ligações duplas carbono-carbono. Os nomes dos compostos que contêm ligações C=C terminam em -*eno*. Como no caso dos alcanos, o nome do composto é determinado pelo número de átomos de carbono da cadeia mais longa (veja a Tabela 11.1), como mostrado a seguir:

$$CH_2=CH-CH_2-CH_3 \qquad H_3C-CH=CH-CH_3$$
$$\text{1-buteno} \qquad\qquad \text{2-buteno}$$

Os números nos nomes dos alcenos referem-se ao átomo de carbono de numeração mais baixa que faz parte da ligação C=C do alceno. O nome "buteno" significa que há quatro átomos de carbono na cadeia mais longa. A nomenclatura dos alcenos também deve especificar, no caso de isômero geométrico, se uma dada molécula é *cis* ou *trans*, tal como

> Observe que os os isômeros geométricos são sempre isômeros estruturais, mas o inverso não é verdadeiro.

cis-4-metil-2-hexeno   *trans*-4-metil-2-hexeno

Figura 11.9
O primeiro evento no processo da visão é a conversão do 11-*cis*-retinal em seu isômero *trans* na rodopsina. A dupla ligação em que ocorre a isomerização está situada entre o carbono-11 e o carbono-12. Para simplificar, omitem-se os átomos de hidrogênio. Na ausência de luz, essa transformação ocorre apenas uma vez a cada mil anos!

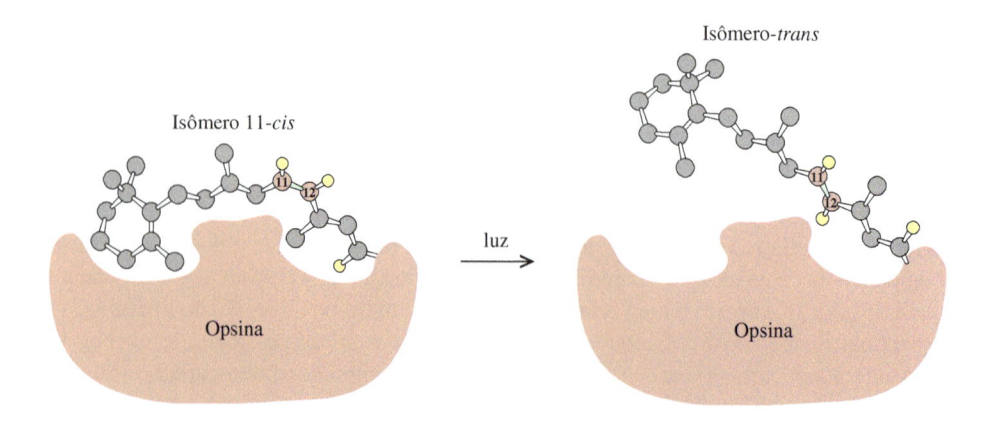

Propriedades e Reações dos Alcenos

O etileno é uma substância extremamente importante porque é utilizado em larga escala na fabricação de polímeros (moléculas muito grandes) e de muitos outros compostos orgânicos. O etileno e outros alcenos são preparados industrialmente pelo processo de *craqueamento*, isto é, decomposição térmica de um hidrocarboneto grande em moléculas menores. Quando se aquece o etano até cerca de 800ºC, na presença de platina, ocorre a seguinte reação:

$$C_2H_6(g) \xrightarrow[\text{catalisador}]{\text{Pt}} CH_2{=}CH_2(g) + H_2(g)$$

A platina atua como *catalisador*, substância que acelera a velocidade da reação sem ser consumida no processo, e portanto não aparece em nenhum dos lados da equação. Outros alcenos podem ser preparados pelo craqueamento de alcanos de cadeia mais longa.

Os alcenos são classificados como **hidrocarbonetos insaturados**, *isto é, compostos com ligações carbono-carbono duplas ou triplas*. Os hidrocarbonetos insaturados freqüentemente participam em **reações de adição**, nas quais *uma molécula se adiciona a outra para formar um único produto*. Exemplo de reação de adição é a **hidrogenação**, em que ocorre a adição de hidrogênio molecular a compostos que contêm ligações C=C e C≡C

$$H_2 + \underset{H}{\overset{H}{}}C{=}C\underset{H}{\overset{H}{}} \longrightarrow H-\underset{H}{\overset{H}{C}}-\underset{H}{\overset{H}{C}}-H$$

A hidrogenação é um processo importante na indústria de alimentos. Óleos de origem vegetal têm um considerável valor nutricional; muitos, porém, precisam ser hidrogenados para eliminar algumas ligações C=C, antes que possam ser usados no preparo do alimento. Expostas ao ar, moléculas poliinsaturadas — moléculas com muitas ligações C=C — sofrem oxidação, gerando produtos de sabor desagradável (qualifica-se como rançoso o óleo vegetal oxidado). No processo de hidrogenação, adiciona-se uma pequena quantidade de níquel catalítico ao óleo, na presença de gás hidrogênio, a temperatura e pressão elevadas. Em seguida, remove-se o níquel por filtração. A hidrogenação reduz o número de ligações duplas na molécula, mas não as elimina por completo. Se forem eliminadas todas as ligações duplas, o óleo endurece e torna-se quebradiço (Figura 11.10). Em condições controladas, pode-se

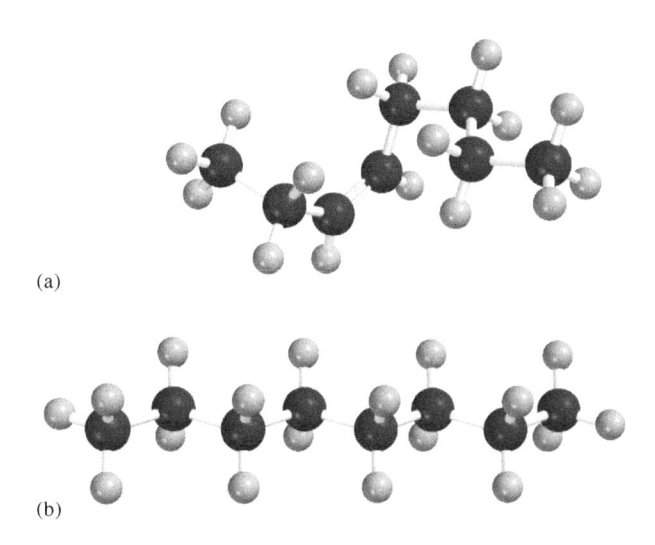

Figura 11.10
Óleos e gorduras têm cadeias ramificadas semelhantes às dos hidrocarbonetos. (a) As cadeias ramificadas dos óleos contêm uma ou mais ligações C=C. A forma *cis* das cadeias de hidrocarboneto evita o empacotamento das moléculas. Por isso os óleos são líquidos. (b) Com a hidrogenação, as cadeias de hidrocarbonetos saturados ficam empilhadas e bem próximas. Conseqüentemente, as gorduras apresentam densidade maior que a dos óleos e, à temperatura ambiente, são sólidas.

Figura 11.11
Quando o gás etileno é borbulhado numa solução aquosa de bromo, a cor marrom avermelhada deste último gradualmente desaparece em virtude da formação de 1,2-dibromoetano, que é incolor.

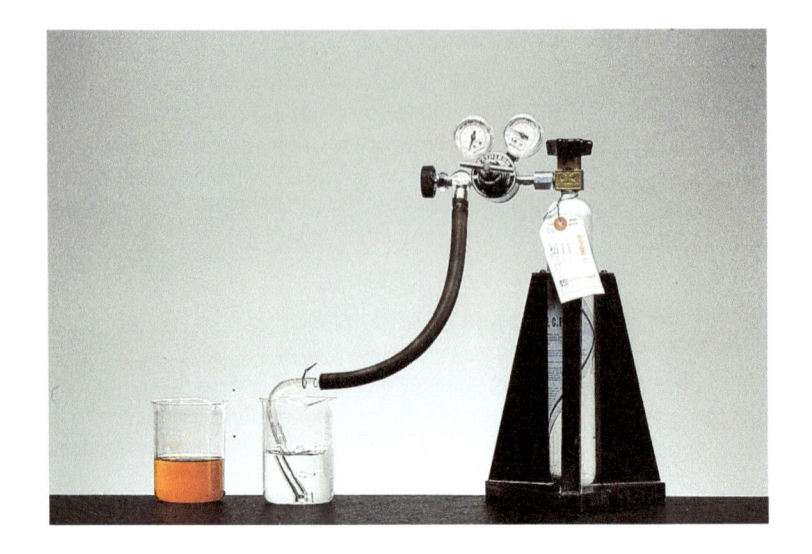

preparar óleo de cozinha e margarina por hidrogenação de óleos vegetais extraídos de semente de algodão, milho e soja.

Outras reações de adição à ligação C=C envolvem os haletos de hidrogênio e os halogênios (Figura 11.11):

$$H_2C=CH_2 + X_2 \longrightarrow CH_2X-CH_2X$$

$$H_2C=CH_2 + HX \longrightarrow CH_3-CH_2X$$

em que X representa um átomo de halogênio. A Figura 11.2 mostra os mapas de densidade eletrônica do HCl e do etileno. Quando as duas moléculas reagem, a interação ocorre entre a região de maior concentração de elétrons (elétrons pi da ligação dupla) e a região de menor concentração eletrônica do HCl, que corresponde ao átomo de H. São estas as etapas:

$$H_2C=CH_2 + HCl \longrightarrow H_2\overset{H}{\underset{}{C}}-\overset{+}{CH_2} + Cl^- \longrightarrow CH_3-CH_2Cl$$

A adição de um haleto de hidrogênio a um alceno assimétrico como o propeno é mais complicada, já que dois produtos são possíveis:

propeno + HBr → 1-bromopropano e/ou 2-bromopropano

Na verdade, forma-se apenas o 2-bromopropano. Esse fenômeno foi observado para todas as reações entre reagentes assimétricos e alcenos. Em 1871, o químico russo Vladimir Markovnikov postulou uma generalização que nos permite prever o resultado de tal reação de adição. Essa generalização, atualmente conhecida por *regra de Markovnikov,* diz que na adição de reagentes assimétricos (isto é, polares) a alcenos, a parte positiva do reagente (geralmente o hidrogênio) liga-se ao átomo de carbono da dupla ligação que já possui o maior número de átomos de hidrogênio. Como se pode ver na figura da pg. 355, o átomo de C ao qual se ligam os dois átomos de H

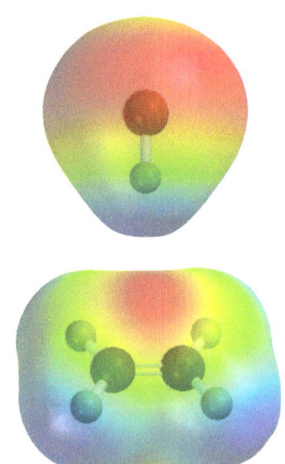

Figura 11.12
Reação de adição entre HCl e etileno. A interação inicial dá-se entre a extremidade positiva do HCl (azul) e a região rica em elétrons do etileno (vermelha), que está associada com os elétrons pi da ligação C=C.

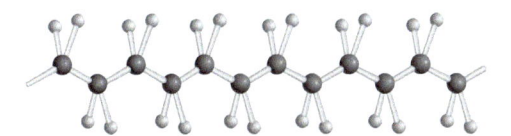

Figura 11.13
Estrutura do polietileno. Todos os átomos de carbono apresentam hibridização sp^3.

tem maior densidade eletrônica. Portanto, esse é o local da ligação para o íon H^+ (do HBr) formar uma ligação C—H, que é seguida pela formação da ligação C—Br no outro átomo de carbono.

Finalmente, ressaltamos que o etileno sofre um tipo diferente de reação de adição, que leva à formação de um polímero. Nesse processo, primeiro uma molécula *iniciadora* (R_2) é aquecida, produzindo dois radicais:

$$R_2 \longrightarrow 2R\cdot$$

O radical reativo ataca uma molécula de etileno para gerar um novo radical (na polimerização do etileno, rompe-se a ligação pi)

$$R\cdot + CH_2=CH_2 \longrightarrow R-CH_2-CH_2\cdot$$

que depois reage com outra molécula de etileno e assim por diante:

$$R-CH_2-CH_2\cdot + CH_2=CH_2 \longrightarrow R-CH_2-CH_2-CH_2-CH_2\cdot$$

Rapidamente forma-se uma longa cadeia de grupos CH_2. O processo é finalizado pela combinação de dois radicais de cadeia longa, resultando no polímero denominado polietileno (Figura 11.3):

$$R-(CH_2-CH_2)_n-CH_2CH_2\cdot + R-(CH_2-CH_2)_n-CH_2CH_2\cdot \longrightarrow$$
$$R-(CH_2-CH_2)_n-CH_2CH_2-CH_2CH_2-(CH_2-CH_2)_n-R$$

em que $-(CH_2-CH_2)_n-$ é uma abreviação conveniente para representar a unidade que se repete no polímero. Entende-se que o valor de *n* é muito grande, da ordem do milhar.

Em condições diferentes, é possível preparar polietileno com cadeias ramificadas. Atualmente são conhecidas muitas formas diferentes de polietileno com as mais diversas propriedades físicas. O polietileno é usado principalmente em filmes para embrulhar alimentos congelados e em outros produtos para empacotamento. Um outro tipo de polietileno, especialmente tratado, conhecido como Tyvek, é utilizado em construção de residências e em envelopes de correios.

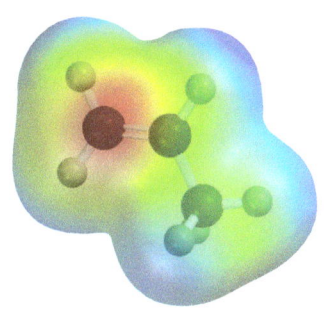

A densidade eletrônica é mais elevada no átomo de carbono do grupo CH_2 no propeno. Esse é local de adição do hidrogênio dos haletos de hidrogênio.

Envelopes para correspondência feitos de Tyvek.

Alcinos

*Os **alcinos** contêm pelo menos uma ligação tripla carbono-carbono e apresentam a fórmula geral C_nH_{2n-2}, em que n = 2, 3, ...*

Nomenclatura dos Alcinos

Os nomes dos compostos com ligações C≡C apresentam a terminação *-ino*. Mais uma vez, o nome do composto é determinado pelo número de átomos de carbono na cadeia mais longa da molécula (veja a Tabela 11.1 que mostra os nomes dos alcanos correspondentes). Como no caso dos alcenos, os nomes dos alcinos também indicam a posição da ligação tripla carbono-carbono, por exemplo, em:

$$HC\equiv C-CH_2-CH_3 \qquad H_3C-C\equiv C-CH_3$$
$$\text{1-butino} \qquad\qquad\qquad \text{2-butino}$$

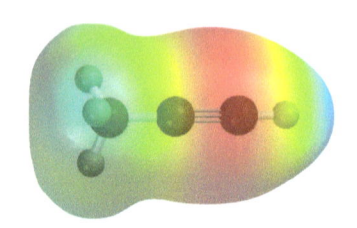

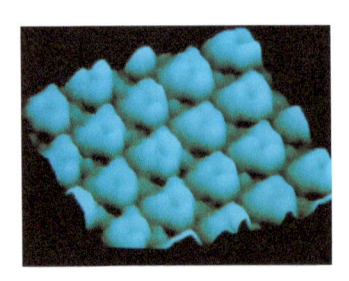

Propriedades e Reações dos Alcinos

O alcino mais simples é o etino, também conhecido como acetileno (C_2H_2). A estrutura e as ligações do C_2H_2 foram discutidas na Seção 10.5. O acetileno é um gás incolor (p. e. $-84°C$) preparado pela reação do carbeto de cálcio com a água:

$$CaC_2(s) + 2H_2O(l) \longrightarrow C_2H_2(g) + Ca(OH)_2(aq)$$

Na indústria, o acetileno é preparado pela decomposição térmica do etileno a aproximadamente 1.100°C.

$$C_2H_4(g) \longrightarrow C_2H_2(g) + H_2(g)$$

O acetileno tem muitas aplicações industriais importantes. Em decorrência do seu calor de combustão elevado

$$2C_2H_2(g) + 5O_2(g) \longrightarrow 4CO_2(g) + 2H_2O(l) \quad \Delta H° = -2599,2 \text{ kJ/mol}$$

o acetileno queimado em um maçarico de "oxiacetileno" fornece uma chama extremamente quente (cerca de 3.000°C). Por isso, os maçaricos de "oxiacetileno" são utilizados para soldar metais (veja a página 192).

O acetileno é instável e tende a se decompor:

$$C_2H_2(g) \longrightarrow 2C(s) + H_2(g)$$

Na presença de um catalisador adequado ou quando o gás é mantido sob pressão, essa reação pode ser violenta e explosiva. Para ser transportado em segurança, o gás deve ser dissolvido em um solvente orgânico inerte, tal como a acetona, a pressão moderada. No estado líquido, o acetileno é muito sensível ao choque e é altamente explosivo.

O acetileno, sendo um hidrocarboneto insaturado, pode ser hidrogenado para produzir etileno:

$$C_2H_2(g) + H_2(g) \longrightarrow C_2H_4(g)$$

O acetileno pode ainda sofrer as seguintes reações de adição com haletos de hidrogênio e halogênios.

$$C_2H_2(g) + HX(g) \longrightarrow CH_2=CHX(g)$$
$$C_2H_2(g) + X_2(g) \longrightarrow CHX=CHX(g)$$
$$C_2H_2(g) + 2X_2(g) \longrightarrow CHX_2-CHX_2(l)$$

O metilacetileno (propino), $CH_3-C\equiv C-H$, é o membro seguinte na família dos alcinos. Esse composto pode sofrer reações semelhantes às do acetileno. As reações de adição ao propino também obedecem à regra de Markovnikov:

CH₃—C≡C—H + HBr ⟶ (propino) 2-bromopropeno

11.3 Hidrocarbonetos Aromáticos

O benzeno (C_6H_6) é o composto que origina essa grande família de substâncias orgânicas. Como já vimos na Seção 9.6, as propriedades do benzeno são representadas com maior fidelidade pelas seguintes estruturas de ressonância:

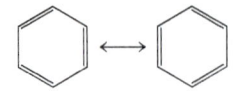

O benzeno é uma molécula hexagonal planar com átomos de carbono situados nos seis vértices. Todas as ligações carbono-carbono são iguais em comprimento e força, o mesmo acontecendo com todas as ligações carbono-hidrogênio. Os ângulos CCC e HCC são todos de 120°. Assim, cada átomo de carbono apresenta hibridização sp^2 e forma três ligações sigma, sendo duas com dois átomos de carbono adjacentes e uma com um átomo de hidrogênio (Figura 11.14). Esse arranjo deixa um orbital $2p_z$ não hibridizado, em cada átomo de carbono, perpendicular ao plano da molécula do benzeno, ou *anel benzênico*, como geralmente é chamada. Até aqui a descrição lembra a configuração do etileno (C_2H_4), discutida na Seção 10.5, salvo que neste caso são seis orbitais $2p_z$ não hibridizados dispostos em um arranjo cíclico.

Em virtude da semelhança do formato e da orientação, cada orbital $2p_z$ recobre dois outros, um em cada átomo adjacente de carbono. De acordo com as regras da p. 330, a interação de seis orbitais $2p_z$ leva à formação de seis orbitais pi moleculares, dos quais três são ligantes e três, antiligantes. Uma molécula de benzeno no estado fundamental tem portanto seis elétrons nos três orbitais moleculares pi ligantes, sendo dois elétrons com spins emparelhados em cada orbital (Figura 11.15)

Na molécula de etileno, o recobrimento dos dois orbitais $2p_z$ dá origem a um orbital molecular ligante e um orbital molecular antiligante, localizados acima dos dois átomos de C. A interação dos orbitais $2p_z$ no benzeno, porém, leva à formação de **orbitais moleculares deslocalizados**, os quais *não estão confinados entre dois átomos adjacentes ligados, mas na verdade se estendem sobre três ou mais átomos*. Assim, os elétrons presentes em qualquer desses orbitais estão livres para se moverem pelo anel benzênico. Por essa razão, a estrutura do benzeno às vezes é representada como

O círculo indica que as ligações pi entre os átomos de carbono não são confinadas a pares de átomos individuais; em vez disso, as densidades dos elétrons pi estão uniformemente distribuídas ao longo de toda a molécula de benzeno. Como veremos mais adiante, a deslocalização eletrônica torna os hidrocarbonetos aromáticos ainda mais estáveis.

Podemos agora afirmar que cada ligação carbono-carbono no benzeno é constituída por uma ligação sigma e uma ligação pi "parcial". A ordem de ligação entre dois átomos de carbono adjacentes quaisquer, portanto, está entre 1 e 2. Sendo assim, a teoria do orbital molecular oferece uma alternativa à abordagem da ressonância que baseia-se na teoria da ligação de valência.

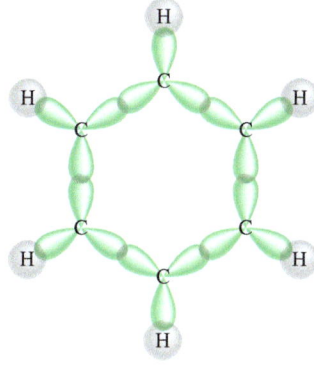

Figura 11.14
Estrutura das ligações sigma em uma molécula de benzeno. Todos os átomos de C apresentam hibridização sp^2 e formam ligações sigma com os dois átomos de C adjacentes e outra ligação sigma com um átomo de H.

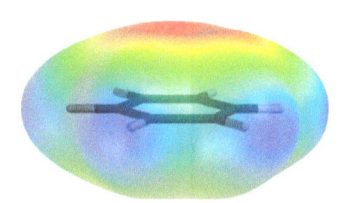

O mapa do potencial eletrostático do benzeno mostra a densidade eletrônica acima e abaixo do plano da molécula. Para simplificar, é mostrado apenas o esqueleto da estrutura da molécula.

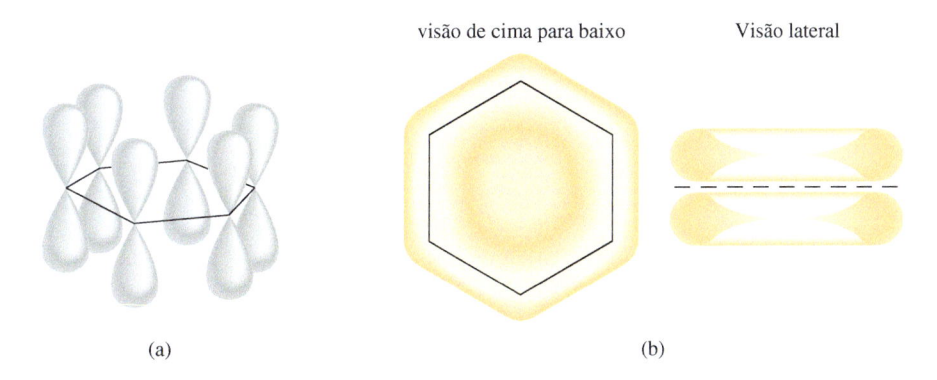

visão de cima para baixo   Visão lateral

(a)   (b)

Figura 11.15
(a) Os seis orbitais $2p_z$ nos átomos de carbono do benzeno. (b) O orbital molecular deslocalizado formado pelo recobrimento dos orbitais $2p_z$. O orbital molecular deslocalizado possui simetria pi e se encontra acima e abaixo do plano do anel benzênico. Na verdade, esses orbitais $2p$ podem combinar-se de seis maneiras diferentes para produzir três orbitais moleculares ligantes e três orbitais moleculares antiligantes. Este que está sendo mostrado aqui é o mais estável.

Nomenclatura de Compostos Aromáticos

A designação dos benzenos monossubstituídos, isto é, dos benzenos em que um átomo de H foi substituído por outro átomo ou grupo de átomos, é bastante simples, como se pode observar a seguir:

etilbenzeno   clorobenzeno   aminobenzeno   nitrobenzeno
                               (anilina)

Se houver mais de um substituinte, devemos indicar a localização do segundo grupo em relação ao primeiro. A forma sistemática é numerar os átomos de carbono da seguinte maneira:

São possíveis três dibromobenzenos diferentes:

1,2-dibromobenzeno   1,3-dibromobenzeno   1,4-dibromobenzeno
(o-dibromobenzeno)   (m-dibromobenzeno) (p-dibromobenzeno)

Os prefixos o- (*orto*), m- (*meta*) e p- (*para*) são também utilizados para identificar as posições relativas dos dois grupos substituintes, como foi mostrado para os dibromobenzenos. Os compostos em que os dois grupos substituintes são diferentes devem receber o nome adequado. Assim,

é denominado 3-bromonitrobenzeno ou m-bromonitrobenzeno.

Devemos ainda mencionar que o grupo benzênico do qual se retira um átomo de hidrogênio (C_6H_5) é denominado grupo *fenila*. Desse modo, a molécula seguinte é chamada de 2-fenilpropano:

Este composto também é chamado de isopropilbenzeno (veja a Tabela 11.2).

Propriedades e Reações dos Compostos Aromáticos

O benzeno é um líquido incolor e inflamável que se obtém principalmente a partir do petróleo e do carvão mineral. A propriedade química mais notável do benzeno é sua relativa inércia. Embora tenha a mesma fórmula empírica que o acetileno (CH) e um alto grau de insaturação, é muito menos reativo que o etileno ou o acetileno. A estabilidade do benzeno deve-se à deslocalização eletrônica. De fato, o benzeno pode ser hidrogenado, mas a reação não ocorre com facilidade. É preciso ter temperaturas e pressões mais elevadas do que aquelas usadas para reações semelhantes com os alcenos:

$$C_6H_6 + 3H_2 \xrightarrow[\text{catalisador}]{\text{Pt}} \text{ciclohexano}$$

> Catalisador é uma substância que pode acelerar a velocidade de uma reação sem que seja consumida. Para mais informações sobre o assunto, veja o Capítulo 14.

Vimos anteriormente que os alcenos reagem prontamente com halogênios e haletos de hidrogênio formando produtos de adição, pois a ligação pi da dupla C=C pode quebrar-se com facilidade. A reação mais comum dos halogênios com o benzeno é a de substituição. Por exemplo,

$$C_6H_6 + Br_2 \xrightarrow[\text{catalisador}]{\text{FeBr}_3} \text{bromobenzeno} + HBr$$

Observe que, se a reação fosse de adição, a deslocalização eletrônica seria destruída no produto

e a molécula não apresentaria baixa reatividade química característica dos compostos aromáticos.

Os grupos alquila podem ser incorporados ao anel benzênico fazendo reagir o benzeno com um haleto de alquila em presença de $AlCl_3$ como catalisador:

$$C_6H_6 + CH_3CH_2Cl \xrightarrow[\text{catalisador}]{AlCl_3} \text{etilbenzeno} + HCl$$

cloreto de etila

Figura 11.16
Alguns hidrocarbonetos aromáticos policíclicos. Os compostos indicados por um * são potencialmente carcinogênicos. Existe um número muito grande desses compostos na natureza.

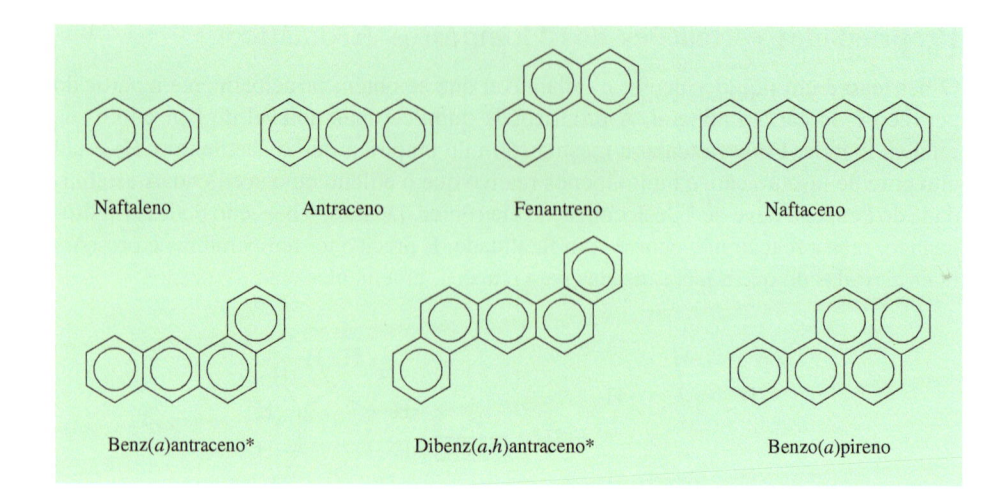

Naftaleno   Antraceno   Fenantreno   Naftaceno

Benz(a)antraceno*   Dibenz(a,h)antraceno*   Benzo(a)pireno

Um número elevadíssimo de compostos pode ser preparado de substâncias contendo anéis benzênicos condensados. Alguns desses hidrocarbonetos aromáticos *policíclicos* são mostrados na Figura 11.16. Dentre esses compostos, o naftaleno é o mais conhecido, pois é utilizado em "bolas de naftalina". Este e muitos outros compostos semelhantes estão presentes no carvão mineral. Alguns dos compostos policíclicos são poderosos carcinogênicos — podem causar câncer em seres humanos ou em animais.

11.4 Química dos Grupos Funcionais

Examinemos, agora, alguns grupos orgânicos funcionais, responsáveis pela maioria das reações dos seus compostos. Em particular, abordaremos os compostos que contêm oxigênio e os que contêm nitrogênio.

Alcoóis

Todos os ***alcoóis*** contêm *o grupo funcional hidroxila, —OH*. Na Figura 11.17 mostram-se alguns dos alcoóis mais comuns. O álcool etílico ou etanol é de longe o mais conhecido. É produzido biologicamente pela fermentação do açúcar ou do amido. Na ausência de oxigênio, as enzimas presentes nas culturas bacterianas ou no fermento catalisam a reação

$$C_6H_{12}O_6(aq) \xrightarrow{\text{enzimas}} 2CH_3CH_2OH(aq) + 2CO_2(g)$$
$$\text{etanol}$$

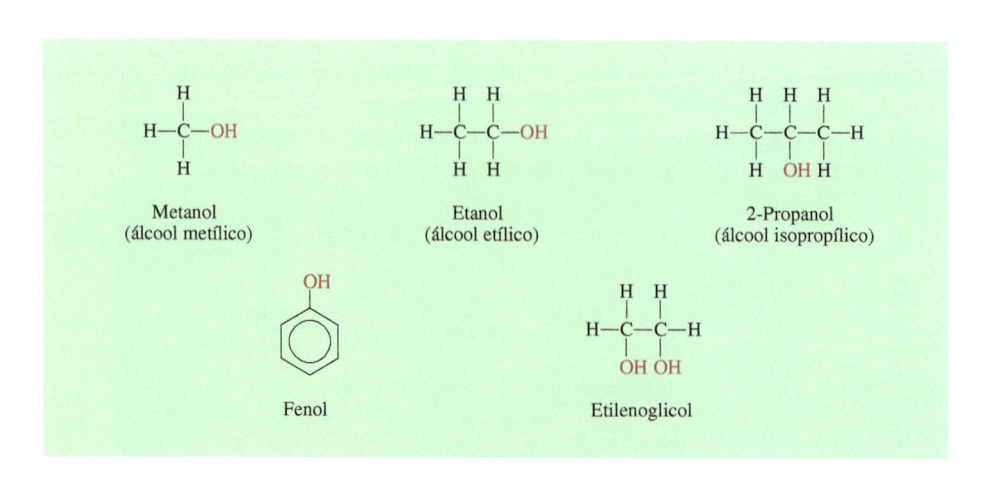

C_2H_5OH

Figura 11.17
Alcoóis mais comuns. Note que todos os compostos contêm o grupo OH. As propriedades do fenol são bastante diferentes das propriedades dos alcoóis alifáticos.

Metanol (álcool metílico)

Etanol (álcool etílico)

2-Propanol (álcool isopropílico)

Fenol

Etilenoglicol

Esse processo libera energia que os microorganismos, por sua vez, utilizam para o seu crescimento e para outras funções.

O etanol é preparado comercialmente pela reação de adição entre água e etileno, a aproximadamente 280°C e 300 atm:

$$CH_2=CH_2(g) + H_2O(g) \xrightarrow{H_2SO_4} CH_3CH_2OH(g)$$

O etanol tem inúmeras aplicações como solvente para substâncias orgânicas e como matéria-prima para a fabricação de corantes, fármacos sintéticos, cosméticos e explosivos. É também um constituinte das bebidas alcoólicas. O etanol é o único álcool não tóxico (mais propriamente, o menos tóxico) dos alcoóis de cadeia linear; o nosso organismo produz uma enzima, chamada de álcool desidrogenase, que ajuda a metabolizar o etanol oxidando-o a acetaldeído:

$$CH_3CH_2OH \xrightarrow[\text{desidrogenase}]{\text{álcool}} \underset{\text{acetaldeído}}{CH_3CHO} + H_2$$

Essa equação é uma versão simplificada do que realmente acontece; os átomos de hidrogênio são capturados por outras moléculas e, portanto, não não há liberação de gás H_2.

O etanol também pode ser oxidado a ácido acético por agentes oxidantes inorgânicos, tal como dicromato de potássio em meio ácido:

$$3CH_3CH_2OH + \underset{\text{amarelo-alaranjado}}{2K_2Cr_2O_7} + 8H_2SO_4 \longrightarrow 3CH_3COOH + \underset{\text{verde}}{2Cr_2(SO_4)_3}$$
$$+ 2K_2SO_4 + 11H_2O$$

Essa reação tem sido usada pelos policiais para testar motoristas suspeitos de ingestão excessiva de álcool. Num dispositivo conhecido como bafômetro, uma amostra do hálito do motorista é coletada e reage com uma solução de dicromato de potássio em meio ácido. Através da mudança de coloração (amarelo alaranjado para verde) é possível determinar a quantidade de ácool presente no sangue do motorista.

O etanol é considerado um álcool alifático porque é derivado de um alcano (etano). O álcool alifático mais simples é o metanol, CH_3OH. Chamado de *álcool da madeira*, foi preparado inicialmente pela destilação seca da madeira. Hoje em dia, é sintetizado industrialmente fazendo reagir monóxido de carbono com hidrogênio molecular, a temperatura e pressão elevadas:

$$CO(g) + 2H_2(g) \xrightarrow[\text{catalisador}]{Fe_2O_3} \underset{\text{metanol}}{CH_3OH(l)}$$

À esquerda: solução de $K_2Cr_2O_7$.
À direita: solução de $Cr_2(SO_4)_3$.

O metanol é altamente tóxico. A ingestão de apenas alguns mililitros pode causar náusea e cegueira. O etanol destinado a uso industrial é freqüentemente misturado com metanol para evitar que as pessoas o bebam. Dá-se o nome de *álcool desnaturado* ao etanol que contém metanol ou outra substância tóxica.

Os alcoóis são ácidos muito fracos e não reagem com bases fortes, tais como NaOH. Os metais alcalinos reagem com os alcoóis para produzir hidrogênio:

$$2CH_3OH + 2Na \longrightarrow \underset{\text{metóxido de sódio}}{2CH_3ONa} + H_2$$

Contudo, essa reação é muito menos violenta que a reação do sódio com a água:

$$2H_2O + 2Na \longrightarrow 2NaOH + H_2$$

Os alcoóis reagem mais lentamente do que a água com o sódio metálico.

O 2-propanol (ou álcool isopropílico), usado como produto de limpeza, e o etilenoglicol, utilizado como anticongelante, são outros dois alcoóis alifáticos familiares. A maioria dos alcoóis, especialmente os de massa molar baixa, são altamente inflamáveis.

Éteres

Os **éteres** contêm a ligação R—O—R' em que R e R' são grupos derivados de hidrocarbonetos (alifático ou aromático). Eles são formados pela reação entre dois alcoóis:

$$CH_3OH + HOCH_3 \xrightarrow[\text{catalisador}]{H_2SO_4} CH_3OCH_3 + H_2O$$
éter dimetílico

Essa reação é um exemplo de *reação de condensação*, que é caracterizada pela união de duas moléculas acompanhada da eliminação de uma molécula pequena, geralmente água.

Tal como os alcoóis, os éteres são extremamente inflamáveis. Quando deixados expostos ao ar, tendem lentamente a formar peróxidos instáveis:

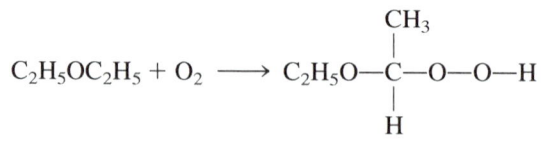

$$C_2H_5OC_2H_5 + O_2 \longrightarrow C_2H_5O-\overset{\overset{\displaystyle CH_3}{|}}{\underset{\underset{\displaystyle H}{|}}{C}}-O-O-H$$

éter dietílico   hidroperóxido de 1-etioxietila

O éter dietílico, comumente conhecido como "éter", foi utilizado como anestésico durante muitos anos. Produz inconsciência, pois faz diminuir a atividade do sistema nervoso central. As principais desvantagens do éter dietílico são os seus efeitos irritantes no sistema respiratório e a ocorrência de náuseas e vômitos pós-anestésicos. O "neotil" ou éter metilpropílico, $CH_3OCH_2CH_2CH_3$, é geralmente preferível como anestésico porque praticamente não apresenta efeitos colaterais.

Aldeídos e Cetonas

Em condições brandas de oxidação, é possível converter alcoóis em aldeídos e em cetonas:

$$CH_3OH + \tfrac{1}{2}O_2 \longrightarrow H_2C=O + H_2O$$
formaldeído

$$C_2H_5OH + \tfrac{1}{2}O_2 \longrightarrow \overset{\displaystyle H_3C}{\underset{\displaystyle H}{}}\!\!\!\!\!\!\!\!>C=O + H_2O$$
acetaldeído

$$CH_3-\overset{\overset{\displaystyle H}{|}}{\underset{\underset{\displaystyle OH}{|}}{C}}-CH_3 + \tfrac{1}{2}O_2 \longrightarrow \overset{\displaystyle H_3C}{\underset{\displaystyle H_3C}{}}\!\!\!\!\!\!\!\!>C=O + H_2O$$
acetona

O grupo funcional desses compostos é o *grupo carbonila*, $>C=O$. Em um **aldeído** *há pelo menos um átomo de hidrogênio ligado ao átomo de carbono do grupo car-*

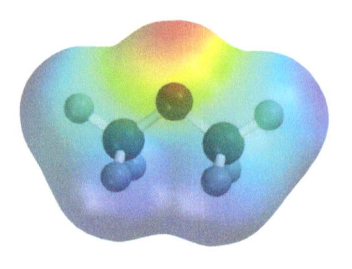

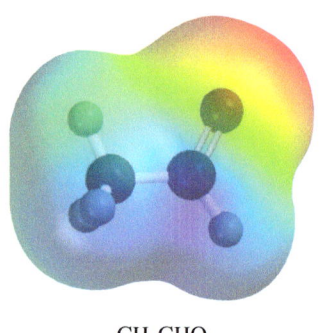

bonila. Em uma ***cetona***, *o átomo de carbono do grupo carbonila está ligado a dois grupos derivados de hidrocarbonetos.*

O aldeído mais simples, o formaldeído (H₂C=O), tende a *polimerizar*, isto é, as moléculas individuais podem unir-se umas às outras para formar um composto de elevada massa molar. Essa reação libera muito calor e é, muitas vezes, explosiva. Por isso, o formaldeído é geralmente preparado e armazenado em solução aquosa (para reduzir a concentração). Esse líquido, de cheiro bastante desagradável, é usado como matéria-prima na indústria de polímeros e, no laboratório, para preservar espécimes animais. É interessante observar que os aldeídos de massa molar mais elevada, como o aldeído cinâmico

$$\text{C}_6\text{H}_5-\text{CH}=\text{CH}-\text{C}(=\text{O})\text{H}$$

O aldeído cinâmico dá à canela o seu aroma característico.

têm aromas agradáveis e são usados na indústria de perfumes.

Em geral, as cetonas são menos reativas que os aldeídos. A cetona mais simples é a acetona, um líquido de cheiro agradável, que é usado principalmente como solvente para compostos orgânicos e removedor de esmalte de unhas.

Ácidos Carboxílicos

Em condições apropriadas, tanto os alcoóis como os aldeídos podem ser oxidados a ***ácidos carboxílicos***, *ácidos que contêm o grupo carboxila*, —COOH:

$$\text{CH}_3\text{CH}_2\text{OH} + \text{O}_2 \longrightarrow \text{CH}_3\text{COOH} + \text{H}_2\text{O}$$
$$\text{CH}_3\text{CHO} + \tfrac{1}{2}\text{O}_2 \longrightarrow \text{CH}_3\text{COOH}$$

Essas reações ocorrem muito facilmente. O vinho, por exemplo, tem de ser protegido do oxigênio atmosférico enquanto está armazenado. Caso contrário, rapidamente se transforma em vinagre em consequência da formação de ácido acético. A Figura 11.18 mostra a estrutura de alguns ácidos carboxílicos comuns.

Os ácidos carboxílicos estão largamente distribuídos na natureza; encontram-se tanto no reino animal como no vegetal. Todas as proteínas são formadas por aminoácidos, uma variedade especial de ácido carboxílico que contém um grupo amina (—NH₂) e um grupo carboxila (—COOH).

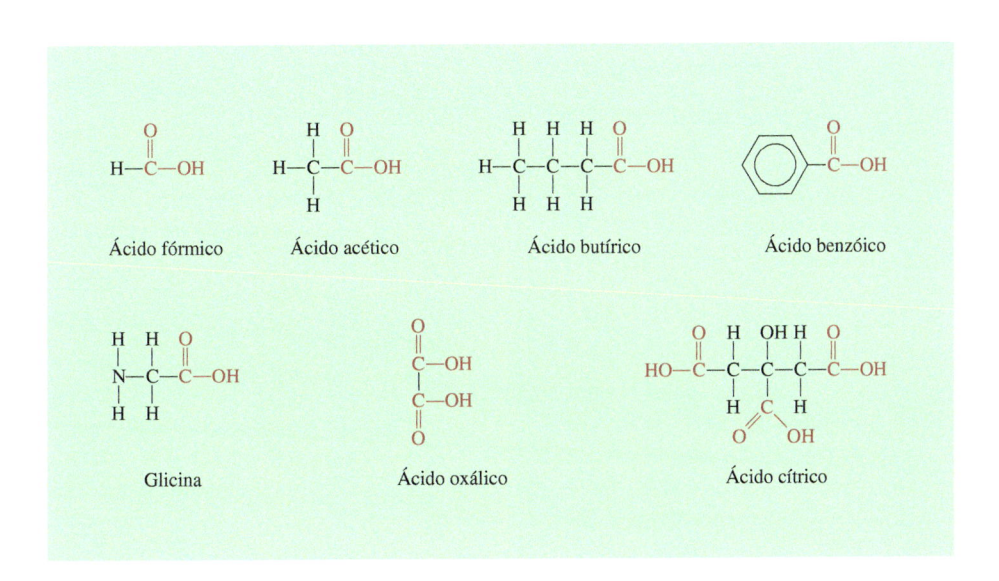

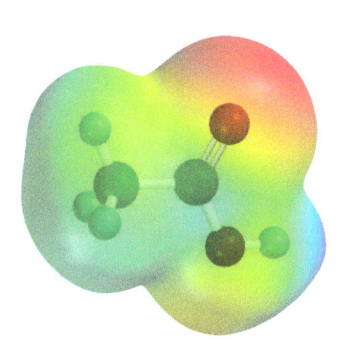

CH₃COOH

Figura 11.18
Alguns ácidos carboxílicos comuns. Note que todos contêm o grupo COOH. (A glicina é um dos aminoácidos encontrado nas proteínas.)

Ácido fórmico · Ácido acético · Ácido butírico · Ácido benzóico

Glicina · Ácido oxálico · Ácido cítrico

Ao contrário dos ácidos inorgânicos HCl, HNO₃ e H₂SO₄, os ácidos carboxílicos são, em geral, ácidos fracos. Reagem com os alcoóis para formar ésteres, compostos de aroma agradável:

Esta é uma reação de condensação.

$$\underset{\text{ácido acético}}{CH_3COOH} + \underset{\text{etanol}}{HOCH_2CH_3} \longrightarrow \underset{\text{acetato de etila}}{CH_3-\overset{\overset{O}{\|}}{C}-O-CH_2CH_3} + H_2O$$

Outras reações comuns dos ácidos carboxílicos são a neutralização

$$CH_3COOH + NaOH \longrightarrow CH_3COONa + H_2O$$

e a formação de haletos de acila, como o cloreto de acetila

$$CH_3COOH + PCl_5 \longrightarrow \underset{\substack{\text{cloreto de}\\\text{etila}}}{CH_3COCl} + HCl + \underset{\substack{\text{cloreto de}\\\text{fosforila}}}{POCl_3}$$

Os cloretos de acila são compostos reativos utilizados como intermediários na preparação de muitos outros compostos orgânicos.

Ésteres

Os **ésteres** *têm a fórmula geral R'COOR, em que R' pode ser H, um grupo alquila ou arila e R é um grupo alquila ou arila.* Os ésteres são utilizados na indústria de perfumes e na indústria de alimentos como aromatizantes em confeitos e refrigerantes. O cheiro e o sabor característicos de muitos frutos devem-se à presença de pequenas quantidades de ésteres. Por exemplo, as bananas contêm acetato de isopentila [$CH_3COOCH_2CH_2CH(CH_3)_2$], as laranjas contêm acetato de octila ($CH_3COOC_8H_{17}$) e as maçãs, butirato de metila ($CH_3CH_2CH_2COOCH_3$).

O grupo funcional dos ésteres é —COOR. Na presença de um catalisador ácido, tal como HCl, os ésteres reagem com água (sofrem *hidrólise*) formando um ácido carboxílico e um álcool. Por exemplo, em solução ácida, o acetato de etila hidrolisa-se da seguinte forma:

$$\underset{\text{acetato de etila}}{CH_3COOC_2H_5} + H_2O \rightleftharpoons \underset{\text{ácido acético}}{CH_3COOH} + \underset{\text{etanol}}{C_2H_5OH}$$

O aroma dos frutos deve-se aos ésteres que eles contêm.

Todavia, essa reação não é completa porque a reação inversa, isto é, a formação do éster, a partir de álcool e um ácido, também ocorre em extensão apreciável. No entanto, quando a reação de hidrólise se processa em solução aquosa contendo NaOH, o acetato de etila é convertido a acetato de sódio, que não reage com etanol e, por isso, a reação no sentido da esquerda para a direita se completa:

$$\underset{\text{acetato de etila}}{CH_3COOC_2H_5} + NaOH \longrightarrow \underset{\text{acetato de sódio}}{CH_3COO^-Na^+} + \underset{\text{etanol}}{C_2H_5OH}$$

O termo **saponificação** (que significa *produção de sabão*) foi originalmente usado para descrever a reação entre um éster e hidróxido de sódio para a produção de sabão (estearato de sódio):

$$\underset{\text{acetato de sódio}}{C_{17}H_{35}COOC_2H_5} + NaOH \longrightarrow \underset{\text{estearato de etila}}{C_{17}H_{35}COO^-Na^+} + C_2H_5OH$$

Hoje em dia, saponificação tornou-se um *termo geral para designar a hidrólise alcalina de qualquer tipo de éster.* Os sabões são caracterizados por terem uma cadeia longa apolar de hidrocarboneto e uma extremidade polar (o grupo —COO⁻). A cadeia de hidrocarboneto é facilmente solúvel em substâncias oleosas, enquanto o íon carboxilato (—COO⁻) permanece fora da superfície apolar oleosa. A Figura 11.19 mostra como age um sabão.

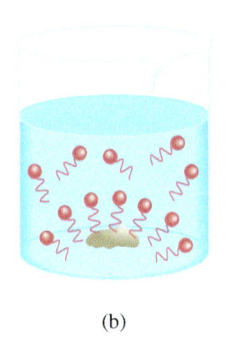

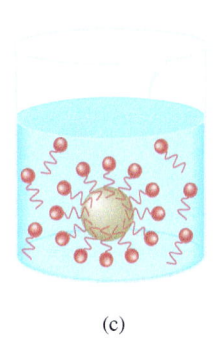

Figura 11.19
A limpeza promovida pelo sabão. A molécula de sabão é representada por uma cabeça polar e uma cauda de hidrocarboneto na forma de zigue-zague. A mancha de óleo pode ser removida pelo sabão (a) porque a cauda apolar se dissolve no óleo (b), e todo o sistema torna-se solúvel em água porque a parte externa agora é iônica (c).

(a) Óleo (b) (c)

Aminas

As **aminas** são bases orgânicas de fórmula geral R_3N, em que um dos grupos R deve ser um grupo alquila ou arila. Como no caso, da amônia, as aminas são bases fracas de Brønsted que reagem da seguinte maneira com a água:

$$RNH_2 + H_2O \longrightarrow RNH_3^+ + OH^-$$

Como todas as bases, as aminas formam sais quando reagem com ácidos:

$$\underset{\text{metilamina}}{CH_3NH_2} + HCl \longrightarrow \underset{\text{cloreto de metilamônio}}{CH_3NH_3^+Cl^-}$$

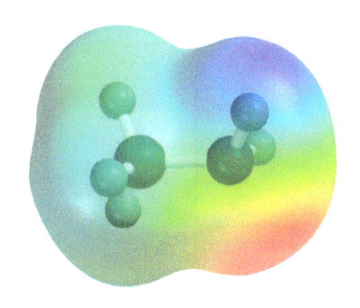

CH_3NH_2

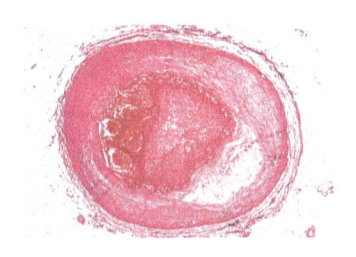

Esses sais geralmente são sólidos incolores, inodoros e solúveis em água. Muitas aminas aromáticas são carcinogênicas.

Resumo dos Grupos Funcionais

A Tabela 11.4 resume os grupos funcionais mais comuns, incluindo os grupos C=C e C≡C. Geralmente, os compostos orgânicos contêm mais que um grupo funcional. A reatividade de um composto é determinada pelo número e tipo dos seus grupos funcionais.

EXEMPLO 11.4

O colesterol é o principal componente do cálculo biliar e crê-se que o nível de colesterol no sangue é um fator que contribui para certos tipos de doenças cardíacas. Com base na estrutura do composto, preveja o resultado da sua reação com (a) Br_2, (b) H_2 (na presença de um catalisador de Pt), (c) CH_3COOH.

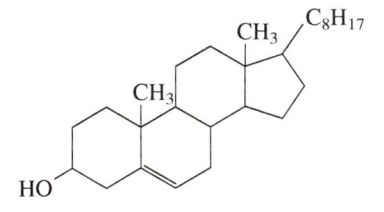

Uma artéria bloqueada pelo colesterol.

Estratégia Para prever os tipos de reações que uma molécula pode sofrer, devemos identificar, em primeiro lugar, os grupos funcionais presentes (veja a Tabela 11.4).

(Continua)

TABELA 11.4 Grupos Funcionais Importantes e Suas Reações

Grupo Funcional	Nome	Reações Típicas
$\diagdown$C=C$\diagdown$	Ligação dupla carbono-carbono	Reações de adição com halogênios, haletos de hidrogênio e água; hidrogenação para produzir alcenos
—C≡C—	Ligação tripla carbono-carbono	Reações de adição com halogênios, haletos de hidrogênio; hidrogenação para formar alcenos e alcinos
—X: (X = F, Cl, Br, I)	Halogênio	Reações de substituição: $CH_3CH_2Br + KI \longrightarrow CH_3CH_2I + KBr$
—O—H	Hidroxila	Esterificação (formação de um éster) com ácidos carboxílicos; oxidação a aldeídos, cetonas e ácidos carboxílicos
$\diagdown$C=O	Carbonila	Redução a alcoóis; oxidação de aldeídos a ácidos carboxílicos
—C(=O)—O—H	Carboxila	Esterificação com alcoóis; reação com pentacloreto de fósforo para formar cloretos ácidos
—C(=O)—O—R (R = hidrocarboneto)	Éster	Hidrólise para formar ácidos e alcoóis
—N(R)(R) (R = H, alquila ou arila)	Amina	Formação de sais de amônio com ácidos

Solução   Há dois grupos funcionais no colesterol: o grupo hidroxila e a ligação dupla carbono-carbono.

(a) A reação do colesterol com bromo resulta na adição deste à ligação dupla carbono-carbono que se converte em uma ligação simples.

(b) Essa é uma reação de hidrogenação. Mais uma vez, a ligação dupla carbono-carbono se transforma em uma ligação simples.

(c) O ácido acético (CH_3COOH) reage com o grupo hidroxila para formar um éster e água. A Figura 11.20 mostra os produtos dessas reações.

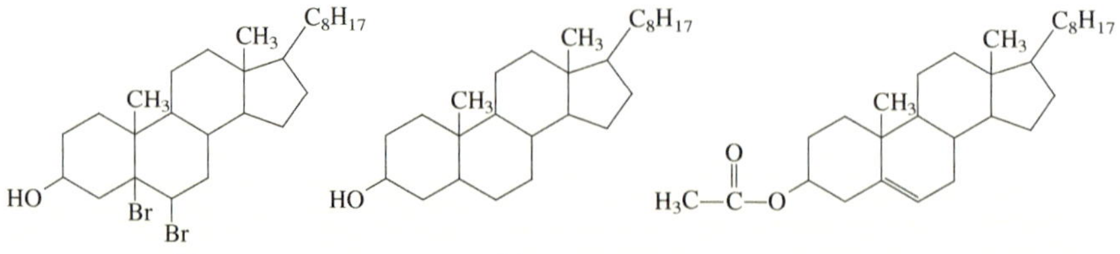

Figura 11.20
Produtos formados pela reação do colesterol com (a) bromo, (b) hidrogênio e (c) ácido acético.

Problema semelhante 11.41.

Exercício   Quais são os produtos da seguinte reação:

$$CH_3OH + CH_3CH_2COOH \longrightarrow ?$$

11.5 Quiralidade — A Orientação das Moléculas

Muitos compostos orgânicos podem existir como pares especulares, em que um deles cura doenças, alivia dores de cabeça ou tem um cheiro agradável, enquanto sua contraparte é venenosa, cheira mal ou simplesmente é inerte. Compostos que se apresentam como pares de imagens especulares às vezes são comparados às mãos esquerda e direita e recebem o nome de **moléculas quirais**. Embora toda molécula possa ter uma imagem especular, a diferença entre moléculas quirais e *aquirais* (não quirais) é que somente os pares das quirais são não-sobreponíveis

A Figura 11.21 mostra perspectivas das moléculas dos metanos substituídos CH_2ClBr e $CHFClBr$ e das suas imagens especulares. As duas imagens especulares da Figura 11.21(a) são sobreponíveis, mas aquelas da Figura 11.21(b) não são, e não importa como as moléculas sejam giradas. Portanto, a molécula $CHFClBr$ é quiral. Como pode ser observado, as moléculas quirais mais simples contêm pelo menos um átomo de carbono *assimétrico* — isto é, um átomo de carbono ligado a quatro átomos ou grupos diferentes

As imagens especulares não sobreponíveis de um composto quiral são denominadas **enantiômeros**. Assim como os isômeros geométricos, eles se apresentam aos pares. Os enantiômeros de um composto, no entanto, têm propriedades físicas e químicas idênticas, tais como ponto de fusão, ponto de ebulição e reatividade química em relação às moléculas não quirais. Cada enantiômero de uma molécula quiral é considerado opticamente ativo em virtude de sua capacidade de girar o plano de polarização da luz polarizada. Diferentemente da luz comum, que vibra em todas as direções, a luz plano-polarizada vibra apenas em um único plano. Para *estudarmos a interação entre a luz plano-polarizada e as moléculas quirais, utilizamos o* **polarímetro**, mostrado esquematicamente na Figura 11.22. Um feixe de luz não polarizada passa primeiro por um polarizador e depois atravessa um tubo de amostra com solução de um composto quiral. Quando a luz polarizada atravessa o tubo de amostra, seu plano de polarização é girado ou para a direita ou para a esquerda. Essa rotação pode ser medida diretamente girando-se o analisador na direção apropriada até obter um mínimo

A mão esquerda e sua imagem no espelho, que parece igual à da mão direita.

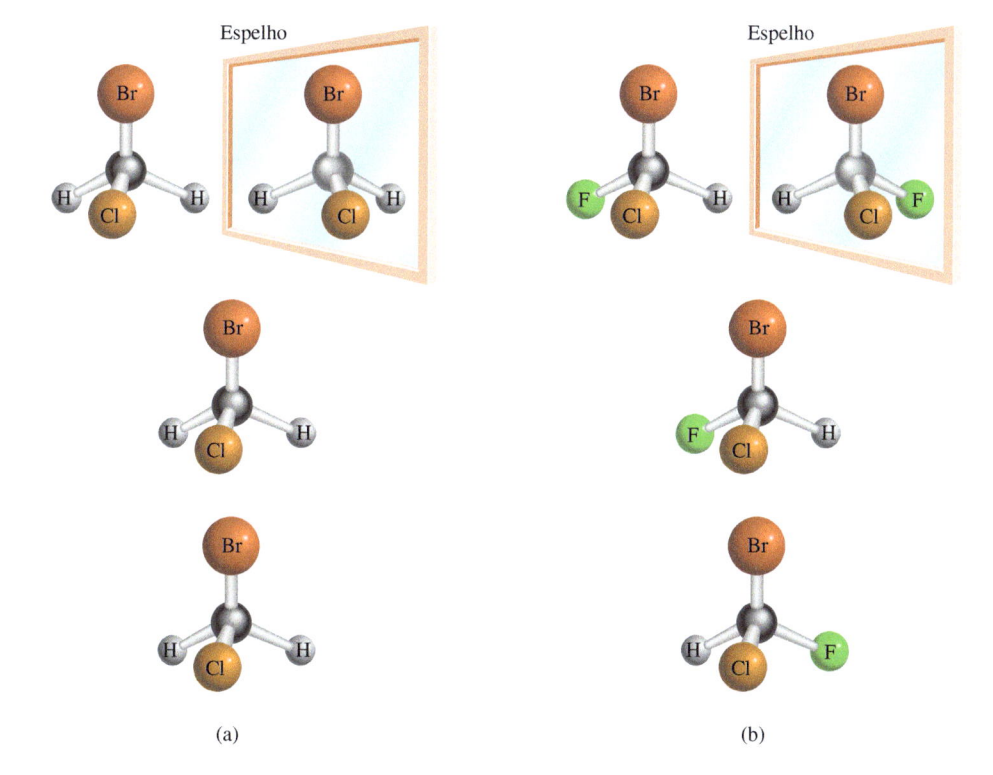

Animações:
Quiralidade
Centro de Aprendizagem
Online, Animações

Figura 11.21
(a) A molécula de CH_2ClBr e sua imagem especular são sobreponíveis e a molécula é chamada de não quiral. (b) A molécula de $CHFClBr$ e sua imagem especular não são sobreponíveis, não importa como uma é girada em relação à outra, e, por isso, a molécula é quiral.

(a)   (b)

Figura 11.22
Funcionamento de um polarímetro. Inicialmente, o tubo é preenchido com um composto aquiral. O analisador é girado de modo que seu plano de polarização fique perpendicular ao do polarizador. Nessa condição, nenhuma luz chega ao observador. Em seguida, coloca-se um composto quiral no tubo, como mostra a figura. O plano de polarização da luz polarizada é girado à medida que atravessa o tubo, fazendo chegar um pouco de luz até o observador. Para medir o ângulo de rotação óptica, gira-se o analisador (seja para a esquerda, seja para a direita) até que nenhuma luz chegue ao observador.

Um termo mais antigo para enantiômero é isômero óptico.

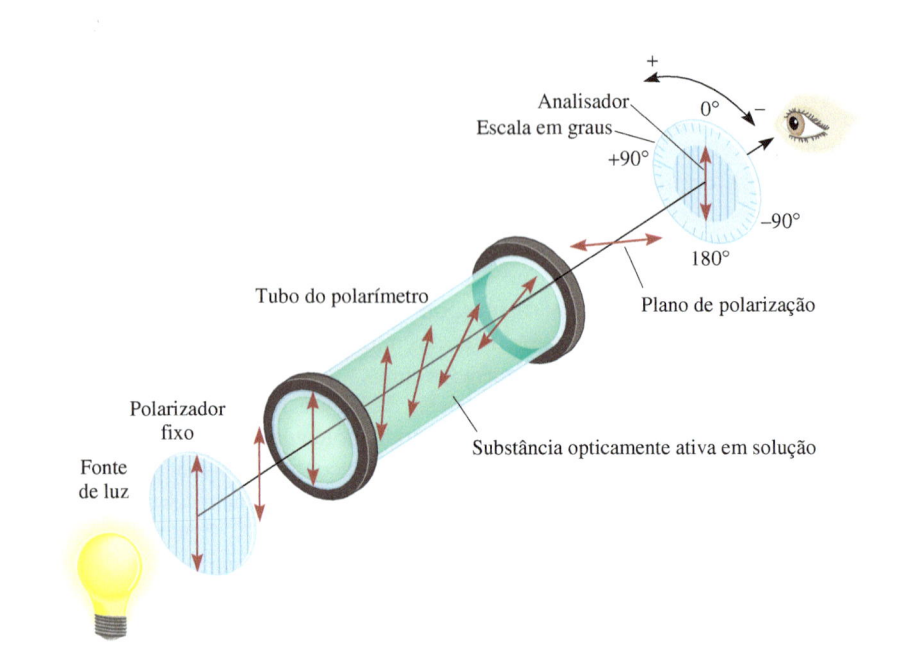

de transmissão de luz (Figura 11.23). Se o plano de polarização for girado para a direita, o isômero é chamado de dextrorotatório (+); será levorotatório (−) se girar para a esquerda. Os enantiômeros de uma substância quiral sempre giram a luz na mesma medida, mas em direções opostas. Assim, em *uma mistura equimolar de dois enantiômeros*, conhecida como **mistura racêmica**, a rotação total é zero.

A quiralidade desempenha papel importante em sistemas biológicos. As moléculas de proteína têm muitos átomos de carbono assimétricos e suas funções geralmente são influenciadas por sua quiralidade. Como os enantiômeros de um composto quiral comportam-se no organismo de maneira muito diferente, os pares quirais têm sido cada vez mais estudados nos laboratórios farmacêuticos. Mais da metade dos medicamentos mais prescritos em 2004 eram quirais. Na maioria dos casos, somente um dos enantiômeros tem ação terapêutica, enquanto a outra forma não tem nenhuma utilidade ou

Figura 11.23
A luz atravessa o papel Polaroid colocado sobre a fotografia. Colocando uma segunda folha de Polaroid sobre a primeira, de modo que os eixos de polarização das folhas estejam perpendiculares, pouca ou nenhuma luz irá passar. Se os eixos de polarização das duas folhas fossem paralelos, a luz poderia passar.

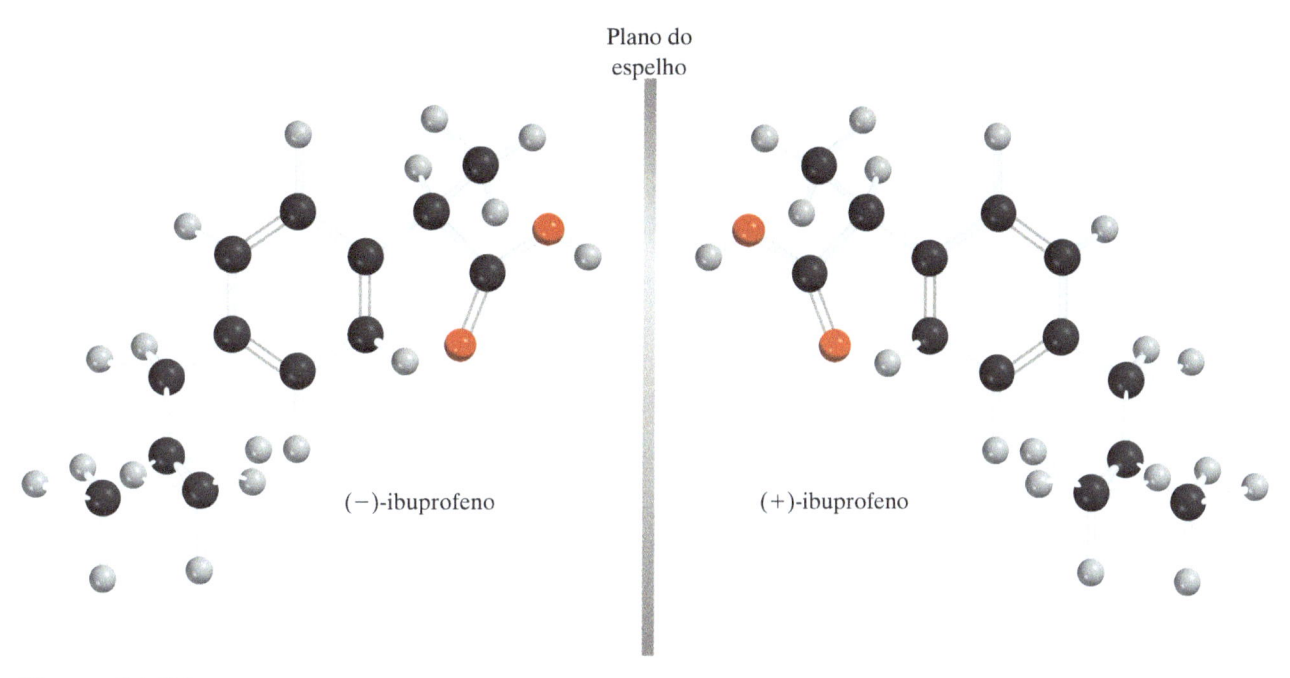

Figura 11.24
Os enantiômeros do ibuprofeno são imagens especulares um do outro. Há somente um C assimétrico na molécula. Você consegue identificá-lo?

é menos eficaz, ou então pode até causar graves efeitos colaterais. O caso mais conhecido em que o uso da mistura racêmica de um medicamento trouxe trágicas conseqüências ocorreu na Europa no final da década de 1950. O medicamento talidomida era prescrito às gestantes como antídoto para enjôos matinais. Mas por volta de 1962, a droga teve de ser retirada do mercado, pois haviam nascido milhares de crianças deformadas em conseqüência das mães terem ingerido a talidomida. Só mais tarde os pesquisadores descobriram que as propriedades sedativas da talidomida devem-se à (+)-talidomida, sendo que a (−)-talidomida é um potente mutágeno. (*Mutágeno* é uma substância que causa mutação genética, geralmente resultando em prole deformada.)

A Figura 11.24 mostra as duas formas enantioméricas de um outro fármaco, o ibuprofeno. Esse analgésico popular é vendido na forma de mistura racêmica, mas somente o enantiômero mostrado à esquerda é ativo. O outro é ineficaz, mas também inofensivo. Os químicos orgânicos de hoje pesquisam maneiras de sintetizar drogas enantiomericamente puras, ou "drogas quirais", ou seja, que contenham apenas uma forma enantiomérica, buscando eficiência e proteção contra possíveis efeitos colaterais.

Desde 2004, um dos medicamentos quirais mais vendidos, o Liptor, que controla o nível do colesterol, é produzido na forma de enantiômero puro.

EXEMPLO 11.5

Diga se a molécula seguinte é quiral.

$$\text{H} - \underset{\underset{\text{CH}_3}{|}}{\overset{\overset{\text{Cl}}{|}}{\text{C}}} - \text{CH}_2 - \text{CH}_3$$

(Continua)

Estratégia Recorde-se das condições para haver quiralidade. O átomo central de C é assimétrico, isto é, tem quatro substituintes diferentes?

Solução Verificamos que o átomo de carbono central está ligado a um átomo de hidrogênio, a um átomo de cloro, a um grupo —CH$_3$ e a um grupo —CH$_2$—CH$_3$. Portanto, o átomo de carbono central é assimétrico e a molécula, quiral.

Exercício Diga se a molécula seguinte é quiral.

$$\begin{array}{c} \text{Br} \\ | \\ \text{I}-\text{C}-\text{CH}_2-\text{CH}_3 \\ | \\ \text{Br} \end{array}$$

Problemas semelhantes: 11.45, 11.46.

Resumo de Fatos e Conceitos

1. Como os átomos de carbono podem ligar-se a outros átomos de carbono em cadeias lineares ou ramificadas, o carbono pode formar um número maior de compostos do que qualquer outro elemento.

2. Os alcanos e os cicloalcanos são hidrocarbonetos saturados. O metano, CH$_4$, é o mais simples dos alcanos, uma família de hidrocarbonetos de fórmula geral C$_n$H$_{2n+2}$. Os cicloalcanos são uma subfamília de alcanos cujos átomos de carbono unem-se formando anéis. O etileno, CH$_2$=CH$_2$, é o mais simples dos alcenos, uma classe de hidrocarbonetos que contêm ligações duplas carbono-carbono e fórmula geral C$_n$H$_{2n}$. Alcenos assimétricos podem existir como isômeros *cis* e *trans*. O acetileno, CH≡CH, é o mais simples dos alcinos, que são compostos de fórmula geral C$_n$H$_{2n-2}$ e que contêm ligações triplas carbono-carbono. Compostos com um ou mais anéis benzênicos são chamados de hidrocarbonetos aromáticos. A estabilidade da molécula de benzeno resulta da deslocalização eletrônica.

3. Os grupos funcionais determinam a reatividade química das moléculas em que estão presentes. Dentre as classes de compostos caracterizados por seus grupos funcionais estão os alcoóis, éteres, aldeídos e cetonas, ácidos carboxílicos e ésteres, e as aminas.

4. A quiralidade é apresentada por moléculas cujas imagens especulares não são sobreponíveis. A maioria das moléculas quirais contém um ou mais átomos de carbono assimétricos. Moléculas quirais são muito comuns nos sistemas biológicos, além de serem importantes na síntese de medicamentos.

Palavras-chave

Ácidos carboxílicos, p. 363
Alcano, p. 342
Alceno, p. 350
Alcino, p. 355
Alcoóis, p. 360
Aldeído, p. 362
Amina, p. 365
Cetona, p. 363
Cicloalcano, p. 350

Conformações, p. 345
Enantiômero, p. 367
Éster, p. 364
Éteres, p. 362
Grupo funcional, p. 342
Hidrocarbonetos alifáticos, p. 342
Hidrocarboneto aromático, p. 342

Hidrocarbonetos insaturados, p. 353
Hidrocarbonetos saturados, p. 342
Hidrocarbonetos, p. 342
Hidroxigenação, p. 353
Isômero estrutural, p. 352
Isômeros geométricos, p. 351
Mistura racêmica, p. 368

Orbitais moleculares deslocalizados, p. 357
Polarímetro, p. 367
Química orgânica, p. 342
Quirais, p. 367
Radical, p. 349
Reações de adição, p. 353
Saponificação, p. 364

Questões e Problemas

Hidrocarbonetos Alifáticos
Questões de Revisão

11.1 Explique por que o carbono pode formar tantos compostos a mais do que qualquer outro elemento.

11.2 Qual é a diferença entre hidrocarbonetos alifáticos e aromáticos?

11.3 O que significam os termos "saturado" e "insaturado" quando aplicados a hidrocarbonetos? Dê exemplos de hidrocarboneto saturado e insaturado.

11.4 O que são isômeros estruturais?

11.5 Use o etano como exemplo para explicar o significado de conformação. O que são projeções de Newman? Qual a diferença entre conformações de uma molécula e isômeros estruturais?

11.6 Desenhe as estruturas simplificadas das formas barco e cadeira do ciclohexano.

11.7 Os alcenos apresentam isomeria geométrica porque a rotação em torno da ligação C=C é impedida. Explique.

11.8 Por que os alcanos e os alcinos, diferentemente dos alcenos, não têm isômeros geométricos?

11.9 O que é a regra de Markovnikov?

11.10 Indique as reações características dos alcanos, dos alcenos e dos alcinos.

Problemas

11.11 Desenhe todos os isômeros estruturais possíveis do alcano: C_7H_{16}.

11.12 Quantos cloropentanos, $C_5H_{11}Cl$, distintos podem ser produzidos na cloração direta do *n*-pentano, $CH_3(CH_2)_3CH_3$? Desenhe a estrutura de cada um deles.

11.13 Desenhe todos os isômeros possíveis da molécula C_4H_8.

11.14 Desenhe todos os isômeros possíveis da molécula C_3H_5Br.

11.15 Os isômeros estruturais do pentano, C_5H_{12}, têm pontos de ebulição bastante diferentes (veja o Exemplo 11.1). Explique a variação observada nos pontos de ebulição em termos da estrutura desses isômeros.

11.16 Discuta como pode decidir quais dos seguintes compostos são alcanos, cicloalcanos, alcenos ou alcinos, sem desenhar as suas fórmulas: (a) C_6H_{12}, (b) C_4H_6, (c) C_5H_{12}, (d) C_7H_{14}, (e) C_3H_4.

11.17 Desenhe projeções de Newman das conformações alternada e eclipsada do propano. Ordene-os quanto à estabilidade.

11.18 Desenhe as projeções de Newman para quatro diferentes conformações do butano. Ordene-os quanto à estabilidade. (*Sugestão*: Duas das conformações representam as formas mais estáveis e as outras duas, as menos estáveis.)

11.19 Desenhe as estruturas do *cis*-2-buteno e do *trans*-2-buteno. Qual dos dois compostos liberaria mais calor na hidrogenação a butano? Explique.

11.20 Você espera que o ciclobutadieno seja uma molécula estável? Explique.

11.21 Quantos isômeros diferentes podem ser derivados do etileno pela substituição de dois átomos de hidrogênio por um átomo de flúor e um de cloro? Desenhe suas estruturas e atribua nomes. Indique quais são isômeros estruturais e quais são isômeros geométricos.

11.22 Sugira dois testes químicos que permitiriam distinguir entre os compostos seguintes:

(a) $CH_3CH_2CH_2CH_2CH_3$

(b) $CH_3CH_2CH_2CH=CH_2$

11.23 O ácido sulfúrico (H_2SO_4) adiciona-se à dupla ligação dos alcenos como H^+ e $^-OSO_3H$. Quais são os produtos obtidos quando o ácido sulfúrico reage com: (a) etileno, (b) propileno?

11.24 O acetileno é um composto instável. Tende a formar benzeno:

$$3C_2H_2(g) \longrightarrow C_6H_6(l)$$

Calcule a variação de entalpia-padrão dessa reação, em kJ, a 25°C.

11.25 Preveja quais serão os produtos da reação de adição de HBr a: (a) 1-buteno, (b) 2-buteno.

11.26 Os isômeros geométricos não estão restritos a compostos com ligações C=C. Por exemplo, certos cicloalcanos bissubstituídos podem existir na forma *cis* ou na forma *trans*. Qual das seguintes moléculas é a forma *cis* e qual é a forma *trans*?

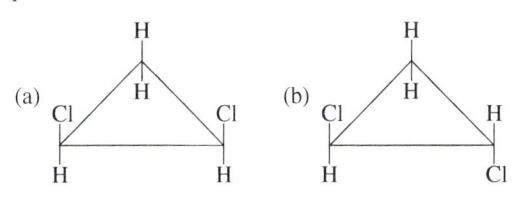

11.27 Escreva as fórmulas estruturais dos seguintes compostos orgânicos: (a) 3-metilhexano, (b) 1,3,5-triclorociclohexano, (c) 2,3-dimetilpentano, (d) 2-bromo-4-fenilpentano, (e) 3,4,5-trimetiloctano.

11.28 Nomeie os seguintes compostos:

(a) $CH_3-\underset{\underset{CH_3}{|}}{CH}-CH_2-CH_2-CH_3$

Níveis de Dificuldade: • Fácil •• Médio ••• Difícil.

(b) $CH_3-\underset{\underset{C_2H_5}{|}}{CH}-\underset{\underset{CH_3}{|}}{CH}-\underset{\underset{CH_3}{|}}{CH}-CH_3$

(c) $CH_3-CH_2-\underset{\underset{\underset{CH_3}{|}}{\underset{CH_2}{|}}}{\underset{|}{CH}}-CH_2-CH_3$

(d) $CH_2=CH-\underset{\underset{Br}{|}}{CH}-CH_2-CH_3$

(e) $CH_3-C\equiv C-CH_2-CH_3$

Hidrocarbonetos Aromáticos
Questões de Revisão

11.29 Compare a estabilidade do benzeno com a do etileno. Por que, geralmente, o etileno sofre reações de adição enquanto o benzeno sofre reações de substituição?

11.30 As moléculas de benzeno e de ciclohexano contêm anéis de seis átomos. O benzeno é uma molécula planar, mas o ciclohexano não. Explique.

Problemas

•11.31 Escreva as estruturas dos seguintes compostos: (a) 1-bromo-3-metilbenzeno, (b) 1-cloro-2-propilbenzeno, (c) 1,2,4,5-tetrametilbenzeno.

••11.32 Nomeie os seguintes compostos:

(a) [benzeno com Cl em 1 e CH₃ em 4]

(b) [benzeno com NO₂ em 1 e CH₂CH₃ em 3]

(c) [benzeno com CH₃ em 1,2,4 e H₃C em 5]

(d) [benzeno com CH₃—CH—CH=CH₂]

Química dos Grupos Funcionais
Questões de Revisão

11.33 O que são grupos funcionais? Por que é lógico e útil classificar os compostos orgânicos de acordo com seus grupos funcionais?

11.34 Desenhe a estrutura de Lewis de cada um dos seguintes grupos funcionais: álcool, éter, aldeído, cetona, ácido carboxílico, éster e amina.

Problemas

••11.35 Desenhe as estruturas das moléculas que têm as seguintes fórmulas: (a) CH_4O, (b) C_2H_6O, (c) $C_3H_6O_2$, (d) C_3H_8O.

•11.36 Classifique cada uma das seguintes moléculas como álcool, aldeído, cetona, ácido carboxílico, amina ou éter:

(a) $CH_3-O-CH_2-CH_3$ (b) $CH_3-CH_2-NH_2$

(c) $CH_3-CH_2-\underset{\underset{H}{|}}{\overset{\overset{O}{\|}}{C}}$ (d) $CH_3-\underset{\underset{O}{\|}}{C}-CH_2-CH_3$

(e) $H-\underset{\underset{O}{\|}}{C}-OH$ (f) $H_3C-CH_2CH_2-OH$

(g) [fenil]$-CH_2-\underset{\underset{H}{|}}{\overset{\overset{NH_2}{|}}{C}}-\overset{\overset{O}{\|}}{C}-OH$

••11.37 Os aldeídos são geralmente mais suscetíveis do que as cetonas à oxidação em ar. Utilize o acetaldeído e a acetona como exemplos para mostrar que as cetonas são mais estáveis do que os aldeídos, sob esse aspecto.

•11.38 Complete a equação seguinte e identifique os produtos:

$$HCOOH + CH_3OH \longrightarrow$$

••11.39 Um composto tem a fórmula molecular $C_5H_{12}O$. Após oxidação controlada é convertido em um composto de fórmula empírica $C_5H_{10}O$, que se comporta como uma cetona. Desenhe possíveis estruturas para o composto original e para o produto.

•••11.40 Um composto de fórmula molecular $C_4H_{10}O$ não reage com sódio metálico. Na presença de luz, reage com Cl_2 para formar três compostos de fórmula C_4H_9OCl. Desenhe a estrutura do composto original que é consistente com essa informação.

••11.41 Preveja qual será o produto ou os produtos de cada uma das seguintes reações:

(a) $CH_3CH_2OH + HCOOH \longrightarrow$

(b) $H-C\equiv C-CH_3 + H_2 \longrightarrow$

(c) $\underset{\underset{H}{|}}{\overset{\overset{C_2H_5}{|}}{C}}=\underset{\underset{H}{|}}{\overset{\overset{H}{|}}{C}} + HBr \longrightarrow$

•11.42 Identifique os grupos funcionais nas seguintes moléculas:

(a) $CH_3CH_2COCH_2CH_2CH_3$

(b) $CH_3COOC_2H_5$

(c) $CH_3CH_2OCH_2CH_2CH_2CH_3$

Quiralidade
Questões de Revisão

11.43 Qual o fator que determina se um átomo de carbono em um composto é assimétrico?

11.44 Dê exemplos de um alcano substituído quiral e de outro aquiral.

Conceitual: 11.11, 11.12, 11.13, 11.14, 11.16, 11.20, 11.21, 11.35, 11.36, 11.39, 11.42, 11.45, 11.46, 11.47, 11.54, 11.57, 11.61, 11.64, 11.65,

Problemas

11.45 Quais dos seguintes aminoácidos são quirais:
(a) $CH_3CH(NH_2)COOH$, (b) $CH_2(NH_2)COOH$, (c) $CH_2(OH)CH(NH_2)COOH$?

11.46 Indique quais são os átomos de carbono assimétricos nestes compostos:

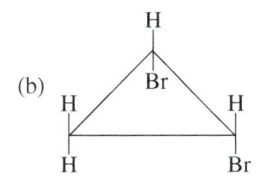

(a)
$$CH_3-CH_2-\underset{\underset{NH_2}{|}}{\overset{\overset{CH_3}{|}}{CH}}-CH-\overset{O}{\overset{\|}{C}}-NH_2$$

(b) (estrutura triangular com H, Br, H, H, Br)

Problemas Adicionais

11.47 Desenhe todos os possíveis isômeros estruturais de fórmula C_7H_7Cl. A molécula contém um anel benzênico.

11.48 Considerando os seguintes dados

$$C_2H_4(g) + 3O_2(g) \longrightarrow 2CO_2(g) + 2H_2O(l)$$
$$\Delta H° = -1411 \text{ kJ/mol}$$

$$2C_2H_2(g) + 5O_2(g) \longrightarrow 4CO_2(g) + 2H_2O(l)$$
$$\Delta H° = -2599 \text{ kJ/mol}$$

$$H_2(g) + \tfrac{1}{2}O_2(g) \longrightarrow H_2O(l)$$
$$\Delta H° = -285.8 \text{ kJ/mol}$$

calcule o calor de hidrogenação do acetileno:

$$C_2H_2(g) + H_2(g) \longrightarrow C_2H_4(g)$$

11.49 Diga qual o membro, de cada um dos seguintes pares, que é mais reativo e explique o porquê: (a) propano e ciclopropano, (b) etileno e metano, (c) acetaldeído e acetona.

11.50 Assim como o etileno, o tetrafluoretileno (C_2F_4) sofre reação de polimerização para formar o politetrafluoretileno (Teflon). Desenhe a unidade de repetição deste polímero.

11.51 Um composto orgânico contém, em massa, 37,5% de carbono, 3,2% de hidrogênio e 59,3% de flúor. Os resultados de pressão e volume obtidos para 1,00 g dessa substância a 90°C, foram:

P (atm)	V (L)
2,00	0,332
1,50	0,409
1,00	0,564
0,50	1,028

É sabido que a molécula não possui momento de dipolo. (a) Qual é a fórmula empírica dessa molécula? (b) Será que essa substância se comporta como um gás ideal? (c) Qual é a sua fórmula molecular? (d) Desenhe a estrutura de Lewis dessa molécula e descreva a sua geometria. (e) Qual é o nome sistemático desse composto?

11.52 Cite pelo menos uma aplicação comercial para cada um dos seguintes compostos: (a) 2-propanol, (b) ácido acético, (c) naftaleno, (d) metanol, (e) etanol, (f) etilenoglicol, (g) metano, (h) etileno.

11.53 Quantos litros de ar (78% de N_2 e 22% de O_2 em volume) a 20°C e 1,00 atm são necessários para a combustão completa de 1,0 L de octano, C_8H_{18}, um componente típico da gasolina, cuja densidade é 0,70 g/mL?

11.54 Quantas ligações sigma entre átomos de carbono estão presentes em cada uma das seguintes moléculas? (a) 2-butino, (b) antraceno (veja a Figura 11.16), (c) 2,3-dimetilpentano.

11.55 Quantas ligações sigma entre átomos de carbono estão presentes em cada uma das seguintes moléculas? (a) benzeno, (b) ciclobutano, (c) 3-etil-2-metilpentano.

11.56 A combustão de 20,63 mg do composto Y, que contém apenas C, H e O, em presença de excesso de oxigênio produziu 57,94 mg de CO_2 e 11,85 mg de H_2O. (a) Calcule quantos miligramas de C, H e O estavam presentes na amostra original de Y. (b) Deduza a fórmula empírica de Y. (c) Sugira uma estrutura plausível para Y, considerando que a fórmula empírica é idêntica à fórmula molecular.

11.57 Desenhe todos os isômeros estruturais dos compostos que têm fórmula $C_4H_8Cl_2$. Indique os isômeros que são quirais e dê seus nomes sistemáticos.

11.58 A combustão de 3,795 mg do líquido B, que contém apenas C, H e O, em excesso de oxigênio, produziu 9,708 mg de CO_2 e 3,969 mg de H_2O. Para determinar a massa molar, 0,205 g de B, foram vaporizados a 1,00 atm e 200,0°C, ocupando o volume de 89,8 mL. Deduza a fórmula empírica, massa molar e fórmula molecular de B e desenhe três estruturas plausíveis para B.

11.59 Mostre como você poderia preparar os seguintes compostos a partir do 3-metil-1-butino:

(a) $CH_2=\underset{\underset{}{|}}{\overset{\overset{Br}{|}}{C}}-\overset{\overset{CH_3}{|}}{CH}-CH_3$

(b) $BrCH_2-CBr_2-\overset{\overset{CH_3}{|}}{CH}-CH_3$

(c) $CH_3-\overset{\overset{Br}{|}}{CH}-\overset{\overset{CH_3}{|}}{CH}-CH_3$

11.60 Escreva fórmulas estruturais para os seguintes compostos: (a) *trans*-2-penteno, (b) 2-etil-1-buteno, (c) 4-etil-*trans*-2-heptano, (d) 3-fenil-1-butino.

•• 11.61 Suponha que o benzeno contenha três ligações simples e três ligações duplas, todas distintas. Quantos isômeros estruturais existiriam para o diclorobenzeno ($C_6H_4Cl_2$)? Desenhe as suas estruturas.

• 11.62 Desenhe a fórmula estrutural do aldeído que é isômero estrutural da acetona.

• 11.63 Desenhe as estruturas dos seguintes compostos: (a) ciclopentano, (b) *cis*-2-buteno, (c) 2-hexanol, (d) 1,4-dibromobenzeno, (e) 2-butino.

• 11.64 Diga a que classes pertencem os seguintes compostos:

(a) C_4H_9OH (b) $CH_3OC_2H_5$

(c) C_2H_5CHO (d) C_6H_5COOH

(e) CH_3NH_2

•• 11.65 O etanol, C_2H_5OH, e o éter dimetílico, CH_3OCH_3, são isômeros estruturais. Compare os seus pontos de fusão, pontos de ebulição e solubilidades em água.

•• 11.66 As aminas são bases de Brønsted. O odor desagradável do peixe deve-se à presença de certas aminas. Por que os cozinheiros adicionam suco de limão para tirar o cheiro do peixe (além de o suco ativar também o seu sabor)?

••• 11.67 Suponha que você tenha recebido duas garrafas, cada uma delas com um líquido incolor, e lhe disseram que um dos líquidos é ciclohexano e o outro, benzeno. Sugira um teste químico que lhe permita dizer qual é qual.

•• 11.68 Dê os nomes químicos dos seguintes compostos orgânicos e escreva as suas fórmulas: gás dos pântanos, álcool de cereais, álcool da madeira, álcool de limpeza, anticongelante, bolas de naftalina, principal ingrediente do vinagre.

••• 11.69 O composto $CH_3-C\equiv C-CH_3$ é hidrogenado a alceno utilizando platina como catalisador. Diga se o produto é o isômero *trans* puro, o isômero *cis* puro ou uma mistura dos dois. (*Sugestão*: O composto liga-se à superfície do metal e a molécula de H_2 se dissocia em átomos H, que então se aproximam da ligação $C\equiv C$, por cima.)

• 11.70 Quantos átomos de carbono assimétricos estão presentes em cada um dos seguintes compostos?

(a) H—C(H)(H)—C(H)(Cl)—C(H)(H)—Cl

(b) CH_3—C(OH)(H)—C(CH_3)(H)—CH_2OH

(c) [estrutura de açúcar cíclico com grupos CH_2OH, OH, H]

••• 11.71 O isopropanol é preparado pela reação do propeno (CH_3CHCH_2) com ácido sulfúrico, seguida de tratamento com água. (a) Mostre a seqüência de etapas que levam aos produtos. Qual é o papel do ácido sulfúrico? (b) Desenhe a estrutura de um álcool que seja isômero do isopropanol. (c) O isopropanol é uma molécula quiral? (d) Que propriedade torna o isopropanol um bom agente de limpeza?

••• 11.72 Quando uma mistura de vapores de metano e bromo é exposta à luz, a seguinte reação ocorre lentamente:

$$CH_4(g) + Br_2(g) \longrightarrow CH_3Br(g) + HBr(g)$$

Sugira um mecanismo para essa reação (*Sugestão:* O vapor de bromo é vermelho; o metano é incolor.)

• Problemas Especiais

11.73 A octanagem atribuída à gasolina indica a tendência ao "rateamento" em um motor de automóvel. Quanto maior a octanagem, mais facilmente o combustível irá queimar e menos o motor irá ratear. Hidrocarbonetos alifáticos de cadeia ramificada possuem octanagem maior que os hidrocarbonetos alifáticos de cadeia linear, enquanto os hidrocarbornetos aromáticos apresentam os valores mais altos.

(a) Arranje estes compostos na ordem decrescente de octanagem: 2,2,4-trimetilpentano, tolueno (metilbenzeno), *n*-heptano e 2-metilhexano.

(b) As refinarias de petróleo executam um processo chamado de *reforma catalítica* em que uma cadeia linear de hidrocarboneto, na presença de um catalisador, é convertida em uma molécula aromática e um subproduto útil. Escreva uma equação para converter *n*-heptano em tolueno.

(c) Até o ano 2000, o éter terc-butilmetílico vinha sendo amplamente utilizado como agente anti-rateamento para aumentar a octanagem da gasolina. Escreva as fórmulas estruturais do composto.

11.74 As gorduras e os óleos pertencem à mesma classe de compostos, os triglicerídios, que contêm três grupos éster:

$$\begin{array}{c} CH_2-O-\overset{O}{\overset{\|}{C}}-R \\ | \\ CH-O-\overset{O}{\overset{\|}{C}}-R' \\ | \\ CH_2-O-\overset{O}{\overset{\|}{C}}-R'' \end{array}$$

Uma gordura ou um óleo

em que R, R' e R'' representam longas cadeias de hidrocarbonetos.

(a) Sugira uma reação que, a partir de glicerol e ácidos carboxílicos, leve à formação de uma molécula de triglicerídio (veja a página 385 para a estrutura do glicerol).

(b) Antigamente, fabricavam-se sabões por meio da hidrólise de gorduras animais com soda cáustica (uma solução de hidróxido de sódio). Escreva uma equação para essa reação.

(c) As gorduras distinguem-se dos óleos porque, à temperatura ambiente, as primeiras são sólidas enquanto os segundos são líquidos. Geralmente, as gorduras são produzidas por animais e os óleos, por plantas. Os pontos de fusão dessas substâncias são determinados pelo número de ligações C=C (ou extensão da insaturação) presentes — quanto maior o número de ligações C=C, mais baixo o ponto de fusão e maior a possibilidade de a substância ser líquida. Explique.

(d) Um óleo pode transformar-se em uma gordura sólida por hidrogenação, um processo que transforma todas (ou quase todas) as ligações C=C em ligações C—C. Esse processo também prolonga a vida do óleo, pois remove o grupo mais reativo C=C e facilita a embalagem. Como você executaria, na prática, esse processo (que reagentes e catalisador você utilizaria)?

(e) O grau de insaturação de um óleo pode ser determinado pela reação deste com iodo, o qual reage com as ligações C=C do seguinte modo:

$$-\overset{|}{\underset{|}{C}}-\overset{|}{\underset{|}{C}}=\overset{|}{\underset{|}{C}}-\overset{|}{\underset{|}{C}}- + I_2 \longrightarrow -\overset{|}{\underset{|}{C}}-\overset{I}{\underset{|}{C}}-\overset{I}{\underset{|}{C}}-\overset{|}{\underset{|}{C}}-$$

O procedimento consiste em deixar reagir completamente uma quantidade conhecida de iodo com o óleo. Determina-se o excesso de iodo titulando o iodo que não reagiu com uma solução-padrão de tiossulfato de sódio ($Na_2S_2O_3$),

$$I_2 + 2Na_2S_2O_3 \longrightarrow Na_2S_4O_6 + 2NaI$$

Chama-se *índice de iodo* a quantidade em gramas de iodo que reage com 100 g do óleo. Em um exemplo real, 43,8 g de I_2 foram tratados com 35,3 g de óleo de milho. O excesso de iodo requereu 20,6 mL de uma solução 0,142 M de $Na_2S_2O_3$ para neutralização. Calcule o índice de iodo da amostra de óleo de milho.

• Respostas dos Exercícios

11.1 5.
11.2 4,6,dietil-2-metiloctano
11.3 $CH_3-\overset{CH_3}{\underset{|}{CH}}-CH_2-CH_2-\overset{C_2H_5}{\underset{|}{CH}}-\overset{CH_3}{\underset{|}{CH}}-CH_2-CH_3$
11.4 $CH_3CH_2COOCH_3$ e H_2O.
11.5 Não.

12 Forças Intermoleculares, Líquidos e Sólidos

Em condições atmosféricas, o dióxido de carbono sólido (gelo seco) não se funde, sublima.

12.1 Teoria Cinética Molecular de Líquidos e Sólidos 377

12.2 Forças Intermoleculares 378
Forças Dipolo-Dipolo • Forças Íon-Dipolo • Forças de Dispersão • Ligação de Hidrogênio

12.3 Propriedades dos Líquidos 383
Tensão Superficial • Viscosidade • Estrutura e Propriedades da Água

12.4 Estrutura Cristalina 387
Empacotamento de Esferas

12.5 Ligação nos Sólidos 391
Cristais Iônicos • Cristais Moleculares • Cristais Covalentes • Cristais Metálicos

12.6 Mudanças de Fase 394
Equilíbrio Líquido-Vapor • Equilíbrio Líquido-Sólido • Equilíbrio Sólido-Vapor

12.7 Diagramas de Fases 401
Água • Dióxido de Carbono

Conceitos Essenciais

- **Forças Intermoleculares** São responsáveis pelo comportamento não ideal dos gases, também explicam a existência dos estados condensados da matéria – líquidos e sólidos. Elas existem entre moléculas polares, entre íons e moléculas polares e entre moléculas apolares. Um tipo especial de força intermolecular, chamada de ligação de hidrogênio, descreve a interação entre um átomo de hidrogênio envolvido em uma ligação polar e um átomo eletronegativo, como O, N ou F.

- **O Estado Líquido** Os líquidos tendem a assumir os formatos de seus recipientes. A tensão superficial de um líquido é a energia necessária para aumentar a área de sua superfície. Ela se manifesta como ação capilar, responsável pela subida (ou descida) de um líquido em um tubo estreito. Já a viscosidade é a resistência de um líquido a fluir, e sempre diminui com o aumento da temperatura. A estrutura da água é singular, visto que seu estado sólido (gelo) é menos denso que o estado líquido.

- **O Estado Cristalino** O sólido cristalino apresenta uma ordem a longa distância. Diferentes estruturas cristalinas podem ser geradas pelo empacotamento de esferas idênticas em três dimensões.

- **Ligações em Sólidos** Átomos, moléculas ou íons são mantidos em um sólido por diferentes tipos de ligação. As forças eletrostáticas são responsáveis pelos sólidos iônicos; as forças intermoleculares, pelos sólidos moleculares; as forças covalentes, pelos sólidos covalentes; e um tipo especial de interação, que envolve elétrons deslocalizados sobre toda a extensão do cristal, explica a existência dos metais.

- **Transições de Fase** Os estados da matéria podem ser interconvertidos por meio de aquecimento ou resfriamento. Em processos, tais como ebulição ou congelamento existem, na temperatura de transição, duas fases em equilíbrio. Os sólidos também podem ser diretamente convertidos em vapores por sublimação. Acima de uma certa temperatura, denominada temperatura crítica, a forma gasosa de uma substância não pode ser liquefeita. As relações existentes entre pressão e temperatura para as fases sólido, líquido e vapor são bem representadas por um diagrama de fases.

12.1 Teoria Cinético-Molecular de Líquidos e Sólidos

Vimos no Capítulo 5 como a teoria cinético-molecular pode ser usada para explicar o comportamento dos gases em termos do movimento randômico e constante das moléculas gasosas. Nos gases, as distâncias entre as moléculas são tão grandes (comparadas com os seus diâmetros) que a temperaturas e pressões normais (digamos, 25°C e 1 atm), não há interações apreciáveis entre as moléculas. Em virtude de haver bastante espaço vazio — ou seja, espaço não ocupado por moléculas nos gases —, estes podem ser facilmente comprimidos. A ausência de forças intensas entre as moléculas também permite que o gás se expanda para ocupar todo o volume do recipiente no qual está contido. Além disso, a existência de grande espaço vazio explica também por que os gases têm densidades muito baixas nas condições normais.

No caso dos líquidos e dos sólidos a situação é bem diferente. A principal diferença entre o estado condensado (líquido e sólido) e o estado gasoso é a distância existente entre as moléculas. Em um líquido, as moléculas estão de tal modo próximas umas das outras que há pouco espaço vazio. Por isso, os líquidos são mais difíceis de serem comprimidos do que os gases e também são muito mais densos sob condições normais. As moléculas em um líquido interagem por meio de um ou mais tipos de forças atrativas que serão discutidas na próxima seção. Um líquido também tem um volume definido, uma vez que as moléculas não são capazes de vencer completamente as forças atrativas que as unem. As moléculas podem, no entanto, mover-se livremente umas em relação às outras e, portanto, o líquido pode fluir, ser despejado e assumir o formato do recipiente que o contém.

Em um sólido, as moléculas são mantidas em posições rígidas e praticamente não têm liberdade de movimento. Muitos sólidos são caracterizados por uma ordenação a longa distância; ou seja, as moléculas estão arranjadas regularmente nas três dimensões do espaço. Em um sólido, há ainda menos espaço vazio do que em um líquido. Portanto, os sólidos são quase incompressíveis e possuem formato e volume definidos. Com poucas exceções (sendo a água a mais importante) uma substância apresenta maior densidade no estado sólido do que no estado líquido. Não é incomum a coexistência de dois estados físicos para uma mesma substância. Um cubo de gelo (sólido) flutuando em um copo com água (líquido) é um exemplo familiar. Os diferentes estados de uma substância presentes em um sistema são chamados, pelos químicos, de *fases*. Assim, o copo com gelo e água contém as duas fases da água, a fase sólida e a fase líquida. Neste capítulo, iremos utilizar o termo "fase" quando nos referirmos a mudanças de estado de uma só substância, ou a sistemas contendo uma substância com mais de uma fase. A Tabela 12.1 resume algumas das propriedades características dos três estados da matéria.

TABELA 12.1 Propriedades Características de Gases, Líquidos e Sólidos

Estado da Matéria	Volume/Formato	Densidade	Compressibilidade	Movimento das Moléculas
Gás	Assume o formato e o volume do recipiente no qual está contido	Baixa	Muito compressível	Movimento livre
Líquido	Tem volume definido, mas assume o formato de seu recipiente	Alta	Pouco compressível	Deslizam umas sobre as outras
Sólido	Tem formato e volume definidos	Alta	Praticamente incompressível	Vibram em torno de posições fixas

12.2 Forças Intermoleculares

As forças atrativas entre moléculas são denominadas *forças intermoleculares*. Elas são responsáveis pelo comportamento não ideal dos gases, descrito no Capítulo 5. São também essas forças que asseguram a existência dos estados condensados da matéria — líquido e sólido. À medida que a temperatura de um gás diminui, a energia cinética média das moléculas também diminui. A uma temperatura suficientemente baixa, as moléculas deixam de ter energia suficiente para vencer as forças de atração em relação às moléculas vizinhas. Neste ponto, as moléculas agregam-se para formar pequenas gotas de líquido. A transição do estado gasoso para estado líquido é conhecida como *condensação*.

Ao contrário das forças intermoleculares, as **forças intramoleculares** *mantêm os átomos unidos em uma molécula*. (A ligação química, discutida nos Capítulos 9 e 10, envolve forças intramoleculares.) As forças intramoleculares estabilizam as moléculas individuais, enquanto as forças intermoleculares são as principais responsáveis pelas propriedades físicas da matéria (por exemplo, o ponto de fusão e o ponto de ebulição).

As forças intermoleculares são, em geral, muito mais fracas do que as intramoleculares. A vaporização de um líquido requer muito menos energia do que a quebra das ligações de suas moléculas. Por exemplo, são necessários 41 kJ de energia para vaporizar 1 mol de água à sua temperatura de ebulição, mas 930 kJ para quebrar as duas ligações O—H de 1 mol de moléculas de água. Os pontos de ebulição das substâncias normalmente refletem a intensidade das forças intermoleculares existentes entre suas moléculas. No ponto de ebulição, é fornecida energia suficiente para superar as forças de atração entre as moléculas, de modo que elas possam passar para a fase vapor. Se for necessário mais energia para separar as moléculas de uma substância A do que de uma substância B, em razão de as primeiras serem atraídas por forças intermoleculares mais intensas, então o ponto de ebulição de A será superior ao de B. O mesmo princípio se aplica ao ponto de fusão das substâncias. Em geral, os pontos de fusão aumentam com o aumento da intensidade das forças intermoleculares nas substâncias.

Para discutirmos as propriedades da matéria condensada, temos primeiro que compreender os diferentes tipos de forças intermoleculares. Forças do tipo *dipolo-dipolo, dipolo-dipolo induzido* e *forças de dispersão* constituem o que os químicos chamam de **forças de van der Waals**, em homenagem ao físico holandês Johannes van der Waals (veja a Seção 5.8). Os íons e os dipolos atraem-se mutuamente por forças eletrostáticas denominadas *forças íon-dipolo*, que *não* são forças de van der Waals. A *ligação de hidrogênio* é um tipo de interação dipolo-dipolo particularmente forte. Uma vez que apenas alguns elementos podem participar na formação desse tipo de ligação, esta será tratada como uma categoria à parte. Como veremos a seguir, a atração global entre as moléculas pode ter contribuições de mais do que um tipo de interação, dependendo do estado físico da substância, da natureza das ligações químicas e dos elementos presentes.

Forças Dipolo-Dipolo

As *forças dipolo-dipolo* são *forças atrativas entre moléculas polares*, isto é, entre moléculas que possuem momentos de dipolo (veja a Seção 10.2). A origem dessas forças é eletrostática e elas podem ser entendidas em termos da lei de Coulomb. Quanto maior for o momento de dipolo, maior será a força. A Figura 12.1 mostra a orientação das moléculas polares em um sólido. Nos líquidos, as moléculas polares não ocupam posições tão rígidas como nos sólidos, porém tendem a alinhar-se de modo que, em média, a interação atrativa seja máxima.

Forças Íon-Dipolo

A lei de Coulomb também explica as **forças íon-dipolo**, que *ocorrem entre um íon (um cátion ou um ânion) e uma molécula polar* (Figura 12.2). A intensidade dessa interação

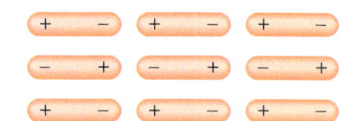

Figura 12.1
Moléculas que possuem momento de dipolo permanente tendem a se alinharem com polaridades opostas, no estado sólido para maximizar as interações atrativas.

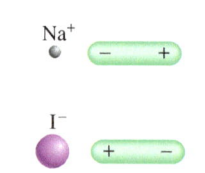

Figura 12.2
Dois tipos de interação íon-dipolo.

depende da carga e do tamanho do íon e também do momento de dipolo e do tamanho da molécula. Em geral, as cargas estão mais concentradas nos cátions porque comumente esses são menores do que os ânions. Em conseqüência, quando um cátion e um ânion apresentam cargas de mesma magnitude, a interação com dipolos é mais forte para o cátion do que para o ânion,

A hidratação, discutida na Seção 4.1, é um exemplo de interação íon-dipolo. A Figura 12.3 mostra a interação íon-dipolo dos íons Na^+ e Mg^{2+} com a molécula de água, que tem momento de dipolo elevado (1,87 D). Como o íon Mg^{2+} possui maior carga e menor raio iônico (78 pm) do que o íon Na^+ (98 pm), sua interação com as moléculas de água é mais forte. (Em solução, cada íon está rodeado por um dado número de moléculas de água.) Semelhante comportamento é observado para ânions com diferentes cargas e tamanhos.

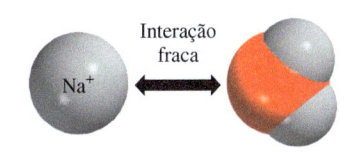

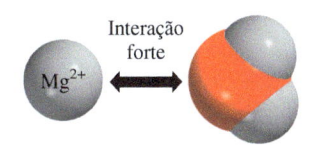

Figura 12.3
Interação entre uma molécula de água e os íons Na^+ e Mg^{2+}.

Forças de Dispersão

Que tipo de interação atrativa existe entre substâncias apolares? Para responder a essa pergunta, considere o arranjo descrito na Figura 12.4. Se colocarmos um íon ou uma molécula polar perto de um átomo (ou de uma molécula apolar), a distribuição eletrônica do átomo (ou molécula apolar) é distorcida pela força exercida pelo íon ou pela molécula polar resultando em um tipo de dipolo. Esse dipolo é denominado ***dipolo induzido*** porque *a separação das cargas positiva e negativa no átomo (ou na molécula apolar) deve-se à proximidade de um íon ou molécula polar*. A interação atrativa entre um íon e o dipolo induzido chama-se *interação íon-dipolo induzido* e a interação atrativa entre uma molécula polar e o dipolo induzido designa-se *interação dipolo-dipolo induzido*.

A probabilidade de um momento de dipolo ser induzido depende da carga do íon e da força do dipolo, bem como da ***polarizabilidade*** do átomo ou da molécula — ou seja, da *facilidade com que a distribuição eletrônica do átomo (ou molécula) pode ser distorcida*. Em geral, quanto maior for o número de elétrons e mais difusa for a nuvem eletrônica do átomo ou da molécula, maior será a sua polarizabilidade. A expressão *nuvem difusa* significa que a nuvem eletrônica está espalhada em um volume apreciável de modo que os elétrons não são atraídos muito fortemente pelo núcleo.

A polarizabilidade torna possível a condensação de gases constituídos por átomos neutros ou por moléculas apolares (por exemplo, He e N_2). Em um átomo de hélio os elétrons encontram-se em movimento a uma certa distância do núcleo. Em qualquer instante, é provável que o átomo adquira um momento de dipolo, o qual é gerado pelas "posições específicas dos elétrons". Esse momento de dipolo é conhecido como *dipolo instantâneo* porque dura apenas uma pequena fração de segundo. No instante seguinte, os elétrons estarão em posições diferentes e o átomo terá um novo dipolo instantâneo e assim por diante. Contudo, de acordo com a média em um intervalo de tempo (isto é, no tempo que demora para se medir o momento de dipolo), esse átomo não tem momento de dipolo, uma vez que os dipolos instantâneos cancelam-se mutuamente. Em um conjunto de átomos de He, o dipolo instantâneo de um átomo pode induzir dipolo em cada um dos átomos vizinhos mais próximos (Figura 12.5). No instante seguinte, um dipolo instantâneo diferente pode criar dipolos temporários nos átomos de He que estão ao seu redor. Esse tipo de interação origina as ***forças de dispersão***, que *são forças atrativas que surgem como resultado de dipolos temporários induzidos nos átomos ou nas moléculas*. Em temperaturas muito baixas (e velocidades atômicas reduzidas), as forças de dispersão são suficientemente fortes para manter juntos os átomos de He, provocando a condensação do gás. A atração entre moléculas apolares pode ser explicada do mesmo modo.

Em 1930, o físico alemão, Fritz London, propôs uma interpretação para os dipolos temporários baseada na mecânica quântica. London demonstrou que a intensidade dessa interação atrativa é proporcional à polarizabilidade do átomo ou da molécula. Como é esperado, as forças de dispersão podem ser muito fracas. Isso é verdade, para o caso do

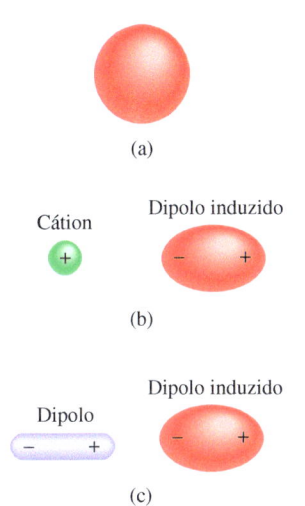

Figura 12.4
(a) Distribuição esférica de cargas em um átomo de hélio.
(b) Distorção causada pela aproximação de um cátion.
(c) Distorção causada pela aproximação de um dipolo.

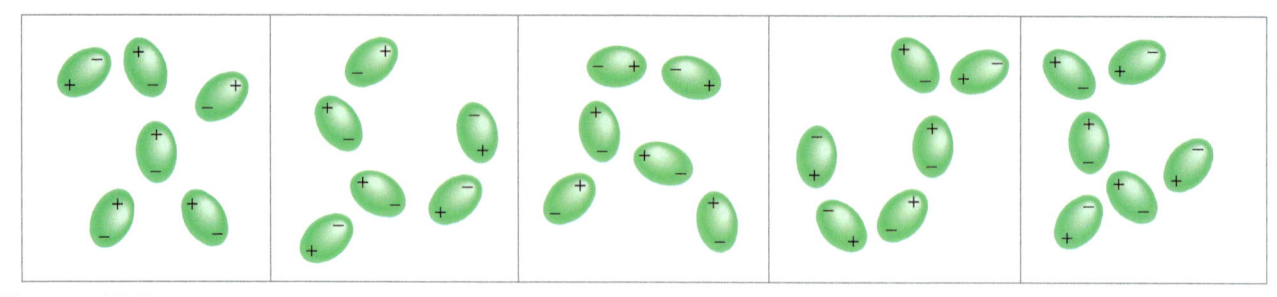

Figura 12.5
Interação entre dipolos induzidos. Esses arranjos espaciais existem apenas momentaneamente; no instante seguinte vão se formar novos arranjos. Esse tipo de interação é responsável pela condensação dos gases apolares.

Para simplificar, usa-se o termo "forças intermoleculares" tanto para átomos como para moléculas.

TABELA 12.2
Pontos de Fusão de Compostos Apolares Semelhantes

Composto	Pontos de Fusão (°C)
CH_4	−182,5
CF_4	−150,0
CCl_4	−23,0
CBr_4	90,0
CI_4	171,0

hélio, que tem uma temperatura de ebulição de apenas 4,2 K ou −269°C. (Note que o hélio tem apenas dois elétrons no orbital 1s, e esses são fortemente atraídos pelo núcleo. Portanto, o átomo de hélio apresenta baixa polarizabilidade.)

As forças de dispersão, também conhecidas por forças de London, geralmente aumentam com a massa molar, pois moléculas com maiores massas molares também têm mais elétrons, e a intensidade das forças de dispersão aumentam com o número de elétrons. Além disso, massas molares maiores significam átomos maiores cujas distribuições eletrônicas são mais facilmente perturbáveis, porque os elétrons mais externos são menos fortemente atraídos pelo núcleo. A Tabela 12.2 traz as temperaturas de fusão de algumas substâncias semelhantes e constituídas por moléculas apolares. Conforme esperado, o ponto de fusão aumenta à medida que aumenta o número de elétrons na molécula. Uma vez que se trata apenas de moléculas apolares, as únicas forças intermoleculares atrativas presentes são as de dispersão.

Em muitos casos, as forças de dispersão são comparáveis, ou até mesmo mais intensas, do que as forças dipolo-dipolo existentes entre moléculas polares. Um caso extremo é ilustrado pela comparação dos pontos de ebulição do CH_3F (−78,4°C) e do CCl_4 (76,5°C). Embora o CH_3F tenha um momento de dipolo de 1,8 D, entra em ebulição em uma temperatura muito mais baixa do que o CCl_4, cujas moléculas são apolares. O CCl_4 entra em ebulição em uma temperatura maior simplesmente porque tem mais elétrons. Portanto, as forças de dispersão entre as moléculas de CCl_4 são mais fortes do que as forças de dispersão somadas às de dipolo-dipolo que existem entre as moléculas de CH_3F. (Lembre-se de que forças de dispersão existem entre espécies de todos os tipos, quer sejam neutras ou carregadas quer sejam polares ou apolares.)

EXEMPLO 12.1

Que tipo(s) de forças intermoleculares existe(em) entre os seguintes pares: (a) HBr e H_2S, (b) Cl_2 e CBr_4, (c) I_2 e NO_3^-, (d) NH_3 e C_6H_6?

Estratégia Classifique as espécies em uma das três categorias: iônica, polar (que possui momento de dipolo) e apolar. Lembre-se de que as forças intermoleculares podem existir em *todas* as espécies).

Solução (a) HBr e H_2S são moléculas polares.

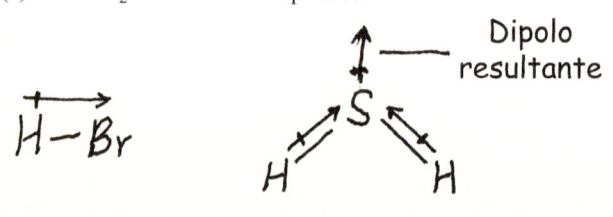

(Continua)

Dessa forma, as forças intermoleculares existentes entre elas são as forças dipolo-dipolo e também as forças de dispersão.

(b) Tanto o Cl₂ quanto o CBr₄ são moléculas apolares, e entre eles existem apenas forças de dispersão.

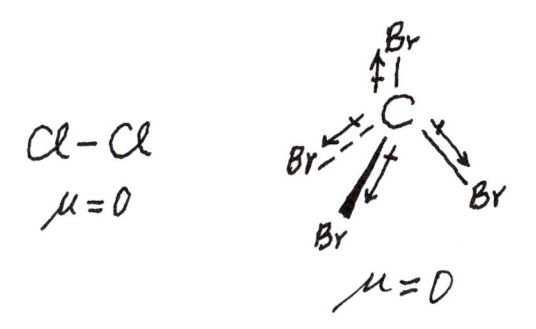

(c) O I₂ é uma molécula diatômica homonuclear e, portanto, apolar. Logo, as forças presentes entre o I₂ e o íon NO₃⁻ são as forças íon-dipolo induzido e as forças de dispersão.

Problema semelhante: 12.10.

(d) O NH₃ é polar e o C₆H₆, apolar. As forças existentes entre essas moléculas são as forças dipolo-dipolo induzido e as forças de dispersão.

Exercício Indique que tipo(s) de forças intermoleculares existe(em) entre as moléculas (ou unidades básicas) das seguintes espécies: (a) LiF, (b) CH₄, (c) SO₂.

Ligação de Hidrogênio

De modo geral, os pontos de ebulição de uma série de compostos semelhantes que contêm elementos do mesmo grupo aumentam com o aumento da massa molar. Isso ocorre em razão do aumento da intensidade das forças de dispersão para moléculas que contêm mais elétrons. Como se pode verificar na Figura 12.6, compostos constituídos por

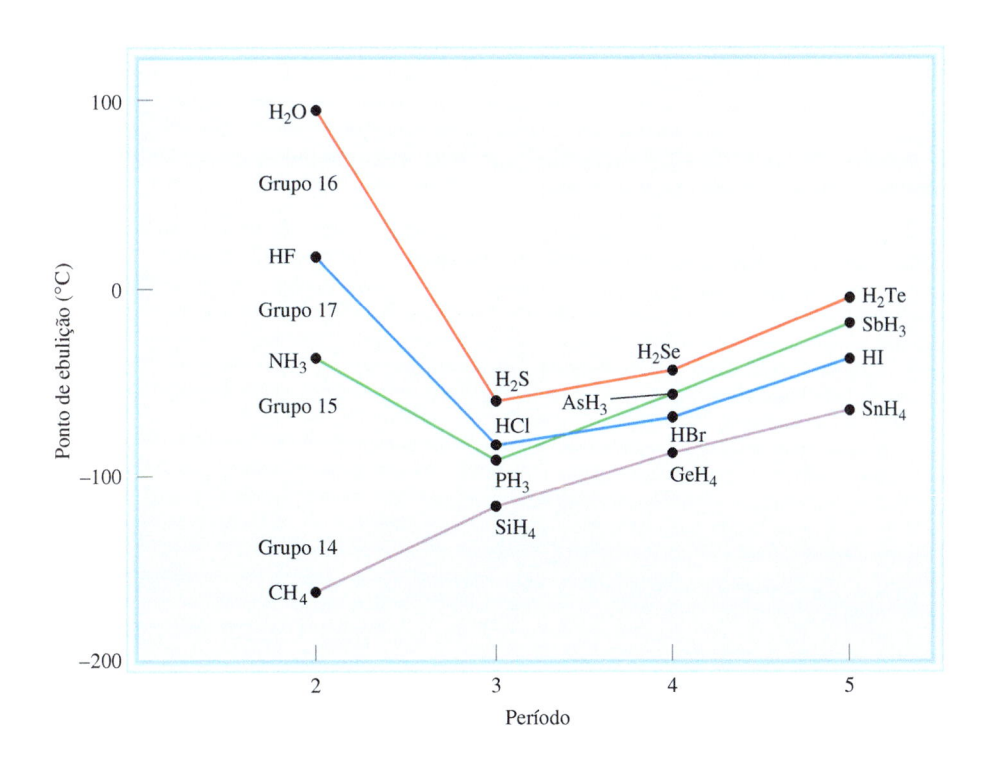

Figura 12.6
Pontos de ebulição de compostos hidrogenados de elementos dos Grupos 14, 15, 16 e 17. Embora normalmente se espere que o ponto de ebulição aumente à medida que se desce no grupo, verifica-se que três compostos (NH₃, H₂O, HF) se comportam de modo diferente. Essa anomalia pode ser explicada em termos das ligações de hidrogênio intermoleculares.

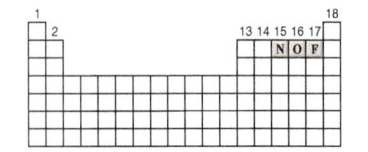

Os três elementos mais eletronegativos que formam ligações de hidrogênio.

hidrogênio e elementos do Grupo 14 seguem essa tendência. O composto mais leve, CH_4, é também o que tem menor ponto de ebulição, e o composto mais pesado, SnH_4, apresenta o ponto de ebulição mais elevado. No entanto, os compostos constituídos por hidrogênio e elementos dos Grupos 15, 16 e 17 não seguem essa tendência. Em cada uma dessas séries, o composto mais leve (NH_3, H_2O e HF) é o que tem o ponto de ebulição mais elevado, contrariamente ao esperado com base na massa molar. Essa observação indica que as atrações intermoleculares nas moléculas NH_3, H_2O e HF são mais fortes do que as das outras moléculas dos seus grupos. Esse tipo de atração intermolecular particularmente forte é conhecido como **ligação de hidrogênio**, que é um *tipo especial de interação dipolo-dipolo entre o átomo de hidrogênio em uma ligação polar, tal como N—H, O—H ou F—H e um átomo eletronegativo como O, N ou F*. Essa interação é representada por

$$A—H \cdots B \quad \text{ou} \quad A—H \cdots A$$

A e B representam O, N ou F; A—H é uma molécula ou parte de uma molécula, e B é parte de outra molécula; a linha tracejada representa a ligação de hidrogênio. Normalmente os três átomos ficam em linha reta, mas há casos em que o ângulo AHB (ou AHA) apresentam desvios, que podem chegar até 30°, em relação à linearidade. Observe que todos os átomos mencionados, O, N e F, apresentam pelo menos um par de elétrons isolado que pode interagir com o átomo de hidrogênio em uma ligação de hidrogênio.

A energia média de uma ligação de hidrogênio é muito grande (de até 40 kJ/mol) quando comparada às energias das interações dipolo-dipolo. Por isso, as ligações de hidrogênio têm grande influência na estrutura e nas propriedades de muitos compostos. A Figura 12.7 mostra alguns exemplos de ligações de hidrogênio.

A força de uma ligação de hidrogênio é determinada pela interação de Coulomb entre os pares de elétrons isolados do átomo eletronegativo e o núcleo do átomo de hidrogênio. Por exemplo, o flúor é mais eletronegativo que o oxigênio e, portanto, esperaríamos que a ligação de hidrogênio no HF líquido fosse mais forte que a da H_2O. No estado líquido, as moléculas de HF formam cadeias em ziguezague:

O ponto de ebulição do HF é mais baixo que o da água porque cada molécula de H_2O participa em *quatro* ligações de hidrogênio. Assim, as forças que mantêm juntas as moléculas de H_2O são mais fortes que as que mantêm unidas as moléculas de HF. Voltaremos a essa propriedade importante da água na Seção 12.3.

Figura 12.7
Alguns exemplos de ligações de hidrogênio envolvendo moléculas de água, amônia e ácido fluorídrico. As linhas cheias representam ligações covalentes e as pontilhadas representam ligações de hidrogênio.

EXEMPLO 12.2

Indique quais das seguintes espécies podem formar ligações de hidrogênio com a água: CH_3OCH_3, CH_4, F^-, HCOOH, Na^+.

Estratégia As espécies que podem formar ligações de hidrogênio com a água devem conter um dos três elementos eletronegativos (F, O ou N) ou um átomo de hidrogênio ligado a um desses três elementos.

Solução Não há elementos eletronegativos (F, O ou N) no CH_4 e nem no Na^+. Portanto, somente CH_3OCH_3, F^- e HCOOH podem formar ligações de hidrogênio com a água.

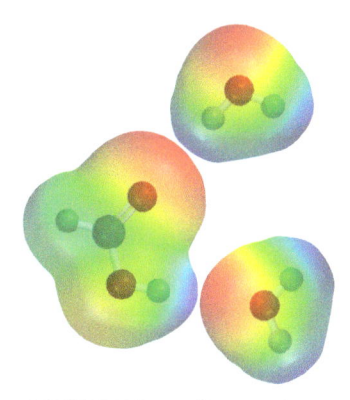

O HCOOH forma ligações de hidrogênio com duas moléculas de H_2O.

Verificação Note que o HCOOH (ácido fórmico) pode formar ligações de hidrogênio com a água de duas maneiras diferentes.

Exercício Quais das seguintes espécies são capazes de formar ligações de hidrogênio entre elas próprias? (a) H_2S, (b) C_6H_6, (c) CH_3OH.

Problema semelhante: 12.12.

Todas as forças intermoleculares discutidas até agora são de natureza atrativa. Lembre-se de que as moléculas também exercem forças repulsivas sobre outras moléculas. Quando duas moléculas aproximam-se, uma da outra, ocorrem repulsões entre os seus elétrons e entre os seus núcleos. A magnitude das forças repulsivas sobe abruptamente à medida que diminui a distância entre as moléculas em um estado condensado. É por essa razão que é tão difícil comprimir os líquidos e os sólidos. Nesses estados, as moléculas já estão muito próximas umas das outras, resistindo à compressão.

12.3 Propriedades dos Líquidos

As forças intermoleculares nos ajudam a conhecer algumas características e propriedades dos líquidos. Nesta seção, vamos analisar dois fenômenos associados aos líquidos em geral: a tensão superficial e a viscosidade. Discutiremos também a estrutura e as propriedades da água.

Tensão Superficial

As moléculas no interior de um líquido são puxadas, em todas as direções, pelas forças intermoleculares; não há tendência de elas serem puxadas de outro modo. Entretanto, as moléculas da superfície são puxadas, por outras moléculas, para dentro e para as laterais do líquido, mas não para cima da superfície (Figura 12.8). Essas atrações intermoleculares tendem a puxar as moléculas para dentro do líquido e levam a superfície a comportar-se como um filme elástico. Na superfície de um automóvel recém-encerado, como há pouca ou nenhuma interação entre moléculas polares da água e as moléculas apolares da cera, uma gota de água assume a forma de uma

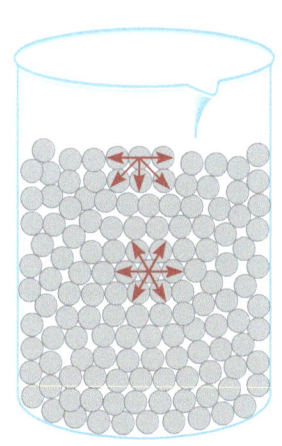

Figura 12.8
Forças intermoleculares agindo em uma molécula situada na camada superficial de um líquido e de outra molécula situada no interior do líquido.

Figura 12.9
Gotas de água em uma maçã cuja superfície foi encerada.

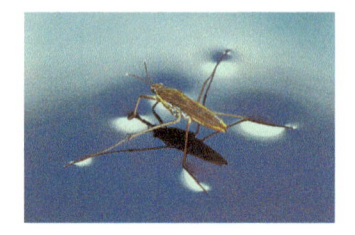

A tensão superficial permite que alguns insetos caminhem sobre a água.

gotícula redonda, uma vez que a forma esférica minimiza a área superficial de um líquido. Fenômeno semelhante é observado ao molhar-se uma maçã cuja superfície foi encerada (Figura 12.9).

Uma medida da força elástica que existe na superfície de um líquido é a tensão superficial. A ***tensão superficial*** *é a quantidade de energia necessária para esticar ou aumentar em uma unidade a área da superfície de um líquido* (por exemplo, em 1 cm²). Os líquidos que têm forças intermoleculares intensas também apresentam tensões superficiais altas. Assim, a água, em virtude da existência de ligações de hidrogênio, tem uma tensão superficial consideravelmente mais elevada do que a maioria dos líquidos comuns.

Outro exemplo de tensão superficial é a *ação capilar*. A Figura 12.10(a) mostra a água subindo espontaneamente em um tubo capilar. Um fino filme de água adere-se às paredes do tubo de vidro. A tensão superficial da água provoca a contração do filme, o que leva a água a subir no tubo. Há dois tipos de forças responsáveis pela ação capilar. Uma delas é a ***coesão***, que é *a atração intermolecular entre moléculas semelhantes* (nesse caso, as moléculas de água). A segunda força, chamada de ***adesão***, é *uma atração entre moléculas diferentes*, tais como as da água e as das paredes do tubo de vidro. Se a adesão for mais forte do que a coesão, como na Figura 12.10(a), o líquido contido no tubo é puxado para cima ao longo do tubo. O processo continua até que a força de adesão seja equilibrada pelo peso da água no tubo. Esse comportamento está longe de ser universal para todos os líquidos, como se pode ver na Figura 12.10(b). No mercúrio, a coesão é maior do que a adesão entre o mercúrio e o vidro, de modo que quando se mergulha um tubo capilar em mercúrio, o resultado é uma descida no nível do mercúrio — ou seja, a altura do líquido no tubo capilar fica abaixo da altura da superfície do mercúrio no recipiente externo.

Viscosidade

A veracidade da expressão "lento como melaço em janeiro" deve-se a outra propriedade física dos líquidos denominada viscosidade. A ***viscosidade*** *é uma medida da resistência que um fluido oferece ao escoamento*. Quanto maior a viscosidade, mais lentamente o líquido flui. A viscosidade de um líquido normalmente diminui à medida que aumenta a temperatura; por isso o melaço quente flui mais rápido que o melaço frio.

Figura 12.10
(a) Quando a adesão é maior do que a coesão, o líquido (por exemplo, a água) sobe no tubo capilar. (b) Quando a coesão é maior que a adesão, como acontece com o mercúrio, surge uma depressão do líquido no tubo capilar. Note que o menisco no tubo com água é côncavo ou arredondado para baixo, enquanto no tubo de mercúrio é convexo ou arredondado para cima.

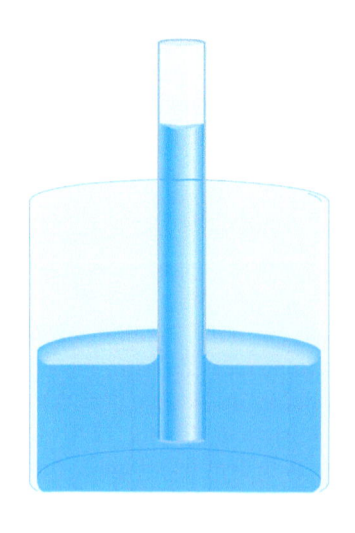

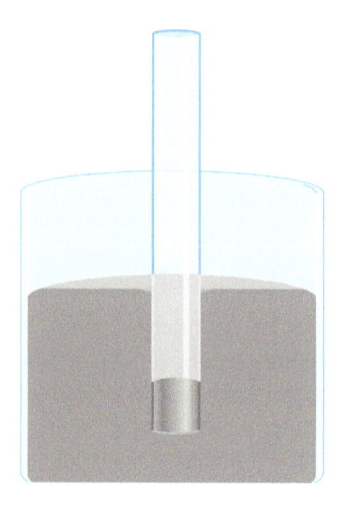

(a)   (b)

TABELA 12.3	Viscosidade de Alguns Líquidos Comuns a 20°C
Líquido	Viscosidade (N s/m^2)*
Acetona (C_3H_6O)	$3,16 \times 10^{-4}$
Benzeno (C_6H_6)	$6,25 \times 10^{-4}$
Sangue	4×10^{-3}
Tetracloreto de carbono (CCl_4)	$9,69 \times 10^{-4}$
Éter dietílico ($C_2H_5OC_2H_5$)	$2,33 \times 10^{-4}$
Etanol (C_2H_5OH)	$1,20 \times 10^{-3}$
Glicerol ($C_3H_8O_3$)	1,49
Mercúrio (Hg)	$1,55 \times 10^{-3}$
Água (H_2O)	$1,01 \times 10^{-3}$

*No sistema de unidades SI, as viscosidades são expressas em newton-segundo por metro quadrado.

Os líquidos que possuem forças intermoleculares mais intensas também têm maiores viscosidades que aqueles que apresentam forças intermoleculares mais fracas (Tabela 12.3). A água tem uma viscosidade superior à de muitos outros líquidos por causa da sua capacidade de formar ligações de hidrogênio. É interessante notar que o glicerol é o líquido com maior valor de viscosidade dentre os que estão listados na Tabela 12.3. A estrutura do glicerol é a seguinte:

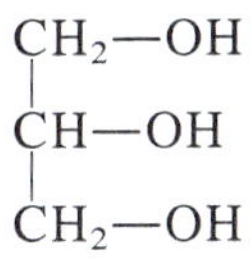

$$\begin{array}{c} CH_2-OH \\ | \\ CH-OH \\ | \\ CH_2-OH \end{array}$$

Tal como a água, o glicerol pode formar ligações de hidrogênio. Cada molécula possui três grupos —OH que podem participar em ligações de hidrogênio com outras moléculas de glicerol. Além disso, essas moléculas, em decorrência de seu formato, têm grande tendência a entrelaçarem-se em vez de escorregarem umas sobre as outras como acontece com as moléculas de líquidos menos viscosos. Essas interações contribuem para a elevada viscosidade do glicerol.

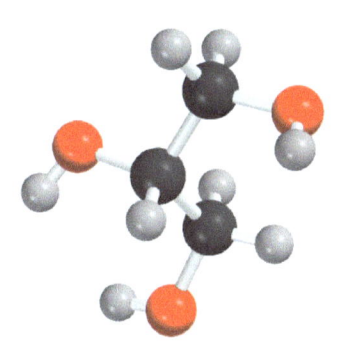

O glicerol é um líquido espesso, transparente e inodoro usado para fabricar explosivos, tintas e lubrificantes.

Estrutura e Propriedades da Água

A água é uma substância tão comum na Terra que, muitas vezes, não nos apercebemos de sua natureza singular. Todos os processos vitais envolvem água. Essa substância é um excelente solvente para muitos compostos iônicos, bem como para outras substâncias capazes de formar ligações de hidrogênio com suas moléculas.

Como mostra a Tabela 6.2, a água tem um calor específico elevado. A razão disso é que para elevar sua temperatura (isto é, aumentar a energia cinética média das moléculas) é preciso primeiro quebrar muitas ligações de hidrogênio intermoleculares. Então, a água pode absorver uma quantidade substancial de calor enquanto sua temperatura sofre apenas um pequeno aumento. O contrário também é verdadeiro: a água pode liberar muito calor com uma pequena diminuição em sua temperatura. Por essa razão, as enormes quantidades de água presentes nos lagos e nos oceanos podem efetivamente moderar o clima das regiões adjacentes absorvendo calor no verão e liberando calor no inverno, sem que haja grandes variações na temperatura da água.

Se não tivesse capacidade de formar ligações de hidrogênio, a água seria um gás à temperatura ambiente.

Figura 12.11
À esquerda: Cubos de gelo flutuando em água. À direita: O benzeno sólido afunda no benzeno líquido.

Mapa do potencial eletrostático da água.

A propriedade mais surpreendente da água é o fato de a sua forma sólida ser menos densa do que a líquida: o gelo flutua na superfície da água líquida. A densidade de quase todas as outras substâncias é maior no estado sólido do que no estado líquido (Figura 12.11).

Para compreendermos por que a água é diferente, temos de analisar a estrutura eletrônica da molécula H_2O. Como vimos, no Capítulo 9, há dois pares de elétrons não ligantes ou isolados no átomo de oxigênio:

$$H-\ddot{\underset{..}{O}}-H$$

Embora muitos outros compostos possam formar ligações de hidrogênio intermoleculares, a diferença entre a H_2O e outras moléculas polares, tais como NH_3 e HF, é que cada átomo de oxigênio pode formar *duas* ligações de hidrogênio, ou seja um número igual ao seu número de pares de elétrons isolados. Assim, as moléculas de água se juntam formando uma rede tridimensional estendida na qual cada átomo de oxigênio une-se a quatro átomos de hidrogênio, por meio de duas ligações covalentes e duas ligações de hidrogênio, adotando uma geometria aproximadamente tetraédrica. Essa igualdade entre o número de átomos de hidrogênio e o número de pares isolados, característica da água, não existe para o NH_3 ou o HF, e nem para qualquer outra molécula capaz de formar ligações de hidrogênio. Como conseqüência, essas moléculas podem formar anéis ou cadeias, mas não estruturas tridimensionais como a da água.

A estrutura tridimensional altamente ordenada do gelo (Figura 12.12) impede que as moléculas se aproximem muito umas das outras. Mas analisemos o que acontece quando o gelo se funde. No ponto de fusão, certo número de moléculas de água têm energia cinética suficiente para se libertarem das ligações de hidrogênio intermoleculares. Essas moléculas ficam presas nas cavidades da estrutura tridimensional que se quebra, dividindo-se em pequenos agregados (clusters). Como resultado desse processo, há mais moléculas por unidade de volume na água líquida do que no gelo. Então, uma vez que densidade = massa/volume, a densidade da água é maior do que a do gelo. Continuando o aquecimento, cresce o número de moléculas que se libertam das ligações de hidrogênio intermoleculares, de modo que a densidade da água tende a aumentar com a elevação da temperatura acima do ponto de fusão. É claro que, ao mesmo tempo, a água se expande ao ser aquecida e a sua densidade diminui. Esses dois processos — o aprisionamento das moléculas de água livres em cavidades e a expansão térmica — agem em sentidos opostos. De 0°C a 4°C, o aprisionamento prevalece e a água torna-se progressivamente mais densa. Acima de 4°C, contudo, a expansão térmica predomina e a densidade da água diminui à medida que a temperatura aumenta (Figura 12.13).

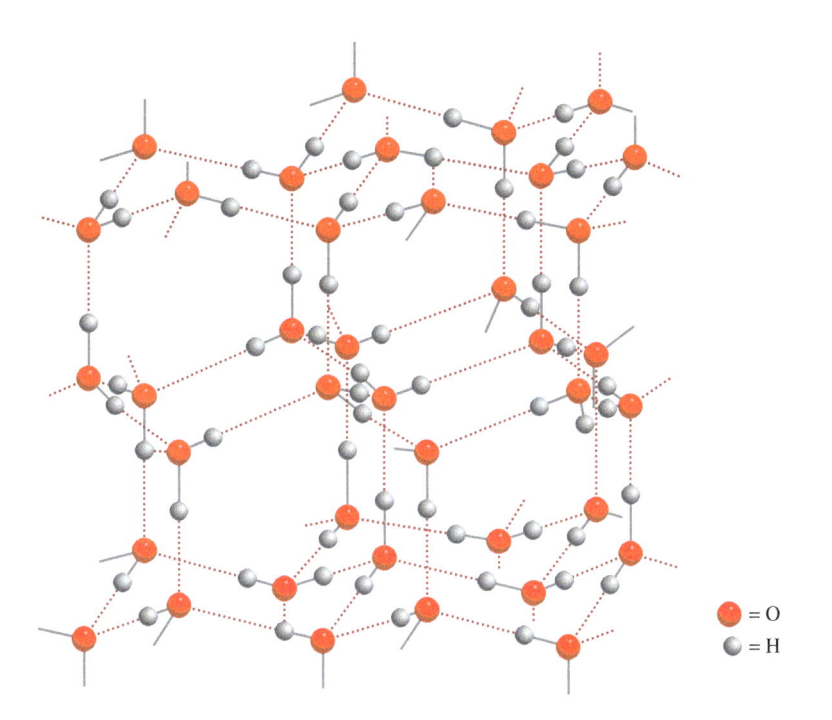

Figura 12.12
Estrutura tridimensional do gelo. Cada átomo de O está ligado a quatro átomos de H. As ligações covalentes estão representadas por traços cheios curtos e as ligações de hidrogênio, mais fracas, por linhas pontilhadas mais compridas entre O e H. As cavidades na estrutura são responsáveis pela baixa densidade do gelo.

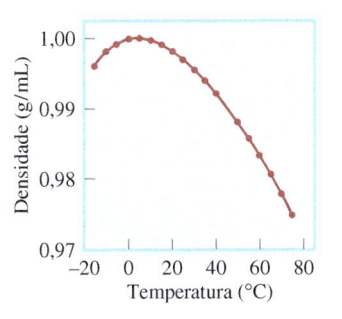

Figura 12.13
Densidade em função da temperatura para a água líquida. A densidade máxima da água é atingida a 4°C. A densidade do gelo a 0°C é cerca de 0,92 g/cm^3.

12.4 Estrutura Cristalina

Os sólidos podem ser classificados em duas categorias: cristalinos e não cristalinos (amorfos). O gelo é um **sólido cristalino**. Sólido cristalino é aquele que *possui uma ordem a longa distância; seus átomos, moléculas ou íons ocupam posições específicas*. As partículas em um sólido cristalino arranjam-se de forma tal que as forças intermoleculares atrativas atingem o seu valor máximo. As forças responsáveis pela estabilidade de qualquer cristal podem ser forças iônicas, ligações covalentes, forças de van der Waals, ligações de hidrogênio ou ainda uma combinação dessas forças. Os *sólidos não cristalinos (amorfos)*, como o vidro, não apresentam um arranjo bem-definido e com ordem molecular de longo alcance. Nesta seção, nos concentraremos na estrutura de sólidos cristalinos.

A unidade estrutural básica que se repete em um sólido cristalino é uma **célula unitária**. A Figura 12.14 mostra uma célula unitária e a sua repetição em três dimensões. Cada esfera *representa um átomo, íon ou molécula* e denomina-se **ponto reticular**. Em muitos cristais, o ponto reticular não contém efetivamente uma partícula. Em vez disso, pode haver um conjunto de átomos, íons ou moléculas dispostos de modo idêntico ao redor de cada ponto reticular. Para simplificarmos, podemos supor que cada ponto reticular seja ocupado por um átomo. Todos os sólidos cristalinos podem ser

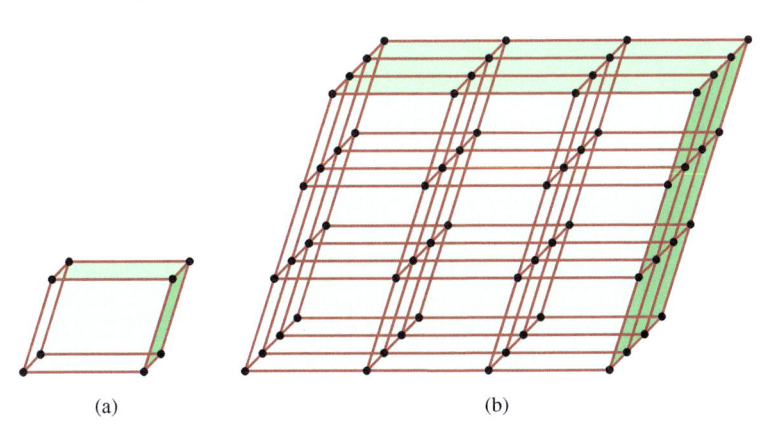

Figura 12.14
(a) Uma célula unitária e (b) a sua extensão tridimensional no espaço. As esferas pretas representam átomos ou moléculas.

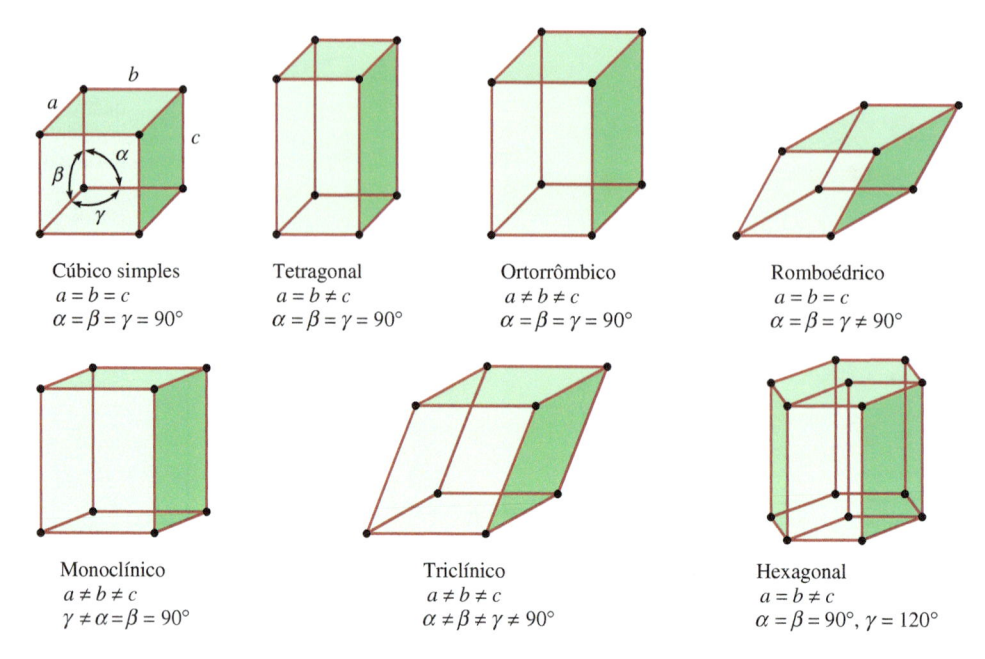

Figura 12.15
Os sete tipos de células unitárias. O ângulo α é definido pelas arestas b e c, o ângulo β pelas arestas a e c, e o ângulo γ pelas arestas a e b.

Cúbico simples
$a = b = c$
$\alpha = \beta = \gamma = 90°$

Tetragonal
$a = b \neq c$
$\alpha = \beta = \gamma = 90°$

Ortorrômbico
$a \neq b \neq c$
$\alpha = \beta = \gamma = 90°$

Romboédrico
$a = b = c$
$\alpha = \beta = \gamma \neq 90°$

Monoclínico
$a \neq b \neq c$
$\gamma \neq \alpha = \beta = 90°$

Triclínico
$a \neq b \neq c$
$\alpha \neq \beta \neq \gamma \neq 90°$

Hexagonal
$a = b \neq c$
$\alpha = \beta = 90°, \gamma = 120°$

descritos em termos de um dos sete tipos de células unitárias apresentadas na Figura 12.15. A geometria da célula unitária cúbica é particularmente simples porque todas as arestas e todos os ângulos são iguais. Quaisquer das células unitárias, quando repetidas nas três dimensões do espaço, formam uma estrutura reticular característica de um sólido cristalino.

Empacotamento de Esferas

Podemos compreender os requisitos geométricos gerais necessários para a formação de um cristal considerando as diferentes maneiras de empacotar determinado número de esferas idênticas (bolas de pingue-pongue, por exemplo) para formar uma estrutura tridimensional ordenada. O modo como as esferas são dispostas em camadas estabelece o tipo de célula unitária. No caso mais simples, uma camada de esferas pode ser arranjada como na Figura 12.16(a). A estrutura tridimensional pode, então, ser gerada colocando-se uma camada acima e outra abaixo da primeira, de tal forma que as esferas em uma camada fiquem diretamente sobre as esferas da camada imediatamente inferior.

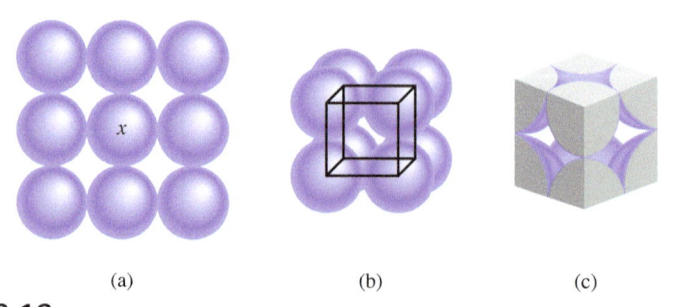

Figura 12.16
Arranjo de esferas idênticas em uma célula cúbica simples. (a) Camada de esferas vista de cima. (b) Definição de uma célula cúbica simples. (c) Uma vez que cada esfera é compartilhada por oito células unitárias e cada cubo tem oito vértices, no interior de uma célula unitária cúbica simples existe o equivalente a uma esfera completa.

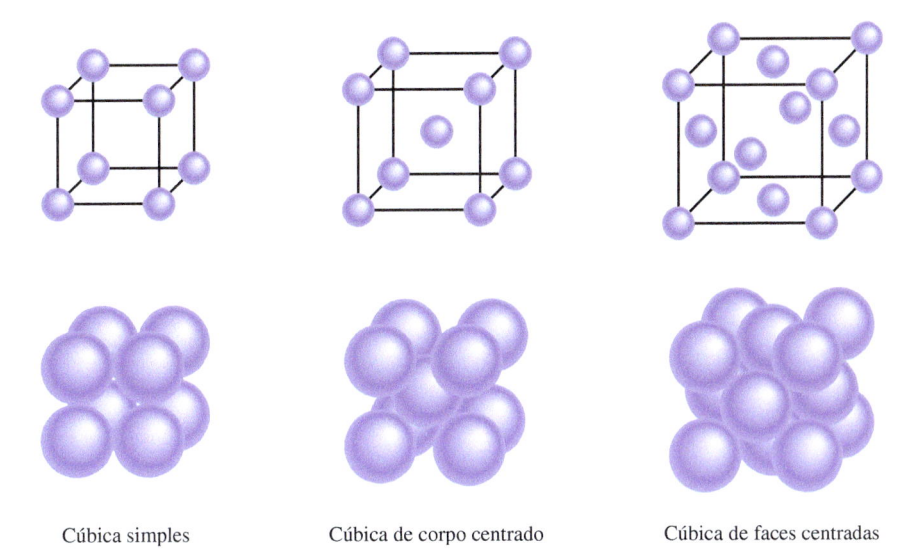

Figura 12.17
Três tipos de células cúbicas. Na realidade, as esferas que representam átomos, moléculas ou íons estão em contato umas com as outras nessas células.

Cúbica simples   Cúbica de corpo centrado   Cúbica de faces centradas

Esse procedimento pode ser repetido de modo que dê origem a muitas, muitas camadas, no caso de um cristal. Considerando a esfera marcada com *x*, vê-se que ela está em contato com quatro esferas na sua própria camada, uma esfera na camada de cima e uma esfera na camada de baixo. Diz-se que cada esfera nesse arranjo espacial possui um número de coordenação igual a 6, pois tem seis vizinhos próximos. O ***número de coordenação*** é definido como *o número de átomos (ou íons) que rodeiam um átomo (ou íon) em uma rede cristalina*. A unidade básica que se repete nesse arranjo regular de esferas chama-se *célula cúbica simples* (cs) [Figura 12.16 (b)].

Os outros tipos de células cúbicas são: a *célula cúbica de corpo centrado* (ccc) e a *célula cúbica de faces centradas* (cfc) (Figura 12.17). Um arranjo cúbico de corpo centrado difere de um cúbico simples pelo fato de a segunda camada de esferas se encaixar nas depressões da primeira camada e a terceira nas depressões da segunda camada. O número de coordenação de cada esfera nessa estrutura é 8 (cada esfera está em contato com quatro esferas da camada superior e quatro esferas da camada inferior). Na célula cúbica de faces centradas, há uma esfera no centro de cada uma das seis faces do cubo, além das oito esferas situadas nos vértices; o número de coordenação de cada esfera é 12.

Em um sólido cristalino, cada célula unitária possui outras células unitárias adjacentes, e, por isso, a maior parte dos átomos em uma célula é compartilhada pelas células vizinhas. Por exemplo, em todos os tipos de células cúbicas, cada átomo situado em um vértice pertence a oito células unitárias [Figura 12.18(a)]; um átomo situado no centro de uma face é compartilhado por duas células unitárias [Figura 12.18(b)]. Como cada esfera situada em um vértice é compartilhada por oito células unitárias e um cubo

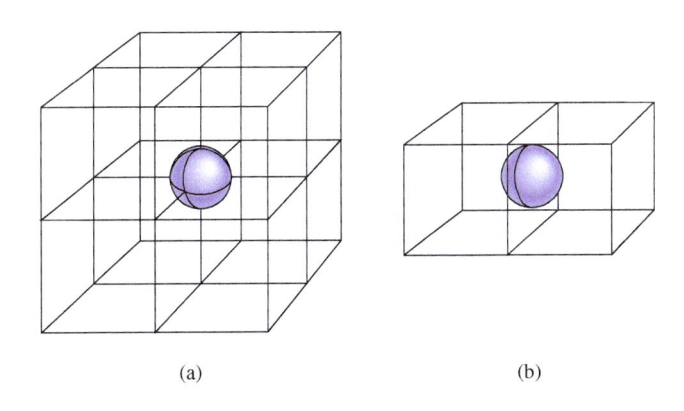

(a)   (b)

Figura 12.18
(a) Um átomo situado em um vértice de qualquer célula é compartilhado por oito células unitárias. (b) Um átomo situado no centro de uma face de uma célula cúbica é compartilhado por duas células unitárias.

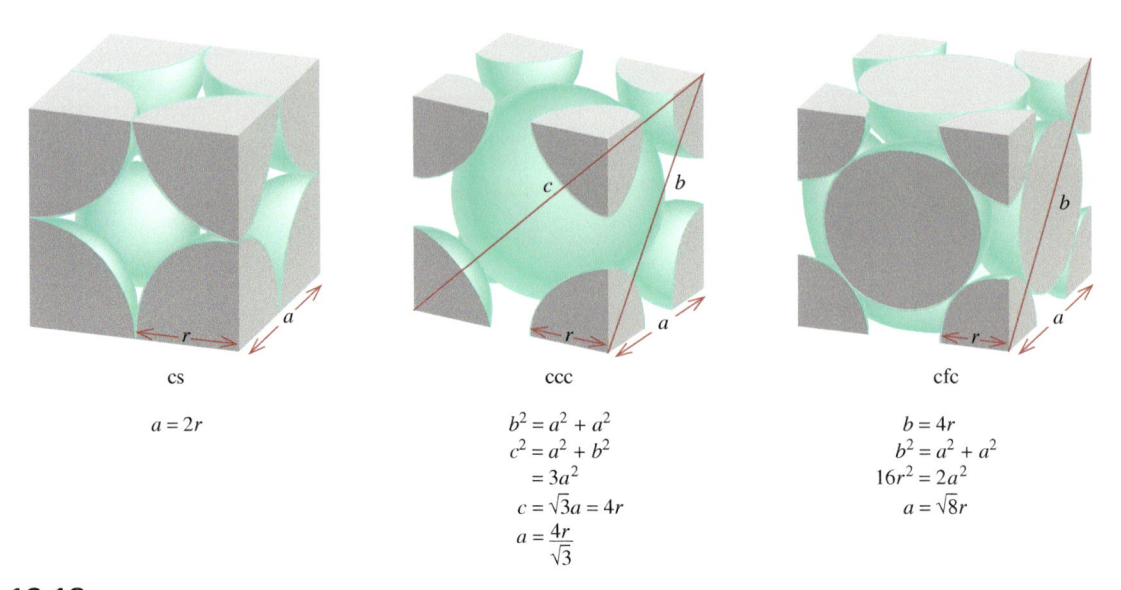

Figura 12.19
Relação entre o comprimento da aresta (a) e o raio (r) dos átomos para uma célula cúbica simples (cs), uma célula cúbica de corpo centrado (ccc) e uma célula cúbica de faces centradas (cfc).

cs
$a = 2r$

ccc
$b^2 = a^2 + a^2$
$c^2 = a^2 + b^2$
$= 3a^2$
$c = \sqrt{3}a = 4r$
$a = \dfrac{4r}{\sqrt{3}}$

cfc
$b = 4r$
$b^2 = a^2 + a^2$
$16r^2 = 2a^2$
$a = \sqrt{8}r$

tem oito vértices, existe o equivalente a apenas uma esfera completa dentro de uma célula unitária cúbica simples (Figura 12.19). Uma célula cúbica de corpo centrado contém o equivalente a duas esferas completas, sendo uma inteira, localizada no centro do cubo, e as oito esferas dos vértices, que são compartilhadas. Uma célula cúbica de faces centradas contém quatro esferas completas — três esferas resultantes dos seis átomos situados nos centros das faces e uma resultante das oito esferas compartilhadas situadas nos vértices do cubo.

A Figura 12.19 resume as relações existentes entre o raio atômico r e o comprimento da aresta a de uma célula cúbica simples, uma célula cúbica de corpo centrado e uma célula cúbica de faces centradas. Essa relação pode ser utilizada para determinar a densidade do cristal, como mostra o Exemplo 12.3.

EXEMPLO 12.3

O ouro (Au) cristaliza em uma estrutura cúbica compacta (estrutura cúbica de faces centradas) e a sua densidade é 19,3 g/cm³. Calcule o raio atômico do ouro em picômetros.

Estratégia Queremos calcular o raio de um átomo de ouro. Para o caso de uma célula unitária cúbica de faces centradas, a relação entre o raio (r) e o comprimento da aresta (a), de acordo com a Figura 12.19, é $a = \sqrt{8}r$. Assim, para determinarmos r para um átomo de Au, precisamos saber qual é o valor de a. O volume do cubo é dado por $V = a^3$ ou $a = \sqrt[3]{V}$. Se podemos determinar o volume da célula unitária, então podemos calcular a. O valor da densidade é dado no problema.

$$\underset{\text{dado}}{\text{densidade}} = \frac{\overset{\text{queremos calcular}}{\text{massa}}}{\underset{\text{precisa ser determinado}}{\text{volume}}}$$

(Continua)

A seqüência de etapas resume-se a seguir:

densidade da célula unitária ⟶ volume da célula unitária ⟶ comprimento da aresta da célula unitária ⟶ raio do átomo de Au

Solução

Passo 1: Sabemos o valor de densidade, e para determinar o volume, vamos calcular primeiro a massa da célula unitária. Cada célula unitária tem oito vértices e seis faces. O número total de átomos contido nessa célula, de acordo com a Figura 12.18, é

$$\left(8 \times \frac{1}{8}\right) + \left(6 \times \frac{1}{2}\right) = 4$$

A massa da célula unitária em gramas é

$$m = \frac{4 \text{ átomos}}{1 \text{ célula unitária}} \times \frac{1 \text{ mol}}{6{,}022 \times 10^{23} \text{ átomos}} \times \frac{197{,}0 \text{ g Au}}{1 \text{ mol Au}}$$
$$= 1{,}31 \times 10^{-21} \text{ g/célula unitária}$$

Com base na definição de densidade ($d = m/V$), calculamos o volume da célula unitária do seguinte modo:

$$V = \frac{m}{d} = \frac{1{,}31 \times 10^{-21} \text{ g}}{19{,}3 \text{ g/cm}^3} = 6{,}79 \times 10^{-23} \text{ cm}^3$$

Passo 2: Como o volume é dado pela aresta elevada ao cubo, podemos calcular a raiz cúbica do volume da célula unitária para obter o comprimento da aresta (*a*) da célula

$$a = \sqrt[3]{V}$$
$$= \sqrt[3]{6{,}79 \times 10^{-23} \text{ cm}^3}$$
$$= 4{,}08 \times 10^{-8} \text{ cm}$$

Passo 3: Observando a Figura 12.19, vemos que o raio (*r*) de uma esfera de Au está relacionado ao comprimento da aresta por meio da expressão

$$a = \sqrt{8}\,r.$$

Sendo assim,

$$r = \frac{a}{\sqrt{8}} = \frac{4{,}08 \times 10^{-8} \text{ cm}}{\sqrt{8}}$$
$$= 1{,}44 \times 10^{-8} \text{ cm}$$
$$= 1{,}44 \times 10^{-8} \text{ cm} \times \frac{1 \times 10^{-2} \text{ m}}{1 \text{ cm}} \times \frac{1 \text{ pm}}{1 \times 10^{-12} \text{ m}}$$
$$= 144 \text{ pm}$$

Lembre-se de que a densidade é uma propriedade intensiva, e, por isso, seu valor é o mesmo para uma célula unitária ou para 1 cm³ de substância.

Problema semelhante: 12.48.

Exercício
A prata cristaliza em uma estrutura cúbica de faces centradas. O comprimento da aresta da célula unitária é 408,7 pm. Calcule a densidade da prata.

12.5 Ligação nos Sólidos

A estrutura e as propriedades dos sólidos cristalinos, como ponto de fusão, densidade e dureza, são determinadas pelas forças de atração que mantêm as partículas coesas. Os cristais podem ser classificados de acordo com os tipos de forças existentes entre as partículas: iônicas, moleculares, covalentes e metálicas (Tabela 12.4).

TABELA 12.4 — Tipos de Cristais e Propriedades Gerais

Tipo de Cristal	Força(s) Responsável(eis) pela Coesão das Unidades	Propriedades Gerais	Exemplos
Iônico	Atração eletrostática	Duro, frágil, ponto de fusão elevado, pobre condutor de calor e de eletricidade	NaCl, LiF, MgO, $CaCO_3$
Molecular*	Forças de dispersão, forças dipolo-dipolo, ligações de hidrogênio	Mole, baixo ponto de fusão, pobre condutor de calor e de eletricidade	Ar, CO_2, I_2, H_2O, $C_{12}H_{22}O_{11}$ (sacarose)
Covalente	Ligação covalente	Duro, ponto de fusão elevado, pobre condutor de calor e de eletricidade	C (diamante),[†] SiO_2 (quartzo)
Metálico	Ligação metálica	Mole a duro, ponto de fusão de baixo a elevado, bom condutor de calor de eletricidade	Todos os elementos metálicos; por exemplo Na, Mg, Fe, Cu

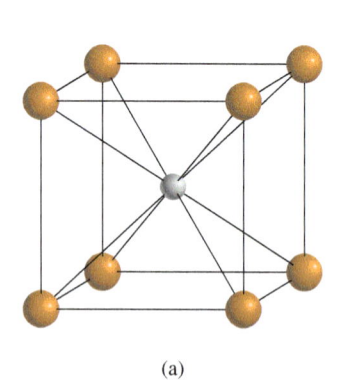

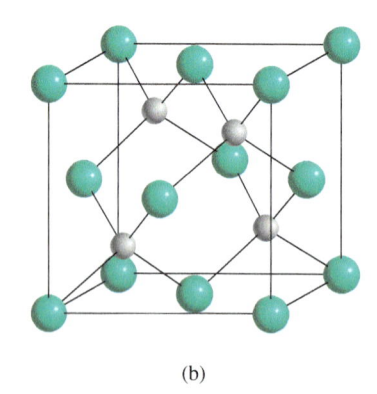

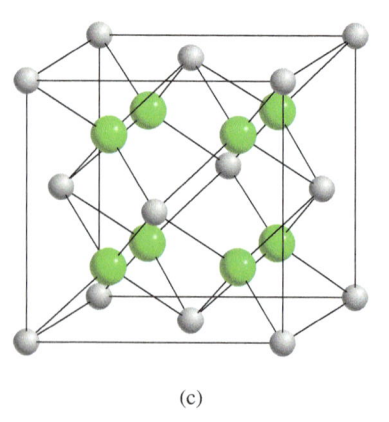

*Incluem-se nesta categoria os cristais constituídos por átomos.
[†] O diamante é um bom condutor térmico.

O crescimento destes gigantescos cristais de diidrogenofosfato de potássio foi realizado em laboratório. O maior deles pesa 315 Kg!

Cristais Iônicos

Cristais iônicos são formados por íons unidos por ligações iônicas. A estrutura de um cristal iônico depende das cargas do cátion e do ânion e também de seus raios. Já discutimos a estrutura do cloreto de sódio, que tem um retículo cúbico de faces centradas (veja a Figura 2.12). A Figura 12.20 mostra as estruturas de três outros cristais iônicos: CsCl, ZnS e CaF_2. Como o Cs^+ é bem maior que o Na^+, o CsCl apresenta uma estrutura reticular cúbica simples. O ZnS apresenta estrutura da *blenda de zinco*, que é baseada no retículo cúbico de faces centradas. Se os íons S^{2-} estiverem localizados nos pontos reticulares, os íons Zn^{2+} estarão situados a um quarto da distância ao longo de cada diagonal do cubo. Entre outros compostos iônicos que possuem a estrutura blenda de zinco estão o CuCl, o BeS, o CdS e o HgS. O CaF_2 apresenta a estrutura *fluorita*. Os íons Ca^{2+} estão localizados nos pontos reticulares, e cada íon F^- é rodeado por quatro íons de Ca^{2+}, formando um tetraedro. Os compostos SrF_2, BaF_2, $BaCl_2$ e PbF_2 também apresentam a estrutura fluorita.

Figura 12.20
Estruturas cristalinas do (a) CsCl, (b) ZnS e (c) CaF2. Em todos os casos o cátion é representado pela esfera menor.

Sólidos iônicos apresentam pontos de fusão elevados, o que indica a existência de poderosas forças coesivas mantendo os íons unidos. Esses sólidos não conduzem eletricidade porque os íons ocupam posições fixas. Mas quando fundidos ou dissolvidos em água, os íons ficam livres para se movimentar e o líquido resultante é um condutor de eletricidade.

EXEMPLO 12.4

Quantos íons Na^+ e Cl^- existem em cada célula unitária de NaCl?

Solução A estrutura do NaCl baseia-se em uma rede cúbica de faces centradas. Como mostra a Figura 12.21, existe um íon Na^+ inteiro no centro da célula unitária e há 12 íons Na^+ nas arestas. Uma vez que cada íon Na^+ situado na aresta é compartilhado por quatro células unitárias, o número total de íons Na^+ é $1 + (12 \times \frac{1}{4}) = 4$. De modo análogo, há seis íons Cl^- nos centros das faces e oito íons Cl^- nos vértices. Cada íon situado no centro de uma face é compartilhado por duas células unitárias e cada íon situado nos vértices é compartilhado por oito células unitárias (veja a Figura 12.18), de modo que o número total de íons Cl^- é $(6 \times \frac{1}{2}) + (8 \times \frac{1}{8}) = 4$. Portanto, há quatro íons Na^+ e quatro íons Cl^- em cada célula unitária de NaCl. A Figura 12.21 indica as frações dos íons Na^+ e Cl^- existentes *dentro* da célula unitária.

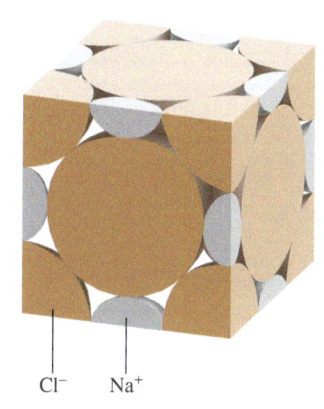

Figura 12.21
Frações de Na^+ e Cl^- existentes dentro de uma célula unitária cúbica.

Problema semelhante: 12.47.

Exercício Quantos átomos existem em um cubo de corpo centrado, admitindo que todos eles ocupem pontos reticulares?

Cristais Moleculares

Os cristais moleculares consistem em átomos ou moléculas unidos por forças de van der Waals e/ou ligações de hidrogênio. Um exemplo de cristal molecular é o dióxido de enxofre sólido (SO_2), no qual a força atrativa predominante é a interação dipolo-dipolo. As ligações de hidrogênio intermoleculares são as principais responsáveis pela manutenção da rede tridimensional no gelo (veja a Figura 12.12). Outros exemplos de cristais moleculares são os de I_2, P_4 e S_8.

Com exceção do gelo, o empacotamento das moléculas nos cristais moleculares, em geral, ocorre de tal modo que elas fiquem tão próximas quanto os seus formatos e tamanhos permitem. Em razão de as forças de van der Waals e as ligações de hidrogênio serem muito fracas comparativamente às ligações covalentes e iônicas, os cristais moleculares quebram-se mais facilmente do que os cristais iônicos e os covalentes. De fato, a maioria dos cristais covalentes funde-se abaixo de 200°C.

Enxofre.

Cristais Covalentes

Nos cristais covalentes (às vezes, chamados de redes covalentes de cristais), os átomos mantêm-se unidos totalmente através de ligações covalentes formando redes tridimensionais estendidas. Nesses casos, não existem moléculas discretas, o que os diferem dos sólidos moleculares. Exemplos bem conhecidos são os dois alótropos do carbono: o diamante e a grafite (veja a Figura 8.14). No diamante, cada átomo de carbono é tetraedricamente ligado a outros quatro átomos (Figura 12.22). As ligações covalentes fortes que existem nas três dimensões do espaço contribuem para a rara dureza do diamante (é o material mais duro que se conhece) e para o seu elevado ponto de fusão (3.550°C). Na grafite, os átomos de carbono estão dispostos em anéis de seis membros. Todos os átomos de carbono apresentam hibridização sp^2; cada átomo está ligado covalentemente a outros três átomos. O orbital $2p$ não hibridizado é usado em uma ligação pi. Os elétrons nestes orbitais $2p$ se movem livremente, tornando a grafite um bom condutor de eletricidade nas direções ao longo dos planos dos átomos de carbono. As camadas mantêm-se unidas por forças de van der Waals fracas. As ligações covalentes conferem certa dureza

O elétrodo central das pilhas das lanternas é feito de grafite.

Figura 12.22
(a) Estrutura do diamante. Cada átomo de carbono está ligado tetraedricamente a outros quatro átomos de carbono. (b) Estrutura da grafite. A distância entre camadas adjacentes é de 335 pm.

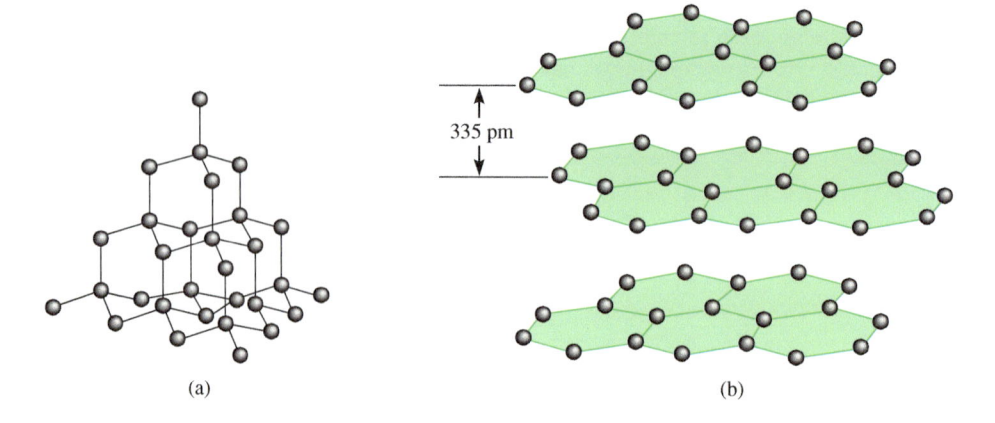

(a)

335 pm

(b)

Quartzo.

à grafite; entretanto, em virtude de as camadas poderem deslizar umas relativamente às outras, a grafite é lisa e pode ser utilizada como lubrificante. Também é usada em lápis e em fitas para impressoras de computadores e máquinas de escrever.

Outro tipo de cristal covalente é o quartzo (SiO_2). O arranjo dos átomos de silício no quartzo é semelhante ao dos átomos de carbono no diamante, mas no quartzo há um átomo de oxigênio entre cada par de átomos de Si. Como o Si e o O têm valores diferentes de eletronegatividade (veja a Figura 9.4), a ligação Si—O é polar. No entanto, o SiO_2 é muito semelhante ao diamante em diversos aspectos, como a dureza e o elevado ponto de fusão (1.610°C).

Cristais Metálicos

Sob certo aspecto, a estrutura dos cristais metálicos é a mais simples de tratar, uma vez que todos os pontos reticulares no cristal estão ocupados por átomos do mesmo metal. A ligação nos metais é muito diferente daquelas que existem em outros tipos de cristais. Em um metal, os elétrons ligantes estão espalhados (ou deslocalizados) sobre todo o cristal. De fato, podemos imaginar os átomos metálicos em um cristal como um arranjo ordenado de íons positivos imersos em um mar de elétrons de valência deslocalizados (Figura 12.23). A grande força coesiva que resulta da deslocalização é responsável pela resistência dos metais, que aumenta com o aumento do número de elétrons disponíveis para as ligações. Por exemplo, o ponto de fusão do sódio, que tem um elétron de valência, é de 97,6°C, enquanto o do alumínio, que possui três elétrons de valência é de 600°C. A mobilidade dos elétrons deslocalizados torna os metais bons condutores de calor e de eletricidade.

Os sólidos são mais estáveis quando estão na forma cristalina. Contudo, se um sólido se forma rapidamente (por exemplo, quando um líquido é resfriado rapidamente), os átomos ou moléculas não têm tempo suficiente para se alinharem e podem ficar presos em posições diferentes daquelas de um cristal regular. O sólido resultante é denominado sólido *não cristalino* (ou *amorfo*). Os ***sólidos não cristalinos (amorfos)***, como o vidro, *não apresentam um arranjo tridimensional ordenado de átomos.*

12.6 Mudanças de Fase

Figura 12.23
Seção transversal de um cristal metálico. Cada círculo com carga positiva representa o núcleo e os elétrons internos de um átomo metálico. A região sombreada em cinza, que rodeia os íons metálicos positivos indica o "mar de elétrons" móveis.

Os assuntos discutidos no Capítulo 5 e neste nos deram uma visão global das propriedades dos três estados da matéria: gasoso, líquido e sólido. Cada um desses estados é chamado de ***fase***, *que é uma parte homogênea do sistema que está em contato com outras partes, mas delas separada por um limite bem-definido*. Um cubo de gelo flutuando na água compõe-se de duas fases de água — a fase sólida (gelo) e a fase líquida (água). ***Mudanças de fase***, ou seja, *transformações de uma fase em outra*, ocorrem quando se fornece ou se retira energia (geralmente sob a forma de calor). Mudanças de

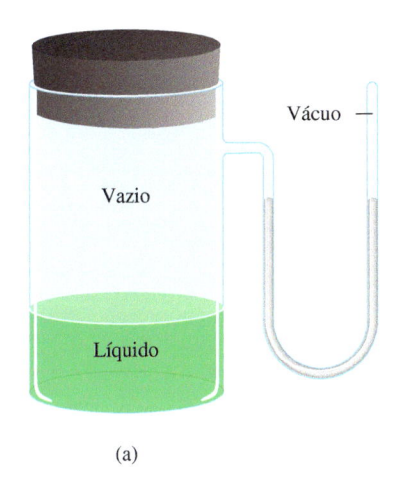

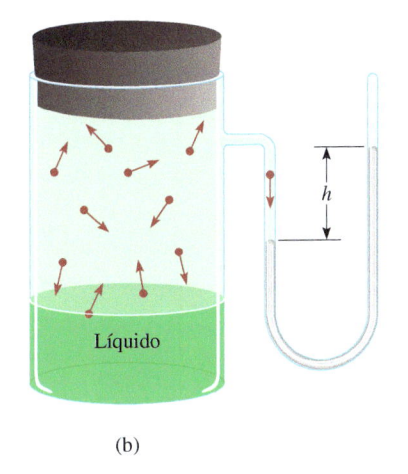

Figura 12.24
Montagem experimental para medir a pressão de vapor de um líquido (a) antes da evaporação começar e (b) no equilíbrio, quando já não há mais evidência de mudanças. Em (b) o número de moléculas que deixa o líquido é igual ao número de moléculas que retorna ao líquido. A diferença entre os níveis de mercúrio (h) representa a pressão de vapor no equilíbrio do líquido a determinada temperatura.

fase são transformações físicas caracterizadas por modificações na ordem molecular; as moléculas no estado sólido possuem a ordem máxima e na fase gasosa encontram-se em um estado extremamente caótico. Lembre-se de que existe uma relação entre a variação de energia e o aumento ou diminuição na ordem molecular pois isso ajuda a compreender a natureza das mudanças de fase.

Equilíbrio Líquido-Vapor

Pressão de Vapor

As moléculas em um líquido não estão fixadas em uma rede rígida. Embora não possuam liberdade total como a das moléculas gasosas, elas estão em movimento constante. Em virtude de os líquidos serem mais densos do que os gases, a velocidade das colisões entre as moléculas é muito mais elevada na fase líquida do que na fase gasosa. *A uma dada temperatura, um certo número de moléculas em um líquido possui energia cinética suficiente para escapar da superfície.* Esse processo é chamado **evaporação** ou **vaporização**.

Quando ocorre a evaporação de um líquido, as suas moléculas gasosas exercem uma pressão de vapor. Considere a montagem apresentada na Figura 12.24. Antes de o processo de evaporação começar, os níveis de mercúrio no manômetro são iguais. Assim que algumas moléculas deixam o líquido, estabelece-se uma fase de vapor. A pressão de vapor só é mensurável quando existir uma quantidade razoável de vapor. Contudo, o processo de evaporação não continua indefinidamente. Ao final, os níveis de mercúrio se estabilizam e não se detectam mais transformações.

O que ocorre ao nível molecular durante a evaporação? No início, o movimento dá-se apenas em uma direção: as moléculas se movem do líquido para o espaço vazio. Logo, as moléculas no espaço acima do líquido rapidamente estabelecem uma fase de vapor. *À medida que a concentração das moléculas na fase de vapor aumenta, algumas moléculas retornam à fase líquida*, processo este denominado **condensação**. A condensação ocorre quando uma molécula colide com a superfície do líquido ficando presa nele pelas forças intermoleculares existentes.

A velocidade de evaporação é constante para qualquer temperatura e a velocidade de condensação aumenta com o aumento da concentração de moléculas na fase vapor. Atinge-se o estado de **equilíbrio dinâmico**, no qual *a velocidade do processo direto é exatamente compensada pela velocidade do processo reverso*, quando as velocidades de condensação e de evaporação se tornam iguais (Figura 12.25). A **pressão de vapor no equilíbrio** é definida como a *pressão de vapor medida na condição de equilíbrio dinâmico entre a condensação e a evaporação*. Freqüentemente usa-se o termo simplificado "pressão de vapor" para a pressão de vapor no equilíbrio de um líquido. Essa prática é aceitável desde que saibamos o significado do termo abreviado.

É importante notar que a pressão de vapor no equilíbrio é a pressão de vapor *máxima* que um líquido exerce a dada temperatura e tem valor constante a uma temperatura

A diferença entre um gás e um vapor é explicada na página 131.

Animação:
Pressão de Vapor no Equlíbrio
Centro de Aprendizagem Online

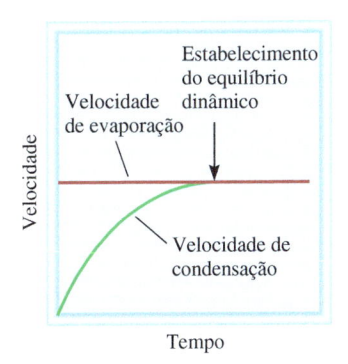

Figura 12.25
Comparação das velocidades de evaporação e de condensação a temperatura constante.

Figura 12.26
O aumento da pressão de vapor em função da temperatura para três líquidos. Os pontos de ebulição normais dos líquidos (a 1 atm) são indicados no eixo horizontal.

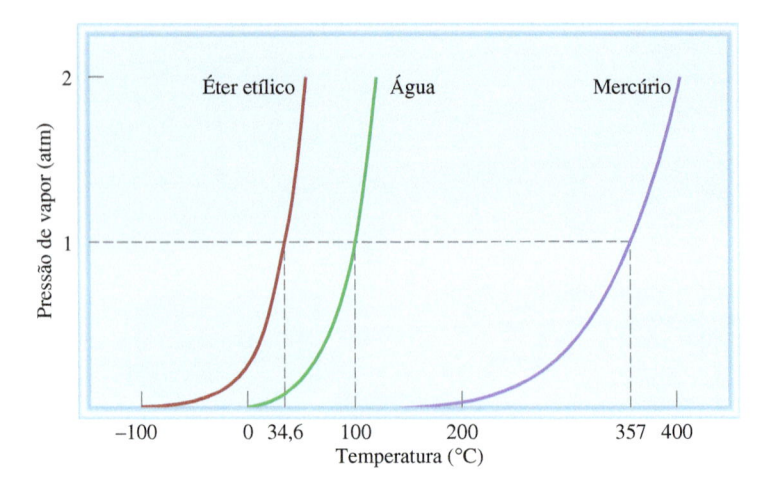

A pressão de vapor no equilíbrio independe da quantidade de líquido, contanto que haja algum líquido presente.

constante. Mas a pressão de vapor varia com a temperatura. A Figura 12.26 mostra um gráfico de pressão em função da temperatura para três líquidos diferentes. Sabemos que o número de moléculas com energia cinética mais alta é maior em temperaturas mais elevadas e, portanto, a velocidade de ebulição também é mais alta em maiores temperaturas. Por essa razão, a pressão de vapor de um líquido sempre aumenta com a temperatura. Por exemplo, a pressão de vapor da água é de 17,5 mmHg a 20°C, mas sobe para 760 mmHg a 100°C.

Calor de Vaporização e Ponto de Ebulição

Uma medida de quão fortemente as moléculas estão unidas em um líquido é o **calor de vaporização (ΔH_{vap})**, definido como *a energia* (usualmente em quilojoules) *necessária para vaporizar 1 mol de um líquido*. O calor molar de vaporização está diretamente relacionado à intensidade das forças intermoleculares existentes no líquido. Se a atração intermolecular é forte, será necessário fornecer muita energia para libertar as moléculas da fase líquida. Em conseqüência, o líquido tem uma pressão de vapor relativamente baixa e um calor de vaporização elevado.

A relação quantitativa entre a pressão de vapor P de um líquido e a temperatura absoluta T é dada pela equação de Clausius-Clapeyron

$$\ln P = -\frac{\Delta H_{vap}}{RT} + C \tag{12.1}$$

em que ln é o logaritmo natural, R é a constante dos gases (8,314 J/K · mol) e C é uma constante. A equação de Clausius-Clapeyron tem a forma de uma equação linear $y = mx + b$;

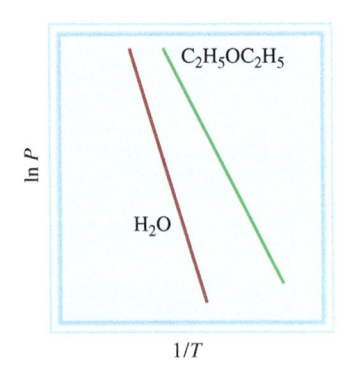

$$\ln P = \left(-\frac{\Delta H_{vap}}{R}\right)\left(\frac{1}{T}\right) + C$$
$$\updownarrow \qquad \updownarrow \qquad \updownarrow \qquad \updownarrow$$
$$y = \quad m \quad \ x \ + b$$

Figura 12.27
Gráficos de ln P em função de 1/T para a água e para o éter dietílico. A inclinação em qualquer um dos casos é dada por $-\Delta H_{vap}/R$.

Medindo a pressão de vapor de um líquido a diferentes temperaturas e fazendo um gráfico de ln P em função de 1/T, podemos determinar a inclinação da reta obtida, que é igual a $-\Delta H_{vap}/R$. (Admite-se que ΔH_{vap} não depende da temperatura.) Esse é o método utilizado para determinar calores de vaporização. A Figura 12.27 apresenta o gráfico de ln P em função de 1/T para a água e para o éter dietílico ($C_2H_5OC_2H_5$). Note que a reta referente à água apresenta maior inclinação, pois a água tem maior valor de ΔH_{vap} (Tabela 12.5).

TABELA 12.5	Calores de Vaporização Molar para Alguns Líquidos	
Substância	Ponto de Ebulição* (°C)	ΔH_{vap} (kJ/mol)
Argônio (Ar)	−186	6,3
Benzeno (C_6H_6)	80,1	31,0
Éter dietílico ($C_2H_5OC_2H_5$)	34,6	26,0
Etanol (C_2H_5OH)	78,3	39,3
Mercúrio (Hg)	357	59,0
Metano (CH_4)	−164	9,2
Água (H_2O)	100	40,79

*Medida a 1 atm.

Se conhecermos os valores de ΔH_{vap} e P de um líquido, a uma dada temperatura, podemos utilizar a equação de Clausius-Clapeyron para calcular a pressão de vapor do líquido a uma outra temperatura. Às temperaturas T_1 e T_2, as pressões de vapor são P_1 e P_2. Por meio da Equação (12.1), podemos escrever

$$\ln P_1 = -\frac{\Delta H_{vap}}{RT_1} + C \quad (12.2)$$

$$\ln P_2 = -\frac{\Delta H_{vap}}{RT_2} + C \quad (12.3)$$

Subtraindo a Equação (12.3) da Equação (12.2), obtemos

$$\ln P_1 - \ln P_2 = -\frac{\Delta H_{vap}}{RT_1} - \left(-\frac{\Delta H_{vap}}{RT_2}\right)$$
$$= \frac{\Delta H_{vap}}{R}\left(\frac{1}{T_2} - \frac{1}{T_1}\right)$$

Então

$$\ln \frac{P_1}{P_2} = \frac{\Delta H_{vap}}{R}\left(\frac{1}{T_2} - \frac{1}{T_1}\right)$$

ou

$$\ln \frac{P_1}{P_2} = \frac{\Delta H_{vap}}{R}\left(\frac{T_1 - T_2}{T_1 T_2}\right) \quad (12.4)$$

EXEMPLO 12.5

O éter dietílico é um líquido orgânico volátil, altamente inflamável, usado principalmente como solvente. A pressão de vapor do éter dietílico é 401 mmHg a 18°C. Calcule a sua pressão de vapor a 32°C.

Estratégia É dada a pressão de vapor do éter dietílico a uma certa temperatura e pede-se para determinar a pressão a uma outra temperatura. Portanto, necessitamos da Equação (12.4).

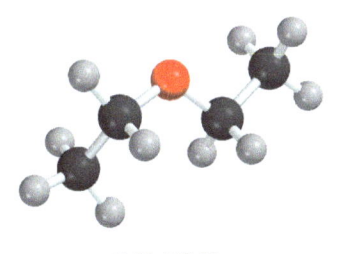

(Continua)

$C_2H_5OC_2H_5$

Solução   Pela Tabela 12.5, sabemos que $\Delta H_{vap} = 26{,}0$ kJ/mol. Os dados são

$$P_1 = 401 \text{ mmHg} \qquad P_2 = ?$$
$$T_1 = 18°C = 291 \text{ K} \qquad T_2 = 32°C = 305 \text{ K}$$

Da Equação (12.4), temos

$$\ln \frac{401}{P_2} = \frac{26.000 \text{ J/mol}}{8{,}314 \text{ J/K} \cdot \text{mol}} \left[\frac{291 \text{ K} - 305 \text{ K}}{(291 \text{ K})(305 \text{ K})} \right]$$
$$= -0{,}493$$

Aplicando antilogaritmos a ambos os lados da equação (veja o Apêndice 3), obtém-se

$$\frac{401}{P_2} = e^{-0{,}493} = 0{,}611$$

Então

$$P_2 = 656 \text{ mmHg}$$

Verificação   Espera-se que a pressão de vapor tenha valor maior a uma temperatura mais elevada. Desse modo, a resposta obtida é aceitável.

Exercício   A pressão de vapor do etanol é 100 mmHg a 34,9°C. Qual é a sua pressão de vapor a 63,5°C? (ΔH_{vap} para o etanol é 39,3 kJ/mol.)

Problema semelhante: 12.80.

Ácool isopropílico (álcool usado para fricção).

Um modo prático de demonstrar a existência do calor de vaporização é esfregar um álcool nas mãos. O calor das mãos é suficiente para aumentar a energia cinética das moléculas de álcool. O álcool evapora-se rapidamente, retirando o calor de suas mãos e, portanto, resfriando-as. Esse processo é semelhante ao da transpiração, que é um dos modos de manter constante a temperatura do corpo humano. Em virtude das fortes ligações de hidrogênio intermoleculares existentes na água, uma quantidade elevada de energia é necessária, no processo de transpiração, para vaporizar a água da superfície do corpo. Essa energia é fornecida pelo calor gerado em vários processos metabólicos.

Já vimos que a pressão de vapor de um líquido aumenta com a temperatura. Para cada líquido existe uma temperatura na qual inicia-se o processo de ebulição. O **ponto de ebulição** é *a temperatura na qual a pressão de vapor de um líquido é igual à pressão externa.* O ponto de ebulição *normal* de um líquido é igual ao ponto de ebulição quando a pressão externa tem o valor de 1 atm.

À temperatura de ebulição formam-se bolhas dentro do líquido. Quando se forma uma bolha, o líquido que originalmente ocupava esse espaço é afastado para os lados, forçando o nível do líquido, dentro do recipiente, a subir. A pressão exercida *sobre* a bolha é essencialmente a pressão atmosférica mais uma contribuição da *pressão hidrostática* (isto é, a pressão devido à presença do líquido). A pressão *dentro* da bolha deve-se apenas à pressão de vapor do líquido. Quando a pressão de vapor iguala-se à pressão externa, a bolha sobe até à superfície do líquido e arrebenta. Se a pressão de vapor dentro da bolha fosse mais baixa do que a pressão externa, a bolha colapsaria antes de poder subir. Podemos, então, concluir que o ponto de ebulição de um líquido depende da pressão externa. (Geralmente, a pequena contribuição da pressão hidrostática é desprezada.) Por exemplo, à pressão de 1 atm, a água entra em ebulição a 100°C, mas se a pressão for reduzida a 0,5 atm, a água entrará em ebulição à temperatura de apenas 82°C.

Uma vez que o ponto de ebulição é definido em termos da pressão de vapor do líquido, espera-se que o ponto de ebulição esteja relacionado com o calor de vaporização: quanto maior for o valor de ΔH_{vap}, maior será o ponto de ebulição. Os dados da Tabela 12.5 confirmam razoavelmente essa previsão. Em última análise, tanto o ponto de ebulição quanto o ΔH_{vap} são determinados pela intensidade das forças intermoleculares. Por exemplo, o argônio (Ar) e o metano (CH_4) que apresentam forças de dispersão fracas possuem pontos de ebulição baixos e pequenos calores de vaporização molares. O éter dietílico ($C_2H_5OC_2H_5$) tem um momento de dipolo e as forças de interação dipolo-dipolo são responsáveis pelos valores razoavelmente elevados do seu ponto de ebulição e de seu ΔH_{vap}. Tanto o etanol (C_2H_5OH) quanto a água apresentam ligações de hidrogênio fortes que explicam os valores elevados dos seus respectivos pontos de ebulição e ΔH_{vap}. As ligações metálicas fortes existentes no mercúrio são responsáveis pelos seus maiores valores de ponto de ebulição e de ΔH_{vap} dentro desse grupo de líquidos. Um caso interessante é o do benzeno que, apesar de ser apolar, apresenta um ponto de ebulição comparável ao do etanol. O benzeno tem uma polarizabilidade elevada e as forças de dispersão entre as moléculas de benzeno podem ser tão fortes, ou mesmo mais fortes, do que forças dipolo-dipolo e/ou ligações de hidrogênio.

Temperatura e Pressão Críticas

O processo inverso da vaporização é a condensação. Em princípio, pode-se realizar a liquefação de um gás por uma de duas técnicas. Resfriando-se uma amostra do gás, reduz-se a energia cinética de suas moléculas e, no final, as moléculas agregam-se para formar pequenas gotas de líquido. Alternativamente, pode-se aplicar uma pressão ao gás. Sob compressão, a distância média entre as moléculas do gás é reduzida, de tal modo que elas se unem por atração mútua. Os processos de liquefação industrial consistem em combinações desses dois métodos.

Cada substância tem uma **temperatura crítica (T_c)**, *acima da qual a sua forma gasosa não pode ser liquefeita por maior que seja a pressão aplicada*. Essa é também *a temperatura máxima na qual uma substância pode existir como um líquido*. A *pressão mínima que tem de ser aplicada para provocar liquefação à temperatura crítica* é denominada **pressão crítica (P_c)**. A existência da temperatura crítica pode ser explicada qualitativamente como se segue. A atração intermolecular é uma quantidade finita para qualquer substância. Abaixo da T_c, essa atração é suficientemente forte para manter as moléculas juntas (sob uma pressão apropriada) em um líquido. Acima da T_c, o movimento molecular torna-se tão energético que as moléculas podem escapar, superando essa atração. A Figura 12.28 mostra o que acontece quando o hexafluoreto de enxofre é aquecido acima da sua temperatura crítica (45,5°C) e depois resfriado abaixo dessa temperatura.

As forças intermoleculares são independentes da temperatura; a energia cinética das moléculas aumenta com a temperatura.

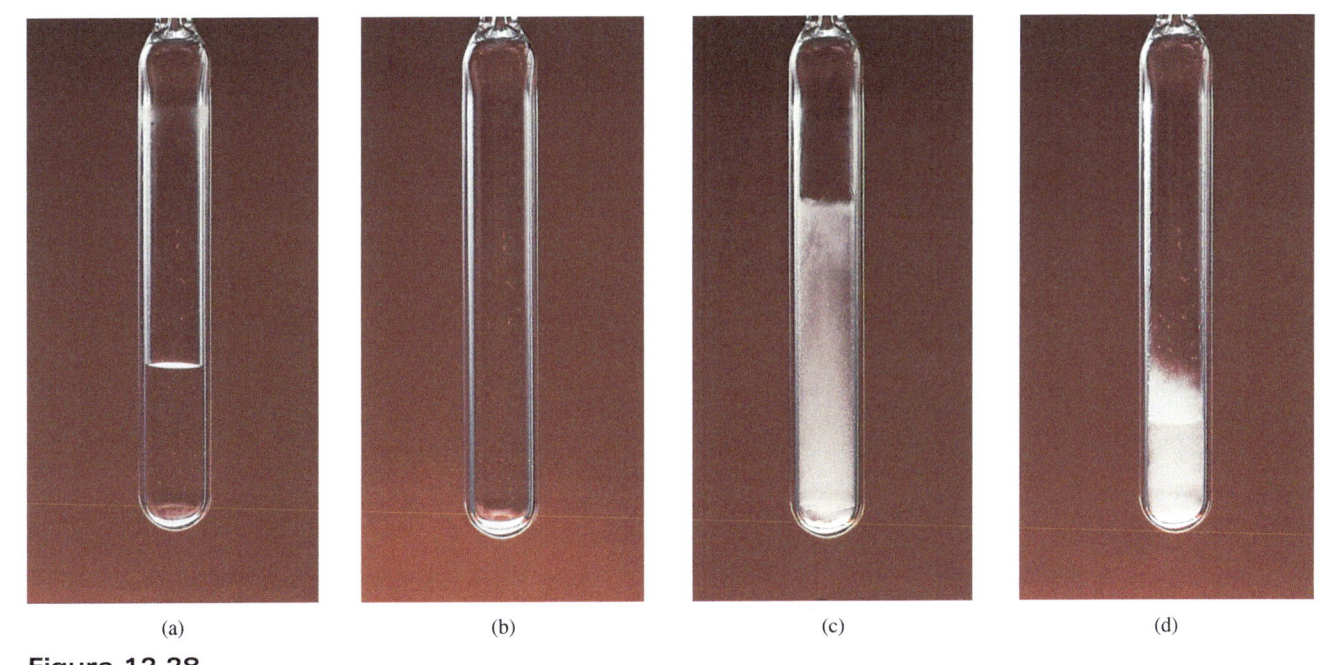

(a)   (b)   (c)   (d)

Figura 12.28
O fenômeno crítico do hexafluoreto de enxofre. (a) Abaixo da temperatura crítica, uma fase líquida límpida é visível. (b) Acima da temperatura crítica a fase líquida desaparece. (c) A substância é resfriada até uma temperatura um pouco inferior à temperatura crítica. A aparência de névoa representa a condensação do vapor. (d) Finalmente, a fase líquida reaparece.

TABELA 12.6	Temperaturas Críticas e Pressões Críticas de Algumas Substâncias	
Substância	T_c(°C)	P_c(atm)
Amônia (NH_3)	132,4	111,5
Argônio (Ar)	−186	6,3
Benzeno (C_6H_6)	288,9	47,9
Dióxido de carbono (CO_2)	31,0	73,0
Éter dietílico ($C_2H_5OC_2H_5$)	192,6	35,6
Etanol (C_2H_5OH)	243	63,0
Mercúrio (Hg)	1462	1036
Metano (CH_4)	−83,0	45,6
Hidrogênio molecular (H_2)	−239,9	12,8
Nitrogênio molecular (N_2)	−147,1	33,5
Oxigênio molecular (O_2)	−118,8	49,7
Hexafluoreto de enxofre (SF_6)	45,5	37,6
Água (H_2O)	374,4	219,5

A Tabela 12.6 mostra valores de temperatura e pressão críticas para várias substâncias. O benzeno, o etanol, o mercúrio e a água, que apresentam forças intermoleculares intensas, possuem também temperaturas críticas elevadas em relação às das outras substâncias da tabela.

Equilíbrio Líquido-Sólido

A transformação de um líquido em um sólido é denominada *solidificação* e o processo inverso chama-se *fusão*. O **ponto de fusão** de um sólido (ou o ponto de congelamento de um líquido) *é a temperatura na qual as fases sólida e líquida coexistem em equilíbrio*. O ponto de fusão *normal* (ou ponto de congelamento *normal*) de uma substância é o ponto de fusão medido à pressão de 1 atm. Geralmente a palavra "normal" é omitida ao referir-se ao ponto de fusão da substância quando a pressão é de 1 atm.

O equilíbrio líquido-sólido mais conhecido é o da água e do gelo. A 0°C e 1 atm, o equilíbrio dinâmico é representado por

$$\text{gelo} \rightleftharpoons \text{água}$$

Uma ilustração prática desse equilíbrio dinâmico é um copo com cubos de gelo. À medida que os cubos de gelo se fundem para formar água, parte da água contida entre os cubos de gelo pode congelar unindo os cubos, uns aos outros. Esse não é um equilíbrio dinâmico verdadeiro, pois, uma vez que o copo não é mantido a 0°C, todos os cubos de gelo acabam se fundindo.

A energia (usualmente em quilojoules) *necessária para fundir 1 mol de um sólido* é denominada **calor de fusão (ΔH_{fus})**. A Tabela 12.7 mostra os valores dos calores de fusão molar para as substâncias listadas na Tabela 12.5. Comparando-se os dados das duas tabelas, verifica-se que ΔH_{fus} é menor do que ΔH_{vap} para todas as substâncias. Essa constatação está de acordo com o fato de as moléculas no líquido estarem ainda razoavelmente próximas umas das outras, e assim é necessário fornecer alguma energia para o rearranjo do líquido a partir do sólido. Por outro lado, quando o líquido se evapora, suas moléculas ficam completamente separadas umas das outras, sendo necessária uma quantidade de energia muito maior para vencer as forças atrativas.

"Fusão" refere-se ao processo de fusão. Um "fusível" em um circuito elétrico se quebra quando uma tira metálica se funde por ação do calor gerado por uma intensidade de corrente excessivamente alta.

TABELA 12.7	Calor de Fusão para Algumas Substâncias	
Substância	Ponto de Fusão* (°C)	ΔH_{fus} (kJ/mol)
Argônio (Ar)	−190	1,3
Benzeno (C_6H_6)	5,5	10,9
Éter dietílico ($C_2H_5OC_2H_5$)	−116,2	6,90
Etanol (C_2H_5OH)	−117,3	7,61
Mercúrio (Hg)	−39	23,4
Metano (CH_4)	−183	0,84
Água (H_2O)	0	6,01

*Medido a 1 atm.

Equilíbrio Sólido-Vapor

Os sólidos também sofrem evaporação e, portanto, possuem pressão de vapor. Consideremos o seguinte equilíbrio dinâmico:

$$\text{sólido} \rightleftharpoons \text{vapor}$$

O processo em que as moléculas passam diretamente da fase sólida para a fase de vapor designa-se **sublimação**, e o processo inverso (isto é, *passagem direta do vapor para o sólido*) é denominado **deposição**. O naftaleno (uma substância usada nas bolas de naftalina) tem uma pressão de vapor razoavelmente elevada para um sólido (1 mmHg a 53°C); por isso o seu vapor acre rapidamente penetra em um espaço fechado. Em geral, como as moléculas encontram-se mais fortemente unidas em um sólido, normalmente a pressão de vapor do sólido é muito menor do que a do líquido correspondente. *A energia* (geralmente em quilojoules) *necessária para sublimar um mol de um sólido,* conhecida como **calor de sublimação (ΔH_{sub})**, *é dada pela* soma dos calores molares de fusão e de vaporização:

$$\Delta H_{sub} = \Delta H_{fus} + \Delta H_{vap} \qquad (12.5)$$

Precisamente, a Equação (12.5), que é um exemplo da aplicação da lei de Hess, é válida se todas as mudanças de fases ocorrem a mesma temperatura. A variação de entalpia ou calor do processo global é a mesma quer a substância passe diretamente da forma sólida para a de vapor, quer passe primeiro de sólido para líquido e depois para vapor. A Figura 12.29 resume os tipos de mudança de fase discutidos nesta seção.

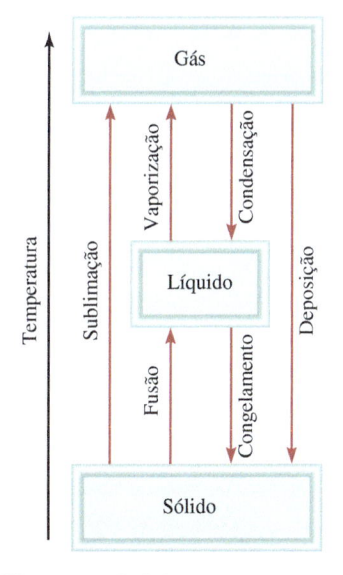

Iodo sólido em equilíbrio com o seu vapor.

12.7 Diagramas de Fases

A melhor forma de representar as relações gerais entre as fases sólida, líquida e vapor é por meio de um único gráfico conhecido como diagrama de fases. Um *diagrama de fases* resume as condições sob as quais uma substância existe no estado sólido, líquido ou gasoso. Nesta seção, vamos discutir brevemente os diagramas de fases da água e do dióxido de carbono.

Água

A Figura 12.30(a) mostra o diagrama de fases da água. O gráfico está dividido em três regiões, cada uma das quais representa uma fase pura. A linha que separa quaisquer duas regiões indica as condições sob as quais essas duas fases podem coexistir em equilíbrio.

Figura 12.29
As várias mudanças de fase que uma substância pode sofrer.

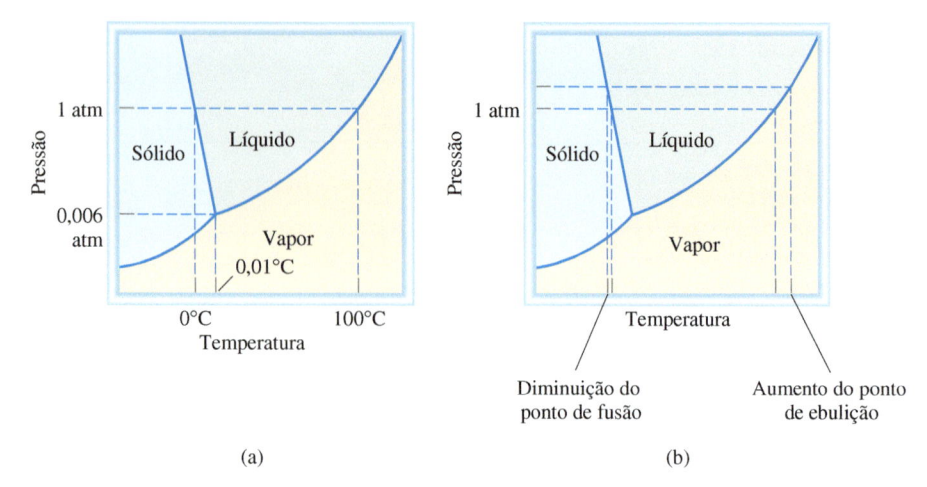

Figura 12.30
(a) Diagrama de fases da água. Cada linha cheia que separa duas fases especifica as condições de pressão e de temperatura sob as quais as duas fases podem coexistir em equilíbrio. O ponto em que as três fases podem existir em equilíbrio (0,006 atm e 0,01°C) chama-se ponto triplo. (b) De acordo com esse diagrama de fases, um aumento de pressão sobre o gelo provoca um abaixamento do seu ponto de fusão e um aumento da pressão sobre a água líquida faz aumentar o seu ponto de ebulição.

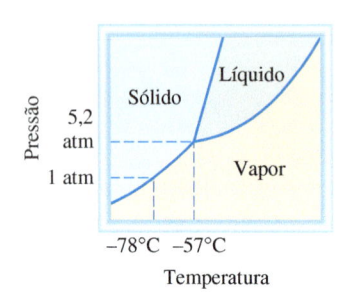

Figura 12.31
Diagrama de fases do dióxido de carbono. Note que a linha referente ao equilíbrio sólido-líquido tem uma inclinação positiva. A fase líquida não é estável abaixo de 5,2, atm de modo que apenas as fases sólida e vapor podem existir nas condições atmosféricas.

Por exemplo, a curva entre as fases líquida e vapor mostra a variação da pressão de vapor com a temperatura. As outras duas curvas indicam, do mesmo modo, as condições de equilíbrio entre o gelo e a água líquida e entre o gelo e o vapor de água. (Observe que a linha de separação sólido-líquido apresenta uma inclinação negativa.) O ponto em que as três curvas se interceptam chama-se ***ponto triplo***. Para a água, esse ponto corresponde a 0,01°C e 0,006 atm. Essas são *as únicas pressão e temperatura em que pode existir um equilíbrio entre as três fases.*

Os diagramas de fases permitem prever mudanças nos pontos de fusão e de ebulição de uma substância em função de variações da pressão externa; é possível ainda prever em que sentido ocorrem as mudanças de fase quando há alterações de temperatura e de pressão. Os pontos de fusão e de ebulição normais da água, medidos a 1 atm, são 0°C e 100°C, respectivamente. O que aconteceria se os processos de fusão ou de ebulição se realizassem sob uma pressão diferente? A Figura 12.30(b) mostra bem que o aumento da pressão acima de 1 atm faria aumentar o ponto de ebulição e diminuir o ponto de fusão. Uma diminuição na pressão faria baixar o ponto de ebulição e aumentar o ponto de fusão.

Dióxido de Carbono

O diagrama de fases do dióxido de carbono (Figura 12.31) é semelhante ao da água, com uma exceção muito importante — a inclinação da curva situada entre o sólido e o líquido é positiva. Isso acontece para quase todas as outras substâncias. A água comporta-se de maneira diferente, pois o gelo é *menos* denso do que a água líquida. O ponto triplo do dióxido de carbono ocorre a 5,2 atm e a −57°C.

Devemos fazer uma observação importante com relação ao diagrama de fases da Figura 12.31. Como se pode ver, toda a região da fase líquida fica situada acima da pressão atmosférica; portanto, é impossível haver fusão do dióxido de carbono a 1 atm. Em vez de fundir, quando aquecido a −78°C e 1 atm , o CO_2 sólido sublima. O dióxido de carbono sólido é chamado de gelo seco porque tem um aspecto semelhante ao do gelo e *não se funde* (Figura 12.32). Em conseqüência dessa propriedade, o gelo seco é muito usado como refrigerante.

Figura 12.32
O dióxido de carbono sólido não pode se fundir nas condições atmosféricas; só pode sublimar. O gás dióxido de carbono frio provoca a condensação do vapor de água circundante, formando uma névoa.

Resumo de Fatos e Conceitos

1. Todas as substâncias existem em um dos três estados: gasoso, líquido ou sólido. A principal diferença entre os estados condensados e o estado gasoso é a distância que separa as moléculas.

2. As forças intermoleculares agem entre moléculas ou entre moléculas e íons. Em geral, essas forças são muito mais fracas do que as forças de ligação. As forças dipolo-dipolo e as forças íon-dipolo são forças de atração entre moléculas que possuem momentos de dipolo e, respectivamente moléculas polares e íons. As forças de dispersão resultam de momentos de dipolo temporários induzidos em moléculas apolares. A extensão em que o momento de dipolo pode ser induzido em uma molécula é determinada pela sua polarizabilidade. O termo "forças de van der Waals" refere-se a forças dipolo-dipolo, dipolo-dipolo induzido e forças de dispersão.

3. A ligação de hidrogênio é uma interação dipolo-dipolo relativamente forte que atua entre uma ligação polar contendo um átomo de hidrogênio e átomos muito eletronegativos, O, N ou F. As ligações de hidrogênio existentes entre as moléculas de água são particularmente fortes.

4. Os líquidos tendem a assumir um formato que minimize a área superficial. A tensão superficial é a energia necessária para aumentar a área superficial de um líquido; forças intermoleculares intensas levam a valores maiores de tensão superficial. A viscosidade é uma medida da resistência que um líquido tem para fluir; seu valor diminui com o aumento da temperatura.

5. As moléculas de água no estado sólido formam uma rede tridimensional na qual cada átomo de oxigênio está unido por ligações covalentes a dois átomos de hidrogênio e por ligações de hidrogênio a outros dois átomos de hidrogênio. Essa estrutura singular é responsável pelo fato de o gelo ser menos denso do que a água. A água é também particularmente adequada para desempenhar papel ecológico em razão de seu elevado calor específico, outra propriedade resultante da presença de fortes ligações de hidrogênio. As grandes extensões de água são capazes de moderar o clima da Terra pela liberação e absorção de quantidades substanciais de calor que provocam somente alterações muito pequenas na temperatura da água.

6. Os sólidos podem ser cristalinos (com estrutura regular de átomos, íons ou moléculas) ou não cristalinos (amorfos sem estrutura regular). A unidade estrutural básica de um sólido cristalino é a célula unitária, que se repete para gerar uma rede cristalina tridimensional.

7. Os quatro tipos de cristais e as forças que unem as suas partículas são os seguintes: cristais iônicos, ligações iônicas; cristais covalentes, ligações covalentes; cristais moleculares, forças de van der Waals e/ou ligações de hidrogênio; e cristais metálicos, ligações metálicas.

8. Um líquido dentro de um recipiente fechado estabelece um equilíbrio dinâmico entre vaporização e condensação. A pressão de vapor sobre o líquido nessas condições é a pressão de vapor no equilíbrio, denominada, muitas vezes, simplesmente pressão de vapor. No ponto de ebulição, a pressão de vapor de um líquido é igual à pressão externa. O calor de vaporização de um líquido é a energia necessária para vaporizar 1 mol do líquido; pode ser determinado medindo-se a pressão de vapor do líquido em função da temperatura e usando-se a Equação (12.1). O calor de fusão de um sólido é a energia necessária para fundir 1 mol do sólido.

9. Para cada substância há uma temperatura, chamada de temperatura crítica, acima da qual sua forma gasosa não pode ser liquefeita.

10. As relações entre as três fases de uma substância pura são representadas por um diagrama de fases no qual cada região representa uma fase pura e as fronteiras entre as regiões indicam as temperaturas e as pressões sob quais as duas fases estão em equilíbrio. No ponto triplo todas as três fases encontram-se em equilíbrio.

Palavras-chave

Adesão, p. 384
Calor de fusão (ΔH_{fus}), p. 400
Calor de sublimação (ΔH_{sub}), p. 401
Calor de vaporização (ΔH_{vap}), p. 396
Célula unitária, p. 387
Coesão, p. 384

Condensação, p. 395
Deposição, p. 401
Diagrama de fases, p. 401
Dipolo induzido, p. 379
Equilíbrio dinâmico, p. 395
Evaporação, p. 395
Fase, p. 394
Forças de dispersão, p. 379

Forças de van der Waals, p. 378
Forças dipolo-dipolo, p. 378
Forças íon-dipolo, p. 378
Forças intermoleculares, p. 378
Forças intramoleculares, p. 378
Ligação de hidrogênio, p. 382
Mudanças de fase, p. 394
Número de coordenação, p. 389

Polarizabilidade, p. 379
Ponto de ebulição, p. 398
Ponto de fusão, p. 400
Ponto reticular, p. 387
Ponto triplo, p. 402
Pressão crítica (P_c), p. 399
Pressão de vapor no equilíbrio, p. 395

Sólido amorfo, p. 394
Sólido cristalino, p. 387
Sublimação, p. 401
Temperatura crítica (T_c), p. 399
Vaporização, p. 395
Viscosidade, p. 384

•Questões e Problemas

Forças Intermoleculares
Questões de Revisão

12.1 Defina e dê um exemplo de cada um dos seguintes termos: (a) interação dipolo-dipolo, (b) interação dipolo-dipolo induzido, (c) interação íon-dipolo, (d) forças de dispersão, (e) forças de van der Waals.

12.2 Explique o termo "polarizabilidade". Que tipos de moléculas tendem a apresentar alta polarizabilidade? Qual é a relação entre polarizabilidade e forças intermoleculares?

12.3 Explique a diferença entre o momento de dipolo temporário induzido em uma molécula e o momento de dipolo permanente de uma molécula polar.

12.4 Apresente alguma evidência de que todas as moléculas exercem forças atrativas umas sobre as outras.

12.5 Que tipos de propriedades físicas devem ser consideradas para comparar as intensidades das forças intermoleculares nos sólidos e nos líquidos?

12.6 Quais são os elementos capazes de participar em ligações de hidrogênio?

Problemas

•12.7 Os compostos Br_2 e ICl têm o mesmo número de elétrons e, no entanto, o Br_2 se funde a $-7,2°C$ enquanto o ICl se funde a $-27,2°C$. Explique.

••12.8 Se você vivesse no Alasca, qual dos seguintes gases naturais seria capaz de guardar em um depósito ao ar livre durante o inverno? Explique o porquê: metano (CH_4), propano (C_3H_8) ou butano (C_4H_{10}).

•12.9 Os compostos binários de hidrogênio dos elementos do Grupo 14 são: CH_4 ($-162°C$); SiH_4 ($-112°C$); GeH_4 ($-88°C$); e SnH_4 ($-52°C$). Explique o aumento do ponto de ebulição do CH_4 até o SnH_4.

••12.10 Diga quais os tipos de forças intermoleculares existentes em cada uma das seguintes espécies: (a) benzeno (C_6H_6), (b) CH_3Cl, (c) PF_3, (d) NaCl, (e) CS_2.

•12.11 A amônia atua tanto como doador quanto como receptor de hidrogênio em uma ligação de hidrogênio. Desenhe um diagrama para mostrar a ligação de hidrogênio entre duas moléculas de amônia.

•12.12 Quais das seguintes espécies são capazes de formar ligações de hidrogênio entre elas próprias? (a) C_2H_6, (b) HI, (c) KF, (d) BeH_2, (e) CH_3COOH.

••12.13 Coloque os seguintes compostos em ordem crescente de ponto de ebulição: RbF, CO_2, CH_3OH, CH_3Br. Justifique a sua resposta.

•12.14 O ponto de ebulição do éter dietílico é $34,5°C$ e o do 1-butanol é $117°C$:

$$\begin{array}{c} H\ H\ \ \ \ H\ H \\ |\ \ |\ \ \ \ \ \ |\ \ | \\ H-C-C-O-C-C-H \\ |\ \ |\ \ \ \ \ \ |\ \ | \\ H\ H\ \ \ \ H\ H \end{array}$$
éter dietílico

$$\begin{array}{c} H\ H\ H\ H \\ |\ \ |\ \ |\ \ | \\ H-C-C-C-C-OH \\ |\ \ |\ \ |\ \ | \\ H\ H\ H\ H \end{array}$$
1-butanol

Ambos os compostos têm átomos da mesma espécie em igual número. Explique a diferença entre os seus pontos de ebulição.

••12.15 Qual dos membros dos seguintes pares de substâncias você espera que tenha maior ponto de ebulição? (a) O_2 ou N_2, (b) SO_2 ou CO_2, (c) HF ou HI.

•12.16 Qual das substâncias em cada um dos seguintes pares você espera que tenha maior ponto de ebulição? Justifique a sua resposta. (a) Ne ou Xe, (b) CO_2 ou CS_2, (c) CH_4 ou Cl_2, (d) F_2 ou LiF, (e) NH_3 ou PH_3.

•12.17 Explique em termos de forças intermoleculares porque (a) NH_3 tem maior ponto de ebulição que CH_4 e (b) KCl tem maior ponto de fusão que I_2.

••12.18 Que tipo de forças intermoleculares tem de ser superadas para (a) fundir o gelo, (b) levar o bromo molecular à ebulição, (c) fundir iodo sólido e (d) dissociar F_2 em átomos F?

•••12.19 As seguintes moléculas apolares têm o mesmo número e tipos de átomo. Qual delas você espera que tenha ponto de ebulição mais elevado?

Níveis de Dificuldade: • Fácil •• Médio ••• Difícil.

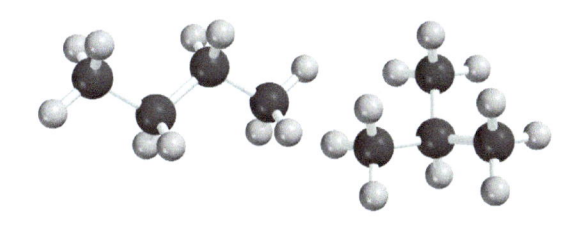

(*Sugestão*: Moléculas que podem ser facilmente empilhadas apresentam maior atração intermolecular.)

•• **12.20** Explique a diferença entre os pontos de fusão dos seguintes compostos:

p. f. 45°C   p. f. 115°C

(*Sugestão:* Apenas um deles pode formar ligações de hidrogênio intramoleculares.)

O Estado Líquido
Questões de Revisão

12.21 Explique por que os líquidos, ao contrário dos gases, são praticamente incompressíveis.

12.22 Defina tensão superficial. Qual é a relação entre as forças intermoleculares que existe em um líquido e a sua tensão superficial?

12.23 Apesar de o aço inoxidável ser muito mais denso do que a água, é possível fazer uma lâmina de barbear de aço inoxidável flutuar em água? Por quê?

12.24 Use a água e o mercúrio como exemplos para explicar a adesão e a coesão.

12.25 Pode-se encher um copo com água de modo a ultrapassar um pouco sua borda. Explique por que a água não transborda.

12.26 Mostre por meio de figuras a ação capilar (a) da água e (b) do mercúrio em três tubos de raios diferentes.

12.27 O que é viscosidade? Qual é a relação existente entre as forças intermoleculares que existe em um líquido e a sua viscosidade?

12.28 Por que é que a viscosidade de um líquido diminui com o aumento da temperatura?

12.29 Por que o gelo é menos denso que a água?

12.30 Em lugares de clima frio, os canos de água ao ar livre têm de ser escoados ou isolados no inverno. Por quê?

Problemas

• 12.31 Indique qual dos líquidos tem maior tensão superficial: etanol (C_2H_5OH) ou éter dimetílico (CH_3OCH_3).

• **12.32** Como é a viscosidade do etilenoglicol

$$CH_2-OH$$
$$|$$
$$CH_2-OH$$

relativamente à do etanol e do glicerol (veja a Tabela 12.3)?

Sólidos Cristalinos
Questões de Revisão

12.33 Defina os seguintes termos: sólido cristalino, ponto reticular, célula unitária, número de coordenação.

12.34 Descreva as geometrias das seguintes células cúbicas: cúbica simples, cúbica de corpo centrado, cúbica de faces centradas. Qual dessas estruturas apresentaria maior densidade para o mesmo tipo de átomos?

Problemas

• 12.35 Descreva e dê exemplos dos seguintes tipos de cristais: (a) cristais iônicos, (b) cristais covalentes, (c) cristais moleculares e (d) cristais metálicos.

• **12.36** Um sólido é duro, frágil e não conduz corrente elétrica. Porém, no estado fundido (forma líquida da substância) e em solução aquosa passa a conduzir corrente elétrica. Classifique o sólido.

•• 12.37 Um sólido é mole e tem ponto de fusão baixo (menor de 100°C). O sólido, a sua forma fundida e uma solução aquosa contendo a substância não conduzem corrente elétrica. Classifique o sólido.

• **12.38** Um sólido é muito duro e tem ponto de fusão elevado. Nem o sólido nem a sua forma fundida conduzem a corrente elétrica. Classifique o sólido.

• 12.39 Por que os metais são bons condutores de eletricidade e calor? Por que a capacidade de um metal conduzir a corrente elétrica diminui quando a temperatura aumenta?

•• **12.40** Classifique os sólidos dos elementos do segundo período da tabela periódica.

•• 12.41 Os pontos de fusão dos óxidos dos elementos do terceiro período são dados entre parênteses: Na_2O (1.275°C), MgO (2.800°C), Al_2O_3 (2.045°C), SiO_2 (1.610°C), P_4O_{10} (580°C), SO_3 (16,8°C), Cl_2O_7 (−91,5°C). Classifique esses sólidos.

•• **12.42** Quais dos seguintes sólidos são moleculares e quais são covalentes? Se_8, HBr, Si, CO_2, C, P_4O_6 e SiH_4.

• 12.43 Qual é o número de coordenação de cada esfera em (a) em uma rede cúbica simples, (b) em uma rede cúbica de corpo centrado e (c) em uma rede cúbica de faces centradas? Admita que as esferas sejam iguais em tamanho.

•• **12.44** Calcule o número de esferas nas células: cúbica simples, cúbica de corpo centrado e cúbica de faces centradas. Suponha que as esferas sejam iguais em tamanho e que estejam situadas somente nos pontos reticulares.

Conceitual: 12.10, 12.18, 12.39, 12.73, 12.78, 12.81, 12.84, 12.85, 12.90, 12.94, 12.96, 12.97, 12.98, 12.101, 12.104, 12.105, 12.107, 12.109,

•••12.45 O ferro metálico cristaliza em um arranjo cúbico. O comprimento da aresta da célula unitária é 287 pm. A densidade do ferro é 7,87 g/cm^3. Quantos átomos de ferro existem dentro de uma célula unitária?

••12.46 O metal bário cristaliza em uma rede cúbica de corpo centrado (os átomos de Ba ocupam apenas os pontos reticulares). O comprimento da aresta da célula unitária é 502 pm e a densidade do Ba é 3,50 g/cm^3. Utilizando essa informação, calcule o número de Avogadro. [*Sugestão:* Primeiro, calcule o volume (em cm^3) ocupado por 1 mol de átomos de Ba nas células unitárias. Em seguida, determine o volume (em cm^3) ocupado por um dos átomos de Ba na célula unitária.)

•12.47 O vanádio cristaliza em uma rede cúbica de corpo centrado (seus átomos ocupam apenas os pontos reticulares). Quantos átomos de V estão presentes na célula unitária?

••12.48 O európio cristaliza em uma rede cúbica de corpo centrado (os átomos de Eu ocupam apenas os pontos de rede). A densidade do Eu é 5,26 g/cm^3. Calcule o comprimento da aresta da célula unitária em picômetros.

••12.49 O silício cristalino tem uma estrutura cúbica. O comprimento da aresta da célula unitária é 543 pm. A densidade do sólido é 2,33 g/cm^3. Calcule o número de átomos de Si em uma célula unitária.

••12.50 Uma célula cúbica de faces centradas contém oito átomos X nos vértices e seis átomos Y nas faces da célula. Qual é a fórmula mínima do seu sólido?

••12.51 Classifique as seguintes substâncias de acordo com suas formas cristalinas (cristais iônicos, cristais covalentes, cristais moleculares ou cristais metálicos): (a) CO_2, (b) B, (c) S_8, (d) KBr, (e) Mg, (f) SiO_2, (g) LiCl e (h) Cr.

••12.52 Explique por que o diamante é mais duro do que a grafite. Por que a grafite é um condutor elétrico e o diamante não?

Mudanças de Fase
Questões de Revisão

12.53 Defina mudança de fase. Descreva todas as mudanças que podem ocorrer entre os estados vapor, líquido e sólido de uma substância.

12.54 O que é pressão de vapor no equilíbrio de um líquido? Como ela varia com a temperatura?

12.55 Explique o que se entende por equilíbrio dinâmico considerando uma das mudanças de fase.

12.56 Defina os seguintes termos: (a) calor de vaporização, (b) calor de fusão, (c) calor de sublimação. Quais são as suas unidades?

12.57 Como o calor de sublimação está relacionado com os calores molares de vaporização e fusão? Em que lei se baseia essa relação?

12.58 Que informação podemos obter do calor de vaporização com relação à intensidade das forças intermoleculares em um líquido?

12.59 Quanto maior for o calor de vaporização de um líquido maior será a sua pressão de vapor. Verdadeiro ou falso?

12.60 Defina ponto de ebulição. Como o ponto de ebulição de um líquido depende da pressão externa? Consulte a Tabela 5.2 e diga qual é o ponto de ebulição da água quando a pressão externa é de 187,5 mmHg.

12.61 À medida que se aquece um líquido a pressão constante, a sua temperatura aumenta. Essa tendência continua até se atingir o ponto de ebulição do líquido. Depois, a temperatura não sobe mais mesmo que se continue a aquecer o líquido. Explique.

12.62 Defina temperatura crítica. Qual é o significado da temperatura crítica na liquefação dos gases?

12.63 Qual é a relação entre as forças intermoleculares em um líquido, seu ponto de ebulição e temperatura crítica? Por que a temperatura crítica da água é superior às temperaturas críticas da maioria das outras substâncias?

12.64 Como os pontos de ebulição e fusão da água e do tetracloreto de carbono variam com a pressão? Explique qualquer diferença no comportamento dessas duas substâncias.

12.65 Por que o dióxido de carbono é chamado de gelo seco?

12.66 A pressão de vapor de um líquido contido em um recipiente fechado depende de quais desses fatores (a) o volume acima do líquido, (b) a quantidade de líquido presente, (c) a temperatura?

12.67 Com base na Figura 12.26, estime os pontos de ebulição do éter dietílico, da água e do mercúrio a 0,5 atm.

12.68 As roupas molhadas secam mais facilmente em um dia quente e seco do que em um dia quente e úmido. Explique.

12.69 Qual das seguintes transições de fase libera maior quantidade de calor? (a) 1 mol de vapor para 1 mol de água a 100°C ou (b) 1 mol de água para 1 mol de gelo a 0°C?

12.70 Água contida em um béquer é aquecida com um bico de Bunsen até entrar em ebulição. Se juntássemos outro bico de Bunsen, o ponto de ebulição da água aumentaria? Explique.

Problemas

•12.71 Calcule a quantidade de calor (em kJ) necessária para converter 74,6 g de água em vapor a 100°C.

•••12.72 Qual é a quantidade de calor (em kJ) necessária para converter 866 g de gelo a −10°C em vapor d'água a 126°C? (Os calores específicos do gelo e do vapor vapor d'água são 2,03 J/g · °C e 1,99 J/g · °C, respectivamente.)

••12.73 Como a velocidade de evaporação de um líquido é influenciada por (a) temperatura, (b) área superficial do líquido exposta ao ar, (c) forças intermoleculares?

•12.74 Os calores de fusão e sublimação molares do iodo molecular são 15,27 kJ/mol e 62,30 kJ/mol, respectivamente. Estime o valor do calor de vaporização do iodo líquido.

12.111, 12.112, 12.113, 12.114, 12.116, 12.118. Descritivo: 12.7, 12.8, 12.9, 12.11, 12.13, 12.14, 12.15, 12.16, 12.17, 12.19, 12.20, 12.31,

•• 12.75 Os compostos seguintes são líquidos a −10°C e os seus pontos de ebulição são: butano, −0,5°C; etanol, 78,3°C; tolueno, 110,6°C. Qual desses líquidos você espera que tenha a pressão de vapor mais alta à −10°C? E a mais baixa?

•12.76 Prepara-se o café liofilizado congelando uma amostra de café que se acabou de fazer e depois removendo o gelo que se forma ao submeter a amostra a vácuo. Descreva as mudanças de fase que ocorrem durante esses processos.

••12.77 Um estudante pendura roupas molhadas fora de casa em um dia de inverno em que a temperatura é −15°C. Algumas horas depois, encontra as roupas razoavelmente secas. Descreva as mudanças de fase que ocorrem durante a secagem da roupa.

•• 12.78 O vapor a 100°C provoca queimaduras mais graves do que a água a 100°C. Por quê?

•••12.79 Valores de pressão de vapor do mercúrio medidos a diferentes temperaturas apresentam-se a seguir. Determine graficamente o calor molar de vaporização do mercúrio.

t (°C)	200	250	300	320	340
P (mmHg)	17,3	74,4	246,8	376,3	557,9

••12.80 A pressão de vapor do benzeno, C_6H_6, é 40,1 mmHg a 7,6°C. Qual a sua pressão de vapor a 60,6°C? O calor de vaporização do benzeno é 31,0 kJ/mol.

•••12.81 A pressão de vapor de um líquido X é menor do que a do líquido Y a 20°C, porém maior a 60°C. O que você pode deduzir acerca dos valores dos calores de vaporização de X e Y?

Diagramas de Fases
Questões de Revisão

12.82 O que é um diagrama de fases? Que informações úteis podem ser obtidas a partir de um diagrama de fases?

12.83 Explique em que o diagrama de fases da água difere daqueles da maioria das substâncias. Qual é a propriedade da água que causa essa diferença?

Problemas

•••12.84 As lâminas dos patins são tão finas que a pressão exercida pelo patinador sobre o gelo pode ser substancial. Explique como esse fato ajuda a pessoa a patinar no gelo.

••12.85 Coloca-se um pedaço de arame sobre um bloco de gelo de modo que as extremidades do fio cheguem às arestas do bloco. Penduram-se dois pesos um em cada uma das extremidades do arame. Verifica-se que o gelo situado debaixo do arame vai fundindo gradualmente, o que leva o arame a mover-se devagar através do bloco de gelo. Ao mesmo tempo, a água que se forma volta a congelar por cima do fio. Explique as mudanças de fase que acompanham esse fenômeno.

•12.86 Considere o diagrama de fases da água que se apresenta no final desse problema. Identifique as regiões. Preveja o que aconteceria como resultado das seguintes transformações: (a) Começando em A, aumentamos a temperatura à pressão constante. (b) Em C, diminuímos a temperatura a pressão constante. (c) Em B, diminuímos a pressão a temperatura constante.

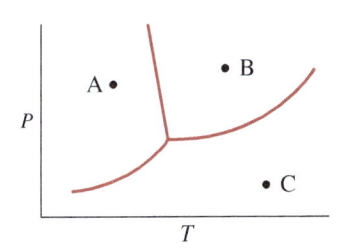

•••12.87 Os pontos de ebulição e fusão do dióxido de enxofre são −10°C e −72,7°C (a 1 atm), respectivamente. O ponto triplo corresponde a −75,5°C e $1,65 \times 10^{-3}$ atm e o ponto crítico a 157°C e 78 atm. Com base nessa informação desenhe um esboço do diagrama de fases do SO_2.

Problemas Adicionais

•••12.88 Indique que tipos de forças atrativas devem ser vencidas para (a) levar amônia líquida à ebulição, (b) fundir fósforo (P_4) sólido, (c) dissolver CsI em HF líquido, (d) fundir potássio metálico.

•••12.89 Quais das seguintes propriedades indicam a existência de interações intermoleculares muito fortes em um líquido: (a) uma tensão superficial muito baixa, (b) uma temperatura crítica muito baixa, (c) um ponto de ebulição muito baixo, (d) uma pressão de vapor muito baixa?

•12.90 A −35°C, o HI líquido tem uma pressão de vapor mais elevada que o HF líquido. Explique.

••12.91 Com base nas seguintes propriedades do boro elementar, classifique seu sólido cristalino (de acordo com a Seção 12.5): ponto de fusão elevado (2.300°C), mau condutor de calor e de corrente elétrica, insolúvel em água e muito duro.

•12.92 Com base na Figura 12.31, determine a fase estável do CO_2 a (a) 4 atm e −60°C e (b) 0,5 atm e −20°C.

••12.93 Um sólido contém átomos X, Y e Z em uma rede cúbica, com átomos X nos vértices, átomos Y nas posições centrais e átomos Z nas faces da célula. Qual é a fórmula mínima do composto?

•••12.94 Um extintor de incêndio de CO_2 está localizado no exterior de um edifício em Massachusetts. Durante os meses de inverno pode-se ouvir um chocalhar quando o extintor é agitado suavemente. No verão, geralmente não se ouve o som. Explique. Admita que o extintor não possui pontos de vazamento e nunca foi usado.

- 12.95 Qual é a pressão de vapor do mercúrio no seu ponto de ebulição normal (357°C)?

- 12.96 Um frasco contendo água está ligado a uma potente bomba de vácuo. Quando se liga a bomba, a água começa a ferver. Passados alguns minutos, a mesma água passa a congelar. Com o tempo, o gelo desaparece. Explique o que acontece em cada etapa.

- 12.97 A linha que separa as regiões do líquido e do vapor em um diagrama de fases de qualquer substância termina sempre abruptamente em certo ponto. Por quê?

- 12.98 Com base no diagrama de fases do carbono apresentado a seguir, responda às seguintes questões: (a) Quantos pontos triplos existem no diagrama e qual é o número de fases que podem coexistir em cada um desses pontos triplos? (b) Qual possui maior densidade, a grafita ou o diamante? (c) O diamante sintético pode ser produzido a partir da grafita. Utilizando o diagrama de fases, como você procederia para obter o diamante?

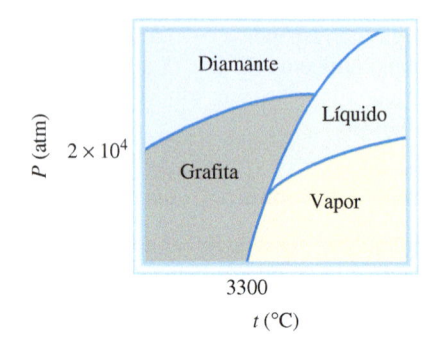

[Diagrama de fases do carbono: eixo P (atm) com 2×10^4, eixo t (°C) com 3300, regiões Diamante, Líquido, Grafita, Vapor]

- 12.99 Estime o calor de vaporização de um líquido cuja pressão de vapor dobra quando a temperatura sobe de 85°C para 95°C.

- 12.100 Foram fornecidas a um estudante quatro amostras sólidas designadas W, X, Y e Z. Todas apresentavam um brilho metálico. Disseram a ele que os sólidos podiam ser ouro, sulfeto de chumbo, mica (que é quartzo ou SiO_2) e iodo. Os resultados das suas investigações são (a) W é um bom condutor elétrico; X, Y e Z são pobres condutores elétricos. (b) quando os sólidos são martelados, W fica plano, X parte-se em muitos pedaços, Y reduz-se a pó e o sólido Z não é afetado. (c) quando aquecidos com um bico de Bunsen, o sólido Y se funde com alguma sublimação, mas X, W e Z não se fundem. (d) quando tratados com HNO_3 6 M, o sólido X dissolve-se, os sólidos Y, W e Z não são afetados. Com base nos resultados obtidos pelo estudante, identifique todos os sólidos.

- 12.101 Quais das seguintes afirmações são falsas? (a) As interações dipolo-dipolo entre as moléculas são máximas quando as moléculas possuem apenas momentos de dipolo temporários. (b) Todos os compostos que contêm átomos de hidrogênio podem participar na formação de ligações de hidrogênio. (c) Existem forças de dispersão entre todos os átomos, moléculas e íons. (d) A intensidade da interação íon-dipolo induzido depende apenas da carga do íon.

- 12.102 O pólo sul de Marte está coberto de gelo seco que sublima parcialmente durante o verão. O vapor de CO_2 volta a condensar durante o inverno quando a temperatura cai para 150 K. Sabendo que o calor de sublimação do CO_2 é 25,9 kJ/mol, calcule a pressão atmosférica na superfície de Marte. [*Sugestão:* Utilize a Figura 12.31 para determinar a temperatura normal de sublimação do gelo seco e a Equação (12.4) que também se aplica a sublimações.]

- 12.103 A entalpia-padrão de formação do bromo molecular gasoso é 30,7 kJ/mol. Utilize essa informação para determinar o calor de vaporização do bromo molecular a 25°C.

- 12.104 Os calores de hidratação, ou seja, as trocas de calor que ocorrem quando se dá a hidratação de íons em solução devem-se em grande parte às interações íon-dipolo. Os valores dos calores de hidratação para os metais alcalinos são Li^+, −520 kJ/mol; Na^+, −405 kJ/mol; K^+, −321 kJ/mol. Explique a tendência observada nesses valores.

- 12.105 Um béquer com água é colocado em um recipiente fechado. Preveja o efeito causado no valor da pressão de vapor da água quando (a) a sua temperatura diminui, (b) o volume do recipiente é dobrado, (c) adiciona-se mais água ao béquer.

- 12.106 O ozônio (O_3) é um agente oxidante forte que pode oxidar todos os elementos com exceção do ouro e da platina. Um teste comum para o ozônio baseia-se na sua ação sobre o mercúrio. Quando exposto ao ozônio, o mercúrio fica com um aspecto opaco e adere-se às paredes do tubo de vidro (em vez de escorrer livremente através dele). Escreva a equação balanceada para essa reação. Qual propriedade do mercúrio é alterada por essa interação com o ozônio?

- 12.107 Uma panela de pressão é um recipiente selado que permite a saída do vapor quando a sua pressão excede um valor predeterminado. Como é que esse aparelho reduz o tempo necessário para cozinhar?

- 12.108 Injeta-se uma amostra de 1,20 g de água em um balão de 5,00 L, no qual se estabeleceu vácuo, a 65°C. Que porcentagem de água se transformará em vapor quando o sistema atingir o equilíbrio? Admita que o volume da água líquida seja desprezível e que o vapor de água tenha um comportamento ideal. A pressão de vapor da água a 65°C é 187,5 mmHg.

- 12.109 Os treinadores de natação sugerem por vezes que uma gota de álcool (etanol) colocada em um ouvido obstruído com água "faz saltar a água". Explique essa ação do ponto de vista molecular.

- 12.110 O argônio cristaliza em um arranjo cúbico de faces centradas a 40 K. Sabendo que o raio atômico do argônio é 191 pm, calcule a densidade do argônio sólido.

- 12.111 Utilize o conceito de forças intermoleculares para explicar por que a extremidade inferior de uma bengala sobe quando erguemos o seu cabo.

- 12.112 Explique por que os criadores de frutas cítricas borrifam as árvores com água para protegê-las do congelamento.

•••12.113 Qual é a origem das manchas pretas que ocorrem no interior das paredes de vidro de uma velha lâmpada de tungstênio? Qual o objetivo de preencher com argônio gasoso essas lâmpadas?

•••12.114 Um estudante aqueceu um béquer com água fria (em um tripé) com um bico de Bunsen. Quando ligou o gás observou que nas paredes externas do béquer havia ocorrido condensação de água. Explique o que aconteceu.

• Problemas Especiais

12.115 Uma medida quantitativa do grau de eficiência de empacotamento de esferas em células unitárias é chamada de *eficiência de empacotamento*, que é a porcentagem de espaço da célula ocupada pelas esferas. Calcule as eficiências de empacotamento de uma célula cúbica simples, uma célula cúbica de corpo centrado e uma célula cúbica de faces centradas. (*Sugestão:* Observe a Figura 12.19 e utilize a expressão que representa o volume da esfera que é $\frac{4}{3}\pi r^3$, em que r é o raio da esfera.)

12.116 Uma professora de química realizou a seguinte demonstração misteriosa. Imediatamente antes da chegada dos estudantes à sala de aula, ela aqueceu, em um erlenmeyer, uma quantidade de água até a fervura. Retirou então o erlenmeyer da chama e tapou-o com uma rolha de borracha. Após o início da aula, colocou o frasco na frente dos estudantes e anunciou que podia fazer a água ferver pela simples passagem de um cubo de gelo pelas paredes externas do frasco. Para admiração de todos, a experiência funcionou. Dê uma explicação para esse fenômeno.

12.117 O grau de impurezas permitido no silício utilizado nas microplacas dos computadores é inferior a 10^{-9} (ou seja, menos de um átomo de impurezas para cada 10^9 átomos de Si). O silício é preparado por redução do quartzo (SiO_2) com coque (uma forma de carbono obtido por destilação destrutiva da hulha) a cerca de 2.000°C:

$$SiO_2(s) + 2C(s) \longrightarrow Si(l) + 2CO(g)$$

Em seguida, o silício sólido é separado de outras impurezas sólidas por meio do tratamento com cloreto de hidrogênio a 350°C dando origem ao triclorossilano gasoso ($SiCl_3H$):

$$Si(s) + 3HCl(g) \longrightarrow SiCl_3H(g) + H_2(g)$$

Finalmente, o Si ultrapuro pode ser obtido revertendo-se a reação anterior, a 1.000°C:

$$SiCl_3H(g) + H_2(g) \longrightarrow Si(s) + 3HCl(g)$$

(a) O triclorossilano tem uma pressão de vapor de 0,258 atm a -2°C. Qual é o seu ponto de ebulição normal? Será que o valor do ponto de ebulição do triclorossilano é consistente com as forças intermoleculares que existem entre as suas moléculas? (O calor de vaporização do triclorossilano é 28,8 kJ/mol.) (b) Que tipos de cristais formam o Si e o SiO_2? (c) O silício apresenta uma estrutura cristalina semelhante à do diamante (veja a Figura 12.22). Cada célula unitária cúbica (comprimento da aresta a = 543 pm) contém oito átomos de silício. Se uma amostra de silício puro tem $1,0 \times 10^{13}$ átomos de boro por cm^3, quantos átomos de Si existem para cada átomo B nessa amostra? Essa amostra satisfaz o grau de pureza de 10^{-9} exigido para o silício de grau eletrônico?

12.118 Uma amostra de água apresenta o seguinte comportamento quando aquecida a velocidade constante:

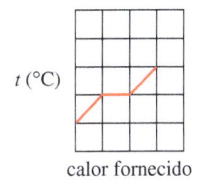

Se ao dobro da massa de água for fornecida a mesma quantidade de calor, qual dos gráficos indicados a seguir representará melhor a variação de temperatura? Note que todos os gráficos apresentam as mesmas escalas.

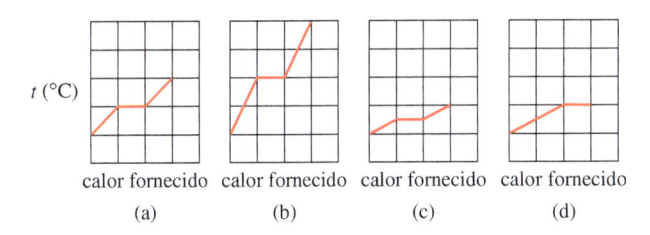

(Reproduzido com autorização de *Journal of Chemical Education*, v. 79, n. 7, p. 889-895, 2002; © 2002, Division of Chemical Education, Inc.)

• Respostas dos Exercícios

12.1 (a) Forças iônicas e de dispersão, (b) forças de dispersão, (c) forças dipolo-dipolo e de dispersão. **12.2** CH_3OH. **12.3** 10,50 g/cm³. **12.4** Dois. **12.5** 369 mmHg.

13 Propriedades Físicas das Soluções

13.1 Tipos de Soluções 411
13.2 Perspectiva Molecular do Processo de Dissolução 411
13.3 Unidades de Concentração 414
Tipos de Unidades de Concentração • Comparação das Unidades de Concentração
13.4 Efeito da Temperatura na Solubilidade 417
Solubilidade dos Sólidos e Temperatura • Solubilidade de Gases e Temperatura
13.5 Efeito da Pressão na Solubilidade de Gases 418
13.6 Propriedades Coligativas 420
Abaixamento da Pressão de Vapor • Elevação do ponto de Ebulição • Abaixamento do Ponto de Congelamento • Pressão Osmótica • Uso das Propriedades Coligativas para Determinar a Massa Molar • Propriedades Coligativas de Soluções de Eletrólitos

Um cubo de açúcar se dissolvendo em água. As propriedades de uma solução são acentuadamente diferentes daquelas de seu solvente.

Conceitos Essenciais

Soluções Há muitos tipos de soluções; a solução líquida, na qual o solvente é um líquido e o soluto é um sólido ou um líquido, é a mais comum. Moléculas que possuem tipos similares de forças intermoleculares se misturam prontamente. Solubilidade é uma medida da quantidade de um soluto dissolvido em um solvente em uma temperatura específica.

Unidades de Concentração As quatro unidades de concentração comuns para soluções são: porcentagem em massa, fração molar, molaridade e molalidade. Cada uma tem suas vantagens e limitações.

Efeito da Temperatura e Pressão na Solubilidade Geralmente a temperatura tem uma influência marcante na solubilidade de uma substância. A pressão pode afetar a solubilidade de um gás em um líquido, mas tem pouca influência se o soluto é um sólido ou um líquido.

Propriedades Coligativas A presença de um soluto afeta a pressão de vapor, o ponto de ebulição e o ponto de congelamento de um solvente. Adicionalmente, quando uma solução é separada de um solvente por uma membrana semipermeável, ocorre a passagem de moléculas do solvente para a solução (processo denominado osmose). Foram deduzidas equações que relacionam a extensão das mudanças nessas propriedades com a concentração da solução.

13.1 Tipos de Soluções

A maior parte das reações químicas ocorre entre íons e moléculas dissolvidos em água ou outros solventes, e não entre sólidos, líquidos ou gases puros. Na Seção 4.1 consideramos que uma solução é uma mistura homogênea de duas ou mais substâncias. Uma vez que essa definição não impõe qualquer restrição à natureza das substâncias envolvidas, podemos distinguir seis tipos de soluções, dependendo dos estados iniciais (sólido, líquido ou gasoso) dos componentes da solução. Na Tabela 13.1, são dados exemplos de cada um desses tipos.

Neste capítulo, vamos concentrar a nossa atenção nas soluções que envolvem pelo menos um componente líquido — isto é, soluções gás-líquido, líquido-líquido e sólido-líquido. Nessas soluções, o líquido mais freqüentemente usado como solvente é a água, o que não é de admirar.

Os químicos também caracterizam as soluções pela sua capacidade para dissolver um soluto. *Uma solução que contenha a máxima quantidade de um soluto em determinado solvente, a dada temperatura, chama-se **solução saturada***. A solução, antes de atingir o ponto de saturação, é denominada ***solução insaturada***; *isto é, ela contém menos soluto do que é capaz de dissolver.* Um terceiro tipo, uma ***solução supersaturada***, *possui maior quantidade de soluto do que a existente em uma solução saturada.* As soluções supersaturadas não são muito estáveis. Com o tempo, parte do soluto de uma solução supersaturada formará um sólido. *O processo em que um soluto dissolvido deixa a solução e forma cristais* é conhecido como ***cristalização***. Observe que, tanto a precipitação como a cristalização descrevem a separação de excesso de soluto de uma solução supersaturada. No entanto, os sólidos formados por esses processos diferem, cada um, na sua aparência. Geralmente, pensamos em precipitados como constituídos por pequenas partículas, enquanto os cristais podem ser grandes e bem formados (Figura 13.1).

13.2 Perspectiva Molecular do Processo de Dissolução

Nos sólidos e nos líquidos, as atrações intermoleculares, que mantêm as moléculas próximas umas das outras, também desempenham um papel fundamental na formação de soluções. Quando uma substância (o soluto) se dissolve em outra (o solvente), as partículas do soluto dispersam-se inteiramente no solvente. As partículas do soluto vão ocupar posições que são normalmente das moléculas do solvente. A facilidade com que uma partícula de soluto substitui uma molécula de solvente depende das intensidades relativas de três tipos de interações:

- interação solvente-solvente;
- interação soluto-soluto;
- interação solvente-soluto.

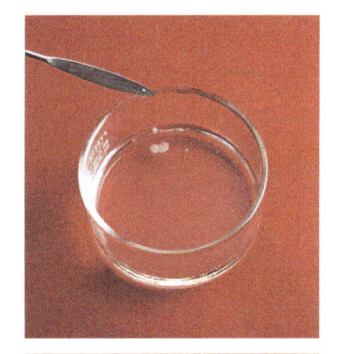

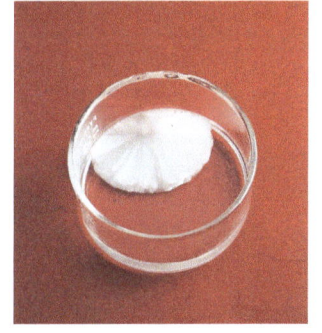

Figura 13.1
Em uma solução supersaturada de acetato de sódio (topo), rapidamente se formam cristais de acetato de sódio após a adição de um pequeno cristal.

TABELA 13.1 Tipos de Soluções

Soluto	Solvente	Estado da Solução Resultante	Exemplos
Gás	Gás	Gás	Ar
Gás	Líquido	Líquido	Água gaseificada (CO_2 dissolvido em água)
Gás	Solid	Solid	H_2 dissolvido em paládio
Líquido	Líquido	Líquido	Etanol dissolvido em água
Sólido	Líquido	Líquido	NaCl dissolvido em água
Sólido	Sólido	Sólido	Bronze (Cu/Zn), solda (Sn/Pb)

Figura 13.2
Do ponto de vista molecular, o processo de dissolução pode decompor-se em três etapas: primeiro as moléculas de solvente e as de soluto se separam (etapas 1 e 2). Depois as moléculas de solvente e de soluto se misturam (etapa 3).

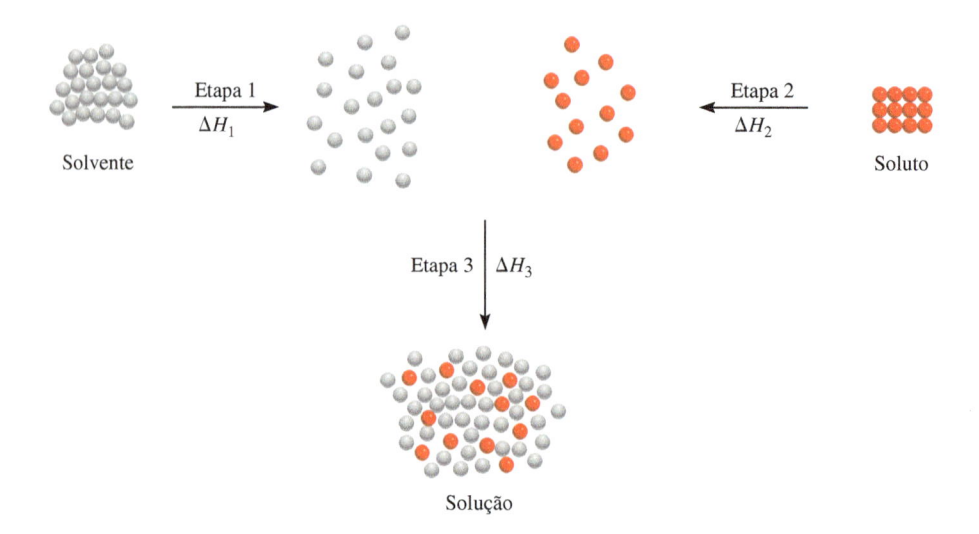

Animação:
Dissolução de um Composto Iônico e de um Composto Covalente
Centro de Aprendizagem Online

Esta equação é uma aplicação da lei de Hess.

Para simplificarmos, podemos imaginar que o processo de dissolução se dá em três etapas diferentes (Figura 13.2). A etapa 1 envolve a separação das moléculas de solvente e a etapa 2, a separação das moléculas de soluto. Essas etapas necessitam de energia para vencer as forças intermoleculares atrativas; portanto, são endotérmicas. Na etapa 3, as moléculas de solvente e de soluto misturam-se. Esse processo pode ser exotérmico ou endotérmico. A entalpia de solução ΔH_{sol} é dada por

$$\Delta H_{sol} = \Delta H_1 + \Delta H_2 + \Delta H_3 \qquad (13.1)$$

Se a atração soluto-solvente for mais forte que a atração solvente-solvente e soluto-soluto, o processo de dissolução é favorável ou exotérmico ($\Delta H_{sol} < 0$). Se a interação soluto-solvente for mais fraca que as interações solvente-solvente e soluto-soluto, então o processo de dissolução é endotérmico ($\Delta H_{sol} > 0$).

Podemos perguntar por que um soluto se dissolve em um solvente se a atração entre as suas próprias moléculas é mais forte que aquela entre suas moléculas e as do solvente. O processo de dissolução, como todos os processos químicos e físicos, depende de dois fatores. Um deles é a energia, que determina se o processo de dissolução é exotérmico ou endotérmico. O segundo fator é a tendência inerente para a desordem que se observa em todos os processos naturais. Da mesma maneira que um baralho novo fica desordenado depois de ser embaralhado várias vezes, quando as moléculas de soluto e de solvente se misturam para formar a solução, há um aumento de desordem. No estado puro, o solvente e o soluto possuem certa ordem, caracterizada pela disposição mais ou menos regular dos átomos, moléculas ou íons no espaço tridimensional. Grande parte dessa ordem é destruída quando o soluto se dissolve no solvente (veja a Figura 13.2). Portanto, o processo de dissolução é acompanhado por um aumento de desordem. É esse aumento de desordem do sistema que favorece a solubilidade de qualquer substância, mesmo se o processo de dissolução for endotérmico.

A solubilidade é uma medida da quantidade de soluto que, a dada temperatura, se dissolve em um solvente. O ditado "semelhante dissolve semelhante" é útil para prever a solubilidade de uma substância em determinado solvente. Essa expressão significa que, se duas substâncias apresentam forças intermoleculares do mesmo tipo e intensidade, muito provavelmente são solúveis uma na outra. Por exemplo, tanto o tetracloreto de carbono (CCl_4) como o benzeno (C_6H_6) são líquidos apolares. As únicas forças intermoleculares presentes nessas substâncias são as de dispersão (veja a Seção 12.2). Quando esses dois líquidos se misturam, prontamente se dissolvem um no outro, porque a atração entre as moléculas de CCl_4 e de C_6H_6 é da mesma ordem de grandeza da atração entre as moléculas de CCl_4 e da atração entre as moléculas de C_6H_6. Dois líquidos são **miscíveis** *quando forem completamente solúveis um no outro em todas as proporções*. Os alcoóis como o metanol, o etanol e o 1,2-etilenoglicol são miscíveis com a água, pois podem formar ligações de hidrogênio com as moléculas de água:

```
      H                H   H              H   H
      |                |   |              |   |
  H—C—O—H          H—C—C—O—H        H—O—C—C—O—H
      |                |   |              |   |
      H                H   H              H   H

   metanol           etanol            1,2-etilenoglicol
```

As regras apresentadas na Tabela 4.2 (página 97) permitem-nos prever a solubilidade de determinado composto iônico em água. Quando o cloreto de sódio se dissolve em água, os íons em solução são estabilizados por hidratação, a qual envolve interações íon-dipolo. Em geral, prevemos que os compostos iônicos sejam mais solúveis em solventes polares, como a água, amônia líquida ou fluoreto de hidrogênio líquido, do que em solventes apolares, como o benzeno ou o tetracloreto de carbono. Visto que as moléculas dos solventes apolares têm momento de dipolo zero, não podem solvatar eficientemente os íons Na^+ e Cl^-. (A **solvatação** *é o processo em que um íon ou uma molécula é rodeado por moléculas do solvente, que se orientam de maneira específica*. O processo é conhecido como *hidratação* quando o solvente é a água.) A interação intermolecular predominante entre íons e compostos apolares é a interação íon-dipolo induzido, que é muito mais fraca que a interação íon-dipolo. Conseqüentemente, os compostos iônicos apresentam geralmente uma solubilidade muito baixa em solventes apolares.

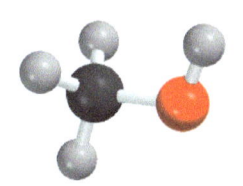

CH_3OH

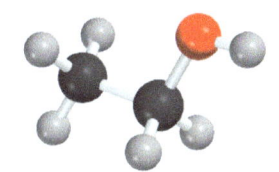

C_2H_5OH

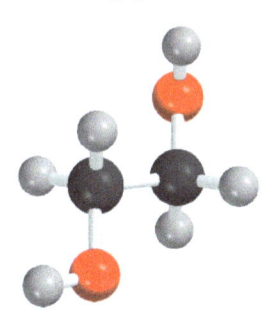

$CH_2(OH)CH_2(OH)$

EXEMPLO 13.1

Preveja as solubilidades relativas nos seguintes casos: (a) Bromo (Br_2) em benzeno (C_6H_6, $\mu = 0$ D) e em água ($\mu = 1,87$ D), (b) KCl em tetracloreto de carbono (CCl_4, $\mu = 0$ D) e em amônia líquida (NH_3, $\mu = 1,46$ D), (c) formaldeído (CH_2O) em dissulfeto de carbono (CS_2, $\mu = 0$) e em água.

Estratégia   Para prever solubilidades, lembre-se de que "semelhante dissolve semelhante". Um soluto apolar se dissolverá em um solvente apolar; geralmente, os compostos iônicos se dissolverão em solventes polares em virtude de interações íon-dipolo favoráveis; os solutos que podem formar ligações de hidrogênio com dado solvente terão solubilidade elevada nesse solvente.

Solução (a) Br_2 é uma molécula apolar e, portanto, deve ser mais solúvel em C_6H_6, que também é apolar, que em água. As forças de dispersão são as únicas forças intermoleculares entre Br_2 e C_6H_6.

(b) KCl é um composto iônico. Para se dissolverem, os íons K^+ e Cl^- devem ser estabilizados por interações íon-dipolo. Uma vez que CCl_4 tem momento de dipolo zero, KCl deve ser mais solúvel em NH_3 líquido, uma molécula polar com elevado momento de dipolo.

(c) Visto que CH_2O é uma molécula polar e CS_2 (uma molécula linear) é apolar,

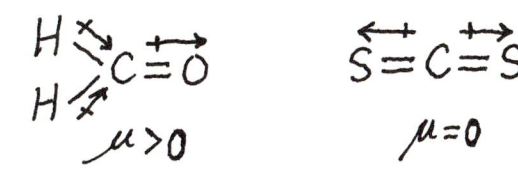

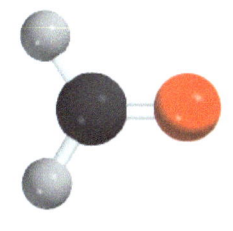

$$H_2C=O \quad \mu > 0 \qquad S=C=S \quad \mu = 0$$

(Continua)

CH_2O

as forças entre moléculas de CH_2O e CS_2 são forças de dispersão e forças do tipo dipolo-dipolo induzido. No entanto, CH_2O pode formar ligações de hidrogênio com a água e, por isso, deve ser mais solúvel nesse solvente.

Exercício O iodo (I_2) é mais solúvel em água ou em dissulfeto de carbono (CS_2)?

13.3 Unidades de Concentração

O estudo quantitativo de uma solução implica o conhecimento da sua *concentração*, isto é, da quantidade de soluto presente em dada quantidade de solução. Os químicos usam várias unidades de concentração, cada qual com as suas vantagens e limitações. Examinemos as três unidades de concentração mais usadas: porcentagem em massa, molaridade e molalidade.

Tipos de Unidades de Concentração

Porcentagem em Massa

A **porcentagem em massa** (também chamada de *porcentagem em peso* ou *porcentagem ponderal*) é definida como

$$\text{percentagem em massa de soluto} = \frac{\text{massa de soluto}}{\text{massa de solvente} + \text{massa de soluto}} \times 100\%$$

$$= \frac{\text{massa de soluto}}{\text{massa de solução}} \times 100\% \tag{13.2}$$

A porcentagem em massa não tem unidades porque é uma razão entre duas grandezas similares.

Molaridade (M)

Na Seção 4.5 definiu-se a molaridade como o número de mols de soluto em 1 L de solução, isto é,

$$\text{molaridade} = \frac{\text{mols de soluto}}{\text{litros de solução}} \tag{13.3}$$

Então, a molaridade tem unidades de mol por litro (mol/L).

Molalidade (m)

A **molalidade** é *o número de mols de soluto dissolvidos em 1 kg (1000 g) de solvente* — isto é,

$$\text{molalidade} = \frac{\text{mols de soluto}}{\text{massa de solvente (kg)}} \tag{13.4}$$

Por exemplo, para prepararmos uma solução aquosa de sulfato de sódio (Na_2SO_4) 1 *molal*, ou 1 *m*, necessitamos de dissolver 1 mol (142,0 g) da substância em 1000 g (1 kg) de água. O volume final da solução pode ser maior ou menor que 1000 mL, dependendo da natureza da interação soluto-solvente. Também é possível, embora pouco provável, que o volume final seja igual a 1000 mL.

EXEMPLO 13.2

Calcule a molalidade de uma solução de ácido sulfúrico contendo 24,4 g de ácido sulfúrico em 198 g de água. A massa molar do ácido sulfúrico é 98,08 g.

Estratégia Para calcularmos a molalidade de uma substância, precisamos saber o número de mols de soluto e a massa de solvente em quilogramas.

Solução A definição de molalidade (m) é

$$m = \frac{\text{mols de soluto}}{\text{massa de solvente (kg)}}$$

Primeiro, temos de achar o número de mols de ácido sulfúrico que se encontra em 24,4 g do ácido, usando a sua massa molar como fator de conversão.

$$\text{mols de } H_2SO_4 = 24,4 \text{ g } H_2SO_4 \times \frac{1 \text{ mol } H_2SO_4}{98,09 \text{ g } H_2SO_4}$$

$$= 0,249 \text{ mol } H_2SO_4$$

A massa de água é igual a 198 g ou 0,198 kg. Portanto,

$$\text{molalidade} = \frac{0,249 \text{ mol } H_2SO_4}{0,198 \text{ kg } H_2O}$$

$$= 1,26 \, m$$

Exercício Qual é a molalidade de uma solução que contém 7,78 g de uréia [$(NH_2)_2CO$] em 203 g de água?

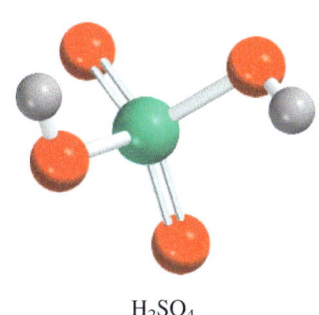

Problema semelhante: 13.15.

Comparação das Unidades de Concentração

A escolha das unidades de concentração depende do objetivo. A vantagem da molaridade é que, geralmente, é mais fácil medir o volume de uma solução, usando balões volumétricos rigorosamente calibrados, do que pesar o solvente, tal como vimos na Seção 4.5. Por isso, prefere-se utilizar a molaridade em vez da molalidade. Contudo, a molalidade é independente da temperatura, pois a concentração é expressa em número de mols de soluto e massa de solvente. O volume de uma solução aumenta com a temperatura, visto que uma solução que é 1,0 M a 25°C pode tornar-se 0,97 M a 45°C, em virtude do aumento de volume. Essa dependência da concentração em relação à temperatura pode afetar significativamente a precisão dos resultados de uma experiência. Assim, às vezes é preferível usar molalidade em vez de molaridade.

A porcentagem em massa é semelhante à molalidade no que diz respeito à independência da temperatura e, uma vez definida em termos da razão entre a massa do soluto e a massa da solução, não necessitamos saber a massa molar do soluto para calculá-la.

Às vezes, é necessário converter uma unidade de concentração em outra; por exemplo, a mesma solução pode ser utilizada em experiências diferentes, havendo então necessidade de usar unidades de concentração diferentes para os cálculos. Suponha que queremos expressar a concentração de 0,396 m de uma solução de glicose ($C_6H_{12}O_6$) em molaridade. Sabemos que há 0,396 mol de glicose em 1000 g de solvente e precisamos estabelecer o volume dessa solução para calcular a molaridade. Em primeiro lugar, calculamos a massa da solução a partir da massa molar da glicose:

$$\left(0,396 \text{ mol } C_6H_{12}O_6 \times \frac{180,2 \text{ g}}{1 \text{ mol } C_6H_{12}O_6} \right) + 1000 \text{ g } H_2O = 1071 \text{ g}$$

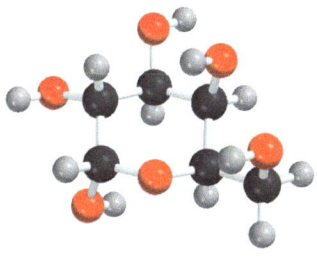

O próximo passo será determinar experimentalmente a densidade da solução, que se verifica ser de 1,16 g/mL. Podemos, agora, calcular o volume da solução em litros escrevendo

$$\text{volume} = \frac{\text{massa}}{\text{densidade}}$$

$$= \frac{1071 \text{ g}}{1,16 \text{ g/mL}} \times \frac{1 \text{ L}}{1000 \text{ mL}}$$

$$= 0,923 \text{ L}$$

Finalmente, a molaridade da solução é dada por

$$\text{molaridade} = \frac{\text{mols de soluto}}{\text{litros de solução}}$$

$$= \frac{0,396 \text{ mol}}{0,923 \text{ L}}$$

$$= 0,429 \text{ mol/L} = 0,429 \, M$$

Como podemos verificar, a densidade da solução serve como um fator de conversão entre molalidade e molaridade.

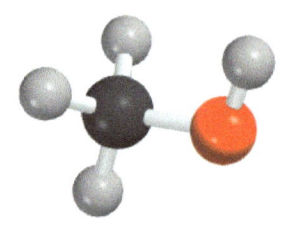

EXEMPLO 13.3

A densidade de uma solução aquosa 2,45 M de metanol (CH_3OH) é 0,976 g/mL. Qual é a molalidade da solução? A massa molar do metanol é 32,04 g.

Estratégia Para calcularmos a molalidade, precisamos saber o número de mols de metanol e a massa do solvente em quilogramas. Supondo que tenhamos 1 L de solução, o número de mols de metanol é 2,45 mol.

$$m = \frac{\text{mols de soluto} \quad \text{(dado)}}{\text{massa de solvente (kg)} \quad \text{(precisamos encontrar)}}$$

(queremos encontrar)

Solução Nosso primeiro passo consiste em calcular a massa de água contida em um litro de solução, usando a densidade como fator de conversão. A massa total de 1 L de uma solução 2,45 M de metanol é

$$1 \text{ L solução} \times \frac{1000 \text{ mL solução}}{1 \text{ L solução}} \times \frac{0,976 \text{ g}}{1 \text{ mL solução}} = 976 \text{ g}$$

Uma vez que essa solução contém 2,45 mols de metanol, a quantidade de água (solvente) na solução é

$$\text{massa de } H_2O = \text{massa de solução} - \text{massa de soluto}$$

$$= 976 \text{ g} - \left(2,45 \text{ mol } CH_3OH \times \frac{32,04 \text{ g } CH_3OH}{1 \text{ mol } CH_3OH}\right)$$

$$= 898 \text{ g}$$

A molalidade da solução pode ser calculada convertendo 898 g em 0,898 kg:

$$\text{molalidade} = \frac{2,45 \text{ mol } CH_3OH}{0,898 \text{ kg } H_2O}$$

$$= 2,73 \, m$$

Exercício Calcule a molalidade de uma solução 5,86 M de etanol (C_2H_5OH) cuja densidade é 0,927 g/mL.

Problema semelhante: 13.16(a).

CH_3OH

EXEMPLO 13.4

Calcule a molalidade uma solução aquosa de 35,4% (em massa) de ácido fosfórico (H_3PO_4). A massa molar do ácido fosfórico é 98,00 g.

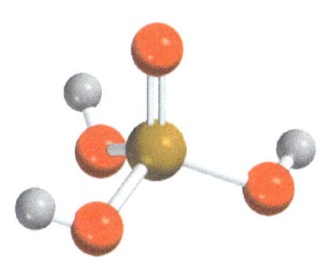

Estratégia Para resolvermos esse tipo de problema, é conveniente assumir que dispomos de 100,0 g de solução. Se a massa de ácido fosfórico for 35,4% ou 35,4 g, a porcentagem em massa e a massa de água deve ser 100,0% − 35,4% = 64,6% e 64,6 g, respectivamente.

Solução A partir do conhecimento da massa molar de ácido fosfórico, podemos calcular a molalidade em dois passos, como mostra o Exemplo 13.2. Primeiro, calculamos o número de mols de ácido fosfórico em 35,4 g de ácido

$$\text{mols de } H_3PO_4 = 35{,}4 \text{ g } H_3PO_4 \times \frac{1 \text{ mol } H_3PO_4}{97{,}99 \text{ g } H_3PO_4}$$

$$= 0{,}361 \text{ mol } H_3PO_4$$

A massa de água é 64,6 g ou 0,0646 kg. Portanto, a molalidade é dada por

$$\text{molalidade} = \frac{0{,}361 \text{ mol } H_3PO_4}{0{,}0646 \text{ kg } H_2O}$$

$$= 5{,}59 \, m$$

H_3PO_4

Problema semelhante: 13.16(b).

Exercício Calcule a molalidade de uma solução aquosa de 44,6% (em massa) de cloreto de sódio.

13.4 Efeito da Temperatura na Solubilidade

Lembremo-nos de que a solubilidade se define como a quantidade máxima de um soluto que se dissolve em determinada quantidade de solvente *a dada temperatura*. A temperatura afeta a solubilidade da maioria das substâncias. Nesta seção consideraremos o efeito da temperatura na solubilidade de sólidos e gases.

Solubilidade dos Sólidos e Temperatura

A Figura 13.3 mostra a dependência da solubilidade de alguns compostos iônicos em água relativamente à temperatura. Na maior parte dos casos, embora não em todos, a solubilidade de uma substância sólida aumenta com a temperatura. Contudo, não há uma correlação evidente entre o sinal de ΔH_{sol} e a variação da solubilidade com a temperatura. Por exemplo, o processo de dissolução do $CaCl_2$ é exotérmico e o do NH_4NO_3, endotérmico. Mas a solubilidade de ambos os compostos aumenta quando a temperatura é elevada. Em geral, a melhor maneira de determinar o efeito da temperatura na solubilidade é experimentalmente.

Solubilidade dos Gases e Temperatura

A solubilidade dos gases em água normalmente diminui quando a temperatura aumenta (Figura 13.4). Quando se aquece água em um béquer, nota-se a formação de bolhas de ar nas paredes de vidro antes da água ferver. À medida que a temperatura aumenta, as moléculas de ar dissolvidas começam a sair da solução, muito antes de a própria água ferver.

A reduzida solubilidade do oxigênio molecular em água quente tem uma relação direta com a ***poluição térmica***, isto é, *o aquecimento do meio ambiente* — geralmente, cursos de água — *até temperaturas perigosas para os seres vivos*. Estima-se que, nos

Figura 13.3
Dependência da solubilidade de alguns compostos iônicos em água em relação à temperatura.

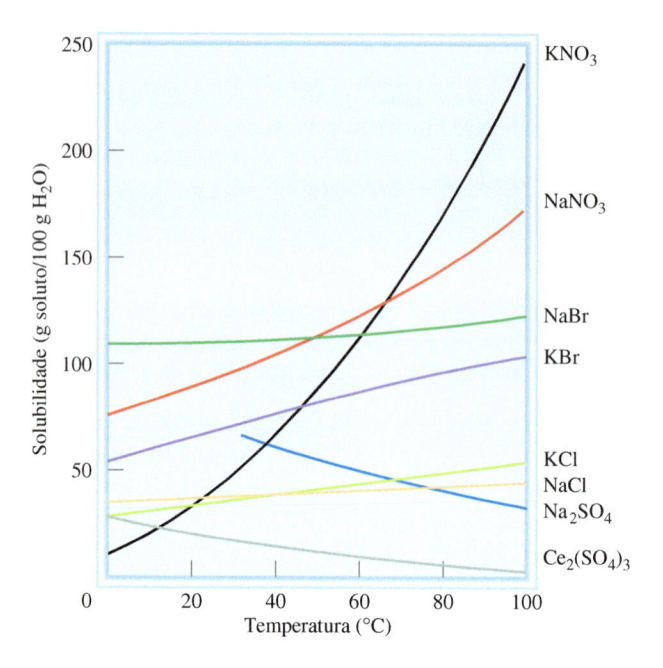

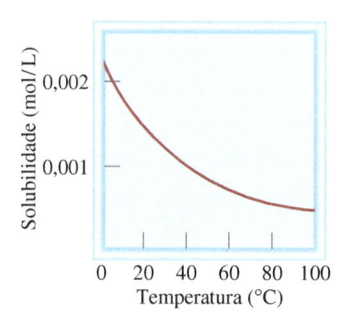

Figura 13.4
Dependência da solubilidade do oxigênio em água em relação à temperatura. Repare que a solubilidade diminui quando a temperatura aumenta.
A pressão do gás sobre a solução é de 1 atm.

Estados Unidos, se usam anualmente cerca de 108 milhões de litros de água para resfriamento industrial, principalmente na produção de energia elétrica e nuclear. Esse processo aquece a água que volta depois aos rios e lagos de onde saiu. Os ecologistas estão cada vez mais preocupados com o efeito da poluição térmica na vida aquática. Os peixes, como todos os animais de sangue frio, têm maior dificuldade de adaptação a flutuações súbitas da temperatura do meio que os humanos. De modo geral, a velocidade dos seus processos metabólicos duplica para cada 10°C de aumento de temperatura. Essa aceleração do metabolismo aumenta a sua necessidade de consumo de oxigênio, ao mesmo tempo em que a disponibilidade de oxigênio diminui em decorrência de sua menor solubilidade em água quente. Na verdade, procuram-se desenvolver métodos efetivos de resfriar as centrais produtoras de energia sem causar danos ao meio ambiente.

O conhecimento da variação da solubilidade dos gases com a temperatura pode ajudar a melhorar o desempenho de cada um em um esporte tão popular como a pesca. Em um dia quente de verão, um pescador experiente lança preferencialmente seu anzol em um local mais profundo do rio ou lago. Uma vez que o conteúdo em oxigênio é maior nos locais mais profundos e frios, é aí que se encontra maior quantidade de peixes.

13.5 Efeito da Pressão na Solubilidade dos Gases

Na prática, a pressão externa não tem qualquer influência na solubilidade de líquidos ou de sólidos, mas afeta profundamente a solubilidade dos gases. A relação quantitativa entre a solubilidade dos gases e a pressão é dada pela **lei de Henry**, que afirma que *a solubilidade de um gás em um líquido é proporcional à pressão do gás sobre a solução:*

$$c \propto P$$

$$c = kP \quad (13.5)$$

Nesse caso, c é a concentração molar (mol/L) do gás dissolvido, P é a pressão (em atmosferas) do gás sobre a solução e, para dado gás, k é uma constante que só depende

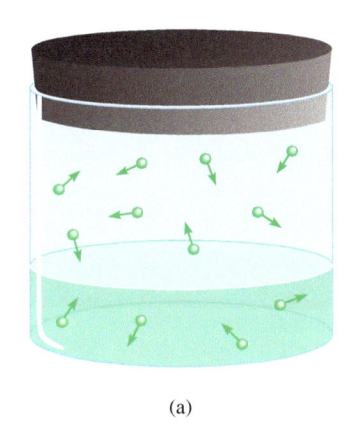

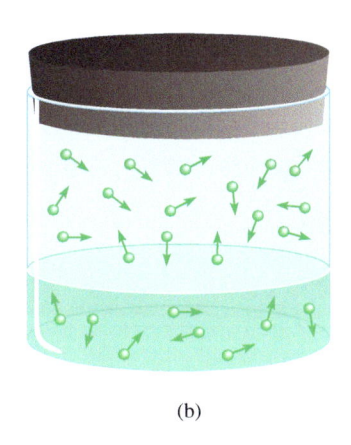

Figura 13.5
Interpretação molecular da lei de Henry. Quando a pressão parcial do gás sobre a solução aumenta da parte (a) para a parte (b), a concentração do gás dissolvido também se eleva de acordo com a Equação (13.5).

(a)   (b)

da temperatura. A constante k tem as unidades mol/L · atm. Podemos verificar que, quando a pressão do gás é 1 atm, c é numericamente igual a k.

A lei de Henry pode ser qualitativamente compreendida em termos da teoria cinético-molecular. A quantidade de gás que se pode dissolver em um solvente depende da frequência com que as moléculas do gás se chocam com a superfície do líquido e ficam retidas na fase condensada. Suponhamos que tenhamos um gás em equilíbrio dinâmico com uma solução [Figura 13.5(a)]. Em cada instante, o número de moléculas de gás que entra na solução é igual ao número de moléculas dissolvidas que passa para a fase gasosa. Se a pressão parcial do gás for maior, mais moléculas se dissolvem no líquido, porque mais moléculas colidem com a sua superfície. Esse processo continua até que a concentração da solução seja tal que o número de moléculas que deixa a solução por segundo iguala o número de moléculas que entra na solução [Figura 13.5(b)]. Pelo fato de a concentração ser maior, quer na fase gasosa quer na solução, esse número é maior na parte (b) que na parte (a) onde a pressão parcial é mais baixa.

Uma demonstração prática da lei de Henry é a efervescência de uma bebida gaseificada quando se retira a tampa da garrafa. Antes de a garrafa ser fechada, ela é pressurizada com uma mistura de ar e CO_2 saturado com vapor de água. Por causa da elevada pressão parcial do CO_2 na mistura gasosa pressurizada, a quantidade que se dissolve na bebida gaseificada é muitas vezes superior à que se dissolveria nas condições atmosféricas normais. Quando a tampa é removida, o gás pressurizado escapa, eventualmente a pressão na garrafa diminui até à pressão atmosférica e a quantidade de CO_2 que permanece na bebida gaseificada é determinada apenas pela pressão parcial do CO_2 na atmosfera, 0,0003 atm. O excesso de CO_2 dissolvido sai da solução, causando a efervescência.

Cada gás tem um valor de k diferente a dada temperatura.

Efervescência em uma bebida gaseificada. A garrafa foi agitada antes de ser aberta para melhor visualizar a saída de CO_2.

EXEMPLO 13.5

A solubilidade do nitrogênio gasoso a 25°C e 1 atm é $6,8 \times 10^{-4}$ mol/L. Qual é a concentração de nitrogênio dissolvido em água nas condições atmosféricas normais? A pressão parcial do nitrogênio na atmosfera é 0,78 atm.

Estratégia O valor da solubilidade fornecido nos permite calcular a constante da lei de Henry (k), que depois pode ser usada para determinar a concentração da solução.

Solução O primeiro passo consiste em calcular a valor de k na Equação (13.5):

$$c = kP$$
$$6,8 \times 10^{-4} \text{ mol/L} = k \,(1 \text{ atm})$$
$$k = 6,8 \times 10^{-4} \text{ mol/L} \cdot \text{atm}$$

(Continua)

Assim, a solubilidade do nitrogênio gasoso em água é

$$c = (6,8 \times 10^{-4} \text{ mol/L} \cdot \text{atm})(0,78 \text{ atm})$$
$$= 5,3 \times 10^{-4} \text{ mol/L}$$
$$= 5,3 \times 10^{-4} \, M$$

A diminuição da solubilidade é o resultado da diminuição de pressão de 1 atm para 0,78 atm.

Problema semelhante: 13.35.

Verificação   A razão entre as concentrações [$(5,3 \times 10^{-4} \, M / 6,8 \times 10^{-4} \, M) = 0,78$] deve ser igual à razão entre as pressões (0,78 atm/1,0 atm = 0,78).

Exercício   Calcule a concentração molar do oxigênio na água a 25°C se a sua pressão parcial for de 0,22 atm. A constante da lei de Henry para o oxigênio é $1,3 \times 10^{-3}$ mol/L · atm.

A maior parte dos gases obedece à lei de Henry, mas há algumas exceções importantes. Por exemplo, se o gás dissolvido *reage* com a água, a solubilidade pode aumentar muito. A solubilidade da amônia é mais elevada que o esperado em conseqüência da reação

$$NH_3 + H_2O \rightleftharpoons NH_4^+ + OH^-$$

O dióxido de carbono também reage com a água:

$$CO_2 + H_2O \rightleftharpoons H_2CO_3$$

Outro exemplo interessante é a dissolução do oxigênio molecular no sangue. Normalmente, o gás oxigênio é pouco solúvel em água (veja o Exercício no Exemplo 13.6). Contudo, a sua solubilidade no sangue é muito maior em virtude do elevado conteúdo de moléculas de hemoglobina (Hb) no sangue. Cada molécula de hemoglobina pode ligar-se a um máximo de quatro moléculas de oxigênio, as quais são eventualmente liberadas para os tecidos onde participam no metabolismo:

$$Hb + 4O_2 \rightleftharpoons Hb(O_2)_4$$

Esse processo é responsável pela elevada solubilidade do oxigênio molecular no sangue.

13.6 Propriedades Coligativas

Propriedades coligativas (ou propriedades coletivas) são *aquelas que dependem apenas do número de partículas do soluto em solução e não da natureza dessas partículas.* Essas propriedades têm uma origem comum — todas dependem do número de partículas do soluto na solução, independentemente de serem átomos, íons ou moléculas. As propriedades coligativas são: abaixamento da pressão de vapor, elevação do ponto de ebulição, diminuição do ponto de congelamento e pressão osmótica. Para a nossa discussão, das propriedades coligativas de soluções de não-eletrólitos, é importante ter em mente que estamos falando de soluções relativamente diluídas, isto é, soluções cujas concentrações são $\lesssim 0,2 \, M$.

Abaixamento da Pressão de Vapor

Para revisão do conceito de pressão de vapor de equilíbrio, veja a Seção 12.6.

Se um soluto é ***não volátil*** (isto é, se *não tiver uma pressão de vapor mensurável*), a pressão de vapor da sua solução é sempre menor que a do solvente puro. Então, a relação entre a pressão de vapor da solução e a pressão de vapor do solvente depende da concentração do soluto na solução. Essa relação é dada pela **lei de Raoult** (estabelecida pelo químico francês Francois Raoult), que diz que *a pressão parcial de um solvente sobre uma solução, P_1, é dada pela pressão de vapor do solvente puro, P_1°, vezes a fração molar do solvente na solução, X_1*:

$$P_1 = X_1 P_1^\circ \tag{13.6}$$

Em uma solução que contém apenas um soluto, $X_1 = 1 - X_2$, em que X_2 é a fração molar do soluto (veja a Seção 5.5). A Equação (13.6) pode então ser escrita como

$$P_1 = (1 - X_2)P_1^\circ$$

$$P_1^\circ - P_1 = \Delta P = X_2 P_1^\circ \tag{13.7}$$

Vemos que a *diminuição* da pressão de vapor, ΔP, é diretamente proporcional à concentração do soluto (expressa em fração molar).

EXEMPLO 13.6

Calcule a pressão de vapor de uma solução preparada por dissolução de 218 g de glicose (massa molar = 180,2 g/mol) em 460 mL de água a 30°C. Qual o valor do abaixamento da pressão de vapor? A pressão de vapor da água pura a 30°C é dada na Tabela 5.2. Considere que a densidade da solução é 1,00 g/mL.

Estratégia   Precisamos da lei de Raoult [Equação (13.6)] para determinar a pressão de vapor de uma solução. Note que a glicose não é um soluto volátil.

Solução   A pressão de vapor de uma solução (P_1) é

$$P_1 = X_1 P_1^\circ$$

(queremos calcular) (precisamos encontrar) (dado)

$C_6H_{12}O_6$

Calculamos, em primeiro lugar, o número de mols de glicose e de água na solução:

$$n_1(\text{água}) = 460 \text{ mL} \times \frac{1,00 \text{ g}}{1 \text{ mL}} \times \frac{1 \text{ mol}}{18,02 \text{ g}} = 25,5 \text{ mol}$$

$$n_2(\text{glicose}) = 218 \text{ g} \times \frac{1 \text{ mol}}{180,2 \text{ g}} = 1,21 \text{ mol}$$

A fração molar da água, X_1, é dada por

$$X_1 = \frac{n_1}{n_1 + n_2}$$

$$= \frac{25,5 \text{ mol}}{25,5 \text{ mol} + 1,21 \text{ mol}} = 0,955$$

Da Tabela 5.2, encontramos que a pressão de vapor da água a 30°C é 31,82 mmHg. Portanto, a pressão de vapor da solução de glicose é

$$P_1 = 0,955 \times 31,82 \text{ mmHg}$$
$$= 30,4 \text{ mmHg}$$

Finalmente, o abaixamento da pressão de vapor é (31,82 − 30,4) mmHg, ou 1,4 mmHg.

(Continua)

Problemas semelhantes: 13.49, 13.50.

Verificação Podemos também calcular o abaixamento da pressão de vapor usando a Equação (13.7). Dado que a fração molar da glicose é (1 − 0,955), ou 0,045, o abaixamento da pressão de vapor é dado por (0,045)(31,82 mmHg) ou 1,4 mmHg.

Exercício Calcule a pressão de vapor de uma solução preparada por dissolução de 82,4 g de uréia (massa molar = 60,06 g/mol) em 212 mL de água a 35°C. Qual é o valor do abaixamento da pressão de vapor?

Por que a pressão de vapor de uma solução é inferior à do solvente puro? Como foi mencionado na Seção 13.2, uma força orientadora dos processos químicos e físicos é o aumento de desordem — quanto maior a desordem criada, mais favorável é o processo. A vaporização aumenta a desordem de um sistema porque as moléculas no vapor estão menos ordenadas que no líquido. Uma vez que uma solução é mais desordenada que um solvente puro, a diferença entre a desordem da solução e a do vapor é menor que a existente entre o solvente puro e o vapor. Assim, as moléculas do solvente têm menor tendência para passarem para a fase de vapor a partir de uma solução e a partir de um solvente puro; a pressão de vapor da solução é inferior à do solvente.

Se ambos os componentes de uma solução são **voláteis** (isto é, *têm pressões de vapor mensuráveis*), a pressão de vapor da solução é a soma das pressões parciais individuais. A lei de Raoult continua a ser válida neste caso:

$$P_A = X_A P_A^\circ$$
$$P_B = X_B P_B^\circ$$

em que P_A e P_B são as pressões parciais dos componentes A e B sobre a solução; P_A° e P_B° são as pressões de vapor das substâncias puras; e X_A e X_B são as suas frações molares. A pressão total é dada pela lei de Dalton das pressões parciais (veja a Seção 5.5):

$$P_T = P_A + P_B$$

O benzeno e o tolueno possuem estruturas semelhantes e, portanto, forças intermoleculares semelhantes:

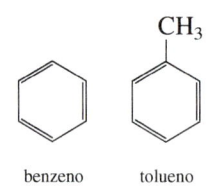

Em uma solução de benzeno e tolueno, a pressão de vapor de cada componente obedece à lei de Raoult. A Figura 13.6 mostra a dependência da pressão de vapor total (P_T) de uma solução de benzeno e tolueno em relação à composição da solução. Observe que temos apenas de exprimir a composição da solução em termos da fração molar de um dos componentes. Para cada valor de $X_{benzeno}$, a fração molar do tolueno é dada por $(1 - X_{benzeno})$. A solução de benzeno-tolueno é um dos poucos exemplos de uma **solução ideal**, que é *aquela que obedece à lei de Raoult*. Uma característica de uma solução ideal é ter o calor de solução, ΔH_{sol}, igual a zero.

Elevação do Ponto de Ebulição

Uma vez que a presença de um soluto *não volátil* abaixa a pressão de vapor de uma solução, deve também afetar o ponto de ebulição dessa solução. O ponto de ebulição de

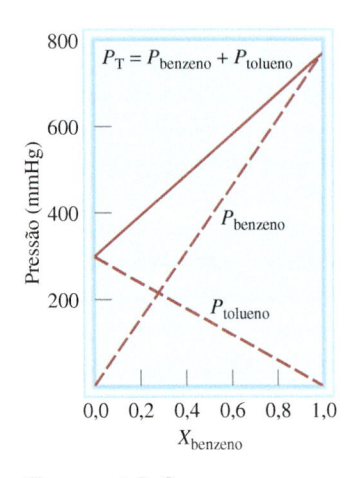

Figura 13.6
Dependência das pressões parciais de benzeno e tolueno em relação às suas frações molares em uma solução de benzeno-tolueno ($X_{tolueno} = 1 - X_{benzeno}$) a 80°C. Essa solução diz-se ideal porque as pressões de vapor obedecem à lei de Raoult.

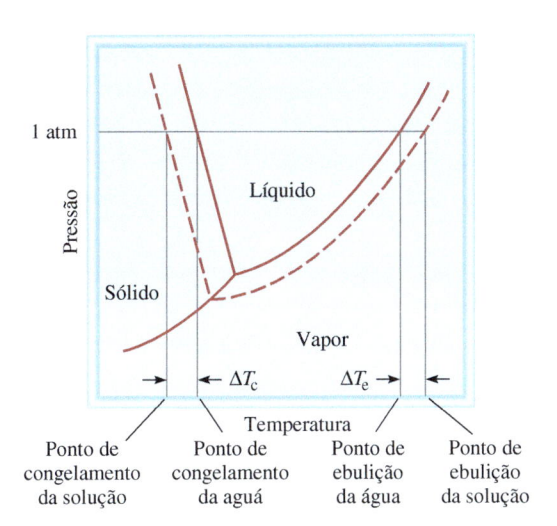

Figura 13.7
Diagrama de fases ilustrando a elevação do ponto de ebulição e o abaixamento do ponto de congelamento de soluções aquosas. As curvas pontilhadas referem-se à solução, e as curvas cheias correspondem ao solvente puro. Como se pode ver, o ponto de ebulição da solução é maior que o da água, e o ponto de congelamento da solução é menor que o da água.

uma solução é a temperatura na qual a sua pressão de vapor se iguala à pressão atmosférica exterior (veja a Seção 12.6). A Figura 13.7 mostra o diagrama de fases da água e as variações que ocorrem em uma solução aquosa. Como em qualquer temperatura, a pressão de vapor da solução é mais baixa que a do solvente puro, a curva de equilíbrio líquido-vapor para a solução fica abaixo da curva do solvente puro. Conseqüentemente, a curva da solução (linha pontilhada) intercepta a linha horizontal que indica $P = 1$ atm a uma temperatura *mais alta* que o ponto de ebulição do solvente puro. Essa análise gráfica mostra que o ponto de ebulição da solução é mais elevado que o da água. A *elevação do ponto de ebulição* (ΔT_e) é definida como

$$\Delta T_e = T_e - T_e^\circ$$

em que T_e é o ponto de ebulição da solução e T_e° corresponde ao ponto de ebulição do solvente puro. Como o valor de ΔT_e é proporcional ao abaixamento de pressão de vapor, também é proporcional à concentração (molalidade) da solução. Isto é,

$$\Delta T_e \propto m$$

$$\Delta T_e = K_b m \qquad (13.8)$$

em que m é a molalidade da solução e K_e é a *constante molal de elevação do ponto de ebulição*. As unidades de K_e são °C/m.

É importante compreender a escolha de unidade de concentração feita aqui. Como estamos lidando com um sistema (a solução) cuja temperatura *não é* constante, não podemos exprimir a concentração em molaridade porque esta varia com a temperatura.

A Tabela 13.2 lista os valores de K_e para vários solventes comuns. Usando a constante de elevação do ponto de ebulição para a água e a Equação (13.8), vê-se que, se a molalidade m de uma solução aquosa é 1,00 m, o ponto de ebulição será 100,52°C.

Abaixamento do Ponto de Congelamento

Um leigo pode nunca se aperceber do fenômeno da elevação do ponto de ebulição, mas o abaixamento do ponto de congelamento não passa despercebido a um bom observador que viva em um clima frio. O gelo nas estradas e nas calçadas se funde quando salpicado com sais como o NaCl ou o $CaCl_2$. O êxito desse método de descongelamento deve-se ao abaixamento do ponto de congelamento da água.

O descongelamento de aviões está baseado no abaixamento do ponto de congelamento.

TABELA 13.2	Constantes Molais de Elevação do Ponto de Ebulição e de Abaixamento do Ponto de Congelamento de Vários Líquidos Comuns			
Solvente	Ponto de Congelamento Normal (°C)*	K_c (°C/m)	Ponto de Ebulição Normal (°C)*	K_e (°C/m)
Água	0	1,86	100	0,52
Benzeno	5,5	5,12	80,1	2,53
Etanol	−117,3	1,99	78,4	1,22
Ácido acético	16,6	3,90	117,9	2,93
Cicloexano	6,6	20,0	80,7	2,79

*Medido a 1 atm.

A Figura 13.7 mostra que, ao baixar a pressão de vapor da solução, a curva de equilíbrio sólido-líquido se desloca para a esquerda. Em conseqüência, essa curva intercepta a linha horizontal a uma temperatura *mais baixa* do que o ponto de congelamento da água. O *abaixamento do ponto de congelamento* ΔT_c é definido como

$$\Delta T_c = T_c^\circ - T_c$$

em que T_c° *é o ponto de congelamento do solvente puro e* T_c *refere-se ao ponto de congelamento da solução*). Novamente, ΔT_c é proporcional à concentração da solução:

$$\Delta T_c \propto m$$

$$\Delta T_c = K_c m \qquad (13.9)$$

em que m é a concentração do soluto em unidades de molalidade e K_c é a *constante molal do abaixamento do ponto de congelamento* (veja a Tabela 13.2). Tal como K_e, K_c tem as unidades °C/m.

A seguir, vejamos uma explicação qualitativa para o fenômeno do abaixamento do ponto de congelamento. O congelamento envolve a transição de um estado mais desordenado para outro menos desordenado. Para que isso aconteça, deve-se remover energia do sistema. Uma vez que uma solução tem maior desordem que o solvente, é preciso remover mais energia da solução para criar ordem do que no caso do solvente puro. Assim, a solução tem um ponto de congelamento mais baixo que o seu solvente. Observe que, quando uma solução se congela, o componente sólido que se separa é o solvente puro.

Para que ocorra a elevação do ponto de ebulição, o soluto não deve ser volátil, mas, para o abaixamento do ponto de congelamento, essa restrição não se aplica. Por exemplo, o metanol (CH_3OH), um líquido bastante volátil que ferve a apenas 65°C, tem sido utilizado por vezes como líquido anticongelante nos radiadores dos automóveis.

EXEMPLO 13.7

O etilenoglicol (EG), $CH_2(OH)CH_2(OH)$, é um anticongelante comumente utilizado nos automóveis. É solúvel em água e pouco volátil (ponto de ebulição = 197°C). Calcule o ponto de congelamento de uma solução que contém 651 g dessa substância em 2505 g de água. Você manteria essa substância no radiador do seu carro durante o verão?
A massa molar do etilenoglicol é 62,01 g.

Nas regiões de clima frio, durante o inverno, deve-se usar anticongelante nos radiadores dos carros.

(*Continua*)

Estratégia Este problema pede o abaixamento do ponto de congelamento da solução.

$$\Delta T_c = K_c m$$

queremos calcular — constante — precisamos encontrar

A informação dada nos permite determinar a molalidade da solução e, por meio do recurso da Tabela 13.2, podemos obter K_c da água.

Solução Para calcularmos a molalidade da solução, precisamos saber qual o número de mols de EG e a massa do solvente em quilogramas. Determinamos a massa molar de EG e convertemos a massa de solvente em 2,505 kg. Agora, podemos calcular a molalidade do seguinte modo:

$$651 \text{ g EG} \times \frac{1 \text{ mol EG}}{62,07 \text{ g EG}} = 10,5 \text{ mol EG}$$

$$\text{molalidade} = \frac{\text{mol de soluto}}{\text{massa de solvente (kg)}}$$

$$= \frac{10,5 \text{ mol EG}}{2,505 \text{ kg H}_2\text{O}} = 4,19 \text{ mol EG/kg H}_2\text{O}$$

$$= 4,19 \, m$$

Por meio da Equação (13.9) e da Tabela 13.2, podemos escrever

$$\Delta T_c = K_c m$$
$$= (1,86°C/m)(4,19\, m)$$
$$= 7,79°C$$

Visto vez que a água pura congela a 0°C, a solução congelará a −7,79°C. De modo análogo, podemos calcular a elevação do ponto de ebulição:

$$\Delta T_e = K_e m$$
$$= (0,52°C/m)(4,19\, m)$$
$$= 2,2°C$$

Uma vez que a solução entra em ebulição a (100 + 2,2)°C ou 102,2°C, será preferível deixar o anticongelante no radiador durante o verão para prevenir que a solução entre em ebulição.

Problemas semelhantes: 13.56, 13.59.

Exercício Calcule o ponto de ebulição e o ponto de congelamento de uma solução que contém 478 g de etilenoglicol em 3202 g de água.

Pressão Osmótica

Muitos processos químicos e biológicos dependem da *passagem seletiva de moléculas de solvente de uma solução diluída para outra mais concentrada, através de uma membrana porosa*. A Figura 13.8 ilustra esse fenômeno. O compartimento da esquerda do dispositivo contém o solvente puro; o compartimento da direita tem uma solução. Os dois compartimentos estão separados por uma **membrana semipermeável**, que *permite a passagem de moléculas de solvente, mas que impede a passagem de moléculas de soluto*. No início, os níveis da água nos dois tubos são iguais [veja a Figura 13.8(a)]. Depois de algum tempo, o nível no tubo da direita começa a subir; essa elevação continua até que o equilíbrio seja atingido. O movimento de moléculas do solvente, através de uma membrana semipermeável, de um solvente puro ou de uma solução diluída para uma mais concentrada é denominado **osmose**. A **pressão osmótica** (π) de uma solução é a *pressão necessária para fazer parar a osmose*. Como mostrado na Figura 13.8(b), essa pressão pode ser medida diretamente a partir da diferença entre os níveis finais do fluido.

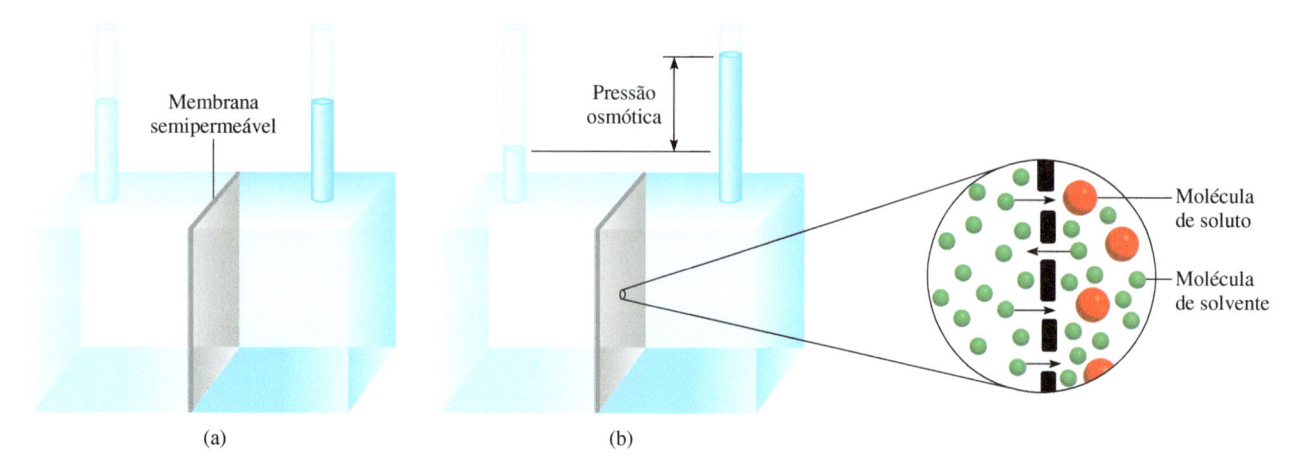

Figura 13.8
Pressão osmótica. (a) Os níveis do solvente puro (esquerda) e da solução (direita) são iguais no início. (b) Durante a osmose, o nível do lado da solução sobe em decorrência do fluxo de solvente da esquerda para a direita. A pressão osmótica é igual à pressão hidrostática exercida pela coluna de fluido no tubo da direita, no equilíbrio. Basicamente, observa-se o mesmo efeito quando o solvente puro é substituído por uma solução mais diluída do que a que se encontra no lado direito.

Nesse caso, o que leva a água a mover-se espontaneamente da esquerda para a direita? Compare a pressão de vapor da água pura e a pressão de vapor da solução (Figura 13.9). Uma vez que a pressão de vapor da água pura é mais elevada que a pressão de vapor da solução, há uma transferência de água do compartimento da esquerda para o compartimento da direita. Se o tempo for suficiente, a transferência continuará até que esteja completa. Uma força impulsionadora semelhante faz que a água passe para a solução durante a osmose.

Embora a osmose seja um fenômeno comum e bem estudado, sabe-se relativamente pouco sobre o processo que leva a membrana semipermeável a impedir a passagem de algumas moléculas e a deixar passar outras. Em alguns casos, trata-se simplesmente de uma questão de tamanho. Uma membrana semipermeável pode ter poros tão pequenos que só se deixe atravessar pelas moléculas de solvente. Em outros casos, um mecanismo diferente pode ser responsável pela seletividade da membrana — por exemplo, a maior "solubilidade" do solvente na membrana.

A pressão osmótica de uma solução é dada por

$$\pi = MRT \qquad (13.10)$$

onde M é a molaridade da solução, R é a constante dos gases (0,0821 L · atm/ K · mol) e T é a temperatura absoluta. A pressão osmótica, π, é expressa em

Figura 13.9
(a) Pressões de vapor diferentes dentro do frasco conduzem a uma transferência de água do béquer da esquerda (que contém água pura) para o béquer da direita (que contém uma solução). (b) No equilíbrio, toda a água do béquer da esquerda foi transferida para o béquer da direita. A força impulsionadora que leva à transferência de solvente é análoga ao fenômeno da osmose ilustrado na Figura 13.8.

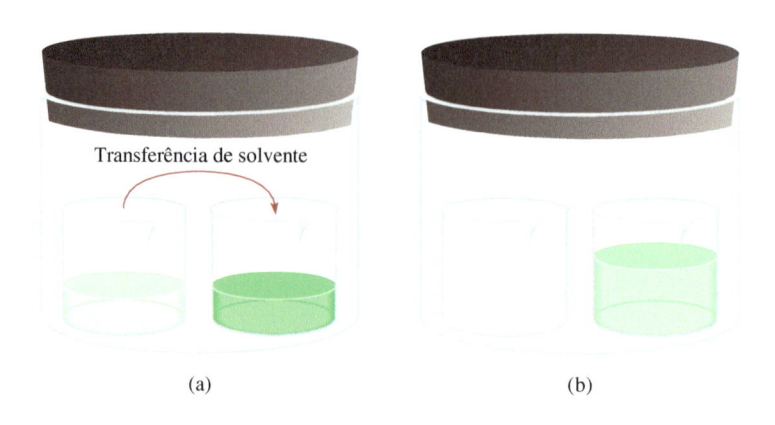

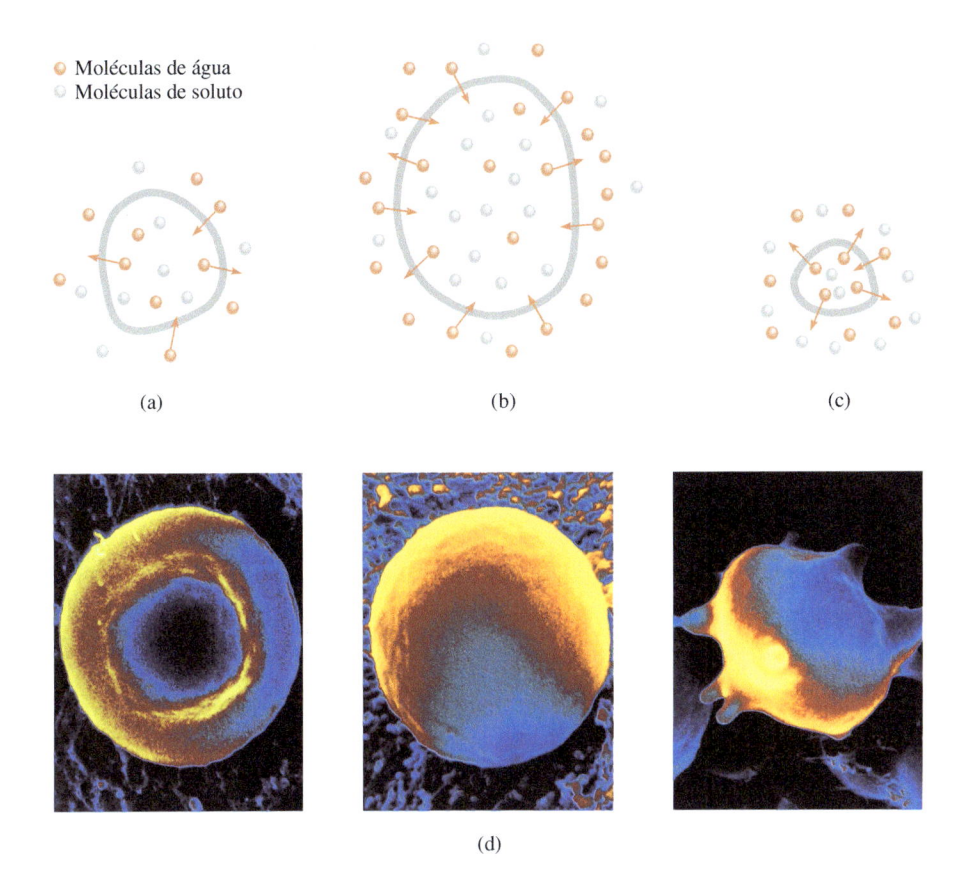

Figura 13.10
Uma célula dentro de (a) uma solução isotônica, (b) uma solução hipotônica e (c) uma solução hipertônica. A célula permanece inalterada em (a), incha em (b) e encolhe em (c). Uma vez que as medidas de pressão osmótica são realizadas a temperatura constante, a concentração, nesse caso, é expressa em termos de molaridade, uma unidade mais conveniente que a molalidade.

atmosferas. Assim como a elevação do ponto de ebulição e o abaixamento do ponto de congelamento, a pressão osmótica é diretamente proporcional à concentração da solução. Isso é esperado, considerando-se que todas as propriedades coligativas dependem somente do número de partículas de soluto em solução. Se duas soluções possuem a mesma concentração e, portanto, a mesma pressão osmótica, elas são denominadas *isotônicas*. Se duas soluções não possuem pressão osmótica igual, a solução mais concentrada é denominada *hipertônica* e a solução mais diluída, *hipotônica* (Figura 13.10).

O fenômeno da pressão osmótica manifesta-se em muitas aplicações interessantes. Para estudar o conteúdo dos glóbulos vermelhos do sangue, que estão protegidos do ambiente externo por uma membrana semipermeável, os bioquímicos usam uma técnica chamada hemólise. Os glóbulos vermelhos são colocados em uma solução hipotônica. Uma vez que a solução hipotônica é menos concentrada que o interior dos glóbulos, a água move-se para o interior dos glóbulos, como pode ser visto na Figura 13.10(b). Os glóbulos incham e eventualmente arrebentam, liberando hemoglobina e outras moléculas.

A conservação doméstica de doces e geléias fornece outro exemplo do uso da pressão osmótica. É necessária grande quantidade de açúcar para o processo de conservação porque o açúcar ajuda a matar as bactérias que podem causar botulismo. Como mostra a Figura 13.10(c), quando uma célula bacteriana se encontra em uma solução hipertônica (alta concentração) de açúcar, a água intracelular tende a sair da célula para a solução mais concentrada por osmose. Esse processo, conhecido por *crenação*, faz que a célula encolha e, eventualmente, deixe de funcionar. A acidez natural dos frutos também inibe o crescimento das bactérias.

A pressão osmótica é também o principal mecanismo responsável pelo transporte da água para a parte superior das plantas. Dado que as folhas perdem constantemente água para a atmosfera, em um processo chamado de *transpiração*, a concentração de

Sequóias da Califórnia.

solutos nos fluidos das folhas aumenta. Então, a pressão osmótica força a água a subir pelo tronco e ramos das árvores. É necessária uma pressão de 10 atm a 15 atm para transportar a água até as folhas superiores das sequóias da Califórnia, que chegam a atingir 120 m de altura. (A ação da capilaridade, discutida na Seção 12.3, é responsável pela subida da água de apenas alguns centímetros.)

Uso das Propriedades Coligativas para Determinar a Massa Molar

As propriedades coligativas de soluções de não-eletrólitos fornecem um meio para determinar a massa molar de um soluto. Teoricamente, qualquer uma das quatro propriedades coligativas é adequada para esse fim. Na prática, contudo, só a pressão osmótica e o abaixamento do ponto de congelamento são utilizadas porque sofrem variações mais pronunciadas.

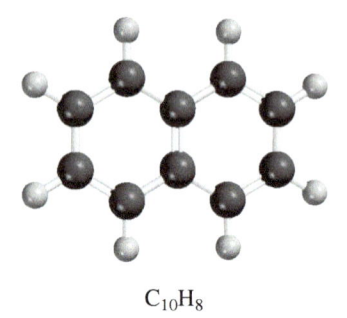

$C_{10}H_8$

EXEMPLO 13.8

Uma amostra de 7,85 g de um composto de fórmula empírica C_5H_4 é dissolvida em 301 g de benzeno. O ponto de congelamento da solução é 1,05°C abaixo do ponto de congelamento do benzeno puro. Qual é a massa molar e a fórmula molecular desse composto?

Estratégia   A resolução deste problema requer três passos. Primeiro, calculamos a molalidade da solução pela diminuição do ponto de congelamento. Em seguida, pela molalidade, determinamos o número de mols em 7,85 g de composto e, portanto, a sua massa molar. Finalmente, a comparação entre a massa molar experimental e a massa molar empírica permite-nos encontrar a fórmula molecular.

Solução   A seqüência de cálculos para determinar a massa molar do composto é

$$\text{abaixamento do ponto de congelamento} \longrightarrow \text{molalidade} \longrightarrow \text{número de mols} \longrightarrow \text{massa molar}$$

Nosso primeiro passo é calcular a molalidade da solução. Pela Equação (13.9) e da Tabela 13.2, podemos escrever

$$\text{molalidade} = \frac{\Delta T_c}{K_c} = \frac{1{,}05°C}{5{,}12°C/m} = 0{,}205 \, m$$

Uma vez que há 0,205 mol de soluto em 1 kg de solvente, o número de mols de soluto em 301 g, ou 0,301 kg, de solvente é

$$0{,}301 \text{ kg} \times \frac{0{,}205 \text{ mol}}{1 \text{ kg}} = 0{,}0617 \text{ mol}$$

Assim, a massa molar do soluto é

$$\text{massa molar} = \frac{\text{gramas de composto}}{\text{mols de composto}}$$

$$= \frac{7{,}85 \text{ g}}{0{,}0617 \text{ mol}} = 127 \text{ g/mol}$$

(Continua)

Agora, podemos determinar a razão

$$\frac{\text{massa molar}}{\text{massa molar empírica}} = \frac{127 \text{ g/mol}}{64 \text{ g/mol}} \approx 2$$

Portanto, a fórmula molecular é $(C_5H_4)_2$ ou $C_{10}H_8$ (naftaleno).

Problema semelhante: 13.57.

Exercício Uma solução de 0,85 g de um composto orgânico em 100,0 g de benzeno apresenta um ponto de congelamento de 5,16°C. Qual é a molalidade da solução e a massa molar do soluto?

EXEMPLO 13.9

Prepara-se uma solução dissolvendo 35,0 g de hemoglobina (Hb) em água suficiente para fazer o volume de 1 L. Se a pressão osmótica da solução é 10,0 mmHg a 25°C, calcule a massa molar da hemoglobina.

Estratégia Pede-se que calculemos a massa molar da Hb. Os passos a seguir são semelhantes aos do Exemplo 13.8. Com base na pressão osmótica da solução, podemos calcular a sua molaridade. Depois, por meio da molaridade, determinamos o número de mols existente em 35,0 g de Hb e, em seguida, a sua massa molar.
Que unidade devemos usar para π e para a temperatura?

Solução A seqüência de cálculos é a seguinte:

pressão osmótica $\longrightarrow$ molaridade $\longrightarrow$ número de mols $\longrightarrow$ massa molar

Em primeiro lugar, calculamos a molaridade usando a Equação (13.10)

$$\pi = MRT$$

$$M = \frac{\pi}{RT}$$

$$= \frac{10,0 \text{ mmHg} \times \dfrac{1 \text{ atm}}{760 \text{ mmHg}}}{(0,0821 \text{ L} \cdot \text{atm/K} \cdot \text{mol})(298 \text{ K})}$$

$$= 5,38 \times 10^{-4} \, M$$

O volume de solução é 1 L, portanto deve conter $5,38 \times 10^{-4}$ mol de Hb. Vamos utilizar esse valor para calcular a massa molar:

$$\text{mols de Hb} = \frac{\text{massa de Hb}}{\text{massa molar de Hb}}$$

$$\text{massa molar de Hb} = \frac{\text{massa de Hb}}{\text{mols de Hb}}$$

$$= \frac{35,0 \text{ g}}{5,38 \times 10^{-4} \text{ mol}}$$

$$= 6,51 \times 10^4 \text{ g/mol}$$

Problemas semelhantes: 13.64, 13.66.

Exercício Uma solução que contém 2,47 g de um polímero orgânico em 202 mL de benzeno tem uma pressão osmótica de 8,63 mmHg a 21°C. Calcule a massa molar do polímero.

A densidade do mercúrio é 13,6 g/mL. Portanto, 10 mmHg correspondem a uma coluna de água com 13,6 cm de altura.

Uma pressão de 10,0 mmHg, como no Exemplo 13.9, pode ser medida com facilidade e exatidão. Por isso, as medidas de pressão osmótica são muito úteis para determinar massas molares de moléculas grandes, como as proteínas. Para verificarmos como a técnica da pressão osmótica é mais prática que a do abaixamento do ponto de congelamento, vamos estimar a variação do ponto de congelamento da mesma solução de hemoglobina. Se a solução aquosa for muito diluída, podemos supor que a molaridade é aproximadamente igual à molalidade. (A molaridade seria igual à molalidade se a densidade da solução aquosa fosse 1 g/mL.) Então, pela Equação (13.9), podemos escrever

$$\Delta T_c = (1,86°C/m)(5,38 \times 10^{-4}\ m)$$
$$= 1,00 \times 10^{-3}°C$$

Um abaixamento do ponto de congelamento de um milésimo de grau é uma variação de temperatura demasiado pequena para poder ser medida com exatidão. Por essa razão, a técnica do abaixamento do ponto de congelamento é mais adequada para determinar a massa molar de moléculas menores e mais solúveis, isto é, moléculas com massas molares de 500 g ou menos, dado que o abaixamento do ponto de congelamento das respectivas soluções são muito maiores.

Propriedades Coligativas de Soluções de Eletrólitos

Interatividade:
Solução com Eletrólitos
Centro de Aprendizagem Online, Interativo

O estudo das propriedades coligativas de eletrólitos requer uma abordagem ligeiramente diferente da que utilizamos para estudar as propriedades coligativas de não-eletrólitos. Isso se deve ao fato de os eletrólitos, quando em solução, se dissociarem em íons, uma vez que uma unidade de um composto eletrolítico se separa em duas ou mais partículas. (Lembre-se de que é o número de partículas que determina as propriedades coligativas de uma solução.) Por exemplo, cada unidade de NaCl dissocia-se em dois íons — Na^+ e Cl^-. Então, as propriedades coligativas de uma solução 0,1 m de NaCl devem ser duas vezes maiores que as de uma solução 0,1 m de um não-eletrólito, como a sacarose. De modo semelhante, deveremos esperar que o abaixamento do ponto de congelamento de uma solução 0,1 m de $CaCl_2$ seja três vezes o valor do abaixamento de uma solução 0,1 m de sacarose. Para dar conta desse efeito, as equações para as propriedades coligativas devem ser modificadas da seguinte forma:

$$\Delta T_e = iK_e m \qquad (13.11)$$

$$\Delta T_c = iK_c m \qquad (13.12)$$

$$\pi = iMRT \qquad (13.13)$$

A variável i é o *fator de van't Hoff*, que é definida como

$$i = \frac{\text{número efetivo de partículas em solução após a dissociação}}{\text{número de fórmulas unitárias dissolvidas inicialmente na solução}} \qquad (13.14)$$

Então, i deve ser 1 para todos os não-eletrólitos. Para eletrólitos fortes como NaCl e KNO_3, i deve ser 2 e para eletrólitos fortes como Na_2SO_4 e $MgCl_2$, i deve ser 3.

Na realidade, as propriedades coligativas das soluções de eletrólitos assumem geralmente valores menores que o esperado porque, a concentrações elevadas, as forças eletrostáticas entram em ação e levam à formação de pares iônicos. Um *cátion e um ânion mantidos juntos por forças eletrostáticas* é denominado um **par iônico**. A formação de um par iônico reduz o número de partículas em solução, causando uma redução nas propriedades coligativas (Figura 13.11). A Tabela 13.3 mostra os valores de

TABELA 13.3	Fatores de van't Hoff para Soluções de Eletrólitos 0,0500 M a 25°C	
Eletrólito	i (medido)	i (Calculado)
Sacarose*	1,0	1,0
HCl	1,9	2,0
NaCl	1,9	2,0
MgSO$_4$	1,3	2,0
MgCl$_2$	2,7	3,0
FeCl$_3$	3,4	4,0

*A sacarose não é um eletrólito. É listada aqui apenas para comparação.

i medidos experimentalmente e calculados assumindo completa dissociação. Como podemos ver, a concordância é boa, mas não perfeita, indicando que a extensão da formação de pares iônicos nessas soluções é apreciável.

Figura 13.11
(a) Íons livres e (b) pares iônicos em solução. Um par iônico não possui uma carga líquida e portanto não pode conduzir eletricidade em solução.

EXEMPLO 13.10

A pressão osmótica de uma solução 0,010 M de iodeto de potássio (KI) a 25°C é 0,465 atm. Calcule o fator de van't Hoff para o KI nessa concentração.

Estratégia   Note que KI é um eletrólito forte, dessa forma, espera-se que se dissocie completamente em solução. Se assim for, a sua pressão osmótica será

$$2(0,010\ M)(0,0821\ \text{L} \cdot \text{atm/K} \cdot \text{mol})(298\ \text{K}) = 0,489\ \text{atm}$$

Contudo, a pressão osmótica medida é de apenas 0,465 atm. Essa pressão osmótica, inferior ao previsto, significa que há formação de pares iônicos, os quais reduzem o número de partículas (íons K$^+$ e I$^-$) em solução.

Solução   Com base na Equação (13.13), temos

$$i = \frac{\pi}{MRT}$$

$$= \frac{0,465\ \text{atm}}{(0,010\ M)(0,0821\ \text{L} \cdot \text{atm/K} \cdot \text{mol})(298\ \text{K})}$$

$$= 1,90$$

Problema semelhante: 13.79.

Exercício   O abaixamento do ponto de congelamento de uma solução 0,100 m de MgSO$_4$ é 0,225°C. Calcule o fator de van't Hoff do MgSO$_4$ nessa concentração.

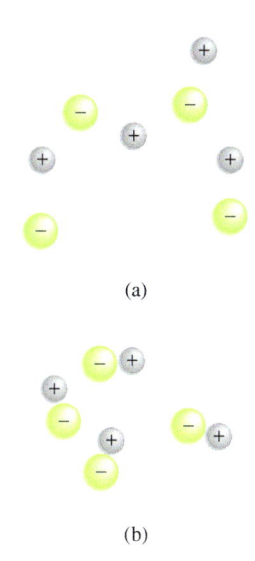

• Resumo de Fatos e Conceitos

1. As soluções são misturas homogêneas de duas ou mais substâncias, as quais podem ser sólidas, líquidas ou gasosas. A facilidade de dissolução de um soluto em um solvente é determinada pelas forças intermoleculares. A energia e a desordem que advêm da mistura das moléculas do soluto e do solvente são as forças que direcionam o processo de dissolução.

2. A concentração de uma solução pode ser expressa em porcentagem em massa, fração molar, molaridade ou molalidade. A escolha de unidades depende das circunstâncias.

3. Geralmente, a solubilidade das substâncias sólidas ou líquidas aumenta com o aumento da temperatura, enquanto a solubilidade dos gases em água diminui com a temperatura. De acordo com a lei de Henry, a solubilidade de um gás em um líquido é diretamente proporcional à pressão parcial do gás sobre a solução.

4. A lei de Raoult determina que a pressão parcial de uma substância A sobre uma solução é igual ao produto da fração molar (X_A) de A pela pressão de vapor (P_A°) de A puro, como $P_A = X_A P_A^\circ$. Uma solução ideal obedece à lei de Raoult qualquer que seja a sua concentração. Na prática, poucas soluções exibem comportamento ideal.

5. O abaixamento da pressão de vapor, a elevação do ponto de ebulição, o abaixamento do ponto de congelamento e a pressão osmótica são propriedades coligativas de soluções, isto é, são propriedades que dependem apenas do número de partículas de soluto presentes e não da sua natureza. Em soluções de eletrólitos, a interação entre íons leva à formação de pares iônicos. O fator de van't Hoff fornece uma medida da extensão da formação de pares iônicos em solução.

Palavras-chave

Cristalização, p. 411
Lei de Henry, p. 418
Lei de Raoult, p. 421
Membrana semipermeável, p. 425

Miscíveis, p. 413
Molalidade, p. 414
Não volátil, p. 420
Osmose, p. 425
Poluição térmica, p. 417
Par iônico, p. 430

Porcentagem em massa, p. 414
Pressão osmótica (π), p. 425
Propriedades coligativas, p. 420
Solução ideal, p. 422
Solução insaturada, p. 411
Solução saturada, p. 411

Solução supersaturada, p. 411
Solvatação, p. 413
Voláteis, p. 422

Questões e Problemas

Tipos de Soluções
Questões de Revisão

13.1 Descreva resumidamente o processo de dissolução em nível molecular. Utilize a dissolução de um sólido em um líquido como exemplo.

13.2 Baseando a sua resposta em considerações sobre forças intermoleculares, explique o significado de "semelhante dissolve semelhante".

13.3 O que é solvatação? Que fatores influenciam a extensão do processo de solvatação? Dê dois exemplos de processos de solvatação: um envolvendo as interações íon-dipolo e outro as forças de dispersão.

13.4 É sabido que alguns processos de dissolução são endotérmicos e outros exotérmicos. Dê uma interpretação molecular para a diferença.

13.5 Explique por que o processo de dissolução conduz invariavelmente a um aumento de desordem.

13.6 Descreva os fatores que afetam a solubilidade de um sólido em um líquido. O que significa dizer que dois líquidos são miscíveis?

Problemas

•13.7 Por que o naftaleno ($C_{10}H_8$) é mais solúvel que o CsF em benzeno?

•13.8 Explique a razão do etanol (C_2H_5OH) não ser solúvel em cicloexano (C_6H_{12}).

••13.9 Ordene os seguintes compostos em ordem crescente de solubilidade na água: O_2, LiCl, Br_2 e metanol (CH_3OH).

•13.10 Explique as diferenças de solubilidade em água dos alcoóis indicados a seguir:

Composto	Solubilidade em Água g/100 g, 20°C
CH_3OH	∞
CH_3CH_2OH	∞
$CH_3CH_2CH_2OH$	∞
$CH_3CH_2CH_2CH_2OH$	9
$CH_3CH_2CH_2CH_2CH_2OH$	2,7

Nota: ∞ significa que a água e o álcool são miscíveis em todas as proporções.

Níveis de Dificuldade: • Fácil •• Médio ••• Difícil.

Unidades de Concentração
Questões de Revisão

13.11 Defina os seguintes termos usados para exprimir concentrações e diga quais são as suas unidades: porcentagem em massa, molaridade e molalidade. Compare as suas vantagens e desvantagens.

13.12 Esquematize os passos necessários para interconverter molaridade, molalidade e porcentagem em massa.

Problemas

13.13 Calcule a porcentagem em massa de soluto nas seguintes soluções aquosas: (a) 5,50 g de NaBr em 78,2 g de solução (b) 31,0 g de KCl em 152 g de água (c) 4,5 g de tolueno em 29 g de benzeno.

13.14 Calcule a quantidade de água (em gramas) que se deve adicionar a: (a) 5,00 g de uréia, $(NH_2)_2CO$, para preparar uma solução 16,2% em massa (b) 26,2 g de $MgCl_2$ para preparar uma solução 1,5% em massa.

13.15 Calcule a molalidade das seguintes soluções: (a) 14,3 g de sacarose ($C_{12}H_{22}O_{11}$) em 676 g de água (b) 7,20 mols de etilenoglicol ($C_2H_6O_2$) em 3.546 g de água.

13.16 Calcule a molalidade das seguintes soluções aquosas: (a) solução 2,50 M de NaCl, (densidade da solução = 1,08 g/mL) (b) solução 48,2% em massa de KBr.

13.17 Calcule as molalidades das seguintes soluções aquosas: (a) solução 1,22 M de açúcar ($C_{12}H_{22}O_{11}$) (densidade da solução = 1,12 g/mL) (b) solução 0,87 M de NaOH (densidade da solução = 1,04 g/mL) (c) solução 5,24 M de $NaHCO_3$ (densidade da solução = 1,19 g/mL).

13.18 Para soluções aquosas diluídas, para as quais a densidade é aproximadamente igual à densidade do solvente puro, a molalidade da solução é igual à sua molaridade. Mostre que essa afirmação está correta para uma solução aquosa 0,010 M de uréia [$(NH_2)_2CO$].

13.19 A quantidade de álcool existente nas bebidas alcoólicas destiladas é expressa normalmente em termos de "graduação", que se define como a porcentagem em volume de etanol (C_2H_5OH) presente. Calcule o número de gramas de álcool presentes em 1 L de gim com uma graduação de 37,5. A densidade do etanol é 0,798 g/mL.

13.20 O ácido sulfúrico concentrado que usamos em laboratório contém 98% em massa de H_2SO_4. Calcule a molalidade e a molaridade da solução ácida. A densidade da solução é 1,83 g/mL.

13.21 Calcule a molaridade e a molalidade de uma solução de 30,0 g de NH_3 em 70,0 g de água. A densidade da solução é 0,982 g/mL.

13.22 A densidade de uma solução aquosa contendo 10% em massa de etanol (C_2H_5OH) é 0,984 g/mL. (a) Calcule a molalidade dessa solução. (b) Calcule a sua molaridade. (c) Que volume da solução contém 0,125 mol de etanol?

Influência da Temperatura e da Pressão na Solubilidade
Questões de Revisão

13.23 Como as solubilidades em água da maior parte dos compostos iônicos variam com a temperatura?

13.24 Qual é a influência da pressão na solubilidade de um líquido em um líquido e de um sólido em um líquido?

Problemas

13.25 Uma amostra de 3,20 g de um sal dissolve-se em 9,10 g de água para dar uma solução saturada a 25°C. Qual é a solubilidade do sal (em g de sal/100 g de H_2O)?

13.26 A solubilidade do KNO_3 é de 155 g por 100 g de água a 75°C e de 38,0 g a 25°C. Que massa de KNO_3 (em gramas) cristalizará a partir da solução quando se resfriam 100 g da sua solução saturada de 75°C até 25°C?

Solubilidade de Gases
Problemas de Revisão

13.27 Discuta os fatores que influenciam a solubilidade de um gás em um líquido. Explique como a solubilidade de um gás em um líquido geralmente diminui com a elevação da temperatura.

13.28 O que é a poluição térmica? Por que é prejudicial para a vida aquática?

13.29 O que diz a lei de Henry? Defina os termos que figuram na equação que traduz essa lei e indique as respectivas unidades. Como se explica a lei em termos da teoria cinético-molecular dos gases?

13.30 Aponte duas exceções à lei de Henry.

Problemas

13.31 Um estudante está observando dois béqueres com água. Um deles é aquecido a 30°C e o outro a 100°C. Em ambos os casos, formam-se bolhas na água. Essas bolhas têm a mesma origem? Explique.

13.32 Um homem comprou um peixe em uma loja especializada em peixes ornamentais. Quando voltou para casa, colocou o peixe em uma tigela de vidro com água que fora previamente fervida e depois rapidamente resfriada. Alguns minutos mais tarde, o peixe morreu. Explique o que se passou.

13.33 Um béquer contém água saturada com ar. Explique o que acontece se borbulharmos He a 1 atm através da solução durante um período prolongado.

13.34 Um mineiro que trabalhava a 260 m abaixo do nível do mar abriu uma garrafa de um refrigerante gaseificado no almoço. Pouco tempo depois, ele subiu à superfície em um elevador. Durante a subida, não conseguiu parar de arrotar. Por quê?

Biológica: 13.56, 13.57, 13.64, 13.66, 13.78, 13.81, 13.91. Conceitual: 13.7, 13.8, 13.9, 13.10, 13.31, 13.32, 13.33, 13.34, 13.71, 13.72, 13.73,

- 13.35 A solubilidade do CO_2 em água a 25°C e 1 atm é 0,034 mol/L. Qual é a sua solubilidade nas condições atmosféricas? (A pressão parcial de CO_2 no ar é de 0,0003 atm.) Admita que o CO_2 obedeça à lei de Henry.

- 13.36 A solubilidade do N_2 no sangue, a 37°C e a uma pressão parcial de 0,80 atm, é de $5,6 \times 10^{-4}$ mol/L. Um mergulhador respira ar comprimido com a pressão parcial de N_2 igual a 4,0 atm. Admita que o volume total de sangue no corpo seja de 5,0 L. Calcule a quantidade de N_2 liberado (em litros) quando o mergulhador retorna à superfície onde a pressão parcial de N_2 é de 0,80 atm.

Propriedades Coligativas de Soluções de Não-eletrólitos

Questões de Revisão

13.37 O que são propriedades coligativas? Qual é o significado da palavra "coligativo" neste contexto?

13.38 Dê dois exemplos de um líquido volátil e dois exemplos de um líquido não volátil.

13.39 Defina a lei de Raoult. Defina cada termo na equação que representa a lei de Raoult e dê suas unidades. O que é uma solução ideal?

13.40 Defina elevação do ponto de ebulição e abaixamento do ponto de congelamento. Escreva as equações que relacionam a elevação do ponto de ebulição e o abaixamento do ponto de congelamento com a concentração de uma solução. Defina todos os termos e indique as suas unidades.

13.41 Como o abaixamento da pressão de vapor se relaciona com a elevação do ponto de ebulição de uma solução?

13.42 Use um diagrama de fases para mostrar as diferenças entre os pontos de fusão e os pontos de ebulição de uma solução aquosa de uréia e da água pura.

13.43 O que é a osmose? E uma membrana semipermeável?

13.44 Escreva a equação que relaciona a pressão osmótica com a concentração de uma solução. Defina todas as grandezas e indique as respectivas unidades.

13.45 O que significa afirmar que a pressão osmótica de uma amostra de água do mar é de 25 atm a certa temperatura?

13.46 Explique por que se usa a molalidade no cálculo de elevação do ponto de ebulição e abaixamento do ponto de congelamento e a molaridade no cálculo de pressões osmóticas.

13.47 Descreva como utilizaria medidas de abaixamento do ponto de congelamento e de pressão osmótica para determinar a massa molar de um composto. Por que normalmente não se usa o fenômeno da elevação do ponto de ebulição para o mesmo fim?

13.48 Explique por que é essencial que fluidos usados em injeções intravenosas possuam aproximadamente a mesma pressão osmótica do sangue.

Problemas

- 13.49 Prepara-se uma solução dissolvendo 396 g de sacarose ($C_{12}H_{22}O_{11}$) em 624 g de água. Qual é a pressão de vapor dessa solução a 30°C? (A pressão de vapor da água é 31,8 mmHg a 30°C.)

- 13.50 Quantos gramas de sacarose ($C_{12}H_{22}O_{11}$) devem ser adicionados a 552 g de água para formar uma solução com uma pressão de vapor 2,0 mmHg mais baixa que a pressão de vapor da água pura a 20°C? (A pressão de vapor da água a 20°C é 17,5 mmHg.)

- 13.51 A pressão de vapor do benzeno é 100,0 mmHg a 26,1°C. Calcule a pressão de vapor de uma solução que contém 24,6 g de cânfora ($C_{10}H_{16}O$) dissolvidos em 98,5 g de benzeno. (A cânfora é um sólido pouco volátil.)

- 13.52 As pressões de vapor do etanol (C_2H_5OH) e do 1-propanol (C_3H_7OH) a 35°C são 100 mmHg e 37,6 mmHg, respectivamente. Admita que os gases se comportem como gases perfeitos e calcule as pressões parciais do etanol e do 1-propanol, a 35°C, sobre uma solução de etanol em 1-propanol em que a fração molar do etanol é 0,300.

- 13.53 A pressão de vapor do etanol (C_2H_5OH), a 20°C, é 44 mmHg e a pressão de vapor do metanol (CH_3OH), à mesma temperatura, é 94 mmHg. Prepara-se uma mistura de 30,0 g de metanol e 45,0 g de etanol (considere-se que se trata de uma solução ideal). (a) Calcule a pressão de vapor do metanol e do etanol sobre essa solução a 20°C. (b) Calcule a fração molar do metanol e do etanol no vapor acima da solução a 20°C.

- 13.54 Quantos gramas de uréia [$(NH_2)_2CO$] devem ser adicionados a 450 g de água para dar uma solução com uma pressão de vapor 2,50 mmHg abaixo da pressão de vapor da água pura a 30°C? (A pressão de vapor da água a 30°C é 31,8 mmHg.)

- 13.55 Quais são os pontos de ebulição e de congelamento de uma solução 2,47 m de naftaleno em benzeno? (O ponto de ebulição e o ponto de fusão do benzeno são 80,1°C e 5,5°C, respectivamente.)

- 13.56 Uma solução aquosa contém o aminoácido glicina (NH_2CH_2COOH). Admitindo que não haja ionização do ácido em água, calcule a molalidade da solução se ela congelar a $-1,1°C$.

- 13.57 Os feromônios são compostos segregados pelas fêmeas de muitos insetos para atrair os machos. Um desses compostos contém 80,78% de C, 13,56% de H e 5,66% de O. Uma solução de 1,00 g desse feromônio em 8,50 g de benzeno congela a 3,37°C. Qual é a fórmula molecular e a massa molar desse composto? (O ponto de fusão do benzeno puro é 5,50°C.)

- 13.58 A análise elementar de um sólido orgânico extraído da goma arábica mostrou que este continha 40,0% de C, 6,7% de H e 53,3% de O. Uma solução de 0,650 g desse sólido em 27,8 g do solvente bifenila apresentou um abaixamento do ponto de congelamento de 1,56°C. Calcule a massa molar e a fórmula molecular do sólido. (K_c para a bifenila é 8,00°C/m.)

- 13.59 Quantos litros do anticongelante etilenoglicol [$CH_2(OH)CH_2(OH)$] deveriam ser adicionados ao radiador de um carro contendo 6,50 L de água se a temperatura mínima durante o inverno fosse $-20°C$? Calcule o ponto de ebulição dessa mistura água-etilenoglicol (A densidade do etilenoglicol é 1,11 g/mL.)

13.74, 13.77, 13.83, 13.87, 13.89, 13.94, 13.96, 13.99, 13.102. Orgânica: 13.7, 13.8, 13.10, 13.14a, 13.15, 13.17a, 13.19, 13.22, 13.49, 13.50,

13.60 Prepara-se uma solução condensando 4,00 L de um gás, medidos a 27°C e a 748 mmHg, em 58,0 g de benzeno. Calcule o ponto de congelamento dessa solução.

13.61 A massa molar do ácido benzóico (C_6H_5COOH) determinado pela medição do abaixamento do ponto de congelamento em solução de benzeno é o dobro do valor esperado para a fórmula molecular $C_7H_6O_2$. Explique essa aparente anomalia.

13.62 Uma solução de 2,50 g de um composto de fórmula empírica C_6H_5P em 25,0 g de benzeno congela a 4,3°C. Calcule a massa molar e a fórmula molecular do soluto.

13.63 Qual é a pressão osmótica (em atmosferas) de uma solução aquosa 12,36 M de uréia a 22,0°C?

13.64 Uma solução, contendo 0,8330 g de uma proteína de estrutura desconhecida em 170,0 mL de uma solução aquosa, tem uma pressão osmótica de 5,20 mmHg a 25°C. Determine a massa molar da proteína.

13.65 Dissolvem-se 7,480 g de um composto orgânico em água para preparar 300,0 mL de solução. A solução tem uma pressão osmótica de 1,43 atm a 27°C. A análise desse composto mostra que ele contém 41,8% de C, 4,7% de H, 37,3% de O e 16,3% de N. Determine a fórmula molecular do composto.

13.66 Uma solução de 6,85 g de um carboidrato em 100,0 g de água tem uma densidade de 1,024 g/mL e uma pressão osmótica de 4,61 atm a 20,0°C. Calcule a massa molar do carboidrato.

Propriedades Coligativas de Soluções de Eletrólitos
Questões de Revisão

13.67 Por que a discussão das propriedades coligativas de soluções de eletrólitos é mais complexa que a de soluções de não-eletrólitos?

13.68 O que são pares iônicos? Que efeito tem a formação de pares iônicos nas propriedades coligativas de uma solução? A facilidade de formação de pares iônicos depende (a) das cargas dos íons, (b) do tamanho dos íons, (c) da natureza do solvente (polar *versus* apolar), (d) da concentração?

13.69 Indique qual composto, de cada um dos seguintes pares, tem maior probabilidade de formar pares iônicos em água: (a) NaCl ou Na_2SO_4, (b) $MgCl_2$ ou $MgSO_4$, (c) LiBr ou KBr.

13.70 Defina o fator de van't Hoff. Que informação nos dá essa grandeza?

Problemas

13.71 Qual das seguintes soluções aquosas tem (a) o ponto de ebulição mais elevado, (b) o ponto de congelamento mais elevado e (c) a pressão de vapor mais baixa: 0,35 m de $CaCl_2$ ou 0,90 m de uréia? Explique.

13.72 Considere duas soluções aquosas, uma de sacarose ($C_{12}H_{22}O_{11}$) e outra de ácido nítrico (HNO_3). Ambas congelam a $-1,5$°C. Que outras propriedades essas soluções têm em comum?

13.73 Disponha as seguintes soluções por ordem decrescente de ponto de congelamento: (a) 0,10 m de Na_3PO_4, (b) 0,35 m de NaCl, (c) 0,20 m de $MgCl_2$, (d) 0,15 m de $C_6H_{12}O_6$, e (e) 0,15 m de CH_3COOH.

13.74 Disponha as seguintes soluções aquosas por ordem decrescente de ponto de congelamento e explique as suas razões: (a) 0,50 m de HCl, (b) 0,50 m de glicose, e (c) 0,50 m de ácido acético.

13.75 Quais são os pontos de congelamento e de ebulição das seguintes soluções? (a) 21,2 g de NaCl em 135 mL de água, e (b) 15,4 g de uréia em 66,7 mL de água.

13.76 A 25°C, a pressão de vapor da água pura é 23,76 mmHg e a da água do mar é 22,98 mmHg. Admitindo que a água do mar contenha apenas NaCl, estime a sua concentração molal.

13.77 Tanto o NaCl como o $CaCl_2$ são utilizados para derreter o gelo nas estradas durante o inverno. Quais as vantagens dessas substâncias, em relação à sacarose ou à uréia, no abaixamento do ponto de congelamento da água?

13.78 Uma solução aquosa 0,86% em massa de NaCl é designada "soro fisiológico" porque a sua pressão osmótica é igual à da solução contida nas células sangüíneas. Calcule a pressão osmótica dessa solução à temperatura normal do corpo humano (37°C). Note que a densidade da solução salina é 1,005 g/mL.

13.79 As pressões osmóticas de soluções 0,010 M de $CaCl_2$ e de uréia são 0,605 atm e 0,245 atm, a 25°C, respectivamente. Calcule o fator de van't Hoff para a solução de $CaCl_2$.

13.80 Calcule a pressão osmótica de uma solução 0,0500 M de $MgSO_4$ a 22°C. (*Sugestão:* Consulte a Tabela 13.3.)

Problemas Adicionais

13.81 A lisozima é uma enzima que rompe as paredes celulares das bactérias. Uma amostra de lisozima extraída da clara de ovo tem massa molar de 13.930 g. 0,100 g dessa enzima é dissolvida em 150 g de água a 25°C. Calcule o abaixamento da pressão de vapor, o abaixamento do ponto de congelamento, a elevação do ponto de ebulição e a pressão osmótica dessa solução. (A pressão de vapor da água a 25°C = 23,76 mmHg.)

13.82 As soluções A e B têm pressões osmóticas de 2,4 atm e 4,6 atm, respectivamente, a certa temperatura. Qual é a pressão osmótica de uma solução preparada por uma mistura de volumes iguais de A e B a mesma temperatura?

13.83 Um pepino colocado em salmoura (solução saturada de sal em água) encolhe até se transformar em um pepino de conserva (*picles*). Explique.

13.84 Dois líquidos A e B têm pressões de vapor de 76 mmHg e de 132 mmHg, respectivamente, a 25°C. Qual é a pressão de vapor total de uma solução ideal preparada misturando: (a) 1,00 mol de A e 1,00 mol de B; (b) 2,00 mols de A e 5,00 mols de B?

- 13.85 Calcule o fator de van't Hoff de Na_3PO_4 em uma solução aquosa 0,40 m cujo ponto de ebulição é 100,78°C.

- 13.86 Uma amostra de 262 mL de uma solução que contém 1,22 g de açúcar tem uma pressão osmótica de 30,3 mmHg a 35°C. Qual é a massa molar do açúcar?

- 13.87 Considere os três manômetros de mercúrio que se seguem. Sobre a coluna de mercúrio, um dos tubos tem 1 mL de água, outro tem 1 mL de uma solução 1 m de uréia e o terceiro tem 1 mL de uma solução 1 m de NaCl. Qual dessas soluções está no tubo X, no Y e no Z?

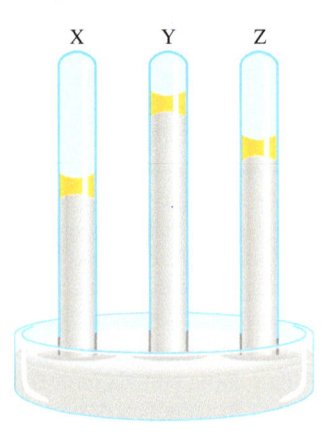

- 13.88 Um químico forense recebe um pó branco para analisar. Ele dissolve 0,50 g da substância em 8,0 g de benzeno. A solução congela a 3,9°C. Pode o químico concluir que o composto é cocaína ($C_{17}H_{21}NO_4$)? Que hipóteses são feitas na análise?

- 13.89 Existem medicamentos que têm a vantagem de liberar o princípio ativo para o organismo a uma velocidade constante, de modo que a sua concentração, a qualquer momento, não é tão alta que cause efeitos colaterais nocivos nem tão baixa que ele não seja efetivo. Na figura a seguir, apresenta-se um diagrama esquemático de uma pílula que age dessa maneira. Explique como ela funciona.

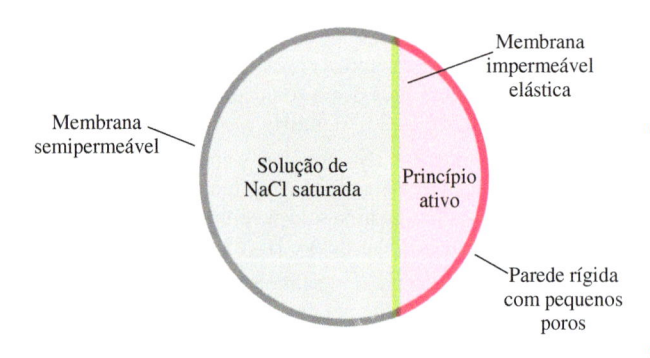

- 13.90 O ácido clorídrico concentrado está geralmente disponível na concentração de 37,7% em massa. Qual é a sua concentração molar? (A densidade da solução é 1,19 g/mL.)

- 13.91 Uma proteína foi isolada como um sal de fórmula $Na_{20}P$ (essa notação significa que há 20 íons Na^+ associados com uma proteína P^{20-}). A pressão osmótica de uma solução contendo 0,225 g de proteína em um volume de 10,0 mL é 0,257 atm a 25,0°C. (a) Com base nesses dados, calcule a massa molar da proteína. (b) Calcule a verdadeira massa molar da proteína.

- 13.92 Um composto orgânico não volátil Z foi utilizado para preparar duas soluções. A solução A contém 5,00 g de Z dissolvido em 100 g de água e a solução B tem 2,31 g de Z dissolvidos em 100 g de benzeno. A solução A tem uma pressão de vapor de 754,5 mmHg à temperatura de ebulição normal da água e a solução B tem a mesma pressão de vapor à temperatura de ebulição normal do benzeno. Calcule a massa molar de Z nas soluções A e B e explique a diferença.

- 13.93 O peróxido de hidrogênio com concentração de 3,0% (3,0 g de H_2O_2 em 100 mL de solução) é vendido nas farmácias para uso como anti-séptico. Para 10,0 mL de uma solução 3,0% de H_2O_2, calcule (a) o volume de O_2 (em litros) produzido na PTP quando o composto sofre decomposição completa e (b) a razão entre o volume de O_2 recolhido e o volume inicial da solução de H_2O_2.

- 13.94 Antes de fechar a garrafa de uma bebida carbonatada, ela é pressurizada com uma mistura de ar e dióxido de carbono. (a) Explique por que ocorre efervescência quando a garrafa é aberta. (b) Explique a formação de névoa na boca da garrafa logo após a remoção da tampa.

- 13.95 Dois béqueres, um contendo 50 mL de solução aquosa 1,0 M de glicose e o outro 50 mL de solução 2,0 M de glicose, são colocados à temperatura ambiente em um compartimento vedado como aquele mostrado na Figura 13.9. Quais são os volumes em cada béquer depois de se atingir o equilíbrio?

- 13.96 Explique cada uma das seguintes afirmações: (a) O ponto de ebulição da água do mar é mais elevado que o da água pura. (b) O dióxido de carbono escapa da solução quando se abre uma garrafa de um refrigerante gaseificado. (c) As concentrações molar e molal de soluções aquosas diluídas são aproximadamente iguais. (d) Ao discutir as propriedades coligativas de uma solução (exceto a pressão osmótica), é preferível exprimir a concentração em unidades de molalidade em vez de molaridade. (e) O metanol (ponto de ebulição = 65°C) é útil como anticongelante, mas deve ser removido do radiador do automóvel durante o verão.

- 13.97 O ácido acético é um ácido fraco que se ioniza em solução do seguinte modo:

$$CH_3COOH(aq) \rightleftharpoons CH_3COO^-(aq) + H^+(aq)$$

Sabendo que o ponto de congelamento de uma solução 0,106 m de CH_3COOH é $-0,203$°C, calcule a porcentagem de ácido que se ionizou.

- 13.98 Dissolvem-se 1,32 g de uma mistura de cicloexano (C_6H_{12}) e naftaleno ($C_{10}H_8$) em 18,9 g de benzeno (C_6H_6). O ponto de congelamento da solução é 2,2°C. Calcule a porcentagem em massa da mistura.

- 13.99 Como a solubilidade dos compostos iônicos é afetada: (a) pela energia de rede, (b) pelo solvente (polar *versus* apolar), (c) pelas entalpias de hidratação do cátion e do ânion.

13.100 Uma solução contém dois líquidos voláteis, A e B. Complete a tabela seguinte, em que o símbolo ⟷ indica as forças intermoleculares atrativas.

Forças atrativas	Desvio à lei de Raoult	ΔH_{sol}
A ⟷ A, B ⟷ B > A ⟷ B		
	Negativo	
		Zero

Um desvio negativo significa que a pressão de vapor da solução é menor que aquela esperada pela lei de Raoult. O oposto é válido para o desvio positivo.

13.101 Uma mistura de etanol e de 1-propanol comporta-se idealmente a 36°C e está em equilíbrio com o seu vapor. Se a fração molar do etanol na solução é 0,62, calcule a sua fração molar na fase vapor a essa temperatura. (As pressões de vapor do etanol puro e do 1-propanol, a 36°C, são 108 mmHg e 40,0 mmHg, respectivamente.)

13.102 Os volumes de soluções ideais são aditivos. Isso significa que, se 5 mL de A e 5 mL de B formam uma solução ideal, o volume da solução será 10 mL. Dê uma interpretação molecular para essa observação. Quando 500 mL de etanol (C_2H_5OH) são misturados com 500 mL de água, o volume final é inferior a 1000 mL. Por quê?

13.103 O ácido acético é uma molécula polar e pode formar ligações de hidrogênio com moléculas de água. Por isso, o ácido possui uma elevada solubilidade em água. Contudo, o ácido acético também é solúvel em benzeno (C_6H_6), um solvente apolar que não tem a possibilidade de formar ligações de hidrogênio. Uma solução de 3,8 g de CH_3COOH em 80 g de C_6H_6 tem um ponto de congelamento de 3,5°C. Calcule a massa molar do soluto e explique o seu resultado.

13.104 Dissolvem-se 10,2 g de uma mistura de NaCl e sacarose ($C_{12}H_{22}O_{11}$) no volume de água suficiente para preparar 250 mL de solução. A pressão osmótica da solução é 7,32 atm a 23°C. Calcule a percentagem em massa de NaCl na mistura.

• Problemas Especiais

13.105 A dessalinização é um processo no qual os sais são removidos da água do mar. As três principais maneiras de efetuar a dessalinização são a destilação, o congelamento e a osmose reversa. O método do congelamento está baseado no fato das soluções aquosas se congelarem com a separação de um sólido que é quase água pura. A osmose reversa compreende o movimento da água de uma solução mais concentrada para uma menos concentrada através de uma membrana semipermeável.

(a) Considere a Figura 13.8 e esboce um diagrama mostrando como a osmose reversa pode ser efetuada.

(b) Quais são as vantagens e desvantagens da osmose reversa em relação aos métodos de destilação ou de congelamento.

(c) Qual a pressão mínima (em atmosferas) que se deve aplicar sobre a água do mar a 25°C para ocorrer a osmose inversa? (Considere a água do mar como uma solução 0,70 M de NaCl.)

13.106 Os líquidos A (massa molar = 100 g/mol) e B (massa molar = 110 g/mol) formam uma solução ideal. A 55°C, o líquido A tem uma pressão de vapor de 95 mmHg e o líquido B, uma pressão de vapor de 42 mmHg. Uma solução foi preparada misturando-se massas iguais de A e de B. (a) Calcule a fração molar de cada componente na solução. (b) Calcule as pressões parciais de A e de B sobre a solução a 55°C. (c) Suponha que parte do vapor descrito em (b) seja condensado e forme um líquido. Calcule a fração molar de cada componente nesse líquido e a pressão de vapor de cada componente sobre esse líquido a 55°C.

• Respostas dos Exercícios

13.1 Dissulfeto de carbono. **13.2** 0,638 m. **13.3** 8,92 m. **13.4** 13,8 m. **13.5** 2,9 × 10^{-4} M. **13.6** 37,8 mmHg; 4,4 mmHg. **13.7** 101,3°C; −4,48°C. **13.8** 0,066 m; 1,3 × 10^2 g/mol. **13.9** 2,60 × 10^4 g/mol. **13.10** 1,21.

14 Cinética Química

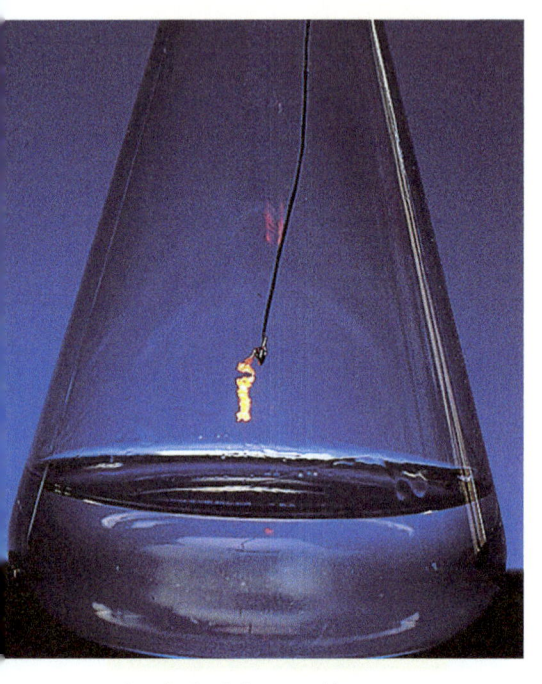

Um fio de platina aquecido incandesce quando mantido sobre uma solução concentrada de amônia. A reação de oxidação da amônia gerando óxido nítrico, catalisada pela platina, é altamente exotérmica.

14.1 Velocidade de uma Reação 439

14.2 Leis de Velocidade 443
Determinação Experimental das Leis de Velocidade

14.3 Relação entre a Concentração do Reagente e o Tempo 447
Reações de Primeira Ordem • Reações de Segunda Ordem

14.4 Energia de Ativação e Dependência das Constantes de Velocidade em Relação à Temperatura 455
Teoria das Colisões • Equação de Arrhenius

14.5 Mecanismos de Reação 460
Leis de Velocidade e Etapas Elementares

14.6 Catálise 464
Catálise Heterogênea • Catálise Homogênea • Catálise Enzimática

Conceitos Essenciais

Velocidade de uma Reação A velocidade de uma reação mede quão rápido um reagente é consumido ou quão rápido um produto é formado. A velocidade é expressa como a razão entre a variação na concentração (do reagente ao do produto) e o tempo decorrido.

Leis de Velocidade Medidas experimentais das velocidades conduzem à lei de velocidade de uma reação, que expressa a velocidade em termos da constante de velocidade e as concentrações dos reagentes. A dependência da velocidade com as concentrações fornece a ordem de uma reação. Uma reação pode ser descrita como de ordem zero, se a velocidade não depende da concentração do reagente, ou de primeira ordem, se depende da concentração do reagente elevada ao expoente 1. Ordens de reação maiores ou fracionárias também são conhecidas. Uma característica importante das velocidades das reações é o tempo requerido para a concentração do reagente diminuir à metade do seu valor inicial, denominada de meia-vida. Para reações de primeira ordem, a meia-vida é independente da concentração inicial.

Dependência das Constantes de Velocidade com a Temperatura Para que as reações ocorram, as moléculas devem possuir energia igual ou maior que a energia de ativação. A constante de velocidade geralmente aumenta com o aumento da temperatura. A equação de Arrhenius relaciona a constante de velocidade com a energia de ativação e a temperatura.

Mecanismos de Reação A progressão de uma reação pode ser dividida em etapas elementares, em nível molecular. A seqüência de tais etapas é o mecanismo da reação. As etapas elementares podem ser unimoleculares, envolvendo uma molécula, bimoleculares, onde duas moléculas reagem ou, em casos raros, trimoleculares, envolvendo o encontro simultâneo de três moléculas. A velocidade de uma reação compreendendo mais que uma etapa elementar é governada pela etapa mais lenta, chamada de etapa determinante da velocidade.

Catálise Um catalisador acelera a velocidade de uma reação sem ser consumido. Na catálise heterogênea, os reagentes e o catalisador estão em fases diferentes. Na catálise homogênea, os reagentes e o catalisador estão dispersos em uma única fase. As enzimas, que são catalisadores altamente eficientes, têm um papel central em todos os sistemas vivos.

14.1 Velocidade de uma Reação

A *área da química que estuda as velocidades com que ocorrem as reações químicas* é denominada **cinética química**. A palavra "cinética" sugere movimento ou mudança; no Capítulo 5, definiu-se a energia cinética como a energia disponível associada ao movimento de um objeto. A palavra cinética refere-se aqui à ***velocidade de uma reação***, isto é, *à variação da concentração de um reagente ou de um produto com o tempo (M/s)*.

Sabemos que qualquer reação pode ser representada por uma equação geral do tipo

$$\text{reagentes} \longrightarrow \text{produtos}$$

Essa equação nos diz que, no decurso de uma reação, reagentes são consumidos enquanto produtos são formados. Assim, podemos seguir o progresso da reação, medindo tanto a diminuição da concentração dos reagentes quanto o aumento da concentração dos produtos.

A Figura 14.1 mostra o progresso de uma reação simples, na qual as moléculas do reagente A são convertidas em moléculas do produto B (por exemplo, a conversão do *cis*-1,2-dicloroetileno em *trans*-1,2-dicloroetileno mostrada na p. 311):

$$A \longrightarrow B$$

A diminuição do número de moléculas A e o aumento do número de moléculas B, à medida que o tempo passa, são mostrados na Figura 14.2. Em geral, é mais conveniente exprimir a velocidade de uma reação em termos da variação da concentração com o tempo. Assim, para a reação dada, podemos exprimir a velocidade como

$$\text{velocidade} = -\frac{\Delta[A]}{\Delta t} \quad \text{ou} \quad \text{velocidade} = \frac{\Delta[B]}{\Delta t}$$

em que $\Delta[A]$ e $\Delta[B]$ são as variações de concentração (em molaridade) durante o intervalo de tempo Δt. Uma vez que a concentração de A *decresce* com o tempo, $\Delta[A]$ é uma quantidade negativa. Como a velocidade de uma reação é uma quantidade positiva, torna-se necessário introduzir um sinal negativo na equação da velocidade para tornar a velocidade positiva. Por outro lado, a velocidade de formação do produto não necessita do sinal de menos, uma vez que $\Delta[B]$ é uma quantidade positiva (a concentração de B *aumenta* com o tempo).

Para as reações mais complexas, devemos ter cuidado ao escrevermos as expressões para a velocidade da reação. Considere por exemplo, a reação

$$2A \longrightarrow B$$

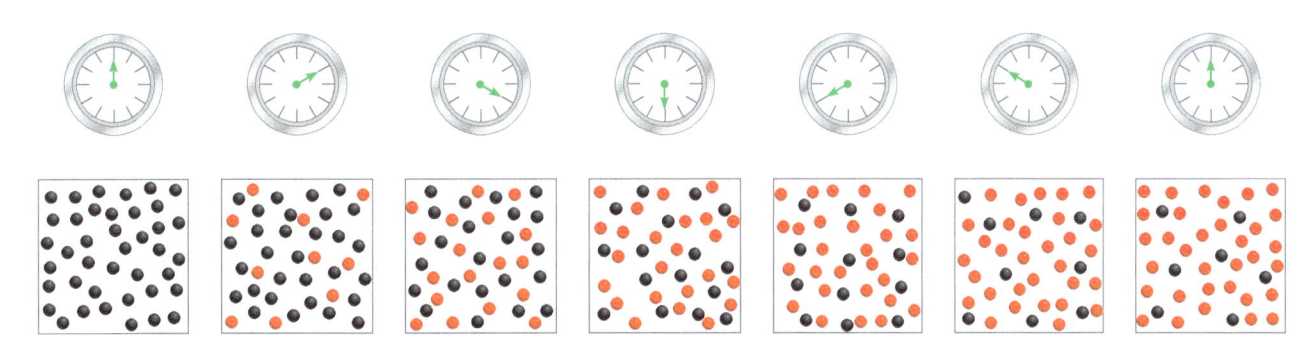

> Recorde-se de que Δ indica a diferença entre os estados final e inicial.

Figura 14.1
Grau de progressão da reação A $\longrightarrow$ B, medido em intervalos de 10 segundos, ao longo de 60 segundos. No início, apenas estão presentes moléculas A (esferas cinzas). À medida que o tempo passa, vai havendo formação de moléculas B (esferas vermelhas).

Figura 14.2
Velocidade da reação A ⟶ B, dada pela diminuição do número de moléculas A e pelo aumento do número de moléculas B ao longo do tempo.

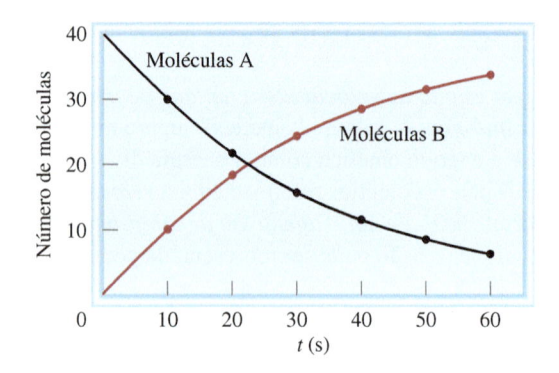

Para cada mol de B formado são consumidos 2 mols de A — isto é, a velocidade com que A é consumido é duas vezes a velocidade de formação de B. Escrevemos a velocidade da reação como

$$\text{velocidade} = -\frac{1}{2}\frac{\Delta[A]}{\Delta t} \quad \text{ou} \quad \text{velocidade} = \frac{\Delta[B]}{\Delta t}$$

Em geral, para a reação

$$aA + bB \longrightarrow cC + dD$$

a velocidade é dada por

$$\text{Velocidade} = -\frac{1}{a}\frac{\Delta[A]}{\Delta t} = -\frac{1}{b}\frac{\Delta[B]}{\Delta t} = \frac{1}{c}\frac{\Delta[C]}{\Delta t} = \frac{1}{d}\frac{\Delta[D]}{\Delta t}$$

EXEMPLO 14.1

Escreva as expressões da velocidade, em termos de consumo dos reagentes e de formação dos produtos, para as seguintes reações:

(a) $I^-(aq) + OCl^-(aq) \longrightarrow Cl^-(aq) + OI^-(aq)$
(b) $3O_2(g) \longrightarrow 2O_3(g)$
(c) $4NH_3(g) + 5O_2(g) \longrightarrow 4NO(g) + 6H_2O(g)$

Solução (a) Como todos os coeficientes estequiométricos são unitários,

$$\text{velocidade} = -\frac{\Delta[I^-]}{\Delta t} = -\frac{\Delta[OCl^-]}{\Delta t} = \frac{\Delta[Cl^-]}{\Delta t} = \frac{\Delta[OI^-]}{\Delta t}$$

(b) Os coeficientes estequiométricos são agora 3 e 2, portanto

$$\text{velocidade} = -\frac{1}{3}\frac{\Delta[O_2]}{\Delta t} = \frac{1}{2}\frac{\Delta[O_3]}{\Delta t}$$

(c) Para essa reação

$$\text{velocidade} = -\frac{1}{4}\frac{\Delta[NH_3]}{\Delta t} = -\frac{1}{5}\frac{\Delta[O_2]}{\Delta t} = \frac{1}{4}\frac{\Delta[NO]}{\Delta t} = \frac{1}{6}\frac{\Delta[H_2O]}{\Delta t}$$

Exercício Escreva a expressão da velocidade da seguinte reação:

$$CH_4(g) + 2O_2(g) \longrightarrow CO_2(g) + 2H_2O(g)$$

Problema semelhante 14.5.

EXEMPLO 14.2

Considere a reação

$$4NO_2(g) + O_2(g) \longrightarrow 2N_2O_5(g)$$

Suponha que, em dado momento durante a reação, o oxigênio molecular reaja à velocidade de 0,024 *M*/s. (a) Qual é a velocidade de formação do N_2O_5? (b) Qual é a velocidade de reação do NO_2?

Estratégia Para calcular as velocidades de formação do N_2O_5 e de consumo de NO_2, temos de exprimir a velocidade de reação em função dos coeficientes estequiométricos como no Exemplo 14.1:

$$\text{velocidade} = -\frac{1}{4}\frac{\Delta[NO_2]}{\Delta t} = -\frac{\Delta[O_2]}{\Delta t} = \frac{1}{2}\frac{\Delta[N_2O_5]}{\Delta t}$$

Nesse caso, é dado

$$\frac{\Delta[O_2]}{\Delta t} = -0{,}024 \; M/s$$

em que o sinal de menos indica que a concentração do O_2 decresce com o tempo.

Solução (a) Com base na expressão anterior para a velocidade, podemos escrever

$$-\frac{\Delta[O_2]}{\Delta t} = \frac{1}{2}\frac{\Delta[N_2O_5]}{\Delta t}$$

Portanto,

$$\frac{\Delta[N_2O_5]}{\Delta t} = -2(-0{,}024 \; M/s) = 0{,}048 \; M/s$$

(b) Nesse caso, temos

$$-\frac{1}{4}\frac{\Delta[NO_2]}{\Delta t} = -\frac{\Delta[O_2]}{\Delta t}$$

logo

$$\frac{\Delta[NO_2]}{\Delta t} = 4(-0{,}024 \; M/s) = -0{,}096 \; M/s$$

Problema semelhante 14.6.

Exercício Considere a reação

$$4PH_3(g) \longrightarrow P_4(g) + 6H_2(g)$$

Suponha que, em determinado instante durante a reação, a velocidade de formação do hidrogênio molecular seja de 0,078 *M*/s. (a) Qual é a velocidade de formação do P_4? Qual é a velocidade de reação do PH_3?

Dependendo da natureza da reação, há maneiras diversas de medir a velocidade da reação. Por exemplo, em soluções aquosas, o bromo molecular reage com o ácido fórmico (HCOOH) de acordo com a equação:

$$Br_2(aq) + HCOOH(aq) \longrightarrow 2H^+(aq) + 2Br^-(aq) + CO_2(g)$$

Figura 14.3
À medida que o tempo passa, a diminuição da concentração de bromo pode ser evidenciada por meio da diminuição da intensidade de cor da solução (da esquerda para a direita).

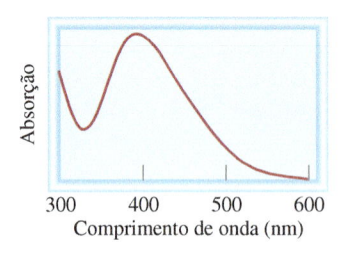

Figura 14.4
Absorção do bromo em função do comprimento de onda. O máximo de absorção da luz visível pelo bromo ocorre em 393 nm. À medida que a reação avança, a absorção, que é proporcional a [Br$_2$], decresce com o tempo, indicando uma diminuição da quantidade de bromo.

O bromo molecular tem a cor marrom-avermelhado. Todas as outras espécies na reação são incolores. À medida que a reação avança, a concentração do Br$_2$ decresce regularmente e a cor desaparece gradualmente (Figura 14.3). Assim, a variação de concentração (que se evidencia pela intensidade da cor) pode ser monitorada com um espectrofotômetro (Figura 14.4). A velocidade da reação pode ser determinada por um gráfico de concentração de bromo *versus* tempo, como mostra a Figura 14.5. A velocidade de reação em um momento particular é obtida pela inclinação da tangente (que é $\Delta[\text{Br}_2]/\Delta t$) naquele instante. Em determinado experimento, encontramos a situação de a velocidade ser $2{,}96 \times 10^{-5}$ M/s após 100 s do início da reação, $2{,}09 \times 10^{-5}$ M/s após 200 s e assim por diante. Considerando que geralmente a velocidade é proporcional à concentração do reagente, não causa surpresa que o valor da velocidade diminua à medida que a concentração de bromo diminui.

Se um dos produtos ou reagentes for gasoso, podemos encontrar a velocidade da reação utilizando um manômetro. Para ilustrarmos esse método, consideremos a decomposição do peróxido de hidrogênio:

$$2\text{H}_2\text{O}_2(l) \longrightarrow 2\text{H}_2\text{O}(l) + \text{O}_2(g)$$

Nesse caso, a velocidade de decomposição pode ser determinada seguindo a velocidade de liberação do oxigênio com um manômetro (Figura 14.6). A pressão do oxigênio pode ser facilmente convertida em concentração, usando a equação dos gases ideais [Equação (5.8)]:

$$PV = nRT$$

ou

$$P = \frac{n}{V}RT = MRT$$

em que n/V é a molaridade do oxigênio gasoso. Rearranjando a equação, obtemos

$$M = \frac{1}{RT}P$$

A velocidade de reação, que é medida pela velocidade de produção do oxigênio, pode ser escrita do seguinte modo

$$\text{velocidade} = \frac{\Delta[\text{O}_2]}{\Delta t} = \frac{1}{RT}\frac{\Delta P}{\Delta t}$$

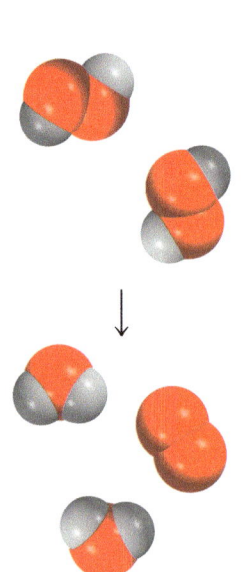

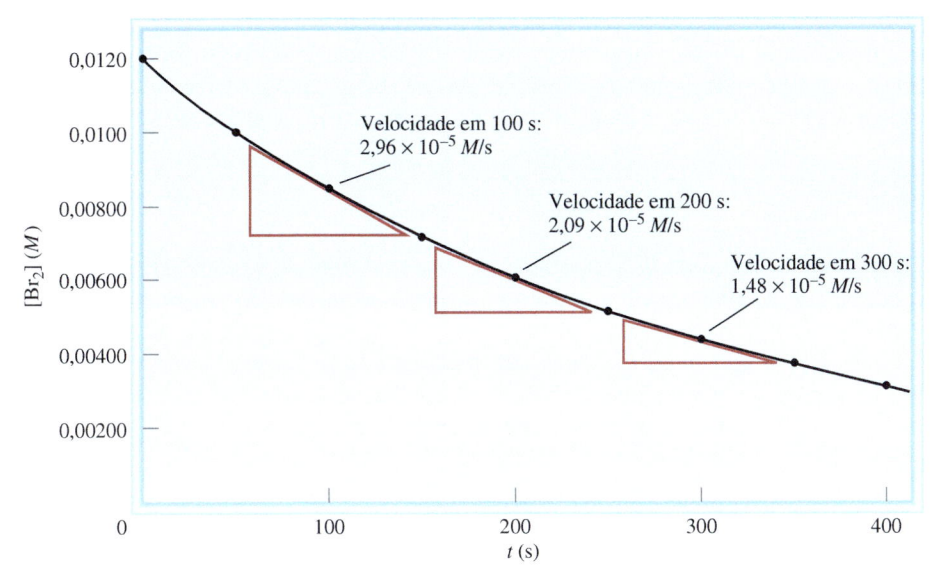

Figura 14.5
As velocidades instantâneas da reação entre o bromo molecular e o ácido fórmico em $t = 100$ s, 200 s e 300 s são determinadas pelas inclinações das tangentes nesses valores de tempo.

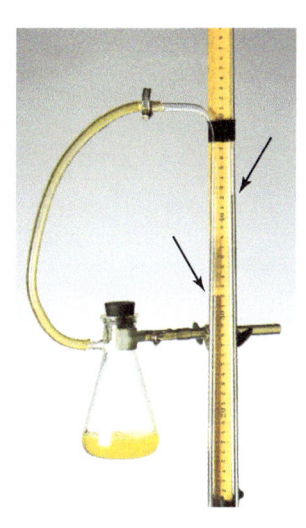

Figura 14.6
A velocidade de decomposição do peróxido de hidrogênio pode ser medida com um manômetro, que mostra o aumento de pressão do oxigênio gasoso com o tempo. A seta indica o nível do mercúrio no tubo em U.

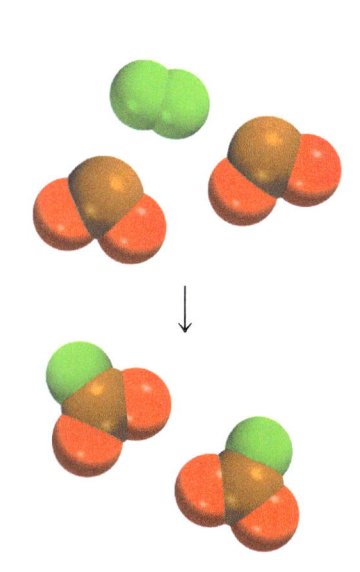

Se uma reação consome ou gera íons, sua velocidade pode ser medida monitorando a condutância elétrica. Se o íon H^+ é o reagente ou o produto, a velocidade pode ser determinada medindo-se o pH da solução em função do tempo decorrido.

14.2 Leis de Velocidade

O efeito da concentração do reagente sobre a velocidade de uma reação pode ser estudado determinando-se como a *velocidade inicial* depende das concentrações iniciais. Em geral, é preferível medir as velocidades iniciais, pois, à medida que a reação prossegue, as concentrações dos reagentes diminuem e pode tornar-se difícil medir a sua variação temporal com precisão. Além disso, pode ocorrer uma reação inversa do tipo

$$\text{produtos} \longrightarrow \text{reagentes}$$

que introduziria um erro na determinação da velocidade. Esses inconvenientes estão virtualmente ausentes durante os instantes iniciais da reação.

A Tabela 14.1 apresenta três medidas da velocidade da reação

$$F_2(g) + 2ClO_2(g) \longrightarrow 2FClO_2(g)$$

Observando as linhas 1 e 3 na tabela, podemos ver que se duplicarmos $[F_2]$ mantendo constante $[ClO_2]$, a velocidade da reação duplica. Então, podemos concluir que a

TABELA 14.1 Valores da Velocidade da Reação entre F_2 e ClO_2

$[F_2]$ (M)	$[ClO_2]$ (M)	Velocidade Inicial (M/s)
1. 0,10	0,010	$1,2 \times 10^{-3}$
2. 0,10	0,040	$4,8 \times 10^{-3}$
3. 0,20	0,010	$2,4 \times 10^{-3}$

velocidade é diretamente proporcional a [F_2]. Do mesmo modo, os dados das linhas 1 e 2 mostram que a uma quadruplicação de [ClO_2], mantendo [F_2] constante, corresponde uma quadruplicação da velocidade, portanto a velocidade também é diretamente proporcional a [ClO_2]. Essas observações estão contidas na seguinte lei de velocidade:

$$\text{velocidade} \propto [F_2][ClO_2]$$
$$\text{velocidade} = k[F_2][ClO_2]$$

Interatividade:
Leis de Velocidade
Centro de Aprendizagem
Online, Interativo

O termo k é a **constante de velocidade**, *que é a constante de proporcionalidade entre a velocidade de uma reação e a concentração dos reagentes*. Essa equação é conhecida como a **lei de velocidade**, *que exprime a relação da velocidade de reação com a constante de velocidade e com as concentrações dos reagentes*. A constante de velocidade pode ser calculada com base na concentração dos reagentes e da velocidade inicial. Usando os dados da primeira linha da Tabela 14.1, podemos escrever

$$k = \frac{\text{velocidade}}{[F_2][ClO_2]}$$
$$= \frac{1,2 \times 10^{-3} \, M/s}{(0,10 \, M)(0,010 \, M)}$$
$$= 1,2/M \cdot s$$

Para a reação geral do tipo

$$aA + bB \longrightarrow cC + dD$$

a lei de velocidade assume a forma

$$\text{velocidade} = k[A]^x[B]^y \qquad (14.1)$$

Conhecendo os valores de x, y e k, bem como as concentrações de A e B, podemos usar a lei de velocidade para calcular a velocidade da reação. Além de k, x e y devem ser determinados experimentalmente. A *soma dos valores das potências de todas as concentrações dos reagentes que aparecem na lei de velocidade* é conhecida como **ordem de reação** global. Para a expressão da lei de velocidade mostrada, a ordem global da reação é dada por $x + y$. Para a reação envolvendo F_2 e ClO_2, a ordem total é $1 + 1$, ou 2. Dizemos que a reação é de primeira ordem em F_2 e de primeira ordem em ClO_2, ou de segunda ordem global. Observe que a ordem de uma reação é sempre determinada pela concentração dos reagentes e nunca pela concentração dos produtos.

A ordem de reação nos permite apreciar melhor a influência da concentração dos reagentes na velocidade. Suponha, por exemplo, que, para uma certa reação, $x = 1$ e $y = 2$. A lei de velocidade para a reação com base na Equação (14.1) é

$$\text{velocidade} = k[A][B]^2$$

Essa reação é de primeira ordem em relação a A, de segunda ordem em relação a B e de terceira ordem global ($1 + 2 = 3$). Admitamos que no início [A] = 1,0 M e [B] = 1,0 M. A lei de velocidade nos diz que, se duplicarmos a concentração de A de 1,0 M para 2,0 M mantendo [B] constante, a velocidade da reação também duplica:

$$\text{para } [A] = 1,0 \, M \quad \text{velocidade}_1 = k(1,0 \, M)(1,0 \, M)^2$$
$$= k(1,0 \, M^3)$$
$$\text{para } [A] = 2,0 \, M \quad \text{velocidade}_2 = k(2,0 \, M)(1,0 \, M)^2$$
$$= k(2,0 \, M^3)$$

Portanto,

$$\text{velocidade}_2 = 2(\text{velocidade}_1)$$

No entanto, se duplicarmos a concentração de B de 1,0 M para 2,0 M mantendo constante [A], a velocidade de reação aumentará quatro vezes em decorrência do fator 2 no expoente:

$$\text{para } [B] = 1,0\ M \quad \text{velocidade}_1 = k(1,0\ M)(1,0\ M)^2$$
$$= k(1,0\ M^3)$$
$$\text{para } [B] = 2,0\ M \quad \text{velocidade}_2 = k(1,0\ M)(2,0\ M)^2$$
$$= k(4,0\ M^3)$$

ou seja,

$$\text{velocidade}_2 = 4(\text{velocidade}_1)$$

Se, para uma reação particular, $x = 0$ e $y = 1$, então a lei de velocidade é

$$\text{velocidade} = k[A]^0[B]$$
$$= k[B]$$

Essa reação é de ordem zero em relação a A, de primeira ordem em relação a B e de primeira ordem global. Assim, a velocidade dessa reação é *independente* da concentração de A.

Determinação Experimental das Leis de Velocidade

Se uma reação envolve apenas um reagente, a lei de velocidade pode ser prontamente determinada medindo a velocidade inicial da reação como uma função da concentração do reagente. Por exemplo, se a velocidade duplica quando a concentração do reagente dobra, então a reação é de primeira ordem em reagente. Se a velocidade quadruplica quando a concentração dobra, a reação é de segunda ordem no reagente.

Para uma reação envolvendo mais que um reagente, podemos determinar a lei de velocidade observando a influência da concentração de cada reagente na velocidade de reação. Para isso, escolhemos um reagente, fixamos a concentração de todos os demais, e registramos a velocidade da reação em função da concentração do reagente escolhido. Qualquer alteração na velocidade deve ser em virtude somente das variações na concentração daquela substância escolhida. A dependência observada dessa maneira nos fornece a ordem de reação daquele reagente em particular. O mesmo procedimento é então aplicado para o próximo reagente e assim por diante. Esse procedimento é conhecido como *método do isolamento*.

EXEMPLO 14.3

A reação do óxido nítrico com o hidrogênio a 1280°C é

$$2NO(g) + 2H_2(g) \longrightarrow N_2(g) + 2H_2O(g)$$

Com base nos valores obtidos a essa temperatura, e listados na tabela seguinte, determine (a) a lei de velocidade, (b) a constante de velocidade e (c) a velocidade da reação quando [NO] = $12,0 \times 10^{-3}\ M$ e [H$_2$] = $6,0 \times 10^{-3}\ M$.

Experimento	[NO] (M)	[H$_2$] (M)	Velocidade inicial (M/s)
1	$5,0 \times 10^{-3}$	$2,0 \times 10^{-3}$	$1,3 \times 10^{-5}$
2	$10,0 \times 10^{-3}$	$2,0 \times 10^{-3}$	$5,0 \times 10^{-5}$
3	$10,0 \times 10^{-3}$	$4,0 \times 10^{-3}$	$10,0 \times 10^{-5}$

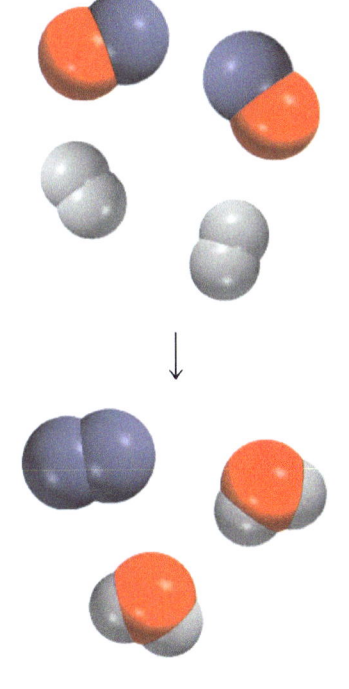

(Continua)

Estratégia   São dados três conjuntos de valores de concentração e velocidade de reação e pretende-se determinar a lei de velocidade e o valor da constante de velocidade para a reação. Consideramos que a lei de velocidade tem a forma

$$\text{velocidade} = k[NO]^x[H_2]^y$$

Como poderemos usar os dados para determinar x e y? Assim que as ordens dos reagentes são conhecidas, podemos calcular k por meio de qualquer conjunto de velocidade e concentração. Por último, a lei de velocidade permite calcular a velocidade para qualquer concentração de NO e H_2.

Solução   (a) Os resultados das experiências 1 e 2 mostram que, quando duplicamos a concentração de NO, mantendo constante a concentração de H_2, a velocidade quadruplica. Fazendo a razão das velocidades de reação para essas duas experiências, teremos

$$\frac{\text{velocidade}_2}{\text{velocidade}_1} = \frac{5{,}0 \times 10^{-5}\,M/s}{1{,}3 \times 10^{-5}\,M/s} \approx 4 = \frac{k(10{,}0 \times 10^{-3}\,M)^x(2{,}0 \times 10^{-3}\,M)^y}{k(5{,}0 \times 10^{-3}\,M)^x(2{,}0 \times 10^{-3}\,M)^y}$$

e, por conseguinte,

$$\frac{(10{,}0 \times 10^{-3}\,M)^x}{(5{,}0 \times 10^{-3}\,M)^x} = 2^x = 4$$

ou seja, $x = 2$, isto é, a reação é de segunda ordem em relação a NO. Os resultados das experiências 2 e 3 indicam que duplicando $[H_2]$ e mantendo constante $[NO]$, a velocidade duplica. Nesse caso, escrevemos a razão da seguinte forma:

$$\frac{\text{velocidade}_3}{\text{velocidade}_2} = \frac{10{,}0 \times 10^{-5}\,M/s}{5{,}0 \times 10^{-5}\,M/s} = 2 = \frac{k(10{,}0 \times 10^{-3}\,M)^x(4{,}0 \times 10^{-3}\,M)^y}{k(10{,}0 \times 10^{-3}\,M)^x(2{,}0 \times 10^{-3}\,M)^y}$$

Portanto,

$$\frac{(4{,}0 \times 10^{-3}\,M)^y}{(2{,}0 \times 10^{-3}\,M)^y} = 2^y = 2$$

ou seja, $y = 1$, isto é, a reação é de primeira ordem em relação a H_2. Logo a lei de velocidade será dada por

$$\text{velocidade} = k[NO]^2[H_2]$$

o que mostra que a ordem global é $(2 + 1)$, ou seja, a reação é de terceira ordem global.

(b) A constante de velocidade k pode agora ser calculada usando os valores de qualquer uma das experiências. Rearranjando a expressão da lei de velocidade, obtemos

$$k = \frac{\text{velocidade}}{[NO]^2[H_2]}$$

Substituindo os resultados da experiência 2, teremos

$$k = \frac{5{,}0 \times 10^{-5}\,M/s}{(10{,}0 \times 10^{-3}\,M)^2(2{,}0 \times 10^{-3}\,M)}$$

$$= 2{,}5 \times 10^2/M^2 \cdot s$$

(c) Usando a constante de velocidade calculada e as concentrações de NO e H_2, podemos escrever

$$\text{velocidade} = (2{,}5 \times 10^2/M^2 \cdot s)(12{,}0 \times 10^{-3}\,M)^2(6{,}0 \times 10^{-3}\,M)$$

$$= 2{,}2 \times 10^{-4}\,M/s$$

(Continua)

Comentário   Note que a reação é de primeira ordem em relação ao H_2, enquanto o coeficiente estequiométrico para o H_2 na equação balanceada é 2. A ordem em relação a um reagente não está relacionada com o coeficiente estequiométrico do reagente na equação global balanceada.

Problema semelhante: 14.17.

Exercício   A reação entre o íon peroxidissulfato ($S_2O_8^{2-}$) e o íon iodeto (I^-) é descrita por:

$$S_2O_8^{2-}(aq) + 3I^-(aq) \longrightarrow 2SO_4^{2-}(aq) + I_3^-(aq)$$

Determine a lei de velocidade e calcule a constante de velocidade para essa reação, com base nos seguintes resultados, obtidos a uma mesma temperatura.

Experimento	$[S_2O_8^{2-}]$ (*M*)	$[I^-]$ (*M*)	Velocidade inicial (*M*/s)
1	0,080	0,034	$2,2 \times 10^{-4}$
2	0,080	0,017	$1,1 \times 10^{-4}$
3	0,16	0,017	$2,2 \times 10^{-4}$

14.3 Relação entre a Concentração do Reagente e o Tempo

As expressões da lei de velocidade permitem-nos calcular a velocidade de uma reação, com base no conhecimento da constante de velocidade e das concentrações de reagentes. As leis de velocidade podem ainda ser convertidas em equações que nos permite determinar a concentração de reagentes em qualquer instante, durante o decorrer de uma reação. Vamos ilustrar essa aplicação considerando primeiro um dos tipos mais simples de leis de velocidade — aquelas que se aplicam a reações de primeira ordem global.

Reações de Primeira Ordem

Uma *reação de primeira ordem* é *uma reação cuja velocidade depende da concentração de reagente elevada à potência unitária*. Em uma reação de primeira ordem do tipo

$$A \longrightarrow produto$$

a velocidade é dada por

$$\text{velocidade} = -\frac{\Delta[A]}{\Delta t}$$

Todavia, sabemos que

$$\text{velocidade} = k[A]$$

Assim,

$$-\frac{\Delta[A]}{\Delta t} = k[A] \qquad (14.2)$$

Para uma reação de primeira ordem, a duplicação da concentração do reagente dobra a velocidade.

Podemos determinar as unidades da constante de velocidade de primeira ordem (k) por meio da equação anterior:

$$k = -\frac{\Delta[A]}{[A]}\frac{1}{\Delta t}$$

A forma diferencial da equação (14.2) é

$$-\frac{d[A]}{dt} = k[A]$$

Rearranjando, obtemos

$$\frac{d[A]}{[A]} = -k\,dt$$

Integrando entre $t = 0$ e $t = t$, obtemos

$$\int_{[A]_0}^{[A]_t} \frac{d[A]}{[A]} = -k \int_0^t dt$$

$$\ln [A]_t - \ln [A]_0 = -kt$$

ou

$$\ln \frac{[A]_t}{[A]_0} = -kt$$

Dado que a unidade para $\Delta[A]$ e $[A]$ é M e que para Δt é s, a unidade de k é

$$\frac{M}{M\,\text{s}} = \frac{1}{\text{s}} = \text{s}^{-1}$$

(O sinal de menos não é considerado na avaliação das unidades.) Usando cálculo diferencial e integral, podemos mostrar com a Equação (14.2) que

$$\ln \frac{[A]_t}{[A]_0} = -kt \qquad (14.3)$$

em que ln representa o logaritmo natural, e $[A]_0$ e $[A]_t$ são as concentrações de A nos instantes $t = 0$ e $t = t$, respectivamente. Observe que $t = 0$ pode não corresponder ao início da reação; pode ser qualquer instante arbitrário escolhido para o início da medida da variação da concentração de A.

A Equação (14.3) pode ser rearranjada da seguinte maneira:

$$\ln [A]_t - \ln [A]_0 = -kt$$

ou
$$\ln [A]_t = -kt + \ln [A]_0 \qquad (14.4)$$

A Equação (14.4) é uma equação linear $y = mx + b$, na qual m é a inclinação da reta que se obtém quando se representa graficamente a equação:

$$\ln [A]_t = (-k)(t) + \ln [A]_0$$

$$y \quad = \quad m \quad x \quad + \quad b$$

Assim, se representarmos graficamente $\ln [A]_t$ em função do tempo t (y em função de x), obtemos uma linha reta com uma inclinação igual a $-k$. Desse modo, podemos calcular a constante de velocidade k. A Figura 14.7 mostra as características de uma reação de primeira ordem.

Muitas reações de primeira ordem são conhecidas. Todos os processos de decaimento nuclear são de primeira ordem (veja o Capítulo 21). Um outro exemplo é a decomposição do etano (C_2H_6) em radicais metil (CH_3) altamente reativos:

$$C_2H_6 \longrightarrow 2CH_3$$

Agora vamos determinar graficamente a ordem e a constante de velocidade da reação de decomposição do pentóxido de nitrogênio no solvente tetracloreto de carbono (CCl_4) a 45°C:

$$2N_2O_5(CCl_4) \longrightarrow 4NO_2(g) + O_2(g)$$

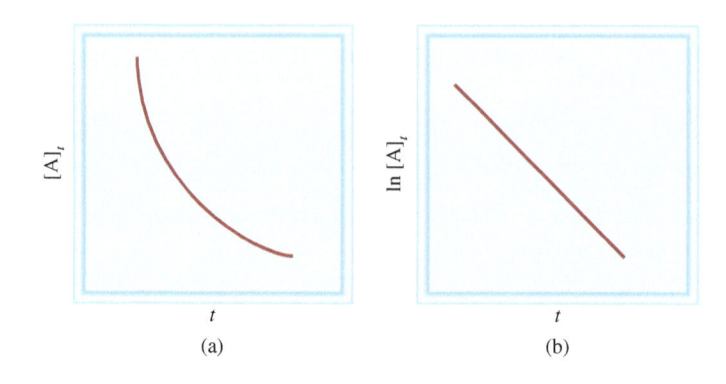

O N_2O_5 se decompõe formando NO_2 (gás de coloração marrom).

Figura 14.7
Comportamentos característicos de uma reação de primeira ordem: (a) diminuição da concentração de reagente com o tempo; (b) utilização da representação gráfica da relação linear para obter a constante de velocidade. A inclinação da reta é igual a $-k$.

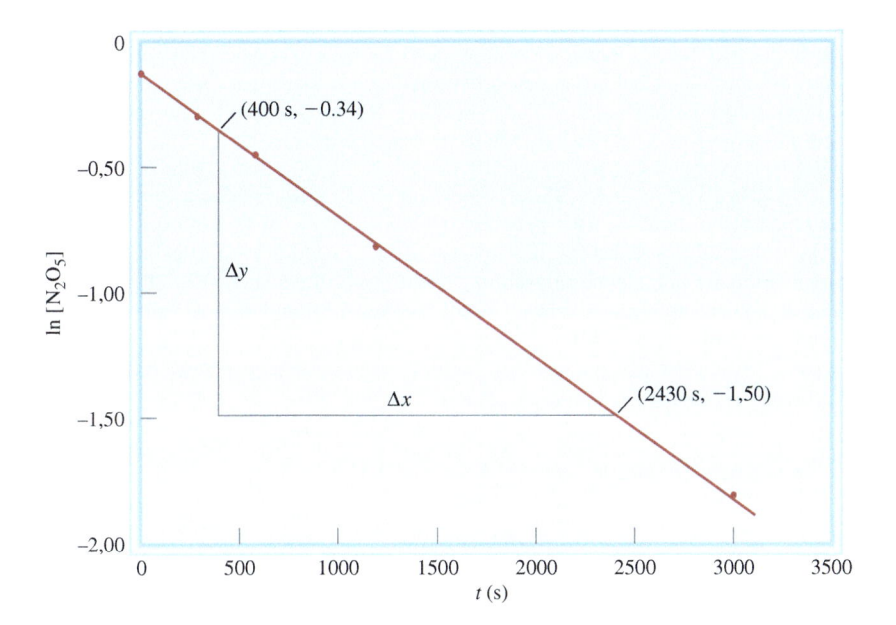

Figura 14.8
Representação gráfica de ln [N_2O_5] em função do tempo. A constante de velocidade pode ser determinada pela inclinação da reta.

A tabela seguinte apresenta a variação da concentração de N_2O_5 com o tempo e os valores correspondentes de ln [N_2O_5]

t(s)	[N_2O_5]	ln [N_2O_5]
0	0,91	−0,094
300	0,75	−0,29
600	0,64	−0,45
1200	0,44	−0,82
3000	0,16	−1,83

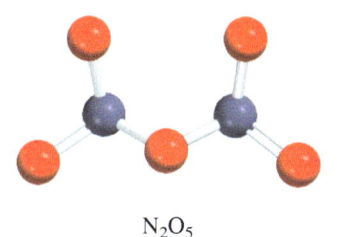

Aplicando a Equação (14.4), podemos representar ln [N_2O_5] em função de t, como é mostrado na Figura 14.8. O fato de todos os pontos definirem uma reta mostra que a lei de velocidade é de primeira ordem. Em seguida, determinamos a constante de velocidade da reação com base na inclinação da reta, que pode ser obtida selecionando dois pontos afastados da reta e subtraindo os valores de x e y de acordo com:

$$\text{inclinação } (m) = \frac{\Delta y}{\Delta x}$$
$$= \frac{-1,50 - (-0,34)}{(2430 - 400) \text{ s}}$$
$$= -5,7 \times 10^{-4} \text{ s}^{-1}$$

Dado que $m = -k$, teremos $k = -5,7 \times 10^{-4} \text{ s}^{-1}$.

EXEMPLO 14.4

A conversão em fase gasosa do ciclopropano em propeno é uma reação de primeira ordem com uma constante de velocidade de $6,7 \times 10^{-4} \text{ s}^{-1}$ a 500°C.

$$\underset{\text{ciclopropano}}{\underset{|\quad\quad|}{CH_2-CH_2}\overset{CH_2}{\diagup\diagdown}} \longrightarrow \underset{\text{propeno}}{CH_3-CH=CH_2}$$

(Continua)

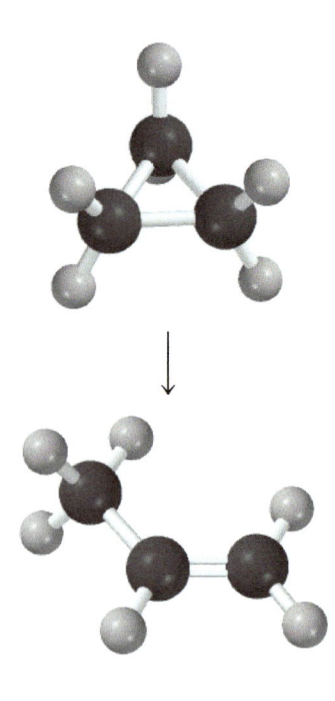

(a) Se a concentração inicial do ciclopropano for 0,25 M, qual será a sua concentração após 8,8 min? (b) Qual é o tempo (em minutos) necessário para que a concentração do ciclopropano diminua de 0,25 M para 0,15 M? (c) Qual é o tempo necessário (em minutos) para a conversão de 74% do material de partida?

Estratégia Para uma reação de primeira ordem, a relação entre a concentração de reagente e o tempo é dada pelas Equações (14.3) ou (14.4). Em (a) é dado $[A]_0 = 0,25$ M e pedido $[A]_t$ após 8,8 min. Em (b) pede-se para calcular o tempo necessário para que a concentração de ciclopropano diminua de 0,25 M para 0,15 M. Em (c) não são fornecidos valores de concentração. Contudo, se inicialmente temos 100% de composto e 74% reagiu, então o que resta é (100% − 74%), ou seja, 26%. Assim, a razão das percentagens será igual à razão das concentrações presentes; isto é, $[A]_t/[A]_0 = 26\%/100\%$, ou seja, 0,26/1,00.

Solução (a) Ao aplicarmos a Equação (14.4), verificamos que k é dado em s^{-1}, e portanto teremos de converter 8,8 min em segundos:

$$8,8 \text{ min} \times \frac{60 \text{ s}}{1 \text{ min}} = 528 \text{ s}$$

Podemos escrever

$$\ln [A]_t = -kt + \ln [A]_0$$
$$= -(6,7 \times 10^{-4} \text{ s}^{-1})(528 \text{ s}) + \ln (0,25)$$
$$= -1,74$$

ou seja, $\qquad [A]_t = e^{-1,74} = 0,18 \text{ M}$

Note que no termo $\ln[A]_0$, $[A]_0$ é expresso como uma quantidade adimensional (0,25), uma vez que não é possível calcular o logaritmo de qualquer unidade.

(b) Aplicando a Equação (14.3),

$$\ln \frac{0,15 \text{ M}}{0,25 \text{ M}} = -(6,7 \times 10^{-4} \text{ s}^{-1})t$$

$$t = 7,6 \times 10^2 \text{ s} \times \frac{1 \text{ min}}{60 \text{ s}}$$

$$= 13 \text{ min}$$

(c) Com base na Equação (14.3),

$$\ln \frac{0,26}{1,00} = -(6,7 \times 10^{-4} \text{ s}^{-1})t$$

$$t = 2,0 \times 10^3 \text{ s} \times \frac{1 \text{ min}}{60 \text{ s}} = 33 \text{ min}$$

Problemas semelhantes: 14.24(b), 14.25(a).

Exercício A reação 2A ⟶ B é de primeira ordem em relação a A, com uma constante de velocidade de $2,8 \times 10^{-2}$ s^{-1} a 80°C. Qual é o tempo necessário (em segundos) para que a concentração de A diminua de 0,88 M para 0,14 M?

A **meia-vida** de uma reação, $t_{\frac{1}{2}}$, *corresponde ao tempo necessário para que a concentração de um reagente diminua para metade do seu valor inicial*. Podemos obter a expressão, que nos dá $t_{\frac{1}{2}}$ para uma reação de primeira ordem, como mostrado a seguir. Rearranjando a Equação (14.3), temos:

$$t = \frac{1}{k} \ln \frac{[A]_0}{[A]_t}$$

Pela definição de meia-vida, quando $t = t_{\frac{1}{2}}$, $[A]_t = [A]_0/2$, então

$$t_{\frac{1}{2}} = \frac{1}{k} \ln \frac{[A]_0}{[A]_0/2}$$

ou seja,
$$t_{\frac{1}{2}} = \frac{1}{k} \ln 2 = \frac{0{,}693}{k} \tag{14.5}$$

A Equação (14.5) indica-nos que a meia-vida de uma reação de primeira ordem é *independente* da concentração inicial do reagente. Assim, o tempo necessário para que a concentração de reagente diminua de 1,0 M para 0,50 M, ou de 0,10 M para 0,050 M é o mesmo (Figura 14.9). A medida da meia-vida de uma reação de primeira ordem é uma das maneiras de determinar a sua constante de velocidade.

A seguinte analogia pode ser útil para compreender a Equação (14.5). A duração de um curso de licenciatura, admitindo que não haja interrupção dos estudos, é de quatro anos. Portanto, a meia-vida da permanência do aluno na faculdade é de dois anos. Essa meia-vida não depende do número de alunos da faculdade. Do mesmo modo, a meia-vida de uma reação de primeira ordem é independente da concentração.

É muito útil a utilização de $t_{\frac{1}{2}}$, uma vez que nos dá uma estimativa do valor da constante de velocidade — quanto menor for a meia-vida, maior será k. Consideremos, por exemplo, dois isótopos radioativos usados em medicina nuclear: ^{24}Na ($t_{\frac{1}{2}} = $ 14,7 h) e ^{60}Co ($t_{\frac{1}{2}} = $ 5,3 anos). É óbvio que o isótopo ^{24}Na decai mais rapidamente porque tem uma meia-vida menor. Se inicialmente tivermos amostras com 1 g de cada isótopo, a maior parte do ^{24}Na desaparecerá ao fim de uma semana, enquanto a amostra de ^{60}Co permanecerá praticamente intacta.

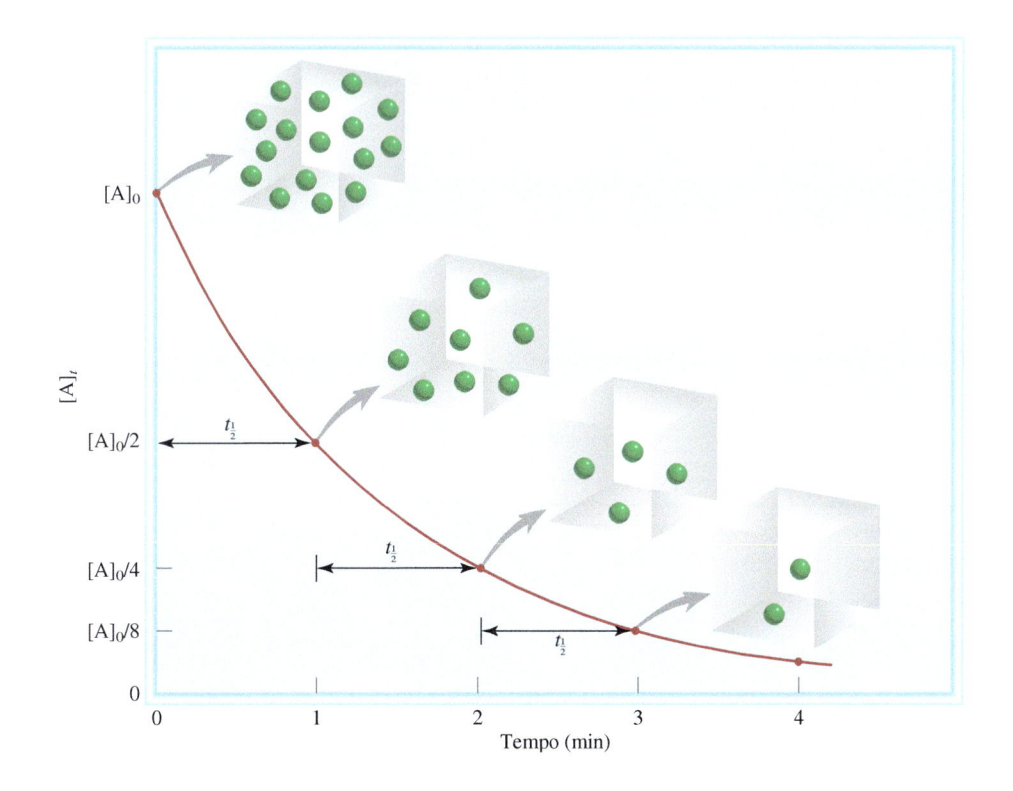

Figura 14.9
Representação gráfica de $[A]_t$ em função do tempo, para a reação de primeira ordem A ⟶ produtos. A meia-vida para a reação é de 1 minuto. Após expirar cada meia-vida, a concentração de A é reduzida à metade.

EXEMPLO 14.5

A decomposição do etano (C_2H_6) em radicais metil é uma reação de primeira ordem com uma constante de velocidade de $5,36 \times 10^{-4}$ s^{-1} a 700°C:

$$C_2H_6(g) \longrightarrow 2CH_3(g)$$

Calcule a meia-vida da reação em minutos.

Estratégia   Para calcular a meia-vida para uma reação de primeira ordem, usamos a Equação (14.5). A conversão de unidades é necessária para exprimir a meia-vida em minutos.

Solução   Para o cálculo da meia-vida para uma reação de primeira ordem, só necessitamos da constante de velocidade. Da Equação (14.5)

$$t_{\frac{1}{2}} = \frac{0,693}{k}$$
$$= \frac{0,693}{5,36 \times 10^{-4} \text{ s}^{-1}}$$
$$= 1,29 \times 10^3 \text{ s} \times \frac{1 \text{ min}}{60 \text{ s}}$$
$$= 21,5 \text{ min}$$

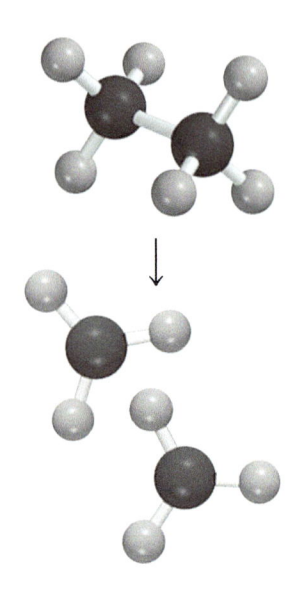

Problema semelhante: 14.24(a).

Exercício   Calcule a meia-vida para a decomposição do N_2O_5 discutida na página 449.

Reações de Segunda Ordem

*Uma **reação de segunda ordem** é uma reação cuja velocidade depende da concentração de um reagente elevada ao quadrado ou das concentrações de dois reagentes diferentes, cada uma delas elevada à primeira potência.* As reações de segunda ordem mais simples envolvem apenas um tipo de molécula reagente:

$$A \longrightarrow \text{produto}$$

em que

$$\text{velocidade} = -\frac{\Delta[A]}{\Delta t}$$

Com base na lei de velocidade,

$$\text{velocidade} = k[A]^2$$

De modo análogo ao efetuado anteriormente, podemos determinar as unidades de k escrevendo

$$k = \frac{\text{velocidade}}{[A]^2} = \frac{M/s}{M^2} = 1/M \cdot s$$

Outro tipo de reação de segunda ordem é

$$A + B \longrightarrow \text{produto}$$

e a lei de velocidade é dada por

$$\text{velocidade} = k[A][B]$$

A reação é de primeira ordem em relação a A e também de primeira ordem em relação a B, portanto a sua ordem global é 2.

Recorrendo à integração, obtém-se a seguinte expressão para as reações de segunda ordem do tipo "A ⟶ produto"

$$\frac{1}{[A]_t} = \frac{1}{[A]_0} + kt \quad (14.6)$$

$$\int_{[A]_0}^{[A]_t} \frac{d[A]}{[A]^2} = -k \int_0^t dt$$

(A equação equivalente para as reações do tipo "A + B ⟶ produto" é demasiado complexa e não será discutida aqui.)

Podemos obter uma equação para a meia-vida de uma reação de segunda ordem, considerando $[A]_t = [A]_0/2$ na Equação (14.6)

$$\frac{1}{[A]_0/2} = \frac{1}{[A]_0} + kt_{\frac{1}{2}}$$

Resolvendo para $t_{\frac{1}{2}}$, obtemos

$$t_{\frac{1}{2}} = \frac{1}{k[A]_0} \quad (14.7)$$

Observe que a meia-vida de uma reação de segunda ordem é inversamente proporcional à concentração inicial de reagente. Esse resultado faz sentido, uma vez que a meia-vida deve ser menor nos instantes iniciais da reação, em virtude de, nesse momento, existir um número mais elevado de moléculas reagentes para colidirem umas com as outras. Medindo a meia-vida para diferentes concentrações iniciais de reagente, é possível distinguir entre reações de primeira e de segunda ordens.

EXEMPLO 14.6

Os átomos de iodo combinam-se para formar iodo molecular em fase gasosa de acordo com:

$$I(g) + I(g) \longrightarrow I_2(g)$$

Essa reação segue uma cinética de segunda ordem e possui uma constante de velocidade elevada, $7{,}0 \times 10^9 /M \cdot s$, a 23°C. (a) Calcule a concentração de I após 2,0 min do início da reação, sabendo que a sua concentração inicial é de 0,086 M. (b) Calcule a meia-vida da reação quando as concentrações iniciais de I são 0,60 M e 0,42 M.

Estratégia (a) A relação entre a concentração de reagente e o tempo é dada pela lei de velocidade integrada. Uma vez que essa reação é de segunda ordem, aplica-se a Equação (14.6). (b) Pede-se para calcular a meia-vida. Para uma reação de segunda ordem, a meia-vida é dada pela Equação (14.7).

Solução (a) Para calcularmos a concentração de uma espécie em determinado instante para uma reação de segunda ordem, necessitamos saber a sua concentração inicial, bem como a constante de velocidade. Aplicando a Equação (14.6), teremos

$$\frac{1}{[A]_t} = kt + \frac{1}{[A]_0}$$

$$\frac{1}{[A]_t} = (7{,}0 \times 10^9 /M \cdot s)\left(2{,}0 \text{ min} \times \frac{60 \text{ s}}{1 \text{ min}}\right) + \frac{1}{0{,}086 \, M}$$

em que $[A]_t$ é a concentração para $t = 2{,}0$ min. Resolvendo a equação, obtemos

$$[A]_t = 1{,}2 \times 10^{-12} \, M$$

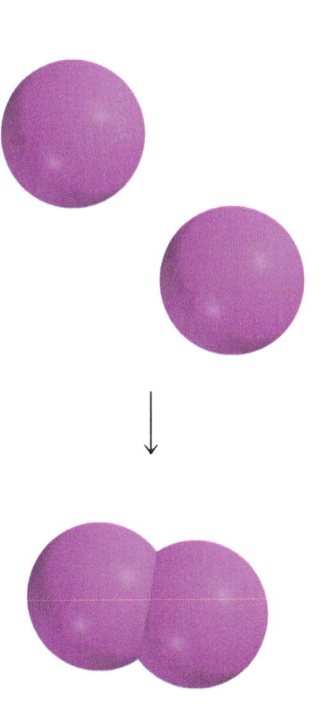

(Continua)

Essa concentração é tão baixa que, na prática, não é detectável. O valor muito elevado da constante de velocidade para essa reação significa que, após 2,0 minutos do início da reação, praticamente todos os átomos de I já se combinaram.

(b) Precisamos da Equação (14.7) para resolver essa parte.

Para $[I]_0 = 0,60\ M$,

$$t_{\frac{1}{2}} = \frac{1}{k[A]_0}$$
$$= \frac{1}{(7,0 \times 10^9/M \cdot s)(0,60\ M)}$$
$$= 2,4 \times 10^{-10}\ s$$

Para $[I]_0 = 0,42\ M$,

$$t_{\frac{1}{2}} = \frac{1}{(7,0 \times 10^9/M \cdot s)(0,42\ M)}$$
$$= 3,4 \times 10^{-10}\ s$$

Verificação Esses resultados confirmam que a meia-vida de uma reação de segunda ordem, ao contrário do verificado para as reações de primeira ordem, não é constante, mas depende da(s) concentração(ões) inicial(is) do(s) reagente(s).

Problema semelhante 14.26.

Exercício A reação $2A \longrightarrow B$ é de segunda ordem com uma constante de velocidade de $51/M \cdot min$ a 24°C. (a) Se a concentração inicial de A for $[A]_0 = 0,0092\ M$, qual é o tempo que decorrerá até se atingir $[A]_t = 3,7 \times 10^{-3}\ M$? (b) Calcule a meia-vida da reação.

As reações de primeira e segunda ordens são as mais comuns. Reações de ordem zero são raras. Para uma reação de ordem zero

$$A \longrightarrow produto$$

a lei de velocidade é dada por

$$\text{velocidade} = k[A]^0$$
$$= k \tag{14.8}$$

Assim, a velocidade de uma reação de ordem zero é uma *constante*, independentemente das concentrações de reagentes. Reações de terceira ordem e ordem superior são muito complexas e não serão abordadas neste livro. A Tabela 14.2 faz um resumo da cinética para reações de primeira e de segunda ordens do tipo $A \longrightarrow$ produto.

TABELA 14.2 Resumo da Cinética de Reações de Primeira e Segunda Ordens

Ordem	Lei de Velocidade	Equação Concentração-tempo	Meia-vida
1	velocidade = $k[A]$	$\ln\frac{[A]_t}{[A]_0} = -kt$	$\frac{0,693}{k}$
2	velocidade = $k[A]^2$	$\frac{1}{[A]_t} = \frac{1}{[A]_0} + kt$	$\frac{1}{k[A]_0}$

14.4 Energia de Ativação e Dependência das Constantes de Velocidade em Relação à Temperatura

À exceção de um número muito pequeno de casos, as velocidades de reação aumentam com a elevação da temperatura. Por exemplo, o tempo necessário para cozer um ovo é muito menor se a "reação" for realizada a 100°C (cerca de 10 min) do que a 80°C (cerca de 30 min). No entanto, manter alimentos a uma temperatura abaixo de zero grau constitui uma maneira efetiva de preservar a comida, pois isso diminui a atividade das bactérias. A Figura 14.10 mostra uma curva típica da dependência da constante de velocidade de uma reação em relação à temperatura. Para podermos explicar esse comportamento, devemos questionar em primeiro lugar como as reações se desencadeiam.

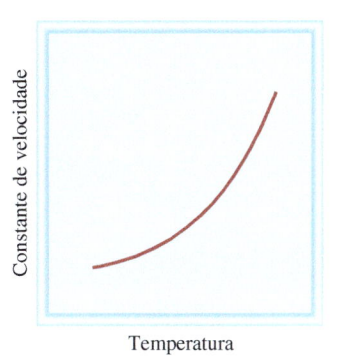

Figura 14.10
Dependência da constante de velocidade com a temperatura. Para a maioria das reações, as constantes de velocidade aumentam quando aumenta a temperatura.

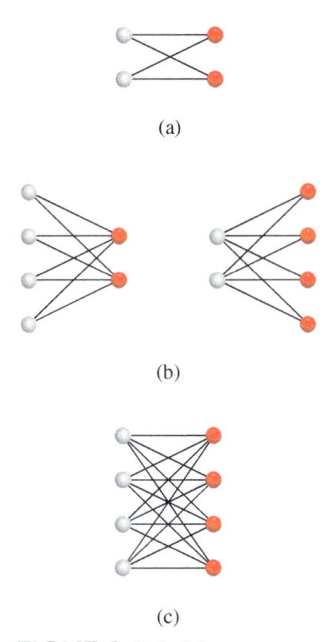

Teoria das Colisões

A teoria cinética dos gases (página 151) postula que as moléculas de um gás colidem freqüentemente umas com as outras. Assim, será lógico admitir — o que, em geral, é verdadeiro — que as reações químicas ocorrem como conseqüência de colisões entre as moléculas dos reagentes. Aplicando a *teoria das colisões* à cinética química, será então de esperar que a velocidade de reação seja diretamente proporcional ao número de colisões moleculares por segundo, ou seja, à freqüência das colisões moleculares:

$$\text{velocidade} \propto \frac{\text{número de colisões}}{\text{s}}$$

Essa relação simples explica a dependência da velocidade de reação com a concentração.

Considere a reação entre as moléculas A e as moléculas B para formar determinado produto. Admita ainda que cada molécula de produto seja formada pela combinação direta de uma molécula de A com uma molécula de B. Se, por exemplo, duplicarmos a concentração de A, então o número de colisões A-B deverá também duplicar, uma vez que em qualquer volume considerado existirá o dobro de moléculas A, que podem colidir com as moléculas B (Figura 14.11). Logicamente, a velocidade da reação deverá então aumentar de um fator de 2. Do mesmo modo, a duplicação da concentração das moléculas e B dobrará a velocidade da reação. Assim, podemos expressar a lei de velocidade como

$$\text{velocidade} = k[A][B]$$

A reação é de primeira ordem em relação a cada um dos reagentes e obedece a uma cinética de segunda ordem.

Embora a teoria das colisões seja intuitivamente muito atrativa, a relação entre a velocidade de reação e a freqüência de colisões moleculares é mais complexa do que seria de esperar à primeira vista. A teoria das colisões admite que, sempre que uma molécula A colide com uma molécula B, ocorre reação. Contudo, nem todas as colisões conduzem à formação de produtos. Cálculos feitos com base na teoria cinética dos gases mostram que a pressões e temperaturas ordinárias (por exemplo, 1 atm e 298 K), ocorrem cerca de 1×10^{27} colisões binárias (colisões entre duas moléculas) por segundo, no volume de 1 mL na fase gasosa. Nos líquidos, o número de colisões é ainda maior. Se cada colisão binária conduzisse à formação de produtos, então a maioria das reações seria concluída quase instantaneamente. Na prática, verificamos que as velocidades das reações diferem de várias ordens de grandeza. Isso significa que, em muitos casos, a ocorrência de colisões por si só não garantem que a reação ocorra.

FIGURA 14.11
Dependência do número de colisões com a concentração. Apenas são consideradas colisões A-B, as quais podem conduzir à formação de produtos. (a) Existem quatro possibilidades de colisão entre duas moléculas de A e duas moléculas de B. (b) Duplicando o número de qualquer tipo de moléculas (mas não de ambos os tipos), o número de colisões aumenta para oito. (c) Duplicando o número de moléculas A e o número de moléculas B, o número de colisões aumenta para 16.

Animação:
Energia de Ativação.
Centro de aprendizagem
Online, Animações

Qualquer molécula em movimento possui energia cinética; assim quanto mais rapidamente se mover, maior será a sua energia cinética. Quando as moléculas colidem, parte da sua energia cinética é convertida em energia vibracional. Se as energias cinéticas iniciais forem elevadas, então a vibração das moléculas que colidem será suficientemente forte para quebrar algumas ligações químicas. Essa quebra de ligações é o primeiro passo no sentido da formação do produto. Se a energia cinética inicial for pequena, as moléculas se afastarão intactas. Do ponto de vista energético, existe um valor mínimo de energia de colisão, abaixo do qual não pode haver reação.

No âmbito da teoria das colisões, postula-se que, para que possam reagir, as moléculas que colidem têm de possuir uma energia cinética total igual ou superior à **energia de ativação** (E_a). Essa energia de ativação é a *energia mínima necessária para que se inicie dada reação química*. Se essa energia não for suprida, as moléculas se mantêm intactas e a colisão não produz nenhuma transformação. *Uma espécie transitória formada pelas moléculas de reagente, como resultado da colisão, antes da formação do produto é denominada* um **complexo ativado** (também chamado de **estado de transição**).

A Figura 14.12 exibe dois perfis diferentes de energia potencial para a reação

$$A + B \longrightarrow C + D$$

A reação será acompanhada por uma liberação de calor se os produtos forem mais estáveis que os reagentes; nesse caso, a reação é exotérmica [Figura 14.12(a)]. Pelo contrário, se os produtos forem menos estáveis que os reagentes, a mistura reacional absorverá calor das vizinhanças e a reação será endotérmica [Figura 14.12(b)]. Em ambos os casos, representa-se a energia potencial do sistema reacional em função do grau de progresso da reação. Essas representações mostram, de um modo qualitativo, a variação da energia potencial à medida que os reagentes são convertidos em produtos.

Podemos considerar a energia de ativação uma barreira que impede as moléculas de menor energia de reagirem. Uma vez que, em uma reação comum, o número de moléculas reagentes é muito grande, as velocidades e conseqüentemente as energias cinéticas das moléculas variam muito. Em geral, apenas uma pequena fração das moléculas que colidem — as que se movem mais rapidamente — tem energia cinética suficiente para ultrapassar a energia de ativação. Apenas essas moléculas podem participar na reação. Podemos agora explicar o aumento da velocidade (ou da constante de velocidade) com o aumento da temperatura: as velocidades das moléculas obedecem às distribuições de Maxwell apresentadas na Figura 5.15. Compare as distribuições de velocidade em duas temperaturas diferentes. Uma vez que, para temperaturas elevadas o número de moléculas de alta energia é maior, a velocidade de formação de produtos é também maior para as temperaturas mais elevadas.

Figura 14.12
Perfis de energia potencial para uma reação exotérmica (a) e para uma reação endotérmica (b). Esses gráficos mostram a variação da energia potencial do sistema à medida que os reagentes A e B vão sendo convertidos nos produtos C e D. O estado de transição é uma espécie bastante instável com uma energia potencial elevada. A energia de ativação para a reação direta é definida tanto em (a) como em (b). Note que os produtos C e D são mais estáveis que os reagentes em (a) e menos estáveis em (b).

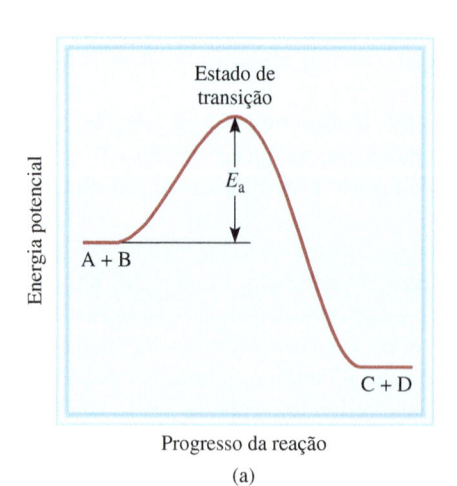

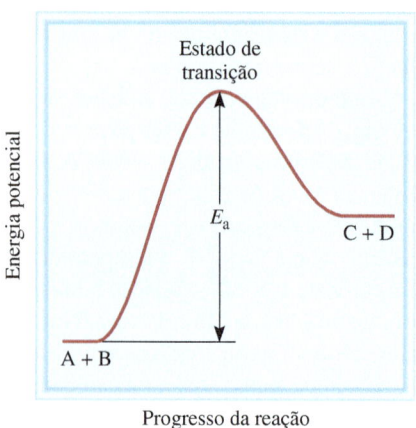

Equação de Arrhenius

A dependência da constante de velocidade de uma reação em relação à temperatura pode ser expressa pela seguinte equação, conhecida como *equação de Arrhenius*:

$$k = Ae^{-E_a/RT} \qquad (14.9)$$

em que E_a é a energia de ativação da reação (em kilojoules por mol), K, a constante dos gases (8,314 J/K · mol); T, a temperatura absoluta; e e, a base dos logaritmos naturais (veja o Apêndice 3). A quantidade A, denominada fator de freqüência, representa a freqüência das colisões e pode ser considerada uma constante para dado sistema reacional em um amplo intervalo de temperatura. A Equação (14.9) mostra que a constante de velocidade é diretamente proporcional a A e, portanto, à freqüência das colisões. Além disso, o sinal negativo associado ao expoente E_a/RT implica uma diminuição da constante de velocidade com a elevação da energia de ativação e em um aumento da constante de velocidade com a elevação da temperatura. Essa equação pode ser escrita de outro modo, aplicando logaritmos naturais a cada um dos membros:

$$\ln k = \ln A e^{-E_a/RT}$$

$$\ln k = \ln A - \frac{E_a}{RT} \qquad (14.10)$$

A Equação (14.10) tem a forma de uma equação linear:

$$\ln k = \left(-\frac{E_a}{R}\right)\left(\frac{1}{T}\right) + \ln A \qquad (14.11)$$

$$y \;=\; m \quad x \;+\; b$$

Assim, a representação de ln k em função de $1/T$ é uma reta cuja inclinação m é igual a $-E_a/R$ e cuja intersecção b no eixo das ordenadas (no eixo y) é ln A.

EXEMPLO 14.7

As constantes de velocidade para a decomposição do acetaldeído

$$CH_3CHO(g) \longrightarrow CH_4(g) + CO(g)$$

foram medidas em cinco temperaturas diferentes. Os resultados são apresentados na tabela. Represente *ln k* em função de $1/T$ e determine a energia de ativação (em kJ/mol) para a reação. Observe que a reação é de ordem "$\frac{3}{2}$" em relação a CH_3CHO, de modo que k tem as unidades $1/M^{\frac{1}{2}} \cdot s$.

k ($1/M^{\frac{1}{2}} \cdot$ s)	T (K)
0,011	700
0,035	730
0,105	760
0,343	790
0,789	810

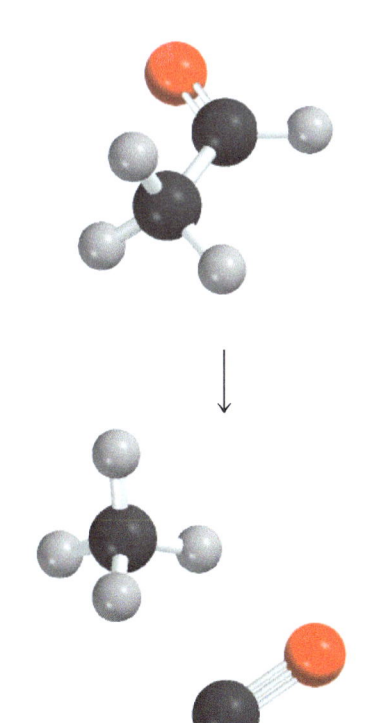

(Continua)

Figura 14.13
Representação gráfica de ln k em função de $1/T$.

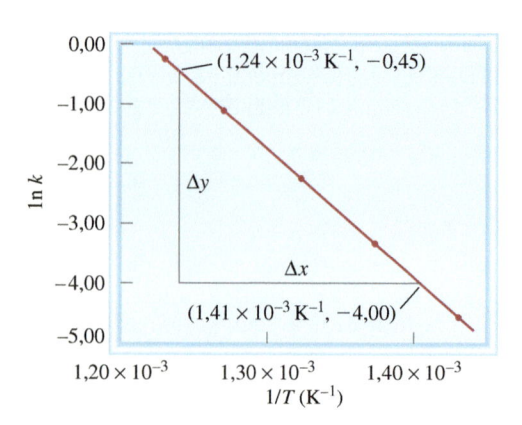

Estratégia Considere a equação de Arrhenius escrita na forma de uma equação linear

$$\ln k = \left(-\frac{E_a}{R}\right)\left(\frac{1}{T}\right) + \ln A$$

A representação gráfica de *ln k* em função de $1/T$ (y em função de x) será uma reta com inclinação igual a $-E_a/R$. Assim sendo, a energia de ativação pode ser determinada com base na inclinação da reta.

Solução A partir dos dados, obtemos:

ln k	$1/T$ (K^{-1})
$-4{,}51$	$1{,}43 \times 10^{-3}$
$-3{,}35$	$1{,}37 \times 10^{-3}$
$-2{,}254$	$1{,}32 \times 10^{-3}$
$-1{,}070$	$1{,}27 \times 10^{-3}$
$-0{,}237$	$1{,}23 \times 10^{-3}$

A representação gráfica desses resultados é apresentada na Figura 14.13. A inclinação da reta é calculada a partir das coordenadas de dois dos seus pontos:

$$\text{inclinação} = \frac{-4{,}00 - (-0{,}45)}{(1{,}41 - 1{,}24) \times 10^{-3}\,\text{K}^{-1}} = -2{,}09 \times 10^4\,\text{K}$$

Com base na forma linear da Equação (14.11), obtemos

$$\text{inclinação} = -\frac{E_a}{R} = -2{,}09 \times 10^4\,\text{K}$$
$$E_a = (8{,}314\,\text{J/K} \cdot \text{mol})(2{,}09 \times 10^4\,\text{K})$$
$$= 1{,}74 \times 10^5\,\text{J/mol}$$
$$= 1{,}74 \times 10^2\,\text{kJ/mol}$$

Verificação É importante notar que, embora a constante de velocidade tenha as unidades $1/M^{\frac{1}{2}} \cdot$ s, a quantidade ln k é adimensional (não é possível calcular o logaritmo de uma unidade).

Problema semelhante 14.33.

Exercício A constante de velocidade para a reação de segunda ordem de decomposição do óxido nitroso (N$_2$O) em nitrogênio molecular e em oxigênio atômico foi medida em diferentes temperaturas:

k (1/$M \cdot$ s)	t (°C)
$1{,}87 \times 10^{-3}$	600
$0{,}0113$	650
$0{,}0569$	700
$0{,}244$	750

Calcule graficamente a energia de ativação da reação.

Uma equação que relacione as constantes de velocidade k_1 e k_2 às temperaturas T_1 e T_2 pode ser utilizada para calcular a energia de ativação ou para estimar a constante de velocidade em outra temperatura, desde que seja conhecida a energia de ativação. A dedução dessa equação é feita por meio da Equação (14.10):

$$\ln k_1 = \ln A - \frac{E_a}{RT_1}$$

$$\ln k_2 = \ln A - \frac{E_a}{RT_2}$$

Subtraindo $\ln k_2$ de $\ln k_1$, tem-se

$$\ln k_1 - \ln k_2 = \frac{E_a}{R}\left(\frac{1}{T_2} - \frac{1}{T_1}\right)$$

$$\ln \frac{k_1}{k_2} = \frac{E_a}{R}\left(\frac{1}{T_2} - \frac{1}{T_1}\right)$$

$$\ln \frac{k_1}{k_2} = \frac{E_a}{R}\left(\frac{T_1 - T_2}{T_1 T_2}\right) \quad (14.12)$$

EXEMPLO 14.8

A constante de velocidade de uma reação de primeira ordem é $3,46 \times 10^{-2}$ s^{-1} a 298 K. Qual será a constante de velocidade a 350 K se a energia de ativação para a reação é 50,2 kJ/mol?

Estratégia A forma modificada da equação de Arrhenius relaciona os valores de duas constantes de velocidade obtidas em duas temperaturas diferentes [Equação (14.12)]. Certifique-se de que as unidades de R e E_a são coerentes.

Solução Os dados são

$$k_1 = 3{,}46 \times 10^{-2} \text{ s}^{-1} \qquad k_2 = ?$$
$$T_1 = 298 \text{ K} \qquad T_2 = 350 \text{ K}$$

Substituindo na Equação (14.12), temos

$$\ln \frac{3{,}46 \times 10^{-2} \text{ s}^{-1}}{k_2} = \frac{50{,}2 \times 10^3 \text{ J/mol}}{8{,}314 \text{ J/K} \cdot \text{mol}} \left[\frac{298 \text{ K} - 350 \text{ K}}{(298 \text{ K})(350 \text{ K})}\right]$$

A E_a é expressa em J/mol para ser coerente com as unidades de R. Resolvendo a equação, obtemos

$$\ln \frac{3{,}46 \times 10^{-2} \text{ s}^{-1}}{k_2} = -3{,}01$$

$$\frac{3{,}46 \times 10^{-2} \text{ s}^{-1}}{k_2} = e^{-3{,}01} = 0{,}0493$$

$$k_2 = 0{,}702 \text{ s}^{-1}$$

Verificação Espera-se que a constante de velocidade seja mais elevada à temperatura mais alta. Portanto, a resposta é plausível.

Exercício A constante de velocidade de primeira ordem para a reação do cloreto de metila (CH_3Cl) com a água para produzir metanol (CH_3OH) e ácido clorídrico (HCl) é $3{,}32 \times 10^{-10}$ s^{-1} a 25°C. Calcule a constante de velocidade a 40°C, sabendo que a energia de ativação é 116 kJ/mol.

Problema semelhante: 14:36.

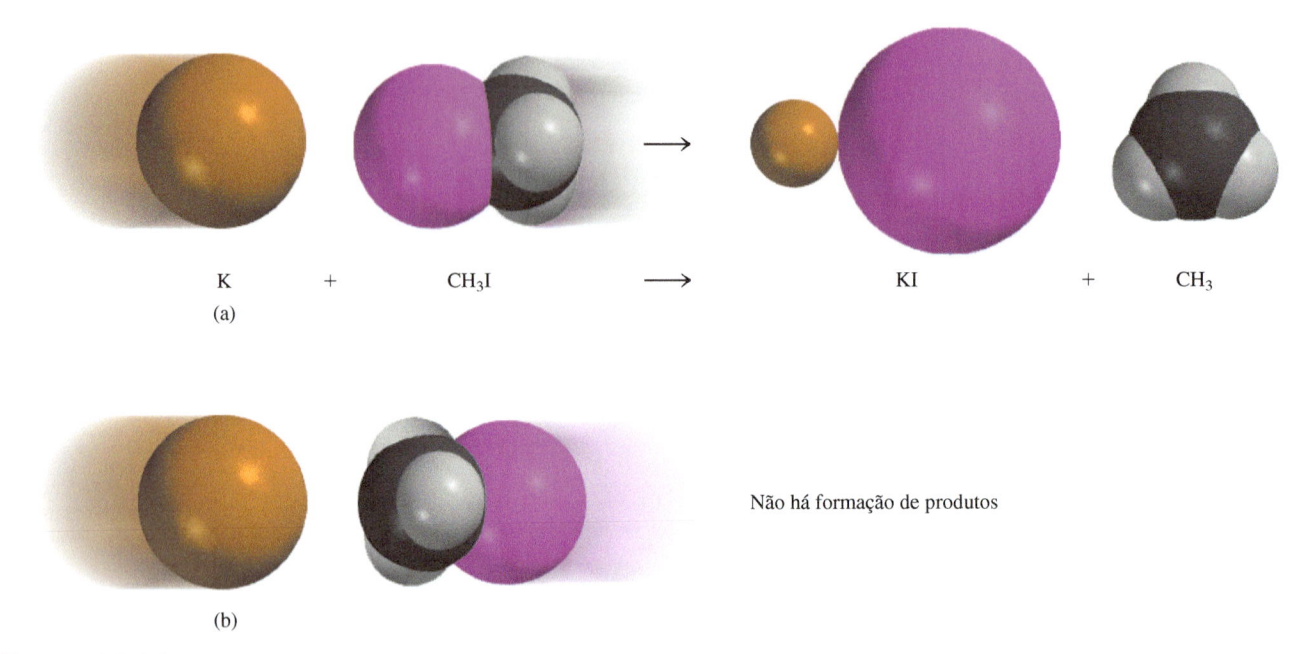

K + CH₃I ⟶ KI + CH₃
(a)

Não há formação de produtos

(b)

Figura 14.14
Orientação relativa das moléculas reagentes. A probabilidade de a reação ocorrer é elevada apenas quando o átomo de K colide diretamente com o átomo de I.

Animação:
Orientação da Colisão.
Centro de Aprendizagem
Online. Animações

Para reações simples (por exemplo, reações entre espécies atômicas), podemos igualar o fator de freqüência (A) da equação de Arrhenius diretamente à freqüência de colisões entre as espécies reagentes. Para reações mais complexas, é necessário considerar também um "fator de orientação", ou seja, a orientação relativa das moléculas reagentes. A reação entre os átomos de potássio (K) e o iodeto de metila (CH_3I) para dar origem ao iodeto de potássio (KI) e ao radical metil (CH_3) ilustra esse aspecto:

$$K + CH_3I \longrightarrow KI + CH_3$$

A configuração mais favorável para a ocorrência dessa reação corresponde a uma colisão frontal do átomo de K com o átomo de I do CH_3I (Figura 14.14). Caso contrário, a formação de produtos será menor ou a reação poderá mesmo não ocorrer. Uma análise mais aprofundada da cinética química permite compreender de um modo mais satisfatório a natureza do fator de orientação.

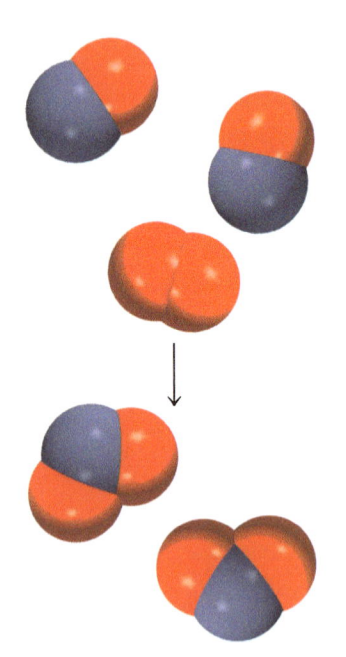

14.5 Mecanismos de Reação

Como foi mencionado anteriormente, uma equação química global balanceada não nos dá grande informação sobre o modo como se processa realmente determinada reação química. Em muitos casos, essa equação não é mais que a soma de um *conjunto de reações simples* geralmente chamadas de **etapas elementares** ou *reações elementares*, *que representam a progressão da reação global em nível molecular*. A *seqüência de etapas elementares que conduzem à formação do produto* denomina-se **mecanismo de reação**. O mecanismo de reação é comparável ao itinerário seguido durante uma viagem, enquanto a equação química global especifica apenas a origem e o destino da viagem.

Como exemplo de um mecanismo de reação, vamos considerar a reação entre o óxido de nitrogênio e o oxigênio:

$$2NO(g) + O_2(g) \longrightarrow 2NO_2(g)$$

Sabe-se que da colisão entre duas molécula de NO e uma molécula de O_2 não resulta diretamente a formação do produto, pois a espécie N_2O_2 é detectada durante o decorrer da reação. Vamos admitir que a reação se dá por uma seqüência de duas etapas elementares, da seguinte forma:

$$2NO(g) \longrightarrow N_2O_2(g)$$
$$N_2O_2(g) + O_2(g) \longrightarrow 2NO_2(g)$$

Na primeira etapa elementar, duas moléculas de NO colidem para formar uma molécula de N_2O_2. Essa etapa é seguida pela reação entre N_2O_2 e O_2, da qual resulta a formação de duas moléculas de NO_2. A equação química da reação representa a mudança global e é dada pela soma das equações que descrevem cada uma das etapas elementares:

Etapa elementar:	$NO + NO \longrightarrow N_2O_2$
Etapa elementar:	$N_2O_2 + O_2 \longrightarrow 2NO_2$
Reação global:	$2NO + N_2O_2 + O_2 \longrightarrow N_2O_2 + 2NO_2$

A soma das etapas elementares tem de ser igual à equação global balanceada.

Espécies como o N_2O_2 são chamadas de ***intermediárias*** uma vez que *aparecem no mecanismo da reação (isto é, nas etapas elementares), mas não aparecem na equação química global balanceada*. Lembre-se de que uma espécie intermediária é sempre formada em uma das etapas elementares iniciais e consumida posteriormente em outra etapa elementar.

A ***molecularidade de uma reação*** é definida como *o número de moléculas que sofrem reação em uma etapa elementar*. Essas moléculas podem ser do mesmo tipo ou de tipos diferentes. As reações elementares discutidas anteriormente são, qualquer uma delas, exemplo de uma ***reação bimolecular***, *uma etapa elementar em que estão envolvidas duas moléculas*. Uma ***reação unimolecular*** *é uma etapa elementar em que participa apenas uma molécula de reagente*. A conversão do ciclopropano em propeno, discutida no Exemplo 14.4, é um exemplo de uma reação unimolecular. Poucas reações ***trimoleculares***, *reações que envolvem a participação de três moléculas em uma etapa elementar*, são conhecidas, em virtude do fato de um encontro simultâneo de três moléculas ser muito menos provável que uma colisão bimolecular.

Leis de Velocidade e Etapas Elementares

O conhecimento das etapas elementares de uma reação nos permite deduzir a sua lei de velocidade. Suponha a seguinte reação elementar:

$$A \longrightarrow \text{produtos}$$

Uma vez que apenas uma molécula está presente, essa reação é unimolecular. Logo, quanto maior for o número de moléculas A presentes, mais rápida será a formação do produto. Assim sendo, a velocidade de uma reação unimolecular é diretamente proporcional à concentração de A, ou seja, é de primeira ordem em relação a A:

$$\text{velocidade} = k[A]$$

Para uma reação elementar bimolecular envolvendo as moléculas A e B

$$A + B \longrightarrow \text{produto}$$

a velocidade de formação do produto depende da freqüência das colisões entre A e B, a qual, por sua vez, depende das respectivas concentrações. Podemos, então, escrever a velocidade como

$$\text{velocidade} = k[A][B]$$

Figura 14.15
Seqüência de etapas no estudo do mecanismo de uma reação.

Medidas da velocidade da reação → Formulação da lei da velocidade → Formulação de um mecanismo de reação razoável

Do mesmo modo, para uma reação elementar bimolecular do tipo

$$A + A \longrightarrow \text{produtos}$$

ou

$$2A \longrightarrow \text{produtos}$$

a velocidade é escrita do seguinte modo

$$\text{velocidade} = k[A]^2$$

Os exemplos anteriores mostram que em uma reação elementar, a ordem da reação, relativamente a cada um dos reagentes, coincide com o coeficiente estequiométrico desse reagente na equação química que descreve essa etapa. Em geral, a simples observação da equação global balanceada não é suficiente para podermos concluir se a reação ocorre tal como a equação sugere, ou se, pelo contrário, ocorre por meio de uma seqüência de reações elementares. Só experimentalmente podemos esclarecer esse problema.

Para uma reação que tem mais que uma etapa elementar, a lei de velocidade para o processo global é dada pela ***etapa determinante da velocidade de uma reação***, que é *a etapa mais lenta da seqüência de etapas que conduz à formação de produtos*.

Podemos estabelecer uma analogia entre a etapa determinante da velocidade de reação e o fluxo de trânsito por uma rua estreita. Admitindo que não possa haver ultrapassagens, a velocidade com que os automóveis se deslocam é determinada pelo automóvel mais lento.

Os estudos experimentais de mecanismos reacionais começam com a coleta dos dados (medidas de velocidades). Em seguida, esses dados são analisados para determinar a constante de velocidade e a ordem de reação, que nos permite escrever, então, a lei de velocidade. Por fim, procura-se encontrar um mecanismo plausível para a reação em termos de etapas elementares (Figura 14.15). Essas etapas elementares devem satisfazer duas condições:

- A soma das etapas elementares tem de reproduzir a equação global balanceada da reação.
- A lei de velocidade correspondente à etapa determinante da velocidade da reação deve ser idêntica à lei de velocidade determinada experimentalmente.

Observe que, se o esquema reacional proposto envolver espécies intermediárias formadas em uma ou mais etapas elementares, esses intermediários deverão ser detectados experimentalmente.

A decomposição do peróxido de hidrogênio mostra como se pode elucidar os mecanismos de reação por meio de estudos experimentais. Essa reação é facilitada pela presença de íons iodeto (I^-) (Figura 14.16). A reação global é descrita por:

$$2H_2O_2(aq) \longrightarrow 2H_2O(l) + O_2(g)$$

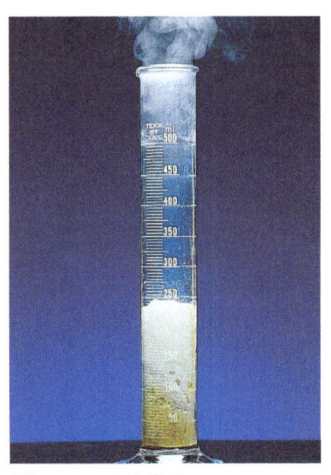

A lei de velocidade determinada experimentalmente é dada por

$$\text{velocidade} = k[H_2O_2][I^-]$$

Assim, a reação é de primeira ordem tanto em relação a H_2O_2 como em relação a I^-. Verifica-se que a decomposição do H_2O_2 não ocorre em uma única etapa elementar correspondente à equação global. Se tal acontecesse, a reação seria de segunda ordem em relação a H_2O_2 (note o coeficiente 2 na equação). Além disso, o íon I^-, que não aparece na equação global da reação, surge na expressão da lei de velocidade. Como é possível conciliar esses dois fatos?

Figura 14.16
A decomposição do peróxido de hidrogênio é catalisada pelo íon iodeto. Algumas gotas de sabão líquido são adicionadas à solução para evidenciar a liberação do gás oxigênio. (Parte dos íons iodeto são oxidados a iodo molecular, o qual então reage posteriormente com os íons iodeto para formar o íon triodeto marrom, I_3^-.)

Podemos reproduzir a lei de velocidade obtida experimentalmente, admitindo que a reação ocorra em duas etapas elementares distintas, sendo cada uma delas bimolecular:

Etapa 1: $\quad H_2O_2 + I^- \xrightarrow{k_1} H_2O + IO^-$
Etapa 2: $\quad H_2O_2 + IO^- \xrightarrow{k_2} H_2O + O_2 + I^-$

Se admitirmos ainda que a primeira é a etapa determinante da velocidade da reação, então a velocidade da reação global é ditada apenas pela primeira etapa:

$$\text{velocidade} = k_1[H_2O_2][I^-]$$

sendo $k_1 = k$. Observe que o íon IO^- é um intermediário, uma vez que não aparece na equação global. Embora o íon I^- também não apareça na equação global, difere do IO^-, em virtude de estar presente na mistura reacional, tanto no início como no final da reação. A função do íon I^- é acelerar a reação — atua como um *catalisador*. Discutiremos a catálise na Seção 14.6. Finalmente, observe que a soma das etapas 1 e 2 resulta na equação global balanceada mostrada anteriormente.

EXEMPLO 14.9

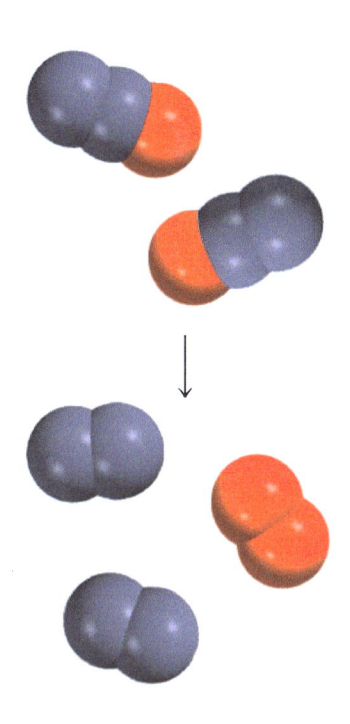

Acredita-se que a decomposição em fase gasosa do óxido nitroso (N_2O) ocorra em duas etapas elementares:

Etapa 1: $\quad N_2O \xrightarrow{k_1} N_2 + O$
Etapa 2: $\quad N_2O + O \xrightarrow{k_2} N_2 + O_2$

A lei de velocidade encontrada experimentalmente é velocidade = k [N_2O]. (a) Escreva a equação que mostra a reação global. (b) Indique as espécies intermediárias. (c) O que se pode afirmar acerca das velocidades relativas das etapas 1 e 2?

Estratégia (a) Uma vez que a reação global pode ser decomposta em etapas elementares, o conhecimento dessas etapas nos permite escrever a reação global. (b) Quais as características de uma espécie intermediária? Essa espécie aparece na reação global? (c) O que estabelece que uma etapa elementar seja determinante da velocidade da reação? Como o conhecimento da etapa determinante da velocidade da reação auxilia na formulação da lei de velocidade da reação?

Solução (a) Adicionando as equações correspondentes às etapas 1 e 2, obtemos a reação global

$$2N_2O \longrightarrow 2N_2 + O_2$$

(b) O átomo de oxigênio é um intermediário, pois é produzido na primeira etapa elementar e não aparece na equação global.

(c) Se admitirmos que a etapa 1 é a determinante da velocidade da reação (ou seja, que $k_2 \gg k_1$), então a velocidade da reação global é dada por

$$\text{velocidade} = k_1[N_2O]$$

e $k = k_1$.

Verificação A primeira etapa deve ser a determinante da velocidade da reação, uma vez que a lei de velocidade escrita com base nessa etapa está de acordo com a já estabelecida experimentalmente, isto é, velocidade = k [N_2O].

Exercício Admite-se que a reação entre NO_2 e CO para dar origem a NO e CO_2 ocorre por intermédio de duas etapas:

Etapa 1: $\quad NO_2 + NO_2 \longrightarrow NO + NO_3$
Etapa 2: $\quad NO_3 + CO \longrightarrow NO_2 + CO_2$

Problema semelhante: 14.47.

(Continua)

A lei de velocidade determinada experimentalmente é velocidade = $k[NO_2]^2$.
(a) Escreva a equação que descreve a reação global. (b) Indique as espécies intermediárias. (c) O que se pode afirmar acerca das velocidades relativas das etapas 1 e 2?

14.6 Catálise

Quando estudamos a decomposição do peróxido de hidrogênio, vimos que a velocidade da reação dependia da concentração de íons iodeto, apesar de o I^- não aparecer na equação global. Salientamos então que o I^- atua como um catalisador para essa reação. Um *catalisador* *é uma substância que aumenta a velocidade de uma reação química, sem ser consumido durante essa reação.* O catalisador pode reagir e formar um intermediário, mas é regenerado em uma etapa subseqüente da reação.

Na preparação laboratorial do oxigênio molecular, aquece-se uma amostra de clorato de potássio; a reação é descrita por (veja a página 149)

$$2KClO_3(s) \longrightarrow 2KCl(s) + 3O_2(g)$$

Na ausência de catalisador, essa decomposição térmica é muito lenta. A velocidade de decomposição do clorato de potássio pode ser aumentada drasticamente pela adição de uma pequena quantidade do dióxido de manganês (MnO_2), um pó preto que funciona como catalisador. Todo o MnO_2 pode ser recuperado no final da reação, do mesmo modo que os íons I^- na decomposição da água oxigenada.

Um catalisador acelera uma reação, proporcionando um conjunto de etapas elementares mais favoráveis do ponto de vista cinético em alternativa às etapas que ocorrem na sua ausência. Sabemos, pela Equação (14.9), que a constante de velocidade k (e, portanto, a velocidade) de uma reação depende do fator de freqüência A e da energia de ativação E_a — quanto maior A ou menor E_a, maior será a velocidade da reação. Em muitos casos, o catalisador faz a velocidade aumentar em virtude de uma diminuição da energia de ativação da reação.

Admitamos que a seguinte reação tenha determinada constante de velocidade k e uma energia de ativação E_a.

$$A + B \xrightarrow{k} C + D$$

No entanto, na presença de um catalisador, a constante de velocidade é k_c (chamada de *constante de velocidade catalítica*):

$$A + B \xrightarrow{k_c} C + D$$

Por definição de catalisador,

$$\text{velocidade}_{\text{reação catalisada}} > \text{velocidade}_{\text{reação não catalisada}}$$

A Figura 14.17 mostra os perfis de energia potencial para ambas as reações. Note que as energias totais dos reagentes (A e B) e dos produtos (C e D) não são afetadas pela presença do catalisador; a única diferença entre os dois perfis é uma diminuição da energia de ativação de E_a para E_a'. Como a energia de ativação para a reação inversa também sofre uma diminuição, o catalisador aumenta na mesma quantidade as velocidades das reações direta e inversa.

Existem três tipos genéricos de catálise, dependendo da natureza da espécie que causa o aumento da velocidade: catálise heterogênea, catálise homogênea e catálise enzimática.

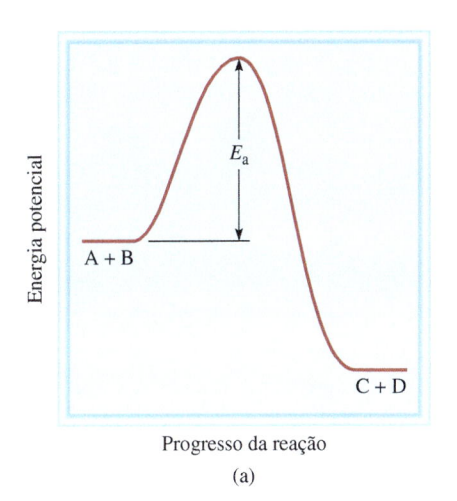

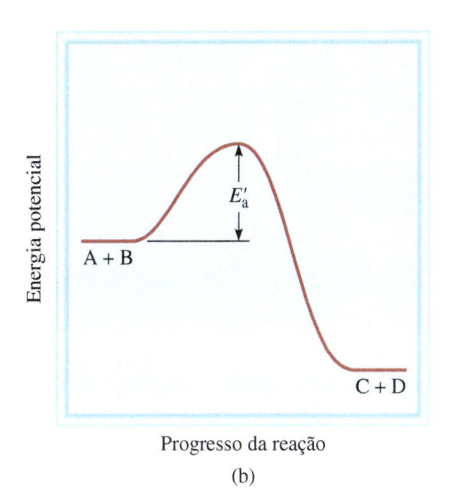

Figura 14.17
Comparação dos valores das barreiras de energia de ativação para uma reação não catalisada (a) e para a mesma reação com um catalisador (b). O catalisador diminui a barreira energética, mas não afeta os valores das energias dos reagentes e dos produtos. Embora os reagentes e os produtos sejam os mesmos nos dois casos, os mecanismos reacionais e as leis de velocidade são diferentes em (a) e em (b).

Catálise Heterogênea

Na *catálise heterogênea*, os reagentes e o catalisador encontram-se em fases diferentes. Geralmente o catalisador é um sólido e os reagentes são gases ou líquidos. A catálise heterogênea é de longe o tipo mais importante na indústria química, especialmente na síntese de produtos químicos essenciais. Descrevemos a seguir três exemplos específicos de catálise heterogênea responsáveis por milhões de toneladas de produtos químicos produzidos anualmente em escala industrial.

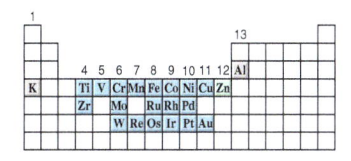

Metais e compostos metálicos usados freqüentemente na catálise heterogênea.

Síntese da Amônia pelo Processo Haber

A amônia é uma substância inorgânica bastante valiosa, utilizada na indústria de fertilizantes, na fabricação de explosivos e em muitas outras aplicações. No final do século passado, muitos químicos empenharam-se em conseguir sintetizar a amônia por meio do nitrogênio e do hidrogênio. As reservas de nitrogênio atmosférico são virtualmente inesgotáveis e o hidrogênio gasoso pode ser produzido facilmente fazendo passar vapor de água sobre carvão aquecido:

$$H_2O(g) + C(s) \longrightarrow CO(g) + H_2(g)$$

O hidrogênio também é um subproduto do refinamento do petróleo.

A formação de NH_3 a partir de N_2 e H_2 é exotérmica:

$$N_2(g) + 3H_2(g) \longrightarrow 2NH_3(g) \qquad \Delta H° = -92,6 \text{ kJ/mol}$$

No entanto, a reação é extremamente lenta à temperatura ambiente. Para ser viável em escala industrial, uma reação tem de ocorrer com uma velocidade apreciável *e* possuir um elevado rendimento do produto desejado. Um aumento da temperatura acelera a reação, mas ao mesmo tempo favorece a decomposição do NH_3 em N_2 e H_2, diminuindo assim o rendimento em NH_3.

Em 1905, depois de ter testado centenas de compostos a várias temperaturas e pressões, o químico alemão Fritz Haber descobriu que a reação entre o hidrogênio e o nitrogênio para produzir amônia era catalisada por uma mistura de ferro com uma pequena porcentagem de óxidos de potássio e alumínio a cerca de 500°C. Esse procedimento é hoje conhecido como o *processo Haber*.

Na catálise heterogênea, o centro ativo da reação localiza-se, em geral, na superfície do catalisador sólido. A etapa inicial no processo Haber envolve a dissociação do N_2 e do H_2 na superfície do metal (Figura 14.18). Embora as espécies dissociadas não sejam verdadeiramente átomos isolados, uma vez que estão ligados à superfície metálica, são muito reativas. As duas moléculas reagentes comportam-se de um modo muito diferente na superfície do catalisador. Os estudos feitos mostram que o H_2 se dissocia

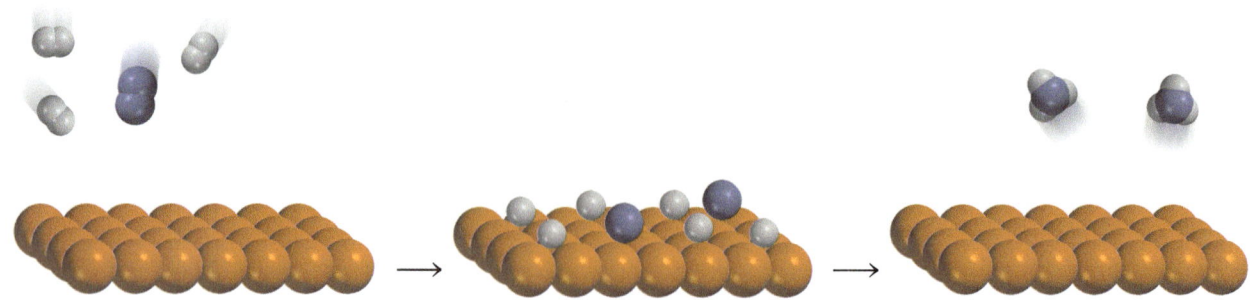

Figura 14.18
Ação catalítica durante a síntese da amônia. Em primeiro lugar, as moléculas de N_2 e H_2 ligam-se à superfície do catalisador. Essa interação com a superfície enfraquece as ligações covalentes no H_2 e N_2 e acaba por causar a dissociação dessas moléculas. Os átomos H e N são muito reativos e se combinam para formar a molécula de NH_3, que deixa então a superfície.

em hidrogênio atômico a temperaturas tão baixas quanto $-196°C$ (a temperatura de ebulição do nitrogênio líquido). No entanto, as moléculas de nitrogênio dissociam-se em aproximadamente 500°C. Os átomos de N e H são muito reativos e a temperaturas elevadas combinam-se rapidamente formando as desejadas moléculas de NH_3:

$$N + 3H \longrightarrow NH_3$$

Síntese do Ácido Nítrico

O ácido nítrico é um dos ácidos inorgânicos mais importantes. É usado na produção de fertilizantes, corantes, medicamentos e explosivos. O principal método industrial de produção do ácido nítrico é o *processo Ostwald*, desenvolvido pelo químico alemão Wilhelm Ostwald. Os reagentes amônia e oxigênio molecular são aquecidos a cerca de 800°C na presença de um catalisador de platina-ródio (Figura 14.19):

$$4NH_3(g) + 5O_2(g) \longrightarrow 4NO(g) + 6H_2O(g)$$

O óxido nítrico formado é facilmente oxidado (sem catalisador) a dióxido de nitrogênio:

$$2NO(g) + O_2(g) \longrightarrow 2NO_2(g)$$

Quando dissolvido em água, o NO_2 origina o ácido nitroso e o ácido nítrico:

$$2NO_2(g) + H_2O(l) \longrightarrow HNO_2(aq) + HNO_3(aq)$$

Figura 14.19
Catalisador de platina-ródio utilizado no processo Ostwald.

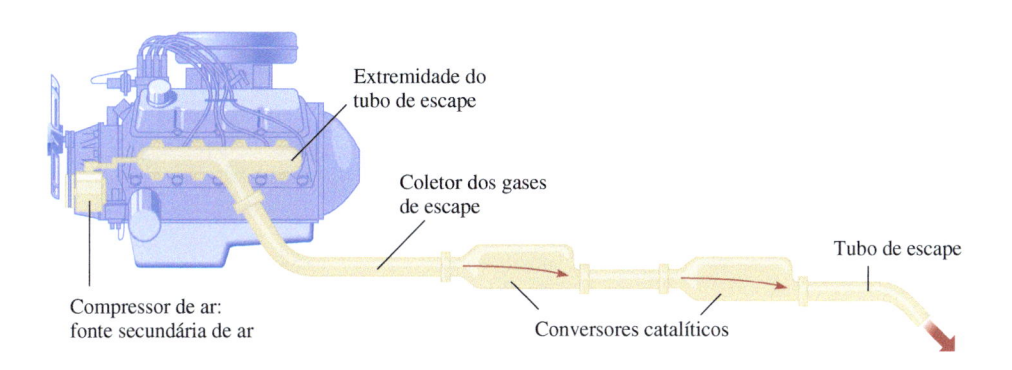

Figura 14.20
Conversor catalítico automotivo de dois estágios.

Por aquecimento, o ácido nitroso é convertido em ácido nítrico de acordo com:

$$3HNO_2(aq) \longrightarrow HNO_3(aq) + H_2O(l) + 2NO(g)$$

O NO assim gerado pode ser reciclado para produzir NO_2 na segunda etapa.

Conversores Catalíticos

A altas temperaturas dentro do motor de um automóvel em funcionamento, o nitrogênio e o oxigênio gasosos reagem para formar óxido nítrico:

$$N_2(g) + O_2(g) \rightleftharpoons 2NO(g)$$

Quando liberado na atmosfera, o NO combina-se rapidamente com o O_2 para formar NO_2. O dióxido de nitrogênio assim formado, juntamente com outros gases liberados pelos motores dos automóveis, tais como o monóxido de carbono (CO) e vários hidrocarbonetos que não sofreram combustão, fazem que os escapes dos automóveis sejam uma das principais causas de poluição atmosférica.

A maioria dos automóveis produzidos atualmente está equipada com um conversor catalítico (Figura 14.20). Um conversor catalítico eficiente desempenha duas funções: oxida o CO e os hidrocarbonetos que não sofreram combustão a CO_2 e H_2O e reduz o NO e o NO_2 a N_2 e O_2. A mistura gasosa constituída pelos gases quentes do escape e por ar injetado passa através da primeira câmara de um conversor, acelerando a reação de combustão completa dos hidrocarbonetos e diminuindo a emissão de CO. (A Figura 14.21 mostra um corte transversal do conversor catalítico, contendo Pt ou Pd ou um óxido de metal de transição como o CuO e o Cr_2O_3.) No entanto, como as temperaturas elevadas aumentam a produção de NO, é necessária uma segunda câmara com um catalisador diferente (um metal de transição ou um óxido de um metal de transição) que funcione a uma temperatura mais baixa, para que a dissociação do NO em N_2 e O_2 ocorra antes de os gases de escape serem liberados pelo tubo para a atmosfera.

Catálise Homogênea

Na catálise homogênea, os reagentes e o catalisador estão dispersos em uma única fase, geralmente líquida. A catálise ácida e a catálise básica constituem os mais importantes tipos de catálise homogênea em solução líquida. Por exemplo, a reação entre o acetato de etila e a água para formar ácido acético e etanol é geralmente muito lenta para que a sua velocidade possa ser medida.

$$\underset{\text{acetato de etila}}{CH_3-\overset{\overset{O}{\|}}{C}-O-C_2H_5} + H_2O \longrightarrow \underset{\text{ácido acético}}{CH_3-\overset{\overset{O}{\|}}{C}-OH} + \underset{\text{etanol}}{C_2H_5OH}$$

Na ausência de um catalisador, a lei de velocidade é dada por

$$\text{velocidade} = k[CH_3COOC_2H_5]$$

Figura 14.21
Corte transversal de um conversor catalítico. Os grânulos do catalisador contêm platina, paládio e ródio, que catalisam a combustão do CO e dos hidrocarbonetos.

Essa reação é de ordem zero em água porque a concentração da água é muito alta e, portanto, não é afetada pela reação.

Figura 14.22
Modelo chave-e-fechadura que procura explicar a especificidade de uma enzima pelas moléculas de substrato

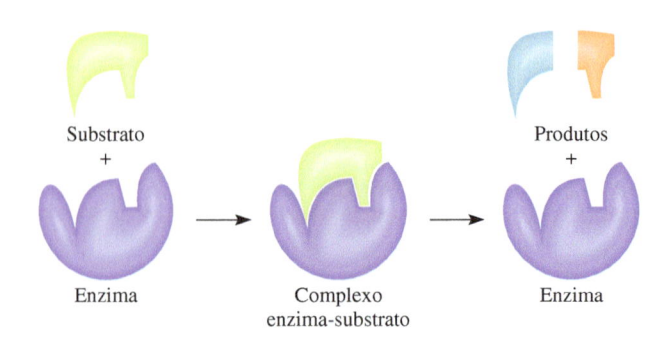

A reação pode, no entanto, ser catalisada por ácidos. Na presença de ácido clorídrico, a velocidade é dada por

$$\text{velocidade} = k_c[\text{CH}_3\text{COOC}_2\text{H}_5][\text{H}^+]$$

Catálise Enzimática

Dentre todos os processos complexos que se desenvolveram nos organismos vivos, nenhum é mais espantoso ou mais essencial que a catálise enzimática. As **enzimas** são *catalisadores biológicos*. O mais espantoso em relação às enzimas é que, além de aumentarem a velocidade das reações bioquímicas de fatores de 10^6 a 10^{18}, são também muito específicas. As enzimas atuam apenas sobre certas moléculas, chamadas de *substratos* (ou seja reagentes), deixando inalterado o restante do sistema. Estima-se que uma célula viva possa conter cerca de 3000 enzimas diferentes, cada uma delas catalisando uma reação específica, na qual um substrato é convertido nos produtos apropriados. A catálise enzimática é em geral homogênea, pois o substrato e a enzima estão presentes em solução aquosa.

Uma enzima é tipicamente uma proteína de dimensões elevadas, que contém um ou mais *centros ativos,* onde ocorrem as interações com os substratos. Esses centros ativos têm estruturas compatíveis apenas com certas moléculas específicas de substrato, de um modo análogo ao que existe entre uma chave e a respectiva fechadura (Figura 14.22). Entretanto, as moléculas das enzimas (ou pelo menos o seu centro ativo) possuem certo grau de flexibilidade estrutural e podem alterar a sua forma para acomodar diferentes tipos de substrato (Figura 14.23).

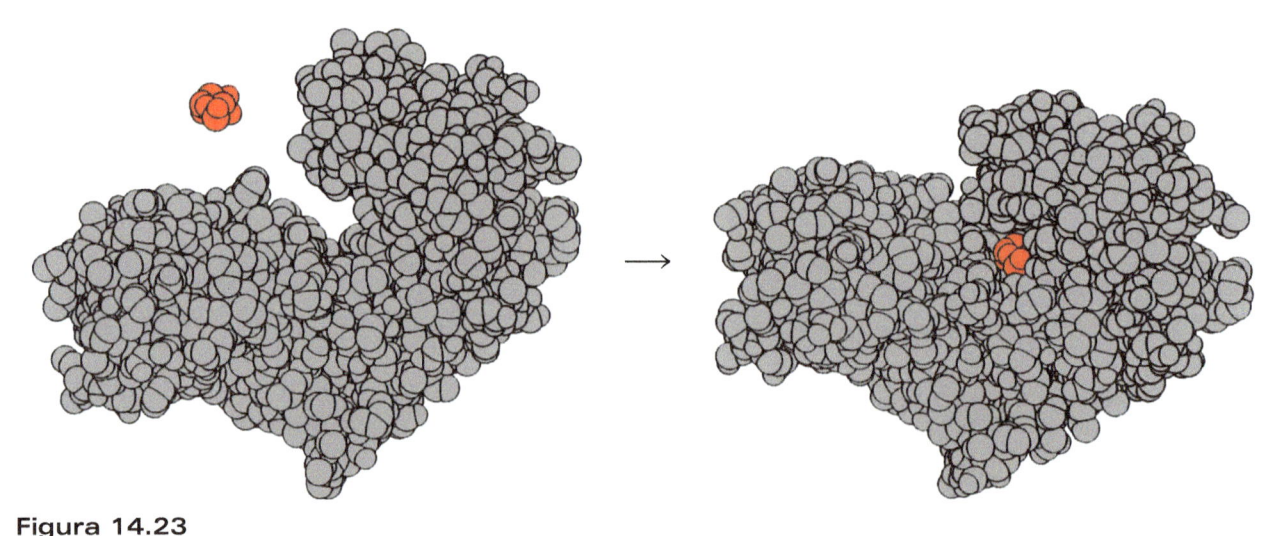

Figura 14.23
Da esquerda para a direita: ligação da molécula de glicose (vermelho) à de hexoquinase (uma enzima na via metabólica). Note como a região do centro ativo se fecha à volta da glicose depois da ligação. Freqüentemente, ocorrem alterações das geometrias tanto do substrato como do centro ativo, para poderem acomodar-se.

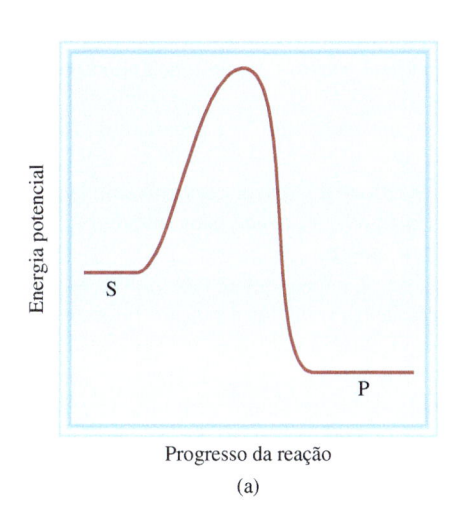

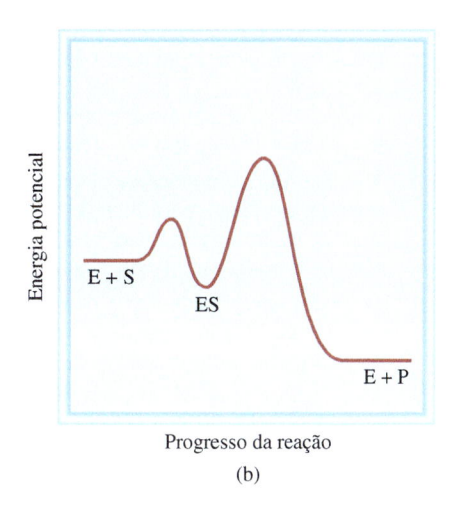

Figura 14.24
Comparação entre uma reação não catalisada (a) e a mesma reação catalisada por uma enzima (b). A representação gráfica em (b) admite que a reação catalisada segue um mecanismo em duas etapas e que a segunda etapa (ES $\longrightarrow$ E + P) é a que controla a velocidade da reação.

O tratamento matemático da cinética enzimática é muito complexo, mesmo quando sabemos quais as etapas básicas envolvidas na reação. Um esquema simplificado é o seguinte:

$$E + S \rightleftharpoons ES$$
$$ES \xrightarrow{k} P + E$$

em que E, S e P representam a enzima, o substrato e o produto, respectivamente, e ES é o intermediário enzima-substrato. A Figura 14.24 mostra o perfil de energia potencial para a reação. Admite-se, em geral, que a formação de ES e a sua decomposição para dar de novo enzima e moléculas de substrato é um processo rápido e que a formação do produto é a etapa determinante da velocidade da reação. Em geral, a velocidade de uma reação desse tipo é dada pela equação

$$\text{velocidade} = \frac{\Delta[P]}{\Delta t}$$
$$= k[ES]$$

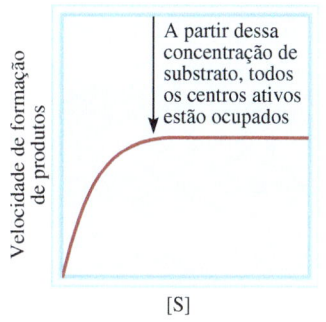

Figura 14.25
Representação gráfica da velocidade de formação de produtos em função da concentração de substrato, para uma reação catalisada por uma enzima.

Como a concentração do intermediário ES é proporcional à quantidade do próprio substrato presente, a representação gráfica da velocidade em função da concentração do substrato é, em geral, semelhante à apresentada na Figura 14.25. No início, a velocidade sobe rapidamente à medida que aumenta a concentração do substrato. Contudo, acima de determinada concentração, os centros ativos encontram-se todos ocupados e a reação torna-se de ordem zero em relação ao substrato. Ou seja, a velocidade mantém-se constante mesmo que haja um aumento da concentração do substrato. A partir desse ponto, a velocidade de formação do produto depende apenas da velocidade de decomposição do intermediário ES e não do número de moléculas de substrato presentes.

• Resumo de Fatos e Conceitos

1. A velocidade de uma reação química é dada pela variação da concentração dos reagentes ou produtos ao longo do tempo. A velocidade não é constante, mas varia continuamente à medida que a concentração se modifica.
2. A lei de velocidade é uma expressão que relaciona a velocidade da reação com a constante de velocidade e com as concentrações de reagentes, elevadas a potências adequadas. A constante de velocidade k para dada reação varia apenas com a temperatura.
3. A ordem de uma reação é dada pela potência à qual a concentração de dado reagente se encontra elevado na lei de velocidade. A ordem global de uma reação é a soma

dos valores das potências às quais as concentrações de reagentes se encontram elevadas na lei de velocidade. A lei de velocidade e a ordem de uma reação não podem ser determinadas por meio da estequiometria da reação global, mas devem ser determinadas experimentalmente. Para uma reação de ordem zero, a velocidade da reação é igual ao valor da sua constante de velocidade.

4. A meia-vida de uma reação (o tempo necessário para que a concentração de um reagente se reduza para metade do valor inicial) pode ser usada para calcular a constante de velocidade de uma reação de primeira ordem.

5. De acordo com a teoria das colisões, uma reação só ocorre quando as moléculas colidem com energia suficiente para quebrar as ligações e iniciar a reação. Essa energia é designada por energia de ativação. A relação entre a constante de velocidade e a energia de ativação é dada pela equação de Arrhenius.

6. A equação global de uma reação é o resultado da soma de um conjunto de reações simples, chamadas de etapas elementares. O mecanismo reacional é o conjunto dessas etapas elementares.

7. Se em um mecanismo reacional existir uma etapa muito mais lenta que as restantes, diz-se que essa etapa determina a velocidade da reação.

8. Um catalisador aumenta a velocidade de uma reação pela diminuição do valor da E_a. Um catalisador pode ser recuperado sem qualquer alteração no final da reação.

9. Na catálise heterogênea, de grande importância industrial, o catalisador é um sólido enquanto os reagentes são gases ou líquidos. Na catálise homogênea, o catalisador e os reagentes encontram-se na mesma fase. As enzimas são catalisadores nos sistemas vivos.

Palavras-chave

Catalisador, p. 464
Cinética química, p. 439
Complexo ativado, p. 436
Constante de velocidade (k), p. 444
Energia de ativação (E_a), p. 456
Enzima, p. 468
Estado de transição, p. 456

Etapa determinante da velocidade de uma reação, p. 462
Etapa elementar, p. 460
Intermediária, p. 461
Lei de velocidade, p. 444
Mecanismo de reação, p. 460

Meia-vida ($t_{\frac{1}{2}}$), p. 450
Molecularidade de uma reação, p. 461
Ordem de reação, p. 444
Reação bimolecular, p. 461
Reação de primeira ordem, p. 447

Reação de segunda ordem, p. 452
Reação unimolecular, p. 461
Reação trimolecular, p. 461
Velocidade de uma reação, p. 439

Questões e Problemas

Velocidade de uma Reação

Questões de Revisão

14.1 Defina velocidade de uma reação química.

14.2 Quais são as unidades da velocidade de uma reação?

14.3 Indique as vantagens de medir a velocidade inicial de uma reação.

14.4 Você consegue indicar duas reações que sejam muito lentas (que se completem em alguns dias) e duas reações que sejam muito rápidas (reações que se completem em minutos ou segundos)?

Problemas

•14.5 Escreva as expressões da velocidade de reação para as seguintes reações, em função do consumo dos reagentes e da produção dos produtos:

(a) $H_2(g) + I_2(g) \longrightarrow 2HI(g)$

(b) $2H_2(g) + O_2(g) \longrightarrow 2H_2O(g)$

(c) $5Br^-(aq) + BrO_3^-(aq) + 6H^+(aq) \longrightarrow 3Br_2(aq) + 3H_2O(l)$

•14.6 Considere a reação

$$N_2(g) + 3H_2(g) \longrightarrow 2NH_3(g)$$

Níveis de Dificuldade: • Fácil •• Médio ••• Difícil.

Suponha que em determinado instante durante a reação, o hidrogênio molecular reaja com uma velocidade de 0,074M/s. (a) Com que velocidade a amônia é formada? (b) Com que velocidade reage o nitrogênio molecular?

Lei de Velocidade
Questões de Revisão

14.7 Explique o que se entende por lei de velocidade de uma reação.

14.8 Qual o significado da ordem de uma reação?

14.9 Quais as unidades das constantes de velocidade das reações de primeira e segunda ordens?

14.10 Escreva uma expressão que relacione a concentração de reagente A a $t = 0$ com a concentração de A a $t = t$ para uma reação de primeira ordem. Defina todos os termos e indique as suas unidades

14.11 Considere a reação de ordem zero: A $\longrightarrow$ produto. (a) Escreva a lei de velocidade da reação. (b) Quais são as unidades da constante de velocidade? (c) Represente graficamente a velocidade da reação em função de [A].

14.12 A constante de velocidade de uma reação de primeira ordem é 66 s^{-1}. Qual é o valor da constante de velocidade expressa em minutos?

14.13 Indique das quantidades seguintes, quais são aquelas de que a constante de velocidade de uma reação química depende: (a) concentração de reagentes, (b) natureza dos reagentes, (c) temperatura.

14.14 Para cada par de condições reacionais, indique qual deve conduzir à maior velocidade de formação de gás hidrogênio: (a) sódio ou potássio em água, (b) magnésio ou ferro com solução 1,0 M de HCl, (c) magnésio em barra ou magnésio em pó com solução 1,0 M de HCl, (d) magnésio com solução 0,10 M de HCl ou magnésio com solução 1,0 M de HCl.

Problemas

• 14.15 A lei de velocidade para a reação

$$NH_4^+(aq) + NO_2^-(aq) \longrightarrow N_2(g) + 2H_2O(l)$$

é dada por: velocidade $k[NH_4^+][NO_2^-]$. A constante de velocidade é $3,0 \times 10^{-4}/M \cdot s$ a 25°C. Calcule a velocidade da reação nessa temperatura se $[NH_4^+] = 0,26\ M$ e $[NO_2^-] = 0,080\ M$.

•• 14.16 Usando os valores listados na Tabela 14.21 (a) deduza a lei de velocidade da reação, (b) calcule a constante de velocidade e (c) calcule a velocidade da reação no instante em que $[F_2] = 0,010\ M$ e $[ClO_2] = 0,020\ M$.

•• 14.17 Considere a reação

$$A + B \longrightarrow \text{produtos}$$

Determine a ordem da reação e calcule a constante de velocidade com base nos seguintes dados obtidos a determinada temperatura:

[A] (M)	[B] (M)	Velocidade (M/s)
1,50	1,50	$3,20 \times 10^{-1}$
1,50	2,50	$3,20 \times 10^{-1}$
3,00	1,50	$6,40 \times 10^{-1}$

•• 14.18 Considere a reação

$$X + Y \longrightarrow Z$$

Os seguintes resultados foram obtidos a 360 K:

Velocidade inicial de Consumo de X (M/s)	[X]	[Y]
0,147	0,10	0,50
0,127	0,20	0,30
4,064	0,40	0,60
1,016	0,20	0,60
0,508	0,40	0,30

(a) Determine a ordem da reação. (b) Determine a velocidade inicial de consumo de X quando a concentração desse reagente é 0,30 M e a concentração de Y é 0,40 M.

• 14.19 Determine as ordens globais das reações à que se aplicam as seguintes leis de velocidade: (a) velocidade = $k[NO_2]^2$; (b) velocidade = k; (c) velocidade = $k[H_2][Br_2]^{\frac{1}{2}}$; (d) velocidade = $k[NO]^2[O_2]$.

• 14.20 Considere a reação

$$A \longrightarrow B$$

A velocidade da reação é $1,6 \times 10^{-2}$ M/s, quando a concentração de A é 0,35 M. Calcule a constante de velocidade se a reação for (a) de primeira ordem em relação a A e (b) de segunda ordem em relação a A.

Relação entre a Concentração de Reagente e o Tempo
Questões de Revisão

14.21 Defina a meia-vida de uma reação. Escreva a equação que relaciona a meia-vida de uma reação de primeira ordem com a sua constante de velocidade.

14.22 Para uma reação de primeira ordem, qual é o tempo necessário para que a concentração de determinado reagente se reduza a um oitavo do seu valor inicial? Dê a sua resposta em função da meia-vida ($t_{\frac{1}{2}}$) e em função da constante de velocidade k.

Problemas

• 14.23 Sabendo que 75% de uma amostra de dado composto se decompõe em 60 min, calcule a meia-vida desse composto. Admita uma cinética de primeira ordem.

•• 14.24 A decomposição térmica da fosfina (PH_3) em fósforo e hidrogênio molecular é uma reação de primeira ordem:

$$4PH_3(g) \longrightarrow P_4(g) + 6H_2(g)$$

A meia-vida da reação é 35,0 s a 680°C. Calcule (a) a constante de velocidade de primeira ordem para a reação e (b) o tempo necessário para a decomposição de 95% da fosfina.

•14.25 A constante de velocidade da reação de segunda ordem

$$2NOBr(g) \longrightarrow 2NO(g) + Br_2(g)$$

é $0,80/M \cdot s$ a 10°C. (a) Sabendo que a concentração inicial do NOBr é 0,086 M, calcule a sua concentração após 22 s de reação. (b) Calcule as meias-vidas quando $[NOBr]_0 = 0,072\ M$ e $[NOBr]_0 = 0,054\ M$.

•14.26 A constante de velocidade da reação de segunda ordem

$$2NO_2(g) \longrightarrow 2NO(g) + O_2(g)$$

é $0,54/M \cdot s$ a 300°C. (a) Qual é o tempo necessário (em segundos) para que a concentração do NO_2 diminua de 0,62 M para 0,28 M? (b) Calcule as meias-vidas dessas duas concentrações.

Energia de Ativação
Questões de Revisão

14.27 Defina energia de ativação. Qual é o papel que a energia de ativação desempenha na cinética química?

14.28 Escreva a equação de Arrhenius e defina todos os termos.

14.29 Utilize a equação de Arrhenius para mostrar que a constante de velocidade de uma reação (a) diminui com o aumento da energia de ativação e (b) aumenta com a elevação da temperatura.

14.30 Sabe-se que o metano entra prontamente em combustão em presença do oxigênio, sendo a reação bastante exotérmica. No entanto, é possível manter uma mistura gasosa de metano e oxigênio indefinidamente sem que haja qualquer modificação aparente. Explique esse fato.

14.31 Faça um esboço de um perfil de energia potencial em função do do progresso da reação, para as seguintes reações:

(a) $S(s) + O_2(g) \longrightarrow SO_2(g)$

$$\Delta H° = -296,06\ kJ/mol$$

(b) $Cl_2(g) \longrightarrow Cl(g) + Cl(g)$

$$\Delta H° = 242,7\ kJ/mol$$

14.32 A reação $H + H_2 \longrightarrow H_2 + H$ tem sido estudada ao longo de muitos anos. Faça um esboço de um diagrama de energia potencial em função do progresso da reação.

Problemas

••14.33 A variação da constante de velocidade com a temperatura para a reação de primeira ordem:

$$2N_2O_5(g) \longrightarrow 2N_2O_4(g) + O_2(g)$$

é dada na tabela seguinte. Determine graficamente a energia de ativação da reação.

$T(K)$	$k(s^{-1})$
273	$7,87 \times 10^3$
298	$3,46 \times 10^5$
318	$4,98 \times 10^6$
338	$4,87 \times 10^7$

••14.34 Para as mesmas concentrações, a reação

$$CO(g) + Cl_2(g) \longrightarrow COCl_2(g)$$

é $1,50 \times 10^3$ vezes mais rápida a 250°C que a 150°C. Calcule a energia de ativação dessa reação. Admita que o fator de freqüência é constante.

•14.35 Para a reação

$$NO(g) + O_3(g) \longrightarrow NO_2(g) + O_2(g)$$

o fator de freqüência A é $8,7 \times 10^{12}\ s^{-1}$ e a energia de ativação, 63 kJ/mol. Qual é a constante de velocidade dessa reação a 75°C?

••14.36 A constante de velocidade de uma reação de primeira ordem é $4,60 \times 10^{-4}\ s^{-1}$ a 350°C. Calcule a temperatura na qual a constante de velocidade é $8,80 \times 10^{-4}\ s^{-1}$, sabendo que a energia de ativação é 104 kJ/mol.

••14.37 As constantes de velocidade de algumas reações duplicam com o aumento de 10 graus na temperatura. Admita que dada reação ocorra a 295 K e a 350 K. Qual deverá ser o valor da energia de ativação da reação para que a constante de velocidade duplique como descrito?

••14.38 As cigarras cantam a uma velocidade de $2,0 \times 10^2$ por minuto a 27°C, mas apenas a 39,6 por minuto a 5°C. A partir desses dados, calcule a "energia de ativação" do processo de canto das cigarras. (*Sugestão:* A razão das velocidades é igual à razão das constantes de velocidade.)

Mecanismos Reacionais
Questões de Revisão

14.39 Que se entende por mecanismo de uma reação?

14.40 O que se entende por etapa elementar.

14.41 Que se entende por molecularidade de uma reação?

14.42 As reações podem ser classificadas em unimoleculares, bimoleculares e assim por diante. Por que não existem reações zero-moleculares?

14.43 Explique por que são raras as reações trimoleculares?

14.44 O que se entende por etapa determinante da velocidade de uma reação? Faça uma analogia com fatos do dia-a-dia para ilustrar o significado do termo "determinante da velocidade".

14.45 A equação que representa a combustão do etano (C_2H_6) é

$$2C_2H_6 + 7O_2 \longrightarrow 4CO_2 + 6H_2O$$

Explique por que é pouco provável que essa equação também represente a etapa elementar da reação.

14.46 Qual das seguintes espécies não pode ser isolada durante o decorrer de uma reação: complexo ativado, produto ou intermediário?

Problemas

•14.47 A lei de velocidade para a reação

$$2NO(g) + Cl_2(g) \longrightarrow 2NOCl(g)$$

é dada por velocidade = $k[NO][Cl_2]$. (a) Qual é a ordem da reação? (b) Foi proposto um mecanismo para essa reação que envolve as seguintes etapas:

$$NO(g) + Cl_2(g) \longrightarrow NOCl_2(g)$$
$$NOCl_2(g) + NO(g) \longrightarrow 2NOCl(g)$$

Se admitirmos que o mecanismo proposto está correto, que conclusões podemos tirar em relação às velocidades relativas das duas etapas elementares?

••14.48 Verificou-se experimentalmente que para a reação X_2 + Y + Z $\longrightarrow$ XY + XZ, a duplicação da concentração de X_2 leva à duplicação da velocidade da reação; que a triplicação da concentração de Y triplica a velocidade da reação e que a duplicação da concentração de Z não afeta a velocidade. (a) Qual é a lei de velocidade para essa reação? (b) Por que a alteração na concentração de Z não tem qualquer influência na velocidade da reação? (c) Sugira um mecanismo para a reação que seja compatível com a lei de velocidade.

Catálise
Questões de Revisão

14.49 De que modo um catalisador aumenta a velocidade de uma reação?

14.50 Quais são as características de um catalisador?

14.51 Sabe-se que determinada reação é lenta à temperatura ambiente. Será possível fazer que a reação ocorra com uma velocidade mais elevada sem modificar a temperatura?

14.52 Faça uma distinção entre catálise homogênea e catálise heterogênea. Descreva três processos industriais importantes que utilizem catálise heterogênea.

14.53 As reações catalisadas por enzimas são exemplos de catálise homogênea ou catálise heterogênea?

14.54 As concentrações das enzimas no interior das células são normalmente muito baixas. Qual o significado biológico desse fato?

Problemas

•14.55 A maior parte das reações, incluindo as catalisadas por enzimas, tem velocidades maiores a temperaturas mais elevadas. No entanto, para certa enzima, a velocidade diminui abruptamente a determinada temperatura. Explique a razão desse comportamento.

••14.56 Considere o seguinte mecanismo para uma reação catalisada por enzimas

$$E + S \underset{k_{-1}}{\overset{k_1}{\rightleftharpoons}} ES \quad \text{(equilíbrio rápido)}$$
$$ES \xrightarrow{k_2} E + P \quad \text{(lento)}$$

Deduza uma expressão para a lei de velocidade da reação em função das concentrações de E e S. (*Sugestão:* Para resolver [ES], considere que, no equilíbrio,

a velocidade da reação direta é igual à velocidade da reação inversa.)

Problemas Adicionais

••14.57 Sugira procedimentos experimentais que permitam medir as velocidades das seguintes reações:

(a) $CaCO_3(s) \longrightarrow CaO(s) + CO_2(g)$
(b) $Cl_2(g) + 2Br^-(aq) \longrightarrow Br_2(aq) + 2Cl^-(aq)$
(c) $C_2H_6(g) \longrightarrow C_2H_4(g) + H_2(g)$

•14.58 Indique quatro fatores que influenciam a velocidade de uma reação.

•14.59 "A constante de velocidade para a reação

$$NO_2(g) + CO(g) \longrightarrow NO(g) + CO_2(g)$$

é $1,64 \times 10^{-6}/M \cdot s$." O que torna incompleta essa afirmação?

••14.60 O volume de um catalisador (de forma esférica) utilizado em determinado processo industrial de catálise heterogênea é 10,0 cm³. Calcule a área da superfície do catalisador. Se essa esfera for dividida em oito esferas iguais, cada uma com um volume de 1,25 cm³, qual a área da superfície total das esferas? Em qual das duas configurações geométricas o catalisador é mais eficiente? Explique (A área da superfície de uma esfera é $4\pi r^2$, em que r é o raio da esfera.)

•••14.61 O fosfato de metila reage com a água quando aquecido em solução ácida:

$$CH_3OPO_3H_2 + H_2O \longrightarrow CH_3OH + H_3PO_4$$

Se a reação for efetuada em água enriquecida com ^{18}O, no final da reação o isótopo do oxigênio-18 é encontrado no ácido fosfórico, mas não no metanol. O que essa observação nos indica em relação à quebra de ligações ao longo da reação?

••14.62 A velocidade da reação

$$CH_3COOC_2H_5(aq) + H_2O(l)$$
$$\longrightarrow CH_3COOH(aq) + C_2H_5OH(aq)$$

apresenta características de primeira ordem — isto é, velocidade = k [$CH_3COOC_2H_5$] — apesar de se tratar de uma reação de segunda ordem (de primeira ordem em relação a $CH_3COOC_2H_5$ e de primeira ordem em relação a H_2O). Explique.

••14.63 Explique a razão pela qual a maior parte dos metais utilizados em catálise são metais de transição.

••14.64 A bromação da acetona é catalisada por ácido:

$$CH_3COCH_3 + Br_2 \xrightarrow[\text{catalisador}]{H^+} CH_3COCH_2Br + H^+ + Br^-$$

Mediu-se a velocidade de consumo de bromo para diferentes concentrações de acetona, bromo e íons H^+ a determinada temperatura:

Industrial: 14.60, 14.74, 14.93, 14.105.

	[CH₃COCH₃]	[Br₂]	[H⁺]	Velocidade de Consumo de Br₂ (M/s)
(a)	0,30	0,050	0,050	$5{,}7 \times 10^{-5}$
(b)	0,30	0,10	0,050	$5{,}7 \times 10^{-5}$
(c)	0,30	0,050	0,10	$1{,}2 \times 10^{-4}$
(d)	0,40	0,050	0,20	$3{,}1 \times 10^{-4}$
(e)	0,40	0,050	0,050	$7{,}6 \times 10^{-5}$

(a) Qual é a lei de velocidade da reação? (b) Calcule a constante de velocidade.

•14.65 A reação 2A + 3B ⟶ C é de primeira ordem em relação a A e em relação a B. A velocidade é $4{,}1 \times 10^{-4}$ M/s, quando as concentrações iniciais são [A] = $1{,}6 \times 10^{-2}$ M, e [B] = $2{,}4 \times 10^{-3}$ M. Calcule a constante de velocidade da reação.

•••14.66 A decomposição do N_2O em N_2 e O_2 é uma reação de primeira ordem. A meia-vida é de $3{,}58 \times 10^3$ min a 730ºC. Calcule a pressão total do gás, após o tempo correspondente à meia-vida, se a pressão inicial de N_2O for 2,10 atm a 730ºC. Admita que o volume total permanece constante.

•••14.67 A reação $S_2O_8^{2-} + 2I^- \longrightarrow 2SO_4^{2-} + I_2$ é lenta em solução aquosa. Pode, no entanto, ser catalisada pelo íon Fe^{3+}. Escreva um mecanismo em duas etapas plausíveis para essa reação, sabendo que o Fe^{3+} pode oxidar o I^- e que o Fe^{2+} pode reduzir o $S_2O_8^{2-}$. Explique a razão pela qual a reação não catalisada é lenta.

•14.68 Quais são as unidades da constante de velocidade para uma reação de terceira ordem.

••14.69 Considere a reação de ordem zero A ⟶ B. Faça um esboço das seguintes representações gráficas: (a) velocidade em função de [A] e (b) [A] em função de t.

•••14.70 Um recipiente contém uma mistura dos compostos A e B, que se decompõem ambos segundo uma cinética de primeira ordem. As meias-vidas são de 50,0 min para A e de 18,0 min para B. Se as concentrações de A e de B forem iguais no início, que tempo será necessário para que a concentração de A seja quatro vezes o valor da concentração de B?

••14.71 Considere a decomposição do N_2O_5 no Problema 14.33 e explique como você poderia medir a pressão parcial de N_2O_5 em função do tempo.

••14.72 A lei de velocidade da reação $2NO_2(g) \longrightarrow N_2O_4(g)$ é, velocidade = $k[NO_2]^2$. Qual das seguintes alterações afetará o valor de k? (a) Duplicar da pressão de NO_2. (b) Efetuar a reação em um solvente orgânico. (c) Duplicar o volume do frasco de reação. (d) Diminuir a temperatura. (e) Adicionar um catalisador.

••14.73 A reação de G_2 com E_2 para formar 2EG é exotérmica enquanto a reação de G_2 com X_2 para formar 2XG é endotérmica. Sabendo que a energia de ativação da reação exotérmica é maior que a da reação endotérmica, faça os esboços dos perfis de energia potencial para essas duas reações em uma mesma figura.

•14.74 Os trabalhadores da indústria nuclear estabelecem, como regra prática, que a radioatividade proveniente de uma amostra não causará danos sensíveis após dez meias-vidas. Calcule a fração de uma amostra radioativa que permanece intacta após esse período. (*Sugestão*: Os decaimentos radioativos obedecem a uma cinética de primeira ordem.)

•14.75 Comente sucintamente o efeito de um catalisador em: (a) energia de ativação, (b) mecanismo da reação, (c) entalpia da reação, (d) velocidade da reação direta, (e) velocidade da reação inversa.

••14.76 Foram adicionados 6 g de Zn em grânulos a um béquer com uma solução 2 M de HCl à temperatura ambiente. Observa-se a liberação de hidrogênio gasoso. Diga se a velocidade de liberação do hidrogênio gasoso aumenta, diminui ou não é afetada como resultado de cada uma das seguintes alterações (mantendo sempre constante o volume de ácido): (a) utilização de 6 g de Zn em pó; (b) utilização de 4 g de Zn em grânulos; (c) utilização de solução 2 M de ácido acético em vez de 2 M de HCl; (d) aumento da temperatura para 40ºC.

••14.77 Esses dados foram coletados para a reação entre hidrogênio e óxido nítrico a 700ºC:

$$2H_2(g) + 2NO(g) \longrightarrow 2H_2O(g) + N_2(g)$$

Experimento	[H₂]	[NO]	Velocidade Inicial (M/s)
1	0,010	0,025	$2{,}4 \times 10^{-6}$
2	0,0050	0,025	$1{,}2 \times 10^{-6}$
3	0,010	0,0125	$0{,}60 \times 10^{-6}$

(a) Determine a ordem da reação. (b) Calcule a constante de velocidade. (c) Sugira um mecanismo plausível que seja consistente com a lei de velocidade. (*Sugestão*: Considere que o oxigênio atômico seja o intermediário da reação.)

•14.78 Determinada reação de primeira ordem fica 35,5% completa em 4,90 min a 25ºC. Qual é a sua constante de velocidade?

••14.79 Estudou-se a reação de decomposição do pentóxido de dinitrogênio no solvente tetracloreto de carbono (CCl_4) a determinada temperatura:

$$2N_2O_5 \longrightarrow 4NO_2 + O_2$$

[N₂O₅] (M)	Velocidade Inicial (M/s)
0,92	$0{,}95 \times 10^{-5}$
1,23	$1{,}20 \times 10^{-5}$
1,79	$1{,}93 \times 10^{-5}$
2,00	$2{,}10 \times 10^{-5}$
2,21	$2{,}26 \times 10^{-5}$

Determine graficamente a lei de velocidade para a reação e calcule a constante de velocidade da reação.

•14.80 A decomposição térmica do N_2O_5 obedece a uma cinética de primeira ordem. A 45ºC, a representação gráfica de ln [N_2O_5] em função de t é uma reta com uma inclinação de $-6{,}18 \times 10^{-4}$ min^{-1}. Calcule a meia-vida da reação.

•••14.81 Quando uma mistura de metano e bromo é exposta à luz, a reação é lenta e ocorre de acordo com:

$$CH_4(g) + Br_2(g) \longrightarrow CH_3Br(g) + HBr(g)$$

Sugira um mecanismo plausível para essa reação. (*Sugestão:* O vapor de bromo é vermelho-acastanhado; o metano é incolor.)

•14.82 Considere a seguinte etapa elementar:

$$X + 2Y \longrightarrow XY_2$$

(a) Qual é a lei de velocidade para essa reação? (b) Se a velocidade inicial de formação de XY_2 é $3,8 \times 10^{-3}$ M/s e as concentrações iniciais de X e Y são $0,26$ M e $0,88$ M, respectivamente, qual a constante de velocidade da reação?

•14.83 Considere a reação

$$C_2H_5I(aq) + H_2O(l) \longrightarrow C_2H_5OH(aq) + H^+(aq) + I^-(aq)$$

Como você poderia monitorar a reação medindo a condutância elétrica da solução?

•••14.84 Considere um composto X que sofra as seguintes reações *simultâneas* de primeira ordem: $X \longrightarrow Y$ com uma constante de velocidade k_1 e $X \longrightarrow Z$ com uma constante de velocidade k_2. Sabendo que a 40°C, a razão k_1/k_2 é igual a 8,0, calcule essa razão para a temperatura de 300°C. Admita que os fatores de freqüência das duas reações sejam iguais.

•••14.85 Nos últimos anos tem sido observada uma diminuição significativa do ozônio na estratosfera causada pelos clorofluorcarbonetos (CFCs). Uma molécula de um CFC, por exemplo, $CFCl_3$, é decomposta pela radiação UV de acordo com:

$$CFCl_3 \longrightarrow CFCl_2 + Cl$$

Os átomos de cloro reativos que assim se formam reagem com o ozônio do seguinte modo:

$$Cl + O_3 \longrightarrow ClO + O_2$$
$$ClO + O \longrightarrow Cl + O_2$$

Indique a reação global para as duas últimas etapas. (b) Qual é o papel do Cl e do ClO na reação? (c) A espécie F não tem importância nesse mecanismo. Por quê? (d) Uma sugestão para reduzir a concentração de átomos de cloro é introduzir na estratosfera hidrocarbonetos como (C_2H_6). Explique como funcionaria esse sistema.

••14.86 Considere um automóvel equipado com um conversor catalítico. Os primeiros dez minutos ou logo após o arranque são os mais poluidores. Por quê?

•14.87 A reação $2A + 3B \longrightarrow C$ é de primeira ordem em relação a A e a B. Quando as concentrações iniciais são $[A] = 1,6 \times 10^{-2}$ M e $[B] = 2,4 \times 10^{-3}$ M, a velocidade é $4,1 \times 10^{-4}$ M/s. Calcule a constante de velocidade da reação.

••14.88 O seguinte mecanismo foi proposto para a reação, descrita no Problema 14.64:

$$CH_3-\overset{O}{\underset{\|}{C}}-CH_3 + H_3O^+ \rightleftharpoons CH_3-\overset{^+OH}{\underset{\|}{C}}-CH_3 + H_2O$$
(equilíbrio rápido)

$$CH_3-\overset{^+OH}{\underset{\|}{C}}-CH_3 + H_2O \longrightarrow CH_3-\overset{OH}{\underset{|}{C}}=CH_2 + H_3O^+ \quad (\text{lento})$$

$$CH_3-\overset{OH}{\underset{|}{C}}=CH_2 + Br_2 \longrightarrow CH_3-\overset{O}{\underset{\|}{C}}-CH_2Br + HBr \quad (\text{rápido})$$

Mostre que a lei de velocidade deduzida por meio do mecanismo é coerente com aquela mostrada no item (a) do Problema 14.64.

•••14.89 A lei de velocidade integrada para a reação de ordem zero $A \longrightarrow B$ é $[A]_t = [A]_0 - kt$. (a) Faça os seguintes gráficos: (i) velocidade em função de $[A]_t$ e (ii) $[A]_t$ em função de t. (b) Derive uma expressão para a meia-vida da reação. (c) Calcule o tempo em meias-vidas quando a lei de velocidade não é mais válida, isto é, quando $[A]_t = 0$.

•••14.90 Falando rigorosamente, a lei de velocidade da reação derivada no Problema 14.77 só é aplicável para certas concentrações de H_2. A expressão geral da lei de velocidade para essa reação toma a forma

$$\text{velocidade} = \frac{k_1[NO]^2[H_2]}{1 + k_2[H_2]}$$

em que k_1 e k_2 são constantes. Deduza as expressões da lei de velocidade para concentrações de hidrogênio muito elevadas e muito baixas. Alguma das expressões encontradas é análoga à apresentada no Problema 14.77?

••14.91 (a) Se para uma dada reação, a constante de velocidade varia significativamente com pequenas alterações da temperatura, o que se pode concluir acerca da energia de ativação dessa reação? (b) Considere uma reação bimolecular que ocorre sempre que uma molécula A colide com uma molécula B. O que se pode concluir sobre o fator de orientação e a energia de ativação dessa reação?

•14.92 A lei de velocidade para a reação

$$CO(g) + NO_2(g) \longrightarrow CO_2(g) + NO(g)$$

é velocidade = $k[NO_2]^2$. Sugira um mecanismo plausível para a reação, sabendo que a espécie instável NO_3 é um intermediário.

••14.93 O plutônio-239 radioativo ($t_{\frac{1}{2}} = 2,44 \times 10^5$ ano) é usado em reatores nucleares e bombas atômicas. Se em uma bomba atômica pequena existirem $5,0 \times 10^2$ g desse isótopo, qual será o tempo necessário para que a substância decaia para $1,0 \times 10^2$ g, quantidade suficientemente pequena para tornar a bomba inofensiva? (*Sugestão*: O decaimento radioativo segue uma cinética de primeira ordem.)

••14.94 Muitas reações envolvendo catálise heterogênea são de ordem zero, isto é, a velocidade = k. Um exemplo desse tipo de reação é a decomposição da fosfina (PH_3) em presença do tungstênio (W):

$$4PH_3(g) \longrightarrow P_4(g) + 6H_2(g)$$

Observou-se experimentalmente que quando a pressão da fosfina é suficientemente elevada (≥ 1 atm), a reação é independente de $[PH_3]$. Explique.

14.95 O tálio(I) é oxidado pelo cério(IV) do seguinte modo:

$$Tl^+ + 2Ce^{4+} \longrightarrow Tl^{3+} + 2Ce^{3+}$$

As etapas elementares, na presença do Mn(II), são as seguintes:

$$Ce^{4+} + Mn^{2+} \longrightarrow Ce^{3+} + Mn^{3+}$$
$$Ce^{4+} + Mn^{3+} \longrightarrow Ce^{3+} + Mn^{4+}$$
$$Tl^+ + Mn^{4+} \longrightarrow Tl^{3+} + Mn^{2+}$$

(a) Identifique o catalisador, os intermediários e a etapa determinante da velocidade, sabendo que a lei de velocidade é dada por velocidade = $k[Ce^{4+}][Mn^{2+}]$. (b) Explique a razão pela qual a reação é lenta na ausência do catalisador. (c) Classifique o tipo de catálise (homogênea ou heterogênea).

14.96 Considere as seguintes etapas elementares para a reação consecutiva:

$$A \xrightarrow{k_1} B \xrightarrow{k_2} C$$

(a) Escreva uma expressão para a velocidade de transformação de B. (b) Deduza uma expressão para a concentração de B em condições de estado estacionário; isto é, quando a decomposição de B em C e a formação de B a partir de A possuem a mesma velocidade.

14.97 Para reações em fase gasosa, podemos substituir, na Equação (14.3), os valores de concentração pelos valores de pressão dos gases reagentes. (a) Deduza a equação

$$\ln \frac{P_t}{P_0} = -kt$$

onde P_t e P_0 são as pressões em $t = t$ e $t = 0$, respectivamente. (b) Considere a decomposição do azometano

$$CH_3-N{\equiv}N-CH_3(g) \longrightarrow N_2(g) + C_2H_6(g)$$

Os valores experimentais obtidos a 300°C são apresentados na tabela seguinte:

Tempo (s)	Pressão Parcial do Azometano (mmHg)
0	284
100	220
150	193
200	170
250	150
300	132

Esses valores são compatíveis com uma cinética de primeira ordem? Em caso afirmativo, determine a constante de velocidade da reação por meio de um gráfico como aquele mostrado na Figura 14.7(b). (c) Determine a constante de velocidade pelo método da meia-vida.

14.98 A hidrólise do acetato de metila

$$CH_3-\overset{O}{\underset{\|}{C}}-O-CH_3 + H_2O \longrightarrow CH_3-\overset{O}{\underset{\|}{C}}-OH + CH_3OH$$

acetato de metila → ácido acético + metanol

envolve a quebra de uma ligação C—O. As duas possibilidades são

(a) $CH_3-\overset{O}{\underset{\|}{C}}{+}O-CH_3$ (b) $CH_3-\overset{O}{\underset{\|}{C}}-O{+}CH_3$

Sugira um experimento que permitiria distinguir entre essas duas possibilidades.

14.99 A seguinte reação foi estudada em fase gasosa a 290°C, através do registro da variação da pressão em função do tempo, em um recipiente de volume constante.

$$ClCO_2CCl_3(g) \longrightarrow 2COCl_2(g)$$

Determine a ordem da reação e a constante de velocidade com base na seguinte tabela:

Tempo (s)	P (mmHg)
0	15,76
181	18,88
513	22,79
1164	27,08

em que P é a pressão total.

14.100 Considere os perfis de energia potencial para as três reações seguintes (da esquerda para a direita). (1) Ordene as velocidades das reações (da mais lenta para a mais rápida). (2) Calcule ΔH para cada uma das reações e determine qual ou quais são reações exotérmicas e qual ou quais são reações endotérmicas. Admita que as reações têm todas fatores de freqüência muito semelhantes.

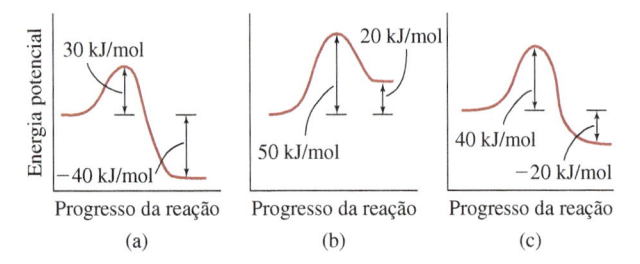

14.101 Considere o perfil de energia potencial para a reação A $\longrightarrow$ D. (a) Quantas etapas elementares estão envolvidas? (b) Quantos intermediários surgem no decorrer da reação? (c) Qual é a etapa determinante da velocidade da reação? (d) Será a reação global endotérmica ou exotérmica?

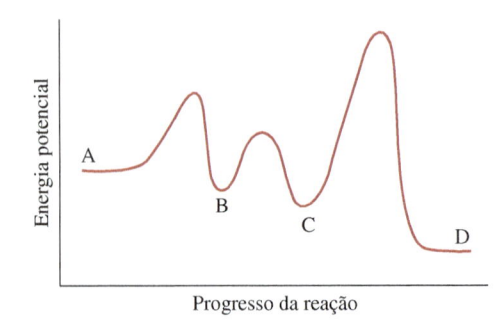

••14.102 Ocorreu um incêndio em uma fábrica especializada no refinamento de metais de transição como o titânio. Os bombeiros foram aconselhados a não usar água no combate ao fogo. Por quê?

••14.103 A energia de ativação para a decomposição do peróxido de hidrogênio

$$2H_2O_2(aq) \longrightarrow 2H_2O(l) + O_2(g)$$

é 42 kJ/mol. Quando a reação é catalisada pela enzima catalase, o valor da energia de ativação é 7,0 kJ/mol. Calcule a temperatura na qual a reação não catalisada ocorreria com a mesma velocidade que a decomposição catalisada a 20°C. Admita que os fatores de freqüência A sejam idênticos em ambos os casos.

•••14.104 A reação metabólica do oxigênio com a hemoglobina (Hb) para formar oxihemoglobina (HbO_2), dá-se de acordo com a equação simplificada

$$Hb(aq) + O_2(aq) \xrightarrow{k} HbO_2(aq)$$

para a qual a constante de velocidade de segunda ordem tem o valor de $2,1 \times 10^6 \, M \cdot s$ a 37°C. Para um adulto, a concentração de Hb e O_2 no sangue nos pulmões é de $8,0 \times 10^{-6} \, M$ e $1,5 \times 10^{-6} \, M$, respectivamente. (a) Calcule a velocidade de formação de HbO_2. (b) Calcule a velocidade do consumo de O_2. (c) Para satisfazer a necessidade do aumento da velocidade metabólica, quando se faz exercício físico, a velocidade da formação de HbO_2 aumenta para $1,4 \times 10^{-4} \, M/s$. Qual deverá ser a concentração do oxigênio para manter essa velocidade de formação de HbO_2, admitindo que a concentração de Hb se mantenha constante?

• Problemas Especiais

14.105 O polietileno tem muitas aplicações em objetos da nossa vida diária, desde tubos, garrafas, isolamentos elétricos, brinquedos e envelopes de correspondência. O polietileno é um *polímero*, ou seja, uma molécula de massa molar muito elevada, obtido pela junção de muitas moléculas de etileno (o etileno é a unidade-base ou monômero) (veja a página 355). A etapa de iniciação da polimerização é

$$R_2 \xrightarrow{k_i} 2R\cdot \quad \text{iniciação}$$

A espécie R · (chamada radical) reage com uma molécula de etileno (M) e gera um novo radical

$$R\cdot + M \longrightarrow M_1\cdot$$

A reação de $M_1\cdot$ com outro monômero leva ao crescimento ou à propagação da cadeia do polímero:

$$M_1\cdot + M \xrightarrow{k_p} M_2\cdot \quad \text{propagação}$$

Essa etapa pode repetir-se com centenas de unidades de monômero. A propagação termina quando dois radicais se combinam.

$$M'\cdot + M''\cdot \xrightarrow{k_t} M'-M'' \quad \text{finalização}$$

O iniciador que, em geral, se utiliza no processo de polimerização é o peróxido de benzoíla [$(C_6H_5COO)_2$]:

$$(C_6H_5COO)_2 \longrightarrow 2C_6H_5COO\cdot$$

Trata-se de uma reação de primeira ordem. A meia-vida do peróxido de benzoíla a 100°C é 19,8 min. (a) Calcule a constante de velocidade da reação (em min^{-1}). (b) Qual é a energia de ativação (em kJ/mol) para a decomposição do peróxido de benzoíla se a meia-vida desse composto é 7,30 h, ou seja, 438 min, a 70°C. (c) Escreva as leis de velocidade para as etapas elementares do processo de polimerização e identifique os reagentes, os produtos e os intermediários. (d) Que condições tendem a favorecer o crescimento de moléculas longas de polietileno com massa molar elevada?

14.106 O etanol é uma substância tóxica que, quando consumida em excesso, pode diminuir as funções respiratória e cardíaca, pela interferência com os neurotransmissores do sistema nervoso. No corpo humano, o etanol é metabolizado pela enzima álcool desidrogenase a acetaldeído, que causa a "ressaca". (a) Com base nos conhecimentos já adquiridos de cinética enzimática, explique por que a embriaguez (ou seja, o consumo de muito álcool em pouco tempo) pode ser fatal. (b) O metanol é ainda mais tóxico que o etanol. É também metabolizado pela enzima álcool desidrogenase, com a formação de formaldeído, que pode causar a cegueira ou a morte. O etanol é um antídoto para o envenenamento causado pelo metanol. Explique o funcionamento do etanol nessa situação.

• Respostas dos Exercícios

14.1 velocidade $= -\dfrac{\Delta[CH_4]}{\Delta t} = -\dfrac{1}{2}\dfrac{\Delta[O_2]}{\Delta t} = \dfrac{\Delta[CO_2]}{\Delta t} = \dfrac{1}{2}\dfrac{\Delta[H_2O]}{\Delta t}$.

14.2 (a) 0,013 M/s, (b) $-0,052$ M/s.

14.3 velocidade $= k[S_2O_8^{2-}][I^-]$; $k = 8,1 \times 10^{-2}/M \cdot s$.

14.4 66 s.   **14.5** $1,2 \times 10^3$ s.

14.6 (a) 3,2 min, (b) 2,1 min.   **14.7** 240 kJ/mol.

14.8 $3,13 \times 10^{-9} \, s^{-1}$.   **14.9** (a) $NO_2 + CO \longrightarrow NO + CO_2$, (b) NO_3, (c) a primeira etapa é a determinante da velocidade.

15 Equilíbrio Químico

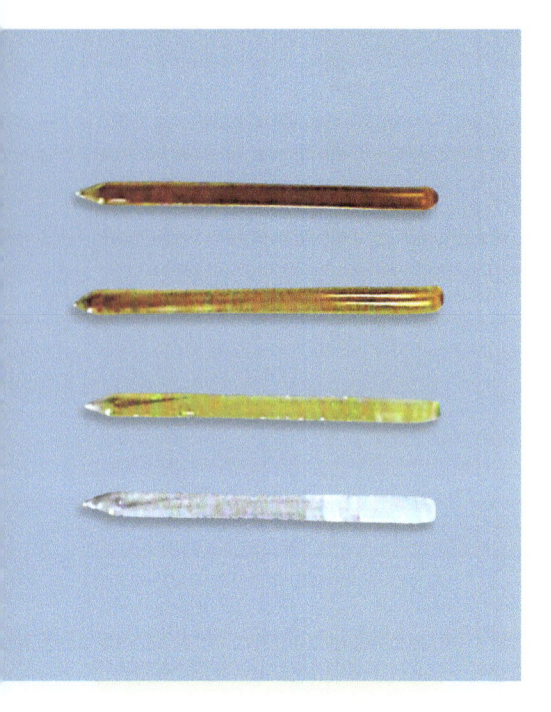

15.1 Conceito de Equilíbrio 479
Constante de Equilíbrio

15.2 Expressões para a Constante de Equilíbrio 482
Equilíbrios Homogêneos • Equilíbrios Heterogêneos • Forma de K e Equação de Equilíbrio • Resumo das Regras para Escrever as Expressões da Constante de Equilíbrio

15.3 Que Informação a Constante de Equilíbrio Fornece? 489
Previsão do sentido de uma Reação • Cálculo das Concentrações de Equilíbrio

15.4 Fatores Que Afetam o Equilíbrio Químico 494
Princípio de Le Châtelier • Variações na Concentração • Variações no Volume e na Pressão • Variações na Temperatura • Efeito de um Catalisador • Resumo dos Fatores Que Podem Afetar a Posição do Equilíbrio

O equilíbrio entre os gases N_2O_4 (incolor) e NO_2 (marrom) favorece a formação do último quando a temperatura é aumentada (de baixo para cima).

Conceitos Essenciais

Equilíbrio Químico   O equilíbrio químico descreve o estado no qual as velocidades das reações direta e inversa são iguais e as concentrações dos reagentes e dos produtos se mantêm inalterados ao longo do tempo. Esse estado de equilíbrio dinâmico é caracterizado por uma constante de equilíbrio. Dependendo da natureza das espécies reagentes, a constante de equilíbrio pode ser expressa em termos de molaridade (para soluções) ou pressão parcial (para gases). A constante de equilíbrio fornece informações sobre o sentido de uma reação reversível e as concentrações das misturas em equilíbrio.

Fatores Que Afetam o Equilíbrio Químico   Modificações na concentração podem afetar a posição de um estado de equilíbrio, isto é, as quantidades relativas de reagentes e produtos. Alterações na pressão e no volume podem ter o mesmo efeito para sistemas gasosos em equilíbrio. Somente uma mudança na temperatura pode alterar o valor da constante de equilíbrio. Um catalisador pode auxiliar para que o estado de equilíbrio seja alcançado mais rapidamente, acelerando as reações direta e inversa, mas o catalisador não altera a posição de equilíbrio e nem o valor da constante de equilíbrio.

15.1 Conceito de Equilíbrio

São poucas as reações químicas que ocorrem em um único sentido. A maior parte das reações é reversível, em maior ou menor extensão. No início de um processo reversível, a reação se dá no sentido da formação dos produtos. Logo que se formam algumas moléculas de produto, começa o processo inverso, isto é, começam a se formar moléculas de reagente a partir de moléculas de produto. *Quando as velocidades das reações direta e inversa forem iguais e as concentrações dos reagentes e dos produtos não variarem com o tempo*, atinge-se o **equilíbrio químico**.

O equilíbrio químico é um processo dinâmico. Como tal, assemelha-se ao movimento de esquiadores em uma concorrida estação de esqui, onde o número de esquiadores que sobe a montanha no elevador é igual ao número de esquiadores que desce a encosta. Assim, apesar de haver uma transferência constante de esquiadores, o número de pessoas no alto e na base da encosta não varia.

Observe que um equilíbrio químico envolve diferentes substâncias como reagentes e produtos. O equilíbrio entre duas fases da mesma substância é chamado de **equilíbrio físico** porque *as transformações que ocorrem são processos físicos*. A vaporização de água em um recipiente fechado em uma determinada temperatura é um exemplo de equilíbrio físico. Nesse caso, o número de moléculas de água que deixa a fase líquida é igual ao número de moléculas que volta para a fase líquida:

$$H_2O(l) \rightleftharpoons H_2O(g)$$

(Recorde-se do Capítulo 4 que a seta dupla significa que a reação é reversível.) O estudo do equilíbrio físico fornece informação útil, como a pressão de vapor no equilíbrio (veja a Seção 12.6). No entanto, os químicos estão particularmente interessados nos processos que envolvem equilíbrio químico, como é o caso da reação reversível que envolve o dióxido de nitrogênio (NO_2) e o tetróxido de dinitrogênio (N_2O_4). O progresso da reação:

$$N_2O_4(g) \rightleftharpoons 2NO_2(g)$$

pode ser facilmente monitorado porque N_2O_4 é um gás incolor enquanto NO_2 é marrom-escuro, o que, às vezes, o torna visível no ar poluído. Suponhamos que uma quantidade conhecida de N_2O_4 seja injetada em um frasco em que previamente foi feito vácuo. Aparece imediatamente uma coloração castanha indicando a formação de moléculas de NO_2. A cor intensifica-se à medida que continua a dissociação de N_2O_4 até que o equilíbrio seja atingido. Depois disso, não se observa qualquer mudança na cor. Um outro modo para se atingir o estado de equilíbrio é partir de NO_2 puro ou de uma mistura de NO_2 e N_2O_4. Em cada caso, observamos inicialmente uma mudança na coloração em decorrência da formação de NO_2 (caso a cor se intensifique) ou do consumo de NO_2 (caso a cor se desvaneça), e, então, o estado final no qual a cor do NO_2 não sofre mais qualquer alteração. Dependendo da temperatura do sistema reacional e das quantidades iniciais de NO_2 e de N_2O_4, as concentrações de NO_2 e N_2O_4 no equilíbrio diferem de um sistema para outro (Figura 15.1).

Constante de Equilíbrio

A Tabela 15.1 exibe alguns resultados experimentais para essa reação a 25°C. As concentrações de gás estão expressas em molaridade e podem ser calculadas por meio do número de mols dos gases presentes no início da reação e no equilíbrio e do volume do recipiente, em litros. Uma análise dos resultados, no equilíbrio, mostra que apesar da razão $[NO_2]/[N_2O_4]$ dar origem a valores dispersos, a razão $[NO_2]^2/[N_2O_4]$ proporciona um valor quase constante de $4,63 \times 10^{-3}$ na média. Esse valor é denominado

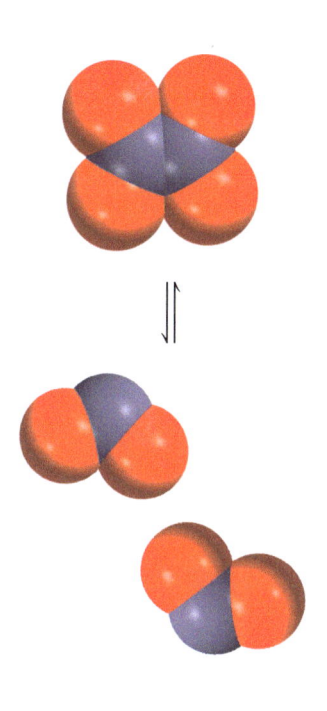

Gases NO_2 e N_2O_4 em equilíbrio.

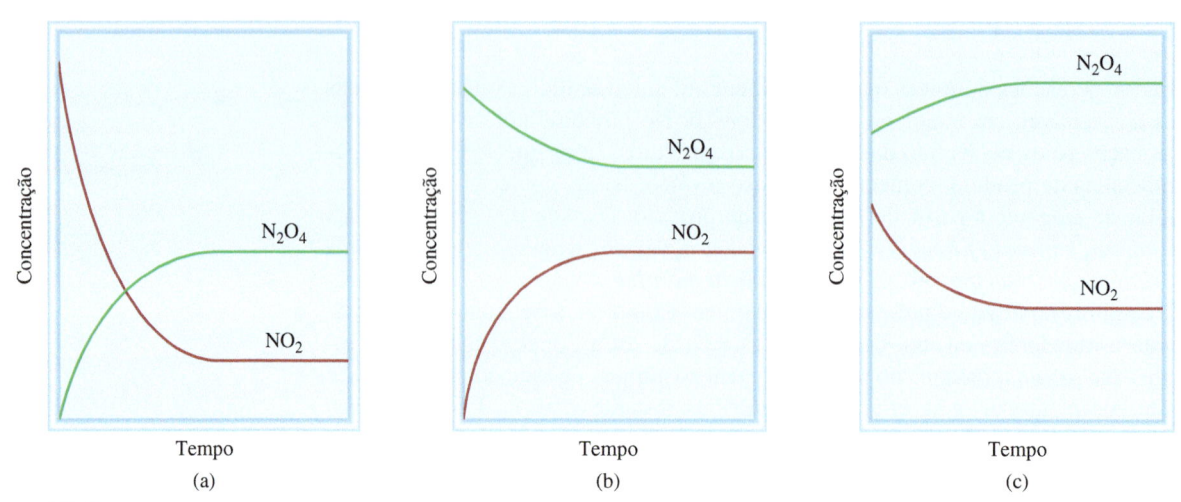

Figura 15.1
Variações das concentrações de NO_2 e de N_2O_4 com o tempo, em três situações. (a) Inicialmente, apenas NO_2 está presente. (b) Inicialmente, apenas N_2O_4 está presente. (c) Inicialmente, há uma mistura de NO_2 e de N_2O_4. Note que, embora o equilíbrio seja atingido em todos os casos, as concentrações no equilíbrio de NO_2 e de N_2O_4 não são as mesmas.

constante de equilíbrio, K, para a reação a 25°C. A expressão matemática para a constante de equilíbrio do sistema $NO_2-N_2O_4$ é

$$K = \frac{[NO_2]^2}{[N_2O_4]} = 4,63 \times 10^{-3} \tag{15.1}$$

Note que o expoente 2 para $[NO_2]$ nessa equação é igual ao coeficiente estequiométrico de NO_2 na reação reversível.

Podemos generalizar essa discussão, considerando a seguinte reação reversível:

$$a\text{A} + b\text{B} \rightleftharpoons c\text{C} + d\text{D}$$

TABELA 15.1 Sistema $NO_2-N_2O_4$ a 25°C

Concentrações Iniciais (M)		Concentrações no Equilíbrio (M)		Razão das Concentrações no Equilíbrio	
$[NO_2]$	$[N_2O_4]$	$[NO_2]$	$[N_2O_4]$	$\dfrac{[NO_2]}{[N_2O_4]}$	$\dfrac{[NO_2]^2}{[N_2O_4]}$
0,000	0,670	0,0547	0,643	0,0851	$4,65 \times 10^{-3}$
0,0500	0,446	0,0457	0,448	0,102	$4,66 \times 10^{-3}$
0,0300	0,500	0,0475	0,491	0,0967	$4,60 \times 10^{-3}$
0,0400	0,600	0,0523	0,594	0,0880	$4,60 \times 10^{-3}$
0,200	0,000	0,0204	0,0898	0,227	$4,63 \times 10^{-3}$

na qual a, b, c e d são os coeficientes estequiométricos das espécies A, B, C e D. A constante de equilíbrio da reação, em determinada temperatura, é

$$K = \frac{[C]^c[D]^d}{[A]^a[B]^b} \qquad (15.2)$$

A Equação (15.2) é a expressão matemática da *lei da ação das massas*. Essa expressão relaciona *as concentrações dos reagentes e as dos produtos em equilíbrio*, em termos de uma quantidade chamada **constante de equilíbrio**. A constante de equilíbrio é definida por um quociente. O numerador é obtido multiplicando-se as concentrações dos *produtos* no equilíbrio, cada uma elevada a um expoente igual ao respectivo coeficiente estequiométrico da equação balanceada. Para obter o denominador, usa-se o mesmo procedimento para as concentrações dos *reagentes* no equilíbrio. Essa fórmula matemática está baseada em evidências puramente empíricas obtidas em estudos de reações como a do NO_2–N_2O_4.

A constante de equilíbrio tem sua origem na termodinâmica, que será discutida no Capítulo 18. Contudo, considerando a cinética das reações químicas, podemos conhecer mais a respeito da constante K. Vamos supor que a seguinte reação ocorra por meio de um mecanismo de uma única *etapa elementar* nas duas direções:

$$A + 2B \underset{k_2}{\overset{k_1}{\rightleftharpoons}} AB_2$$

A velocidade da reação direta é

$$\text{velocidade}_1 = k_1[A][B]^2$$

e a velocidade da reação inversa é

$$\text{velocidade}_2 = k_2[AB_2]$$

na qual k_1 e k_2 são as constantes de velocidade das reações nos sentidos direto e inverso, respectivamente. No equilíbrio, quando não ocorre mais alterações, as duas constantes devem ser iguais:

$$\text{velocidade}_1 = \text{velocidade}_2$$

ou

$$k_1[A][B]^2 = k_2[AB_2]$$
$$\frac{k_1}{k_2} = \frac{[AB_2]}{[A][B]^2}$$

Lembrando que k_1 e k_2 são constantes a uma determinada temperatura, a razão entre elas também é uma constante, que é igual à constante de equilíbrio K_c.

$$\frac{k_1}{k_2} = K_c = \frac{[AB_2]}{[A][B]^2}$$

Logo, a constante K_c é uma constante independentemente das concentrações das espécies reagentes no equilíbrio porque é sempre igual a k_1/k_2, o quociente de duas quantidades que são constantes a determinada temperatura. Uma vez que as constantes de velocidade são dependentes da temperatura [veja a Equação (14.9)], a constante de equilíbrio também deve mudar com a temperatura.

Finalizando, observamos que, se a constante de equilíbrio é muito maior que 1 (isto é, $K \gg 1$), o equilíbrio estará deslocado para a direita da seta indicada pela reação, favorecendo a formação dos produtos. Inversamente, se a constante de equilíbrio for muito menor que 1 (isto é, $K \ll 1$), o equilíbrio estará deslocado para a esquerda, favorecendo a formação dos reagentes.

15.2 Expressões para a Constante de Equilíbrio

Ao usarmos as constantes de equilíbrio, devemos expressá-las em função das concentrações dos reagentes e dos produtos. Servimo-nos da lei da ação das massas [Equação (15.2)]. Porém, dado que as concentrações dos reagentes e dos produtos podem ser expressas em diferentes unidades e como as espécies reagentes não se encontram sempre na mesma fase, pode haver mais que um modo de expressar a constante de equilíbrio para a *mesma* reação. Para começar, iremos considerar as reações em que os reagentes e os produtos estão na mesma fase.

Equilíbrios Homogêneos

O termo **equilíbrio homogêneo** aplica-se a reações em que *todas as espécies envolvidas se encontram na mesma fase*. Um exemplo de equilíbrio homogêneo, em fase gasosa, é a dissociação de N_2O_4. A constante de equilíbrio, apresentada na Equação (15.1), é

$$K_c = \frac{[NO_2]^2}{[N_2O_4]}$$

Note que o índice em K_c significa que, nessa reação, as concentrações das espécies são expressas em mols por litro. As concentrações dos reagentes e dos produtos também podem ser expressas em função das suas pressões parciais. Por meio da Equação (5.8), verifica-se que, à temperatura constante, a pressão P de um gás está diretamente relacionada com a concentração desse gás em mol/L, isto é, $P = (n/V)RT$. Assim, para o sistema em equilíbrio

$$N_2O_4(g) \rightleftharpoons 2NO_2(g)$$

podemos escrever

$$K_P = \frac{P_{NO_2}^2}{P_{N_2O_4}} \quad (15.3)$$

em que P_{NO_2} e $P_{N_2O_4}$ são, respectivamente, as pressões parciais (em atm) de NO_2 e N_2O_4, no equilíbrio. O índice em K_P significa que as concentrações de equilíbrio estão expressas em termos da pressão.

Em geral, K_c não é igual a K_P, pois as pressões parciais dos reagentes e dos produtos não são iguais às suas concentrações expressas em mols por litro. Podemos, no entanto, deduzir uma relação simples entre K_P e K_c. Consideremos o equilíbrio seguinte, na fase gasosa:

$$aA(g) \rightleftharpoons bB(g)$$

em que a e b são os coeficientes estequiométricos. A constante de equilíbrio K_c é dada por

$$K_c = \frac{[B]^b}{[A]^a}$$

e a expressão para K_P é

$$K_P = \frac{P_B^b}{P_A^a}$$

na qual P_A e P_B são as pressões parciais de A e de B. Considerando um comportamento de gás ideal,

$$P_A V = n_A RT$$
$$P_A = \frac{n_A RT}{V}$$

em que V é o volume do recipiente em litros. Entretanto,

$$P_B V = n_B RT$$
$$P_B = \frac{n_B RT}{V}$$

Substituindo essas relações na expressão de K_P, obtemos

$$K_P = \frac{\left(\dfrac{n_B RT}{V}\right)^b}{\left(\dfrac{n_A RT}{V}\right)^a} = \frac{\left(\dfrac{n_B}{V}\right)^b}{\left(\dfrac{n_A}{V}\right)^a}(RT)^{b-a}$$

Agora, tanto n_A/V como n_B/V têm unidades de mol/L e, por isso, podem ser substituídos por [A] e [B], de modo que

$$K_P = \frac{[B]^b}{[A]^a}(RT)^{\Delta n}$$
$$= K_c(RT)^{\Delta n} \qquad (15.4)$$

os quais

$\Delta n = b - a$
  = mols de produtos no estado gasoso − mols de reagentes no estado gasoso

Como as pressões são geralmente expressas em atm, a constante dos gases R é dada por 0,0821 L · atm/K · mol e podemos escrever a relação entre K_P e K_c como

$$K_P = K_c(0{,}0821 T)^{\Delta n} \qquad (15.5)$$

Para usar essa equação, as pressões em K_P devem estar em atm.

De modo geral, $K_P \neq K_c$, exceto no caso especial em que $\Delta n = 0$. Nesse caso, a Equação (15.5) pode ser escrita da seguinte forma

$$K_P = K_c(0{,}0821 T)^0$$
$$= K_c$$

Qualquer número elevado a zero é igual a 1.

Consideremos a ionização do ácido acético (CH_3COOH) em água, como outro exemplo de um equilíbrio homogêneo:

$$CH_3COOH(aq) + H_2O(l) \rightleftharpoons CH_3COO^-(aq) + H_3O^+(aq)$$

A constante de equilíbrio é

$$K'_c = \frac{[CH_3COO^-][H_3O^+]}{[CH_3COOH][H_2O]}$$

(Usamos aqui o sinal gráfico (′) para a constante K_c para distingui-la da forma final da constante de equilíbrio que deduzimos a seguir.) Em um litro, ou em 1000 g, de água, há 1000 g/ (18,02 g/mol), ou 55,5 mols, de água. Portanto, a "concentração" da água é [H_2O] = 55,5 mol/L, ou 55,5 M. Essa é uma quantidade grande quando comparada com as concentrações de outras espécies na solução (geralmente 1 M ou menos) e podemos supor que não varie apreciavelmente durante uma reação. Assim, podemos tratar [H_2O] como uma constante e reescrever a expressão para a constante de equilíbrio como

$$K_c = \frac{[CH_3COO^-][H_3O^+]}{[CH_3COOH]}$$

na qual

$$K_c = K_c'[H_2O]$$

Note que é prática geral não incluir unidades na constante de equilíbrio. Em termodinâmica, K é definido como um valor sem unidades, pois considera-se que cada termo de concentração (molaridade) ou pressão (atm) está, na realidade, dividido por um valor-padrão, 1 M ou 1 atm. Esse procedimento elimina todas as unidades, mas não altera os valores numéricos da concentração ou pressão. Conseqüentemente, K não tem unidades. Essa prática vai ser estendida, adiante, ao equilíbrio ácido-base e aos equilíbrios de solubilidade (a serem discutidos nos Capítulos 16 e 17).

EXEMPLO 15.1

Escreva as expressões de K_c e K_P, nos casos em que for possível, para as seguintes reações reversíveis, no equilíbrio:

(a) $HF(aq) + H_2O(l) \rightleftharpoons H_3O^+(aq) + F^-(aq)$
(b) $2NO(g) + O_2(g) \rightleftharpoons 2NO_2(g)$
(c) $CH_3COOH(aq) + C_2H_5OH(aq) \rightleftharpoons CH_3COOC_2H_5(aq) + H_2O(l)$

Estratégia   Não se esqueça dos seguintes fatos: (1) a expressão de K_P aplica-se só a reações na fase gasosa e (2) a concentração do solvente (normalmente água) não aparece na expressão da constante de equilíbrio.

Solução   (a) Uma vez que não há gases presentes, não é possível aplicar K_P e temos apenas K_c.

$$K_c' = \frac{[H_3O^+][F^-]}{[HF][H_2O]}$$

HF é um ácido fraco, de modo que a quantidade de água consumida na ionização do ácido é desprezível quando comparada com a quantidade total de água usada como solvente. Assim, podemos reescrever a constante de equilíbrio como

$$K_c = \frac{[H_3O^+][F^-]}{[HF]}$$

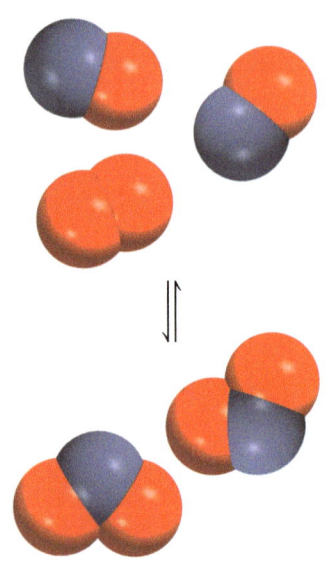

(b) $$K_c = \frac{[NO_2]^2}{[NO]^2[O_2]} \qquad K_P = \frac{P_{NO_2}^2}{P_{NO}^2 P_{O_2}}$$

Reação mostrada em (b).

(Continua)

(c) A constante de equilíbrio K'_c é dada por

$$K'_c = \frac{[CH_3COOC_2H_5][H_2O]}{[CH_3COOH][C_2H_5OH]}$$

A concentração de água não varia porque a quantidade de água produzida na reação é desprezível comparada com a quantidade de água que é utilizada como solvente. Assim, podemos escrever a nova constante de equilíbrio como

$$K_c = \frac{[CH_3COOC_2H_5]}{[CH_3COOH][C_2H_5OH]}$$

Problema semelhante: 15.8.

Exercício Escreva as expressões de K_c e K_P para a decomposição do pentóxido de nitrogênio:

$$2N_2O_5(g) \rightleftharpoons 4NO_2(g) + O_2(g)$$

EXEMPLO 15.2

A constante de equilíbrio K_P para a decomposição do pentacloreto de fósforo em tricloreto de fósforo e cloro molecular

$$PCl_5(g) \rightleftharpoons PCl_3(g) + Cl_2(g)$$

é 1,05 a 250°C. Se as pressões parciais de PCl_5 e PCl_3 no equilíbrio forem 0,875 atm e 0,463 atm, respectivamente, qual será a pressão parcial de Cl_2 no equilíbrio, a 250°C?

Estratégia As concentrações dos gases envolvidos na reação são dadas em atm, assim podemos exprimir a constante de equilíbrio em K_P. Do valor conhecido para K_P e das pressões de equilíbrio de PCl_3 e de PCl_5, podemos obter P_{Cl_2}.

Solução Em primeiro lugar, escrevemos K_P em função das pressões parciais das espécies envolvidas na reação.

$$K_P = \frac{P_{PCl_3} P_{Cl_2}}{P_{PCl_5}}$$

Conhecendo as pressões parciais, escrevemos

$$1,05 = \frac{(0,463)(P_{Cl_2})}{(0,875)}$$

ou

$$P_{Cl_2} = \frac{(1,05)(0,875)}{(0,463)} = 1,98 \text{ atm}$$

Verificação Observe que P_{Cl_2} se encontra em atm.

Exercício A constante de equilíbrio K_P da reação

$$2NO_2(g) \rightleftharpoons 2NO(g) + O_2(g)$$

é 158 a 1.000 K. Calcule P_{O_2} se $P_{NO_2} = 0,400$ atm e $P_{NO} = 0,270$ atm.

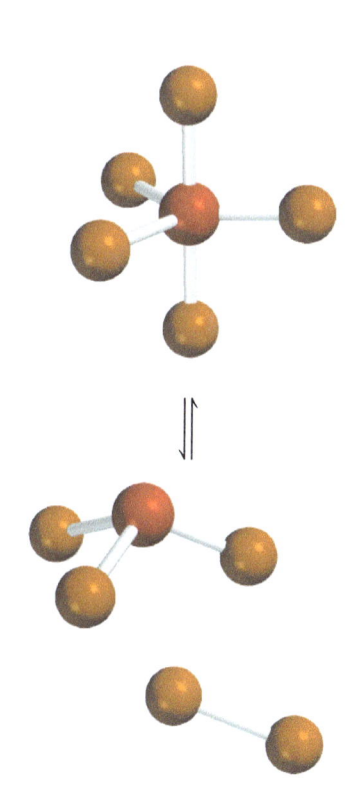

Problema semelhante: 15.17.

EXEMPLO 15.3

A constante de equilíbrio (K_c) da reação

$$N_2O_4(g) \rightleftharpoons 2NO_2(g)$$

é $4,63 \times 10^{-3}$ a 25°C. Qual é o valor de K_P nessa temperatura?

Estratégia   A relação entre K_c e K_P é dada pela Equação (15.4). Qual é a variação no número de mols dos gases do reagente para o produto de reação? Lembre-se de que

$$\Delta n = \text{mols de produtos gasosos} - \text{mols de reagentes gasosos}$$

Que unidade de temperatura deve ser usada?

Solução   A relação entre K_c e K_P é dada pela Equação (15.4).

$$K_P = K_c(0,0821T)^{\Delta n}$$

Visto que $T = 298$ K e $\Delta n = 2 - 1 = 1$, temos

$$K_P = (4,63 \times 10^{-3})(0,0821 \times 298)$$
$$= 0,113$$

Verificação   Note que tanto K_P como K_c são tratadas como quantidades adimensionais. Esse exemplo mostra que podemos obter valores muito diferentes para a constante de equilíbrio da mesma reação, se as concentrações são expressas em mols por litro ou em atmosferas.

Exercício   Para a reação

$$N_2(g) + 3H_2(g) \rightleftharpoons 2NH_3(g)$$

K_P é $4,3 \times 10^{-4}$ a 375°C. Calcule K_c para essa reação.

Problema semelhante: 15.15.

Equilíbrios Heterogêneos

Uma *reação reversível envolvendo reagentes e produtos em fases diferentes* resulta em um **equilíbrio heterogêneo**. Por exemplo, quando se aquece carbonato de cálcio em um recipiente fechado, atinge-se o seguinte equilíbrio:

$$CaCO_3(s) \rightleftharpoons CaO(s) + CO_2(g)$$

Os dois sólidos e o gás constituem três fases distintas. No equilíbrio, a constante de equilíbrio deveria ser escrita como

$$K'_c = \frac{[CaO][CO_2]}{[CaCO_3]} \tag{15.6}$$

Contudo, a "concentração" de um sólido, como a sua densidade, é uma propriedade intensiva, isto é, não depende da quantidade de substância presente. [Observe que as unidades de concentração (mols por litro) podem ser convertidas em unidades de densidade (gramas por centímetro cúbico) ou vice-versa.] Por essa razão, os termos $[CaCO_3]$ e $[CaO]$ são constantes e podem ser combinados com a constante de equilíbrio. Podemos simplificar a expressão de equilíbrio escrevendo

$$\frac{[CaCO_3]}{[CaO]}K'_c = K_c = [CO_2] \tag{15.7}$$

O mineral calcita é constituído por carbonato de cálcio, assim como o giz e o mármore.

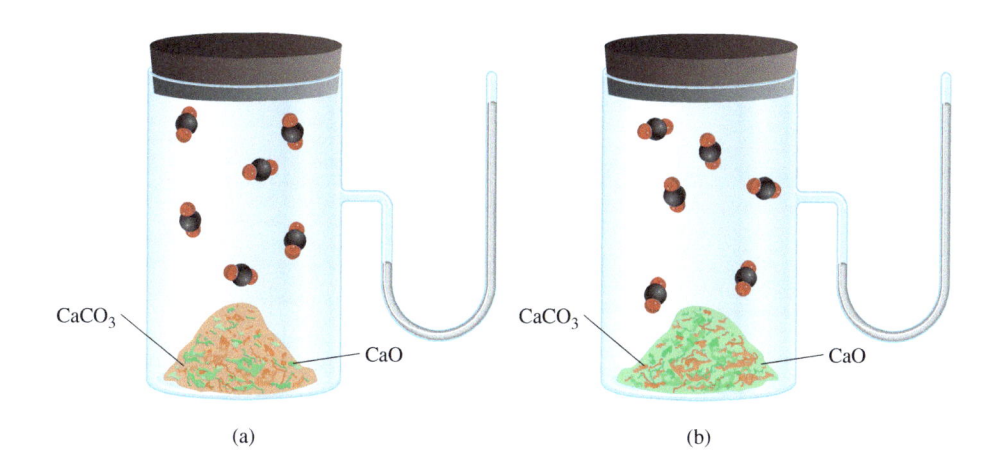

Figura 15.2
A pressão de CO_2 no equilíbrio a determinada temperatura é a mesma em (a) e em (b), independentemente das quantidades de $CaCO_3$ (representado pela cor laranja) e CaO (representado pela cor verde) presentes.

em que K_c, a "nova" constante de equilíbrio, é expressa convenientemente em função de uma única concentração, a de CO_2. Note que o valor do K_c não depende das quantidades de $CaCO_3$ e CaO presentes, desde que essas substâncias estejam presentes no equilíbrio (Figura 15.2).

Como alternativa, podemos expressar a constante de equilíbrio como

$$K_P = P_{CO_2} \tag{15.8}$$

Nesse caso, a constante de equilíbrio é numericamente igual à pressão de CO_2, uma quantidade facilmente mensurável.

O que foi dito acerca de sólidos também se aplica a líquidos. Assim, se um líquido for um reagente ou um produto em uma reação, podemos considerar sua concentração constante e omiti-la na expressão da constante de equilíbrio.

EXEMPLO 15.4

Considere o seguinte equilíbrio heterogêneo:

$$CaCO_3(s) \rightleftharpoons CaO(s) + CO_2(g)$$

A 800°C, a pressão do CO_2 é 0,236 atm. Para a reação, a essa temperatura, calcule (a) K_P e (b) K_c.

Estratégia   Lembre-se de que os sólidos puros não aparecem na expressão da constante de equilíbrio. A relação entre K_P e K_c é dada pela Equação (15.5).

Solução   (a) Usando a Equação (15.8), escrevemos

$$K_P = P_{CO_2}$$
$$= 0,236$$

(b) Da Equação (15.5), sabemos que

$$K_P = K_c(0,0821T)^{\Delta n}$$

Nesse caso, $T = 800 + 273 = 1073$ K e $\Delta n = 1$, portanto, substituímos esses valores na equação e obtemos

$$0,236 = K_c(0,0821 \times 1073)$$
$$K_c = 2,68 \times 10^{-3}$$

Problema semelhante: 15.20.

(Continua)

Exercício Considere o equilíbrio seguinte, a 395 K:

$$NH_4HS(s) \rightleftharpoons NH_3(g) + H_2S(g)$$

A pressão parcial de cada gás é 0,265 atm. Calcule K_P e K_c para a reação.

Forma de K e Equação de Equilíbrio

Antes de concluirmos esta seção, devemos analisar duas regras importantes sobre o modo de escrever constantes de equilíbrio:

1. Quando a equação da reação reversível for escrita no sentido oposto, a constante de equilíbrio é o inverso da constante de equilíbrio original. Assim, se escrevermos o equilíbrio de $NO_2-N_2O_4$ a 25°C como

$$N_2O_4(g) \rightleftharpoons 2NO_2(g)$$

então

$$K_c = \frac{[NO_2]^2}{[N_2O_4]} = 4{,}63 \times 10^{-3}$$

Contudo, também podemos representar o equilíbrio como

$$2NO_2(g) \rightleftharpoons N_2O_4(g)$$

e a constante de equilíbrio é, agora, dada por

$$K'_c = \frac{[N_2O_4]}{[NO_2]^2} = \frac{1}{K_c} = \frac{1}{4{,}63 \times 10^{-3}} = 216$$

Como se vê, $K_c = 1/K'_c$ ou $K_c K'_c = 1{,}00$. Tanto K_c como K'_c são constantes de equilíbrio válidas, mas não tem qualquer significado dizer que a constante de equilíbrio do sistema $NO_2-N_2O_4$ é $4{,}63 \times 10^{-3}$, ou 216, a não ser que especifiquemos como está escrita a equação de equilíbrio.

2. O valor de K depende, também, da forma como se balanceou a equação de equilíbrio. Consideremos, em seguida, duas maneiras diferentes de escrever o mesmo equilíbrio:

$$\tfrac{1}{2}N_2O_4(g) \rightleftharpoons NO_2(g) \qquad K'_c = \frac{[NO_2]}{[N_2O_4]^{1/2}}$$

$$N_2O_4(g) \rightleftharpoons 2NO_2(g) \qquad K_c = \frac{[NO_2]^2}{[N_2O_4]}$$

Observando os expoentes, vemos que $K'_c = \sqrt{K_c}$. Da Tabela 15.1, sabemos que $K_c = 4{,}63 \times 10^{-3}$, por conseguinte $K'_c = 0{,}0680$.

Dessa forma, se multiplicarmos por 2 uma equação química, a constante de equilíbrio correspondente será o quadrado do valor original; se multiplicarmos por 3 a equação, a constante de equilíbrio será o cubo do valor original e assim por diante O exemplo de $NO_2-N_2O_4$ ilustra uma vez mais a necessidade de escrever a equação química quando nos referimos ao valor numérico da constante de equilíbrio.

Resumo das Regras para Escrever as Expressões da Constante de Equilíbrio

1. Na fase condensada, as concentrações das espécies reagentes são expressas em mol/L; em fase gasosa, as concentrações podem ser expressas em mol/L ou em atm. K_c está relacionada com K_P por uma equação simples [Equação (15.5)].
2. As concentrações de sólidos puros, líquidos puros (em equilíbrios heterogêneos) e solventes (em equilíbrios homogêneos) não aparecem nas expressões da constante de equilíbrio.
3. A constante de equilíbrio (K_c ou K_P) é uma quantidade adimensional.
4. Ao atribuirmos um valor à constante de equilíbrio, devemos especificar a respectiva equação química balanceada e a temperatura à que nos referimos.

15.3 Que Informação a Constante de Equilíbrio Fornece?

Vimos anteriormente que podemos calcular a constante de equilíbrio a partir das concentrações no equilíbrio. Uma vez conhecido o valor da constante de equilíbrio, podemos usar a Equação (15.2) para calcular as concentrações no equilíbrio desconhecidas — não esquecendo que a constante de equilíbrio só é constante se a temperatura não variar. Em geral, a constante de equilíbrio nos ajuda a prever o sentido em que prosseguirá a reação da mistura reacional até se atingir o equilíbrio e a calcular as concentrações dos reagentes e dos produtos logo que o equilíbrio tenha sido atingido. Os diferentes aspectos da utilização da constante de equilíbrio serão explorados nesta seção.

Previsão do sentido de uma Reação

A constante de equilíbrio K_c para a reação

$$H_2(g) + I_2(g) \rightleftharpoons 2HI(g)$$

é 54,3 a 430°C. Suponhamos que, em certa experiência, coloquemos em um recipiente com a capacidade de 1,00 L, 0,243 mol de H_2, 0,146 mol de I_2 e 1,98 mols de HI a 430°C. O sentido da reação predominante será o da formação de mais H_2 e I_2 ou o da formação de mais HI? Utilizando as concentrações iniciais na expressão da constante de equilíbrio, escrevemos

$$\frac{[HI]_0^2}{[H_2]_0[I_2]_0} = \frac{(1,98)^2}{(0,243)(0,146)} = 111$$

em que o subscrito 0 indica concentrações iniciais (antes de se atingir o equilíbrio). Como o quociente $[HI]_0^2/[H_2]_0[I_2]_0$ é maior que K_c, esse sistema não está em equilíbrio. Conseqüentemente, uma certa quantidade do HI vai reagir para formar mais H_2 e I_2 (diminuindo o valor do quociente). Assim, a reação predominante se dá da direita para esquerda até se atingir o equilíbrio.

A quantidade obtida por substituição das concentrações iniciais na expressão da constante de equilíbrio é chamada **quociente de reação** (Q_c). Para determinar o sentido em que a reação prosseguirá até se atingir o equilíbrio, devemos comparar os valores de Q_c e de K_c. Podem ocorrer três situações:

- $Q_c < K_c$ A razão entre as concentrações iniciais dos produtos e as concentrações iniciais dos reagentes é muito pequena. Para que se atinja o equilíbrio, os reagentes têm de se converter nos produtos. O sistema evolui da esquerda para a direita (consumindo reagentes, formando produtos) até atingir o equilíbrio.

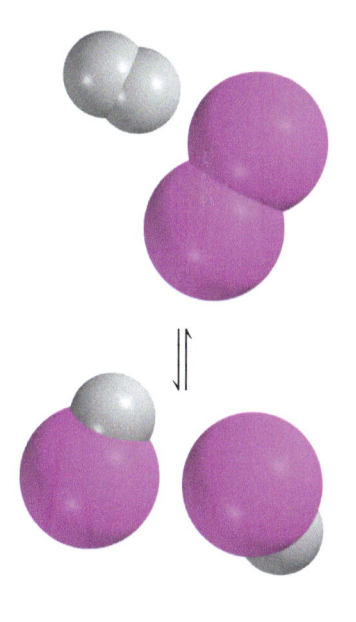

Figura 15.3
O sentido de uma reação reversível até atingir o equilíbrio depende dos valores relativos de Q_c e K_c.

Reagentes → Produtos   Equilíbrio: não há alterações   Reagentes ← Produtos

- $Q_c = K_c$ As concentrações iniciais são as concentrações de equilíbrio. O sistema está em equilíbrio.
- $Q_c > K_c$ A razão entre as concentrações iniciais dos produtos e dos reagentes é muito grande. Para se atingir o equilíbrio, os produtos têm de ser convertidos em reagentes. O sistema evolui da direita para a esquerda (consumindo produtos, formando reagentes) até atingir o equilíbrio.

EXEMPLO 15.5

No início de uma reação, há 0,249 mol de N_2, $3,21 \times 10^{-2}$ mol de H_2 e $6,42 \times 10^{-4}$ mol de NH_3 em um recipiente de 3,50 L e à temperatura de 375°C. Se a constante de equilíbrio (K_c) da reação

$$N_2(g) + 3H_2(g) \rightleftharpoons 2NH_3(g)$$

é 1,2 a essa temperatura, diga se o sistema está em equilíbrio. Se não estiver, preveja em que sentido vai evoluir a reação.

Estratégia Dadas as quantidades iniciais dos gases (em mols) em um recipiente de capacidade conhecida (em litros), podemos calcular as suas concentrações molares e, portanto, o quociente de reação (Q_c). Como a comparação de Q_c com K_c nos permite determinar se o sistema está ou não no equilíbrio e em que sentido a reação prosseguirá até atingir o equilíbrio?

Solução A concentração inicial das espécies presentes na reação é

$$[N_2]_0 = \frac{0,249 \text{ mol}}{3,50 \text{ L}} = 0,0711 \, M$$

$$[H_2]_0 = \frac{3,21 \times 10^{-2} \text{ mol}}{3,50 \text{ L}} = 9,17 \times 10^{-3} \, M$$

$$[NH_3]_0 = \frac{6,42 \times 10^{-4} \text{ mol}}{3,50 \text{ L}} = 1,83 \times 10^{-4} \, M$$

Em seguida, escrevemos

$$Q_c = \frac{[NH_3]_0^2}{[N_2]_0[H_2]_0^3} = \frac{(1,83 \times 10^{-4})^2}{(0,0711)(9,17 \times 10^{-3})^3} = 0,611$$

Como Q_c é menor que K_c (1,2), o sistema não está em equilíbrio. O resultado será um aumento da concentração de NH_3 e uma diminuição das concentrações de N_2 e H_2. Isto é, a reação vai evoluir da esquerda para a direita até atingir o equilíbrio.

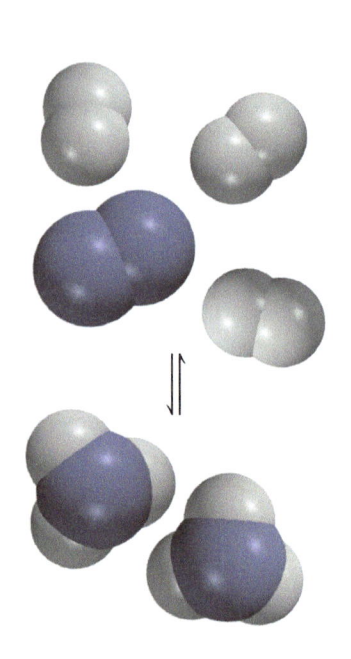

Problemas semelhantes: 15.21.

(Continua)

Exercício A constante de equilíbrio (K_c) para a formação de cloreto de nitrosilo, um composto amarelo-alaranjado, por meio de óxido nítrico e de cloro molecular

$$2NO(g) + Cl_2(g) \rightleftharpoons 2NOCl(g)$$

é $6,5 \times 10^4$ a 35°C. Em dada experiência, misturam-se em um frasco de 2,0 L, $2,0 \times 10^{-2}$ mol de NO, $8,3 \times 10^{-3}$ mol de Cl_2 e 6,8 mols de NOCl. Em que sentido evolui o sistema até atingir o equilíbrio?

Cálculo das Concentrações de Equilíbrio

Se conhecermos a constante de equilíbrio de determinada reação, podemos calcular as concentrações da mistura no equilíbrio com base no conhecimento das concentrações iniciais. Dependendo da informação dada, o cálculo pode ser simples ou complexo. Nas situações mais comuns, são fornecidas somente as concentrações iniciais dos reagentes. Vamos considerar o sistema que envolve um par de isômeros geométricos em um solvente orgânico (Figura 15.4), em que a constante de equilíbrio (K_c) é 24,0 a 200°C:

$$cis\text{-estilbeno} \rightleftharpoons trans\text{-estilbeno}$$

Suponhamos que inicialmente somente esteja presente *cis*-estilbeno e em uma concentração de 0,850 mol/L. Como podemos calcular as concentrações de *cis*- e *trans*-estilbeno no equilíbrio? Da estequiometria da reação, vemos que, para cada mol de *cis*-estilbeno convertido, se forma 1 mol de *trans*-estilbeno. Seja x a concentração de *trans*-estilbeno no equilíbrio em mol/L; então, a concentração de *cis*-estilbeno no equilíbrio deve ser $(0,850 - x)$ mol/L. É útil resumir as variações na concentração como se segue:

	cis-estilbeno $\rightleftharpoons$ *trans*-estilbeno	
Inicial (M):	0,850	0
Variação (M):	$-x$	$+x$
Equilíbrio (M):	$(0,850 - x)$	x

Uma variação positiva (+) representa um aumento da concentração, enquanto uma variação negativa (−) indica uma diminuição da concentração no equilíbrio. Em seguida, escrevemos a expressão da constante de equilíbrio

$$K_c = \frac{[trans\text{-estilbeno}]}{[cis\text{-estilbeno}]}$$

$$24,0 = \frac{x}{0,850 - x}$$

$$x = 0,816 \, M$$

Depois de determinar o valor de x, calculamos as concentrações de *cis*-estilbeno e *trans*-estilbeno, no equilíbrio, da seguinte forma:

$$[cis\text{-estilbeno}] = (0,850 - 0,816) \, M = 0,034 \, M$$

$$[trans\text{-estilbeno}] = 0,816 \, M$$

Em seguida, resumimos o procedimento aqui adotado para resolver problemas de constantes de equilíbrio:

1. Expressar as concentrações de todas as espécies no equilíbrio em função das concentrações iniciais e de uma única incógnita x, que representa a variação na concentração.

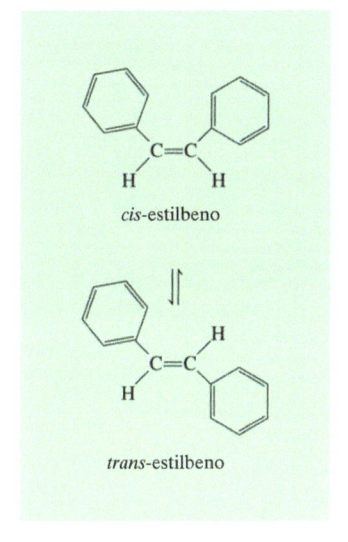

Figura 15.4
Reação de equilíbrio entre *cis*-estilbeno e trans-estilbeno. Note que ambas as moléculas têm a mesma fórmula molecular ($C_{14}H_{12}$) e também o mesmo tipo de ligações. Porém, no *cis*-estilbeno, os anéis de benzeno estão do mesmo lado da ligação C=C e os átomos de H estão do outro lado, enquanto no *trans*-estilbeno os anéis de benzeno (e os átomos de H) estão em lados opostos relativamente à ligação C=C. Esses compostos têm pontos de fusão e momentos de dipolo diferentes.

2. Escrever a expressão da constante de equilíbrio em função das concentrações no equilíbrio. Conhecendo o valor da constante de equilíbrio, determinar o valor de x.
3. Conhecendo o valor de x, calcular as concentrações de todas as espécies no equilíbrio.

EXEMPLO 15.6

Em um recipiente de aço inox de 1 L, foi introduzida uma mistura de 0,500 mol de H_2 e 0,500 mol de I_2 à temperatura de 430°C. A constante de equilíbrio K_c da reação $H_2(g) + I_2(g) \rightleftharpoons 2HI(g)$ é 54,3 nessa temperatura. Calcule as concentrações de H_2, I_2 e HI no equilíbrio.

Estratégia Dadas as quantidades iniciais dos gases (em mols) em um recipiente de volume conhecido (em litros), podemos calcular as suas concentrações molares. Inicialmente, como nenhum HI estava presente, o sistema não poderia estar em equilíbrio. Portanto, certa quantidade de H_2 deve ter reagido com a mesma quantidade de I_2 (por quê?) para formar HI até estabelecer o equilíbrio.

Solução Vejamos o seguinte procedimento para calcular as concentrações de equilíbrio.

Passo 1: De acordo com a estequiometria da reação, 1 mol de H_2 reage com 1 mol de I_2 para formar 2 mols de HI. Seja x a quantidade de que diminuiu a concentração (mol/L) de H_2 e de I_2 no equilíbrio. Então a concentração de HI no equilíbrio deve ser $2x$. A seguir apresentamos, resumidamente, as variações nas concentrações:

	H_2	+	I_2	$\rightleftharpoons$	2HI
Inicial (M):	0,500		0,500		0,000
Variação (M):	$-x$		$-x$		$+2x$
Equilíbrio (M):	$(0,500 - x)$		$(0,500 - x)$		$2x$

Passo 2: A constante de equilíbrio é dada por

$$K_c = \frac{[HI]^2}{[H_2][I_2]}$$

Substituindo, obtemos

$$54,3 = \frac{(2x)^2}{(0,500 - x)(0,500 - x)}$$

Determinando a raiz quadrada de ambos os membros da equação, obtemos

$$7,37 = \frac{2x}{0,500 - x}$$
$$x = 0,393\ M$$

Passo 3: No equilíbrio, as concentrações são

$$[H_2] = (0,500 - 0,393)\ M = 0,107\ M$$
$$[I_2] = (0,500 - 0,393)\ M = 0,107\ M$$
$$[HI] = 2 \times 0,393\ M = 0,786\ M$$

Verificação Você pode confirmar as suas respostas calculando K_c com base nas concentrações no equilíbrio. Recorde-se de que K_c é a constante para uma reação em particular, a dada temperatura.

Exercício Considere a reação do Exemplo 15.6. Começando com uma concentração de 0,040 M de HI, calcule as concentrações de HI, H_2 e I_2, no equilíbrio.

Problema semelhante: 15.33.

EXEMPLO 15.7

Para a mesma reação e à mesma temperatura do Exemplo 15.6, suponha que as concentrações iniciais de H_2, I_2 e HI sejam 0,00623 M, 0,00414 M e 0,0224 M, respectivamente. Calcule as concentrações dessas espécies no equilíbrio.

Estratégia Podemos calcular o quociente de reação (Q_c) com as concentrações iniciais para saber se o sistema está em equilíbrio ou não e em que sentido a reação prosseguirá até alcançar o equilíbrio. Uma comparação de Q_c com K_c nos permite, também, determinar se haverá um decréscimo em H_2 e I_2 ou em HI à medida que o equilíbrio é estabelecido.

Solução Primeiro, calcula-se Q_c como se segue:

$$Q_c = \frac{[HI]_0^2}{[H_2]_0[I_2]_0} = \frac{(0,0224)^2}{(0,00623)(0,00414)} = 19,5$$

Dado que Q_c (19,5) é menor que K_c (54,3), conclui-se que a reação prosseguirá da esquerda para a direita até que o equilíbrio seja atingido (veja a Figura 15.3), isto é, haverá um decréscimo nas concentrações de H_2 e I_2 e um acréscimo na de HI.

Passo 1: Consideremos x o decréscimo nas concentrações (mol/L) de H_2 e I_2 até se atingir o equilíbrio. Com base na estequiometria da reação é fácil ver que o aumento da concentração de HI deve ser $2x$. Em seguida, escrevemos

	H_2	+	I_2	$\rightleftharpoons$	2HI
Inicial (M):	0,00623		0,00414		0,0224
Variação (M):	$-x$		$-x$		$+2x$
Equilíbrio (M):	$(0,00623 - x)$		$(0,00414 - x)$		$(0,0224 + 2x)$

Passo 2: A constante de equilíbrio é

$$K_c = \frac{[HI]^2}{[H_2][I_2]}$$

Substituindo, obtemos

$$54,3 = \frac{(0,0224 + 2x)^2}{(0,00623 - x)(0,00414 - x)}$$

Não é possível resolver essa equação pelo método simplificado da raiz quadrada, pois as concentrações iniciais de $[H_2]$ e $[I_2]$ são diferentes. Em vez disso, devemos resolver a equação quadrática

$$54,3(2,58 \times 10^{-5} - 0,0104x + x^2) = 5,02 \times 10^{-4} + 0,0896x + 4x^2$$

Agrupando os termos, obtém-se

$$50,3x^2 - 0,654x + 8,98 \times 10^{-4} = 0$$

Essa é uma equação quadrática da forma $ax^2 + bx + c = 0$. A solução para uma equação quadrática (veja o Apêndice 3) é

$$x = \frac{-b \pm \sqrt{b^2 - 4ac}}{2a}$$

Nesse caso, temos $a = 50,3$, $b = -0,654$ e $c = 8,98 \times 10^{-4}$, então

$$x = \frac{0,654 \pm \sqrt{(-0,654)^2 - 4(50,3)(8,98 \times 10^{-4})}}{2 \times 50,3}$$

$$x = 0,0114\ M \quad \text{ou} \quad x = 0,00156\ M$$

(Continua)

A primeira solução é fisicamente impossível, dado que as quantidades de H_2 e I_2 que teriam reagido seriam maiores que as presentes inicialmente. A segunda solução nos dá a resposta correta. Observe que, ao resolver equações quadráticas desse tipo, uma resposta é sempre fisicamente impossível, por isso a escolha do valor a ser usado para x é fácil.

Passo 3: As concentrações, no equilíbrio, são

$$[H_2] = (0{,}00623 - 0{,}00156)\,M = 0{,}00467\,M$$
$$[I_2] = (0{,}00414 - 0{,}00156)\,M = 0{,}00258\,M$$
$$[HI] = (0{,}0224 + 2 \times 0{,}00156)\,M = 0{,}0255\,M$$

Verificação Você pode verificar as respostas por meio do cálculo de K_c, usando as concentrações de equilíbrio. Note que K_c é uma constante para uma reação em particular, a dada temperatura.

Exercício A 1280°C, a constante de equilíbrio (K_c) para a reação

$$Br_2(g) \rightleftharpoons 2Br(g)$$

é $1{,}1 \times 10^{-3}$. Calcule as concentrações das espécies no equilíbrio quando as suas concentrações iniciais forem $[Br_2] = 6{,}3 \times 10^{-2}\,M$ e $[Br] = 1{,}2 \times 10^{-2}\,M$.

15.4 Fatores Que Afetam o Equilíbrio Químico

O equilíbrio químico resulta de um balanço entre as reações direta e inversa. Na maioria dos casos, esse equilíbrio é bastante sensível. Variações nas condições experimentais podem perturbar o equilíbrio e alterar a posição de equilíbrio, dando origem a maior ou menor quantidade do produto desejado. Quando se diz que a posição do equilíbrio se desloca para a direita, por exemplo, isso significa que a reação que ocorre é da esquerda para a direita. As variáveis que podem ser controladas experimentalmente são: concentração, pressão, volume e temperatura. Examinaremos, agora, como cada uma dessas variáveis afeta um sistema reacional em equilíbrio. Em seguida, analisaremos o efeito de um catalisador sobre o equilíbrio.

Princípio de Le Châtelier

Há uma regra que ajuda a prever o sentido em que dada reação evoluirá para o equilíbrio quando ocorre uma variação de concentração, pressão, volume ou temperatura. Essa regra, conhecida por ***princípio de Le Châtelier*** (formulada pelo químico francês Henri Le Châtelier), diz que *se um sistema em equilíbrio for perturbado externamente, o sistema ajusta-se para minimizar a ação dessa perturbação*. Aqui, a palavra "perturbação" significa uma variação na concentração, pressão, volume ou temperatura que afaste o sistema do seu estado de equilíbrio. Usaremos o princípio de Le Châtelier para determinar os efeitos de tais variações.

Variações na Concentração

O tiocianato de ferro(III) [$Fe(SCN)_3$] dissolve-se facilmente em água dando origem a uma solução vermelha. A cor vermelha se deve à presença do íon $FeSCN^{2+}$ hidratado. O equilíbrio entre o íon não dissociado $FeSCN^{2+}$ e os íons Fe^{3+} e SCN^- é dado por

$$\underset{\text{vermelho}}{FeSCN^{2+}(aq)} \rightleftharpoons \underset{\text{amarelo-pálido}}{Fe^{3+}(aq)} + \underset{\text{incolor}}{SCN^-(aq)}$$

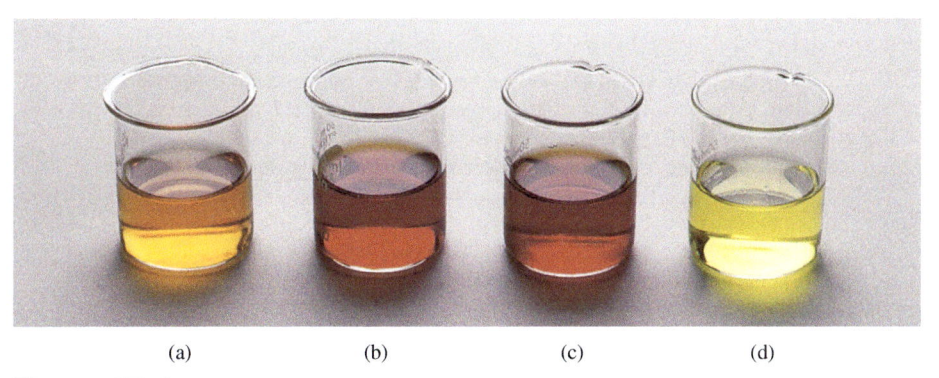

Figura 15.5
Efeito da variação da concentração na posição de equilíbrio. (a) Uma solução aquosa de Fe(SCN)$_3$. A cor da solução se deve à presença das espécies FeSCN^{2+} (vermelha) e Fe^{3+} (amarela). (b) Após a adição de NaSCN na solução em (a), o equilíbrio se desloca para a esquerda. (c) Após a adição de Fe(NO$_3$)$_3$ na solução em (a), o equilíbrio se desloca para a esquerda. (d) Após a adição de H$_2$C$_2$O$_4$ na solução em (a), o equilíbrio se desloca para a direita. A cor amarela é devida aos íons Fe(C$_2$O$_4$)$_3^{3-}$.

O que acontece se adicionarmos tiocianato de sódio (NaSCN) a essa solução? Nesse caso, a perturbação aplicada ao sistema em equilíbrio é um aumento na concentração de SCN$^-$ (resultante da dissociação de NaSCN). Como resposta a essa perturbação, alguns íons Fe^{3+} reagem com os íons SCN$^-$ adicionados, e o equilíbrio se desloca da direita para a esquerda:

$$\text{FeSCN}^{2+}(aq) \longleftarrow \text{Fe}^{3+}(aq) + \text{SCN}^-(aq)$$

Conseqüentemente, a cor vermelha da solução se intensifica (Figura 15.5). De forma semelhante, se adicionamos nitrato de ferro(III) [Fe(NO$_3$)$_3$] à solução original, a cor vermelha se intensifica porque os íons Fe^{3+} [do Fe(NO$_3$)$_3$] deslocam o equilíbrio da direita para a esquerda. Tanto Na$^+$ como NO$_3^-$ são íons espectadores incolores.

Suponhamos agora que adicionemos ácido oxálico (H$_2$C$_2$O$_4$) à solução original. O ácido oxálico se ioniza em solução aquosa dando origem ao íon oxalato, C$_2$O$_4^{2-}$, que se liga fortemente aos íons Fe^{3+}. A formação do íon amarelo estável Fe(C$_2$O$_4$)$_3^{3-}$ retira os íons livres Fe^{3+} da solução. Assim, provoca a dissociação de mais unidades FeSCN^{2+} e o equilíbrio se desloca da esquerda para a direita:

$$\text{FeSCN}^{2+}(aq) \longrightarrow \text{Fe}^{3+}(aq) + \text{SCN}^-(aq)$$

A solução vermelha se torna amarela em virtude da formação de íons Fe(C$_2$O$_4$)$_3^{3-}$.
Essa experiência mostra que, no equilíbrio, todos os reagentes e produtos estão presentes no sistema reacional. No entanto, o aumento das concentrações dos produtos (Fe^{3+} ou SCN$^-$) desloca o equilíbrio para a esquerda enquanto a diminuição da concentração do produto Fe^{3+} desloca o equilíbrio para a direita. Esses resultados são precisamente os previstos pelo princípio de Le Châtelier.

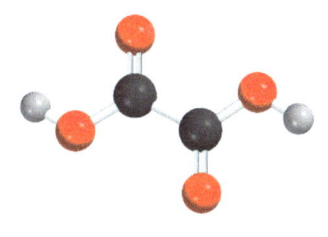

O ácido oxálico é usado, às vezes, para retirar manchas de ferrugem, ou Fe$_2$O$_3$, das banheiras.

Como o princípio de Le Châtelier simplesmente se limita a resumir o comportamento observado nos sistemas em equilíbrio, é incorreto dizer que determinada alteração no equilíbrio ocorre "como conseqüência" do princípio de Le Châtelier.

EXEMPLO 15.8

A 720°C, a constante de equilíbrio K_c para a reação

$$\text{N}_2(g) + 3\text{H}_2(g) \rightleftharpoons 2\text{NH}_3(g)$$

(Continua)

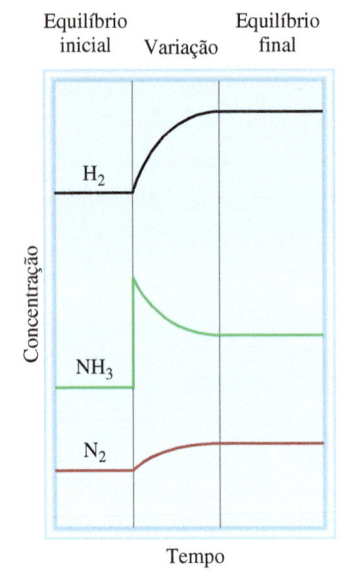

Figura 15.6
Variações na concentração de H_2, N_2 e NH_3 depois da adição de NH_3 à mistura em equilíbrio.

Problema semelhante: 15.36.

é $2,37 \times 10^{-3}$. Em dada experiência, as concentrações de equilíbrio são $[N_2] = 0,683$ M, $[H_2] = 8,80$ M e $[NH_3] = 1,05$ M. Suponha que se adicione um pouco de NH_3 à mistura, para aumentar a sua concentração para $3,65$ M. (a) Recorra ao princípio de Le Châtelier para prever em que sentido se desloca a reação até que se atinja um novo equilíbrio. (b) Confirme a sua previsão calculando o quociente de reação Q_c e comparando o seu valor com o de K_c.

Estratégia (a) Qual é a perturbação aplicada ao sistema? Como se ajusta o sistema na seqüência da perturbação à que foi submetido? (b) No instante em que se adiciona um pouco de NH_3, o sistema deixa de estar em equilíbrio. Como se calcula Q_c para a reação nesse instante? Diga como a comparação de Q_c com K_c nos indica qual o sentido da reação até atingir o equilíbrio.

Solução (a) A perturbação aplicada ao sistema é a adição de NH_3. Para compensar essa perturbação, parte do NH_3 reage para produzir N_2 e H_2 até que se restabeleça um novo equilíbrio. A reação desloca-se, portanto, para a esquerda, isto é,

$$N_2(g) + 3H_2(g) \longleftarrow 2NH_3(g)$$

(b) No instante em que se adiciona NH_3, o sistema deixa de estar em equilíbrio. O quociente de reação é dado por

$$Q_c = \frac{[NH_3]_0^2}{[N_2]_0[H_2]_0^3}$$
$$= \frac{(3,65)^2}{(0,683)(8,80)^3}$$
$$= 2,86 \times 10^{-2}$$

Como esse valor é maior que $2,37 \times 10^{-3}$, a reação desloca-se da direita para a esquerda até Q_c igualar K_c.

A Figura 15.6 mostra, de uma forma qualitativa, a variação nas concentrações das espécies reagentes.

Exercício A 430°C, a constante de equilíbrio (K_c) para a reação

$$2NO(g) + O_2(g) \rightleftharpoons 2NO_2(g)$$

é $1,5 \times 10^5$. Em dada experiência, as pressões iniciais de NO, O_2 e NO_2 são $2,1 \times 10^{-3}$ atm, $1,1 \times 10^{-2}$ atm e $0,14$ atm, respectivamente. Calcule Q_P e preveja o sentido em que a reação evoluirá até atingir o equilíbrio.

Variações no Volume e na Pressão

Em geral, as variações na pressão não afetam as concentrações das espécies reacionais que se encontram nas fases condensadas (por exemplo, em uma solução aquosa) porque os líquidos e os sólidos são virtualmente incompressíveis. Entretanto, as concentrações dos gases são muito afetadas por variações de pressão. Observemos, de novo, a Equação (5.8):

$$PV = nRT$$
$$P = \left(\frac{n}{V}\right)RT$$

Como se vê, P e V são inversamente proporcionais. Quanto maior for a pressão, menor é o volume e vice-versa. Note, também, que o termo (n/V) é a concentração do gás em mol/L e que varia diretamente com a pressão.

Suponha que o sistema

$$N_2O_4(g) \rightleftharpoons 2NO_2(g)$$

se encontra em equilíbrio em um cilindro no qual se adaptou um êmbolo móvel. O que acontece se aumentarmos a pressão dos gases empurrando o êmbolo para baixo a uma temperatura constante? Como o volume diminui, a concentração n/V de NO_2 e de N_2O_4 aumenta. Como a concentração de NO_2 está elevada ao quadrado na expressão da constante de equilíbrio, o acréscimo de pressão implica que o numerador aumente mais que o denominador. O sistema não está mais em equilíbrio e, por isso, escrevemos

$$Q_c = \frac{[NO_2]_0^2}{[N_2O_4]_0}$$

Assim, $Q_c > K_c$, e a reação irá se deslocar para a esquerda até $Q_c = K_c$ (Figura 15.7). Inversamente, uma diminuição na pressão (aumento no volume) resultaria em $Q_c < K_c$ e a reação global se deslocaria para a direita até $Q_c = K_c$.

Em geral, um aumento de pressão (diminuição no volume) favorece a reação em que ocorre uma diminuição do número total de mols de gases (a reação inversa, nesse caso) e uma diminuição na pressão (aumento no volume) favorece a reação em que ocorre um aumento do número total de mols de gases (nesse caso, a reação direta). Para reações em que não há variação do número de mols de gases, por exemplo, $H_2(g) + Cl_2(g) \rightleftharpoons 2HCl(g)$, a variação de pressão (ou de volume) não tem efeito na posição de equilíbrio.

É possível alterar a pressão de um sistema sem variar o seu volume. Suponhamos que o sistema NO_2–N_2O_4 se encontra em um recipiente de aço inoxidável cujo volume é constante. Podemos aumentar a pressão total no recipiente adicionando ao sistema em equilíbrio um gás inerte (hélio, por exemplo). A adição de hélio à mistura em equilíbrio, mantendo o volume constante, provoca um aumento da pressão total do gás e uma diminuição das frações molares de NO_2 e N_2O_4, mas a pressão parcial de cada gás, dada pelo produto da sua fração molar pela pressão total (veja a Seção 5.5), não varia. Assim, nesse caso, a presença de um gás inerte não afeta o equilíbrio.

O deslocamento no equilíbrio também pode ser previsto usando-se o princípio de Le Châtelier.

EXEMPLO 15.9

Considere os seguintes sistemas em equilíbrio:

(a) $2PbS(s) + 3O_2(g) \rightleftharpoons 2PbO(s) + 2SO_2(g)$
(b) $PCl_5(g) \rightleftharpoons PCl_3(g) + Cl_2(g)$
(c) $H_2(g) + CO_2(g) \rightleftharpoons H_2O(g) + CO(g)$

Preveja o sentido da reação global, em cada um dos casos, como conseqüência de um aumento de pressão (diminuição de volume) no sistema, à temperatura constante.

Estratégia Uma variação na pressão pode afetar o volume de um gás, mas não o de um sólido porque os sólidos (e os líquidos) são muito menos compressíveis. A perturbação aplicada é o aumento de pressão. De acordo com o princípio de Le Châtelier, o sistema irá se ajustar para compensar essa perturbação. Ou seja, o sistema irá se ajustar para diminuir a pressão. Pode-se conseguir isso por deslocamento do equilíbrio para o lado da equação na qual existem poucos mols de gás. Recorde-se de que a pressão é diretamente proporcional ao número de mols do gás: $PV = nRT$ assim $P \propto n$.

Solução (a) Considere apenas as moléculas no estado gasoso. Na equação balanceada, há 3 mols de reagentes no estado gasoso e 2 mols de produtos no estado gasoso. Portanto, a reação global irá se deslocar no sentido da formação dos produtos (para a direita) quando a pressão for aumentada.

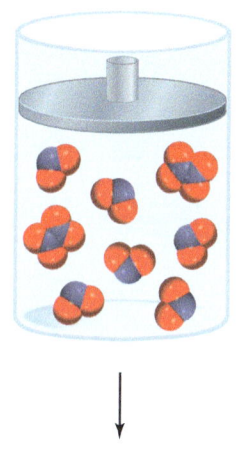

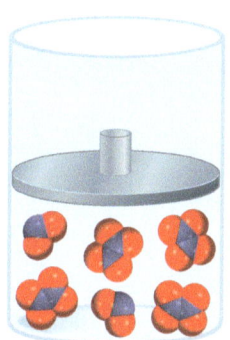

Figura 15.7
Ilustração qualitativa do efeito do aumento da pressão no equilíbrio $N_2O_4(g) \rightleftharpoons 2NO_2(g)$.

(Continua)

(b) O número de mols de produtos é 2 e o de reagentes é 1; logo, a reação global irá se deslocar para a esquerda, no sentido da formação dos reagentes.

(c) O número de mols de produtos é igual ao número de mols de reagentes, por isso uma variação de pressão não tem efeito no equilíbrio.

Verificação A previsão, em cada um dos casos, está de acordo com o princípio de Le Châtelier.

Exercício Considere a reação que envolve o equilíbrio entre o cloreto de nitrosilo, o óxido nítrico e o cloro molecular

$$2NOCl(g) \rightleftharpoons 2NO(g) + Cl_2(g)$$

Faça uma previsão do sentido da reação global, em conseqüência de uma diminuição de pressão (aumento de volume) no sistema, a temperatura constante.

Problema semelhante: 15.46.

Variações na Temperatura

Uma variação na concentração, pressão ou volume podem alterar a posição de equilíbrio, ou seja, a quantidade relativa de produtos e reagentes, mas não o valor da constante de equilíbrio. Somente uma variação na temperatura pode alterar a constante de equilíbrio. Para vermos como, consideremos a reação

$$N_2O_4(g) \rightleftharpoons 2NO_2(g)$$

A reação direta é um processo endotérmico (absorve calor, $\Delta H° > 0$):

$$\text{calor} + N_2O_4(g) \longrightarrow 2NO_2(g) \qquad \Delta H° = 58{,}0 \text{ kJ/mol}$$

e, portanto, a reação inversa é um processo exotérmico (libera calor, $\Delta H° < 0$):

$$2NO_2(g) \longrightarrow N_2O_4(g) + \text{calor} \qquad \Delta H° = -58{,}0 \text{ kJ/mol}$$

No equilíbrio, a dada temperatura, o efeito térmico resultante é zero porque não há reação. Se considerarmos o calor como um reagente, então um aumento na temperatura "adiciona" calor ao sistema e uma diminuição "remove" calor do sistema. Tal como uma variação em qualquer outro parâmetro (concentração, pressão ou volume), o equilíbrio desloca-se para reduzir o efeito da variação. Por conseguinte, um aumento da temperatura favorece o sentido da reação endotérmica (da esquerda para a direita, na equação de equilíbrio) e uma diminuição da temperatura favorece o sentido da reação exotérmica (da direita para a esquerda, na equação de equilíbrio). Conseqüentemente, a constante de equilíbrio, dada por

$$K_c = \frac{[NO_2]^2}{[N_2O_4]}$$

aumenta quando o sistema é aquecido e diminui quando o sistema é resfriado.

Consideremos outro exemplo, o equilíbrio entre os seguintes íons:

$$\underset{\text{azul}}{CoCl_4^{2-}} + 6H_2O \rightleftharpoons \underset{\text{rosa}}{Co(H_2O)_6^{2+}} + 4Cl^-$$

A formação de $CoCl_4^{2-}$ é endotérmica. O aquecimento provoca o deslocamento do equilíbrio para a esquerda e a solução se torna azul. O resfriamento favorece a reação exotérmica [a formação de $Co(H_2O)_6^{2+}$] e a solução se torna rosa (Figura 15.9).

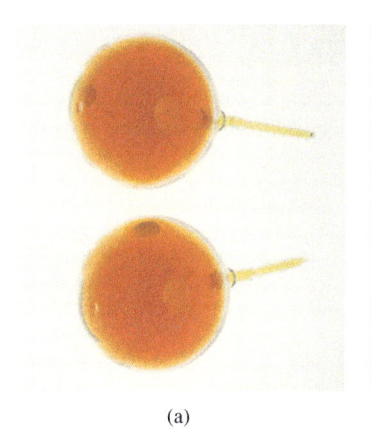

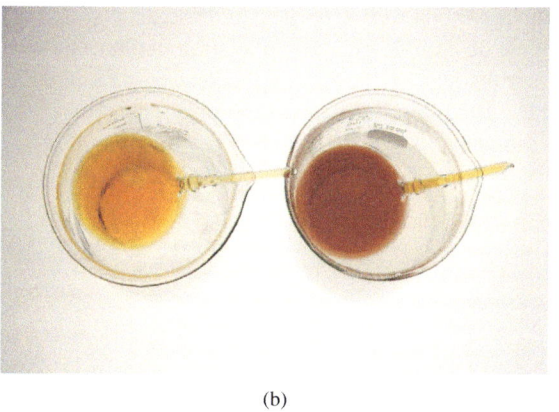

Figura 15.8
(a) Dois bulbos contendo uma mistura dos gases NO_2 e N_2O_4 em equilíbrio. (b) Quando um bulbo é imerso em banho de gelo (esquerda), a sua cor se torna mais clara, indicando a formação do gás N_2O_4 incolor. Quando o outro bulbo é imerso em água quente, a cor se intensifica, indicando um aumento na concentração do gás NO_2.

Em resumo o aumento de temperatura favorece uma reação endotérmica e a diminuição de temperatura favorece uma reação exotérmica.

Efeito de um Catalisador

Sabemos que um catalisador aumenta a velocidade de uma reação por diminuir sua energia de ativação (Seção 14.6). Contudo, como mostra a Figura 14.17, um catalisador diminui a energia de ativação da reação direta na mesma extensão com que diminui a energia de ativação da reação inversa. Podemos, portanto, concluir que a presença de um catalisador não altera a constante de equilíbrio nem desvia a posição de um sistema em equilíbrio. Se adicionarmos um catalisador a uma mistura reacional que não esteja no equilíbrio, as velocidades direta e inversa aumentarão de forma que se atinja mais rapidamente a mistura de equilíbrio. Poderíamos obter a mesma mistura de equilíbrio sem o catalisador, mas teríamos de esperar muito mais tempo até isso acontecer.

Resumo dos Fatores Que Podem Afetar a Posição do Equilíbrio

Consideramos quatro fatores que afetam um sistema reacional em equilíbrio. É importante nos lembrarmos de que, dos quatro, *só uma alteração na temperatura faz variar o valor da constante de equilíbrio*. Variações na concentração, pressão e volume podem

Figura 15.9
O aquecimento favorece a formação do íon azul $CoCl_4^{2-}$ (esquerda). O resfriamento favorece a formação do íon rosa $Co(H_2O)_6^{2+}$ (direita).

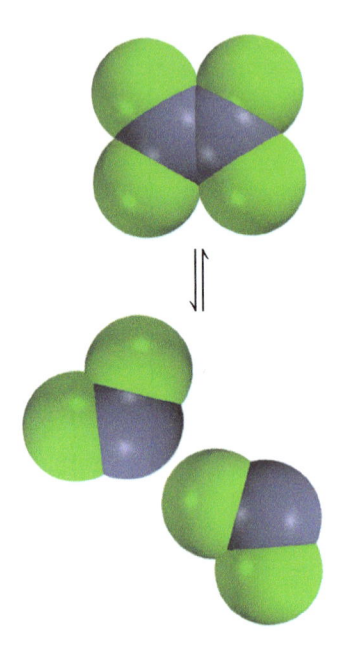

EXEMPLO 15.10

Considere o seguinte processo de equilíbrio entre o tetrafluoreto de dinitrogênio (N_2F_4) e o difluoreto de nitrogênio (NF_2):

$$N_2F_4(g) \rightleftharpoons 2NF_2(g) \qquad \Delta H° = 38,5 \text{ kJ/mol}$$

Preveja as alterações no equilíbrio se (a) a mistura reacional for aquecida a volume constante; (b) parte do gás N_2F_4 for removido da mistura reacional, a temperatura e volume constantes; (c) a pressão da mistura reacional diminuir, a temperatura constante e (d) um catalisador for adicionado à mistura reacional.

Estratégia (a) O que indica o sinal de $\Delta H°$ sobre a variação de calor (endotérmica ou exotérmica) para a reação direta? (b) A remoção de parte de N_2F_4 aumentaria ou diminuiria o valor de Q_c da reação? (c) Como varia o volume do sistema ao diminuir a pressão? (d) Qual é a função de um catalisador? Como o catalisador afeta um sistema reacional que não se encontra em equilíbrio? E em equilíbrio?

Solução (a) A perturbação aplicada ao sistema é o calor adicionado. Note que a reação $N_2F_4 \longrightarrow 2NF_2$ é um processo endotérmico ($\Delta H° > 0$), que absorve o calor do meio exterior. Por essa razão, podemos pensar no calor como um reagente

$$\text{calor} + N_2F_4(g) \rightleftharpoons 2NF_2(g)$$

O sistema vai ajustar-se para remover parte do calor adicionado por meio da reação de decomposição (da esquerda para a direita). A constante de equilíbrio

$$K_c = \frac{[NF_2]^2}{[N_2F_4]}$$

vai, conseqüentemente, crescer com o aumento da temperatura porque a concentração de NF_2 aumentou e a de N_2F_4, diminuiu. Não esqueça que a constante de equilíbrio é uma constante apenas para determinada temperatura. Se a temperatura for mudada, então a constante de equilíbrio mudará também.

(b) Nesse caso, a perturbação é a remoção do gás N_2F_4. O sistema ajustar-se-á para repor parte do N_2F_4 que foi removido. Assim, no sistema, a reação favorável será a da direita para a esquerda até que o equilíbrio seja restabelecido. Como resultado, parte de NF_2, por combinação, origina na formação de N_2F_4.

Comentário Como nesse caso a temperatura é mantida constante, a constante de equilíbrio permanece inalterada. Pode parecer que K_c deveria mudar porque NF_2 por combinação origina a formação de N_2F_4. Recorde-se, no entanto, de que parte de N_2F_4 foi inicialmente removida. O sistema ajusta-se apenas para repor parte do N_2F_4 que foi removida, uma vez que a quantidade global de N_2F_4 diminuiu. De fato, ao mesmo tempo em que o equilíbrio é restabelecido, as quantidades de NF_2 e de N_2F_4 diminuem. Observando a expressão da constante de equilíbrio, vemos que, dividindo um numerador menor por um denominador menor, dá o mesmo valor do K_c.

(c) A perturbação aplicada é a diminuição da pressão (que é acompanhada pelo aumento do volume do gás). O sistema ajustar-se-á para que a perturbação desapareça, aumentando a pressão. Lembre-se de que a pressão é diretamente

(Continua)

proporcional ao número de mols do gás. Na equação balanceada, vemos que a formação de NF_2 a partir de N_2F_4 aumenta o número total de mols dos gases e, portanto, da pressão. Dessa forma, no sistema será favorecida a reação da esquerda para a direita para o restabelecimento do equilíbrio. A constante de equilíbrio permanecerá inalterada porque a temperatura se mantém constante.

(d) A função de um catalisador é aumentar a velocidade de uma reação. Se for adicionado um catalisador a um sistema reacional que não esteja em equilíbrio, o sistema atingirá o equilíbrio mais rapidamente que se não tiver sido sujeito a essa perturbação. Se um sistema já estiver em equilíbrio, como nesse caso, a adição de um catalisador não vai afetar as concentrações de NF_2 e de N_2F_4 ou a constante de equilíbrio.

Problemas semelhantes: 15.47, 15.48.

Exercício Considere o equilíbrio entre o oxigênio molecular e o ozônio

$$3O_2(g) \rightleftharpoons 2O_3(g) \qquad \Delta H° = 284 \text{ kJ/mol}$$

Qual seria o efeito resultante de (a) aumentar a pressão do sistema por meio da diminuição do volume, (b) adicionar O_2 ao sistema, (c) diminuir a temperatura e (d) adicionar um catalisador?

Resumo de Fatos e Conceitos

1. Os equilíbrios dinâmicos entre fases são designados equilíbrios físicos. O equilíbrio químico é um processo reversível em que as velocidades das reações direta e inversa são iguais e as concentrações dos reagentes e produtos não variam com o tempo.

2. Em uma reação química do tipo

$$a\text{A} + b\text{B} \rightleftharpoons c\text{C} + d\text{D}$$

as concentrações dos produtos e reagentes no equilíbrio (em mols por litro) estão relacionadas pela expressão da constante de equilíbrio [Equação (15.2)].

3. A constante de equilíbrio dos gases, K_P, exprime a relação entre as pressões parciais (em atm) de equilíbrio dos reagentes e produtos.

4. Um equilíbrio químico em que todos os reagentes e produtos estão na mesma fase é um equilíbrio homogêneo. Se os reagentes e produtos não estiverem na mesma fase, diz-se que o equilíbrio é heterogêneo. As concentrações de sólidos puros, líquidos puros e solventes são constantes e não figuram na expressão da constante de equilíbrio de uma reação.

5. O valor de K depende da forma como a equação química é balanceada, e a constante de equilíbrio da reação inversa de dada reação é o inverso da constante de equilíbrio dessa reação.

6. A constante de equilíbrio é a razão entre a constante de velocidade da reação direta e a da reação inversa.

7. O quociente de reação Q tem a mesma forma que a expressão da constante de equilíbrio, mas aplica-se a uma reação que pode não estar no equilíbrio. Se $Q > K$, a reação evoluirá da direita para a esquerda até atingir o equilíbrio. Se $Q < K$, a reação evoluirá da esquerda para a direita até atingir o equilíbrio.

8. O princípio de Le Châtelier diz que se uma perturbação externa for aplicada a um sistema em equilíbrio químico, o sistema ajustar-se-á para compensar parcialmente essa perturbação.

9. Só uma alteração na temperatura faz variar o valor da constante de equilíbrio de uma reação. Variações na concentração, pressão ou volume podem modificar as concentrações de reagentes e produtos, no equilíbrio. A adição de um catalisador aumenta a velocidade com que se atinge o equilíbrio, mas não afeta as concentrações de reagentes e produtos no equilíbrio.

• Palavras-chave

Constante de equilíbrio (K), p. 481
Equilíbrio físico, p. 479
Equilíbrio heterogêneo, p. 486
Equilíbrio homogêneo, p. 482
Equilíbrio químico, p. 479
Princípio de Le Châtelier, p. 494
Quociente de reação (Q_c), p. 489

• Questões e Problemas

Conceito de Equilíbrio
Questões de Revisão

15.1 Defina equilíbrio. Dê dois exemplos de um equilíbrio dinâmico.

15.2 Explique a diferença entre equilíbrio físico e equilíbrio químico. Dê dois exemplos de cada um deles.

15.3 Descreva brevemente a importância do equilíbrio no estudo de reações químicas.

15.4 Considere o sistema em equilíbrio $3A \rightleftharpoons B$. Esquematize a variação das concentrações de A e B em função do tempo, nas seguintes situações: (a) inicialmente, somente A está presente; (b) inicialmente, somente B está presente; (c) inicialmente, tanto A como B estão presentes (sendo a concentração de A superior). Em cada um dos casos, admita que a concentração de B é maior que a de A no equilíbrio.

Expressões para a Constante de Equilíbrio
Questões de Revisão

15.5 Defina equilíbrio homogêneo e equilíbrio heterogêneo. Dê dois exemplos de cada um deles.

15.6 O que representam os símbolos K_c e K_P?

Problemas

•15.7 Escreva as expressões das constantes de equilíbrio K_c e K_P, quando tal fizer sentido, para os processos seguintes:
(a) $2CO_2(g) \rightleftharpoons 2CO(g) + O_2(g)$
(b) $3O_2(g) \rightleftharpoons 2O_3(g)$
(c) $CO(g) + Cl_2(g) \rightleftharpoons COCl_2(g)$
(d) $H_2O(g) + C(s) \rightleftharpoons CO(g) + H_2(g)$
(e) $HCOOH(aq) \rightleftharpoons H^+(aq) + HCOO^-(aq)$
(f) $2HgO(s) \rightleftharpoons 2Hg(l) + O_2(g)$

•15.8 Escreva as expressões das constantes de equilíbrio K_P das seguintes reações de decomposição térmica:
(a) $2NaHCO_3(s) \rightleftharpoons Na_2CO_3(s) + CO_2(g) + H_2O(g)$
(b) $2CaSO_4(s) \rightleftharpoons 2CaO(s) + 2SO_2(g) + O_2(g)$

•15.9 Escreva as expressões das constantes de equilíbrio K_c e K_P, quando tal fizer sentido, para as reações seguintes.
(a) $2NO_2(g) + 7H_2(g) \rightleftharpoons 2NH_3(g) + 4H_2O(l)$
(b) $2ZnS(s) + 3O_2(g) \rightleftharpoons 2ZnO(s) + 2SO_2(g)$
(c) $C(s) + CO_2(g) \rightleftharpoons 2CO(g)$
(d) $C_6H_5COOH(aq) \rightleftharpoons C_6H_5COO^-(aq) + H^+(aq)$

Cálculo das Constantes de Equilíbrio
Questões de Revisão

15.10 Escreva a equação que relaciona K_c com K_P e defina todos os termos.

Problemas

••15.11 A constante de equilíbrio para a reação $A \rightleftharpoons B$ é $K_c = 10$ a determinada temperatura. (1) Começando apenas com o reagente A, qual dos diagramas representa melhor um sistema em equilíbrio? (2) Qual dos diagramas representa melhor o sistema em equilíbrio se $K_c = 0,10$? Explique por que se pode calcular o K_c em cada um desses casos sem conhecer o volume do recipiente. As esferas cinzas representam as moléculas de A e as esferas verdes representam as moléculas de B.

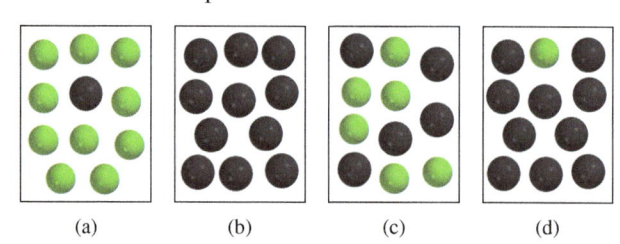

(a) (b) (c) (d)

•15.12 Os seguintes diagramas representam o estado de equilíbrio para três reações diferentes do tipo $A + X \rightleftharpoons AX$ (X = B, C, ou D):

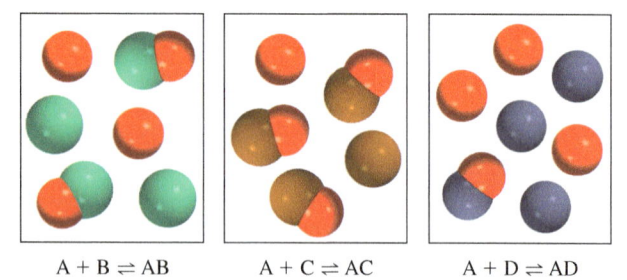

$A + B \rightleftharpoons AB$ $A + C \rightleftharpoons AC$ $A + D \rightleftharpoons AD$

Níveis de Dificuldade: • Fácil •• Médio ••• Difícil.

Qual é a reação que tem a maior constante de equilíbrio? (b) Qual é a reação que tem a menor constante de equilíbrio?

- 15.13 A constante de equilíbrio da reação (K_c)

$$2HCl(g) \rightleftharpoons H_2(g) + Cl_2(g)$$

é $4{,}17 \times 10^{-34}$ a 25°C. Qual é a constante de equilíbrio da reação

$$H_2(g) + Cl_2(g) \rightleftharpoons 2HCl(g)$$

na mesma temperatura?

- **15.14** Considere o seguinte sistema em equilíbrio a 700°C:

$$2H_2(g) + S_2(g) \rightleftharpoons 2H_2S(g)$$

A análise da mistura de equilíbrio mostra que em um recipiente de 12,0 L há 2,50 mols de H_2, $1{,}35 \times 10^{-5}$ mol de S_2 e 8,70 mols de H_2S. Calcule a constante de equilíbrio K_c para a reação.

- 15.15 Qual é o valor de K_P para a seguinte reação a 1273°C

$$2CO(g) + O_2(g) \rightleftharpoons 2CO_2(g)$$

se K_c é $2{,}24 \times 10^{22}$ na mesma temperatura?

- **15.16** A constante de equilíbrio K_P para a reação

$$2SO_3(g) \rightleftharpoons 2SO_2(g) + O_2(g)$$

é $5{,}0 \times 10^{-4}$ a 302°C. Qual é o valor de K_c para essa reação?

- 15.17 Considere a seguinte reação:

$$N_2(g) + O_2(g) \rightleftharpoons 2NO(g)$$

Se as pressões parciais de N_2, O_2 e NO, no equilíbrio, forem 0,15 atm, 0,33 atm e 0,050 atm, respectivamente, a 2200°C, qual é o valor de K_P?

- **15.18** Um recipiente contém NH_3, N_2 e H_2 em equilíbrio, a dada temperatura. As concentrações de equilíbrio são $[NH_3] = 0{,}25\ M$, $[N_2] = 0{,}11\ M$ e $[H_2] = 1{,}91\ M$. Calcule a constante de equilíbrio K_c para a síntese da amônia se a reação for representada por
  (a) $N_2(g) + 3H_2(g) \rightleftharpoons 2NH_3(g)$
  (b) $\frac{1}{2}N_2(g) + \frac{3}{2}H_2(g) \rightleftharpoons NH_3(g)$

- 15.19 A constante de equilíbrio K_c da reação

$$I_2(g) \rightleftharpoons 2I(g)$$

é $3{,}8 \times 10^{-5}$ a 727°C. Calcule K_c e K_P para o equilíbrio

$$2I(g) \rightleftharpoons I_2(g)$$

na mesma temperatura.

- **15.20** A pressão da mistura reacional

$$CaCO_3(s) \rightleftharpoons CaO(s) + CO_2(g)$$

em equilíbrio é 0,105 atm a 350°C. Calcule as constantes de equilíbrio K_P e K_c da reação.

- ••15.21 A constante de equilíbrio K_P para a reação

$$PCl_5(g) \rightleftharpoons PCl_3(g) + Cl_2(g)$$

é 1,05 a 250°C. A reação começa com uma mistura de PCl_5, PCl_3 e Cl_2 às pressões de 0,117 atm, 0,223 atm e 0,111 atm, respectivamente, a 250°C. Quando a mistura atinge o equilíbrio a essa temperatura, que pressões terão diminuído e que pressões terão aumentado? Explique por quê.

- •••15.22 O carbamato de amônio, $NH_4CO_2NH_2$, se decompõe da seguinte forma:

$$NH_4CO_2NH_2(s) \rightleftharpoons 2NH_3(g) + CO_2(g)$$

Começando somente com o sólido, verifica-se que a 40°C a pressão total do gás (NH_3 e CO_2) é 0,363 atm. Calcule a constante de equilíbrio, K_P.

- ••15.23 Considere a seguinte reação a 1600°C.

$$Br_2(g) \rightleftharpoons 2Br(g)$$

Quando 1,05 mols de Br_2 são colocados em um recipiente de 0,980 L, 1,20% de Br_2 se dissocia. Calcule a constante de equilíbrio K_c da reação.

- ••15.24 Em um recipiente de 1,50 L, foram colocados $3{,}00 \times 10^{-2}$ mol de gás fosgênio puro ($COCl_2$). Aqueceu-se a 800 K e verificou-se que, no equilíbrio, a pressão de CO era 0,497 atm. Calcule a constante de equilíbrio K_P da reação

$$CO(g) + Cl_2(g) \rightleftharpoons COCl_2(g)$$

- •••15.25 Considere o equilíbrio

$$2NOBr(g) \rightleftharpoons 2NO(g) + Br_2(g)$$

Se 34% do brometo de nitrosilo, NOBr, estiver dissociado a 25°C e a pressão total for 0,25 atm, calcule K_P e K_c da reação de dissociação nessa temperatura.

- ••15.26 Um reator de 1,50 L contém inicialmente 2,50 mols de NOCl a 400°C. Depois de se estabelecer o equilíbrio, verificou-se que 28,0% de NOCl tinha se dissociado:

$$2NOCl(g) \rightleftharpoons 2NO(g) + Cl_2(g)$$

Calcule a constante de equilíbrio K_c para a reação.

Cálculo das Concentrações de Equilíbrio
Questões de Revisão

15.27 Defina quociente de reação. Qual é a diferença entre esse quociente e a constante de equilíbrio?

15.28 Descreva as etapas para o cálculo das concentrações das espécies reacionais em uma reação em equilíbrio.

Problemas

- ••15.29 A constante de equilíbrio K_P da reação

$$2SO_2(g) + O_2(g) \rightleftharpoons 2SO_3(g)$$

é $5{,}60 \times 10^4$ a 350°C. As pressões iniciais de SO_2 e O_2 em uma mistura são 0,350 atm e 0,762 atm, respectivamente, à temperatura de 350°C. Quando se atingir o equilíbrio, a pressão total da mistura será menor ou maior que a soma das pressões iniciais (1,112 atm)?

Biológica: 15.71, 15.74, 15.87. **Conceitual:** 15.11, 15.12, 15.21, 15.29, 15.43, 15.44, 15.45, 15.46, 15.47, 15.48, 15.49, 15.50, 15.51, 15.52,

15.30 Na síntese da amônia

$$N_2(g) + 3H_2(g) \rightleftharpoons 2NH_3(g)$$

a constante de equilíbrio K_c a 375°C é 1,2. Começando com $[H_2]_0 = 0{,}76\ M$, $[N_2]_0 = 0{,}60\ M$ e $[NH_3]_0 = 0{,}48\ M$, quais gases terão suas concentrações aumentadas e quais terão suas concentrações diminuídas, quando o equilíbrio for atingido?

15.31 Para a reação

$$H_2(g) + CO_2(g) \rightleftharpoons H_2O(g) + CO(g)$$

a 700°C, $K_c = 0{,}534$. Calcule o número de mols de H_2 presentes no equilíbrio, se uma mistura de 0,300 mol de CO e 0,300 mol de H_2O for aquecida a 700°C, em um recipiente de 10,0 L.

15.32 Uma amostra de gás NO_2 puro aquecida a 1000 K decompõe-se:

$$2NO_2(g) \rightleftharpoons 2NO(g) + O_2(g)$$

A constante de equilíbrio K_P é 158. Verifica-se que no equilíbrio a pressão parcial de O_2 é 0,25 atm. Calcule a pressão de NO e NO_2 na mistura.

15.33 A constante de equilíbrio K_c da reação

$$H_2(g) + Br_2(g) \rightleftharpoons 2HBr(g)$$

é $2{,}18 \times 10^6$ a 730°C. Começando com 3,20 mols de HBr em um recipiente de 12,0 L, calcule as concentrações de H_2, Br_2 e HBr no equilíbrio.

15.34 A dissociação de iodo molecular em átomos de iodo é representada por

$$I_2(g) \rightleftharpoons 2I(g)$$

A 1000 K, a constante de equilíbrio K_c da reação é $3{,}80 \times 10^{-5}$. Considerando que a reação se inicie com 0,0456 mol de I_2 em um frasco de 2,30 L a 1.000 K, quais as concentrações dos gases em equilíbrio?

15.35 A constante de equilíbrio K_c da decomposição do fosgênio $COCl_2$ é $4{,}63 \times 10^{-3}$ a 527°C:

$$COCl_2(g) \rightleftharpoons CO(g) + Cl_2(g)$$

Calcule as pressões parciais de todos os componentes em equilíbrio, quando a reação é iniciada com fosgênio puro a 0,760 atm.

15.36 Considere o seguinte sistema em equilíbrio a 686°C:

$$CO_2(g) + H_2(g) \rightleftharpoons CO(g) + H_2O(g)$$

As concentrações das espécies reacionais em equilíbrio são $[CO] = 0{,}050\ M$, $[H_2] = 0{,}045\ M$, $[CO_2] = 0{,}086\ M$ e $[H_2O] = 0{,}040\ M$. (a) Calcule K_c para a reação a 686°C. (b) Se a concentração de CO_2 for aumentada para 0,50 mol/L, por adição de CO_2, quais seriam as concentrações de todos os gases quando o equilíbrio fosse restabelecido?

15.37 Considere o processo de equilíbrio heterogêneo:

$$C(s) + CO_2(g) \rightleftharpoons 2CO(g)$$

A 700°C, verificou-se que a pressão total do sistema é 4,50 atm. Se a constante de equilíbrio K_P for 1,52, calcule as pressões parciais de CO_2 e CO no equilíbrio.

15.38 A constante de equilíbrio K_c para a reação

$$H_2(g) + CO_2(g) \rightleftharpoons H_2O(g) + CO(g)$$

é 4,2 a 1650°C. Inicialmente, injetaram-se 0,80 mol de H_2 e 0,80 mol de CO_2 em um recipiente de 5,0 L. Calcule a concentração de cada espécie em equilíbrio.

Princípio de Le Châtelier
Questões de Revisão

15.39 Explique o princípio de Le Châtelier. Como esse princípio pode nos ajudar a maximizar os rendimentos das reações?

15.40 Use o princípio de Le Châtelier para explicar o fato de a pressão de vapor de um líquido no equilíbrio aumentar com a elevação de temperatura.

15.41 Indique quatro fatores que podem deslocar a posição de um equilíbrio. Qual desses fatores pode alterar o valor da constante de equilíbrio?

15.42 Qual o significado de "posição de um equilíbrio"? A adição de um catalisador tem algum efeito na posição de um equilíbrio?

Problemas

15.43 Considere o seguinte equilíbrio:

$$SO_2(g) + Cl_2(g) \rightleftharpoons SO_2Cl_2(g)$$

Preveja como a posição de equilíbrio variaria se (a) gás Cl_2 fosse adicionado ao sistema; (b) SO_2Cl_2 fosse removido do sistema; (c) SO_2 fosse removido do sistema. A temperatura permanece constante.

15.44 Ao aquecermos bicarbonato de sódio sólido em um recipiente fechado, estabelece-se o equilíbrio seguinte:

$$2NaHCO_3(s) \rightleftharpoons Na_2CO_3(s) + H_2O(g) + CO_2(g)$$

O que aconteceria à posição de equilíbrio se (a) parte do CO_2 fosse removido do sistema; (b) parte do Na_2CO_3 sólido fosse adicionado ao sistema; (c) parte do $NaHCO_3$ sólido fosse removido do sistema? A temperatura permanece constante.

15.45 Considere os seguintes sistemas em equilíbrio:

(a) $A \rightleftharpoons 2B$ $\qquad \Delta H° = 20{,}0$ kJ/mol

(b) $A + B \rightleftharpoons C$ $\qquad \Delta H° = -5{,}4$ kJ/mol

(c) $A \rightleftharpoons B$ $\qquad \Delta H° = 0{,}0$ kJ/mol

Preveja a variação que ocorreria na constante de equilíbrio K_c, em cada caso, se a temperatura do sistema reacional fosse aumentada.

15.46 Que efeito tem um aumento de pressão em cada um dos seguintes sistemas em equilíbrio?

(a) $A(s) \rightleftharpoons 2B(s)$

(b) $2A(l) \rightleftharpoons B(l)$

(c) $A(s) \rightleftharpoons B(g)$

(d) $A(g) \rightleftharpoons B(g)$

(e) $A(g) \rightleftharpoons 2B(g)$

A temperatura é mantida constante. Em cada caso, os reagentes estão contidos em um cilindro munido de um êmbolo móvel.

15.47 Considere o equilíbrio

$$2I(g) \rightleftharpoons I_2(g)$$

Que efeito teria na posição de equilíbrio (a) um aumento da pressão total do sistema por diminuição do seu volume; (b) a adição de I_2 à mistura reacional e (c) uma diminuição de temperatura?

15.48 Considere o seguinte equilíbrio:

$$PCl_5(g) \rightleftharpoons PCl_3(g) + Cl_2(g) \quad \Delta H° = 92,5 \text{ kJ/mol}$$

Preveja em que sentido evolui o equilíbrio quando (a) se aumenta a temperatura; (b) se adiciona mais cloro gasoso à mistura reacional; (c) se remove parte do PCl_3 da mistura; (d) se aumenta a pressão dos gases; (e) se adiciona um catalisador à mistura reacional.

15.49 Considere a reação

$$2SO_2(g) + O_2(g) \rightleftharpoons 2SO_3(g)$$
$$\Delta H° = -198,2 \text{ kJ/mol}$$

Comente as variações nas concentrações de SO_2, O_2 e SO_3 no equilíbrio em razão de (a) um aumento de temperatura; (b) um aumento de pressão; (c) um aumento de SO_2; (d) adição de um catalisador; (e) adição de hélio a volume constante.

15.50 Na reação não catalisada

$$N_2O_4(g) \rightleftharpoons 2NO_2(g)$$

a 100°C, as pressões dos gases em equilíbrio são $P_{N_2O_4} = 0,377$ atm e $P_{NO_2} = 1,56$ atm. Que influência teria a presença de um catalisador nessas pressões?

15.51 Considere a seguinte reação em fase gasosa

$$2CO(g) + O_2(g) \rightleftharpoons 2CO_2(g)$$

Preveja o efeito que teria, na posição do equilíbrio, a adição de hélio gasoso à mistura em equilíbrio (a) a pressão constante e (b) a volume constante.

15.52 Considere a seguinte reação em equilíbrio, em um recipiente fechado:

$$CaCO_3(s) \rightleftharpoons CaO(s) + CO_2(g)$$

O que aconteceria se (a) o volume aumentasse; (b) CaO fosse adicionado à mistura; (c) parte do $CaCO_3$ fosse removida; (d) CO_2 fosse adicionado à mistura; (e) algumas gotas de solução de NaOH fossem adicionadas à mistura; (f) algumas gotas de solução de HCl fossem adicionadas à mistura (ignore a reação entre o CO_2 e a água); (g) a temperatura aumentasse?

Problemas Adicionais

15.53 Considere a afirmação: "A constante de equilíbrio de uma mistura reacional de NH_4Cl sólido e NH_3 e HCl gasoso é 0,316". Indique quais são as três informações importantes que faltam nessa afirmação.

15.54 Inicialmente aqueceu-se o gás NOCl puro a 240°C em um recipiente de 1,00 L. No equilíbrio, verificou-se que a pressão total era 1,00 atm e a pressão de NOCl era 0,64 atm.

$$2NOCl(g) \rightleftharpoons 2NO(g) + Cl_2(g)$$

(a) Calcule as pressões parciais de NO e Cl_2 no sistema.
(b) Calcule a constante de equilíbrio K_P.

15.55 Considere a reação

$$N_2(g) + O_2(g) \rightleftharpoons 2NO(g)$$

A constante de equilíbrio K_p da reação é $1,0 \times 10^{-15}$ a 25°C e 0,050 a 2200°C. A reação de formação do óxido nítrico é endotérmica ou exotérmica? Justifique.

15.56 O composto bicarbonato de sódio sofre decomposição térmica de acordo com a equação

$$2NaHCO_3(s) \rightleftharpoons Na_2CO_3(s) + CO_2(g) + H_2O(g)$$

Se adicionássemos mais bicarbonato de sódio à mistura reacional, obteríamos mais CO_2 e H_2O usando (a) um recipiente fechado ou (b) um recipiente aberto?

15.57 Considere a seguinte reação em equilíbrio:

$$A(g) \rightleftharpoons 2B(g)$$

Com base nos dados, calcule as constantes de equilíbrio (K_P e K_c) a cada temperatura. A reação é endotérmica ou exotérmica?

Temperatura (°C)	[A]	[B]
200	0,0125	0,843
300	0,171	0,764
400	0,250	0,724

15.58 A constante de equilíbrio K_P para a reação

$$2H_2O(g) \rightleftharpoons 2H_2(g) + O_2(g)$$

é 2×10^{-42} a 25°C. (a) Qual é a constante de equilíbrio K_c da reação a mesma temperatura? (b) O valor de K_P (e de K_c) pequeno indica que, globalmente, a reação favorece a formação de moléculas de água. Apesar desse fato, explique como é possível manter uma mistura de hidrogênio e oxigênio no estado gasoso à temperatura ambiente sem que se observem quaisquer variações.

15.59 Considere o seguinte sistema reacional:

$$2NO(g) + Cl_2(g) \rightleftharpoons 2NOCl(g)$$

Que combinação de temperatura e pressão maximizaria o rendimento de NOCl? [*Sugestão*: O $\Delta H°_f(NOCl) = 51,7$ kJ/mol. Você precisará consultar o Apêndice 2.]

15.60 A uma dada temperatura e a uma pressão total de 1,2 atm, as pressões parciais de uma mistura em equilíbrio

$$2A(g) \rightleftharpoons B(g)$$

são $P_A = 0,60$ atm e $P_B = 0,60$ atm. (a) Calcule K_P para a reação nessa temperatura. (b) Se a pressão total aumentasse para 1,5 atm, quais seriam as pressões parciais de A e B no equilíbrio?

15.61 A decomposição de hidrogenossulfeto de amônio

$$NH_4HS(s) \rightleftharpoons NH_3(g) + H_2S(g)$$

é um processo endotérmico. Uma amostra de 6,1589 g do sólido é colocada em um recipiente de 4000 L, no qual previamente se fez vácuo, a exatamente 24°C. Depois de se estabelecer o equilíbrio, a pressão total no interior é 0,709 atm. Parte do NH₄HS sólido permanece no recipiente. (a) Qual é o valor de K_P para a reação? (b) Que porcentagem de sólido se decompôs? (c) Se o volume do recipiente duplicasse, à temperatura constante, o que aconteceria com a quantidade de sólido no recipiente?

15.62 Considere a reação

$$2NO(g) + O_2(g) \rightleftharpoons 2NO_2(g)$$

A 430°C, 0,020 mol de O₂, 0,040 mol de NO e 0,96 mol de NO₂ constituem uma mistura em equilíbrio. Calcule K_P da reação, sabendo que a pressão total é 0,20 atm.

15.63 Quando aquecido, o carbamato de amônio decompõe-se de acordo com a equação seguinte.

$$NH_4CO_2NH_2(s) \rightleftharpoons 2NH_3(g) + CO_2(g)$$

A certa temperatura, a pressão do sistema em equilíbrio é 0,318 atm. Calcule K_P para a reação.

15.64 Uma mistura de 0,47 mol de H₂ e 3,59 mols de HCl é aquecida a 2800°C. Calcule as pressões parciais de H₂, Cl₂ e HCl, no equilíbrio, se a pressão total for 2,00 atm. O valor de K_P da reação $H_2(g) + Cl_2(g) \rightleftharpoons 2HCl(g)$ é 193 a 2800°C.

15.65 Considere a reação em um recipiente fechado:

$$N_2O_4(g) \rightleftharpoons 2NO_2(g)$$

No início, há 1 mol de N₂O₄. No equilíbrio, dissociaram-se α mol de N₂O₄ para formar NO₂. (a) Derive uma expressão para K_P, em função de α e P, a pressão total. (b) Como a expressão de (a) ajuda a prever o desvio no equilíbrio em virtude de um aumento de P? A sua previsão concorda com o princípio de Le Châtelier?

15.66 Colocam-se em um frasco, a 397°C, 1 mol de N₂ e 3 mols de H₂. Calcule a pressão total do sistema no equilíbrio se a fração molar de NH₃ for 0,21. O valor de K_P da reação é $4,31 \times 10^{-4}$.

15.67 A 1130°C, a constante de equilíbrio (K_c) da reação

$$2H_2S(g) \rightleftharpoons 2H_2(g) + S_2(g)$$

é $2,25 \times 10^{-4}$. Se $[H_2S] = 4,84 \times 10^{-3} M$ e $[H_2] = 1,50 \times 10^{-3} M$, calcule $[S_2]$.

15.68 Em um recipiente de 2,00 L, colocou-se 6,75 g de SO₂Cl₂. A 648 K, estão presentes 0,0345 mol de SO₂. Calcule K_c da reação

$$SO_2Cl_2(g) \rightleftharpoons SO_2(g) + Cl_2(g)$$

15.69 A formação de SO₃ a partir de SO₂ e O₂ é uma etapa intermediária na fabricação de ácido sulfúrico e é, também, responsável pelo fenômeno da chuva ácida. A constante de equilíbrio (K_P) da reação

$$2SO_2(g) + O_2(g) \rightleftharpoons 2SO_3(g)$$

é 0,13 a 830°C. Em uma experiência, colocaram-se, inicialmente, em um frasco, 2,00 mols de SO₂ e 2,00 mols de O₂. Qual deverá ser a pressão total no equilíbrio para obter um rendimento de 80,0% em SO₃?

15.70 Considere a dissociação do iodo:

$$I_2(g) \rightleftharpoons 2I(g)$$

Uma amostra de 1,00 g de I₂ é aquecida a 1200°C em um recipiente de 500 mL. No equilíbrio, a pressão total é 1,51 atm. Calcule K_P da reação. [*Sugestão:* Use o resultado do Problema 15.65(a). O grau de dissociação α pode ser obtido da razão entre a pressão observada e a pressão calculada, admitindo que não haja dissociação.]

15.71 As cascas dos ovos são compostas, principalmente, por carbonato de cálcio (CaCO₃), formado de acordo com a reação

$$Ca^{2+}(aq) + CO_3^{2-}(aq) \rightleftharpoons CaCO_3(s)$$

Os íons carbonato são fornecidos pelo dióxido de carbono produzido no metabolismo. Explique por que as cascas de ovo são mais finas no verão, quando aumenta o ritmo de respiração das galinhas. Sugira uma solução para esse problema.

15.72 A constante de equilíbrio K_P da reação seguinte é $4,31 \times 10^{-4}$ a 375°C:

$$N_2(g) + 3H_2(g) \rightleftharpoons 2NH_3(g)$$

Um estudante inicia uma certa experiência com 0,862 atm de N₂ e 0,373 atm de H₂ em um recipiente a volume constante e a 375°C. Calcule as pressões parciais de todas as espécies quando se atingir o equilíbrio.

15.73 Em um recipiente fechado, aqueceu-se 0,20 mol de dióxido de carbono com um excesso de grafite, a dada temperatura, até se atingir o seguinte equilíbrio:

$$C(s) + CO_2(g) \rightleftharpoons 2CO(g)$$

Nessas condições, verificou-se que a massa molar média dos gases era 35 g/mol. (a) Calcule as frações molares de CO e CO₂. (b) Qual o valor de K_P no equilíbrio se a pressão total for 11 atm? (*Sugestão:* A massa molar média é a soma dos produtos das frações molares de cada gás pela respectiva massa molar.)

15.74 Quando dissolvidas em água, a glicose (açúcar de milho) e a frutose (açúcar de fruta) existem em equilíbrio de acordo com:

$$\text{frutose} \rightleftharpoons \text{glicose}$$

Um químico preparou uma solução de frutose 0,244 M, a 25°C. Verificou-se que no equilíbrio a sua concentração diminuiu para 0,113 M. (a) Calcule a constante de equilíbrio da reação. (b) No equilíbrio, que porcentagem de frutose se converteu em glicose?

15.75 À temperatura ambiente, o iodo sólido está em equilíbrio com o seu vapor por meio de sublimação e de deposição (veja a Figura 8.17). Explique como você usaria iodo radioativo, na forma de sólido ou de vapor, para mostrar que há um equilíbrio dinâmico entre as duas fases.

15.76 A 1024°C, a pressão de oxigênio gasoso resultante da decomposição de óxido de cobre(II) (CuO) é 0,49 atm:

$$4CuO(s) \rightleftharpoons 2Cu_2O(s) + O_2(g)$$

(a) Qual é o valor de K_P da reação? (b) Calcule a fração de CuO que se decompõe se for colocado 0,16 mol desse óxido em um recipiente de 2,0 L a 1024°C. (c) Se fosse usado 1,0 mol de CuO, que fração se decomporia? (d) Qual a quantidade mínima de CuO (em mols) que permitiria o estabelecimento do equilíbrio?

15.77 Uma mistura contendo 3,9 mols de NO e 0,88 mol de CO_2 reage em um recipiente a certa temperatura de acordo com a equação

$$NO(g) + CO_2(g) \rightleftharpoons NO_2(g) + CO(g)$$

No equilíbrio, está presente 0,11 mol de CO_2. Calcule a constante de equilíbrio K_c dessa reação.

15.78 A constante de equilíbrio K_c da reação

$$H_2(g) + I_2(g) \rightleftharpoons 2HI(g)$$

é 54,3 a 430°C. No início da reação há 0,714 mol de H_2, 0,984 mol de I_2 e 0,886 mol de HI em um recipiente de 2,40 L. Calcule as concentrações dos gases em equilíbrio.

15.79 Ao ser aquecido, um composto gasoso A dissocia-se da seguinte forma:

$$A(g) \rightleftharpoons B(g) + C(g)$$

Em uma experiência, A foi aquecido a certa temperatura até que, no equilíbrio, a sua pressão atingiu o valor de 0,14P, em que P é a pressão total. Calcule a constante de equilíbrio (K_P) dessa reação.

15.80 Verificou-se que quando certo gás era aquecido, nas condições atmosféricas, a sua cor se intensificava. Aquecendo acima de 150°C, a cor diminuía de intensidade e a 550°C a cor dificilmente era detectada. Contudo, a 550°C, foi possível restaurar parcialmente a cor do sistema aumentando-se a pressão. Qual das seguintes hipóteses se adapta melhor à descrição feita anteriormente? Justifique a sua escolha. (a) Uma mistura de hidrogênio e bromo, (b) bromo puro, (c) uma mistura de dióxido de nitrogênio e de tetróxido de dinitrogênio. (*Sugestão:* O bromo tem uma cor avermelhada e o dióxido de nitrogênio é um gás de cor marrom. Os outros gases são incolores.)

15.81 A constante de equilíbrio K_c da reação seguinte é 0,65°C a 395°C.

$$N_2(g) + 3H_2(g) \rightleftharpoons 2NH_3(g)$$

(a) Qual o valor de K_P desta reação?
(b) Qual o valor da constante de equilíbrio K_c para $2NH_3(g) \rightleftharpoons N_2(g) + 3H_2(g)$?
(c) Qual o valor de K_c para $\frac{1}{2}N_2(g) + \frac{3}{2}H_2(g) \rightleftharpoons NH_3(g)$?
(d) Quais os valores de K_P das reações descritas em (b) e (c)?

15.82 Um tubo de vidro selado contém uma mistura dos gases NO_2 e N_2O_4. Descreva o que acontece às seguintes propriedades dos gases quando o tubo é aquecido de 20°C a 40°C: (a) cor, (b) pressão, (c) massa molar média, (d) grau de dissociação (de N_2O_4 a NO_2), (e) densidade. Suponha que o volume permaneça constante. (*Sugestão:* NO_2 é um gás marrom e N_2O_4 é incolor.)

15.83 A 20°C, a pressão de vapor d'água é 0,0231 atm. Calcule K_P e K_c para o processo

$$H_2O(l) \rightleftharpoons H_2O(g)$$

15.84 Industrialmente, o metal sódio é obtido por eletrólise do cloreto de sódio fundido. A reação do cátodo é $Na^+ + e^- \longrightarrow Na$. Seria de esperar que o metal potássio fosse preparado por eletrólise do cloreto de potássio fundido. Porém, o metal potássio é solúvel em cloreto de potássio fundido e é, portanto, difícil de recuperar. Além disso, o potássio vaporiza-se rapidamente à temperatura utilizada, criando condições perigosas. Em vez disso, o potássio pode ser preparado por meio da destilação do cloreto de potássio fundido na presença do vapor do sódio, a 892°C:

$$Na(g) + KCl(l) \rightleftharpoons NaCl(l) + K(g)$$

Considerando que o potássio é um agente redutor mais forte que o sódio, explique por que esse processo funciona. (Os pontos de ebulição do sódio e do potássio são 892°C e 770°C, respectivamente.)

15.85 Na fase gasosa, o dióxido de nitrogênio é, na realidade, uma mistura de dióxido de nitrogênio (NO_2) e de tetróxido de dinitrogênio (N_2O_4). Se a densidade da mistura for 2,9 g/L a 74°C e 1,3 atm, calcule as pressões parciais dos gases e K_P.

15.86 Cerca de 75% do hidrogênio utilizado na indústria é produzido pelo processo de *reforma a vapor*. Esse processo é realizado em duas etapas designadas por reformas primária e secundária. Na primeira etapa, é aquecida uma mistura de vapor d'água e metano, a 800°C, sobre um catalisador de níquel, à pressão de 30 atm, formando-se monóxido de carbono e hidrogênio:

$$CH_4(g) + H_2O(g) \rightleftharpoons CO(g) + 3H_2(g)$$
$$\Delta H° = 206 \text{ kJ/mol}$$

A segunda etapa é realizada, aproximadamente, a 1000°C, na presença de ar, para converter o restante do metano em hidrogênio:

$$CH_4(g) + \tfrac{1}{2}O_2(g) \rightleftharpoons CO(g) + 2H_2(g)$$
$$\Delta H° = 35,7 \text{ kJ/mol}$$

(a) Quais são as condições de temperatura e pressão que favorecem a formação dos produtos nas duas etapas? (b) A constante de equilíbrio K_c para a etapa primária é 18°C a 800°C. (i) Calcule K_P para a reação. (ii) Se as pressões parciais do metano e do vapor d'água forem ambas 15 atm no início do processo, qual é a pressão de todos os gases no equilíbrio?

15.87 A fotossíntese pode ser representada por

$$6CO_2(g) + 6H_2O(l) \rightleftharpoons C_6H_{12}O_6(s) + 6O_2(g)$$
$$\Delta H° = 2801 \text{ kJ/mol}$$

Explique como seria afetado o equilíbrio pelas seguintes alterações: (a) A pressão parcial do CO_2 é aumentada; (b) o O_2 é removido da mistura; (c) a $C_6H_{12}O_6$ (glicose) é removida da mistura; (d) Adiciona-se mais água; (e) Adiciona-se um catalisador; (f) Diminui-se a temperatura; (g) Aumenta-se a incidência de luz solar sobre as plantas.

15.88 Considere a decomposição de cloreto de amônio a determinada temperatura.

$$NH_4Cl(s) \rightleftharpoons NH_3(g) + HCl(g)$$

Calcule a constante de equilíbrio K_P se a pressão total for 2,2 atm nessa temperatura.

15.89 A 25 °C, a pressão parcial do equilíbrio de NO_2 e N_2O_4 é 0,15 atm e 0,20 atm, respectivamente. Se o volume duplicar, à temperatura constante, calcule as pressões parciais dos gases quando se atinge um novo estado de equilíbrio.

15.90 Em 1899, o químico alemão Ludwig Mond desenvolveu um processo para purificar o níquel, convertendo-o no composto volátil tetracarbonilníquel(o) [$Ni(CO)_4$] (p.e. = 42,2°C):

$$Ni(s) + 4CO(g) \rightleftharpoons Ni(CO)_4(g)$$

(a) Descreva como o níquel pode ser separado das suas impurezas sólidas. (b) Como recuperar o níquel? [ΔH_f° para $Ni(CO)_4$ é $-602,9$ kJ/mol.]

15.91 Considere a reação de equilíbrio descrita no Problema 15.21. Coloca-se 2,50 g de PCl_5 em um recipiente evacuado de 0,500 L e aquece-se a 250°C. (a) Calcule a pressão de PCl_5, admitindo que não haja dissociação. (b) Calcule a pressão parcial de PCl_5 no equilíbrio. (c) Qual é a pressão total no equilíbrio? (d) Qual é o grau de dissociação de PCl_5? (O grau de dissociação é dado pela fração de PCl_5 que se dissociou.)

15.92 A pressão de vapor do mercúrio é 0,0020 mmHg a 26°C. (a) Calcule os valores de K_c e K_P para o processo $Hg(l) \rightleftharpoons Hg(g)$. (b) Um químico quebra um termômetro e derrama o mercúrio no chão do laboratório que mede 6,1 m de comprimento, 5,3 m de largura e 3,1 m de altura. Calcule a massa de mercúrio (em gramas) vaporizada, no equilíbrio, e a concentração do vapor de mercúrio em mg/m³. Essa concentração excede o limite de segurança de 0,050 mg/m³? (Ignore o volume do mobiliário e dos outros objetos existentes no laboratório.)

15.93 Considere os diagramas de energia potencial para os dois tipos de reação A $\rightleftharpoons$ B. Em cada um dos casos, responda às seguintes perguntas para o sistema em equilíbrio. (a) Como um catalisador afetaria a velocidade das reações direta e inversa? (b) Diga como um catalisador afetaria as energias do reagente e do produto? (c) De que modo o aumento da temperatura afetaria a constante de equilíbrio? (d) Se o único efeito de um catalisador for o de diminuir as energias de ativação para as reações direta e inversa, mostre que a constante de equilíbrio permanece inalterada se um catalisador for adicionado à mistura reacional.

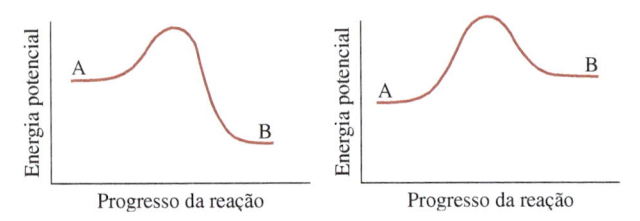

15.94 A constante de equilíbrio K_c para a reação $2NH_3(g) \rightleftharpoons N_2(g) + 3H_2(g)$ é 0,83 a 375°C. Uma amostra de 14,6 g de amônia é colocada em um recipiente de 4,00 L e aquecida a 375°C. Calcule as concentrações de todos os gases quando o equilíbrio for atingido.

• Problemas Especiais

15.95 Neste capítulo, aprendemos que um catalisador não tem efeito na posição de equilíbrio porque aumenta a velocidade das reações direta e inversa na mesma extensão. Para testar essa afirmação, considere a situação em que se estabelece um equilíbrio do tipo

$$2A(g) \rightleftharpoons B(g)$$

dentro de um cilindro munido de um êmbolo sem peso. O êmbolo está ligado à tampa de uma caixa que contém um catalisador, por meio de um fio. Quando o êmbolo se move para cima (expandindo-se contra a pressão atmosférica), a tampa levanta-se e o catalisador é exposto aos gases. Quando o êmbolo se move para baixo, a caixa fecha-se. Admita que o catalisador aumenta a velocidade da reação direta (2A $\longrightarrow$ B) e não afeta o processo inverso (B $\longrightarrow$ 2A). Suponha que o catalisador seja exposto ao sistema em equilíbrio como se mostra a seguir. Descreva o que aconteceria subseqüentemente. Como essa experiência "fictícia" o convence de que tal catalisador não existe?

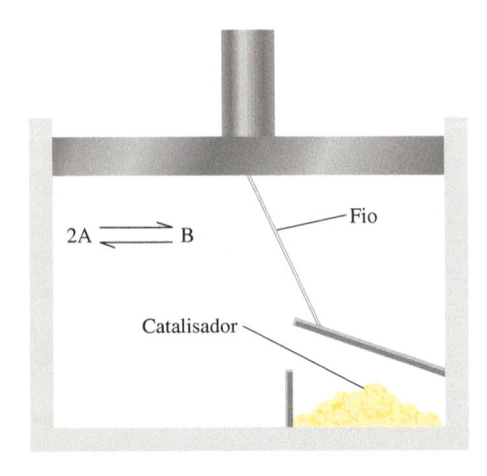

15.96 Considere uma mistura dos gases NO_2 e N_2O_4, em equilíbrio a 25°C, em um cilindro munido de um êmbolo móvel. As concentrações são: $[NO_2]$ = 0,0475 M e $[N_2O_4]$ = 0,491 M. O volume da mistura gasosa é reduzido à metade empurrando-se o pistão, à temperatura constante. Calcule as concentrações dos gases quando o equilíbrio for estabelecido. Após a alteração do volume, a cor deve ser mais escura ou mais clara? [*Sugestão:* K_c para a dissociação do N_2O_4 é 4,63 × 10^{-3}. $N_2O_4(g)$ é incolor e $NO_2(g)$ tem cor marrom.]

• Respostas dos Exercícios

15.1 $K_c = \dfrac{[NO_2]^4[O_2]}{[N_2O_5]^2}$ $K_P = \dfrac{P_{NO_2}^4 P_{O_2}}{P_{N_2O_5}^2}$.
15.2 347 atm. **15.3** 1,2. **15.4** K_P = 0,0702; K_c = 1,20 × 10^{-4}. **15.5** Da direita para a esquerda
15.6 [HI] = 0,031 M, [H_2] = 4,3 × 10^{-3} M, [I_2] = 4,3 × 10^{-3} M.
15.7 [Br_2] = 0,065 M, [Br] = 8,4 × 10^{-3} M.
15.8 Q_P = 4,0 × 10^5, a reação global irá se deslocar da direita para a esquerda. **15.9** Da esquerda para a direita.
15.10 O equilíbrio se deslocará da: (a) esquerda para a direita; (b) esquerda para a direita; e (c) direita para a esquerda; (d) um catalisador não terá efeito no equilíbrio.

16 Ácidos e Bases

16.1 Ácidos e Bases de Brønsted 511
Pares Ácido-Base Conjugados

16.2 Propriedades Ácido-Base da Água 512
Produto Iônico da Água

16.3 pH — Uma Medida de Acidez 514

16.4 Força de Ácidos e de Bases 517

16.5 Ácidos Fracos e Constantes de Ionização Básicas 521
Porcentagem de Ionização • Ácidos Dipróticos e Polipróticos

16.6 Bases Fracas e Constantes de Ionização Ácida 531

16.7 Relação entre as Constantes de Ionização de Ácidos e Bases Conjugadas 533

16.8 Estrutura Molecular e a Força dos Ácidos 534
Ácidos Halogenídricos • Oxiácidos

16.9 Propriedades Ácido-Base de Sais 537
Sais Que Originam Soluções Neutras • Sais Que Originam Soluções Básicas • Sais Que Originam Soluções Ácidas • Hidrólise de Íons Metálicos • Sais em Que Tanto o Cátion Quanto o Ânion Se Hidrolisam

16.10 Óxidos Ácidos, Básicos e Anfóteros 543

16.11 Ácidos e Bases de Lewis 545

Quando um tablete de Alka-Seltzer se dissolve em água, os íons hidrogenocarbonato do tablete reagem com o componente ácido para gerar o gás dióxido de carbono.

Conceitos Essenciais

Ácidos e Bases de Brønsted Um ácido de Brønsted pode doar um próton e uma base de Brønsted pode aceitar um próton. Para cada ácido de Brønsted existe uma base de Brønsted conjugada e vice-versa.

Propriedades Ácido-Base da Água e a Escala de pH A água age tanto como um ácido de Brønsted quanto uma base de Brønsted. A 25°C, ambas as concentrações de H^+ e OH^- são 10^{-7} M. A escala de pH foi desenvolvida para expressar a acidez de uma solução — quanto menor o pH, maior a concentração de H^+ e maior a acidez.

Constantes de Ionização de Ácidos e Bases Considere que os ácidos e as bases fortes se ionizam completamente. Os ácidos e as bases fracas se ionizam em uma pequena extensão. As concentrações de ácido, da base conjugada e de íons H^+ no equilíbrio podem ser calculados a partir da constante de ionização ácida, que é a constante de equilíbrio da reação.

Estrutura Molecular e a Força Ácida A força ácida de uma série de ácidos com estruturas similares pode ser comparada usando parâmetros como a energia de ligação, a polaridade da ligação e o número de oxidação.

Propriedades Ácido-Base de Sais e Óxidos Muitos sais reagem com a água em um processo denominado hidrólise. É possível predizer o pH da solução por meio da natureza do cátion e do ânion presentes no sal. A maioria dos óxidos também reage com água para produzir soluções ácidas ou básicas.

Ácidos e Bases de Lewis A definição mais geral de ácidos e bases caracteriza um ácido como uma substância que pode aceitar par de elétrons e uma base como uma substância que pode doar par de elétrons. Todos os ácidos e bases de Brønsted são ácidos e bases de Lewis.

16.1 Ácidos e Bases de Brønsted

No Capítulo 4, definimos um ácido de Brønsted como uma substância capaz de ceder um próton e uma base de Brønsted como uma substância capaz de aceitar um próton. Essas definições são, geralmente, apropriadas para uma discussão das propriedades e reações de ácidos e bases.

Pares Ácido-Base Conjugados

O conceito de ***par ácido-base conjugado***, que pode ser definido como *um ácido e a sua base conjugada ou uma base e o seu ácido conjugado*, é uma extensão da definição de ácidos e bases de Brønsted. A base conjugada de um ácido de Brønsted é a espécie que se forma quando um próton é retirado do ácido. De maneira contrária, um ácido conjugado é formado a partir da adição de um próton à base de Brønsted. Todo ácido de Brønsted tem uma base conjugada e toda base de Brønsted tem um ácido conjugado.

Por exemplo, o íon cloreto (Cl^-) é a base conjugada formada a partir do ácido HCl e H_2O é a base conjugada do ácido H_3O^+. Analogamente, a ionização do ácido acético pode ser representada por:

Conjugado significa "juntos".

$$CH_3COOH(aq) + H_2O(l) \rightleftharpoons CH_3COO^-(aq) + H_3O^+(aq)$$
$$\text{ácido}_1 \quad\quad \text{base}_2 \quad\quad\quad \text{base}_1 \quad\quad \text{ácido}_2$$

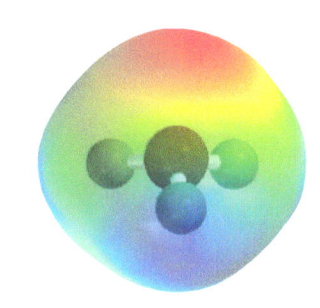

Mapa de potencial eletrostático do íon hidrônio. O próton está sempre associado a moléculas de água em solução aquosa. O íon H_3O^+ é a fórmula mais simples de um próton hidratado.

Os subscritos 1 e 2 designam os dois pares ácido-base conjugados. Assim, o íon acetato (CH_3COO^-) é a base conjugada de CH_3COOH. Tanto a ionização do HCl (veja a Seção 4.3) como a ionização de CH_3COOH são exemplos de reações ácido-base de Brønsted.

A definição de Brønsted também nos permite classificar a amônia como uma base em razão de sua capacidade de aceitar um próton:

$$NH_3(aq) + H_2O(l) \rightleftharpoons NH_4^+(aq) + OH^-(aq)$$
$$\text{base}_1 \quad\quad \text{ácido}_2 \quad\quad\quad \text{ácido}_1 \quad\quad \text{base}_2$$

Nesse caso, NH_4^+ é o ácido conjugado da base NH_3 e o íon hidróxido OH^- é a base conjugada do ácido H_2O. Note que o átomo da base de Brønsted que aceita o próton deve ter um par de elétrons isolado.

EXEMPLO 16.1

Identifique os pares ácido-base conjugados na reação entre a amônia e o ácido fluorídrico, em solução aquosa

$$NH_3(aq) + HF(aq) \rightleftharpoons NH_4^+(aq) + F^-(aq)$$

(Continua)

Problema semelhante: 16.5.

Estratégia Lembre-se de que uma base conjugada tem sempre um átomo de H a menos e uma carga negativa a mais (ou uma carga positiva a menos) do que a fórmula do ácido correspondente.

Solução NH_3 tem um átomo de H a menos e uma carga positiva a menos que NH_4^+. F^- tem um átomo de H a menos e uma carga negativa a mais que HF. Portanto, os pares ácido-base conjugados são (1) NH_4^+ e NH_3 e (2) HF e F^-.

Exercício Identifique os pares ácido-base conjugados da reação:

$$CN^- + H_2O \rightleftharpoons HCN + OH^-$$

É aceitável representar o próton em solução aquosa tanto por H^+ como por H_3O^+. A fórmula H^+ é mais simples em cálculos que envolvem concentrações do íon hidrogênio e em cálculos que envolvem constantes de equilíbrio, enquanto H_3O^+ é mais útil quando se discutem as propriedades ácido-base de Brønsted.

16.2 Propriedades Ácido-Base da Água

A água, como sabemos, é um solvente ímpar. Uma das suas propriedades especiais é a capacidade de atuar tanto como ácido quanto como base. A água age como base em reações com ácidos, tais como HCl e CH_3COOH, e atua como ácido em reações com bases, tais como NH_3. A água é um eletrólito muito fraco e, portanto, um fraco condutor de eletricidade, mas sofre ionização em pequena extensão:

$$H_2O(l) \rightleftharpoons H^+(aq) + OH^-(aq) \tag{16.1}$$

Essa reação designa-se, algumas vezes, como *auto-ionização* da água. Para descrevermos as propriedades de auto-ionização da água no contexto de Brønsted, exprimimos a sua auto-ionização como se segue (também representado na Figura 16.1):

$$H\!-\!\underset{H}{\overset{..}{O}}\!:\; +\; H\!-\!\underset{H}{\overset{..}{O}}\!: \;\rightleftharpoons\; \left[H\!-\!\underset{H}{\overset{..}{O}}\!-\!H\right]^+ \;+\; H\!-\!\overset{..}{\underset{..}{O}}\!:^-$$

ou

$$\underset{\text{ácido}_1}{H_2O} + \underset{\text{base}_2}{H_2O} \rightleftharpoons \underset{\text{ácido}_2}{H_3O^+} + \underset{\text{base}_1}{OH^-} \tag{16.2}$$

Os pares ácido-base conjugados são (1) H_2O (ácido) e OH^- (base) e (2) H_3O^+ (ácido) e H_2O (base).

Produto Iônico da Água

No estudo das reações ácido-base, a concentração do íon hidrogênio ocupa um lugar-chave; o seu valor indica a acidez ou basicidade de uma solução. Uma vez que apenas

Figura 16.1
Reação entre duas moléculas de água para formar íons hidrônio e hidróxido.

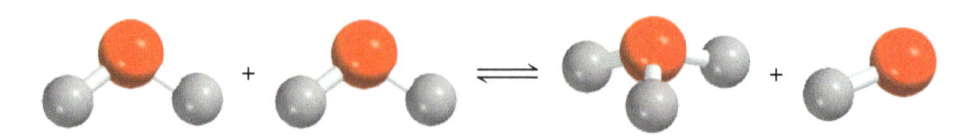

A água da torneira e a água de fontes subterrâneas conduzem eletricidade porque contêm muitos íons dissolvidos.

uma pequena fração das moléculas de água está ionizada, a concentração da água, [H₂O], permanece virtualmente inalterada. Portanto, a constante de equilíbrio para a auto-ionização da água, de acordo com a Equação (16.2), é:

$$K_c = [H_3O^+][OH^-]$$

Visto que usamos H⁺ (*aq*) e H₃O⁺ (*aq*) indistintamente para representar o próton hidratado, a constante de equilíbrio também pode ser expressa como

$$K_c = [H^+][OH^-]$$

Para indicarmos que a constante de equilíbrio se refere à auto-ionização da água, substituímos K_c por K_w

$$K_w = [H_3O^+][OH^-] = [H^+][OH^-] \quad (16.3)$$

em que K_w é denominada **constante do produto iônico***, que é *o produto das concentrações molares dos íons H^+ e OH^-, a dada temperatura*.

Em água pura a 25°C, as concentrações de H⁺ e OH⁻ são iguais e têm os valores $[H^+] = 1{,}0 \times 10^{-7}\,M$ e $[OH^-] = 1{,}0 \times 10^{-7}\,M$. Assim, da Equação (16.3), a 25°C

$$K_w = (1{,}0 \times 10^{-7})(1{,}0 \times 10^{-7}) = 1{,}0 \times 10^{-14}$$

Em se tratando de água pura ou de uma solução aquosa de uma espécie dissolvida, observa-se *sempre* a seguinte relação, a 25°C:

$$K_w = [H^+][OH^-] = 1{,}0 \times 10^{-14} \quad (16.4)$$

Sempre que [H⁺] = [OH⁻], a solução aquosa é denominada neutra. Em uma solução ácida, há excesso de íons H⁺ e [H⁺] > [OH⁻]. Em uma solução básica, há excesso de íons hidróxido, portanto [H⁺] < [OH⁻]. Na prática podemos mudar a concentração tanto dos íons H⁺ como dos íons OH⁻ em solução, mas não podemos mudar ambos independentemente. Se ajustarmos a solução de modo que $[H^+] = 1{,}0 \times 10^{-6}\,M$, a concentração de OH⁻ *tem de* mudar para

$$[OH^-] = \frac{K_w}{[H^+]} = \frac{1{,}0 \times 10^{-14}}{1{,}0 \times 10^{-6}} = 1{,}0 \times 10^{-8}\,M$$

EXEMPLO 16.2

A concentração de íons OH⁻ em certa solução amoniacal de limpeza doméstica é 0,0025 *M*. Calcule a concentração de íons H⁺.

Estratégia   Dada a concentração de íons OH⁻, pede-se para calcular [H⁺]. A relação entre [H⁺] e [OH⁻] em água ou em uma solução aquosa é dada pelo produto iônico da água, K_w [Equação (16.4)].

Solução   Rearranjando a Equação (16.4), escrevemos

$$[H^+] = \frac{K_w}{[OH^-]} = \frac{1{,}0 \times 10^{-14}}{0{,}0025} = 4{,}0 \times 10^{-12}\,M$$

(*Continua*)

---

* N. R. T.: — K_w também é chamada de constante de ionização da água ou constante de autoprotólise da água.

Problema semelhante 16.16(c).

Verificação Já que [H$^+$] < [OH$^-$], a solução é básica, como esperaríamos atendendo à discussão anterior da reação de amônia com água.

Exercício Calcule a concentração de íons OH$^-$ em uma solução de HCl cuja concentração de íon hidrogênio é 1,3 M.

16.3 pH — Uma Medida de Acidez

Como as concentrações de H$^+$ e OH$^-$ em soluções aquosas são freqüentemente números muito pequenos e, portanto, inconvenientes de lidar, o químico dinamarquês Soren Sorensen, em 1909, propôs uma medida mais prática designada pH. O **pH** de uma solução é definido *como o logaritmo negativo da concentração de íon hidrogênio (em mol/L):*

Observe que uma alteração de 1 unidade de pH corresponde a uma mudança de dez vezes em [H$^+$].

$$\text{pH} = -\log\,[\text{H}_3\text{O}^+] \quad \text{ou} \quad \text{pH} = -\log\,[\text{H}^+] \qquad (16.5)$$

Lembre-se de que a Equação (16.5) é simplesmente uma definição elaborada para gerar números convenientes a ser usados. O logaritmo com sinal negativo nos dá um número positivo para o pH que, de outro modo, seria negativo em razão do baixo valor de [H$^+$]. Além disso, o termo [H$^+$] na Equação (16.5) diz respeito apenas à *parte numérica* da expressão para a concentração do íon hidrogênio, visto que não se pode aplicar logaritmos a unidades. Assim, tal como a constante de equilíbrio, o pH de uma solução é uma quantidade adimensional.

O pH de soluções ácidas concentradas pode ser negativo. Por exemplo, o pH de uma solução 2,0 M de HCl é −0,30.

Uma vez que o pH é simplesmente um modo de exprimir a concentração do íon hidrogênio, as soluções ácidas e básicas a 25°C podem-se distinguir pelos seus valores de pH como se segue:

Soluções ácidas: [H$^+$] > 1,0 × 10^{-7} M, pH < 7,00
Soluções básicas: [H$^+$] < 1,0 × 10^{-7} M, pH > 7,00
Soluções neutras: [H$^+$] = 1,0 × 10^{-7} M, pH = 7,00

Note que o pH aumenta quando [H$^+$] diminui.

É preciso ressaltar que a definição de pH exatamente como mostrada antes e todos os cálculos que envolvem concentrações de soluções (expressa como molaridade ou molalidade), discutidos em capítulos anteriores, estão sujeitos a erro porque assumimos, implicitamente, o comportamento ideal. Na realidade, a formação de pares iônicos e outros tipos de interações intermoleculares podem afetar as concentrações efetivas das espécies em solução. A situação é análoga à da relação entre comportamento de gás ideal e gases reais discutida no Capítulo 5.

Dependendo da temperatura, do volume e da quantidade e tipo de gás presente, a pressão medida do gás pode diferir daquela calculada usando-se a equação de gás ideal. Analogamente, a concentração real ou "efetiva" de um soluto pode não ser a que pensávamos que deveria ser, tendo em conta a quantidade de substância originalmente dissolvida em solução. Assim como temos a equação de van der Waals e outras equações para ajustar as discrepâncias entre a equação de um gás ideal e o comportamento de gases não ideais, também podemos ter em conta o comportamento não ideal em solução. Uma maneira de diminuir a discrepância é substituir o termo *concentração* por *atividade*, que é a concentração efetiva. Assim, o pH de uma solução pode ser definido como

$$\text{pH} = -\log\,a_{\text{H}^+}$$

onde a_{H^+} é a atividade do íon H$^+$. Sabendo-se a concentração do soluto, há métodos confiáveis com base na termodinâmica para calcular a atividade, mas os detalhes não serão abordados neste texto. Por essa razão, continuaremos a usar concentração em

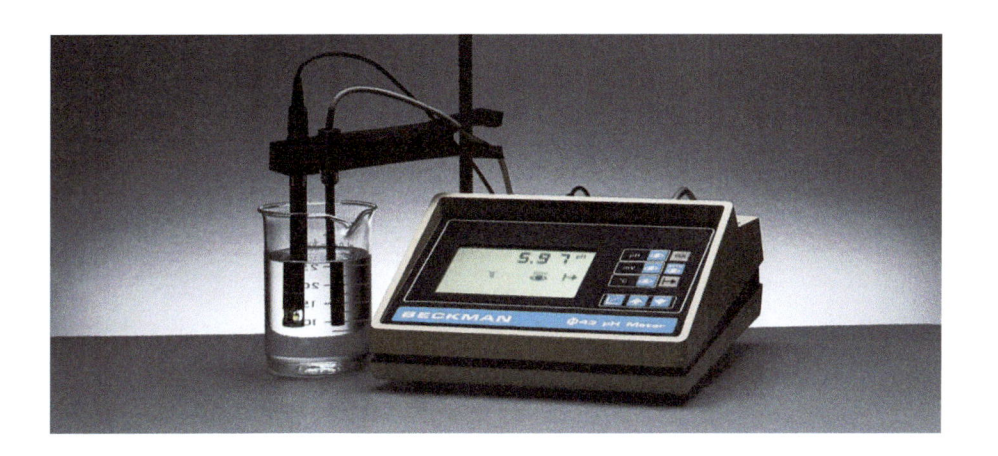

Figura 16.2
Em laboratório, é muito comum usar um aparelho medidor de pH ("pHmetro") para avaliar o pH de uma solução. Embora muitos aparelhos medidores de pH tenham escalas com valores de 1 a 14, o valor do pH pode, de fato, ser menor que 1 e maior que 14.

vez de atividade em nossos cálculos. Lembre-se, porém, de que a medida de pH de uma solução não é geralmente a mesma calculada pela Equação (16.5) porque a concentração de íons H^+ em molaridade não é igual ao seu valor de atividade. O uso da concentração em vez de atividade permitirá somente estimar a acidez aproximada de uma solução.

Em laboratório, o pH de uma solução é medido com um aparelho medidor de pH, o "pHmetro" (Figura 16.2). Na Tabela 16.1, estão indicados os valores de pH de alguns fluidos comuns. Como se pode observar, o pH dos fluidos do corpo varia muito, dependendo da localização e função. O valor baixo do pH (elevada acidez) do suco gástrico facilita a digestão, enquanto é necessário um valor mais elevado no sangue para o transporte de oxigênio.

Pode-se ter uma escala de pOH análoga à de pH usando o logaritmo negativo da concentração de íon hidróxido. Portanto, definimos pOH como

$$\text{pOH} = -\log [\text{OH}^-] \quad (16.6)$$

Consideremos outra vez a constante do produto iônico da água, a 25°C:

$$[H^+][OH^-] = K_w = 1{,}0 \times 10^{-14}$$

Aplicando logaritmos e multiplicando por -1 ambos os lados, temos

$$-(\log [H^+] + \log [OH^-]) = -\log (1{,}0 \times 10^{-14})$$
$$-\log [H^+] - \log [OH^-] = 14{,}00$$

Das definições de pH e pOH, obtemos

$$\text{pH} + \text{pOH} = 14{,}00 \quad (16.7)$$

A Equação (16.7) nos dá outra maneira de exprimir a relação entre a concentração do íon H^+ e a concentração do íon OH^-.

TABELA 16.1

Valores de pH de Alguns Fluidos Comuns

Amostra	Valor de pH
Suco gástrico no estômago	1,0–2,0
Suco de limão	2,4
Vinagre	3,0
Suco de toranja	3,2
Suco de laranja	3,5
Urina	4,8–7,5
Água exposta ao ar*	5,5
Saliva	6,4–6,9
Leite	6,5
Água pura	7,0
Sangue	7,35–7,45
Lágrimas	7,4
Leite de magnésia	10,6
Amônia para limpeza doméstica	11,5

*Água exposta ao ar durante um longo período de tempo absorve CO_2 atmosférico formando ácido carbônico, H_2CO_3.

EXEMPLO 16.3

A concentração de íons H^+ em uma garrafa de vinho de mesa era $3{,}2 \times 10^{-4}$ M logo depois de se tirar a rolha. Só metade do vinho foi comsumida. A outra metade, depois de ter sido mantida em contato com o ar durante um mês, tinha uma concentração de íon hidrogênio igual a $1{,}0 \times 10^{-3}$ M. Calcule o pH do vinho nessas duas ocasiões.

(Continua)

Estratégia   Dada a concentração do íon H^+ pede-se para calcular o pH da solução. Qual é a definição de pH?

Solução   De acordo com a Equação (16.5), pH $= -\log [H^+]$. Quando a garrafa foi aberta, $[H^+] = 3{,}2 \times 10^{-4}$ M, que substituímos na Equação (16.5)

$$pH = -\log [H^+]$$
$$= -\log (3{,}2 \times 10^{-4}) = 3{,}49$$

Na segunda ocasião, $[H^+] = 1{,}0 \times 10^{-3}$ M, de modo que

$$pH = -\log (1{,}0 \times 10^{-3}) = 3{,}00$$

> Em cada caso, o pH só tem dois algarismos significativos. Os dois dígitos à direita da casa decimal em 3,49 dizem-nos que há dois algarismos significativos no número original (veja o Apêndice 3).
>
> Problemas semelhantes: 16.17(a), (d).

Comentário   O aumento da concentração do íon hidrogênio (ou diminuição do pH) é principalmente resultado da conversão de parte do álcool (etanol) em ácido acético, uma reação que ocorre na presença de oxigênio.

Exercício   O ácido nítrico (HNO_3) é usado na produção de fertilizantes, corantes, fármacos e explosivos. Calcule o pH de uma solução de HNO_3 que tem uma concentração de íon hidrogênio 0,76 M.

EXEMPLO 16.4

O pH da água da chuva recolhida em certa região do nordeste dos Estados Unidos em dado dia era 4,82. Calcule a concentração do íon H^+ na água da chuva.

Estratégia   Aqui é dado o pH de uma solução e pede-se para calcular $[H^+]$. Uma vez que o pH se define como pH $= -\log [H^+]$, podemos obter $[H^+]$ pelo antilogaritmo do pH; isto é, $[H^+] = 10^{-pH}$.

Solução   Da Equação (16.5)

$$pH = -\log [H^+] = 4{,}82$$

Então,

$$\log [H^+] = -4{,}82$$

Para determinarmos $[H^+]$, temos de calcular o antilogaritmo de $-4{,}82$

$$[H^+] = 10^{-4{,}82} = 1{,}5 \times 10^{-5} \text{ M}$$

> As calculadoras científicas têm uma função "antilog" que, algumas vezes, é indicada por INV log ou 10^x.
>
> Problemas semelhantes: 16.16(a), (b).

Verificação   Como o pH está entre 4 e 5, podemos esperar que $[H^+]$ esteja entre 1×10^{-4} M e 1×10^{-5} M. Portanto, a resposta é razoável.

Exercício   O pH de certo suco de laranja é 3,33. Calcule a concentração do íon H^+.

EXEMPLO 16.5

Em uma solução de NaOH, $[OH^-]$ é $2{,}9 \times 10^{-4}$ M. Calcule o pH da solução.

Estratégia   A resolução desse problema tem dois passos. Primeiro, precisamos calcular o pOH usando a Equação (16.6). Depois, usamos a Equação (16.7) para calcular o pH da solução.

(Continua)

Solução   Usamos a Equação (16.6):

$$pOH = -\log[OH^-]$$
$$= -\log(2{,}9 \times 10^{-4})$$
$$= 3{,}54$$

Agora, usamos a Equação (16.7):

$$pH + pOH = 14{,}00$$
$$pH = 14{,}00 - pOH$$
$$= 14{,}00 - 3{,}54 = 10{,}46$$

Como alternativa, podemos usar a constante do produto iônico da água, $K_w = [H^+][OH^-]$, para calcular $[H^+]$, e então calcular o pH a partir da $[H^+]$. Tente fazê-lo.

Verificação   A resposta mostra que a solução é básica (pH > 7), o que está de acordo com uma solução de NaOH.

Exercício   A concentração de OH^- de uma amostra de sangue é $2{,}5 \times 10^{-7}$ M. Qual é o pH do sangue?

Problema semelhante: 16.17(b).

16.4 Força de Ácidos e de Bases

Ácidos fortes são eletrólitos fortes que, para efeitos práticos, *são considerados completamente ionizados em água* (Figura 16.3). A maioria dos ácidos fortes é composta por ácidos inorgânicos: ácido clorídrico (HCl), ácido nítrico (HNO_3), ácido perclórico ($HClO_4$) e ácido sulfúrico (H_2SO_4):

$$HCl(aq) + H_2O(l) \longrightarrow H_3O^+(aq) + Cl^-(aq)$$
$$HNO_3(aq) + H_2O(l) \longrightarrow H_3O^+(aq) + NO_3^-(aq)$$
$$HClO_4(aq) + H_2O(l) \longrightarrow H_3O^+(aq) + ClO_4^-(aq)$$
$$H_2SO_4(aq) + H_2O(l) \longrightarrow H_3O^+(aq) + HSO_4^-(aq)$$

Na realidade, não se conhece nenhum ácido que se ionize completamente em água.

Note que H_2SO_4 é um ácido diprótico; mostramos aqui apenas o primeiro passo da ionização. No equilíbrio, soluções de ácidos fortes não contêm moléculas de ácido não ionizadas.

A maior parte dos ácidos é constituída por ***ácidos fracos*** que, *em solução aquosa, estão parcialmente ionizados*. No equilíbrio, as soluções aquosas de ácidos fracos contêm uma mistura de moléculas do ácido não ionizadas, H_3O^+ e a base conjugada. Os ácidos fluorídrico (HF), acético (CH_3COOH) e o íon amônio (NH_4^+) são exemplos de ácidos fracos. A ionização limitada dos ácidos fracos está relacionada com a constante de equilíbrio de ionização que estudaremos na próxima seção.

Tal como os ácidos fortes, todas as ***bases fortes*** *são eletrólitos fortes que se ionizam completamente em água*. Hidróxidos de metais alcalinos e de certos metais alcalino-terrosos são bases fortes. [Todos os hidróxidos de metais alcalinos são solúveis. Dos hidróxidos de metais alcalino-terrosos, $Be(OH)_2$ e $Mg(OH)_2$ são insolúveis; $Ca(OH)_2$ e $Sr(OH)_2$ são ligeiramente solúveis; e $Ba(OH)_2$ é solúvel.] Alguns exemplos de bases fortes são:

$$NaOH(s) \xrightarrow{H_2O} Na^+(aq) + OH^-(aq)$$
$$KOH(s) \xrightarrow{H_2O} K^+(aq) + OH^-(aq)$$
$$Ba(OH)_2(s) \xrightarrow{H_2O} Ba^{2+}(aq) + 2OH^-(aq)$$

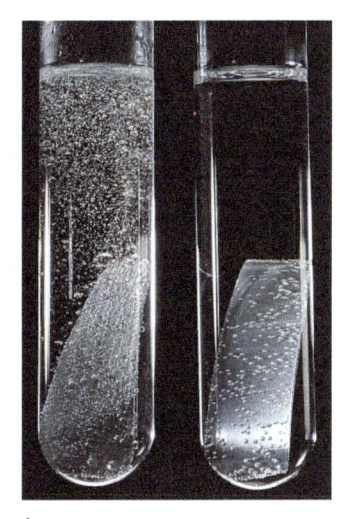

À mesma concentração, o zinco reage mais vigorosamente com um ácido forte como HCl (esquerda) que com um ácido fraco como CH_3COOH (direita), porque há mais íons H^+ na primeira solução.

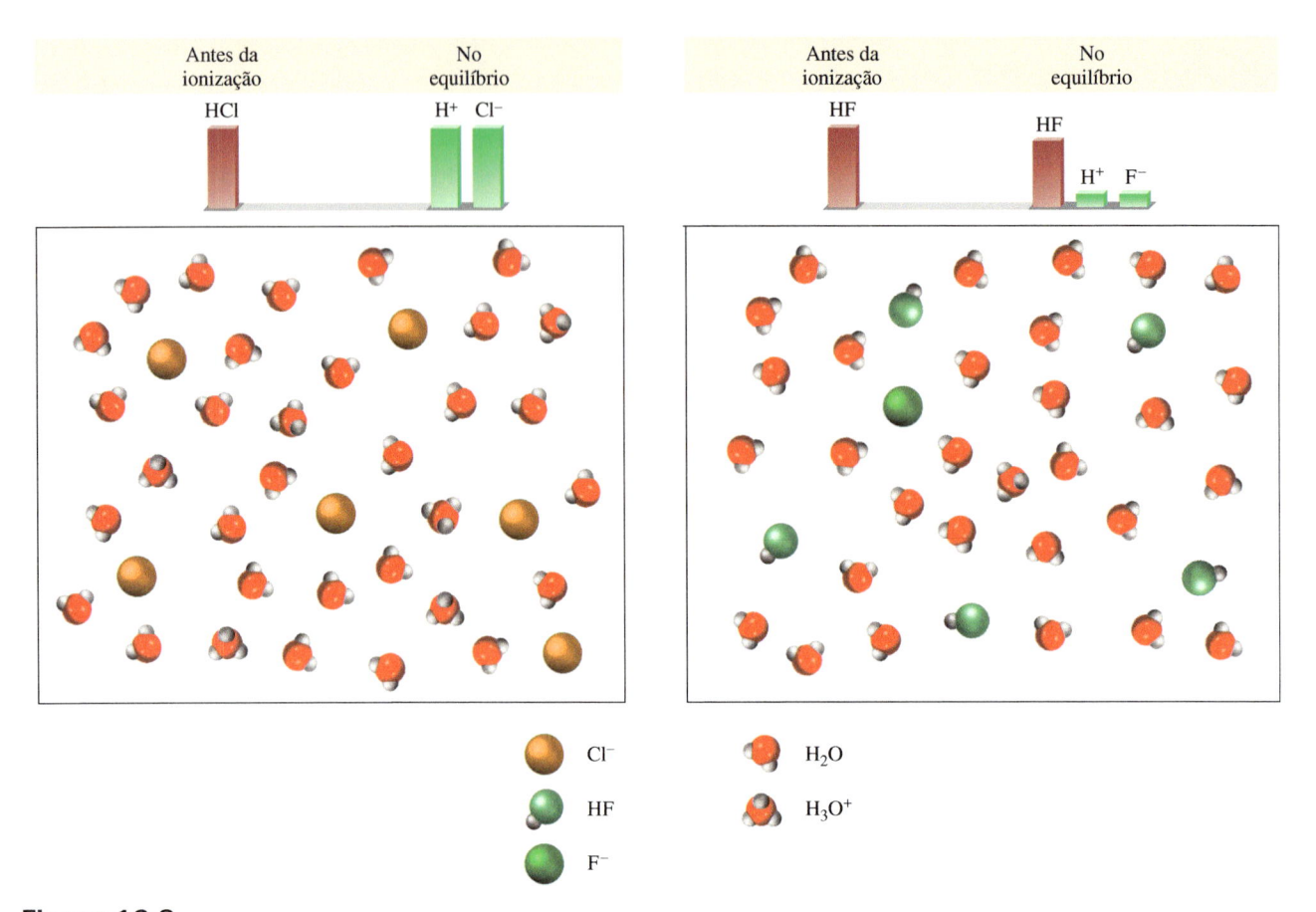

Figura 16.3
Extensão da ionização de um ácido forte tal como o HCl (à esquerda) e de um ácido fraco tal como o HF (à direita). Inicialmente estavam presentes seis moléculas de HCl e seis de HF. Considera-se que o ácido forte esteja completamente ionizado em solução. O próton existe em solução na forma de íon hidrônio (H_3O^+).

Estritamente falando, os hidróxidos desses metais não são bases de Brønsted porque não podem aceitar um próton. Contudo, o íon hidróxido (OH^-) formado quando eles se ionizam *é* uma base de Brønsted, pois pode receber um próton:

$$H_3O^+(aq) + OH^-(aq) \longrightarrow 2H_2O(l)$$

Assim, quando dizemos que NaOH ou qualquer outro hidróxido é uma base, estamos realmente nos referindo à espécie OH^- derivada do hidróxido.

As ***bases fracas***, como os ácidos fracos, *são eletrólitos fracos*. A amônia é uma base fraca. Ioniza-se pouco em água:

$$NH_3(aq) + H_2O(l) \rightleftharpoons NH_4^+(aq) + OH^-(aq)$$

Observe que NH_3 não se ioniza como um ácido porque não se separa para formar íons do mesmo modo que acontece, por exemplo, com HCl.

A Tabela 16.2 apresenta uma lista de alguns pares ácido-base conjugados importantes, por ordem das suas forças relativas. Os pares ácido-base conjugados têm as seguintes propriedades:

1. Se um ácido é forte, a sua base conjugada não tem força mensurável. Assim o íon Cl^-, que é a base conjugada do ácido forte HCl, é uma base extremamente fraca.
2. H_3O^+ é o ácido mais forte que pode existir em solução aquosa. Ácidos mais fortes que H_3O^+ reagem com a água para formar H_3O^+ e as suas bases conju-

TABELA 16.2 Forças Relativas de Pares Ácido-Base Conjugados

	Ácido	Base Conjugada	
Ácidos Fortes (Força Ácida Crescente ↑)	HClO₄ (ácido perclórico)	ClO₄⁻ (íon perclorato)	**Força Básica Crescente ↓**
	HI (ácido iodídrico)	I⁻ (íon iodeto)	
	HBr (ácido bromídrico)	Br⁻ (íon brometo)	
	HCl (ácido clorídrico)	Cl⁻ (íon cloreto)	
	H₂SO₄ (ácido sulfúrico)	HSO₄⁻ (íon hidrogenossulfato)	
	HNO₃ (ácido nítrico)	NO₃⁻ (íon nitrato)	
	H₃O⁺ (íon hidrônio)	H₂O (água)	
Ácidos Fracos	HSO₄⁻ (íon hidrogenossulfato)	SO₄²⁻ (íon sulfato)	
	HF (ácido fluorídrico)	F⁻ (íon fluoreto)	
	HNO₂ (ácido nitroso)	NO₂⁻ (íon nitrito)	
	HCOOH (ácido fórmico)	HCOO⁻ (íon formiato)	
	CH₃COOH (ácido acético)	CH₃COO⁻ (íon acetato)	
	NH₄⁺ (íon amônio)	NH₃ (amônia)	
	HCN (ácido cianídrico)	CN⁻ (íon cianeto)	
	H₂O (água)	OH⁻ (íon hidróxido)	
	NH₃ (amônia)	NH₂⁻ (íon amideto)	

gadas. Assim, HCl, que é um ácido mais forte que H_3O^+, reage completamente com a água para dar H_3O^+ e Cl^-:

$$HCl(aq) + H_2O(l) \longrightarrow H_3O^+(aq) + Cl^-(aq)$$

Ácidos mais fracos que H_3O^+ reagem com a água em muito menor extensão, produzindo H_3O^+ e as suas bases conjugadas. Por exemplo, o seguinte equilíbrio está essencialmente deslocado para a esquerda:

$$HF(aq) + H_2O(l) \rightleftharpoons H_3O^+(aq) + F^-(aq)$$

3. O íon OH^- é a base mais forte que existe em solução aquosa. Bases mais fortes que OH^- reagem com água para produzir OH^- e os seus ácidos conjugados. Por exemplo, o íon óxido (O^{2-}) é uma base mais forte que OH^-, por isso reage com a água completamente como se segue:

$$O^{2-}(aq) + H_2O(l) \longrightarrow 2OH^-(aq)$$

Por essa razão, o íon óxido não existe em soluções aquosas.

EXEMPLO 16.6

Calcule o pH de (a) uma solução $1,0 \times 10^{-3}$ M de HCl e (b) uma solução 0,020 M de $Ba(OH)_2$.

Estratégia Lembre-se de que HCl é um ácido forte e $Ba(OH)_2$, uma base forte. Dessa forma, essas espécies estão completamente ionizadas e nem HCl nem $Ba(OH)_2$ ficam em solução.

(Continua)

Solução   (a) A ionização de HCl é

$$HCl(aq) \longrightarrow H^+(aq) + Cl^-(aq)$$

A concentração de todas as espécies (HCl, H^+ e Cl^-), antes e depois da ionização, pode ser representada por:

	$HCl(aq)$ $\longrightarrow$	$H^+(aq)$ +	$Cl^-(aq)$
Início (M):	$1,0 \times 10^{-3}$	0,0	0,0
Variação (M):	$-1,0 \times 10^{-3}$	$+1,0 \times 10^{-3}$	$+1,0 \times 10^{-3}$
Final (M):	0,0	$1,0 \times 10^{-3}$	$1,0 \times 10^{-3}$

Uma variação positiva (+) representa um aumento e uma variação negativa (−) indica uma diminuição de concentração. Assim,

$$[H^+] = 1,0 \times 10^{-3} \, M$$
$$pH = -\log(1,0 \times 10^{-3})$$
$$= 3,00$$

(b) $Ba(OH)_2$ é uma base forte; cada unidade $Ba(OH)_2$ produz dois íons OH^-:

$$Ba(OH)_2(aq) \longrightarrow Ba^{2+}(aq) + 2OH^-(aq)$$

As variações das concentrações de todas as espécies podem ser representadas como se segue:

	$Ba(OH)_2(aq)$ $\longrightarrow$	$Ba^{2+}(aq)$ +	$2OH^-(aq)$
Início (M):	0,020	0,00	0,00
Variação (M):	−0,020	+0,020	+2(0,020)
Final (M):	0,00	0,020	0,040

Assim,

$$[OH^-] = 0,040 \, M$$
$$pOH = -\log 0,040 = 1,40$$

Portanto, da Equação (15.6) resulta,

$$pH = 14,00 - pOH$$
$$= 14,00 - 1,40$$
$$= 12,60$$

Verificação   Note que tanto em (a) como em (b) desprezamos a contribuição da auto-ionização da água para dar $[H^+]$ e $[OH^-]$ porque $1,0 \times 10^{-7}$ é muito pequeno comparado com $1,0 \times 10^{-3}$ e 0,040 M.

Exercício   Calcule o pH de uma solução $1,8 \times 10^{-2}$ M de $Ba(OH)_2$.

Problemas semelhantes: 16.17(a), (c).

EXEMPLO 16.7

Indique a direção da seguinte reação em solução aquosa:

$$HNO_2(aq) + CN^-(aq) \rightleftharpoons HCN(aq) + NO_2^-(aq)$$

Estratégia   Trata-se de determinar se, no equilíbrio, a reação estará deslocada para a direita, favorecendo HCN e NO_2^- ou para a esquerda, favorecendo HNO_2 e CN^-. Qual dos dois é o ácido mais forte e, portanto, o doador de prótons mais forte: HNO_2

(Continua)

ou HCN? Qual é a base mais forte e, portanto, um receptor de prótons mais forte: CN^- ou NO_2^-? Lembre-se de que, quanto mais forte for o ácido, mais fraca é a sua base conjugada.

Solução   Na Tabela 16.2 vemos que HNO_2 é um ácido mais forte que HCN. Portanto, CN^- é uma base mais forte que NO_2^-. A reação resultante vai ocorrer da esquerda para a direita, como está escrita, porque HNO_2 é melhor doador de prótons que HCN (e CN^- é melhor receptor de prótons que NO_2^-).

Problemas semelhantes: 16.35, 16.36.

Exercício   Indique se a constante de equilíbrio para a seguinte reação é maior ou menor que 1:

$$CH_3COOH(aq) + HCOO^-(aq) \rightleftharpoons CH_3COO^-(aq) + HCOOH(aq)$$

16.5 Ácidos Fracos e Constantes de Ionização Ácida

Animação:
Ionização Ácida
Centro de Aprendizagem
Online, Animações

Como vimos, há relativamente poucos ácidos fortes. A grande maioria dos ácidos é composta por ácidos fracos. Considere um ácido fraco monoprótico, HA. A sua ionização em água é representada por:

$$HA(aq) + H_2O(l) \rightleftharpoons H_3O^+(aq) + A^-(aq)$$

ou simplesmente

$$HA(aq) \rightleftharpoons H^+(aq) + A^-(aq)$$

A expressão de equilíbrio para essa ionização é

$$K_a = \frac{[H_3O^+][A^-]}{[HA]} \quad \text{ou} \quad K_a = \frac{[H^+][A^-]}{[HA]} \tag{16.8}$$

Todas as concentrações nesta equação são concentrações no equilíbrio.

em que K_a, a **constante de ionização ácida**, é a *constante de equilíbrio para a ionização de um ácido*. A dada temperatura, a força do ácido HA é medida quantitativamente pelo valor de K_a. Quanto maior for o valor de K_a, mais forte é o ácido — isto é, maior a concentração dos íons H^+ no equilíbrio, em virtude de sua ionização. Lembre-se, contudo, de que só aos ácidos fracos se associam valores de K_a.

A Tabela 16.3 apresenta uma lista de ácidos fracos e os valores correspondentes de K_a a 25°C em ordem de força ácida decrescente. Embora todos esses ácidos sejam fracos, há dentro do grupo uma grande variação em suas forças. Por exemplo, o K_a do HF ($7,1 \times 10^{-4}$) é cerca de 1,5 milhão de vezes superior ao do HCN ($4,9 \times 10^{-10}$).

Geralmente, podemos calcular a concentração do íon hidrogênio ou o pH de uma solução ácida em equilíbrio, dada a concentração inicial do ácido e o seu valor de K_a. Alternativamente, se soubermos o valor do pH de uma solução de um ácido fraco e a sua concentração inicial, podemos determinar o seu K_a. A abordagem básica para resolver esses problemas, que tratam de concentrações no equilíbrio, é a mesma usada no Capítulo 15. Entretanto, uma vez que a ionização ácida representa uma das principais formas de equilíbrio químico em solução aquosa, vamos desenvolver um processo sistemático de resolver esse tipo de problemas que também nos ajudará a entender a química envolvida.

TABELA 16.3 — Constantes de Ionização de Alguns Ácidos Fracos e das Suas Bases Conjugadas, a 25°C

Nome do Ácido	Fórmula	Estrutura	K_a	Base Conjugada	K_b
Ácido fluorídrico	HF	H—F	$7,1 \times 10^{-4}$	F^-	$1,4 \times 10^{-11}$
Ácido nitroso	HNO_2	O=N—O—H	$4,5 \times 10^{-4}$	NO_2^-	$2,2 \times 10^{-11}$
Ácido acetilsalicílico (aspirina)	$C_9H_8O_4$	(estrutura)	$3,0 \times 10^{-4}$	$C_9H_7O_4^-$	$3,3 \times 10^{-11}$
Ácido fórmico	HCOOH	H—C(=O)—O—H	$1,7 \times 10^{-4}$	$HCOO^-$	$5,9 \times 10^{-11}$
Ácido ascórbico*	$C_6H_8O_6$	(estrutura)	$8,0 \times 10^{-5}$	$C_6H_7O_6^-$	$1,3 \times 10^{-10}$
Ácido benzóico	C_6H_5COOH	(estrutura)	$6,5 \times 10^{-5}$	$C_6H_5COO^-$	$1,5 \times 10^{-10}$
Ácido acético	CH_3COOH	CH_3—C(=O)—O—H	$1,8 \times 10^{-5}$	CH_3COO^-	$5,6 \times 10^{-10}$
Ácido cianídrico	HCN	H—C≡N	$4,9 \times 10^{-10}$	CN^-	$2,0 \times 10^{-5}$
Fenol	C_6H_5OH	(estrutura)—O—H	$1,3 \times 10^{-10}$	$C_6H_5O^-$	$7,7 \times 10^{-5}$

*No ácido ascórbico, é o grupo hidroxila superior esquerdo que está associado a essa constante de ionização.

Interatividade:
Calculando o pH de uma Solução Ácida — Passos 1-4
Centro de Aprendizagem Online, Interatividades

Suponha que nos peçam para calcular o pH de uma solução 0,50 M de HF a 25°C. A ionização do HF é dada por:

$$HF(aq) \rightleftharpoons H^+(aq) + F^-(aq)$$

Por meio da Tabela 16.3, podemos escrever:

$$K_a = \frac{[H^+][F^-]}{[HF]} = 7,1 \times 10^{-4}$$

O primeiro passo consiste em identificar todas as espécies presentes em solução que podem afetar o seu pH. Uma vez que os ácidos fracos se ionizam pouco, as espécies presentes em equilíbrio em maior quantidade são HF não ionizado e alguns íons H^+ e F^-. Outra espécie predominante é H_2O, mas o valor muito baixo de K_w ($1,0 \times 10^{-14}$) significa que a água não contribui significativamente para a concentração do íon H^+. Portanto, a não ser que seja explicitamente dito, iremos ignorar sempre os íons H^+ produzidos pela auto-ionização da água. Note que não precisamos nos preocupar com os íons OH^- que também estão presentes em solução. A concentração de OH^- pode ser determinada pela Equação (16.4) depois de calcularmos $[H^+]$.

Podemos resumir as variações nas concentrações de HF, H^+ e F^- de acordo com as etapas apresentadas na página 491 como segue:

	HF(aq) ⇌	H^+(aq) +	F^-(aq)
Início (M):	0,50	0,00	0,00
Variação (M):	$-x$	$+x$	$+x$
Equilíbrio (M):	$0,50 - x$	x	x

As concentrações de HF, H^+ e F^- no equilíbrio, expressas em termos da incógnita x, são substituídas na expressão da constante de ionização para dar

$$K_a = \frac{(x)(x)}{0,50 - x} = 7,1 \times 10^{-4}$$

Rearranjando essa expressão, escrevemos

$$x^2 + 7,1 \times 10^{-4}x - 3,6 \times 10^{-4} = 0$$

Trata-se de uma equação quadrática que pode ser resolvida usando-se a fórmula quadrática (veja o Apêndice 3). Ou podemos usar uma forma mais simples para obter x. Uma vez que HF é um ácido fraco e os ácidos fracos se ionizam pouco, podemos supor que x é pequeno comparado com 0,50. Portanto, podemos fazer a aproximação

$$0,50 - x \approx 0,50$$

Agora, a expressão da constante de ionização fica

$$\frac{x^2}{0,50 - x} \approx \frac{x^2}{0,50} = 7,1 \times 10^{-4}$$

Rearranjando, obtemos

$$x^2 = (0,50)(7,1 \times 10^{-4}) = 3,55 \times 10^{-4}$$
$$x = \sqrt{3,55 \times 10^{-4}} = 0,019\ M$$

Assim obtivemos x sem ter de usar a equação quadrática. No equilíbrio temos:

$$[HF] = (0,50 - 0,019)\ M = 0,48\ M$$
$$[H^+] = 0,019\ M$$
$$[F^-] = 0,019\ M$$

e o pH da solução é

$$pH = -\log(0,019) = 1,72$$

Até que ponto é válida essa aproximação? Já que os valores de K_a para ácidos fracos são geralmente conhecidos com uma precisão de ±5%, é razoável considerar que x seja menos que 5% de 0,50, o número ao qual é subtraído. Em outras palavras, a aproximação é válida se a seguinte expressão for igual ou menor que 5%:

$$\frac{0,019\ M}{0,50\ M} \times 100\% = 3,8\%$$

Portanto, a aproximação que fizemos é aceitável.

> O sinal ≈ significa "aproximadamente igual a". Uma analogia da aproximação é um caminhão carregado de carvão. Perder uns poucos pedaços de carvão durante a viagem não vai variar apreciavelmente a massa global do carregamento.

Consideremos agora uma situação diferente. Se a concentração inicial de HF for 0,050 M e usarmos o procedimento anterior para determinar x, obteríamos $6,0 \times 10^{-3}$ M. Porém, o cálculo seguinte mostra que essa resposta não é uma aproximação válida porque o valor obtido é maior que 5% de 0,050 M:

$$\frac{6,0 \times 10^{-3} M}{0,050 M} \times 100\% = 12\%$$

Nesse caso, podemos determinar o valor de x usando a equação quadrática.

Começamos por escrever a expressão da ionização em termos da incógnita x:

$$\frac{x^2}{0,050 - x} = 7,1 \times 10^{-4}$$
$$x^2 + 7,1 \times 10^{-4}x - 3,6 \times 10^{-5} = 0$$

Essa expressão é uma equação quadrática $ax^2 + bx + c = 0$. Usando a fórmula quadrática, escrevemos

$$x = \frac{-b \pm \sqrt{b^2 - 4ac}}{2a}$$
$$= \frac{-7,1 \times 10^{-4} \pm \sqrt{(7,1 \times 10^{-4})^2 - 4(1)(-3,6 \times 10^{-5})}}{2(1)}$$
$$= \frac{-7,1 \times 10^{-4} \pm 0,012}{2}$$
$$= 5,6 \times 10^{-3} M \quad \text{ou} \quad -6,4 \times 10^{-3} M$$

A segunda solução ($x = -6,4 \times 10^{-3}$ M) é fisicamente impossível porque a concentração de íons produzidos por ionização não pode ser negativa. Escolhendo $x = 5,6 \times 10^{-3}$ M, podemos determinar [HF], [H$^+$] e [F$^-$] da seguinte maneira:

$$[HF] = (0,050 - 5,6 \times 10^{-3}) M = 0,044 M$$
$$[H^+] = 5,6 \times 10^{-3} M$$
$$[F^-] = 5,6 \times 10^{-3} M$$

O pH da solução, então, é

$$pH = -\log(5,6 \times 10^{-3}) = 2,25$$

Em resumo, os principais passos para resolver problemas de ionização de ácidos fracos são:

1. Identificar as espécies em maior quantidade que podem afetar o pH da solução. Na maioria dos casos, podemos ignorar a ionização da água. Omitimos o íon hidróxido porque a sua concentração é determinada por meio da concentração do íon H$^+$.

2. Exprimir as concentrações de equilíbrio dessas espécies em termos da concentração inicial do ácido e de uma só incógnita x, que representa a variação de concentração.

3. Escrever a constante de ionização ácida (K_a) em termos das concentrações de equilíbrio. Determinar primeiro o valor de x pelo método da aproximação. Se a aproximação não for válida, usar a equação quadrática ou o método das aproximações sucessivas para determinar x.

4. Obtido o valor de x, podemos calcular as concentrações de equilíbrio de todas as espécies e/ou o pH da solução.

Uma maneira de determinar o K_a de um ácido é medir o pH de uma solução do

EXEMPLO 16.8

Calcule o pH de uma solução 0,036 M de ácido nitroso (HNO_2).

$$HNO_2(aq) \rightleftharpoons H^+(aq) + NO_2^-(aq)$$

Estratégia Lembre-se de que um ácido fraco se ioniza parcialmente em água. Dada a concentração inicial de um ácido fraco, pede-se para calcular o pH da solução em equilíbrio. É útil fazer um esquema para vermos o que acontece às espécies em solução.

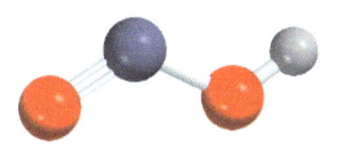

HNO_2

Espécies predominantes em equilíbrio

$[HNO_2]_0 = 0,036\ M$

$HNO_2 \rightleftharpoons H^+ + NO_2^-$

H^+ NO_2^-
HNO_2

Ignore

$H_2O \rightleftharpoons H^+ + OH^-$

Tal como no Exemplo 16.6, ignoramos a ionização da H_2O e, assim, a principal fonte de íons H^+ é o ácido. Como seria de esperar de uma solução ácida, a concentração de íons OH^- é muito pequena e, portanto, o ânion está presente como espécie minoritária.

Solução Vamos seguir os passos já mencionados.

Passo 1: As espécies que podem afetar o pH da solução são HNO_2, H^+ e a base conjugada NO_2^-. Ignoramos a contribuição da água para a concentração $[H^+]$.

Passo 2: Considerando x como a concentração no equilíbrio dos íons H^+ e NO_2^- em mol/L, resumimos:

	$HNO_2(aq)$	$\rightleftharpoons$	$H^+(aq)$	+	$NO_2^-(aq)$
Início (M):	0,036		0,00		0,00
Variação (M):	$-x$		$+x$		$+x$
Equilíbrio (M):	$0,036 - x$		x		x

Passo 3: Da Tabela 16.3, escrevemos

$$K_a = \frac{[H^+][NO_2^-]}{[HNO_2]}$$

$$4,5 \times 10^{-4} = \frac{x^2}{0,036 - x}$$

Recorrendo a aproximação $0,036 - x \approx 0,036$, obtemos

$$4,5 \times 10^{-4} = \frac{x^2}{0,036 - x} \approx \frac{x^2}{0,036}$$

$$x^2 = 1,62 \times 10^{-5}$$

$$x = 4,0 \times 10^{-3}\ M$$

Para testar a aproximação,

$$\frac{4,0 \times 10^{-3}\ M}{0,036\ M} \times 100\% = 11\%$$

(Continua)

Já que o valor obtido é maior que 5%, a nossa aproximação não é válida e devemos resolver a equação quadrática, como se segue:

$$x^2 + 4,5 \times 10^{-4}x - 1,62 \times 10^{-5} = 0$$

$$x = \frac{-4,5 \times 10^{-4} \pm \sqrt{(4,5 \times 10^{-4})^2 - 4(1)(-1,62 \times 10^{-5})}}{2(1)}$$

$$= 3,8 \times 10^{-3}\,M \quad \text{ou} \quad -4,3 \times 10^{-3}\,M$$

A segunda solução é fisicamente impossível, porque a concentração de íons produzidos por ionização não pode ser negativa. Portanto, a solução é dada pela raiz positiva, $x = 3,8 \times 10^{-3}\,M$.

Passo 4: No equilíbrio,

$$[H^+] = 3,8 \times 10^{-3}\,M$$
$$\text{pH} = -\log(3,8 \times 10^{-3})$$
$$= 2,42$$

Verificação Note que o pH calculado indica que a solução é ácida, o que seria de esperar para uma solução de um ácido fraco. Compare também o pH calculado com aquele de uma solução 0,036 M de um ácido forte tal como o HCl para se convencer das diferenças entre um ácido forte e um ácido fraco.

Exercício Qual é o pH de uma solução 0,122 M de um ácido monoprótico cujo K_a é $5,7 \times 10^{-4}$?

Problema semelhante: 16.45.

ácido de concentração conhecida, no equilíbrio. O Exemplo 16.9 mostra esse procedimento.

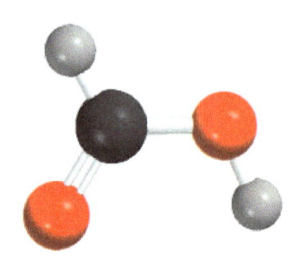

EXEMPLO 16.9

O pH de uma solução 0,10 M de ácido fórmico (HCOOH) é 2,39. Qual é o K_a do ácido?

Estratégia O ácido fórmico é um ácido fraco. Ioniza-se parcialmente em água. Note que a concentração de ácido fórmico se refere à concentração inicial, antes de a ionização ter começado. O pH da solução, no entanto, refere-se à situação no equilíbrio. Para calcularmos K_a, então, precisamos conhecer as concentrações das três espécies: $[H^+]$, $[HCOO^-]$ e $[HCOOH]$ no equilíbrio. Como habitual, ignoramos a ionização da água.

HCOOH

Solução Procedemos da seguinte maneira.

Passo 1: As espécies dominantes em solução são HCOOH, H^+ e a base conjugada $HCOO^-$.

Passo 2: Primeiro precisamos calcular a concentração de íon hidrogênio do valor do pH.

$$\text{pH} = -\log[H^+]$$
$$2,39 = -\log[H^+]$$

Aplicando o antilogaritmo a ambos os lados, obtemos

$$[H^+] = 10^{-2,39} = 4,1 \times 10^{-3}\,M$$

(Continua)

A seguir, resumimos as variações:

	HCOOH(aq)	⇌	H⁺(aq)	+	HCOO⁻(aq)
Início (M):	0,10		0,00		0,00
Variação (M):	$-4,1 \times 10^{-3}$		$+4,1 \times 10^{-3}$		$+4,1 \times 10^{-3}$
Equilíbrio (M):	$(0,10 - 4,1 \times 10^{-3})$		$4,1 \times 10^{-3}$		$4,1 \times 10^{-3}$

Note que, uma vez que o pH e, portanto, a concentração de íon H^+ é conhecida, também conhecemos as concentrações de HCOOH e HCOO⁻ no equilíbrio.

Passo 3: A constante de ionização do ácido fórmico é dada por

$$K_a = \frac{[H^+][HCOO^-]}{[HCOOH]}$$

$$= \frac{(4,1 \times 10^{-3})(4,1 \times 10^{-3})}{(0,10 - 4,1 \times 10^{-3})}$$

$$= 1,8 \times 10^{-4}$$

Problema semelhante: 16.43.

Verificação O valor de K_a difere um pouco daquele listado na Tabela 16.3 em razão do arredondamento que fizemos no cálculo.

Exercício O pH de uma solução 0,060 M de um ácido monoprótico fraco é 3,44. Calcule o K_a do ácido.

Porcentagem de Ionização

Vimos que o valor de K_a indica a força de um ácido. Outra medida da força de um ácido é a ***porcentagem de ionização***, que é definida como

$$\% \text{ de ionização} = \frac{\text{concentração do ácido ionizado no equilíbrio}}{\text{concentração inicial do ácido}} \times 100\% \quad (16.9)$$

Quanto mais forte o ácido, maior a porcentagem de ionização. Para um ácido monoprótico HA, a concentração do ácido que sofre ionização é igual à concentração de íons H^+ ou à concentração de íons A^- no equilíbrio. Portanto, podemos escrever a porcentagem de ionização como

$$\text{porcentagem de ionização} = \frac{[H^+]}{[HA]_0} \times 100\%$$

em que $[H^+]$ é a concentração no equilíbrio e $[HA]_0$ é a concentração inicial. Observe que essa expressão é a mesma que aquela utilizada para checar a aproximação na página 523. Assim, a porcentagem de ionização de uma solução 0,50 M de ácido fluorídrico é 3,8%.

A extensão em que um ácido fraco ioniza depende da concentração inicial do ácido. Quanto mais diluída for a solução, maior a porcentagem de ionização (Figura 16.4). Em termos qualitativos, quando um ácido é diluído, o número de partículas (moléculas de ácido não ionizadas mais os íons) por unidade de volume é reduzido. De acordo com o princípio de Le Châtelier (veja a Seção 15.4), para contrariar essa "perturbação" (isto é, a diluição), o equilíbrio desloca-se do ácido não ionizado para H^+ e a sua base conjugada para produzir mais partículas (íons).

Ácidos Dipróticos e Polipróticos

Os ácidos dipróticos e polipróticos podem ceder mais que um íon hidrogênio por molécula. Esses ácidos ionizam-se em etapas; isto é, perdem um próton de cada vez. Pode-se escrever uma expressão da constante de ionização para cada etapa da ionização.

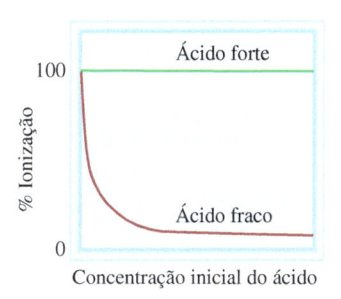

Figura 16.4
Dependência da porcentagem de ionização com a concentração inicial do ácido. Note que, a concentrações muito baixas, todos os ácidos (fracos e fortes) estão quase completamente ionizados.

TABELA 16.4 Constantes de Ionização de Alguns Ácidos Dipróticos e de um Ácido Poliprótico e das Suas Bases Conjugadas, a 25°C

Nome do Ácido	Fórmula	Estrutura	K_a	Base Conjugada	K_b
Ácido sulfúrico	H_2SO_4	H—O—S(=O)(=O)—O—H	Muito grande	HSO_4^-	Muito pequena
Íon hidrogenossulfato	HSO_4^-	H—O—S(=O)(=O)—O$^-$	$1,3 \times 10^{-2}$	SO_4^{2-}	$7,7 \times 10^{-13}$
Ácido oxálico	$C_2H_2O_4$	H—O—C(=O)—C(=O)—O—H	$6,5 \times 10^{-2}$	$C_2HO_4^-$	$1,5 \times 10^{-13}$
Íon hidrogenoscalato	$C_2HO_4^-$	H—O—C(=O)—C(=O)—O$^-$	$6,1 \times 10^{-5}$	$C_2O_4^{2-}$	$1,6 \times 10^{-10}$
Ácido sulfuroso*	H_2SO_3	H—O—S(=O)—O—H	$1,3 \times 10^{-2}$	HSO_3^-	$7,7 \times 10^{-13}$
Íon hidrogenossulfito	HSO_3^-	H—O—S(=O)—O$^-$	$6,3 \times 10^{-8}$	SO_3^{2-}	$1,6 \times 10^{-7}$
Ácido carbônico	H_2CO_3	H—O—C(=O)—O—H	$4,2 \times 10^{-7}$	HCO_3^-	$2,4 \times 10^{-8}$
Íon hidrogenocarbonato	HCO_3^-	H—O—C(=O)—O$^-$	$4,8 \times 10^{-11}$	CO_3^{2-}	$2,1 \times 10^{-4}$
Ácido sulfídrico	H_2S	H—S—H	$9,5 \times 10^{-8}$	HS^-	$1,1 \times 10^{-7}$
Íon hidrogenossulfeto†	HS^-	H—S$^-$	1×10^{-19}	S^{2-}	1×10^5
Ácido fosfórico	H_3PO_4	H—O—P(=O)(OH)—O—H	$7,5 \times 10^{-3}$	$H_2PO_4^-$	$1,3 \times 10^{-12}$
Íon diidrogenofosfato	$H_2PO_4^-$	H—O—P(=O)(OH)—O$^-$	$6,2 \times 10^{-8}$	HPO_4^{2-}	$1,6 \times 10^{-7}$
Íon monoidrogenofosfato	HPO_4^{2-}	H—O—P(=O)(O$^-$)—O$^-$	$4,8 \times 10^{-13}$	PO_4^{3-}	$2,1 \times 10^{-2}$

*Nunca se isolou H_2SO_3 e só se observa em quantidades ínfimas em solução aquosa de SO_2. O valor de K_a refere-se ao processo $SO_2(g) + H_2O(l) \rightleftharpoons H^+(aq) + HSO_3^-(aq)$.

†A constante de ionização de HS^- é muito baixa e difícil de medir. O valor aqui apresentado é apenas uma estimativa.

Conseqüentemente, muitas vezes é preciso usar duas ou mais expressões de constante de equilíbrio para calcular a concentração das espécies na solução ácida. Por exemplo, para o ácido carbônico, H_2CO_3, escrevemos

$$H_2CO_3(aq) \rightleftharpoons H^+(aq) + HCO_3^-(aq) \qquad K_{a_1} = \frac{[H^+][HCO_3^-]}{[H_2CO_3]}$$

$$HCO_3^-(aq) \rightleftharpoons H^+(aq) + CO_3^{2-}(aq) \qquad K_{a_2} = \frac{[H^+][CO_3^{2-}]}{[HCO_3^-]}$$

Observe que a base conjugada da primeira etapa da ionização é o ácido da segunda etapa da ionização.

A Tabela 16.4 apresenta as constantes de ionização de vários ácidos dipróticos e de um ácido poliprótico. Para dado ácido, a primeira constante de ionização é muito maior que a segunda constante de ionização e as seguintes. Essa tendência é razoável porque é muito mais fácil remover um íon H^+ de uma molécula neutra que de um íon de carga negativa derivado da molécula.

EXEMPLO 16.10

O ácido oxálico ($C_2H_2O_4$) é uma substância venenosa usada principalmente como agente de branqueamento e de limpeza (por exemplo, para remover a sujeira das banheiras). Calcule as concentrações de todas as espécies presentes no equilíbrio de uma solução 0,10 M.

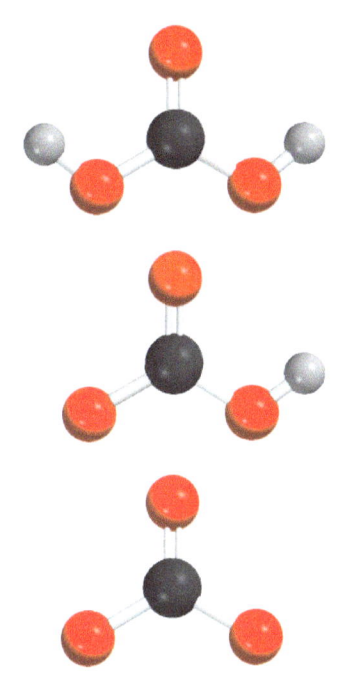

De cima para baixo: H_2CO_3, HCO_3^- e CO_3^{2-}.

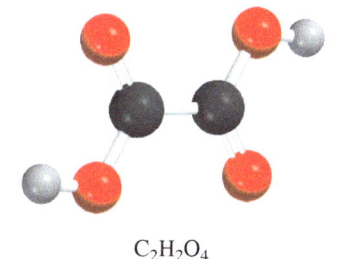

Estratégia Determinar as concentrações de equilíbrio das espécies de um ácido diprótico em solução aquosa é mais elaborado que para um ácido monoprótico. Seguimos o mesmo processo que usamos para um ácido monoprótico, como no Exemplo 16.8. Note que a base conjugada da primeira etapa da ionização é o ácido da segunda etapa da ionização.

Solução Vamos proceder de acordo com os seguintes passos:

Passo 1: As espécies dominantes em solução, nesta etapa, são o ácido não ionizado, íons H^+ e a base conjugada $C_2HO_4^-$.

Passo 2: Sendo x a concentração dos íons H^+ e $C_2HO_4^-$ em mol/L, no equilíbrio, temos:

	$C_2H_2O_4(aq)$	$\rightleftharpoons$	$H^+(aq)$	+	$C_2HO_4^-(aq)$
Início (M):	0,10		0,00		0,00
Variação (M):	$-x$		$+x$		$+x$
Equilíbrio (M):	$0,10 - x$		x		x

Passo 3: A Tabela 16.4 nos dá

$$K_a = \frac{[H^+][C_2HO_4^-]}{[C_2H_2O_4]}$$

$$6,5 \times 10^{-2} = \frac{x^2}{0,10 - x}$$

Considerando a aproximação $0,10 - x \approx 0,10$, obtemos

$$6,5 \times 10^{-2} = \frac{x^2}{0,10 - x} \approx \frac{x^2}{0,10}$$
$$x^2 = 6,5 \times 10^{-3}$$
$$x = 8,1 \times 10^{-2} \, M$$

$C_2H_2O_4$

(Continua)

Figura 16.5
Estruturas de Lewis de alguns oxiácidos comuns. Omitiram-se as cargas formais para simplificar.

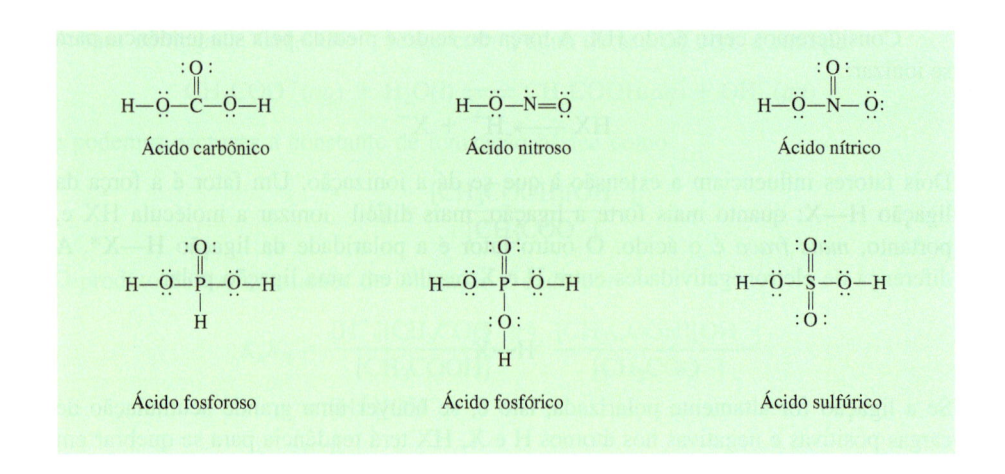

Ácido carbônico — H—Ö—C(=O)—Ö—H
Ácido nitroso — H—Ö—N=Ö
Ácido nítrico — H—Ö—N(=O)—Ö:
Ácido fosforoso — H—Ö—P(=O)(H)—Ö—H
Ácido fosfórico — H—Ö—P(=O)(ÖH)—Ö—H
Ácido sulfúrico — H—Ö—S(=O)(=O)—Ö—H

Para rever a nomenclatura de ácidos inorgânicos, veja a Seção 2.7.

À medida que o número de oxidação de um átomo aumenta, a sua capacidade para atrair elétrons de uma ligação também aumenta.

Oxiácidos

Consideremos agora os oxiácidos. Como aprendemos no Capítulo 2, os oxiácidos contêm hidrogênio, oxigênio e um outro elemento Z, que ocupa uma posição central. A Figura 16.5 mostra as estruturas de Lewis de vários oxiácidos comuns. Como pode ser visto, esses ácidos são caracterizados pela presença de uma ou mais ligações O—H. O átomo central Z pode também ter outros grupos ligados a ele:

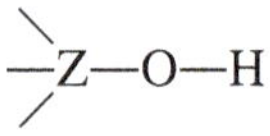

$$\text{—Z—O—H}$$

Se Z for um elemento eletronegativo, ou estiver em um estado de oxidação elevado, vai atrair elétrons, tornando a ligação Z—O mais covalente e a ligação O—H mais polar. Conseqüentemente, a tendência para o hidrogênio ser doado como íon H^+ aumenta:

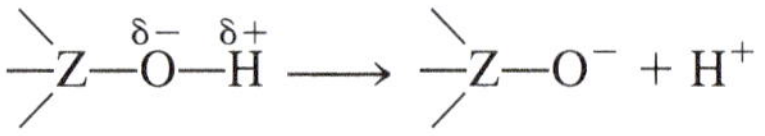

$$\text{—Z—}\overset{\delta-}{\text{O}}\text{—}\overset{\delta+}{\text{H}} \longrightarrow \text{—Z—O}^- + H^+$$

É conveniente dividir os oxiácidos em dois grupos, para comparar as suas forças.

1. *Oxiácidos com átomos centrais diferentes que são do mesmo grupo da tabela periódica e que têm o mesmo número de oxidação.* Dentro deste grupo, a força do ácido aumenta com o aumento da eletronegatividade do átomo central, como se exemplifica com $HClO_3$ e $HBrO_3$:

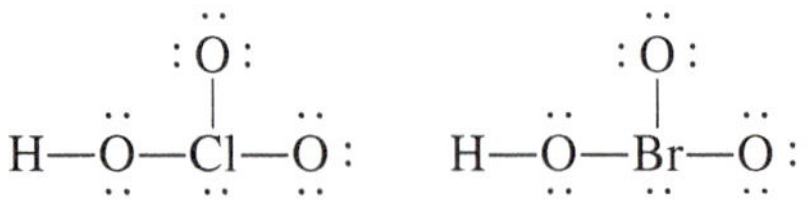

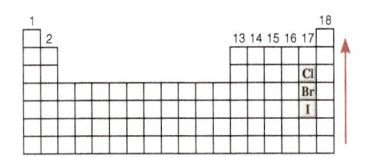

H—Ö—Cl(=O)—Ö: H—Ö—Br(=O)—Ö:

A força de oxiácidos contendo halogênio que têm o mesmo número de átomos de O aumenta de baixo para cima.

Cl e Br têm o mesmo número de oxidação, +5. Contudo, como Cl é mais eletronegativo que Br, atrai mais o par de elétrons que compartilha com o oxigênio (no grupo Cl—O—H) que o Br. Por conseguinte, a ligação O—H é mais polar no ácido clórico que no ácido brômico e ioniza-se mais facilmente. Assim, as forças ácidas relativas são

$$HClO_3 > HBrO_3$$

2. *Oxiácidos que têm o mesmo átomo central, mas números diferentes de grupos ligados.* Neste grupo, a força ácida aumenta à medida que o número de oxidação do átomo central aumenta. Considere os oxiácidos de cloro representados na Figura 16.6.

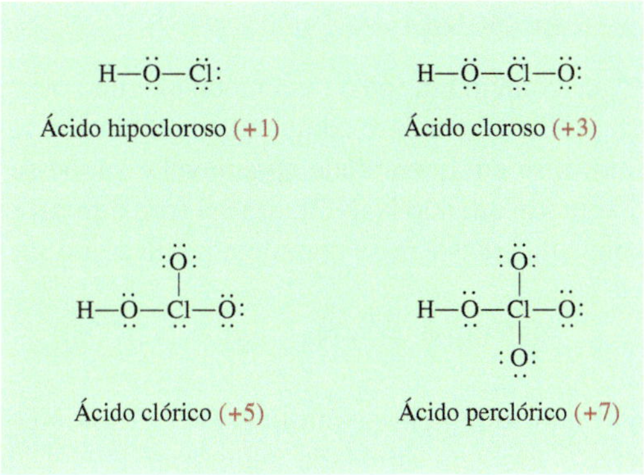

Figura 16.6
Estruturas de Lewis de oxiácidos de cloro. O número de oxidação do átomo de Cl é representado entre parênteses. Omitiram-se as cargas formais para simplificar. Observe que, embora o ácido hipocloroso seja representado pela fórmula HClO, o átomo de H está ligado ao oxigênio.

Nessa série, a capacidade do átomo de cloro atrair elétrons por meio do grupo OH (tornando a ligação O—H mais polar) aumenta com o número de átomos eletronegativos de oxigênio ligados ao cloro. Assim, $HClO_4$ é o ácido mais forte porque tem o maior número de átomos de oxigênio ligados ao cloro. A força ácida diminui como a seguir:

$$HClO_4 > HClO_3 > HClO_2 > HClO$$

EXEMPLO 16.12

Preveja as forças relativas dos oxiácidos em cada um dos seguintes grupos: (a) HClO, HBrO e HIO; (b) HNO_3 e HNO_2.

Estratégia   Examine a estrutura molecular. Em (a) os três ácidos têm estrutura semelhante, mas diferem apenas no átomo central (Cl, Br e I). Qual dos átomos centrais é o mais eletronegativo? Em (b) os ácidos têm o mesmo átomo central (N), porém diferem no número de átomos de O. Qual é o número de oxidação de N em cada um desses dois ácidos?

Solução   (a) Esses ácidos têm todos a mesma estrutura, e todos os halogênios têm o mesmo número de oxidação (+1). Visto que a eletronegatividade diminui de Cl para I, a polaridade da ligação X—O (em que X representa um átomo de halogênio) aumenta de HClO para HIO, e a polaridade da ligação O—H diminui de HClO para HIO. Portanto, a força ácida diminui como segue:

$$HClO > HBrO > HIO$$

(b) As estruturas de HNO_3 e HNO_2 estão representadas na Figura 16.5. Como o número de oxidação do N é +5 em HNO_3 e +3 em HNO_2, HNO_3 é um ácido mais forte que HNO_2.

Exercício   Qual dos seguintes ácidos é o mais fraco: H_3PO_3 ou H_3PO_4?

Problema semelhante: 16.62.

16.9 Propriedades Ácido-Base de Sais

Como se definiu na Seção 4.3, um sal é um composto iônico formado pela reação entre um ácido e uma base. Os sais são eletrólitos fortes que se dissociam completamente em água e, em alguns casos, reagem com água. O termo **hidrólise do sal** descreve a *reação de um ânion ou de um cátion de um sal, ou ambos, com água*. A hidrólise do sal geralmente afeta o pH de uma solução.

A palavra "hidrólise" deriva das palavras gregas *hydro*, que significa "água", e *lysis*, que significa "separar".

Na realidade, todos os íons positivos geram soluções ácidas em água.

Sais Que Originam Soluções Neutras

Geralmente, os sais que contêm um íon de um metal alcalino ou um íon de um metal alcalino-terroso (exceto o Be^{2+}) e a base conjugada de um ácido forte (como Cl^-, Br^- e NO_3^-) não sofrem hidrólise em quantidade apreciável e supõe-se que as suas soluções sejam neutras. Por exemplo, quando $NaNO_3$, um sal formado pela reação de NaOH com HNO_3, se dissolve em água, dissocia-se completamente como segue:

$$NaNO_3(s) \xrightarrow{H_2O} Na^+(aq) + NO_3^-(aq)$$

O mecanismo pelo qual íons metálicos produzem soluções ácidas é discutido na página 540.

O íon Na^+ hidratado não doa nem aceita íons H^+. O íon NO_3^- é a base conjugada do ácido forte HNO_3 e não tem afinidade pelos íons $H+$. Conseqüentemente, uma solução que contenha íons Na^+ e NO_3^- é neutra e tem pH 7.

Interatividade:
Propriedades Ácido-Base de Sais
Centro de Aprendizagem Online, Interatividades

Sais Que Originam Soluções Básicas

A dissociação do acetato de sódio (CH_3COONa), em água, é dada por

$$CH_3COONa(s) \xrightarrow{H_2O} Na^+(aq) + CH_3COO^-(aq)$$

O íon Na^+ hidratado não tem propriedades ácidas nem básicas. O íon acetato CH_3COO^-, contudo, é a base conjugada de um ácido fraco, CH_3COOH, e portanto tem afinidade pelos íons H^+. A reação de hidrólise é dada por

$$CH_3COO^-(aq) + H_2O(l) \rightleftharpoons CH_3COOH(aq) + OH^-(aq)$$

Como essa reação produz íons OH^-, a solução de acetato de sódio será básica. A constante de equilíbrio para essa reação de hidrólise é a expressão da constante de ionização básica para o CH_3COO^- e, portanto, escrevemos

$$K_b = \frac{[CH_3COOH][OH^-]}{[CH_3COO^-]} = 5{,}6 \times 10^{-10}$$

Sais Que Originam Soluções Ácidas

Quando um sal derivado de um ácido forte e de uma base fraca se dissolve em água, a solução torna-se ácida. Por exemplo, consideremos o processo

$$NH_4Cl(s) \xrightarrow{H_2O} NH_4^+(aq) + Cl^-(aq)$$

Como Cl^- é a base conjugada de um ácido forte, não tem afinidade pelo H^+. O íon NH_4^+ é o ácido fraco conjugado da base fraca NH_3 que se ioniza como se segue:

$$NH_4^+(aq) + H_2O(l) \rightleftharpoons NH_3(aq) + H_3O^+(aq)$$

ou simplesmente

$$NH_4^+(aq) \rightleftharpoons NH_3(aq) + H^+(aq)$$

Uma vez que são produzidos íons H^+, o pH da solução diminui. Pode-se observar que a reação de hidrólise do íon NH_4^+ é igual à reação de ionização do ácido NH_4^+. A constante de equilíbrio (ou constante de ionização) para esse processo é dada por:

Por coincidência, o valor numérico de K_a do NH_4^+ é o mesmo que o de K_b do CH_3COO^-.

$$K_a = \frac{[NH_3][H^+]}{[NH_4^+]} = \frac{K_w}{K_b} = \frac{1{,}0 \times 10^{-14}}{1{,}8 \times 10^{-5}} = 5{,}6 \times 10^{-10}$$

Para resolvermos problemas que envolvem bases fracas, seguimos o mesmo processo que usamos para ácidos fracos.

EXEMPLO 16.13

Calcule o pH de uma solução 0,15 M de acetato de sódio (CH_3COONa). Qual é a porcentagem de hidrólise?

Estratégia O que é um sal? Em solução, CH_3COONa dissocia-se completamente em íons Na^+ e CH_3COO^-. O íon Na^+, como vimos anteriormente, não reage com água e não tem efeito no pH da solução. O íon CH_3COO^- é a base conjugada do ácido fraco CH_3COOH. Portanto, é de esperar que reaja com a água em certa extensão formando CH_3COOH e OH^- e que a solução seja básica.

Solução

Passo 1: Como começamos com uma solução 0,15 M de acetato de sódio, as concentrações dos íons também são 0,15 M depois da dissociação:

	$CH_3COONa(aq)$	$\longrightarrow$ $Na^+(aq)$	$+ CH_3COO^-(aq)$
Início (M):	0,15	0	0
Variação (M):	$-0,15$	$+0,15$	$+0,15$
Final (M):	0	0,15	0,15

Desses íons, apenas o íon acetato vai reagir com a água

$$CH_3COO^-(aq) + H_2O(l) \rightleftharpoons CH_3COOH(aq) + OH^-(aq)$$

No equilíbrio, as espécies majoritárias em solução são CH_3COOH, CH_3COO^- e OH^-. A concentração dos íons H^+ é muito pequena como esperaríamos em uma solução básica e, por isso, é tratada como uma espécie minoritária. Ignoramos a ionização da água.

Passo 2: Seja x a concentração de equilíbrio de CH_3COOH e dos íons OH^- em mol/L,

	$CH_3COO^-(aq) + H_2O(l)$	$\rightleftharpoons CH_3COOH(aq)$	$+ OH^-(aq)$
Início (M):	0,15	0,00	0,00
Variação (M):	$-x$	$+x$	$+x$
Equilíbrio (M):	$0,15 - x$	x	x

Passo 3: Da discussão anterior e da Tabela 16.3, podemos escrever a constante de equilíbrio de hidrólise ou a constante de ionização básica como

$$K_b = \frac{[CH_3COOH][OH^-]}{[CH_3COO^-]}$$

$$5,6 \times 10^{-10} = \frac{x^2}{0,15 - x}$$

Como K_b é muito pequeno e a concentração inicial da base é grande, podemos aplicar a aproximação $0,15 - x \approx 0,15$:

$$5,6 \times 10^{-10} = \frac{x^2}{0,15 - x} \approx \frac{x^2}{0,15}$$

$$x = 9,2 \times 10^{-6} M$$

(Continua)

Passo 4: No equilíbrio:

$$[OH^-] = 9{,}2 \times 10^{-6}\,M$$
$$pOH = -\log(9{,}2 \times 10^{-6})$$
$$= 5{,}04$$
$$pH = 14{,}00 - 5{,}04$$
$$= 8{,}96$$

Portanto, a solução é básica, como esperávamos. A porcentagem de hidrólise é dada por

$$\% \text{ hidrólise} = \frac{[CH_3COO^-]_{\text{hidrolisado}}}{[CH_3COO^-]_{\text{inicial}}}$$
$$= \frac{9{,}2 \times 10^{-6}\,M}{0{,}15\,M} \times 100\%$$
$$= 0{,}0061\%$$

Verificação O resultado mostra que apenas uma pequena parte do ânion sofre hidrólise. Note que o cálculo da porcentagem de hidrólise tem a mesma forma que o teste da aproximação, que é válida nesse caso.

Exercício Calcule o pH de uma solução 0,24 M de formato de sódio (HCOONa).

Problema semelhante: 16.73.

Hidrólise de Íons Metálicos

Os sais que possuem cátions metálicos pequenos e de cargas elevadas (tais como Al^{3+}, Cr^{3+}, Fe^{3+}, Bi^{3+} e Be^{2+}) e as bases conjugadas de ácidos fortes também produzem soluções ácidas. Por exemplo, quando o cloreto de alumínio ($AlCl_3$) se dissolve em água, os íons Al^{3+} tomam a forma hidratada $Al(H_2O)_6^{3+}$ (Figura 16.7). Vamos considerar uma ligação entre o íon metálico e o átomo de oxigênio de uma das seis moléculas de água do íon $Al(H_2O)_6^{3+}$:

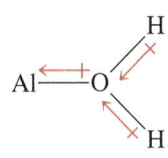

Al←O(H)(H)

Al^{3+} hidratado é um doador de prótons e, portanto, um ácido de Brønsted, nessa reação.

O íon positivamente carregado Al^{3+} atrai densidade eletrônica para si, tornando a ligação O—H mais polar. Conseqüentemente, os átomos de H têm maior tendência para sofrer ionização que aqueles em moléculas de água não envolvidas na hidratação. O processo de ionização resultante pode ser escrito como

$$Al(H_2O)_6^{3+}(aq) + H_2O(l) \rightleftharpoons Al(OH)(H_2O)_5^{2+}(aq) + H_3O^+(aq)$$

ou simplesmente

$$Al(H_2O)_6^{3+}(aq) \rightleftharpoons Al(OH)(H_2O)_5^{2+}(aq) + H^+(aq)$$

A constante de equilíbrio para os cátions metálicos hidrolisados é dada por

Note que $Al(H_2O)_6^{3+}$ é um ácido quase tão forte quanto CH_3COOH.

$$K_a = \frac{[Al(OH)(H_2O)_5^{2+}][H^+]}{[Al(H_2O)_6^{3+}]} = 1{,}3 \times 10^{-5}$$

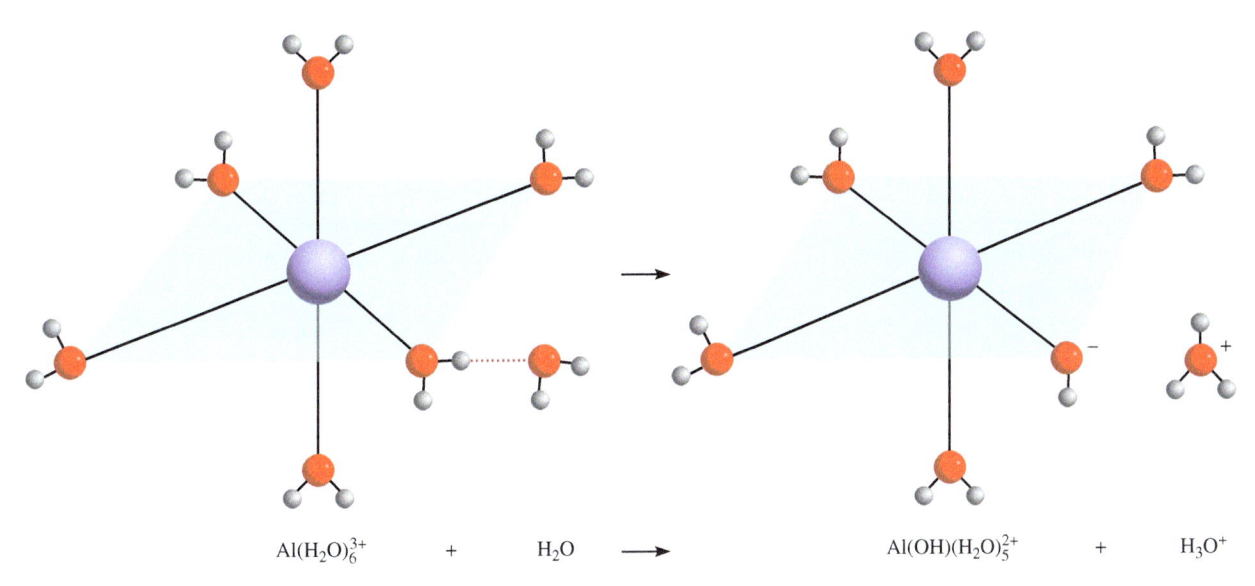

$$\text{Al(H}_2\text{O})_6^{3+} \quad + \quad \text{H}_2\text{O} \quad \longrightarrow \quad \text{Al(OH)(H}_2\text{O})_5^{2+} \quad + \quad \text{H}_3\text{O}^+$$

Figura 16.7
As seis moléculas de H$_2$O envolvem o íon Al^{3+} em uma geometria octaédrica. A atração entre o íon Al^{3+} e os pares de elétrons isolados dos átomos de oxigênio é tão grande que as ligações O—H na molécula de água que fica ligada ao cátion metálico são enfraquecidas, permitindo que seja cedido um próton (H$^+$) a uma molécula de água que se aproxima. Essa hidrólise do cátion metálico torna a solução ácida.

Note que a espécie Al(OH)(H$_2$O)$_5^{2+}$ pode sofrer ionizações sucessivas como

$$\text{Al(OH)(H}_2\text{O})_5^{2+}(aq) \rightleftharpoons \text{Al(OH)}_2(\text{H}_2\text{O})_4^+(aq) + \text{H}^+(aq)$$

e assim adiante. Contudo, geralmente, é suficiente considerar apenas a primeira etapa da hidrólise.

A extensão da hidrólise é maior para os íons menores e de carga mais elevada porque um íon "compacto" de carga elevada é mais efetivo para polarizar a ligação O—H e facilitar a ionização. É por isso que íons relativamente grandes de baixa carga, tais como o Na$^+$ e o K$^+$, não sofrem hidrólise apreciável.

Sais em Que Tanto o Cátion Quanto o Ânion Se Hidrolisam

Por enquanto, consideramos sais em que só um íon sofre hidrólise. Nos sais derivados de um ácido fraco e de uma base fraca, tanto o cátion como o ânion se hidrolisam. No entanto, uma solução que contenha esse sal será ácida, básica ou neutra conforme as forças relativas do ácido fraco e da base fraca. Uma vez que os cálculos matemáticos associados a esse tipo de sistema são bastante elaborados, vamos focar em previsões qualitativas sobre essas soluções, baseadas no seguinte:

- **$K_b > K_a$**. Se o K_b do ânion for maior que o K_a do cátion, então a solução deve ser básica, pois o ânion vai hidrolisar-se em maior extensão que o cátion. No equilíbrio, haverá mais íons OH$^-$ que íons H$^+$.

- **$K_b < K_a$**. Pelo contrário, se o K_b do ânion for menor que o K_a do cátion, então a solução deve ser ácida porque a hidrólise do cátion será maior que a hidrólise do ânion.

- **$K_b \approx K_a$**. Se K_a é aproximadamente igual a K_b, a solução será aproximadamente neutra.

A Tabela 16.7 resume o comportamento em solução aquosa dos sais discutidos nesta seção.

TABELA 16.7 Propriedades Ácido-Base de Sais

Tipo de Sal	Exemplos	Íons Que Sofrem Hidrólise	pH da Solução
Cátion de base forte; ânion de ácido forte	NaCl, KI, KNO$_3$, RbBr, BaCl$_2$	Nenhum	≈ 7
Cátion de base forte; ânion de ácido fraco	CH$_3$COONa, KNO$_2$	Ânion	> 7
Cátion de base fraca; ânion de ácido forte	NH$_4$Cl, NH$_4$NO$_3$	Cátion	< 7
Cátion de base fraca; ânion de ácido fraco	NH$_4$NO$_2$, CH$_3$COONH$_4$, NH$_4$CN	Ânion e cátion	< 7 se $K_b < K_a$
			≈ 7 se $K_b ≈ K_a$
			> 7 se $K_b > K_a$
Cátion pequeno com carga elevada; ânion de ácido forte	AlCl$_3$, Fe(NO$_3$)$_3$	Cátion hidratado	< 7

EXEMPLO 16.14

Preveja se as seguintes soluções serão ácidas, básicas ou quase neutras: (a) NH$_4$I, (b) NaNO$_2$, (c) FeCl$_3$, (d) NH$_4$F.

Estratégia Para decidir se um ácido vai sofrer hidrólise ou não, faça as seguintes perguntas: é o cátion um íon metálico de carga elevada ou um íon amônio? O ânion é a base conjugada de um ácido fraco? Se a resposta for sim a qualquer das respostas então vai ocorrer hidrólise. Nos casos em que tanto o cátion como o ânion reagem com a água, o pH da solução dependerá dos valores relativos de K_a para o cátion e de K_b para o ânion (veja a Tabela 16.7).

Solução Primeiro, separamos o cátion e o ânion que compõem o sal e depois examinamos a possível reação de cada íon com água.

(a) O cátion NH$_4^+$ hidrolisará para gerar NH$_3$ e H$^+$. O ânion I$^-$ é a base conjugada do ácido forte HI. Portanto, I$^-$ não vai hidrolisar e a solução é ácida.

(b) O cátion Na$^+$ não hidrolisa. O íon NO$_2^-$ é a base conjugada do ácido fraco HNO$_2$ e vai hidrolisar formando HNO$_2$ e OH$^-$. A solução será básica.

(c) Fe^{3+} é um íon metálico pequeno e de carga elevada que sofre hidrólise e gera íons H$^+$. O Cl$^-$ não se hidrolisa. Conseqüentemente, a solução será ácida.

(d) Ambos os íons NH$_4^+$ e F$^-$ hidrolisarão. As Tabelas 16.5 e 16.3 nos indicam que o K_a do NH$_4^+$ (5,6 × 10^{-10}) é maior que o K_b do F$^-$ (1,4 × 10^{-11}). Portanto, a solução será ácida.

Problema semelhante: 16.69.

Exercício Preveja se as seguintes soluções são ácidas, básicas ou quase neutras: (a) LiClO$_4$, (b) Na$_3$PO$_4$, (c) Bi(NO$_3$)$_2$, (d) NH$_4$CN.

Por fim, notamos que alguns ânions podem atuar como ácidos ou como bases. Por exemplo, o íon bicarbonato (HCO$_3^-$) pode-se ionizar ou hidrolisar como se segue (veja a Tabela 16.4):

$$HCO_3^-(aq) + H_2O(l) \rightleftharpoons H_3O^+(aq) + CO_3^{2-}(aq) \quad K_a = 4,8 \times 10^{-11}$$
$$HCO_3^-(aq) + H_2O(l) \rightleftharpoons H_2CO_3(aq) + OH^-(aq) \quad K_b = 2,4 \times 10^{-8}$$

Como $K_b > K_a$, prevemos que a reação de hidrólise predomine sobre o processo de ionização. Assim, uma solução de bicarbonato de sódio (NaHCO$_3$) será básica.

16.10 Óxidos Ácidos, Básicos e Anfóteros

Como vimos no Capítulo 8, os óxidos podem ser classificados em ácidos, básicos ou anfóteros. A nossa discussão sobre reações ácido-base ficaria incompleta se não examinássemos as propriedades desses compostos.

A Figura 16.8 mostra as fórmulas de alguns óxidos dos elementos representativos nos seus estados de oxidação mais elevados. Observe que todos os óxidos de metais alcalinos e de metais alcalino-terrosos, com exceção do BeO, são básicos. O óxido de berílio e vários óxidos metálicos dos Grupos 13 e 14 são anfóteros. Os óxidos não metálicos em que o número de oxidação do elemento representativo é elevado são ácidos (por exemplo, N_2O_5, SO_3 e Cl_2O_7), mas aqueles em que o número de oxidação do elemento representativo é baixo (por exemplo, CO e NO) não têm propriedades ácidas mensuráveis. Não se conhecem óxidos não metálicos que tenham propriedades básicas.

Os óxidos metálicos básicos reagem com a água para formar hidróxidos metálicos:

$$Na_2O(s) + H_2O(l) \longrightarrow 2NaOH(aq)$$

$$BaO(s) + H_2O(l) \longrightarrow Ba(OH)_2(aq)$$

As reações entre óxidos ácidos e água são como segue:

$$CO_2(g) + H_2O(l) \rightleftharpoons H_2CO_3(aq)$$

$$SO_3(g) + H_2O(l) \rightleftharpoons H_2SO_4(aq)$$

$$N_2O_5(g) + H_2O(l) \rightleftharpoons 2HNO_3(aq)$$

$$P_4O_{10}(s) + 6H_2O(l) \rightleftharpoons 4H_3PO_4(aq)$$

$$Cl_2O_7(g) + H_2O(l) \rightleftharpoons 2HClO_4(aq)$$

Uma floresta danificada pela chuva ácida.

A reação entre CO_2 e H_2O explica por que água pura exposta ao ar (que contém CO_2) atinge, gradualmente, um pH de cerca de 5,5 (Figura 16.9). A reação entre SO_3 e H_2O é uma das principais responsáveis pela chuva ácida.

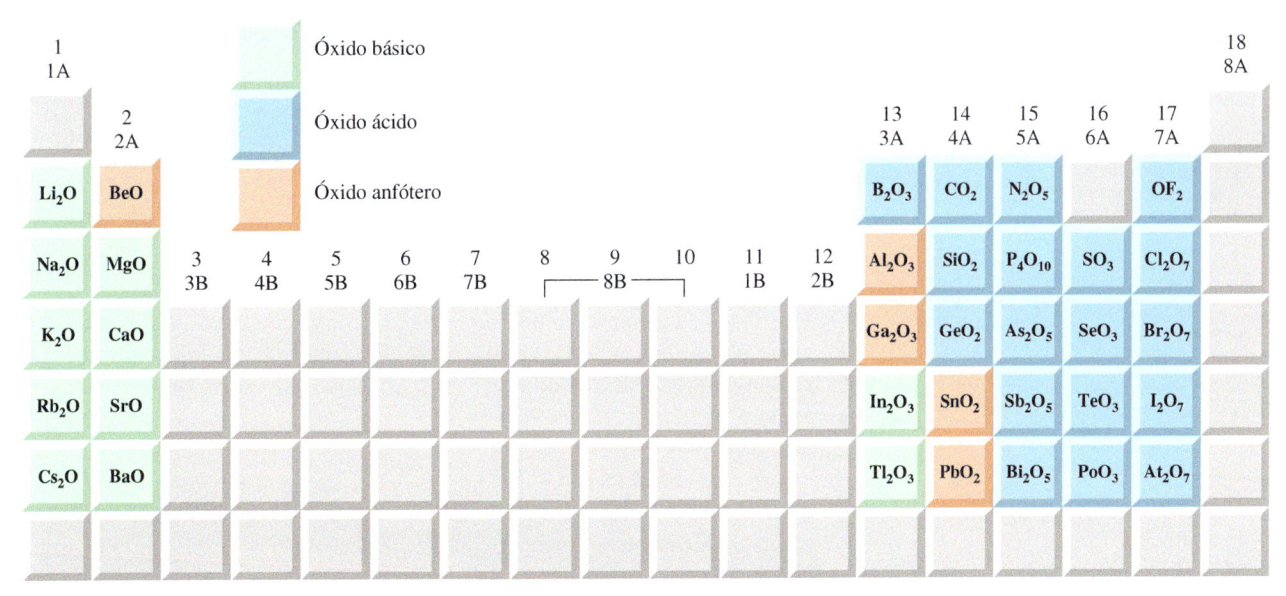

Figura 16.8
Óxidos dos elementos representativos nos seus estados de oxidação mais elevados.

Figura 16.9
(Esquerda) Um béquer com água ao qual foram adicionadas algumas gotas do indicador azul de timol. (Direita) Quando um pedaço de gelo seco é adicionado à água, o CO_2 reage formando ácido carbônico, o que torna a solução ácida e provoca a mudança de cor do azul para o amarelo.

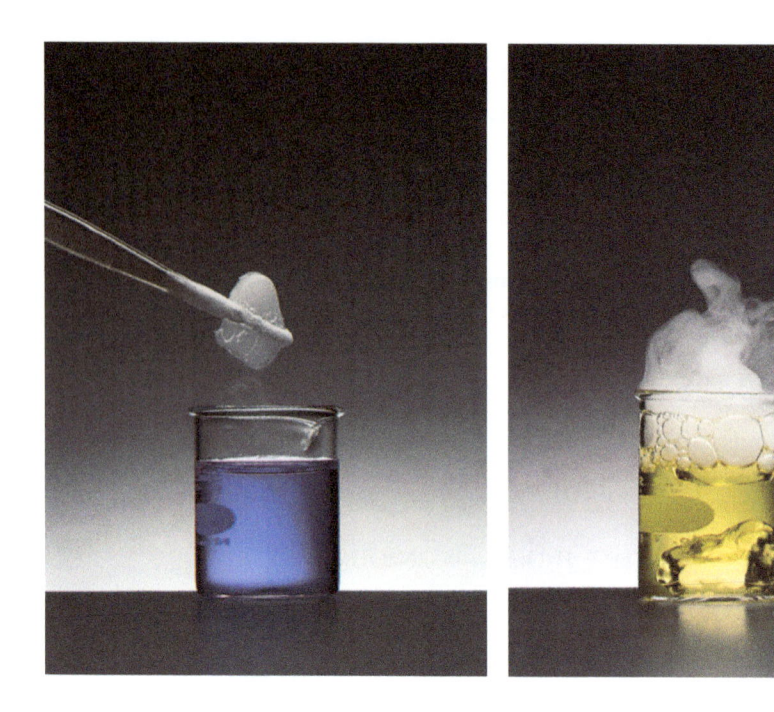

Reações entre óxidos ácidos e bases e entre óxidos básicos e ácidos assemelham-se a reações ácido-base normais na medida em que os produtos são um sal e água:

$$\underset{\text{óxido ácido}}{CO_2(g)} + \underset{\text{base}}{2NaOH(aq)} \longrightarrow \underset{\text{sal}}{Na_2CO_3(aq)} + \underset{\text{água}}{H_2O(l)}$$

$$\underset{\text{óxido básico}}{BaO(s)} + \underset{\text{ácido}}{2HNO_3(aq)} \longrightarrow \underset{\text{sal}}{Ba(NO_3)_2(aq)} + \underset{\text{água}}{H_2O(l)}$$

Como mostra a Figura 16.8, o óxido de alumínio (Al_2O_3) é anfótero. Conforme as condições da reação, ele pode atuar como óxido ácido ou óxido básico. Por exemplo, Al_2O_3 age como base com o ácido clorídrico, produzindo um sal ($AlCl_3$) e água:

$$Al_2O_3(s) + 6HCl(aq) \longrightarrow 2AlCl_3(aq) + 3H_2O(l)$$

e como ácido com hidróxido de sódio:

$$Al_2O_3(s) + 2NaOH(aq) + 3H_2O(l) \longrightarrow 2NaAl(OH)_4(aq)$$

Note que apenas se forma um sal, $NaAl(OH)_4$ [contendo os íons Na^+ e $Al(OH)_4^-$], na última reação; não há produção de água. Contudo, essa reação pode ainda ser classificada como uma reação ácido-base porque Al_2O_3 neutraliza $NaOH$.

Alguns óxidos de metais de transição, em que o metal tem um número de oxidação elevado, agem como óxidos ácidos. Dois exemplos conhecidos são o óxido de manganês(VII) (Mn_2O_7) e o óxido de crômio (VI) (CrO_3) que reagem ambos com água para produzir ácidos:

$$Mn_2O_7(l) + H_2O(l) \longrightarrow \underset{\text{ácido permangânico}}{2HMnO_4(aq)}$$

$$CrO_3(s) + H_2O(l) \longrightarrow \underset{\text{ácido crômico}}{H_2CrO_4(aq)}$$

> Quanto mais elevado for o número de oxidação do metal, mais covalente é o composto; quanto mais baixo for o número de oxidação, mais iônico é o composto.

16.11 Ácidos e Bases de Lewis

Até agora, discutimos propriedades ácido-base em termos da teoria de Brønsted. Para se considerar uma base de Brønsted, por exemplo, uma substância tem de aceitar prótons. Por essa definição, tanto o íon hidróxido como a amônia são bases:

$$H^+ + {}^-:\!\ddot{O}\!-\!H \longrightarrow H\!-\!\ddot{O}\!-\!H$$

$$H^+ + :\!\underset{\underset{H}{|}}{\overset{\overset{H}{|}}{N}}\!-\!H \longrightarrow \left[H\!-\!\underset{\underset{H}{|}}{\overset{\overset{H}{|}}{N}}\!-\!H \right]^+$$

Em cada caso, o átomo ao qual o próton vai se ligar possui pelo menos um par de elétrons não compartilhado. Essa propriedade característica de OH^-, NH_3 e outras bases de Brønsted sugere uma definição mais geral de ácidos e bases.

Em 1932, o químico norte-americano G. N. Lewis formulou essa definição. Segundo sua definição, uma base é *uma substância que pode doar um par de elétrons*, e um ácido *é uma substância que pode aceitar um par de elétrons*. Por exemplo, na protonação da amônia, NH_3 atua como **base de Lewis** porque cede um par de elétrons ao próton H^+, que age como **ácido de Lewis** ao aceitar o par de elétrons. Uma reação ácido-base de Lewis é, portanto, uma reação que envolve a doação de um par de elétrons de uma espécie para outra. Essa reação não produz um sal e água.

A importância do conceito de Lewis está no fato de ser muito mais genérico que outras definições. As reações ácido-base de Lewis incluem muitas reações que não envolvem ácidos de Brønsted. Consideremos, por exemplo, a reação entre trifluoreto de boro (BF_3) e a amônia (Figura 16.10):

$$\underset{\text{ácido}}{F\!-\!\underset{\underset{F}{|}}{\overset{\overset{F}{|}}{B}}} + \underset{\text{base}}{:\!\underset{\underset{H}{|}}{\overset{\overset{H}{|}}{N}}\!-\!H} \longrightarrow F\!-\!\underset{\underset{F}{|}}{\overset{\overset{F}{|}}{B}}\!-\!\underset{\underset{H}{|}}{\overset{\overset{H}{|}}{N}}\!-\!H$$

Na Seção 10.4, vimos que o átomo de B em BF_3 tem hibridização sp^2. O orbital vazio e não hibridizado $2p_z$ aceita o par de elétrons do NH_3. Assim, de acordo com a definição de Lewis, BF_3 funciona como ácido, apesar de não conter um próton ionizável. Note que se forma uma ligação covalente coordenada entre os átomos de B e de N (veja a página 287).

Outro ácido de Lewis que contém boro é o ácido bórico (H_3BO_3). O ácido bórico (um ácido fraco usado como colírio) é um oxiácido com a seguinte estrutura:

$$H\!-\!\ddot{O}\!-\!\underset{\underset{:\!O\!:\!H}{|}}{B}\!-\!\ddot{O}\!-\!H$$

O ácido bórico não se ioniza em água para produzir o íon H^+. A sua reação com água é

$$B(OH)_3(aq) + H_2O(l) \rightleftharpoons B(OH)_4^-(aq) + H^+(aq)$$

Nessa reação ácido-base de Lewis, o ácido bórico aceita um par de elétrons do íon hidróxido que é derivado da molécula de H_2O.

A hidratação do dióxido de carbono para produzir ácido carbônico

$$CO_2(g) + H_2O(l) \rightleftharpoons H_2CO_3(aq)$$

Todas as bases de Brønsted são bases de Lewis.

Figura 16.10
Reação ácido-base de Lewis envolvendo BF_3 e NH_3.

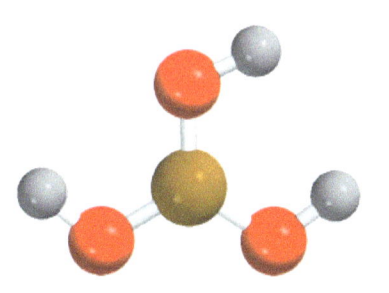

H_3BO_3

pode ser entendida, no conceito de Lewis, como se segue: a primeira etapa envolve a doação de um par de elétrons isolado do átomo de oxigênio da H_2O para o átomo de carbono do CO_2. Um orbital do átomo de C fica vazio para acomodar o par isolado por meio da remoção do par de elétrons da ligação π C—O. Esses movimentos de elétrons são indicados por setas curvas.

Portanto, H_2O é uma base de Lewis e CO_2 é um ácido de Lewis. A seguir, um próton é transferido para o átomo de O com carga negativa para formar H_2CO_3.

Resumo de Fatos e Conceitos

1. Ácidos de Brønsted cedem prótons, e bases de Brønsted aceitam prótons. Essas são as definições que normalmente se usam para os termos "ácido" e "base".
2. A acidez de soluções aquosas é expressa pelo valor do seu pH, que é definido como o logaritmo da concentração do íon hidrogênio (em mol/L), com sinal negativo.
3. A 25°C, uma solução ácida tem pH < 7, uma solução básica tem pH > 7 e uma solução neutra tem pH = 7.
4. Os ácidos $HClO_4$, HI, HBr, HCl, H_2SO_4 (primeira etapa da ionização) e HNO_3 são classificados como ácidos fortes em solução aquosa. Bases fortes em solução aquosa incluem hidróxidos de metais alcalinos e alcalino-terrosos (exceto berílio).
5. A constante de ionização ácida, K_a, aumenta com a força do ácido. Analogamente, K_b exprime a força das bases.
6. A porcentagem de ionização é outra medida da força de ácidos. Quanto mais diluída for a solução de um ácido fraco, maior a porcentagem de ionização do ácido.
7. O produto da constante de ionização de um ácido e da constante de ionização da sua base conjugada é igual à constante do produto iônico da água.
8. As forças relativas de ácidos podem ser explicadas qualitativamente em termos das suas estruturas moleculares.
9. A maioria dos sais são eletrólitos fortes que se dissociam completamente em íons em solução. A reação desses íons com água, chamada de hidrólise salina, pode produzir soluções ácidas ou básicas. Na hidrólise salina, as bases conjugadas de ácidos fracos produzem soluções básicas e os ácidos conjugados de bases fracas produzem soluções ácidas.
10. Íons de metais pequenos e de carga elevada, tais como Al^{3+} e Fe^{3+}, hidrolisam-se formando soluções ácidas.
11. Os óxidos podem ser classificados como ácidos, básicos ou anfóteros. Os hidróxidos de metais são básicos ou anfóteros.
12. Os ácidos de Lewis aceitam pares de elétrons e as bases de Lewis cedem pares de elétrons. O termo "ácido de Lewis" é geralmente reservado para substâncias que podem aceitar pares de elétrons, mas não contêm átomos de hidrogênio ionizáveis.

Palavras-chave

Ácido de Lewis, p. 545
Ácido forte, p. 517
Ácido fraco, p. 517
Base de Lewis, p. 545
Base forte, p. 517
Base fraca, p. 518
Constante de ionização ácida (K_a), p. 521
Constante de ionização básica (K_b), p. 531
Constante do produto iônico, p. 513
Hidrólise do sal, p. 537
Par ácido-base conjugado, p. 511
Percentagem de ionização, p. 527
pH, p. 514

Questões e Problemas

Ácidos e Bases de Brønsted

Questões de Revisão

16.1 Defina ácidos e bases de Brønsted. Em que ponto as definições de ácido e base de Brønsted diferem daquelas de Arrhenius?

16.2 Para uma espécie agir como base de Brønsted, um dos seus átomos deve possuir um par de elétrons isolado. Explique o porquê.

Problemas

16.3 Classifique cada uma das seguintes espécies como ácido ou base de Brønsted ou ambos: (a) H_2O, (b) OH^-, (c) H_3O^+, (d) NH_3, (e) NH_4^+, (f) NH_2^-, (g) NO_3^-, (h) CO_3^{2-}, (i) HBr, (j) HCN.

16.4 Escreva as fórmulas das bases conjugadas dos seguintes ácidos: (a) HNO_2, (b) H_2SO_4, (c) H_2S, (d) HCN, (e) $HCOOH$ (ácido fórmico).

16.5 Identifique os pares ácido-base conjugados em cada uma das seguintes reações:

(a) $CH_3COO^- + HCN \rightleftharpoons CH_3COOH + CN^-$
(b) $HCO_3^- + HCO_3^- \rightleftharpoons H_2CO_3 + CO_3^{2-}$
(c) $H_2PO_4^- + NH_3 \rightleftharpoons HPO_4^{2-} + NH_4^+$
(d) $HClO + CH_3NH_2 \rightleftharpoons CH_3NH_3^+ + ClO^-$
(e) $CO_3^{2-} + H_2O \rightleftharpoons HCO_3^- + OH^-$
(f) $CH_3COO^- + H_2O \rightleftharpoons CH_3COOH + OH^-$

16.6 Escreva as fórmulas dos ácidos conjugados de cada uma das seguintes bases: (a) HS^-, (b) HCO_3^-, (c) CO_3^{2-}, (d) $H_2PO_4^-$, (e) HPO_4^{2-}, (f) PO_4^{3-}, (g) HSO_4^-, (h) SO_4^{2-}, (i) NO_2^-, (j) SO_3^{2-}.

16.7 Escreva as fórmulas da base conjugada de cada um dos seguintes ácidos: (a) $CH_2ClCOOH$, (b) HIO_4, (c) H_3PO_4, (d) $H_2PO_4^-$, (e) HPO_4^{2-}, (f) H_2SO_4, (g) HSO_4^-, (h) $HCOOH$, (i) HSO_3^-, (j) NH_4^+, (k) H_2S, (l) HS^-, (m) $HClO$.

16.8 O ácido oxálico ($C_2H_2O_4$) tem a seguinte estrutura:

$$\begin{array}{c} O=C-OH \\ | \\ O=C-OH \end{array}$$

Uma solução de ácido oxálico contém as seguintes espécies, em variadas concentrações: $C_2H_2O_4$, $C_2HO_4^-$, $C_2O_4^{2-}$ e H^+. (a) Desenhe as estruturas de Lewis de $C_2HO_4^-$ e $C_2O_4^{2-}$. (a) Quais das quatro espécies anteriores indicadas podem atuar só como ácidos, só como bases e quais as que podem agir como ácidos e bases?

Cálculos de pH e pOH

Questões de Revisão

16.9 Qual é a constante do produto iônico da água?

16.10 Escreva uma equação que relacione $[H^+]$ e $[OH^-]$ em solução, a 25°C.

16.11 A constante do produto iônico da água é $1,0 \times 10^{-14}$, a 25°C e $3,8 \times 10^{-14}$ a 40°C. A reação

$$H_2O(l) \rightleftharpoons H^+(aq) + OH^-(aq)$$

é endotérmica ou exotérmica?

16.12 Defina pH. Por que os químicos geralmente preferem discutir a acidez de uma solução em termos do pH e não da concentração do íon hidrogênio, $[H^+]$?

16.13 O pH de uma solução é 6,7. Pode-se concluir que a solução é ácida apenas com esse dado? Se a resposta for não, quais as informações precisaríamos ter? Pode o pH de uma solução ser zero ou negativo? Se a resposta for sim, dê exemplos.

16.14 Defina pOH. Escreva a equação que relaciona o pH com o pOH.

Problemas

16.15 Calcule a concentração do íon hidrogênio das soluções com os seguintes valores de pH: (a) 2,42, (b) 11,21, (c) 6,96, (d) 15,00.

16.16 Calcule a concentração do íon hidrogênio, em mol/L, de cada uma das seguintes soluções: (a) uma solução cujo pH é 5,20, (b) uma solução de pH 16,00, (c) uma solução cuja concentração de hidróxido é $3,7 \times 10^{-9}$ M.

16.17 Calcule o pH de cada uma das seguintes soluções: (a) 0,0010 M de HCl, (b) 0,76 M de KOH, (c) $2,8 \times 10^{-4}$ M de $Ba(OH)_2$, (d) $5,2 \times 10^{-4}$ M de HNO_3.

- **16.18** Calcule o pH da água a 40°C, sabendo que K_w é $3,8 \times 10^{-14}$ nessa temperatura.
- 16.19 Complete a seguinte tabela para uma solução:

pH	[H$^+$]	A Solução é
< 7		
	$< 1,0 \times 10^{-7}\ M$	
		Neutra

- **16.20** Complete as frases com as palavras "ácida", "básica" ou "neutra":
  (a) pOH > 7; a solução é _____.
  (b) pOH = 7; a solução é _____.
  (c) pOH < 7; a solução é _____.
- 16.21 O pOH de uma solução é 9,40. Calcule a concentração do íon hidrogênio da solução.
- **16.22** Calcule o número de mols de KOH em 5,50 mL de uma solução 0,360 M de KOH. Qual é o pOH da solução?
- 16.23 Preparou-se uma solução dissolvendo 18,4 g de HCl em 662 mL de água. Calcule o pH da solução. (Suponha que o volume permaneça constante.)
- **16.24** Que massa (em gramas) de NaOH é necessária para preparar 546 mL de uma solução de pH 10,00?

Força de Ácidos e Bases
Questões de Revisão

- 16.25 Explique qual é o significado da força de um ácido.
- 16.26 Sem recorrer ao texto, escreva a fórmula de quatro ácidos fortes e de quatro ácidos fracos.
- 16.27 Qual é o ácido e a base mais forte que podem existir em água?
- 16.28 O H_2SO_4 é um ácido forte, mas HSO_4^- é um ácido fraco. Justifique a diferença de força dessas duas espécies relacionadas entre si.

Problemas

- 16.29 Qual dos seguintes diagramas representa melhor um ácido forte, tal como o HCl, dissolvido em água? Qual deles representa um ácido fraco? Qual representa um ácido muito fraco? (O próton hidratado está representado como íon hidrônio. As moléculas de água foram omitidas para maior clareza.)

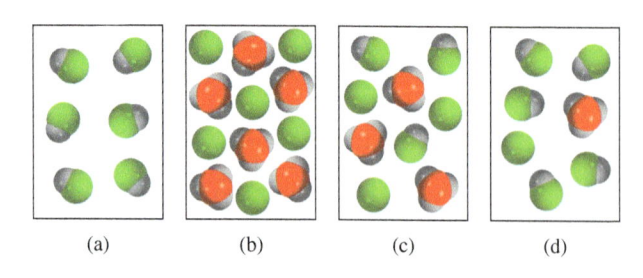

(a) (b) (c) (d)

- 16.30 (1) Qual dos seguintes diagramas representa uma solução de um ácido fraco diprótico? (2) Que diagramas representam situações quimicamente improváveis? (O próton hidratado está representado pelo íon hidrônio. As moléculas de água foram omitidas para maior clareza.)

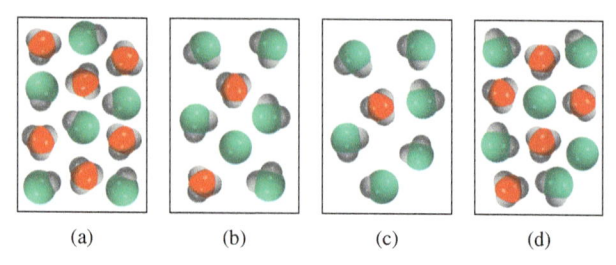

(a) (b) (c) (d)

- 16.31 Classifique cada uma das seguintes espécies como ácido fraco ou forte: (a) HNO_3, (b) HF, (c) H_2SO_4, (d) HSO_4^-, (e) H_2CO_3, (f) HCO_3^-, (g) HCl, (h) HCN, (i) HNO_2.
- 16.32 Classifique cada uma das seguintes espécies como base fraca ou forte: (a) LiOH, (b) CN^-, (c) H_2O, (d) ClO_4^-, (e) NH_2^-.
- 16.33 Qual(is) das seguintes afirmações é(são) verdadeira(s) para uma solução 0,10 M de um ácido fraco HA?
  (a) O pH é 1,00.
  (b) $[H^+] \gg [A^-]$
  (c) $[H^+] = [A^-]$
  (d) O pH é inferior a 1,00.
- **16.34** Qual(is) das seguintes afirmações é(são) verdadeira(s) para uma solução 1,0 M de um ácido forte HA?
  (a) $[A^-] > [H^+]$
  (b) O pH é 0,00.
  (c) $[H^+] = 1,0\ M$
  (d) $[HA] = 1,0\ M$
- 16.35 Diga que direção predomina na seguinte reação:

$$F^-(aq) + H_2O(l) \rightleftharpoons HF(aq) + OH^-(aq)$$

- 16.36 Diga se a seguinte reação vai ocorrer da esquerda para a direita em uma extensão apreciável:

$$CH_3COOH(aq) + Cl^-(aq) \longrightarrow$$

Constantes de Ionização de Ácidos Fracos
Questões de Revisão

- 16.37 O que nos diz a constante de ionização acerca da força de um ácido?
- 16.38 Escreva uma lista de fatores dos quais K_a de um ácido fraco é dependente.
- 16.39 Por que normalmente não falamos de valores de K_a para ácidos fortes tais como HCl e HNO_3? Por que é necessário especificar a temperatura quando são dados os valores de K_a?

Biológica: 16.84, 16.94, 16.103, 16.107, 16.115. Conceitual: 16.29, 16.30, 16.33, 16.34, 16.64, 16.68, 16.69, 16.71, 16.72, 16.75, 16.76,

16.40 Qual das seguintes soluções tem o valor de pH mais elevado? (a) 0,40 M de HCOOH, (b) 0,40 M de $HClO_4$, (c) 0,40 M de CH_3COOH.

Problemas

••16.41 Calcule a concentração de todas as espécies (HCN, H^+, CN^- e OH^-) em uma solução 0,15 M de HCN.

•16.42 Dissolveram-se 0,0560 g de ácido acético em água até perfazer 50,0 mL de solução. Calcule as concentrações de H^+, CH_3COO^- e CH_3COOH no equilíbrio (K_a do ácido acético = $1,8 \times 10^{-5}$.)

••16.43 O pH de uma solução de HF é 6,20. Calcule a razão [base conjugada]/[ácido] para HF nesse pH.

••16.44 Qual é a molaridade inicial de uma solução de ácido fórmico (HCOOH) cujo pH é 3,26 no equilíbrio?

••16.45 Calcule o pH de uma solução 0,060 M de HF.

••16.46 Calcule a porcentagem de ionização do ácido fluorídrico nas seguintes concentrações: (a) 0,60 M, (b) 0,080 M, (c) 0,0046 M, (d) 0,00028 M. Comente a variação.

••16.47 Uma solução 0,040 M de um ácido monoprótico está 14% ionizada. Calcule a constante de ionização do ácido.

•••16.48 (a) Calcule a porcentagem de ionização de uma solução 0,20 M do ácido monoprótico acetilsalicílico (aspirina). ($K_a = 3,0 \times 10^{-4}$.) (b) O pH do suco gástrico no estômago de certo indivíduo é 1,00. Depois de ter engolido alguns comprimidos de aspirina, a concentração de ácido acetilsalicílico no estômago era 0,20 M. Calcule a porcentagem de ionização do ácido nessas condições.

Ácidos Dipróticos e Polipróticos
Questões de Revisão

16.49 O ácido malônico [$CH_2(COOH)_2$] é um ácido diprótico. Explique o que significa isso.

16.50 Escreva todas as espécies (exceto a água) que estão presentes em uma solução de ácido fosfórico. Indique que espécies atuam como ácido de Brønsted, como base de Brønsted e quais atuam como ácido e também como base de Brønsted.

Problemas

••16.51 Quais são as concentrações de HSO_4^-, SO_4^{2-} e H^+ em uma solução 0,20 M de $KHSO_4$? (*Sugestão*: H_2SO_4 é um ácido forte; K_a de $HSO_4^- = 1,3 \times 10^{-2}$.)

••16.52 Calcule as concentrações de H^+, HCO_3^- e CO_3^{2-} em uma solução 0,025 M de H_2CO_3.

Bases Fracas e Constantes de Ionização Básica; Relação K_a–K_b
Questões de Revisão

16.53 Use o NH_3 para explicar o significado da força de uma base.

16.54 Escreva a equação que relaciona K_a de um ácido fraco e K_b de sua base conjugada. Use a amônia, NH_3, e seu ácido conjugado, NH_4^+, para mostrar a relação entre K_a e K_b.

Problemas

••16.55 Calcule o pH de cada uma das seguintes soluções: (a) 0,10 M de NH_3, (b) 0,050 M de C_5H_5N (piridina).

••16.56 O pH de uma solução 0,30 M de uma base fraca é 10,66. Qual é o K_b da base?

••16.57 Qual é a molaridade inicial de uma solução de amônia cujo pH é 11,22?

••16.58 Que porcentagem de NH_3 está presente como NH_4^+ em uma solução 0,080 M de NH_3?

Estrutura Molecular e a Força dos Ácidos
Questões de Revisão

16.59 Indique quatro fatores que afetam a força de um ácido.

16.60 Como a força de um oxiácido depende da eletronegatividade e número de oxidação do átomo central?

Problemas

•16.61 Preveja as forças ácidas dos seguintes compostos: H_2O, H_2S e H_2Se.

•16.62 Compare as forças dos seguintes pares de ácidos: (a) H_2SO_4 e H_2SeO_4, (b) H_3PO_4 e H_3AsO_4.

••16.63 Qual dos seguintes ácidos é o mais forte: $CH_2ClCOOH$ ou $CHCl_2COOH$? Explique.

•••16.64 Considere os seguintes compostos:

fenol   metanol

Experimentalmente, verifica-se que o fenol é um ácido mais forte que o metanol. Explique essas diferenças em termos das estruturas das bases conjugadas. (*Sugestão*: Uma base conjugada mais estável favorece a ionização. Só uma das bases conjugadas pode ser estabilizada por ressonância.)

Propriedades Ácido-Base de Soluções de Sais
Questões de Revisão

16.65 Defina hidrólise de um sal. Classifique os sais de acordo com o modo como afetam o pH de uma solução.

16.66 Explique por que íons metálicos pequenos e de carga elevada podem sofrer hidrólise.

16.67 Al^{3+} não é um ácido de Brønsted, mas $Al(H_2O)_6^{3+}$ já o é. Explique o porquê.

16.68 Diga quais dos seguintes sais sofrem hidrólise: KF, $NaNO_3$, NH_4NO_2, $MgSO_4$, KCN, C_6H_5COONa, RbI, Na_2CO_3, $CaCl_2$, HCOOK.

16.69 Preveja o pH (>7, <7 ou ≈7) de soluções aquosas dos seguintes sais: (a) KBr, (b) Al(NO₃)₃, (c) BaCl₂, (d) Bi(NO₃)₃.

16.70 Qual íon do grupo dos metais alcalino-terrosos possui maior tendência a sofrer hidrólise?

Problemas

••16.71 Dissolveu-se um certo sal MX (contendo os íons M^+ e X^-) em água e o pH da solução final é 7,0. Você pode dizer alguma coisa sobre as forças do ácido e da base dos quais é formado o sal?

•**16.72** Um estudante verificou que, em dada experiência, os pHs de soluções 0,10 M de três sais de potássio KX, KY e KZ eram 7,0; 9,0 e 11,0, respectivamente. Coloque os ácidos HX, HY e HZ em ordem de força ácida crescente.

••16.73 Calcule o pH de uma solução 0,36 M de CH_3COONa.

••**16.74** Calcule o pH de uma solução 0,42 M de NH_4Cl.

••16.75 Preveja se uma solução do sal K_2HPO_4 é ácida, neutra ou básica. (*Sugestão*: é preciso considerar a reação de ionização e de hidrólise do HPO_4^{2-}.)

••**16.76** Preveja o pH (>7, <7 ≈7) de uma solução de $NaHCO_3$.

Ácidos e Bases de Lewis

Questões de Revisão

16.77 Quais são as definições de ácido e de base de Lewis? Em quais aspectos são mais gerais que as definições de Brønsted?

16.78 Em termos de orbitais e arranjos eletrônicos, o que deve estar presente em uma molécula ou em um íon para atuar como um ácido de Lewis (use H^+ e BF_3 como exemplos)? O que deve estar presente em uma molécula ou em um íon para atuar como uma base de Lewis (use OH^- e NH_3 como exemplos)?

Problemas

••16.79 Classifique cada uma das seguintes espécies como ácido de Lewis ou base de Lewis: (a) CO_2, (b) H_2O, (c) I^-, (d) SO_2, (e) NH_3, (f) OH^-, (g) H^+, (h) BCl_3.

•**16.80** Descreva a seguinte reação em termos da teoria de ácidos e bases de Lewis:

$$AlCl_3(s) + Cl^-(aq) \longrightarrow AlCl_4^-(aq)$$

••16.81 Qual é o ácido de Lewis mais forte: (a) BF_3 or BCl_3, (b) Fe^{2+} ou Fe^{3+}? Explique.

••**16.82** Todos os ácidos de Brønsted são ácidos de Lewis, mas o inverso não é verdade. Dê dois exemplos de ácidos de Lewis que não são ácidos de Brønsted.

Problemas Adicionais

••16.83 Classifique os seguintes óxidos como ácidos, básicos, anfóteros ou neutros: (a) CO_2, (b) K_2O, (c) CaO, (d) N_2O_5, (e) CO, (f) NO, (g) SnO_2, (h) SO_3 (i) Al_2O_3, (j) BaO.

••**16.84** Uma reação típica entre um antiácido e o ácido clorídrico no suco gástrico é

$$NaHCO_3(aq) + HCl(aq) \longrightarrow NaCl(aq) + H_2O(l) + CO_2(g)$$

Calcule o volume (em L) de CO_2 gerado por 0,350 g de $NaHCO_3$ e excesso de suco gástrico a 1,00 atm e 37,0°C.

••16.85 Em qual das seguintes soluções o valor de pH diminuiria pela adição de um volume igual de solução 0,60 M de NaOH? (a) água, (b) 0,30 M de HCl, (c) 0,70 M de KOH, (d) 0,40 M de $NaNO_3$.

•16.86 O pH de uma solução 0,0642 M de um ácido monoprótico é 3,86. Será um ácido forte?

•16.87 Tal como a água, a amônia também se auto-ioniza:

$$NH_3 + NH_3 \rightleftharpoons NH_4^+ + NH_2^-$$

(a) Identifique os ácidos de Brønsted e as bases de Brønsted nessa reação. (b) Que espécies correspondem a H^+ e a OH^- e qual é a condição para uma solução neutra?

•**16.88** HA e HB são ambos ácidos fracos embora HB seja o mais forte dos dois. Será ou não necessário maior volume de uma solução 0,10 M de NaOH para neutralizar 50,0 mL de solução 0,10 M de HB do que para neutralizar 50,0 mL de solução 0,10 M de HA?

•16.89 Uma amostra de 1,87 g de Mg reage com 80,0 mL de uma solução de HCl cujo pH é −0,544. Qual é o pH da solução depois que todo o Mg reagir? Suponha que o volume se mantém constante.

•16.90 Os três óxidos de crômio mais comuns são CrO, Cr_2O_3 e CrO_3. Se Cr_2O_3 for anfótero, o que se poderá dizer das propriedades ácido-base de CrO e CrO_3?

•16.91 A maior parte dos hidretos dos metais dos Grupos 1 e 2 são iônicos (exceto BeH_2 e MgH_2, que são compostos covalentes). (a) Descreva a reação entre o íon hidreto (H^-) e água em termos de uma reação ácido-base de Brønsted. (b) A mesma reação pode ser classificada como uma reação redox. Identifique os agentes oxidantes e redutores.

•••16.92 Use os dados da Tabela 16.3 para calcular a constante de equilíbrio da seguinte reação:

$$CH_3COOH(aq) + NO_2^-(aq) \rightleftharpoons CH_3COO^-(aq) + HNO_2(aq)$$

••16.93 Calcule o pH de uma solução 0,20 M de acetato de amônio (CH_3COONH_4).

••**16.94** A novocaína, usada como anestésico local por dentistas, é uma base fraca ($K_b = 8,91 \times 10^{-6}$). Qual é a razão entre a concentração da base e a concentração do ácido conjugado no plasma sangüíneo (pH = 7,40) de um paciente?

16.95 Na fase de vapor, as moléculas de ácido acético associam-se em pequena extensão, formando dímeros:

$$2CH_3COOH(g) \rightleftharpoons (CH_3COOH)_2(g)$$

A 51°C a pressão de vapor de um sistema de ácido acético é 0,0342 atm em um frasco de 360 mL. O vapor é condensado e neutralizado com 13,8 mL de solução 0,0568 M de NaOH. (a) Calcule o grau de dissociação (α) do dímero nessas condições:

$$(CH_3COOH)_2 \rightleftharpoons 2CH_3COOH$$

(*Sugestão:* Veja o Problema 15.65 para o procedimento geral.) (b) Calcule a constante de equilíbrio K_p para a reação em (a).

16.96 Calcule a concentração de todas as espécies presentes em uma solução 0,100 M de Na_2CO_3.

16.97 A constante de Henry para o CO_2 a 38°C é $2,28 \times 10^{-3}$ mol/L · atm. Calcule o pH de uma solução de CO_2 em equilíbrio com o gás à pressão parcial de 3,20 atm e a 38°C.

16.98 O ácido cianídrico (HCN) é um ácido fraco e muito venenoso, que na forma gasosa (cianeto de hidrogênio) é usado em câmaras de gás. Por que é perigoso tratar cianeto de sódio com ácidos (tais como HCl) sem ventilação apropriada?

16.99 Uma solução de ácido fórmico (HCOOH) tem pH 2,53. Quantos gramas de ácido fórmico há em 100,0 mL da solução?

16.100 Calcule o pH de 1 L de uma solução que contém 0,150 mol de CH_3COOH e 0,100 mol de HCl.

16.101 São-lhe dados dois béqueres, um contendo uma solução aquosa de um ácido forte (HA) e o outro, uma solução aquosa de um ácido fraco (HB) na mesma concentração. Descreva como você compararia as forças desses dois ácidos (a) medindo o pH, (b) medindo a condutância elétrica, (c) estudando a velocidade da liberação de hidrogênio gasoso quando essas soluções reagem com um metal ativo tal como Mg ou Zn.

16.102 Use o princípio de Le Châtelier para prever o efeito das seguintes variações na extensão da hidrólise de uma solução de nitrito de sódio ($NaNO_2$): (a) adição de HCl, (b) adição de NaOH, (c) adição de NaCl, (d) diluição da solução.

16.103 O odor desagradável do peixe é devido principalmente à presença de compostos orgânicos (RNH_2) que contêm um grupo amino, —NH_2. As aminas são bases tal como a amônia. Explique por que espremer um pouco de suco de limão no peixe reduz o odor.

16.104 Uma solução 0,400 M de ácido fórmico (HCOOH) congela a –0,758°C. Calcule o K_a do ácido àquela temperatura. (*Sugestão:* Suponha que a molaridade seja igual à molalidade. Faça os seus cálculos com três algarismos significativos e arredonde para dois em K_a.)

16.105 Tanto o íon amideto (NH_2^-) quanto o nitreto (N^{3-}) são bases mais fortes que o íon hidróxido e, portanto, não existem em soluções aquosas. (a) Escreva equações que mostram as reações desses íons com água e identifique o ácido e a base de Brønsted em cada caso. (b) Qual dos dois é a base mais forte?

16.106 A concentração de dióxido de enxofre atmosférico (SO_2) em uma certa região é 0,12 ppm em volume. Calcule o pH da água da chuva em decorrência desse poluente. Suponha que a dissolução do SO_2 não afete a sua pressão e que o valor do pH da chuva se deve somente à presença desse composto.

16.107 O carbonato de amônio, $(NH_4)_2CO_3$, é um sal que possui um cheiro característico e pode ser empregado na prevenção ou tratamento de casos de tontura ou desmaio. Qual seria o princípio de ação desse sal de amônio? (*Sugestão:* O filme fino de solução aquosa que reveste as fossas nasais é ligeiramente básico.)

16.108 Qual das seguintes bases é a mais forte: NF_3 ou NH_3? (*Sugestão:* F é mais eletronegativo que H.)

16.109 Qual das seguintes bases é a mais forte: NH_3 ou PH_3? (*Sugestão:* A ligação N—H é mais forte que a ligação P—H.)

16.110 Quantos mililitros de uma solução de um ácido monoprótico forte com pH = 4,12 devem ser adicionados a 528 mL da mesma solução ácida, mas com pH = 5,76 para mudar o pH para 5,34? Suponha que os volumes sejam aditivos.

16.111 Quando o cloro reage com a água, a solução resultante é ligeiramente ácida e reage com $AgNO_3$ para formar um precipitado branco. Escreva as equações químicas balanceadas que representam essas reações. Explique por que os produtores de alvejantes de uso doméstico adicionam bases tais como NaOH aos seus produtos para aumentar as suas eficácias.

16.112 Calcule a concentração de todas as espécies presentes em uma solução 0,100 M de H_3PO_4.

16.113 Uma solução de metilamina (CH_3NH_2) tem pH 10,64. Quantos gramas de metilamina há em 100,0 mL da solução?

• Problemas Especiais

16.114 Cerca de metade do ácido clorídrico produzido anualmente é usada em decapagem de metais. Esse processo envolve a remoção de camadas de óxido metálico da superfície do metal com a finalidade de prepará-lo para ser revestido. (a) Escreva as equações global e iônica da reação entre o óxido de ferro(III), que representa a camada de ferrugem sobre o ferro, e o HCl. Identifique o ácido e a base de Brønsted. (b) O ácido clorídrico também é usado para remover as incrustações (predominantemente de $CaCO_3$) dos canos de água. O ácido clorídrico reage com o carbonato de cálcio em duas etapas; na primeira etapa forma-se o íon bicarbonato que, então, reage formando dióxido de carbono. Escreva equações para essas duas etapas e para a reação global. (c) O ácido clorídrico é usado para recuperar petróleo do solo porque dissolve as rochas (geralmente de $CaCO_3$) de modo que o petróleo possa fluir mais facilmente. Em um dos processos, uma solução 15% (em massa) de HCl é injetada em um poço de petróleo para dissolver as rochas. Qual é o pH da solução se a densidade da solução de ácido for 1,073 g/mL?

16.115 A hemoglobina (Hb) é uma proteína do sangue, responsável pelo transporte de oxigênio. Pode existir na forma protonada como HbH^+. A ligação do oxigênio pode ser representada pela equação química simplificada

$$HbH^+ + O_2 \rightleftharpoons HbO_2 + H^+$$

(a) Que forma de hemoglobina é favorecida nos pulmões onde a concentração de oxigênio é mais elevada? (b) Nos tecidos humanos, onde é liberado dióxido de carbono produzido pelo metabolismo, o sangue é mais ácido em virtude da formação do ácido carbônico. Que forma de hemoglobina é favorecida nessa condição? (c) Quando uma pessoa inspira grande quantidade de ar (processo denominado *hiperventilação*), a concentração de CO_2 no seu sangue diminui. Como isso afeta o equilíbrio indicado anteriormente? Com freqüência, aconselha-se a pessoa nessas condições a respirar para dentro de um saco de papel. Por que isso ajuda?

Respostas dos Exercícios

16.1 (1) H_2O (ácido) e OH^- (base); (2) HCN (ácido) e CN^- (base). **16.2** $7,7 \times 10^{-15} M$. **16.3** 0,12.
16.4 $4,7 \times 10^{-4} M$. **16.5** 7,40. **16.6** 12,56.
16.7 Inferior a 1. **16.8** 2,09. **16.9** $2,2 \times 10^{-6}$.
16.10 $[C_2H_2O_4] = 0,11 M$, $[C_2HO_4^-] = 0,086 M$, $[C_2O_4^{2-}] = 6,1 \times 10^{-5} M$, $[H^+] = 0,086 M$.
16.11 12,03. **16.12** H_3PO_3. **16.13** 8,58.
16.14 (a) pH ≈ 7, (b) pH > 7, (c) pH < 7, (d) pH > 7.

Equilíbrios Ácido-Base e Outros Equilíbrios

17

17.1 Equilíbrios Homogêneos *versus* Heterogêneos em Solução 554

17.2 Soluções-Tampão 554
Preparação de uma Solução-Tampão com Determinado pH

17.3 Titulações Ácido-base 559
Titulações Ácido Forte-Base Forte • Titulações Ácido Fraco-Base Forte • Titulações Ácido Forte-Base Fraca

17.4 Indicadores Ácido-base 565

17.5 Equilíbrios Envolvendo Sais Pouco Solúveis 568
Produto de Solubilidade • Solubilidade Molar e Solubilidade • Previsão de Reações de Precipitação

17.6 Efeito do Íon Comum e Solubilidade 574

17.7 Equilíbrios Envolvendo Íons Complexos e Solubilidade 576

17.8 Aplicação do Princípio do Produto de Solubilidade à Análise Qualitativa 579

Conceitos Essenciais

- **Soluções-Tampão** Uma solução-tampão contém um ácido fraco e um sal derivado do ácido fraco. Para manter o pH relativamente constante, os componentes ácido e básico da solução-tampão reagem com o ácido ou a base adicionada. As soluções-tampão desempenham um papel importante em muitos processos químicos e biológicos.

- **Titulações Ácido-base** As características de uma titulação ácido-base dependem da força do ácido e da base envolvidos. Diferentes indicadores são usados para determinar o ponto final de uma titulação.

- **Equilíbrio Envolvendo Sais Pouco Solúveis** O conceito de equilíbrio químico também se aplica ao equilíbrio que envolve sais pouco solúveis; nesses casos, a constante de equilíbrio é expressa como o produto de solubilidade. A solubilidade de uma substância pouco solúvel pode ser afetada pela presença de um cátion ou de um ânion comum, ou pelo pH. A formação de um íon complexo (um exemplo de reação ácido-base de Lewis) aumenta a solubilidade de um sal pouco solúvel.

As estalactites se originam no teto de cavernas ou grutas e crescem em direção ao solo enquanto as estalagmites se formam no chão das cavernas e crescem em direção ao teto.

17.1 Equilíbrios Homogêneos *versus* Heterogêneos em Solução

No Capítulo 16, vimos que os ácidos fracos e as bases fracas nunca se ionizam completamente em água. Assim, uma solução de um ácido fraco em equilíbrio, por exemplo, contém ácido não ionizado, bem como íons H^+ e a base conjugada. No entanto, todas essas espécies estão dissolvidas e o sistema é um exemplo de equilíbrio homogêneo (veja o Capítulo 15).

Outro tipo de equilíbrio, que consideraremos na segunda metade deste capítulo, envolve a dissolução e precipitação de substâncias pouco solúveis. Esses processos são exemplos de equilíbrios heterogêneos — isto é, envolvem reações em que os componentes estão em mais que uma fase. Porém, vamos primeiro concluir nossa discussão sobre o equilíbrio ácido-base considerando as soluções-tampão e as titulações ácido-base.

17.2 Soluções-Tampão

Solução-tampão é uma solução de (1) um ácido fraco ou uma base fraca e (2) a sua base ou ácido conjugados, respectivamente; ambos os componentes devem estar presentes. A solução tem a capacidade de resistir a variações de pH quando se adicionam pequenas quantidades tanto de ácido quanto de base. Os tampões são muito importantes em sistemas químicos e biológicos. O pH varia muito, no corpo humano, de um fluido para outro; por exemplo, o pH do sangue é cerca de 7,4, enquanto o suco gástrico, no estômago, tem pH cerca de 1,5. Esses valores de pH, cruciais para o bom funcionamento de enzimas e o balanço da pressão osmótica, mantêm-se constantes, na maioria dos casos, pela ação de tampões.

Uma solução-tampão deve conter uma concentração de ácido relativamente elevada para reagir com os íons OH^- que lhe possam vir a ser adicionados e deve conter uma concentração semelhante de base para reagir com íons H^+ que lhe sejam adicionados. Além disso, os componentes ácido e básico do tampão não devem consumir um ao outro em uma reação de neutralização. Esses requisitos são satisfeitos por um par ácido-base conjugado (um ácido fraco e a sua base conjugada ou uma base fraca e o seu ácido conjugado).

Pode-se preparar uma solução-tampão simples, adicionando quantidades molares semelhantes de ácido acético (CH_3COOH) e o seu sal, acetato de sódio (CH_3COONa), à água. Supõe-se que as concentrações, no equilíbrio, tanto do ácido quanto da base conjugada (do CH_3COONa), sejam as mesmas que as concentrações iniciais. Isso ocorre porque (1) CH_3COOH é um ácido fraco e a extensão da hidrólise do íon CH_3COO^- é muito pequena e (2) a presença dos íons CH_3COO^- inibe a ionização do CH_3COOH enquanto a presença do CH_3COOH inibe a hidrólise dos íons CH_3COO^-.

Uma solução que contenha essas duas substâncias tem a capacidade de neutralizar tanto os ácidos quanto as bases a ela adicionados. O acetato de sódio, que é um eletrólito forte, dissocia-se completamente em água:

$$CH_3COONa(s) \xrightarrow{H_2O} CH_3COO^-(aq) + Na^+(aq)$$

Quando se adiciona um ácido, os íons H^+ vão ser consumidos pela base conjugada do tampão, CH_3COO^-, de acordo com a equação

$$CH_3COO^-(aq) + H^+(aq) \longrightarrow CH_3COOH(aq)$$

Se uma base é adicionada ao sistema-tampão, os íons OH^- serão neutralizados pelo ácido do tampão:

$$CH_3COOH(aq) + OH^-(aq) \longrightarrow CH_3COO^-(aq) + H_2O(l)$$

Figura 17.1
Uso do indicador ácido-base azul de bromofenol (adicionado a todas as soluções representadas) para ilustrar a ação de um tampão. O indicador tem uma cor azul-púrpura para valores de pH acima de 4,6 e amarela para valores de pH abaixo de 3,0. (a) Uma solução-tampão constituída por 50 mL de solução 0,1 M de CH_3COOH e 50 mL de solução 0,1 M de CH_3COONa. O pH da solução é 4,7 e o indicador fica azul-púrpura. (b) Depois da adição de 40 mL de uma solução 0,1M de HCl à solução em (a), a cor permanece azul-púrpura. (c) 100 mL de uma solução de CH_3COOH, cujo pH é 4,7. (d) Depois da adição de seis gotas (cerca de 0,3 mL) de uma solução 0,1 M de HCl, a cor muda para amarela. Sem a ação do tampão, o pH da solução diminui rapidamente para valores inferiores a 3,0 quando se adiciona HCl 0,1 M.

A *capacidade tamponante*, isto é, a eficácia da solução-tampão, depende das quantidades de ácido e da base conjugada utilizadas para preparar o tampão. Quanto maior for essa quantidade, maior é a capacidade tamponante.

Em geral, um sistema-tampão pode ser representado como sal/ácido ou base conjugada/ácido. Assim, o sistema-tampão acetato de sódio-ácido acético, discutido anteriormente, pode ser escrito como CH_3COONa/CH_3COOH ou CH_3COO^-/CH_3COOH. A Figura 17.1 mostra esse sistema-tampão em ação.

EXEMPLO 17.1

Quais das seguintes soluções podem ser consideradas sistemas-tampão?
(a) KH_2PO_4/H_3PO_4, (b) $NaClO_4/HClO_4$, (c) C_5H_5N/C_5H_5NHCl (C_5H_5N é a piridina; o seu K_b é dado na Tabela 16.5). Justifique a sua resposta.

Estratégia   O que constitui um sistema-tampão? Qual das soluções anteriores contém um ácido fraco e o seu sal (contendo a base fraca conjugada)? Qual das soluções anteriores contém uma base fraca e o seu sal (contendo o ácido fraco conjugado)? Por que a base conjugada de um ácido forte não é capaz de neutralizar um ácido adicionado?

Solução   O critério para um sistema-tampão é que se deve ter um ácido fraco e o seu sal (contendo a base conjugada fraca) ou uma base fraca e o seu sal (contendo o ácido fraco conjugado).

(a) H_3PO_4 é um ácido fraco e a sua base conjugada, $H_2PO_4^-$, é uma base fraca (veja a Tabela 16.4). Portanto esse é um sistema-tampão.

(b) Uma vez que $HClO_4$ é um ácido forte, a sua base conjugada, ClO_4^-, é uma base extremamente fraca. Isso significa que o íon ClO_4^- não vai se combinar com um íon H^+ em solução para formar $HClO_4$. Logo, o sistema não pode atuar como um tampão.

(c) Como a Tabela 16.5 apresenta, C_5H_5N é uma base fraca e o seu ácido conjugado, $C_5H_5N^+$ (o cátion do sal C_5H_5NHCl), é um ácido fraco. Portanto, esse é um sistema-tampão.

Problemas semelhantes: 17.5, 17.6.

Exercício   Quais dos seguintes sistemas são soluções tampão? (a) KF/HF, (b) KBr/HBr, (c) $Na_2CO_3/NaHCO_3$.

EXEMPLO 17.2

(a) Calcule o pH de um sistema-tampão que contém CH_3COOH 1,0 M e CH_3COONa 1,0 M. (b) Qual é o pH do sistema-tampão depois da adição de 0,10 mol de HCl gasoso a 1,0L da solução? Considere que não haja variação de volume da solução quando se adiciona o HCl.

Estratégia (a) O pH do sistema-tampão antes da adição de HCl pode ser calculado por meio da ionização do CH_3COOH. Observe que pelo fato de o ácido (CH_3COOH) e o seu sal de sódio estarem presentes, a concentração de CH_3COO^- e CH_3COO^-(de CH_3COONa) possuem inicialmente a mesma concentração (1 M) O K_a de CH_3COOH é $1,8 \times 10^{-5}$ (veja a Tabela 16.3). (b) A resolução pode ser facilitada com a ajuda de um esquema das variações que ocorrem nesse caso.

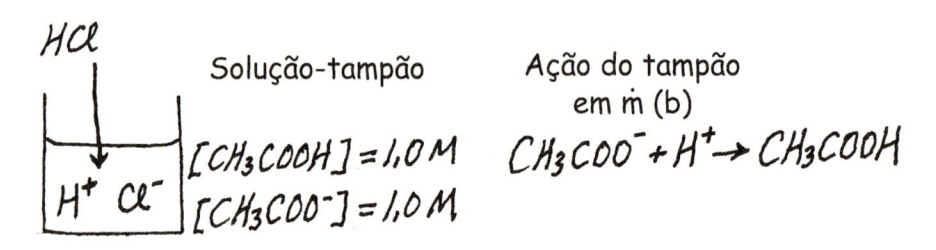

[Esquema manuscrito: HCl → Solução-tampão: $[CH_3COOH] = 1,0 M$, $[CH_3COO^-] = 1,0 M$; Ação do tampão em (b): $CH_3COO^- + H^+ \rightarrow CH_3COOH$]

Solução (a) Apresentamos as concentrações das espécies no equilíbrio como se segue:

	$CH_3COOH(aq)$	$\rightleftharpoons$	$H^+(aq)$	$+$	$CH_3COO^-(aq)$
Início (M):	1,0		0		1,0
Variação (M):	$-x$		$+x$		$+x$
Equilíbrio (M):	$1,0 - x$		x		$1,0 + x$

$$K_a = \frac{[H^+][CH_3COO^-]}{[CH_3COOH]}$$

$$1,8 \times 10^{-5} = \frac{(x)(1,0 + x)}{(1,0 - x)}$$

Lembre-se de que a presença do CH_3COOH inibe a hidrólise do CH_3COO^- e a presença do CH_3COO^- inibe a ionização do CH_3COOH.

Considerando que $1,0 + x \approx 1,0$ e $1,0 - x \approx 1,0$, obtemos

$$1,8 \times 10^{-5} = \frac{(x)(1,0 + x)}{(1,0 - x)} \approx \frac{x(1,0)}{1,0}$$

ou $\quad x = [H^+] = 1,8 \times 10^{-5} M$

E assim, $\quad pH = -\log(1,8 \times 10^{-5}) = 4,74$

(b) Quando se adiciona HCl à solução, as variações iniciais são

	$HCl(aq)$	$\longrightarrow$	$H^+(aq)$	$+$	$Cl^-(aq)$
Início (mol):	0,10		0		0
Variação (mol):	$-0,10$		$+0,10$		$+0,10$
Final (mol):	0		0,10		0,10

O íon Cl^- é um íon espectador na solução porque é a base conjugada de um ácido forte.

Os íons H^+ provenientes do HCl reagem completamente com a base conjugada do tampão, CH_3COO^-. Nesse caso, é mais conveniente trabalhar com mols que com molaridade. Isso porque, em alguns casos, o volume da solução pode variar quando

(Continua)

se adiciona uma substância. Uma variação de volume faz variar a molaridade, mas não o número de mols. A seguir, indica-se a reação de neutralização:

	$CH_3COO^-(aq)$	+ $H^+(aq)$	$\longrightarrow$ $CH_3COOH(aq)$
Início (mol):	1,0	0,10	1,0
Variação (mol):	−0,10	−0,10	+0,10
Final (mol):	0,90	0	1,1

Finalmente, para calcularmos o pH do tampão depois da neutralização do ácido, voltamos a usar a molaridade dividindo o número de mols por 1,0 L de solução.

	$CH_3COOH(aq)$	$\rightleftharpoons$ $H^+(aq)$	+ $CH_3COO^-(aq)$
Início (M):	1,1	0	0,90
Variação (M):	−x	+x	+x
Equilíbrio (M):	1,1 − x	x	0,90 + x

$$K_a = \frac{[H^+][CH_3COO^-]}{[CH_3COOH]}$$

$$1,8 \times 10^{-5} = \frac{(x)(0,90 + x)}{1,1 - x}$$

Assumindo que $0,90 + x \approx 0,90$ e $1,1 - x \approx 1,1$ obtemos

$$1,8 \times 10^{-5} = \frac{(x)(0,90 + x)}{1,1 - x} \approx \frac{x(0,90)}{1,1}$$

ou

$$x = [H^+] = 2,2 \times 10^{-5} \, M$$

Assim,

$$pH = -\log(2,2 \times 10^{-5}) = 4,66$$

Problema semelhante: 17.14.

Exercício Calcule o pH do sistema-tampão NH_3 0,30 M/NH_4Cl 0,36 M. Qual é o pH depois da adição de 20,0 mL de solução 0,050 M de NaOH a 80,0 mL da solução?

Na solução-tampão examinada no Exemplo 17.2, há uma diminuição de pH (a solução torna-se mais ácida) em virtude da adição de HCl. Podemos também comparar a variação na concentração dos íons H^+ da seguinte forma:

Antes da adição de HCl: $[H^+] = 1,8 \times 10^{-5} \, M$
Depois da adição de HCl: $[H^+] = 2,2 \times 10^{-5} \, M$

Assim, a concentração do íon H^+ aumenta de um fator

$$\frac{2,2 \times 10^{-5} \, M}{1,8 \times 10^{-5} \, M} = 1,2$$

Para avaliarmos a eficácia do tampão CH_3COONa/CH_3COOH, vejamos o que aconteceria se adicionássemos 0,10 mol de HCl a 1L de água, e comparemos o aumento na concentração de íons H^+.

Antes da adição de HCl: $[H^+] = 1,0 \times 10^{-7} \, M$
Depois da adição de HCl: $[H^+] = 0,10 \, M$

Como resultado da adição de íons HCl, a concentração de íons H^+ aumenta de um fator

$$\frac{0,10 \, M}{1,0 \times 10^{-7} \, M} = 1,0 \times 10^6$$

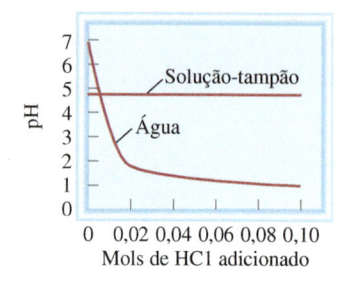

Figura 17.2
Comparação da variação do pH quando se adiciona 0,10 mol de HCl a 1 L de água pura e a 1L de solução-tampão acetato, como descrito no Exemplo 17.2.

pK_a está relacionado com K_a, assim como o pH está relacionado com [H$^+$]. Lembre-se de que quanto mais forte o ácido (isto é, maior o K_a), menor o pK_a.

Não se esqueça de que pK_a é uma constante, mas o termo da razão das duas concentrações, na Equação (17.3), depende de uma solução em particular.

ou seja, um milhão de vezes! Essa comparação mostra que uma escolha apropriada da solução-tampão pode manter a concentração de íons H$^+$, ou o pH, aproximadamente constante (Figura 17.2).

Preparação de uma Solução-Tampão com Determinado pH

Agora, suponhamos que queremos preparar uma solução-tampão com determinado valor de pH. Como fazê-lo? Considerando o sistema-tampão ácido acético-acetato de sódio, podemos escrever a constante de equilíbrio como

$$K_a = \frac{[CH_3COO^-][H^+]}{[CH_3COOH]}$$

Observe que esta expressão varia se temos ácido acético ou uma mistura de ácido acético e acetato de sódio na solução. Rearranjando a equação, temos:

$$[H^+] = \frac{K_a[CH_3COOH]}{[CH_3COO^-]}$$

Aplicando o logaritmo negativo nos dois lados da equação, obtemos

$$-\log[H^+] = -\log K_a - \log\frac{[CH_3COOH]}{[CH_3COO^-]}$$

ou

$$-\log[H^+] = -\log K_a + \log\frac{[CH_3COO^-]}{[CH_3COOH]}$$

Assim

$$pH = pK_a + \log\frac{[CH_3COO^-]}{[CH_3COOH]} \tag{17.1}$$

da qual

$$pK_a = -\log K_a \tag{17.2}$$

A Equação (17.1) é chamada de *equação de Henderson-Hasselbalch*. É expressa na forma mais geral

$$pH = pK_a + \log\frac{[\text{base conjugada}]}{[\text{ácido}]} \tag{17.3}$$

Se as concentrações molares do ácido e da sua base conjugada são aproximadamente iguais, isto é, [ácido] ≈ [base conjugada], então

$$\log\frac{[\text{base conjugada}]}{[\text{ácido}]} \approx 0$$

ou

$$pH \approx pK_a$$

Assim, para prepararmos uma solução-tampão, escolhemos um ácido fraco cujo pK_a seja próximo do valor do pH que se deseja. Além de fornecer o valor correto do pH de um tampão, essa escolha também assegura que há quantidades *comparáveis* do ácido e de sua base conjugada no sistema; esses dois fatores são pré-requisitos para que um sistema-tampão funcione com eficiência.

EXEMPLO 17.3

Descreva como prepararia um "tampão fosfato" com pH aproximadamente 7,40.

Estratégia Para um tampão agir eficazmente, as concentrações do componente ácido e da base conjugada devem ser aproximadamente iguais. De acordo com a Equação (17.3), quando o pH desejado estiver próximo do pK_a do ácido, isto é, quando pH ≈ pK_a,

$$\log \frac{[\text{base conjugada}]}{[\text{ácido}]} \approx 0$$

ou

$$\frac{[\text{base conjugada}]}{[\text{ácido}]} \approx 1$$

Solução Como o ácido fosfórico é um ácido triprótico, escrevemos as três etapas da ionização como se segue. Os valores de K_a são obtidos da Tabela 16.4 e os de pK_a são calculados aplicando a Equação (17.2).

$$H_3PO_4(aq) \rightleftharpoons H^+(aq) + H_2PO_4^-(aq) \qquad K_{a_1} = 7{,}5 \times 10^{-3};\ pK_{a_1} = 2{,}12$$
$$H_2PO_4^-(aq) \rightleftharpoons H^+(aq) + HPO_4^{2-}(aq) \qquad K_{a_2} = 6{,}2 \times 10^{-8};\ pK_{a_2} = 7{,}21$$
$$HPO_4^{2-}(aq) \rightleftharpoons H^+(aq) + PO_4^{3-}(aq) \qquad K_{a_3} = 4{,}8 \times 10^{-13};\ pK_{a_3} = 12{,}32$$

Dos três sistemas-tampão, o mais apropriado é $HPO_4^{2-}/H_2PO_4^-$, porque o pK_a do ácido $H_2PO_4^-$ é o mais próximo do pH desejado. Por meio da equação de Henderson-Hasselbalch, escrevemos

$$pH = pK_a + \log \frac{[\text{base conjugada}]}{[\text{ácido}]}$$

$$7{,}40 = 7{,}21 + \log \frac{[HPO_4^{2-}]}{[H_2PO_4^-]}$$

$$\log \frac{[HPO_4^{2-}]}{[H_2PO_4^-]} = 0{,}19$$

Aplicando o antilog, obtemos

$$\frac{[HPO_4^{2-}]}{[H_2PO_4^-]} = 10^{0{,}19} = 1{,}5$$

Portanto, um modo de preparar um tampão fosfato com pH 7,40 é dissolver monoidrogenofosfato de sódio (Na_2HPO_4) e diidrogenofosfato de sódio (NaH_2PO_4) na razão molar de 1,5:1,0 em água. Por exemplo, poderíamos dissolver 1,5 mol de Na_2HPO_4 e 1,0 mol de NaH_2PO_4 em água suficiente para perfazer 1 L de solução.

Problemas semelhantes: 17.15, 17.16.

Exercício Como poderia ser preparado um litro de "tampão carbonato" de pH 10,10? Considere as substâncias: ácido carbônico (H_2CO_3), hidrogenocarbonato de sódio ($NaHCO_3$) e carbonato de sódio (Na_2CO_3). Veja os valores de K_a na Tabela 16.4.

17.3 Titulações Ácido-Base

Após a discussão sobre soluções-tampão, podemos analisar mais detalhadamente os aspectos quantitativos das titulações ácido-base (veja a Seção 4.6). Consideraremos três tipos de reações: (1) titulações que envolvem um ácido forte e uma base forte, (2) titulações envolvendo um ácido fraco e uma base forte e (3) titulações que envolvem um ácido forte e uma base fraca. As titulações que envolvem um ácido fraco e uma base

Animação:
Titulações Ácido-Base
Centro de Aprendizagem
Online, Animações

Figura 17.3
Aparelho medidor de pH ("pHmetro") usado para monitorar uma titulação ácido-base.

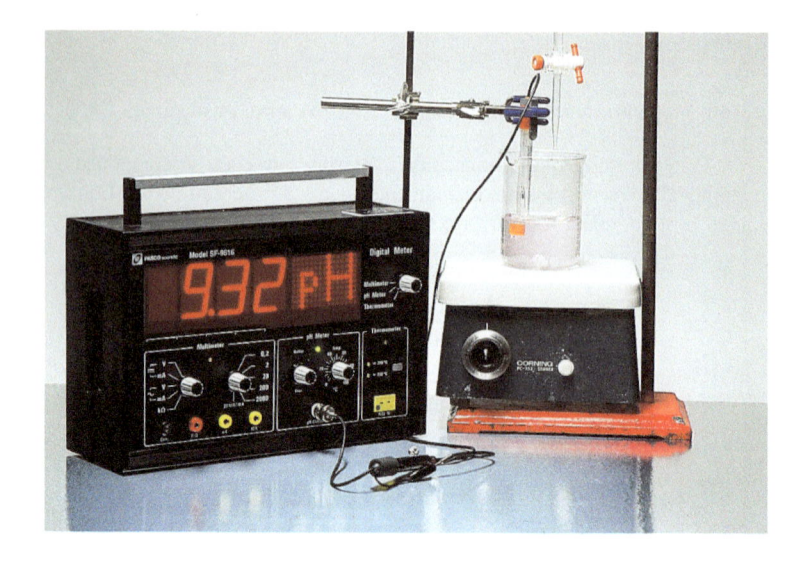

fraca são complicadas em razão da hidrólise do cátion e do ânion do sal formado. Não trataremos dessas titulações aqui. A Figura 17.3 mostra a montagem experimental para monitorar o pH durante uma titulação.

Interatividade:
Reação de Neutralização I e II
Centro de Aprendizagem
Online, Interatividades

Titulações Ácido Forte-Base Forte

A reação entre um ácido forte (como o HCl) e uma base forte (por exemplo, NaOH) pode ser representada por

$$\text{NaOH}(aq) + \text{HCl}(aq) \longrightarrow \text{NaCl}(aq) + \text{H}_2\text{O}(l)$$

ou em termos da equação iônica simplificada

$$\text{H}^+(aq) + \text{OH}^-(aq) \longrightarrow \text{H}_2\text{O}(l)$$

Considere a adição de uma solução 0,100 M de NaOH (de uma bureta) a um erlenmeyer contendo 25,0 mL de solução 0,100 M de HCl. Por conveniência, usaremos apenas três algarismos significativos para o volume e a concentração e dois algarismos significativos para o pH. A Figura 17.4 exibe a curva dos valores do pH da titulação (também conhecida como curva de titulação). Antes da adição de NaOH, o pH do ácido é dado por $-\log(0,100)$ ou 1,00. Quando se adiciona NaOH, o pH da solução aumenta, no início, lentamente. Próximo do ponto de equivalência, o pH começa a aumentar abruptamente e, no ponto de equivalência (isto é, no ponto em que reagiram quantidades equimolares de ácido e de base), a curva sobe quase verticalmente. Em uma titulação ácido forte-base forte, tanto a concentração de íon hidrogênio como a do íon hidróxido são muito baixas no ponto de equivalência (aproximadamente $1 \times 10^{-7}\ M$). Conseqüentemente, a adição de uma única gota de base pode causar um grande aumento na [OH$^-$] e no pH da solução. Além do ponto de equivalência, o pH aumenta, outra vez, vagarosamente, com a adição de NaOH.

$10,0\ \text{mL} \times \dfrac{0,100\ \text{mol}}{1000\ \text{mL}} = 1,0 \times 10^{-3}\ \text{mol}$

É possível calcular o pH da solução em cada fase da titulação. Apresentamos aqui três exemplos de cálculos:

1. *Após a adição de 10,0 mL de solução 0,100 M de NaOH a 25,0 mL de solução 0,100 M de HCl.* O volume total de solução é 35,0 mL. O número de mols de NaOH em 10,0 mL é

$$10,0\ \text{mL} \times \frac{0,100\ \text{mol NaOH}}{1\ \text{L NaOH}} \times \frac{1\ \text{L}}{1000\ \text{mL}} = 1,00 \times 10^{-3}\ \text{mol}$$

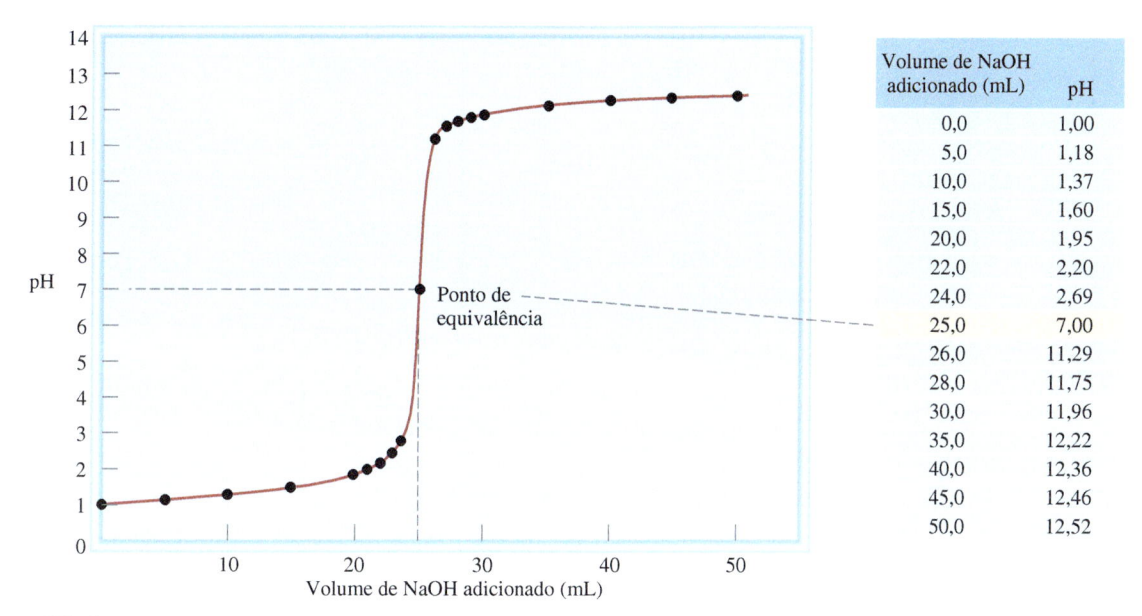

Volume de NaOH adicionado (mL)	pH
0,0	1,00
5,0	1,18
10,0	1,37
15,0	1,60
20,0	1,95
22,0	2,20
24,0	2,69
25,0	7,00
26,0	11,29
28,0	11,75
30,0	11,96
35,0	12,22
40,0	12,36
45,0	12,46
50,0	12,52

Figura 17.4
Curva da variação do pH com o volume de base adicionado, em uma titulação ácido forte-base forte. Adiciona-se uma solução 0,100 M de NaOH, de uma bureta, a um erlenmeyer contendo 25,0 mL de solução 0,100 M de HCl (veja a Figura 4.18). Essa curva é chamada, geralmente, de curva de titulação.

O número de mols de HCl originalmente presentes em 25,0 mL de solução é

$$25,0 \text{ mL} \times \frac{0,100 \text{ mol HCl}}{1 \text{ L HCl}} \times \frac{1 \text{ L}}{1000 \text{ mL}} = 2,50 \times 10^{-3} \text{ mol}$$

Portanto, a quantidade de HCl que resta depois da neutralização parcial é $(2,50 \times 10^{-3}) - (1,00 \times 10^{-3})$, ou $1,50 \times 10^{-3}$ mol. A seguir, determina-se a concentração de H^+ em 35,0 mL de solução como segue:

Lembre-se de que 1 mol de NaOH ≏ 1 mol HCl.

$$\frac{1,50 \times 10^{-3} \text{ mol HCl}}{35,0 \text{ mL}} \times \frac{1000 \text{ mL}}{1 \text{ L}} = 0,0429 \text{ mol HCl/L}$$

$$= 0,0429 \text{ } M \text{ HCl}$$

Assim, $[H^+] = 0,0429$ M e o pH da solução é

$$\text{pH} = -\log 0,0429 = 1,37$$

2. *Após a adição de 25,0 mL de solução 0,100 M de NaOH a 25,0 mL de solução 0,100 M de HCl.* Esse é um cálculo simples, porque envolve uma reação de neutralização completa e o sal (NaCl) não sofre hidrólise. No ponto de equivalência, $[H^+] = [OH^-] = 1,0 \times 10^{-7}$ M e o pH da solução é 7,00.

Nem Na^+ nem Cl^- se hidrolisam.

3. *Após a adição de 35,0 mL de solução 0,100 M de NaOH a 25,0 mL de solução 0,100 M de HCl.* O volume total de solução é agora 60,0 mL. O número de mols de NaOH adicionado é

$$35,0 \text{ mL} \times \frac{0,100 \text{ mol NaOH}}{1 \text{ L NaOH}} \times \frac{1 \text{ L}}{1000 \text{ mL}} = 3,50 \times 10^{-3} \text{ mol}$$

O número de mols de HCl em 25,0 mL de solução é $2,50 \times 10^{-3}$. Depois da neutralização completa de HCl, o número de mols de NaOH em excesso é

$(3,50 \times 10^{-3}) - (2,50 \times 10^{-3})$ ou $1,00 \times 10^{-3}$ mol. A concentração de NaOH em 60,0 mL de solução é

$$\frac{1,00 \times 10^{-3} \text{ mol NaOH}}{60,0 \text{ mL}} \times \frac{1000 \text{ mL}}{1 \text{ L}} = 0,0167 \text{ mol NaOH/L}$$
$$= 0,0167 \, M \text{ NaOH}$$

Assim, $[OH^-] = 0,0167 \, M$ e pOH $= -\log 0,0167 = 1,78$. Portanto, o pH da solução é

$$\text{pH} = 14,00 - \text{pOH}$$
$$= 14,00 - 1,78$$
$$= 12,22$$

Titulações Ácido Fraco-Base Forte

Considere a reação de neutralização entre o ácido acético (um ácido fraco) e hidróxido de sódio (uma base forte):

$$CH_3COOH(aq) + NaOH(aq) \longrightarrow CH_3COONa(aq) + H_2O(l)$$

Essa equação pode ser simplificada para

$$CH_3COOH(aq) + OH^-(aq) \longrightarrow CH_3COO^-(aq) + H_2O(l)$$

O íon acetato hidrolisa-se de acordo com:

$$CH_3COO^-(aq) + H_2O(l) \rightleftharpoons CH_3COOH(aq) + OH^-(aq)$$

Dessa forma, no ponto de equivalência, quando só temos presente o acetato de sódio, o pH será *maior que* 7 como resultado do excesso de íons OH^- formados (Figura 17.5). Note que essa situação é análoga à hidrólise do acetato de sódio (CH_3COONa) (veja a página 538).

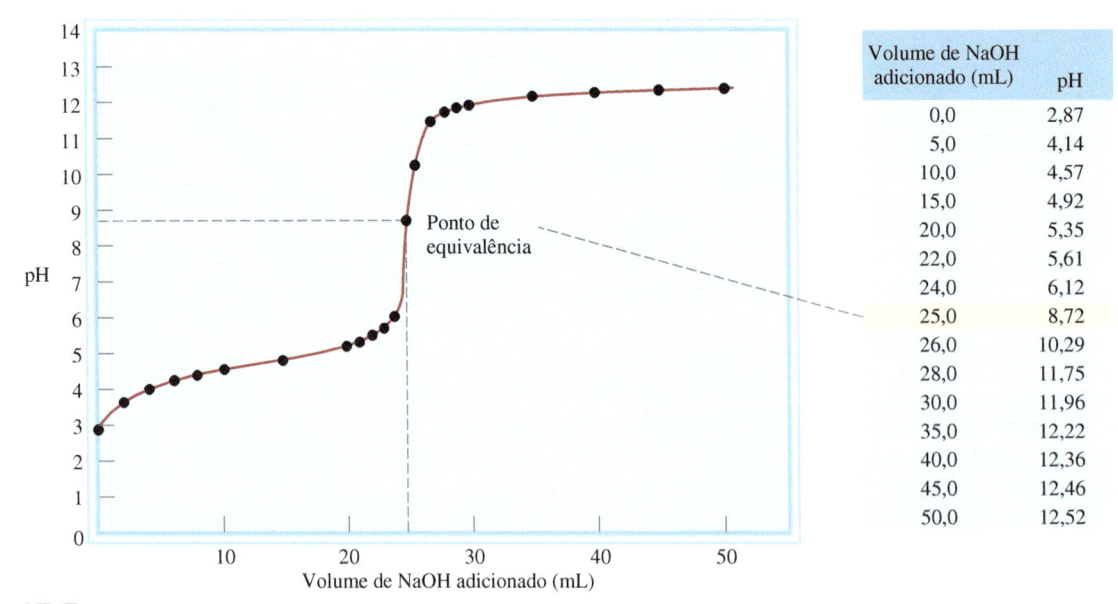

Volume de NaOH adicionado (mL)	pH
0,0	2,87
5,0	4,14
10,0	4,57
15,0	4,92
20,0	5,35
22,0	5,61
24,0	6,12
25,0	8,72
26,0	10,29
28,0	11,75
30,0	11,96
35,0	12,22
40,0	12,36
45,0	12,46
50,0	12,52

Figura 17.5
Curva da variação do pH com o volume de base adicionado, em uma titulação ácido fraco-base forte. Adiciona-se uma solução 0,100 M de NaOH, de uma bureta, a um erlenmeyer contendo 25,0 mL de solução 0,100 M de CH_3COOH. Em decorrência da hidrólise do sal formado, o pH no ponto de equivalência é maior que 7.

EXEMPLO 17.4

Calcule o pH, na titulação de 25,0 mL de solução 0,100 M de ácido acético com hidróxido de sódio, depois de se adicionar à solução do ácido (a) 10,0 mL de NaOH 0,100 M, (b) 25,0 mL de NaOH 0,100 M, (c) 35,0 mL de NaOH 0,100 M.

Estratégia   A reação entre CH_3COOH e NaOH é

$$CH_3COOH(aq) + NaOH(aq) \longrightarrow CH_3COONa(aq) + H_2O(l)$$

Vemos que 1 mol de CH_3COOH ≏ a 1 mol de NaOH. Portanto, podemos calcular o número de mols de base que reagem com o ácido em cada etapa da titulação, e o pH da solução é calculado através do excesso de ácido ou de base que fica na solução. No entanto, no ponto de equivalência a neutralização é completa e o pH da solução depende da extensão da hidrólise do sal formado, CH_3COONa.

Solução   (a) O número de mols de NaOH em 10,0 mL é

$$10,0 \text{ mL} \times \frac{0,100 \text{ mol NaOH}}{1 \text{ L de solução de NaOH}} \times \frac{1 \text{ L}}{1000 \text{ mL}} = 1,00 \times 10^{-3} \text{ mol}$$

O número de mols de CH_3COOH inicialmente presente em 25,0 mL de solução é

$$25,0 \text{ mL} \times \frac{0,100 \text{ mol } CH_3COOH}{1 \text{ L de solução de } CH_3COOH} \times \frac{1 \text{ L}}{1000 \text{ mL}} = 2,50 \times 10^{-3} \text{ mol}$$

A partir de agora trabalhamos com mols porque, quando duas soluções se misturam, o volume aumenta. Como o volume aumenta, a molaridade varia, mas o número de mols continua igual. As variações no número de mols estão indicadas a seguir:

	$CH_3COOH(aq)$	+ NaOH(aq)	$\longrightarrow$ $CH_3COONa(aq)$	+ $H_2O(l)$
Início (mol):	$2,50 \times 10^{-3}$	$1,00 \times 10^{-3}$	0	
Variação (mol):	$-1,00 \times 10^{-3}$	$-1,00 \times 10^{-3}$	$+1,00 \times 10^{-3}$	
Final (mol):	$1,50 \times 10^{-3}$	0	$1,00 \times 10^{-3}$	

Neste ponto da titulação, temos um sistema-tampão formado por CH_3COOH e CH_3COO^- (do sal CH_3COONa). Para calcularmos o pH da solução, escrevemos

$$K_a = \frac{[H^+][CH_3COO^-]}{[CH_3COOH]}$$

$$[H^+] = \frac{[CH_3COOH]K_a}{[CH_3COO^-]}$$

$$= \frac{(1,50 \times 10^{-3})(1,8 \times 10^{-5})}{1,00 \times 10^{-3}} = 2,7 \times 10^{-5} \, M$$

Portanto,   pH = $-\log (2,7 \times 10^{-5})$ = 4,57

> Dado que o volume da solução é o mesmo para CH_3COOH e CH_3COO^-, a razão do número de mols presente é igual à razão das suas concentrações molares.

(b) Essas quantidades (isto é, 25,0 mL de NaOH 0,100 M reagindo com 25,0 mL de CH_3COOH 0,100 M) correspondem ao ponto de equivalência. O número de mols de NaOH em 25,0 mL de solução é

$$25,0 \text{ mL} \times \frac{0,100 \text{ mol NaOH}}{1 \text{ L de solução de NaOH}} \times \frac{1 \text{ L}}{1000 \text{ mL}} = 2,50 \times 10^{-3} \text{ mol}$$

(Continua)

As variações no número de mols estão indicadas a seguir:

	$CH_3COOH(aq)$ +	$NaOH(aq)$	$\longrightarrow$ $CH_3COONa(aq)$ +	$H_2O(l)$
Início (mol):	$2,50 \times 10^{-3}$	$2,50 \times 10^{-3}$	0	
Variação (mol):	$-2,50 \times 10^{-3}$	$-2,50 \times 10^{-3}$	$+2,50 \times 10^{-3}$	
Final (mol):	0	0	$2,50 \times 10^{-3}$	

No ponto de equivalência, as concentrações do ácido e da base são zero. O volume total é (25,0 + 25,0) mL ou 50,0 mL e, assim, a concentração do sal é

$$[CH_3COONa] = \frac{2,50 \times 10^{-3} \text{ mol}}{50,0 \text{ mL}} \times \frac{1000 \text{ mL}}{1 \text{ L}}$$

$$= 0,0500 \text{ mol/L} = 0,0500 \, M$$

O próximo passo consiste em calcular o pH da solução que resulta da hidrólise dos íons CH_3COO^-. Seguindo o mesmo processo que no Exemplo 16.3 e considerando o valor da constante de ionização básica (K_b) do CH_3COO^- indicado na Tabela 16.3, escrevemos

$$K_b = 5,6 \times 10^{-10} = \frac{[CH_3COOH][OH^-]}{[CH_3COO^-]} = \frac{x^2}{0,0500 - x}$$

$$x = [OH^-] = 5,3 \times 10^{-6} \, M, \text{pH} = 8,72$$

(c) Depois da adição de 35,0 mL de NaOH, a solução já ultrapassou bastante o ponto de equivalência. O número de mols de NaOH originalmente presente é

$$35,0 \text{ mL} \times \frac{0,100 \text{ mol NaOH}}{1 \text{ L de solução de NaOH}} \times \frac{1 \text{ L}}{1000 \text{ mL}} = 3,50 \times 10^{-3} \text{ mol}$$

As variações no número de mols estão indicadas a seguir:

	$CH_3COOH(aq)$ +	$NaOH(aq)$	$\longrightarrow$ $CH_3COONa(aq)$ +	$H_2O(l)$
Início (mol):	$2,50 \times 10^{-3}$	$3,50 \times 10^{-3}$	0	
Variação (mol):	$-2,50 \times 10^{-3}$	$-2,50 \times 10^{-3}$	$+2,50 \times 10^{-3}$	
Final (mol):	0	$1,00 \times 10^{-3}$	$2,50 \times 10^{-3}$	

Neste ponto da titulação, temos duas espécies em solução responsáveis pela basicidade da solução: OH^- e CH_3COO^- (do CH_3COONa). Contudo, como OH^- é uma base muito mais forte que CH_3COO^-, podemos desprezar a hidrólise dos íons CH_3COO^- e calcular o pH da solução usando apenas a concentração dos íons OH^-. O volume total das duas soluções juntas é (25,0 + 35,0) mL ou 60,0 mL, portanto calculamos a concentração de OH^- como segue:

$$[OH^-] = \frac{1,00 \times 10^{-3} \text{ mol}}{60,0 \text{ mL}} \times \frac{1000 \text{ mL}}{1 \text{ L}}$$
$$= 0,0167 \text{ mol/L} = 0,0167 \, M$$
$$\text{pOH} = -\log[OH^-] = -\log 0,0167 = 1,78$$
$$\text{pH} = 14,00 - 1,78 = 12,22$$

Problema semelhante: 17.19(b).

Exercício   Foram titulados exatamente 100 mL de solução 0,10 M de ácido nitroso (HNO_2) com solução 0,10 M de NaOH. Calcule o pH (a) da solução inicial, (b) do ponto em que se adicionaram 80 mL da base, (c) do ponto de equivalência, (d) do ponto em que foram adicionados 105 mL da base.

Titulações Ácido Forte-Base Fraca

Considere a titulação de HCl, ácido forte, com NH_3, base fraca:

$$HCl(aq) + NH_3(aq) \longrightarrow NH_4Cl(aq)$$

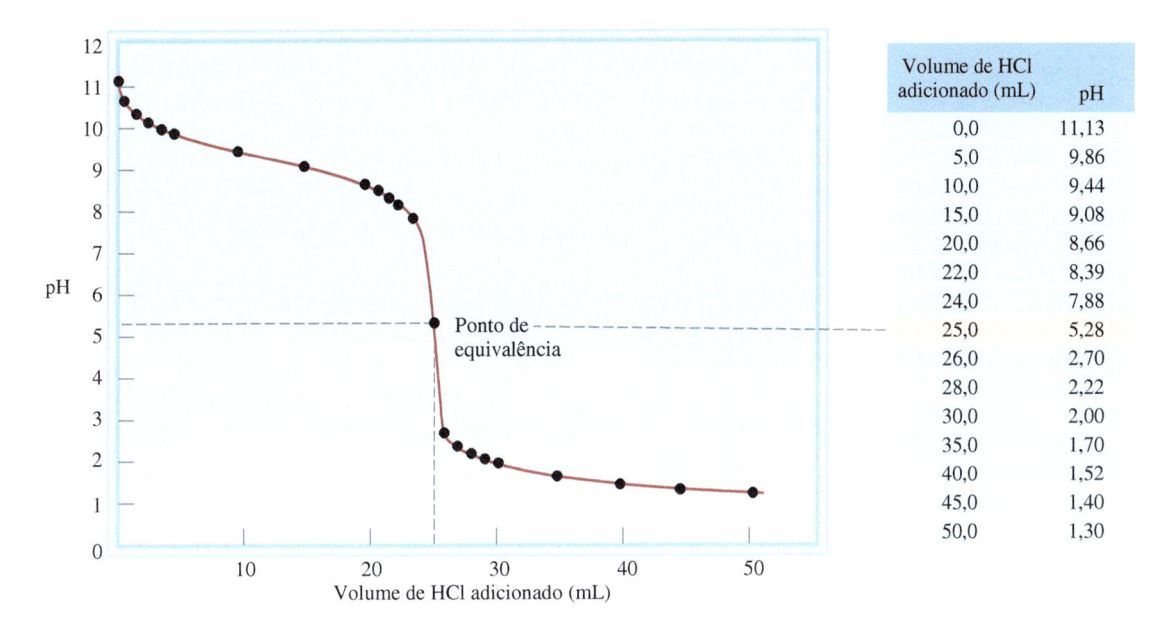

Figura 17.6
Curva da variação do pH com o volume de ácido adicionado, em uma titulação ácido forte-base fraca. Adiciona-se uma solução 0,100 M de HCl, de uma bureta, a um erlenmeyer contendo 25,0 mL de solução 0,100 M de NH₃. Em virtude da hidrólise do sal formado, o pH no ponto de equivalência é inferior a 7.

Volume de HCl adicionado (mL)	pH
0,0	11,13
5,0	9,86
10,0	9,44
15,0	9,08
20,0	8,66
22,0	8,39
24,0	7,88
25,0	5,28
26,0	2,70
28,0	2,22
30,0	2,00
35,0	1,70
40,0	1,52
45,0	1,40
50,0	1,30

ou simplesmente

$$H^+(aq) + NH_3(aq) \longrightarrow NH_4^+(aq)$$

O pH no ponto de equivalência é *inferior a* 7 em razão da hidrólise do íon NH_4^+:

$$NH_4^+(aq) + H_2O(l) \rightleftharpoons NH_3(aq) + H_3O^+(aq)$$

ou simplesmente

$$NH_4^+(aq) \rightleftharpoons NH_3(aq) + H^+(aq)$$

Em virtude da volatilidade da solução aquosa de amônia, é mais conveniente adicionar ácido clorídrico de uma bureta a essa solução. A Figura 17.6 mostra a curva de titulação desta experiência.

17.4 Indicadores Ácido-Base

O ponto de equivalência, como vimos, é aquele em que o número de mols de íons OH^- é igual ao número de mols de íons H^+ originalmente presentes. Para determinarmos o ponto de equivalência em uma titulação, temos, então, de saber exatamente que volume de base (na bureta) devemos adicionar ao frasco contendo o ácido. Um modo de saber isso é adicionar algumas gotas de um indicador ácido-base à solução do ácido, no início da titulação. Recorde-se de que vimos no Capítulo 4 que um indicador apresenta cores nitidamente diferentes nas formas não ionizada e ionizada. Essas duas formas estão relacionadas com o pH da solução em que o indicador é dissolvido. O ***ponto final*** de uma titulação *ocorre quando o indicador muda de cor*. Contudo, nem todos os indicadores mudam de cor no mesmo valor de pH e assim a escolha de um indicador para dada titulação depende da natureza do ácido e da base utilizados na titulação (isto é, se são fortes

Um indicador é geralmente um ácido (ou uma base) orgânico fraco. Deve-se usar pequena quantidade de indicador (uma ou duas gotas) em um experimento de titulação.

ou fracos). A escolha apropriada do indicador para uma titulação nos permite usar o ponto final para determinar o ponto de equivalência, como veremos adiante.

Consideremos um ácido monoprótico fraco que passaremos a chamar de HIn. Para ser um indicador eficaz, HIn e a sua base conjugada In$^-$ devem ter cores nitidamente diferentes. Em solução, o ácido ioniza-se pouco:

$$\text{HIn}(aq) \rightleftharpoons \text{H}^+(aq) + \text{In}^-(aq)$$

Se o indicador estiver em um meio suficientemente ácido, o equilíbrio desloca-se para a esquerda, de acordo com o princípio de Le Châtelier, e a cor predominante do indicador é a da forma não ionizada (HIn). No entanto, em um meio básico, o equilíbrio desloca-se para a direita e predomina a cor da base conjugada (In$^-$). De modo aproximado, podemos usar os seguintes quocientes entre concentrações para prever a cor que o indicador vai apresentar:

$$\frac{[\text{HIn}]}{[\text{In}^-]} \geq 10 \quad \text{predomina a cor do ácido (HIn)}$$

$$\frac{[\text{HIn}]}{[\text{In}^-]} \leq 0{,}1 \quad \text{predomina a cor da base conjugada (In}^-\text{)}$$

Se [HIn] ≈ [In$^-$], a cor do indicador é uma combinação das cores de HIn e In$^-$.

A mudança de cor de um indicador não ocorre em um valor específico de pH; há um intervalo de valores de pH dentro do qual ocorre a alteração de coloração. Na prática, escolhemos um indicador cujo intervalo de mudança de cor esteja na parte íngreme da curva de titulação. Como o ponto de equivalência também fica nessa parte íngreme da curva, essa escolha assegura que o pH do ponto de equivalência ficará dentro do intervalo de pH em que o indicador muda de cor. Na Seção 4.6, mencionamos que a fenolftaleína é um indicador apropriado para a titulação de NaOH e HCl. A fenolftaleína é incolor em soluções ácidas e neutras, porém rosa-avermelhada em soluções básicas. A experiência mostra que, em pH < 8,3 o indicador é incolor, mas começa a ficar rosa-avermelhado quando o pH ultrapassa 8,3. Como mostra a Figura 17.4, o fato de a inclinação ser muito brusca perto do ponto de equivalência, faz com que a adição de uma quantidade muito pequena de NaOH (digamos, 0,05 mL, que é aproximadamente

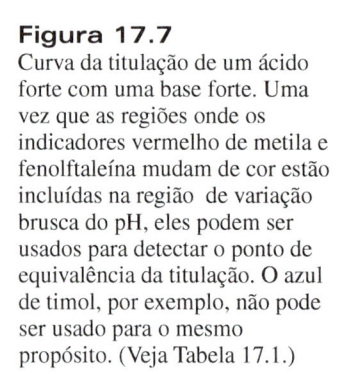

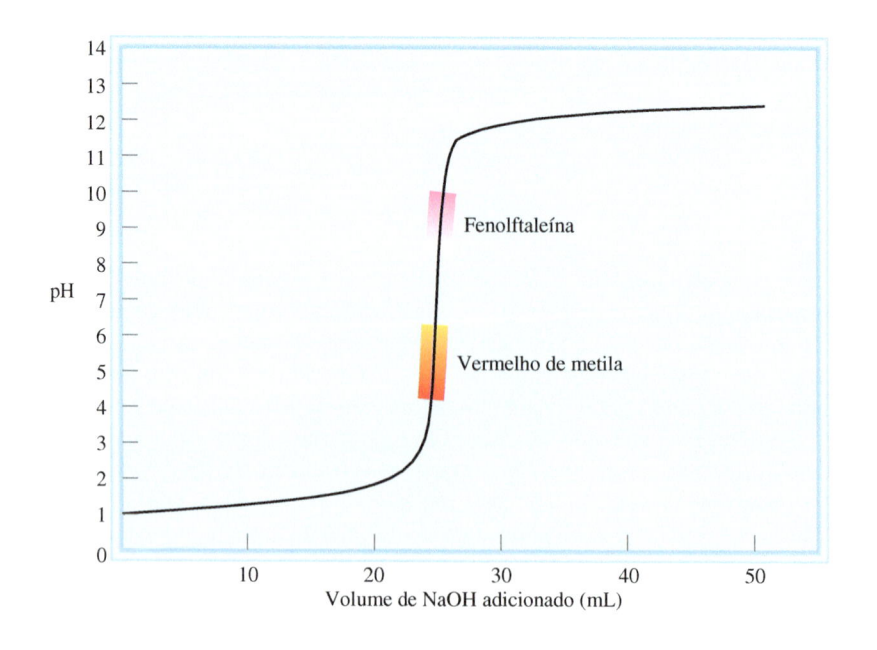

Figura 17.7
Curva da titulação de um ácido forte com uma base forte. Uma vez que as regiões onde os indicadores vermelho de metila e fenolftaleína mudam de cor estão incluídas na região de variação brusca do pH, eles podem ser usados para detectar o ponto de equivalência da titulação. O azul de timol, por exemplo, não pode ser usado para o mesmo propósito. (Veja Tabela 17.1.)

Figura 17.8
Soluções contendo extratos de repolho roxo (obtido aquecendo o repolho em água à ebulição) produzem diferentes cores quando tratadas com um ácido ou uma base. O pH das soluções aumentam da esquerda para a direita.

o volume de uma gota da bureta) produza um aumento muito grande do pH da solução. O que é importante, contudo, é o fato da região mais íngreme da curva de pH incluir o intervalo em que a fenolftaleína muda de incolor para rosa-avermelhado. Sempre que ocorre tal correspondência, o indicador pode ser usado para determinar o ponto de equivalência da titulação (Figura 17.7).

Muitos indicadores ácido-base são pigmentos de plantas. Por exemplo, quando se fervem pedaços de repolho roxo em água, podem-se extrair pigmentos que têm cores diferentes em vários pHs (Figura 17.8). A Tabela 17.1 apresenta um conjunto de indicadores utilizados freqüentemente em titulações ácido-base. A escolha do indicador depende das forças do ácido e da base a serem titulados.

TABELA 17.1 Alguns Indicadores Ácido-Base Comuns

| | Cor | | |
Indicador	Em ácido	Em Base	Intervalo de pH*
Azul de timol	Vermelho	Amarelo	1,2–2,8
Azul de bromofenol	Amarelo	Púrpura-azulado	3,0–4,6
Alaranjado de metila	Laranja	Amarelo	3,1–4,4
Vermelho de metila	Vermelho	Amarelo	4,2–6,3
Azul de clorofenol	Amarelo	Vermelho	4,8–6,4
Azul de bromotimol	Amarelo	Azul	6,0–7,6
Vermelho de cresol	Amarelo	Vermelho	7,2–8,8
Fenolftaleína	Incolor	Rosa-avermelhado	8,3–10,0

*O intervalo de pH é definido como aquele em que a cor muda da cor em ácido para a cor em base.

EXEMPLO 17.5

Que indicador ou indicadores, entre os apresentados na Tabela 17.1, você usaria para as titulações ácido-base em (a) Figura 17.4, (b) Figura 17.5, (c) Figura 17.6?

Estratégia   A escolha de um indicador para dada titulação é baseada no fato de que o intervalo de pH em que o indicador muda de cor deve necessariamente se sobrepor à região íngreme da curva de titulação. De outro modo, não podemos usar a mudança de cor para determinar o ponto de equivalência.

Solução   (a) Perto do ponto de equivalência, o pH da solução muda abruptamente de 4 para 10. Portanto, todos os indicadores, exceto azul de timol, azul de bromofenol e alaranjado de metila podem ser usados na titulação.

(b) Nesse caso, a variação brusca cobre os valores de pH entre 7 e 10; logo, os indicadores apropriados são vermelho de cresol e fenolftaleína.

(c) Aqui, a variação brusca da curva de pH abrange o intervalo de pH entre 3 e 7; assim, os indicadores apropriados são azul de bromofenol, alaranjado de metila, vermelho de metila e azul de clorofenol.

Exercício   Use os valores da Tabela 17.1 para escolher o indicador ou os indicadores que você usaria nas seguintes titulações: (a) HBr *versus* CH_3NH_2, (b) HNO_3 *versus* NaOH, (c) HNO_2 *versus* KOH.

Problema semelhante: 17.25.

17.5 Equilíbrios Envolvendo Sais Pouco Solúveis

As reações de precipitação são importantes na indústria, em medicina e no nosso próprio cotidiano. Por exemplo, a preparação de muitos compostos químicos na indústria, como o carbonato de sódio (Na_2CO_3), baseia-se em reações de precipitação. A dissolução, em meio ácido, do esmalte dos dentes, essencialmente constituído por hidroxiapatita [$Ca_5(PO_4)_3OH$], facilita a cárie dentária. O sulfato de bário ($BaSO_4$), sal insolúvel e não transparente aos raios X, é usado no diagnóstico de problemas no tubo digestivo. As estalactites e estalagmites, sólidos constituídos por carbonato de cálcio ($CaCO_3$), são produzidas por uma reação de precipitação.

As regras para a previsão da solubilidade de compostos iônicos em água foram introduzidas na Seção 4.2. Embora sejam úteis, essas regras de solubilidade não nos permitem fazer previsões quantitativas sobre a quantidade de dado composto iônico que se dissolverá em água. Para desenvolvermos um tratamento quantitativo, começamos pelo que já sabemos sobre o equilíbrio químico.

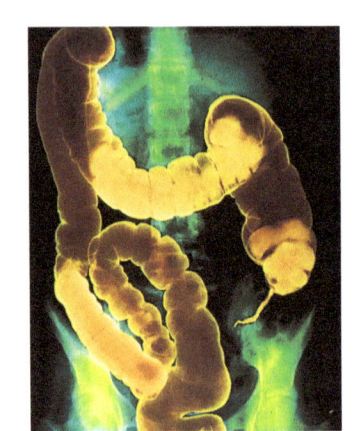

Imagens do intestino grosso obtidas com contraste de $BaSO_4$.

As estalactites se originam no teto de cavernas ou grutas e crescem em direção ao solo enquanto as estalagmites se formam no chão das cavernas e crescem em direção ao teto.

Produto de Solubilidade

Considere uma solução saturada de cloreto de prata em contato com cloreto de prata sólido. O equilíbrio de sais pouco solúveis pode ser indicado como

$$AgCl(s) \rightleftharpoons Ag^+(aq) + Cl^-(aq)$$

Uma vez que sais como o AgCl são considerados eletrólitos fortes, considera-se que todo o AgCl que se dissolve em água se encontre dissociado em íons Ag^+ e Cl^-. Sabemos do Capítulo 15 que, em reações heterogêneas, a concentração do sólido é constante. Assim, podemos escrever a constante de equilíbrio para a dissolução do AgCl como

$$K_{ps} = [Ag^+][Cl^-]$$

em que K_{ps} é chamada de constante de produto de solubilidade ou simplesmente produto de solubilidade. Em geral, o **produto de solubilidade** de um composto é *o produto das concentrações molares dos íons constituintes elevadas aos respectivos coeficientes estequiométricos na equação de equilíbrio.*

Uma vez que cada unidade de AgCl contém apenas um íon Ag^+ e um íon Cl^-, a expressão do seu produto de solubilidade tem uma forma muito simples. Os casos seguintes são mais complicados:

- MgF_2

$$MgF_2(s) \rightleftharpoons Mg^{2+}(aq) + 2F^-(aq) \qquad K_{ps} = [Mg^{2+}][F^-]^2$$

Ignoramos a formação de pares iônicos e a hidrólise dos sais (ver p. 514)

- Ag_2CO_3

$$Ag_2CO_3(s) \rightleftharpoons 2Ag^+(aq) + CO_3^{2-}(aq) \qquad K_{ps} = [Ag^+]^2[CO_3^{2-}]$$

- $Ca_3(PO_4)_2$

$$Ca_3(PO_4)_2(s) \rightleftharpoons 3Ca^{2+}(aq) + 2PO_4^{3-}(aq) \qquad K_{ps}[Ca^{2+}]^3[PO_4^{3-}]^2$$

A Tabela 17.2 lista os valores de K_{ps} para vários sais de baixa solubilidade. Sais solúveis como o NaCl e o KNO_3, que têm um valor de K_{ps} muito grande, não figuram na tabela.

TABELA 17.2 Produtos de Solubilidade de Alguns Compostos Iônicos Pouco Solúveis, a 25°C

Composto	K_{ps}	Composto	K_{ps}
Brometo de cobre(I) (CuBr)	$4,2 \times 10^{-8}$	Hidróxido de ferro(III) [Fe(OH)$_3$]	$1,1 \times 10^{-36}$
Brometo de prata (AgBr)	$7,7 \times 10^{-13}$	Hidróxido de magnésio [Mg(OH)$_2$]	$1,2 \times 10^{-11}$
Carbonato de bário (BaCO$_3$)	$8,1 \times 10^{-9}$	Hidróxido de zinco [Zn(OH)$_2$]	$1,8 \times 10^{-14}$
Carbonato de cálcio (CaCO$_3$)	$8,7 \times 10^{-9}$	Iodeto de chumbo(II) (PbI$_2$)	$1,4 \times 10^{-8}$
Carbonato de chumbo(II) (PbCO$_3$)	$3,3 \times 10^{-14}$	Iodeto de cobre(I) (CuI)	$5,1 \times 10^{-12}$
Carbonato de estrôncio (SrCO$_3$)	$1,6 \times 10^{-9}$	Iodeto de prata (AgI)	$8,3 \times 10^{-17}$
Carbonato de magnésio (MgCO$_3$)	$4,0 \times 10^{-5}$	Sulfato de bário (BaSO$_4$)	$1,1 \times 10^{-10}$
Carbonato de prata (Ag$_2$CO$_3$)	$8,1 \times 10^{-12}$	Sulfato de estrôncio (SrSO$_4$)	$3,8 \times 10^{-7}$
Cloreto de chumbo(II) (PbCl$_2$)	$2,4 \times 10^{-4}$	Sulfato de prata (Ag$_2$SO$_4$)	$1,4 \times 10^{-5}$
Cloreto de mercúrio(I) (Hg$_2$Cl$_2$)	$3,5 \times 10^{-18}$	Sulfeto de bismuto (Bi$_2$S$_3$)	$1,6 \times 10^{-72}$
Cloreto de prata (AgCl)	$1,6 \times 10^{-10}$	Sulfeto de cádmio (CdS)	$8,0 \times 10^{-28}$
Cromato de chumbo(II) (PbCrO$_4$)	$2,0 \times 10^{-14}$	Sulfeto de chumbo(II) (PbS)	$3,4 \times 10^{-28}$
Fluoreto de bário (BaF$_2$)	$1,7 \times 10^{-6}$	Sulfeto de cobalto(II) (CoS)	$4,0 \times 10^{-21}$
Fluoreto de cálcio (CaF$_2$)	$4,0 \times 10^{-11}$	Sulfeto de cobre(II) (CuS)	$6,0 \times 10^{-37}$
Fluoreto de chumbo(II) (PbF$_2$)	$4,1 \times 10^{-8}$	Sulfeto de estanho(II) (SnS)	$1,0 \times 10^{-26}$
Fosfato de cálcio [Ca$_3$(PO$_4$)$_2$]	$1,2 \times 10^{-26}$	Sulfeto de ferro(II) (FeS)	$6,0 \times 10^{-19}$
Hidróxido de alumínio [Al(OH)$_3$]	$1,8 \times 10^{-33}$	Sulfeto de manganês(II) (MnS)	$3,0 \times 10^{-14}$
Hidróxido de cálcio [Ca(OH)$_2$]	$8,0 \times 10^{-6}$	Sulfeto de mercúrio(II) (HgS)	$4,0 \times 10^{-54}$
Hidróxido de cobre(II) [Cu(OH)$_2$]	$2,2 \times 10^{-20}$	Sulfeto de níquel(II) (NiS)	$1,4 \times 10^{-24}$
Hidróxido de crômio(III) [Cr(OH)$_3$]	$3,0 \times 10^{-29}$	Sulfeto de prata (Ag$_2$S)	$6,0 \times 10^{-51}$
Hidróxido de ferro(II) [Fe(OH)$_2$]	$1,6 \times 10^{-14}$	Sulfeto de zinco (ZnS)	$3,0 \times 10^{-23}$

Figura 17.9
Seqüência de etapas (a) para calcular K_{ps} pelos dados de solubilidade e (b) para calcular a solubilidade pelos dados de K_{ps}.

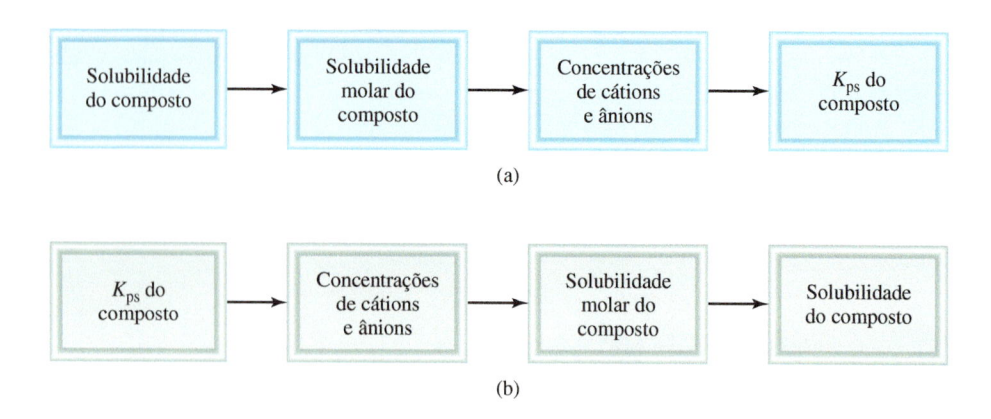

Solubilidade do composto → Solubilidade molar do composto → Concentrações de cátions e ânions → K_{ps} do composto

(a)

K_{ps} do composto → Concentrações de cátions e ânions → Solubilidade molar do composto → Solubilidade do composto

(b)

Na dissolução de um sólido iônico em água, pode-se observar uma das seguintes condições: (1) a solução é insaturada, (2) a solução é saturada, (3) a solução é supersaturada. Seguindo o procedimento da Seção 15.3, usamos o Q, chamado de *produto iônico*, para representar o produto das concentrações molares dos íons elevadas aos respectivos coeficientes estequiométricos. Por exemplo, para uma solução aquosa contendo íons Ag^+ e íons Cl^- a 25°C o produto iônico é dado por

$$Q = [Ag^+]_0[Cl^-]_0$$

Os subscritos 0 nas concentrações nos lembram de que as concentrações são as iniciais e não necessariamente as de equilíbrio. As relações possíveis entre Q e K_{ps} são:

$Q < K_{ps}$ Solução insaturada
$[Ag^+]_0[Cl^-]_0 < 1,6 \times 10^{-10}$

$Q = K_{ps}$ Solução saturada
$[Ag^+][Cl^-] = 1,6 \times 10^{-10}$

$Q > K_{ps}$ Solução supersaturada; AgCl vai precipitar
$[Ag^+]_0[Cl^-]_0 > 1,6 \times 10^{-10}$ até que o produto das concentrações iônicas fique igual a $1,6 \times 10^{-10}$

Solubilidade Molar e Solubilidade

O valor do K_{ps} indica a solubilidade de um composto iônico — quanto menor o valor, menos solúvel é o composto em água. Contudo, ao usarmos os valores de K_{ps} para comparar solubilidades, devemos escolher compostos que possuem fórmulas similares, como AgCl e ZnS, ou CaF_2 e $Fe(OH)_2$. Há outras duas quantidades que expressam a solubilidade de uma substância: **solubilidade molar**, que *é o número de mols de soluto em 1 L de solução saturada (mol/L)* e **solubilidade**, que *é o número de gramas de soluto em 1 L de solução saturada (g/L)*. Note que as duas expressões se referem à concentração de soluções saturadas a dada temperatura (normalmente 25°C). A Figura 17.9 mostra as relações entre solubilidade, solubilidade molar e K_{ps}.

Tanto a solubilidade molar como a solubilidade são de uso conveniente no laboratório. Podemos usá-las para calcular o K_{ps} pela seqüência de cálculos apresentada na Figura 17.9(a).

EXEMPLO 17.6

A solubilidade do sulfato de cálcio ($CaSO_4$) é 0,67 g/L. Calcule o valor do K_{ps} do sulfato de cálcio.

(Continua)

O sulfato de cálcio é usado como agente secante e na preparação de tintas, cerâmicas e papel. Na forma hidratada de sulfato de cálcio, o gesso, é utilizado no tratamento de fraturas ósseas.

Estratégia É dada a solubilidade do sulfato de cálcio (CaSO$_4$) e pede-se para calcular seu K_{ps}. De acordo com a Figura 17.9(a), a seqüência de etapas de conversão é:

solubilidade do CaSO$_4$ em g/L $\longrightarrow$ solubilidade molar do CaSO$_4$ $\longrightarrow$ [Ca^{2+}] e [SO$_4^{2-}$] $\longrightarrow$ K_{ps} do CaSO$_4$

Solução Considere a dissociação do CaSO$_4$ em água. Seja s a solubilidade molar (em mol/L) de CaSO$_4$.

	CaSO$_4$(s) $\rightleftharpoons$ Ca^{2+}(aq)	+ SO$_4^{2-}$(aq)
Início (M):	0	0
Variação (M):	$-s$ $+s$	$+s$
Equilíbrio (M):	s	s

O produto de solubilidade para o CaSO$_4$ é

$$K_{ps} = [\text{Ca}^{2+}][\text{SO}_4^{2-}] = s^2$$

Primeiro, calculamos o número de mols de CaSO$_4$ dissolvido em 1 L de solução

$$\frac{0{,}67 \text{ g CaSO}_4}{1 \text{ L de solução}} \times \frac{1 \text{ mol CaSO}_4}{136{,}2 \text{ g CaSO}_4} = 4{,}9 \times 10^{-3} \text{ mol/L} = s$$

Pela reação de equilíbrio, vemos que, para cada mol de CaSO$_4$ que se dissolve, são produzidos 1 mol de Ca^{2+} e 1 mol de SO$_4^{2-}$. Assim, no equilíbrio

$$[\text{Ca}^{2+}] = 4{,}9 \times 10^{-3} \, M \quad \text{e} \quad [\text{SO}_4^{2-}] = 4{,}9 \times 10^{-3} \, M$$

Agora, podemos calcular K_{ps}:

$$\begin{aligned} K_{ps} &= [\text{Ca}^{2+}][\text{SO}_4^{2-}] \\ &= (4{,}9 \times 10^{-3})(4{,}9 \times 10^{-3}) \\ &= 2{,}4 \times 10^{-5} \end{aligned}$$

Problema semelhante: 17.37.

Exercício A solubilidade do cromato de chumbo (PbCrO$_4$) é $4{,}5 \times 10^{-5}$ g/L. Calcule o produto de solubilidade desse composto.

Algumas vezes, nos é dado o valor de K_{ps} de um composto e pedido para calcular a solubilidade molar do composto. Por exemplo, o K_{ps} do brometo de prata (AgBr) é $7{,}7 \times 10^{-13}$. Podemos calcular a sua solubilidade molar pelo mesmo processo usado para calcular as constantes de ionização ácida. Primeiro, identificamos as espécies presentes no equilíbrio e aqui temos os íons Ag$^+$ e Br$^-$. Seja s a solubilidade molar (em mol/L) de AgBr. Como uma unidade de AgBr fornece um íon Ag$^+$ e um íon Br$^-$, tanto [Ag$^+$] como [Br$^-$] são iguais a s, no equilíbrio. Podemos resumir as variações das concentrações como segue:

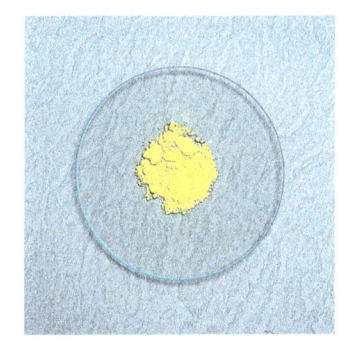

	AgBr(s) $\rightleftharpoons$ Ag$^+$(aq)	+ Br$^-$(aq)
Início (M):	0,00	0,00
Variação (M):	$-s$ $+s$	$+s$
Equilíbrio (M):	s	s

O brometo de prata é usado em emulsões fotográficas.

Da Tabela 17.2, obtemos

$$K_{ps} = [\text{Ag}^+][\text{Br}^-]$$
$$7{,}7 \times 10^{-3} = (s)(s)$$
$$s = \sqrt{7{,}7 \times 10^{-13}} = 8{,}8 \times 10^{-7} M$$

Portanto, no equilíbrio

$$[Ag^+] = 8{,}8 \times 10^{-7}\,M$$
$$[Br^-] = 8{,}8 \times 10^{-7}\,M$$

Assim, a solubilidade molar de AgBr também é $8{,}8 \times 10^{-7}\,M$. Conhecendo a solubilidade molar, podemos calcular a solubilidade em g/L, como mostra o Exemplo 17.7.

EXEMPLO 17.7

Usando os dados da Tabela 17.2, calcule a solubilidade de hidróxido de cobre(II), $Cu(OH)_2$, em g/L.

Estratégia Dado o valor de K_{ps} de $Cu(OH)_2$, pede-se para calcular a sua solubilidade em g/L. De acordo com a Figura 17.9(b), a seqüência dos passos de conversão é a seguinte:

K_{ps} de $Cu(OH)_2$ $\longrightarrow$ $[Cu^{2+}]$ e $[OH^-]$ $\longrightarrow$ solubilidade molar de $Cu(OH)_2$ $\longrightarrow$ solubilidade do $Cu(OH)_2$ em g/L

Solução Considere a dissociação do $Cu(OH)_2$ em água:

	$Cu(OH)_2(s) \rightleftharpoons$	$Cu^{2+}(aq)$ +	$2OH^-(aq)$
Início (M):		0	0
Variação (M):	$-s$	$+s$	$+2s$
Equilíbrio (M):		s	$2s$

Note que a concentração molar de OH^- é o dobro da concentração do Cu^{2+}. O produto de solubilidade de $Cu(OH)_2$ é

$$K_{ps} = [Cu^{2+}][OH^-]^2$$
$$= (s)(2s)^2 = 4s^3$$

Usando o valor de K_{ps} da Tabela 17.2, obtemos o valor da solubilidade molar de $Cu(OH)_2$:

$$2{,}2 \times 10^{-20} = 4s^3$$
$$s^3 = \frac{2{,}2 \times 10^{-20}}{4} = 5{,}5 \times 10^{-21}$$

e assim

$$s = 1{,}8 \times 10^{-7}\,M$$

Finalmente, com base na massa molar de $Cu(OH)_2$ e na sua solubilidade molar, calculamos a solubilidade em g/L:

$$\text{solubilidade de } Cu(OH)_2 = \frac{1{,}8 \times 10^{-7}\,\text{mol Cu(OH)}_2}{1\,\text{L de solução}} \times \frac{97{,}57\,\text{g Cu(OH)}_2}{1\,\text{mol Cu(OH)}_2}$$
$$= 1{,}8 \times 10^{-5}\,\text{g/L}$$

Exercício Calcule a solubilidade do cloreto de prata (AgCl) em g/L.

Como mostram os Exemplos 17.6 e 17.7, há uma relação entre a solubilidade e o produto de solubilidade. Se soubermos um deles, podemos calcular o outro, mas cada quantidade dá uma informação diferente. A Tabela 17.3 apresenta a relação entre solubilidade e produto de solubilidade de alguns compostos iônicos.

Quando fizer cálculos sobre solubilidade e/ou produto de solubilidade, lembre-se dos seguintes pontos importantes:

• A solubilidade é a quantidade de uma substância que se dissolve em certa quantidade de água. Em cálculos de equilíbrios de sais pouco solúveis, exprime-se

TABELA 17.3	Relação entre K_{ps} e Solubilidade Molar (s)			
Composto	Expressão K_{ps}	Cátion	Ânion	Relação entre K_{ps} e s
AgCl	$[Ag^+][Cl^-]$	s	s	$K_{ps} = s^2$; $s = (K_{ps})^{\frac{1}{2}}$
BaSO$_4$	$[Ba^{2+}][SO_4^{2-}]$	s	s	$K_{ps} = s^2$; $s = (K_{ps})^{\frac{1}{2}}$
Ag$_2$CO$_3$	$[Ag^+]^2[CO_3^{2-}]$	$2s$	s	$K_{ps} = 4s^3$; $s = \left(\frac{K_{ps}}{4}\right)^{\frac{1}{3}}$
PbF$_2$	$[Pb^{2+}][F^-]^2$	s	$2s$	$K_{ps} = 4s^3$; $s = \left(\frac{K_{ps}}{4}\right)^{\frac{1}{3}}$
Al(OH)$_3$	$[Al^{3+}][OH^-]^3$	s	$3s$	$K_{ps} = 27s^4$; $s = \left(\frac{K_{ps}}{27}\right)^{\frac{1}{4}}$
Ca$_3$(PO$_4$)$_2$	$[Ca^{2+}]^3[PO_4^{3-}]^2$	$3s$	$2s$	$K_{ps} = 108s^5$; $s = \left(\frac{K_{ps}}{108}\right)^{\frac{1}{5}}$

geralmente em *gramas* de soluto por litro de solução. A solubilidade molar é o número de *mols* de soluto por litro de solução.

- O produto de solubilidade é uma constante de equilíbrio.
- A solubilidade molar, a solubilidade e o produto de solubilidade referem-se todos a *soluções saturadas*.

Previsão de Reações de Precipitação

Conhecendo as regras de solubilidade (veja a Seção 4.2) e os produtos de solubilidade apresentados na Tabela 17.2, podemos prever se haverá formação de um precipitado quando misturamos duas soluções ou adicionamos um composto solúvel a uma solução. Esse conhecimento tem interesse prático em muitas situações. Em preparações industriais e laboratoriais, podemos ajustar as concentrações dos íons até que o produto iônico exceda K_{ps} a fim de obter dado composto (na forma de um precipitado). A capacidade de prever reações de precipitação também é útil em medicina. Por exemplo, as pedras dos rins, que podem ser extremamente dolorosas, consistem principalmente em oxalato de cálcio, CaC$_2$O$_4$ ($K_{ps} = 2,3 \times 10^{-9}$). A concentração fisiológica normal de íons cálcio no plasma sangüíneo é cerca de 5 mM (1 m$M = 1 \times 10^{-3}$ M). Os íons oxalato (C$_2$O$_4^{2-}$), resultantes do ácido oxálico presente em muitos vegetais, como ruibarbo e espinafre, reagem com os íons cálcio para formar oxalato de cálcio insolúvel, que pode gradualmente aumentar nos rins. Um ajustamento apropriado da dieta do paciente pode ajudar a reduzir a formação do precipitado.

Pedra de rim.

EXEMPLO 17.8

Foram adicionados exatamente 200 mL de BaCl$_2$ 0,0040 M a exatamente 600 mL de K$_2$SO$_4$ 0,0080 M. Vai formar-se um precipitado?

Estratégia Em que condição um composto iônico irá precipitar da solução? Os íons em solução são Ba^{2+}, Cl$^-$, K$^+$ e SO$_4^{2-}$. De acordo com as regras de solubilidade apresentadas na Tabela 4.2 (página 97), o único precipitado que pode se formar é BaSO$_4$. Com base na informação dada, podemos calcular [Ba^{2+}] e [SO$_4^{2-}$] porque

(Continua)

sabemos o número de mols de íons nas soluções originais e o volume da solução resultante. A seguir calculamos o quociente da reação Q ($Q = [Ba^{2+}]_0[SO_4^{2-}]_0$) e comparamos o valor de Q com o K_{ps} de $BaSO_4$ para ver se vai-se formar um precipitado, isto é, se a solução está supersaturada.

Solução O número de mols de Ba^{2+} presente nos 200 mL originais de solução é

$$200 \text{ mL} \times \frac{0,0040 \text{ mol Ba}^{2+}}{1 \text{ L de solução}} \times \frac{1 \text{ L}}{1000 \text{ mL}} = 8,0 \times 10^{-4} \text{ mol Ba}^{2+}$$

O volume total depois de juntar as duas soluções é 800 mL. A concentração do Ba^{2+} no volume de 800 mL é

$$[Ba^{2+}] = \frac{8,0 \times 10^{-4} \text{ mol}}{800 \text{ mL}} \times \frac{1000 \text{ mL}}{1 \text{ L de solução}}$$
$$= 1,0 \times 10^{-3} \, M$$

O número de mols de SO_4^{2-} nos 600 mL de solução original é

$$600 \text{ mL} \times \frac{0,0080 \text{ mol SO}_4^{2-}}{1 \text{ L de solução}} \times \frac{1 \text{ L}}{1000 \text{ mL}} = 4,8 \times 10^{-3} \text{ mol SO}_4^{2-}$$

A concentração de SO_4^{2-} nos 800 mL da solução combinada é

$$[SO_4^{2-}] = \frac{4,8 \times 10^{-3} \text{ mol}}{800 \text{ mL}} \times \frac{1000 \text{ mL}}{1 \text{ L de solução}}$$
$$= 6,0 \times 10^{-3} \, M$$

Agora, devemos comparar Q e K_{ps}. Da Tabela 17.2,

$$BaSO_4(s) \rightleftharpoons Ba^{2+}(aq) + SO_4^{2-}(aq) \qquad K_{ps} = 1,1 \times 10^{-10}$$

Para Q, temos,

$$Q = [Ba^{2+}]_0[SO_4^{2-}]_0 = (1,0 \times 10^{-3})(6,0 \times 10^{-3})$$
$$= 6,0 \times 10^{-6}$$

Portanto,

$$Q > K_{ps}$$

A solução está supersaturada porque o valor de Q indica que as concentrações dos íons são muito grandes. Assim, parte do $BaSO_4$ vai precipitar até que

$$[Ba^{2+}][SO_4^{2-}] = 1,1 \times 10^{-10}$$

Exercício Irá ocorrer precipitação quando se adicionarem 2,00 mL de NaOH 0,200 M a 1,00 L de $CaCl_2$ 0,100 M?

Consideramos que os volumes são aditivos.

Problema semelhante: 17.41.

17.6 Efeito do Íon Comum e Solubilidade

Como já vimos, o produto de solubilidade é uma constante de equilíbrio; a precipitação de um composto iônico, inicialmente em solução, dá-se sempre que o produto iônico excede o K_{ps} dessa substância. Em uma solução saturada de AgCl, por exemplo, o produto iônico $[Ag^+][Cl^-]$ é, certamente, igual a K_{ps}. Além disso, a estequiometria indica-nos que $[Ag^+] = [Cl^-]$. Mas essa igualdade não se verifica em todas as situações.

Suponhamos que temos uma solução com duas substâncias dissolvidas que têm um íon comum, por exemplo, AgCl e AgNO$_3$. Além da dissociação do AgCl, o seguinte processo também contribui para a concentração total de íons Ag$^+$ em solução:

$$AgNO_3(s) \xrightarrow{H_2O} Ag^+(aq) + NO_3^-(aq)$$

Assim, se AgNO$_3$ é adicionado a uma solução saturada de AgCl, o consequente aumento de [Ag$^+$] tornará o produto iônico superior ao produto de solubilidade:

$$Q = [Ag^+]_0[Cl^-]_0 > K_{ps}$$

Para restabelecer o equilíbrio, e como previsto pelo princípio de Le Châtelier, parte do AgCl vai precipitar até que o produto iônico fique outra vez igual a K_{ps}. O efeito da adição de um íon comum é, portanto, a *diminuição* da solubilidade do sal (AgCl) em solução. Note que nesse caso, [Ag$^+$] já não é igual a [Cl$^-$] de equilíbrio; agora [Ag$^+$] > [Cl$^-$].

> A uma dada temperatura, apenas a solubilidade de um composto é alterada (diminuída) pelo efeito do íon comum. O seu produto de solubilidade, que é uma constante de equilíbrio, permanece constante, independentemente da presença de outras substâncias em solução.

EXEMPLO 17.9

Calcule a solubilidade (em g/L) do cloreto de prata em uma solução de nitrato de prata $6{,}5 \times 10^{-3}$ M.

Estratégia   Trata-se de um problema envolvendo um íon comum. O íon comum é o Ag$^+$, fornecido pelo AgCl e pelo AgNO$_3$. Recorde-se de que a presença do íon comum afetará apenas a solubilidade do AgCl (em g/L), mas não o valor de K_{ps} que é uma constante de equilíbrio.

Solução   *Passo 1:* As espécies de interesse em solução são os íons Ag$^+$ (resultantes do AgCl e do AgNO$_3$) e os íons Cl$^-$. Os íons NO$_3^-$ são íons espectadores.

Passo 2: Como AgNO$_3$ é um eletrólito forte solúvel, vai-se dissociar completamente:

$$AgNO_3(s) \xrightarrow{H_2O} Ag^+(aq) + NO_3^-(aq)$$
$$6{,}5 \times 10^{-3}\ M \quad 6{,}5 \times 10^{-3}\ M$$

Seja s a solubilidade molar de AgCl na solução de AgNO$_3$. Podemos resumir as variações das concentrações como segue:

	AgCl(s) ⇌	Ag$^+$(aq)	+	Cl$^-$(aq)
Início (M):		$6{,}5 \times 10^{-3}$		0,00
Variação (M):	$-s$	$+s$		$+s$
Equilíbrio (M):		$(6{,}5 \times 10^{-3} + s)$		s

Passo 3:
$$K_{ps} = [Ag^+][Cl^-]$$
$$1{,}6 \times 10^{-10} = (6{,}5 \times 10^{-3} + s)(s)$$

Como AgCl é bastante insolúvel e a presença de íons Ag$^+$ do AgNO$_3$ diminui ainda mais a solubilidade de AgCl, s deve ser muito pequeno comparado com $6{,}5 \times 10^{-3}$. Portanto, aplicando a aproximação $6{,}5 \times 10^{-3} + s \approx 6{,}5 \times 10^{-3}$, obtemos

$$1{,}6 \times 10^{-10} = (6{,}5 \times 10^{-3})s$$
$$s = 2{,}5 \times 10^{-8}\ M$$

Passo 4: No equilíbrio

$$[Ag^+] = (6{,}5 \times 10^{-3} + 2{,}5 \times 10^{-8})\ M \approx 6{,}5 \times 10^{-3}\ M$$
$$[Cl^-] = 2{,}5 \times 10^{-8}\ M$$

(Continua)

e, portanto, a nossa aproximação no Passo 3 era justificada. Como todos os íons Cl⁻ devem resultar do AgCl, a quantidade de AgCl dissolvido na solução de AgNO₃ também é $2,5 \times 10^{-8}$ M. Então, conhecendo a massa molar do AgCl (143,4 g), podemos calcular a solubilidade do AgCl como segue:

$$\text{solubilidade do AgCl em solução de AgNO}_3 = \frac{2,5 \times 10^{-8} \text{ mol AgCl}}{1 \text{ L de solução}} \times \frac{143,4 \text{ g AgCl}}{1 \text{ mol AgCl}}$$

$$= 3,6 \times 10^{-6} \text{ g/L}$$

Verificação A solubilidade do AgCl em água pura é $1,9 \times 10^{-3}$ g/L (veja o Exercício no Exemplo 17.7). Portanto, é razoável a solubilidade ser mais baixa ($3,6 \times 10^{-6}$ g/L) na presença de AgNO₃. A diminuição da solubilidade também pode ser prevista usando-se o princípio de Le Châtelier. A adição de íons Ag⁺ desvia o equilíbrio para a esquerda, diminuindo assim a solubilidade do AgCl.

Exercício Calcule a solubilidade do AgBr, em g/L, em (a) água pura e (b) em solução 0,0010 M de NaBr.

Problema semelhante: 17.46.

17.7 Equilíbrios Envolvendo Íons Complexos e Solubilidade

As reações ácido-base de Lewis em que um cátion metálico (receptor de um par de elétrons) se combina com uma base de Lewis (doador de um par de elétrons) resultam na formação de íons complexos.

$$\underset{\text{ácido}}{Ag^+(aq)} + \underset{\text{base}}{2NH_3(aq)} \rightleftharpoons Ag(NH_3)_2^+(aq)$$

Os ácidos e as bases de Lewis são estudados na Seção 16.11.

Assim, podemos definir um **íon complexo** como *um íon contendo um cátion metálico central ligado a uma ou mais moléculas ou íons*. Os íons complexos são cruciais em muitos processos químicos e biológicos. Vamos agora considerar o efeito da formação de íons complexos na solubilidade. No Capítulo 20, discutiremos a química de íons complexos com mais detalhes.

De acordo com a nossa definição, o próprio Co(H₂O)₆²⁺ é um íon complexo. Quando escrevemos Co(H₂O)₆²⁺, significa o íon Co²⁺ hidratado.

Os metais de transição têm uma tendência particular para formar íons complexos. Por exemplo, uma solução de cloreto de cobalto(II) é rosa em razão da presença dos íons Co(H₂O)₆²⁺. Quando se adiciona HCl, a solução muda para azul como resultado da formação do íon complexo CoCl₄²⁻:

$$Co^{2+}(aq) + 4Cl^-(aq) \rightleftharpoons CoCl_4^{2-}(aq)$$

Figura 17.10
Esquerda: Uma solução aquosa de cloreto de cobalto(II). A cor rosa se deve à presença de íons Co(H₂O)₆²⁺. Direita: Após a adição de solução de HCl, a solução se torna azul em virtude da formação dos íons CoCl₄²⁻.

Figura 17.11
Esquerda: Uma solução aquosa de sulfato de cobre(II). Centro: Após a adição de algumas gotas de uma solução aquosa concentrada de amônia, forma-se um precipitado azul-claro de $Cu(OH)_2$. Direita: Quando adiciona-se mais solução concentrada de amônia, o precipitado de $Cu(OH)_2$ se dissolve formando o íon complexo azul-escuro $Cu(NH_3)_4^{2+}$.

O sulfato de cobre(II) ($CuSO_4$) dissolve-se em água formando uma solução azul. Os íons cobre(II) hidratados são os responsáveis por essa cor; muitos outros sulfatos (Na_2SO_4, por exemplo) são incolores. A adição de *algumas gotas* de solução concentrada de amônia a uma solução de $CuSO_4$ provoca a formação de um precipitado azul-claro, hidróxido de cobre(II):

$$Cu^{2+}(aq) + 2OH^-(aq) \longrightarrow Cu(OH)_2(s)$$

em que os íons OH^- são fornecidos pela solução de amônia. Se um excesso de NH_3 for então adicionado, o precipitado azul redissolve-se com formação de uma solução azul-escura, em decorrência da formação do íon complexo $Cu(NH_3)_4^{2+}$:

$$Cu(OH)_2(s) + 4NH_3(aq) \rightleftharpoons Cu(NH_3)_4^{2+}(aq) + 2OH^-(aq)$$

Portanto, a formação do íon complexo $Cu(NH_3)_4^{2+}$ aumenta a solubilidade do $Cu(OH)_2$.

A medida da tendência de um íon metálico formar determinado íon complexo é dada pela **constante de formação K_f** (também chamada de *constante de estabilidade*), que é *a constante de equilíbrio de formação do íon complexo*. Quanto maior for K_f, mais estável será o íon complexo. A Tabela 17.4 apresenta as constantes de formação de alguns íons complexos.

TABELA 17.4 Constantes de Formação de Íons Complexos Selecionados em Água, a 25°C

Íon Complexo	Expressão do Equilíbrio	Constante de Formação (K_f)
$Ag(NH_3)_2^+$	$Ag^+ + 2NH_3 \rightleftharpoons Ag(NH_3)_2^+$	$1,5 \times 10^7$
$Ag(CN)_2^-$	$Ag^+ + 2CN^- \rightleftharpoons Ag(CN)_2^-$	$1,0 \times 10^{21}$
$Cu(CN)_4^{2-}$	$Cu^{2+} + 4CN^- \rightleftharpoons Cu(CN)_4^{2-}$	$1,0 \times 10^{25}$
$Cu(NH_3)_4^{2+}$	$Cu^{2+} + 4NH_3 \rightleftharpoons Cu(NH_3)_4^{2+}$	$5,0 \times 10^{13}$
$Cd(CN)_4^{2-}$	$Cd^{2+} + 4CN^- \rightleftharpoons Cd(CN)_4^{2-}$	$7,1 \times 10^{16}$
CdI_4^{2-}	$Cd^{2+} + 4I^- \rightleftharpoons CdI_4^{2-}$	$2,0 \times 10^6$
$HgCl_4^{2-}$	$Hg^{2+} + 4Cl^- \rightleftharpoons HgCl_4^{2-}$	$1,7 \times 10^{16}$
HgI_4^{2-}	$Hg^{2+} + 4I^- \rightleftharpoons HgI_4^{2-}$	$2,0 \times 10^{30}$
$Hg(CN)_4^{2-}$	$Hg^{2+} + 4CN^- \rightleftharpoons Hg(CN)_4^{2-}$	$2,5 \times 10^{41}$
$Co(NH_3)_6^{3+}$	$Co^{3+} + 6NH_3 \rightleftharpoons Co(NH_3)_6^{3+}$	$5,0 \times 10^{31}$
$Zn(NH_3)_4^{2+}$	$Zn^{2+} + 4NH_3 \rightleftharpoons Zn(NH_3)_4^{2+}$	$2,9 \times 10^9$

A formação do íon $Cu(NH_3)_4^{2+}$ pode ser expressa como

$$Cu^{2+}(aq) + 4NH_3(aq) \rightleftharpoons Cu(NH_3)_4^{2+}(aq)$$

sendo a constante de formação

$$K_f = \frac{[Cu(NH_3)_4^{2+}]}{[Cu^{2+}][NH_3]^4}$$

$$= 5,0 \times 10^{13}$$

O valor muito grande de K_f, nesse caso, indica que o íon complexo é bastante estável em solução e explica a baixa concentração de íons cobre(II) no equilíbrio.

EXEMPLO 17.10

Adicionaram-se 0,20 mol de $CuSO_4$ a um litro de solução 1,20 M de NH_3. Qual é a concentração de íons Cu^{2+} no equilíbrio?

Estratégia   A adição de $CuSO_4$ à solução de NH_3 resulta na formação de um íon complexo

$$Cu^{2+}(aq) + 4NH_3(aq) \rightleftharpoons Cu(NH_3)_4^{2+}(aq)$$

Da Tabela 17.4, vemos que a constante de formação (K_f) para essa reação é muito grande; portanto, a reação está principalmente na forma indicada do lado direito. A concentração do Cu^{2+} no equilíbrio será muito pequena. Podemos considerar, como uma boa aproximação, que todos os íons Cu^{2+} dissolvidos estão essencialmente na forma de íons $Cu(NH_3)_4^{2+}$. Quantos mols de NH_3 vão reagir com 0,20 mol de Cu^{2+}? Quantos mols de $Cu(NH_3)_4^{2+}$ serão produzidos? Haverá uma quantidade muito pequena de Cu^{2+} no equilíbrio. Escreva a expressão do K_f do equilíbrio indicado anteriormente para obter $[Cu^{2+}]$.

Solução   A quantidade de NH_3 consumida na formação do íon complexo é $4 \times 0,20$ mol ou 0,80 mol. (Note que estão inicialmente presentes em solução 0,20 mol de Cu^{2+} e são necessárias quatro moléculas de NH_3 para formar um íon complexo com um íon Cu^{2+}.) A concentração de NH_3 no equilíbrio é, portanto, $(1,20 - 0,80)$ mol/L de solução ou 0,40 M, e a do $Cu(NH_3)_4^{2+}$ é 0,20 mol/L de solução ou 0,20 M, a mesma que a concentração inicial de Cu^{2+}. [Há uma razão molar de 1:1 entre Cu^{2+} e $Cu(NH_3)_4^{2+}$.] Como $Cu(NH_3)_4^{2+}$ se dissocia ligeiramente, designamos a concentração de Cu^{2+} no equilíbrio por x e escrevemos

$$K_f = \frac{[Cu(NH_3)_4^{2+}]}{[Cu^{2+}][NH_3]^4}$$

$$5,0 \times 10^{13} = \frac{0,20}{x(0,40)^4}$$

Determinando x e recordando que o volume da solução é 1 L, obtemos

$$x = 1,6 \times 10^{-13} \, M = [Cu^{2+}]$$

Verificação   O pequeno valor de $[Cu^{2+}]$ no equilíbrio, comparado com 0,20 M, certamente justifica a nossa aproximação.

Exercício   Se 2,50 g de $CuSO_4$ são dissolvidos em $9,0 \times 10^2$ mL de solução 0,30 M de NH_3, quais são as concentrações de Cu^{2+}, $Cu(NH_3)_4^{2+}$ e NH_3 no equilíbrio?

Problema semelhante: 17.53

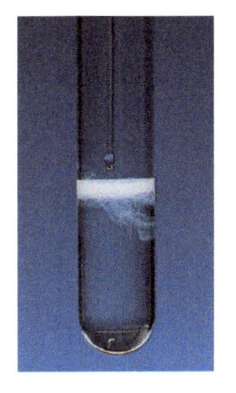

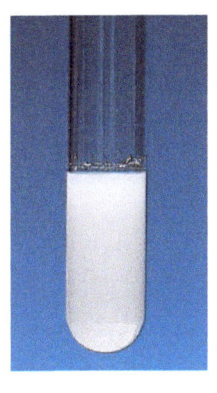

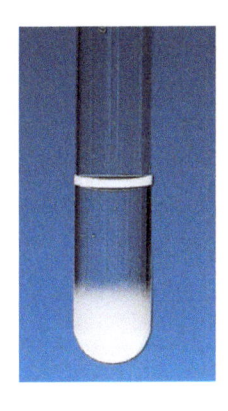

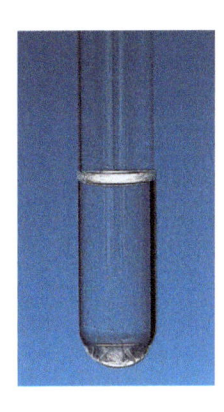

Figura 17.12
Da esquerda para a direita: formação de precipitado de AgCl quando se adiciona uma solução de $AgNO_3$ a uma solução de NaCl. Com a adição de solução de NH_3, o precipitado dissolve-se na forma solúvel $Ag(NH_3)_2^+$.

Finalmente, notamos que há uma classe de hidróxidos, chamados de *hidróxidos anfóteros*, que podem reagir tanto com ácidos como com bases. Por exemplo, $Al(OH)_3$, $Pb(OH)_2$, $Cr(OH)_3$, $Zn(OH)_2$ e $Cd(OH)_2$. Assim, o hidróxido de alumínio reage com ácidos e bases como segue:

$$Al(OH)_3(s) + 3H^+(aq) \longrightarrow Al^{3+}(aq) + 3H_2O(l)$$
$$Al(OH)_3(s) + OH^-(aq) \rightleftharpoons Al(OH)_4^-(aq)$$

O aumento da solubilidade do $Al(OH)_3$ em um meio básico é o resultado da formação do íon complexo $[Al(OH)_4^-]$, em que $Al(OH)_3$ atua como ácido de Lewis e OH^- age como base de Lewis (Figura 17.12). Outros hidróxidos anfóteros comportam-se de maneira semelhante.

Todos os hidróxidos anfóteros são compostos insolúveis.

17.8 Aplicação do Princípio do Produto de Solubilidade à Análise Qualitativa

Na Seção 4.6, discutimos o princípio da análise gravimétrica, pela qual medimos a quantidade de um íon em uma amostra desconhecida. Vamos agora discutir brevemente **análise qualitativa,** ou seja, *a determinação dos tipos de íons presentes em uma solução.* Focaremos nos cátions.

Há cerca de 20 cátions comuns que podem ser analisados facilmente em solução aquosa. Esses cátions podem ser divididos em cinco grupos de acordo com os produtos de solubilidade dos seus sais insolúveis (Tabela 17.5). Uma vez que uma solução desconhecida pode conter desde um até 20 íons, qualquer análise deve ser feita sistematicamente do grupo 1 até o grupo 5. Consideremos o procedimento geral para a separação desses 20 íons por adição de reagentes precipitantes a uma solução desconhecida.

Não confunda os grupos da Tabela 17.5, que se baseiam em produtos de solubilidade, com os da tabela periódica, que se baseiam nas configurações eletrônicas dos elementos.

- *Cátions do Grupo 1.* Quando se adiciona HCl a uma solução desconhecida, apenas precipitam os íons Ag^+, Hg_2^{2+} e Pb^{2+} como cloretos insolúveis. Os outros íons, cujos cloretos são solúveis, permanecem em solução.

- *Cátions do Grupo 2.* Depois de remover os cloretos precipitados por filtração, faz-se reagir ácido sulfídrico com a solução ácida desconhecida. Nesta condição, a concentração de íons S^{2-} em solução é insignificante. Portanto a precipitação de sulfetos metálicos pode-se representar por

$$M^{2+}(aq) + H_2S(aq) \rightleftharpoons MS(s) + 2H^+(aq)$$

A adição de ácido à solução desvia esse equilíbrio para a esquerda de modo que apenas os sulfetos metálicos menos solúveis, isto é, os que têm os valores de K_{ps} menores, vão precipitar. Esses compostos são: Bi_2S_3, CdS, CuS e SnS.

TABELA 17.5	Separação dos Cátions em Grupos de acordo com as Suas Reações de Precipitação com Vários Reagentes			
Grupo	Cátion	Reagentes Precipitantes	Composto Insolúvel	K_{ps}
1	Ag^+	HCl	AgCl	$1{,}6 \times 10^{-10}$
	Hg_2^{2+}	↓	Hg_2Cl_2	$3{,}5 \times 10^{-18}$
	Pb^{2+}	↓	$PbCl_2$	$2{,}4 \times 10^{-4}$
2	Bi^{3+}	H_2S	Bi_2S_3	$1{,}6 \times 10^{-72}$
	Cd^{2+}	em soluções	CdS	$8{,}0 \times 10^{-28}$
	Cu^{2+}	ácidas	CuS	$6{,}0 \times 10^{-37}$
	Sn^{2+}	↓	SnS	$1{,}0 \times 10^{-26}$
3	Al^{3+}	H_2S	$Al(OH)_3$	$1{,}8 \times 10^{-33}$
	Co^{2+}	em soluções	CoS	$4{,}0 \times 10^{-21}$
	Cr^{3+}	básicas	$Cr(OH)_3$	$3{,}0 \times 10^{-29}$
	Fe^{2+}	↓	FeS	$6{,}0 \times 10^{-19}$
	Mn^{2+}		MnS	$3{,}0 \times 10^{-14}$
	Ni^{2+}		NiS	$1{,}4 \times 10^{-24}$
	Zn^{2+}	↓	ZnS	$3{,}0 \times 10^{-23}$
4	Ba^{2+}	Na_2CO_3	$BaCO_3$	$8{,}1 \times 10^{-9}$
	Ca^{2+}	↓	$CaCO_3$	$8{,}7 \times 10^{-9}$
	Sr^{2+}	↓	$SrCO_3$	$1{,}6 \times 10^{-9}$
5	K^+	Não há	Nenhum	
	Na^+	reagente	Nenhum	
	NH_4^+		Nenhum	

O teste de chama para identificação de Na^+ é realizado usando-se a solução original porque NaOH é adicionado nos testes com o grupo 3 e Na_2CO_3 é adicionado nos testes com o grupo 4.

- *Cátions do Grupo 3.* Nesta etapa, adiciona-se hidróxido de sódio à solução para torná-la básica. Em uma solução básica, o equilíbrio indicado anteriormente desloca-se para a direita. Portanto, os sulfetos mais solúveis (CoS, FeS, MnS, NiS, ZnS) vão agora precipitar. Observe que os íons Al^{3+} e Cr^{3+} precipitam, de fato, como hidróxidos $Al(OH)_3$ e $Cr(OH)_3$, e não como sulfetos, porque os hidróxidos são menos solúveis. A solução é, então, filtrada para remover os sulfetos e os hidróxidos insolúveis.

- *Cátions do Grupo 4.* Depois de todos os cátions dos grupos 1, 2 e 3 terem sido removidos da solução, adiciona-se carbonato de sódio à solução básica para precipitar os íons Ba^{2+}, Ca^{2+} e Sr^{2+} como $BaCO_3$, $CaCO_3$ e $SrCO_3$. Esses precipitados também são removidos da solução por filtração.

- *Cátions do Grupo 5.* Nesta etapa, os únicos cátions que ainda podem se manter em solução são Na^+, K^+ e NH_4^+. A presença de NH_4^+ pode ser determinada por adição de hidróxido de sódio:

$$NaOH(aq) + NH_4^+(aq) \longrightarrow Na^+(aq) + H_2O(l) + NH_3(g)$$

A amônia gasosa é detectada quer pelo seu odor característico quer pela observação da mudança de cor para azul de um pedaço de papel tornassol vermelho, colocado acima (não em contato) da solução. Para confirmarmos a presença dos íons Na^+ e K^+, geralmente usamos um teste da chama: umedece-se uma extremidade de um fio de platina (escolhe-se a platina por ser inerte) com a solução e,

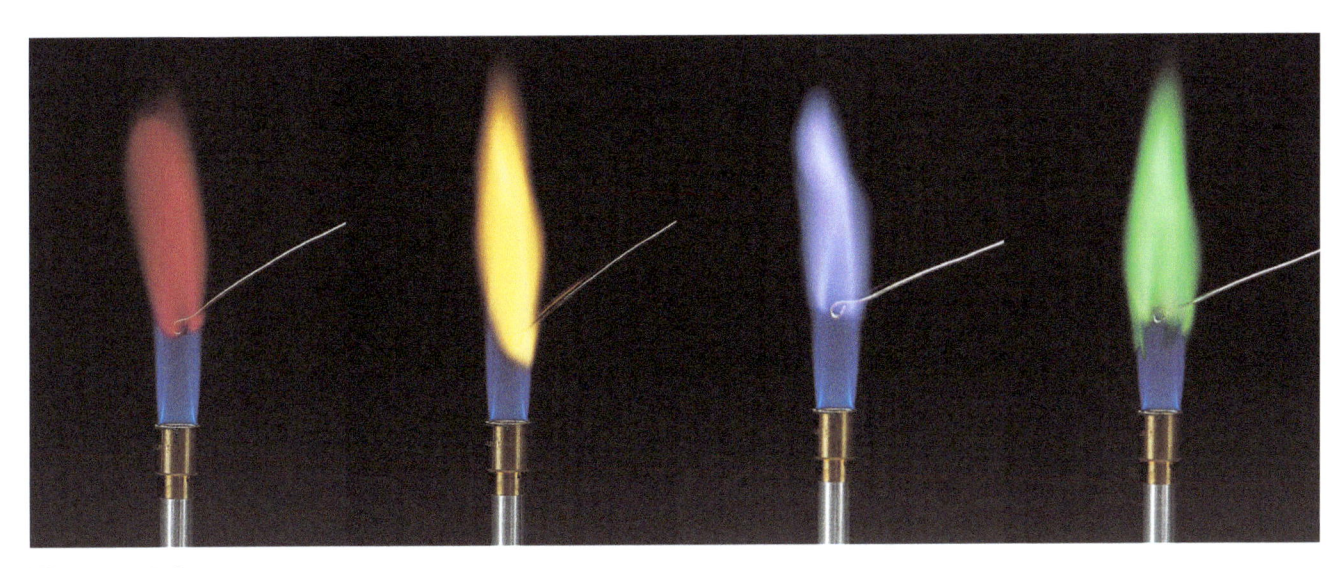

Figura 17.3
Esquerda para a direita: Cores das chamas de lítio, sódio, potássio e cobre.

então, segura-se o fio sobre a chama de um bico de Bunsen. Cada tipo de íon metálico dá uma cor característica quando aquecido dessa maneira. Por exemplo, a cor emitida pelos íons Na^+ é amarela, a dos íons K^+ é violeta e a dos íons Cu^{2+} é verde (Figura 17.13).

A Figura 17.14 resume esse esquema usado para separar íons metálicos.

Dois pontos relacionados com análise qualitativa devem ser mencionados. Primeiro, a separação dos cátions em grupos é feita do modo mais seletivo possível, isto é, os ânions adicionados como reagentes devem ser tais que precipitem o menor número de tipos de cátions. Por exemplo, todos os cátions do grupo 1 também formam sulfetos

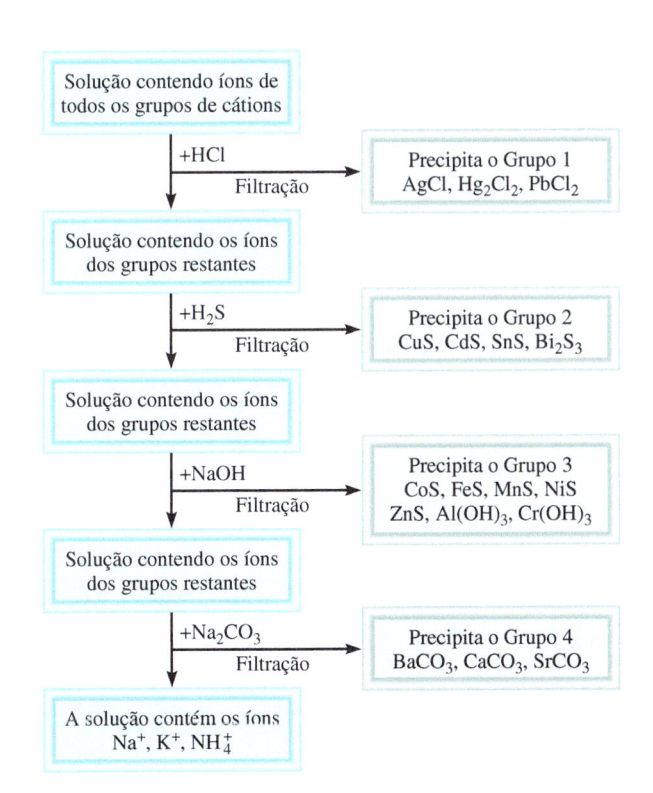

Figura 17.14
Um diagrama da separação de cátions em análise qualitativa.

```
Solução contendo íons de
todos os grupos de cátions
        │
        │ +HCl          ┌─────────────────────┐
        ├──────────────▶│ Precipita o Grupo 1 │
        │  Filtração    │ AgCl, Hg₂Cl₂, PbCl₂ │
        ▼               └─────────────────────┘
Solução contendo os íons
   dos grupos restantes
        │
        │ +H₂S          ┌─────────────────────┐
        ├──────────────▶│ Precipita o Grupo 2 │
        │  Filtração    │ CuS, CdS, SnS, Bi₂S₃│
        ▼               └─────────────────────┘
Solução contendo os íons
   dos grupos restantes
        │
        │ +NaOH         ┌─────────────────────┐
        ├──────────────▶│ Precipita o Grupo 3 │
        │  Filtração    │ CoS, FeS, MnS, NiS  │
        │               │ ZnS, Al(OH)₃, Cr(OH)₃│
        ▼               └─────────────────────┘
Solução contendo os íons
   dos grupos restantes
        │
        │ +Na₂CO₃       ┌─────────────────────┐
        ├──────────────▶│ Precipita o Grupo 4 │
        │  Filtração    │ BaCO₃, CaCO₃, SrCO₃ │
        ▼               └─────────────────────┘
A solução contém os íons
   Na⁺, K⁺, NH₄⁺
```

insolúveis. Assim, se H₂S tivesse reagido com a solução no princípio, poderiam ter sido precipitados sete sulfetos diferentes (os sulfetos dos grupos 1 e 2), o que seria indesejável. Em segundo lugar, a remoção dos cátions em cada passo deve ser feita do modo mais completo possível. Por exemplo, se não tivéssemos adicionado suficiente HCl à solução desconhecida para remover todos os cátions do grupo 1, eles iriam precipitar com os cátions do grupo 2 como sulfetos insolúveis, interferindo na análise química posterior e levando a conclusões erradas.

Resumo de Fatos e Conceitos

1. Os equilíbrios envolvendo ácidos fracos ou bases fracas em solução aquosa são homogêneos. Os equilíbrios que envolvem sais pouco solúveis são exemplos de equilíbrios heterogêneos.
2. Uma solução-tampão é uma solução de um ácido fraco e a sua base conjugada fraca ou de uma base fraca e o seu ácido conjugado fraco, respectivamente; a solução reage com pequenas quantidades de ácido ou base adicionadas de modo que o pH da solução permaneça aproximadamente constante. Os sistemas-tampão desempenham papel vital na manutenção do pH dos fluidos fisiológicos.
3. O pH no ponto de equivalência de uma titulação ácido-base depende da hidrólise do sal formado na reação de neutralização. Em titulações ácido forte-base forte, o pH no ponto de equivalência é 7; em titulações ácido fraco-base forte, o pH no ponto de equivalência é maior que 7; em titulações ácido forte-base fraca, o pH no ponto de equivalência é inferior a 7. Indicadores ácido-base são ácidos ou bases orgânicos fracos que mudam de cor próximo do ponto de equivalência em uma reação de neutralização ácido-base.
4. O produto de solubilidade K_{ps} exprime o equilíbrio entre um sólido e os seus íons em solução. Pode-se obter a solubilidade por meio de K_{ps} e vice-versa. A presença de um íon comum diminui a solubilidade de um sal pouco solúvel.
5. A combinação de um cátion metálico com uma base de Lewis, em solução, dá origem à formação de íons complexos. A constante de formação K_f mede a tendência de determinado íon complexo se formar. A formação de um íon complexo pode aumentar a solubilidade de uma substância insolúvel.
6. A análise qualitativa permite a identificação de cátions e ânions em solução. Essa análise está baseada principalmente nos princípios do equilíbrio que envolve sais pouco solúveis.

Palavras-chave

Íon complexo, p. 576
Ponto final, p. 565
Análise qualitativa, p. 579
Constante de formação (K_f), p. 577
Produto de solubilidade (K_{ps}), p. 569
Solubilidade, p. 570
Solubilidade molar, p. 570
Solução-tampão, p. 554

Questões e Problemas

Soluções-tampão
Questões de Revisão

17.1 Defina solução-tampão.

17.2 Defina pK_a de um ácido fraco. Qual é a relação entre o valor do pK_a e a força do ácido? Faça o mesmo para pK_b e para uma base fraca.

17.3 Os pK_as de dois ácidos monopróticos HA e HB são 5,9 e 8,1, respectivamente. Qual dos dois é o ácido mais forte?

17.4 Os pK_bs das bases X⁻, Y⁻ e Z⁻ são 2,72, 8,66 e 4,57, respectivamente. Arranje os seguintes ácidos em ordem crescente de força: HX, HY, HZ.

Níveis de Dificuldade: • Fácil •• Médio ••• Difícil.

Problemas

- **17.5** Especifique quais das seguintes soluções podem atuar como tampão: (a) KCl/HCl, (b) NH_3/NH_4NO_3, (c) Na_2HPO_4/NaH_2PO_4.

- **17.6** Indique quais das seguintes soluções podem atuar como tampão: (a) KNO_2/HNO_2, (b) $KHSO_4/H_2SO_4$, (c) HCOOK/HCOOH.

- **17.7** O pH de um tampão bicarbonato/ácido carbônico é 8,00. Calcule a razão entre a concentração do ácido carbônico e a do íon bicarbonato.

- **17.8** Calcule o pH das seguintes soluções-tampão: (a) CH_3COONa/2,0 M, CH_3COOH/2,0 M, (b) CH_3OONa/0,20 M, CH_3COOH/ 0,20 M. Qual é o tampão mais eficiente? Por quê?

- **17.9** Calcule o pH do sistema tampão constituído por NH_3/0,15 M, NH_4Cl/0,35 M.

- **17.10** Qual é o pH do tampão Na_2HPO_4/0,10 M, KH_2PO_4/0,15 M?

- **17.11** O pH do tampão acetato de sódio/ácido acético é 4,50. Calcule a razão $[CH_3COO^-]/[CH_3COOH]$.

- **17.12** O pH do plasma sangüíneo é 7,40. Considerando que o principal sistema-tampão é HCO_3^-/H_2CO_3, calcule a razão $[HCO_3^-]/[H_2CO_3]$. Esse tampão é mais eficiente quando se adiciona um ácido ou uma base?

- **17.13** Calcule o pH de 1,00 L de um tampão CH_3NH_2/0,80 M, CH_3NH_3Cl/1,00 M, antes e após a adição de (a) 0,070 mol de NaOH e (b) 0,11 mol de HCl. (Veja o valor de K_a na Tabela 16.5.)

- **17.14** Calcule o pH de 1,00 L do tampão CH_3COONa/ 1,00 M, CH_3COOH/1,00 M antes e depois da adição de (a) 0,080 mol de NaOH, (b) 0,12 mol de HCl. (Suponha que não haja variação de volume.)

- **17.15** Um ácido diprótico, H_2A, tem as seguintes constantes de ionização: $K_{a_1} = 1,1 \times 10^{-3}$ e $K_{a_2} = 2,5 \times 10^{-6}$. Qual das combinações você escolheria para preparar uma solução-tampão de pH 5,80 $NaHA/H_2A$ ou $Na_2A/NaHA$?

- **17.16** Uma estudante deseja preparar uma solução-tampão de pH = 8,60. Qual dos seguintes ácidos fracos ela deveria escolher e por que: HA ($K_a = 2,7 \times 10^{-3}$), HB ($K_a = 4,4 \times 10^{-6}$), ou HC ($K_a = 2,6 \times 10^{-9}$)?

Titulações Ácido-Base
Problemas

- **17.17** Uma amostra de 0,2688 g de um ácido monoprótico neutraliza 16,4 mL de solução 0,08133 M de KOH. Calcule a massa molar do ácido.

- **17.18** Dissolveram-se 5,00 g de um ácido diprótico em água até perfazer exatamente 250 mL. Calcule a massa molar do ácido sabendo que a neutralização de 25,0 mL dessa solução requer 11,1 mL de solução 1,00 M de KOH. Considere que ambos os prótons do ácido foram titulados.

- **17.19** Calcule o pH no ponto de equivalência das seguintes titulações: (a) HCl 0,10 M versus NH_3 0,10 M, (b) CH_3COOH 0,10 M versus NaOH 0,10 M.

- **17.20** Dissolveu-se uma amostra desconhecida de 0,1276 g de um ácido monoprótico em 25,0 mL de água e titulou-se com solução 0,0633 M de NaOH. O volume de base necessário para levar a solução ao ponto de equivalência foi 18,4 mL. (a) Calcule a massa molar do ácido. (b) Depois de se adicionar 10,0 mL de base, o valor do pH era 5,87. Qual é o K_a do ácido desconhecido?

Indicadores Ácido-Base
Questões de Revisão

- **17.21** Explique como age um indicador ácido-base em uma titulação.

- **17.22** Quais são os critérios para escolher um indicador para dada titulação ácido-base?

Problemas

- **17.23** A quantidade de indicador usada em uma titulação ácido-base deve ser pequena. Por quê?

- **17.24** Um estudante fez uma titulação ácido-base adicionando solução de NaOH, de uma bureta, a um erlenmeyer contendo solução de HCl e usou fenolftaleína como indicador. No ponto de equivalência, observou uma cor rosa-avermelhado pálida. Contudo, passados alguns minutos, a solução voltou, gradualmente, a ficar incolor. O que você supõe que tenha acontecido?

- **17.25** Com os dados da Tabela 17.1, especifique que indicador ou indicadores você usaria para as seguintes titulações: (a) HCOOH versus NaOH, (b) HCl versus KOH, (c) HNO_3 versus NH_3.

- **17.26** A constante de ionização K_a de um indicador HIn é $1,0 \times 10^{-6}$. A cor da forma não ionizada é vermelha e a da forma ionizada é amarela. Qual é a cor desse indicador em uma solução cujo pH é 4,00? (*Sugestão*: A cor de um indicador pode ser estimada considerando-se a razão $[HIn]/[In^-]$. Se a razão for igual ou maior que 10, a cor será aquela da forma não ionizada. Se a razão for igual ou menor que 0,1, a cor será aquela da forma ionizada).

Solubilidade e Produto de Solubilidade
Questões de Revisão

- **17.27** Defina solubilidade, solubilidade molar e produto de solubilidade. Explique a diferença entre solubilidade e produto de solubilidade de uma substância pouco solúvel como o $BaSO_4$.

- **17.28** Por que não falamos de valores de K_{ps} de compostos iônicos solúveis?

- **17.29** Escreva equações balanceadas e expressões do produto de solubilidade dos equilíbrios dos seguintes compostos pouco solúveis: (a) CuBr, (b) ZnC_2O_4, (c) Ag_2CrO_4, (d) Hg_2Cl_2, (e) $AuCl_3$, (f) $Mn_3(PO_4)_2$.

Biológica: 17.12, 17.36, 17.87, 17.105, 17.106. **Conceitual:** 17.15, 17.16, 17.44, 17.67, 17.73, 17.79, 17.80, 17.86, 17.97, 17.101, 17.103.

17.30 Escreva a expressão do produto de solubilidade do composto iônico A_xB_y.

17.31 Como poderemos prever se haverá formação de um precipitado quando se misturam duas soluções?

17.32 O cloreto de prata tem K_{ps} maior que o carbonato de prata (veja a Tabela 17.2). Isso significa que o primeiro sal também tem uma solubilidade molar maior que o último?

Problemas

•17.33 Calcule a concentração dos íons, nas seguintes soluções saturadas:

(a) $[I^-]$ em solução de AgI com $[Ag^+] = 9{,}1 \times 10^{-9}$ M

(b) $[Al^{3+}]$ em solução de Al(OH)$_3$ com $[OH^-] = 2{,}9 \times 10^{-9}$ M

••17.34 Com bases nos valores de solubilidade indicados, calcule os produtos de solubilidade dos seguintes compostos:

(a) SrF$_2$, $7{,}3 \times 10^{-2}$ g/L

(b) Ag$_3$PO$_4$, $6{,}7 \times 10^{-3}$ g/L

•17.35 A solubilidade molar do MnCO$_3$ é $4{,}2 \times 10^{-6}$ M. Qual é o K_{ps} desse composto?

••17.36 Usando os dados da Tabela 17.2, calcule a solubilidade molar do fosfato de cálcio, um componente dos ossos.

••17.37 A solubilidade de um composto iônico M$_2$X$_3$ (massa molar = 288 g) é $3{,}6 \times 10^{-17}$ g/L. Qual é o K_{ps} do composto?

•17.38 Use os dados da Tabela 17.2 para calcular a solubilidade molar do CaF$_2$ em g/L.

••17.39 Qual é o pH de uma solução saturada de hidróxido de zinco?

••17.40 O pH de uma solução saturada de um hidróxido metálico, MOH, é 9,68. Calcule o K_{ps} do composto.

•••17.41 Um amostra de 20,0 mL de solução 0,10 M de Ba(NO$_3$)$_2$ é adicionada a 50,0 mL de solução 0,10 M de Na$_2$CO$_3$. Haverá formação de um precipitado de BaCO$_3$?

•••17.42 Misturaram-se 75 mL de 0,060 M NaF com 25 mL de Sr(NO$_3$)$_2$ 0,15 M. Calcule as concentrações de NO$_3^-$, Na$^+$, Sr^{2+} e F$^-$ na solução final.

Efeito do Íon Comum
Questões de Revisão

17.43 Como um íon comum afeta a solubilidade? Use o princípio de Le Châtelier para explicar a diminuição da solubilidade de CaCO$_3$ em uma solução de Na$_2$CO$_3$.

17.44 A solubilidade molar do AgCl em solução $6{,}5 \times 10^{-3}$ M de AgNO$_3$ é $2{,}5 \times 10^{-8}$ M. Para obter K_{ps} a partir desses dados, quais das seguintes hipóteses são razoáveis?

(a) K_{ps} é o mesmo que solubilidade.

(b) K_{ps} do AgCl é o mesmo em AgNO$_3$ $6{,}5 \times 10^{-3}$ M e em água pura.

(c) A solubilidade do AgCl é independente da concentração do AgNO$_3$.

(d) $[Ag^+]$ em solução não varia significativamente com a adição de AgCl a AgNO$_3$ $6{,}5 \times 10^{-3}$ M.

(e) $[Ag^+]$ em solução, após a adição de AgCl a AgNO$_3$ $6{,}5 \times 10^{-3}$ M, é a mesma que seria em água pura.

Problemas

••17.45 Quantos gramas de CaCO$_3$ se dissolverão em $3{,}0 \times 10^2$ mL de Ca(NO$_3$)$_2$ 0,050 M?

••17.46 O produto de solubilidade do PbBr$_2$ é $8{,}9 \times 10^{-6}$. Determine a solubilidade molar (a) em água pura, (b) em solução 0,20 M de KBr, (c) em solução 0,20 M de Pb(NO$_3$)$_2$.

••17.47 Calcule a solubilidade molar de AgCl em 1,00 L de solução contendo 10,0 g de CaCl$_2$ dissolvido.

••17.48 Calcule a solubilidade molar de BaSO$_4$ (a) em água, (b) em uma solução contendo 1,0 mol de íons SO$_4^{2-}$ por litro de solução.

Íons Complexos
Questões de Revisão

17.49 Explique a formação dos complexos mostrados na Tabela 17.4 em termos da teoria ácido-base de Lewis.

17.50 Dê um exemplo que ilustre o efeito geral da formação de um íon complexo na solubilidade.

Problemas

•17.51 Escreva a expressão da constante de formação para os íons complexos: (a) Zn(OH)$_4^{2-}$, (b) Co(NH$_3$)$_6^{3+}$, (c) HgI$_4^{2-}$.

••17.52 Explique, com equações iônicas balanceadas, por que (a) CuI$_2$ se dissolve em solução de amônia, (b) AgBr se dissolve em solução de NaCN, (c) Hg$_2$Cl$_2$ se dissolve em solução de KCl.

••17.53 Se 2,50 g de CuSO$_4$ foram dissolvidas em $9{,}0 \times 10^2$ mL de NH$_3$ 0,30 M, quais serão as concentrações de Cu^{2+}, Cu(NH$_3$)$_4^{2+}$, e NH$_3$ no equilíbrio?

•••17.54 Calcule as concentrações de Cd^{2+}, Cd(CN)$_4^{2-}$ e CN$^-$ no equilíbrio quando se dissolvem 0,50 g de Cd(NO$_3$)$_2$ em $5{,}0 \times 10^2$ mL de NaCN 0,50 M.

••••17.55 Se NaOH é adicionado a uma solução de Al^{3+} 0,010 M, qual será a espécie predominante no equilíbrio: Al(OH)$_3$ ou Al(OH)$_4^-$? O pH da solução é 14,00. [K_f do Al(OH)$_4^-$ = $2{,}0 \times 10^{33}$.]

•••17.56 Calcule a solubilidade molar de AgI em uma solução 1,0 M de NH$_3$. (*Sugestão*: é preciso considerar dois tipos diferentes de equilíbrio.)

Análise Qualitativa
Questões de Revisão

17.57 Resuma o procedimento geral da análise qualitativa.

17.58 Dê dois exemplos de íons metálicos em cada grupo (de 1 a 5) no esquema da análise qualitativa.

Problemas

•• 17.59 Em uma análise do grupo 1, um estudante obteve um precipitado contendo AgCl e PbCl$_2$. Sugira um reagente que lhe permitisse separar AgCl(s) de PbCl$_2$(s).

•• 17.60 Em uma análise do grupo 1, um estudante adicionou ácido clorídrico a uma solução desconhecida para obter [Cl$^-$] = 0,15 M. Ocorreu a precipitação de PbCl$_2$. Calcule a concentração de Pb^{2+} que permaneceu em solução.

••• 17.61 Tanto o KCl como o NH$_4$Cl são sólidos brancos. Sugira um reagente que permita distinguir esses dois compostos.

•• 17.62 Descreva um teste simples que permita distinguir entre AgNO$_3$(s) e Cu(NO$_3$)$_2$(s).

Problemas Adicionais

•• 17.63 Foram adicionadas 0,560 g de KOH em 25,0 mL de solução 1,00 M de HCl. Um excesso de Na$_2$CO$_3$ é adicionado à solução. Que massa (em gramas) de CO$_2$ é formado?

••• 17.64 Titulou-se um volume de 25,0 mL de HCl 0,100 M com uma solução de NH$_3$ 0,100 M adicionada de uma bureta. Calcule os valores de pH da solução (a) após a adição de 10,0 mL de solução de NH$_3$, (b) após a adição de 25,0 mL de solução de NH$_3$, (c) após a adição de 35,0 mL de solução de NH$_3$.

•• 17.65 O intervalo de um tampão é definido pela equação pH = pK_a ± 1. Calcule o intervalo da razão [base conjugada]/[ácido] que corresponde a essa equação.

•• 17.66 O pK_a do indicador alaranjado de metila é 3,46. Qual é o intervalo de pH em que esse indicador muda de 90% de HIn para 90% de In$^-$?

•• 17.67 Desenhe a curva de titulação de um ácido fraco *versus* uma base forte como a representada na Figura 17.5. Indique, no seu gráfico, o volume de base usado até o ponto de equivalência e também até o ponto de meia equivalência, isto é, o ponto em que metade do ácido foi neutralizada. Mostre como medir o pH da solução no ponto de meia equivalência. Usando a Equação (17.3), explique como o pK_a do ácido pode ser determinado por esse processo.

••• 17.68 Adicionaram-se 200 mL de solução de NaOH a 400 mL de solução 2,00 M de HNO$_2$. O pH da solução mista ficou 1,50 unidade superior ao da solução ácida original. Calcule a molaridade da solução de NaOH.

• 17.69 O pK_a do ácido butírico (HBut) é 4,7. Calcule K_b do íon butirato (But$^-$).

••• 17.70 Preparou-se uma solução misturando exatamente 500 mL de NaOH 0,167 M, com 500 mL de 0,100 M, CH$_3$COOH. Calcule as concentrações de equilíbrio de H$^+$, CH$_3$COOH, CH$_3$COO$^-$, OH$^-$ e Na$^+$.

•• 17.71 Cd(OH)$_2$ é um composto insolúvel. Dissolve-se em excesso de solução de NaOH. Escreva uma equação iônica balanceada para essa reação. Que tipo de reação é essa?

•• 17.72 Calcule o pH de um tampão NH$_3$/0,20 M, NH$_4$Cl/0,20 M. Qual é o pH do tampão depois da adição de 10,0 mL de HCl 0,10 M a 65,0 mL do tampão?

• 17.73 Para quais das seguintes reações a constante de equilíbrio é chamada de produto de solubilidade?

(a) Zn(OH)$_2$(s) + 2OH$^-$(aq) $\rightleftharpoons$ Zn(OH)$_4^{2-}$(aq)
(b) 3Ca^{2+}(aq) + 2PO$_4^{3-}$(aq) $\rightleftharpoons$ Ca$_3$(PO$_4$)$_2$(s)
(c) CaCO$_3$(s) + 2H$^+$(aq) $\rightleftharpoons$ Ca^{2+}(aq) + H$_2$O(l) + CO$_2$(g)
(d) PbI$_2$(s) $\rightleftharpoons$ Pb^{2+}(aq) + 2I$^-$(aq)

••• 17.74 Um estudante misturou 50,0 mL de Ba(OH)$_2$ 1,00 M, com 86,4 mL de H$_2$SO$_4$ 0,494 M. Calcule a massa de BaSO$_4$ formado e o pH da solução.

••• 17.75 Uma caldeira de 2,0 L contém 116 g de depósito de calcário (CaCO$_3$). Quantas vezes teria que se encher completamente a caldeira com água destilada para remover todo o depósito, a 25°C?

••• 17.76 Foram misturados volumes iguais de solução de AgNO$_3$ 0,12 M e de ZnCl$_2$ 0,14 M. Calcule as concentrações de equilíbrio de Ag$^+$, Cl$^-$, Zn^{2+} e NO$_3^-$.

•• 17.77 Calcule a solubilidade de Ag$_2$CO$_3$ (em g/L).

•• 17.78 Calcule o intervalo aproximado de pH apropriado para separar Fe^{3+} e Zn^{2+} pela precipitação de Fe(OH)$_3$ de uma solução que é inicialmente 0,010 M em Fe^{3+} e Zn^{2+}.

•• 17.79 Qual dos seguintes compostos iônicos será mais solúvel em solução ácida que em água? (a) BaSO$_4$, (b) PbCl$_2$, (c) Fe(OH)$_3$, (d) CaCO$_3$. Explique.

•• 17.80 Qual dos seguintes compostos será mais solúvel em solução ácida que em água? (a) CuI, (b) Ag$_2$SO$_4$, (c) Zn(OH)$_2$, (d) BaC$_2$O$_4$, (e) Ca$_3$(PO$_4$)$_2$?

• 17.81 Qual é o pH de uma solução saturada de hidróxido de alumínio?

•• 17.82 A solubilidade molar do Pb(IO$_3$)$_2$ em uma solução 0,10 M de NaIO$_3$ é 2,4 × 10^{-11} mol/L. Qual é o K_{ps} do Pb(IO$_3$)$_2$?

• 17.83 O produto de solubilidade do Mg(OH)$_2$ é 1,2 × 10^{-11}. Qual é a concentração mínima de OH$^-$ que deve ser atingida (por exemplo, adicionando NaOH) para diminuir a concentração de Mg^{2+} em uma solução de Mg(NO$_3$)$_2$ para um valor inferior a 1,0 × 10^{-10} M?

••• 17.84 Calcule qual será a precipitação se 2,00 mL de 0,60 M NH$_3$ são adicionados a 1,0 L de 1,0 × 10^{-3} M FeSO$_4$.

•• 17.85 Os íons Ag$^+$ e Zn^{2+} formam complexos com NH$_3$. Escreva as equações balanceadas das reações. Contudo, Zn(OH)$_2$ é solúvel em NaOH 6 M e AgOH não é. Explique.

••• 17.86 Quando se adiciona uma solução de KI a uma solução de cloreto de mercúrio(II), forma-se um precipitado [iodeto de mercúrio(II)]. Um estudante representou a massa do

Orgânica: 17.69, 17.94.

precipitado *versus* o volume de solução de KI adicionado e obteve o seguinte gráfico. Explique o aspecto do gráfico.

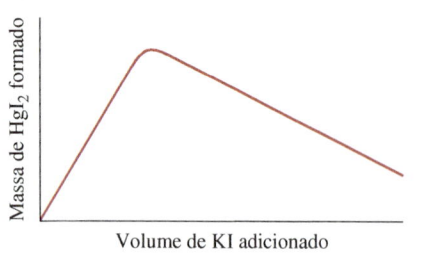

[Gráfico: Massa de HgI₂ formado vs. Volume de KI adicionado]

•• **17.87** O bário é uma substância tóxica que pode danificar seriamente a função cardíaca. Um paciente bebe uma suspensão aquosa de 20 g de BaSO₄ para fazer uma radiografia do tubo gastrointestinal. Se essa substância estivesse em equilíbrio com os 5,0 L de sangue no corpo do paciente, quantos gramas de BaSO₄ seriam dissolvidos em seu sangue? Para uma boa estimativa, suponha que a temperatura seja 25°C. Por que não se escolhe Ba(NO₃)₂ para esse processo?

•• **17.88** O pK_a da fenolftaleína é 9,10. Em que intervalo de pH esse indicador muda de 95% de HIn para 95% de In⁻?

•• **17.89** Procure os valores de K_{ps} para BaSO₄ e SrSO₄ na Tabela 17.2. Calcule as concentrações de [Ba^{2+}], [Sr^{2+}] e [SO$_4^{2-}$] em uma solução saturada em ambos os compostos.

••• **17.90** Adicionou-se NaI sólido lentamente a uma solução 0,010 M em Cu$^+$ e 0,010 M em Ag$^+$ (a) Qual o composto que começará a precipitar primeiro? (b) Calcule [Ag$^+$] quando CuI começa a precipitar. (c) Que porcentagem de Ag$^+$ fica em solução nesse ponto?

••• **17.91** As técnicas radioquímicas são úteis na previsão do produto de solubilidade de muitos compostos. Em uma experiência, misturaram-se 50,0 mL de uma solução 0,010 M de AgNO₃ contendo um isótopo de prata com radioatividade de 74.025 contagens por min por mL com 100 mL de uma solução 0,030 M de NaIO₃. A mistura foi diluída para 500 mL e filtrada para remover todo o precipitado de AgIO₃. Verificou-se que a solução restante tinha uma radioatividade de 44,4 contagens por min por mL. Qual é o K_{ps} do AgIO₃?

••• **17.92** Pode-se determinar a massa molar de um certo carbonato metálico, MCO₃, por adição de um excesso de HCl para "reagir" com todo o carbonato e titular o ácido que resta com NaOH. (a) Escreva uma equação para essas reações. (b) Em dada experiência, adicionaram-se 20,00 mL de HCl 0,0800 M a uma amostra de 0,1022 g de MCO₃. O excesso de HCl requereu 5,64 mL de NaOH 0,1000 M para ser neutralizado. Calcule a massa molar de carbonato e identifique M.

••• **17.93** As reações ácido-base geralmente são completas. Confirme essa afirmação calculando a constante de equilíbrio para cada um dos seguintes casos: (a) um ácido forte reagindo com uma base forte, (b) um ácido forte reagindo com uma base fraca (NH₃), (c) um ácido fraco (CH₃COOH) reagindo com uma base fraca, (d) um ácido fraco (CH₃COOH) reagindo com uma base fraca (NH₃). (*Sugestão:* Ácidos fortes existem como íons H$^+$ e bases fortes existem como íons OH$^-$ em solução. Você precisa procurar os valores de K_a, K_b, e K_w.)

••• **17.94** Calcule x, o número de moléculas de água no ácido oxálico hidratado, H₂C₂O₄ · xH₂O, com base nos seguintes dados: dissolveram-se 5,00 g do composto até exatamente 250 mL de solução e 25,0 mL dessa solução requereram 15,9 mL de solução 0,500 M de NaOH para serem neutralizados.

••• **17.95** Descreva como você prepararia 1 L de um sistema-tampão 0,20 M CH₃COONa/0,20 M CH₃COOH por (a) mistura de uma solução de CH₃COOH com uma solução de CH₃COONa, (b) reagindo uma solução de CH₃COOH com uma solução de NaOH e (c) reagindo uma solução de CH₃COONa com uma solução de HCl.

••• **17.96** Que reagentes poderiam ser empregados para separar os seguintes pares de íons em solução? (a) Na$^+$ e Ba^{2+}, (b) K$^+$ e Pb^{2+}, (c) Zn^{2+} e Hg^{2+}?

••• **17.97** CaSO₄ ($K_{ps} = 2,4 \times 10^{-5}$) tem K_{ps} maior que Ag₂SO₄ ($K_{ps} = 1,4 \times 10^{-5}$). Pode-se dizer que CaSO₄ também tem maior solubilidade (g/L)?

••• **17.98** Quantos mililitros de NaOH 1,0 M devem ser adicionados a 200 mL de NaH₂PO₄ 0,10 M para preparar uma solução-tampão de pH 7,50?

••• **17.99** A concentração máxima de íons Pb^{2+} permitida em água potável é 0,05 ppm (isto é, 0,05 g de Pb^{2+} em um milhão de gramas de água). Será essa normativa excedida se uma água subterrânea estiver em equilíbrio com o mineral anglesita, PbSO₄ ($K_{ps} = 1,6 \times 10^{-8}$)?

••• **17.100** Qual das seguintes soluções tem a mais elevada [H$^+$]? (a) HF 0,10 M, (b) HF 0,10 M em NaF 0,10 M, (c) HF 0,10 M em SbF₅ 0,10 M. (*Sugestão:* SbF₅ reage com F$^-$ para formar o íon complexo SbF$_6^-$.)

••• **17.101** As curvas de distribuição mostram como as frações do ácido não ionizado e da sua base conjugada variam em função do pH do meio. Desenhe curvas de distribuição do CH₃COOH e da sua base conjugada CH₃COO$^-$ em solução. O seu gráfico deve apresentar a fração no eixo y e o pH no eixo x. Quais são as frações e o pH no ponto onde estas duas curvas se interceptam?

••• **17.102** A água contendo os íons Ca^{2+} e Mg^{2+} chama-se *água dura* e é imprópria para algumas aplicações domésticas e industriais porque esses íons reagem com o sabão formando sais insolúveis. Um modo de remover os íons Ca^{2+} da água dura é adicionar solução de carbonato de sódio (Na₂CO₃ · 10H₂O). (a) A solubilidade molar do CaCO₃ é 9,3 × 10^{-5} M. Qual é a sua solubilidade molar em uma solução de Na₂CO₃ 0,050 M? (b) Por que os íons Mg^{2+} não são removidos por esse processo? (c) Os íons Mg^{2+} são removidos como Mg(OH)₂ por adição de cal apagada [Ca(OH)₂] à água para produzir uma solução saturada. Calcule o pH de uma solução saturada de Ca(OH)₂. (d) Qual é a concentração de íons Mg^{2+} nesse pH? (e) Em geral, qual dos íons (Ca^{2+} ou Mg^{2+}) você removeria primeiro? Por quê?

•••17.103 (a) Descreva como você determinaria o pK_b da base da Figura 17.6. (b) Deduza uma equação análoga à de Henderson-Hasselbalch que relacione o pOH com o pK_b de uma base fraca B e do seu ácido conjugado HB$^+$. Desenhe uma curva de titulação que mostre a variação do pOH da solução da base *versus* o volume de um ácido forte adicionado de uma bureta. Descreva como você determinaria o pK_b por meio dessa curva.

••17.104 Considere a ionização do seguinte indicador ácido-base:

$$HIn(aq) \rightleftharpoons H^+(aq) + In^-(aq)$$

O indicador muda de cor de acordo com as razões das concentrações do ácido pela da sua base conjugada como descrito na página 566. Mostre que o intervalo de pH em que o indicador muda da cor da espécie ácida para a da espécie básica é pH = p$K_a \pm 1$, em que K_a é a constante de ionização do ácido.

Problemas Especiais

17.105 Um dos antibióticos mais comumente usados é a penicilina G (ácido benzilpenicilínico), que tem a seguinte estrutura:

Ele é um ácido monoprótico fraco:

$$HP \rightleftharpoons H^+ + P^- \quad K_a = 1,64 \times 10^{-3}$$

em que HP representa o ácido e P$^-$, a base conjugada. A penicilina G é produzida pelos bolores que crescem em tanques de fermentação a 25°C e em um intervalo de pH de 4,5 a 5,0. A forma bruta desse antibiótico é obtida por extração do caldo de fermentação com um solvente orgânico no qual o ácido é solúvel. (a) Identifique o átomo de hidrogênio ácido. (b) Em uma etapa da purificação, o extrato orgânico da penicilina G bruta é tratado com uma solução-tampão de pH = 6,50. Qual é a razão entre a base conjugada da penicilina G e do ácido nesse pH? Seria de esperar que a base conjugada fosse mais solúvel em água do que o ácido? (c) A penicilina G não é apropriada para administração oral, mas o sal de sódio (NaP) já o é por ser solúvel. Calcule o pH de uma solução 0,12 M de NaP que se forma quando se dissolve em um copo de água uma pastilha que contém o sal.

17.106 As proteínas são constituídas por aminoácidos. Esses compostos contêm pelo menos um grupo amino e um grupo carboxila. Considere a glicina cuja estrutura pode ser vista na Figura 11.18. Dependendo do pH da solução, a glicina pode estar em uma de três possíveis formas:

Completamente protonada: $\overset{+}{N}H_3$—CH_2—COOH
Íon dipolar: $\overset{+}{N}H_3$—CH_2—COO$^-$
Completamente ionizada: NH_2—CH_2—COO$^-$

Preveja a forma predominante da glicina em pH 1,0; 7,0 e 12,0. O pK_a do grupo carboxila é 2,3 e o do grupo amônio, 9,6. [*Sugestão*: Use a Equação (17.3).]

Respostas dos Exercícios

17.1 (a) e (c). **17.2** 9,17; 9,20. **17.3** Pese Na$_2$CO$_3$ e NaHCO$_3$ na razão molar de 0,60 para 1,0. Dissolva em água suficiente para fazer 1L de solução. **17.4** (a) 2,19, (b) 3,95, (c) 8,02, (d) 11,39. **17.5** (a) Azul de bromofenol, alaranjado de metila, vermelho de metila e azul de clorofenol; (b) todos, exceto azul de timol, azul de bromofenol e alaranjado de metila; (c) vermelho de cresol e fenolftaleína.

17.6 $2,0 \times 10^{-14}$. **17.7** $1,9 \times 10^{-3}$ g/L.
17.8 Não. **17.9** (a) $1,7 \times 10^{-4}$ g/L, (b) $1,4 \times 10^{-7}$ g/L.
17.10 [Cu^{2+}] = $1,2 \times 10^{-13}$ M, [Cu(NH$_3$)$_4$]$^{2+}$ = 0,017 M, [NH$_3$] = 0,23 M.

18 Termodinâmica

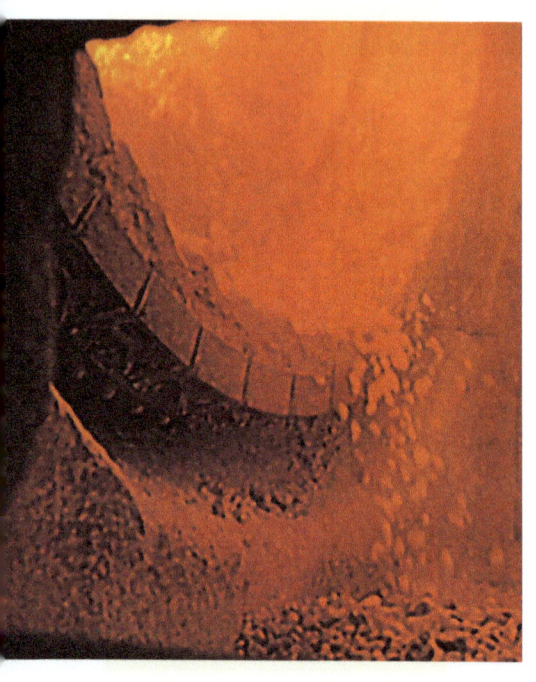

18.1 As Três Leis da Termodinâmica 589
18.2 Processos Espontâneos 589
18.3 Entropia 590
   Microestados e Entropia • Entropia e Desordem • Entropia-padrão
18.4 A Segunda Lei da Termodinâmica 595
   Variações de Entropia no Sistema • Variações de Entropia na Vizinhança do Sistema • A Terceira Lei da Termodinâmica e Entropia Absoluta
18.5 Energia Livre de Gibbs 600
   Variações de Energia Livre Padrão • Aplicações da Equação (18.10)
18.6 Energia Livre e Equilíbrio Químico 607
18.7 Termodinâmica nos Sistemas Vivos 611

A produção de cal viva (CaO) a partir de calcário ($CaCO_3$) em um forno rotatório a cerca de 950°C

Conceitos Essenciais

Leis da Termodinâmica As leis da temodinâmica têm sido aplicadas com sucesso ao estudo dos processos químicos e físicos. A primeira lei da termodinâmica é baseada na lei da conservação da energia. A segunda lei da termodinâmica trata dos processos naturais ou espontâneos. A função que prevê a espontaneidade de uma reação é a entropia. A segunda lei estabelece que para um processo espontâneo, a variação da entropia do universo deve ser positiva. A terceira lei permite determinar os valores de entropia absoluta.

Energia Livre de Gibbs A energia livre de Gibbs nos ajuda a determinar a espontaneidade de uma reação com foco apenas no sistema. A variação de energia livre para um processo depende de dois termos: variação de entalpia e variação de entropia multiplicada pela temperatura. A temperatura e pressão constantes, uma diminuição da energia livre indica reação espontânea. A variação na energia livre padrão pode ser relacionada à constante de equilíbrio de uma reação.

Termodinâmica nos Sistemas Vivos Muitas reações de importância biológica não são espontâneas. Porém, o acoplamento dessas reações, com ajuda de enzimas, àquelas que apresentam variação de energia livre negativa, leva à ocorrência de uma reação global que gera os produtos desejados.

18.1 As Três Leis da Termodinâmica

No Capítulo 6, encontramos a primeira de três leis da termodinâmica, que diz que a energia pode ser convertida de uma forma para outra, mas não pode ser criada ou destruída. Uma medida dessas variações é a quantidade de calor liberada ou absorvida pelo sistema durante um processo à pressão constante, que os químicos definem como variação de entalpia (ΔH).

A segunda lei da termodinâmica explica por que os processos químicos tendem a ocorrer em determinado sentido. A terceira lei é uma extensão da segunda e será examinada sucintamente na Seção 18.4.

18.2 Processos Espontâneos

Um dos principais objetivos dos químicos ao estudarem a termodinâmica é prever se uma reação ocorrerá ou não ao juntarem-se os reagentes sob um conjunto específico de condições (por exemplo, temperatura, pressão e concentração). Esse conhecimento é importante para sintetizar compostos em laboratórios de pesquisa, fabricar produtos químicos em escala industrial ou tentar compreender os processos biológicos intrincados em uma célula. Uma reação que *ocorre,* sob dadas condições, é denominada *reação espontânea.* Se a reação não ocorre nas condições especificadas é chamada de *não espontânea.* Observamos, diariamente, muitos processos físicos e químicos espontâneos, incluindo os exemplos seguintes:

- Uma queda d'água corre espontaneamente pela encosta abaixo, mas nunca pela encosta acima.
- Um torrão de açúcar dissolve-se espontaneamente em uma xícara de café, porém o açúcar dissolvido não reaparece espontaneamente na forma original.
- A água solidifica-se espontaneamente abaixo de 0°C e o gelo se funde espontaneamente acima de 0°C (a 1 atm).
- O calor flui de um objeto mais quente para outro mais frio, todavia, o inverso nunca acontece espontaneamente.
- A expansão de um gás para dentro de um balão sob vácuo é um processo espontâneo [Figura 18.1(a)]. O processo inverso, isto é, a acumulação de todas as moléculas em um único balão, não é espontâneo [Figura 18.1(b)].

Uma reação espontânea não significa necessariamente uma reação instantânea.

Um processo espontâneo e um não espontâneo.
© Harry Bliss. Originlmente publicado no *New Yorker Magazine*.

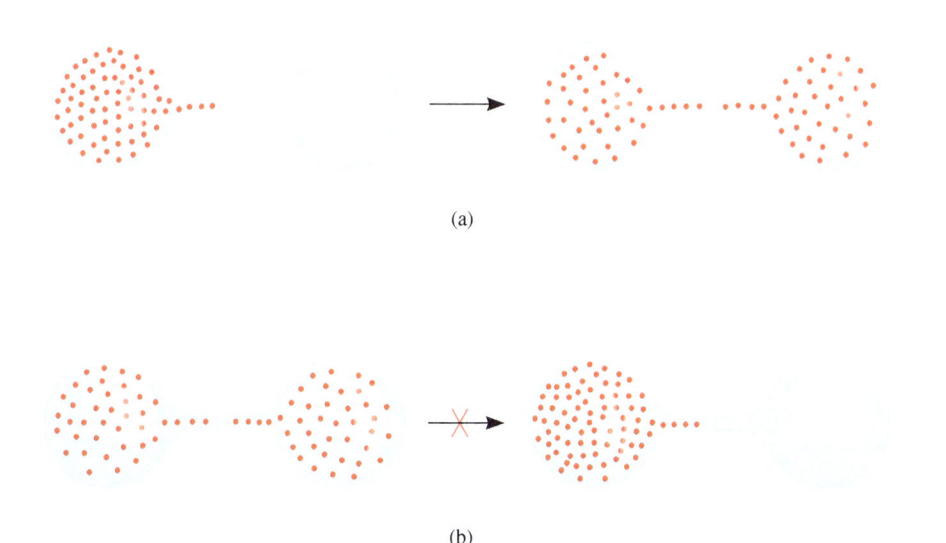

Figura 18.1
(a) Um processo espontâneo.
(b) Um processo não espontâneo.

Por causa da barreira de energia de ativação, é necessário fornecer energia para iniciar essa reação.

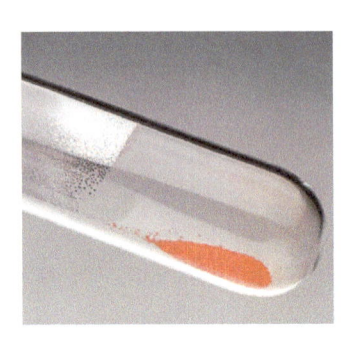

- Um pedaço de metal sódio reage violentamente com água para formar hidróxido de sódio e hidrogênio gasoso. No entanto, o hidrogênio gasoso não reage com o hidróxido de sódio para formar água e sódio.
- O ferro exposto à água e oxigênio origina a ferrugem, contudo, a ferrugem não se transforma espontaneamente em ferro.

Esses exemplos mostram que processos que ocorrem espontaneamente em um sentido não podem, quando sujeitos às mesmas condições, ocorrer espontaneamente no sentido oposto.

Se considerarmos que um processo espontâneo ocorre para diminuir a energia de um sistema, podemos explicar por que uma bola rola pela encosta abaixo e por que as molas de um relógio se desenrolam. De modo semelhante, muitas reações químicas exotérmicas são espontâneas. Um exemplo é a combustão do metano:

$$CH_4(g) + 2O_2(g) \longrightarrow CO_2(g) + 2H_2O(l) \quad \Delta H° = -890,4 \text{ kJ/mol}$$

Outro exemplo é a reação de neutralização ácido-base:

$$H^+(aq) + OH^-(aq) \longrightarrow H_2O(l) \quad \Delta H° = -56,2 \text{ kJ/mol}$$

Mas consideremos uma mudança de fase sólido-líquido como

$$H_2O(s) \longrightarrow H_2O(l) \quad \Delta H° = 6,01 \text{ kJ/mol}$$

Nesse caso, a suposição de que em um processo espontâneo a energia sempre diminui não é válida. A experiência nos diz que o gelo se funde espontaneamente acima de 0°C, mesmo que o processo seja endotérmico. Outro exemplo que contradiz essa suposição é a dissolução do nitrato de amônio em água:

$$NH_4NO_3(s) \xrightarrow{H_2O} NH_4^+(aq) + NO_3^-(aq) \quad \Delta H° = 25 \text{ kJ/mol}$$

Esse processo é espontâneo, porém endotérmico. A decomposição do óxido de mercúrio(II) é uma reação endotérmica não espontânea à temperatura ambiente, mas que se torna espontânea quando se aumenta a temperatura:

$$2HgO(s) \longrightarrow 2Hg(l) + O_2(g) \quad \Delta H° = 90,7 \text{ kJ/mol}$$

Com base nos exemplos mencionados e em muitos outros casos, chegamos à seguinte conclusão: o fato de o processo ser exotérmico favorece, porém não garante a espontaneidade de uma reação. Assim como é possível que uma reação endotérmica seja espontânea, também é possível que uma reação exotérmica seja não espontânea. Em outras palavras, não podemos prever se uma reação química ocorrerá ou não espontaneamente considerando apenas as variações de energia do sistema. Para fazer esse tipo de previsão, necessitamos de outra grandeza termodinâmica: a *entropia*.

O HgO decompõe-se em Hg e O_2 quando aquecido.

18.3 Entropia

Para prever a espontaneidade de um processo, é preciso conhecer duas coisas sobre o sistema. Uma delas é a variação de entalpia. A outra é a variação de entropia. A *entropia (S)* é freqüentemente descrita como *medida da desordem de um sistema*. Quanto maior a desordem de um sistema, maior é sua entropia. E, quanto mais ordenado o sistema, menor sua entropia. Uma maneira de ilustrar a ordem e a desordem é usar como exemplo um baralho de cartas. Considere um baralho novo ordenado (as cartas estão distribuídas do ás até o rei e os naipes estão na ordem: espadas, copas, ouros e paus).

Uma vez embaralhadas, as cartas não ficam mais em uma seqüência de número ou de naipe. É possível, mas extremamente improvável, as cartas restaurarem a ordem original ao serem embaralhadas de novo. Há muitas possibilidades de as cartas ficarem fora de seqüência, porém uma única possibilidade de ficarem ordenadas segundo a nossa definição.

Ordem e desordem podem ser quantitativamente conceitualizadas em termos de probabilidade. Um evento provável é aquele que pode ocorrer de várias maneiras, e um evento improvável é o que só pode ocorrer segundo uma ou um pequeno número de maneiras. Por exemplo, considerando a Figura 18.1(a), suponhamos que, inicialmente, exista apenas uma única molécula presente. Como os dois bulbos têm volumes iguais, a probabilidade de encontrar a molécula em qualquer um deles, após a abertura da válvula, é $\frac{1}{2}$. Se aumentarmos para dois o número de moléculas, a probabilidade de encontrarmos ambas as moléculas no *mesmo* bulbo (digamos, o da esquerda), após a abertura da válvula, é $\frac{1}{2} \times \frac{1}{2}$, ou seja, $\frac{1}{4}$. Ora $\frac{1}{4}$ é uma quantidade apreciável e, portanto, não seria surpresa encontrar as duas moléculas no bulbo esquerdo após a abertura da válvula. No entanto, não é difícil verificar que, à medida que o número de moléculas aumenta, a probabilidade (P) de encontrar todas as moléculas no bulbo esquerdo se torna progressivamente menor:

$$P = \left(\tfrac{1}{2}\right) \times \left(\tfrac{1}{2}\right) \times \left(\tfrac{1}{2}\right) \times \cdots$$
$$= \left(\tfrac{1}{2}\right)^N$$

> A probabilidade 0 significa um acontecimento impossível e a probabilidade 1, um evento absolutamente certo.

em que N é o número total de moléculas presentes. Se $N = 100$, temos

$$P = \left(\tfrac{1}{2}\right)^{100} = 8 \times 10^{-31}$$

Se N for da ordem do número de Avogadro (6×10^{23}), que é o número de moléculas em 1 mol de um gás, a probabilidade torna-se $\left(\tfrac{1}{2}\right)^{6 \times 10^{23}}$, um número tão pequeno que, na prática, pode ser considerado zero. Com base nas considerações de probabilidade esperaríamos que o gás enchesse ambos os bulbos espontânea e uniformemente. Pela mesma razão, compreendemos agora que a situação descrita na Figura 18.1(b) não é espontânea porque representa um evento altamente improvável. Para resumir nossa discussão: um estado ordenado possui uma baixa probabilidadede de ocorrer e um valor de entropia pequeno, enquanto um estado desordenado tem uma alta probabilidade de ocorrer e um valor de entropia grande.

> Para se ter uma idéia, essa probabilidade é menor que a esperada para um bando de macacos selvagens produzirem, sucessivamente, 15 quadrilhões de vezes e sem um único erro as obras completas de Shakespeare, digitando de modo aleatório num computador.

Microestados e Entropia

O conceito de probabilidade é útil para prever o sentido de processos espontâneos. O nosso próximo passo é dar uma definição apropriada para entropia. Consideremos um sistema simples de quatro moléculas distribuídas entre dois compartimentos iguais, como mostra a Figura 18.2. Há apenas uma combinação para ter todas as moléculas no compartimento da esquerda, quatro combinações para ter três moléculas no compartimento da esquerda e uma no compartimento da direita e seis combinações para ter duas moléculas em cada um dos dois compartimentos. As 11 combinações possíveis para colocar as moléculas são chamadas de estados microscópicos ou microestados e cada conjunto de microestados semelhantes denomina-se distribuição.[†] Como podemos ver, a distribuição III é a mais provável, porque existem seis microestados ou seis combinações diferentes para que ela possa ser atingida, e a distribuição I é a menos provável, pois há apenas um microestado e, portanto, apenas uma combinação para atingi-la. Com

---

[†] De fato, há ainda outras distribuições possíveis para colocar as quatro moléculas nos dois compartimentos. Podemos ter todas as moléculas no compartimento da direita (uma combinação) e três moléculas no compartilhamento da direita e uma no compartimento da esquerda (quatro combinações). No entanto, as distribuições representadas na Figura 18.2 são suficientes para a nossa discussão.

Figura 18.2
Algumas combinações possíveis para colocar quatro moléculas em dois compartimentos iguais. A distribuição I pode ser atingida por uma única combinação (todas as quatro moléculas no compartimento da esquerda) e tem um microestado. A distribuição II pode ser atingida por meio de quatro combinações e tem quatro microestados. A distribuição III pode ser alcançada por meio de seis combinações e tem seis microestados.

Em Viena (Áustria), na pedra tumular de Ludwig Boltzmann está gravada a sua famosa equação. "log" representa "$\log_e$" que é o logaritmo natural ou ln.

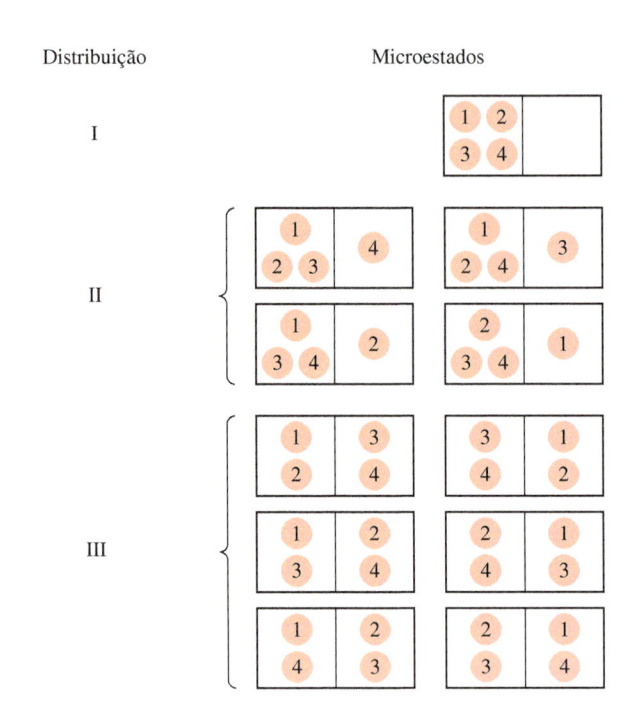

base nessa análise, concluímos que a probabilidade de ocorrência de uma distribuição particular (estado) depende do número de combinações (microestados) pelo qual a distribuição pode ser alcançada. À medida que o número de moléculas se aproxima da escala macroscópica, não é difícil ver que elas acabarão se distribuindo igualmente entre os dois compartimentos, porque essa distribuição tem muito mais microestados que todas as outras possíveis.

Em 1868, Boltzmann mostrou que a entropia de um sistema está relacionada com o logaritmo natural do número de microestados (W):

$$S = k \ln W \tag{18.1}$$

em que k é a constante de Boltzmann ($1{,}38 \times 10^{-23}$ kJ/mol). Assim, quanto maior for W, maior será a entropia do sistema. A entropia, tal como a entalpia, é uma função de estado (ver seção 6.3). Consideremos determinado processo em um sistema. A variação de entropia do processo, ΔS, é

$$\Delta S = S_f - S_i \tag{18.2}$$

em que S_i e S_f são, respectivamente, as entropias dos estados inicial e final do sistema. Da Equação (18.1), podemos escrever

$$\begin{aligned}\Delta S &= k \ln W_f - k \ln W_i \\ &= k \ln \frac{W_f}{W_i}\end{aligned} \tag{18.3}$$

em que W_i e W_f são os números de microestados correspondentes aos estados inicial e final. Assim, se $W_f > W_i$, $\Delta S > 0$ e a entropia do sistema aumenta.

Entropia e Desordem

Vimos anteriormente que a entropia é descrita freqüentemente como uma medida da desordem ou do estado caótico. Esses termos, embora sejam úteis, devem ser utilizados com cuidado, pois são conceitos subjetivos. Em geral, é preferível interpretar a variação de entropia em termos da variação do número de microestados do sistema.

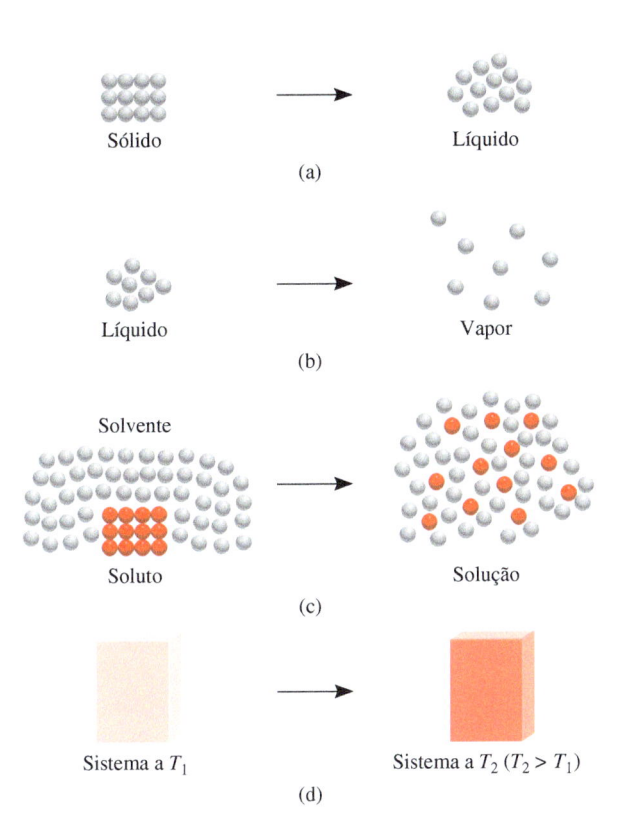

Figura 18.3
Processos que conduzem a um aumento de entropia do sistema: (a) fusão: $S_{\text{líquido}} > S_{\text{sólido}}$; (b) vaporização: $S_{\text{vapor}} > S_{\text{líquido}}$; (c) dissolução; (d) aquecimento: $S_{T_2} > S_{T_1}$.

Sólido → Líquido
(a)

Líquido → Vapor
(b)

Solvente / Soluto → Solução
(c)

Sistema a T_1 → Sistema a T_2 ($T_2 > T_1$)
(d)

Consideremos as situações descritas na Figura 18.3. Os átomos ou moléculas em um sólido estão confinados a posições fixas e o número de microestados é pequeno. No processo de fusão, esses átomos ou moléculas passam a ocupar muito mais posições, porque saem da rede cristalina. Conseqüentemente, o número de microestados aumenta porque, agora, existem mais combinações para arranjar as partículas. Por conseguinte, prevemos que essa transição de fase "ordem ⟶ desordem" resulta em um aumento de entropia, uma vez que o número de microestados aumentou. De modo semelhante, prevemos que o processo de vaporização também conduzirá a um aumento de entropia do sistema. Contudo, o aumento será consideravelmente maior que aquele do processo de fusão, uma vez que as moléculas em fase gasosa ocupam muito mais espaço e, por conseguinte, há muito mais microestados que na fase líquida. O processo de dissolução normalmente conduz a um aumento de entropia. Quando um cristal de açúcar se dissolve em água, a estrutura altamente ordenada do sólido e parte da estrutura ordenada da água são destruídas. Assim, a solução tem um número maior de microestados que o soluto puro e o solvente puro juntos. Quando um sólido iônico, tal como o NaCl, se dissolve em água, há duas contribuições para o aumento de entropia: o processo de dissolução (a mistura do soluto com o solvente) e a dissociação do composto em íons:

$$NaCl(s) \xrightarrow{H_2O} Na^+(aq) + Cl^-(aq)$$

Um maior número de partículas conduz a um maior número de microestados. No entanto, devemos também considerar a hidratação, que faz com que as moléculas de água se tornem mais ordenadas ao redor dos íons. Esse processo diminui a entropia porque reduz o número de microestados das moléculas do solvente. Para íons pequenos com cargas elevadas, como Al^{3+} e Fe^{3+}, a diminuição de entropia em virtude da hidratação pode ultrapassar o aumento de entropia em decorrência dos processos de mistura e de dissociação e assim a variação global de entropia pode realmente

Figura 18.4
(a) Uma molécula diatômica pode sofrer rotação em torno dos eixos x e z (o eixo x é aquele que contém a ligação). (b) Movimento vibracional de uma molécula diatômica. As ligações químicas podem ser esticadas ou comprimidas como uma mola.

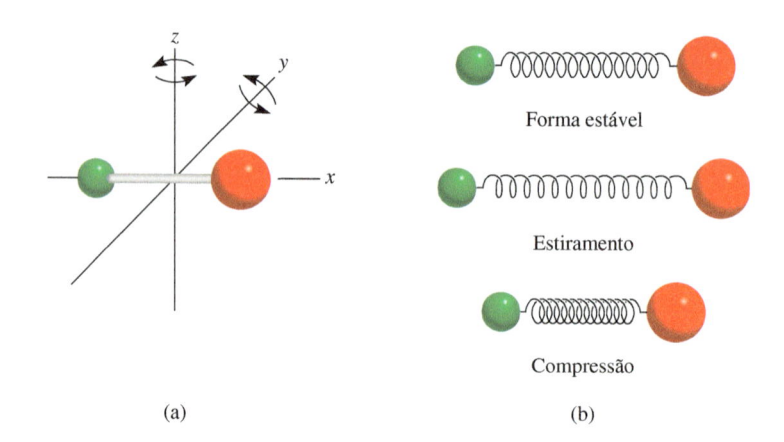

ser negativa. O aquecimento também aumenta a entropia de um sistema. Além do movimento translacional (isto é, o movimento da molécula como um todo através do espaço), as moléculas também podem executar movimentos rotacionais e movimentos vibracionais (Figura 18.4). À medida que a temperatura se eleva, as energias associadas com todos os tipos de movimento molecular aumentam. Esse aumento da energia é distribuído ou disperso entre os níveis de energia quantizados. Conseqüentemente, a temperaturas elevadas, mais microestados estarão acessíveis; por conseguinte, a entropia de um sistema sempre aumenta com a elevação da temperatura.

Entropia-padrão

A Equação (18.1) fornece uma interpretação útil da entropia a nível molecular. No entanto, geralmente não é utilizada para calcular a entropia porque é difícil determinar o número de microestados de um sistema macroscópico contendo muitas moléculas. Em vez disso, a entropia é obtida por meio de métodos calorimétricos. De fato, como veremos sucintamente, é possível determinar o valor absoluto da entropia de uma substância, chamada de entropia absoluta, o que já não podemos fazer para a energia ou a entalpia. A *entropia-padrão* é a entropia absoluta de uma substância a 1 atm e a 25°C. (Recordemo-nos de que um estado-padrão se refere apenas a 1 atm. A razão de especificar 25°C é que muitos processos são realizados à temperatura ambiente.) A Tabela 18.1 traz as entropias-padrão de alguns elementos e compostos; o Apêndice 2 fornece uma lista mais extensa. As unidades de entropia são J/K ou J/K · mol para 1 mol de substância. Usamos joules em vez de kilojoules, pois os valores da entropia são tipicamente bastante pequenos. As entropias dos elementos e compostos são todas positivas (isto é, $S° > 0$). Em contraste, a entalpia-padrão de formação ($\Delta H_f°$) dos elementos em sua forma estável é arbitrariamente considerada igual a zero, e para compostos pode ser positiva ou negativa.

Na Tabela 18.1, vemos que a entropia-padrão da água na fase vapor é maior que a da água líquida. De modo semelhante, o vapor de bromo tem uma entropia-padrão mais elevada que o bromo líquido, e o vapor de iodo tem uma entropia-padrão maior que o iodo sólido. Para substâncias diferentes na mesma fase, a complexidade molecular determina aquelas que têm entropias maiores. Tanto o diamante como o grafite são sólidos, mas o diamante tem uma estrutura mais ordenada e por isso o número de microestados é menor (veja a Figura 12.22). Portanto, o diamante tem uma entropia-padrão menor que o grafite. Consideremos os gases naturais metano e etano. O etano tem uma estrutura mais complexa e, portanto, mais modos de movimentos moleculares, o que também aumenta seus microestados. Assim, o etano tem uma entropia-padrão maior que o metano. O hélio e o neônio são ambos gases monoatômicos, que não podem executar movimentos rotacionais ou vibracionais, mas o neônio tem uma entropia-padrão maior que o hélio porque sua massa molar é maior. Os átomos mais

TABELA 18.1

Valores de Entropia-Padrão (S°) para Algumas Substâncias a 25°C

Substância	S° (J/K · mol)
$H_2O(l)$	69,9
$H_2O(g)$	188,7
$Br_2(l)$	152,3
$Br_2(g)$	245,3
$I_2(s)$	116,7
$I_2(g)$	260,6
C (diamante)	2,4
C (grafite)	5,69
CH_4 (metano)	186,2
C_2H_6 (etano)	229,5
$He(g)$	126,1
$Ne(g)$	146,2

pesados têm níveis de energia mais próximos, portanto existe maior distribuição das energias dos átomos entre os níveis de energias. Conseqüentemente, há mais microestados associados a esses átomos.

EXEMPLO 18.1

Preveja se a variação de entropia é maior ou menor que zero para cada um dos processos seguintes: (a) congelamento do etanol, (b) evaporação do bromo líquido em um béquer à temperatura ambiente, (c) dissolução da glicose em água, (d) resfriamento do nitrogênio gasoso de 80°C para 20°C.

Estratégia Para determinar a variação de entropia em cada caso, temos de verificar se o número de microestados do sistema aumentou ou diminuiu. O sinal de ΔS será positivo se houver aumento do número de microestados e negativo se o número de microestados diminuir.

Solução (a) Após o congelamento, as moléculas de etanol são mantidas em torno de posições fixas. Essa transição de fase reduz o número de microestados e, portanto, a entropia diminui, isto é, $\Delta S < 0$.

(b) A evaporação do bromo aumenta o número de microestados porque as moléculas de Br_2 podem ocupar muito mais posições no espaço vazio circundante. Assim, $\Delta S > 0$.

(c) A glicose é um não-eletrólito. O processo de dissolução conduz a uma dispersão maior da matéria em virtude da mistura das moléculas de glicose e de água, logo, esperamos que $\Delta S > 0$.

(d) O processo de resfriamento faz diminuir vários movimentos moleculares. Isso conduz a uma diminuição do número de microestados e assim $\Delta S < 0$.

Exercício De que modo varia a entropia de um sistema para cada um dos processos seguintes? (a) condensação do vapor d'água, (b) formação de cristais de sacarose a partir de uma solução supersaturada, (c) aquecimento do hidrogênio gasoso de 60°C para 80°C, e (d) sublimação do gelo seco.

O bromo é um líquido que libera vapores à temperatura ambiente.

Problema semelhante: 18.5.

18.4 A Segunda Lei da Termodinâmica

A relação entre entropia e espontaneidade de uma reação é expressa pela **segunda lei da termodinâmica:** *a entropia do universo aumenta em um processo espontâneo e mantém-se invariável em um processo de equilíbrio*. Como o universo é constituído pelo sistema e sua vizinhança, a variação de entropia do universo (ΔS_{univ}) para qualquer processo é a *soma* das variações da entropia do sistema (ΔS_{sis}) e da entropia da vizinhança do sistema (ΔS_{viz}). Matematicamente, podemos expressar a segunda lei da termodinâmica do seguinte modo:

O simples ato de falar sobre a entropia aumenta o seu valor no universo.

Para um processo espontâneo: $\Delta S_{univ} = \Delta S_{sis} + \Delta S_{viz} > 0$ (18.4)

Para um processo de equilíbrio: $\Delta S_{univ} = \Delta S_{sis} + \Delta S_{viz} = 0$ (18.5)

Para um processo espontâneo, a segunda lei diz que ΔS_{univ} tem de ser maior que zero, mas não impõe qualquer restrição aos valores de ΔS_{sis} ou ΔS_{viz}. Assim, é possível que ou o ΔS_{sis} ou o ΔS_{viz} seja negativo, contanto que a soma dessas duas quantidades seja maior que zero. Para um processo de equilíbrio, ΔS_{univ} é zero. Nesse caso, ΔS_{sis} e ΔS_{viz} têm que ter valores absolutos iguais, porém de sinais opostos. E, se para algum processo hipotético, determinarmos que ΔS_{univ} é negativo? O significado disso é que o processo não é espontâneo no sentido descrito, mas sim no sentido *oposto*.

Variações de Entropia do Sistema

Interatividade:
Entropias de Reações
Centro de Aprendizagem
Online, Interativo

Para calcular ΔS_{univ}, precisamos conhecer ΔS_{sis} e ΔS_{viz}. Consideremos primeiro ΔS_{sis}. Suponhamos que o sistema seja representado pela reação seguinte:

$$aA + bB \longrightarrow cC + dD$$

Assim como no caso da entalpia de reação [veja a Equação (6.17)], a **entropia-padrão de reação** $\Delta S°_{reac}$ é dada pela *diferença entre as entropias-padrão dos produtos e dos reagentes*:

$$\Delta S°_{reac} = [cS°(C) + dS°(D)] - [aS°(A) + bS°(B)] \quad (18.6)$$

ou, em geral, utilizando Σ para representar o somatório e m e n para os coeficientes estequiométricos da reação:

$$\Delta S°_{reac} = \Sigma nS°(\text{produtos}) - \Sigma mS°(\text{reagentes}) \quad (18.7)$$

Os valores de entropia-padrão de um vasto número de compostos foram medidos em J/K · mol. Para calcularmos $\Delta S°_{reac}$ (que é ΔS_{sis}), consultamos os seus valores no Apêndice 2 e procedemos de acordo com o Exemplo 18.2.

EXEMPLO 18.2

Com base nos valores de entropia-padrão do Apêndice 2, calcule as variações de entropia-padrão para as seguintes reações a 25°C.

(a) $CaCO_3(s) \longrightarrow CaO(s) + CO_2(g)$
(b) $N_2(g) + 3H_2(g) \longrightarrow 2NH_3(g)$
(c) $H_2(g) + Cl_2(g) \longrightarrow 2HCl(g)$

Estratégia Para calcularmos a entropia-padrão de uma reação, consideramos os valores das entropias-padrão dos reagentes e produtos do Apêndice 2 e aplicamos a Equação (18.7). Como no cálculo da entalpia de reação [veja a Equação (6.18)], os coeficientes estequiométricos não têm unidades, $\Delta S°_{reac}$ é expresso em J/K · mol.

Solução

(a) $\Delta S°_{reac} = [S°(CaO) + S°(CO_2)] - [S°(CaCO_3)]$
$= [(39,8 \text{ J/K} \cdot \text{mol}) + (213,6 \text{ J/K} \cdot \text{mol})] - (92,9 \text{ J/K} \cdot \text{mol})$
$= 160,5 \text{ J/K} \cdot \text{mol}$

Assim, quando 1 mol de $CaCO_3$ se decompõe para formar 1 mol de CaO e 1 mol de CO_2 gasoso, há um aumento de entropia igual a 160,5 J/K · mol.

(b) $\Delta S°_{reac} = [2S°(NH_3)] - [S°(N_2) + 3S°(H_2)]$
$= (2)(193 \text{ J/K} \cdot \text{mol}) - [(192 \text{ J/K} \cdot \text{mol}) + (3)(131 \text{ J/K} \cdot \text{mol})]$
$= -199 \text{ J/K} \cdot \text{mol}$

Esse resultado mostra que quando 1 mol de nitrogênio gasoso reage com 3 mols de hidrogênio gasoso para formar 2 mols de gás amônia, há uma diminuição de entropia igual a -199 J/K · mol.

(c) $\Delta S°_{reac} = [2S°(HCl)] - [S°(H_2) + S°(Cl_2)]$
$= (2)(187 \text{ J/K} \cdot \text{mol}) - [(131 \text{ J/K} \cdot \text{mol}) + (223 \text{ J/K} \cdot \text{mol})]$
$= 20 \text{ J/K} \cdot \text{mol}$

(Continua)

Assim, a formação de 2 mols de HCl gasoso a partir de 1 mol de H_2 gasoso e 1 mol de Cl_2 gasoso resulta em pequeno aumento de entropia igual a 20 J/K · mol.

Comentário   Todos os valores de $\Delta S°_{reac}$ aplicam-se ao sistema.

Problemas semelhantes: 18.11, 18.12.

Exercício   Calcule a variação de entropia-padrão para as seguintes reações a 25°C:

(a) $2CO(g) + O_2(g) \longrightarrow 2CO_2(g)$

(b) $3O_2(g) \longrightarrow 2O_3(g)$

(c) $2NaHCO_3(s) \longrightarrow Na_2CO_3(s) + H_2O(l) + CO_2(g)$

Os resultados do Exemplo 18.2 são consistentes com os observados para muitas outras reações. Quando considerados conjuntamente, dão suporte às seguintes regras gerais:

O subscrito "reac" é omitido para simplificar.

- Se uma reação produz um número maior de moléculas de gás do que consome [Exemplo 18.2(a)], $\Delta S°$ é positivo.
- Se o número total de moléculas de gás diminui [Exemplo 18.2(b)], $\Delta S°$ é negativo.
- Se não existe uma variação global do número de moléculas de gás [Exemplo 18.2(c)], então $\Delta S°$ pode ser positivo ou negativo, mas terá um valor numérico relativamente pequeno.

Essas conclusões fazem sentido, dado que os gases invariavelmente têm uma entropia maior que as dos líquidos e dos sólidos. Para reações envolvendo apenas líquidos e sólidos, é mais difícil prever o sinal de $\Delta S°$, porém, em muitos desses casos, um aumento do número total de moléculas e/ou íons é acompanhado por um aumento de entropia.

EXEMPLO 18.3

Preveja se a variação de entropia do sistema em cada uma das reações seguintes será positiva ou negativa:

(a) $2H_2(g) + O_2(g) \longrightarrow 2H_2O(l)$

(b) $NH_4Cl(s) \longrightarrow NH_3(g) + HCl(g)$

(c) $H_2(g) + Br_2(g) \longrightarrow 2HBr(g)$

Estratégia   Solicita-se uma previsão e não o cálculo do sinal da variação de entropia nas reações. Os fatores que conduzem a um aumento de entropia são: (1) a transição de uma fase condensada para uma fase de vapor e (2) uma reação em que são produzidas mais moléculas de produtos do que as moléculas de reagentes existentes, na mesma fase. É também importante comparar a complexidade relativa das moléculas dos reagentes e produtos. Em geral, quanto mais complexa for a estrutura molecular, maior será a entropia do composto.

Solução   (a) Duas moléculas de reagentes combinam-se para formar uma molécula de produto. Mesmo H_2O sendo uma molécula mais complexa que H_2 e O_2, os fatos de que no global há diminuição de uma molécula e de que os gases são convertidos em líquido garante que o número de microestados diminui, e assim, $\Delta S°$ é negativo.

(b) Um sólido é convertido em dois produtos gasosos. Portanto, $\Delta S°$ é positivo.

(c) O mesmo número de moléculas está envolvido nos reagentes e nos produtos. Além disso, todas as moléculas são diatômicas e, por conseguinte, de complexidade semelhante. Assim, não podemos prever o sinal de $\Delta S°$, mas sabemos que a sua variação em valor absoluto deve ser bem pequena.

Problemas semelhantes: 18.13, 18.14.

(Continua)

Exercício Discuta, qualitativamente, o sinal esperado para a variação de entropia em cada um dos processos seguintes:

(a) $I_2(s) \longrightarrow 2I(g)$
(b) $2Zn(s) + O_2(g) \longrightarrow 2ZnO(s)$
(c) $N_2(g) + O_2(g) \longrightarrow 2NO(g)$

Variações de Entropia nas Vizinhanças do Sistema

A seguir, iremos ver como ΔS_{viz} é calculado. Quando o sistema realiza um processo exotérmico, o calor transferido para a sua vizinhança acentua os movimentos das moléculas nessa vizinhança. Conseqüentemente, há um aumento no número de microestados e a entropia da vizinhança aumenta. Ao contrário, um processo endotérmico do sistema absorve calor da vizinhança e, portanto, a entropia desta diminui porque os movimentos moleculares se tornam menos acentuados (Figura 18.5). Para processos à pressão constante, a variação de calor é igual à variação de entalpia do sistema, ΔH_{sis}. Por conseguinte, a variação de entropia da vizinhança, ΔS_{viz}, é proporcional a ΔH_{sis}:

$$\Delta S_{viz} \propto -\Delta H_{sis}$$

O sinal de menos é utilizado porque se o processo for exotérmico, ΔH_{sis} é negativo e ΔS_{viz} é uma quantidade positiva, indicando aumento de entropia. No entanto, para um processo endotérmico, ΔH_{sis} é positivo e o sinal negativo assegura que a entropia da vizinhança diminui.

A variação de entropia para dada quantidade de calor absorvida também depende da temperatura. Se a temperatura da vizinhança for elevada, as moléculas já são bastante energéticas. Assim, a absorção de calor, por meio de um processo exotérmico do sistema, terá um impacto relativamente pequeno no movimento molecular e o aumento resultante na entropia da vizinhança será pequeno. No entanto, se a temperatura da vizinhança for baixa, então a adição da mesma quantidade de calor causará um aumento mais drástico dos movimentos moleculares e por isso um maior aumento na entropia. Por analogia, alguém tossindo em um restaurante lotado não incomodará tanto as pessoas, mas alguém tossindo em uma biblioteca seguramente incomodará muita gente. Da relação inversa entre ΔS_{viz} e a temperatura T (em Kelvin) — isto é, quanto maior for a temperatura, menor será ΔS_{viz} e vice-versa —, podemos reescrever a expressão anterior como

$$\Delta S_{viz} = \frac{-\Delta H_{sis}}{T} \quad (18.8)$$

Esta equação, que pode ser derivada das leis da termodinâmica, pressupõe que o sistema e a vizinhança estão ambos à temperatura T.

Figura 18.5
(a) Um processo exotérmico transfere calor do sistema para a vizinhança e resulta em aumento de entropia da vizinhança. (b) Um processo endotérmico absorve calor da vizinhança, provocando uma diminuição de entropia da vizinhança.

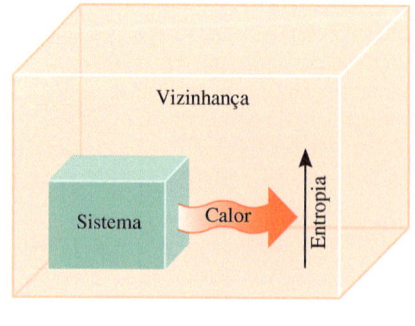

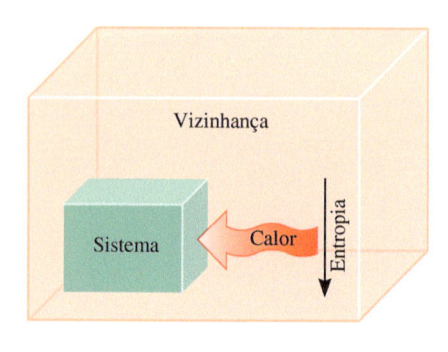

Apliquemos o procedimento para calcular ΔS_{sis} e ΔS_{viz} na síntese da amônia e saber se a reação é espontânea a 25°C:

$$N_2(g) + 3H_2(g) \longrightarrow 2NH_3(g) \qquad \Delta H°_{reac} = -92,6 \text{ kJ/mol}$$

Do Exemplo 18.2(b), temos que $\Delta S_{sis} = -199$ J/K · mol, e substituindo ΔH_{sis} (−92,6 kJ/mol) na Equação (18.8), obtemos

$$\Delta S_{viz} = \frac{-(-92,6 \times 1000) \text{ J/mol}}{298 \text{ K}} = 311 \text{ J/K · mol}$$

A variação de entropia do universo é

$$\begin{aligned} \Delta S_{univ} &= \Delta S_{sis} + \Delta S_{viz} \\ &= -199 \text{ J/K · mol} + 311 \text{ J/K · mol} \\ &= 112 \text{ J/K · mol} \end{aligned}$$

Como ΔS_{univ} é positivo, prevemos que a reação é espontânea a 25°C. É importante ter em mente que o fato de a reação ser espontânea não significa que ocorrerá a uma velocidade observável. A síntese da amônia é, na realidade, extremamente lenta à temperatura ambiente. A termodinâmica pode nos indicar se uma reação será espontânea ou não sob determinadas condições específicas, mas não prevê com que rapidez essa reação vai ocorrer. As velocidades das reações são assunto da cinética química (veja o Capítulo 14).

A Terceira Lei da Termodinâmica e Entropia Absoluta

Por fim, é apropriado considerar sucintamente a *terceira lei da termodinâmica* juntamente com a determinação de valores de entropia. Até agora, relacionamos a entropia com número de microestados — quanto maior o número de microestados de um sistema, maior será a entropia desse sistema. Consideremos uma substância cristalina perfeita no zero absoluto (0 K). Nessas condições, o movimento molecular é mínimo e o número de microestados (W) é igual a um (existe apenas um modo de arranjar os átomos ou moléculas para formar um cristal perfeito). Pela Equação (18.1), escrevemos

$$\begin{aligned} S &= k \ln W \\ &= k \ln 1 = 0 \end{aligned}$$

De acordo com a **terceira lei da termodinâmica**, *a entropia de uma substância cristalina perfeita é zero à temperatura do zero absoluto*. À medida que a temperatura sobe, a liberdade dos movimentos moleculares, bem como o número de microestados, aumenta. Assim, a entropia de qualquer substância a uma temperatura acima de 0 K é maior que zero. Observe, também, que se um cristal é impuro ou tem defeitos, então a sua entropia é maior que zero mesmo a 0 K, porque ele não é perfeitamente ordenado e o número de microestados deve ser maior que 1.

O aspecto importante da terceira lei da termodinâmica é que ela permite determinar as entropias *absolutas* de substâncias. Sabendo que a entropia de uma substância cristalina pura é zero à temperatura do zero absoluto, podemos medir o aumento de entropia quando a substância é aquecida de 0 K até, digamos, 298 K. A variação de entropia é dada por

$$\begin{aligned} \Delta S &= S_f - S_i \\ &= S_f \end{aligned}$$

Interatividade:
Entropia *versus* Temperatura
Centro de Aprendizagem
Online, Interativo

Figura 18.6
Aumento de entropia de uma substância à medida que a temperatura sobe a partir do zero absoluto.

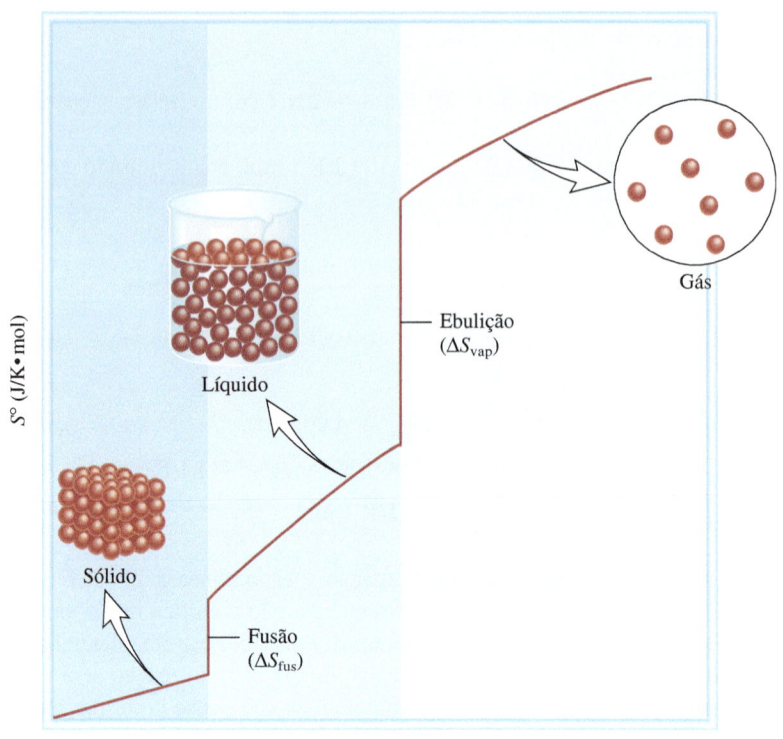

O aumento de entropia pode ser calculado com base na variação de tempertura e da capacidade calorífica da substância mais as variações devidas a quaisquer transições de fase.

uma vez que S_i é zero. A entropia de uma substância a 298 K, então, é dada por ΔS ou S_f, chamada de entropia absoluta, pois esse é o valor *verdadeiro,* e não um valor derivado com base em alguma referência arbitrária como no caso da entalpia-padrão de formação. Dessa forma, os valores de entropia mencionados até aqui e os listados no Apêndice 2 são todos entropias absolutas. Como as medidas são realizadas a 1 atm, referimo-nos normalmente às entropias absolutas como entropias-padrão. Em contraste, não podemos obter a energia ou entalpia absoluta de uma substância porque o valor zero da energia ou da entalpia não é definido. A Figura 18.6 mostra a variação (aumento) de entropia de uma substância com a temperatura. No zero absoluto, têm-se o valor zero de entropia (considerando que seja uma substância cristalina perfeita). À medida que se aquece a substância, a sua entropia aumenta gradualmente, em razão do aumento do movimento molecular. No ponto de fusão, há um aumento considerável de entropia devido à formação do estado líquido. Continuando o aquecimento, a entropia do líquido aumenta novamente em razão da acentuação dos movimentos moleculares. No ponto de ebulição, há um grande aumento de entropia causado pela transição líquido-vapor. Acima dessa temperatura, a entropia do gás continua a aumentar com a elevação da temperatura.

18.5 Energia Livre de Gibbs

A segunda lei da termodinâmica nos diz que uma reação espontânea aumenta a entropia do universo; isto é, $\Delta S_{univ} > 0$. Para determinarmos o sinal de ΔS_{univ} para uma reação, precisamos calcular ΔS_{sis} e ΔS_{viz}. Em geral, estamos normalmente interessados apenas com o que acontece em um sistema particular e não na sua vizinhança. Por conseguinte, para considerarmos somente o sistema e não a sua vizinhança, precisamos de uma outra função termodinâmica que nos ajude a determinar se uma reação ocorrerá ou não espontaneamente.

Pela Equação (18.4), sabemos que, para um processo espontâneo:

$$\Delta S_{\text{univ}} = \Delta S_{\text{sis}} + \Delta S_{\text{viz}} > 0$$

Substituindo ΔS_{viz} por $-\Delta H_{\text{sis}}/T$, escrevemos

$$\Delta S_{\text{univ}} = \Delta S_{\text{sis}} - \frac{\Delta H_{\text{sis}}}{T} > 0$$

Multiplicando ambos os membros da equação por T, obtém-se

$$T\Delta S_{\text{univ}} = -\Delta H_{\text{sis}} + T\Delta S_{\text{sis}} > 0$$

Agora, temos um critério para uma reação espontânea que é expresso apenas em termos das propriedades do sistema (ΔH_{sis} e ΔS_{sis}) e podemos ignorar a vizinhança. Podemos rearranjar a equação anterior de uma forma mais conveniente, multiplicando ambos os membros por -1 e substituindo o sinal $>$ pelo sinal $<$:

$$-T\Delta S_{\text{univ}} = \Delta H_{\text{sis}} - T\Delta S_{\text{sis}} < 0$$

A variação do sinal de desigualdade quando multiplicamos a equação por -1 deve-se ao fato de que $1 > 0$ e $-1 < 0$.

Essa equação indica que um processo que se realiza a pressão constante e à temperatura T será espontâneo se as variações de entalpia e entropia do sistema forem tais que $\Delta H_{\text{sis}} - T\Delta S_{\text{sis}}$ seja menor que zero.

Para expressarmos a espontaneidade de uma reação mais diretamente, introduzimos uma nova função termodinâmica, chamada de ***energia livre de Gibbs*** (***G***), ou simplesmente ***energia livre***:

$$G = H - TS \qquad (18.9)$$

Para simplificarmos, omitimos o subscrito "sis".

Todas as grandezas na Equação (18.9) pertencem ao sistema, e T é a temperatura do sistema. Note que G tem unidades de energia (também, ambos, H e TS, têm unidades de energia). G é uma função de estado, tal como H e S.

A variação de energia livre (ΔG) de um sistema para um processo à *temperatura constante* é

$$\Delta G = \Delta H - T\Delta S \qquad (18.10)$$

Nesse contexto, a energia livre é *a energia disponível para realizar trabalho*. Assim, o fato de uma dada reação ser acompanhada de liberação de energia utilizável (isto é, se ΔG for negativo), por si só, garante que a reação é espontânea, e não há necessidade de nos preocuparmos com o que acontece no restante do universo.

A palavra "livre" no termo "energia livre" não significa "sem custo".

Observe que tudo o que fizemos foi organizar a expressão para a variação de entropia do universo e igualar a variação de energia livre do sistema (ΔG) com $-T\Delta S_{\text{univ}}$, para focar apenas as variações no sistema. Podemos agora resumir as condições para espontaneidade e equilíbrio, à temperatura e pressão constantes, em termos de ΔG como se segue:

$\Delta G < 0$ A reação é espontânea no sentido direto.

$\Delta G > 0$ A reação não é espontânea no sentido direto. A reação é espontânea no sentido oposto.

$\Delta G = 0$ O sistema está em equilíbrio. Não há variação global da energia livre.

TABELA 18.2
Convenções para Estados-Padrão

Estado da Matéria	Estado-Padrão
Gás	Pressão de 1 atm
Líquido	Líquido puro
Sólido	Sólido puro
Elementos*	$\Delta G_f^\circ = 0$
Solução	Concentração 1 mol/L

*A forma alotrópica mais estável a 1 atm e a 25°C.

Variações de Energia Livre Padrão

A **energia livre padrão de reação** (ΔG_{reac}°) é a variação de energia livre para uma reação que ocorre sob condições-padrão, isto é, quando os reagentes nos seus estados-padrão são convertidos em produtos nos seus estados-padrão. A Tabela 18.2 resume as convenções utilizadas pelos químicos para definir os estados-padrão de substâncias puras, bem como de soluções. Para calcularmos (ΔG_{reac}°), partimos da equação

$$a\text{A} + b\text{B} \longrightarrow c\text{C} + d\text{D}$$

A variação de energia de livre padrão para essa reação é dada por

$$\Delta G_{reac}^\circ = [c\Delta G_f^\circ(\text{C}) + d\Delta G_f^\circ(\text{D})] - [a\Delta G_f^\circ(\text{A}) + b\Delta G_f^\circ(\text{B})] \qquad (18.11)$$

ou, em geral,

$$\Delta G_{reac}^\circ = \Sigma n \Delta G_f^\circ(\text{produtos}) - \Sigma m \Delta G_f^\circ(\text{reagentes}) \qquad (18.12)$$

em que n e m são os coeficientes estequiométricos. O termo ΔG_f° é a **energia livre padrão de formação** de um composto, isto é, *a variação de energia livre que ocorre quando 1 mol do composto é sintetizado a partir dos seus elementos nos estados-padrão*. Para a combustão da grafite:

$$\text{C(grafite)} + \text{O}_2(g) \longrightarrow \text{CO}_2(g)$$

a variação de energia livre padrão [da Equação (18.12)] é

$$\Delta G_{reac}^\circ = \Delta G_f^\circ(\text{CO}_2) - [\Delta G_f^\circ(\text{C, grafite}) + \Delta G_f^\circ(\text{O}_2)]$$

Como no caso da entalpia padrão de formação (página 188), definimos a energia livre padrão de formação de qualquer elemento na sua forma alotrópica mais estável, a 1 atm e 25°C, como zero. Assim,

$$\Delta G_f^\circ(\text{C, grafite}) = 0 \quad \text{e} \quad \Delta G_f^\circ(\text{O}_2) = 0$$

Portanto, a variação de energia livre padrão para a reação é igual, nesse caso, à energia livre padrão de formação do CO_2:

$$\Delta G_{reac}^\circ = \Delta G_f^\circ(\text{CO}_2)$$

O Apêndice 2 lista os valores de ΔG_f° para vários compostos.

EXEMPLO 18.4

Calcule as variações de energia livre padrão para as seguintes reações a 25°C.

(a) $CH_4(g) + 2O_2(g) \longrightarrow CO_2(g) + 2H_2O(l)$
(b) $2MgO(s) \longrightarrow 2Mg(s) + O_2(g)$

Estratégia Para calcularmos a variação de energia livre padrão de uma reação, consultamos as energias livres padrão de formação de reagentes e produtos no Apêndice 2 e aplicamos a Equação (18.12). Observe que nenhum dos coeficientes estequiométricos tem unidades, logo, ΔG_{reac}° é expresso em kJ/mol, e ΔG_f° para O_2 é zero porque esta é a forma alotrópica mais estável do oxigênio a 1atm e 25°C.

(Continua)

Solução (a) De acordo com a Equação (18.12), escrevemos

$$\Delta G°_{reac} = [\Delta G°_f(CO_2) + 2\Delta G°_f(H_2O)] - [\Delta G°_f(CH_4) + 2\Delta G°_f(O_2)]$$

Com base nos dados no Apêndice 2, escrevemos:

$$\Delta G°_{reac} = [(-394,4 \text{ kJ/mol}) + (2)(-237,2 \text{ kJ/mol})] - \\ [(-50,8 \text{ kJ/mol}) + (2)(0 \text{ kJ/mol})]$$

$$= -818,0 \text{ kJ/mol}$$

(b) A equação é

$$\Delta G°_{reac} = [2\Delta G°_f(Mg) + \Delta G°_f(O_2)] - [2\Delta G°_f(MgO)]$$

Com base nos dados no Apêndice 2, escrevemos

$$\Delta G°_{reac} = [(2)(0 \text{ kJ/mol}) + (0 \text{ kJ/mol})] - [(2)(-569,6 \text{ kJ/mol})]$$

$$= 1139 \text{ kJ/mol}$$

Problemas semelhantes: 18.17, 18.18.

Exercício Calcule as variações de energia livre padrão para as seguintes reações a 25°C:

(a) $H_2(g) + Br_2(l) \longrightarrow 2HBr(g)$
(b) $2C_2H_6(g) + 7O_2(g) \longrightarrow 4CO_2(g) + 6H_2O(l)$

Aplicações da Equação (18.10)

De acordo com a Equação (18.10), precisamos conhecer os valores de ΔH e de ΔS para prever o sinal de ΔG. Um valor negativo de ΔH (reação exotérmica) e um valor positivo de ΔS (reação que resulta em aumento do número de microestados do sistema) tendem a gerar um ΔG negativo, embora a temperatura possa também influenciar o *sentido* de uma reação espontânea. Os quatro resultados possíveis dessa relação são:

- Se os valores de ΔH e ΔS forem ambos positivos, então ΔG será negativo apenas quando o termo $T\Delta S$ for maior que ΔH em magnitude (ou valor absoluto). Essa condição é satisfeita quando o valor de T é alto.
- Se ΔH for positivo e ΔS negativo, ΔG será sempre positivo, independentemente do valor da temperatura.
- Se ΔH for negativo e ΔS positivo, então ΔG será sempre negativo independentemente do valor da temperatura.
- Se ΔH for negativo e ΔS também negativo, então ΔG será negativo apenas quando $T\Delta S$ for menor, em valor absoluto, que ΔH. Essa condição é satisfeita quando o valor de T é baixo.

As temperaturas que tornarão ΔG negativo para o primeiro e último casos dependem dos valores efetivos de ΔH e ΔS do sistema. A Tabela 18.3 resume as possibilidades descritas.

Antes de aplicarmos a variação de energia livre para prever a espontaneidade de reações, devemos distinguir ΔG de $\Delta G°$. Suponhamos uma reação que ocorra em solução com todos os reagentes em seus estados-padrão (isto é, todos com concentração 1 *mol/L*). Logo que a reação se inicia, as condições-padrão deixam de existir para os reagentes e os produtos porque as suas concentrações passam a ser diferentes de 1 *mol/L*. Sob condições diferentes do estado-padrão, temos que analisar o sinal de ΔG e não de $\Delta G°$ para prever o sentido da reação. O sinal de $\Delta G°$, entretanto, indica-nos se a formação dos reagentes ou dos produtos é favorecida quando o sistema reacional atinge o equilíbrio. Um valor negativo de $\Delta G°$ indica que a reação

Na Seção 18.6 veremos uma equação que relaciona $\Delta G°$ com a constante de equilíbrio K.

TABELA 18.3			Fatores Que Afetam o Sinal de ΔG na Relação ΔG = ΔH − TΔS	
ΔH	ΔS	ΔG		Exemplo
+	+	A reação ocorre espontaneamente a altas temperaturas. A temperaturas baixas, a reação é espontânea no sentido inverso.		$2HgO(s) \longrightarrow 2Hg(l) + O_2(g)$
+	−	ΔG é sempre positivo. A reação é espontânea no sentido inverso para todos os valores de temperatura.		$3O_2(g) \longrightarrow 2O_3(g)$
−	+	ΔG é sempre negativo. A reação ocorre espontaneamente em qualquer temperatura.		$2H_2O_2(l) \longrightarrow 2H_2O(l) + O_2(g)$
−	−	A reação processa-se espontaneamente a baixas temperaturas. A altas temperaturas, a reação inversa torna-se espontânea.		$NH_3(g) + HCl(g) \longrightarrow NH_4Cl(s)$

favorece a formação de produtos, enquanto um valor positivo de $\Delta G°$ indica que haverá mais reagentes que produtos no equilíbrio.

Consideraremos agora duas aplicações específicas da Equação (18.10).

Temperatura e Reações Químicas

O óxido de cálcio (CaO), também chamado de cal viva, é uma substância inorgânica extremamente valiosa utilizada na fabricação de aço, na produção do cálcio metálico, na indústria de papel, no tratamento de águas e no controle da poluição. É preparada pela decomposição do calcário ($CaCO_3$) em um forno a altas temperaturas (Figura 18.7):

> O princípio de Le Châtelier prevê que a reação endotérmica direta é favorecida pelo aquecimento.

$$CaCO_3(s) \rightleftharpoons CaO(s) + CO_2(g)$$

A reação é reversível, e o CaO combina-se rapidamente com CO_2 para formar $CaCO_3$. A pressão do CO_2 em equilíbrio com $CaCO_3$ e CaO aumenta com a temperatura. Na preparação industrial de cal viva, o sistema nunca é mantido em equilíbrio, ou seja, o CO_2 é constantemente removido do forno, deslocando o equilíbrio da esquerda para a direita, e assim promovendo a formação de óxido de cálcio.

A informação importante na prática é a temperatura na qual a decomposição do $CaCO_3$ se torna apreciável (isto é, a temperatura em que a reação começa a favorecer a formação dos produtos). Podemos fazer uma estimativa segura dessa temperatura conforme descrito a seguir. Calculamos primeiro $\Delta H°$ e $\Delta S°$ para a reação a 25°C, utilizando os valores do Apêndice 2. Para determinarmos $\Delta H°$, aplicamos a Equação (6.17):

$$\Delta H° = [\Delta H_f°(CaO) + \Delta H_f°(CO_2)] - [\Delta H_f°(CaCO_3)]$$
$$= [(-635{,}6 \text{ kJ/mol}) + (-393{,}5 \text{ kJ/mol})] - (-1206{,}9 \text{ kJ/mol})$$
$$= 177{,}8 \text{ kJ/mol}$$

Em seguida, aplicamos a Equação (18.6) para calcular $\Delta S°$

$$\Delta S° = [S°(CaO) + S°(CO_2)] - S°(CaCO_3)$$
$$= [(39{,}8 \text{ J/K} \cdot \text{mol}) + (213{,}6 \text{ J/K} \cdot \text{mol})] - (92{,}9 \text{ J/K} \cdot \text{mol})$$
$$= 160{,}5 \text{ J/K} \cdot \text{mol}$$

Figura 18.7
A produção de CaO a partir de $CaCO_3$ em um forno rotatório.

Da Equação (18.10)

$$\Delta G° = \Delta H° - T\Delta S°$$

obtemos

$$\Delta G° = 177{,}8 \text{ kJ/mol} - (298 \text{ K})(160{,}5 \text{ J/K} \cdot \text{mol})\left(\frac{1 \text{ kJ}}{1000 \text{ J}}\right)$$

$$= 130{,}0 \text{ kJ/mol}$$

Como $\Delta G°$ tem um valor alto e positivo, concluímos que a formação de produtos não é favorecida a 25°C (ou 298 K). Na verdade, a pressão de CO_2 é tão baixa à temperatura ambiente que não pode ser medida. Para tornarmos o $\Delta G°$ negativo, temos que encontrar primeiro a temperatura na qual $\Delta G°$ é zero; isto é,

$$0 = \Delta H° - T\Delta S°$$

ou
$$T = \frac{\Delta H°}{\Delta S°}$$

$$= \frac{(177{,}8 \text{ kJ/mol})(1000 \text{ J}/1 \text{ kJ})}{160{,}5 \text{ J/K} \cdot \text{mol}}$$

$$= 1108 \text{ K ou } 835°C$$

A uma temperatura mais elevada que 835°C, $\Delta G°$ torna-se negativo, e a reação favorecerá a formação de CaO e CO_2. Por exemplo, a 840°C, ou 1.113 K,

$$\Delta G° = \Delta H° - T\Delta S°$$

$$= 177{,}8 \text{ kJ/mol} - (1113 \text{ K})(160{,}5 \text{ J/K} \cdot \text{mol})\left(\frac{1 \text{ kJ}}{1000 \text{ J}}\right)$$

$$= -0{,}8 \text{ kJ/mol}$$

Vale a pena mencionar dois aspectos acerca desse cálculo. Primeiro, utilizamos os valores de $\Delta H°$ e $\Delta S°$ a 25°C para calcular variações que ocorrem a uma temperatura muito mais elevada. Como $\Delta H°$ e $\Delta S°$ dependem ambos da temperatura, esse cálculo não dá um valor exato para $\Delta G°$, mas é uma aproximação suficientemente aceitável. Segundo, não devemos imaginar que nada ocorre abaixo de 835°C, e que nessa temperatura o $CaCO_3$ subitamente começa a se decompor. A realidade está longe disso. O fato de $\Delta G°$ ser positivo a uma temperatura abaixo de 835°C não significa que nenhum CO_2 seja produzido, mas sim que a pressão do gás CO_2 formado a essa temperatura é inferior a 1 atm (o seu valor-padrão; veja a Tabela 18.2). Como mostra a Figura 18.8, no início a pressão de CO_2 aumenta muito lentamente com a elevação de temperatura; ela torna-se facilmente mensurável acima de 700°C. A temperatura de 835°C significa a temperatura na qual a pressão de equilíbrio de CO_2 atinge o valor de 1 atm. Acima de 835°C, a pressão de equilíbrio de CO_2 excede 1 atm.

A constante de equilíbrio dessa reação é $K_P = P_{CO_2}$.

Transições de Fase

Na temperatura em que uma transição de fase ocorre (isto é, ponto de fusão ou ponto de ebulição), o sistema está em equilíbrio ($\Delta G = 0$), portanto a Equação (18.10) torna-se

$$\Delta G = \Delta H - T\Delta S$$
$$0 = \Delta H - T\Delta S$$

ou
$$\Delta S = \frac{\Delta H}{T}$$

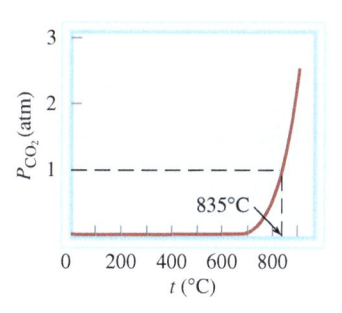

Figura 18.8
Pressão de equilíbrio do CO_2 em função da temperatura durante a decomposição do $CaCO_3$. Essa curva é calculada supondo que $\Delta H°$ e $\Delta S°$ da reação não variam com a temperatura.

Consideremos, em primeiro lugar, o equilíbrio gelo-água. Para a transição gelo → água, ΔH é a entalpia (ou calor) molar de fusão (veja a Tabela 12.7) e T é a temperatura do ponto de fusão. A variação de entropia é, portanto

$$\Delta S_{\text{gelo} \to \text{água}} = \frac{6010 \text{ J/mol}}{273 \text{ K}}$$
$$= 22{,}0 \text{ J/K} \cdot \text{mol}$$

Assim, quando 1 mol de gelo se funde a 0°C, há um aumento de entropia de 22,0 J/K · mol. O aumento de entropia é consistente com o aumento de microestados quando o sólido se transforma em líquido. Ao contrário, para a transição água → gelo, a diminuição de entropia é dada por

$$\Delta S_{\text{água} \to \text{gelo}} = \frac{-6010 \text{ J/mol}}{273 \text{ K}}$$
$$= -22{,}0 \text{ J/K} \cdot \text{mol}$$

No laboratório, geralmente as transformações ocorrem em um único sentido, isto é, transições do gelo para a água ou da água para o gelo. Podemos calcular a variação de entropia em cada caso pela equação $\Delta S = \Delta H/T$ se a temperatura for mantida a 0°C. Podemos aplicar o mesmo procedimento para a transição água → vapor. Nesse caso, ΔH é a entalpia de vaporização e T é a temperatura de ebulição da água.

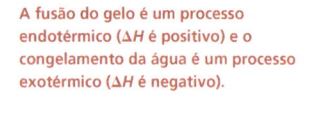

A fusão do gelo é um processo endotérmico (ΔH é positivo) e o congelamento da água é um processo exotérmico (ΔH é negativo).

Benzeno líquido e sólido em equilíbrio a 5,5°C.

EXEMPLO 18.5

As entalpias de fusão e vaporização do benzeno são 10,9 kJ/mol e 31,0 kJ/mol, respectivamente. Calcule as variações de entropia para as transições sólido → líquido e líquido → vapor de benzeno. A 1 atm, o benzeno se funde a 5,5°C e entra em ebulição a 80,1°C.

Estratégia   À temperatura de fusão, benzeno sólido e líquido estão em equilíbrio, portanto $\Delta G = 0$. Da Equação (18.10), temos $\Delta G = 0 = \Delta H - T\Delta G$ ou $\Delta S = \Delta H/T$. Para calcularmos a variação de entropia para a transição benzeno sólido → benzeno líquido, escrevemos $\Delta S_{\text{fus}} = \Delta H_{\text{fus}}/T_{\text{f}}$. O ΔH_{fus} é positivo para um processo endotérmico, logo, ΔS_{fus} também é positivo conforme esperado para a transição de um sólido para um líquido. O mesmo procedimento se aplica para a transição líquido → vapor. Que unidade de temperatura deve ser utilizada?

Solução   A variação de entropia para a fusão de 1 mol de benzeno a 5,5°C é

$$\Delta S_{\text{fus}} = \frac{\Delta H_{\text{fus}}}{\Delta T_{\text{f}}}$$
$$= \frac{(10{,}9 \text{ kJ/mol})(1000 \text{ J/1 kJ})}{(5{,}5 + 273) \text{ K}}$$
$$= 39{,}1 \text{ J/K} \cdot \text{mol}$$

De modo semelhante, a variação de entropia para vaporizar 1 mol de benzeno a 80,1°C é

$$\Delta S_{\text{vap}} = \frac{\Delta H_{\text{vap}}}{T_{\text{eb}}}$$
$$= \frac{(31{,}0 \text{ kJ/mol})(1000 \text{ J/1 kJ})}{(80{,}1 + 273) \text{ K}}$$
$$= 87{,}8 \text{ J/K} \cdot \text{mol}$$

(Continua)

Verificação Como o processo de vaporização cria mais microestados que o processo de fusão, $\Delta S_{vap} > \Delta S_{fus}$.

Exercício Os calores de fusão e de vaporização do argônio são, respectivamente, 1,3 kJ/mol e 6,3 kJ/mol, e os pontos de fusão e de ebulição são $-190°C$ e $-186°C$, respectivamente. Calcule as variações de entropia para os processos de fusão e de vaporização.

Problema semelhante: 18.60.

18.6 Energia Livre e Equilíbrio Químico

Como foi mencionado anteriormente, durante uma reação química nem todos os reagentes e produtos estão nos seus estados-padrão. Nessa condição, a relação entre ΔG e $\Delta G°$, que pode ser derivada com base na termodinâmica, é

$$\Delta G = \Delta G° + RT \ln Q \qquad (18.13)$$

em que R é a constante dos gases (8,314 J/K · mol), T é a temperatura absoluta da reação e Q é o quociente de reação (veja a página 489). Vemos que ΔG depende de duas grandezas: $\Delta G°$ e $RT \ln Q$. Para uma dada reação à temperatura T, o valor de $\Delta G°$ é fixo, mas o de $RT \ln Q$ não é, porque Q varia de acordo com a composição da mistura reacional. Consideremos dois casos especiais:

Caso 1: Um valor alto e negativo de $\Delta G°$ tenderá a levar a um valor de ΔG também negativo. Dessa forma, a reação global ocorrerá da esquerda para a direita até que se forme uma quantidade apreciável de produto. Nesse ponto, o termo $RT \ln Q$ será suficientemente positivo para compensar o valor negativo do termo $\Delta G°$.

Caso 2: Um valor alto e positivo de $\Delta G°$ tenderá a levar a um valor de ΔG também positivo. Assim, a reação global ocorrerá da direita para a esquerda até que se forme uma quantidade apreciável de reagente. Nesse ponto, o termo $RT \ln Q$ será suficientemente negativo para compensar o termo $\Delta G°$ positivo.

No equilíbrio, por definição, $\Delta G = 0$ e $Q = K$, em que K é a constante de equilíbrio. Portanto,

$$0 = \Delta G° + RT \ln K$$

ou

$$\Delta G° = -RT \ln K \qquad (18.14)$$

Mais cedo ou mais tarde uma reação reversível atingirá o equilíbrio.

Nessa equação, K_p é utilizado para gases e K_c para reações em solução. Note que, quanto maior for K, mais negativo será $\Delta G°$. A Equação (18.14) é uma das equações termodinâmicas mais importantes para os químicos porque permite determinar a constante de equilíbrio de uma reação caso a variação de energia livre padrão seja conhecida e vice-versa.

Interatividade:
Energia Livre-Equilíbrio
Centro de Aprendizagem
Online, Interativo

A Equação (18.14) relaciona a constante de equilíbrio com a variação de energia livre *padrão* $\Delta G°$ e não com a variação de energia livre *real* ΔG. A variação real de energia livre do sistema varia à medida que a reação progride e torna-se igual a zero no equilíbrio. Contudo, $\Delta G°$ é constante para uma reação particular a uma dada temperatura. A Figura 18.9 mostra gráficos da energia livre de um sistema reacional *versus* a extensão de reação para dois tipos de reação. Como podemos ver, se $\Delta G° < 0$, os produtos são favorecidos em relação aos reagentes no equilíbrio. Ao contrário, se $\Delta G° > 0$, haverá mais reagentes que produtos no equilíbrio. A Tabela 18.4 resume as três

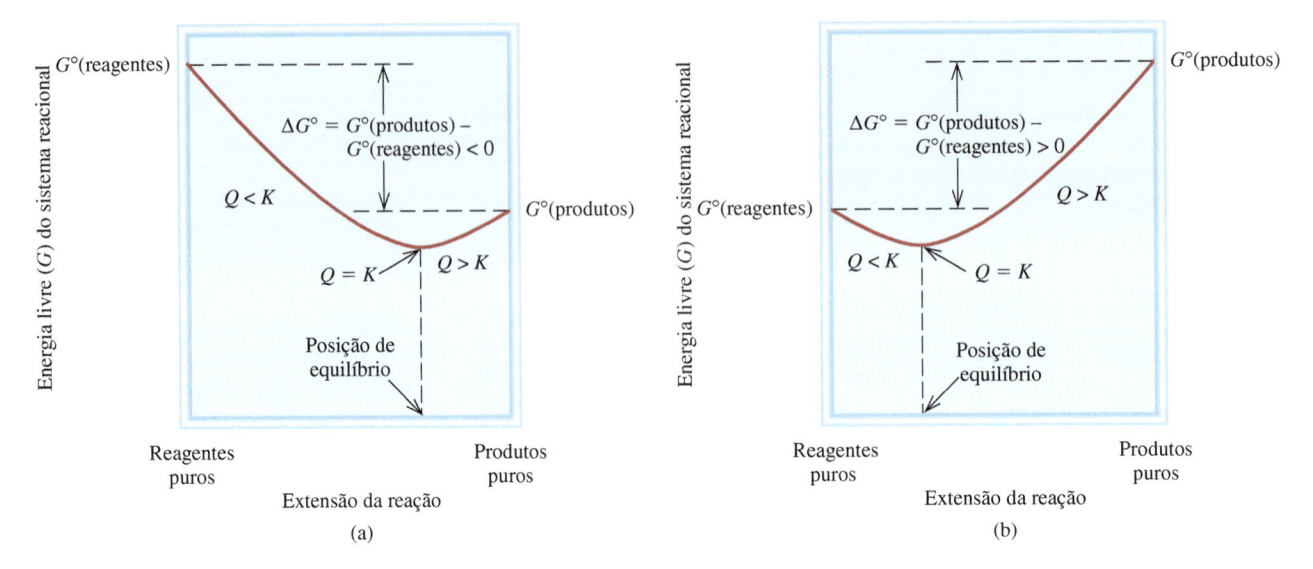

Figura 18.9
(a) $\Delta G° < 0$. No equilíbrio, há uma conversão significativa dos reagentes em produtos. (b) $\Delta G° > 0$. No equilíbrio, os reagentes são favorecidos em relação aos produtos. Em ambos os casos, a reação global realiza-se da esquerda para a direita em direção ao equilíbrio (reagentes para produtos) se $Q < K$ e da direita para a esquerda (produtos para reagentes) se $Q > K$.

relações possíveis entre $\Delta G°$ e K, como previsto pela Equação (18.14). Lembre-se dessa diferença importante: é o sinal de ΔG e não o de $\Delta G°$ que determina o sentido da espontaneidade de uma reação. O sinal de $\Delta G°$ indica apenas as quantidades relativas de produtos e reagentes quando o equilíbrio é atingido, e não o sentido da reação global.

Para reações que tenham constantes de equilíbrio muito grandes ou muito pequenas, em geral é muito difícil, se não impossível, medir os valores de K por meio do registro das concentrações de todas as espécies reacionais. Consideremos, por exemplo, a formação do óxido de nitrogênio a partir de nitrogênio e oxigênio:

$$N_2(g) + O_2(g) \rightleftharpoons 2NO(g)$$

A 25°C, a constante de equilíbrio K_p é

$$K_P = \frac{P_{NO}^2}{P_{N_2}P_{O_2}} = 4{,}0 \times 10^{-31}$$

TABELA 18.4 Relação entre $\Delta G°$ e K como Previsto pela Equação $\Delta G° = \Delta - RT \ln K$

K	$\ln K$	$\Delta G°$	Comentários
> 1	Positivo	Negativo	No equilíbrio, os produtos são favorecidos em relação aos reagentes.
= 1	0	0	No equilíbrio, os produtos e reagentes são igualmente favorecidos.
< 1	Negativo	Positivo	No equilíbrio, os reagentes são favorecidos em relação aos produtos.

O valor muito pequeno de K_p significa que a concentração de NO no equilíbrio é extremamente baixa. Nesse caso, a constante de equilíbrio é obtida de forma mais conveniente por meio de $\Delta G°$. (Como vimos, $\Delta G°$ pode ser calculado a partir de $\Delta H°$ e $\Delta S°$.) No entanto, a constante de equilíbrio para a formação do iodeto de hidrogênio, partindo de hidrogênio molecular e iodo molecular é próxima de 1 à temperatura ambiente:

$$H_2(g) + I_2(g) \rightleftharpoons 2HI(g)$$

Para essa reação é mais fácil medir K_p e então calcular $\Delta G°$ utilizando a Equação (18.14) do que medir $\Delta H°$ e $\Delta S°$ e utilizar a Equação (18.10).

EXEMPLO 18.6

Utilizando os dados do Apêndice 2, calcule a constante de equilíbrio (K_p) da seguinte reação a 25°C:

$$2H_2O(l) \rightleftharpoons 2H_2(g) + O_2(g)$$

Estratégia De acordo com a Equação (18.14), a constante de equilíbrio da reação está relacionada com a variação de energia livre padrão; isto é, $\Delta G° = -RT \ln K$. Por conseguinte, precisamos calcular, em primeiro lugar, $\Delta G°$ seguindo o procedimento do Exemplo 18.4. Então, podemos calcular K_P. Quais unidades de temperatura devem ser utilizadas?

Solução De acordo com a Equação (18.12),

$$\Delta G°_{reac} = [2\Delta G°_f(H_2) + \Delta G°_f(O_2)] - [2\Delta G°_f(H_2O)]$$
$$= [(2)(0 \text{ kJ/mol}) + (0 \text{ kJ/mol})] - [(2)(-237{,}2 \text{ kJ/mol})]$$
$$= 474{,}4 \text{ kJ/mol}$$

Utilizando a Equação (18.14)

$$\Delta G°_{reac} = -RT \ln K_P$$
$$474{,}4 \text{ kJ/mol} \times \frac{1000 \text{ J}}{1 \text{ kJ}} = -(8{,}314 \text{ J/K} \cdot \text{mol})(298 \text{ K}) \ln K_P$$
$$\ln K_P = -191{,}5$$
$$K_P = e^{-191{,}5} = 7 \times 10^{-84}$$

Para calcular K_P digite −191,5 na sua calculadora e então aperte a tecla "e" ou "inv(erso) ln x".

Comentário Essa constante de equilíbrio extremamente pequena é consistente com o fato de a água não se decompor em hidrogênio e oxigênio gasosos a 25°C. O valor muito positivo de $\Delta G°$ favorece os reagentes em relação aos produtos.

Problemas semelhantes: 18.23, 18.26.

Exercício Calcule a constante de equilíbrio (K_p) da reação

$$2O_3(g) \longrightarrow 3O_2(g)$$

a 25°C.

EXEMPLO 18.7

No Capítulo 17, discutimos o produto de solubilidade de substâncias pouco solúveis. Utilizando o produto de solubilidade do cloreto de prata a 25°C (1,6 × 10⁻¹⁰), calcule $\Delta G°$ para o processo

$$AgCl(s) \rightleftharpoons Ag^+(aq) + Cl^-(aq)$$

(Continua)

Estratégia De acordo com a Equação (18.14), a constante de equilíbrio da reação está relacionada com a variação de energia livre padrão; isto é, $\Delta G° = -RT \ln K$. Como se trata de um equilíbrio heterogêneo, o produto de solubilidade (K_{ps}) é a constante de equilíbrio. Calculamos a variação de energia livre padrão usando o valor de K_{ps} do AgCl. Que unidades de temperatura devem ser utilizadas?

Solução O equilíbrio de solubilidade do AgCl é

$$AgCl(s) \rightleftharpoons Ag^+(aq) + Cl^-(aq)$$

$$K_{ps} = [Ag^+][Cl^-] = 1,6 \times 10^{-10}$$

Utilizando a Equação (18.14), obtemos:

$$\Delta G° = -(8,314 \text{ J/K} \cdot \text{mol})(298 \text{ K}) \ln(1,6 \times 10^{-10})$$
$$= 5,6 \times 10^4 \text{ J/mol}$$
$$= 56 \text{ kJ/mol}$$

Problema semelhante: 18.25.

Verificação O valor alto e positivo de $\Delta G°$ indica que o AgCl é pouco solúvel e que o equilíbrio está deslocado mais para a esquerda.

Exercício Prático Calcule $\Delta G°$ para o processo seguinte a 25°C:

$$BaF_2(s) \rightleftharpoons Ba^{2+}(aq) + 2F^-(aq)$$

O valor de K_{ps} do BaF_2 é $1,7 \times 10^{-6}$.

EXEMPLO 18.8

A constante de equilíbrio (K_p) da reação

$$N_2O_4(g) \rightleftharpoons 2NO_2(g)$$

é 0,113 a 298 K, e corresponde a uma variação de energia livre padrão de 5,40 kJ/mol. Em certo experimento, as pressões iniciais são $P_{NO_2} = 0,122$ atm e $P_{N_2O_4} = 0,453$ atm. Calcule ΔG para essa reação e preveja o sentido da reação global.

Estratégia Com base na informação dada, observamos que nem o reagente nem o produto estão no seu estado-padrão a 1 atm. Para determinarmos o sentido da reação global, precisamos calcular a variação da energia livre em condições não-padrão (ΔG) utilizando a Equação (18.13) e o valor de $\Delta G°$ dado. Note que as pressões parciais são expressas como grandezas adimensionais no quociente de reação Q_p.

Solução A Equação (18.13) pode ser escrita como

$$\Delta G = \Delta G° + RT \ln Q_P$$
$$= \Delta G° + RT \ln \frac{P_{NO_2}^2}{P_{N_2O_4}}$$
$$= 5,40 \times 10^3 \text{ J/mol} + (8,314 \text{ J/K} \cdot \text{mol})(298 \text{ K}) \times \ln \frac{(0,122)^2}{0,453}$$
$$= 5,40 \times 10^3 \text{ J/mol} - 8,46 \times 10^3 \text{ J/mol}$$
$$= -3,06 \times 10^3 \text{ J/mol} = -3,06 \text{ kJ/mol}$$

Como $\Delta G < 0$, a reação global processa-se da esquerda para a direita para atingir o equilíbrio.

(Continua)

Verificação Observe que, embora $\Delta G° > 0$, a reação pode inicialmente favorecer a formação do produto se houver uma concentração (pressão) pequena do produto em relação à do reagente. Confirme a previsão mostrando que $Q_P < K_P$.

Exercício O $\Delta G°$ da reação

$$H_2(g) + I_2(g) \rightleftharpoons 2HI(g)$$

é 2,60 kJ/mol a 25°C. Em um experimento, as pressões iniciais são $P_{H_2} = 4,26$ atm, $P_{I_2} = 0,024$ atm e $P_{HI} = 0,23$ atm. Calcule ΔG para a reação e preveja o sentido da reação global.

Problemas semelhantes: 18.27, 18.28.

18.7 Termodinâmica nos Sistemas Vivos

Muitas reações bioquímicas embora sejam essenciais para a manutenção da vida apresentam valores de $\Delta G°$ positivos. Nos sistemas vivos, essas reações são acopladas a processos energeticamente favoráveis, isto é, processos que têm valor negativo de $\Delta G°$. O princípio de *reações acopladas* é baseado em um conceito simples: podemos utilizar uma reação termodinamicamente favorável para promover uma reação não favorável. Consideremos um processo industrial a extração de zinco a partir do minério "esfalerita" (ZnS). A reação seguinte não ocorrerá porque tem um valor alto e positivo de $\Delta G°$:

$$ZnS(s) \longrightarrow Zn(s) + S(s) \qquad \Delta G° = 198,3 \text{ kJ/mol}$$

Por outro lado, a combustão do enxofre para formar dióxido de enxofre é favorável em razão do valor alto e negativo de $\Delta G°$:

$$S(s) + O_2(g) \longrightarrow SO_2(g) \qquad \Delta G° = -300,1 \text{ kJ/mol}$$

Pelo acoplamento dos dois processos, podemos separar o zinco a partir do sulfeto de zinco. Na prática, isso significa aquecer ZnS em contato com o ar, de modo que a tendência do S a formar SO_2 promova a decomposição do ZnS:

$$\begin{array}{ll} ZnS(s) \longrightarrow Zn(s) + S(s) & \Delta G° = 198,3 \text{ kJ/mol} \\ S(s) + O_2(g) \longrightarrow SO_2(g) & \Delta G° = -300,1 \text{ kJ/mol} \\ \hline ZnS(s) + O_2(g) \longrightarrow Zn(s) + SO_2(g) & \Delta G° = -101,8 \text{ kJ/mol} \end{array}$$

Uma analogia mecânica para reações acopladas. Podemos fazer o peso menor mover-se para cima (um processo não espontâneo) por meio do seu acoplamento com a queda de um peso maior.

O preço que pagamos por esse processo é a chuva ácida.

As reações acopladas desempenham papel crucial na nossa sobrevivência. Nos sistemas biológicos, as enzimas facilitam uma grande variedade de reações não espontâneas. Por exemplo, no corpo humano, as moléculas dos alimentos, representadas pela glicose ($C_6H_{12}O_6$), são convertidas em dióxido de carbono e água durante o metabolismo, com uma liberação substancial de energia livre:

$$C_6H_{12}O_6(s) + 6O_2(g) \longrightarrow 6CO_2(g) + 6H_2O(l) \quad \Delta G° = -2880 \text{ kJ/mol}$$

Em uma célula viva, essa reação não ocorre em uma única etapa (como seria se a glicose fosse queimada em uma chama); melhor dizendo, a molécula de glicose é quebrada numa série de etapas com a ajuda de enzimas. Grande parte da energia livre, liberada ao longo do processo, é utilizada para sintetizar adenosina trifosfato (ATP) a partir de adenosina difosfato (ADP) e ácido fosfórico (Figura 18.10):

$$ADP + H_3PO_4 \longrightarrow ATP + H_2O \qquad \Delta G° = +31 \text{ kJ/mol}$$

Figura 18.10
Estruturas do ATP e do ADP nas formas ionizadas. O grupo adenina está assinalado em azul; o grupo ribose, em preto; e o grupo fosfato, vermelho. Note que no ADP existe um grupo fosfato a menos que no ATP.

Adenosina trifosfato (ATP)

Adenosina difosfato (ADP)

A função do ATP é armazenar energia livre até que esta seja requerida pelas células. Em condições apropriadas, o ATP sofre uma hidrólise para dar ADP e ácido fosfórico, com uma liberação de 31 kJ/mol de energia livre, a qual pode ser utilizada para promover reações energeticamente não favoráveis, tais como sínteses de proteínas.

As proteínas são polímeros constituídos por aminoácidos. A síntese por etapas de uma molécula de proteína é feita pela junção individual de aminoácidos. Consideremos a formação do dipeptídeo (uma unidade de dois aminoácidos) alanilglicina a partir de alanina e glicina. Essa reação representa a primeira etapa na síntese de uma molécula de proteína:

$$\text{Alanina} + \text{Glicina} \longrightarrow \text{Alanilglicina} \quad \Delta G° = +29 \text{ kJ/mol}$$

Como podemos ver, a reação não favorece a formação do produto e, portanto, apenas um pouco do dipeptídeo se formaria no equilíbrio. No entanto, com a ajuda de uma enzima, a reação é acoplada à hidrólise do ATP com se segue:

$$\text{ATP} + \text{H}_2\text{O} + \text{Alanina} + \text{Glicina} \longrightarrow \text{ADP} + \text{H}_3\text{PO}_4 + \text{Alanilglicina}$$

A variação global de energia livre é dada por $\Delta G° = -31$ kJ/mol $+ 29$ kJ/mol $= -2$ kJ/mol, o que significa que a reação acoplada agora favorece a formação do produto, e uma quantidade apreciável de alanilglicina será formada sob essa condição. A Figura 18.11 mostra as interconversões ATP-ADP que atuam no armazenamento de energia (a partir do metabolismo) e na liberação de energia livre (a partir da hidrólise do ATP) para promover reações essenciais.

Figura 18.11
Representação esquemática da síntese de ATP e reações acopladas em sistemas vivos. A conversão da glicose em dióxido de carbono e água durante o metabolismo libera energia livre. A energia livre liberada é usada para converter ADP em ATP. As moléculas de ATP são então utilizadas como uma fonte de energia para promover reações desfavoráveis, tais como a síntese de proteínas a partir de aminoácidos.

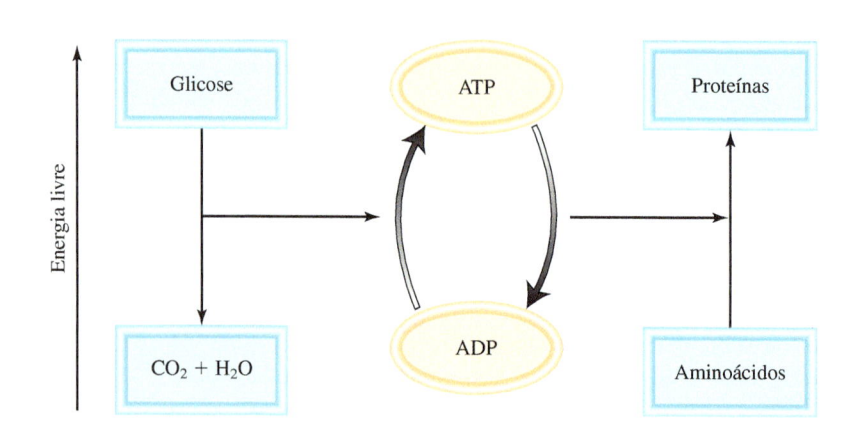

Resumo de Fatos e Conceitos

1. A entropia é normalmente descrita como uma medida da desordem de um sistema. Qualquer processo espontâneo tem de conduzir a um aumento global da entropia do universo (segunda lei da termodinâmica).
2. A entropia-padrão de uma reação química pode ser calculada com base nas entropias absolutas de reagentes e produtos.
3. A terceira lei da termodinâmica estabelece que a entropia de uma substância cristalina perfeita é zero a 0 K. Essa lei nos permite medir as entropias absolutas das substâncias.
4. Nas condições de temperatura e pressão constantes, a variação de energia livre ΔG é menor que zero para processos espontâneos e maior que zero para processos não espontâneos. Em um processo de equilíbrio, $\Delta G = 0$.
5. Para um processo químico ou físico, a temperatura e pressão constantes, $\Delta G = \Delta H - T\Delta S$. Essa equação pode ser utilizada para prever a espontaneidade de um processo.
6. A variação de energia livre padrão de uma reação, $\Delta G°$, pode ser calculada com base nas energias livres padrão de formação de reagentes e produtos.
7. A constante de equilíbrio e a variação de energia livre padrão de uma reação estão relacionadas pela equação $\Delta G° = -RT \ln K$.
8. Muitas reações biológicas são não espontâneas. Elas são promovidas pela hidrólise do ATP, para a qual $\Delta G°$ é negativo.

Palavras-chave

Energia livre padrão de reação ($\Delta G°_{reac}$), p. 602
Energia livre (G), p. 601
Energia livre de Gibbs (G), p. 601
Entropia (S), p. 590
Entropia-padrão de reação ($\Delta S°_{reac}$), p. 596
Energia livre padrão de formação ($\Delta G°_f$), p. 602
Segunda lei da termodinâmica, p. 595
Terceira lei da termodinâmica, p. 599

Questões e Problemas

Processos Espontâneos e Entropia

Questões de Revisão

18.1 Explique o que significa um processo espontâneo. Dê dois exemplos de processos espontâneos e dois de processos não espontâneos.

18.2 Quais dos processos seguintes são espontâneos e quais são não espontâneos? (a) dissolução de sal de cozinha (NaCl) em sopa quente; (b) subida do Monte Evereste; (c) dispersão da fragância, quando se remove a tampa de um frasco de perfume, em uma sala; (d) separação do hélio e do neônio da mistura dos gases.

18.3 Quais dos processos seguintes são espontâneos e quais são não-espontâneos a uma dada temperatura?

(a) $NaNO_3(s) \xrightarrow{H_2O} NaNO_3(aq)$ solução saturada
(b) $NaNO_3(s) \xrightarrow{H_2O} NaNO_3(aq)$ solução insaturada
(c) $NaNO_3(s) \xrightarrow{H_2O} NaNO_3(aq)$ solução supersaturada

18.4 Defina entropia. Quais são as unidades de entropia?

18.5 Como varia a entropia de um sistema em cada um dos seguintes processos?

(a) Um sólido se funde.
(b) Um líquido se solidifica.
(c) Um líquido entra em ebulição.
(d) Um vapor se converte em um sólido.
(e) Um vapor se condensa para formar um líquido.
(f) Um sólido se sublima.
(g) A uréia se dissolve em água.

Problemas

•18.6 Considerando a Figura 18.1(a), calcule a probabilidade de todas as moléculas acabarem no mesmo bulbo se o número de moléculas for (a) 6, (b) 60, (c) 600.

Níveis de Dificuldade: • Fácil •• Médio ••• Difícil.

Segunda Lei da Termodinâmica
Questões de Revisão

18.7 Escreva o enunciado da segunda lei da termodinâmica e expresse-a matematicamente.

18.8 Expresse a terceira lei da termodinâmica e explique a sua utilidade no cálculo de valores de entropia.

Problemas

•18.9 Para cada par aqui listado, escolha a substância que tem o maior valor de entropia-padrão a 25°C, considerando a mesma quantidade molar. Explique as suas escolhas. (a) Li(s) ou Li(l); (b) $C_2H_5OH(l)$ ou $CH_3OCH_3(l)$ (*Sugestão:* Que moléculas podem formar ligações de hidrogênio?); (c) Ar(g) ou Xe(g); (d) CO(g) ou $CO_2(g)$; (e) $O_2(g)$ ou $O_3(g)$; (f) $NO_2(g)$ ou $N_2O_4(g)$.

•18.10 Disponha as seguintes substâncias (1 mol de cada) em ordem crescente de entropia a 25°C: (a) Ne(g), (b) $SO_2(g)$, (c) Na(s), (d) NaCl(s), (e) $H_2(g)$. Justifique.

•18.11 Calcule as variações de entropia-padrão para as seguintes reações a 25°C, utilizando os dados do Apêndice 2:

(a) $S(s) + O_2(g) \longrightarrow SO_2(g)$

(b) $MgCO_3(s) \longrightarrow MgO(s) + CO_2(g)$

•18.12 Calcule as variações de entropia-padrão para as seguintes reações a 25°C, utilizando os dados do Apêndice 2:

(a) $H_2(g) + CuO(s) \longrightarrow Cu(s) + H_2O(g)$

(b) $2Al(s) + 3ZnO(s) \longrightarrow Al_2O_3(s) + 3Zn(s)$

(c) $CH_4(g) + 2O_2(g) \longrightarrow CO_2(g) + 2H_2O(l)$

•18.13 Sem consultar o Apêndice 2, preveja se a variação de entropia é positiva ou negativa para as reações seguintes. Justifique as suas previsões.

(a) $2KClO_4(s) \longrightarrow 2KClO_3(s) + O_2(g)$

(b) $H_2O(g) \longrightarrow H_2O(l)$

(c) $2Na(s) + 2H_2O(l) \longrightarrow 2NaOH(aq) + H_2(g)$

(d) $N_2(g) \longrightarrow 2N(g)$

•18.14 Diga se o sinal da variação de entropia esperado para cada um dos processos seguintes será positivo ou negativo e explique as suas previsões.

(a) $PCl_3(l) + Cl_2(g) \longrightarrow PCl_5(s)$

(b) $2HgO(s) \longrightarrow 2Hg(l) + O_2(g)$

(c) $H_2(g) \longrightarrow 2H(g)$

(d) $U(s) + 3F_2(g) \longrightarrow UF_6(s)$

Energia Livre de Gibbs
Questões de Revisão

18.15 Defina energia livre. Quais são as suas unidades?

18.16 Por que é mais conveniente prever o sentido de uma reação em termos de ΔG_{sis} do que de ΔS_{univ}? Em que condições ΔG_{sis} pode ser usado para prever a espontaneidade de uma reação?

Problemas

•18.17 Calcule $\Delta G°$ para as seguintes reações a 25°C:

(a) $N_2(g) + O_2(g) \longrightarrow 2NO(g)$

(b) $H_2O(l) \longrightarrow H_2O(g)$

(c) $2C_2H_2(g) + 5O_2(g) \longrightarrow 4CO_2(g) + 2H_2O(l)$

(*Sugestão:* Considere as energias livres padrão de formação dos reagentes e produtos do Apêndice 2.)

•18.18 Calcule $\Delta G°$ para as seguintes reações a 25°C:

(a) $2Mg(s) + O_2(g) \longrightarrow 2MgO(s)$

(b) $2SO_2(g) + O_2(g) \longrightarrow 2SO_3(g)$

(c) $2C_2H_6(g) + 7O_2(g) \longrightarrow 4CO_2(g) + 6H_2O(l)$

Veja os dados termodinâmicos no Apêndice 2.

•18.19 Com base nos valores de ΔH e ΔS, preveja quais das seguintes reações a 25°C seriam espontâneas: Reação A: $\Delta H = 10,5$ kJ/mol, $\Delta S = 30$ J/K · mol; Reação B: $\Delta H = 1,8$ kJ/mol, $\Delta S = -113$ J/K · mol. Se alguma das reações for não espontânea a 25°C, à que temperatura ela poderia tornar-se espontânea?

•18.20 Determine as temperaturas nas quais as reações com os seguintes valores de ΔH e ΔS se tornariam espontâneas: (a) $\Delta H = -126$ kJ/mol, $\Delta S = 84$ J/K · mol; (b) $\Delta H = -11,7$ kJ/mol, $\Delta S = -105$ J/K · mol.

Energia Livre e Equilíbrio Químico
Questões de Revisão

18.21 Explique as diferenças entre ΔG e $\Delta G°$.

18.22 Explique por que a Equação (18.14) é de grande importância em química.

Problemas

•18.23 Calcule K_p para a seguinte reação a 25°C:

$$H_2(g) + I_2(g) \rightleftharpoons 2HI(g) \quad \Delta G° = 2,60 \text{ kJ/mol}$$

•18.24 Para a auto-ionização da água a 25°C:

$$H_2O(l) \rightleftharpoons H^+(aq) + OH^-(aq)$$

K_w é $1,0 \times 10^{-14}$. Qual é o valor de $\Delta G°$ para o processo?

18.25 Considere a reação seguinte a 25°C:

$$Fe(OH)_2(s) \rightleftharpoons Fe^{2+}(aq) + 2OH^-(aq)$$

Calcule $\Delta G°$ da reação. O K_{ps} de $Fe(OH)_2$ é $1,6 \times 10^{-14}$.

•18.26 Calcule $\Delta G°$ e K_p para a seguinte reação em equilíbrio a 25°C.

$$2H_2O(g) \rightleftharpoons 2H_2(g) + O_2(g)$$

••18.27 (a) Calcule $\Delta G°$ e K_p para a seguinte reação em equilíbrio a 25°C. Os valores de $\Delta G°_f$ são 0 para $Cl_2(g)$, -286 kJ/mol para $PCl_3(g)$, e -325 kJ/mol para $PCl_5(g)$.

$$PCl_5(g) \rightleftharpoons PCl_3(g) + Cl_2(g)$$

(b) Calcule ΔG da reação se as pressões parciais da mistura inicial forem $P_{PCl_5} = 0,0029$ atm, $P_{PCl_3} = 0,27$ atm e $P_{Cl_2} = 0,40$ atm.

Biológica: 18.36, 18.79, 18.89. Conceitual: 18.9, 18.10, 18.13, 18.14, 18.32, 18.37, 18.40, 18.41, 18.42, 18.43, 18.44, 18.47, 18.51, 18.53,

•• **18.28** A constante de equilíbrio (K_p) da reação

$$H_2(g) + CO_2(g) \rightleftharpoons H_2O(g) + CO(g)$$

é 4,40 a 2.000 K. (a) Calcule $\Delta G°$ da reação. (b) Calcule ΔG quando as pressões parciais forem $P_{H_2} = 0,25$ atm, $P_{CO_2} = 0,78$ atm, $P_{H_2O} = 0,66$ atm e $P_{CO} = 1.20$ atm.

•• **18.29** Considere a decomposição do carbonato de cálcio:

$$CaCO_3(s) \rightleftharpoons CaO(s) + CO_2(g)$$

Calcule a pressão de CO_2 em atm, em um processo de equilíbrio a (a) 25°C e (b) 800°C. Suponha que $\Delta H° = 177,8$ kJ/mol e $\Delta S° = 160,5$ J/K · mol nesse intervalo de temperatura.

•• **18.30** A constante de equilíbrio K_p da reação

$$CO(g) + Cl_2(g) \rightleftharpoons COCl_2(g)$$

é $5,62 \times 10^{35}$ a 25°C. Calcule $\Delta G°_f$ para o $COCl_2$ a 25°C.

•• **18.31** A 25°C, $\Delta G°$ para o processo

$$H_2O(l) \rightleftharpoons H_2O(g)$$

é 8,6 kJ/mol. Calcule a pressão de vapor da água a essa temperatura.

•• **18.32** Calcule $\Delta G°$ para o processo

$$C(diamante) \longrightarrow C(grafite)$$

A formação da grafite a partir do diamante é um processo favorável a 25°C? Em caso afirmativo, por que os diamantes não se transformam em grafite?

Termodinâmica nos Sistemas Vivos
Questões de Revisão

18.33 O que é uma reação acoplada? Qual é a sua importância nas reações biológicas?

18.34 Qual é o papel do ATP nas reações biológicas?

Problemas

• **18.35** Considerando o processo metabólico envolvendo a glicose, na página 611, calcule o número máximo de mols de ATP que podem ser sintetizados a partir de ADP pela quebra de 1 mol de glicose.

•• **18.36** No metabolismo da glicose, o primeiro passo é a conversão de glicose em glicose 6-fosfato:

glicose + H_3PO_4 ⟶ glicose 6-fosfato + H_2O

$$\Delta G° = 13,4 \text{ kJ/mol}$$

Como $\Delta G°$ é positivo, a reação não favorece a formação dos produtos. Mostre como a ocorrência dessa reação pode ser promovida pelo seu acoplamento com a hidrólise do ATP. Escreva uma equação para a reação acoplada e faça uma estimativa da constante de equilíbrio do processo de acoplamento.

Problemas Adicionais

• **18.37** Explique o seguinte verso infantil em termos da segunda lei da termodinâmica:

Humpty Dumpty sentou-se em um muro;
Humpty Dumpty sofreu uma grande queda.
Todos os cavalos e homens do Rei
Não conseguiram arrumar Humpty outra vez.

•• **18.38** Calcule ΔG para a reação

$$H_2O(l) \rightleftharpoons H^+(aq) + OH^-(aq)$$

a 25°C e nas seguintes condições:

(a) $[H^+] = 1,0 \times 10^{-7} M$, $[OH^-] = 1,0 \times 10^{-7} M$
(b) $[H^+] = 1,0 \times 10^{-3} M$, $[OH^-] = 1,0 \times 10^{-4} M$
(c) $[H^+] = 1,0 \times 10^{-12} M$, $[OH^-] = 2,0 \times 10^{-8} M$
(d) $[H^+] = 3,5 M$, $[OH^-] = 4,8 \times 10^{-4} M$

•• **18.39** Quais das seguintes funções termodinâmicas estão associadas apenas com a primeira lei da termodinâmica: S, E, G e H?

•• **18.40** Um estudante colocou 1 g de cada um de três compostos A, B e C em um recipiente e observou que após uma semana não ocorreu qualquer mudança. Dê algumas explicações possíveis para o fato de não terem ocorrido reações. Suponha que A, B e C sejam líquidos totalmente miscíveis.

••• **18.41** Dê um exemplo detalhado de cada um dos seguintes casos com uma explicação: (a) um processo termodinamicamente espontâneo; (b) um processo que violaria a primeira lei da termodinâmica; (c) um processo que violaria a segunda lei da termodinâmica; (d) um processo irreversível; (e) um processo de equilíbrio.

•• **18.42** Preveja os sinais de ΔH, ΔS e ΔG do sistema para os seguintes processos, realizados a 1 atm: (a) fusão da amônia a −60°C, (b) fusão da amônia a −77,7°C, (c) fusão da amônia a −100°C. (O ponto de fusão normal da amônia é −77,7°C.)

• **18.43** Considere os seguintes fatos: a água congela espontaneamente a −5°C e 1 atm, e o gelo tem uma estrutura mais ordenada que a água. Explique como um processo espontâneo pode levar a uma diminuição da entropia.

•• **18.44** O nitrato de amônio (NH_4NO_3) dissolve-se espontâneamente e endotermicamente em água. O que se pode deduzir sobre o sinal de ΔS para o processo de dissolução?

• **18.45** Calcule a pressão de equilíbrio de CO_2 considerando a decomposição do carbonato de bário ($BaCO_3$) a 25°C.

••• **18.46** (a) A regra de Trouton estabelece que a razão entre o calor molar de vaporização de um líquido (ΔH_{vap}) e o seu ponto de ebulição (em Kelvin) é aproximadamente 90 J/K · mol. Mostre que os seguintes dados são concordantes com a regra de Trouton e explique por que essa regra é válida:

	$t_{p.e.}$(°C)	ΔH_{vap}(kJ/mol)
Benzeno	80,1	31,0
Hexano	68,7	30,8
Mercúrio	357	59,0
Tolueno	110,6	35,2

(b) Utilize os dados da Tabela 12.5 para calcular a razão para etanol e água. Explique por que a regra de Trouton não funciona para essas duas substâncias tão bem como funciona para outros líquidos.

18.47 Considerando o problema 18.46, explique por que a razão é consideravelmente menor que 90 J/K · mol para o líquido HF.

18.48 O monóxido de carbono (CO) e o óxido nítrico (NO) são dois gases poluentes contidos nos escapamentos de automóveis. Em condições adequadas, esses gases podem reagir para formar nitrogênio (N_2) e o dióxido de carbono (CO_2) que é menos prejudicial. (a) Escreva a equação dessa reação. (b) Identifique os agentes oxidante e redutor. (c) Calcule o K_P para a reação a 25°C. (d) Em condições atmosféricas normais, as pressões parciais são $P_{N_2} = 0,80$ atm, $P_{CO_2} = 3,0 \times 10^{-4}$ atm, $PCO = 5,0 \times 10^{-5}$ atm e $P_{NO} = 5,0 \times 10^{-7}$ atm. Calcule Q_P e preveja o sentido em que a reação ocorrerá. Um aumento de temperatura vai favorecer a formação de N_2 e CO_2?

18.49 Para reações realizadas em condições-padrão, a Equação (18.10) toma a forma $\Delta G° = \Delta H° - T\Delta S°$. Considerando $\Delta H°$ e $\Delta S°$ independentes da temperatura, derive a equação:

$$\ln \frac{K_2}{K_1} = \frac{\Delta H°}{R}\left(\frac{T_2 - T_1}{T_1 T_2}\right)$$

em que K_1 e K_2 são as constantes de equilíbrio à temperatura T_1 e T_2, respectivamente. (b) Dado que a 25°C o K_c é $4,63 \times 10^{-3}$ para a reação:

$$N_2O_4(g) \rightleftharpoons 2NO_2(g) \quad \Delta H° = 58,0 \text{ kJ/mol}$$

calcule a constante de equilíbrio a 65°C.

18.50 O K_{ps} do AgCl é dado na Tabela 17.2. Qual é o seu valor a 60°C? [*Sugestão:* Precisa-se do resultado do Problema 18.49(a) e dos dados no Apêndice 2 para calcular $\Delta H°$.]

18.51 Em que condições uma substância tem entropia-padrão igual a zero? Uma substância poderá alguma vez ter uma entropia-padrão negativa?

18.52 O gás d'água, uma mistura de H_2 e CO, é um combustível resultante da reação entre o vapor d'água e o coque incandescente (o coque é um subproduto da destilação do carvão):

$$H_2O(g) + C(s) \rightleftharpoons CO(g) + H_2(g)$$

Com base nos dados no Apêndice 2, faça uma estimativa da temperatura na qual a reação começa a favorecer a formação de produtos.

18.53 Considere a seguinte reação ácido-base de Brønsted a 25°C:

$$HF(aq) + Cl^-(aq) \rightleftharpoons HCl(aq) + F^-(aq)$$

(a) Preveja se K será maior ou menor que a unidade. (b) Qual é o termo que contribui mais para $\Delta G°$: $\Delta H°$ ou $\Delta S°$? (c) É mais provável que $\Delta H°$ seja positivo ou negativo?

18.54 A cristalização do acetato de sódio a partir de uma solução supersaturada ocorre espontaneamente (página 411). O que se pode deduzir sobre os sinais de ΔH e ΔS?

18.55 Considere a decomposição térmica de $CaCO_3$:

$$CaCO_3(s) \rightleftharpoons CaO(s) + CO_2(g)$$

As pressões de vapor de equilíbrio de CO_2 são 22,6 mmHg a 700°C e 1.829 mmHg a 950°C. Calcule a entalpia-padrão da reação. [*Sugestão:* Veja o Problema 18.49(a).]

18.56 Certa reação é espontânea a 72°C. Se a variação de entalpia for 19 kJ/mol, qual será o valor *mínimo* de ΔS (em J/K · mol) para a reação?

18.57 Preveja se a variação de entropia é positiva ou negativa para cada uma destas reações:

(a) $Zn(s) + 2HCl(aq) \longrightarrow ZnCl_2(aq) + H_2(g)$

(b) $O(g) + O(g) \longrightarrow O_2(g)$

(c) $NH_4NO_3(s) \longrightarrow N_2O(g) + 2H_2O(g)$

(d) $2H_2O_2(l) \longrightarrow 2H_2O(l) + O_2(g)$

18.58 A reação $NH_3(g) + HCl(g) \longrightarrow NH_4Cl(s)$ processa-se espontaneamente a 25°C ainda que haja diminuição no número de microestados do sistema (gases são convertidos em um sólido). Explique.

18.59 Utilize os dados seguintes para determinar a temperatura de ebulição normal do mercúrio, em Kelvin. Que suposições devem ser feitas para se realizar os cálculos?

Hg(l): $\Delta H°_f = 0$ (por definição)

$S° = 77,4$ J/K · mol

Hg(g): $\Delta H°_f = 60,78$ kJ/mol

$S° = 174,7$ J/K · mol

18.60 A entalpia de vaporização do etanol é 39,3 kJ/mol e o seu ponto de ebulição é 78,3°C. Calcule ΔS para a vaporização de 0,50 mol de etanol.

18.61 Sabe-se que certa reação tem um valor $\Delta G°$ de -122 kJ/mol. A reação necessariamente ocorrerá se os reagentes forem misturados?

18.62 No processo de Mond para a purificação do níquel, o dióxido de carbono reage com níquel aquecido para produzir $Ni(CO)_4$, que é um gás e pode, portanto, ser separado das impurezas sólidas:

$$Ni(s) + 4CO(g) \rightleftharpoons Ni(CO)_4(g)$$

Dado que as energias livres padrão de formação do $CO(g)$ e do $Ni(CO)_4(g)$ são $-137,3$ kJ/mol e $-587,4$

kJ/mol, respectivamente, calcule a constante de equilíbrio da reação a 80°C. Suponha que ΔG_f° seja independente da temperatura.

•18.63 Calcule ΔG° e K_p para os seguintes processos a 25°C:

(a) $H_2(g) + Br_2(l) \rightleftharpoons 2HBr(g)$

(b) $\frac{1}{2}H_2(g) + \frac{1}{2}Br_2(l) \rightleftharpoons HBr(g)$

Justifique as diferenças em ΔG° e K_p obtidos para (a) e (b).

••18.64 Calcule a pressão de O_2 (em atm) sobre uma amostra de NiO a 25°C se $\Delta G^\circ = 212$ kJ/mol para a reação:

$$NiO(s) \rightleftharpoons Ni(s) + \tfrac{1}{2}O_2(g)$$

••18.65 Comente a seguinte afirmação: "O simples fato de falar sobre a entropia aumenta o seu valor no universo".

•18.66 Para uma reação com ΔG° negativo, qual das seguintes afirmações é falsa? (a) A constante de equilíbrio K é menor que 1, (b) a reação é espontânea quando todos os reagentes e produtos estão nos seus estados-padrão e (c) a reação é sempre exotérmica.

•••18.67 Considere a reação

$$N_2(g) + O_2(g) \rightleftharpoons 2NO(g)$$

Dado que ΔG° da reação a 25°C é 173,4 kJ/mol, (a) calcule a energia livre padrão de formação de NO e (b) calcule K_p da reação. (c) Uma das substâncias de partida na formação do *smog* é NO. Admitindo que a temperatura do motor de um automóvel em movimento seja 1.100°C, faça uma estimativa de K_p para a reação anterior. (d) Os agricultores sabem que os relâmpagos ajudam a produzir melhores colheitas. Por quê?

••18.68 O aquecimento de óxido de cobre(II) a 400°C não produz qualquer quantidade apreciável de Cu:

$$CuO(s) \rightleftharpoons Cu(s) + \tfrac{1}{2}O_2(g) \quad \Delta G^\circ = 127,2 \text{ kJ/mol}$$

No entanto, se essa reação for acoplada com a conversão do grafite em monóxido de carbono, torna-se espontânea. Escreva a equação para o processo de acoplamento e calcule a constante de equilíbrio da reação acoplada.

•••18.69 O motor de combustão interno de um automóvel de 1.200 kg foi projetado para utilizar octano (C_8H_{18}) cuja entalpia de combustão é 5.510 kJ/mol. Se o automóvel subir uma rampa, calcule a altura máxima (em metros) que pode ser atingida com 0,5 L de combustível. Admita que a temperatura do cilindro do motor seja 2.200°C, que a temperatura de saída seja 760°C e despreze todas as formas de fricção. A massa de 0,5 L de combustível é 3,1 kg. [*Sugestão*: A eficiência de um motor de combustão interno, definida como trabalho realizado pelo motor dividido pela energia fornecida, é dada por $(T_2 - T_1)/T_2$, em que T_2 e T_1 são as temperaturas de operação e da saída do motor (em Kelvin). O trabalho realizado ao mover um carro na vertical é mgh, onde m é a massa do carro em kg, g a aceleração da gravidade (9,81 m/s^2) e h a altura em metros.]

•••18.70 Observa-se que um cristal de monóxido de carbono (CO) tem uma entropia maior que zero à temperatura de zero absoluto. Dê duas explicações possíveis para essa observação.

•••18.71 (a) Ao longo dos anos tem havido inúmeras pretensões sobre "máquinas de movimento perpétuo", isto é, máquinas que produzirão trabalho útil sem fornecimento de energia. Explique por que a primeira lei da termodinâmica proíbe a possibilidade de existência de tal máquina. (b) Outro tipo de máquina, às vezes, designada como "movimento perpétuo de segunda ordem", opera do seguinte modo. Suponha uma embarcação que navegue pelo oceano e vá recolhendo água. Extrai calor da água, converte-o em energia elétrica para o funcionamento do navio e descarrega a água para o oceano. Esse processo não viola a primeira lei da termodinâmica, pois não se cria energia — a energia do oceano é exatamente convertida em energia elétrica. Mostre que a segunda lei da termodinâmica proíbe a existência de tal máquina.

•18.72 A série de atividade na Seção 4.4 mostra que a reação (a) é espontânea, enquanto a reação (b) é não espontânea a 25°C:

(a) $Fe(s) + 2H^+ \longrightarrow Fe^{2+}(aq) + H_2(g)$

(b) $Cu(s) + 2H^+ \longrightarrow Cu^{2+}(aq) + H_2(g)$

Utilize os dados do Apêndice 2 para calcular as constantes de equilíbrio dessas reações e com base nelas confirme que a série de atividade está correta.

•••18.73 A constante de velocidade da reação elementar:

$$2NO(g) + O_2(g) \longrightarrow 2NO_2(g)$$

é $7,1 \times 10^9/M^2 \cdot s$ a 25°C. Qual é a constante de velocidade da reação inversa a mesma temperatura?

••18.74 A reação seguinte foi descrita como a causa dos depósitos de enxofre formados nas regiões vulcânicas:

$$2H_2S(g) + SO_2(g) \rightleftharpoons 3S(s) + 2H_2O(g)$$

Também pode ser utilizada para remover SO_2 dos gases acumulados em centrais elétricas. (a) Identifique de que tipo de reação de óxido-redução se trata. (b) Calcule a constante de equilíbrio (K_p) a 25°C e comente se esse método é ou não praticável para remover SO_2. (c) Esse procedimento a uma temperatura mais elevada se tornaria mais ou menos efetivo?

••18.75 Descreva dois modos para calcular ΔG° de uma reação.

••18.76 A seguinte reação representa a remoção de ozônio na estratosfera:

$$2O_3(g) \rightleftharpoons 3O_2(g)$$

Calcule a constante de equilíbrio (K_p) da reação. Com base na magnitude da constante de equilíbrio, explique por que essa reação não é considerada a causa principal da destruição de ozônio na ausência de poluentes produzidos pelo homem tais como os óxidos de nitrogênio e CFCs. Suponha que a temperatura da estratosfera seja $-30°C$ e que ΔG_f° seja independente da temperatura.

••18.77 Um cubo de gelo de 74,6 g flutua no Mar Ártico. A temperatura e pressão do sistema e vizinhança são 1 atm e 0°C. Calcule ΔS_{sis}, ΔS_{viz} e ΔS_{univ} para a fusão do cubo de gelo. O que se pode concluir sobre a natureza do processo com base no valor de ΔS_{univ}? (A entalpia molar de fusão da água é 6,01 kJ/mol.)

18.78 Comente a possibilidade de extrair cobre por meio do aquecimento do seu minério calcosita (Cu_2S):

$$Cu_2S(s) \longrightarrow 2Cu(s) + S(s)$$

Calcule $\Delta G°$ para a reação global se o processo for acoplado à conversão do enxofre em dióxido de enxofre, sendo $\Delta G°_f (Cu_2S) = -86,1$ kJ/mol.

18.79 Transporte ativo é o processo no qual uma substância é transferida de uma região de concentração mais baixa para uma região de concentração mais elevada. Esse processo é não espontâneo e deve ser acoplado a um processo espontâneo, tal como a hidrólise do ATP. As concentrações dos íons K^+ no plasma sangüíneo e nas células nervosas são 15 mM e 400 mM, respectivamente (1 mM = 1×10^{-3} M). Utilize a Equação (18.13) para calcular ΔG do processo à temperatura fisiológica de 37°C:

$$K^+(15 \text{ m}M) \longrightarrow K^+(400 \text{ m}M)$$

Nesse cálculo, o termo $\Delta G°$ pode ser igualado a zero. Como isso se justifica?

18.80 São necessárias grandes quantidades de hidrogênio para a síntese de amônia. Uma preparação de hidrogênio envolve a reação entre o monóxido de carbono e vapor d'água a 300°C na presença de um catalisador de cobre-zinco:

$$CO(g) + H_2O(g) \rightleftharpoons CO_2(g) + H_2(g)$$

Calcule a constante de equilíbrio (K_p) da reação e a temperatura a qual favorece a formação de CO e H_2). Será obtido um valor maior de K_p a mesma temperatura se um catalisador mais eficiente for utilizado?

18.81 Considere dois ácidos carboxílicos (ácidos que contêm o grupo —COOH): CH_3COOH (ácido acético, $K_a = 1,8 \times 10^{-5}$) e $CH_2ClCOOH$ (ácido cloroacético, $K_a = 1,4 \times 10^{-3}$). (a) Calcule $\Delta G°$ para a ionização desses ácidos a 25°C. (b) Considerando a equação $\Delta G° = \Delta H° - T\Delta S°$ vemos que dois termos contribuem para o valor de $\Delta G°$: a variação de entalpia $\Delta H°$ e a variação de entropia multiplicada pela temperatura $T\Delta S°$ (kJ/mol). Essas contribuições para os dois ácidos são listadas abaixo:

	$\Delta H°$(kJ/mol)	$T\Delta S°$(kJ/mol)
CH_3COOH	−0,57	−27,6
$CH_2ClCOOH$	−4,7	−21,1

Indique qual é o termo predominante na determinação do valor de $\Delta G°$ (e portanto do K_a do ácido). (c) Que processo contribui para $\Delta H°$? (Considere a ionização dos ácidos como reação ácido-base de Brønsted.) (d) Explique por que o termo $T\Delta S°$ é mais negativo para o CH_3COOH.

18.82 Uma das etapas na extração do ferro do seu minério (FeO) é a redução do óxido de ferro(II) pelo monóxido de carbono a 900°C:

$$FeO(s) + CO(g) \rightleftharpoons Fe(s) + CO_2(g)$$

Supondo que o CO reaja com um excesso de FeO, calcule as frações molares de CO e de CO_2 no equilíbrio. Considere qualquer condição.

18.83 Derive a seguinte equação

$$\Delta G = RT \ln(Q/K)$$

em que Q é o quociente da reação. Descreva como pode utilizá-la para prever a espontaneidade de uma reação.

18.84 A sublimação do dióxido de carbono a −78°C é dada por

$$CO_2(s) \longrightarrow CO_2(g) \quad \Delta H_{sub} = 25,2 \text{ kJ/mol}$$

Calcule ΔS_{sub} quando 84,8 g de CO_2 sublimam a essa temperatura.

18.85 A entropia tem sido muitas vezes descrita como "a linha do tempo" porque é a propriedade que determina a direção futura do tempo. Explique.

18.86 Considerando a Figura 18.1, vemos que a probabilidade de encontrar 100 moléculas todas no mesmo bulbo é 8×10^{-31}. Supondo que a idade do universo seja de 13 bilhões de anos, calcule o tempo em segundos para que esse evento seja observado.

18.87 Um estudante consultou, no Apêndice 2, os valores de $\Delta G°_f$, $\Delta H°_f$ e $S°$ para o CO_2. Introduzindo esses valores na Equação (18.10), descobriu que $\Delta G°_f \neq \Delta H°_f - TS°$ a 298 K. O que está errado nessa aproximação?

18.88 Considere a seguinte reação a 298 K:

$$2H_2(g) + O_2(g) \longrightarrow 2H_2O(l) \quad \Delta H° = -571,6 \text{ kJ/mol}$$

Calcule ΔS_{sis}, ΔS_{viz} e ΔS_{univ} para a reação.

18.89 Podemos supor, com uma aproximação, que as proteínas existem no estado natural (fisiologicamente funcionais) ou no estado desnaturado

$$\text{natural} \rightleftharpoons \text{desnaturado}$$

A entalpia molar padrão e a entropia de desnaturação de certa proteína são 512 kJ/mol e 1,60 kJ/K · mol, respectivamente. Comente os sinais e grandezas dessas quantidades e calcule a temperatura na qual o processo favorece o estado de desnaturado.

18.90 Quais das seguintes não são funções de estado: S, H, q, w, T?

18.91 Dos seguintes processos, quais são acompanhados por um aumento de entropia do sistema? (a) mistura de dois gases à mesma temperatura e pressão, (b) mistura de etanol e água, (c) descarga de uma bateria, (d) expansão de um gás seguida por compressão até as suas temperatura, pressão e volume originais.

18.92 As reações de hidrogenação (por exemplo, o processo de converter ligações C=C em ligações C—C na indústria alimentícia) são facilitadas pelo uso de catalisadores de metais de transição, tais como Ni ou Pt. O passo inicial é a adsorção do hidrogênio gasoso na superfície metálica. Preveja os sinais de ΔH, ΔS e ΔG quando o hidrogênio gasoso é adsorvido na superfície do metal Ni.

Problemas Especiais

18.93 As energias livres padrão de formação (ΔG_f°) dos três isômeros do pentano (veja a p. 344) na fase gasosa são: n-pentano: $-8,37$ kJ/mol; 2-metilbutano: $-14,8$ kJ/mol; 2,2-dimetilpropano: $-15,2$ kJ/mol. (a) Determine a porcentagem molar dessas moléculas em uma mistura em equilíbrio a 25°C. (b) Como a estabilidade dessas moléculas depende da extensão da ramificação?

18.94 Faça os seguintes experimentos: estique rapidamente uma tira de borracha (de pelo menos 0,5 cm) e pressione-a contra os lábios. Você sentirá uma sensação de calor. Em seguida, execute o procedimento inverso: isto é, primeiro estique uma tira de borracha e segure-a nessa posição por alguns segundos. Agora, rapidamente desfaça a tensão e pressione a borracha contra os lábios. Você sentirá uma sensação de frio. (a) Aplique a Equação (18.7) a esses processos para determinar os sinais de ΔG, ΔH e portanto ΔS em cada caso. (b) Dos sinais de ΔS, o que você pode concluir sobre a estrutura das moléculas de borracha?

Respostas dos Exercícios

18.1 (a) A entropia diminui, (b) a entropia diminui, (c) a entropia aumenta, (d) a entropia aumenta.
18.2 (a) $-173,6$ J/K · mol, (b) $-139,8$ J/K · mol, (c) 215,3 J/K · mol.   **18.3** (a) $\Delta S > 0$, (b) $\Delta S < 0$, (c) $\Delta S \approx 0$.   **18.4** (a) $-106,4$ kJ/mol, (b) $-2935,0$ kJ/mol.
18.5 $\Delta S_{fus} = 16$ J/K · mol; $\Delta S_{vap} = 72$ J/K · mol.
18.6 2×10^{57}.   **18.7** 33 kJ/mol.   **18.8** $\Delta G = 0,97$ kJ/mol; o sentido é da direita para a esquerda.

19 Reações de Oxirredução e Eletroquímica

Michael Faraday trabalhando em seu laboratório.

19.1 Reações de Oxirredução 621
Balanceamento de Equações de Oxirredução

19.2 Células Galvânicas 624

19.3 Potenciais-Padrão de Redução 626

19.4 Espontaneidade das Reações de Oxirredução 632

19.5 Efeito da Concentração na Fem da Célula 635
Equação de Nernst • Células de Concentração

19.6 Baterias 639
Pilha Seca • Bateria de Mercúrio • Baterias de Chumbo • Células a Combustível

19.7 Corrosão 644

19.8 Eletrólise 646
Eletrólise do Cloreto de Sódio Fundido • Eletrólise da Água • Eletrólise de uma Solução Aquosa de Cloreto de Sódio • Aspectos Quantitativos da Eletrólise

19.9 Eletrometalurgia 652
Produção de Alumínio Metálico • Purificação de Cobre Metálico

Conceitos Essenciais

Reações de Oxirredução e Células Eletroquímicas As equações que representam as reações de oxirredução podem ser balanceadas usando o método íon-elétron. Essas reações envolvem a transferência de elétrons de um agente redutor para um agente oxidante. Usando compartimentos separados, tais reações podem ser usadas para gerar elétrons em um arranjo denominado célula galvânica.

Termodinâmica de Células Galvânicas A voltagem medida em uma célula galvânica pode ser dividida no potencial do eletrodo anódico (onde ocorre a oxidação) e no do eletrodo catódico (onde ocorre a redução). Essa voltagem pode ser relacionada com a variação da energia livre de Gibbs e a constante de equilíbrio do processo de oxirredução. A equação de Nernst relaciona a voltagem da célula com a voltagem nas condições-padrão e com a concentração das espécies reagentes.

Baterias As baterias são células eletroquímicas que podem gerar energia elétrica em um potencial ou voltagem constante. Há diferentes tipos de baterias, utilizadas em automóveis, lanternas e marca-passos. As células a combustível são tipos especiais de células eletroquímicas que geram eletricidade pela oxidação de hidrogênio e hidrocarbonetos.

Corrosão A corrosão é uma reação de oxirredução espontânea que resulta na formação de ferrugem, de sulfeto de prata e de pátina (carbonato de cobre) a partir dos metais ferro, prata e cobre, respectivamente. A corrosão danifica prédios, estruturas, navios e carros. Muitos métodos são usados na prevenção ou minimização dos efeitos da corrosão.

Eletrólise A eletrólise é o processo no qual a energia elétrica é usada para promover uma reação de oxirredução não espontânea. A relação quantitativa entre a corrente aplicada e o produto formado é dada por Faraday. A eletrólise é o principal método para produção de metais e não-metais reativos e muitos produtos químicos industriais essenciais.

19.1 Reações de Oxirredução

A **eletroquímica** *é o ramo da química que trata da conversão da energia elétrica em energia química e vice-versa.* Os processos eletroquímicos envolvem reações de oxirredução (oxidação-redução) nas quais a energia liberada por uma reação espontânea é convertida em eletricidade ou em que a eletricidade é usada para forçar a ocorrência de uma reação química não espontânea. Apesar das reações de oxirredução já terem sido discutidas no Capítulo 4, é útil rever aqui alguns dos conceitos básicos que aparecerão neste capítulo.

Nas reações de oxirredução ocorre uma transferência de elétrons de uma substância para outra. A reação entre o magnésio metálico e o ácido clorídrico é um exemplo de uma reação desse tipo:

$$\overset{0}{Mg}(s) + 2\overset{+1}{H}Cl(aq) \longrightarrow \overset{+2}{Mg}Cl_2(aq) + \overset{0}{H_2}(g)$$

Recorde-se de que os números que estão escritos sobre os elementos são os seus números de oxidação. A perda de elétrons por um elemento durante a oxidação está associada a um aumento do número de oxidação desse elemento. Na redução, há uma diminuição do número de oxidação de um elemento em virtude do ganho de elétrons. Na reação considerada anteriormente, o metal Mg é oxidado e os íons H^+ são reduzidos; os íons Cl^- são íons espectadores.

Balanceamento de Equações de Oxirredução

As equações de oxirredução, análogas àquela discutida anteriormente, são relativamente fáceis de balancear. Contudo, em laboratório, deparamo-nos freqüentemente com reações redox mais complexas, que envolvem oxiânions tais como o cromato (CrO_4^{2-}), o dicromato ($Cr_2O_7^{2-}$), o permanganato (MnO_4^-), o nitrato (NO_3^-) e o sulfato (SO_4^{2-}). Em princípio, podemos balancear qualquer equação de oxirredução usando o procedimento descrito na Seção 3.7, no entanto, existem métodos especiais para tratar as reações de oxirredução e que nos dão melhor compreensão dos processos de transferência eletrônica. Apresentaremos em seguida um desses métodos, chamado de *método do íon-elétron*. Nessa abordagem, a reação de oxirredução global é dividida em duas semi-reações, uma representando o processo de oxidação e a outra, o processo de redução. As equações que representam as duas semi-reações são balanceadas separadamente e, em seguida, somadas para produzir a equação global balanceada.

Suponha que alguém nos peça para balancear a equação que mostra a oxidação dos íons Fe^{2+} a íons Fe^{3+} pelos íons dicromato ($Cr_2O_7^{2-}$) em meio ácido. Nessa reação, os íons $Cr_2O_7^{2-}$ são reduzidos a íons Cr^{3+}. Os seguintes passos permitem o balanceamento da equação.

Passo 1: Escrever a equação não balanceada da reação na forma iônica.

$$Fe^{2+} + Cr_2O_7^{2-} \longrightarrow Fe^{3+} + Cr^{3+}$$

Passo 2: Separar a equação em duas semi-reações.

$$\text{Oxidação:} \quad \overset{+2}{Fe^{2+}} \longrightarrow \overset{+3}{Fe^{3+}}$$

$$\text{Redução:} \quad \overset{+6}{Cr_2O_7^{2-}} \longrightarrow \overset{+3}{Cr^{3+}}$$

Passo 3: Balancear cada semi-reação considerando o número e tipo de átomos e as cargas. Para reações em meio ácido, adicionar H_2O para balancear os átomos de O e adicionar H^+ para balancear os átomos de H.

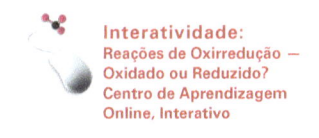

> Em uma semi-reação de oxidação, os elétrons aparecem como produtos; em uma semi-reação de redução, os elétrons aparecem como reagentes.

Semi-reação de oxidação: os átomos já estão balanceados na equação. Para equilibrarmos a carga, adicionamos um elétron no lado direito da equação:

$$Fe^{2+} \longrightarrow Fe^{3+} + e^-$$

Semi-reação de redução: como a reação ocorre em meio ácido, adicionamos sete moléculas de H_2O no lado direito da semi-reação de redução para balancear os átomos de O:

$$Cr_2O_7^{2-} \longrightarrow 2Cr^{3+} + 7H_2O$$

Para balancearmos os átomos de H, adicionamos 14 íons H^+ no lado esquerdo da equação:

$$14H^+ + Cr_2O_7^{2-} \longrightarrow 2Cr^{3+} + 7H_2O$$

Existem agora 12 cargas positivas no lado esquerdo da equação e apenas seis cargas positivas no lado direito. Portanto, adicionamos seis elétrons no lado esquerdo

$$14H^+ + Cr_2O_7^{2-} + 6e^- \longrightarrow 2Cr^{3+} + 7H_2O$$

Passo 4: Somar as duas semi-reações e verificar se a equação final está balanceada. Os elétrons em ambos os lados devem se cancelar. Se nas semi-reações de oxidação e redução figurarem números diferentes de elétrons, é necessário multiplicar uma ou ambas as reações pelos coeficientes apropriados para igualar o número de elétrons nas duas semi-reações.

Na semi-reação de oxidação está envolvido apenas um elétron enquanto na semi-reação de redução estão envolvidos seis; assim, para igualar o número de elétrons em ambas as semi-reações multiplicamos a semi-reação de oxidação por 6:

$$6(Fe^{2+} \longrightarrow Fe^{3+} + e^-)$$
$$14H^+ + Cr_2O_7^{2-} + 6e^- \longrightarrow 2Cr^{3+} + 7H_2O$$
$$\overline{6Fe^{2+} + 14H^+ + Cr_2O_7^{2-} + 6e^- \longrightarrow 6Fe^{3+} + 2Cr^{3+} + 7H_2O + 6e^-}$$

Os elétrons em ambos os lados se cancelam e obtemos a equação iônica simplificada balanceada:

$$6Fe^{2+} + 14H^+ + Cr_2O_7^{2-} \longrightarrow 6Fe^{3+} + 2Cr^{3+} + 7H_2O$$

Passo 5: Verificar que a equação contém o mesmo tipo e números de átomos, bem como as mesmas cargas em ambos os lados.

Em uma revisão final, verifica-se que a equação resultante foi equilibrada tanto "atômicamente" quanto "eletricamente".

Para as reações em meio básico, devemos proceder até o passo 4 como se a reação fosse efetuada em meio ácido. Em seguida, para cada íon H^+ devemos adicionar igual número de íons OH^- em *ambos* os lados da equação. No lado da equação em que se encontram simultaneamente os íons H^+ e OH^-, combine-os para dar H_2O. O Exemplo 19.1 ilustra o uso desse procedimento.

> Esta reação pode ser efetuada dissolvendo dicromato de potássio e sulfato de ferro(III) em uma solução diluída de ácido sulfúrico.

EXEMPLO 19.1

Escreva a equação iônica balanceada que representa a oxidação do íon iodeto (I^-) pelo íon permanganato (MnO_4^-) em solução básica para originar iodo molecular (I_2) e óxido de manganês(IV) (MnO_2).

Estratégia Seguimos o procedimento anterior para o balanceamento de equações de oxirredução. Note que a reação ocorre em meio básico.

Solução *Passo 1*: A equação não balanceada é

$$MnO_4^- + I^- \longrightarrow MnO_2 + I_2$$

(Continua)

Passo 2: As duas semi-reações são:

$$\text{Oxidação:} \quad \overset{-1}{I^-} \longrightarrow \overset{0}{I_2}$$

$$\text{Redução:} \quad \overset{+7}{MnO_4^-} \longrightarrow \overset{+4}{MnO_2}$$

Passo 3: Balancear todos os átomos e cargas em cada semi-reação. Semi-reação de oxidação: balancear, primeiro, os átomos de I:

$$2I^- \longrightarrow I_2$$

Para igualarmos as cargas, adicionamos dois elétrons ao lado direito da equação:

$$2I^- \longrightarrow I_2 + 2e^-$$

Semi-reação de redução: para balancearmos os átomos de O, adicionamos duas moléculas de H_2O ao lado direito:

$$MnO_4^- \longrightarrow MnO_2 + 2H_2O$$

Para balancearmos os átomos de H, adicionamos quatro íons H^+ no lado esquerdo:

$$MnO_4^- + 4H^+ \longrightarrow MnO_2 + 2H_2O$$

Como existem três cargas positivas no lado esquerdo, temos de adicionar três elétrons ao mesmo lado para balancear as cargas:

$$MnO_4^- + 4H^+ + 3e^- \longrightarrow MnO_2 + 2H_2O$$

Passo 4: Somamos as semi-reações de oxidação e redução para obtermos a reação global. Para igualarmos o número de elétrons, multiplicamos a semi-reação de oxidação por 3 e a semi-reação de redução por 2:

$$\begin{array}{r} 3(2I^- \longrightarrow I_2 + 2e^-) \\ 2(MnO_4^- + 4H^+ + 3e^- \longrightarrow MnO_2 + 2H_2O) \\ \hline 6I^- + 2MnO_4^- + 8H^+ + 6e^- \longrightarrow 3I_2 + 2MnO_2 + 4H_2O + 6e^- \end{array}$$

Os elétrons em ambos os lados se cancelam e, então, obtemos a equação iônica simplificada:

$$6I^- + 2MnO_4^- + 8H^+ \longrightarrow 3I_2 + 2MnO_2 + 4H_2O$$

Essa é a equação balanceada em meio ácido. Contudo, como a reação ocorre em meio básico, para cada íon H^+ teremos de adicionar igual número de íons OH^- em cada lado da equação:

$$6I^- + 2MnO_4^- + 8H^+ + 8OH^- \longrightarrow 3I_2 + 2MnO_2 + 4H_2O + 8OH^-$$

Finalmente, combinando os íons H^+ e OH^- para gerar H_2O, obtemos:

$$6I^- + 2MnO_4^- + 4H_2O \longrightarrow 3I_2 + 2MnO_2 + 8OH^-$$

Passo 5: A revisão final mostra que a equação está balanceada tanto em termos de átomos quanto em termos de cargas.

Exercício Faça o balanceamento da seguinte equação para a reação em meio ácido utilizando o método do íon-elétron:

$$Fe^{2+} + MnO_4^- \longrightarrow Fe^{3+} + Mn^{2+}$$

Para efetuar esta reação, misturam-se KI e $KMnO_4$ em meio básico.

Problemas semelhantes: 19.1, 19.2.

19.2 Células Galvânicas

Vimos na Seção 4.4 que, quando um pedaço de zinco metálico é mergulhado em uma solução de $CuSO_4$, o Zn é oxidado a íons Zn^{2+} e os íons Cu^{2+} são reduzidos a cobre metálico (veja a Figura 4.13):

$$Zn(s) + Cu^{2+}(aq) \longrightarrow Zn^{2+}(aq) + Cu(s)$$

Os elétrons são transferidos diretamente em solução do agente redutor (Zn) para o agente oxidante (Cu^{2+}). Se separarmos fisicamente o agente oxidante do agente redutor, a transferência de elétrons pode ser realizada através de um meio condutor exterior (um fio metálico). À medida que a reação progride, é estabelecido um fluxo contínuo de elétrons e, portanto, produz-se eletricidade (isto é, trabalho elétrico é produzido tal como a força motriz de um motor elétrico).

O dispositivo experimental usado para produzir eletricidade por meio de uma reação espontânea é denominado **célula galvânica** ou *célula voltaica*, em homenagem aos cientistas italianos Luigi Galvani e Alessandro Volta, que construíram as primeiras versões do dispositivo. A Figura 19.1 mostra os componentes essenciais de

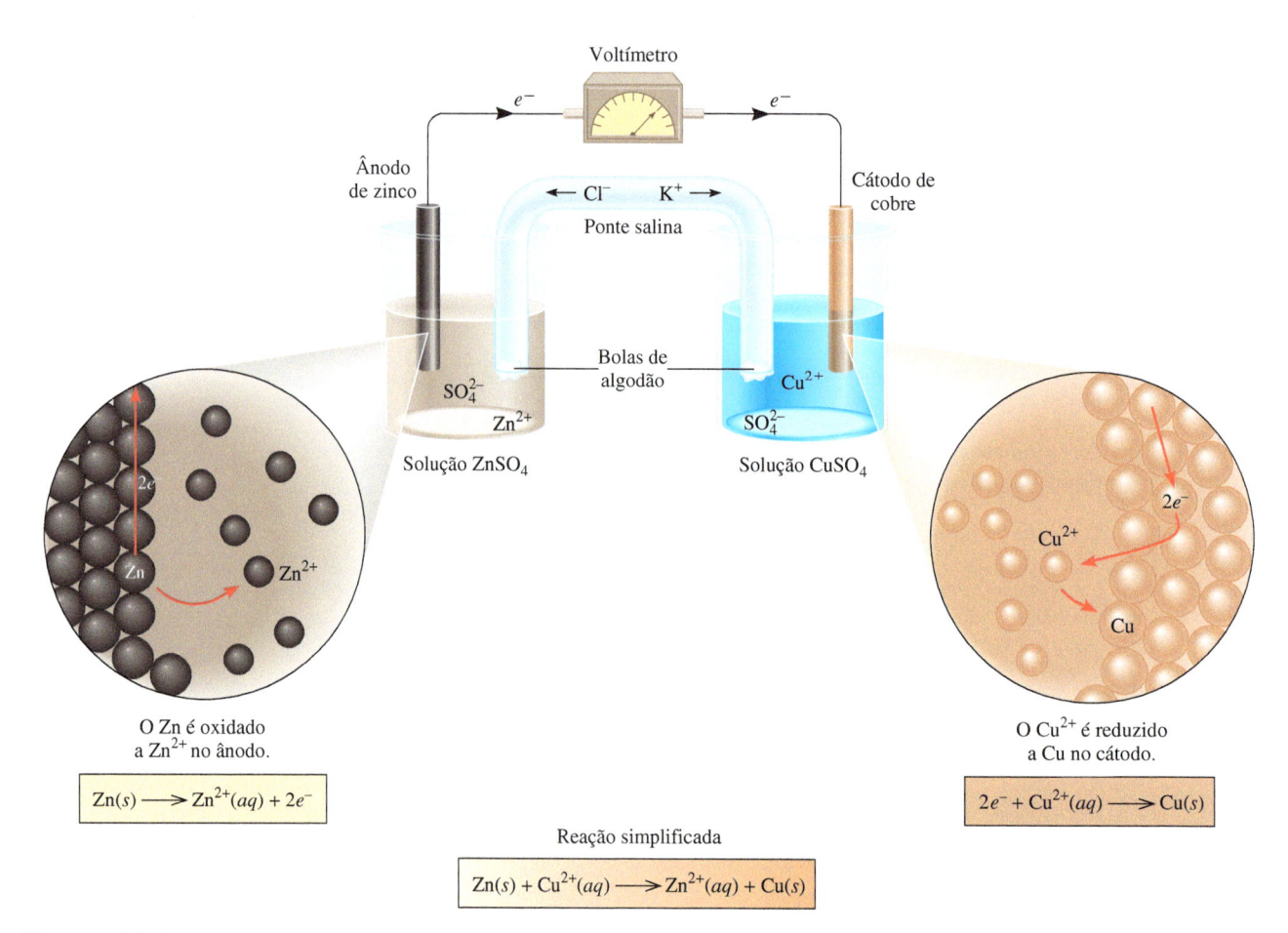

Animação:
Células Galvânicas
Centro de Aprendizagem
Online, Animações

Figura 19.1
Uma célula galvânica. A ponte salina (um tubo em U invertido) contendo uma solução de KCl proporciona um meio eletricamente condutor entre as duas soluções. As aberturas do tubo em U estão fechadas com bolas de algodão para impedir que a solução de KCl flua para dentro do compartimento, permitindo, no entanto, o movimento dos ânions e cátions. Os elétrons fluem no circuito exterior do eletrodo de Zn (ânodo) para o eletrodo de Cu (cátodo).

uma célula galvânica. Uma barra de zinco é mergulhada em uma solução de $ZnSO_4$ e uma barra de cobre é mergulhada em uma solução de $CuSO_4$. A célula galvânica funciona com base no princípio de que a oxidação do Zn a Zn^{2+} e a redução do Cu^{2+} a Cu podem ocorrer simultaneamente em locais separados, dando-se a transferência de elétrons através de um condutor exterior. As barras de zinco e cobre são chamadas *eletrodos*. Esse arranjo particular de eletrodos (Zn e Cu) e soluções ($ZnSO_4$ e $CuSO_4$) é conhecido como célula de Daniell. Por definição, em uma célula galvânica, *o eletrodo no qual ocorre a oxidação é* denominado **ânodo** *e o eletrodo em que ocorre a redução é* denominado **cátodo**.

Na ordem alfabética, o ânodo precede cátodo e a oxidação precede a redução. Portanto, o ânodo é o eletrodo em que ocorre a oxidação e o cátodo no qual a redução tem lugar.

Para a célula de Daniell, as *reações de oxidação e de redução nos eletrodos* designadas **reações de semicélula** são:

Eletrodo de Zn (ânodo): $\quad\quad\quad\quad Zn(s) \longrightarrow Zn^{2+}(aq) + 2e^-$

Eletrodo de Cu (cátodo): $Cu^{2+}(aq) + 2e^- \longrightarrow Cu(s)$

As reações de semicélula são semelhantes às semi-reações discutidas anteriormente.

Note que, a não ser que as duas soluções estejam separadas uma da outra, os íons Cu^{2+} reagirão diretamente com a barra de zinco:

$$Cu^{2+}(aq) + Zn(s) \longrightarrow Cu(s) + Zn^{2+}(aq)$$

não havendo produção de trabalho elétrico útil.

Para completar o circuito elétrico, as soluções devem ser conectadas por um meio condutor pelo qual os cátions e os ânions possam se mover de um compartimento para o outro. Essa exigência é satisfeita por uma *ponte salina*, que, na sua forma mais simples, é um tubo em U invertido que contém uma solução eletrolítica inerte, tal como KCl ou NH_4NO_3, cujos íons não vão reagir com os outros íons em solução ou com os eletrodos (veja a Figura 19.1). No decorrer da reação de oxirredução global, os elétrons fluem no circuito exterior através do fio condutor e do voltímetro, do ânodo (eletrodo de Zn) para o cátodo (eletrodo de Cu). Na solução, os cátions (Zn^{2+}, Cu^{2+} e K^+) se movem na direção do cátodo, ao passo que os ânions (SO_4^{2-} e Cl^-) se movem na direção do ânodo. Na ausência da ponte salina que liga as duas soluções, a formação de carga positiva no compartimento anódico (em decorrência da formação de íons Zn^{2+}) e de carga negativa no compartimento catódico (originada quando alguns íons Cu^{2+} são reduzidos a Cu) impediria rapidamente a célula de operar.

O fato de haver um fluxo de corrente elétrica do ânodo para o cátodo deve-se a uma diferença de potencial entre os dois eletrodos. Esse fluxo de corrente elétrica é semelhante à queda d'água em uma catarata, que ocorre em virtude da diferença de energia potencial, ou ao fluxo de um gás de uma região de alta pressão para uma região de baixa pressão. Experimentalmente, *a diferença de potencial elétrico entre o ânodo e o cátodo* pode ser medida usando-se um voltímetro (Figura 19.2) e a leitura (em volts) é chamada de **potencial de célula**. Os termos **força eletromotriz** ou **fem (E)** e *voltagem de célula* também são utilizados para designar o potencial de célula. Veremos mais tarde que o potencial de uma célula não depende apenas da natureza dos eletrodos e dos íons, mas também das concentrações de íons e da temperatura na qual a célula opera.

A notação convencional que é usada para representar as células galvânicas é o *diagrama de célula*. Para a célula de Daniell representada na Figura 19.1, se consideramos que as concentrações dos íons Zn^{2+} e Cu^{2+} são 1 M, o diagrama da célula é

$$Zn(s)|Zn^{2+}(1\ M)\|Cu^{2+}(1\ M)|Cu(s)$$

A linha vertical representa um limite de fase. Por exemplo, o eletrodo de Zn é sólido e os íons Zn^{2+} (provenientes do $ZnSO_4$) estão em solução. Assim, colocamos um traço entre o Zn e o Zn^{2+} para indicar o contato entre as fases. O traço duplo revela

Figura 19.2
Montagem experimental da célula galvânica descrita na Figura 19.1. Observe o tubo em U (ponte salina) que liga os dois béqueres. Quando as concentrações de $ZnSO_4$ e de $CuSO_4$ são 1 molar (1 M) a 25°C, o potencial da célula é 1,10 V.

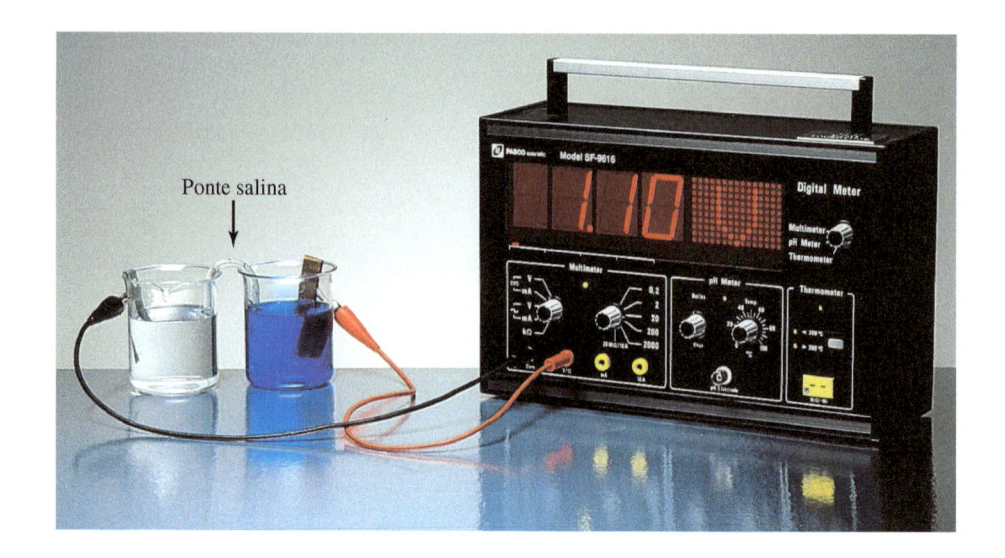

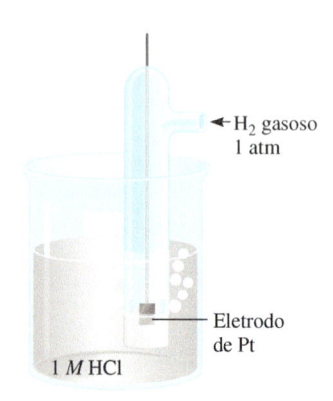

Figura 19.3
Eletrodo de hidrogênio operando nas condições-padrão. Hidrogênio gasoso a 1 atm é borbulhado em uma solução 1 M de HCl. O eletrodo de Pt é parte integrante do eletrodo de hidrogênio.

A escolha de uma referência arbitrária para medir o potencial de um eletrodo é semelhante à escolha da superfície do oceano como altitude de referência, atribuindo-lhe o valor zero metro, considerando então qualquer altitude terrestre certo número de metros acima ou abaixo do nível do mar.

Os estados-padrão são definidos na Tabela 18.2.

a presença da ponte salina. Por convenção, o ânodo é escrito em primeiro lugar, à esquerda do traço duplo, e os demais componentes aparecem na ordem que os encontramos ao deslocarmos do ânodo para o cátodo.

19.3 Potenciais Padrão de Redução

Quando ambas as concentrações dos íons Cu^{2+} e Zn^{2+} são 1,0 M, verifica-se que o potencial ou a fem da célula de Daniell é 1,10 V a 25°C (veja a Figura 19.2). Como poderemos relacionar esse potencial com a reação de oxirredução correspondente? Tal como a reação global da célula pode ser considerada como a soma de duas reações de semicélula, também a fem medida pode ser considerada como a soma dos potenciais elétricos nos eletrodos de Zn e Cu. Conhecendo um desses potenciais de eletrodo, poderíamos obter o outro por subtração (de 1,10 V). Não é possível medir o potencial de um único eletrodo, mas se fixarmos arbitrariamente em zero o valor do potencial de um eletrodo particular, poderemos usá-lo para determinar os potenciais relativos de outros eletrodos. O eletrodo de hidrogênio, representado na Figura 19.3, serve como referência para esse fim. O hidrogênio gasoso é borbulhado em uma solução de ácido clorídrico a 25°C. O eletrodo de platina tem duas funções. Em primeiro lugar, proporciona uma superfície na qual poderá ocorrer a dissociação das moléculas de hidrogênio:

$$H_2 \longrightarrow 2H^+ + 2e^-$$

Em segundo lugar, funciona como um condutor elétrico para o circuito externo.

Nas condições-padrão (isto é, quando a pressão de H_2 é 1 atm e a concentração da solução de HCl é 1 M; veja a Tabela 18.2), o potencial para a reação de redução do H^+ a 25°C é definido como *exatamente* zero:

$$2H^+(1\ M) + 2e^- \longrightarrow H_2(1\ atm) \qquad E° = 0\ V$$

O expoente "°" designa as condições-padrão e $E°$ **é o *potencial-padrão de redução****, que se define *como o potencial associado à reação de redução que ocorre em um eletrodo quando todos os solutos possuem concentração 1 M e todos os gases estão a 1 atm*. Portanto, *o potencial-padrão de redução* do eletrodo de hidrogênio é zero. O eletrodo de hidrogênio é designado *eletrodo-padrão de hidrogênio (EPH)*.

(*) N. R. T.: – O potencial-padrão de redução também é conhecido como potencial-padrão de eletrodo.

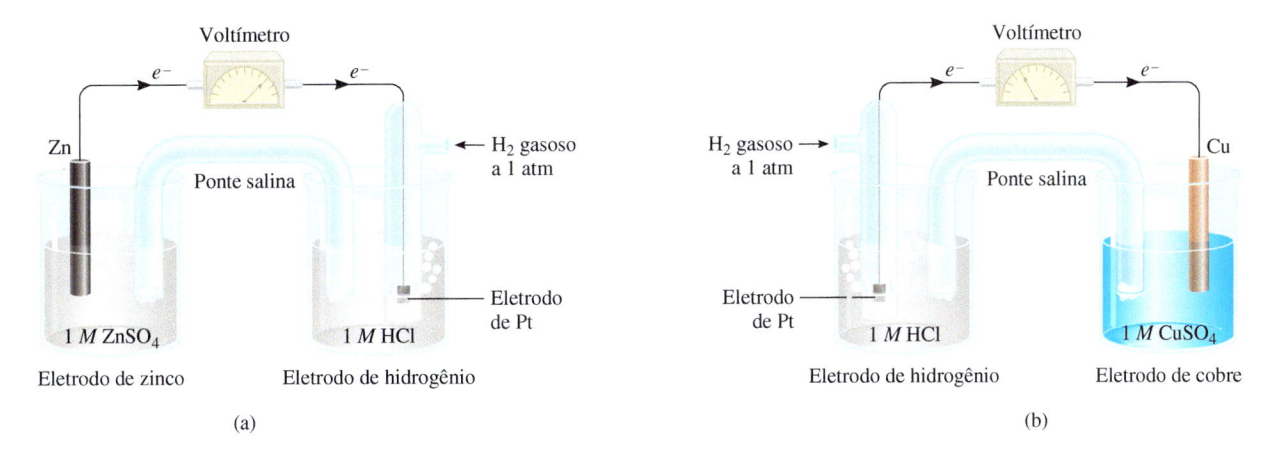

Figura 19.4
(a) Célula constituída por um eletrodo de zinco e um eletrodo de hidrogênio. (b) Célula formada por um eletrodo de cobre e um eletrodo de hidrogênio. Ambas as células se encontram nas condições-padrão. Note que em (a) o EPH atua como cátodo, mas em (b) atua como ânodo.

Podemos usar o EPH para medir os potenciais de outros tipos de eletrodos. A Figura 19.4(a) mostra uma célula galvânica constituída por um eletrodo de Zn e um EPH. Nesse caso, o eletrodo de Zn funciona como ânodo e o EPH como cátodo. Chegamos a essa conclusão pelo fato de a massa do eletrodo de Zn diminuir ao longo do funcionamento da célula, o que está de acordo com a dissolução do zinco para a solução por meio da reação de oxidação:

$$Zn(s) \longrightarrow Zn^{2+}(aq) + 2e^-$$

O diagrama da célula é:

$$Zn(s)|Zn^{2+}(1\ M)\|H^+(1\ M)|H_2(1\ atm)|Pt(s)$$

Como mencionamos anteriormente, o eletrodo de Pt proporciona a superfície na qual ocorrerá a redução. Quando todos os reagentes estão no estado-padrão (isto é, H_2 a 1 atm, íons H^+ e Zn^{2+} a 1 M), a fem da célula é 0,76 V a 25°C. Podemos escrever as reações de semicélula da seguinte forma:

Ânodo (oxidação): $\quad Zn(s) \longrightarrow Zn^{2+}(1\ M) + 2e^-$
Cátodo (redução): $\quad 2H^+(1\ M) + 2e^- \longrightarrow H_2(1\ atm)$
Global: $\quad Zn(s) + 2H^+(1\ M) \longrightarrow Zn^{2+}(1\ M) + H_2(1\ atm)$

Por convenção, a ***fem-padrão*** da célula, $E°_{célula}$, que é o resultado das contribuições anódica e catódica, é dada por

$$E°_{célula} = E°_{cátodo} - E°_{ânodo} \tag{19.1}$$

em que *ambos* $E°_{cátodo}$ e $E°_{ânodo}$ são os potenciais-padrão de redução dos eletrodos. Para a célula Zn-EPH, temos

$$E°_{célula} = E°_{H^+/H_2} - E°_{Zn^{2+}/Zn}$$
$$0,76\ V = 0 - E°_{Zn^{2+}/Zn}$$

em que os subscritos H^+/H_2 representam $2H^+ + 2e^- \rightarrow H_2$ e os subscritos Zn^{2+}/Zn significam $Zn^{2+} + 2e^- \rightarrow Zn$. Portanto, o potencial-padrão de redução do zinco, $E°_{Zn^{2+}/Zn}$, é $-0,76$ V.

O potencial-padrão do eletrodo de cobre pode ser obtido de modo semelhante, usando-se uma célula com um eletrodo de cobre e um EPH [Figura 19.4(b)]. Nesse caso, o eletrodo de cobre é o cátodo porque a sua massa aumenta durante o funcionamento da célula, o que é consistente com a reação de redução:

$$Cu^{2+}(aq) + 2e^- \longrightarrow Cu(s)$$

O diagrama da célula é

$$Pt(s)|H_2(1\ atm)|H^+(1\ M)\|Cu^{2+}(1\ M)|Cu(s)$$

e as reações de semicélula são

Ânodo (oxidação): $H_2(1\ atm) \longrightarrow 2H^+(1\ M) + 2e^-$
Cátodo (redução): $Cu^{2+}(1\ M) + 2e^- \longrightarrow Cu(s)$
Global: $H_2(1\ atm) + Cu^{2+}(1\ M) \longrightarrow 2H^+(1\ M) + Cu(s)$

Nas condições-padrão e a 25°C, a fem da célula é 0,34 V, assim, escrevemos

$$E°_{célula} = E°_{cátodo} - E°_{ânodo}$$
$$0,34\ V = E°_{Cu^{2+}/Cu} - E°_{H^+/H_2}$$
$$= E°_{Cu^{2+}/Cu} - 0$$

Nesse caso, o potencial-padrão de redução do cobre, $E°_{Cu^{2+}/Cu}$, é 0,34 V, onde o subscrito significa $Cu^{2+} + 2e^- \rightarrow Cu$.

Para a célula de Daniell representada na Figura 19.1, podemos agora escrever

Ânodo (oxidação): $Zn(s) \longrightarrow Zn^{2+}(1\ M) + 2e^-$
Cátodo (redução): $Cu^{2+}(1\ M) + 2e^- \longrightarrow Cu(s)$
Global: $Zn(s) + Cu^{2+}(1\ M) \longrightarrow Zn^{2+}(1\ M) + Cu(s)$

A fem da célula é

$$E°_{célula} = E°_{cátodo} - E°_{ânodo}$$
$$= E°_{Cu^{2+}/Cu} - E°_{Zn^{2+}/Zn}$$
$$= 0,34\ V - (-0,76\ V)$$
$$= 1,10\ V$$

Como no caso de $\Delta G°$ (página 607), podemos usar o sinal de $E°$ para prever a espontaneidade de uma reação de oxirredução. Um valor positivo de $E°$ significa que a formação de produtos é favorecida na reação de oxirredução quando se atinge o equilíbrio. De modo inverso, um valor negativo de $E°$ significa que no equilíbrio haverá mais reagentes que produtos. Mais tarde, neste capítulo, analisaremos as relações entre $E°_{célula}$, $\Delta G°$ e K.

A Tabela 19.1 apresenta os potenciais-padrão de redução para um conjunto de reações de semicélula. Por definição, o EPH tem um valor de $E°$ de 0,00 V. Abaixo do EPH, os potenciais-padrão de redução negativos aumentam, enquanto, acima dele, são os potenciais-padrão de redução positivos que aumentam. É importante compreender os seguintes aspectos relativos à tabela:

1. Os valores de $E°$ referem-se às reações de semicélula lidas no sentido direto (da esquerda para a direita).

2. Quanto mais positivo for $E°$, maior a tendência da substância ser reduzida. Por exemplo, a reação de semicélula

$$F_2(1\ atm) + 2e^- \longrightarrow 2F^-(1\ M) \qquad E° = 2,87\ V$$

> A série de atividades na Figura 4.14 está baseada nos dados apresentados na Tabela 19.1.

TABELA 19.1 — Potenciais-Padrão de Redução a 25°C*

Semi-Reação	E°(V)
$F_2(g) + 2e^- \longrightarrow 2F^-(aq)$	+2,87
$O_3(g) + 2H^+(aq) + 2e^- \longrightarrow O_2(g) + H_2O$	+2,07
$Co^{3+}(aq) + e^- \longrightarrow Co^{2+}(aq)$	+1,82
$H_2O_2(aq) + 2H^+(aq) + 2e^- \longrightarrow 2H_2O$	+1,77
$PbO_2(s) + 4H^+(aq) + SO_4^{2-}(aq) + 2e^- \longrightarrow PbSO_4(s) + 2H_2O$	+1,70
$Ce^{4+}(aq) + e^- \longrightarrow Ce^{3+}(aq)$	+1,61
$MnO_4^-(aq) + 8H^+(aq) + 5e^- \longrightarrow Mn^{2+}(aq) + 4H_2O$	+1,51
$Au^{3+}(aq) + 3e^- \longrightarrow Au(s)$	+1,50
$Cl_2(g) + 2e^- \longrightarrow 2Cl^-(aq)$	+1,36
$Cr_2O_7^{2-}(aq) + 14H^+(aq) + 6e^- \longrightarrow 2Cr^{3+}(aq) + 7H_2O$	+1,33
$MnO_2(s) + 4H^+(aq) + 2e^- \longrightarrow Mn^{2+}(aq) + 2H_2O$	+1,23
$O_2(g) + 4H^+(aq) + 4e^- \longrightarrow 2H_2O$	+1,23
$Br_2(l) + 2e^- \longrightarrow 2Br^-(aq)$	+1,07
$NO_3^-(aq) + 4H^+(aq) + 3e^- \longrightarrow NO(g) + 2H_2O$	+0,96
$2Hg^{2+}(aq) + 2e^- \longrightarrow Hg_2^{2+}(aq)$	+0,92
$Hg_2^{2+}(aq) + 2e^- \longrightarrow 2Hg(l)$	+0,85
$Ag^+(aq) + e^- \longrightarrow Ag(s)$	+0,80
$Fe^{3+}(aq) + e^- \longrightarrow Fe^{2+}(aq)$	+0,77
$O_2(g) + 2H^+(aq) + 2e^- \longrightarrow H_2O_2(aq)$	+0,68
$MnO_4^-(aq) + 2H_2O + 3e^- \longrightarrow MnO_2(s) + 4OH^-(aq)$	+0,59
$I_2(s) + 2e^- \longrightarrow 2I^-(aq)$	+0,53
$O_2(g) + 2H_2O + 4e^- \longrightarrow 4OH^-(aq)$	+0,40
$Cu^{2+}(aq) + 2e^- \longrightarrow Cu(s)$	+0,34
$AgCl(s) + e^- \longrightarrow Ag(s) + Cl^-(aq)$	+0,22
$SO_4^{2-}(aq) + 4H^+(aq) + 2e^- \longrightarrow SO_2(g) + 2H_2O$	+0,20
$Cu^{2+}(aq) + e^- \longrightarrow Cu^+(aq)$	+0,15
$Sn^{4+}(aq) + 2e^- \longrightarrow Sn^{2+}(aq)$	+0,13
$2H^+(aq) + 2e^- \longrightarrow H_2(g)$	0,00
$Pb^{2+}(aq) + 2e^- \longrightarrow Pb(s)$	−0,13
$Sn^{2+}(aq) + 2e^- \longrightarrow Sn(s)$	−0,14
$Ni^{2+}(aq) + 2e^- \longrightarrow Ni(s)$	−0,25
$Co^{2+}(aq) + 2e^- \longrightarrow Co(s)$	−0,28
$PbSO_4(s) + 2e^- \longrightarrow Pb(s) + SO_4^{2-}(aq)$	−0,31
$Cd^{2+}(aq) + 2e^- \longrightarrow Cd(s)$	−0,40
$Fe^{2+}(aq) + 2e^- \longrightarrow Fe(s)$	−0,44
$Cr^{3+}(aq) + 3e^- \longrightarrow Cr(s)$	−0,74
$Zn^{2+}(aq) + 2e^- \longrightarrow Zn(s)$	−0,76
$2H_2O + 2e^- \longrightarrow H_2(g) + 2OH^-(aq)$	−0,83
$Mn^{2+}(aq) + 2e^- \longrightarrow Mn(s)$	−1,18
$Al^{3+}(aq) + 3e^- \longrightarrow Al(s)$	−1,66
$Be^{2+}(aq) + 2e^- \longrightarrow Be(s)$	−1,85
$Mg^{2+}(aq) + 2e^- \longrightarrow Mg(s)$	−2,37
$Na^+(aq) + e^- \longrightarrow Na(s)$	−2,71
$Ca^{2+}(aq) + 2e^- \longrightarrow Ca(s)$	−2,87
$Sr^{2+}(aq) + 2e^- \longrightarrow Sr(s)$	−2,89
$Ba^{2+}(aq) + 2e^- \longrightarrow Ba(s)$	−2,90
$K^+(aq) + e^- \longrightarrow K(s)$	−2,93
$Li^+(aq) + e^- \longrightarrow Li(s)$	−3,05

Força crescente como agente oxidante (↑, lado esquerdo)
Força crescente como agente redutor (↓, lado direito)

* Para todas as semi-reações, a concentração das espécies dissolvidas é 1 M e a pressão dos gases, 1 atm. Essas são as condições-padrão.

tem o valor mais elevado de $E°$ entre todas as reações de semicélula. Assim, F_2 é o agente oxidante *mais forte* porque tem a maior tendência para ser reduzido. No outro extremo, encontra-se a reação

$$Li^+(1\ M) + e^- \longrightarrow Li(s) \qquad E° = -3,05\ V$$

que apresenta o valor de $E°$ mais negativo. Portanto, o íon Li^+ é o agente oxidante *mais fraco*, pois é a espécie mais difícil de reduzir. De modo inverso, dizemos que o íon F^- é o agente redutor mais fraco e o Li metálico é o agente redutor mais forte. Nas condições-padrão, a força dos agentes oxidantes (as espécies presentes no lado esquerdo das semi-reações da Tabela 19.1) aumenta de baixo para cima e a força dos agentes redutores (as espécies presentes no lado direito das mesmas semi-reações) aumenta de cima para baixo.

3. As reações de semicélula são reversíveis. Qualquer eletrodo pode funcionar tanto como ânodo quanto como cátodo dependendo das condições. Vimos anteriormente que, em uma célula, o EPH funciona como cátodo (H^+ é reduzido a H_2) quando acoplado com o zinco; no entanto, quando acoplado ao cobre, ele funciona como ânodo (H_2 é oxidado a H^+).

4. Nas condições-padrão, qualquer espécie situada à esquerda em dada reação de semi célula reagirá espontaneamente com uma espécie situada à direita em uma reação qualquer de semicélula localizada *abaixo* dela na Tabela 19.1. Esse princípio é, às vezes, designado pela *regra da diagonal*. No caso da célula de Daniell,

$$Cu^{2+}(1\ M) + 2e^- \longrightarrow Cu(s) \qquad E° = 0.34\ V$$
$$Zn^{2+}(1\ M) + 2e^- \longrightarrow Zn(s) \qquad E° = -0.76\ V$$

Vemos que a substância do lado esquerdo da primeira reação de semicélula é o Cu^{2+} e que a substância no lado direito da segunda reação de semicélula é o Zn. Portanto, como vimos antes, o Zn reduz espontaneamente o Cu^{2+} para formar Zn^{2+} e Cu.

5. A modificação dos coeficientes estequiométricos de uma reação de semicélula *não* afeta o valor de $E°$ porque os potenciais de eletrodo são propriedades intensivas. Isso significa que o valor de $E°$ não é afetado pelo tamanho dos eletrodos nem pela quantidade de solução presente. Por exemplo,

$$I_2(s) + 2e^- \longrightarrow 2I^-(1\ M) \qquad E° = 0,53\ V$$

mas $E°$ não varia se os membros da semi-reação forem multiplicados por 2:

$$2I_2(s) + 4e^- \longrightarrow 4I^-(1\ M) \qquad E° = 0,53\ V$$

6. De modo análogo ao verificado para ΔH, ΔG e ΔS, sempre que se inverter a reação de semicélula, $E°$ muda de sinal, mas o seu valor é mantido.

Como os Exemplos 19.2 e 19.3 mostram, a Tabela 19.1 permite prever o resultado das reações de oxirredução nas condições-padrão, caso elas ocorram em uma célula galvânica, em que os agentes oxidante e redutor estão separados fisicamente um do outro, ou em um béquer, onde os reagentes se encontram misturados.

EXEMPLO 19.2

Preveja o que acontecerá se adicionarmos bromo (Br_2) a uma solução contendo NaCl e NaI a 25°C. Admita que todas as espécies estejam no estado-padrão.

(Continua)

Estratégia Para prevermos que reação(ões) de oxirredução ocorrerá(ão), temos de comparar os potenciais-padrão de redução do Cl_2, Br_2 e I_2 e aplicar a regra da diagonal.

Solução Consultando a Tabela 19.1, escrevemos as reações e os respectivos potenciais-padrão de redução:

$$Cl_2(1\ atm) + 2e^- \longrightarrow 2Cl^-(1\ M) \qquad E° = 1{,}36\ V$$
$$Br_2(l) + 2e^- \longrightarrow 2Br^-(1\ M) \qquad E° = 1{,}07\ V$$
$$I_2(s) + 2e^- \longrightarrow 2I^-(1\ M) \qquad E° = 0{,}53\ V$$

Aplicando a regra da diagonal, vemos que o Br_2 oxidará o I^-, mas não oxidará o Cl^-. Portanto, a única reação que ocorrerá em extensão apreciável nas condições-padrão será:

Oxidação: $2I^-(1\ M) \longrightarrow I_2(s) + 2e^-$
Redução: $Br_2(l) + 2e^- \longrightarrow 2Br^-(1\ M)$
Global: $2I^-(1\ M) + Br_2(l) \longrightarrow I_2(s) + 2Br^-(1\ M)$

Verificação Podemos confirmar essa conclusão por meio do cálculo de $E°_{célula}$. Tente fazê-lo. Observe que os íons Na^+ são inertes, não participando, por isso, da reação de oxirredução.

Problemas semelhantes: 19.14, 19.17.

Exercício O Sn é capaz de reduzir o Zn^{2+} (aq) em condições-padrão?

EXEMPLO 19.3

Uma célula galvânica é constituída por um eletrodo de Mg mergulhado em uma solução 1,0 M de $Mg(NO_3)_2$ e por um eletrodo de Ag mergulhado em uma solução 1,0 M de $AgNO_3$. Calcule a fem-padrão da célula a 25°C.

Estratégia À primeira vista pode ser difícil identificar o ânodo e o cátodo na célula galvânica. Consultando a Tabela 19.1, escrevemos os potenciais-padrão de redução da Ag e do Mg e aplicamos a regra da diagonal para determinar qual é o ânodo e qual é o cátodo.

Solução Os potenciais-padrão são:

$$Ag^+(1{,}0\ M) + e^- \longrightarrow Ag(s) \qquad E° = 0{,}80\ V$$
$$Mg^{2+}(1{,}0\ M) + 2e^- \longrightarrow Mg(s) \qquad E° = -2{,}37\ V$$

Aplicando a regra da diagonal, vemos que Ag^+ oxidará Mg:

Ânodo (oxidação): $Mg(s) \longrightarrow Mg^{2+}(1{,}0\ M) + 2e^-$
Cátodo (redução): $2Ag^+(1{,}0\ M) + 2e^- \longrightarrow 2Ag(s)$
Global: $Mg(s) + 2Ag^+(1{,}0\ M) \longrightarrow Mg^{2+}(1{,}0\ M) + 2Ag(s)$

Observe que, para balancear a equação global, multiplicamos a reação de redução do Ag^+ por 2. Podemos fazê-lo porque $E°$ é uma propriedade intensiva e, portanto, o seu valor não é afetado por esse procedimento. Obtemos, então, a fem da célula utilizando a Equação (19.1) e a Tabela 19.1:

$$E°_{célula} = E°_{cátodo} - E°_{ânodo}$$
$$= E°_{Ag^+/Ag} - E°_{Mg^{2+}/Mg}$$
$$= 0{,}80\ V - (-2{,}37\ V)$$
$$= 3{,}17\ V$$

Verificação O valor positivo de $E°$ mostra que a reação direta é favorecida.

Problemas semelhantes: 19.11, 19.12.

Exercício Qual é a fem-padrão de uma célula galvânica constituída por um eletrodo de Cd mergulhado em uma solução 1,0 M de $Cd(NO_3)_2$ e por um eletrodo de Cr mergulhado em uma solução 1,0 M de $Cr(NO_3)_3$ a 25°C?

19.4 Espontaneidade das Reações de Oxirredução

A nossa próxima etapa consiste em verificar como $E°_{célula}$ está relacionado com outras grandezas termodinâmicas como $\Delta G°$ e K. Em uma célula galvânica, a energia química é convertida em energia elétrica. A energia elétrica é, nesse caso, o produto da fem da célula pela carga elétrica total (em coulombs) que atravessa a célula:

$$\text{energia elétrica} = \text{volts} \times \text{coulombs}$$
$$= \text{joules}$$

A carga total é determinada pelo número de mols de elétrons (n) que passa através do circuito. Por definição

$$\text{carga total} = nF$$

em que F, a constante de Faraday (descoberta pelo químico e físico inglês Michael Faraday), é a carga elétrica contida em 1 mol de elétrons. Verificou-se, experimentalmente, que **1 faraday** é *equivalente a 96.485,3 coulombs*, ou 96.500 coulombs, arredondando para três algarismos significativos. Portanto,

$$1\ F = 96.500\ \text{C/mol}\ e^-$$

Dado que

$$1\ \text{J} = 1\ \text{C} \times 1\ \text{V}$$

as unidades de faraday podem também ser expressas como

$$1\ F = 96.500\ \text{J/V} \cdot \text{mol}\ e^-$$

A fem medida é o potencial *máximo* que a célula pode atingir. Esse valor é usado para calcular a quantidade máxima de energia elétrica que pode ser obtida a partir da reação química. Essa energia é usada para produzir trabalho elétrico (w_{eletr}), de forma que

$$w_{máx} = w_{ele}$$
$$= -nFE_{célula}$$

em que $w_{máx}$ é a quantidade máxima de trabalho que pode ser realizado. O sinal negativo no lado direito indica que o trabalho é realizado pelo sistema sobre o exterior. No Capítulo 18, definiu-se energia livre como a energia disponível para realizar trabalho. Especificamente, a variação de energia livre (ΔG) representa a quantidade máxima de trabalho útil que pode ser obtido de uma reação:

$$\Delta G = w_{máx}$$

Portanto, é possível escrever

$$\Delta G = -nFE_{célula} \tag{19.2}$$

Tanto n quanto F são quantidades positivas e ΔG é negativo para um processo espontâneo, portanto $E_{célula}$ é positiva. Para as reações em que os reagentes e os produtos estão no estado-padrão, a Equação (19.2) transforma-se em

$$\Delta G° = -nFE°_{célula} \tag{19.3}$$

Agora, podemos relacionar $E°_{célula}$ com a constante de equilíbrio (K) de uma reação de oxirredução. Na Seção 18.5, vimos que a variação da energia livre padrão, $\Delta G°$, associada a uma reação, está relacionada com a sua constante de equilíbrio como se segue [veja a Equação (18.14)]:

$$\Delta G° = -RT \ln K$$

Portanto, pelas Equações (18.14) e (19.3), obtemos

$$-nFE°_{célula} = -RT \ln K$$

Isolando $E°_{célula}$, temos

$$E°_{célula} = \frac{RT}{nF} \ln K \qquad (19.4)$$

Quando $T = 298$ K, a Equação (19.4) pode ser simplificada substituindo-se R e F pelos seus valores:

$$E°_{célula} = \frac{(8,314 \text{ J/K} \cdot \text{mol})(298 \text{ K})}{n(96.500 \text{ J/V} \cdot \text{mol})} \ln K$$

$$E°_{célula} = \frac{0,0257 \text{ V}}{n} \ln K \qquad (19.5)$$

De forma alternativa, a Equação (19.5) pode ser escrita usando-se o logaritmo de K na base 10:

$$E°_{célula} = \frac{0,0592 \text{ V}}{n} \log K \qquad (19.6)$$

Portanto, se qualquer uma das três quantidades $\Delta G°$, K ou $E°_{célula}$ for conhecida, as outras duas podem ser calculadas usando-se a Equação (18.14), a Equação (19.3) ou a Equação (19.4) (Figura 19.5). Na Tabela 19.2 estão sintetizadas as relações entre $\Delta G°$, K e $E°_{célula}$ e também o modo de caracterizar a espontaneidade de uma reação de oxirredução. Por uma questão de simplicidade, vamos omitir o subscrito "célula" em E e $E°$.

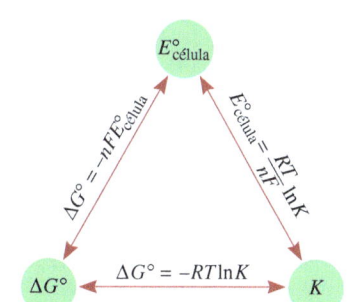

Nos cálculos que envolvem F, o símbolo e^- é, às vezes, omitido.

Figura 19.5
Relações entre $E°_{célula}$, K e $\Delta G°$.

EXEMPLO 19.4

Calcule a constante de equilíbrio para a seguinte reação a 25°C:

$$Sn(s) + 2Cu^{2+}(aq) \rightleftharpoons Sn^{2+}(aq) + 2Cu^{+}(aq)$$

(Continua)

TABELA 19.2 Relações entre $\Delta G°$, K e $E°_{célula}$

$\Delta G°$	K	$E°_{célula}$	Reações em Condições-padrão
Negativa	>1	Positiva	Favorece formação dos produtos
0	=1	0	Reagentes e produtos são igualmente favorecidos.
Positiva	<1	Negativa	Favorece formação dos reagentes.

Estratégia A relação entre a constante de equilíbrio K e a fem-padrão é dada pela Equação (19.5): $E°_{célula} = (0{,}0257\ V/n)\ln K$. Portanto, se podemos determinar a fem-padrão, podemos também calcular a constante de equilíbrio. É possível calcular $E°_{célula}$ para uma célula galvânica hipotética constituída por dois pares (Sn^{2+}/Sn e Cu^{2+}/Cu^+) por meio dos potenciais-padrão de redução listados na Tabela 19.1.

Solução As reações de semicélula são:

Ânodo (oxidação): $\quad Sn(s) \longrightarrow Sn^{2+}(aq) + 2e^-$
Cátodo (redução): $\quad 2Cu^{2+}(aq) + 2e^- \longrightarrow 2Cu^+(aq)$

$$\begin{aligned}E°_{célula} &= E°_{cátodo} - E°_{ânodo} \\ &= E°_{Cu^{2+}/Cu^+} - E°_{Sn^{2+}/Sn} \\ &= 0{,}15\ V - (-0{,}14\ V) \\ &= 0{,}29\ V\end{aligned}$$

A Equação (19.5) pode ser escrita como

$$\ln K = \frac{nE°}{0{,}0257\ V}$$

Na reação global, encontramos $n = 2$. Por essa razão,

$$\ln K = \frac{(2)(0{,}29\ V)}{0{,}0257\ V} = 22{,}6$$

$$K = e^{22{,}6} = 7 \times 10^9$$

Problemas semelhantes: 19.21, 19.22.

Exercício Calcule a constante de equilíbrio para a seguinte reação a 25°C:

$$Fe^{2+}(aq) + 2Ag(s) \rightleftharpoons Fe(s) + 2Ag^+(aq)$$

EXEMPLO 19.5

Calcule a variação da energia livre padrão associada à seguinte reação a 25°C.

$$2Au(s) + 3Ca^{2+}(1{,}0\ M) \longrightarrow 2Au^{3+}(1{,}0\ M) + 3Ca(s)$$

Estratégia A relação entre a variação da energia livre padrão e a fem-padrão de uma célula é dada pela Equação (19.3): $\Delta G° = -nFE°_{célula}$. Portanto, se podemos determinar $E°_{célula}$, podemos também calcular $\Delta G°$. É possível calcular $E°_{célula}$ para uma célula galvânica hipotética constituída por dois pares (Au^{3+}/Au e Ca^{2+}/Ca), a partir dos potenciais-padrão de redução listados na Tabela 19.1.

Solução As reações de semicélula são

Ânodo (oxidação): $\quad 2Au(s) \longrightarrow 2Au^{3+}(1{,}0\ M) + 6e^-$
Cátodo (redução): $\quad 3Ca^{2+}(1{,}0\ M) + 6e^- \longrightarrow 3Ca(s)$

$$\begin{aligned}E°_{célula} &= E°_{cátodo} - E°_{ânodo} \\ &= E°_{Ca^{2+}/Ca} - E°_{Au^{3+}/Au} \\ &= -2{,}87\ V - 1{,}50\ V \\ &= -4{,}37\ V\end{aligned}$$

(Continua)

Agora, usamos a Equação (19.3):

$$\Delta G° = -nFE°$$

A reação global mostra que $n = 6$, assim

$$\Delta G° = -(6)(96{,}500 \text{ J/V} \cdot \text{mol})(-4{,}37 \text{ V})$$
$$= 2{,}53 \times 10^6 \text{ J/mol}$$
$$= 2{,}53 \times 10^3 \text{ kJ/mol}$$

Verificação O valor positivo e elevado de $\Delta G°$ indica que a reação favorece os reagentes no equilíbrio. Esse resultado é consistente com o valor negativo do $E°$ da célula galvânica.

Problema semelhante: 19.24.

Exercício Calcule $\Delta G°$ para a seguinte reação a 25°C:

$$2\text{Al}^{3+}(aq) + 3\text{Mg}(s) \rightleftharpoons 2\text{Al}(s) + 3\text{Mg}^{2+}(aq)$$

19.5 Efeito da Concentração na Fem da Célula

Até agora nos interessamos por reações de oxirredução em que os reagentes e os produtos se encontram nos respectivos estados-padrão. No entanto, as condições-padrão são freqüentemente difíceis e, muitas vezes, impossíveis de manter. Apesar disso, existe uma relação matemática entre a fem de uma célula galvânica e a concentração de reagentes e produtos em uma reação de oxirredução quando as condições são diferentes das condições-padrão. Essa equação é derivada em seguida.

Equação de Nernst

Considere uma reação de oxirredução do tipo

$$a\text{A} + b\text{B} \longrightarrow c\text{C} + d\text{D}$$

Da Equação (18.13), temos

$$\Delta G = \Delta G° + RT \ln Q$$

Uma vez que $\Delta G = -nFE$ and $\Delta G° = -nFE°$, a equação pode ser expressa como

$$-nFE = -nFE° + RT \ln Q$$

Dividindo os membros da equação por $-nF$, obtemos

$$E = E° - \frac{RT}{nF} \ln Q \qquad (19.7)$$

em que Q é o quociente de reação (veja a Seção 15.3). A Equação (19.7) é conhecida por *equação de Nernst* (estabelecida pelo químico alemão Walter Nernst). A 298 K, a Equação (19.7) pode ser reescrita como

$$E = E° - \frac{0{,}0257 \text{ V}}{n} \ln Q \qquad (19.8)$$

ou, passando a logaritmos decimais

$$E = E° - \frac{0{,}0592 \text{ V}}{n} \log Q \qquad (19.9)$$

Durante o funcionamento da célula galvânica, os elétrons fluem do ânodo para o cátodo, resultando na formação de produto e na diminuição da concentração do reagente. Portanto, Q aumenta, o que significa que E diminui. Conseqüentemente, a célula atinge o equilíbrio. No equilíbrio, não há transferência de elétrons, uma vez que $E = 0$ e $Q = K$, em que K é a constante de equilíbrio.

A equação de Nernst nos permite calcular E em função das concentrações de reagentes e produtos em uma reação de oxirredução. Por exemplo, para a célula de Daniell da Figura 19.1,

$$Zn(s) + Cu^{2+}(aq) \longrightarrow Zn^{2+}(aq) + Cu(s)$$

A equação de Nernst para essa célula a 25°C pode ser escrita como

$$E = 1{,}10 \text{ V} - \frac{0{,}0257 \text{ V}}{2} \ln \frac{[Zn^{2+}]}{[Cu^{2+}]}$$

Se a razão $[Zn^{2+}]/[Cu^{2+}]$ for menor que 1, $\ln([Zn^{2+}]/[Cu^{2+}])$ é um número negativo e, conseqüentemente, o segundo termo do lado direito da equação anterior é positivo. Nessas condições, E é maior que a fem-padrão $E°$. Se o quociente for maior que 1, E será menor que $E°$.

Lembre-se de que as concentrações de sólidos puros (e de líquidos puros) não aparecem na expressão de Q.

EXEMPLO 19.6

Preveja se a reação seguinte ocorreria espontaneamente a 298 K:

$$Co(s) + Fe^{2+}(aq) \longrightarrow Co^{2+}(aq) + Fe(s)$$

sabendo que $[Co^{2+}] = 0{,}15 \text{ } M$ e $[Fe^{2+}] = 0{,}68 \text{ } M$.

Estratégia   Uma vez que a reação não ocorre nas condições-padrão (as concentrações não são 1 M), necessitamos da equação de Nernst [Equação (19.8)] para calcular a fem (E) de uma célula galvânica hipotética e determinar a espontaneidade da reação. A fem-padrão ($E°$) pode ser calculada usando-se os potenciais-padrão de redução da Tabela 19.1. Recorde-se de que as substâncias sólidas não aparecem no quociente de reação (Q) na equação de Nernst. Note que são transferidos 2 mols de elétrons na reação, isto é, $n = 2$.

Solução   As semi-reações são:

Ânodo (oxidação): $\qquad Co(s) \longrightarrow Co^{2+}(aq) + 2e^-$
Cátodo (redução): $\quad Fe^{2+}(aq) + 2e^- \longrightarrow Fe(s)$

$$E°_{\text{célula}} = E°_{\text{cátodo}} - E°_{\text{ânodo}}$$
$$= E°_{Fe^{2+}/Fe} - E°_{Co^{2+}/Co}$$
$$= -0{,}44 \text{ V} - (-0{,}28 \text{ V})$$
$$= -0{,}16 \text{ V}$$

(Continua)

A partir da Equação (19.8), escrevemos

$$E = E° - \frac{0{,}0257\text{ V}}{n} \ln Q$$

$$= E° - \frac{0{,}0257\text{ V}}{n} \ln \frac{[\text{Co}^{2+}]}{[\text{Fe}^{2+}]}$$

$$= -0{,}16\text{ V} - \frac{0{,}0257\text{ V}}{2} \ln \frac{0{,}15}{0{,}68}$$

$$= -0{,}16\text{ V} + 0{,}019\text{ V}$$

$$= -0{,}14\text{ V}$$

Dado que E é negativo, a reação não é espontânea na direção em que está escrita.

Problemas semelhantes: 19.29, 19.30.

Exercício Será que a seguinte reação ocorre espontaneamente a 25°C, tendo em conta que $[\text{Fe}^{2+}] = 0{,}60\ M$ e $[\text{Cd}^{2+}] = 0{,}010\ M$?

$$\text{Cd}(s) + \text{Fe}^{2+}(aq) \longrightarrow \text{Cd}^{2+}(aq) + \text{Fe}(s)$$

Suponha agora que queiramos determinar o valor da razão $[\text{Co}^{2+}]/[\text{Fe}^{2+}]$ para a qual a reação do Exemplo 19.6 se tornaria espontânea. Podemos usar a Equação (19.8) do seguinte modo:

$$E = E° - \frac{0{,}0257\text{ V}}{n} \ln Q$$

Consideramos E igual a zero, dado que isso corresponde à situação de equilíbrio.

$$0 = -0{,}16\text{ V} - \frac{0{,}0257\text{ V}}{2} \ln \frac{[\text{Co}^{2+}]}{[\text{Fe}^{2+}]}$$

$$\ln \frac{[\text{Co}^{2+}]}{[\text{Fe}^{2+}]} = -12{,}5$$

$$\frac{[\text{Co}^{2+}]}{[\text{Fe}^{2+}]} = e^{-12{,}5} = K$$

Quando $E = 0$, $Q = K$.

ou
$$K = 4 \times 10^{-6}$$

Portanto, para a reação ser espontânea, a razão $[\text{Co}^{2+}]/[\text{Fe}^{2+}]$ deverá ser inferior a 4×10^{-6} de modo que E se torne positivo.

Como mostra o Exemplo 19.7, se existirem gases envolvidos na reação da célula, as suas concentrações devem ser expressas em atm.

EXEMPLO 19.7

Considere a célula galvânica representada na Figura 19.4(a). A sua fem (E) foi medida a 25°C, tendo-se obtido o valor de 0,54 V. Considere que $[\text{Zn}^{2+}] = 1{,}0\ M$ e que $P_{\text{H}_2} = 1{,}0$ atm. Calcule a concentração molar de H^+.

Estratégia A equação de Nernst nos permite relacionar a fem de uma célula nas condições-padrão com o seu valor em condições diferentes das padrão. A reação global da célula é:

$$\text{Zn}(s) + 2\text{H}^+(?\ M) \longrightarrow \text{Zn}^{2+}(1{,}0\ M) + \text{H}_2(1{,}0\text{ atm})$$

(Continua)

Conhecido o valor da fem (E) da célula, aplicamos a equação de Nernst e calculamos [H^+]. Observe que são transferidos 2 mols de elétrons na reação, isto é, $n = 2$.

Solução   Como vimos anteriormente (página 627), a fem-padrão ($E°$) da célula é 0,76 V. Por meio da Equação (19.8), podemos escrever

$$E = E° - \frac{0{,}0257\text{ V}}{n} \ln Q$$

$$= E° - \frac{0{,}0257\text{ V}}{n} \ln \frac{[Zn^{2+}]P_{H_2}}{[H^+]^2}$$

$$0{,}54\text{ V} = 0{,}76\text{ V} - \frac{0{,}0257\text{ V}}{2} \ln \frac{(1{,}0)(1{,}0)}{[H^+]^2}$$

$$-0{,}22\text{ V} = -\frac{0{,}0257\text{ V}}{2} \ln \frac{1}{[H^+]^2}$$

$$17{,}1 = \ln \frac{1}{[H^+]^2}$$

$$e^{17{,}1} = \frac{1}{[H^+]^2}$$

$$[H^+] = \sqrt{\frac{1}{3 \times 10^7}} = 2 \times 10^{-4}\,M$$

Problema semelhante: 19.32.

Verificação   O fato da fem ser dada em condições diferentes da padrão significa que nem todas as espécies reagentes estão na concentração-padrão. Uma vez que tanto os íons Zn^{2+} como o H_2 gasoso estão no estado-padrão, [H^+] será diferente de 1 M.

Exercício   Qual é a fem de uma célula galvânica constituída pelas células Cd^{2+}/Cd e $Pt/H^+/H_2$ se [Cd^{2+}] = 0,20 M, [H^+] = 0,16 M e P_{H_2} = 0,80 atm?

O Exemplo 19.7 mostra que uma célula galvânica, em cuja reação estejam envolvidos íons H^+, pode ser utilizada para medir [H^+] ou o pH. O medidor de pH descrito na Seção 16.3 baseia-se nesse princípio. Porém, o eletrodo de hidrogênio (veja a Figura 19.3) não é normalmente empregado no laboratório porque é complicado usá-lo. Esse eletrodo é substituído por um eletrodo de vidro, mostrado na Figura 19.6. O eletrodo consiste em uma membrana muito fina de vidro que é permeável aos íons H^+. Um fio de prata recoberto com cloreto de prata é imerso em uma solução de ácido clorídrico diluído. Quando o eletrodo é colocado em uma solução cujo pH é diferente do pH da solução interna, a diferença de potencial que se estabelece entre os dois lados da membrana pode ser monitorada usando-se um eletrodo de referência. A fem da célula constituída pelo eletrodo de vidro e o eletrodo de referência é medida com um voltímetro que é calibrado em unidades de pH.

Células de Concentração

Já que o potencial de eletrodo depende da concentração dos íons, é possível construir uma célula galvânica a partir de duas semicélulas constituídas pelo *mesmo* material, mas diferindo na concentração dos íons. Essa célula designa-se *célula de concentração*.

Considere a situação em que eletrodos de zinco são mergulhados em duas soluções de sulfato de zinco com concentrações 0,10 M e 1,0 M. As duas soluções estão em contato através de uma ponte salina e os eletrodos são ligados por um fio condutor em uma montagem semelhante à que é apresentada na Figura 19.1. De acordo com o princípio de Le Châtelier, a tendência para a redução

$$Zn^{2+}(aq) + 2e^- \longrightarrow Zn(s)$$

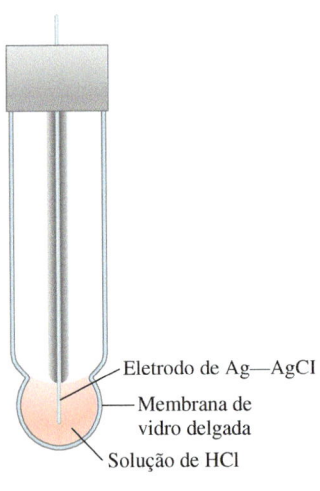

Figura 19.6
Eletrodo de vidro que, associado a um eletrodo de referência, é usado em um medidor de pH.

Eletrodo de Ag—AgCl
Membrana de vidro delgada
Solução de HCl

aumenta com a elevação da concentração em íons Zn^{2+}. Portanto, a redução deve ocorrer no compartimento contendo a solução mais concentrada e a oxidação naquele que contém a solução mais diluída. O diagrama da célula é

$$Zn(s)\,|\,Zn^{2+}(0,10\ M)\,\|\,Zn^{2+}(1,0\ M)\,|\,Zn(s)$$

e as semi-reações são

Oxidação: $\quad Zn(s) \longrightarrow Zn^{2+}(0,10\ M) + 2e^-$
Redução: $\quad Zn^{2+}(1,0\ M) + 2e^- \longrightarrow Zn(s)$
Global: $\quad Zn^{2+}(1,0\ M) \longrightarrow Zn^{2+}(0,10\ M)$

A fem da célula é

$$E = E° - \frac{0,0257\ V}{2} \ln \frac{[Zn^{2+}]_{dil}}{[Zn^{2+}]_{conc}}$$

em que os subscritos "dil" e "conc" se referem, respectivamente, às concentrações $0,10\ M$ e $1,0\ M$. Para essa célula, o valor de $E°$ é zero (o mesmo eletrodo e o mesmo tipo de íons estão envolvidos) e por isso

$$E = 0 - \frac{0,0257\ V}{2} \ln \frac{0,10}{1,0}$$
$$= 0,0296\ V$$

A fem das células de concentração é geralmente pequena e decresce continuamente durante o funcionamento da célula à medida que as concentrações nos dois compartimentos se aproximam uma da outra. Quando as concentrações dos íons nos dois compartimentos são iguais, E torna-se zero e não ocorrem mais modificações.

Uma célula biológica pode ser considerada uma célula de concentração, para efeitos do cálculo do seu *potencial de membrana*. O potencial de membrana é o potencial elétrico que se estabelece através das membranas das diferentes células biológicas, incluindo as musculares e as nervosas. O potencial de membrana é responsável pela propagação dos impulsos nervosos e pelo batimento cardíaco. O potencial de membrana é estabelecido sempre que, no interior e no exterior da célula, as concentrações dos mesmos íons são diferentes. Por exemplo, as concentrações do íon K^+ no interior e no exterior de uma célula nervosa são, respectivamente, 400 mM e 15 mM. Tratando essa situação como uma célula de concentração e aplicando a equação de Nernst a uma única espécie de íons, podemos escrever

$1\ mM = 1 \times 10^{-3}\ M$.

$$E = E° - \frac{0,0257\ V}{1} \ln \frac{[K^+]_{ex}}{[K^+]_{in}}$$
$$= -(0,0257\ V) \ln \frac{15}{400}$$
$$= 0,084\ V\ \text{ou}\ 84\ mV$$

em que os subscritos "ex" e "in" se referem, respectivamente, ao exterior e ao interior da célula. Note que $E° = 0$ porque estão envolvidos os mesmos íons. Portanto, em virtude das diferentes concentrações de íon K^+, um potencial elétrico de 84 mV é estabelecido através da membrana.

19.6 Baterias

Uma ***bateria*** *é uma célula galvânica, ou um conjunto de células galvânicas ligadas em série, que pode ser usada como fonte de corrente elétrica contínua em um potencial constante.* Embora o funcionamento de uma bateria seja semelhante, no seu princípio, ao das células galvânicas descritas na Seção 19.2, uma bateria tem a vantagem de ser

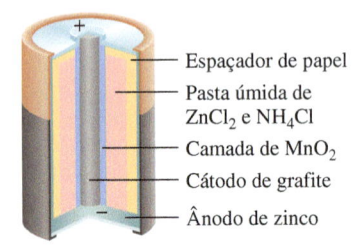

Figura 19.7
Seção interior de uma pilha seca do tipo das usadas nas lanternas e nos rádios portáteis. Na realidade, a bateria não é completamente seca na medida em que contém uma pasta úmida de eletrólito.

completamente autônoma e não necessitar de componentes auxiliares como pontes salinas. Descrevemos, em seguida, vários tipos de baterias de uso corrente, também comumente designadas pilhas.

Pilha Seca

A bateria seca mais comum, isto é, uma célula sem componente fluido, é a *pilha de Leclanché*, usada em lanternas e rádios portáteis. O ânodo da célula consiste em um recipiente de zinco que está em contato com o dióxido de manganês (MnO_2) e um eletrólito. O eletrólito é constituído por uma solução aquosa de cloreto de amônio e cloreto de zinco, à qual é adicionada amido para lhe dar uma consistência pastosa que a impeça de vazar (Figura 19.7). O cátodo é uma haste de carbono imersa no eletrólito no centro da bateria. As reações da célula são

$$\text{Ânodo:} \quad Zn(s) \longrightarrow Zn^{2+}(aq) + 2e^-$$
$$\text{Cátodo:} \quad 2NH_4^+(aq) + 2MnO_2(s) + 2e^- \longrightarrow Mn_2O_3(s) + 2NH_3(aq) + H_2O(l)$$
$$\text{Global:} \quad Zn(s) + 2NH_4^+(aq) + 2MnO_2(s) \longrightarrow Zn^{2+}(aq) + 2NH_3(aq) + H_2O(l) + Mn_2O_3(s)$$

Na realidade, essa equação é uma simplificação dado que as reações que ocorrem na célula são bastante complexas. O potencial produzido por uma pilha seca é de cerca de 1,5 V.

Bateria de Mercúrio

A bateria de mercúrio é muito usada em medicina e na indústria eletrônica e é mais cara que a pilha seca comum. Essa bateria é constituída por um ânodo de zinco (amalgamado com mercúrio) em contato com um eletrólito fortemente alcalino contendo óxido de zinco e óxido de mercúrio(II), contido em um cilindro de aço inoxidável (Figura 19.8). As reações de célula são:

$$\text{Ânodo:} \quad Zn(Hg) + 2OH^-(aq) \longrightarrow ZnO(s) + H_2O(l) + 2e^-$$
$$\text{Cátodo:} \quad HgO(s) + H_2O(l) + 2e^- \longrightarrow Hg(l) + 2OH^-(aq)$$
$$\text{Global:} \quad Zn(Hg) + HgO(s) \longrightarrow ZnO(s) + Hg(l)$$

Visto que não existe variação da composição do eletrólito durante o funcionamento — a reação global da célula envolve apenas substâncias sólidas —, a bateria de mercúrio fornece um potencial mais constante (1,35 V) que a pilha de Leclanché. Tem também uma capacidade consideravelmente mais elevada e uma vida mais longa. Essas características tornam a bateria de mercúrio ideal para o uso em marca-passos, dispositivos auditivos, relógios elétricos e medidores de intensidade luminosa.

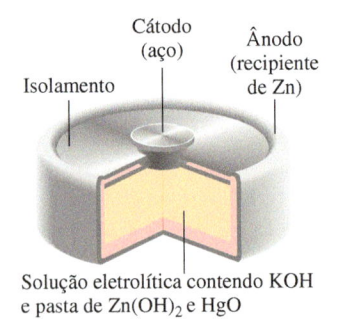

Figura 19.8
Seção interior de uma bateria de mercúrio.

Baterias de Chumbo

A bateria de chumbo correntemente utilizada nos automóveis é constituída por seis células idênticas ligadas em série umas às outras. Cada célula tem um ânodo de chumbo e um cátodo de dióxido de chumbo (PbO_2) prensado em uma placa metálica (Figura 19.9). Tanto o cátodo quanto o ânodo estão imersos em uma solução aquosa de ácido sulfúrico que atua como eletrólito. As reações de célula são:

$$\text{Ânodo:} \quad Pb(s) + SO_4^{2-}(aq) \longrightarrow PbSO_4(s) + 2e^-$$
$$\text{Cátodo:} \quad PbO_2(s) + 4H^+(aq) + SO_4^{2-}(aq) + 2e^- \longrightarrow PbSO_4(s) + 2H_2O(l)$$
$$\text{Global:} \quad Pb(s) + PbO_2(s) + 4H^+(aq) + 2SO_4^{2-}(aq) \longrightarrow 2PbSO_4(s) + 2H_2O(l)$$

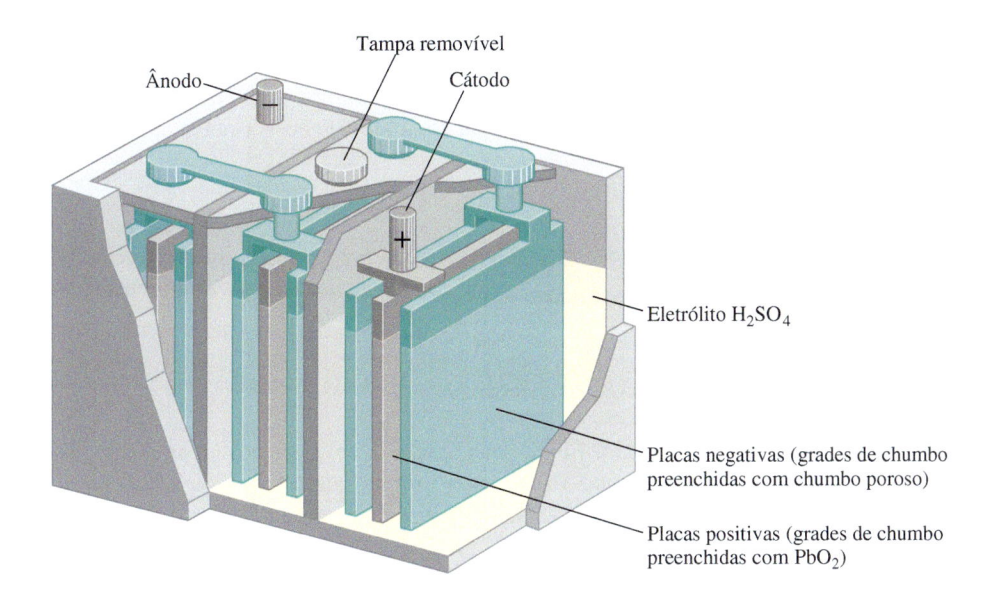

Figura 19.9
Seção interior de uma bateria de chumbo. Em condições normais de funcionamento, a concentração da solução de ácido sulfúrico é de aproximadamente 38% em massa.

Labels: Ânodo; Tampa removível; Cátodo; Eletrólito H_2SO_4; Placas negativas (grades de chumbo preenchidas com chumbo poroso); Placas positivas (grades de chumbo preenchidas com PbO_2)

Em condições normais de funcionamento, cada célula produz 2 V; assim, as seis células produzem um total de 12 V utilizados para fornecer energia ao circuito de ignição do automóvel e outros sistemas elétricos. A bateria de chumbo pode fornecer grandes quantidades de corrente em intervalos de tempo curtos, como por exemplo o tempo necessário para o arranque de um motor.

Ao contrário da pilha de Leclanché e da bateria de mercúrio, a bateria de chumbo é recarregável. Recarregar a bateria significa inverter a reação eletroquímica normal por meio da aplicação de um potencial exterior ao cátodo e ao ânodo. (Esse tipo de processo é chamado de *eletrólise*, veja a página 646.) As reações que repõem os materiais originais são

$$PbSO_4(s) + 2e^- \longrightarrow Pb(s) + SO_4^{2-}(aq)$$
$$PbSO_4(s) + 2H_2O(l) \longrightarrow PbO_2(s) + 4H^+(aq) + SO_4^{2-}(aq) + 2e^-$$
Global: $$2PbSO_4(s) + 2H_2O(l) \longrightarrow Pb(s) + PbO_2(s) + 4H^+(aq) + 2SO_4^{2-}(aq)$$

Essa reação global é exatamente inversa à reação normal da célula.

Existem dois aspectos do funcionamento da bateria de chumbo que interessa ressaltar. Em primeiro lugar, dado que a reação eletroquímica consome ácido sulfúrico, o grau de descarga da bateria pode ser determinado medindo-se a densidade do eletrólito com um densímetro, um procedimento comum nos locais de abastecimento de combustíveis. A densidade do fluido em uma bateria "saudável" e completamente carregada deverá ser igual ou superior a 1,2 g/mL. Em segundo lugar, as pessoas que vivem em climas frios têm, às vezes, dificuldade em ligar os seus carros porque a bateria "morreu". Cálculos termodinâmicos mostram que a fem de muitas células galvânicas diminui quando a temperatura diminui. Entretanto, para uma bateria de chumbo, o coeficiente térmico é cerca de $1,5 \times 10^{-4}$ V/°C, isto é, há uma diminuição de potencial de $1,5 \times 10^{-4}$ V para cada grau de diminuição da temperatura. Portanto, mesmo considerando uma variação de 40°C da temperatura, a redução do potencial é de apenas 6×10^{-3} V, que corresponde a cerca de

$$\frac{6 \times 10^{-3} \text{ V}}{12 \text{ V}} \times 100\% = 0,05\%$$

do potencial de funcionamento, uma variação insignificante. A causa real para a aparente avaria da bateria é um aumento da viscosidade do eletrólito com a diminuição da temperatura. Para que a bateria funcione convenientemente, é necessário que o eletrólito seja um bom condutor. No entanto, os íons movem-se mais lentamente em um meio viscoso, a resistência do fluido é, então, maior, conduzindo a um decréscimo na potência da bateria. Se for aquecida até a temperatura ambiente, uma bateria aparentemente "morta" recuperará a sua capacidade de fornecer a potência normal.

Células a Combustível

Os combustíveis fósseis são uma importante fonte de energia, mas a sua conversão em energia elétrica é um processo muito pouco eficiente. Considere a combustão do metano:

$$CH_4(g) + 2O_2(g) \longrightarrow CO_2(g) + 2H_2O(l) + \text{energia}$$

Para produzir eletricidade, o calor liberado na reação é, em primeiro lugar, usado para transformar a água em vapor, que aciona uma turbina que, por sua vez, aciona um gerador. Uma fração apreciável da energia liberada sob a forma de calor perde-se para o exterior em cada etapa; a instalação mais rentável atualmente converte em eletricidade apenas 40% da energia química original. Dado que as reações de combustão são reações de oxirredução, é desejável levá-las a cabo diretamente por meios eletroquímicos, o que permite aumentar fortemente o rendimento da produção de energia. Esse objetivo pode ser realizado por um dispositivo designado *célula a combustível*, *uma célula galvânica que necessita de um fornecimento contínuo de reagentes para funcionar*.

Na sua forma mais simples, uma célula a combustível hidrogênio-oxigênio consiste em uma solução eletrolítica, tal como hidróxido de potássio, e dois eletrodos inertes. Os gases hidrogênio e oxigênio são borbulhados nos compartimentos anódico e catódico (Figura 19.10), nos quais ocorrem as seguintes reações:

Ânodo: $\quad 2H_2(g) + 4OH^-(aq) \longrightarrow 4H_2O(l) + 4e^-$
Cátodo: $\quad O_2(g) + 2H_2O(l) + 4e^- \longrightarrow 4OH^-(aq)$
Global: $\quad\quad\quad 2H_2(g) + O_2(g) \longrightarrow 2H_2O(l)$

Figura 19.10
Célula a combustível de hidrogênio-oxigênio. O Ni e o NiO presentes no interior dos eletrodos de carbono poroso são eletrocatalisadores.

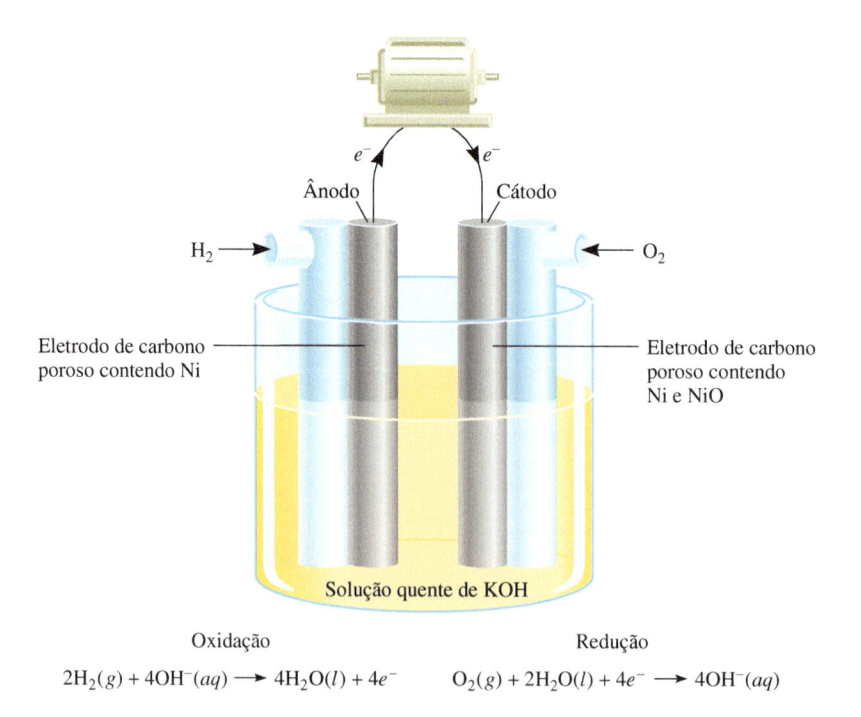

Oxidação
$2H_2(g) + 4OH^-(aq) \longrightarrow 4H_2O(l) + 4e^-$

Redução
$O_2(g) + 2H_2O(l) + 4e^- \longrightarrow 4OH^-(aq)$

A fem-padrão da célula pode ser calculada como se segue, com base nos dados listados na Tabela 19.1:

$$E°_{célula} = E°_{cátodo} - E°_{ânodo}$$
$$= 0,40 \text{ V} - (-0,83 \text{ V})$$
$$= 1,23 \text{ V}$$

Logo, a reação da célula é espontânea nas condições-padrão. Note que a reação não é mais que a reação de combustão do hidrogênio, mas a oxidação e a redução ocorrem separadamente no ânodo e no cátodo. Tal como acontece com a platina no eletrodo-padrão de hidrogênio, os eletrodos têm também, nesse caso, uma dupla função. Servem de condutores elétricos e proporcionam as superfícies necessárias para a decomposição inicial das moléculas em espécies atômicas, que antecede a transferência eletrônica. São *eletrocatalisadores*. Metais como a platina, o níquel e o ródio são bons eletrocatalisadores.

Além do sistema H_2-O_2, também foram desenvolvidas outras células a combustível. Uma delas é a célula a combustível propano-oxigênio. As reações de semicélula são:

Ânodo: $\quad C_3H_8(g) + 6H_2O(l) \longrightarrow 3CO_2(g) + 20H^+(aq) + 20e^-$
Cátodo: $\quad 5O_2(g) + 20H^+(aq) + 20e^- \longrightarrow 10H_2O(l)$
Global: $\quad C_3H_8(g) + 5O_2(g) \longrightarrow 3CO_2(g) + 4H_2O(l)$

A reação global é idêntica à da queima do propano em oxigênio.

Ao contrário das baterias, as células a combustível não armazenam energia química. Os reagentes devem ser constantemente fornecidos e os produtos, igualmente removidos. Nesse aspecto, uma célula a combustível assemelha-se mais a um motor que a uma bateria.

Uma célula a combustível bem concebida pode atingir uma eficiência de 70%, cerca do dobro da eficiência de um motor de combustão interna. Além disso, os geradores baseados nesse princípio não produzem ruído, vibrações, perdas de calor, poluição térmica e outros problemas normalmente associados às instalações de produção de energia. No entanto, o uso das células a combustível não está ainda generalizado. Um dos maiores problemas está associado à falta de catalisadores de baixo custo, capazes de funcionar de modo eficiente durante longos períodos e sem contaminação. A aplicação até hoje mais bem-sucedida das células a combustível tem sido nos veículos espaciais (Figura 19.11).

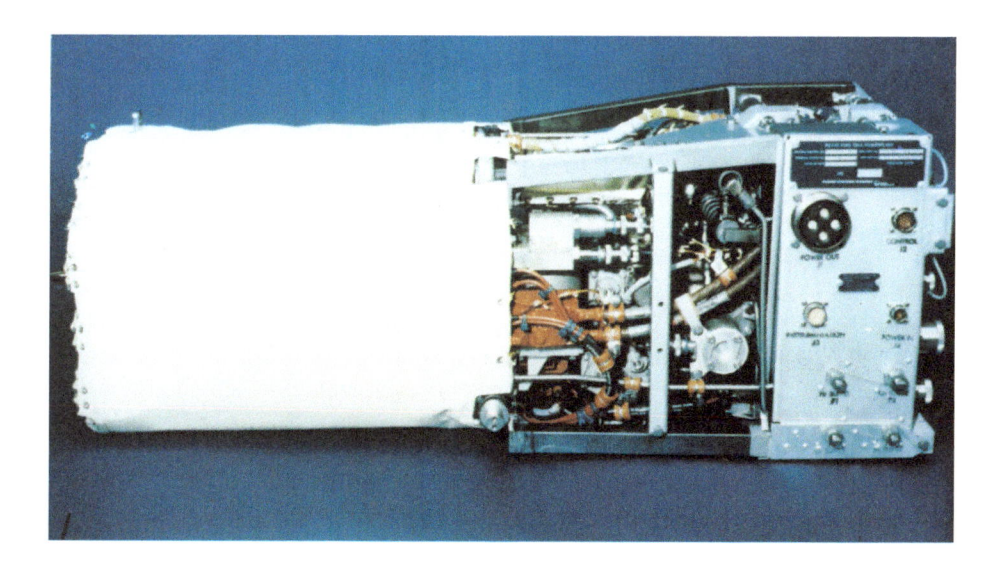

Figura 19.11
Célula a combustível de hidrogênio-oxigênio usada nos programas espaciais. A água pura produzida pela célula é consumida pelos astronautas.

19.7 Corrosão

Corrosão é o termo geralmente usado para designar a *deterioração de metais por um processo eletroquímico*. Encontramos à nossa volta muitos exemplos de corrosão. A ferrugem do ferro, o escurecimento da prata e a pátina, película verde formada sobre o cobre e o bronze, são alguns deles. A corrosão provoca enormes danos em edifícios, pontes, navios e automóveis. Nesta seção, são discutidos alguns dos processos fundamentais que ocorrem na corrosão e alguns métodos utilizados para proteger os metais contra esse processo.

O exemplo mais familiar de corrosão é, sem dúvida, o da formação de ferrugem sobre o ferro. Para que o ferro enferruje, é necessária a presença de oxigênio gasoso e água. Embora as reações envolvidas sejam bastante complexas e ainda não totalmente compreendidas, acredita-se que as etapas fundamentais são as seguintes. Uma região da superfície do metal funciona como ânodo, onde ocorre a oxidação:

$$Fe(s) \longrightarrow Fe^{2+}(aq) + 2e^-$$

Os elétrons liberados pelo ferro reduzem o oxigênio atmosférico à água no cátodo, que é outra região da mesma superfície metálica:

$$O_2(g) + 4H^+(aq) + 4e^- \longrightarrow 2H_2O(l)$$

A reação de oxirredução global é

$$2Fe(s) + O_2(g) + 4H^+(aq) \longrightarrow 2Fe^{2+}(aq) + 2H_2O(l)$$

Com os dados da Tabela 19.1, calculamos a fem-padrão desse processo:

$$\begin{aligned} E°_{célula} &= E°_{cátodo} - E°_{ânodo} \\ &= 1,23\ V - (-0,44\ V) \\ &= 1,67\ V \end{aligned}$$

> O valor positivo da fem-padrão significa que o processo ocorre espontaneamente.

Observe que essa reação ocorre em meio ácido; os íons H^+ são em parte fornecidos pela reação do dióxido de carbono atmosférico com a água para formar H_2CO_3.

Os íons Fe^{2+} formados no ânodo são ainda oxidados pelo oxigênio:

$$4Fe^{2+}(aq) + O_2(g) + (4 + 2x)H_2O(l) \longrightarrow 2Fe_2O_3 \cdot xH_2O(s) + 8H^+(aq)$$

Essa forma hidratada do óxido de ferro(III) é conhecida por ferrugem. A quantidade de água associada ao óxido de ferro é variável e, por isso, se usa a representação $Fe_2O_3 \cdot xH_2O$.

A Figura 19.12 mostra o mecanismo de formação da ferrugem. O circuito elétrico é fechado pela migração de elétrons e íons; é por essa razão que a corrosão é tão rápida em água salgada. Nos climas frios, os sais (NaCl, $CaCl_2$), derramados nas estradas para fundir o gelo e a neve são a maior causa de formação de ferrugem nos automóveis.

A corrosão metálica não se limita ao ferro. O alumínio, por exemplo, é um metal usado para fazer muitas coisas úteis, incluindo aviões e latas para bebidas. O alumínio tem uma tendência muito maior para se oxidar que o ferro; na Tabela 19.1, vemos que o alumínio possui um potencial-padrão de redução mais negativo que o ferro. Com base apenas nesse fato, seria de esperar ver os aviões corroerem-se lentamente durante as tempestades e as latas de bebidas transformarem-se em montes de alumínio corroído. Isso não acontece porque a camada de óxido de alumínio insolúvel (Al_2O_3) que se forma na superfície, quando o metal está exposto ao ar, serve para proteger o alumínio subjacente da posterior corrosão. A ferrugem que se forma na superfície do ferro é, no entanto, demasiado porosa para proteger o metal subjacente.

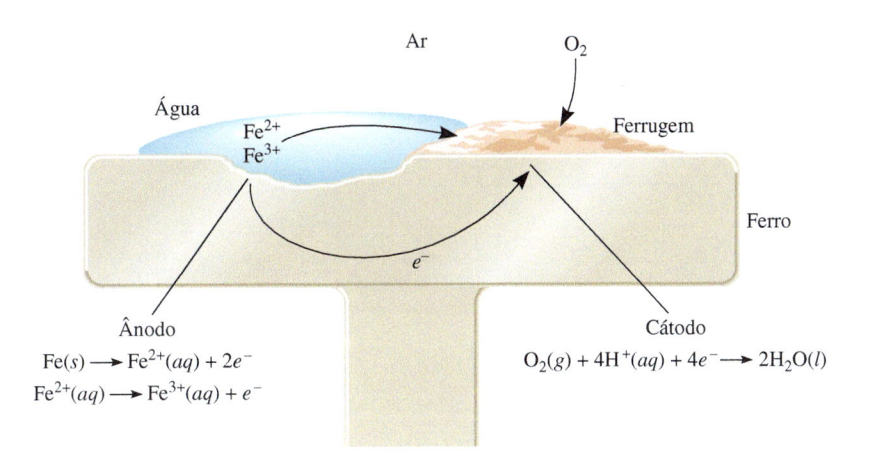

Figura 19.12
O processo eletroquímico envolvido na formação da ferrugem. Os íons H^+ são fornecidos pelo H_2CO_3, que se forma quando o CO_2 se dissolve em água.

Ar — O_2 — Água — Fe^{2+}, Fe^{3+} — Ferrugem — Ferro — e^-

Ânodo:
$Fe(s) \longrightarrow Fe^{2+}(aq) + 2e^-$
$Fe^{2+}(aq) \longrightarrow Fe^{3+}(aq) + e^-$

Cátodo:
$O_2(g) + 4H^+(aq) + 4e^- \longrightarrow 2H_2O(l)$

Os metais usados na cunhagem de moeda, como o cobre e a prata, também se corroem, mas muito mais lentamente.

$$Cu(s) \longrightarrow Cu^{2+}(aq) + 2e^-$$
$$Ag(s) \longrightarrow Ag^+(aq) + e^-$$

Quando exposto à atmosfera normal, o cobre forma uma camada de carbonato de cobre ($CuCO_3$), uma substância verde, chamada de pátina, que protege o metal subjacente da corrosão. Da mesma maneira, as peças das baixelas de prata, que estão em contato com os alimentos, desenvolvem uma camada de sulfeto de prata (Ag_2S).

Existem vários métodos para proteger os metais da corrosão. A maioria deles tem como objetivo impedir a formação de ferrugem. O procedimento mais óbvio é pintar a superfície do metal com uma tinta. No entanto, se a pintura estiver arranhada, esburacada ou deformada de forma que fique exposta uma área, mesmo que pequena, do metal, haverá formação de ferrugem sob a camada da tinta. A superfície do ferro metálico pode se tornar inativa por um processo chamado de *passivação*. Quando o metal é tratado com um agente oxidante forte, como o ácido nítrico concentrado, forma-se uma camada fina de óxido. Uma solução de cromato de sódio é freqüentemente adicionada aos sistemas de resfriamento e radiadores para evitar a formação de ferrugem.

A tendência do ferro para se oxidar é fortemente reduzida quando forma ligas com alguns metais. Por exemplo, no aço inoxidável (uma liga de ferro e crômio), a camada de óxido de crômio que se forma protege o ferro da corrosão.

Um recipiente de ferro pode ser coberto com uma camada de outro metal, por exemplo, o estanho ou o zinco. Uma lata de conserva, por exemplo, é feita aplicando-se sobre o ferro uma camada fina de estanho*. Enquanto essa camada se mantiver intacta, a formação de ferrugem fica impedida. No entanto, logo que a superfície tenha sido riscada, o enferrujamento ocorre rapidamente. Se olharmos para os potenciais-padrão de redução, de acordo com a regra da diagonal, verificamos que no processo de corrosão, o ferro age como ânodo e o estanho como cátodo:

$$Sn^{2+}(aq) + 2e^- \longrightarrow Sn(s) \qquad E° = -0,14 \text{ V}$$
$$Fe^{2+}(aq) + 2e^- \longrightarrow Fe(s) \qquad E° = -0,44 \text{ V}$$

O processo de proteção é diferente para o ferro revestido com zinco ou ferro *galvanizado*. O zinco é mais fácil de oxidar que o ferro (veja a Tabela 19.1):

$$Zn^{2+}(aq) + 2e^- \longrightarrow Zn(s) \qquad E° = -0,76 \text{ V}$$

Sendo assim, mesmo que um risco exponha o ferro, o zinco continuará a ser atacado. Nesse caso, o zinco metálico funciona como ânodo e o ferro age como cátodo.

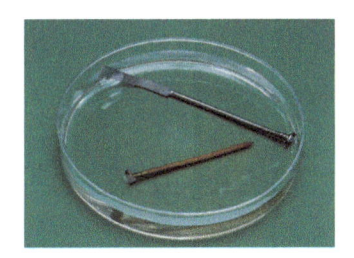

Figura 19.13
Um prego de ferro que está protegido catodicamente por um pedaço de folha de zinco não enferruja em água, ao passo que um prego de ferro que não está protegido enferruja rapidamente.

---

* N. R. T.: Uma folha de aço revestida com estanho é conhecida como *folha-de-flandres*; essas folhas são empregadas na fabricação de várias embalagens como, por exemplo, latas de conservas.

Figura 19.14
Proteção catódica de um tanque de ferro (cátodo) por magnésio, um metal mais eletropositivo (ânodo). Já que só o magnésio é consumido no processo eletroquímico, é denominado o ânodo de sacrifício.

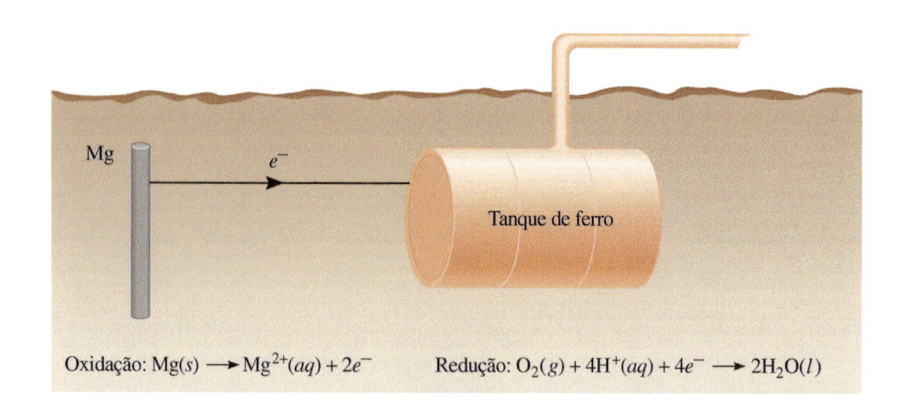

Oxidação: $Mg(s) \longrightarrow Mg^{2+}(aq) + 2e^-$ Redução: $O_2(g) + 4H^+(aq) + 4e^- \longrightarrow 2H_2O(l)$

A *proteção catódica* é um processo no qual o metal a ser protegido da corrosão torna-se cátodo em uma célula galvânica. A Figura 19.13 mostra como um prego de ferro pode ser protegido da corrosão ligando-o a um pedaço de zinco. Sem essa proteção, um prego de ferro mergulhado na água enferruja rapidamente. A corrosão de canalizações e tanques de armazenamento subterrâneos feitos de ferro pode ser impedida ou fortemente reduzida, ligando-os a metais como o zinco e o magnésio, que se oxidam mais facilmente que o ferro (Figura 19.14).

19.8 Eletrólise

Ao contrário das reações de oxirredução espontâneas em que há conversão da energia química em energia elétrica, a **eletrólise** é o processo no qual *a energia elétrica é usada para forçar a ocorrência de uma reação química não espontânea*. Uma **célula eletrolítica** *é uma montagem experimental na qual se realiza a eletrólise*. Os princípios básicos da eletrólise são os mesmos dos processos que ocorrem nas células galvânicas. Com base nesses princípios, discutiremos três exemplos de eletrólise. Em seguida, voltaremos a nossa atenção para os aspectos quantitativos da eletrólise.

Eletrólise do Cloreto de Sódio Fundido

No seu estado fundido, o cloreto de sódio, um composto iônico, pode ser eletrolisado para formar sódio metálico e cloro. A Figura 19.15(a) é um diagrama de uma *célula de Downs*, que é usada para a eletrólise em grande escala do NaCl. No NaCl fundido, os

Figura 19.15
(a) Dispositivo chamado de célula de Downs usado para a eletrólise do NaCl fundido (p.f. 801°C). O sódio metálico formado nos cátodos encontra-se no estado líquido. Dado que o sódio metálico líquido é mais leve que o NaCl fundido, ele flutua na superfície, como mostrado, e é recolhido. O cloro gasoso forma-se no ânodo e é coletado no topo. (b) Diagrama simplificado que mostra as reações no eletrodo durante a eletrólise do NaCl fundido. A bateria é necessária para provocar a reação não espontânea.

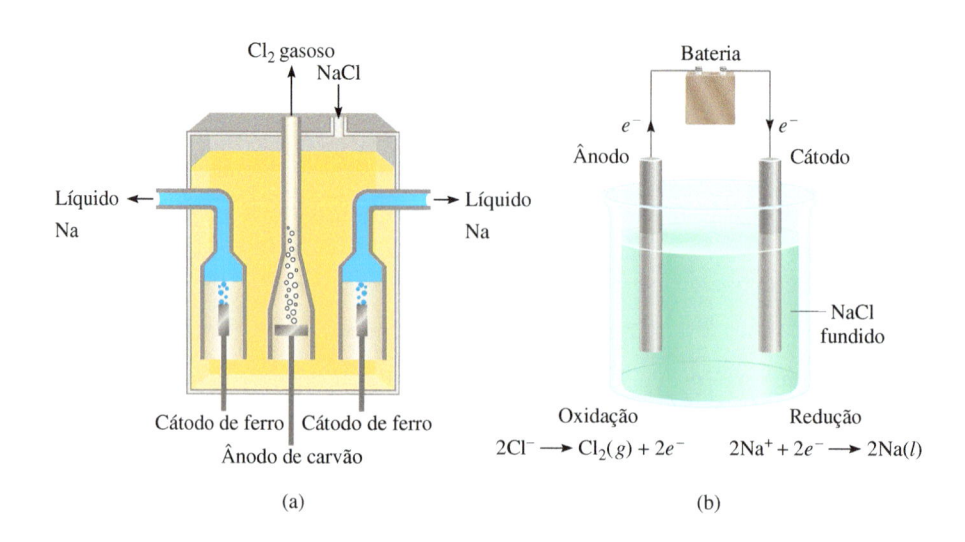

Oxidação: $2Cl^- \longrightarrow Cl_2(g) + 2e^-$ Redução: $2Na^+ + 2e^- \longrightarrow 2Na(l)$

cátions e os ânions são Na$^+$ e Cl$^-$, respectivamente. A Figura 19.15(b) mostra um diagrama simplificado das reações que ocorrem nos eletrodos. A célula eletrolítica contém um par de eletrodos ligados a uma bateria. A bateria serve como "bomba de elétrons", que envia os elétrons para o cátodo (onde ocorre a redução) e os retira do ânodo (onde ocorre a oxidação). As reações nos eletrodos são

$$\begin{aligned} \text{Ânodo (oxidação):} \quad & 2\text{Cl}^-(l) \longrightarrow \text{Cl}_2(g) + 2e^- \\ \text{Cátodo (redução):} \quad & \underline{2\text{Na}^+(l) + 2e^- \longrightarrow 2\text{Na}(l)} \\ \text{Global:} \quad & 2\text{Na}^+(l) + 2\text{Cl}^-(l) \longrightarrow 2\text{Na}(l) + \text{Cl}_2(g) \end{aligned}$$

Esse processo é uma das principais fontes de sódio metálico puro e de cloro gasoso.

Estimativas teóricas indicam que o valor de $E°$ para o processo global é cerca de –4 V, o que significa que o processo não é espontâneo. Portanto, a bateria terá de fornecer no *mínimo 4 V* para que a reação se processe. Na prática, é necessário um potencial mais elevado devido não só a ineficiências no processo eletrolítico, como também à sobretensão que será discutida oportunamente.

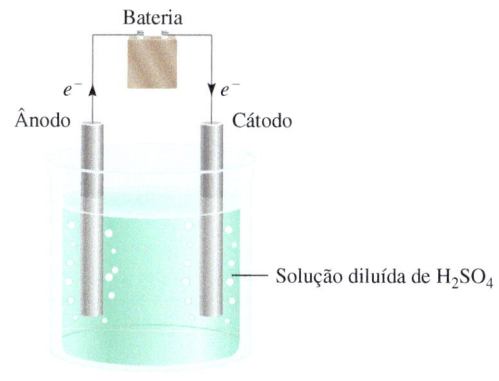

Figura 19.16
Montagem para a realização da eletrólise da água em pequena escala. O volume do hidrogênio gasoso formado (coluna à esquerda) é o dobro do volume de oxigênio gasoso (coluna à direita).

Eletrólise da Água

A água em um béquer, nas condições atmosféricas (1 atm e 25°C), não se decompõe espontaneamente para formar hidrogênio e oxigênio gasosos porque a variação de energia livre padrão associada à reação é positiva e elevada:

$$2\text{H}_2\text{O}(l) \longrightarrow 2\text{H}_2(g) + \text{O}_2(g) \qquad \Delta G° = 474,4 \text{ kJ/mol}$$

Contudo essa reação pode ser forçada eletrolisando-se a água em uma célula análoga à mostrada na Figura 19.16. Essa célula eletrolítica consiste em um par de eletrodos de um metal não reativo como a platina, imersos em água. Quando os eletrodos estão ligados à bateria, nada acontece, pois não existe na água pura um número suficiente de íons para conduzir uma quantidade apreciável de corrente. (Lembre-se de que, a 25°C, a água pura tem apenas 1×10^{-7} M de íons H$^+$ e 1×10^{-7} M de íons OH$^-$.) No entanto, a reação ocorre com facilidade em uma solução 0,1 M de H$_2$SO$_4$ porque, nesse caso, existem íons em número suficiente para conduzir a eletricidade. Bolhas de gás começam a surgir imediatamente em ambos os eletrodos.

A Figura 19.17 mostra as reações de eletrodo. O processo no ânodo é

$$2\text{H}_2\text{O}(l) \longrightarrow \text{O}_2(g) + 4\text{H}^+(aq) + 4e^-$$

Figura 19.17
Diagrama mostrando as reações de eletrodo durante a eletrólise da água.

Bateria
Ânodo   Cátodo
Solução diluída de H$_2$SO$_4$

Oxidação
$2\text{H}_2\text{O}(l) \longrightarrow \text{O}_2(g) + 4\text{H}^+(aq) + 4e^-$

Redução
$4\text{H}^+(aq) + 4e^- \longrightarrow 2\text{H}_2(g)$

ao passo que, no cátodo, temos

$$H^+(aq) + e^- \longrightarrow \tfrac{1}{2}H_2(g)$$

A reação global é dada por

Ânodo (oxidação): $\quad 2H_2O(l) \longrightarrow O_2(g) + 4H^+(aq) + 4e^-$

Cátodo (redução): $\quad \underline{4[H^+(aq) + e^- \longrightarrow \tfrac{1}{2}H_2(g)]}$

Global: $\quad 2H_2O(l) \longrightarrow 2H_2(g) + O_2(g)$

Qual é o potencial mínimo necessário para que esse processo eletrolítico ocorra?

Observe que não há consumo de H_2SO_4.

Eletrólise de uma Solução Aquosa de Cloreto de Sódio

Trata-se do mais complicado dos três exemplos aqui considerados porque a solução aquosa de cloreto de sódio contém diversas espécies que podem ser oxidadas e reduzidas. As reações de oxidação que podem ocorrer no ânodo são

(1) $\quad 2Cl^-(aq) \longrightarrow Cl_2(g) + 2e^-$

(2) $\quad 2H_2O(l) \longrightarrow O_2(g) + 4H^+(aq) + 4e^-$

Referindo-nos à Tabela 19.1, temos

$$Cl_2(g) + 2e^- \longrightarrow 2Cl^-(aq) \qquad E° = 1,36\ V$$
$$O_2(g) + 4H^+(aq) + 4e^- \longrightarrow 2H_2O(l) \qquad E° = 1,23\ V$$

Visto que o Cl_2 é mais fácil de reduzir que o O_2, seria mais difícil oxidar o Cl^- que a H_2O no ânodo.

Os potenciais-padrão de redução de (1) e (2) não são muito diferentes, mas os valores sugerem que a H_2O seria preferencialmente oxidada no ânodo. No entanto, verifica-se experimentalmente que o gás liberado no ânodo é Cl_2 e não O_2! No estudo dos processos eletrolíticos, verifica-se, por vezes, que o potencial necessário para induzir dada reação é consideravelmente superior ao indicado pelos potenciais de eletrodo. O *potencial adicional necessário para provocar a eletrólise* chama-se **sobretensão**. A sobretensão para a formação de O_2 é bastante elevada. Portanto, em condições normais de funcionamento, forma-se no ânodo Cl_2 em vez de O_2.

As reações que podem ocorrer no cátodo são

(3) $\quad 2H^+(aq) + 2e^- \longrightarrow H_2(g) \qquad E° = 0,00\ V$

(4) $\quad 2H_2O(l) + 2e^- \longrightarrow H_2(g) + 2OH^-(aq) \qquad E° = -0,83\ V$

(5) $\quad Na^+(aq) + e^- \longrightarrow Na(s) \qquad E° = -2,71\ V$

A reação (5) está fora de questão porque tem um potencial-padrão de redução muito negativo. A reação (3) é preferida, em condições-padrão, à reação (4). Entretanto, a pH = 7 (como é o caso para uma solução de NaCl), elas são igualmente prováveis. Considera-se geralmente que (4) descreve a reação catódica, dado que a concentração de íons H^+ é demasiado baixa (cerca de $1 \times 10^{-7}\ M$) para fazer de (3) uma escolha razoável.

As semi-reações envolvidas na eletrólise do cloreto de sódio aquoso são, então,

Ânodo (oxidação): $\quad 2Cl^-(aq) \longrightarrow Cl_2(g) + 2e^-$

Cátodo (redução): $\quad \underline{2H_2O(l) + 2e^- \longrightarrow H_2(g) + 2OH^-(aq)}$

Global: $\quad 2H_2O(l) + 2Cl^-(aq) \longrightarrow H_2(g) + Cl_2(g) + 2OH^-(aq)$

Como mostra a equação global, a concentração de íons Cl^- diminui durante a eletrólise e a dos íons OH^- aumenta. Portanto, além de H_2 e Cl_2, pode-se obter o produto secundário, NaOH, evaporando a solução aquosa no fim da eletrólise.

Da análise feita do processo de eletrólise, lembre-se de que: os cátions são passíveis de ser reduzidos no cátodo e os ânions são passíveis de ser oxidados no ânodo e, em soluções aquosas, a própria água pode ser oxidada e/ou reduzida. O resultado final depende da natureza das outras espécies presentes.

EXEMPLO 19.8

Uma solução aquosa de Na_2SO_4 foi eletrolisada, usando-se a montagem mostrada na Figura 19.16. Se os produtos formados no ânodo e no cátodo forem, respectivamente, oxigênio gasoso e hidrogênio gasoso, descreva a eletrólise em termos das reações que ocorrem nos eletrodos.

Estratégia Antes de nos preocuparmos com as reações de eletrodo, devemos considerar os seguintes fatos: (1) Visto que o Na_2SO_4 não se hidrolisa em água, o pH da solução é próximo de 7. (2) Os íons Na^+ não se reduzem no cátodo e os íons SO_4^{2-} não são oxidados no ânodo. Essas conclusões resultam da análise que foi feita anteriormente da eletrólise da água na presença de ácido sulfúrico e da solução aquosa de cloreto de sódio. Portanto, as reações de oxidação e de redução envolvem apenas moléculas de água.

O íon SO_4^{2-} é a base conjugada do ácido fraco HSO_4^- ($K_a = 1,3 \times 10^{-2}$). Contudo, a extensão da hidrólise de SO_4^{2-} é desprezível. O íon SO_4^{2-} não é oxidado no ânodo.

Solução As reações de eletrodo são

Ânodo: $\quad 2H_2O(l) \longrightarrow O_2(g) + 4H^+(aq) + 4e^-$

Cátodo: $\quad 2H_2O(l) + 2e^- \longrightarrow H_2(g) + 2OH^-(aq)$

A reação global, obtida multiplicando por dois os coeficientes da reação catódica e somando o resultado à reação anódica, é

$$6H_2O(l) \longrightarrow 2H_2(g) + O_2(g) + 4H^+(aq) + 4OH^-(aq)$$

Se os íons H^+ e OH^- tiverem a possibilidade de se misturarem, então

$$4H^+(aq) + 4OH^-(aq) \longrightarrow 4H_2O(l)$$

e a reação global será

$$2H_2O(l) \longrightarrow 2H_2(g) + O_2(g)$$

Problemas semelhantes: 19.46(a).

Exercício Uma solução aquosa de $Mg(NO_3)_2$ é eletrolisada. Quais são os produtos gasosos que se formam no ânodo e no cátodo?

A eletrólise tem aplicações muito importantes na indústria, sobretudo na extração e purificação de metais. Na Seção 19.9, discutiremos algumas dessas aplicações.

Aspectos Quantitativos da Eletrólise

O tratamento quantitativo da eletrólise foi desenvolvido por Faraday. Ele verificou que a massa de produto formado (ou de reagente consumido) em um eletrodo é proporcional à quantidade de eletricidade transferida no eletrodo e à massa molar da substância em questão. Por exemplo, na eletrólise do NaCl fundido, a reação catódica nos indica que um átomo de Na é produzido quando um íon Na^+ aceita um elétron do eletrodo. Para reduzir 1 mol de íons Na^+ é necessário fornecer ao cátodo o número de Avogadro ($6,02 \times 10^{23}$) de elétrons. Contudo, a estequiometria da reação anódica indica que a oxidação de dois íons Cl^- conduz à formação de uma molécula de cloro. Portanto, a formação de 1 mol de Cl_2 resulta na transferência de 2 mols de elétrons dos íons Cl⁻ para o ânodo. Do mesmo modo, são necessários 2 mols de elétrons para reduzir 1 mol de íons Mg^{2+} e 3 mols de elétrons para reduzir 1 mol de íons Al^{3+}:

$$Mg^{2+} + 2e^- \longrightarrow Mg$$
$$Al^{3+} + 3e^- \longrightarrow Al$$

Em uma experiência eletrolítica, mede-se geralmente a corrente (em ampères, A) que atravessa a célula eletrolítica durante dado período. A relação entre carga (em coulombs, C) e corrente é

$$1\ C = 1\ A \times 1\ s$$

isto é, um coulomb é a quantidade de carga elétrica que passa em cada ponto do circuito durante 1 segundo quando a corrente é de 1 ampère.

A Figura 19.18 mostra as etapas envolvidas no cálculo das quantidades de substâncias produzidas em uma eletrólise. Essas etapas são ilustradas através da eletrólise do $CaCl_2$ fundido. Suponha que uma corrente de 0,452 A passe por meio da célula durante 1,50 h. Qual é a quantidade de produtos formados no ânodo e no cátodo? Na solução de problemas de eletrólise desse tipo, o primeiro passo consiste na determinação das espécies que vão ser oxidadas no ânodo e das espécies que serão reduzidas no cátodo. Nesse caso, a escolha é direta, uma vez que, no $CaCl_2$ fundido, os únicos íons presentes são Ca^{2+} e Cl^-. Assim, as semi-reações e a reação global da célula são

$$\begin{aligned}\text{Ânodo (oxidação):} \quad & 2Cl^-(l) \longrightarrow Cl_2(g) + 2e^- \\ \text{Cátodo (redução):} \quad & Ca^{2+}(l) + 2e^- \longrightarrow Ca(l) \\ \hline \text{Global:} \quad & Ca^{2+}(l) + 2Cl^-(l) \longrightarrow Ca(l) + Cl_2(g)\end{aligned}$$

As quantidades de Ca metálico e de cloro gasoso formadas dependem do número de elétrons que passa através da célula eletrolítica, o que, por sua vez, depende da corrente × tempo, ou seja, da carga:

$$?\ C = 0{,}452\ A \times 1{,}50\ h \times \frac{3600\ s}{1\ h} \times \frac{1\ C}{1\ A \cdot s} = 2{,}44 \times 10^3\ C$$

Dado que 1 mol de e^- = 96.500 C e são necessários 2 mols de e^- para reduzir 1 mol de íons Ca^{2+}, a massa de Ca metálico formada no cátodo é calculada do seguinte modo:

$$?\ g\ Ca = 2{,}44 \times 10^3\ C \times \frac{1\ mol\ e^-}{96.500\ C} \times \frac{1\ mol\ Ca}{2\ mol\ e^-} \times \frac{40{,}08\ g\ Ca}{1\ mol\ Ca} = 0{,}507\ g\ Ca$$

A reação anódica indica que 1 mol de cloro é produzido por 2 mol de e^- de eletricidade. Assim, a massa de cloro formada é

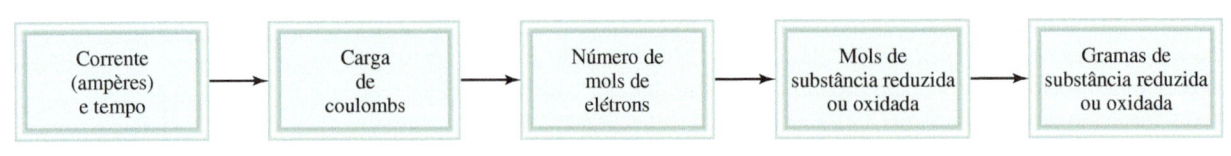

$$?\ g\ Cl_2 = 2{,}44 \times 10^3\ C \times \frac{1\ mol\ e^-}{96.500\ C} \times \frac{1\ mol\ Cl_2}{2\ mol\ e^-} \times \frac{70{,}90\ g\ Cl_2}{1\ mol\ Cl_2} = 0{,}896\ g\ Cl_2$$

Corrente (ampères) e tempo → Carga de coulombs → Número de mols de elétrons → Mols de substância reduzida ou oxidada → Gramas de substância reduzida ou oxidada

Figura 19.18
Etapas envolvidas no cálculo das quantidades de substâncias reduzidas ou oxidadas na eletrólise.

EXEMPLO 19.9

Uma corrente de 1,26 A passa através de uma célula eletrolítica contendo uma solução diluída de ácido sulfúrico, durante 7,44 horas. Escreva as semi-reações de célula e calcule o volume de gases liberados nas condições PTP.

Estratégia Vimos anteriormente (veja a página 648) que as semi-reações de célula para o processo são:

Ânodo (oxidação): $2H_2O(l) \longrightarrow O_2(g) + 4H^+(aq) + 4e^-$
Cátodo (redução): $4[H^+(aq) + e^- \longrightarrow \frac{1}{2}H_2(g)]$
Global: $2H_2O(l) \longrightarrow 2H_2(g) + O_2(g)$

De acordo com a Figura 19.18, podemos calcular a quantidade de oxigênio, expressa em mols, seguindo as etapas de conversão

corrente × tempo → coulombs → mols de e^- → mols de O_2

Então, usando-se a equação dos gases ideais, podemos calcular o volume de O_2, expresso em litros, nas condições PTP. De modo semelhante, podemos calcular o volume de H_2.

Solução Em primeiro lugar, calculamos a quantidade de eletricidade, número de coulombs, que atravessa a célula:

$$? C = 1{,}26 \, A \times 7{,}44 \, h \times \frac{3600 \, s}{1 \, h} \times \frac{1 \, C}{1 \, A \cdot s} = 3{,}37 \times 10^4 \, C$$

Verificamos que, para cada mol de O_2 formado no ânodo, são gerados 4 mols de elétrons, assim

$$? \, mol \, O_2 = 3{,}37 \times 10^4 \, C \times \frac{1 \, mol \, e^-}{96.500 \, C} \times \frac{1 \, mol \, O_2}{4 \, mol \, e^-} = 0{,}0873 \, mol \, O_2$$

O volume de 0,0873 mol de O_2 nas condições PTP é dado por

$$V = \frac{nRT}{P}$$
$$= \frac{(0{,}0873 \, mol)(0{,}0821 \, L \cdot atm/K \cdot mol)(273 \, K)}{1 \, atm} = 1{,}96 \, L$$

De forma semelhante, podemos escrever para o hidrogênio

$$? \, mol \, H_2 = 3{,}37 \times 10^4 \, C \times \frac{1 \, mol \, e^-}{96.500 \, C} \times \frac{1 \, mol \, H_2}{2 \, mol \, e^-} = 0{,}175 \, mol \, H_2$$

O volume de 0,175 mol de H_2 nas condições PTP é dado por

$$V = \frac{nRT}{P}$$
$$= \frac{(0{,}175 \, mol)(0{,}0821 \, L \cdot atm/K \cdot mol)(273 \, K)}{1 \, atm}$$
$$= 3{,}92 \, L$$

Verificação Note que o volume de H_2 é o dobro do volume de O_2 (veja a Figura 19.16), o que é esperado com base na lei de Avogadro (à mesma temperatura e pressão, o volume é diretamente proporcional ao número de mols de um gás).

Problema semelhante: 19.49.

Exercício Uma corrente constante passa através de uma célula eletrolítica contendo $MgCl_2$, durante 18 horas. Calcule a corrente em ampères, sabendo que foram obtidas $4{,}8 \times 10^5$ g de Cl_2.

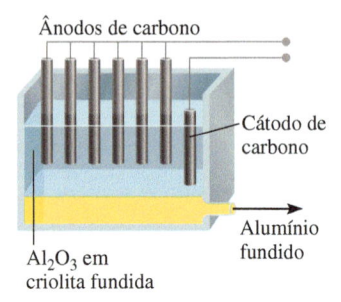

Figura 19.19
Produção eletrolítica de alumínio de acordo com o processo Hall.

19.9 Eletrometalurgia

Os métodos que envolvem eletrólise são úteis na obtenção de um metal puro a partir de seu minério ou no refino (purificação) do metal. Coletivamente, esses processos são denominados *eletrometalúrgicos*. Na última seção, vimos como um metal reativo, sódio, é obtido pela redução eletrolítica de seus cátions a partir do NaCl fundido (p. 646). Vamos considerar adiante dois outros exemplos.

Produção de Alumínio Metálico

O alumínio é geralmente obtido da bauxita, minério que contém $Al_2O_3 \cdot 2H_2O$*. Primeiro o minério é tratado para remover várias impurezas e, então, é aquecido para formar o Al_2O_3 anidro. O óxido é dissolvido em criolita (Na_3AlF_6) líquida em uma célula eletrolítica de Hall (Figura 19.19). A célula contém uma série de ânodos de carbono; o cátodo também é de carbono e constitui o revestimento do interior da célula. A solução é eletrolisada para produzir alumínio e gás oxigênio:

$$\begin{array}{ll} \text{Ânodo:} & 3[2O^{2-} \longrightarrow O_2(g) + 4e^-] \\ \text{Cátodo:} & 4[Al^{3+} + 3e^- \longrightarrow Al(l)] \\ \hline \text{Global:} & 2Al_2O_3 \longrightarrow 4Al(l) + 3O_2(g) \end{array}$$

O gás oxigênio reage com os ânodos de carbono a 1000°C (a temperatura de fusão da criolita) para formar monóxido de carbono, que escapa como gás. O alumínio metálico fundido (ponto de fusão = 660°C) se deposita no fundo do recipiente, de onde é drenado.

Purificação de Cobre Metálico

O cobre metálico obtido de seus minérios contém usualmente impurezas como zinco, ferro, prata e ouro. Os metais mais eletropositivos são removidos por um processo de eletrólise no qual o cobre impuro atua como ânodo e o cobre puro atua como o cátodo, em uma solução de ácido sulfúrico contendo íons Cu^{2+} (Figura 19.20). As semi-reações são

$$\begin{array}{ll} \text{Ânodo:} & Cu(s) \longrightarrow Cu^{2+}(aq) + 2e^- \\ \text{Cátodo:} & Cu^{2+}(aq) + 2e^- \longrightarrow Cu(s) \end{array}$$

Os metais reativos no ânodo de cobre, tais como ferro e zinco, também são oxidados no ânodo e passam para a solução como íons Fe^{2+} e Zn^{2+}. Porém, esses íons não são reduzidos no cátodo. Os metais menos eletropositivos, como o ouro e a prata, não são oxidados no ânodo. Assim, o resultado final desse processo de eletrólise é a transferência de cobre do ânodo para o cátodo. O cobre assim preparado tem uma pureza superior a 99,5%. Vale notar que as impurezas metálicas (principalmente prata e ouro) do ânodo de cobre são subprodutos valiosos, cuja venda freqüentemente paga os custos com a eletricidade usada para sustentar a eletrólise.

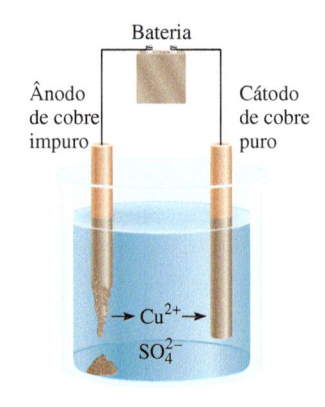

Figura 19.20
Purificação eletrolítica do cobre.

---

* N. R. T.: A bauxita brasileira contém alumínio principalmente na forma $Al_2O_3 \cdot 3H_2O$, isto é, $Al(OH)_3$.

Resumo de Fatos e Conceitos

1. As reações de oxirredução envolvem a transferência de elétrons. As equações que representam processos de oxirredução podem ser balanceadas usando-se o método do íon-elétron.
2. Todas as reações eletroquímicas envolvem a transferência de elétrons e, portanto, são reações de oxirredução.
3. Em uma célula galvânica, a eletricidade é produzida a partir de uma reação química espontânea. A oxidação no ânodo e a redução no cátodo ocorrem separadamente e os elétrons fluem através do circuito exterior.
4. As duas partes de uma célula galvânica são as semicélulas, e as reações nos eletrodos são as reações de semicélula. Uma ponte salina permite aos íons fluir entre as semicélulas.
5. A força eletromotriz (fem) de uma célula é a diferença de potencial entre os dois eletrodos. Em uma célula galvânica, os elétrons fluem do ânodo para o cátodo no circuito exterior. Na solução, os ânions movem-se na direção do ânodo e os cátions na direção do cátodo.
6. A quantidade de eletricidade transportada por 1 mol de elétrons é chamada de faraday e é igual a 96.500 coulombs.
7. Os potenciais-padrão de redução indicam a probabilidade relativa das reações de redução de semicélula e podem ser usados para prever os produtos, a direção e a espontaneidade das reações de oxirredução entre várias substâncias.
8. A diminuição da energia livre do sistema em uma reação de oxirredução espontânea é igual ao trabalho elétrico realizado pelo sistema sobre o meio exterior, ou seja $\Delta G = -nFE$.
9. A constante de equilíbrio de uma reação de oxirredução pode ser obtida a partir da força eletromotriz padrão da respectiva célula.
10. A equação de Nernst fornece a relação entre a fem da célula e as concentrações dos reagentes e produtos em condições diferentes das condições-padrão.
11. As baterias, constituídas por uma ou mais células galvânicas, são largamente utilizadas como fontes autônomas de energia. Entre as baterias mais conhecidas, encontram-se as pilhas secas, como a de Leclanché, a bateria de mercúrio e a bateria de chumbo usada nos automóveis. As células a combustível produzem energia elétrica por meio de um fornecimento contínuo de reagentes.
12. A corrosão dos metais, como por exemplo o enferrujamento, é um fenômeno eletroquímico.
13. Em uma célula eletrolítica, a corrente elétrica proveniente de uma fonte exterior é utilizada para forçar a ocorrência de uma reação química não espontânea. A quantidade de produto formado ou de reagente consumido depende da quantidade de eletricidade transferida no eletrodo.
14. A eletrólise tem um papel importante na obtenção de metais puros de seus minérios e também na purificação dos metais.

Palavras-chave

Ânodo, p. 625
Bateria, p. 639
Cátodo, p. 625
Célula a combustível, p. 642
Célula eletrolítica, p. 646
Célula galvânica, p. 624
Corrosão p. 644
Eletrólise, p. 646
Eletroquímica, p. 621
Equação de Nernst, p. 635
Faraday, p. 632
Fem-padrão ($E°$), p. 627
Força eletromotriz (fem) (E), p. 625
Potencial de célula, p. 625
Potencial-padrão de redução, p. 626
Reações de semicélula, p. 625
Sobretensão, p. 648

Níveis de Dificuldade: • Fácil •• Médio ••• Difícil.

Questões e Problemas

Balanceamento de Equações de Oxirredução
Problemas

19.1 Faça o balanceamento das seguintes equações de oxirredução usando o método do íon-elétron:

(a) $H_2O_2 + Fe^{2+} \longrightarrow Fe^{3+} + H_2O$ (em solução ácida)

(b) $Cu + HNO_3 \longrightarrow Cu^{2+} + NO + H_2O$ (em solução ácida)

(c) $CN^- + MnO_4^- \longrightarrow CNO^- + MnO_2$ (em solução básica)

(d) $Br_2 \longrightarrow BrO_3^- + Br^-$ (em solução básica)

(e) $S_2O_3^{2-} + I_2 \longrightarrow I^- + S_4O_6^{2-}$ (em solução ácida)

19.2 Faça o balanceamento das seguintes equações de oxirredução usando o método do íon-elétron:

(a) $Mn^{2+} + H_2O_2 \longrightarrow MnO_2 + H_2O$ (em solução básica)

(b) $Bi(OH)_3 + SnO_2^{2-} \longrightarrow SnO_3^{2-} + Bi$ (em solução básica)

(c) $Cr_2O_7^{2-} + C_2O_4^{2-} \longrightarrow Cr^{3+} + CO_2$ (em solução ácida)

(d) $ClO_3^- + Cl^- \longrightarrow Cl_2 + ClO_2$ (em solução ácida)

Células Galvânicas e Fem padrão
Questões de Revisão

19.3 Defina os seguintes termos: ânodo, cátodo, potencial de célula, força eletromotriz, potencial-padrão de redução.

19.4 Descreva as características básicas de uma célula galvânica. Por que os dois compartimentos da célula estão separados um do outro?

19.5 Qual é a função da ponte salina? Que tipo de eletrólito deve ser usado em uma ponte salina?

19.6 O que se entende por diagrama de célula? Escreva o diagrama de célula para a célula galvânica constituída por um eletrodo de Al mergulhado em uma solução $1\ M$ de $Al(NO_3)_3$ e um eletrodo de Ag mergulhado em uma solução $1\ M$ de $AgNO_3$.

19.7 Qual a diferença entre as semi-reações discutidas nos processos de oxirredução do Capítulo 4 e as reações de semicélula discutidas na Seção 19.2?

19.8 Depois de uma célula de Daniell (veja a Figura 19.1) funcionar durante alguns minutos, um estudante observa que a fem da célula começa a diminuir. Explique o porquê.

19.9 Utilize a informação contida na Tabela 2.1 e calcule o valor da constante de Faraday.

19.10 Discuta a espontaneidade de uma reação eletroquímica em termos da sua fem-padrão ($E°_{célula}$).

Problemas

19.11 Calcule a fem-padrão de uma célula que usa as reações de semicélula Mg/Mg^{2+} e Cu/Cu^{2+} a 25°C. Escreva a equação da reação de célula quando operando nas condições-padrão.

19.12 Calcule a fem-padrão de uma célula que utiliza as reações de semicélula Ag/Ag^+ e Al/Al^{3+}. Escreva a equação da reação de célula quando operando nas condições-padrão.

19.13 Preveja se o Fe^{3+} pode oxidar o I^- a I_2 nas condições-padrão.

19.14 Qual dos seguintes regentes pode oxidar H_2O a $O_2(g)$ nas condições-padrão? $H^+(aq)$, $Cl^-(aq)$, $Cl_2(g)$, $Cu^{2+}(aq)$, $Pb^{2+}(aq)$, $MnO_4^-(aq)$ (em solução ácida).

19.15 Considere as seguintes semi-reações:

$$MnO_4^-(aq) + 8H^+(aq) + 5e^- \longrightarrow Mn^{2+}(aq) + 4H_2O(l)$$

$$NO_3^-(aq) + 4H^+(aq) + 3e^- \longrightarrow NO(g) + 2H_2O(l)$$

Preveja se os íons NO_3^- vão oxidar Mn^{2+} a MnO_4^- nas condições-padrão.

19.16 Preveja se as seguintes reações ocorreriam espontaneamente em solução aquosa a 25°C. Considere que as concentrações iniciais de todas as espécies dissolvidas são $1,0\ M$.

(a) $Ca(s) + Cd^{2+}(aq) \longrightarrow Ca^{2+}(aq) + Cd(s)$

(b) $2Br^-(aq) + Sn^{2+}(aq) \longrightarrow Br_2(l) + Sn(s)$

(c) $2Ag(s) + Ni^{2+}(aq) \longrightarrow 2Ag^+(aq) + Ni(s)$

(d) $Cu^+(aq) + Fe^{3+}(aq) \longrightarrow Cu^{2+}(aq) + Fe^{2+}(aq)$

19.17 Qual das espécies em cada par é o melhor agente oxidante nas condições-padrão? (a) Br_2 ou Au^{3+}, (b) H_2 ou Ag^+, (c) Cd^{2+} ou Cr^{3+}, (d) O_2 em meio ácido ou O_2 em meio básico.

19.18 Qual das espécies em cada par é o melhor agente redutor nas condições-padrão? (a) Na ou Li, (b) H_2 ou I_2, (c) Fe^{2+} ou Ag, (d) Br^- ou Co^{2+}.

Espontaneidade das Reações de Oxirredução
Questões de Revisão

19.19 Escreva as equações que relacionam $\Delta G°$ e K com a fem padrão de uma célula. Defina todos os termos.

19.20 Compare a facilidade da medição eletroquímica da constante de equilíbrio com a medição por intermédio de meios químicos [veja a Equação (18.14)].

Biológica: 19.66, 19.68. Conceitual: 19.67, 19.79, 19.85, 19.94, 19.103, 19.106, 19.108. Descritiva: 19.13, 19.14, 19.17, 19.18, 19.46a,

Problemas

19.21 Qual é a constante de equilíbrio para a seguinte reação a 25°C?

$$Mg(s) + Zn^{2+}(aq) \rightleftharpoons Mg^{2+}(aq) + Zn(s)$$

19.22 A constante de equilíbrio para a reação

$$Sr(s) + Mg^{2+}(aq) \rightleftharpoons Sr^{2+}(aq) + Mg(s)$$

é $2,69 \times 10^{12}$ a 25°C. Calcule $E°$ para a célula constituída pelas semicélulas Sr/Sr^{2+} e Mg/Mg^{2+}.

19.23 Use os potenciais-padrão de redução para calcular as constantes de equilíbrio para cada uma das seguintes reações a 25°C.

(a) $Br_2(l) + 2I^-(aq) \rightleftharpoons 2Br^-(aq) + I_2(s)$

(b) $2Ce^{4+}(aq) + 2Cl^-(aq) \rightleftharpoons$
$$Cl_2(g) + 2Ce^{3+}(aq)$$

(c) $5Fe^{2+}(aq) + MnO_4^-(aq) + 8H^+(aq) \rightleftharpoons$
$$Mn^{2+}(aq) + 4H_2O(l) + 5Fe^{3+}(aq)$$

19.24 Calcule $\Delta G°$ e K_c para as seguintes reações a 25°C.

(a) $Mg(s) + Pb^{2+}(aq) \rightleftharpoons Mg^{2+}(aq) + Pb(s)$

(b) $Br_2(l) + 2I^-(aq) \rightleftharpoons 2Br^-(aq) + I_2(s)$

(c) $O_2(g) + 4H^+(aq) + 4Fe^{2+}(aq) \rightleftharpoons$
$$2H_2O(l) + 4Fe^{3+}(aq)$$

(d) $2Al(s) + 3I_2(s) \rightleftharpoons 2Al^{3+}(aq) + 6I^-(aq)$

19.25 Que reação espontânea ocorrerá em solução aquosa, nas condições-padrão, entre os íons Ce^{4+}, Ce^{3+}, Fe^{3+} e Fe^{2+}? Calcule $\Delta G°$ e K_c para a reação.

19.26 Dado que $E° = 0,52$ V para a redução $Cu^+(aq) + e^- \longrightarrow Cu(s)$, calcule $E°$, $\Delta G°$ e K, para a seguinte reação a 25°C:

$$2Cu^+(aq) \longrightarrow Cu^{2+}(aq) + Cu(s)$$

Efeito da Concentração na Fem de uma Célula
Questões de Revisão

19.27 Escreva a equação de Nernst e explique todos os termos.

19.28 Escreva a equação de Nernst para os seguintes processos a dada temperatura T.

(a) $Mg(s) + Sn^{2+}(aq) \longrightarrow Mg^{2+}(aq) + Sn(s)$

(b) $2Cr(s) + 3Pb^{2+}(aq) \longrightarrow 2Cr^{3+}(aq) + 3Pb(s)$

Problemas

19.29 Qual o potencial a 25°C de uma célula constituída pelas semicélulas Zn/Zn^{2+} e Cu/Cu^{2+} em que $[Zn^{2+}] = 0,25$ M e $[Cu^{2+}] = 0,15$ M?

19.30 Calcule $E°$, E e ΔG para as seguintes reações de célula.

(a) $Mg(s) + Sn^{2+}(aq) \longrightarrow Mg^{2+}(aq) + Sn(s)$
$[Mg^{2+}] = 0,045$ M, $[Sn^{2+}] = 0,035$ M

(b) $3Zn(s) + 2Cr^{3+}(aq) \longrightarrow 3Zn^{2+}(aq) + 2Cr(s)$
$[Cr^{3+}] = 0,010$ M, $[Zn^{2+}] = 0,0085$ M

19.31 Calcule o potencial-padrão da célula constituída pela semi-célula Zn/Zn^{2+} e pelo EPH. Qual será a fem da célula se $[Zn^{2+}] = 0,45$ M, $P_{H_2} = 2,0$ atm e $[H^+] = 1,8$ M?

19.32 Qual é a fem de uma célula constituída pelas semicélulas Pb^{2+}/Pb e $Pt/H^+/H_2$ se $[Pb^{2+}] = 0,10$ M, $[H^+] = 0,050$ M e $P_{H_2} = 1,0$ atm?

19.33 Referindo-se à Figura 19.1, calcule a razão $[Cu^{2+}]/[Zn^{2+}]$ a partir do qual a seguinte reação se torna espontânea a 25°C:

$$Cu(s) + Zn^{2+}(aq) \longrightarrow Cu^{2+}(aq) + Zn(s)$$

19.34 Calcule a fem da seguinte célula de concentração:

$$Mg(s)|Mg^{2+}(0,24\ M)\|Mg^{2+}(0,53\ M)|Mg(s)$$

Baterias e Células a Combustível
Questões de Revisão

19.35 Explique a diferença entre uma célula galvânica primária que não seja recarregável, e uma bateria armazenadora (por exemplo, uma bateria de chumbo), que seja recarregável.

19.36 No contexto da produção de energia elétrica, discuta as vantagens e desvantagens das células a combustível em relação às centrais de energia convencionais.

Problemas

19.37 A célula a combustível hidrogênio-oxigênio foi descrita na Seção 19.6. (a) Qual o volume de $H_2(g)$, armazenado à temperatura de 25°C e à pressão de 155 atm, necessário para fazer funcionar durante 3 horas um motor elétrico que consome uma corrente de 8,5 A? (b) Que volume (em litros) de ar a 25°C e 1,00 atm terá de passar por minuto na célula para fazer funcionar o motor? Considere que o ar contém 20% em volume de O_2 e que esse gás é totalmente consumido na célula. Os outros componentes do ar não afetam as reações da célula a combustível. Admita que o gás se comporte como ideal.

19.38 Calcule a fem-padrão da célula a combustível de propano discutida na página 643, sabendo que $\Delta G°_f$ para o propano é $-23,5$ kJ/mol.

Corrosão
Questões de Revisão

19.39 As peças de aço, incluindo porcas e parafusos, são muitas vezes revestidas por uma camada fina de cádmio. Explique a função desse revestimento.

19.40 "O ferro galvanizado" é uma folha de aço revestida com zinco; as latas de conservas são feitas de folhas de aço revestidas com estanho. Discuta as funções desses revestimentos e a eletroquímica das reações de corrosão que ocorrerão se houver contato de um eletrólito com a superfície riscada de uma folha de ferro galvanizado ou de uma lata de conserva.

19.41 A prata manchada contém Ag$_2$S. As manchas podem ser eliminadas colocando-se a peça de prata em um recipiente de alumínio contendo um eletrólito inerte como o NaCl. Explique o princípio eletroquímico desse procedimento. [O potencial-padrão de redução da reação de semicélula Ag$_2$S(s) + 2e$^-$ → 2Ag(s) + S^{2-}(aq) é −0,71 V.]

19.42 De que modo é que a tendência do ferro para enferrujar depende do pH da solução?

Eletrólise
Questões de Revisão

19.43 Qual é a diferença entre uma célula galvânica (por exemplo, a célula de Daniell) e uma célula eletrolítica?

19.44 Qual foi a contribuição de Faraday para os aspectos quantitativos da eletrólise?

Problemas

•19.45 A semi-reação que ocorre em um eletrodo é

$$Mg^{2+}(fundido) + 2e^- \longrightarrow Mg(s)$$

Calcule a massa de magnésio (em gramas) que pode ser produzida fazendo passar 1,00 F através do eletrodo.

••19.46 Considere a eletrólise do cloreto de bário fundido, BaCl$_2$. (a) Escreva as semi-reações de cada eletrodo. (b) Quantos gramas de bário metálico podem ser produzidos fazendo passar na célula 0,50 A durante 30 minutos?

••19.47 Considerando apenas os custos da eletricidade, será mais barato produzir, por eletrólise, uma tonelada de sódio ou uma tonelada de alumínio?

••19.48 Se os custos da eletricidade para produzir magnésio por eletrólise do cloreto de magnésio fundido forem $ 155 por tonelada de metal, qual será o custo da eletricidade necessária para produzir (a) 10 toneladas de alumínio, (b) 30 toneladas de sódio, (c) 50 toneladas de cálcio?

••19.49 Uma das semi-reações na eletrólise da água é

$$2H_2O(l) \longrightarrow O_2(g) + 4H^+(aq) + 4e^-$$

Se 0,076 L de O$_2$ for recolhido a 25°C e a 755 mmHg, quantos faradays de eletricidade deverão ter passado através da solução?

••19.50 Quantos faradays de eletricidade são necessários para produzir (a) 0,84 L de O$_2$ a 1 atm e 25°C a partir de uma solução aquosa de H$_2$SO$_4$; (b) 1,50 L de Cl$_2$ a 750 mmHg e 20°C a partir de NaCl fundido; (c) 6,0 g de Sn a partir de SnCl$_2$ fundido?

••19.51 Calcule as quantidades de Cu e Br$_2$ produzidas em eletrodos inertes fazendo passar uma corrente de 4,50 A através de uma solução de CuBr$_2$ durante 1 hora.

••19.52 Na eletrólise de uma solução aquosa de AgNO$_3$, depositaram-se 0,67 g de Ag ao fim de certo período. (a) Escreva a semi-reação para a redução de Ag$^+$. (b) Qual é a semi-reação de oxidação provável? (c) Calcule, em coulombs, a quantidade de eletricidade usada.

••19.53 Uma corrente estacionária foi passada através de CoSO$_4$ fundido até se produzirem 2,35 g de Co metálico. Calcule o número de coulombs de eletricidade usados.

•••19.54 Uma corrente elétrica constante passa durante 3,75 horas através de duas células eletrolíticas ligadas em série. Uma delas contém uma solução de AgNO$_3$ e a outra uma solução de CuCl$_2$. Durante aquele período depositaram-se 2,00 g de prata na primeira célula. (a) Quantos gramas de cobre se depositaram na segunda célula? (b) Qual a intensidade da corrente, em ampères?

••19.55 Qual a produção horária de cloro gasoso (em kg) de uma célula eletrolítica que usa o eletrólito aquoso NaCl e uma corrente de 1,500 × 10^3 A? A eficiência do ânodo para a oxidação de Cl$^-$ é 93%.

•••19.56 A cromagem é aplicada por eletrólise a objetos suspensos em uma solução de dicromato, de acordo com a seguinte semi-reação (não balanceada):

$$Cr_2O_7^{2-}(aq) + e^- + H^+(aq) \longrightarrow Cr(s) + H_2O(l)$$

Quanto tempo (em horas) levaria para se aplicar uma cromagem com a espessura de 1,0 × 10^{-2} mm em um pára-choques de automóvel com a área de 0,25 m^2, em uma célula eletrolítica usando-se uma corrente de 25,0 A? (A densidade do crômio é 7,19 g/cm^3.)

••19.57 Foi depositado 0,369 g de cobre pela passagem de uma corrente de 0,750 A durante 25,0 min através de uma solução de CuSO$_4$. Com base nessa informação, calcule a massa molar do cobre.

••19.58 A partir de uma solução de CuSO$_4$, depositou-se 0,300 g de cobre através da passagem de uma corrente de 3,00 A durante 304 s. Calcule o valor da constante de Faraday.

••19.59 Em dada experiência de eletrólise, ocorreu a deposição de 1,44 g de Ag em uma célula (contendo uma solução aquosa de AgNO$_3$), ao passo que se depositou 0,120 g de um metal X desconhecido em outra célula (contendo uma solução aquosa de XCl$_3$), em série com a célula anterior. Calcule a massa molar de X.

••19.60 Uma das semi-reações na eletrólise da água é

$$2H^+(aq) + 2e^- \longrightarrow H_2(g)$$

Se 0,845 L de H$_2$ for recolhido a 25°C e a 782 mmHg, quantos faradays de eletricidade deverão ter passado através da solução?

Problemas Adicionais

••19.61 Para cada uma das seguintes reações de oxirredução, (i) escreva as semi-reações; (ii) escreva a reação global balanceada; (iii) determine a direção segundo a qual a reação ocorrerá espontaneamente nas condições-padrão:

(a) H$_2$(g) + Ni^{2+}(aq) ⟶ H$^+$(aq) + Ni(s)

(b) $MnO_4^-(aq) + Cl^-(aq) \longrightarrow$
$Mn^{2+}(aq) + Cl_2(g)$ (em solução ácida)

(c) $Cr(s) + Zn^{2+}(aq) \longrightarrow Cr^{3+}(aq) + Zn(s)$

19.62 A oxidação de 25,0 mL de uma solução contendo Fe^{2+} requer 26,0 mL de uma solução ácida 0,0250 M de $K_2Cr_2O_7$. Faça o balanceamento da seguinte equação e calcule a concentração molar de Fe^{2+}:

$$Cr_2O_7^{2-} + Fe^{2+} + H^+ \longrightarrow Cr^{3+} + Fe^{3+}$$

19.63 O SO_2 presente no ar é um dos maiores responsáveis pelo fenômeno das chuvas ácidas. A concentração de SO_2 pode ser determinada através de uma titulação com uma solução-padrão de permanganato, de acordo com:

$$5SO_2 + 2MnO_4^- + 2H_2O \longrightarrow 5SO_4^{2-} + 2Mn^{2+} + 4H^+$$

Calcule a quantidade, em gramas, de SO_2 em uma amostra de ar, sabendo que foram usados na titulação 7,37 mL de uma solução 0,00800 M de $KMnO_4$.

19.64 Uma amostra de um minério de ferro pesando 0,2792 g foi dissolvida em um excesso de solução ácida diluída. Todo o ferro foi convertido em íons Fe(II). Foram necessários 23,30 mL de uma solução 0,0194 M de $KMnO_4$ para oxidar os íons Fe(II) a Fe(III). Calcule a porcentagem em massa de ferro no minério.

19.65 A concentração de uma solução de peróxido de hidrogênio pode ser convenientemente determinada por titulação com uma solução-padrão de permanganato de potássio em meio ácido, de acordo com a seguinte equação não balanceada:

$$MnO_4^- + H_2O_2 \longrightarrow O_2 + Mn^{2+}$$

(a) Faça o balanceamento da equação indicada anteriormente. (b) Se para oxidar completamente 25,0 mL de uma solução de H_2O_2 são necessários 36,44 mL de uma solução 0,01652 M de $KMnO_4$, calcule a molaridade da solução de H_2O_2.

19.66 O ácido oxálico ($H_2C_2O_4$) está presente em muitas plantas e vegetais. (a) Faça o balanceamento da seguinte equação em solução ácida:

$$MnO_4^- + C_2O_4^{2-} \longrightarrow Mn^{2+} + CO_2$$

(b) Se uma amostra com 1,00 g de $H_2C_2O_4$ requer 24,0 mL de uma solução 0,0100 M de $KMnO_4$ para atingir o ponto de equivalência, qual é a porcentagem em massa de $H_2C_2O_4$ na amostra?

19.67 Complete a seguinte tabela. Estabeleça se a reação da célula é espontânea, não espontânea ou se está em equilíbrio.

E	ΔG	Reação de Célula
> 0		
	> 0	
= 0		

19.68 O oxalato de cálcio (CaC_2O_4) é insolúvel em água. Essa propriedade é usada para determinar a quantidade de íons Ca^{2+} no sangue. O oxalato de cálcio, isolado do sangue, é dissolvido em um ácido e titulado com uma solução-padrão de $KMnO_4$, como foi descrito no Problema 19.66. Para titular o oxalato de cálcio isolado de uma amostra de 10,0 mL de sangue, gastou-se 24,2 mL de solução $9,56 \times 10^{-4}$ M de $KMnO_4$. Calcule o número de miligramas de cálcio por mililitro de sangue.

19.69 Com a seguinte informação, calcule o produto de solubilidade do AgBr:

$Ag^+(aq) + e^- \longrightarrow Ag(s)$ $\quad E° = 0,80$ V
$AgBr(s) + e^- \longrightarrow Ag(s) + Br^-(aq)$ $\quad E° = 0,07$ V

19.70 Considere a célula galvânica constituída por EPH e por uma semicélula em que ocorre a reação $Ag^+(aq) + e^- \longrightarrow Ag(s)$. (a) Calcule o potencial-padrão de célula. (b) Qual é a reação espontânea da célula nas condições-padrão? Calcule o potencial da célula quando $[H^+]$ no eletrodo de hidrogênio for (i) $1,0 \times 10^{-2}$ M e (ii) $1,0 \times 10^{-5}$ M, e todos os outros reagentes permanecendo nas condições-padrão. (d) Com base nessa configuração de célula, sugira uma constituição adequada para um medidor de pH (pHmetro).

19.71 Uma célula galvânica é constituída por um eletrodo de prata mergulhado em 346 mL de uma solução 0,100 M de $AgNO_3$ e um eletrodo de magnésio mergulhado em 288 mL de uma solução 0,100 M de $Mg(NO_3)_2$. (a) Calcule E para a célula a 25°C. (b) A célula funciona até se depositarem 1,20 g de prata sobre o eletrodo de prata. Calcule E para a célula nessa fase de funcionamento.

19.72 Explique a razão pela qual o cloro gasoso pode ser preparado eletrolisando uma solução aquosa de NaCl, mas não é possível preparar o flúor gasoso por eletrólise de soluções aquosas de NaF.

19.73 Calcule a fem da seguinte célula de concentração a 25°C:

$$Cu(s)\,|\,Cu^{2+}(0,080\ M)\,\|\,Cu^{2+}(1,2\ M)\,|\,Cu(s)$$

19.74 A reação catódica da pilha de Leclanché é dada por

$$2MnO_2(s) + Zn^{2+}(aq) + 2e^- \longrightarrow ZnMn_2O_4(s)$$

Se uma pilha de Leclanché produzir uma corrente de 0,0050 A, calcule o número de horas que esse fornecimento de corrente durará se existirem inicialmente 4,0 g de MnO_2 na célula. Considere que os íons Zn^{2+} se encontrem em excesso.

19.75 Suponha que lhe peçam para verificar experimentalmente as reações de eletrodo referidas no Exemplo 19.8. Além do equipamento, é dado também dois pedaços de papel de tornasol, um azul e outro vermelho. Descreva os passos que seguiria nessa experiência.

19.76 Durante muitos anos não se sabia ao certo se o mercúrio(I) existia em solução na forma Hg^+ ou na forma Hg_2^{2+}. Para distinguirmos entre as duas possibilidades, poderíamos montar o seguinte sistema:

$$Hg(l)\,|\,\text{solução A}\,\|\,\text{solução B}\,|\,Hg(l)$$

em que a solução A contém 0,263 g de nitrato de mercúrio(I) por litro e a solução B contém 2,63 g de nitrato de mercúrio(I) por litro. Se a fem medida para essa célula a 18°C for 0,0289 V, o que se pode concluir em relação à natureza dos íons mercúrio(I)?

• • 19.77 Uma solução aquosa de KI, à qual se adicionaram umas gotas de fenolftaleína, é eletrolisada usando-se uma montagem semelhante à mostrada na figura:

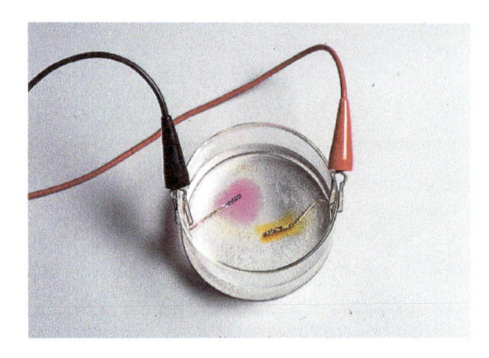

Descreva o que você observaria no ânodo e no cátodo. (*Sugestão:* O iodo molecular é apenas ligeiramente solúvel em água, mas, na presença de íons I⁻, forma íons I_3^- de cor marrom.)

• • • 19.78 Um pedaço de magnésio metálico, pesando 1,56 g, é mergulhado em 100,0 mL de solução 0,100 M de $AgNO_3$ a 25°C. Calcule $[Mg^{2+}]$ e $[Ag^+]$ em equilíbrio na solução. Qual é a massa de magnésio perdida? O volume permanece constante.

• 19.79 Descreva uma experiência que permita determinar qual é o cátodo e qual é o ânodo em uma célula galvânica com eletrodos de cobre e zinco.

• • • 19.80 Uma solução ácida foi eletrolisada usando eletrodos de cobre. A passagem de uma corrente constante de 1,18 A durante $1,52 \times 10^3$ s provocou uma perda de massa do ânodo de 0,584 g. (a) Qual é o gás produzido no cátodo e qual o seu volume nas condições PTP? (b) Sabendo que a carga do elétron é $1,6022 \times 10^{-19}$ C, calcule o número de Avogadro. Considere que o cobre seja oxidado a íons Cu^{2+}.

• • 19.81 Em dada experiência de eletrólise envolvendo íons Al^{3+}, recuperaram-se 60,2 g de Al tendo sido utilizada uma corrente de 0,352 A. Quantos minutos durou a eletrólise?

• • 19.82 Considere a oxidação da amônia:

$$4NH_3(g) + 3O_2(g) \longrightarrow 2N_2(g) + 6H_2O(l)$$

(a) Calcule $\Delta G°$ para a reação. (b) Se essa reação fosse usada em uma célula a combustível, qual seria o potencial-padrão da célula?

• • • 19.83 Uma célula galvânica é construída mergulhando-se um fio de cobre em 25,0 mL de uma solução 0,20 M de $CuSO_4$ e uma folha de zinco em 25,0 mL de uma solução 0,20 M de $ZnSO_4$. (a) Calcule a fem da célula a 25°C e preveja o que aconteceria se fosse adicionada uma pequena quantidade de uma solução concentrada de NH_3 (i) à solução de $CuSO_4$ e (ii) à solução de $ZnSO_4$. Admita que o volume de cada compartimento permaneça igual a 25,0 mL. (b) Em uma outra experiência, adicionam-se à solução de $CuSO_4$ 25,0 mL de solução 3,00 M de NH_3. Se a fem da célula for então 0,68 V, calcule a constante de formação (K_f) de $[Cu(NH_3)_4]^{2+}$.

• • 19.84 Em uma experiência de eletrólise, um estudante faz passar a mesma quantidade de eletricidade através de duas células eletrolíticas contendo, respectivamente, sais de prata e de ouro. Ao fim de certo intervalo de tempo, o aluno verificou que se tinham depositado nos cátodos 2,64 g de Ag e 1,61 g de Au. Qual é o estado de oxidação do ouro no respectivo sal?

• • 19.85 As pessoas que vivem em regiões de clima frio, onde existe muita neve, são aconselhadas a não aquecer as suas garagens no inverno. Qual é o fundamento eletroquímico dessa recomendação?

• • 19.86 Dado que

$$2Hg^{2+}(aq) + 2e^- \longrightarrow Hg_2^{2+}(aq) \quad E° = 0,92 \text{ V}$$
$$Hg_2^{2+}(aq) + 2e^- \longrightarrow 2Hg(l) \quad E° = 0,85 \text{ V}$$

calcule $\Delta G°$ e K para o seguinte processo a 25°C:

$$Hg_2^{2+}(aq) \longrightarrow Hg^{2+}(aq) + Hg(l)$$

(A reação anterior é um exemplo de *reação de desproporcionamento* na qual um elemento em dado estado de oxidação é simultaneamente oxidado e reduzido.)

• • 19.87 O flúor (F_2) é obtido por eletrólise do fluoreto de hidrogênio (HF) líquido contendo fluoreto de potássio (KF). (a) Escreva as reações de semicélula e a reação global para o processo. (b) Qual é a função do KF? (c) Calcule o volume de F_2 (em litros) recolhido a 24,0°C e 1,2 atm após eletrólise da solução durante 15 horas com uma corrente de 502 A.

• • • 19.88 Trezentos mL de uma solução de NaCl foram eletrolisados durante 6 minutos. Se o pH da solução final for de 12,24, calcule a corrente média utilizada.

• • 19.89 A purificação industrial do cobre é feita por eletrólise. O cobre impuro funciona como ânodo e o cátodo é feito de cobre puro. Os eletrodos são mergulhados em uma solução de $CuSO_4$. Durante a eletrólise, o cobre do ânodo passa para a solução na forma de Cu^{2+}, enquanto os íons Cu^{2+} são reduzidos no cátodo. (a) Escreva as reações de semicélula e a reação global para o processo eletrolítico. (b) Suponha que o ânodo estivesse contaminado com Zn e Ag. Explique o que aconteceria com essas impurezas na eletrólise. (c) Quantas horas seriam necessárias para obter 1,00 kg de Cu aplicando-se uma corrente de 18,9 A?

• • • 19.90 Uma solução aquosa de um sal de platina é eletrolisada fazendo passar uma corrente de 2,50 A durante 2,00 horas. Como resultado, formam-se no cátodo 9,09 g de Pt metálica. Calcule a carga dos íons platina nessa solução.

• 19.91 Considere uma célula galvânica constituída por um eletrodo de magnésio em contato com uma solução 1,0 M de $Mg(NO_3)_2$ e um eletrodo de cádmio em contato com uma solução 1,0 M de $Cd(NO_3)_2$. Calcule $E°$ para a célula e faça um esboço indicando o cátodo, o ânodo e a direção do fluxo de elétrons.

•••19.92 Uma corrente de 6,00 A passa durante 3,40 horas através de uma célula eletrolítica contendo ácido sulfúrico diluído. Se o volume de O_2 gerado no ânodo for 4,26 L (a PTP), calcule a carga (em coulombs) do elétron.

••19.93 O ouro não se dissolve em ácido nítrico concentrado nem em ácido clorídrico concentrado. Contudo, esse metal dissolve-se em uma mistura de ácidos (uma parte de HNO_3 para três partes de HCl em volume), chamada de *água-régia*. (a) Escreva a equação balanceada para essa reação. (*Sugestão:* Entre os produtos, estão $HAuCl_4$ e NO_2.) (b) Qual é a função do HCl?

•••19.94 Explique a razão pela qual as células galvânicas mais úteis dão potenciais entre 1,5 V e 2,5 V. Quais são as perspectivas de desenvolvimento de células gâlvanicas que dêem potenciais de 5 V ou superiores?

•••19.95 Uma haste de prata e o EPH são mergulhados em uma solução saturada de oxalato de prata, $Ag_2C_2O_4$, a 25°C. A diferença de potencial medida entre a haste e o EPH é de 0,589 V, sendo a haste positiva. Calcule a constante do produto de solubilidade do oxalato de prata.

•••19.96 O zinco é um metal anfótero, isto é, reage quer com ácidos quer com bases. O potencial-padrão de redução para a seguinte reação é $-1,36$ V

$$Zn(OH)_4^{2-}(aq) + 2e^- \longrightarrow Zn(s) + 4OH^-(aq)$$

Calcule a constante de formação (K_f) para a reação

$$Zn^{2+}(aq) + 4OH^-(aq) \rightleftharpoons Zn(OH)_4^{2-}(aq)$$

•19.97 Use os dados da Tabela 19.1 para determinar se o peróxido de hidrogênio sofrerá ou não desproporcionamento em meio ácido: $2H_2O_2 \rightarrow 2H_2O + O_2$.

•••19.98 Os valores absolutos dos potenciais padrão de redução de dois metais X e Y são

$$Y^{2+} + 2e^- \longrightarrow Y \quad |E°| = 0,34 \text{ V}$$
$$X^{2+} + 2e^- \longrightarrow X \quad |E°| = 0,25 \text{ V}$$

em que a notação | | significa que apenas se indica a grandeza (mas não o sinal) de $E°$. Quando se ligam as semicélulas X e Y, os elétrons fluem de X para Y. Quando se liga X ao EPH, os elétrons fluem de X para o EPH. (a) Quais são os sinais de $E°$ para as duas semi-reações? (b) Qual é o valor da fem-padrão para uma célula constituída por X e Y?

••19.99 Uma célula galvânica foi construída do seguinte modo. Uma semi célula é constituída por um fio de platina mergulhado em uma solução 1,0 M em Sn^{2+} e 1,0 M em Sn^{4+}; a outra semi célula tem uma haste de tálio imersa em uma solução 1,0 M de Tl^+. (a) Escreva as reações de semicélula e a reação global. (b) Qual é a constante de equilíbrio a 25°C? Qual seria o potencial da célula se a concentração de Tl^+ aumentasse dez vezes ($E°_{Tl^+/Tl} = -0,34$ V.)

•••19.100 Dado o potencial-padrão de redução para o Au^{3+} na Tabela 19.1 e a informação

$$Au^+(aq) + e^- \longrightarrow Au(s) \quad E° = 1.69 \text{ V}$$

responda às seguintes perguntas. (a) Por que o ouro não se mancha ao ar? (b) Ocorrerá espontaneamente o seguinte desproporcionamento?

$$3Au^+(aq) \longrightarrow Au^{3+}(aq) + 2Au(s)$$

(c) Preveja a reação que ocorre entre o ouro e o flúor gasoso.

•••19.101 Calcule $E°$ para as reações entre o mercúrio e (a) solução 1 M de HCl e (b) solução 1,0 M de HNO_3. Qual ácido irá oxidar Hg a Hg_2^{2+} nas condições padrão? Você pode identificar qual tubo de ensaio abaixo contém HNO_3 e Hg e qual contém HCl e Hg?

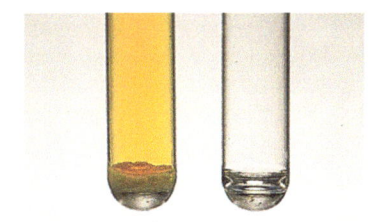

Com base na sua resposta, explique por que a ingestão de quantidade muito pequena de mercúrio não é considerada muito perigosa.

•••19.102 Quando 25,0 mL de uma solução, contendo os íons Fe^{2+} e Fe^{3+}, é titulada com 23,0 mL de uma solução 0,0200 M de $KMnO_4$ (em ácido sulfúrico diluído), todos os íons Fe^{2+} são oxidados a íons Fe^{3+}. Em seguida a solução é tratada com Zn metálico para converter todos os íons Fe^{3+} em íons Fe^{2+}. Por fim, 40,00 mL da mesma solução de $KMnO_4$ é adicionada à solução para oxidar os íons Fe^{2+} a Fe^{3+}. Calcule a concentração molar dos íons Fe^{2+} e Fe^{3+} na solução original.

••19.103 Considere a célula de Daniell apresentada na Figura 19.1. Quando visualizado exteriormente, o ânodo parece negativo e o cátodo positivo (os elétrons fluem do ânodo para o cátodo). Contudo, na solução, os ânions movem-se na direção do ânodo, o que significa que ele deve mostrar-se positivo aos ânions. Uma vez que o ânodo não pode ser simultaneamente negativo e positivo, dê uma explicação para essa situação aparentemente contraditória.

••19.104 As baterias de chumbo são classificadas em ampère-hora, isto é, o número de ampères que podem fornecer por hora. (a) Mostre que 1 A · h = 3.600 C. (b) Os ânodos de chumbo de certa bateria de chumbo têm uma massa total de 406 g. Calcule a capacidade teórica máxima dessa bateria em ampère-hora. Explique por que, na prática, nunca podemos obter da bateria essa energia máxima. (*Sugestão:* Considere que todo o chumbo é utilizado na reação eletroquímica e use as reações de eletrodo da página 640.) (c) Calcule $E°_{célula}$ e $\Delta G°$ para a bateria.

•••19.105 Durante determinado período, a concentração do ácido sulfúrico em uma bateria de chumbo de um automóvel diminui de 38,0% em massa (densidade = 1,29 g/mL) para 26,0% em massa (1,19 g/mL). Admita que o volume de ácido se mantenha constante, igual a 724 mL. (a) Calcule a carga total em coulombs fornecida pela bateria. (b) Quantas horas serão precisas para recarregar a bateria até que a concentração do ácido sulfúrico atinja o valor inicial, usando uma corrente de 22,4 ampères.

19.106 Considere uma célula de Daniell funcionando em condições diferentes das condições-padrão. Admita que a reação da célula seja multiplicada por 2. Qual é o efeito dessa multiplicação nas seguintes quantidades na equação de Nernst? (a) E, (b) $E°$, (c) Q, (d) $\ln Q$ e (e) n?

19.107 Uma colher foi eletroliticamente revestida com prata usando uma solução de $AgNO_3$. (a) Faça um esboço do processo. (b) Foram depositadas 0,884 g de Ag a uma corrente constante de 18,5 mA. Calcule o número de minutos que durou a eletrólise.

19.108 Comente se o F_2 se tornará um agente oxidante mais forte com o aumento da concentração em H^+.

19.109 Nos últimos anos, surgiu um grande interesse pelos veículos movidos à eletricidade. Enumere algumas vantagens e desvantagens desses veículos quando comparados com os automóveis com motor de combustão interna.

19.110 Calcule a pressão do H_2 (em atm) necessária para manter o equilíbrio, a 25°C, na seguinte reação:

$$Pb(s) + 2H^+(aq) \rightleftharpoons Pb^{2+}(aq) + H_2(g)$$

Sabendo que $[Pb^{2+}] = 0,035\ M$ e que a solução está tamponada em pH 1,60.

19.111 Uma vez que todos os metais alcalinos reagem com a água, não é possível medir diretamente os potenciais de redução desses metais, como no caso do zinco. Um método indireto é considerar a seguinte reação hipotética

$$Li^+(aq) + \tfrac{1}{2}H_2(g) \longrightarrow Li(s) + H^+(aq)$$

Use as equações apropriadas apresentadas neste capítulo e os dados termodinâmicos do Apêndice 2 para calcular $E°$ para a reação $Li^+(aq) + e^- \longrightarrow Li(s)$ a 298 K. Compare o seu resultado com o listado na Tabela 19.1. (O valor da constante de Faraday é dado na contra capa.)

19.112 Uma célula galvânica usando as semicélulas Mg/Mg^{2+} e Cu/Cu^{2+} funciona em condições padrão a 25°C e cada compartimento tem o volume de 218 mL. A célula produz 0,22 A durante 31,6 horas. (a) Quantos gramas de Cu são depositados? (b) Qual é a $[Cu^{2+}]$ restante?

19.113 Dados os seguintes potenciais-padrão de redução, calcule o produto iônico, K_w, da água a 25°C:

$$2H^+(aq) + 2e^- \longrightarrow H_2(g) \qquad E° = 0,00\ V$$
$$2H_2O(l) + 2e^- \longrightarrow H_2(g) + 2OH^-(aq)$$
$$E° = -0,83\ V$$

• Problemas Especiais

19.114 Um pedaço de fita de magnésio e um fio de cobre estão parcialmente imersos em uma solução 0,1 M de HCl, contida em um béquer. Os metais estão unidos externamente por outro fio metálico. Tanto na superfície do Mg como na do Cu, observa-se a liberação de bolhas de gás. (a) Escreva as equações que representam as reações que ocorrem nos metais. (b) Qual a evidência visual que você procuraria para mostrar que o Cu não é oxidado a Cu^{2+}? (c) Em determinado momento, é adicionada ao béquer uma solução de NaOH para neutralizar o HCl. Após outra adição de NaOH, observa-se a formação de um precipitado branco. Identifique o precipitado.

19.115 A bateria zinco-ar parece ser muito promissora para os automóveis alimentados a eletricidade por ser leve e recarregável:

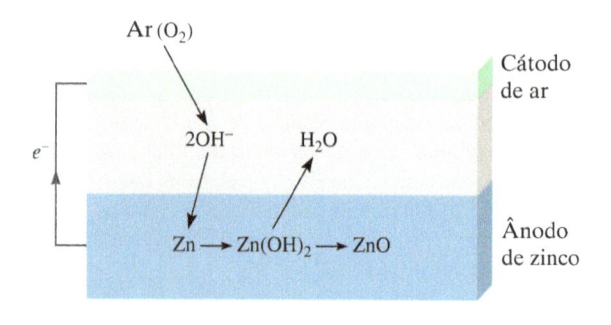

A reação global é $Zn(s) + \tfrac{1}{2}O_2(g) \rightarrow ZnO(s)$. (a) Escreva as semi-reações que ocorrem nos eletrodos zinco-ar e calcule a fem-padrão da bateria a 25°C.

(b) Calcule a fem da bateria em condições operacionais quando a pressão parcial do oxigênio for de 0,21 atm. (c) Qual é a densidade de energia (energia que pode ser obtida por meio de 1 kg de metal e medida em kilojoules) do eletrodo de zinco? (d) Qual é o volume de ar (em litros) que é preciso fornecer à bateria zinco-ar, por segundo, para se conseguir produzir uma corrente de $2,1 \times 10^5$ A? Considere que a temperatura seja de 25°C e que a pressão parcial do oxigênio seja de 0,21 atm.

19.116 Calcule a constante de equilíbrio para a seguinte reação a 298 K:

$$Zn(s) + Cu^{2+}(aq) \longrightarrow Zn^{2+}(aq) + Cu(s)$$

Respostas dos Exercícios

19.1 $5Fe^{2+} + MnO_4^- + 8H^+ \rightarrow 5Fe^{3+} + Mn^{2+} + 4H_2O$.
19.2 Não.   **19.3** 0,34 V.   **19.4** 1×10^{-42}.
19.5 $\Delta G° = -4,1 \times 10^2$ kJ/mol.   **19.6** Sim, $E = +0,01$ V.
19.7 0,38 V.   **19.8** Ânodo, O_2; cátodo, H_2.
19.9 $2,0 \times 10^4$ A.

20 Química dos Compostos de Coordenação

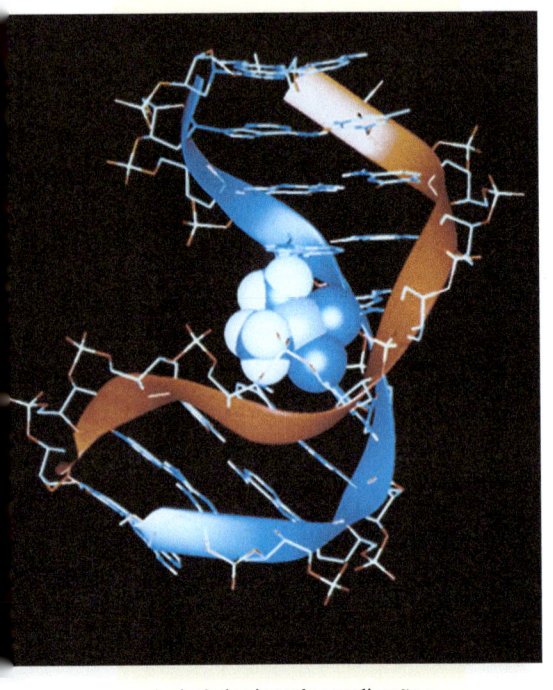

A cisplatina impede a replicação e transcrição do DNA por meio da ligação com a dupla hélice. A estrutura desse aduto com DNA (acima) foi elucidada pelo grupo do professor Stephen Lippard no Massachusetts Institute of Technology (MIT), EUA.

20.1 Propriedades dos Metais de Transição 663
Configurações Eletrônicas • Estados de Oxidação

20.2 Compostos de Coordenação 666
Número de Oxidação dos Metais em Compostos de Coordenação • Nomenclatura dos Compostos de Coordenação

20.3 Geometria dos Compostos de Coordenação 670
Número de Coordenação = 2 • Número de Coordenação = 4 • Número de Coordenação = 6

20.4 Ligações nos Compostos de Coordenação: Teoria do Campo Cristalino 672
Desdobramento do Campo Cristalino em Complexos Octaédricos • Cor • Propriedades Magnéticas • Complexos Tetraédricos e Quadrados Planares

20.5 Reações dos Compostos de Coordenação 679

20.6 Compostos de Coordenação nos Organismos Vivos 679
Hemoglobina e Compostos Relacionados • Cisplatina

Conceitos Essenciais

Compostos de Coordenação Os compostos de coordenação contêm um ou mais íons complexos, nos quais um pequeno número de moléculas ou íons circunda um átomo ou íon metálico central, geralmente da família dos metais de transição. As geometrias mais comuns para os compostos de coordenação são: linear, tetraédrica, quadrado planar e octaédrica.

Ligação em Compostos de Coordenação Segundo a teoria do campo cristalino, a ligação em um íon complexo envolve forças eletrostáticas. A aproximação dos ligantes ao redor do metal provoca o desdobramento dos níveis de energia dos cinco orbitais d. A extensão do desdobramento, denominado desdobramento do campo cristalino, depende da natureza do ligante. A teoria do campo cristalino permite interpretar com sucesso a cor e as propriedades magnéticas de muitos íons complexos.

Compostos de Coordenação em Organismos Vivos Os compostos de Coordenação desempenham funções muito importantes nos animais e nas plantas. Esses compostos também atuam como drogas de uso terapêutico.

20.1 Propriedades dos Metais de Transição

Tipicamente, os metais de transição possuem subcamadas *d* parcialmente preenchidas ou facilmente originam íons com subcamadas *d* parcialmente preenchidas (Figura 20.1). (Os metais do Grupo 2 — Zn, Cd e Hg — não têm essa configuração eletrônica característica e, embora sejam às vezes chamados de metais de transição, na realidade, não pertencem a essa categoria.) Essa característica é responsável por várias propriedades notáveis, incluindo uma coloração distintiva, a formação de compostos paramagnéticos, a atividade catalítica e, especialmente, uma grande tendência para formar íons complexos. Neste capítulo, focaremos os elementos da primeira série, do escândio ao cobre, os metais de transição mais comuns (Figura 20.2). A Tabela 20.1 apresenta algumas de suas propriedades.

À medida que se desloca ao longo de um período da esquerda para a direita, os números atômicos aumentam, elétrons são adicionados à camada mais externa e a carga nuclear aumenta pela adição de prótons. Nos elementos do terceiro período — do sódio para o argônio —, os elétrons mais externos blindam fracamente uns aos outros da carga nuclear extra. Conseqüentemente, os raios atômicos diminuem rapidamente do sódio para o argônio e as eletronegatividades e as energias de ionização aumentam uniformemente (veja as Figuras 8.5, 8.9 e 9.5).

Para os metais de transição, as tendências são diferentes. Examinando a Tabela 20.1, vemos que a carga nuclear aumenta do escândio para o cobre, mas os elétrons são adicionados à subcamada 3*d* mais interna. Esses elétrons 3*d* blindam os elétrons 4*s* da carga nuclear crescente mais efetivamente que os elétrons da camada mais externa se blindam uns aos outros e, assim, os raios atômicos não diminuem de maneira acentuada. Pela mesma razão, as eletronegatividades e as energias de ionização aumentam apenas ligeiramente do escândio para o cobre comparadas com os aumentos observados do sódio para o argônio.

Embora os metais de transição sejam menos eletropositivos (ou mais eletronegativos) que os metais alcalinos ou alcalino-terrosos, os seus potenciais-padrão de redução sugerem que todos eles, à exceção do cobre, devem reagir com os ácidos fortes como o ácido clorídrico para produzir gás hidrogênio. Contudo, a maioria dos metais de tran-

1 1A	2 2A	3 3B	4 4B	5 5B	6 6B	7 7B	8	9 8B	10	11 1B	12 2B	13 3A	14 4A	15 5A	16 6A	17 7A	18 8A
1 **H**																	2 **He**
3 **Li**	4 **Be**											5 **B**	6 **C**	7 **N**	8 **O**	9 **F**	10 **Ne**
11 **Na**	12 **Mg**											13 **Al**	14 **Si**	15 **P**	16 **S**	17 **Cl**	18 **Ar**
19 **K**	20 **Ca**	21 **Sc**	22 **Ti**	23 **V**	24 **Cr**	25 **Mn**	26 **Fe**	27 **Co**	28 **Ni**	29 **Cu**	30 **Zn**	31 **Ga**	32 **Ge**	33 **As**	34 **Se**	35 **Br**	36 **Kr**
37 **Rb**	38 **Sr**	39 **Y**	40 **Zr**	41 **Nb**	42 **Mo**	43 **Tc**	44 **Ru**	45 **Rh**	46 **Pd**	47 **Ag**	48 **Cd**	49 **In**	50 **Sn**	51 **Sb**	52 **Te**	53 **I**	54 **Xe**
55 **Cs**	56 **Ba**	57 **La**	72 **Hf**	73 **Ta**	74 **W**	75 **Re**	76 **Os**	77 **Ir**	78 **Pt**	79 **Au**	80 **Hg**	81 **Tl**	82 **Pb**	83 **Bi**	84 **Po**	85 **At**	86 **Rn**
87 **Fr**	88 **Ra**	89 **Ac**	104 **Rf**	105 **Db**	106 **Sg**	107 **Bh**	108 **Hs**	109 **Mt**	110 **Ds**	111	112	113	114	115	(116)	(117)	(118)

Figura 20.1
Os metais de transição (quadrados azuis). Observe que, embora os elementos do Grupo 2B ou 12 (Zn, Cd e Hg) sejam descritos como metais de transição por alguns químicos, nem os metais nem seus íons possuem subcamadas *d* parcialmente preenchidas.

Escândio (Sc)	Titânio (Ti)	Vanádio (V)
Crômio (Cr)	Manganês (Mn)	Ferro (Fe)
Cobalto (Co)	Níquel (Ni)	Cobre (Cu)

Figura 20.2
Metais da primeira série de transição.

sição é inerte em relação aos ácidos ou reage com eles lentamente em decorrência de uma camada protetora de óxido. Um caso típico é o crômio: apesar do potencial-padrão de redução ser bastante negativo, ele é quimicamente inerte em virtude da formação do óxido de crômio(III), Cr_2O_3, em sua superfície. Por conseguinte, o crômio é comumente usado como uma camada protetora e não corrosiva sobre outros metais. Nos pára-choques e acabamentos dos automóveis, a cromagem tem um propósito funcional, bem como decorativo.

Configurações Eletrônicas

As configurações eletrônicas dos metais da primeira série de transição foram discutidas na Seção 7.9. O cálcio tem a configuração eletrônica $[Ar]4s^2$. A partir do escândio até o cobre, os elétrons são adicionados aos orbitais $3d$. Assim, a configuração eletrônica mais externa do escândio é $4s^23d^1$, a do titânio é $4s^23d^2$ e assim por diante. As duas exceções são o crômio e o cobre, cujas configurações eletrônicas mais externas são $4s^13d^5$ e $4s^13d^{10}$, respectivamente. Essas irregularidades são o resultado da estabilidade extra associada às subcamadas $3d$ semipreenchidas e totalmente preenchidas.

Quando os metais da primeira série de transição formam cátions, os elétrons são removidos primeiro dos orbitais $4s$ e depois dos orbitais $3d$. (Isso é o oposto da ordem em que os orbitais são preenchidos nos átomos.) Por exemplo, a configuração eletrônica mais externa do Fe^{2+} é $3d^6$ e não $4s^23d^4$.

TABELA 20.1 Configurações Eletrônicas e Outras Propriedades dos Metais da Primeira Série de Transição

	Sc	Ti	V	Cr	Mn	Fe	Co	Ni	Cu
Configuração eletrônica									
M	$4s^23d^1$	$4s^23d^2$	$4s^23d^3$	$4s^13d^5$	$4s^23d^5$	$4s^23d^6$	$4s^23d^7$	$4s^23d^8$	$4s^13d^{10}$
M^{2+}	—	$3d^2$	$3d^3$	$3d^4$	$3d^5$	$3d^6$	$3d^7$	$3d^8$	$3d^9$
M^{3+}	[Ar]	$3d^1$	$3d^2$	$3d^3$	$3d^4$	$3d^5$	$3d^6$	$3d^7$	$3d^8$
Eletronegatividade	1,3	1,5	1,6	1,6	1,5	1,8	1,9	1,9	1,9
Energia de ionização (kJ/mol)									
Primeira	631	658	650	652	717	759	760	736	745
Segunda	1235	1309	1413	1591	1509	1561	1645	1751	1958
Terceira	2389	2650	2828	2986	3250	2956	3231	3393	3578
Raio (pm)									
M	162	147	134	130	135	126	125	124	128
M^{2+}	—	90	88	85	80	77	75	69	72
M^{3+}	81	77	74	64	66	60	64	—	—
Potencial-Padrão de redução (V)*	−2,08	−1,63	−1,2	−0,74	−1,18	−0,44	−0,28	−0,25	0,34

*A semi-reação é $M^{2+}(aq) + 2e^- \longrightarrow M(s)$ (exceto para Sc e Cr, em que os íons são Sc^{3+} e Cr^{3+}, respectivamente).

Estados de Oxidação

Como mencionado no Capítulo 4, os metais de transição exibem estados de oxidação variáveis em seus compostos. A Figura 20.3 mostra os estados de oxidação desde o escândio até o cobre. Observe que os estados de oxidação comuns para cada elemento incluem +2, +3 ou ambos. Os estados de oxidação +3 são mais estáveis no princípio da série, enquanto para o fim da série os estados de oxidação +2 são mais estáveis. A razão é que as energias de ionização aumentam gradualmente da esquerda para a direita.

Sc	Ti	V	Cr	Mn	Fe	Co	Ni	Cu
				+7				
			+6	+6	+6			
		+5	+5	+5	+5			
	+4	+4	+4	+4	+4	+4		
+3	+3	+3	+3	+3	+3	+3	+3	+3
	+2	+2	+2	+2	+2	+2	+2	+2
								+1

Figura 20.3 Os estados de oxidação dos metais da primeira série de transição. Os números de oxidação mais comuns estão em vermelho. O estado de oxidação zero aparece em alguns compostos como o $Ni(CO)_4$ e $Fe(CO)_5$.

Lembre-se de que os óxidos nos quais o metal tem um número de oxidação elevado são covalentes e ácidos, enquanto aqueles nos quais o metal tem número de oxidação baixo são iônicos e básicos (veja a Seção 16.10).

Contudo, a terceira energia de ionização (quando um elétron é removido de um orbital 3d) aumenta mais rapidamente que a primeira ou a segunda energia de ionização. Como é necessária mais energia para remover o terceiro elétron de metais próximos do fim da série que daqueles do princípio, os metais próximos do fim tendem a formar íons M^{2+} e não íons M^{3+}.

O estado de oxidação mais alto de um metal de transição é +7, para o manganês ($4s^2 3d^5$). Os metais de transição geralmente exibem seus estados de oxidação mais altos em compostos com elementos muito eletronegativos como o oxigênio e o flúor — por exemplo, VF_5, CrO_3 e Mn_2O_7.

20.2 Compostos de Coordenação

Lembre-se de que um íon complexo contém um íon metálico central ligado a um ou mais íons ou moléculas (veja a Seção 17.7). Um íon complexo pode ser tanto um cátion quanto um ânion.

Os metais de transição possuem uma tendência característica a formar íons complexos (veja a página 576). Um **composto de coordenação** consiste tipicamente em um íon complexo e o seu contra-íon. (Note que alguns compostos de coordenação como o $Fe(CO)_5$ não contêm íons complexos.) Nosso entendimento sobre os compostos de coordenação provém do clássico trabalho do químico suíço Alfred Werner, que preparou e caracterizou muitos compostos de coordenação. Em 1893, com 26 anos, Werner propôs o que hoje é conhecida como a *teoria de coordenação de Werner*.

Os químicos do século XIX andavam intrigados com certa classe de reações que pareciam violar a teoria da valência. Por exemplo, as valências dos elementos no cloreto de cobalto(III) e na amônia parecem estar completamente satisfeitas e, no entanto, essas duas substâncias reagem para formar um composto estável com a fórmula $CoCl_3 \cdot 6NH_3$. Para explicar esse comportamento, Werner postulou que a maioria dos elementos exibe dois tipos de valência: *a valência primária* e a *valência secundária*. Na terminologia moderna, a valência primária corresponde ao número de oxidação e a valência secundária ao número de coordenação do elemento. De acordo com Werner, no $CoCl_3 \cdot 6NH_3$ o cobalto tem valência primária 3 e valência secundária 6.

Hoje usamos a fórmula $[Co(NH_3)_6]Cl_3$ para indicar que as moléculas de amônia e o cobalto formam um íon complexo; os íons cloreto não fazem parte do complexo, mas estão ligados a ele por forças eletrostáticas. A maioria dos metais em compostos de coordenação são metais de transição.

As moléculas ou íons que circundam o metal em um íon complexo são chamados de **ligantes** (Tabela 20.2). As interações entre o átomo metálico e os ligantes podem ser consideradas provenientes de reações do tipo ácido-base de Lewis. Como vimos na Seção 16.11, uma base de Lewis é uma substância capaz de ceder um ou mais pares de elétrons. Todos os ligantes têm pelo menos um par de elétrons de valência não compartilhados, como mostram os exemplos:

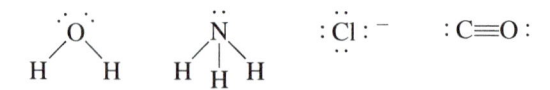

Em uma rede cristalina, o número de coordenação de um átomo (ou íon) é definido como o número de átomos (ou de íons) que circundam o átomo (ou o íon).

Por isso, os ligantes fazem o papel das bases de Lewis. Por outro lado, o átomo de metal de transição (tanto com carga zero quanto com carga positiva) age como um ácido de Lewis, aceitando (e compartilhando) pares de elétrons das bases de Lewis. Assim, as ligações metal-ligante são geralmente ligações covalentes coordenadas (veja a Seção 9.7).

O átomo do ligante que está diretamente ligado ao átomo metálico é conhecido como **átomo doador**. Por exemplo, o nitrogênio o é átomo doador no íon complexo $[Cu(NH_3)_4]^{2+}$. O **número de coordenação** em compostos de coordenação é definido como *o número de átomos doadores que circundam o átomo metálico central em um íon complexo*. Por exemplo, o número de coordenação de Ag^+ em $[Ag(NH_3)_2]^+$ é 2, o do Cu^{2+} em $[Cu(NH_3)_4]^{2+}$ é 4, e o do Fe^{3+} em $[Fe(CN)_6]^{3-}$ é 6. Os números de coorde-

TABELA 20.2	Alguns Ligantes Comuns
Nome	Estrutura
Ligantes monodentados	
Amônia	H—N̈—H, H
Monóxido de carbono	:C≡O:
Íon cloreto	:C̈l:⁻
Íon cianeto	[:C≡N:]⁻
Íon tiocianato	[:S̈—C≡N:]⁻
Água	Ö, H H
Ligantes bidentados	
Etilenodiamina	H₂N̈—CH₂—CH₂—N̈H₂
Íon oxalato	[O=C(O⁻)—C(O⁻)=O]²⁻
Ligantes polidentados	
Íon etilenodiaminotetracetato (EDTA)	(estrutura do EDTA)⁴⁻

nação mais comuns são 4 e 6, mas números de coordenação como 2 e 5 também são conhecidos (*).

Dependendo do número de átomos doadores presentes, os ligantes são classificados como *monodentados, bidentados ou polidentados* (veja a Tabela 20.2). A H₂O e o NH₃ são ligantes monodentados com apenas um átomo doador cada. Um ligante bidentado é a etilenodiamina (às vezes abreviada "en"):

$$H_2\ddot{N}—CH_2—CH_2—\ddot{N}H_2$$

Os dois átomos de nitrogênio podem se coordenar a um átomo metálico, como ilustrado na Figura 20.4.

Os ligantes bidentados e os polidentados também são chamados de **agentes quelantes ou quelatos** em virtude de *sua capacidade de envolver o átomo metálico como uma garra* (do grego *chele*, que significa "garra"). Um exemplo é o íon etilenodiaminotetracetato (EDTA), um ligante polidentado usado no tratamento de envenenamentos com metais (Figura 20.5). Os seis átomos doadores permitem ao EDTA formar um íon

---

(*) N. R. T.: Ao escrever a fórmula de um íon complexo, coloca-se primeiro o símbolo do átomo metálico e, depois, a fórmula dos ligantes iônicos seguida da fórmula dos ligantes neutros. A fórmula do íon complexo é colocada entre colchetes e a carga do íon é indicada como expoente.

Figura 20.4
(a) A estrutura de um complexo metal-etilenodiamina catiônico como o [Co(en)$_3$]$^{2+}$. Cada molécula de etilenodiamina fornece dois átomos doadores e é, portanto, um ligante bidentado. (b) Estrutura simplificada do mesmo cátion complexo.

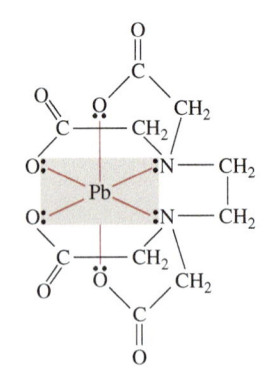

Figura 20.5
Complexo de EDTA com o chumbo(II). O complexo tem uma carga líquida −2, pois cada átomo de O doador tem uma carga negativa e o íon chumbo tem duas cargas positivas. Note a geometria octaédrica ao redor do íon Pb^{2+}.

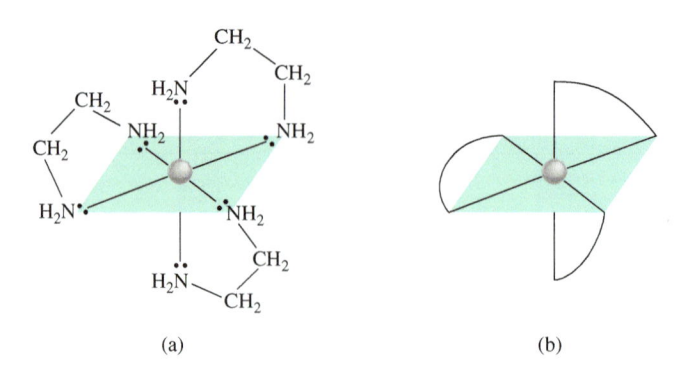

Problemas semelhantes: 20.13, 20.14.

complexo muito estável com o chumbo. É dessa forma que ele é removido do sangue e dos tecidos e excretado do corpo. O EDTA também é usado para limpar derramamentos de metais radioativos.

Números de Oxidação dos Metais em Compostos de Coordenação

A carga líquida do íon complexo é a soma das cargas do átomo central e dos ligantes que o rodeiam. No íon [PtCl$_6$]$^{2-}$, por exemplo, cada íon cloreto tem um número de oxidação −1, logo o número de oxidação da Pt deve ser +4. Se os ligantes não tiverem carga, o número de oxidação do metal é igual à carga do íon complexo. Assim, no [Cu(NH$_3$)$_4$]$^{2+}$ cada NH$_3$ é neutro, portanto o número de oxidação do Cu é +2.

EXEMPLO 20.1

Especifique o número de oxidação do átomo central metálico em cada um dos compostos seguintes: (a) [Ru(NH$_3$)$_5$(H$_2$O)]Cl$_2$, (b) [Cr(NH$_3$)$_6$](NO$_3$)$_3$, (c) [Fe(CO)$_5$)] e (d) K$_4$[Fe(CN)$_6$].

Estratégia   O número de oxidação do átomo metálico é igual à sua carga. Examinamos primeiro o ânion ou o cátion que equilibra eletricamente o íon complexo. Esse passo nos dá a carga do íon complexo. A seguir, deduzimos, a partir da natureza dos ligantes (espécies com carga ou neutras), a carga do metal e, portanto, o seu número de oxidação.

Solução   (a) Tanto o NH$_3$ como a H$_2$O são espécies neutras. Como cada íon cloreto tem uma carga −1 e há dois íons cloreto, o número de oxidação do Ru é +2.
(b) Cada íon nitrato tem carga −1; portanto, o cátion deve ser [Cr(NH$_3$)$_6$]$^{3+}$. O NH$_3$ é neutro, portanto o número de oxidação do Cr é +3.
(c) Como a espécie CO é neutra, o número de oxidação do Fe é zero.
(d) Cada íon potássio tem carga +1, logo o ânion é [Fe(CN)$_6$]$^{4-}$. A seguir, sabemos que cada grupo cianeto tem carga −1, logo o Fe possui número de oxidação +2.

Exercício   Escreva os números de oxidação dos metais no composto K[Au(OH)$_4$].

Nomenclatura dos Compostos de Coordenação

Agora que discutimos os vários tipos de ligantes e os números de oxidação dos metais, nosso próximo passo é aprender a denominar esses compostos de coordenação. As regras de nomenclatura dos compostos de coordenação são*:

(*) N. R. T.: As regras de nomenclatura dos compostos de coordenação para a língua portuguesa foram listadas de acordo com a proposta dos professores Ana Maria da C. Ferreira, Henrique E. Toma e Antonio Carlos Massabni em artigo publicado na revista *Química Nova*, v. 1, p. 9-15, 1984. A revista *Química Nova* é uma publicação da Sociedade Brasileira de Química.

TABELA 20.3	Nomes de Ligantes Comuns em Compostos de Coordenação
Ligante	Nome do Ligante no Composto de Coordenação
Brometo, Br^-	Bromo
Cloreto, Cl^-	Cloro
Cianeto, CN^-	Ciano
Hidróxido, OH^-	Hidroxo
Óxido, O^{2-}	Oxo
Carbonato, CO_3^{2-}	Carbonato
Nitrito, NO_2^-	Nitro
Oxalato, $C_2O_4^{2-}$	Oxalato
Amônia, NH_3	Amin
Monóxido de carbono, CO	Carbonil
Água, H_2O	Aqua
Etilenodiamina	Etilenodiamina
Etilenodiaminotetracetato	Etilenodiaminotetracetato

1. O nome do ânion deve preceder o nome do cátion, como em outros compostos iônicos. A regra é mantida independentemente da carga do íon complexo ser positiva ou negativa. Por exemplo, no composto $K_3[Fe(CN)_6]$ e no $[CoCl_2(NH_3)_4]Cl$, o nome dos ânions $[Fe(CN)_6]^{3-}$ e Cl^- devem ser colocados antes dos nomes dos cátions K^+ e $[CoCl_2(NH_3)_4]^+$, respectivamente.

2. Para um íon complexo (ou um composto de coordenação neutro), o nome dos ligantes, citados em ordem alfabética, devem preceder o nome do metal.

3. Os nomes dos ligantes orgânicos ou inorgânicos aniônicos terminam com a letra *o*, enquanto um ligante neutro não tem o seu nome modificado, com exceção de algumas moléculas como H_2O (aqua), CO (carbonil) e NH_3 (amin). A Tabela 20.3 apresenta alguns ligantes comuns.

4. Quando estão presentes vários ligantes idênticos, usamos os prefixos *di-, tri-, tetra-, penta-* e *hexa-* ao nomeá-los. Assim, o cátion $[CoCl_2(NH_3)_4]^+$ é denominado "tetraamindiclorocobalto(III)". (Observe que os prefixos são ignorados quando se considera a ordem alfabética dos ligantes.) Se o próprio ligante contém um prefixo grego, usamos os prefixos *bis* (2), *tris* (3) e *tetrakis* (4) para indicar o número de ligantes presentes. Por exemplo, o ligante etilenodiamina já contém *di*; logo, se dois desses ligantes estiverem presentes no composto, deve-se usar *bis(etilenodiamina)*

5. O número de oxidação do metal é escrito em algarismo romano entre parênteses após o nome do metal. Por exemplo, o algarismo romano III é usado para indicar o estado de oxidação +3 do crômio em $[CrCl_2(NH_3)_4]^+$, que se chama íon tetraamindiclorocrômio(III).

6. Se o íon complexo for um ânion, seu nome termina em *-ato*. Por exemplo, no composto de coordenação $K_4[Fe(CN)_6]$, o ânion $[Fe(CN)_6]^{4-}$ é chamado de íon hexacianoferrato(II). Observe que o algarismo romano II indica o estado de oxidação do ferro. A Tabela 20.4 dá os nomes dos ânions que contêm átomos metálicos.

TABELA 20.4 Nomes de Ânions Que Contêm Átomos Metálicos	
Metal	Nome do Metal no Complexo Aniônico
Alumínio	Aluminato
Chumbo	Plumbato
Cobalto	Cobaltato
Cobre	Cuprato
Crômio	Cromato
Estanho	Estanato
Ferro	Ferrato
Manganês	Manganato
Molibdênio	Molibdato
Níquel	Niquelato
Ouro	Aurato
Prata	Argentato
Tungstênio	Tungstato
Zinco	Zincato

EXEMPLO 20.2

Escreva os nomes dos seguintes compostos de coordenação: (a) Ni(CO)$_4$, (b) [CrCl$_2$(H$_2$O)$_4$]Cl, (c) K$_3$[Fe(CN)$_6$], (d) [Cr(en)$_3$]Cl$_3$.

Estratégia Seguimos o procedimento anterior para dar nome aos compostos de coordenação e recorremos às Tabelas 20.3 e 20.4 para os nomes dos ligantes e dos ânions que contêm átomos metálicos.

Solução (a) Os ligantes CO são espécies neutras e, portanto, o átomo de níquel não tem carga. O composto é chamado tetracarbonilníquel(0).

(b) O ânion cloreto possui uma carga negativa, dessa forma, o íon complexo tem uma carga positiva, [CrCl$_2$(H$_2$O)$_4$]$^+$. A molécula de água é neutra e cada um dos íons cloreto contém uma carga negativa. Logo, o número de oxidação do Cr deve ser +3 (para dar uma carga positiva líquida); ou seja, Cr^{3+}. O composto chama-se cloreto de tetraaquadiclorocrômio(III).

(c) O íon complexo é um ânion e tem três cargas negativas porque cada íon potássio detém uma carga +1. Examinando [Fe(CN)$_6$]$^{3-}$, vemos que o número de oxidação do ferro é +3, pois cada íon cianeto tem uma carga −1 (o que dá −6 no total). O composto é o hexacianoferrato(III) de potássio. Esse composto é comumente chamado de ferricianeto de potássio.

(d) Como pudemos observar antes, *en* é a abreviatura do ligante etilenodiamina. Como há três íons cloreto com carga −1 cada um, o cátion é [Cr(en)$_3$]$^{3+}$. O ligante *en* é neutro, portanto, o número de oxidação do Cr é +3. Como há três *en* presentes e o nome do ligante já contém *di* (regra 4), o composto denomina-se cloreto de *tris*(etilenodiamina) crômio(III).

Problemas semelhantes: 20.15, 20.16.

Exercício Qual é o nome do composto [CoCl$_2$(NH$_3$)$_4$]Cl?

EXEMPLO 20.3

Escreva as fórmulas dos seguintes compostos: (a) cloreto de pentaaminclorocobalto(III), (b) nitrato de diclorobis(etilenodiamina)platina(IV), (c) hexanitrocobaltato(III) de sódio

Estratégia Seguimos o procedimento anterior e recorremos às Tabelas 20.3 e 20.4 para os nomes dos ligantes e dos ânions que contêm metais.

Solução (a) O cátion complexo contém cinco grupos NH$_3$, um íon Cl$^-$ e um íon Co com número de oxidação +3. A carga líquida do cátion deve ser +2, [CoCl(NH$_3$)$_5$]$^{2+}$. São necessários dois íons cloreto para equilibrar as cargas positivas. Logo, a fórmula do composto é [CoCl(NH$_3$)$_5$]Cl$_2$.

(b) Há dois íons cloreto (com carga −1 cada), dois grupos *en* (ligantes neutros) e um íon Pt com número de oxidação +4. A carga líquida do cátion deve ser +2, [PtCl$_2$(en)$_2$]$^{2+}$. São necessários dois íons nitrato para neutralizar a carga +2 do cátion complexo. Portanto, a fórmula do composto é [PtCl$_2$(en)$_2$](NO$_3$)$_2$.

(c) O ânion complexo contém seis íons nitrito (com carga −1 cada) e um íon cobalto com número de oxidação +3. A carga líquida do ânion complexo deve ser −3, [Co(NO$_2$)$_6$]$^{3-}$. São necessários três cátions sódio para neutralizar a carga −3 do ânion complexo. Logo, a fórmula do composto é Na$_3$[Co(NO$_2$)$_6$].

Problemas semelhantes: 20.17, 20.18.

Exercício Escreva a fórmula do seguinte composto: tetrabromocuprato(II) de amônio.

20.3 Geometria dos Compostos de Coordenação

A Figura 20.6 mostra quatro arranjos geométricos diferentes para átomos metálicos com ligantes monodentados. Nesses diagramas, vemos que a estrutura e o número de coordenação do átomo metálico estão relacionados entre eles da seguinte maneira:

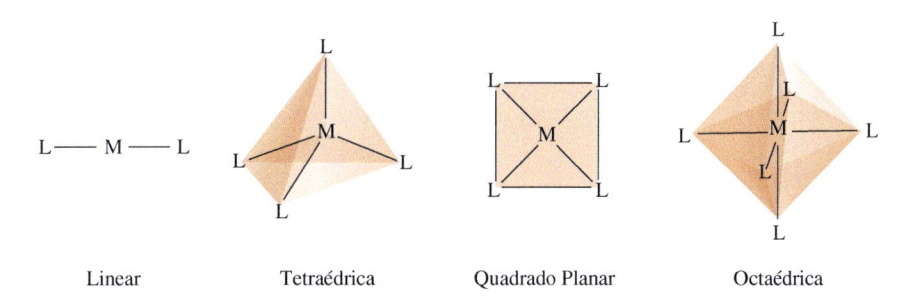

Figura 20.6
Geometrias comuns dos íons complexos. Em cada caso, M é um metal e L é um ligante monodentado.

Linear Tetraédrica Quadrado Planar Octaédrica

Número de coordenação	Estrutura
2	Linear
4	Tetraédrica ou quadrado planar
6	Octaédrica

Número de Coordenação = 2

O íon complexo $[Ag(NH_3)_2]^+$, formado pela reação entre íons Ag^+ e amônia (veja a Tabela 17.4), possui número de coordenação 2 e uma geometria linear. Outros exemplos dessa classe são os íons $[CuCl_2]^-$ e $[Au(CN)_2]^-$.

Número de Coordenação = 4

Há dois tipos de geometria com número de coordenação 4. Os íons $[Zn(NH_3)_4]^{2+}$ e $[CoCl_4]^{2-}$ possuem geometria tetraédrica, enquanto o íon $[Pt(NH_3)_4]^{2+}$ tem geometria quadrado planar. No Capítulo 11 discutimos a isomeria geométrica dos alcenos (veja a página 351). Um íon complexo quadrado planar com dois ligantes monodentados diferentes podem exibir isomeria geométrica. A Figura 20.7 mostra os isômeros *cis e trans* do diamindicloroplatina(II). Note que, embora os tipos de ligação nos dois isômeros sejam os mesmos (duas ligações Pt—N e duas ligações Pt—Cl), as disposições espaciais são diferentes. Esses dois isômeros possuem propriedades distintas (ponto de fusão, ponto de ebulição, cor, solubilidade em água e momento de dipolo).

Número de Coordenação = 6

Os íons complexos com número de coordenação 6 possuem geometria octaédrica (veja a Seção 10.1). Os complexos octaédricos podem apresentar isomeria geométrica quando possuem dois ou mais ligantes diferentes. Um exemplo é o íon tetramindicloro-

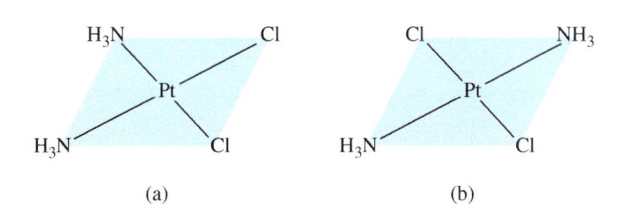

Figura 20.7
Os isômeros (a) *cis* e (b) *trans* da diamindicloroplatina(II), $[PtCl_2(NH_3)_2]$. Observe que os dois átomos de cloro são adjacentes no isômero *cis* e diagonalmente opostos no isômero *trans*.

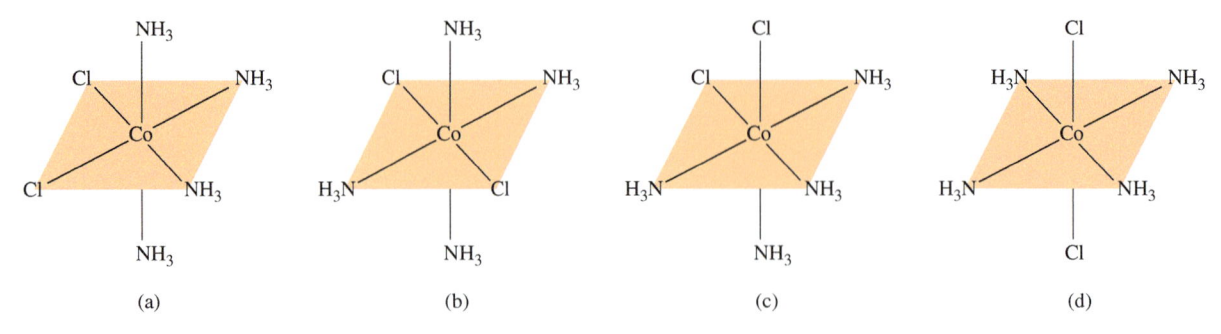

Figura 20.8
Os isômeros (a) *cis* e (b) *trans* do íon tetraamindiclorocobalto(III), [CoCl$_2$(NH$_3$)$_4$]$^+$. A estrutura ilustrada em (c) pode ser gerada girando-se a estrutura em: (a), e a estrutura ilustrada em (d) pode ser gerada girando-se a estrutura em: (b). O íon tem apenas dois isômeros geométricos: (a) [ou (c)] e (b) [ou (d)].

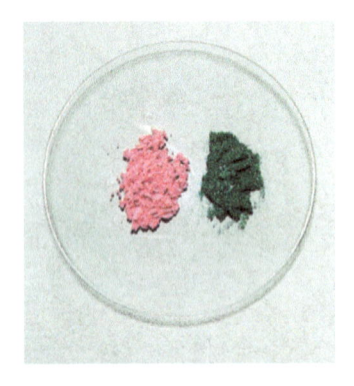

Figura 20.9
Esquerda: cloreto de *cis*-tetraamindiclorocobalto(III).
Direita: cloreto de *trans*-tetraamindiclorocobalto(III).

cobalto(III) mostrado na Figura 20.8. Os dois isômeros geométricos possuem cores e outras propriedades diferentes, embora tenham os mesmos ligantes e os mesmos números e tipos de ligações (Figura 20.9).

Além de isômeros geométricos, alguns complexos octaédricos também podem gerar enantiômeros, como discutido no Capítulo 11. A Figura 20.10 mostra os isômeros *cis* e *trans* do íon diclorobis(etilenodiamina)cobalto(III) e as suas imagens especulares. Um exame cuidadoso revela que o isômero *trans* e a sua imagem podem ser sobrepostos, mas o isômero *cis* e a sua imagem não se sobrepõem. Portanto, o isômero *cis* e a sua imagem especular são enantiômeros. É interessante observar que, ao contrário da grande maioria dos compostos orgânicos, não há átomos de carbono assimétricos nesses compostos.

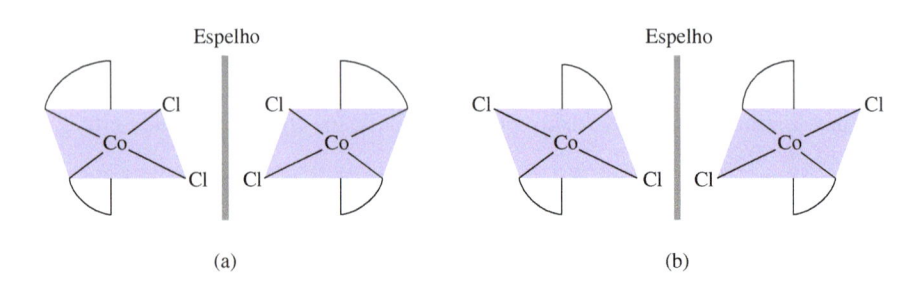

Figura 20.10
Os isômeros (a) *cis* e (b) *trans* do íon diclorobis(etilenodiamina)cobalto(III), [CoCl$_2$(en)$_2$]$^+$, e as suas imagens especulares. Se fosse possível girar a imagem no espelho em (b) 90° no sentido horário em torno do eixo vertical e colocar o íon sobre o isômero *trans*, verificar-se-ia que as duas são sobrepostas. Contudo, o isômero *cis* e a sua imagem não podem ser sobrepostas, independentemente da maneira como a rotação é efetuada.

20.4 Ligações nos Compostos de Coordenação: Teoria do Campo Cristalino

Uma teoria satisfatória para as ligações nos compostos de coordenação deve explicar as propriedades como a cor e o magnetismo, bem como a estereoquímica e a força das ligações. Até agora, nenhuma teoria conseguiu alcançar tal objetivo. Em vez disso, várias abordagens têm sido aplicadas aos complexos dos metais de transição. Aqui, consideraremos apenas uma delas — a teoria do campo cristalino — porque explica as cores e as propriedades magnéticas de muitos compostos de coordenação.

Começaremos nossa discussão da teoria do campo cristalino com os íons complexos de geometria octaédrica. Depois, veremos como a teoria se aplica aos complexos tetraédricos e quadrados planares.

Desdobramento do Campo Cristalino em Complexos Octaédricos

A teoria do campo cristalino explica as ligações nos íons complexos puramente em termos de forças eletrostáticas. Em um íon complexo, há dois tipos de interações eletrostáticas. Uma delas é a atração entre o íon metálico positivo e os ligantes carregados negativamente ou a extremidade negativa de um ligante polar. Essa é a força que une os ligantes ao metal. O segundo tipo de interação é a repulsão eletrostática entre os pares não compartilhados nos ligantes e os elétrons nos orbitais d dos metais.

Como vimos no Capítulo 7, os orbitais d têm orientações diferentes, mas na ausência de uma perturbação externa todos têm a mesma energia. Em um complexo octaédrico, um átomo metálico está circundado por seis pares de elétrons não compartilhados (nos seis ligantes) e, portanto, os cinco orbitais d sentem a repulsão eletrostática. A intensidade dessa repulsão eletrostática depende da orientação dos orbitais d envolvidos. Considere o orbital $d_{x^2-y^2}$ como exemplo. Na Figura 20.11, vemos que os lóbulos desse orbital apontam para os vértices do octaedro ao longo dos eixos x e y, onde os pares de elétrons não compartilhados estão posicionados. Assim, um elétron residente nesse orbital experimentará uma repulsão maior dos ligantes que um elétron em um orbital d_{xy}, por exemplo. Por essa razão, a energia do orbital $d_{x^2-y^2}$ é aumentada em relação aos orbitais d_{xy}, d_{yz} e d_{xz}. A energia do orbital d_{z^2} também é maior, porque os seus lóbulos estão apontados para os ligantes no eixo z.

Como resultado dessas interações metal-ligante, os cinco orbitais d em um complexo octaédrico estão desdobrados em dois níveis de energia: um nível mais alto com dois orbitais ($d_{x^2-y^2}$ e d_{z^2}) com a mesma energia e um nível inferior com três orbitais de mesma energia (d_{xy}, d_{yz} e d_{xz}), como ilustrado na Figura 20.12. O ***desdobramento do campo cristalino*** (**Δ**) é *a diferença de energia entre dois conjuntos de orbitais d de um átomo metálico quando os ligantes estão presentes*. A magnitude de Δ depende do metal e da natureza dos ligantes e tem um efeito direto na cor e nas propriedades magnéticas dos íons complexos.

O nome "campo cristalino" está associado à teoria usada para explicar as propriedades dos sólidos cristalinos. A mesma teoria é utilizada no estudo dos compostos de coordenação.

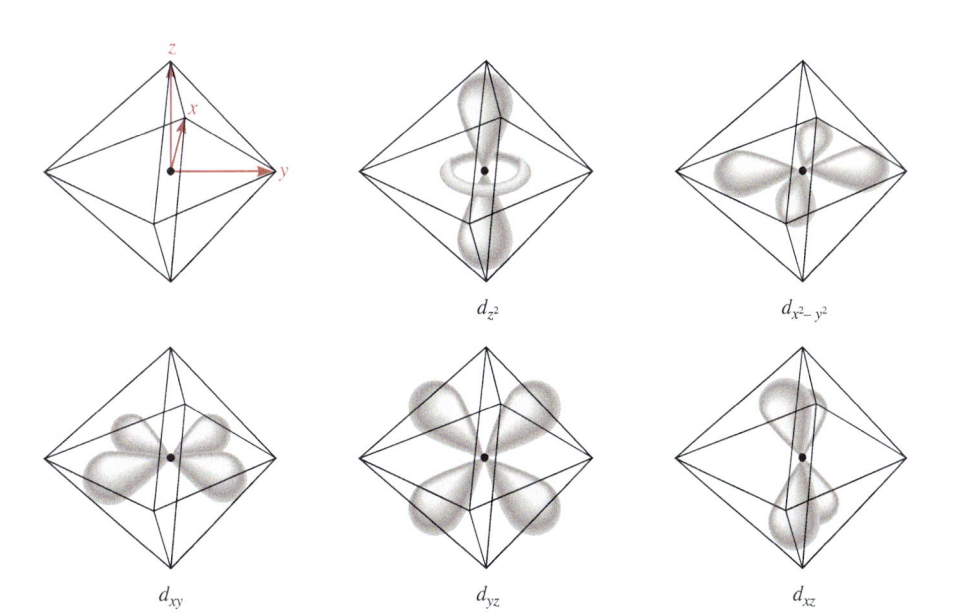

Figura 20.11
Os cinco orbitais d em um ambiente octaédrico. O átomo (ou íon) metálico está no centro do octaedro e os seis pares de elétrons não compartilhados nos átomos doadores dos ligantes estão nos vértices.

Figura 20.12
O desdobramento do campo cristalino dos orbitais d em um complexo octaédrico.

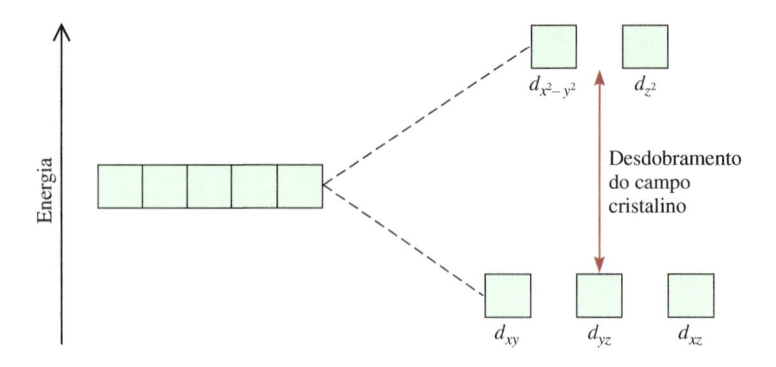

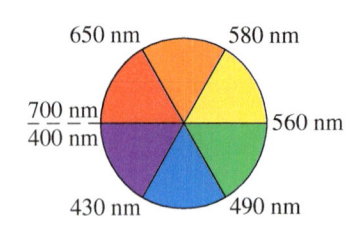

Figura 20.13
Disco de cores mostrando os comprimentos de onda apropriados. As cores complementares, como o vermelho e o verde, estão em lados opostos do disco.

Cor

No Capítulo 7, aprendemos que a luz branca, assim como a luz solar, é uma combinação de todas as cores. Uma substância aparenta ser preta se absorver toda a luz visível que a atinge. Se a substância não absorver luz visível, será branca ou incolor. Um objeto parece verde se absorver toda a luz, mas refletir a componente verde. Um objeto também parece verde se refletir todas as cores, exceto o vermelho, a cor *complementar* do verde (Figura 20.13).

O que foi dito sobre luz refletida também se aplica à luz transmitida (isto é, a luz que atravessa um meio, por exemplo, uma solução). Considere o íon cúprico hidratado, $[Cu(H_2O)_6]^{2+}$, que absorve luz na região laranja do espectro de modo que a solução nos parece azul. Lembre-se do Capítulo 7 que, quando a energia de um fóton é igual à diferença entre o estado fundamental e um estado excitado, ocorre a absorção quando o fóton atinge o átomo (ou íon ou composto), e um elétron é promovido a um nível superior. Esse conhecimento permite-nos calcular a variação de energia envolvida na transição do elétron. A energia de um fóton, dada pela Equação (7.2) é:

$$E = h\nu$$

em que h representa a constante de Planck ($6{,}63 \times 10^{-34}$ J · s) e ν é a freqüência da radiação, que é $5{,}00 \times 10^{14}$/s para o comprimento de onda de 600 nm. Aqui $E = \Delta$, portanto, temos

$$\begin{aligned}\Delta &= h\nu \\ &= (6{,}63 \times 10^{-34} \text{ J} \cdot \text{s})(5{,}00 \times 10^{14}/\text{s}) \\ &= 3{,}32 \times 10^{-19} \text{ J}\end{aligned}$$

(Observe que essa é a energia absorvida por *um* íon.) Se o comprimento de onda do fóton absorvido fica fora da região do visível, então a luz transmitida parece-nos igual à luz incidente — branca — e o íon, incolor.

A melhor maneira de medir o desdobramento do campo cristalino é usar a espectroscopia para determinar o comprimento de onda em que a luz é absorvida. O íon $[Ti(H_2O)_6]^{3+}$ pode ser tomado como um exemplo simples, uma vez que o Ti^{3+} tem apenas um elétron $3d$ (Figura 20.14). O íon $[Ti(H_2O)_6]^{3+}$ absorve luz na região visível do espectro (Figura 20.15). O comprimento de onda correspondente ao máximo de absorção é 498 nm [Figura 20.14(b)]. Essa informação permite-nos calcular o desdobramento do campo cristalino da seguinte maneira. Começamos por escrever

$$\Delta = h\nu \qquad (20.1)$$

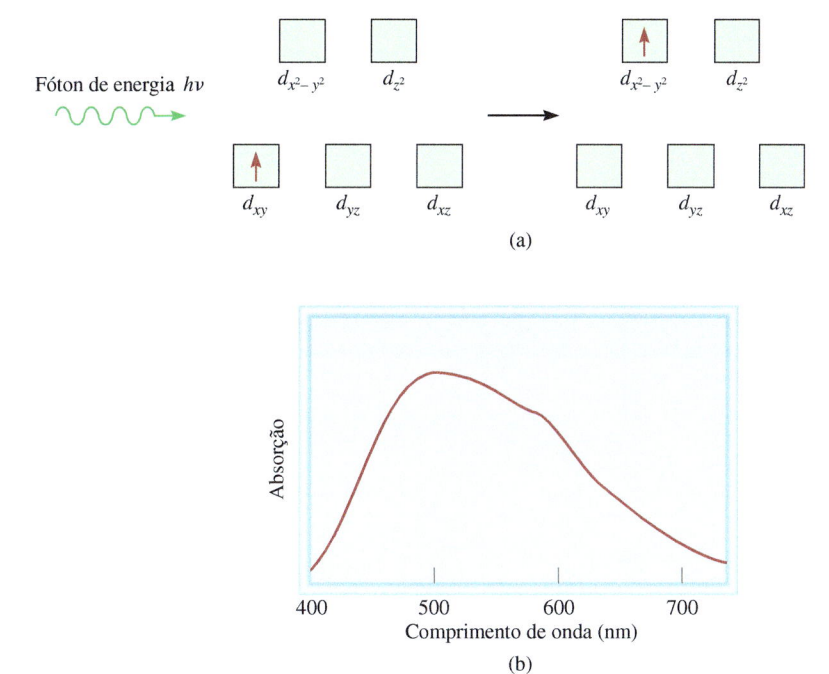

Figura 20.14
(a) Processo de absorção de um fóton e (b) espectro de absorção do $[Ti(H_2O)_6]^{3+}$. A energia do fóton incidente é igual ao desdobramento do campo cristalino. O pico de máxima absorção na região do visível ocorre em 498 nm.

Também

$$\nu = \frac{c}{\lambda}$$

em que c é a velocidade da luz e λ é o comprimento de onda. Portanto,

A Equação (7.1) mostra que $c = \lambda \nu$.

$$\Delta = \frac{hc}{\lambda} = \frac{(6{,}63 \times 10^{-34}\,\text{J} \cdot \text{s})(3{,}00 \times 10^8\,\text{m/s})}{(498\,\text{nm})(1 \times 10^{-9}\,\text{m}/1\,\text{nm})}$$
$$= 3{,}99 \times 10^{-19}\,\text{J}$$

Essa é a energia necessária para excitar *um* íon $[Ti(H_2O)_6]^{3+}$. Para expressarmos essa diferença de energia nas unidades mais convenientes de quilojoules por mol, escrevemos

$$\Delta = (3{,}99 \times 10^{-19}\,\text{J/íon})(6{,}02 \times 10^{23}\,\text{íons/mol})$$
$$= 240.000\,\text{J/mol}$$
$$= 240\,\text{kJ/mol}$$

Figura 20.15
As cores de alguns íons de metais da primeira série de transição em solução. Da esquerda para a direita: Ti^{3+}, Cr^{3+}, Mn^{2+}, Fe^{3+}, Co^{2+}, Ni^{2+}, Cu^{2+}. Os íons Sc^{3+} e V^{5+} são incolores.

> A ordem na série espectroquímica é a mesma qualquer que seja o átomo (ou íon) metálico presente.

Com o auxílio dos dados espectroscópicos para uma série de complexos, todos com o mesmo íon metálico mas ligantes diferentes, os químicos calcularam o desdobramento do campo cristalino para cada ligante e estabeleceram uma *série espectroquímica*, que é *uma lista de ligantes arranjados em ordem crescente da sua capacidade de desdobrar os níveis de energia dos orbitais d*:

$$I^- < Br^- < Cl^- < OH^- < F^- < H_2O < NH_3 < en < CN^- < CO$$

Esses ligantes estão colocados em ordem crescente de Δ. O CO e o CN^- são chamados de ligantes *de campo forte*, porque causam grande desdobramento dos níveis de energia dos orbitais *d*. Os íons haleto e o íon hidróxido são ligantes *de campo fraco*, porque desdobram menos os orbitais *d*.

Propriedades Magnéticas

A magnitude do desdobramento do campo cristalino também determina as propriedades magnéticas de um íon complexo. O íon $[Ti(H_2O)_6]^{3+}$, tendo apenas um elétron *d*, é sempre paramagnético. Contudo, para um íon com vários elétrons *d*, a situação é menos clara. Considere, por exemplo, os complexos octaédricos $[FeF_6]^{3-}$ e $[Fe(CN)_6]^{3-}$ (Figura 20.16). A configuração eletrônica do Fe^{3+} é $[Ar]3d^5$ e existem duas maneiras possíveis de distribuir os cinco elétrons *d* entre os orbitais *d*. De acordo com a regra de Hund (veja a Seção 7.8), atinge-se a estabilidade máxima quando os elétrons são colocados em cinco orbitais separados com *spins* paralelos. Mas existe um custo energético para que esse arranjo possa ser alcançado: dois dos cinco elétrons têm de ser promovidos aos orbitais de maior energia $d_{x^2-y^2}$ e d_{z^2}. Esse investimento em energia não é necessário se todos os elétrons ficarem nos orbitais d_{xy}, d_{yz} e d_{xz}. De acordo com o princípio de exclusão de Pauli (página 223), nesse caso haverá apenas um elétron desemparelhado.

A Figura 20.17 mostra a distribuição dos elétrons nos orbitais *d* que resulta em complexos de *spin*-baixo e de *spin*-alto. O arranjo real dos elétrons é determinado pela estabilidade ganha tendo o máximo de *spins* paralelos contra o investimento de energia necessário para promover elétrons para os orbitais *d* mais elevados. Como o F^- é um ligante de campo fraco, os cinco elétrons *d* estarão distribuídos em cinco orbitais *d* separados e com *spins* paralelos gerando um complexo de *spin*-alto (veja a Figura 20.16). No entanto, o íon cianeto é um ligante de campo forte, por isso é energeticamente preferível que os cinco elétrons fiquem nos orbitais inferiores, formando um complexo de *spin*-baixo. Os complexos de *spin*-alto são mais paramagnéticos do que os complexos de *spin*-baixo.

Figura 20.16
Diagrama de níveis de energia para o íon Fe^{3+} e para os íons complexos $[FeF_6]^{3-}$ e $[Fe(CN)_6]^{3-}$.

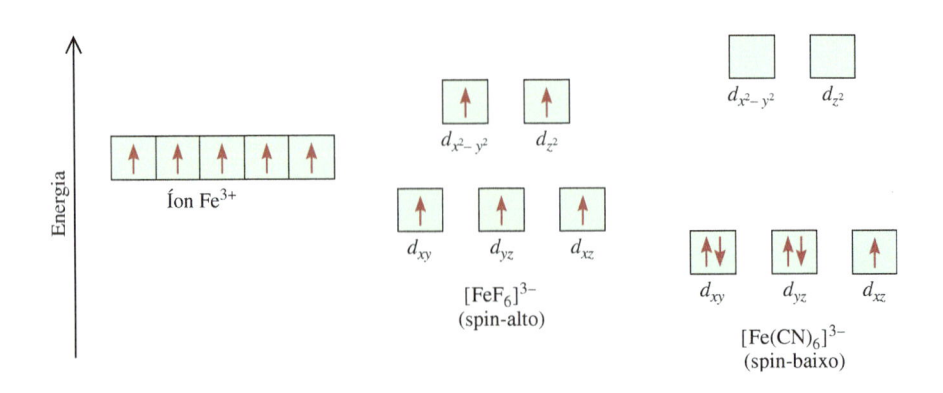

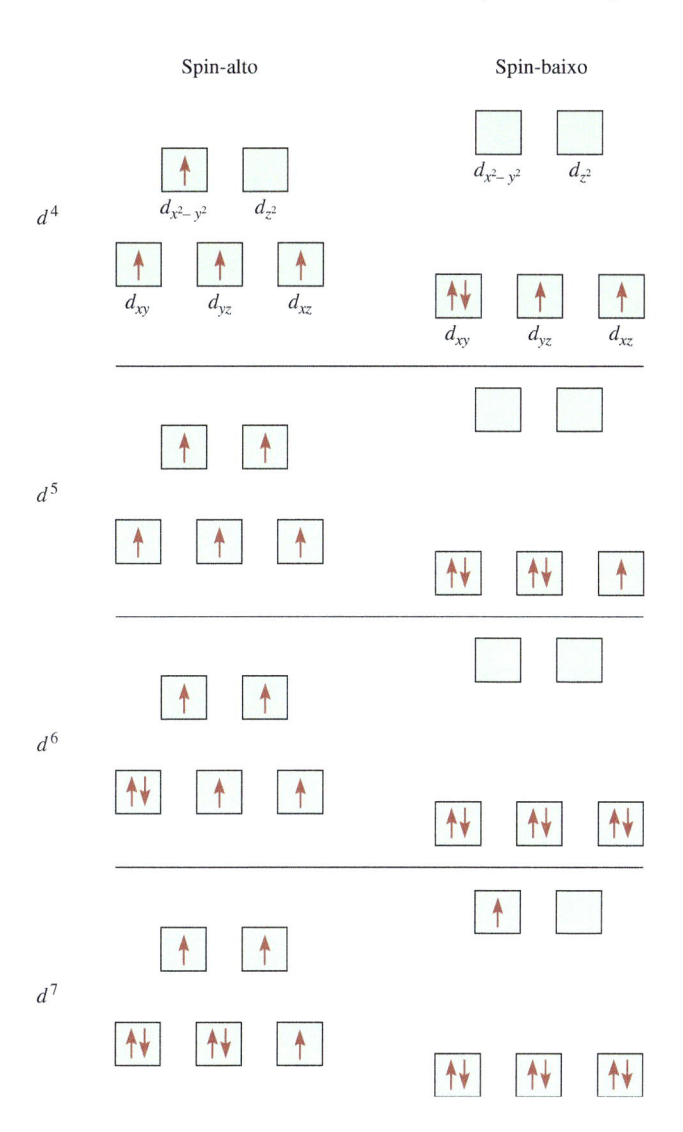

Figura 20.17
Diagramas de orbitais para os complexos octaédricos de *spin*-alto- e *spin*-baixo-correspondentes às configurações eletrônicas d^4, d^5, d^6 e d^7. Essas distinções não podem ser feitas para d^1, d^2, d^3, d^8, d^9 e d^{10}.

Pode-se conhecer o número real de elétrons desemparelhados (ou de *spins*) em um complexo por meio de medidas magnéticas e, em geral, os resultados experimentais apóiam as previsões baseadas no desdobramento do campo cristalino. Contudo, só se pode distinguir entre *spin*-baixo e *spin*-alto se o íon metálico possui mais de três e menos de oito elétrons, como mostra a Figura 20.17.

As propriedades magnéticas de um íon complexo dependem do número de elétrons desemparelhados presente.

EXEMPLO 20.4

Preveja o número de *spins* desemparelhados no íon $[Cr(en)_3]^{2+}$.

Estratégia As propriedades magnéticas de um íon complexo dependem da força dos ligantes. Os ligantes de campo forte, que causam elevado grau de desdobramento entre os níveis de energia dos orbitais *d*, resultam em complexos de *spin*-baixo. Os ligantes de campo fraco, que causam baixo grau de desdobramento entre os níveis de energia dos orbitais *d*, resultam em complexos de *spin*-alto.

(Continua)

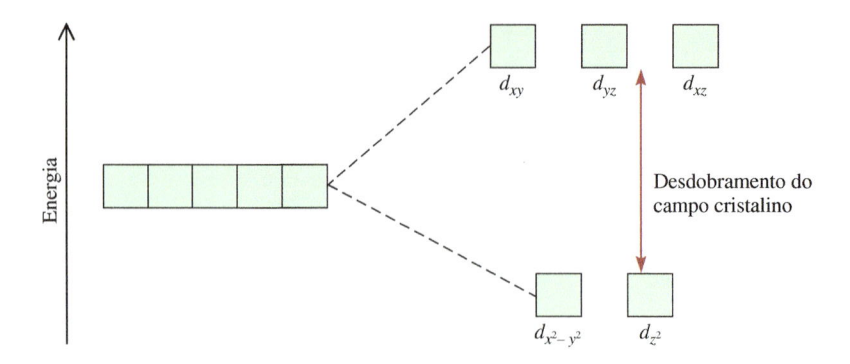

Figura 20.18
Desdobramento do campo cristalino dos orbitais d em um complexo tetraédrico.

Energia

d_{xy} d_{yz} d_{xz}

$d_{x^2-y^2}$ d_{z^2}

Desdobramento do campo cristalino

Problema semelhante: 20.30.

Solução A configuração eletrônica do Cr^{2+} é $[Ar]3d^4$. Como en é um ligante de campo forte, é esperado que o íon $[Cr(en)_3]^{2+}$ seja um complexo de *spin*-baixo. De acordo com a Figura 20.17, todos os quatro elétrons serão colocados nos orbitais d de menor energia (d_{xy}, d_{yz} e d_{xz}) e haverá um total de dois *spins* desemparelhados.

Exercício Quantos *spins* desemparelhados há em $[Mn(H_2O)_6]^{2+}$? (H_2O é um ligante de campo fraco.)

Complexos Tetraédricos e Quadrados Planares

Até agora, nos concentramos nos complexos octaédricos. O desdobramento dos níveis de energia dos orbitais d em dois outros tipos de complexos — tetraédricos e quadrados planares — também pode ser explicado satisfatoriamente pela teoria do campo cristalino. De fato, o padrão para o desdobramento de um íon tetraédrico é exatamente o inverso daquele dos complexos octaédricos. Nesse caso, os orbitais d_{xy}, d_{yz} e d_{xz} estão sendo dirigidos para mais perto dos ligantes e, portanto, têm mais energia que os orbitais $d_{x^2-y^2}$ e d_{z^2} (Figura 20.18). A maioria dos complexos tetraédricos apresenta *spin*-alto. Presumivelmente, o arranjo tetraédrico reduz a magnitude das interações metal-ligante, resultando em um valor mais baixo de Δ. Essa é uma hipótese razoável, pois o número de ligantes é menor em um complexo tetraédrico.

Como mostra a Figura 20.19, o padrão do desdobramento para os complexos quadrados planares é o mais complicado. É claro que o orbital $d_{x^2-y^2}$ possui a energia mais alta (como no caso octaédrico) e o orbital d_{xy}, a segunda mais alta. Contudo, a posição relativa dos orbitais d_{z^2}, d_{xz} e d_{yz} não pode ser determinada apenas por inspeção e tem de ser calculada.

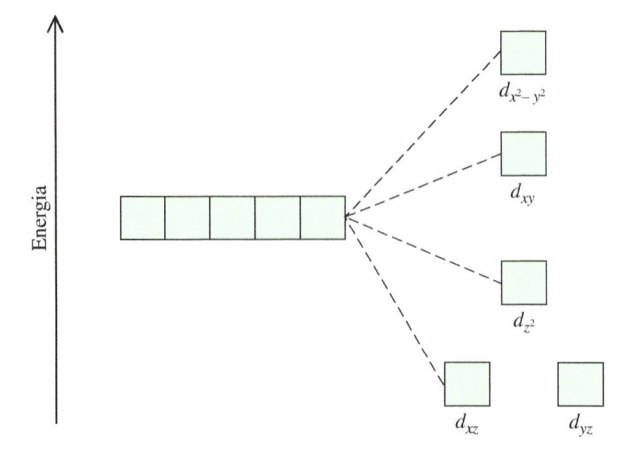

Figura 20.19
Diagrama dos níveis de energia para um complexo quadrado planar. Como há mais que dois níveis de energia, não podemos definir o desdobramento do campo cristalino do mesmo modo que fizemos para os complexos octaédricos e tetraédricos.

Energia

$d_{x^2-y^2}$

d_{xy}

d_{z^2}

d_{xz} d_{yz}

20.5 Reações dos Compostos de Coordenação

Os íons complexos podem sofrer reações de troca (ou substituição) de ligantes em solução. As velocidades dessas reações variam largamente, dependendo da natureza do íon metálico e dos ligantes.

Ao estudarmos as reações de troca de ligantes, muitas vezes é útil distinguir entre a estabilidade de um complexo e a sua tendência para reagir, o que chamaremos *labilidade cinética*. A estabilidade, nesse contexto, é uma propriedade termodinâmica, que é medida em termos da constante de formação K_f da espécie (veja a página 577). Por exemplo, dizemos que o íon complexo tetracianoniquelato(II) é estável porque tem uma constante de formação grande ($K_f \approx 1 \times 10^{30}$)

$$Ni^{2+} + 4CN^- \rightleftharpoons [Ni(CN)_4]^{2-}$$

Usando íons cianeto marcados com o isótopo radioativo carbono-14, os químicos mostraram que o $[Ni(CN)_4]^{2-}$ sofre troca de ligantes muito rapidamente quando em solução. O equilíbrio seguinte estabelece-se praticamente assim que as espécies são misturadas:

$$[Ni(CN)_4]^{2-} + 4{*}CN^- \rightleftharpoons [Ni({*}CN)_4]^{2-} + 4CN^-$$

em que o asterisco denota um átomo de ^{14}C. Os complexos como o íon tetracianoniquelato(II) são denominados **complexos lábeis** porque *sofrem reações rápidas de troca de ligantes*. Dessa forma, uma espécie termodinamicamente estável (isto é, uma espécie que tem uma constante de formação grande) não é necessariamente não reativa. (Na Seção 14.4, vimos que, quanto menor for a energia de ativação, maior é a constante de velocidade e, portanto, maior é a velocidade de reação.)

Um complexo termodinamicamente *instável* em solução ácida é o $[Co(NH_3)_6]^{3+}$. A constante de equilíbrio para a reação seguinte é cerca de 1×10^{20}:

$$[Co(NH_3)_6]^{3+} + 6H^+ + 6H_2O \rightleftharpoons [Co(H_2O)_6]^{3+} + 6NH_4^+$$

Quando se atinge o equilíbrio, a concentração do íon $[Co(NH_3)_6]^{3+}$ é muito baixa. Contudo, essa reação precisa de vários dias para se completar em razão da inércia do íon $[Co(NH_3)_6]^{3+}$. Esse é um exemplo de um **complexo inerte**, isto é, um *íon complexo que sofre reações de troca de ligantes muito lentamente* (da ordem de horas ou mesmo dias). Isso mostra que uma espécie termodinamicamente instável não é necessariamente uma espécie quimicamente reativa. A velocidade da reação é determinada pela energia de ativação, que, nesse caso, é elevada.

A maioria dos íons complexos que contêm Co^{3+}, Cr^{3+} e Pt^{2+} são cineticamente inertes. Esses compostos trocam ligantes muito lentamente e, por isso, são fáceis de estudar em solução. Como resultado, nosso conhecimento sobre as ligações, a estrutura e a isomeria de compostos de coordenação provém principalmente dos estudos desses compostos.

20.6 Compostos de Coordenação nos Organismos Vivos

Os compostos de coordenação desempenham diversas funções em animais e plantas. São espécies essenciais no armazenamento e transporte de oxigênio, atuam como agentes de transferência de elétrons e catalisadores e participam do processo da fotossíntese. Discutiremos brevemente neste texto os compostos de coordenação que contém o grupo porfirina e a cisplatina, uma droga anticâncer.

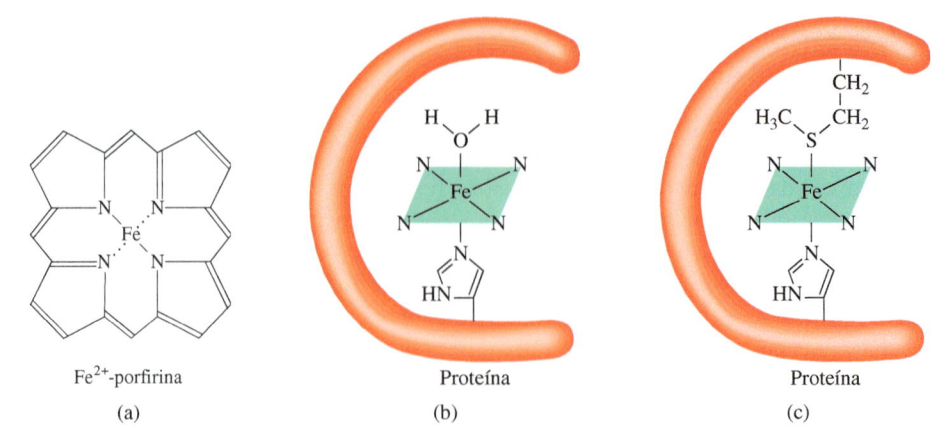

Figura 20.20
(a) Estrutura da espécie Fe^{2+}-porfirina. (b) O grupo heme na hemoglobina. O íon Fe^{2+} está coordenado aos átomos de nitrogênio no grupo heme. O ligante abaixo do plano do anel porfirínico é o grupo histidina, que faz parte da proteína. O sexto ligante é uma molécula de água, que pode ser substituída pelo oxigênio. (c) O grupo heme em citocromos. Os ligantes acima e abaixo do anel porfirínico são os grupos metionina e histidina da molécula da proteína.

Hemoglobina e Compostos Relacionados

A hemoglobina atua como um transportador de oxigênio para os processos metabólicos. A molécula possui quatro cadeias longas enroladas chamadas de *subunidades*. A hemoglobina transporta o oxigênio no sangue dos pulmões até os tecidos, onde ela transfere as moléculas de oxigênio para a mioglobina. A mioglobina, que é formada por apenas uma subunidade, armazena oxigênio para os processos metabólicos nos músculos.

O grupo *heme* em cada subunidade é um íon complexo formado entre um íon Fe^{2+} e um grupo porfirina [Figura 20.20(a)]. O íon Fe^{2+} está coordenado a quatro átomos de nitrogênio do ligante porfirina e também a um átomo de nitrogênio de um ligante que faz parte da cadeia da proteína. O sexto ligante é uma molécula de água, que se liga ao íon do outro lado do anel plano da porfirina, completando a geometria octaédrica [Figura 20.20(b)]. Nesse estado, a molécula é denominada *desoxihemoglobina* e confere um tom azulado ao sangue venoso. A molécula de água pode ser substituída prontamente pelo oxigênio molecular para formar a espécie vermelha *oxihemoglobina*, encontrada no sangue arterial.

O complexo ferro-heme está presente em outra classe de proteínas chamadas de *citocromos*. Nessas moléculas, o ferro também forma um complexo octaédrico, mas tanto o quinto quanto o sexto ligante fazem parte da cadeia da proteína [Figura 20.20(c)]. Dado que os ligantes estão fortemente ligados ao íon metálico, eles não podem ser substituídos pelo oxigênio ou outros ligantes. Assim, os citocromos atuam como transportadores de elétrons, essenciais no processo metabólico. Nos citocromos, o ferro sofre processos redox reversíveis rápidos:

$$Fe^{3+} + e^- \rightleftharpoons Fe^{2+}$$

que estão acoplados à oxidação de moléculas orgânicas como os carboidratos.

A molécula de clorofila, que é essencial para a fotossíntese nas plantas, também contém o anel porfirínico, mas nesse caso o metal é íon Mg^{2+} e não o íon Fe^{2+}.

Cisplatina

Em meados de 1960, os cientistas descobriram que o complexo *cis*-$[PtCl_2(NH_3)_2]$, também denominado cisplatina, é uma droga efetiva para certos tipos de câncer (veja a

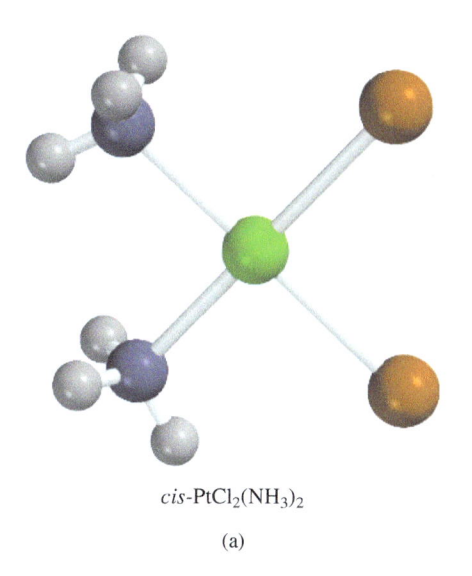

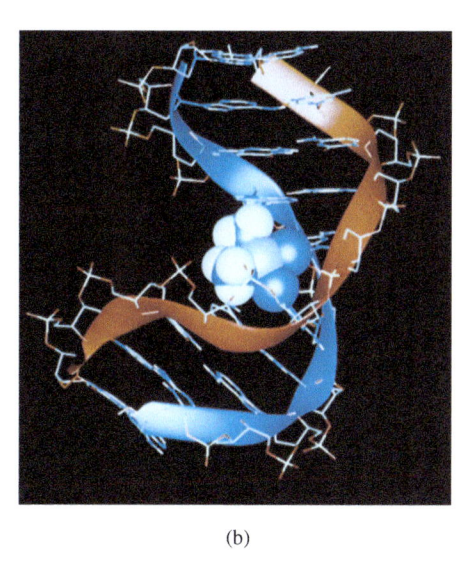

Figura 20.21
(a) *cis*-PtCl$_2$(NH$_3$)$_2$. (b) A cisplatina impede a replicação e transcrição do DNA por meio da ligação com a dupla hélice. A estrutura desse aduto com DNA (ao lado) foi elucidada pelo grupo do professor Stephen Lippard no Massachusetts Institute of Technology (MIT), EUA.

cis-PtCl$_2$(NH$_3$)$_2$
(a)

(b)

Figura 20.7). O mecanismo de ação da cisplatina envolve a quelação do DNA (ácido desoxirribonucleico). A cisplatina se liga ao DNA por meio da formação de uma ligação cruzada, na qual os dois íons cloreto da cisplatina são substituídos pelos átomos de nitrogênio doadores da molécula de DNA (Figura 20.21). Essa ação provoca um erro (mutação) na replicação do DNA e a eventual destruição da célula cancerosa. É interessante lembrar de que o isômero geométrico *trans*-[PtCl$_2$(NH$_3$)$_2$] não possui propriedade anticâncer porque não se liga ao DNA.

Resumo de Fatos e Conceitos

1. Os metais de transição têm em geral subcamadas *d* parcialmente preenchidas e uma tendência pronunciada para formar complexos. Os compostos que contêm íons complexos são chamados de compostos de coordenação.
2. Os metais da primeira série de transição (do escândio ao cobre) são os mais comuns dentre todos os metais de transição; o comportamento químico desses elementos é característico, em vários aspectos, de todo o grupo.
3. Os íons complexos consistem em um íon metálico rodeado de ligantes. Os átomos doadores no ligante compartilham um par de elétrons cada um com o íon metálico central.
4. Os compostos de coordenação podem apresentar isômeros geométricos e/ou enantiômeros.
5. A teoria do campo cristalino explica as ligações nos complexos em termos de interações eletrostáticas. De acordo com a teoria do campo cristalino, os cinco orbitais *d* são desdobrados em dois orbitais de energia mais alta e em três de menor energia, em um complexo octaédrico. A diferença de energia entre esses dois conjuntos de orbitais *d* é o desdobramento do campo cristalino.
6. Os ligantes de campo forte provocam um desdobramento do campo cristalino grande e os de campo fraco provocam um desdobramento pequeno. Os *spins* dos elétrons tendem a se alinharem paralelamente na presença de ligantes de campo fraco e a se emparelharem na presença de ligantes de campo forte, onde um maior investimento em energia seria necessário para promover os elétrons para os orbitais *d* superiores.
7. Os íons complexos sofrem reações de troca de ligantes em solução.
8. Os compostos de coordenação ocorrem na natureza e são empregados como drogas para uso terapêutico.

Palavras-chave

Agente quelante, p. 667
Átomo doador, p. 666
Complexo inerte, p. 679
Complexos lábeis, p. 679
Composto de coordenação, p. 666
Desdobramento do campo cristalino (Δ), p. 673
Ligantes, p. 666
Número de coordenação, p. 666
Série espectroquímica, p. 676

Questões e Problemas

Propriedades dos Metais de Transição
Questões de Revisão

20.1 O que distingue um metal de transição de um elemento representativo?

20.2 Por que o zinco não é considerado um metal de transição?

20.3 Explique por que os raios atômicos diminuem de maneira não muito acentuada do escândio ao cobre.

20.4 Sem recorrer ao texto, escreva as configurações eletrônicas dos estados fundamentais dos metais da primeira série de transição. Explique quaisquer irregularidades.

20.5 Escreva as configurações eletrônicas dos íons seguintes: V^{5+}, Cr^{3+}, Mn^{2+}, Fe^{3+}, Cu^{2+}, Sc^{3+}, Ti^{4+}.

20.6 Por que os metais de transição têm mais estados de oxidação do que os outros elementos? Indique os estados de oxidação mais altos dos elementos desde o escândio ao cobre.

20.7 Da esquerda para a direita, ao longo do período dos metais da primeira série de transição, observa-se que o estado de oxidação +2 vai se tornando mais estável que o +3. Por que isso ocorre?

20.8 O crômio exibe vários estados de oxidação em seus compostos, enquanto o alumínio apresenta somente o estado de oxidação +3. Explique.

Compostos de Coordenação: Nomenclatura; Número de Oxidação
Questões de Revisão

20.9 Defina os seguintes termos: composto de coordenação, ligante, átomo doador, número de coordenação, agente quelante.

20.10 Descreva a interação entre um átomo doador e um átomo metálico em termos de uma reação ácido-base de Lewis.

Problemas

••20.11 Complete as afirmações seguintes sobre o íon complexo $[CoCN(en)_2(H_2O)]^{2+}$, (a) "en" é a abreviatura de _____. (b) O número de oxidação do Co é _____. (c) O número de coordenação do Co é _____. (d) _____ é um ligante bidentado.

••20.12 Complete as afirmações seguintes sobre o íon complexo $[Cr(C_2O_4)_2(H_2O)_2]^-$. (a) O número de oxidação do Cr é _____. (b) O número de coordenação do Cr é _____. (c) _____ é um ligante bidentado.

•20.13 Indique os números de oxidação dos metais nas espécies seguintes: (a) $K_3[Fe(CN)_6]$, (b) $K_3[Cr(C_2O_4)_3]$, (c) $[Ni(CN)_4]^{2-}$.

•20.14 Indique os números de oxidação dos metais nas espécies seguintes: (a) Na_2MoO_4, (b) $MgWO_4$, (c) $K_4[Fe(CN)_6]$.

••20.15 Quais são os nomes sistemáticos para os seguintes compostos e íons? (a) $[CoCl_2(NH_3)_4]^+$, (b) $[CrCl_3(NH_3)_3]$, (c) $[CoBr_2(en)_2]^+$, (d) $Fe(CO)_5$.

••20.16 Quais são os nomes sistemáticos para os seguintes compostos e íons? (a) cis-$[CoCl_2(en)_2]^+$, (b) $[PtCl(NH_3)_5]Cl_3$, (c) $[Co(NH_3)_6]Cl_3$, (d) $[CoCl(NH_3)_5]Cl_2$, (e) trans-$[PtCl_2(NH_3)]$?

••20.17 Escreva as fórmulas de cada um dos íons e compostos seguintes: (a) tetra(hidroxo)zincato(II), (b) cloreto de pentaaquaclorocrômio(III), (c) tetrabromocuprato(II), (d) etilenodiaminotetracetatoferrato(II).

••20.18 Escreva as fórmulas de cada um dos seguintes íons e compostos: (a) diclorobis(etilenodiamina)crômio(III), (b) pentacarbonilferro(0), (c) tetracianocuprato(II) de potássio, (d) cloreto de tetraaminaquoclorocobalto(III).

Estrutura dos Compostos de Coordenação
Problemas

••20.19 Desenhe as estruturas de todos os isômeros geométricos e ópticos de cada um dos seguintes complexos de cobalto:
(a) $[Co(NH_3)_6]^{3+}$
(b) $[CoCl(NH_3)_5]^{2+}$
(c) $[CoCl_2(NH_3)_4]^+$
(d) $[Co(en)_3]^{3+}$
(e) $[Co(C_2O_4)_3]^{3-}$

••20.20 Quantos isômeros geométricos existem nas espécies seguintes? (a) $[CoCl_4(NH_3)_2]^-$, (b) $[CoCl_3(NH_3)_3]$.

••20.21 Um aluno preparou um complexo de cobalto que tem uma das três estruturas seguintes: $[Co(NH_3)_6]Cl_3$, $[CoCl(NH_3)_5]Cl_2$ ou $[CoCl_2(NH_3)_4]Cl$. Explique como o aluno poderá distinguir entre as três possibilidades realizando uma experiência de condutividade elétrica. O aluno tem à sua disposição os três eletrólitos fortes — NaCl, $MgCl_2$ e $FeCl_3$ — que podem ser usados para efeitos de comparação.

•20.22 O íon complexo $[NiBr_2(CN)_2]^{2-}$ tem uma geometria quadrada planar. Desenhe as estruturas dos isômeros geométricos desse complexo.

Níveis de Dificuldade: • Fácil •• Médio ••• Difícil.

Ligações nos Compostos de Coordenação
Questões de Revisão

20.23 Descreva sucintamente a teoria do campo cristalino. Defina os seguintes termos: desdobramento do campo cristalino, complexo de *spin*-alto, complexo de *spin*-baixo, série espectroquímica.

20.24 Qual é a origem da cor nos compostos de coordenação?

20.25 Os compostos que contêm o íon Sc^{3+} são incolores enquanto os que contêm o íon Ti^{3+} são coloridos. Justifique.

20.26 Quais são os fatores que determinam se dado complexo será diamagnético ou paramagnético?

Problemas

••20.27 Para o mesmo tipo de ligantes, explique por que o desdobramento do campo cristalino para um complexo octaédrico é sempre maior que para um complexo tetraédrico.

•••20.28 Os complexos de metais de transição que possuem o ligante CN^- são geralmente amarelos enquanto aqueles que contêm a água como ligante são usualmente verdes ou azuis. Explique.

••20.29 O íon $[Ni(CN)_4]^{2-}$, que tem uma geometria quadrado planar, é diamagnético, enquanto o íon $[NiCl_4]^{2-}$, que tem uma geometria tetraédrica, é paramagnético. Mostre os diagramas do desdobramento do campo cristalino para esses dois complexos.

••20.30 Preveja o número de elétrons desemparelhados nos seguintes íons complexos: (a) $[Cr(CN)_6]^{4-}$, (b) $[Cr(H_2O)_6]^{2+}$.

••20.31 A absorção máxima do íon complexo $[Co(NH_3)_6]^{3+}$ ocorre em 470 nm. (a) Preveja a cor do complexo e (b) calcule o desdobramento do campo cristalino em kJ/mol.

•••20.32 Uma solução preparada pela dissolução de 0,875 g de $CoCl_3(NH_3)_4$ em 25 g de água congela a 0,56°C abaixo do ponto de congelamento da água pura. Calcule o número de mols de íons produzidos quando se dissolve 1 mol de $CoCl_3(NH_3)_4$ em água e sugira uma estrutura para o íon complexo presente nesse composto.

Reações dos Compostos de Coordenação
Questões de Revisão

20.33 Defina os termos (a) complexo lábil, (b) complexo inerte.

20.34 Explique por que uma espécie termodinamicamente estável pode ser quimicamente reativa e uma espécie termodinamicamente instável pode ser não reativa.

Problemas

•••20.35 O ácido oxálico, $H_2C_2O_4$, é, às vezes, usado para limpar manchas de ferrugem em tanques e banheiras. Explique sob o ponto de vista químico o princípio da ação de limpeza.

•••20.36 O complexo $[Fe(CN)_6]^{3-}$ é mais lábil que o complexo $[Fe(CN)_6]^{4-}$. Sugira uma experiência que prove que o $[Fe(CN)_6]^{3-}$ é um complexo lábil.

•••20.37 Uma solução aquosa de sulfato de cobre(II) é azul. Quando se adiciona fluoreto de potássio, forma-se um precipitado verde. Quando se adiciona cloreto de potássio em vez do fluoreto, forma-se uma solução verde. Explique o que está acontecendo nesses dois casos.

•••20.38 Quando se adiciona cianeto de potássio a uma solução de sulfato de cobre(II), forma-se um precipitado branco, solúvel em excesso de cianeto de potássio. Se nesse ponto sulfeto de hidrogênio for borbulhado na solução, não se forma nenhum precipitado. Explique.

•••20.39 Uma solução concentrada de cloreto de cobre(II) possui coloração verde. Quando diluída com água, a solução se torna azul-clara. Explique.

•••20.40 Em uma solução diluída de ácido nítrico, o Fe^{3+} reage com o íon tiocianato (SCN^-) para formar um complexo vermelho-escuro:

$$[Fe(H_2O)_6]^{3+} + SCN^- \rightleftharpoons H_2O + [FeNCS(H_2O)_5]^{2+}$$

A concentração de equilíbrio do $[FeNCS(H_2O)_5]^{2+}$ pode ser determinada pela intensidade da cor da solução (medida por um espectrômetro). Em dada experiência, foram misturados 1,0 mL de solução 0,20 M de $Fe(NO_3)_3$ com 1,0 mL de solução $1,0 \times 10^{-3} M$ de KSCN e 8,0 mL de ácido nítrico diluído. A cor da solução indicava que a concentração do $[FeNCS(H_2O)_5]^{2+}$ era $7,3 \times 10^{-5}$ M. Calcule a constante de formação do $[FeNCS(H_2O)_5]^{2+}$.

Problemas Adicionais

•20.41 Explique os fatos seguintes: (a) O cobre e o ferro têm vários estados de oxidação, enquanto o zinco possui apenas um. (b) O cobre e o ferro formam íons coloridos, ao passo que o zinco não.

•••20.42 A constante de formação para a reação $Ag^+ + 2NH_3 \rightleftharpoons [Ag(NH_3)_2]^+$ é $1,5 \times 10^7$ e da reação $Ag^+ + 2CN^- \rightleftharpoons [Ag(CN)_2]^-$ é $1,0 \times 10^{21}$ a 25°C (veja a Tabela 17.4). Calcule a constante de equilíbrio a 25°C para a reação

$$[Ag(NH_3)_2]^+ + 2CN^- \rightleftharpoons [Ag(CN)_2]^- + 2NH_3$$

••20.43 A hemoglobina é uma proteína transportadora de oxigênio. Em cada molécula de hemoglobina há quatro grupos heme. Em cada grupo heme, um íon Fe(II) está ligado a cinco átomos de nitrogênio e a uma molécula de água (na desoxihemoglobina) ou a uma molécula de oxigênio (na oxihemoglobina), em uma geometria octaédrica. A oxihemoglobina é vermelha enquanto a desoxihemoglobina é púrpura. Mostre que a diferença de cor pode ser explicada qualitativamente com base no conhecimento que se tem sobre complexos de *spin*-alto e de *spin*-baixo. (*Sugestão*: O O_2 é um ligante de campo forte.)

•••20.44 Os íons Mn^{2+} hidratados são praticamente incolores (veja a Figura 20.15) embora possuam cinco elétrons $3d$. Justifique. (*Sugestão:* As transições eletrônicas em que há alteração do número de elétrons desemparelhados não ocorrem facilmente.)

Biológica: 20.43, 20.54. **Conceitual:** 20.11, 20.12, 20.19, 20.20, 20.21, 20.22, 20.27, 20.28, 20.29, 20.30, 20.31, 20.36, 20.41, 20.44, 20.45,

20.45 Quais dos seguintes cátions hidratados são incolores: Fe^{2+} (aq), Zn^{2+} (aq), Cu^+ (aq), Cu^{2+} (aq), V^{5+} (aq), Ca^{2+} (aq), Co^{2+} (aq), Sc^{3+} (aq), Pb^{2+} (aq)? Justifique a sua escolha.

20.46 De cada um dos pares seguintes, escolha o complexo que absorve luz em um comprimento de onda maior: (a) $[Co(NH_3)_6]^{2+}$, $[Co(H_2O)_6]^{2+}$; (b) $[FeF_6]^{3-}$, $[Fe(CN)_6]^{3-}$; (c) $[Cu(NH_3)_4]^{2+}$, $[CuCl_4]^{2-}$.

20.47 Em 1895, um estudante preparou três compostos de coordenação contendo crômio, que possuem a mesma fórmula, $CrCl_3(H_2O)_6$, e as seguintes propriedades:

Cor	Íons Cl^- em Solução por Fórmula Unitária
Violeta	3
Verde-claro	2
Verde-escuro	1

Escreva as fórmulas modernas para esses três compostos e para cada caso sugira um método para confirmar o número de íons Cl^- presentes em solução. (*Sugestão:* Alguns dos compostos podem existir na forma de hidratos, que são compostos que possuem um número específico de moléculas de água ligadas.)

20.48 A formação de íon complexo vem sendo utilizada na extração de ouro, que existe na natureza na forma livre ou não combinada. Pra separá-lo de impurezas sólidas, o minério é tratado com uma solução de cianeto de sódio (NaCN) na presença de ar para que ocorra a dissolução do ouro por meio da formação do íon complexo solúvel $[Au(CN)_2]^-$. (a) Faça o balanceamento da seguinte equação:

$$Au + CN^- + O_2 + H_2O \longrightarrow [Au(CN)_2]^- + OH^-$$

(b) O ouro é obtido pela redução do íon complexo com zinco metálico. Escreva a equação iônica balanceada desse processo. (c) Qual é a geometria e o número de coordenação do íon $[Au(CN)_2]^-$?

20.49 As soluções aquosas do $CoCl_2$ são, em geral, rosa ou azul-claro. Baixas concentrações e temperaturas favorecem a forma rosa, enquanto altas concentrações e temperaturas favorecem a forma azul. A adição de ácido clorídrico a uma solução rosa de $CoCl_2$ faz que a solução se torne azul; a cor rosa é restaurada por adição de $HgCl_2$. Explique essas observações.

20.50 Qual é o agente oxidante mais forte em solução aquosa: Mn^{3+} ou Cr^{3+}? Justifique a sua escolha.

20.51 Sugira um método que lhe permitiria distinguir entre a *cis*-$[PtCl_2(NH_3)_2]$ e a *trans*-$[PtCl_2(NH_3)_2]$.

20.52 O rótulo de determinada marca de maionese apresenta o EDTA como conservante. Como o EDTA previne a deterioração da maionese?

20.53 Considere duas soluções contendo $FeCl^{2+}$ e $FeCl^{3+}$ com a mesma concentração. Uma solução é amarela-clara e a outra, castanha. Identifique essas soluções com base apenas na cor.

• Problemas Especiais

20.54 O monóxido de carbono forma com o ferro da hemoglobina uma ligação que é cerca de 200 vezes mais forte que a ligação do ferro com o oxigênio. Essa é a razão pela qual o monóxido de carbono é uma substância venenosa. A ligação sigma metal-ligante é formada pela doação de um par de elétrons não compartilhado do átomo doador para um orbital sp^3d^2 vazio no Fe. (a) Com base nas eletronegatividades, qual dos átomos, C ou O, você esperaria que formasse a ligação com o Fe? (b) Faça um esquema ilustrando a sobreposição dos orbitais envolvidos na ligação.

20.55 Quantos isômeros geométricos pode ter o seguinte complexo quadrado planar?

$$\begin{array}{c} a \quad\quad b \\ \diagdown \diagup \\ Pt \\ \diagup \diagdown \\ d \quad\quad c \end{array}$$

20.56 Verifica-se que o $[PtCl_2(NH_3)_2]$ existe como dois isômeros geométricos designados por I e II, que reagem com o ácido oxálico da seguinte maneira:

$$I + H_2C_2O_4 \longrightarrow [Pt(C_2O_4)(NH_3)_2]$$
$$II + H_2C_2O_4 \longrightarrow [Pt(HC_2O_4)_2(NH_3)_2]$$

Comente acerca das estruturas I e II.

20.57 O composto 1,1,1-trifluoroacetilacetona (tfa) é um ligando bidentado

$$\begin{array}{cc} O & O \\ \| & \| \\ CF_3CCH_2CCH_3 \end{array}$$

Essa molécula forma um complexo tetraédrico com o Be^{2+} e um complexo quadrado planar com o Cu^{2+}. Desenhe as estruturas desses íons complexos e identifique o tipo de isomeria que eles apresentam.

• Respostas dos Exercícios

20.1 K: +1; Au: +3.
20.2 Cloreto de tetraamindiclorocrômio(III).
20.3 $(NH_4)_2[CuBr_4]$ **20.4** 5.

Química Nuclear

21

21.1 Natureza das Reações Nucleares 686
  Balanceamento de Equações Nucleares
21.2 Estabilidade Nuclear 688
  Energia de Ligação Nuclear
21.3 Radioatividade Natural 693
  Cinética do Decaimento Radioativo • Datação com Base em Decaimento Radioativo
21.4 Transmutação Nuclear 697
  Elementos Transurânicos
21.5 Fissão Nuclear 699
  Bomba Atômica • Reatores Nucleares
21.6 Fusão Nuclear 704
  Reatores de Fusão • Bomba de Hidrogênio
21.7 Aplicações dos Isótopos 706
  Determinação Estrutural • Estudo da Fotossíntese • Isótopos na Medicina
21.8 Efeitos Biológicos da Radiação 709

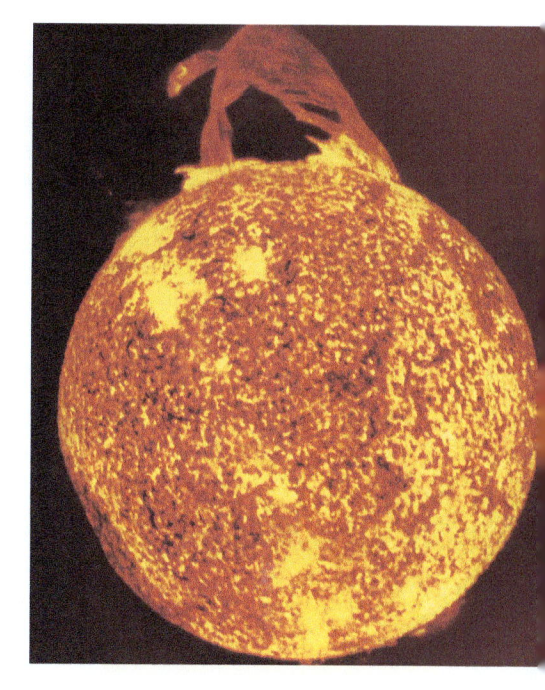

A fusão nuclear mantém a temperatura no interior do Sol em torno de 15 milhões °C.

Conceitos Essenciais

- **Estabilidade Nuclear** Para manter a estabilidade nuclear, a proporção entre nêutrons e prótons deve variar dentro de um certo intervalo de valores. Uma medida quantitativa da estabilidade nuclear é a energia de ligação nuclear, que é a energia necessária para separar prótons e nêutrons de um núcleo. A energia de ligação nuclear pode ser calculada por meio das massas dos prótons, nêutrons e núcleo, pela relação de equivalência massa-energia de Einstein.

- **Radioatividade Natural e Transmutação Nuclear** Núcleos instáveis sofrem decaimento espontâneo com emissão de radiação e partículas. Todos os decaimentos nucleares obedecem cinéticas de primeira ordem. A meia-vida de vários núcleos radioativos tem sido usada para a datação de objetos. Núcleos estáveis também podem tornar-se radioativos quando bombardeados com partículas elementares ou núcleos atômicos. Muitos elementos novos têm sido criados artificialmente em aceleradores de partículas onde ocorrem tais bombardeamentos.

- **Fissão Nuclear e Fusão Nuclear** Certos núcleos, quando bombardeados com nêutrons, sofrem fissão, produzindo núcleos menores, nêutrons adicionais e uma grande quantidade de energia. Quando existe um número suficiente de núcleos para atingir uma massa crítica, ocorre uma reação nuclear em cadeia, uma seqüência auto-suficiente de reações de fissão nuclear. Fissões nucleares têm aplicação na construção de bombas atômicas e reatores nucleares. A fusão nuclear, por sua vez, é o processo em que os núcleos de elementos leves são fundidos em temperaturas muito altas para formar núcleos mais pesados. Esse processo libera uma quantidade de energia ainda maior do que a fissão nuclear e é utilizado na fabricação de bombas de hidrogênio (ou termonucleares).

- **Aplicações dos Isótopos** Os isótopos, especialmente os radioativos, são usados como marcadores, para estudar mecanismos de reações químicas e biológicas, e também como ferramentas de diagnóstico médico.

- **Efeitos Biológicos da Radiação** Os efeitos invasivos e prejudiciais da radiação em sistemas biológicos têm sido estudados minuciosamente e agora são bem conhecidos.

21.1 Natureza das Reações Nucleares

Com exceção do hidrogênio ($_1^1H$), todos os núcleos contêm dois tipos de partículas fundamentais, os *prótons* e *os nêutrons*. Alguns núcleos são instáveis; emitem espontaneamente partículas e/ou radiação eletromagnética (veja a Seção 2.2). O nome desse fenômeno é *radioatividade*. Todos os elementos de número atômico superior a 83 são radioativos. Por exemplo, o isótopo do polônio, o polônio-210 ($_{84}^{210}Po$), decai espontaneamente para $_{82}^{206}Pb$ emitindo uma partícula α.

Outro tipo de radioatividade, conhecido como **transmutação nuclear**, *resulta do bombardeamento de núcleos com nêutrons, prótons ou outros núcleos*. Um exemplo de uma transmutação nuclear é a conversão do $_7^{14}N$ atmosférico em $_6^{14}C$ e $_1^1H$, que ocorre quando o isótopo de nitrogênio captura um nêutron (do Sol). Em alguns casos, sintetizam-se elementos mais pesados a partir de elementos mais leves. Esse tipo de transmutação ocorre naturalmente no espaço, mas pode ser realizado artificialmente, como veremos na Seção 21.4.

O decaimento radioativo e a transmutação nuclear são ***reações nucleares*** que diferem significativamente das reações químicas comuns. A Tabela 21.1 apresenta o resumo das diferenças.

Balanceamento de Equações Nucleares

Para discutirmos as reações nucleares em qualquer nível de profundidade, precisamos saber como escrever e balancear as suas equações. Escrever uma equação nuclear é algo diferente de escrever equações de reações químicas. Além de escrever os símbolos dos vários elementos químicos, temos de indicar explicitamente os prótons, os nêutrons e os elétrons. É preciso mostrar os números de prótons e nêutrons presentes em *cada* espécie nessas equações.

Os símbolos das partículas elementares são:

$_1^1p$ ou $_1^1H$ $_0^1n$ $_{-1}^0e$ ou $_{-1}^0\beta$ $_{+1}^0e$ ou $_{+1}^0\beta$ $_2^4He$ ou $_2^4\alpha$

próton   nêutron   elétron   pósitron   partícula α

De acordo com a notação usada na Seção 2.3, o sobrescrito indica o número de massa (número total de nêutrons e de prótons) e o subscrito, o número atômico (número de prótons). Assim, o "número atômico" de um próton é 1, pois há um próton presente e o

TABELA 21.1 Comparação entre Reações Químicas e Reações Nucleares

Reações Químicas	Reações Nucleares
1. Os átomos são rearranjados pela quebra e formação de ligações químicas.	1. Os elementos (ou isótopos do mesmo elemento) são convertidos um no outro.
2. Apenas os elétrons dos orbitais atômicos ou moleculares estão envolvidos na quebra e formação de ligações	2. Prótons, nêutrons, elétrons e outras partículas elementares podem estar envolvidos nas reações.
3. As reações são acompanhadas de absorção ou liberação de pequenas quantidades de energia.	3. As reações são acompanhadas de absorção ou liberação de grandes quantidades de energia.
4. As velocidades das reações são influenciadas pela temperatura, pressão, concentração e catalisadores.	4. As velocidades das reações normalmente não são influenciadas pela temperatura, pressão, e catalisadores.

"número de massa" também é 1, porque há um próton, mas nenhum nêutron presente. No entanto, o "número de massa" de um nêutron é 1, porém seu "número atômico" é zero, porque não há prótons presentes. Para o elétron, o "número de massa" é zero (pois não há prótons nem nêutrons presentes), mas o "número atômico" é -1, porque o elétron possui uma carga unitária negativa.

O símbolo $_{-1}^{0}e$ representa um elétron que, embora seja fisicamente idêntico a qualquer outro elétron, vem de um núcleo (em um processo de decaimento no qual um nêutron é convertido em um próton e um elétron) e não de um orbital atômico. O **pósitron** *tem a mesma massa que o elétron, mas possui carga +1*. A partícula α contém dois prótons e dois nêutrons, logo seu número atômico é 2 e seu número de massa, 4.

Para balancearmos qualquer equação nuclear, observamos as seguintes regras:

- O número total de prótons e nêutrons nos produtos e nos reagentes deve ser o mesmo (conservação do número de massa).
- O número total de cargas nucleares nos produtos e nos reagentes deve ser o mesmo (conservação do número atômico).

Se, em uma equação nuclear, soubermos os números atômicos e os números de massa de todas as espécies, com exeção de uma delas, podemos identificar a espécie desconhecida aplicando essas regras, como se vê no Exemplo 21.1, que mostra como balancear equações de decaimento nuclear.

EXEMPLO 21.1

Efetue o balanceamento das equações nucleares seguintes (isto é, identifique o produto X):

(a) $_{84}^{212}\text{Po} \longrightarrow \, _{82}^{208}\text{Pb} + X$

(b) $_{55}^{137}\text{Cs} \longrightarrow \, _{56}^{137}\text{Ba} + X$

Estratégia   Ao balancear equações nucleares, observe que a soma dos números atômicos e a dos números de massa devem coincidir em ambos os lados da equação.

Solução   (a) O número de massa e o número atômico são 212 e 84, no lado esquerdo, e 208 e 82, no lado direito, respectivamente. Assim, X tem de ter número de massa igual a 4 e número atômico igual a 2, o que significa que é uma partícula α. A equação balanceada é

$$_{84}^{212}\text{Po} \longrightarrow \, _{82}^{208}\text{Pb} + \, _{2}^{4}\alpha$$

(b) Nesse caso, o número de massa é o mesmo nos dois lados da equação, mas o número atômico do produto tem 1 unidade a mais que o do reagente. Assim, X deve ter um número de massa 0 e um número atômico -1, o que significa que é uma partícula β. A única forma de essa transformação poder ocorrer é um nêutron do núcleo do Cs transformar-se em um próton e em um elétron; isto é, $_{0}^{1}n \longrightarrow \, _{1}^{1}p + \, _{-1}^{0}\beta$ (note que esse processo não altera o número de massa). Assim, a equação balanceada é

$$_{55}^{137}\text{Cs} \longrightarrow \, _{56}^{137}\text{Ba} + \, _{-1}^{0}\beta$$

Usamos a notação $_{-1}^{0}\beta$ porque o elétron veio do núcleo.

Verificação   Observe que as equações em (a) e (b) estão balanceadas quanto às partículas nucleares, mas não no que se refere a cargas elétricas. Para balancearmos as cargas, teríamos de adicionar dois elétrons ao lado direito de (a) e expressar o bário como um cátion (Ba^{2+}) em (b).

Problemas semelhantes: 21.5, 21.6.

Exercício   Identifique X na seguinte equação nuclear:

$$_{33}^{78}\text{As} \longrightarrow \, _{-1}^{0}\beta + X$$

21.2 Estabilidade Nuclear

O núcleo ocupa uma porção muito pequena do volume total do átomo, mas contém a maior parte da massa deste porque tanto os prótons quanto os nêutrons estão no núcleo. Ao estudar a estabilidade do núcleo atômico, é útil saber algo sobre a sua densidade, pois ela indica quão proximamente as partículas estão "empacotadas". Como exemplo de cálculo, vamos supor que um núcleo tenha um raio de 5×10^{-3} pm e massa de 1×10^{-22} g. Esses números correspondem aproximadamente a um núcleo contendo 30 prótons e 30 nêutrons. A densidade é massa/volume e podemos calcular o volume por meio do raio conhecido (o volume de uma esfera é $\frac{4}{3}\pi r^3$, em que r é o raio da esfera). Primeiro, convertemos as unidades pm em cm. Depois, calculamos a densidade em g/cm^3:

$$r = 5 \times 10^{-3} \text{ pm} \times \frac{1 \times 10^{-12} \text{ m}}{1 \text{ pm}} \times \frac{100 \text{ cm}}{1 \text{ m}} = 5 \times 10^{-13} \text{ cm}$$

$$\text{densidade} = \frac{\text{massa}}{\text{volume}} = \frac{1 \times 10^{-22} \text{ g}}{\frac{4}{3}\pi r^3} = \frac{1 \times 10^{-22} \text{ g}}{\frac{4}{3}\pi (5 \times 10^{-13} \text{ cm})^3}$$

$$= 2 \times 10^{14} \text{ g/cm}^3$$

> Para se ter uma idéia dessa densidade elevadíssima (quase incompreensível) sugere-se fazer uma analogia com um empacotamento da massa de todos os automóveis do mundo dentro de um dedal.

Essa é uma densidade extremamente alta. A densidade mais elevada que se conhece é a do elemento ósmio (Os), 22,6 g/cm^3. Assim, o núcleo atômico médio é cerca de 9×10^{12} vezes mais denso do que o elemento de maior densidade conhecido!

A alta densidade do núcleo leva-nos a questionar sobre o que mantém as partículas tão próximas. Da *lei de Coulomb* sabemos que as cargas de mesmo sinal se repelem e as de sinal contrário se atraem. Dessa forma, esperaríamos que os prótons se repelissem fortemente, especialmente quando pensamos quão próximos devem estar uns dos outros. Este é de fato o caso. Contudo, além da repulsão, há também atrações de pequeno alcance entre prótons e prótons, entre prótons e nêutrons e entre nêutrons e nêutrons. A estabilidade de qualquer núcleo é determinada pela diferença entre a repulsão eletrostática e a atração de curto alcance. Se a repulsão supera a atração, o núcleo desintegra-se emitindo partículas e/ou radiação. Se prevalecem as forças atrativas, o núcleo é estável.

O fator principal que determina se um núcleo é estável é a *razão nêutron/próton (n/p)*. Para átomos estáveis de elementos de número atômico baixo, o valor n/p é próximo de 1. À medida que o número atômico aumenta, as razões nêutron/próton dos núcleos estáveis tornam-se maiores que 1. Esse desvio para números atômicos maiores deve-se ao fato de ser necessário um maior número de nêutrons para compensar a intensa repulsão entre os prótons e estabilizar o núcleo. As seguintes regras são úteis na previsão da estabilidade nuclear:

1. Os núcleos que contêm 2, 8, 20, 50, 82 ou 126 prótons ou nêutrons são geralmente mais estáveis que os demais núcleos. Por exemplo, há dez isótopos estáveis de estanho (Sn) com número atômico 50 e apenas dois isótopos estáveis de antimônio (Sb) com número atômico 51. Os números 2, 8, 20, 50, 82 e 126 são chamados de *números mágicos*. O significado desses números para a estabilidade nuclear é semelhante à dos números de elétrons associados com os gases nobres muito estáveis (isto é, 2, 10, 18, 36, 54 e 86 elétrons).

2. Os núcleos que têm números pares de prótons e de nêutrons são, em geral, mais estáveis que aqueles que possuem números ímpares dessas partículas (Tabela 21.2).

3. Todos os isótopos dos elementos com números atômicos superiores a 83 são radioativos. Todos os isótopos do tecnécio (Tc, Z = 43) e do promécio (Pm, Z = 61) são radioativos.

TABELA 21.2	Números de Isótopos Estáveis com Números Pares e Ímpares de Prótons e de Nêutrons	
Prótons	Nêutrons	Número de Isótopos Estáveis
Ímpar	Ímpar	4
Ímpar	Par	50
Par	Ímpar	53
Par	Par	164

A Figura 21.1 mostra um gráfico do número de nêutrons em função do número de prótons para vários isótopos. Os núcleos estáveis situam-se em uma área do gráfico conhecida como a *faixa de estabilidade*. A maior parte dos núcleos radioativos ficam fora dessa faixa. Acima dela, os núcleos têm razões nêutrons/prótons maiores que aqueles que estão dentro da faixa de estabilidade (para o mesmo número de prótons). Então, para diminuir o valor dessa razão (e deslocar-se para baixo em direção à faixa de estabilidade), esses núcleos sofrem o seguinte processo, chamado de *emissão de partículas β*:

$$^{1}_{0}n \longrightarrow \, ^{1}_{1}p + \, ^{0}_{-1}\beta$$

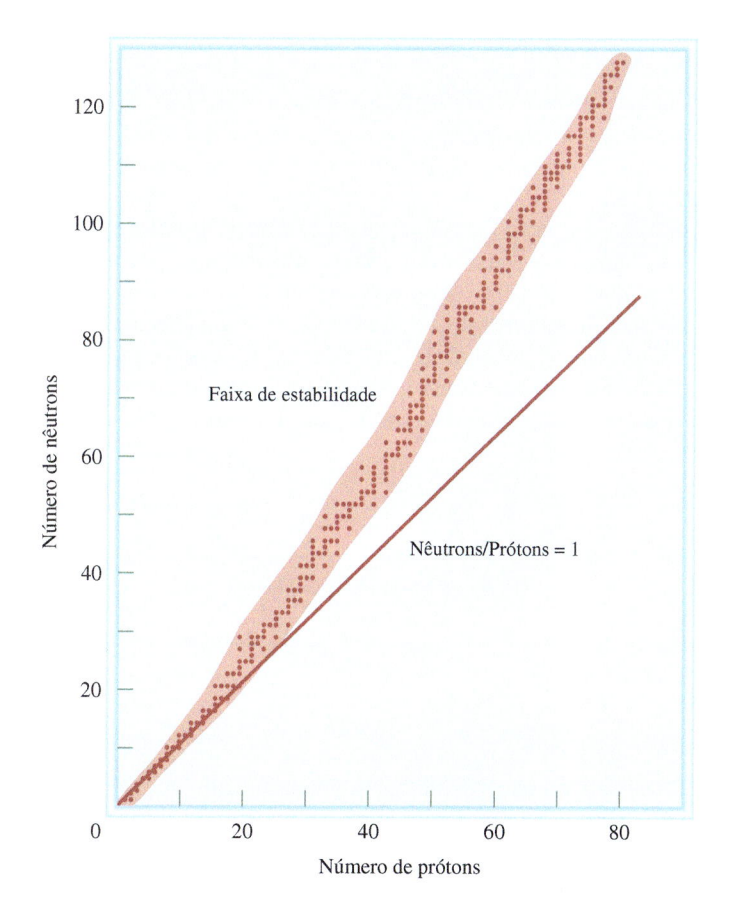

Figura 21.1
Gráfico de número de nêutrons em função de número de prótons para vários isótopos estáveis, (representados por pontos). A linha reta representa os pontos nos quais a razão nêutrons/prótons é igual a 1. A área sombreada representa a faixa de estabilidade.

A emissão de uma partícula β conduz a um aumento no número de prótons no núcleo e a uma diminuição simultânea do número de nêutrons. Alguns exemplos são:

$$^{14}_{6}\text{C} \longrightarrow {}^{14}_{7}\text{N} + {}^{0}_{-1}\beta$$

$$^{40}_{19}\text{K} \longrightarrow {}^{40}_{20}\text{Ca} + {}^{0}_{-1}\beta$$

$$^{97}_{40}\text{Zr} \longrightarrow {}^{97}_{41}\text{Nb} + {}^{0}_{-1}\beta$$

Abaixo da faixa de estabilidade os núcleos apresentam razão nêutrons/prótons inferior àquela dos que se encontram na faixa (para o mesmo número de prótons). Para aumentar a razão (e assim deslocar-se para cima na direção da faixa de estabilidade), esses núcleos ou emitem um pósitron

$$^{1}_{1}\text{p} \longrightarrow {}^{1}_{0}\text{n} + {}^{0}_{+1}\beta$$

ou sofrem captura eletrônica. Um exemplo de emissão de pósitron é

$$^{38}_{19}\text{K} \longrightarrow {}^{38}_{18}\text{Ar} + {}^{0}_{+1}\beta$$

A *captura eletrônica* é a captura de um elétron — geralmente um elétron $1s$ — pelo núcleo. O elétron capturado combina-se com um próton para formar um nêutron, de modo que o número atômico aumente em uma unidade e o número de massa se mantenha igual. Esse processo tem o mesmo efeito global que a emissão de um pósitron:

$$^{37}_{18}\text{Ar} + {}^{0}_{-1}e \longrightarrow {}^{37}_{17}\text{Cl}$$

$$^{55}_{26}\text{Fe} + {}^{0}_{-1}e \longrightarrow {}^{55}_{25}\text{Mn}$$

> Usamos aqui $^{0}_{-1}e$ em vez de $^{0}_{-1}\beta$ porque o elétron veio de um orbital atômico e não do núcleo.

Energia de Ligação Nuclear

Uma medida quantitativa da estabilidade nuclear é a ***energia de ligação nuclear***, que é *a energia necessária para quebrar o núcleo em prótons e nêutrons*. Essa quantidade expressa a conversão de massa em energia, que ocorre durante uma reação nuclear exotérmica.

O conceito de energia de ligação nuclear provém dos estudos das propriedades nucleares que mostram que as massas dos núcleos são sempre inferiores à soma das massas dos *núcleons,* que é um termo geral para os prótons e os nêutrons em um núcleo. Por exemplo, o isótopo $^{19}_{9}\text{F}$ tem massa atômica de 18,9984 u. O núcleo tem nove prótons e dez nêutrons e, portanto, um total de 19 núcleons. Usando as massas conhecidas do átomo $^{1}_{1}\text{H}$ (1,007825 u) e do nêutron (1,008665 u), podemos fazer a seguinte análise. A massa de nove átomos $^{1}_{1}\text{H}$ (isto é, a massa de nove prótons e de nove elétrons) é

$$9 \times 1,007825 \text{ u} = 9,070425 \text{ u}$$

e a massa de dez nêutrons é

$$10 \times 1,008665 \text{ u} = 10,08665 \text{ u}$$

Logo, a massa de um átomo $^{19}_{9}\text{F}$ calculada a partir do número conhecido de elétrons, de prótons e de nêutrons é

$$9,070425 \text{ u} + 10,08665 \text{ u} = 19,15708 \text{ u}$$

> A massa do elétron não se altera porque ele não é um núcleon.

que é 0,1587 u maior do que 18,9984 u (a massa medida do $^{19}_{9}\text{F}$).

A diferença entre a massa de um átomo e a soma das massas dos seus prótons, nêutrons e elétrons chama-se ***defeito de massa***. A teoria da relatividade nos diz que a perda de massa aparece como energia (calor) liberada para a vizinhança. Assim, a formação do $^{19}_9$F é exotérmica. De acordo com a *relação de equivalência massa-energia de Einstein* ($E = mc^2$, em que E é a energia, m a massa e c a velocidade da luz), podemos calcular a quantidade de energia liberada. Começamos por escrever

> Esta é a única equação listada nas citações de Bartlett.

$$\Delta E = (\Delta m)c^2 \qquad (21.1)$$

em que ΔE e Δm são definidos como:

$$\Delta E = \text{energia do produto} - \text{energia dos reagentes}$$
$$\Delta m = \text{massa do produto} - \text{massa dos reagentes}$$

Assim, temos para a variação de massa

$$\Delta m = 18,9984 \text{ u} - 19,15708 \text{ u}$$
$$= -0,1587 \text{ u}$$

Como o $^{19}_9$F tem massa inferior àquela calculada com base no número de elétrons e núcleons presentes, Δm é uma quantidade negativa. Conseqüentemente, ΔE é também uma quantidade negativa; isto é, há liberação de energia para a vizinhança como resultado da formação do núcleo de flúor-19. Podemos, portanto, calcular ΔE como se segue:

$$\Delta E = (-0,1587 \text{ u})(3,00 \times 10^8 \text{ m/s})^2$$
$$= -1,43 \times 10^{16} \text{ u m}^2/\text{s}^2$$

Com os fatores de conversão

$$1 \text{ kg} = 6,022 \times 10^{26} \text{ u}$$
$$1 \text{ J} = 1 \text{ kg m}^2/\text{s}^2$$

obtemos

$$\Delta E = \left(-1,43 \times 10^{16} \frac{\text{u} \cdot \text{m}^2}{\text{s}^2}\right) \times \left(\frac{1,00 \text{ kg}}{6,022 \times 10^{26} \text{ u}}\right) \times \left(\frac{1 \text{ J}}{1 \text{ kg m}^2/\text{s}^2}\right)$$
$$= -2,37 \times 10^{-11} \text{ J}$$

Essa é a quantidade de energia liberada quando se forma um núcleo de flúor-19 a partir de nove prótons e de dez nêutrons. A energia de ligação nuclear é $2,37 \times 10^{-11}$ J, que é a quantidade de energia necessária para decompor o núcleo em prótons e nêutrons. Na formação de 1 mol de núcleos de flúor, por exemplo, a energia liberada é

$$\Delta E = (-2,37 \times 10^{-11} \text{ J})(6,022 \times 10^{23}/\text{mol})$$
$$= -1,43 \times 10^{13} \text{ J/mol}$$
$$= -1,43 \times 10^{10} \text{ kJ/mol}$$

A energia de ligação nuclear é, portanto, $1,43 \times 10^{10}$ kJ para 1 mol de núcleos de flúor-19, que é uma quantidade extremamente grande quando consideramos que as entalpias das reações químicas normais são da ordem de apenas 200 kJ. O procedimento que seguimos pode ser usado para calcular a energia de ligação nuclear para qualquer núcleo.

Como pudemos observar, a energia de ligação nuclear é uma indicação da estabilidade de um núcleo. Contudo, ao compararmos a estabilidade de dois núcleos quais-

Figura 21.2
Gráfico da energia de ligação nuclear por núcleon *versus* número de massa.

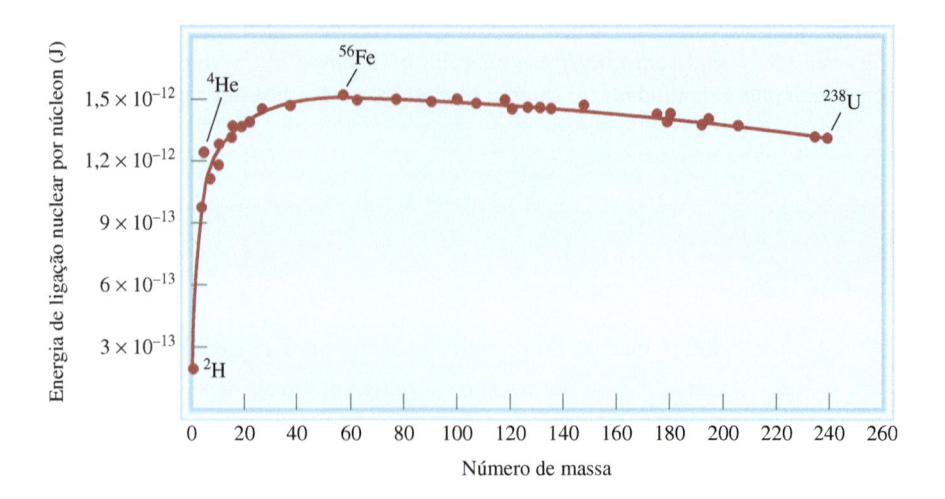

quer, devemos levar em conta que eles possuem números de núcleons diferentes. Por isso, é mais conveniente usar a *energia de ligação por núcleon*, definida como

$$\text{energia de ligação por núcleon} = \frac{\text{energia de ligação nuclear}}{\text{número de núcleons}} \quad (21.2)$$

Para o núcleo de flúor-19,

$$\text{energia de ligação nuclear por núcleon} = \frac{2{,}37 \times 10^{-11}\,\text{J}}{19\,\text{núcleons}}$$

$$= 1{,}25 \times 10^{-12}\,\text{J/núcleons}$$

A energia de ligação nuclear por núcleon permite-nos comparar a estabilidade de todos os núcleos em uma base comum. A Figura 21.2 mostra a variação da energia de ligação nuclear por núcleon em função do número de massa. No início, a curva sobe abruptamente. As energias de ligação nuclear por núcleon mais altas são de elementos com números de massa intermediários — entre 40 e 100 — e elas atingem valores máximos para os elementos que se encontram na região do ferro, cobalto e níquel (os elementos do Grupo 9) da tabela periódica. Isso significa que as forças de atração *globais* entre as partículas (prótons e nêutrons) são máximas para os núcleos desses elementos.

EXEMPLO 21.2

A massa atômica do $^{127}_{53}\text{I}$ é 126,9004 u. Calcule a energia de ligação nuclear e a correspondente energia de ligação nuclear por núcleon, para esse núcleo.

Estratégia Para calcularmos a energia de ligação nuclear, temos primeiro que determinar a diferença entre a massa do núcleo e a massa de todos os prótons e nêutrons, o que nos dá o defeito de massa. A seguir, aplicamos a relação massa-energia de Einstein $[\Delta E = (\Delta m)c^2]$.

Solução No núcleo de iodo há 53 prótons e 74 nêutrons. A massa de 53 átomos de $^{1}_{1}\text{H}$ é

$$53 \times 1{,}007825\,\text{u} = 53{,}41473\,\text{u}$$

(Continua)

e a massa de 74 nêutrons é

$$74 \times 1{,}008665 \text{ u} = 74{,}64121 \text{ u}$$

Portanto, a massa prevista para o $^{127}_{53}\text{I}$ é $53{,}41473 + 74{,}64121 = 128{,}05594$ u e o defeito de massa é

$$\Delta m = 126{,}9004 \text{ u} - 128{,}05594 \text{ u}$$
$$= -1{,}1555 \text{ u}$$

A energia liberada é

$$\Delta E = (\Delta m)c^2$$
$$= (-1{,}1555 \text{ u})(3{,}00 \times 10^8 \text{ m/s})^2$$
$$= -1{,}04 \times 10^{17} \text{ u} \cdot \text{m}^2/\text{s}^2$$

Convertamos para uma unidade de energia mais familiar, que é o Joule. Lembre-se de que $1 \text{ J} = 1 \text{ kg} \cdot \text{m}^2/\text{s}^2$. Logo, precisamos converter u em kg:

$$\Delta E = -1{,}04 \times 10^{17} \frac{\text{u} \cdot \text{m}^2}{\text{s}^2} \times \frac{1{,}00 \text{ g}}{6{,}022 \times 10^{23} \text{ u}} \times \frac{1 \text{ kg}}{1000 \text{ g}}$$

$$= -1{,}73 \times 10^{-10} \frac{\text{kg} \cdot \text{m}^2}{\text{s}^2} = -1{,}73 \times 10^{-10} \text{ J}$$

Assim, a energia de ligação nuclear é $1{,}73 \times 10^{-10}$ J. A energia de ligação nuclear por núcleon é obtida da seguinte maneira:

$$\frac{1{,}73 \times 10^{-10} \text{ J}}{127 \text{ núcleons}} = 1{,}36 \times 10^{-12} \text{ J/núcleons}$$

Exercício Calcule a energia de ligação nuclear (em J) e a energia de ligação nuclear por núcleon para o núcleo de $^{209}_{83}\text{Bi}$ ($208{,}9804$ u).

A razão nêutron-próton é de 1,4, o que coloca o iodo-127 na faixa de estabilidade.

Problemas semelhantes: 21.19, 21.20.

21.3 Radioatividade Natural

Os núcleos que estão fora da faixa de estabilidade, bem como os núcleos com mais de 83 prótons, tendem a ser instáveis. A emissão espontânea de partículas, de radiação eletromagnética, ou de ambas por núcleos instáveis, é conhecida como radioatividade. Os principais tipos de radiação são: partículas α (ou núcleos de hélio com duas cargas, He^{2+}); partículas β (ou elétrons); raios γ, que são ondas eletromagnéticas de comprimento de onda muito pequeno (0,1 nm a 10^{-4} nm); emissão de pósitron; e captura de elétrons.

Animação:
Decaimento Radioativo
Centro de Aprendizagem Online, Animações

A desintegração de um núcleo radioativo é, às vezes, o começo de uma *série de decaimentos radioativos*, que é *uma sequência de reações nucleares que ao final resultam na formação de um isótopo estável*. A Tabela 21.3 exibe a série de decaimento do urânio-238 em estado natural, que envolve 14 etapas. Esse esquema de decaimento, conhecido como a *série de decaimento do urânio*, também mostra os tempos de meia-vida de todos os produtos.

É importante saber balancear a reação nuclear para cada uma das etapas em uma série de decaimento radioativo. Por exemplo, a primeira etapa na série do urânio é o decaimento do urânio-238 para tório-234, com a emissão de uma partícula α. Portanto, a reação é

$$^{238}_{92}\text{U} \longrightarrow {}^{234}_{90}\text{Th} + {}^{4}_{2}\alpha$$

TABELA 21.3 — Série de Decaimento do Urânio

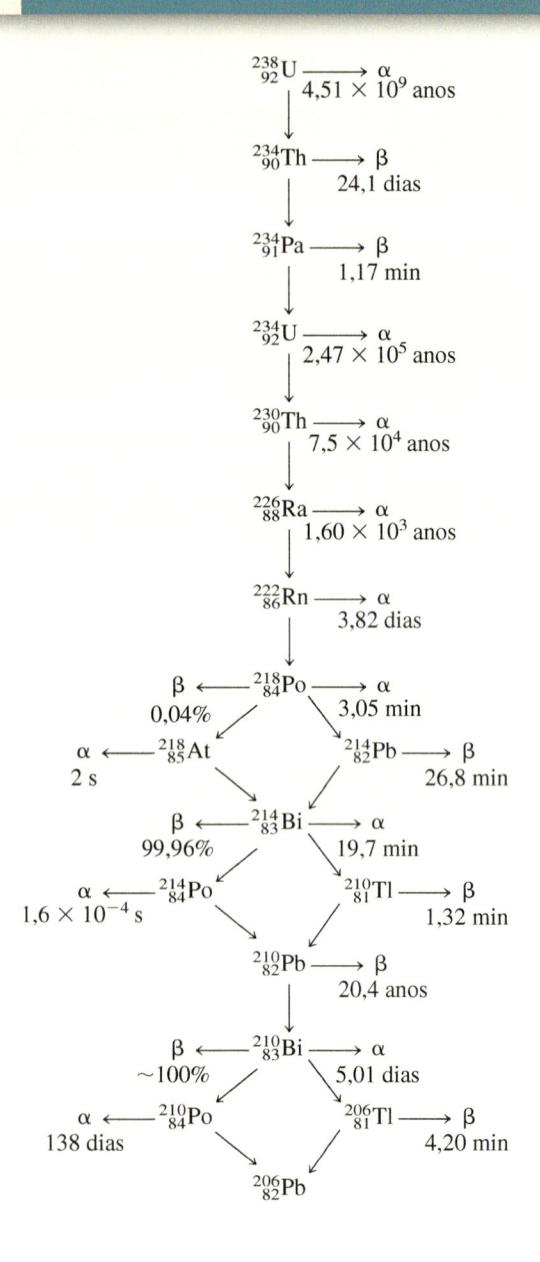

$$^{238}_{92}\text{U} \xrightarrow[4{,}51 \times 10^9 \text{ anos}]{\alpha}$$

$$^{234}_{90}\text{Th} \xrightarrow[24{,}1 \text{ dias}]{\beta}$$

$$^{234}_{91}\text{Pa} \xrightarrow[1{,}17 \text{ min}]{\beta}$$

$$^{234}_{92}\text{U} \xrightarrow[2{,}47 \times 10^5 \text{ anos}]{\alpha}$$

$$^{230}_{90}\text{Th} \xrightarrow[7{,}5 \times 10^4 \text{ anos}]{\alpha}$$

$$^{226}_{88}\text{Ra} \xrightarrow[1{,}60 \times 10^3 \text{ anos}]{\alpha}$$

$$^{222}_{86}\text{Rn} \xrightarrow[3{,}82 \text{ dias}]{\alpha}$$

$$\beta \xleftarrow[0{,}04\%]{} {}^{218}_{84}\text{Po} \xrightarrow[3{,}05 \text{ min}]{\alpha}$$

$$\alpha \xleftarrow[2 \text{ s}]{} {}^{218}_{85}\text{At} \qquad {}^{214}_{82}\text{Pb} \xrightarrow[26{,}8 \text{ min}]{\beta}$$

$$\beta \xleftarrow[99{,}96\%]{} {}^{214}_{83}\text{Bi} \xrightarrow[19{,}7 \text{ min}]{\alpha}$$

$$\alpha \xleftarrow[1{,}6 \times 10^{-4} \text{ s}]{} {}^{214}_{84}\text{Po} \qquad {}^{210}_{81}\text{Tl} \xrightarrow[1{,}32 \text{ min}]{\beta}$$

$$^{210}_{82}\text{Pb} \xrightarrow[20{,}4 \text{ anos}]{\beta}$$

$$\beta \xleftarrow[\sim 100\%]{} {}^{210}_{83}\text{Bi} \xrightarrow[5{,}01 \text{ dias}]{\alpha}$$

$$\alpha \xleftarrow[138 \text{ dias}]{} {}^{210}_{84}\text{Po} \qquad {}^{206}_{81}\text{Tl} \xrightarrow[4{,}20 \text{ min}]{\beta}$$

$$^{206}_{82}\text{Pb}$$

A etapa seguinte é representada por

$$^{234}_{90}\text{Th} \longrightarrow {}^{234}_{91}\text{Pa} + {}^{0}_{-1}\beta$$

e assim por diante. Na discussão das etapas de decaimento radioativo, o isótopo radioativo inicial é chamado de *pai* e o produto, de *filho*.

Cinética de Decaimento Radioativo

Todos os decaimentos radioativos seguem uma cinética de primeira ordem. Portanto, a velocidade do decaimento radioativo em qualquer instante t é dada por

$$\text{velocidade de decaimento no instante } t = \lambda N$$

erm que λ é a constante de primeira ordem e N, o número de núcleos radioativos presentes no instante t. (Usamos λ em vez de k para a constante de velocidade para seguir a notação usada pelos cientistas nucleares). Com base na Equação (14.3), os números de núcleos radioativos no instante zero (N_0) e no instante t (N_t) é

$$\ln \frac{N_t}{N_0} = -\lambda t$$

e o tempo de meia-vida correspondente da reação é dado pela Equação (14.5):

$$t_{\frac{1}{2}} = \frac{0{,}693}{\lambda}$$

Os tempos de meia-vida (portanto, as constantes de velocidade) dos isótopos radioativos variam bastante de núcleo para núcleo. Por exemplo, examinando a Tabela 21.3, encontramos dois casos extremos:

$$^{238}_{92}\text{U} \longrightarrow {}^{234}_{90}\text{Th} + {}^{4}_{2}\alpha \qquad t_{\frac{1}{2}} = 4{,}51 \times 10^9 \text{ anos}$$
$$^{214}_{84}\text{Po} \longrightarrow {}^{210}_{82}\text{Pb} + {}^{4}_{2}\alpha \qquad t_{\frac{1}{2}} = 1{,}6 \times 10^{-4} \text{ s}$$

A razão dessas duas constantes na mesma unidade de tempo é cerca de 1×10^{21}, um número enorme. Além disso, as constantes de velocidade não são afetadas por alterações nas condições ambientais, tais como a temperatura e a pressão. Esses aspectos, bastante incomuns, não são observados nas reações químicas comuns (veja a Tabela 21.1).

Datação com Base no Decaimento Radioativo

Os tempos de meia-vida de isótopos radioativos têm sido usados como "relógios atômicos" para determinar as idades de certos objetos. Descreveremos aqui alguns exemplos de datação por medições de decaimentos radioativos.

Datação com Radiocarbono

O isótopo carbono-14 é produzido quando o nitrogênio atmosférico é bombardeado por raios cósmicos:

$$^{14}_{7}\text{N} + {}^{1}_{0}\text{n} \longrightarrow {}^{14}_{6}\text{C} + {}^{1}_{1}\text{H}$$

O isótopo radioativo do carbono-14 decai de acordo com a equação

$$^{14}_{6}\text{C} \longrightarrow {}^{14}_{7}\text{N} + {}^{0}_{-1}\beta \qquad t_{\frac{1}{2}} = 5730 \text{ anos}$$

Os isótopos de carbono-14 entram na biosfera na forma de CO_2, que é capturado na fotossíntese das plantas. Os animais que comem essas plantas, por sua vez, liberam carbono-14 no CO_2. Como resultado, o carbono-14 participa do ciclo do carbono. O ^{14}C perdido no decaimento radioativo é constantemente recuperado pela produção de novos isótopos, na atmosfera, até se estabelecer um equilíbrio em que razão entre ^{14}C e ^{12}C permanece constante na matéria viva. Mas quando uma planta ou um animal morre, o isótopo de carbono-14 não é mais recuperado, então essa razão diminui a medida em que o ^{14}C decai. O mesmo ocorre quando os átomos de carbono encontram-se "aprisionados" em carvão, petróleo, ou madeira preservada no subsolo, e em corpos mumificados. Depois de alguns anos, proporcionalmente há menos núcleos de ^{14}C em uma múmia do que em uma pessoa viva.

A diminuição da razão entre ^{14}C e ^{12}C pode ser usada para fazer uma estimativa da idade de um espécime. Com a Equação (14.3), podemos escrever

$$\ln \frac{N_0}{N_t} = kt$$

> Não temos de esperar $4{,}51 \times 10^9$ anos para fazer uma medição do tempo de meia-vida do urânio-238. O seu valor pode ser calculado por meio da constante de velocidade usando-se a Equação (14.5).

A datação por carbono-14 revelou que a idade do Sudário de Turim está entre 1260 d.C. e 1390 d.C., e portanto o sudário não pode ter sido a mortalha de Jesus Cristo.

em que N_0 e N_t são os números de núcleos de ^{14}C presentes em $t = 0$ e $t = t$, e k é a constante de velocidade de primeira ordem. ($1{,}21 \times 10^{-4}$ ano^{-1}). Como o decaimento é proporcional à quantidade de isótopo radioativo presente, temos

$$t = \frac{1}{k} \ln \frac{N_0}{N_t}$$

$$= \frac{1}{1{,}21 \times 10^{-4} \text{ anos}^{-1}} \ln \frac{\text{velocidade de decaimento de amostra recente}}{\text{velocidade de decaimento de amostra antiga}}$$

Assim, medindo as velocidades de decaimento da amostra recente e da amostra antiga, podemos calcular t, que é a idade da amostra antiga. A datação com o radiocarbono é uma valiosa ferramenta para avaliar a idade de objetos (que contenham átomos de C) voltando atrás cerca de 1000 a 50.000 anos.

Datação Usando o Isótopo Urânio-238

Como alguns dos produtos intermediários da série de decaimento do urânio têm tempos de meia-vida muito longos (veja a Tabela 21.3), a série é particularmente conveniente para avaliar idades de rochas na Terra e de objetos extraterrestres. O período de meia-vida da primeira etapa (do $^{238}_{92}U$ para o $^{234}_{90}Th$) é de $4{,}51 \times 10^9$ anos. Este é cerca de 20.000 vezes o segundo maior valor (isto é, $2{,}47 \times 10^5$ anos), que é o período de meia-vida do $^{238}_{92}U$ para $^{230}_{90}Th$. Portanto, como uma boa aproximação, podemos supor que o tempo de meia-vida para o processo global (isto é, de $^{238}_{92}U$ para $^{206}_{82}Pb$) seja controlado unicamente pela primeira etapa:

> A primeira etapa pode ser considerada com aquela que determina a velocidade de todo o processo.

$$^{238}_{92}U \longrightarrow {}^{206}_{82}Pb + 8\, {}^{4}_{2}\alpha + 6\, {}^{0}_{-1}\beta \qquad t_{\frac{1}{2}} = 4{,}51 \times 10^9 \text{ anos}$$

Em minerais de urânio que ocorrem na natureza deveríamos encontrar, e encontramos, alguns isótopos de chumbo-206 formados por decaimento radioativo. Supondo que não existia chumbo quando o mineral se formou e que o mineral não sofreu alterações químicas que permitissem que o chumbo-206 fosse separado de seu precursor, o urânio-238, é possível estimar a idade das rochas a partir da razão entre as massas do $^{206}_{82}Pb$ e do $^{238}_{92}U$. Segundo a equação anterior, para cada mol ou 238 g de urânio que sofre decaimento completo, forma-se 1 mol ou 206 g de chumbo. Se apenas meio mol de urânio-238 tivesse sofrido decaimento, a razão de massa $^{206}Pb/^{238}U$ seria

$$\frac{206 \text{ g}/2}{238 \text{ g}/2} = 0{,}866$$

e o processo teria demorado $4{,}51 \times 10^9$ anos para se completar (Figura 21.3). Razões inferiores a 0,866 significam que as rochas têm menos que $4{,}51 \times 10^9$ anos e razões superiores sugerem uma idade maior. Curiosamente, os estudos baseados na série do urânio, bem como em outras séries de decaimento indicam que a idade das rochas mais antigas e, portanto, provavelmente a idade da Terra é de $4{,}5 \times 10^9$ anos ou 4,5 bilhões de anos.

Datação com Isótopos de Potássio-40

Esta é uma das técnicas mais importantes na geoquímica. O isótopo radioativo potássio-40 decai de diferentes modos, mas aquele que diz respeito à datação é o da captura de elétrons:

$$^{40}_{19}K + {}^{0}_{-1}e \longrightarrow {}^{40}_{18}Ar \qquad t_{\frac{1}{2}} = 1{,}2 \times 10^9 \text{ anos}$$

A acumulação de argônio-40 gasoso é usada para determinar a idade de um espécime. Quando um átomo de potássio-40 de um mineral sofre decaimento, o argônio-40 é aprisionado na rede do mineral e só escapa se este for fundido. A fusão, portanto,

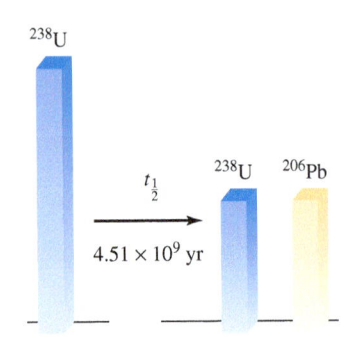

Figura 21.3
Após um tempo de meia-vida, metade do urânio-238 original é convertida em chumbo-206.

é um procedimento de análise de amostras de minerais em laboratório. A quantidade de argônio-40 presente pode ser facilmente medida com um espectrômetro de massa (veja a página 65). Sabendo-se a razão entre argônio-40 e potássio-40 no mineral e o tempo de meia-vida do decaimento, é possível estabelecer as idades de rochas que têm milhões ou mesmo bilhões de anos.

21.4 Transmutação Nuclear

O campo da química nuclear seria bastante limitado se o estudo estivesse restrito aos elementos radioativos naturais. Uma experiência realizada por Rutherford em 1919, contudo, sugeriu a possibilidade de produzir radioatividade artificialmente. Quando ele bombardeou uma amostra de nitrogênio com partículas α, deu-se a seguinte reação:

$$^{14}_{7}N + ^{4}_{2}\alpha \longrightarrow ^{17}_{8}O + ^{1}_{1}p$$

Produziu-se um isótopo de oxigênio-17 com emissão de um próton. Essa reação demonstrou, pela primeira vez, a possibilidade de converter um elemento em outro por meio do processo de transmutação nuclear. A transmutação nuclear difere do decaimento radioativo pelo fato de ser provocada pela colisão de duas partículas.

A reação acima pode ser abreviada como $^{14}_{7}N(\alpha,p)^{17}_{8}O$. Observe que entre os parênteses, a partícula causadora do impacto é escrita em primeiro lugar, seguida da partícula que é emitida.

EXEMPLO 21.3

Escreva a equação balanceada para a reação nuclear $^{56}_{26}Fe(d,\alpha)^{54}_{25}Mn$, em que d representa o núcleo de deutério (isto é $^{2}_{1}H$).

Estratégia   Para escrever a equação, lembre-se de que o primeiro isótopo $^{56}_{26}Fe$ é o reagente e o segundo isótopo $^{54}_{25}Mn$ é o produto. O primeiro símbolo entre parênteses (d) é a partícula de impacto e o segundo símbolo (α) representa a partícula emitida como conseqüência da transmutação nuclear.

Solução   A abreviação nos diz que quando o ferro-56 é bombardeado com um núcleo de deutério, produz manganésio-54 mais uma partícula α, $^{4}_{2}He$. Assim, a equação para essa reação é

$$^{56}_{26}Fe + ^{2}_{1}H \longrightarrow ^{4}_{2}\alpha + ^{54}_{25}Mn$$

Verificação   Certifique-se de que a soma dos números de massa e a soma dos números atômicos são as mesmas em ambos os lados da equação.

Exercício   Escreva a equação balanceada para $^{106}_{46}Pd(\alpha,p)^{109}_{47}Ag$.

Problemas semelhantes: 21.33, 21.34.

Embora os elementos leves em geral não sejam radioativos, podem se tornar radioativos quando seus núcleos são bombardeados com partículas apropriadas. Como já vimos, o isótopo radioativo carbono-14 pode ser preparado bombardeando-se nitrogênio-14 com nêutrons. O trítio, $^{3}_{1}H$, é preparado de acordo com o bombardeamento seguinte:

$$^{6}_{3}Li + ^{1}_{0}n \longrightarrow ^{3}_{1}H + ^{4}_{2}\alpha$$

O trítio decai com a emissão de partículas β:

$$^{3}_{1}H \longrightarrow ^{3}_{2}He + ^{0}_{-1}\beta \qquad\qquad t_{\frac{1}{2}} = 12,5 \text{ anos}$$

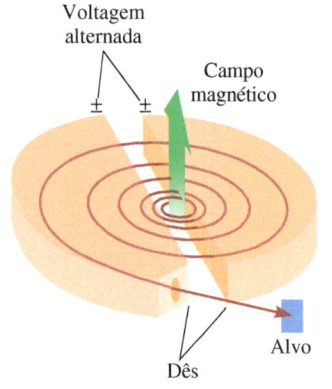

Figura 21.4
Diagrama esquemático de um acelerador de partículas cíclotron. A partícula (ou íon) começa a ser acelerada a partir do centro e é forçada a percorrer uma trajetória em espiral pela influência de campos elétricos e magnéticos até emergir a uma grande velocidade. Os campos magnéticos são perpendiculares ao plano dos *dês* (assim chamados porque seu formato é semelhante ao da letra D ("dê")), que são ocos e funcionam como eletrodos.

Muitos isótopos sintéticos são preparados usando-se nêutrons como projéteis. Esse método é particularmente conveniente porque os nêutrons não têm carga elétrica e, portanto, não são repelidos pelos alvos — os núcleos. Ao contrário, quando os projéteis são partículas com carga positiva (por exemplo, prótons ou partículas α), precisam de muita energia cinética para superarem a repulsão eletrostática entre eles próprios e os núcleos-alvo. A síntese do fósforo a partir do alumínio é um exemplo:

$$^{27}_{13}\text{Al} + ^{4}_{2}\alpha \longrightarrow ^{30}_{15}\text{P} + ^{1}_{0}\text{n}$$

Um *acelerador de partículas* usa campos elétricos e magnéticos para aumentar a energia cinética de espécies carregadas para que a reação possa ocorrer (Figura 21.4). A alteração da polaridade (isto é, + e −) em placas construídas especialmente para isso, provoca a aceleração das partículas ao longo de uma trajetória em espiral. Ao atingirem a energia necessária para iniciar a reação nuclear desejada, elas são guiadas para fora do acelerador, visando uma colisão com a substância-alvo.

Vários projetos para aceleradores de partículas têm sido desenvolvidos; um deles acelera partículas ao longo de um percurso linear de cerca de 3 km (Figura 21.5). Hoje é possível acelerar partículas a uma velocidade bem acima de 90% da velocidade da luz. (De acordo com a teoria da relatividade de Einstein, é impossível uma partícula mover-se *à* velocidade da luz. A única exceção é o fóton, que tem massa de repouso igual a zero.) As partículas extremamente energéticas produzidas nos aceleradores são usadas pelos físicos para arrebentar e fragmentar núcleos atômicos. O estudo dos detritos de tais desintegrações fornece informações importantes sobre a estrutura nuclear e as forças de ligação.

Elementos Transurânicos

Os aceleradores de partículas tornaram possível sintetizar os chamados **elementos transurânicos**, *elementos com número atômico superior a 92*. O netúnio (Z = 93) foi preparado em 1940. Desde essa época, já foram sintetizados mais 22 outros elementos transurânicos. Todos os isótopos desses elementos são radioativos. A Tabela 21.4 apresenta os elementos transurânicos até Z = 109 e as reações por meio das quais eles se formaram.

Figura 21.5
Uma seção de um acelerador de partículas.

TABELA 21.4 Elementos Transurânicos

Número Atômico	Nome	Símbolo	Preparação
93	Netúnio	Np	$^{238}_{92}U + ^{1}_{0}n \longrightarrow ^{239}_{93}Np + ^{0}_{-1}\beta$
94	Plutônio	Pu	$^{239}_{93}Np \longrightarrow ^{239}_{94}Pu + ^{0}_{-1}\beta$
95	Amerício	Am	$^{239}_{94}Pu + ^{1}_{0}n \longrightarrow ^{240}_{95}Am + ^{0}_{-1}\beta$
96	Cúrio	Cm	$^{239}_{94}Pu + ^{4}_{2}\alpha \longrightarrow ^{242}_{96}Cm + ^{1}_{0}n$
97	Berquélio	Bk	$^{241}_{95}Am + ^{4}_{2}\alpha \longrightarrow ^{243}_{97}Bk + 2^{1}_{0}n$
98	Califórnio	Cf	$^{242}_{96}Cm + ^{4}_{2}\alpha \longrightarrow ^{245}_{98}Cf + ^{1}_{0}n$
99	Einsteinio	Es	$^{238}_{92}U + 15^{1}_{0}n \longrightarrow ^{253}_{99}Es + 7^{0}_{-1}\beta$
100	Férmio	Fm	$^{238}_{92}U + 17^{1}_{0}n \longrightarrow ^{255}_{100}Fm + 8^{0}_{-1}\beta$
101	Mendelévio	Md	$^{253}_{99}Es + ^{4}_{2}\alpha \longrightarrow ^{256}_{101}Md + ^{1}_{0}n$
102	Nobélio	No	$^{246}_{96}Cm + ^{12}_{6}C \longrightarrow ^{254}_{102}No + 4^{1}_{0}n$
103	Laurêncio	Lr	$^{252}_{98}Cf + ^{10}_{5}B \longrightarrow ^{257}_{103}Lr + 5^{1}_{0}n$
104	Rutherfórdio	Rf	$^{249}_{98}Cf + ^{12}_{6}C \longrightarrow ^{257}_{104}Rf + 4^{1}_{0}n$
105	Dúbnio	Db	$^{249}_{98}Cf + ^{15}_{7}N \longrightarrow ^{260}_{105}Db + 4^{1}_{0}n$
106	Seabórgio	Sg	$^{249}_{98}Cf + ^{18}_{8}O \longrightarrow ^{263}_{106}Sg + 4^{1}_{0}n$
107	Bóhrio	Bh	$^{209}_{83}Bi + ^{54}_{24}Cr \longrightarrow ^{262}_{107}Bh + ^{1}_{0}n$
108	Hássio	Hs	$^{208}_{82}Pb + ^{58}_{26}Fe \longrightarrow ^{265}_{108}Hs + ^{1}_{0}n$
109	Meitnério	Mt	$^{209}_{83}Bi + ^{58}_{26}Fe \longrightarrow ^{266}_{109}Mt + ^{1}_{0}n$

21.5 Fissão Nuclear

A *fissão nuclear* é o processo no qual *um núcleo pesado (com número de massa > 200) se divide para formar núcleos menores com massas intermediárias e um ou mais nêutrons*. Como o núcleo pesado é menos estável que os produtos que gera (veja a Figura 21.2), esse processo libera uma grande quantidade de energia.

A primeira reação de fissão nuclear a ser estudada foi a do urânio-235 bombardeado com nêutrons lentos cuja velocidade é comparável à das moléculas de ar à temperatura ambiente. Nessas condições, o urânio-235 sofre fissão, como mostra a Figura 21.6. Na realidade, essa reação é muito complexa: foram encontrados mais de 30 elementos diferentes entre os produtos de fissão (Figura 21.7). Uma reação representativa do processo é:

$$^{235}_{92}U + ^{1}_{0}n \longrightarrow ^{90}_{38}Sr + ^{143}_{54}Xe + 3^{1}_{0}n$$

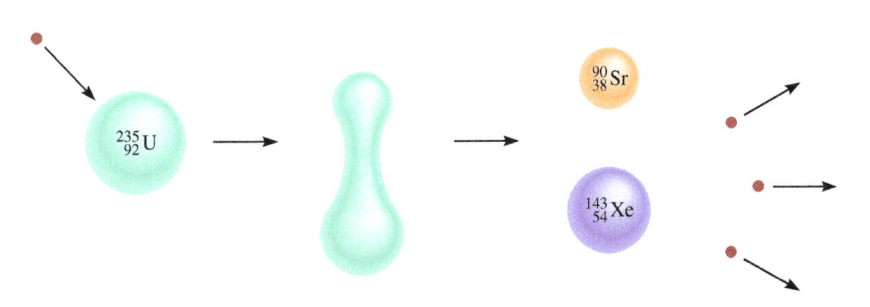

Figura 21.6
A fissão nuclear do U-235. Quando um núcleo de U-235 captura um nêutron (ponto vermelho), sofre fissão para originar dois núcleos menores. Em média, são emitidos 2,4 nêutrons por núcleo de U-235 que se divide.

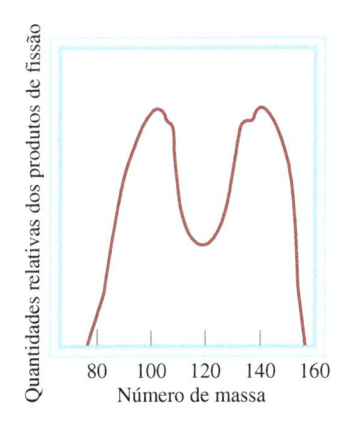

Figura 21.7
Rendimento relativo dos produtos resultantes da fissão do U-235, em função do número de massa.

TABELA 21.5

Energias de Ligação Nuclear do ^{235}U e dos Seus Produtos de Fissão

	Energia de Ligação Nuclear
^{235}U	$2,82 \times 10^{-10}$ J
^{90}Sr	$1,23 \times 10^{-10}$ J
^{143}Xe	$1,92 \times 10^{-10}$ J

Embora se possa conseguir que muitos núcleos pesados sofram fissão, apenas as fissões do urânio-235, que existe na natureza, e do isótopo artificial plutônio-239 têm importância prática. A Tabela 21.5 mostra as energias de ligação nuclear do urânio-235 e dos seus produtos de fissão. Como mostra a tabela, a energia de ligação por núcleon para o urânio-235 é menor que a soma das energias de ligação do estrôncio-90 e do xenônio-143. Por isso, quando um núcleo de urânio-235 é dividido em dois núcleos menores, certa quantidade de energia é liberada. Façamos uma estimativa da magnitude dessa energia. A diferença entre as energias de ligação dos reagentes e dos produtos é $(1,23 \times 10^{-10} + 1,92 \times 10^{-10})$ J $- (2,82 \times 10^{-10})$ J, ou $3,3 \times 10^{-11}$ J por núcleo de urânio-235. Para 1 mol de urânio-235, a energia liberada seria $(3,3 \times 10^{-11}) \times (6,02 \times 10^{23})$ ou $2,0 \times 10^{13}$ J. Essa é uma reação extremamente exotérmica, considerando, por exemplo, que o calor de combustão de uma tonelada de carvão é de aproximadamente apenas 5×10^7 J.

O aspecto significativo da fissão do urânio-235 não é apenas a enorme quantidade de energia liberada, mas o fato de se produzirem mais nêutrons que os que são originalmente capturados no processo. Essa propriedade torna possível uma *reação nuclear em cadeia*, que é *uma sequência auto-sustentável de reações de fissão nuclear*. Os nêutrons gerados durante a fase inicial da fissão podem induzir a fissão de outros núcleos de urânio-235 que, por sua vez, produzem mais nêutrons e assim por diante. Em menos de um segundo, a reação pode tornar-se incontrolável, liberando uma enorme quantidade de calor para a vizinhança.

A Figura 21.8 mostra dois tipos de reação de fissão. Para que ocorra uma reação em cadeia, é preciso haver na amostra uma quantidade suficiente de urânio-235 para capturar os nêutrons. De outro modo, muitos dos nêutrons escaparão da amostra e a reação em cadeia não ocorrerá, como se pode ver na Figura 21.8 (a). Nessa situação, diz-se que a massa da amostra é *subcrítica*. A Figura 21.8(b) mostra o que acontece quando a quantidade de material físsil é igual ou maior que a **massa crítica**, que é a massa mínima de *material físsil necessária para gerar uma reação em cadeia, nuclear e auto-sustentável*. Nesse caso, a maior parte dos nêutrons é capturada por núcleos de urânio-235, resultando em uma reação em cadeia.

Bomba Atômica

A primeira aplicação da fissão nuclear foi no desenvolvimento da bomba atômica. Como é feita e detonada essa bomba? O fator crucial no projeto da bomba é a determinação de sua massa crítica. Uma bomba atômica pequena equivale a 20 mil toneladas de

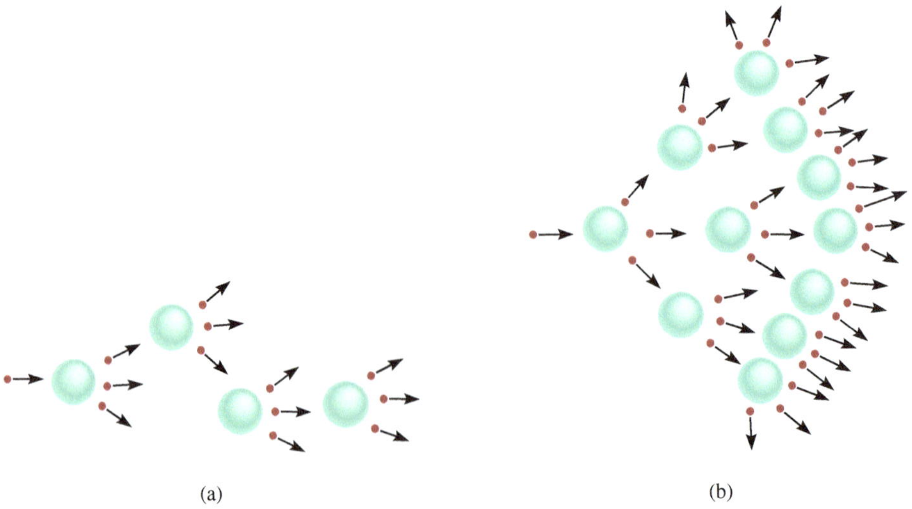

Figura 21.8
Dois tipos de fissão nuclear. (a) Se a massa de U-235 for subcrítica, não resultará qualquer reação em cadeia. Muitos dos nêutrons produzidos escaparão para a vizinhança. (b) Se estiver presente uma massa crítica, muitos dos nêutrons emitidos durante o processo de fissão serão capturados por outros núcleos de U-235 e dar-se-á uma reação em cadeia.

(a)   (b)

TNT (trinitrotolueno). Como uma tonelada de TNT libera cerca de 4×10^9 J de energia, 20 mil toneladas produziriam 8×10^{13} J. Já vimos que 1 mol ou 235 g de urânio-235 libera $2,0 \times 10^{13}$ J de energia quando sofre fissão. Assim a massa do isótopo presente em uma bomba pequena deve ser de pelo menos

$$235 \text{ g} \times \frac{8 \times 10^{13} \text{ J}}{2,0 \times 10^{13} \text{ J}} \approx 1 \text{ kg}$$

Por razões óbvias, uma bomba atômica nunca é construída com a massa crítica já presente. Em vez disso, a massa crítica é gerada usando-se explosivos convencionais, como o TNT, para forçar as partes fissionáveis a se juntarem, como se pode observar na Figura 21.9. Os nêutrons de uma fonte localizada no centro do mecanismo iniciam a reação nuclear em cadeia. O urânio-235 foi o material físsil utilizado na bomba lançada sobre Hiroxima, Japão, no dia 6 de agosto de 1945. Na bomba que explodiu sobre Nagasaki, três dias depois, foi usado o plutônio-239. As reações de fissão geradas eram semelhantes nos dois casos, tal como as extensões das destruições.

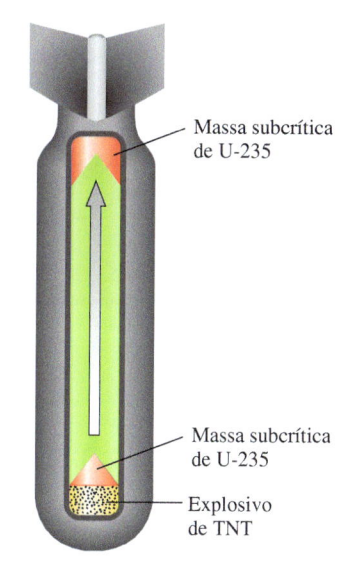

Figura 21.9
Corte transversal esquemático de uma bomba atômica. Os explosivos de TNT são acionados primeiro. A explosão força as massas de material físsil a se juntarem para formar uma quantidade consideravelmente maior que a massa crítica.

Reatores Nucleares

Uma aplicação pacífica, mas controversa, da fissão nuclear é a geração de eletricidade usando-se o calor de uma reação em cadeia controlada em um reator nuclear. Hoje em dia, os reatores nucleares fornecem cerca de 20% da energia elétrica nos Estados Unidos. Essa é uma contribuição pequena, porém não desprezível, à produção de energia daquele país. Existem vários tipos de reatores nucleares em operação; discutiremos brevemente os aspectos principais de três deles, bem como suas vantagens e desvantagens.

Reatores de Água Leve

A maioria dos reatores nucleares é *de água leve*. A Figura 21.10 representa um diagrama esquemático desses reatores e a Figura 21.11 mostra o processo de reabastecimento no centro de um reator nuclear.

Um aspecto importante do processo de fissão é a velocidade dos nêutrons. Os nêutrons lentos fissionam os núcleos de urânio-235 com maior eficácia que os nêutrons rápidos. Como as reações de fissão são altamente exotérmicas, os nêutrons produzidos movem-se, em geral, a grandes velocidades. Para maior eficiência, devem ser desacelerados antes de serem usados para induzir a desintegração nuclear. Para atingirem esse objetivo, os cientistas usam **moderadores**, *substâncias que podem reduzir a energia cinética dos nêutrons*. Um bom moderador precisa satisfazer vários requisitos: deve ser atóxico e barato (pois são necessárias grandes quantidades) e deve resistir à conversão em substância radioativa por bombardeamento com nêutrons. Além disso, é vantajoso que o moderador seja um fluido, de modo que possa ser usado também como resfriador. Nenhuma substância satisfaz todos esses requisitos, embora a que mais se aproxime seja a água, quando comparada a muitas outras que foram consideradas. Os reatores nucleares que usam a água leve (H_2O) como moderador são chamados de reatores de água leve porque o ^1_1H é o isótopo mais leve do elemento hidrogênio.

O combustível nuclear consiste em urânio, geralmente na forma do seu óxido, U_3O_8 (Figura 21.12). O urânio que ocorre na natureza contém cerca de 0,7% do isótopo urânio-235, que é uma concentração muito baixa para sustentar uma reação em cadeia em pequena escala. Para o funcionamento eficaz de um reator de água leve, o urânio-235 deve ser enriquecido a uma concentração de 3% ou 4%. Em princípio, a principal diferença entre uma bomba atômica e um reator nuclear é que a reação em cadeia que se dá nesse último é mantida sempre sob controle. O fator limitante da velocidade da reação é

Figura 21.10
Diagrama esquemático de um reator de fissão nuclear. O processo de fissão é controlado por barras de cádmio ou boro. O calor liberado no processo é usado para produzir vapor para gerar eletricidade através de um trocador de calor.

Figura 21.11
Reabastecendo o centro de um reator nuclear.

Figura 21.12
Óxido de urânio, U_3O_8.

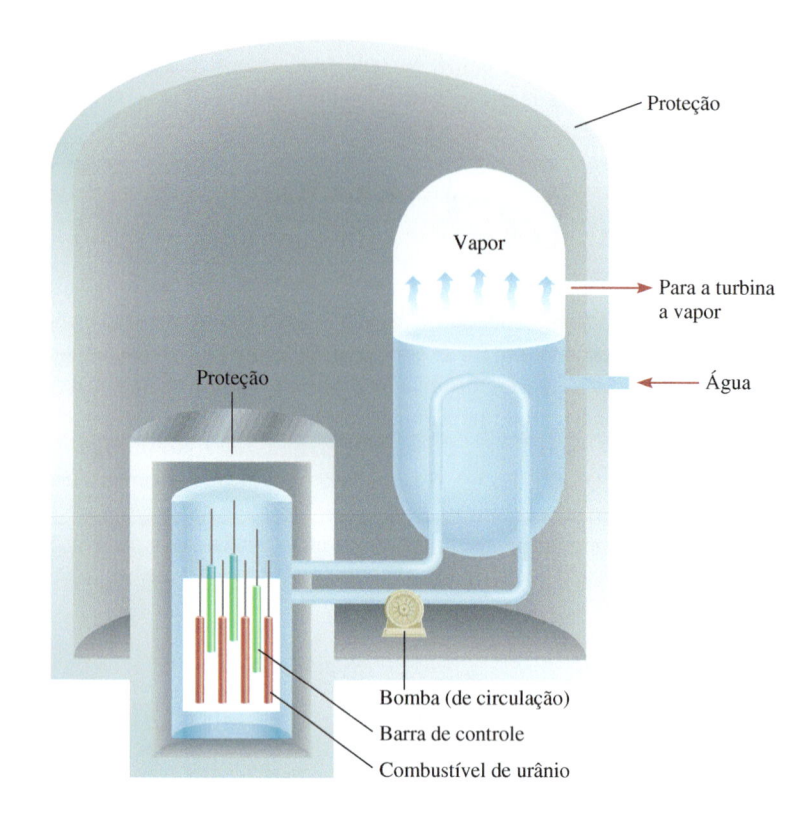

o número de nêutrons presente. Este pode ser controlado baixando-se as barras de controle, de cádmio ou boro, entre as de combustível. Essas barras capturam os nêutrons de acordo com as seguintes equações:

$$^{113}_{48}Cd + ^{1}_{0}n \longrightarrow ^{114}_{48}Cd + \gamma$$
$$^{10}_{5}B + ^{1}_{0}n \longrightarrow ^{7}_{3}Li + ^{4}_{2}\alpha$$

em que γ representa os raios gama. Sem as barras de controle, o núcleo do reator derreteria com o calor gerado e liberaria material radioativo para o ambiente.

Os reatores nucleares têm sistemas de resfriamento bastante sofisticados que absorvem o calor liberado pela reação nuclear transferindo-o para fora do centro do reator, onde é usado para produzir vapor d'água suficiente para fazer funcionar um gerador elétrico. Uma central nuclear é semelhante a uma central convencional que queima combustível fóssil. Em ambos os casos, são necessárias quantidades enormes de água de resfriamento para condensar o vapor para reutilização. Assim, a maioria das centrais nucleares é construída próximo de um rio ou de um lago. Infelizmente, esse método de resfriamento gera poluição térmica (veja a Seção 13.4).

Reatores de Água Pesada

Outro tipo de reator usa D_2O, ou água pesada, em vez de H_2O, como moderador. O deutério absorve nêutrons com menos eficácia que o hidrogênio comum. Como são absorvidos menos nêutrons, o reator é mais eficiente e não requer urânio enriquecido. O fato de o deutério ser um moderador menos eficiente tem um impacto negativo no funcionamento do reator, pois há maior perda de nêutrons. Contudo, essa não é uma desvantagem muito grande.

A maior vantagem de usar um reator de água pesada é não precisar construir unidades de enriquecimento de urânio, que são muito caras. Todavia, o D_2O tem de ser preparado por destilação fracionada ou por eletrólise da água comum, que pode ser muito cara, se considerarmos a quantidade de água usada em um reator nuclear. Em países onde a energia hidroelétrica é abundante, o custo de produção de D$_2$O por eletrólise pode ser razoavelmente baixo. Atualmente, o Canadá é o único país que usa com sucesso reatores de água pesada. O fato de não precisar de urânio enriquecido permite ao país usufruir os benefícios da energia nuclear sem ter de desenvolver trabalho estreitamente associado à tecnologia de armas.

Reatores Regeneradores

Um **reator regenerador** usa combustível de urânio, mas, ao contrário de um reator nuclear convencional, *produz mais materiais físseis que consome.*

Sabemos que quando o urânio-238 é bombardeado com nêutrons rápidos, ocorrem as seguintes reações:

$$^{238}_{92}U + ^{1}_{0}n \longrightarrow ^{239}_{92}U$$

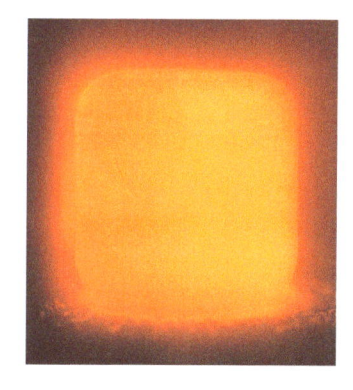

$$^{239}_{92}U \longrightarrow ^{239}_{93}Np + ^{0}_{-1}\beta \qquad t_{\frac{1}{2}} = 23,4 \text{ min}$$

$$^{239}_{93}Np \longrightarrow ^{239}_{94}Pu + ^{0}_{-1}\beta \qquad t_{\frac{1}{2}} = 2,35 \text{ dias}$$

Figura 21.13
Brilho avermelhado do óxido de plutônio radioativo, PuO$_2$.

O plutônio-239 forma o óxido de plutônio, que pode ser facilmente separado do urânio.

Desse modo, o urânio-238 que não sofre fissão é transmutado no isótopo físsil do plutônio-239 (Figura 21.13).

Em um típico reator regenerador, o combustível nuclear que contém urânio-235 ou plutônio-239 é misturado com urânio-238, de modo que a regeneração possa ocorrer no centro do reator. Para cada núcleo de urânio-235 (ou plutônio-239) que sofre fissão, mais de um nêutron é capturado pelo urânio-238 para gerar o plutônio-239. Assim, a quantidade de material físsil pode ser acumulada gradualmente à medida que o combustível nuclear inicial é consumido. Demora cerca de sete a dez anos para regenerar a quantidade de material necessária para reabastecer o reator original e outro reator de tamanho semelhante. Esse período é chamado de *tempo de duplicação.*

Atualmente, existem poucos reatores nucleares, especificamente localizados na França e na Rússia. Um dos problemas é de ordem econômica: a construção dos reatores regeneradores é mais cara que a dos reatores convencionais. Há também mais dificuldades técnicas associadas com a construção desses reatores. O futuro dos reatores regeneradores é incerto.

Os Riscos da Energia Nuclear

Muitas pessoas, incluindo os ambientalistas, veêm a fissão nuclear como um método pouco desejável de produção de energia. Muitos dos produtos de fissão como o estrôncio-90 são isótopos radioativos perigosos, com tempos de meia-vida longos. O plutônio-239, usado como combustível nuclear e produzido nos reatores regeneradores, é uma das substâncias mais tóxicas que se conhece. É um emissor α com um tempo de meia-vida de 24.400 anos.

Os acidentes também apresentam muitos perigos. Um acidente no reator em Three Mile Island, na Pensilvânia, em 1979, foi o primeiro a alertar para os riscos potenciais das centrais nucleares. Nesse caso, pouca radiação escapou do reator, mas a central permaneceu fechada durante mais de uma década enquanto se procediam às reparações e se estudavam questões de segurança. Apenas alguns anos depois, em 26 de abril de 1986, um reator da central de Chernobyl, na Ucrânia, ficou fora de controle. O incêndio e a explosão que se seguiu liberaram muito material radioativo para o ambiente. As pessoas que trabalhavam perto da central morreram em poucas semanas como resultado da exposição à radiação intensa. O efeito a longo prazo da precipitação radioativa desse incidente ainda não foi avaliado claramente, embora a agricultura e a produção de leite tenham sido afetadas. Estima-se que o número de mortes por câncer atribuído à contaminação radioativa está entre alguns milhares a mais de 100.000.

Vidro fundido é despejado sobre o lixo nuclear antes de enterrá-lo.

Além do risco de acidentes, o problema do tratamento dos resíduos radioativos ainda não foi resolvido de modo satisfatório, mesmo nas usinas nucleares que funcionam com segurança. Há muitas sugestões sobre onde armazenar ou eliminar o lixo nuclear, incluindo depósitos subterrâneos, depósitos abaixo do leito oceânico e armazenamento em formações geológicas profundas. Mas nenhum desses locais provou ser absolutamente seguro a longo prazo. O vazamento de material radioativo para as águas subterrâneas, por exemplo, pode pôr em perigo as comunidades vizinhas. O local ideal de armazenamento parecia ser o Sol, onde um pouco mais de radiação faria pouca diferença, mas esse tipo de operação exige 100% de confiabilidade na tecnologia espacial.

Em virtude dos problemas já ocorridos, o futuro dos reatores nucleares não está claro. Aquilo que um dia foi aclamado como a solução definitiva para as nossas necessidades energéticas no século XXI agora passa a ser debatido e questionado tanto pela comunidade científica como pela população em geral. Parece que a controvérsia vai continuar por algum tempo.

21.6 Fusão Nuclear

Ao contrário do processo de fissão nuclear, a *fusão nuclear*, *combinação de núcleos pequenos em núcleos maiores,* está, em boa parte, livre do problema de eliminação de resíduos.

A Figura 21.2 mostrou que, para os elementos mais leves, a estabilidade nuclear aumenta com o aumento do número de massa. Esse comportamento sugere que, se dois núcleos leves se combinarem ou se fundirem para formar um núcleo maior (mais estável), uma quantidade apreciável de energia será liberada no processo. Essa é a base dos estudos sobre o aproveitamento da fusão nuclear para a produção de energia.

A fusão nuclear ocorre constantemente no Sol. O Sol é constituído essencialmente de hidrogênio e hélio. No seu interior, onde as temperaturas atingem cerca de 15 milhões de graus Celsius, acredita-se que ocorram as seguintes reações de fusão:

$$^1_1H + {}^2_1H \longrightarrow {}^3_2He$$
$$^3_2He + {}^3_2He \longrightarrow {}^4_2He + 2{}^1_1H$$
$$^1_1H + {}^1_1H \longrightarrow {}^2_1H + {}^0_{+1}\beta$$

Como as *reações de fusão ocorrem somente a temperaturas muito altas,* são chamadas, muitas vezes, de *reações termonucleares*.

Reatores de Fusão

Uma preocupação importante para escolha apropriada do processo de fusão para produção de energia é a temperatura necessária para realizá-lo. Algumas reações promissoras são

Reação	Energia Liberada
${}^2_1H + {}^2_1H \longrightarrow {}^3_1H + {}^1_1H$	$6,3 \times 10^{-13}$ J
${}^2_1H + {}^3_1H \longrightarrow {}^4_2He + {}^1_0n$	$2,8 \times 10^{-12}$ J
${}^6_3Li + {}^2_1H \longrightarrow 2{}^4_2He$	$3,6 \times 10^{-12}$ J

Essas reações ocorrem a temperaturas extremamente elevadas, da ordem dos 100 milhões de graus Celsius, para superar as forças repulsivas entre os núcleos. A primeira reação é particularmente atraente porque o fornecimento de deutério mundial é praticamente inesgotável. O volume total de água na Terra é cerca de $1,5 \times 10^{21}$ L. Como a abundância natural do deutério é $1,5 \times 10^{-2}$%, a quantidade total de deutério é de aproximadamente $4,5 \times 10^{21}$ g ou $5,0 \times 10^{15}$ toneladas. O custo da preparação do deutério é mínimo quanto comparado ao valor da energia liberada na reação.

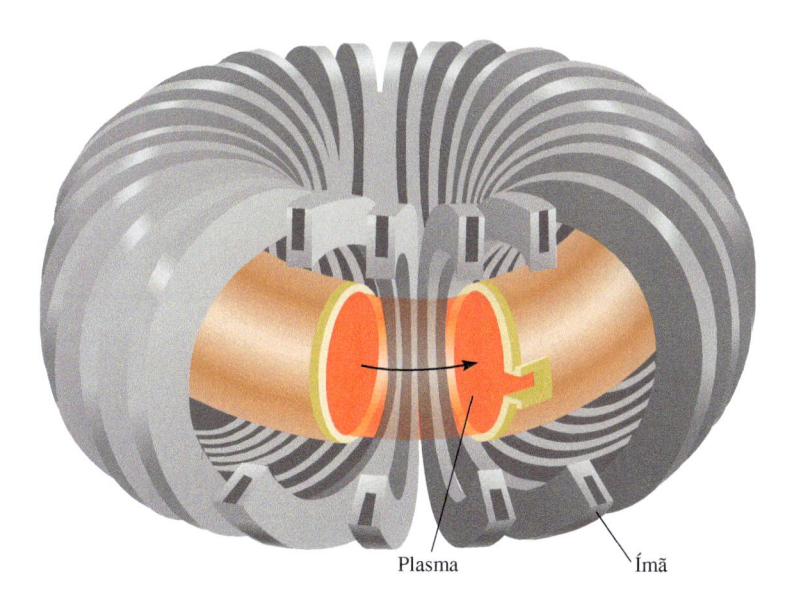

Figura 21.14
Um projeto de confinamento magnético de plasma chamado tokamak.

Ao contrário do processo de fissão, a fusão nuclear parece ser uma fonte de energia promissora, pelo menos "no papel". Embora a poluição térmica seja um problema, a fusão tem as seguintes vantagens: (1) os combustíveis são baratos e quase inesgotáveis e (2) o processo gera poucos resíduos radioativos. Se uma máquina de fusão for desligada, automaticamente ela pára sem qualquer perigo de haver um colapso nuclear.

Se a fusão nuclear é assim tão boa, porque ainda não há reator de fusão produzindo energia? Mesmo que dominemos o conhecimento científico para projetar tal reator, as dificuldades técnicas ainda não foram resolvidas. O problema básico é encontrar uma maneira de manter os núcleos juntos durante um tempo suficiente e a uma temperatura apropriada para que ocorra a fusão. A temperaturas de cerca de 100 milhões de graus Celsius, as moléculas não podem existir e a maioria dos átomos perde seus elétrons. Esse *estado da matéria, uma mistura gasosa de íons positivos e elétrons,* é chamada de **plasma**. O problema de armazenamento desse plasma é muito difícil de resolver. Que recipiente sólido poderá existir a tal temperatura? Nenhum, a não ser que a quantidade de plasma seja pequena, mas a superfície sólida imediatamente resfriaria a amostra e anularia a reação de fusão. Uma maneira de solucionar esse problema é usar o *confinamento magnético*. Como o plasma consiste em partículas carregadas que se movem a grandes velocidades, um campo magnético exerceria força sobre ele. Como mostra a Figura 21.14, o plasma move-se através de um túnel com a forma de um *donut* confinado por um campo magnético complexo. Assim, o plasma nunca entra em contato com as paredes do recipiente.

Outro projeto promissor emprega lasers de alta energia para iniciar a reação de fusão. Em ensaios experimentais, uma série de feixes de laser transfere energia a uma pequena pastilha de combustível, aquecendo-a e fazendo-a *implodir*, isto é, sofrer um colapso para dentro, comprimindo o plasma a um volume muito pequeno. Conseqüentemente, ocorre a fusão. Tal como o método do confinamento magnético, a fusão a laser apresenta uma série de dificuldades técnicas que ainda devem ser superadas antes que possa ter uma aplicação prática em grande escala.

Bomba de Hidrogênio

Os problemas técnicos inerentes ao planejamento de um reator de fusão nuclear não recaem sobre a produção da bomba de hidrogênio, também chamada de bomba termonuclear. Nesse caso, objetiva-se o máximo de energia e nenhum controle. As bombas de hidrogênio não possuem hidrogênio gasoso ou deutério gasoso; elas contêm deutereto de lítio sólido (LiD), que pode ser convenientemente compactado. A detonação de uma

Figura 21.15
Essa reação de fusão nuclear em pequena escala foi criada no Lawrence Livermore National Laboratory usando o Nova, o laser mais potente do mundo.

Figura 21.16
A explosão de uma bomba termonuclear.

bomba de hidrogênio dá-se em duas fases — primeiro uma reação de fissão e depois uma reação de fusão. A temperatura necessária para a fusão pode ser obtida com uma bomba atômica. Imediatamente após a explosão da bomba atômica, ocorrem as seguintes reações de fusão, liberando grandes quantidades de energia (Figura 21.16):

$$^{6}_{3}Li + {}^{2}_{1}H \longrightarrow 2\,{}^{4}_{2}\alpha$$

$$^{2}_{1}H + {}^{2}_{1}H \longrightarrow {}^{3}_{1}H + {}^{1}_{1}H$$

Não há massa crítica em uma bomba de fusão e a força da explosão é limitada apenas pela quantidade de reagentes presente. As bombas termonucleares são descritas como "mais limpas" que as bombas atômicas porque os únicos isótopos radioativos que produzem são o trítio, que é um emissor β fraco ($t_{\frac{1}{2}}$ = 12,5 anos), e os produtos do inicializador da fissão. Os seus efeitos prejudiciais ao meio-ambiente podem ser agravados, contudo, se na sua construção algum material não físsil como o cobalto for incorporado. A partir de bombardeamento com nêutrons, o cobalto-59 converte-se em cobalto-60, que é um emissor muito forte de radiação γ e tem um período de meia-vida de 5,2 anos. A presença de isótopos radioativos de cobalto nos resíduos ou na precipitação de uma explosão termonuclear poderia ser fatal aos sobreviventes do choque inicial.

21.7 Aplicações dos Isótopos

Os isótopos radioativos e também os estáveis têm muitas aplicações na ciência e na medicina. Já descrevemos o uso de isótopos no estudo de mecanismos de reação (veja a Seção 21.3). Nesta seção, discutiremos mais alguns exemplos.

Determinação Estrutural

A fórmula do íon tiossulfato é $S_2O_3^{2-}$. Durante alguns anos, os químicos não tinham certeza se os dois átomos de enxofre ocupavam posições equivalentes no íon. O íon tiossulfato é preparado por tratamento do íon sulfito com enxofre elementar:

$$SO_3^{2-}(aq) + S(s) \longrightarrow S_2O_3^{2-}(aq)$$

Quando o tiossulfato é tratado com ácido diluído, a reação é revertida. O íon sulfito é regenerado e o enxofre elementar precipita:

$$S_2O_3^{2-}(aq) \xrightarrow{H^+} SO_3^{2-}(aq) + S(s) \qquad (21.3)$$

Se essa seqüência for iniciada com enxofre elementar enriquecido com o isótopo radioativo enxofre-35, o isótopo funcionará como um "marcador" para os átomos de S. Todos os marcadores estarão no enxofre precipitado, mas nenhum deles aparecerá nos íons sulfito da Equação (21.3). É claro, então, que os dois átomos de enxofre no $S_2O_3^{2-}$ não são estruturalmente equivalentes, como seria o caso se a estrutura fosse

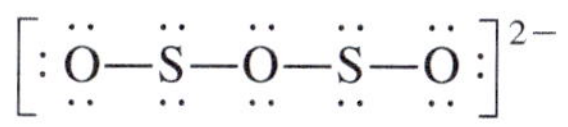

$$\left[:\ddot{O}-\ddot{S}-\ddot{O}-\ddot{S}-\ddot{O}: \right]^{2-}$$

De outro modo, o isótopo radioativo estaria presente tanto no precipitado de enxofre elementar quanto no íon sulfito. Com base em estudos espectroscópicos, sabemos hoje que a estrutura do íon tiossulfato é

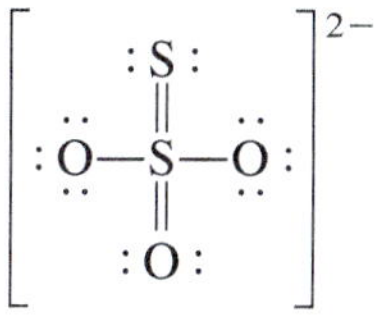

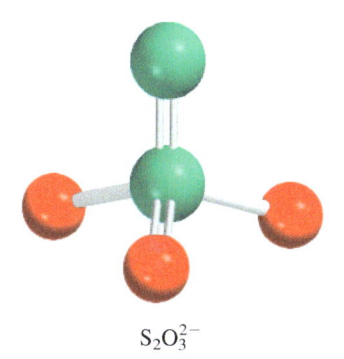

$$\left[\begin{array}{c} :S: \\ \| \\ :\ddot{O}-S-\ddot{O}: \\ \| \\ :\ddot{O}: \end{array} \right]^{2-}$$

$S_2O_3^{2-}$

Estudo da Fotossíntese

O estudo da fotossíntese também é rico quanto às aplicações de isótopos. A reação global da fotossíntese pode ser representada como

$$6CO_2 + 6H_2O \longrightarrow C_6H_{12}O_6 + 6O_2$$

O isótopo radioativo ^{14}C tem ajudado a determinar o percurso do carbono na fotossíntese. Começando com $^{14}CO_2$ foi possível isolar os produtos intermediários durante a fotossíntese e medir a quantidade de radioatividade de cada composto que continha carbono. Desse modo, foi possível traçar claramente o percurso do CO_2 por meio dos vários compostos intermediários até o carboidrato. Os *isótopos, especialmente os isótopos radioativos usados para seguir o percurso de um elemento em um processo químico ou biológico,* são chamados de **marcadores**.

Isótopos na Medicina

Os marcadores também são usados para diagnóstico em medicina. O sódio-24 (um emissor β com tempo de meia-vida de 14,8 horas) injetado na corrente sangüínea na forma de uma solução de sal pode ser monitorado para estudar o fluxo do sangue e detectar possíveis constrições ou obstruções no sistema circulatório. O iodo-131 (um emissor β com tempo de meia-vida de oito dias) tem sido usado para testar a atividade da glândula tiróide. O mal funcionamento de uma tiróide pode ser detectado dando-se para o paciente uma solução contendo uma quantidade conhecida de $Na^{131}I$ e medindo-se a radioatividade um pouco acima da tiróide para ver se o iodo é absorvido à velocidade normal. É claro que as quantidades de radioisótopos usados no corpo humano têm de ser sempre pequenas; caso contrário, o paciente pode sofrer danos permanentes em conseqüência da radiação de alta energia. Outro isótopo radioativo do iodo, o iodo-123 (um emissor de raios γ), é utilizado para obter imagens do cérebro (Figura 21.17).

Figura 21.17
Um composto marcado com iodo-123 é usado para obter imagens do cérebro. À esquerda: cérebro normal. À direita: cérebro de um paciente com a doença de Alzheimer.

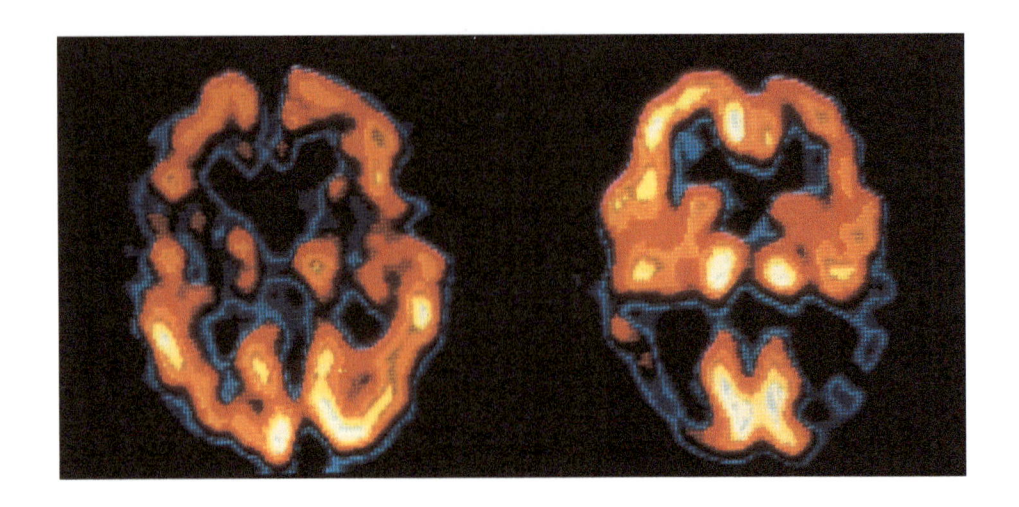

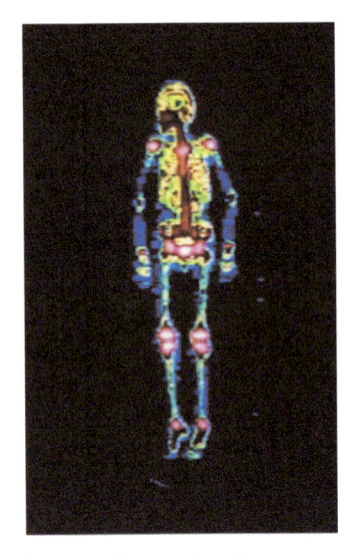

Imagem do esqueleto de uma pessoa obtida com o $^{99m}_{43}$Tc.

O tecnécio, o primeiro elemento preparado artificialmente, é um dos elementos mais úteis na medicina nuclear. Embora seja um metal de transição, todos os seus isótopos são radioativos. É preparado em laboratório por meio de reações nucleares

$$^{98}_{42}\text{Mo} + ^{1}_{0}\text{n} \longrightarrow ^{99}_{42}\text{Mo}$$

$$^{99}_{42}\text{Mo} \longrightarrow ^{99m}_{43}\text{Tc} - ^{0}_{-1}\beta$$

em que o sobrescrito m indica que o isótopo tecnécio-99 é produzido no seu estado nuclear excitado. Esse isótopo tem um tempo de meia-vida de cerca de seis horas, decaindo por emissão de radiação γ para o tecnécio-99 no seu estado nuclear fundamental. Assim, transforma-se em uma valiosa ferramenta de diagnóstico. Uma solução contendo ^{99m}Tc é ingerida ou injetada no paciente. Detectando os raios γ emitidos pelo ^{99m}Tc, os médicos podem obter imagens de órgãos como o coração, o fígado e os pulmões.

Uma grande vantagem do uso de isótopos radioativos como marcadores é que eles são fáceis de detectar. A sua presença, mesmo em quantidades muito pequenas, pode ser registrada por técnicas fotográficas ou por instrumentos conhecidos como contadores. A Figura 21.18 é um diagrama de um contador Geiger, um instrumento muito usado no trabalho científico e nos laboratórios de medicina para detectar a radiação.

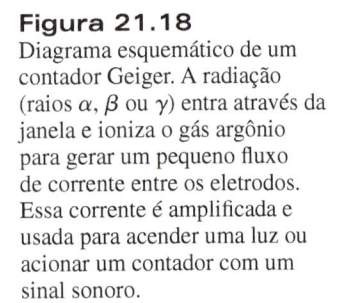

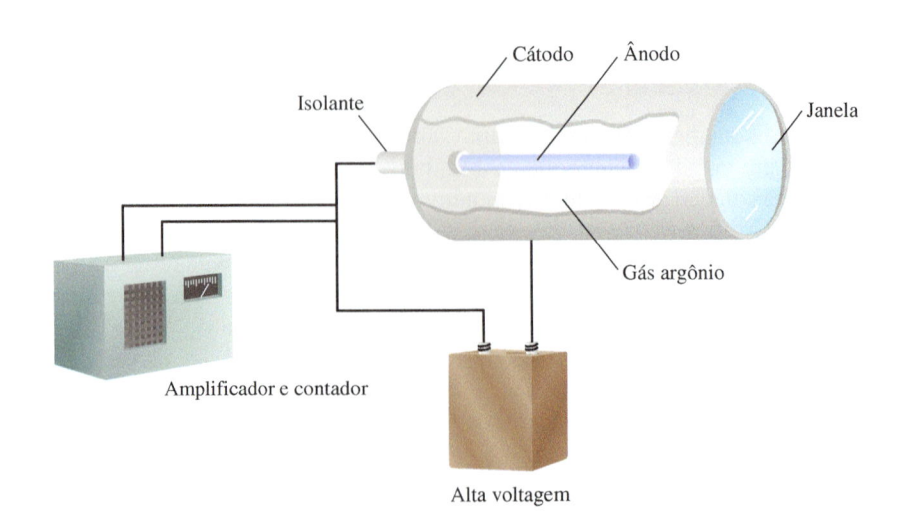

Figura 21.18
Diagrama esquemático de um contador Geiger. A radiação (raios α, β ou γ) entra através da janela e ioniza o gás argônio para gerar um pequeno fluxo de corrente entre os eletrodos. Essa corrente é amplificada e usada para acender uma luz ou acionar um contador com um sinal sonoro.

21.8 Efeitos Biológicos da Radiação

Nesta seção, examinaremos brevemente os efeitos da radiação nos sistemas biológicos. Mas, primeiro, vamos definir as medidas quantitativas de radiação. A unidade fundamental da radioatividade é o *curie* (Ci); 1 Ci corresponde exatamente a $3{,}70 \times 10^{10}$ desintegrações nucleares por segundo. Essa velocidade de decaimento é equivalente àquela de 1 g de rádio. Um *milicurie* (mCi) é um milésimo de um curie. Dessa forma, 10 mCi de uma amostra de carbono-14 é a quantidade que sofre

$$(10 \times 10^{-3})(3{,}70 \times 10^{10}) = 3{,}70 \times 10^{8}$$

desintegrações por segundo. A intensidade da radiação depende do número de desintegrações nucleares e também da energia e do tipo de radiação emitida. Uma unidade comum para a dose de radiação absorvida é o *rad* (*radiation absorbed dose* ou dose de radiação absorvida), que é a quantidade de radiação que resulta na absorção de 1×10^{-5} J por grama de material irradiado. O efeito biológico da radiação depende da parte do corpo irradiada e do tipo de radiação. Por isso, o rad é muitas vezes multiplicado por um fator chamado *RBE* (*relative biological effectiveness* ou eficiência biológica relativa). O produto é denominado um *rem* (*roentgen equivalent for man* ou equivalente roentgen para o homem):

$$1 \text{ rem} = 1 \text{ rad} \times 1 \text{ RBE}$$

Dos três tipos de radiação nuclear, as partículas α são as que, em geral, têm o menor poder de penetração. As partículas β são mais penetrantes que as partículas α, mas menos que os raios γ. Os raios gama têm comprimentos de onda muito pequenos e energias elevadas. Além disso, como não têm carga, não podem ser detidos tão facilmente por materiais de proteção como as partículas α e β. Contudo, se os emissores α ou β forem ingeridos, seus efeitos danosos serão seriamente agravados porque os órgãos estarão constantemente sujeitos à radiação danosa a uma pequena distância. Por exemplo, o estrôncio-90, um emissor β, pode substituir o cálcio nos ossos, onde provoca grandes estragos.

A Tabela 21.6 apresenta as quantidades médias de radiação que um norte-americano recebe por ano. Deve-se salientar que, para exposições à radiação de curta duração, uma dose de 50-200 rem causará uma diminuição na contagem de glóbulos brancos no sangue e outras complicações, enquanto 500 rem pode resultar em morte, em poucas semanas. Os padrões de segurança em vigor permitem aos que executam trabalhos

TABELA 21.6 Doses de Radiação Médias Anuais para os Norte-americanos

Fonte	Dose (mrem/ano)*
Raios cósmicos	20–50
Solo e arredores	25
Corpo humano[†]	26
Raios X medicinal e odontológico	50–75
Viagens aéreas	5
Descarga de testes nucleares	5
Resíduos nucleares	2
Total	133–188

*1 mrem = 1 milirem = 1×10^{-3} rem.
[†] A radioatividade no corpo provém dos alimentos e do ar.

nucleares uma exposição não superior a 5 rem por ano para o público em geral, e especificam um máximo de 0,5 rem por ano para exposição a radiação produzida pelo homem (por ano).

A **radiação ionizante** é descrita como a *base química dos danos provocados pela radiação*. Radiações quer de partículas, quer de raios γ podem remover elétrons dos átomos ou das moléculas levando à formação de íons e de radicais. Por exemplo, quando a água é irradiada com raios γ, ocorrem as seguintes reações:

$$H_2O \xrightarrow{\text{radiação}} H_2O^+ + e^-$$

$$H_2O^+ + H_2O \longrightarrow H_3O^+ + \cdot OH$$
Radical hidroxila

O elétron (na forma hidratada) pode reagir subseqüentemente com água ou com um íon hidrogênio para formar hidrogênio atômico, e com oxigênio para produzir o íon superóxido, O_2^- (um radical):

$$e^- + O_2 \longrightarrow \cdot O_2^-$$

Nos tecidos, os íons superóxido e outros radicais livres atacam as membranas celulares e uma grande quantidade de compostos orgânicos, como as enzimas e as moléculas de DNA. Os compostos orgânicos podem ser diretamente ionizados e destruídos por radiação de alta energia.

Há muito se sabe que a exposição à radiação de alta energia pode induzir o câncer nos seres humanos e em outros animais. O câncer caracteriza-se pelo crescimento celular descontrolado. No entanto, também é bem conhecido o fato de que as células cancerosas podem ser destruídas por tratamento com radiação apropriada. Na radioterapia, procura-se um meio-termo, ou seja, a radiação à qual o paciente é submetido deve ser suficiente para destruir as células cancerosas sem matar muitas células normais e, espera-se, sem induzir outras formas de câncer.

Os danos provocados pela radiação nos sistemas vivos são geralmente classificados como *somáticos* ou *genéticos*. Os danos somáticos são os que afetam o organismo durante o seu próprio tempo de vida. As queimaduras, as erupções cutâneas, o câncer e as cataratas são exemplos de danos somáticos. Os danos genéticos significam alterações hereditárias ou mutações gênicas. Por exemplo, uma pessoa cujos cromossomos foram danificados ou alterados pela radiação pode ter descendentes deformados.

Os cromossomos são partes da estrutura celular que contêm material genético (ADN).

• Resumo de Fatos e Conceitos

1. A química nuclear é o estudo das mudanças que ocorrem no núcleo atômico. Tais mudanças são chamadas de reações nucleares. O decaimento radioativo e a transmutação nuclear são reações nucleares.

2. Para os núcleos estáveis de número atômico menor, a razão nêutron/próton está próxima de 1. Para os núcleos estáveis mais pesados, a razão torna-se maior que 1. Todos os núcleos com 84 ou mais prótons são instáveis e radioativos. Os núcleos de número atômico par são mais estáveis que os de número atômico ímpar. A energia de ligação nuclear é uma medida quantitativa da estabilidade nuclear e pode ser calculada com base no conhecimento do defeito de massa do núcleo.

3. Os núcleos radioativos emitem partículas α, partículas β, pósitrons ou raios γ. A equação de uma reação nuclear inclui as partículas emitidas, e tanto os números de massa quanto os números atômicos devem estar balanceados. O urânio-238 é o pai de uma série de decaimento radioativo natural. Vários isótopos radioativos, como ^{238}U e ^{14}C, podem ser usados para fazer datação de objetos. Elementos radioativos artificiais são criados bombardeando-se outros elementos com nêutrons acelerados, prótons ou partículas α.

4. A fissão nuclear é a quebra de um núcleo grande e a conseqüente formação de núcleos menores e de nêutrons. Quando os nêutrons livres são devidamente capturados por outros núcleos, uma incontrolável reação em cadeia pode ocorrer. Os reatores nucleares usam o calor de uma reação de fissão controlada para produzir energia. Os três tipos mais importantes de reatores são os reatores de água leve, os reatores de água pesada e os reatores regeneradores.

5. A fusão nuclear, que é o tipo de reação que ocorre no Sol, é a combinação de dois núcleos leves para formar um núcleo pesado. A fusão ocorre apenas a temperaturas muito elevadas, tão elevadas que ainda não se conseguiu realizar uma reação de fusão controlada em grande escala.

6. Os isótopos radioativos são fáceis de detectar e, portanto, são ótimos marcadores em reações químicas e na prática médica. A radiação de alta energia danifica os sistemas vivos causando ionização e formação de radicais livres.

Palavras-chave

Defeito de massa, p. 690
Elementos transurânicos, p. 698
Energia de ligação nuclear, p. 690
Fissão nuclear, p. 699
Fusão nuclear, p. 704
Marcador, p. 707
Massa crítica, p. 700
Moderador, p. 701
Plasma, p. 705
Pósitron, p. 687
Radiação ionizante, p. 710
Reação nuclear, p. 686
Reação nuclear em cadeia, p. 700
Reação termonuclear, p. 706
Reator regenerador, p. 703
Série de decaimento radioativo, p. 693
Transmutação nuclear, p. 686

Questões e Problemas

Reações Nucleares

Questões de Revisão

21.1 Em que as reações nucleares diferem das reações químicas comuns?

21.2 Quais são as etapas no balanceamento de equações nucleares?

21.3 Qual é a diferença entre $_{-1}^{0}e$ e $_{-1}^{0}\beta$?

21.4 Qual é a diferença entre um elétron e um pósitron?

Problemas

•21.5 Complete as equações nucleares seguintes e identifique X em cada caso:

(a) $_{12}^{26}Mg + _{1}^{1}p \longrightarrow _{2}^{4}\alpha + X$

(b) $_{27}^{59}Co + _{1}^{2}H \longrightarrow _{27}^{60}Co + X$

(c) $_{92}^{235}U + _{0}^{1}n \longrightarrow _{36}^{94}Kr + _{56}^{139}Ba + 3X$

(d) $_{24}^{53}Cr + _{2}^{4}\alpha \longrightarrow _{0}^{1}n + X$

(e) $_{8}^{20}O \longrightarrow _{9}^{20}F + X$

•21.6 Complete as seguintes equações nucleares e identifique X em cada caso:

(a) $_{53}^{135}I \longrightarrow _{54}^{135}Xe + X$

(b) $_{19}^{40}K \longrightarrow _{-1}^{0}\beta + X$

(c) $_{27}^{59}Co + _{0}^{1}n \longrightarrow _{25}^{56}Mn + X$

(d) $_{92}^{235}U + _{0}^{1}n \longrightarrow _{40}^{99}Sr + _{52}^{135}Te + 2X$

Estabilidade Nuclear

Questões de Revisão

21.7 Diga quais são as regras gerais para prever a estabilidade nuclear.

21.8 O que é a faixa de estabilidade?

21.9 Por que é impossível existir o isótopo $_{2}^{2}He$?

21.10 Defina energia de ligação nuclear, defeito de massa e núcleon.

21.11 Como a equação de Einstein, $E = mc^2$, nos permite calcular a energia de ligação nuclear?

21.12 Por que é preferível usar a energia de ligação nuclear por núcleon para comparar estabilidades de núcleos diferentes?

Problemas

••21.13 O raio do núcleo de urânio-235 é cerca de $7,0 \times 10^{-3}$ pm. Calcule a densidade do núcleo em g/cm³. (Considere que a massa atômica é 235 u.)

•21.14 Para cada par de isótopos seguinte, preveja qual é o menos estável: (a) $_{3}^{6}Li$ or $_{3}^{9}Li$, (b) $_{11}^{23}Na$ or $_{11}^{25}Na$, (c) $_{20}^{48}Ca$ ou $_{21}^{48}Sc$.

•21.15 Para cada par de elementos, preveja qual terá os isótopos mais estáveis: (a) Co ou Ni, (b) F ou Se, (c) Ag ou Cd.

Níveis de Dificuldade: • Fácil •• Médio ••• Difícil.

- 21.16 Para cada par de isótopos seguinte, indique qual você espera que seja radioativo: (a) $^{20}_{10}Ne$ e $^{17}_{10}Ne$, (b) $^{40}_{20}Ca$ e $^{45}_{20}Ca$, (c) $^{95}_{42}Mo$ e $^{92}_{43}Tc$, (d) $^{195}_{80}Hg$ e $^{196}_{80}Hg$, (e) $^{209}_{83}Bi$ e $^{242}_{96}Cm$.

- 21.17 Sabendo que

$$H(g) + H(g) \longrightarrow H_2(g) \quad \Delta H° = -436,4 \text{ kJ}$$

calcule a variação de massa (em kg) por mol de H_2 formado.

- 21.18 As estimativas mostram que a energia total liberada pelo Sol é de 5×10^{26} J/s. Qual é a perda de massa correspondente em kg/s?

- 21.19 Calcule a energia de ligação nuclear (em J) e a energia de ligação nuclear por núcleon para os seguintes isótopos: (a) $^{7}_{3}Li$ (7,01600 u) e (b) $^{35}_{17}Cl$ (34,95952 u).

- 21.20 Calcule a energia de ligação nuclear (em J) e a energia de ligação nuclear por núcleon para os isótopos seguintes: (a) $^{4}_{2}He$ (4,0026 u) e (b) $^{184}_{74}W$ (183,9510 u).

Radioatividade Natural
Questões de Revisão

21.21 Discuta os fatores que conduzem ao decaimento nuclear.

21.22 Descreva o princípio da datação de materiais por isótopos radioativos.

Problemas

- 21.23 Preencha os espaços em branco nestas séries de decaimento:

    (a) $^{232}Th \xrightarrow{\alpha} \underline{\quad} \xrightarrow{\beta} \underline{\quad} \xrightarrow{\beta} ^{228}Th$

    (b) $^{235}U \xrightarrow{\alpha} \underline{\quad} \xrightarrow{\beta} \underline{\quad} \xrightarrow{\alpha} ^{227}Ac$

    (c) $\underline{\quad} \xrightarrow{\alpha} ^{233}Pa \xrightarrow{\beta} \underline{\quad} \xrightarrow{\alpha} \underline{\quad}$

- 21.24 Uma substância radioativa sofre o seguinte decaimento:

Tempo (dias)	Massa (g)
0	500
1	389
2	303
3	236
4	184
5	143
6	112

    Calcule a constante de decaimento de primeira ordem e o tempo de meia-vida para a reação.

- 21.25 O decaimento radioativo do Tl-206 para Pb-206 tem um tempo de meia-vida de 4,20 min. Partindo de 5×10^{22} átomos de Tl-206, calcule o número desses átomos após 42,0 min.

- 21.26 Uma amostra recém-isolada de ^{90}Y teve uma atividade de $9,8 \times 10^5$ desintegrações por minuto às 13 h do dia 3 de dezembro de 2000. Às 14h15 do dia 17 de dezembro de 2000 determinou-se novamente a sua atividade, que era de $2,6 \times 10^4$ desintegrações por minuto. Calcule o tempo de meia-vida do ^{90}Y.

- 21.27 Por que as séries de decaimento radioativo obedecem a uma cinética de primeira ordem?

- 21.28 Na série de decaimento do tório, o tório-232 perde um total de 6 partículas α e 4 partículas β em um processo de 10 etapas. Qual é o isótopo final produzido?

- 21.29 O estrôncio-90 é um dos produtos da fissão do urânio-235. Esse isótopo de estrôncio é radioativo, com um tempo de meia-vida de 28,1 anos. Calcule quanto tempo (em anos) levará para que 1,00 g do isótopo se reduza a 0,200 g por meio de decaimento.

- 21.30 Considere a série de decaimento

$$A \longrightarrow B \longrightarrow C \longrightarrow D$$

em que A, B e C são isótopos radioativos com tempos de meia-vida de 4,50 s, 15,0 dias e 1,00 s, respectivamente, e D não é radioativo. Começando com 1,00 mol de A e nenhum de B, C ou D, calcule o número de mols de A, B, C e D depois de 30 dias.

Transmutação Nuclear
Questões de Revisão

21.31 Qual é a diferença entre decaimento radioativo e transmutação nuclear?

21.32 Como se obtém na prática uma transmutação nuclear?

Problemas

- 21.33 Escreva as equações nucleares balanceadas para as seguintes reações e identifique X: (a) $X(p,\alpha)^{12}_{6}C$, (b) $^{27}_{13}Al(d,\alpha)X$, (c) $^{55}_{25}Mn(n,\gamma)X$.

- 21.34 Escreva as equações nucleares balanceadas para as seguintes reações e identifique X: (a) $^{80}_{34}Se(d,p)X$, (b) $X(d,2p)^{9}_{3}Li$, (c) $^{10}_{5}B(n,\alpha)X$.

- 21.35 Descreva a preparação do astato-211 partindo do bismuto-209.

- 21.36 Um sonho há muito acalentado pelos alquimistas era produzir ouro a partir de elementos mais baratos e mais abundantes. Esse sonho foi finalmente realizado quando o $^{198}_{80}Hg$ foi convertido em ouro por bombardeamento com nêutrons. Escreva uma equação balanceada para essa reação.

Fissão Nuclear
Questões de Revisão

21.37 Defina fissão nuclear, reação nuclear em cadeia, e massa crítica.

21.38 Quais são os isótopos que podem sofrer fissão nuclear?

21.39 Explique como funciona a bomba atômica.

21.40 Explique as funções do moderador e da barra de controle em um reator nuclear.

21.41 Discuta as diferenças entre um reator de fissão nuclear de água leve e um reator de água pesada. Quais são as vantagens do reator regenerador sobre o reator de fissão nuclear convencional?

21.42 O que faz da água um moderador particularmente adequado para um reator nuclear?

Fusão Nuclear
Questões de Revisão

21.43 Defina fusão nuclear, reação termonuclear e plasma.

21.44 Por que elementos pesados como o urânio sofrem fissão enquanto elementos leves como o hidrogênio e o lítio sofrem fusão?

21.45 Como funciona uma bomba de hidrogênio?

21.46 Quais são as vantagens de um reator de fusão sobre um reator de fissão? Quais são as dificuldades práticas para operar um reator de fusão em grande escala?

Aplicações dos Isótopos
Problemas

••21.47 Descreva como você utilizaria um isótopo radioativo de iodo para demonstrar que o seguinte processo está em equilíbrio dinâmico:

$$PbI_2(s) \rightleftharpoons Pb^{2+}(aq) + 2I^-(aq)$$

•••21.48 Considere a seguinte reação de óxido-redução:

$$IO_4^-(aq) + 2I^-(aq) + H_2O(l) \longrightarrow$$
$$I_2(s) + IO_3^-(aq) + 2OH^-(aq)$$

Quando se adiciona KIO_4 a uma solução contendo íons iodeto marcados com iodo-128 radioativo, toda a radioatividade aparece no I_2 e nenhuma no íon IO_3^-. O que se pode deduzir acerca do mecanismo para o processo de óxido-redução?

•21.49 Explique como você poderia usar um marcador radioativo para mostrar que os íons não estão totalmente imóveis em um cristal.

••21.50 Cada molécula de hemoglobina, o transportador de oxigênio no sangue, contém quatro átomos de Fe. Explique como você usaria o $^{59}_{26}Fe$ radioativo ($t_{\frac{1}{2}} = 46$ dias) para mostrar que o ferro em determinado alimento é convertido em hemoglobina.

Problemas Adicionais

••21.51 Como funciona um contador Geiger?

•••21.52 Núcleos com número par de prótons e número par de nêutrons são mais estáveis que aqueles com número ímpar de prótons e/ou número ímpar de nêutrons. Qual é a importância do número par de prótons e de nêutrons nesse caso?

•••21.53 O trítio, ^3H, é radioativo e decai emitindo elétrons. O seu tempo de meia-vida é de 12,5 anos. Na água comum, a razão entre o número de átomos de ^1H e de ^3H é de $1,0 \times 10^{17}$ para 1. (a) Escreva uma equação nuclear balanceada para o decaimento do trítio. (b) Quantas desintegrações por minuto serão observadas em uma amostra de 1,00 kg de água?

•••21.54 (a) Qual é a atividade, em milicuries, de uma amostra de 0,500 g de $^{237}_{93}Np$? (Esse isótopo decai por emissão de partícula α e tem um tempo de meia-vida de $2,20 \times 10^6$ anos) (b) Escreva uma equação nuclear balanceada para o decaimento do $^{237}_{93}Np$.

•21.55 Estas equações referem-se a reações nucleares que ocorrem na explosão de uma bomba atômica. Identifique X.

(a) $^{235}_{92}U + ^1_0n \longrightarrow ^{140}_{56}Ba + 3\,^1_0n + X$

(b) $^{235}_{92}U + ^1_0n \longrightarrow ^{144}_{55}Cs + ^{90}_{37}Rb + 2X$

(c) $^{235}_{92}U + ^1_0n \longrightarrow ^{87}_{35}Br + 3\,^1_0n + X$

(d) $^{235}_{92}U + ^1_0n \longrightarrow ^{160}_{62}Sm + ^{72}_{30}Zn + 4X$

••21.56 Calcule as energias de ligação nuclear, em J/núcleon, para as seguintes espécies: (a) ^{10}B (10,0129 u), (b) ^{11}B (11,00931 u), (c) ^{14}N (14,00307 u), (d) ^{56}Fe (55,9349 u).

•21.57 Escreva equações nucleares completas para os seguintes processos: (a) o trítio, ^3H, sofre decaimento β; (b) o ^{242}Pu emite partícula α; (c) o ^{131}I sofre decaimento β; (d) o ^{251}Cf emite partícula α.

••21.58 O núcleo de nitrogênio-18 está acima da faixa de estabilidade. Escreva uma equação nuclear pela qual o nitrogênio-18 possa adquirir estabilidade.

••21.59 Por que o estrôncio-90 é um isótopo particularmente perigoso para os seres humanos?

••21.60 Como os cientistas conseguem determinar a idade de um fóssil?

•••21.61 Depois do acidente de Chernobyl, as pessoas que vivem perto do reator nuclear foram aconselhadas a ingerir grandes quantidades de iodeto de potássio como medida de precaução. Qual é o fundamento químico dessa ação?

•21.62 O astato, último membro do Grupo 17, pode ser preparado bombardeando-se bismuto-209 com partículas α. (a) Escreva uma equação para a reação. (b) Represente a equação na forma abreviada discutida na Seção 21.4.

••21.63 Para detectar bombas que podem ser levadas clandestinamente em aviões, a Administração Federal de Aviação (FAA) em breve exigirá que todos os aeroportos importantes instalem um analisador térmico de nêutrons. O analisador bombardeará a bagagem com nêutrons de baixa energia, convertendo alguns núcleos de nitrogênio-14 em nitrogênio-15, com emissão simultânea de raios γ. Por ser geralmente elevada a quantidade de nitrogênio em explosivos, a detecção de uma grande dosagem de raios γ poderá indicar a presença de uma bomba. (a) Escreva uma equação para o processo nuclear. (b) Compare essa técnica com o método convencional de detecção por raios X.

21.64 Explique por que a realização da fusão nuclear em laboratório exige temperaturas de cerca de 100 milhões de graus Celsius, o que excede em muito a do interior do Sol (15 milhões de graus Celsius).

21.65 O trítio contém um próton e dois nêutrons. No núcleo não há repulsão próton-próton. Por que o trítio é radioativo?

21.66 A velocidade de decaimento do carbono-14 de uma amostra obtida de uma árvore jovem é de 0,260 desintegração por segundo por grama de amostra. Outra amostra de madeira preparada por meio de um objeto recuperado em uma escavação arqueológica apresenta uma velocidade de decaimento de 0,186 desintegração por segundo por grama de amostra. Qual é a idade do objeto?

21.67 A utilidade da datação por radiocarbono está limitada a objetos com não mais de 50.000 anos. Qual a porcentagem do carbono-14, originalmente presente na amostra, que permanece após esse período?

21.68 O isótopo radioativo potássio-40 decai para argônio-40 com tempo de meia-vida de $1,2 \times 10^9$ anos. (a) Escreva uma equação balanceada para a reação. (b) Verifica-se que uma amostra de rocha lunar contém 18% de potássio-40 e 82% de argônio em massa. Calcule a idade da rocha em anos.

21.69 Tanto o bário (Ba) quanto o rádio (Ra) são membros do Grupo 2 e espera-se que exibam propriedades químicas semelhantes. Contudo, o Ra não aparece nos minérios de bário. Em vez disso, é encontrado em minérios de urânio. Explique.

21.70 A eliminação dos resíduos nucleares é uma grande preocupação da indústria nuclear. Na escolha de um ambiente seguro e estável para armazenar o lixo nuclear, deve-se levar em conta o calor liberado durante o decaimento nuclear. Como exemplo, considere a desintegração β do ^{90}Sr (89,907738 u):

$$^{90}_{38}\text{Sr} \longrightarrow {}^{90}_{39}\text{Y} + {}^{0}_{-1}\beta \qquad t_{\frac{1}{2}} = 28{,}1 \text{ anos}$$

O ^{90}Y (89.907152 amu) decai posteriormente do seguinte modo:

$$^{90}_{39}\text{Y} \longrightarrow {}^{90}_{40}\text{Zr} + {}^{0}_{-1}\beta \qquad t_{\frac{1}{2}} = 64 \text{ h}$$

O zircônio-90 (89,904703 u) é um isótopo estável. (a) Use o defeito de massa para calcular a energia liberada (em joules) em cada um dos dois decaimentos anteriores. (A massa do elétron é $5{,}4857 \times 10^{-4}$ u.) (b) Começando com 1 mol de ^{90}Sr, calcule o número de mols de ^{90}Sr que decairá em um ano. (c) Calcule a quantidade de calor liberada (em quilojoules) correspondente ao número de mols de ^{90}Sr que decaíram para ^{90}Zr em (b).

21.71 Qual dos seguintes isótopos representa maior perigo para a saúde: um isótopo radioativo com tempo de meia-vida curto ou um isótopo com tempo de meia-vida longo? Justifique. [Considere o mesmo tipo de radiação (α ou β) e energias comparáveis por partícula emitida.]

21.72 Como resultado de exposição à radiação liberada durante o acidente nuclear de Chernobyl, a dosagem de iodo-131 no corpo de uma pessoa é de 7,4 mCi (1 mCi = 1×10^{-3} Ci). Use a relação velocidade = λN para calcular o número de átomos de iodo-131 a que essa radioatividade corresponde. (O tempo de meia-vida do ^{131}I é de 8,1 dias.)

21.73 O bismuto-214 é um emissor α com tempo de meia-vida de 19,7 min. Uma amostra contendo 5,26 mg do isótopo é colocada em um frasco de 20,0 mL de volume vedado e previamente submetido à vácuo, a 40°C. Considerando que todas as partículas α geradas são convertidas em gás hélio e que o outro produto de decaimento não é radioativo, calcule a pressão (em mm de Hg) dentro do frasco após 78,8 min. Use o valor 214 u para a massa atômica do bismuto.

21.74 Com base na definição de curie, calcule o número de Avogadro, sabendo que a massa molar do ^{226}Ra é 226,03 g/mol e que ele decai com um tempo de meia-vida de $1{,}6 \times 10^3$ anos.

21.75 Desde 1994, foram sintetizados os elementos de 110 a 115. O elemento 110 foi criado bombardeando ^{208}Pb com ^{62}Ni; o elemento 111 foi criado bombardeando ^{209}Bi com ^{64}Ni; o elemento 112 foi criado bombardeando ^{208}Pb com ^{66}Zn; o elemento 113 foi formado a partir do decaimento de partículas a do elemento 115; o elemento 114 foi criado bombardeando ^{244}Pu com ^{48}Ca; o elemento 115 foi criado bombardeando ^{243}Am com ^{48}Ca. Escreva uma equação para cada síntese.

21.76 As fontes de energia na Terra incluem os combustíveis fósseis, a energia geotérmica, a energia gravitacional, a energia hidroelétrica, a fissão nuclear, a fusão nuclear, a energia solar e o vento. Quais delas têm uma "origem nuclear" direta ou indireta?

21.77 Uma pessoa recebeu como presente anônimo um cubo decorativo que ela colocou em sua mesa. Poucos meses depois, essa pessoa adoeceu e morreu. Após investigação, a causa da morte foi associada à caixa. A caixa estava fechada e era à prova de ar, não havendo nela qualquer produto químico tóxico. O que pode ter matado o homem?

21.78 Identifique dois dos elementos radioativos mais abundantes na Terra. Explique por que eles ainda existem. (Talvez precise consultar um livro de química.)

21.79 (a) Calcule a energia liberada quando um isótopo de ^{238}U decai para ^{234}Th. As massas atômicas são: ^{238}U: 238,0508 u; ^{234}Th: 234,0436 u; ^{4}He: 4,0026 u. (b) A energia liberada em (a) é transformada na energia cinética do núcleo do ^{234}Th e da partícula α. Qual dos dois se afastará mais depressa? Justifique.

21.80 O cobalto-60 é um isótopo usado em diagnóstico médico e no tratamento do câncer. Ele decai por emissão de raios γ. Calcule o comprimento de onda da radiação em nanômetros se a energia do raio γ for $2{,}4 \times 10^{-13}$ J/fóton.

21.81 O amerício-241 é usado nos detectores de fumaça por ter um tempo de meia-vida longo (458 anos) e as partículas α emitidas são suficientemente energéticas para ionizar as moléculas de ar. Dado o diagrama esquemático de um detector de fumaça na figura abaixo, explique como ele funciona.

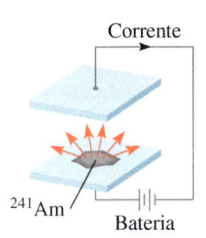

21.82 Os constituintes do vinho contêm, entre outros, átomos de carbono, hidrogênio e oxigênio. Uma garrafa de vinho foi selada há cerca de seis anos. Para confirmar sua idade, qual dos isótopos você escolheria em um estudo de datação radioativa? Os tempos de meia-vida são: ^{14}C: 5.730 anos; ^{15}O: 124 s; ^3H: 12,5 anos. Considere que as atividades dos isótopos eram conhecidas no momento em que a garrafa foi selada.

21.83 Indique duas vantagens de um submarino nuclear sobre um submarino convencional.

21.84 Em 1997, um cientista de um centro de pesquisa nuclear na Rússia colocou uma concha fina de cobre sobre uma esfera de urânio-235 altamente enriquecido. De repente, houve uma enorme liberação de radiação, que deixou o ar azulado. Três dias mais tarde, o cientista morreu em decorrência dos efeitos da radiação. Explique o que causou o acidente. (*Sugestão:* O cobre é um metal eficaz para refletir nêutrons.)

21.85 Um isótopo radioativo de cobre decai da seguinte maneira:

$$^{64}Cu \longrightarrow\, ^{64}Zn + \,_{-1}^{0}\beta \qquad t_{\frac{1}{2}} = 12,8\ h$$

Começando com 8,4 g de ^{64}Cu, calcule a quantidade de ^{64}Zn produzida após 18,4 horas.

21.86 Uma amostra com 0,0100 g de um isótopo radioativo com um tempo de meia-vida de $1,3 \times 10^9$ ano decai a uma velocidade de $2,9 \times 10^4$ dpm. Calcule a massa molar do isótopo.

Problemas Especiais

21.87 Descreva, com as equações apropriadas, o processo nuclear que leva à formação dos gases nobres He, Ne, Ar, Kr, Xe e Rn. (*Sugestão:* O hélio é formado a partir de decaimento radioativo, o neônio é formado a partir de emissões de pósitron do ^{22}Na, a formação do Ar, Xe e Rn é discutida no capítulo e o Kr é produzido a partir da fissão do ^{235}U.)

21.88 Escreva um ensaio sobre os prós e os contras da energia nuclear (baseada na fissão nuclear), focalizando principalmente seus efeitos sobre o aquecimento global, a segurança de reatores nucleares, os riscos provocados por armas e a remoção do lixo nuclear.

Respostas dos Exercícios

21.1 $^{78}_{34}Se$. **21.2** $2,63 \times 10^{-10}$ J; $1,26 \times 10^{-12}$ J/núcleon.
21.3 $^{106}_{46}Pd + \,^4_2\alpha \longrightarrow\, ^{109}_{47}Ag + \,^1_1p$.

22 Polímeros Orgânicos – Sintéticos e Naturais

22.1 Propriedades dos Polímeros 717
22.2 Polímeros Orgânicos Sintéticos 717
Reações de Adição • Reações de Condensação
22.3 Proteínas 721
Aminoácidos • Estrutura da Proteína
22.4 Ácidos Nucleicos 729

A força de um tipo de polímero chamado de Lexano é tão grande que é utilizado para fazer vidros à prova de balas.

Conceitos Essenciais

- **Polímeros Orgânicos Sintéticos** Muitos polímeros orgânicos têm sido sintetizados por diversos processos químicos. Eles imitam e às vezes superam as propriedades dos polímeros naturais. O náilon é o mais conhecido de todos os polímeros orgânicos sintéticos.

- **Proteínas** São polímeros naturais, formados por aminoácidos, que realizam várias funções: catálise, transporte e armazenagem de substâncias vitais, movimento coordenado e proteção contra doenças. As estruturas complexas das proteínas têm sido analisadas em termos de suas estruturas primária, secundária, terciária e quaternária. A integridade tridimensional das moléculas de proteínas é mantida por várias forças intermoleculares e pelas ligações de hidrogênio.

- **Ácidos Nucleicos** O ácido desoxirribonucleico (DNA) carrega toda a informação genética e o ácido ribonucleico (RNA) controla a síntese das proteínas. A elucidação da estrutura em dupla hélice do DNA é uma das maiores realizações da ciência do século XX.

22.1 Propriedades dos Polímeros

Polímero *é um composto molecular que se distingue pela sua elevada massa molar, que varia de milhares a milhões de gramas, e por apresentar muitas unidades repetitivas.* As propriedades físicas dessas macromoléculas diferem muito daquelas das moléculas pequenas comuns, e por isso é necessário o uso de técnicas especiais para estudá-las.

Entre os polímeros de ocorrência natural estão as proteínas, os ácidos nucleicos, a celulose (polissacarídeos) e a borracha (poliisopreno). A maior parte dos polímeros sintéticos é de compostos orgânicos. Exemplos bastante conhecidos são o Nylon (ou náilon), de poli(hexametileno-adipamida); o Dacron, poli(tereftalato de etileno); e a Lucite ou Plexiglas, polimetilmetacrilato.

O desenvolvimento da química dos polímeros começou na década de 1920, com o estudo do comportamento enigmático de certos materiais, como a madeira, a gelatina, o algodão e a borracha. Por exemplo, quando a borracha, de fórmula empírica conhecida C_5H_8, foi dissolvida em um solvente orgânico, a solução apresentou várias propriedades incomuns — alta viscosidade, baixa pressão osmótica e um desprezível abaixamento do ponto de congelamento. Essas observações eram forte indicação da presença de solutos de massa molar muito alta, mas na época os químicos não estavam preparados para aceitar a existência dessas moléculas gigantescas. Em vez disso, postularam que materiais, como a borracha, consistiam em agregados de pequenas unidades moleculares, do tipo C_5H_8 ou $C_{10}H_{16}$, unidas por forças intermoleculares. Essa concepção errada persistiu durante vários anos, até que o químico alemão Hermann Staudinger mostrou que os chamados agregados são, de fato, moléculas enormes, cada uma contendo milhares de átomos unidos por ligações covalentes.

Uma vez compreendidas as estruturas dessas macromoléculas, abriu-se o caminho para a fabricação dos polímeros, que agora estão presentes em quase todos os aspectos da vida diária. Cerca de 90% dos químicos atuais, incluindo os bioquímicos, trabalham com polímeros.

22.2 Polímeros Orgânicos Sintéticos

Devido ao tamanho, esperaríamos moléculas contendo milhares de átomos de carbono e de hidrogênio com um número enorme de isômeros estruturais e geométricos (se houver sem ligações C=C). Essas moléculas, no entanto, são formadas por ***monômeros***, *unidades de repetição simples*, e esse tipo de composição restringe muito o número de possíveis isômeros. Os polímeros sintéticos são gerados juntando-se monômeros, um de cada vez, por meio de reações de adição e reações de condensação.

Reações de Adição

Reações de adição envolvem compostos insaturados contendo ligações duplas ou triplas, especialmente C=C e C≡C. A hidrogenação e as reações de haletos de hidrogênio e de halogênios com alcenos e alcinos são exemplos de reações de adição.

No Capítulo 11 vimos que o polietileno é formado por reação de adição. O polietileno é um exemplo de ***homopolímero***, um *polímero constituído de um só tipo de monômero*. Outros homopolímeros sintetizados pelo mecanismo radicalar são o Teflon, politetrafluoretileno, e o poli(cloreto de vinila) (PVC):

$$+CF_2-CF_2+_n \qquad +CH_2-CH+_n$$
$$\qquad\qquad\qquad\qquad\quad |$$
$$\qquad\qquad\qquad\qquad\;\; Cl$$

Teflon PVC

Figura 22.1
Esteroisômeros de polímeros. Quando o grupo R (esfera verde) for CH₃, o polímero é o polipropileno. (a) Quando os grupos R estiverem todos de um lado da cadeia, diz-se que o polímero é isotático. (b) Quando os grupos R se alternam de lado a lado, diz-se que o polímero é sindiotático. (c) Quando os grupos R estiverem dispostos aleatoriamente, o polímero é atático.

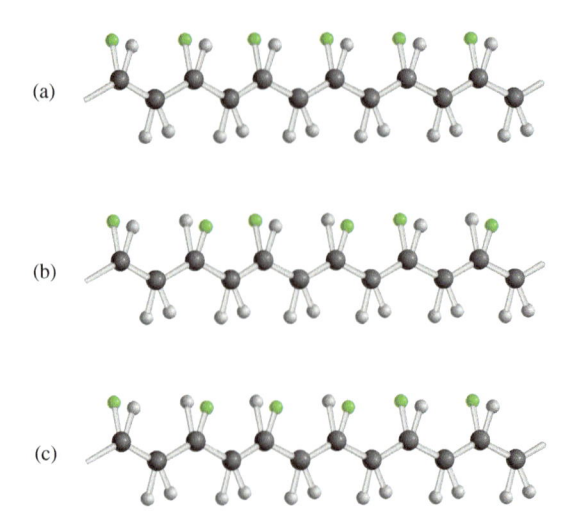

A química dos polímeros torna-se mais complexa quando as unidades precursoras são assimétricas:

propileno   polipropileno

Várias estruturas diferentes podem resultar de uma reação de adição de propilenos (Figura 22.1) Se as adições ocorrerem ao acaso, obteremos polipropilenos *atáticos*, que se empacotam de modo regular. Esses polímeros são elásticos, amorfos e relativamente frágeis. Duas outras possibilidades são: uma estrutura *isotática*, em que os grupos R estão todos do mesmo lado dos átomos de carbono assimétricos, e uma forma *sindiotática*, em que os grupos R se alternam à esquerda e à direita dos carbonos assimétricos. O isômero isotático é o que tem o maior ponto de fusão e a maior cristalinidade, sendo também dotado de propriedades mecânicas superiores.

A borracha é provavelmente o polímero orgânico mais conhecido, e o único verdadeiro polímero de hidrocarboneto encontrado na natureza. É formado pela adição radicalar do monômero isopreno. Na verdade, a polimerização pode resultar no poli-*cis*-isopreno ou no poli-*trans*-isopreno — ou ainda em uma mistura de ambos, dependendo das condições da reação:

isopreno   poli-*cis*-isopreno   e/ou   poli-*trans*-isopreno

Observe que no isômero *cis* os dois grupos CH₂ estão do mesmo lado da ligação C=C; esses mesmos grupos encontram-se em lados opostos no isômero *trans*. A borracha natural é o poli-*cis*-isopreno, extraído da árvore *Havea brasiliensis* (Figura 22.2).

Uma propriedade da borracha, incomum e muito útil é sua elasticidade. A borracha pode ser esticada em até dez vezes o seu comprimento, voltando ao tamanho original quando solta. Diferentemente, um pedaço de fio de cobre pode ser esticado em apenas uma pequena porcentagem de sua extensão e ainda volta ao tamanho original. A borracha não esticada é amorfa. Quando esticada, porém, apresenta cristalinidade e ordenação razoáveis.

Figura 22.2
Látex (suspensão aquosa de partículas de borracha) sendo coletado de uma seringueira.

A propriedade elástica da borracha deve-se à flexibilidade das moléculas da cadeia longa. No estado bruto, no entanto, a borracha é um emaranhado de cadeias poliméricas, e se a força externa for suficientemente intensa, as cadeias individuais podem deslizar umas sobre as outras, fazendo a borracha perder boa parte de sua elasticidade. Em 1839, o químico norte-americano Charles Goodyear descobriu que a borracha natural podia fazer ligação cruzada com enxofre (usando óxido de zinco como catalisador) para impedir o deslizamento entre as cadeias (Figura 22.3). O processo por ele descoberto, conhecido como *vulcanização*, abriu caminho para muitas das aplicações práticas e comerciais da borracha, como pneus de automóvel e dentaduras.

Durante a Segunda Guerra Mundial, a escassez de borracha natural estimulou a realização de um programa intensivo para produzir borracha sintética. A maioria das borrachas sintéticas (chamadas de *elastômeros*) é feita a partir de produtos do petróleo, como o etileno, o propileno e o butadieno. Por exemplo, moléculas de cloropreno polimerizam-se facilmente formando o policloropreno, mais conhecido como *neopreno*, que tem propriedades comparáveis ou mesmo superiores às da borracha natural:

$$H_2C=CH-CCl=CH_2 \qquad \left(\begin{array}{c} CH_2 \\ C=C \\ Cl \end{array} \begin{array}{c} H \\ CH_2 \end{array} \right)_n$$

cloropreno   policloropreno

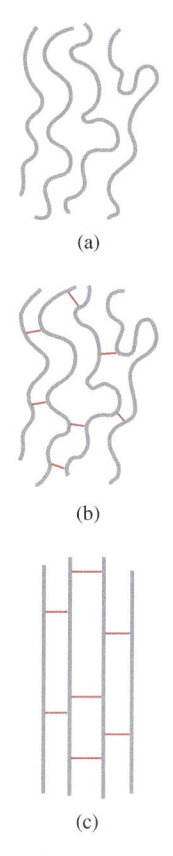

Figura 22.3
Moléculas de borracha geralmente são encurvadas e convolutas. As partes (a) e (b) representam as cadeias longas antes e após a vulcanização, respectivamente; (c) mostra o alinhamento de moléculas quando esticadas. Sem a vulcanização, essas moléculas deslizariam umas sobre as outras, sem manifestar as propriedades elásticas da borracha.

Outra borracha sintética importante é formada pela adição de butadieno ao estireno em uma proporção de 3:1, produzindo a borracha estireno-butadieno (SBR, em inglês). Como o estireno e o butadieno são monômeros diferentes, o SBR é chamado de **copolímero**, *um polímero que contém dois ou mais monômeros diferentes*. A Tabela 22.1 mostra vários homopolímeros familiares comuns e um copolímero produzido por reações de adição.

Reações de Condensação

Um dos processos mais conhecidos de condensação de polímero é a reação entre a hexametilenodiamina e o ácido adípico, mostrada na Figura 22.4. O produto final, chamado de náilon 66 (porque há seis átomos de carbono na hexametilenodiamina e seis no ácido adípico), foi criado pelo químico norte-americano Wallace Carothers, na Du Pont, em

A reação de condensação foi definida na p. 362.

TABELA 22.1 — Alguns Monômeros e Seus Polímeros Sintéticos

Monômero		Polímero	
Fórmula	Nome	Nome e Fórmula	Aplicações
$H_2C=CH_2$	Etileno	Polietileno $\,\text{-}(CH_2-CH_2)_n\text{-}$	Canos de Plástico, garrafas, isolantes elétricos, brinquedos
$H_2C=CH(CH_3)$	Propeno	Polipropeno $\,\text{-}(CH(CH_3)-CH_2-CH(CH_3)-CH_2)_n\text{-}$	Filme para embalagens, tapetes, caixas para garrafas de refrigerante, material de laboratório, brinquedos
$H_2C=CHCl$	Cloreto de vinila	Poli(cloreto de vinila) (PVC) $\,\text{-}(CH_2-CHCl)_n\text{-}$	Canos, revestimentos, externos, esgotos, pisos, vestuário, brinquedos
$H_2C=CHCN$	Acrilonitrila	Poliacrilonitrila (PAN) $\,\text{-}(CH_2-CH(CN))_n\text{-}$	Tapetes, artigos para tricô
$F_2C=CF_2$	Tetrafluoretileno	Politetrafluoretileno (Teflon) $\,\text{-}(CF_2-CF_2)_n\text{-}$	Revestimento para cozinha, isolantes térmicos, veda roscas
$H_2C=C(COOCH_3)(CH_3)$	Metilmetacrilato	Poli(metilmetacrilato) (Plexiglas) $\,\text{-}(CH_2-C(COOCH_3)(CH_3))_n\text{-}$	Equipamento óptico, móveis para residência
$H_2C=CH(C_6H_5)$	Estireno	Poliestireno $\,\text{-}(CH_2-CH(C_6H_5))_n\text{-}$	Contêineres, isolamento térmico (baldes de gelo, sistema de refrigeração à água), brinquedos
$H_2C=CH-CH=CH_2$	Butadieno	Polibutadieno $\,\text{-}(CH_2CH=CHCH_2)_n\text{-}$	Banda de rodagem em pneus, resina para revestimento
Ver estruturas acima	Butadieno e estireno	Borracha de estireno-butadieno (SBR) $\,\text{-}(CH(C_6H_5)-CH_2-CH_2-CH=CH-CH_2)_n\text{-}$	Borracha sintética

Gomas de mascar contêm borracha sintética de estireno-butadieno.

Figura 22.4
A formação do náilon por reação de condensação entre hexametilenodiamina e ácido adípico.

Figura 22.5
O truque da corda de náilon. A adição de uma solução de cloreto de adipoila (um derivado do ácido adípico no qual os grupos H foram substituídos por Cl em ciclohexano a uma solução aquosa de hexametileno diamina resulta na formação de náilon na interface das duas soluções que não se misturam. Ele pode ser retirado da mistura.

1931. A versatilidade do náilon é tão grande que a produção anual de náilons e substâncias relacionadas chega hoje a bilhões de quilos. A Figura 22.5 mostra como o náilon 66 é preparado no laboratório.

As reações de condensação também são usadas na fabricação de Dacron (poliéster).

Os poliésteres são utilizados em fibras, filmes e garrafas de plástico.

22.3 Proteínas

Proteínas são *polímeros de aminoácidos*; elas desempenham um papel da máxima importância em quase todos os processos biológicos. As enzimas, catalisadores de reações bioquímicas, são em sua maioria proteínas. As proteínas também facilitam uma grande variedade de outras funções, tais como transporte e armazenagem de substâncias vitais, movimento coordenado, suporte mecânico e proteção contra doenças. O corpo humano contém aproximadamente 100 mil tipos diferentes de proteínas, cada qual com uma função fisiológica específica. Como veremos, a composição e a estrutura química desses polímeros naturais complexos são os alicerces de suas especificidades.

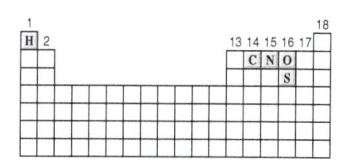

Elementos constituintes de proteínas.

Aminoácidos

As proteínas apresentam massas molares elevadas, variando de cerca de 5000 g a 1×10^7 g, e no entanto a composição percentual em massa de seus elementos é notavelmente constante: carbono, entre 50% e 55%; hidrogênio, 7%; oxigênio, 23%; nitrogênio, 16%; e enxofre, 1%.

As unidades estruturais básicas das proteínas são os *aminoácidos*. Um **aminoácido** *é um composto que contém pelo menos um grupo amino* (—NH₂) *e um grupo carboxila* (—COOH):

$$\begin{array}{cc} \text{H} & \text{O} \\ | & \| \\ -\text{N} & -\text{C} \\ | & \quad \\ \text{H} & \text{O—H} \end{array}$$

grupo amino grupo carboxila

Vinte diferentes aminoácidos formam os blocos construtores de todas as proteínas do corpo humano. A Tabela 22.2 mostra as estruturas desses compostos vitais e suas abreviações de três letras.

Os aminoácidos em solução, e em pH neutro, existem como *íons dipolares*, o que significa que o próton do grupo carboxila migrou para o grupo amino. Considere a glicina, o aminoácido mais simples. A forma não-ionizada e o íon dipolar da glicina apresentam as seguintes fórmulas:

$$\underset{\text{forma não-ionizada}}{\text{H}-\overset{\overset{\text{NH}_2}{|}}{\underset{\underset{\text{H}}{|}}{\text{C}}}-\text{COOH}} \qquad \underset{\text{íon dipolar}}{\text{H}-\overset{\overset{\text{NH}_3^+}{|}}{\underset{\underset{\text{H}}{|}}{\text{C}}}-\text{COO}^-}$$

A primeira etapa na síntese de uma molécula de proteína é uma reação de condensação entre um grupo amino de um aminoácido e um grupo carboxila de outro aminoácido. A molécula formada a partir dos dois aminoácidos chama-se dipeptídeo, e a ligação que os une é uma *ligação peptídica*:

> É interessante comparar esta reação com aquela mostrada na Figura 22.4

$$^+\text{H}_3\text{N}-\underset{\underset{\text{R}_1}{|}}{\overset{\overset{\text{H}}{|}}{\text{C}}}-\underset{}{\overset{\overset{\text{O}}{\|}}{\text{C}}}-\text{O}^- + {}^+\text{H}_3\text{N}-\underset{\underset{\text{R}_2}{|}}{\overset{\overset{\text{H}}{|}}{\text{C}}}-\underset{}{\overset{\overset{\text{O}}{\|}}{\text{C}}}-\text{O}^- \rightleftharpoons {}^+\text{H}_3\text{N}-\underset{\underset{\text{R}_1}{|}}{\overset{\overset{\text{H}}{|}}{\text{C}}}-\underset{}{\overset{\overset{\text{O}}{\|}}{\text{C}}}-\underset{\underset{\text{H}}{|}}{\text{N}}-\underset{\underset{\text{R}_2}{|}}{\overset{\overset{\text{H}}{|}}{\text{C}}}-\underset{}{\overset{\overset{\text{O}}{\|}}{\text{C}}}-\text{O}^- + \text{H}_2\text{O}$$

ligação peptídica

em que R₁ e R₂ representam um átomo de H ou algum outro grupo; —CO—NH— é chamado de *grupo amida*. Como o equilíbrio da reação que une os dois aminoácidos tende para a esquerda, o processo é acoplado à hidrólise do ATP (veja p. 612).

As duas extremidades de um dipeptídeo podem envolver-se em uma reação de condensação com outro aminoácido para formar um *tripeptídeo*, um *tetrapeptídeo* e assim por diante. O produto final, a molécula de proteína, é um *polipetídeo*, que também pode ser considerado um polímero de aminoácidos.

Uma unidade de aminoácido em uma cadeia polipetídica é chamada de *resíduo*. Uma cadeia típica contém 100 ou mais resíduos de aminoácidos. A seqüência de aminoácidos em uma cadeia de polipetídeos convencionalmente é escrita da esquerda para a direita, começando com o resíduo amino-terminal e finalizando com o resíduo carboxila-terminal. Consideremos um dipeptídeo formado por glicina e alanina. A Figura 22.6 mostra que a alanilglicina e a glicilalanina são moléculas diferentes. Com 20 aminoácidos diferentes disponíveis podem ser gerados 20^2, ou 400, diferentes dipeptídeos. Mesmo para uma proteína pequena como a insulina, que contém apenas 50 resíduos de aminoácidos, o número de diferentes estruturas químicas possíveis é da ordem de 20^{50} ou 10^{65}! Esse é um valor incrível, se considerarmos que nossa galáxia tem aproximadamente 10^{68} átomos. Com tantas possibilidades para a síntese de proteínas, é extraordinário que geração após geração, as células possam produzir proteínas idênticas para funções fisiológicas específicas.

TABELA 22.2	Os 20 Aminoácidos Essenciais aos Organismos Vivos*	
Nome	Abreviatura	Estrutura
Alanina	Ala	$H_3C-\underset{\underset{NH_3^+}{\vert}}{\overset{\overset{H}{\vert}}{C}}-COO^-$
Arginina	Arg	$H_2N-\underset{\underset{NH}{\Vert}}{C}-N-CH_2-CH_2-CH_2-\underset{\underset{NH_3^+}{\vert}}{\overset{\overset{H}{\vert}}{C}}-COO^-$
Asparagina	Asn	$H_2N-\overset{\overset{O}{\Vert}}{C}-CH_2-\underset{\underset{NH_3^+}{\vert}}{\overset{\overset{H}{\vert}}{C}}-COO^-$
Ácido aspártico	Asp	$HOOC-CH_2-\underset{\underset{NH_3^+}{\vert}}{\overset{\overset{H}{\vert}}{C}}-COO^-$
Cisteína	Cys	$HS-CH_2-\underset{\underset{NH_3^+}{\vert}}{\overset{\overset{H}{\vert}}{C}}-COO^-$
Ácido glutâmico	Glu	$HOOC-CH_2-CH_2-\underset{\underset{NH_3^+}{\vert}}{\overset{\overset{H}{\vert}}{C}}-COO^-$
Glutamina	Gln	$H_2N-\overset{\overset{O}{\Vert}}{C}-CH_2-CH_2-\underset{\underset{NH_3^+}{\vert}}{\overset{\overset{H}{\vert}}{C}}-COO^-$
Glicina	Gly	$H-\underset{\underset{NH_3^+}{\vert}}{\overset{\overset{H}{\vert}}{C}}-COO^-$
Histidina	His	$\begin{array}{c}HC=C-CH_2-\underset{\underset{NH_3^+}{\vert}}{\overset{\overset{H}{\vert}}{C}}-COO^-\\N\diagdown\,\,\diagup NH\\C\\H\end{array}$
Isoleucina	Ile	$H_3C-CH_2-\underset{\underset{H}{\vert}}{\overset{\overset{CH_3}{\vert}}{C}}-\underset{\underset{NH_3^+}{\vert}}{\overset{\overset{H}{\vert}}{C}}-COO^-$

(Continua)

* A parte sombreada é o grupo R do aminoácido.

TABELA 22.2 — Os 20 Aminoácidos Essenciais aos Organismos Vivos — Cont.

Nome	Abreviatura	Estrutura
Leucina	Leu	$(H_3C)_2CH-CH_2-CH(NH_3^+)-COO^-$
Lisina	Lys	$H_2N-CH_2-CH_2-CH_2-CH_2-CH(NH_3^+)-COO^-$
Metionina	Met	$H_3C-S-CH_2-CH_2-CH(NH_3^+)-COO^-$
Fenilalanina	Phe	$C_6H_5-CH_2-CH(NH_3^+)-COO^-$
Prolina	Pro	estrutura cíclica: $H_2N^+-CH(COO^-)-CH_2-CH_2-CH_2-$
Serina	Ser	$HO-CH_2-CH(NH_3^+)-COO^-$
Treonina	Thr	$H_3C-CH(OH)-CH(NH_3^+)-COO^-$
Triptofano	Trp	indol-$CH_2-CH(NH_3^+)-COO^-$
Tirosina	Tyr	$HO-C_6H_4-CH_2-CH(NH_3^+)-COO^-$
Valina	Val	$(H_3C)_2CH-CH(NH_3^+)-COO^-$

Figura 22.6
A formação de dois dipeptídeos a partir de dois aminoácidos diferentes. A alanilglicina é diferente da glicilalanina, pois na primeira os grupos amino e metila estão ligados ao mesmo átomo de carbono.

Figura 22.7
O grupo amida planar na proteína. A rotação em volta da ligação peptídica no grupo amida é dificultada, uma vez que esta apresenta um caráter de dupla ligação. Os átomos pretos representam os carbonos; azul, o nitrogênio; vermelho, o oxigênio; verde, o grupo R; e cinza, o hidrogênio.

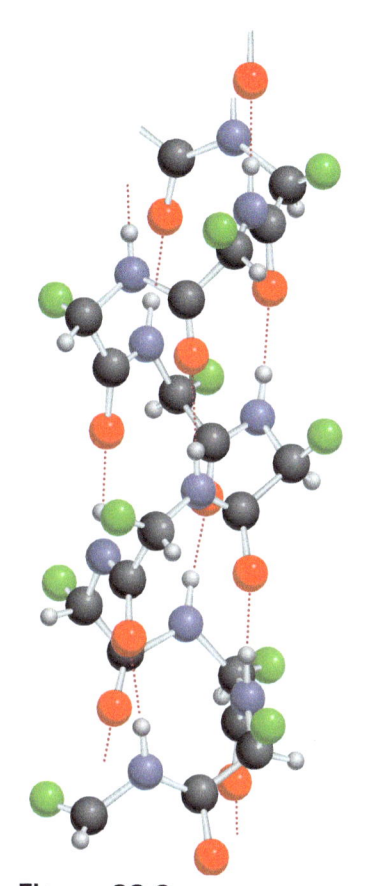

Estrutura da Proteína

O tipo e o número de aminoácidos em uma proteína qualquer e mais a seqüência ou a ordem em que esses aminoácidos são unidos determinam a estrutura da proteína. Na década de 1930, Linus Pauling e seus colaboradores conduziram uma investigação sistemática sobre a estrutura da proteína. Primeiro eles estudaram a geometria do grupo básico de repetição, isto é, o grupo amida, que é representado pelas seguintes estruturas de ressonância:

Como é mais difícil (isto é, seria necessário fornecer mais energia para) torcer uma ligação dupla que uma ligação simples, os quatro átomos do grupo amida ficam travados no mesmo plano (Figura 22.7). A Figura 22.8 representa o grupo de repetição amida em uma cadeia polipetídica.

Com base em modelos e em dados de difração de raios X, Pauling deduziu que existem duas estruturas comuns para as moléculas de proteína, chamadas de α-hélice e folha β-pregueada. A estrutura α-helicoidal de uma cadeia polipeptídica é mostrada na Figura 22.9. A hélice é estabilizada por ligações de hidrogênio *intramoleculares* entre os grupos NH e CO da cadeia principal, dando origem a uma estrutura em forma de bastão. O grupo CO de cada aminoácido forma ligação de hidrogênio com o grupo NH do aminoácido que se encontra a quatro resíduos de distância na seqüência. Sendo assim, todos os grupos CO e NH da cadeia principal participam de ligações de hidrogênio. Estudos com raios X têm demonstrado que a estrutura de várias proteínas, incluindo a mioglobina e a hemoglobina, é em grande parte de natureza α-helicoidal.

Figura 22.8
Uma cadeia polipetídica. Observe que as unidades de grupo amida se repetem. O símbolo R representa parte da estrutura característica de aminoácidos específicos. Para a glicina, R é simplesmente um átomo de H.

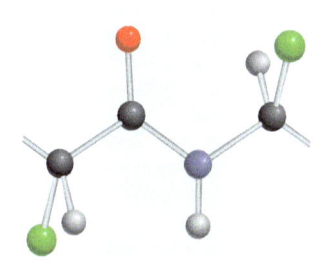

Figura 22.9
A estrutura α-helicoidal de uma cadeia polipeptídica. A estrutura mantém-se devido às ligações de hidrogênio intramoleculares, mostradas por linhas tracejadas. Para identificar os átomos pelas cores, veja a Figura 22.7.

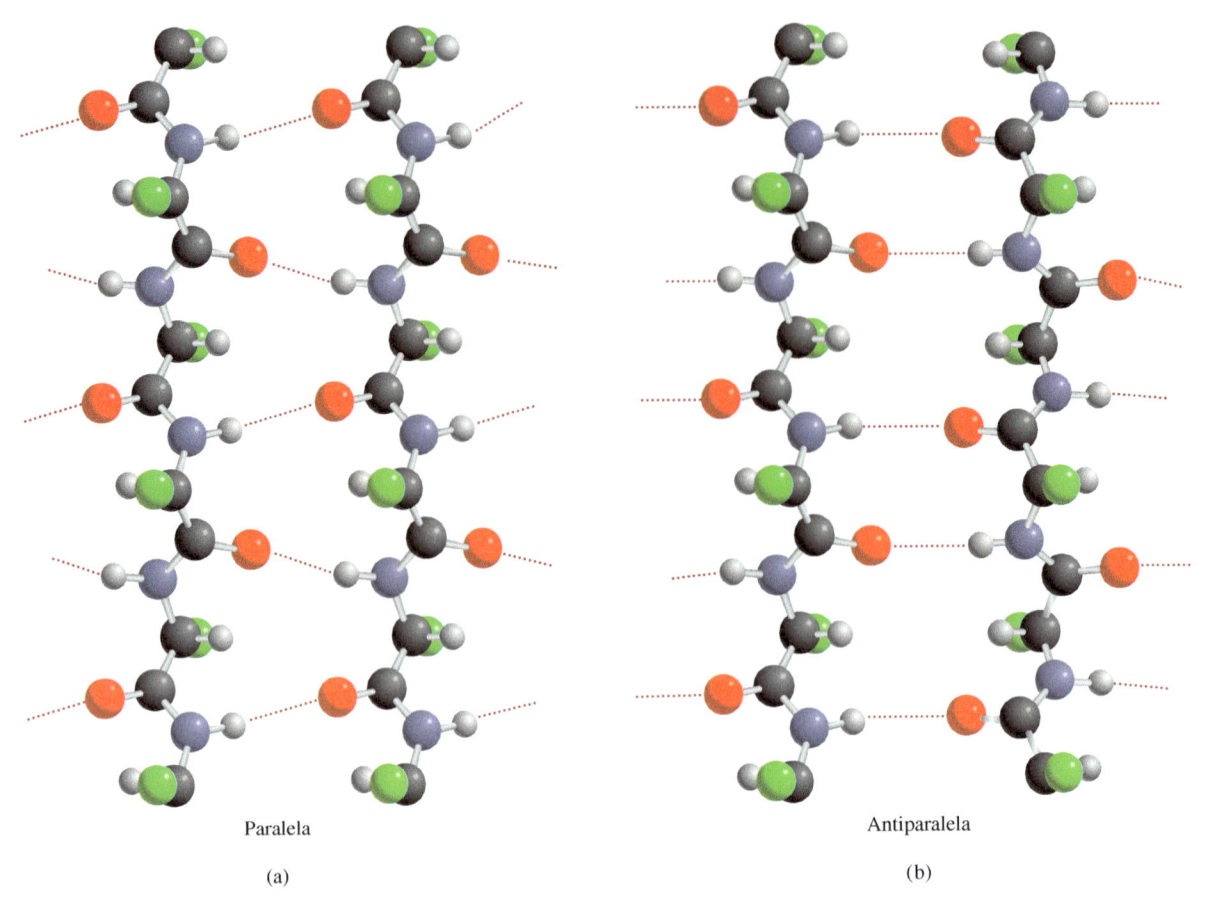

Figura 22.10
Ligações de hidrogênio (a) em uma estrutura folha β-pregueada paralela, em que todas as cadeias polipeptídicas estão orientadas no mesmo sentido e (b) em uma estrutura folha β-pregueada antiparalela, em que cadeias polipeptídicas adjacentes orientam-se em sentidos opostos. Para identificar os átomos pelas cores, veja a Figura 22.7.

A estrutura β-pregueada é bem diferente da β-hélice, pois se parece mais com uma folha do que com um bastão. A cadeia polipeptídica está quase totalmente estendida, e cada cadeia forma muitas ligações de hidrogênio *intermoleculares* com cadeias adjacentes. A Figura 22.10 mostra os dois tipos de estruturas β-pregueadas, denominadas *paralela* e *antiparalela*. Moléculas da seda apresentam a estrutura β. Como suas cadeias polipeptídicas já estão na forma estendida, a seda não apresenta elasticidade e nem estensibilidade, mas é bastante resistente em virtude da presença de muitas ligações de hidrogênio intermoleculares.

É comum dividir a estrutura da proteína em quatro níveis de organização. A *estrutura primária* refere-se à seqüência singular de aminoácidos ao longo da cadeia polipeptídica. A *estrutura secundária* engloba aquelas partes da cadeia polipeptídica estabilizadas por um padrão regular de ligações de hidrogênio entre os grupos CO e NH da cadeia principal, por exemplo, a β-hélice. O termo *estrutura terciária* aplica-se à estrutura tridimensional estabilizada por forças de dispersão, ligação de hidrogênio e outras forças intermoleculares. Essa estrutura difere da estrutura secundária, já que os aminoácidos que participam dessas interações podem estar bem distantes na cadeia polipeptídica. Uma molécula de proteína pode ser formada de mais de uma cadeia de polipeptídeos. Assim, além das várias interações *dentro* de uma cadeia que dão origem às estruturas secundária e terciária, devemos também considerar a interação *entre* cadeias. O arranjo global das cadeias polipeptídicas é chamado de *estrutura quaternária*. Por exemplo, a molécula de hemoglobina consiste em quatro cadeias polipeptídicas sepa-

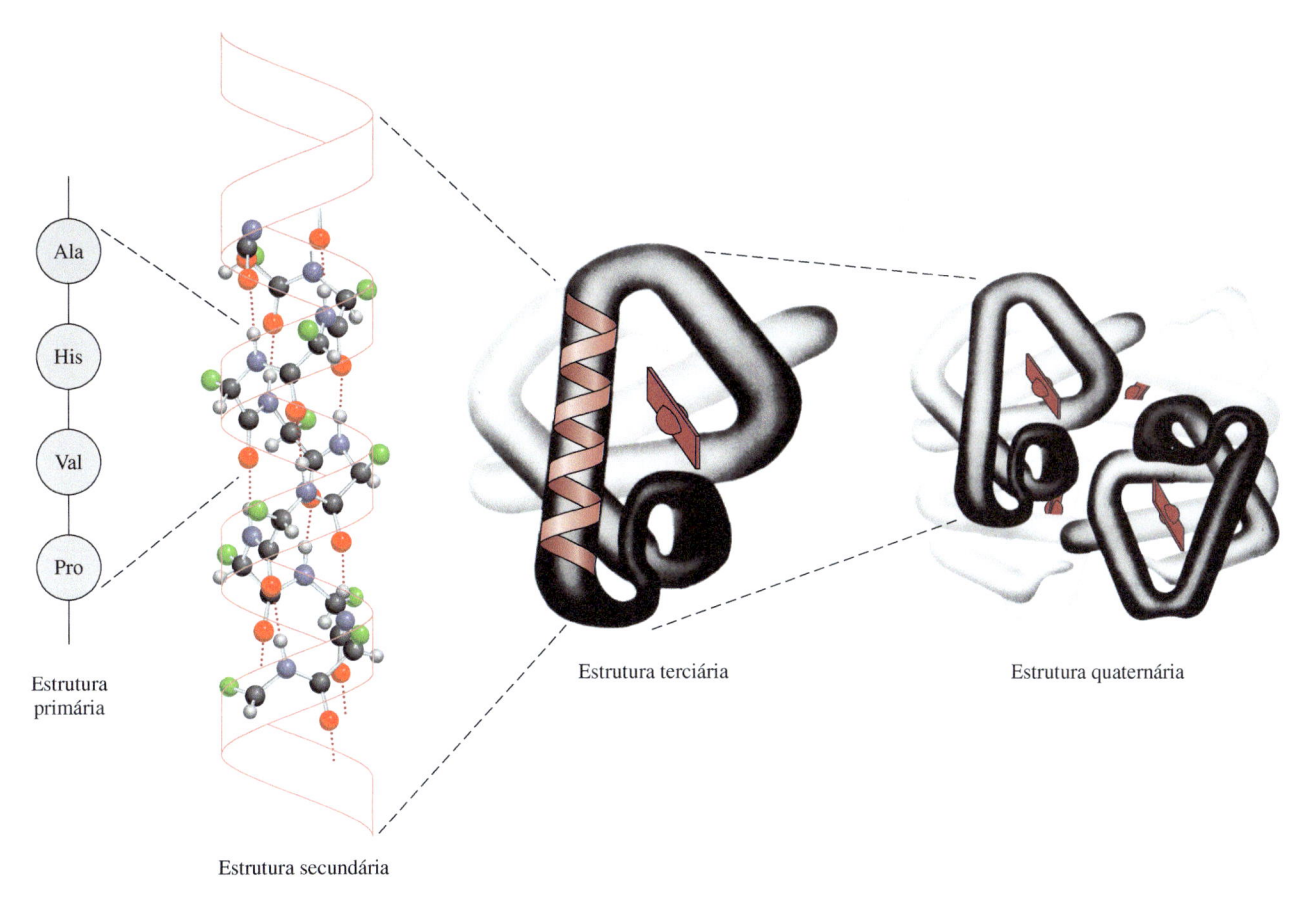

Figura 22.11
As estruturas primária, secundária, terciária e quaternária da molécula de hemoglobina.

radas, ou *subunidades*. Essas subunidades são mantidas juntas por forças de van der Waals e forças iônicas (Figura 22.11).

O trabalho de Pauling foi uma grande vitória para a química das proteínas. Mostrou pela primeira vez como se pode prever a estrutura de uma proteína partindo apenas do conhecimento da geometria de seus blocos construtores fundamentais — os aminoácidos. Existem, no entanto, muitas proteínas cujas estruturas não correspondem à estrutura α-helicoidal ou à estrutura β. Os químicos agora sabem que as estruturas tridimensionais desses biopolímeros são mantidas por vários tipos de forças intermoleculares, além da ligação de hidrogênio (Figura 22.12). O delicado equilíbrio das várias interações pode ser ilustrado considerando-se um exemplo: quando o ácido glutâmico, um dos resíduos de aminoácidos em duas das quatro cadeias polipeptídicas da hemoglobina, é substituído pela valina, um outro aminoácido, as moléculas de proteínas se agregam para formar polímeros insolúveis, causando a doença conhecida como anemia falciforme.

Apesar de todas as forças que conferem às proteínas uma estabilidade estrutural, a maioria das proteínas possui certa flexibilidade. As enzimas, por exemplo, são suficientemente flexíveis para modificar as suas geometrias e se ajustarem a substratos de vários tamanhos e formatos. Outro interessante exemplo de flexibilidade da proteína é a ligação da hemoglobina com o oxigênio. Cada uma das quatro cadeias polipeptídicas da hemoglobina contém um grupo heme que pode ligar-se a uma molécula de oxigênio (veja a Seção 20.6). Na desoxihemoglobina, a afinidade de cada um dos grupos heme pelo oxigênio é quase a mesma. No entanto, assim que um dos grupos heme é oxigenado, a afinidade dos outros três grupos heme para o oxigênio torna-se bem maior. Esse

Figura 22.12
Forças intermoleculares em uma molécula de proteína: (a) forças iônicas, (b) ligação de hidrogênio, (c) forças de dispersão e (d) forças dipolo-dipolo.

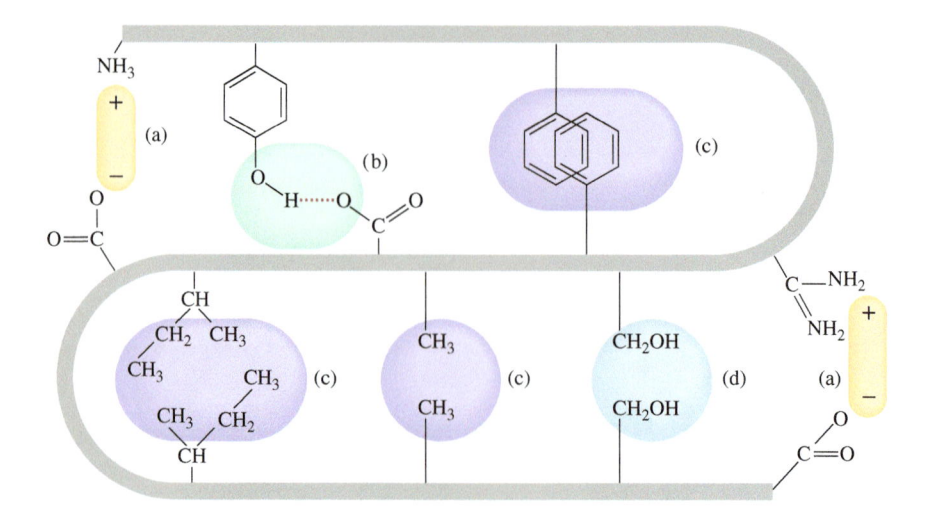

fenômeno, chamado de *cooperatividade*, faz da hemoglobina uma substância particularmente adequada para a captação de oxigênio nos pulmões. Pelas mesmas razões, a partir do momento que uma molécula de hemoglobina totalmente oxigenada libera uma molécula de oxigênio (para a mioglobina, nos tecidos), as outras três moléculas de oxigênio sairão com mais facilidade. A natureza cooperativa da ligação é tal que a informação sobre a presença (ou ausência) de moléculas de oxigênio é transmitida de uma subunidade para outra ao longo das cadeias polipeptídicas, um processo que se torna possível graças à flexibilidade da estrutura tridimensional (Figura 22.13) Acredita-se que o íon Fe^{2+} possui um raio muito grande para encaixar-se no anel porfirínico da desoxihemoglobina. Quando, porém, o O_2 se liga ao Fe^{2+}, o íon se contrai para se ajustar ao plano do anel. À medida que o íon desliza para dentro do anel, ele puxa o resíduo de histidina na direção do anel, dando início assim a uma seqüência de mudanças estruturais de uma subunidade para outra. Embora ainda não se conheçam os detalhes dessas mudanças, os bioquímicos acreditam que essa é maneira como a ligação de uma molécula de oxigênio com um grupo heme afeta outro grupo heme. As mudanças estruturais afetam drasticamente a afinidade dos grupos heme restantes por moléculas de oxigênio.

Quando as proteínas são aquecidas acima da temperatura do corpo ou quando são submetidas a condições ácidas ou básicas incomuns, ou então tratadas com reagentes especiais chamados de *desnaturantes*, elas perdem, em parte ou totalmente, sua estrutura terciária e secundária. Conhecidas como **proteínas desnaturadas**, nesse estado elas *deixam de exibir suas atividades biológicas normais*. A Figura 22.14 mostra a variação de velocidade em função da temperatura para uma típica reação catalisada por enzima. Inicialmente, como seria de esperar, a velocidade aumenta com a elevação da tempe-

Ao cozinhar um ovo, a proteína da clara sofre desnaturação formando a parte de cor branca.

Figura 22.13
As mudanças estruturais que ocorrem quando o grupo heme da hemoglobina se liga a uma molécula de oxigênio.
(a) O grupo heme na desoxihemoglobina. (b) Oxihemoglobina.

ratura. Quando, no entanto, se ultrapassa a temperatura ótima, a enzima começa a se desnaturar e a velocidade diminui rapidamente. Se uma proteína é desnaturada em condições moderadas, sua estrutura original geralmente pode ser regenerada com a remoção do desnaturante ou com a restauração de temperatura às condições normais. Esse processo é chamado de *desnaturação reversível*.

22.4 Ácidos Nucleicos

*Os **ácidos nucleicos** são polímeros de massa molar elevada que desempenham um papel essencial na síntese da proteína. O **ácido desoxirribonucleico (DNA)** e o **ácido ribonucleico (RNA)** são dois tipos de ácidos nucleicos.* As moléculas de DNA estão entre as maiores moléculas conhecidas; suas massas molares chegam a dezenas de bilhões de gramas. Por outro lado, as moléculas de RNA variam muito de tamanho; algumas possuem massa molar de cerca de 25.000 g. Comparados às proteínas, que são formadas por até 20 aminoácidos, os ácidos nucleicos apresentam uma composição relativamente simples. Uma molécula de DNA ou de RNA contém apenas quatro tipos de blocos construtores: purinas, pirimidinas, açúcares furanosídicos e grupos fosfato (Figura 22.15). Cada purina ou pirimidina é chamada de *base*.

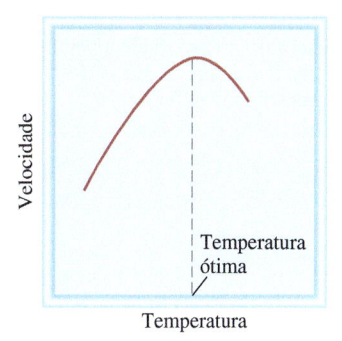

Figura 22.14
Dependência da velocidade de uma reação catalisada por enzima com a temperatura. Acima da temperatura ótima, na qual a enzima é mais eficiente, sua atividade diminui em razão da desnaturação.

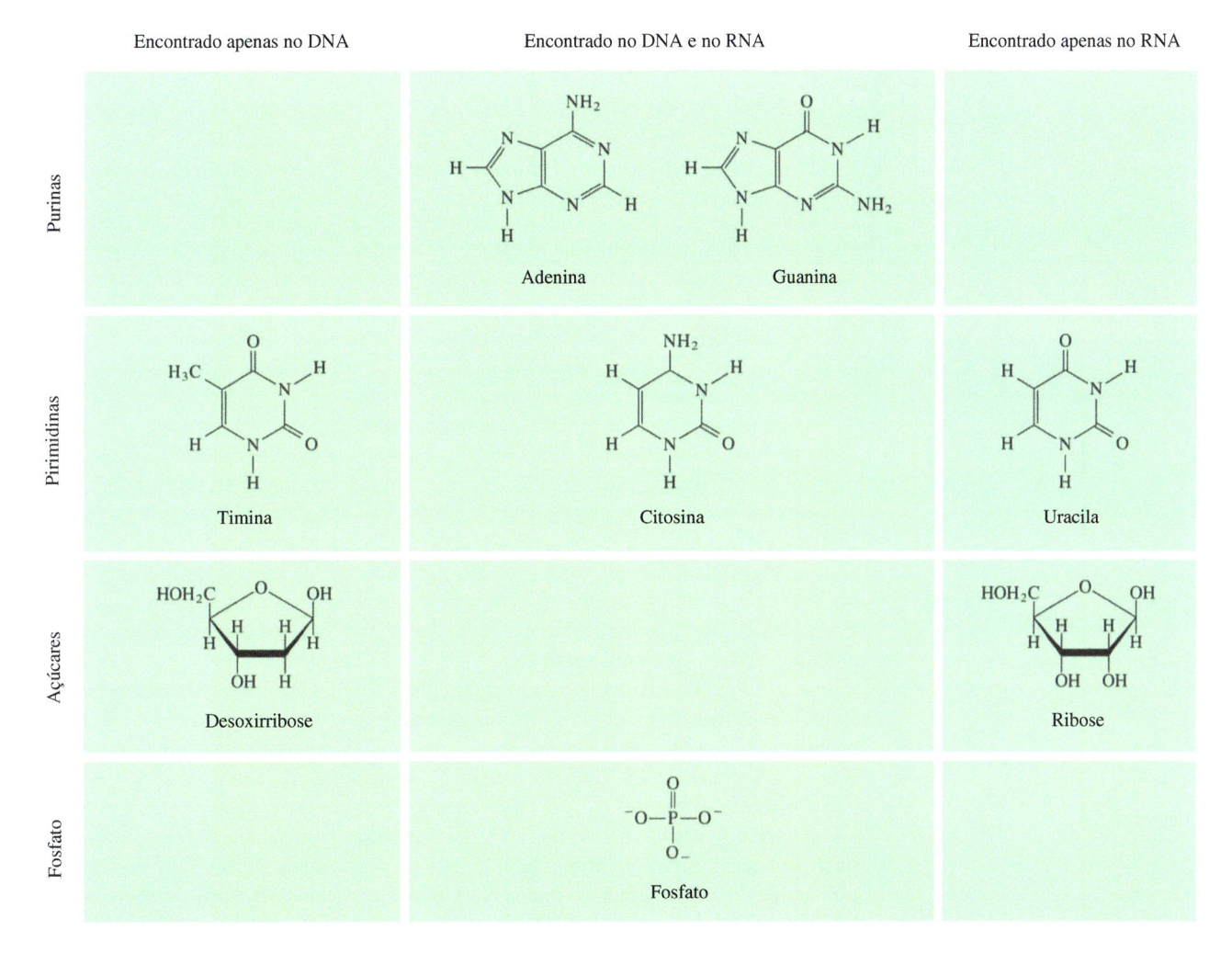

Figura 22.15
Os componentes dos ácidos nucleicos DNA e RNA.

Figura 22.16
Estrutura de um nucleotídeo, uma das unidades que se repetem no DNA

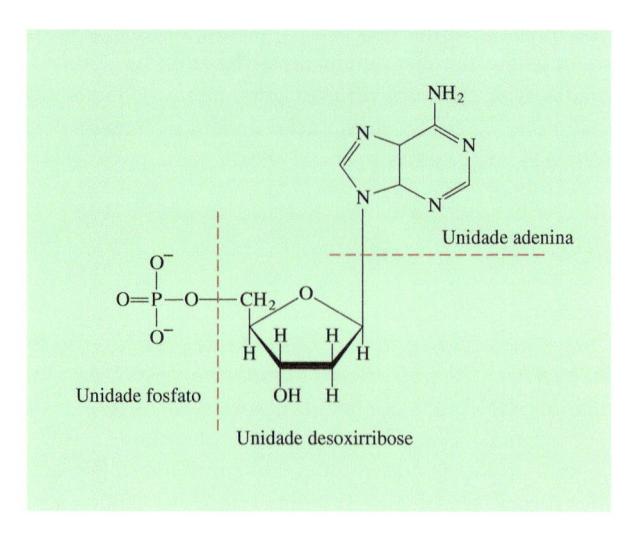

Na década de 1940, o bioquímico norte-americano Erwin Chargaff estudou as moléculas de DNA obtidas de várias fontes e observou certas regularidades. As regras de Chargaff, como são agora conhecidas as suas descobertas, descrevem os seguintes padrões:

1. A quantidade de adenina (uma purina) é igual à de timina (uma pirimidina); ou seja, A = T, ou A/T = 1.
2. A quantidade de citosina (uma pirimidina) é igual à de guanina (uma purina); ou seja, C = G, ou C/G = 1.
3. O número total de bases purínicas é igual ao número total de bases pirimidínicas; ou seja, A + G = C + T.

Baseado em análises químicas e informações obtidas por difração de raios X, o biólogo norte-americano James Watson e o biólogo britânico Francis Crick formularam, em 1953, a estrutura de dupla hélice para a molécula de DNA. Watson e Crick descobriram que a molécula de DNA possui dois filamentos helicoidais. Cada filamento é formado de **nucleotídeos**, que *consistem em uma base, uma desoxirribose e um grupo fosfato ligados entre si.* (Figura 22.16).

O mais importante na estrutura em dupla hélice do DNA é a formação de ligações de hidrogênio entre bases nos dois filamentos de uma molécula. Embora se possam formar ligações de hidrogênio entre duas bases quaisquer, chamadas de *pares de base*, Watson e Crick descobriram que os acoplamentos mais favorecidos eram entre adenina e timina e entre citosina e guanina (Figura 22.17). Observe que esse esquema é coerente com as regras de Chargaff, pois cada base purínica forma ligação de hidrogênio com uma base pirimidínica, e vice-versa (A + G = C + T). Outras forças atrativas, como as interações dipolo-dipolo e as forças de van der Waals entre os pares de bases, também ajudam a estabilizar a dupla hélice.

A estrutura do RNA difere da estrutura do DNA em vários aspectos. Primeiro, conforme mostra a Figura 22.15, as quatro bases encontradas em moléculas de RNA são adenina, citosina, guanina e uracila. Segundo, o RNA contém o açúcar ribose, e não a 2-desoxirribose do DNA. Terceiro, a análise química mostra que a composição do RNA não obedece às regras de Chargaff. Em outras palavras, a razão entre purina e pirimidina não é igual a 1, como no caso do DNA. Essa e outras evidências eliminam a possibilidade de uma estrutura em dupla hélice. De fato, a molécula de RNA existe como um polinucleotídeo de filamento único. Na verdade, existem três tipos de moléculas de RNA — o RNA mensageiro (*m*RNA), o RNA ribossômico (*r*RNA) e o RNA de transferência (*t*RNA). Os RNAs possuem nucleotídeos semelhantes, mas diferem quanto à massa molar, à estrutura geral e às funções biológicas.

Se as moléculas de DNA de todas as células do ser humano fossem esticadas e unidas pelas extremidades, o comprimento seria cerca de 100 vezes a distância da Terra ao Sol.

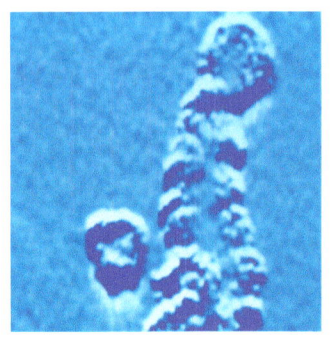

Uma micrografia eletrônica da molécula de DNA. A estrutura em dupla hélice é evidente.

Nos anos 1980, os químicos decobriram que alguns RNAs podem atuar como enzimas.

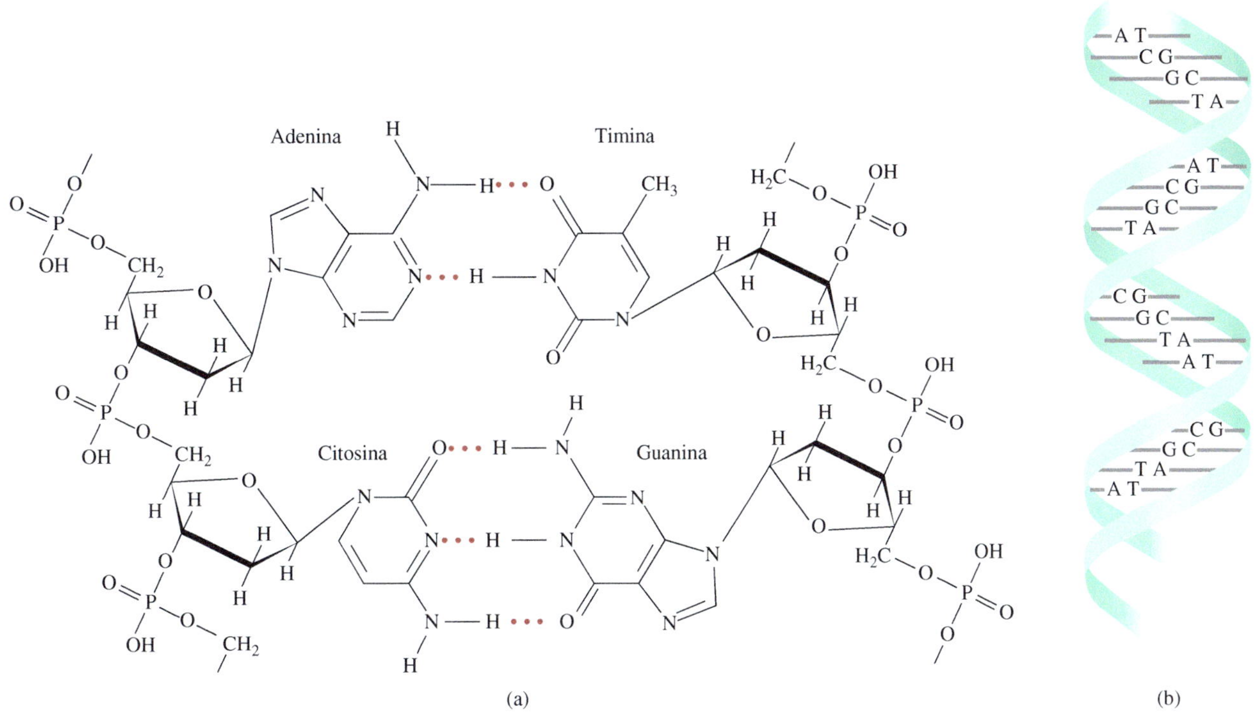

Figura 22.17
(a) Formação de pares de bases: adenina com timina e citosina com guanina. (b) O filamento em dupla hélice de uma molécula de DNA mantido por ligações de hidrogênio (e outras forças intermoleculares) entre os pares de bases A-T e C-G.

As moléculas de DNA e RNA dirigem a síntese de proteínas na célula, assunto que está além dos objetivos deste livro. Textos introdutórios de bioquímica e biologia molecular explicam esse processo.

• Resumo de Fatos e Conceitos

1. Polímeros são moléculas grandes formadas por pequenas unidades de repetição chamadas de monômeros.
2. Proteínas, ácidos nucleicos, celulose e borracha são polímeros naturais. Náilon, Dacron e Lucita são exemplos de polímeros sintéticos.
3. Polímeros orgânicos podem ser sintetizados por meio de reações de adição ou reações de condensação.
4. Estereoisômeros de um polímero formado por monômeros assimétricos têm diferentes propriedades, dependendo de como as unidades precursoras estão ligadas.
5. Entre as borrachas sintéticas estão o policloropreno e o estireno-butadieno, que é um copolímero de estireno e butadieno.
6. A estrutura determina a função e as propriedades das proteínas. A estrutura das proteínas em grande parte é determinada pela ligação de hidrogênio e por outras forças intermoleculares.
7. A estrutura primária de uma proteína é sua seqüência de aminoácidos. A estrutura secundária é o formato definido pelas ligações de hidrogênio que juntam os grupos CO e NH do esqueleto do aminoácido. Estruturas terciária e quaternária são dobramentos tridimensionais de proteínas estabilizados por ligações de hidrogênio e outras forças intermoleculares.

732   Química Geral

8. Ácidos nucleicos – DNA e RNA – são polímeros de massa molar elevada que carregam instruções genéticas para a síntese de proteínas nas células. Nucleotídeos são blocos construtores de DNA e RNA. Cada nucleotídeo de DNA contém uma base purínica e uma base pirimidínica, uma molécula de desoxirribose e um grupo fosfato. Nucleotídeos de RNA são semelhantes aos de DNA, mas contêm bases diferentes, e ribose em vez de desoxirribose.

• Palavras-chave

Ácido desoxirribonucleico (DNA), p. 729
Ácido ribonucleico (RNA), p. 729
Ácidos nucleicos, p. 729
Aminoácido, p. 722
Copolímero, p. 719
Homopolímero, p. 717
Monômero, p. 717
Nucleotídeo, p. 730
Polímero, p. 17
Proteína, p. 721
Proteína desnaturada, p. 728

• Questões e Problemas

Polímeros Orgânicos Sintéticos
Questões de Revisão

22.1 Defina os seguintes termos: monômero, polímero, homopolímero, copolímero.

22.2 Cite dez objetos que contenham polímeros orgânicos sintéticos.

22.3 Calcule a massa molar de uma amostra de polietileno, $+(CH_2-CH_2)_n$, em que $n = 4600$.

22.4 Descreva os dois principais mecanismos de síntese de polímeros orgânicos.

22.5 Discuta sobre os três isômeros do polipropileno.

22.6 No Capítulo 13 você aprendeu sobre as propriedades coligativas das soluções. Qual das propriedades coligativas é adequada para determinar a massa molar de um polímero? Por quê?

Problemas

•• 22.7 O Teflon é formado por uma reação de adição radicalar envolvendo o monômero tetrafluoretileno. Mostre o mecanismo dessa reação.

•• **22.8** O cloreto de vinila, $H_2C=CHCl$, sofre copolimerização com 1,1-dicloroetileno, $H_2C=CCl_2$, para formar um polímero comercialmente conhecido por Saran. Desenha a estrutura do polímero, mostrando as unidades monoméricas de repetição.

• 22.9 Kevlar é um copolímero usado em coletes à prova de balas. Ele é formado em uma reação de condensação entre os seguintes monômeros:

$H_2N-\bigcirc-NH_2 \quad HO-\overset{O}{\underset{}{C}}-\bigcirc-\overset{O}{\underset{}{C}}-OH$

Faça um esboço de uma parte da cadeia polimérica, mostrando vários monômeros. Escreva a equação global para a reação de condensação.

•• 22.10 Descreva a formação do poliestireno.

•• 22.11 Proponha monômeros plausíveis para polímeros que contenham as seguintes unidades de repetição:

(a) $+(CH_2-CF_2)_n$

(b) $+(CO-\bigcirc-CONH-\bigcirc-NH)_n$

•• 22.12 Proponha monômeros plausíveis para polímeros que contenham as seguintes unidades de repetição:

(a) $+(CH_2-CH=CH-CH_2)_n$

(b) $+(CO+(CH_2)_6 NH)_n$

Proteínas
Questões de Revisão

22.13 Discuta as características de um grupo amida e sua importância na estrutura da proteína.

22.14 O que é a estrutura α-helicoidal nas proteínas?

22.15 Descreva a estrutura folha β-pregueada presente em algumas proteínas.

22.16 Discuta as principais funções das proteínas em sistemas vivos.

22.17 Explique em poucas palavras o fenômeno da cooperatividade exibido pela molécula de hemoglobina ao formar ligação com oxigênio.

22.18 Por que a anemia falciforme é chamada de doença molecular?

Problemas

•• 22.19 Desenhe as estruturas dos dipeptídeos que podem ser formados a partir da reação entre os aminoácidos glicina e alanina.

•• 22.20 Desenhe as estruturas dos dipeptídeos que podem ser formados pela reação entre os aminoácidos glicina e lisina.

Níveis de Dificuldade: • Fácil •• Médio ••• Difícil.

22.21 O aminoácido glicina pode ser condensado para formar um polímero chamado de poliglicina. Desenhe as unidades monoméricas de repetição.

22.22 Com base nos dados obtidos de velocidade de formação de produto em uma reação catalisada por enzima:

Temperatura (°C)	Velocidade de Formação de Produto (M/s)
10	0,0025
20	0,0048
30	0,0090
35	0,0086
45	0,0012

comente a dependência da velocidade em função da temperatura. (Não é preciso fazer cálculos.)

Ácidos Nucleicos

Questões de Revisão

22.23 Descreva a estrutura de um nucleotídeo.

22.24 Qual a diferença entre ribose e desoxirribose?

22.25 Quais são as regras de Chargaff?

22.26 Descreva o papel da ligação de hidrogênio na manutenção da estrutura de dupla hélice do DNA.

Problemas Adicionais

22.27 Discuta a importância da ligação de hidrogênio em sistemas biológicos. Use proteínas e ácidos nucleicos como exemplos.

22.28 A estrutura das proteínas varia bastante, enquanto os ácidos nucleicos apresentam estruturas razoavelmente uniformes. Como você explica essa importante diferença?

22.29 Se não forem tratadas, febres de 40°C ou mais altas podem provocar danos no cérebro. Por quê?

22.30 O "ponto de fusão" de uma molécula de DNA é a temperatura em que os filamentos da dupla hélice se separam. Suponha que você receba duas amostras de DNA. Uma delas contém 45% de pares de base C-G, enquanto a outra contém 64% de pares de base C-G. O número total de bases é o mesmo em cada amostra. Qual das duas amostras tem o ponto de fusão mais elevado? Por quê?

22.31 Quando frutas como a maçã e a pêra são cortadas, as partes expostas começam a escurecer. Isso é resultado de uma reação de oxidação catalisada por enzimas presentes na fruta. Geralmente, esse escurecimento pode ser evitado ou retardado, adicionando-se algumas gotas de limão às áreas expostas. Como se explica quimicamente este fato?

22.32 "Carne escura" e "carne branca" são opções para quem quer comer peru. Explique o que faz a carne assumir cores diferentes. (*Sugestão:* Os músculos mais ativos do peru possuem um metabolismo mais rápido e precisam de mais oxigênio.)

22.33 O náilon pode ser facilmente destruído por ácidos fortes. Explique o fundamento químico para essa destruição. (*Sugestão:* Os produtos são os materiais de partida da reação de polimerização.)

22.34 Apesar do que você possa ter lido em histórias de ficção científica ou visto em filmes de terror, é extremamente improvável que algum dia os insetos cresçam até atingir o tamanho de seres humanos. Por quê? (*Sugestão:* Insetos não têm moléculas de hemoglobina no sangue.)

22.35 Quantos tripeptídeos diferentes podem ser formados por lisina e alanina?

22.36 A análise química mostra que a hemoglobina contém 0,34% de ferro em massa. Qual é a massa molar mínima possível da hemoglobina? A verdadeira massa molar da hemoglobina é quatro vezes esse valor mínimo. Qual a conclusão que você pode tirar desses dados?

22.37 O dobramento de uma cadeia polipeptídica depende não só da seqüência de aminoácidos, mas também da natureza do solvente. Discuta os tipos de interações que podem ocorrer entre moléculas de água e os resíduos de aminoácidos da cadeia polipeptídica. Quais os grupos que ficariam expostos na parte externa da proteína em contato com a água e quais grupos ficariam no interior da proteína?

22.38 Que tipos de forças intermoleculares são responsáveis pela agregação de moléculas de hemoglobina que resulta na anemia falciforme.

22.39 Desenhe estruturas de nucleotídeos que contenham os seguintes componentes: (a) desoxirribose e citosina, (b) ribose e uracila.

22.40 Quando um nonapeptídeo (contendo nove resíduos de aminoácidos) isolado de cérebros de rato foi hidrolisado, produziu os seguintes peptídeos menores: Gly-Ala-Phe, Ala-Leu-Val, Gly-Ala-Leu, Phe-Glu-His e His-Gly-Ala. Reconstrua a seqüência de aminoácidos do nonapeptídeo e explique. (Lembre-se da convenção para escrever peptídeos.)

22.41 Em pH neutro, os aminoácidos existem como íons dipolares. Usando a glicina como exemplo, e considerando que o pk_a do grupo carboxila é 2,3 e do grupo amônio é 9,6, preveja a forma dominante da molécula em pH 1,7 e 1,2. Justifique sua resposta usando a Equação (17.3).

22.42 Na história "Através do Espelho", de Lewis Carroll, Alice se pergunta se seria adequado beber "leite refletido" no outro lado do espelho. Baseado em seus conhecimentos sobre quiralidade e ação enzimática, comente a validade da preocupação de Alice.

22.43 A variação de entalpia na desnaturação de uma certa proteína é de 125 kJ/mol. Considerando que a variação de entropia é de 397 J/K · mol, calcule a temperatura mínima em que a proteína seria desnaturada espontaneamente.

•••22.44 Quando cristais de desoxihemoglobina são expostos ao oxigênio, eles se despedaçam. Por outro lado, cristais de desoximioglobina não são afetados pelo oxigênio. Explique. (A mioglobina é formada por apenas uma das quatro subunidades, ou cadeias polipeptídicas, da hemoglobina.)

Problemas Especiais

22.45 O náilon foi projetado para ser uma seda sintética. (a) A massa molar média de um lote de náilon 66 é de 12.000 g/mol. Quantos monômeros existem nessa amostra? (b) Que parte da estrutura do náilon é semelhante à estrutura de um polipeptídeo? (c) Quantos tripeptídeos diferentes (formados por três aminoácidos) podem ser cosntruídos a partir dos aminoácidos alanina (Ala), glicina (Gly) e serina (Ser), que são os aminoácidos mais abundantes na seda?

22.46 O diagrama abaixo (à esquerda) mostra a estrutura da enzima ribonuclease em sua forma nativa. A estrutura tridimensional da proteína é mantida em parte pelas ligações de dissulfeto (—S—S—) entre os resíduos de aminoácidos (cada esfera colorida representa um átomo de S). Usando-se certos desnaturantes, a estrutura compacta é destruída e as ligações de dissulfeto são convertidas em grupos sulfidrila (—SH) mostrados à direita da seta. (a) Descreva o esquema da ligação no dissulfeto em termos de hibridização. (b) Qual aminoácido da Tabela 22.2 contém o grupo —SH? (c) Preveja os sinais de ΔH e ΔS para o processo de desnaturação. Considerando que a desnaturação é induzida por uma variação de temperatura, mostre por que uma elevação da temperatura favoreceria a desnaturação. (d) Os grupos sulfidrila podem ser oxidados (isto é, removem-se os átomos de H) para formar ligações de dissulfeto. Se a formação das ligações de dissulfeto for totalmente aleatória entre dois grupos —SH quaisquer, qual é a fração das estruturas regeneradas da proteína que corresponderá à forma nativa? (e) Um remédio eficaz para desodorizar um cão que tenha sido atacado por um gambá é esfregar as áreas afetadas com uma solução de um agente oxidante como o peróxido de hidrogênio. Qual o fundamento químico desse procedimento? (*Sugestão*: Um dos componentes odoríferos da secreção do gambá é o 2-buteno-1-tiol $CH_3CH\!=\!CHCH_2SH$.)

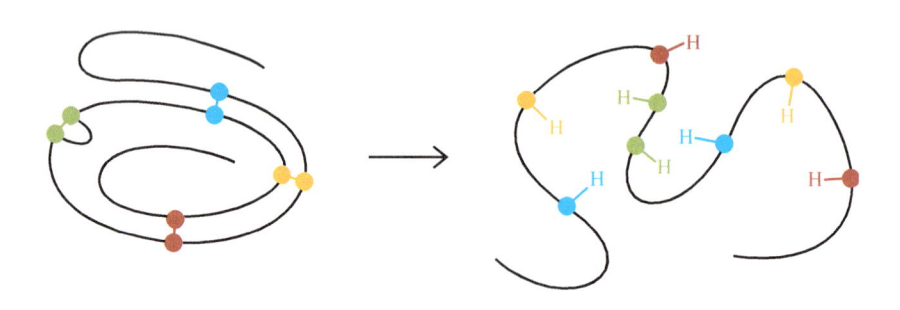

Forma nativa → Forma desnaturada

Apêndice 1

Unidades para a Constante dos Gases

Neste apêndice, veremos como a constante dos gases perfeitos, R, pode ser expressa em unidades J/K · mol. A primeira etapa é relacionar as unidades atm e pascal. Assim,

$$\text{pressão} = \frac{\text{força}}{\text{área}}$$

$$= \frac{\text{massa} \times \text{aceleração}}{\text{área}}$$

$$= \frac{\text{volume} \times \text{densidade} \times \text{aceleração}}{\text{área}}$$

$$= \text{comprimento} \times \text{densidade} \times \text{aceleração}$$

Por definição, a unidade atmosfera padrão é a pressão exercida por uma coluna de mercúrio com, exatamente, 76 cm de altura, de densidade 13,5951 g/cm^3, colocada em um lugar onde a aceleração da gravidade é igual a 980,665 cm/s^2. Porém, para expressar a pressão em N/m^2 é necessário escrever

$$\text{densidade do mercúrio} = 1{,}35951 \times 10^4 \text{ kg/m}^3$$
$$\text{aceleração da gravidade} = 9{,}80665 \text{ m/s}^2$$

A unidade atmosfera padrão é dada por

$$1 \text{ atm} = (0{,}76 \text{ m Hg})(1{,}35951 \times 10^4 \text{ kg/m}^3)(9{,}80665 \text{ m/s}^2)$$
$$= 101{,}325 \text{ kg m/m}^2 \cdot \text{s}^2$$
$$= 101{,}325 \text{ N/m}^2$$
$$= 101{,}325 \text{ Pa}$$

Na Seção 5.4, vimos que a constante dos gases perfeitos, R, é 0,082057 L · atm/K · mol. Usando os fatores de conversão

$$1 \text{ L} = 1 \times 10^{-3} \text{ m}^3$$
$$1 \text{ atm} = 101{,}325 \text{ N/m}^2$$

escrevemos

$$R = \left(0{,}082057 \frac{\text{L atm}}{\text{K mol}}\right)\left(\frac{1 \times 10^{-3} \text{ m}^3}{1 \text{ L}}\right)\left(\frac{101{,}325 \text{ N/m}^2}{1 \text{ atm}}\right)$$

$$= 8{,}314 \frac{\text{N m}}{\text{K mol}}$$

$$= 8{,}314 \frac{\text{J}}{\text{K mol}}$$

e

$$1 \text{ L} \cdot \text{atm} = (1 \times 10^{-3} \text{ m}^3)(101{,}325 \text{ N/m}^2)$$
$$= 101{,}3 \text{ N m}$$
$$= 101{,}3 \text{ J}$$

Apêndice 2

Dados Termodinâmicos a 1 atm e 25°C*

Substâncias Inorgânicas

Substâncias	ΔH°_f (kJ/mol)	ΔG°_f (kJ/mol)	S° (J/K · mol)
Al(s)	0	0	28,3
Al^{3+}(aq)	−524,7	−481,2	−313,38
Al_2O_3(s)	−1669,8	−1576,4	50,99
Br_2(l)	0	0	152,3
Br^-(aq)	−120,9	−102,8	80,7
HBr(g)	−36,2	−53,2	198,48
C(grafite)	0	0	5,69
C(diamante)	1,90	2,87	2,4
CO(g)	−110,5	−137,3	197,9
CO_2(g)	−393,5	−394,4	213,6
CO_2(aq)	−412,9	−386,2	121,3
CO_3^{2-}(aq)	−676,3	−528,1	−53,1
HCO_3^-(aq)	−691,1	−587,1	94,98
H_2CO_3(aq)	−699,7	−623,2	187,4
CS_2(g)	115,3	65,1	237,8
CS_2(l)	87,3	63,6	151,0
HCN(aq)	105,4	112,1	128,9
CN^-(aq)	151,0	165,69	117,99
$(NH_2)_2CO$(s)	−333,19	−197,15	104,6
$(NH_2)_2CO$(aq)	−319,2	−203,84	173,85
Ca(s)	0	0	41,6
Ca^{2+}(aq)	−542,96	−553,0	−55,2
CaO(s)	−635,6	−604,2	39,8
$Ca(OH)_2$(s)	−986,6	−896,8	76,2
CaF_2(s)	−1214,6	−1161,9	68,87
$CaCl_2$(s)	−794,96	−750,19	113,8
$CaSO_4$(s)	−1432,69	−1320,3	106,69
$CaCO_3$(s)	−1206,9	−1128,8	92,9
Cl_2(g)	0	0	223,0
Cl^-(aq)	−167,2	−131,2	56,5
HCl(g)	−92,3	−95,27	187,0

(Continua)

* Os valores de ΔH°_f, ΔG°_f e S° de íons são baseados nos estados de referência $\Delta H^\circ_f(H^+) = 0$, $\Delta G^\circ_f(H^+) = 0$ e $S^\circ(H^+) = 0$.

Substâncias Inorgânicas – Cont.

Substâncias	ΔH_f° (kJ/mol)	ΔG_f° (kJ/mol)	S° (J/K · mol)
Cu(s)	0	0	33,3
$Cu^+(aq)$	51,88	50,2	40,6
$Cu^{2+}(aq)$	64,39	64,98	−99,6
CuO(s)	−155,2	−127,2	43,5
$Cu_2O(s)$	−166,69	−146,36	100,8
CuCl(s)	−134,7	−118,8	91,6
$CuCl_2(s)$	−205,85	?	?
CuS(s)	−48,5	−49,0	66,5
$CuSO_4(s)$	−769,86	−661,9	113,39
$F_2(g)$	0	0	203,34
$F^-(aq)$	−329,1	−276,48	−9,6
HF(g)	−271,6	−270,7	173,5
Fe(s)	0	0	27,2
$Fe^{2+}(aq)$	−87,86	−84,9	−113,39
$Fe^{3+}(aq)$	−47,7	−10,5	−293,3
$Fe_2O_3(s)$	−822,2	−741,0	90,0
$Fe(OH)_2(s)$	−568,19	−483,55	79,5
$Fe(OH)_3(s)$	−824,25	?	?
H(g)	218,2	203,2	114,6
$H_2(g)$	0	0	131,0
$H^+(aq)$	0	0	0
$OH^-(aq)$	−229,94	−157,30	−10,5
$H_2O(g)$	−241,8	−228,6	188,7
$H_2O(l)$	−285,8	−237,2	69,9
$H_2O_2(l)$	−187,6	−118,1	?
$I_2(s)$	0	0	116,7
$I^-(aq)$	55,9	51,67	109,37
HI(g)	25,9	1,30	206,3
K(s)	0	0	63,6
$K^+(aq)$	−251,2	−282,28	102,5
KOH(s)	−425,85	?	?
KCl(s)	−435,87	−408,3	82,68
$KClO_3(s)$	−391,20	−289,9	142,97
$KClO_4(s)$	−433,46	−304,18	151,0
KBr(s)	−392,17	−379,2	96,4
KI(s)	−327,65	−322,29	104,35
$KNO_3(s)$	−492,7	−393,1	132,9

(Continua)

Substâncias Inorgânicas – Cont.

Substâncias	$\Delta H_f°$ (kJ/mol)	$\Delta G_f°$ (kJ/mol)	$S°$ (J/K · mol)
Li(s)	0	0	28,0
Li$^+$(aq)	−278,46	−293,8	14,2
Li$_2$O(s)	−595,8	?	?
LiOH(s)	−487,2	−443,9	50,2
Mg(s)	0	0	32,5
Mg^{2+}(aq)	−461,96	−456,0	−117,99
MgO(s)	−601,8	−569,6	26,78
Mg(OH)$_2$(s)	−924,66	−833,75	63,1
MgCl$_2$(s)	−641,8	−592,3	89,5
MgSO$_4$(s)	−1278,2	−1173,6	91,6
MgCO$_3$(s)	−1112,9	−1029,3	65,69
N$_2$(g)	0	0	191,5
N$_3^-$(aq)	245,18	?	?
NH$_3$(g)	−46,3	−16,6	193,0
NH$_4^+$(aq)	−132,80	−79,5	112,8
NH$_4$Cl(s)	−315,39	−203,89	94,56
NH$_3$(aq)	−80,3	−263,76	111,3
N$_2$H$_4$(l)	50,4	?	?
NO(g)	90,4	86,7	210,6
NO$_2$(g)	33,85	51,8	240,46
N$_2$O$_4$(g)	9,66	98,29	304,3
N$_2$O(g)	81,56	103,6	219,99
HNO$_3$(aq)	−207,4	−111,3	146,4
Na(s)	0	0	51,05
Na$^+$(aq)	−239,66	−261,87	60,25
Na$_2$O(s)	−415,89	−376,56	72,8
NaCl(s)	−411,0	−384,0	72,38
NaI(s)	−288,0	?	?
Na$_2$SO$_4$(s)	−1384,49	−1266,8	149,49
NaNO$_3$(s)	−466,68	−365,89	116,3
Na$_2$CO$_3$(s)	−1130,9	−1047,67	135,98
NaHCO$_3$(s)	−947,68	−851,86	102,09
O(g)	249,4	230,1	160,95
O$_2$(g)	0	0	205,0
O$_3$(aq)	−12,09	16,3	110,88
O$_3$(g)	142,2	163,4	237,6
P(branco)	0	0	44,0
P(vermelho)	−18,4	13,8	29,3
PO$_4^{3-}$(aq)	−1284,07	−1025,59	−217,57

(Continua)

Substâncias Inorgânicas – Cont.

Substâncias	ΔH_f° (kJ/mol)	ΔG_f° (kJ/mol)	S° (J/K · mol)
$P_4O_{10}(s)$	−3012,48	?	?
$PH_3(g)$	9,25	18,2	210,0
$HPO_4^{2-}(aq)$	−1298,7	−1094,1	−35,98
$H_2PO_4^-(aq)$	−1302,48	−1135,1	89,1
S(rômbico)	0	0	31,88
S(monoclínico)	0,30	0,10	32,55
$SO_2(g)$	−296,1	−300,4	248,5
$SO_3(g)$	−395,2	−370,4	256,2
$SO_3^{2-}(aq)$	−624,25	−497,06	43,5
$SO_4^{2-}(aq)$	−907,5	−741,99	17,15
$H_2S(g)$	−20,15	−33,0	205,64
$HSO_3^-(aq)$	−627,98	−527,3	132,38
$HSO_4^-(aq)$	−885,75	−752,87	126,86
$H_2SO_4(l)$	−811,3	−690,0	156,9
$H_2SO_4(aq)$	−909,3	−744,5	20,1
$SF_6(g)$	−1096,2	−1105,3	291,8
$Zn(s)$	0	0	41,6
$Zn^{2+}(aq)$	−152,4	−147,2	−112,1
$ZnO(s)$	−348,0	−318,2	43,9
$ZnCl_2(s)$	−415,89	−369,26	108,37
$ZnS(s)$	−202,9	−198,3	57,7
$ZnSO_4(s)$	−978,6	−871,6	124,7

Substâncias Orgânicas

Substâncias	Fórmula	ΔH_f° (kJ/mol)	ΔG_f° (kJ/mol)	S° (J/K · mol)
Ácido acético(l)	CH_3COOH	−484,2	−389,45	159,83
Acetaldeído(g)	CH_3CHO	−166,35	−139,08	264,2
Acetona(l)	CH_3COCH_3	−246,8	−153,55	198,74
Acetileno(g)	C_2H_2	226,6	209,2	200,8
Ácido fórmico(l)	$HCOOH$	−409,2	−346,0	128,95
Benzeno(l)	C_6H_6	49,04	124,5	172,8
Etanol(l)	C_2H_5OH	−276,98	−174,18	161,04
Etano(g)	C_2H_6	−84,7	−32,89	229,49
Etileno(g)	C_2H_4	52,3	68,1	219,45
Glicose(s)	$C_6H_{12}O_6$	−1274,5	−910,56	212,1
Metano(g)	CH_4	−74,85	−50,8	186,19
Metanol(l)	CH_3OH	−238,7	−166,3	126,78
Sacarose(s)	$C_{12}H_{22}O_{11}$	−2221,7	−1544,3	360,24

Apêndice 3

Operações Matemáticas

Logaritmos

Logaritmos comuns

O conceito de logaritmo é uma extensão do conceito de exponenciais, que foi discutido no Capítulo 1. O logaritmo *comum,* ou logaritmo na base 10, de qualquer número, é o expoente ao qual 10 deve ser elevado para igualar aquele número. Os exemplos seguintes ilustram essa relação:

Logaritmo	Exponencial
$\log 1 = 0$	$10^0 = 1$
$\log 10 = 1$	$10^1 = 10$
$\log 100 = 2$	$10^2 = 100$
$\log 10^{-1} = -1$	$10^{-1} = 0,1$
$\log 10^{-2} = -2$	$10^{-2} = 0,01$

Em qualquer caso, o logaritmo do número pode ser obtido por uma análise mais cuidadosa.

Como os logaritmos dos números são exponenciais, suas propriedades também são de exponenciais. Assim, temos:

Logaritmo	Exponencial
$\log AB = \log A + \log B$	$10^A \times 10^B = 10^{A+B}$
$\log \dfrac{A}{B} = \log A - \log B$	$\dfrac{10^A}{10^B} = 10^{A-B}$

Além disso, $\log A^n = n \log A$.

Agora suponha que queiramos encontrar o logaritmo comum de $6,7 \times 10^{-4}$. Na maioria das calculadoras eletrônicas, digita-se primeiro o número e então pressiona-se a tecla log. Essa operação nos dá

$$\log 6,7 \times 10^{-4} = -3,17$$

Observe que há tantos dígitos *após* a vírgula quanto há de algarismos significativos no número original. O número original tem dois algarismos significativos e o "17" no $-3,17$ nos diz que o log tem dois algarismos significativos. O 3 no 3,17 serve apenas para localizar a vírgula no número $6,7 \times 10^{-4}$. Outros exemplos são

Número	Logaritmo comum
62	1,79
0,872	$-0,0595$
$1,0 \times 10^{-7}$	$-7,00$

Muitas vezes (como nos cálculos de pH) é necessário obter o número cujo logaritmo é conhecido. O procedimento é calcular o antilogaritmo: é simplesmente o inverso de calcular o logaritmo do número. Suponha que tenhamos pH = 1,46 e devemos calcular [H$^+$]. Da definição de pH (pH = $-$log [H$^+$]) podemos escrever

$$[H^+] = 10^{-1,46}$$

Muitas calculadoras têm a tecla log^{-1} ou INV log para obter os antilogs. Outras têm a tecla 10^x ou y^x (em que x corresponde a $-1,46$ em nosso exemplo e y é 10 para o logaritmo na base 10). Assim, encontramos [H$^+$] = 0,035 M.

Logaritmos Naturais

Logaritmos na base e são conhecidos como logaritmos naturais (simbolizados por ln ou log$_e$); e é igual a 2,7183. A relação entre logaritmos comuns e logaritmos naturais é

$$\log 10 = 1 \qquad 10^1 = 10$$
$$\ln 10 = 2,303 \qquad e^{2,303} = 10$$

Dessa forma,

$$\ln x = 2,303 \log x$$

Para determinar o logaritmo natural de 2,27, primeiro digitamos o número na calculadora eletrônica e então pressionamos a tecla ln para obter

$$\ln 2,27 = 0,820$$

Se não houver a tecla ln, podemos proceder da seguinte forma

$$2,303 \log 2,27 = 2,303 \times 0,356$$
$$= 0,820$$

Algumas vezes, partindo do valor do logaritmo natural, teremos de determinar o número. Por exemplo,

$$\ln x = 59,7$$

Em muitas calculadoras, podemos simplesmente digitar o número e pressionar a tecla e:

$$e^{59,7} = 8,5 \times 10^{25}$$

A Equação Quadrática

A equação quadrática se apresenta na forma

$$ax^2 + bx + c = 0$$

Se os coeficientes a, b e c são conhecidos, então x será dado por

$$x = \frac{-b \pm \sqrt{b^2 - 4ac}}{2a}$$

Suponha que tenhamos a seguinte equação quadrática:

$$2x^2 + 5x - 12 = 0$$

Resolvendo para x, escrevemos

$$x = \frac{-5 \pm \sqrt{(5)^2 - 4(2)(-12)}}{2(2)}$$

$$= \frac{-5 \pm \sqrt{25 + 96}}{4}$$

Portanto,

$$x = \frac{-5 + 11}{4} = \frac{3}{2}$$

e

$$x = \frac{-5 - 11}{4} = -4$$

Apêndice 4

Elementos e a Origem de seus Nomes e Símbolos*

Elemento	Símbolo	Número Atômico	Massa Atômica†	Data da Descoberta	Descobridor e sua Nacionalidade‡	Origem
Actínio	Ac	89	(227)	1899	A. Debierne (Fr.)	Gr. *aktis,* feixe ou raio
Alumínio	Al	13	26,98	1827	F. Wochler (Al.)	Alúmen, o composto de alumínio no qual ele foi descoberto; derivado do L. *alumen,* sabor adstringente
Amerício	Am	95	(243)	1944	A. Ghiorso (EUA) R. A. James (EUA) G. T. Seaborg (EUA) S. G. Thompson (EUA)	As Américas
Antimônio	Sb	51	121,8	Antigo		L. *antimonium* (*anti,* oposto de; *monium,* condição isolada), assim chamado porque é uma substância tangível (metálica) que se combina rapidamente; símbolo, L. *stibium,* marca
Argônio	Ar	18	39,95	1894	Lord Raleigh (GB) Sir William Ramsay (GB)	Gr. *argos,* inativo
Arsênio	As	33	74,92	1250	Albertus Magnus (Al.)	Gr. *aksenikon,* pigmento amarelo; L. *arsenicum,* ouro-pigmento; os gregos usavam o trisulfeto de arsênio como pigmento
Astato	At	85	(210)	1940	D. R. Corson (EUA) K. R. MacKenzie (EUA) E. Segre (USA)	Gr. *astatos,* instável
Bário	Ba	56	137,3	1808	Sir Humphry Davy (GB)	Barita, um metal pesado, derivado do Gr. *barys,* pesado
Berquélio	Bk	97	(247)	1950	G. T. Seaborg (EUA) S. G. Thompson (EUA) A. Ghiorso (EUA)	Berkeley, Califórnia

(Continua)

Fonte: Impresso com autorização de The Elements and Derivation of their Names and Symbols, DINGA, G. P. *Chemistry,* v. **41**, n. 2, p. 20-22, 1968. Copyright American Chemical Society.
* Na época em que a tabela foi elaborada, apenas se conheciam 103 elementos.
† As massas atômicas dadas correspondem aos valores de 1961 da Comissão de Massas e Pesos Atômicos. Entre parênteses estão as massas dos isótopos mais estáveis, ou dos mais comuns.
‡ As abreviaturas são (Ar.) Árabe; (Al.) Alemão; (EUA) Norte-americano; (Au.) Austríaco; (GB) Britânico; (Esp.) Espanhol; (Fr.) Francês; (Gr.) Grego; (Hol.) Holandês; (Hun.) Húngaro; (I.) Italiano; (L.) Latim; (Pol.) Polonês; (R.) Russo; (Sue.) Sueco.

Elemento	Símbolo	Número Atômico	Massa Atômica†	Data da Descoberta	Descobridor e sua Nacionalidade‡	Origem
Berílio	Be	4	9,012	1828	F. Woehler (Al.) A. A. B. Bussy (Fr.)	Fr. L. *beryl*, doce
Bismuto	Bi	83	209,0	1753	Claude Geoffroy (Fr.)	Al. *Bismuth*, provavelmente uma distorção de *weisse masse* (massa branca) na qual foi encontrado
Boro	B	5	10,81	1808	Sir Humphry Davy (GB) J. L. Gay-Lussac (Fr.) L. J. Thenard (Fr.)	O composto borax, derivado do Ar. *buraq*, branco
Bromo	Br	35	79,90	1826	A. J. Balard (Fr.)	Gr. *bromos*, mau cheiro
Cádmio	Cd	48	112,4	1817	Fr. Stromeyer (Al.)	Gr. *kadmia*, terra; L. *cadmia*, calamina (porque se encontra juntamente com a calamina)
Cálcio	Ca	20	40,08	1808	Sir Humphry Davy (GB)	L. *calx*, cal
Califórnio	Cf	98	(249)	1950	G. T. Seaborg (EUA) S. G. Thompson (EUA) A. Ghiorso (EUA) K. Street, Jr. (EUA)	Califórnia
Carbono	C	6	12,01	Antigo		L. *carbo*, carvão
Cério	Ce	58	140,1	1803	J. J. Berzelius (Sue.) William Hisinger (Sue.) M. H. Klaproth (Al.)	Asteróide Ceres
Césio	Cs	55	132,9	1860	R. Bunsen (Al.) G. R. Kirchhoff (Al.)	R. Bunsen (Al.) L. *cesium*, azul (o césio foi descoberto pelas suas linhas espectrais, que são azuis)
Cloro	Cl	17	35,45	1774	K. W. Scheele (Sue.)	Gr. *chloros*, verde-claro
Crômio	Cr	24	52,00	1797	L. N. Vauquelin (Fr.)	Gr. *chroma*, cor (porque costumava ser usado em pigmentos)
Cobalto	Co	27	58,93	1735	G. Brandt (Al.)	Al. *kobold*, duende maléfico (porque do minério de onde se extraiu o cobalto, era suposto extrair-se cobre; esse fato foi atribuído aos duendes maléficos)
Cobre	Cu	29	63,55	Antigo		L. *cuprum*, cobre, derivado de *cyprium*, a Ilha de Chipre, a fonte principal de cobre na Antigüidade
Cúrio	Cm	96	(247)	1944	G. T. Seaborg (EUA) R. A. James (EUA) A. Ghiorso (EUA)	Pierre e Marie Curie
Disprósio	Dy	66	162,5	1886	Lecoq de Boisbaudran (Fr.)	Gr. *dysprositos*, difícil de alcançar
Einstênio	Es	99	(254)	1952	A. Ghiorso (EUA)	Albert Einstein
Érbio	Er	68	167,3	1843	C. G. Mosander (Sue.)	Ytterby, Suécia, onde se descobriram muitas terras raras

(Continua)

Elemento	Símbolo	Número Atômico	Massa Atômica[†]	Data da Descoberta	Descobridor e sua Nacionalidade[‡]	Origem
Európio	Eu	63	152,0	1896	E. Demarcay (Fr.)	Europa
Férmio	Fm	100	(253)	1953	A. Ghiorso (EUA)	Enrico Fermi
Flúor	F	9	19,00	1886	H. Moissan (Fr.)	Mineral espatoflúor, do L. *fluere*, fluir (porque o espatoflúor era usado como fundente)
Frâncio	Fr	87	(223)	1939	Marguerite Perey (Fr.)	França
Gadolínio	Gd	64	157,3	1880	J. C. Marignac (Fr.)	Johan Gadolin, químico finlandês que estudou as terras raras
Gálio	Ga	31	69,72	1875	Lecoq de Boisbaudran (Fr.)	L. *Gallia*, França
Germânio	Ge	32	72,59	1886	Clemens Winkler (Al.)	L. *Germania*, Alemanha
Ouro	Au	79	197,0	Antigo		L. *aurum*, aurora reluzente
Háfnio	Hf	72	178,5	1923	D. Coster (Du.) G. von Hevesey (H.)	L. *Hahnia*, Copenhagem
Hélio	He	2	4,003	1868	P. Janssen (spectr) (Fr.) Sir William Ramsay (isolou) (GB)	Gr. *helios*, Sol (porque foi descoberto no espectro do Sol)
Hólmio	Ho	67	164,9	1879	P. T. Cleve (Sue.)	L. *Holmia*, Estocolmo
Hidrogênio	H	1	1,008	1766	Sir Henry Cavendish (GB)	Gr. *hydro*, água; *genes*, formador (produz água quando queimado com oxigênio)
Índio	In	49	114,8	1863	F. Reich (Al.) T. Richter (Al.)	Indigo, em virtude de suas linhas espectrais azul-indigo
Iodo	I	53	126,9	1811	B. Courtois (Fr.)	Gr. *iodes*, violeta
Irídio	Ir	77	192,2	1803	S. Tennant (GB)	L. *iris*, arco-íris
Ferro	Fe	26	55,85	Antigo		L. *ferrum*, ferro
Criptônio	Kr	36	83,80	1898	Sir William Ramsay (GB) M. W. Travers (GB)	Gr. *kryptos*, escondido
Lantânio	La	57	138,9	1839	C. G. Mosander (Sue.)	Gr. *lanthanein*, disfarçado
Laurêncio	Lr	103	(257)	1961	A. Ghiorso (EUA) T. Sikkeland (EUA) A. E. Larsh (EUA) R. M. Latimer (EUA)	E. O. Lawrence, inventor do cíclotron
Chumbo	Pb	82	207,2	Antigo		Símbolo, L. *plumbum*, chumbo, que significa pesado
Lítio	Li	3	6,941	1817	A. Arfvedson (Sue.)	Gr. *lithos*, rocha (porque ocorre em rochas)
Lutécio	Lu	71	175,0	1907	G. Urbain (Fr.) C. A. von Welsbach (Au.)	*Luteria*, nome antigo de Paris
Magnésio	Mg	12	24,31	1808	Sir Humphry Davy (GB)	*Magnesia*, um distrito na Tessália; possivelmente derivado de L. *Magnesia*
Manganês	Mn	25	54,94	1774	J. G. Gahn (Sue.)	L. *magnes*, ímã

(Continua)

Elemento	Símbolo	Número Atômico	Massa Atômica†	Data da Descoberta	Descobridor e sua Nacionalidade‡	Origem
Mendelévio	Md	101	(256)	1955	A. Ghiorso (EUA) G. R. Choppin (EUA) G. T. Seaborg (EUA) B. G. Harvey (EUA) S. G. Thompson (EUA)	Mendeleev, químico russo que preparou a tabela periódica e previu propriedades de elementos ainda não descobertos
Mercúrio	Hg	80	200,6	Antigo		Símbolo, L. *hydrargyrum*, prata líquida
Molibdênio	Mo	42	95,94	1778	G. W. Scheele (Sue.)	Gr. *molybdos*, chumbo
Neodímio	Nd	60	144,2	1885	C. A. von Welsbach (Au.)	Gr. *neos*, novo; *didymos*, gêmeo
Neônio	Ne	10	20,18	1898	Sir William Ramsay (GB) M. W. Travers (GB)	Gr. *neos*, novo
Netúnio	Np	93	(237)	1940	E. M. McMillan (EUA) P. H. Abelson (EUA)	Planeta Netuno
Níquel	Ni	28	58,69	1751	A. F. Cronstedt (Sue.)	Sue. *kopparnickel*, falso cobre; também Al. *nickel*, referindo-se ao demônio que impedia a extração do cobre dos minérios de níquel
Nióbio	Nb	41	92,91	1801	Charles Hatchett (GB)	Gr. *Niobe*, filha de Tântalo (o nióbio era considerado idêntico ao tântalo, assim chamado em homenagem a *Tantalus*, até 1884; também denominado colúmbio cujo símbolo era Cb)
Nitrogênio	N	7	14,01	1772	Daniel Rutherford (GB)	Fr. *nitrogene*, derivado do L. *nitrum*, soda nativa ou Gr. *Nitron*, soda nativa e Gr. *genes*, que o forma
Nobélio	No	102	(253)	1958	A. Ghiorso (EUA) T. Sikkeland (EUA) J. R. Walton (EUA) G. T. Seaborg (EUA)	Alfred Nobel
Ósmio	Os	76	190,2	1803	S. Tennant (GB)	Gr. *osme*, odor
Oxigênio	O	8	16,00	1774	Joseph Priestley (GB) C. W. Scheele (Sue.)	Fr. *oxygene*, gerador de ácidos, derivado do Gr. *oxys*, ácido e *genes* formador (porque se pensava que fazia parte de todos os ácidos)
Paládio	Pd	46	106,4	1803	W. H. Wollaston (GB)	Asteróide Pallas
Fósforo	P	15	30,97	1669	H. Brandt (Al.)	Gr. *phosphoros*, que possui brilho
Platina	Pt	78	195,1	1735 1741	A. de Ulloa (Sp.) Charles Wood (GB)	Esp. *platina*, prata

(Continua)

Elemento	Símbolo	Número Atômico	Massa Atômica†	Data da Descoberta	Descobridor e sua Nacionalidade‡	Origem
Plutônio	Pu	94	(242)	1940	G. T. Seaborg (EUA) E. M. McMillan (EUA) J. W. Kennedy (EUA) A. C. Wahl (EUA)	Planeta Plutão
Polônio	Po	84	(210)	1898	Marie Curie (Pol.)	Polônia
Potássio	K	19	39,10	1807	Sir Humphry Davy (GB)	Símbolo, L. *kalium*, potassa
Praseodímio	Pr	59	140,9	1885	C. A. von Welsbach (Au.)	Gr. *prasios* verde, *didymos*, gêmeo
Promécio	Pm	61	(147)	1945	J. A. Marinsky (EUA) L. E. Glendenin (EUA) C. D. Coryell (EUA)	Mitologia Gr. *Prometheus*, o deus grego Titã que roubou o fogo do céu
Protactínio	Pa	91	(231)	1917	O. Hahn (Al.) L. Meitner (Au.)	Gr. *protos*, primeiro; *actinium* (porque se desintegra formando o actínio)
Rádio	Ra	88	(226)	1898	Pierre and Marie Curie (Fr.; P.)	L. *radius*, raio
Radônio	Rn	86	(222)	1900	F. E. Dorn (Al.)	Derivado do rádio
Rênio	Re	75	186,2	1925	W. Noddack (Al.) I. Tacke (Al.) Otto Berg (Al.)	L. *Rhenus*, Reno
Ródio	Rh	45	102,9	1804	W. H. Wollaston (GB)	Gr. *rhodon*, rosa (porque alguns dos seus sais têm a cor rosa)
Rubídio	Rb	37	85,47	1861	R. W. Bunsen (Al.) G. Kirchoff (Al.)	L. *rubidus*, vermelho-escuro (descoberto por espectroscopia, o seu espectro tem linhas vermelhas)
Rutênio	Ru	44	101,1	1844	K. K. Klaus (R.)	L. *Ruthenia*, Rússia.
Samário	Sm	62	150,4	1879	Lecoq de Boisbaudran (Fr.)	Samarsquite, em honra a Samarski, um engenheiro russo
Escândio	Sc	21	44,96	1879	L. F. Nilson (Sue.)	Escandinávia
Selênio	Se	34	78,96	1817	J. J. Berzelius (Sue.)	Gr. *selene*, lua (porque se assemelha ao Telúrio, cujo nome vem de Terra)
Silício	Si	14	28,09	1824	J. J. Berzelius (Sue.)	L. *silex, silicis*, seixo
Prata	Ag	47	107,9	Antigo		Símbolo, L. *argentum*, prata
Sódio	Na	11	22,99	1807	Sir Humphry Davy (GB)	L. *sodanum*, remédio para a dor de cabeça; símbolo, L. *natrium*, soda
Estrôncio	Sr	38	87,62	1808	Sir Humphry Davy (GB)	Strontian, Escócia, derivado do mineral estroncianita
Enxofre	S	16	32,07	Antigo		L. *sulphurium* (Sânscrito, *sulvere*)

(Continua)

Elemento	Símbolo	Número Atômico	Massa Atômica†	Data da Descoberta	Descobridor e sua Nacionalidade‡	Origem
Tântalo	Ta	73	180,9	1802	A. G. Ekeberg (Sue.)	Mitologia Gr. *Tantalus*, em decorrência da dificuldade em isolá-lo
Tecnécio	Tc	43	(99)	1937	C. Perrier (I.)	Gr. *technetos*, artificial (porque foi o primeiro elemento artificial)
Telúrio	Te	52	127,6	1782	F. J. Müller (Au.)	L. *tellus*, Terra
Térbio	Tb	65	158,9	1843	C. G. Mosander (Sue.)	Ytterby, Suécia
Tálio	Tl	81	204,4	1861	Sir William Crookes (GB)	Gr. *thallos*, um ramo novo (porque o seu espectro tem uma linha verde brilhante)
Tório	Th	90	232,0	1828	J. J. Berzelius (Sue.)	Mineral torite, derivado de *Thor*, deus da guerra norueguês
Túlio	Tm	69	168,9	1879	P. T. Cleve (Sue.)	*Thule*, nome antigo da Escandinávia
Estanho	Sn	50	118,7	Antigo		Símbolo, L. *stannum*, estanho
Titânio	Ti	22	47,88	1791	W. Gregor (GB)	Gr. *gigantes*, os Titãs e L. *Titans*, divindades gigantes
Tungstênio	W	74	183,9	1783	J. J. e F. de Elhuyar (Sp.)	Sue. *tung sten*, pedra pesada; símbolo, volframita, um mineral
Urânio	U	92	238,0	1789 1841	M. H. Klaproth (Al.) E. M. Peligot (Fr.)	Planeta Urano
Vanádio	V	23	50,94	1801 1830	A. M. del Rio (Sp.) N. G. Sefstrom (Sue.)	*Vanadis*, deusa norueguesa do amor e da beleza
Xenônio	Xe	54	131,3	1898	Sir William Ramsay (GB) M. W. Travers (GB)	Gr. *xenos*, desconhecido
Itérbio	Yb	70	173,0	1907	G. Urbain (Fr.)	Ytterby, Suécia
Ítrio	Y	39	88,91	1843	C. G. Mosander (Sue.)	Ytterby, Suécia
Zinco	Zn	30	65,39	1746	A. S. Marggraf (Al.)	Al. *zink*, de origem obscura
Zircônio	Zr	40	91,22	1789	M. H. Klaproth (Al.)	Zircão, no qual é encontrado, derivado do Ar. *zargum*, cor de ouro

Glossário

O número entre parênteses indica a seção do livro onde o termo aparece pela primeira vez.

A

abaixamento do ponto de congelamento (ΔT_f). Ponto de congelamento do solvente puro (T_f^o) menos o ponto de congelamento da solução (T_f). (12.6)

ácido. Substância que fornece íons hidrogênio (H^+) quando dissolvida em água. (2.7)

ácido carboxílico. Ácido que contém o grupo carboxílico (—COOH). (24.4)

ácido de Brønsted. Substância capaz de ceder próton (H^+). (4.3)

ácido de Lewis. Substância capaz de aceitar par de elétrons e formar uma nova ligação. (15.12)

ácido desoxirribonucléico (ADN). Um dos ácidos nucléicos. (25.4)

ácido diprótico. Ácido no qual cada unidade fornece dois íons hidrogênio por ionização. Ácido que fornece, por ionização, dois íons hidrogênio por molécula (4.3)

ácido forte. Ácido cujo eletrólito é forte. Ou seja, que se encontra totalmente ionizado em solução. (15.4)

ácido fraco. Ácido cujo eletrólito é fraco. Ou seja, que se encontra parcialmente ionizado em solução. (15.4)

ácido monoprótico. Ácido no qual cada unidade cede um íon hidrogênio por ionização. (4.3)

ácido nucléico. Polímero de elevada massa molar que desempenha papel essencial na síntese das proteínas. (25.4)

ácido ribonucléico (RNA). Uma das formas do ácido nucléico. (25.4)

ácido triprótico. Ácido no qual cada unidade fornece três íons hidrogênio por ionização (4.3)

adesão. Atração entre moléculas diferentes. (11.3)

afinidade eletrônica. Variação de energia que ocorre quando um elétron é recebido por um átomo (ou um íon) para formar um ânion no estado gasoso. (8.5)

agente oxidante. Substância que pode aceitar elétrons de outra substância ou aumentar o número de oxidação de um elemento. (4.4)

agente quelante. Ligante que possui dois ou mais átomos doadores de elétrons (22.3)

agente redutor. Substância que pode ceder elétrons a outra substância ou diminuir o número de oxidação de um elemento. (4.4)

alcanos. Hidrocarbonetos que têm a fórmula geral C_nH_{2n+2}, em que $n = 1, 2, \ldots$ (24.2)

alcenos. Hidrocarbonetos que contêm uma ou mais ligações duplas carbono-carbono. Possuem a fórmula geral C_nH_{2n}, em que $n = 2, 3, \ldots$ (24.2)

alcinos. Hidrocarbonetos que contêm uma ou mais ligações triplas carbono-carbono. Possuem a fórmula geral C_nH_{2n-2}, em que $n = 2, 3, \ldots$ (24.2)

alcoóis. Compostos orgânicos que contêm o grupo hidroxila —OH. (24.4)

aldeídos. Compostos com um grupo funcional carbonila e fórmula geral RCHO, em que R é um átomo de hidrogênio, um grupo alquila ou um grupo aromático. (24.4)

algarismos significativos. Número de dígitos significativos no valor de uma grandeza obtido por medida experimental ou por cálculo. (1.8)

alótropos. Duas ou mais formas do mesmo elemento que diferem significativamente em suas propriedades físicas e químicas. (2.6)

aminas. Bases orgânicas que têm o grupo funcional —NR_2, em que R pode ser hidrogênio, um grupo alquila ou um grupo aromático. (24.4)

aminoácidos. Compostos que contêm pelo menos um grupo amina e um grupo carboxílico. (25.3)

amplitude. Distância vertical do meio de uma onda a um máximo ou a um mínimo. (7.1)

análise gravimétrica. Processo experimental que envolve medição da massa. (4.6)

análise qualitativa. Determinação dos tipos de íons (ou moléculas) presentes em uma amostra. (16.11)

ânion. Íon com carga negativa. (2.5)

ânodo. Eletrodo em que ocorre oxidação. (19.2)

átomo. Unidade básica da matéria, formado por partículas menores (elétrons, prótons, nêutrons e outras partículas subatômicas). (2.2)

átomo doador. Átomo de um ligante que está diretamente ligado ao átomo ou ao íon metálico. (22.3)

B

barômetro. Instrumento que mede a pressão atmosférica. (5.2)

base. Substância que fornece íons hidroxila (OH^-) quando dissolvida em água. (2.7)

base de Brønsted. Substância capaz de aceitar próton (H^+) (4.3)

base forte. Uma base que tem um Eletrólito forte. (15.4)

base fraca. Uma base que tem um Eletrólito fraco. (15.4)

base de Lewis. Substância que pode ceder par de elétrons e formar uma nova ligação. (15.12)

bateria. Célula galvânica ou série de células galvânicas combinadas que podem ser usadas como fonte de corrente elétrica contínua a um potencial constante. (19.6)

C

calor. Forma de energia que é transferida entre dois corpos que estão em temperaturas diferentes. (6.2)

calor específico (c). Quantidade de calor necessária para elevar em um grau Celsius a temperatura de um grama de dada substância. (6.5)

calor molar de fusão (ΔH_{fus}). Energia (em kilojoules) necessária para fundir 1 mol de um sólido. (11.8)

calor molar de sublimação (ΔH_{sub}). Energia (em quilojoules) necessária para sublimar 1 mol de um sólido. (11.8)

calor molar de vaporização (ΔH_{vap}). Energia (em quilojoules) necessária para vaporizar 1 mol de um líquido. (11.8)

calorimetria. Medição de variações de calor. (6.5)

camada de valência. Camada mais externa de um átomo, ocupada por elétrons que geralmente participam de uma ligação química. (10.1)

capacidade calorífica (C). Quantidade de calor necessária para elevar em um grau Celsius a temperatura de dada quantidade de substância. (6.5)

carbetos. Compostos iônicos que contêm os íons C_2^{2-} ou C^{4-}. (21.3)

carga formal. Diferença entre o número de elétrons de valência em um átomo isolado e o número de elétrons atribuído àquele átomo em uma estrutura de Lewis (ou seja, assumindo o igual compartilhamento de elétrons em uma ligação). (9.7)

catalisador. Substância que aumenta a velocidade de uma reação química sem ser consumida. (13.6)

cátion. Íon com carga positiva. (2.5)

cátodo. Eletrodo no qual ocorre a redução. (19.2)

célula de combustível. Célula galvânica que requer um fornecimento contínuo de reagentes para continuar a funcionar ou que pode ser restaurada após a descarga pela adição de mais reagentes. (19.6)

célula eletrolítica. Dispositivo experimental para realizar a eletrólise. (19.8)

célula galvânica. Dispositivo experimental para gerar eletricidade através de uma reação redox espontânea. (19.2)

célula unitária. Unidade básica que se repete no arranjo de átomos, moléculas ou íons em um sólido cristalino. (11.4)

caroço de um gás nobre. Configuração eletrônica do elemento gás nobre que antecede imediatamente o elemento em consideração na tabela periódica. (7.9)

749

cetonas. Compostos que possuem um grupo funcional carbonila e a fórmula geral RR'CO, em que R e R' são grupos alquila e/ou aromático. (24.4)

cicloalcanos. Hidrocarbonetos que possuem a fórmula geral C_nH_{2n}, em que $n = 3, 4, ...$ (24.2)

cinética química. Área da química que trata das velocidades e dos mecanismos das reações químicas. (13.1)

coesão. Atração intermolecular entre moléculas iguais. (11.3)

complexo ativado. Espécie que se forma temporariamente, antes da formação dos produtos, como resultado da colisão entre as moléculas dos reagentes. (13.4)

complexo inerte. Complexo que sofre reações de troca de ligantes muito lentamente. (22.6)

complexo lábil. Complexo que sofre reações de troca de ligantes rapidamente. (22.6)

composição porcentual. Porcentagem em massa de cada elemento em um composto. (3.5)

composto. Substância composta de átomos de dois ou mais elementos unidos quimicamente em proporções fixas. (1.4)

composto de coordenação. Espécie neutra que contém um ou mais íons complexos. (22.3)

composto iônico. Composto neutro que contém cátions e ânions. (2.5)

compostos binários. Compostos formados apenas por dois elementos. (2.7)

compostos covalentes. Compostos que contêm apenas ligações covalentes. (9.4)

compostos ternários. Compostos constituídos por três elementos. (2.7)

comprimento da ligação. Distância entre os núcleos de dois átomos ligados em uma molécula. (9.4)

comprimento de onda (λ). Distância entre pontos equivalentes em ondas sucessivas. (7.1)

concentração de uma solução. Quantidade de soluto presente em dada quantidade de solvente ou de solução. (4.5)

concentração molar. Ver molaridade.

condensação. Fenômeno da transformação de um sistema do estado gasoso para o estado líquido. (11.8)

configuração eletrônica. Distribuição de elétrons entre as várias orbitais em um átomo, íon ou molécula. (7.8)

constante de equilíbrio (K). Quociente entre as concentrações dos produtos no equilíbrio e as concentrações dos reagentes no equilíbrio elevadas aos respectivos coeficientes estequiométricos. (14.1)

constante de formação (K_f). Constante de equilíbrio para a formação de um íon complexo. (16.10)

constante de ionização ácida (K_a). Constante de equilíbrio para a reação de ionização ácida. (15.5)

constante de ionização básica (K_b). Constante de equilíbrio para a reação de ionização básica. (15.6)

constante de velocidade (k). Constante de proporcionalidade que relaciona a velocidade da reação e as concentrações dos reagentes. (13.1)

constante de auto-ionização da água. Produto da concentração do íon hidrogênio e da concentração do íon hidroxila (ambas expressas em molaridade) a dada temperatura. (15.2)

constante dos gases (R). Constante de proporcionalidade na equação dos gases ideais ($PV = nRT$). É geralmente expressa como 0,08206 L · atm/K · mol ou 8,314 J/K · mol. (5.4)

copolímero. Polímero que contém dois ou mais monômeros diferentes. (25.2)

corrosão. Deterioração de metais por um processo eletroquímico. (19.7)

cristalização. Processo em que um soluto dissolvido precipita e forma cristais. (12.1)

D

defeito de massa. Diferença entre a massa de um átomo e a soma das massas dos seus prótons, nêutrons e elétrons. (23.2)

densidade. Massa de uma substância dividida pelo seu volume. (1.6)

densidade eletrônica. Probabilidade de um elétron se encontrar em determinada região de um átomo (7.5)

deposição. Processo em que as moléculas passam diretamente do estado de vapor para a fase sólida. (11.8)

desdobramento do campo cristalino. Diferença de energia entre dois conjuntos de orbitais d em um átomo ou íon metálico na presença de ligantes. (22.5)

destilação fracionada. Processo de separação dos componentes líquidos de uma solução que se baseia na diferença dos seus pontos de ebulição. (12.6)

diagrama de fases. Diagrama que mostra as condições em que uma substância existe como sólido, líquido ou vapor. (11.9)

Superfície de fronteira. Superfície-limite de uma região ao redor do núcleo que contém uma quantidade substancial (cerca de 90%) de densidade eletrônica. (7.7)

diamagnético. Que é repelido por um ímã; uma substância diamagnética contém somente elétrons emparelhados. (7.8)

difração de raios X. Dispersão de raios X pelas espécies de um sólido cristalino regular. (11.5)

difusão. Mistura gradual de átomos ou moléculas de um gás com os átomos ou as moléculas de outro, como resultado das suas propriedades cinéticas. (5.7)

diluição. Processo de preparar uma solução menos concentrada a partir de uma solução mais concentrada. (4.5)

dipolo induzido. Separação de cargas positivas e negativas em um átomo neutro (ou molécula apolar) causada pela proximidade de um íon ou de uma molécula polar. (11.2)

E

efeito fotoelétrico. Fenômeno em que os elétrons são emitidos pela superfície de determinados metais quando expostos à luz de freqüência superior ou igual a um valor mínimo. (7.2)

elétron. Partícula subatômica que tem massa muito baixa e carga elétrica unitária negativa. (2.2)

elétrons de valência. Elétrons mais externos de um átomo, que se envolvem em uma ligação química. (8.2)

eletrólise. Processo em que se utiliza energia elétrica para provocar uma reação química não espontânea. (19.8)

eletrólito. Substância que, quando dissolvida em água, resulta em uma solução que conduz eletricidade. (4.1)

eletronegatividade. Capacidade de um átomo atrair elétrons para si em uma ligação química. (9.5)

eletroquímica. Ramo da química que trata da conversão entre energia elétrica e energia química. (19.1)

elemento. Substância que não pode ser separada em substâncias mais simples por meios químicos. (1.4)

elementos representativos. Elementos dos Grupos 1A e 7A, que possuem as subcamadas s ou p de número quântico principal mais elevado incompletas. (8.2)

elementos transurânicos. Elementos com número atômico superior a 92. (23.4)

elevação do ponto de ebulição (ΔT_{eb}). Ponto de ebulição da solução (T_{eb}) menos o ponto de ebulição do solvente puro ($T°_{eb}$). (12.6)

enantiômeros. Isômeros ópticos, isto é, compostos que não são sobreponíveis à sua imagem especular. (22.4)

energia. Capacidade de realizar trabalho ou produzir transformações. (6.1)

energia cinética (E_c). Energia disponível como resultado do movimento de um objeto. (5.7)

energia de ativação (E_a). Quantidade de energia mínima necessária para iniciar uma reação química. (13.4)

energia de coesão nuclear. Energia necessária para decompor um núcleo em seus prótons e nêutrons. (23.2)

energia de ionização. Energia mínima necessária para remover um elétron de um átomo isolado (ou de um íon) no seu estado fundamental. (8.4)

energia de ligação. Variação de entalpia necessária para quebrar uma ligação produzindo 1 mol de moléculas gasosas. (9.10)

energia livre (G). Energia disponível para realizar trabalho útil. (18.5)

energia livre de formação-padrão ($\Delta G°_f$). Variação de energia livre quando 1 mol de um composto é obtido a partir dos seus elementos nos seus estados-padrão. (18.5)

energia livre de Gibbs. Ver energia livre.

energia livre de reação-padrão ($\Delta G°_{reac}$). Variação de energia livre quando a reação ocorre sob condições de estado-padrão. (18.5)

energia potencial. Energia que um objeto possui em virtude da sua posição (6.1)

energia química. Energia armazenada nas unidades estruturais de substâncias químicas. (6.1)

energia radiante. Energia transmitida sob a forma de ondas. (6.1)

energia térmica. Energia associada ao movimento aleatório dos átomos e moléculas. (6.1)

entalpia (H). Quantidade termodinâmica usada para descrever variações de calor que ocorrem a pressão constante. (6.4)

entalpia de formação-padrão (ΔH_f^o). Troca de calor que ocorre quando 1 mol de um composto é formado a partir dos seus elementos nos seus estados-padrão. (6.6)

entalpia de reação (ΔH). Diferença entre as entalpias dos produtos e as dos reagentes. (6.4)

entalpia de reação-padrão (ΔH_{reac}^o). Variação de entalpia quando a reação ocorre nas condições de estado-padrão. (6.6)

entropia (S). Medida direta do grau de desordem de um sistema. (18.3)

entropia de reação-padrão (ΔS_{reac}^o). Variação de entropia quando a reação ocorre nas condições de estado-padrão. (18.4)

enzima. Catalisador biológico. (13.6)

equação de Nernst. Equação matemática que relaciona a fem de uma célula galvânica com a fem-padrão e as concentrações dos agentes oxidantes e redutores. (19.5)

equação de van der Waals. Equação matemática que descreve as relações entre P, V, n e T para um gás não-ideal. (5.8)

equação dos gases ideais. Equação matemática que exprime as relações entre pressão, volume, temperatura e quantidade de gás ($PV = nRT$, em que R é a constante dos gases). (5.4)

equação iônica. Equação química que apresenta as espécies dissolvidas como íons livres. (4.2)

equação iônica efetiva. Equação química que indica apenas as espécies iônicas que sofrem transformação química. (4.2)

equação química. Equação que usa símbolos químicos para mostrar o que acontece durante uma reação química. (3.7)

equação termoquímica. Equação que evidencia a variação de entalpia. (6.4)

equilíbrio dinâmico. Condição em que a velocidade do processo direto é exatamente compensada pela velocidade do processo inverso. (11.8)

equilíbrio físico. Um equilíbrio que envolve apenas processos ou transformações físicas. (14.1)

equilíbrio heterogêneo. Estado de equilíbrio em que as espécies reagentes não estão todas na mesma fase. (14.2)

equilíbrio químico. Estado em que as velocidades das reações direta e inversa são iguais. (14.1)

escala da temperatura absoluta. Escala de temperatura que usa o zero absoluto de temperatura como a temperatura mais baixa. Também chamada escala de temperatura de Kelvin. (5.3)

escala de temperatura Kelvin. Ver escala de temperatura absoluta.

espectro de emissão. Espectro contínuo ou de linhas emitido por substâncias. (7.3)

espectro de linhas. Espectro produzido quando a radiação é absorvida ou emitida por substâncias, apenas em alguns comprimentos de onda. (7.3)

etapa determinante da velocidade. Etapa mais lenta na seqüência de etapas que conduzem à formação dos produtos. (13.5)

etapa elementar. Série de reações simples que representa o progresso da reação global em nível molecular. (13.5)

estado (ou nível) excitado. Estado que tem energia mais elevada que a do estado fundamental. (7.3)

estado de oxidação. Ver número de oxidação.

estado de transição. Ver complexo ativado.

estado de um sistema. Conjunto dos valores das variáveis macroscópicas pertinentes (por exemplo, composição, volume, pressão e temperatura) de um sistema. (6.3)

estado fundamental (ou nível). Estado de energia mais baixa de um sistema. (7.3)

estado-padrão. Condição de pressão igual a 1 atm. (6.6)

estequiometria. Estudo das relações entre quantidades de reagentes e produtos em uma reação química. (3.8)

estereoisômeros. Compostos constituídos por átomos do mesmo tipo e em igual número, interligados na mesma seqüência mas com diferentes arranjos espaciais. (22.4)

ésteres. Compostos que têm a fórmula geral RCOOR', em que R pode ser hidrogênio, um grupo alquila ou um grupo aromático e R' é um grupo alquila ou um grupo aromático. (24.4)

estrutura de Lewis. Representação de uma ligação covalente usando símbolos de Lewis. Pares de elétrons compartilhados são apresentados ou como linhas ou como pares de pontos entre dois átomos, e pares isolados são apresentados como pares de pontos em átomos individuais. (9.4)

estrutura de ressonância. Uma de duas ou mais estruturas alternativas de Lewis para uma molécula ou íon que não possa ser totalmente descrita com uma única estrutura de Lewis. (9.8)

éter. Composto orgânico contendo a ligação R—O—R', em que R e R' são grupos alquila e/ou grupos hidrocarbonetos aromáticos. (24.4)

evaporação. Processo em que um líquido é transformado em um gás; também denominado vaporização. (11.8)

exatidão. Aproximação de uma medida ao verdadeiro valor da quantidade que é medida. (1.8)

F

fator de van't Hoff. Razão entre o número de partículas presente na solução após a dissociação e o número de entidades unitárias inicialmente dissolvidas nessa solução. (12.7)

família. Elementos de uma coluna vertical da tabela periódica. (2.4)

Faraday. Carga contida em 1 mol de elétrons, equivalente a 96.485,3 coulombs. (19.4)

fase. Parte homogênea de um sistema em contato com outras partes do sistema, mas separada destas por uma fronteira bem-definida. (11.1)

fissão nuclear. Divisão de um núcleo pesado (número de massa > 200) originando núcleos menores de massa intermediária e um ou mais nêutrons. (23.5)

fixação de nitrogênio. Conversão de nitrogênio molecular em compostos de nitrogênio. (17.1)

força eletromotriz (fem) (E). Diferença de potencial entre dois eletrodos. (19.2)

força eletromotriz-padrão (fem) (E^o). Diferença entre o potencial de redução-padrão da substância que se reduz e o potencial de redução-padrão da substância que se oxida. (19.3)

forças de dispersão. Forças atrativas que surgem como resultado de dipolos temporários induzidos em átomos ou moléculas; também chamadas forças de London. (11.2)

forças de van der Waals. Interações dipolo-dipolo, dipolo-dipolo induzido e de dispersão. (11.2)

forças dipolo-dipolo. Forças que atuam entre moléculas polares. (11.2)

forças íon-dipolo. Forças que atuam entre um íon e um dipolo. (11.2)

forças intermoleculares. Forças atrativas que existem entre moléculas. (11.2)

forças intramoleculares. Forças atrativas entre átomos de uma molécula. (11.2)

fórmula empírica. Expressão que representa os tipos de elementos presentes e as razões das diferentes espécies de átomos. (2.6)

fórmula estrutural. Fórmula química que mostra como os átomos estão ligados entre si em uma molécula. (2.6)

fórmula molecular. Expressão que mostra o número exato de átomos de cada elemento em uma molécula. (2.6)

fórmula química. Expressão que mostra a composição química de um composto em termos dos símbolos dos átomos dos elementos envolvidos. (2.6)

fóton. Uma partícula de luz. (7.2)

fração molar. Razão entre o número de mols de um componente de uma mistura e o número total de mols de todos os componentes da mistura. (5.6)

frequência (ν). Número de ondas que passam em dado ponto por unidade de tempo. (7.1)

função de estado. Propriedade que é determinada pelo estado do sistema. (6.1)

fusão nuclear. Combinação de núcleos pequenos dando origem a núcleos maiores. (23.6)

G

gás ideal. Gás hipotético em que a dependência pressão-volume-temperatura pode ser completamente explicada pela equação dos gases ideais. (5.4)

gases nobres. Elementos não-metálicos do Grupo 8A (He, Ne, Ar, Kr, Xe e Rn). (2.4)

gases raros. Ver gases nobres.

grupo. Elementos contidos em uma coluna vertical da tabela periódica. (2.4)

grupo funcional. A parte de uma molécula caracterizada por um arranjo especial de átomos, que é o principal responsável pelo comportamento químico dessa molécula. (24.1)

H

halogênios. Elementos não-metálicos do Grupo 7A (F, Cl, Br, I e At). (2.4)

hibridização. Processo de mistura de orbitais atômicos em um átomo (geralmente o átomo central) para gerar um novo conjunto de orbitais atômicos. (10.4)

hidratação. Processo em que um íon ou uma molécula é rodeado de moléculas de água com determinado arranjo. (4.1)

hidratos. Compostos que têm um número específico de moléculas de água ligadas. (2.7)

hidrocarboneto. Composto constituído apenas por carbono e hidrogênio. (24.1)

hidrocarbonetos alifáticos. Hidrocarbonetos que não contêm anel benzênico. (24.1)

hidrocarbonetos aromáticos. Hidrocarbonetos que contêm um ou mais anéis benzênicos. (24.1)

hidrocarbonetos insaturados. Hidrocarbonetos que contêm ligações duplas ou triplas carbono-carbono. (24.2)

hidrocarbonetos saturados. Hidrocarbonetos que contêm o número máximo de átomos de hidrogênio que podem se ligar com o número dos átomos de carbono presentes. (24.2)

hidrogenação. Adição de hidrogênio, especialmente em compostos com ligações duplas ou triplas carbono-carbono. (21.2)

hidrólise do sal. Reação do ânion ou do cátion do sal, ou de ambos, com água. (15.10)

hipótese. Explicação plausível para um conjunto de observações. (1.3)

homopolímero. Polímero feito de um só tipo de monômero. (25.2)

I

íon. Átomo ou grupo de átomos que têm carga líquida positiva ou negativa. (2.5)

íon complexo. Íon que contém um cátion metálico central ligado a uma ou mais moléculas. (17.7)

íon espectador. Íon que não está envolvido na reação global. (4.2)

íon hidrônio. Próton hidratado, H_3O^+. (4.3)

íon monoatômico. Íon que contém apenas um átomo. (2.5)

íon poliatômico. Íon que contém mais de um átomo. (2.5)

indicadores. Substâncias que têm cores diferentes em meios ácidos e básicos. (4.7)

intermediário. Espécie que aparece no mecanismo da reação (isto é, nas etapas elementares), mas não na reação global da equação balanceada. (13.5)

isoeletrônico. Íons, átomos ou moléculas, que possuem o mesmo número de elétrons e, portanto, a mesma configuração eletrônica no estado fundamental. (8.2)

isolante. Substância incapaz de conduzir corrente elétrica. (20.3)

isômeros estruturais. Moléculas que têm a mesma fórmula molecular, mas estruturas diferentes. (24.2)

isômeros geométricos. Compostos com o mesmo tipo e número de átomos e as mesmas ligações químicas, porém, diferentes arranjos espaciais; tais isômeros não podem ser interconvertidos sem quebrar uma ligação química. (22.4)

isômeros ópticos. Compostos que não são sobreponíveis à sua imagem refletida em um espelho. (22.4)

isótopos. Átomos que têm o mesmo número atômico, mas diferentes números de massa. (2.3)

J

Joule (J). Unidade de energia expressa em Newtons · metros. (5.7)

L

lei. Afirmação ou relação verbal ou matemática concisa que se observa sempre, nas mesmas condições. (1.3)

lei de conservação da energia. A quantidade total de energia no universo é constante. (6.1)

lei de conservação da massa. A matéria não pode ser criada nem destruída. (2.1)

lei das proporções definidas. Amostras diferentes do mesmo composto contêm sempre os seus elementos constituintes nas mesmas proporções em massa. (2.1)

lei das proporções múltiplas. Se dois elementos podem combinar-se para formar mais do que um tipo de composto, a massa de um elemento que se combina com dada massa de outro elemento estão entre si na razão de números inteiros menores. (2.1)

lei de Avogadro. O volume de um gás é diretamente proporcional ao número de mols de gás presente, a pressão e temperatura constantes. (5.3)

lei de Boyle. O volume de uma quantidade fixa de gás, a temperatura constante, é inversamente proporcional à pressão do gás. (5.3)

lei de Charles. O volume de uma quantidade fixa de gás mantida a pressão constante é diretamente proporcional à temperatura absoluta do gás. (5.3)

lei de Charles e Gay-Lussac. Ver lei de Charles.

lei de Coulomb. A energia potencial entre dois íons é diretamente proporcional ao produto das suas cargas e inversamente proporcional à distância entre elas. (9.3)

lei de Dalton das pressões parciais. A pressão total de uma mistura de gases é a soma das pressões que cada gás exerceria se estivesse presente sozinho. (5.6)

lei de Henry. A solubilidade de um gás em um líquido é proporcional à pressão do gás sobre a solução. (12.5)

lei de Hess. Quando os reagentes se transformam em produtos, a variação de entalpia é a mesma, quer a reação ocorra em uma só etapa ou em uma série de etapas (6.6)

lei de Raoult. A pressão parcial do solvente sobre uma solução é dada pelo produto da pressão de vapor do solvente puro pela fração molar do solvente na solução. (12.6)

lei de velocidades. Expressão que relaciona a velocidade de uma reação com a constante de velocidade e as concentrações dos reagentes. (13.2)

ligação covalente. Ligação em que dois elétrons são compartilhados por dois átomos. (9.4)

ligação covalente coordenada. Ligação em que o par de elétrons é fornecido por um dos dois átomos ligados; os elétrons se encontram mais tempo na vizinhança de um átomo que na do outro. (9.5)

ligação de hidrogênio. Tipo especial de interação dipolo-dipolo entre um átomo de hidrogênio ligado a um átomo de um elemento muito eletronegativo (F, N, O) e outro átomo de um dos três elementos eletronegativos. (11.2)

ligação dupla. Ligação em que dois átomos estão unidos por dois pares de elétrons. (9.4)

ligação iônica. Força eletrostática que mantém os íons juntos em um composto iônico. (9.2)

ligação múltipla. Ligação que se forma quando dois átomos compartilham dois ou mais pares de elétrons. (9.4)

ligação pi (π). Ligação covalente formada por sobreposição lateral dos orbitais; a sua densidade eletrônica está concentrada acima e abaixo do plano dos núcleos dos átomos ligados. (10.5)

ligação sigma (σ). Ligação covalente formada pela sobreposição frontal dos orbitais; a sua densidade eletrônica concentra-se entre os núcleos dos átomos ligados. (10.5)

ligação simples. Ligação formada quando dois átomos se unem por um par de elétrons (9.4)

ligação tripla. Ligação formada quando dois átomos se unem por três pares de elétrons. (9.4)

ligante. Uma molécula ou um íon que está ligado ao íon metálico em um íon complexo ou composto de coordenação. (22.3)

litro. Volume ocupado por um decímetro cúbico. (1.7)

M

manômetro. Aparelho usado para medir a pressão de gases. (5.2)

massa. Medida da quantidade de matéria contida em um objeto. (1.6)

massa atômica. Massa de um átomo em unidades de massa atômica. (3.1)

massa crítica. Massa mínima de materiais fissionáveis necessária para gerar uma reação nuclear em cadeia auto-sustentada. (23.5)

massa molar (M). Massa (em grama ou quilograma) de 1 mol de átomos, moléculas ou outras espécies. (3.2)

massa molecular. Soma das massas dos átomos (em uma.) presentes na molécula. (3.3)

matéria. Tudo o que ocupa espaço e tem massa. (1.4)

mecanismo da reação. Seqüência de etapas elementares que conduzem à formação do produto. (13.5)

membrana semipermeável. Membrana que permite a passagem de moléculas de solvente, mas impede a das moléculas de soluto. (12.6)

metais. Elementos que são bons condutores de calor e eletricidade e têm tendência para formar íons positivos em compostos iônicos. (2.4)

metais alcalinos. Elementos do Grupo 1A (Li, Na, K, Rb, Cs e Fr). (2.4)

metais alcalino-terrosos. Elementos do Grupo 2A (Be, Mg, Ca, Sr, Ba e Ra). (2.4)

metais de transição. Elementos que possuem as subcamadas d não completamente preenchidas por elétrons ou que originam facilmente cátions com subcamadas *d* nessas condições. (7.9)

método científico. Abordagem sistemática à investigação. (1.3)

método molar. Abordagem para determinar a quantidade de produto formado em uma reação. (3.8)

miscíveis. Dois líquidos que são completamente solúveis um no outro em todas as proporções. (12.2)

mistura. Combinação de duas ou mais substâncias em que as mesmas retêm a sua identidade. (1.4)

mistura heterogênea. Mistura em que os componentes permanecem fisicamente separados e podem ser vistos como componentes separados. (1.4)

mistura racêmica. Mistura equimolar de dois enantiômeros. (22.4)

modelo da repulsão dos pares eletrônicos da camada de valência (RPECV). Modelo que leva em conta os arranjos geométricos dos pares eletrônicos compartilhados ou não compartilhados em torno de um átomo central, em função das repulsões entre os pares eletrônicos. (10.1)

moderador. Substância que pode reduzir a energia cinética dos nêutrons. (23.5)

molalidade. Número de mols do soluto dissolvido em um quilograma de solvente. (12.3)

molaridade (M). Número de mols de soluto em um litro de solução. (4.5)

mol. Quantidade de substância que contém tantas entidades elementares (átomos, moléculas ou outras partículas) quantos os átomos que existem em 12 gramas (ou 0,012 quilogramas) do isótopo de carbono-12. (3.2)

molécula. Agregado de pelo menos dois átomos em determinado arranjo, ligados uns aos outros por forças específicas. (2.5)

molécula apolar. Molécula que não possui momento dipolar. (10.2)

molécula diatômica. Molécula que consiste em dois átomos. (2.5)

molécula diatômica homonuclear. Molécula diatômica contendo átomos do mesmo elemento. (10.7)

molécula polar. Molécula que possui momento dipolar. (10.2)

molécula poliatômica. Molécula constituída por mais de dois átomos. (2.5)

momento dipolar. Produto da carga pela distância entre as cargas de uma molécula. (10.2)

monômero. Unidade que se repete em um polímero. (25.2)

N

não-eletrólito. Substância que, dissolvida em água, origina uma solução que não é condutora de eletricidade. (4.1)

não-metal. Elemento que, geralmente, é mau condutor do calor e eletricidade. (2.4)

não-volátil. Não tem pressão de vapor mensurável. (12.6)

nêutron. Partícula subatômica destituída de carga elétrica. A sua massa é ligeiramente superior à de um próton. (2.2)

Newton (N). Unidade SI de força. (5.2)

nó. Ponto em que a amplitude da onda é zero. (7.4)

núcleo. Zona central de um átomo. (2.2)

nucleotídeo. Unidade que se repete em cada fita de uma molécula de DNA e que consiste em uma ligação base-desoxirribose-fosfato. (25.4)

número atômico (Z). Número de prótons no núcleo de um átomo. (2.3)

número de Avogadro (N_A) $\cdot$ $6,022 \times 10^{23}$; número de partículas em 1 mol. (3.2)

número de coordenação. Na rede de um cristal, define-se como o número de átomos (ou íons) que envolvem um átomo (ou íon) (11.4). Em compostos de coordenação, é conhecido como o número de átomos doadores que envolvem o íon ou átomo metálico central em um complexo. (22.3)

número de massa (A). Número total de nêutrons e prótons presentes no núcleo de um átomo. (2.3)

número de oxidação. Número de cargas que um átomo teria em uma molécula se os elétrons fossem completamente transferidos no sentido indicado pela diferença de eletronegatividades. (4.4)

números quânticos. Números que descrevem a distribuição dos elétrons no átomo de hidrogênio e em outros átomos. (7.6)

O

onda. Perturbação vibratória através da qual a energia é transmitida. (7.1)

onda eletromagnética. Onda que tem um componente de campo elétrico e outro de campo magnético perpendiculares entre si. (7.1)

orbital. Ver orbital atômico e orbital molecular.

orbital atômico. Função de onda de um elétron em um átomo. (7.5)

orbital híbrido. Orbital atômico obtido quando se combinam dois ou mais orbitais não equivalentes. (10.4)

orbital molecular. Orbital resultante da interação dos orbitais atômicos dos átomos ligados. (10.6)

orbital molecular antiligante. Orbital molecular que tem maior energia e menor estabilidade que o orbital atômico de que se formou. (10.6)

orbital molecular deslocalizado. Orbital molecular que não está confinado entre dois átomos adjacentes de uma ligação, mas que se estende por três ou mais átomos. (10.8)

orbital molecular ligante. Orbital molecular que tem energia mais baixa e maior estabilidade que os orbitais atômicos de que se formou. (10.6)

orbital molecular pi. Orbital molecular em que a densidade eletrônica está concentrada acima e abaixo da linha que une os dois núcleos dos átomos ligados. (10.6)

orbital molecular sigma. Orbital molecular em que a densidade eletrônica está concentrada em torno da linha que une os núcleos dos átomos ligados. (10.6)

ordem da ligação. Diferença entre o número de elétrons em orbitais moleculares ligantes e orbitais moleculares antiligantes, dividida por dois. (10.7)

ordem de reação. Soma dos expoentes a que se encontram elevadas as concentrações dos reagentes que figuram na lei de velocidades. (13.2)

osmose. Movimento de moléculas de solvente através de uma membrana semipermeável, a partir de um solvente puro ou de uma solução diluída para uma solução mais concentrada. (12.6)

óxido anfótero. Óxido que pode ter tanto propriedades ácidas como básicas. (8.6)

oxiácido. Ácido que contém hidrogênio, oxigênio e outro elemento (elemento central). (2.7)

oxiânion. Ânion derivado de um oxiácido. (2.7)

P

par ácido-base conjugado. Um ácido e a sua base conjugada ou uma base e o seu ácido conjugado. (15.1)

par iônico. Um ou mais cátions e um ou mais ânions unidos por forças eletrostáticas. (12.7)

par isolado. Elétrons de valência que não estão envolvidos na formação de ligações covalentes. (9.4)

paramagnético. Que é atraído por um ímã. Uma substância paramagnética contém um ou mais elétrons desemparelhados. (7.8)

partículas alfa. Ver raios alfa.

partículas beta. Ver raios beta.

Pascal (Pa). Pressão de um Newton por metro quadrado (1 N/m^2). (5.2)

porcentagem de ionização. Razão entre a concentração de ácido ionizado no equilíbrio e a concentração inicial do ácido. (15.5)

porcentagem em massa. Razão entre a massa de um soluto e a massa da solução, multiplicada por 100%. (12.3)

período. Linha horizontal da tabela periódica. (2.4)

peso. Força exercida pela gravidade em um objeto. (1.7)

pH. Logaritmo da concentração hidrogeniônica, com sinal negativo. (15.3)

plasma. Mistura gasosa de íons positivos e de elétrons. (23.6)

polarímetro. Instrumento para medir a rotação da luz polarizada por isômeros ópticos. (22.4)

polímero. Composto molecular caracterizado por uma massa molar elevada, variando de milhares a milhões de gramas e constituído por unidades que se repetem muito. (25.1)

ponto de ebulição. Temperatura em que a pressão de vapor de um líquido é igual à pressão atmosférica exterior. (11.8)

ponto de equivalência. Ponto em que um ácido reagiu completamente ou foi neutralizado pela base. (4.7)

ponto de fusão. Temperatura em que as fases sólida e líquida de uma substância coexistem em equilíbrio. (11.8)

ponto final. Valor do pH em que o indicador muda de cor. (16.5)

ponto triplo. Estado em que as fases vapor, líquida e sólida de uma substância estão em equilíbrio. (11.9)

pósitron. Partícula com a mesma massa do elétron, mas com carga +1. (23.1)

potencial da célula. Diferença de potencial elétrico entre o ânodo e o cátodo de uma célula galvânica. (19.2)

potencial de redução-padrão. Potencial medido quando ocorre uma reação de redução no eletrodo, quando todos os solutos têm uma concentração de 1 mol/L e todos os gases estão a 1 atm. (19.3)

precipitado. Sólido insolúvel que se separa de uma solução. (4.2)

precisão. Proximidade entre o valor de duas ou mais medidas da mesma quantidade. (1.8)

pressão. Força aplicada por unidade de área. (5.2)

pressão atmosférica. Pressão exercida pela atmosfera da Terra. (5.2)

pressão atmosférica-padrão (1 atm). Pressão que suporta uma coluna de mercúrio com exatamente 76 cm de altura a 0 ºC e ao nível do mar. (5.2)

pressão crítica (P_c). Pressão mínima necessária para que se dê a liquefação à temperatura crítica. (11.8)

pressão de vapor de equilíbrio. Pressão de vapor medida no equilíbrio dinâmico de condensação e evaporação, a dada temperatura. (11.8)

pressão osmótica (p). Pressão necessária para parar a osmose. (12.6)

pressão parcial. Pressão de um componente em uma mistura de gases. (5.6)

primeira lei da termodinâmica. Energia pode ser convertida de uma forma em outra, mas não pode ser criada nem destruída. (6.3)

princípio da incerteza de Heisenberg. É impossível conhecer com certeza e simultaneamente o momento e a posição de uma dada partícula. (7.5)

princípio de exclusão de Pauli. Em dado átomo não podem existir dois elétrons com os quatro números quânticos iguais. (7.8)

princípio de Le Châtelier. Se for aplicada uma perturbação exterior a um sistema em equilíbrio, o sistema ajustar-se-á de modo a anular parcialmente essa perturbação até atingir uma nova posição de equilíbrio. (14.5)

princípio de preenchimento (Aufbau). Assim como os prótons são adicionados um a um ao núcleo para construir os elementos, também os elétrons são adicionados aos orbitais atômicos. (7.9)

processo cloro-soda. Produção de cloro gasoso pela eletrólise de solução aquosa de NaCl. (21.6)

processos endotérmicos. Processos que absorvem calor da vizinhança. (6.2)

processos exotérmicos. Processos que liberam calor para a vizinhança. (6.2)

produto. Substância formada como resultado de uma reação química. (3.7)

produto de solubilidade (K_{ps}). Produto das concentrações molares dos íons constituintes, cada uma elevada à potência dada pelo seu coeficiente estequiométrico na equação de equilíbrio. (16.6)

propriedade extensiva. Propriedade que depende da quantidade de matéria considerada. (1.6)

propriedade física. Qualquer propriedade de uma substância que pode ser observada sem que seja necessário transformá-la em outra substância. (1.6)

propriedade intensiva. Propriedade que não depende da quantidade de matéria considerada. (1.6)

propriedade química. Qualquer propriedade de uma substância que não pode ser estudada sem converter a substância em outra substância qualquer. (1.6)

propriedades coligativas. Propriedades de soluções que dependem do número de partículas do soluto em solução e não da sua natureza. (12.6)

propriedades macroscópicas. Propriedades que podem ser medidas diretamente. (1.7)

propriedades microscópicas. Propriedades que não se podem medir diretamente sem a ajuda de um microscópio ou outro instrumento especial. (1.7)

próton. Partícula subatômica que possui carga elétrica positiva unitária. A massa de um próton é cerca de 1.840 vezes a do elétron. (2.2)

proteína. Polímeros de aminoácidos. (25.3)

proteína desnaturada. Proteína que não exibe atividades biológicas normais. (25.3)

Q

qualitativo. Que consiste em observações gerais sobre o sistema. (1.3)

quantidades estequiométricas. As quantidades molares exatas de reagentes e produtos que figuram em uma equação química. (3.9)

quantitativo. Que envolve os números obtidos por várias medidas efetuadas sobre o sistema. (1.3)

quantum. A menor quantidade de energia que pode ser emitida (ou absorvida) sob a forma de radiação eletromagnética. (7.1)

química. Estudo da matéria e das suas transformações. (1.1)

química orgânica. Ramo da química que estuda os compostos de carbono. (24.1)

quiral. Compostos ou íons que não são sobreponíveis com as suas imagens em um espelho. (22.4)

quociente reacional (Q). Número igual ao quociente entre o produto das concentrações dos produtos e as concentrações dos reagentes, todas elas elevadas a expoentes correspondentes aos respectivos coeficientes estequiométricos, em qualquer situação fora do equilíbrio. (14.4)

R

radiação. Emissão e transmissão de energia através do espaço sob a forma de partículas e/ou ondas. (2.2)

radiação eletromagnética. Emissão e transmissão de energia na forma de ondas eletromagnéticas. (7.1)

radical. Qualquer fragmento neutro de uma molécula que contenha um elétron desemparelhado. (23.8)

radioatividade. Desintegração espontânea de um átomo por emissão de partículas e/ou radiação. (2.2)

raio atômico. Metade da distância entre os núcleos de dois átomos adjacentes do mesmo elemento em um metal. Para elementos que existem como unidades diatômicas, o raio atômico é metade da distância entre os núcleos dos dois átomos em dada molécula particular. (8.3)

raio iônico. Raio de um cátion ou de um ânion medido em um composto iônico. (8.3)

raios (α) alfa. Íons hélio com carga positiva +2. (2.2)

raios (β) beta. Feixes de elétrons emitidos durante o decaimento de certas substâncias radioativas. (2.2)

raios gama (γ). Radiação de elevada energia. (2.2)

reação bimolecular. Etapa elementar que envolve duas moléculas. (13.5)

reação de adição. Reação em que uma molécula se adiciona a outra. (24.2)

reação de combinação. Reação em que duas ou mais substâncias se combinam para formar um só produto. (4.4)

reação de decomposição. Quebra de um composto em dois ou mais componentes. (4.4)

reação de deslocamento. Reação em que um átomo ou íon de um composto é substituído por um átomo de outro elemento. (4.4)

reação de neutralização. Reação entre um ácido e uma base. (4.3)

reação de oxidação. Semi-reação que envolve perda de elétrons. (4.4)

reação de oxidação-redução. Reação que envolve a transferência de elétron/elétrons ou a variação do estado de oxidação das substâncias que nela intervêm. (4.4)

reação de precipitação. Reação caracterizada pela formação de um precipitado. (4.2)

reação de primeira ordem. Reação cuja velocidade depende da concentração do reagente elevada à potência de 1. (13.3)

reação de redução. Semi-reação que envolve a captação de elétrons. (4.4)

reação de segunda ordem. Reação cuja velocidade depende da concentração do reagente ao quadrado ou das concentrações de dois reagentes, cada um elevado à potência de 1. (11.3)

reação de semicélula. Reação de oxidação e redução com os eletrodos. (19.2)

reação nuclear em cadeia. Seqüência de reações de fissão nuclear auto-sustentadas. (23.5)

reação química. Processo em que uma substância (ou substâncias) é transformada em uma ou mais substâncias novas. (3.7)

reação redox. Reação na qual há transferência de elétrons ou uma variação dos números de oxidação das substâncias que dela participam. Também chamada reação de oxidação-redução. (4.4)

reação reversível. Reação que pode ocorrer em ambos os sentidos. (4.1)

reação termonuclear. Reação de fusão nuclear que ocorre a temperaturas muito elevadas. (23.6)

reação trimolecular. Etapa elementar que envolve três moléculas. (13.5)

reação unimolecular. Etapa elementar em que só participa uma única molécula reagente. (13.5)

reator reprodutor. Reator nuclear que produz mais material fissionável do que aquele que utiliza. (23.5)

reagente limitante. Reagente que é o primeiro a ser consumido em uma reação. (3.9)

reagentes. Substâncias de partida em uma reação química. (3.7)

reagentes em excesso. Um ou mais reagentes presentes em quantidades maiores que as necessárias para reagir com a quantidade do reagente limitante. (3.9)

regra de Hund. Arranjo mais estável de elétrons em subcamadas é o que tem maior número de *spins* emparelhados. (7.8)

regra do octeto. Um átomo diferente do de hidrogênio tende a formar ligações de modo a ficar rodeado por oito elétrons de valência. (9.4)

relação diagonal. Semelhanças entre pares de elementos em grupos e períodos diferentes da tabela periódica. (8.6)

rendimento. Razão entre o rendimento real e o rendimento teórico, multiplicada por 100%. (3.10)

rendimento real. Quantidade de produto efetivamente obtido em uma reação. (3.10)

rendimento calculado. Quantidade de produto prevista em uma equação química quando todo o reagente limitante reagiu. (3.10)

S

sal. Composto iônico constituído por um cátion à exceção de H^+ e de um ânion à exceção do OH^- ou do O^{2-}. (4.3)

saponificação. Produção de sabão. (24.4)

segunda lei da termodinâmica. A entropia do universo aumenta em uma transformação espontânea e permanece constante em um processo de equilíbrio. (18.4)

semireação. Reação que mostra explicitamente os elétrons envolvidos em uma oxidação ou em uma redução (4.4)

série das terras raras. Ver série dos lantanídeos.

série de atividades. Síntese de resultados de muitas possíveis reações de deslocamento. (4.4)

série de decaimento radioativo. Seqüência de reações nucleares que termina com a formação de um isótopo estável. (23.3)

série dos actinídeos. Elementos que têm subcamadas $5f$ incompletas ou que facilmente dão origem a cátions que têm subcamadas $5f$ incompletas. (7.9)

série dos lantanídeos (terras raras). Elementos que têm subcamadas $4f$ incompletas ou que dão facilmente origem a cátions que têm subcamadas $4f$ incompletas. (7.9)

série espectroquímica. Lista de ligantes ordenada de acordo com sua capacidade para desdobrar as energias das orbitais d. (22.5)

símbolo de Lewis. Símbolo de um elemento com um ou mais pontos que representam o número de elétrons de valência em um átomo do elemento. (9.1)

sistema. Qualquer parte específica do universo que nos interessa. (6.2)

sistema aberto. Sistema que pode trocar massa e energia (geralmente na forma de calor) com a sua vizinhança. (6.2)

sistema fechado. Sistema que permite a troca de energia (geralmente em forma de calor), mas não de massa com a vizinhança. (6.2)

Sistema Internacional de Unidades (SI). Sistema de unidades baseado em unidades métricas. (1.7)

sistema isolado. Sistema que não permite trocas de massa nem de energia com a vizinhança. (6.2)

sobretensão. Diferença entre o potencial de eletrodo e a tensão real necessária para provocar a eletrólise. (19.8)

sólido amorfo. Sólido que não apresenta um arranjo ordenado de espécies. (11.7)

sólido cristalino. Sólido que apresenta um arranjo ordenado de espécies (átomos, íons ou moléculas) a longa distância. (11.4)

solubilidade. Quantidade máxima de soluto que pode ser dissolvida em uma dada quantidade de solvente a dada temperatura. (4.2, 16.6)

solubilidade molar. Número de mols de soluto em um litro de uma solução saturada (mol/L). (16.6)

solução. Mistura homogênea de duas ou mais substâncias. (4.1)

solução aquosa. Solução em que o solvente é a água. (4.1)

solução ideal. Qualquer solução que obedece à lei de Raoult. (12.6)

solução insaturada. Solução que contém uma quantidade de soluto menor que aquela que é capaz de dissolver. (12.1)

solução-padrão. Solução cuja concentração se conhece com precisão. (4.7)

solução saturada. Solução que se obtém quando se dissolve a quantidade máxima possível de uma substância em um solvente, a dada temperatura. (12.1)

solução supersaturada. Solução que contém uma quantidade de soluto superior à que se encontra presente em uma solução saturada. (12.1)

solução-tampão. Solução de (a) um ácido ou uma base fracos e (b) a sua base ou ácido conjugados, respectivamente; ambos os componentes devem estar presentes. A solução tem a capacidade de resistir a variações de pH quando se adicionam pequenas quantidades seja de ácido, seja de base. (16.3)

soluto. Substância presente em menor quantidade em uma solução. (4.1)

solvatação. Processo em que um íon ou uma molécula são rodeados por moléculas de solvente dispostas de determinado modo. (12.2)

solvente. Substância presente em maior quantidade em uma solução. (4.1)

sublimação. Processo em que as moléculas passam diretamente da fase sólida para o vapor. (11.8)

substância. Forma de matéria que tem uma composição bem-definida ou constante (o número e o tipo de unidades básicas presentes) e propriedades características. (1.4)

T

tabela periódica. Arranjo dos elementos na forma de tabela. (2.4)

temperatura crítica (Tc). Temperatura acima da qual um gás não se liquefaz. (11.8)

temperatura e pressão-padrão (TPP). 0°C e 1 atm. (5.4)

tensão superficial. Quantidade de energia necessária para aumentar a superfície de um líquido em uma unidade de área. (11.3)

teoria. Princípio unificador que explica um conjunto de fatos e as leis nas quais se baseiam. (1.3)

teoria cinética molecular dos gases. Tratamento do comportamento de um gás em termos do movimento randômico das moléculas. (5.7)

terceira lei da termodinâmica. A entropia de uma substância cristalina perfeita é nula à temperatura de zero absoluto. (18.4)

termodinâmica. Estudo científico da interconversão do calor e outras formas de energia. (6.3)

termoquímica. Estudo das trocas de calor nas reações químicas. (6.2)

titulação. Adição gradual de uma solução de concentração rigorosamente conhecida a outra solução de concentração desconhecida, até que a reação química entre as duas soluções esteja completa. (4.7)

trabalho. Variação orientada de energia que resulta de um processo. (6.1)

transição de fase. Transformação de uma fase em outra. (11.8)

transmutação nuclear. Transformação de um núcleo resultante do bombardeamento com nêutrons ou com outras partículas. (23.1)

troposfera. Região da atmosfera que contém aproximadamente 80% da massa total do ar e praticamente todo o vapor de água da atmosfera. (17.1)

U

unidade de massa atômica (amu). Massa exatamente igual a **1/12** da massa do átomo de carbono-12. (3.1)

V

vaporização. Liberação de moléculas da superfície de um líquido; também chamada evaporação. (11.8)

velocidade de reação. Taxa de variação da concentração de um reagente ou produto de reação com o tempo. (13.1)

viscosidade. Medida da resistência que um fluido apresenta ao fluir. (11.3)

vizinhança. O restante do universo, além do sistema. (6.2)

volátil. Que possui uma pressão de vapor mensurável. (12.6)

Volume. Comprimento elevado ao cubo. (1.5)

Z

zero absoluto. A temperatura mais baixa que se pode atingir teoricamente. (5.3)

Respostas
aos Problemas de Números Pares

Capítulo 1

1.8 (a) Transformação física. (b) Transformação química. (c) Transformação física. (d) Transformação química. (e) Transformação física. **1.10** (a) Extensiva. (b) Intensiva. (c) Intensiva. **1.12** (a) Composto. (b) Composto. (c) Elemento. (d) Composto. **1.18** $1{,}30 \times 10^3$ g. **1.20** (a) (i) 386 K. (ii) $3{,}10 \times 10^2$ K. (iii) $6{,}30 \times 10^2$ K. (b) (i) -196 °C. (ii) -269 °C. (iii) 328 °C. **1.22** (a) $7{,}49 \times 10^{-1}$. (b) $8{,}026 \times 10^2$. (c) $6{,}21 \times 10^{-7}$. **1.24** (a) 0,00003256. (b) 6.030.000. **1.26** (a) $1{,}8 \times 10^{-2}$. (b) $1{,}14 \times 10^{10}$. (c) -5×10^4. (d) $1{,}3 \times 10^3$. **1.28** (a) Três. (b) Um. (c) Um ou dois. (d) Dois. **1.30** (a) 1,28. (b) $3{,}18 \times 10^{-3}$ mg. (c) $8{,}14 \times 10^7$ dm. **1.32** (a) $1{,}10 \times 10^8$ mg. (b) $6{,}83 \times 10^{-5}$ m^3. **1.34** (a) $3{,}1557 \times 10^7$ s. **1.36** (a) 81 pol/s. (b) $1{,}2 \times 10^2$ m/min. (c) 7,4 km/h. **1.38** (a) $8{,}35 \times 10^{12}$ mi. (b) $2{,}96 \times 10^3$ cm. (c) $9{,}8 \times 10^8$ pés/s. (d) 8,6 °C. (e) $-459{,}67$ °F. (f) $7{,}12 \times 10^{-5}$ m^3. (g) $7{,}2 \times 10^3$ L. **1.40** $6{,}25 \times 10^{-4}$ g/cm^3. **1.42** $4{,}35 \times 10^7$ ton. **1.44** 2,6 g/cm^3. **1.46** 0,882 cm. **1.48** 10,5 g/cm^3. **1.50** 767 mph. **1.52** 75,6 °F $\pm$ 0,2 °F. **1.54** 500 mL. **1.56** $5{,}5 \times 10^{10}$ L. **1.58** $-40°$. **1.60** 0,5%. **1.62** 3,1%. **1.62** $6{,}0 \times 10^{12}$ mm. **1.64** 30 vezes. **1.66** $1{,}450 \times 10^{-2}$ mm. **1.68** $2{,}3 \times 10^4$ kg NaF; 99%. **1.70** $4{,}2 \times 10^{-19}$ g/L.

Capítulo 2

2.8 0,62 mi. **2.12** 145. **2.14** ^{15}N: 7 prótons, 7 elétrons, e 8 nêutrons; ^{33}S: 16 prótons, 16 elétrons, e 17 nêutrons; ^{63}Cu: 29 prótons, 29 elétrons, e 34 nêutrons; ^{84}Sr: 38 prótons, 38 elétrons, e 46 nêutrons; ^{130}Ba: 56 prótons, 56 elétrons, e 74 nêutrons; ^{186}W: 74 prótons, 74 elétrons, e 112 nêutrons; ^{202}Hg: 80 prótons, 80 elétrons, e 122 nêutrons. **2.16** (a) $^{186}_{74}$W. (b) $^{201}_{80}$Hg. **2.22** (a) as propriedades metálicas aumentam. (b) as propriedades metálicas diminuem. **2.24** Na, K; N, P; F, Cl. **2.30** (a) Molécula diatômica e composto. (b) Molécula poliatômica e composto. (c) Molécula poliatômica e elemento. **2.32** (a) H$_2$ e F$_2$. (b) HCl e CO. (c) P$_4$ e S$_8$. (d) H$_2$O e C$_6$H$_{12}$O$_6$. **2.34** (prótons, elétrons): K$^+$ (19, 18); Mg^{2+} (12, 10); Fe^{3+} (26, 23); Br$^-$ (35, 36); Mn^{2+} (25, 23); C^{4-} (6, 10); Cu^{2+} (29, 27). **2.42** (a) AlBr$_3$. (b) NaSO$_2$. (c) N$_2$O$_5$. (d) K$_2$Cr$_2$O$_7$. **2.44** C$_2$H$_6$O. **2.46** Iônico: NaBr, BaF$_2$, CsCl. Molecular: CH$_4$, CCl$_4$, ICl, NF$_3$. **2.48** (a) Hipoclorito de potássio. (b) Carbonato de prata. (c) Cloreto de ferro(II). (d) Permanganato de Potássio. (e) Clorato de césio. (f) Ácido hipoiodoso. (g) Óxido de ferro(II). (h) Óxido de ferro(III). (i) Cloreto de titânio(IV). (j) Hidreto de sódio. (k) Nitrito de lítio. (l) Óxido de sódio. (m) Peróxido de sódio. **2.50** CuCN. (b) Sr(ClO$_2$)$_2$. (c) HClO$_4$. (d) HI. (e) Na$_2$NH$_4$PO$_4$. (f) PbCO$_3$. (g) SnF$_2$. (h) P$_4$S$_{10}$. (i) HgO. (j) Hg$_2$I$_2$. **2.52** (c). **2.54** (a) H ou H$_2$? (b) NaCl é um composto iônico. **2.56** (a) Molécula e composto. (b) Elemento e molécula. (c) Elemento. (d) Molécula e composto. (e) Elemento. (f) Elemento e molécula. (g) Elemento e molécula. (h) Molécula e composto. (i) Composto. (j) Elemento. (k) Elemento e molécula. (l) Composto. **2.58** (a) CO$_2$ (sólido). (b) NaCl. (c) N$_2$O. (d) CaCO$_3$. (e) CaO. (f) Ca(OH)$_2$. (g) NaHCO$_3$. (h) Mg(OH)$_2$. **2.60** (a) Metais dos Grupos 1, 2, e alumínio e não-metais tais como nitrogênio, oxigênio, e os halogênios. (b) Os metais de transição. **2.62** ^{23}Na. **2.64** Mercúrio (Hg) e bromo (Br$_2$). **2.66** H$_2$, N$_2$, O$_2$, O$_3$, F$_2$, Cl$_2$, He, Ne, Ar, Kr, Xe, Rn. **2.68** He, Ne, e Ar são quimicamente inertes e não reagem com outros elementos. **2.70** Todos os isótopos do rádio são radioativos. Ele é um produto do decaimento do ^{238}U. **2.72** (a) NaH (hidreto de sódio). (b) B$_2$O$_3$ (trióxido de diboro). (c) Na$_2$S (sulfito de sódio). (d) AlF$_3$ (fluoreto de alumínio). (e) OF$_2$ (difluoreto de oxigênio). (f) SrCl$_2$ (cloreto de estrôncio). **2.74** (a) Bromo. (b) Radônio. (c) Selênio. (d) Rubídio. (e) Chumbo.

Capítulo 3

3.6 92,5%. **3.8** $5{,}1 \times 10^{24}$ u. **3.12** $5{,}8 \times 10^3$ anos luz. **3.14** $9{,}96 \times 10^{-15}$ mol Co. **3.16** $3{,}01 \times 10^3$ g Au. **3.18** (a) $1{,}244 \times 10^{-22}$ g/átomo As. (b) $9{,}746 \times 10^{-23}$ g/átomo Ni. **3.20** $2{,}98 \times 10^{22}$ átomos de Cu. **3.22** Pb. **3.24** (a) 73,89 g. (b) 76,15 g. (c) 119,37 g. (d) 176,12 g. (e) 101,11 g. (f) 100,95 g. **3.26** $6{,}69 \times 10^{21}$ moléculas de C$_2$H$_6$. **3.28** N: $3{,}37 \times 10^{26}$ átomos; C: $1{,}69 \times 10^{26}$ átomos; O: $1{,}69 \times 10^{26}$ átomos; H: $6{,}74 \times 10^{26}$ átomos. **3.30** $8{,}56 \times 10^{22}$ moléculas. **3.34** 7. **3.40** C: 10,06%; H: 0,8442%; Cl: 89,07%. **3.42** NH$_3$. **3.44** C$_2$H$_3$NO$_5$. **3.46** 39,3 g S. **3.48** 5,97 g F. **3.50** (a) CH$_2$O. (b) KCN. **3.52** C$_6$H$_6$. **3.54** C$_5$H$_8$O$_4$NNa. **3.60** (a) $2N_2O_5 \longrightarrow 2N_2O_4 + O_2$. (b) $2KNO_3 \longrightarrow 2KNO_2 + O_2$. (c) $NH_4NO_3 \longrightarrow N_2O + 2H_2O$. (d) $NH_4NO_2 \longrightarrow N_2 + 2H_2O$. (e) $2NaHCO_3 \longrightarrow Na_2CO_3 + H_2O + CO_2$. (f) $P_4O_{10} + 6H_2O \longrightarrow 4H_3PO_4$. (g) $2HCl + CaCO_3 \longrightarrow CaCl_2 + H_2O + CO_2$. (h) $2Al + 3H_2SO_4 \longrightarrow Al_2(SO_4)_3 + 3H_2$. (i) $CO_2 + 2KOH \longrightarrow K_2CO_3 + H_2O$. (j) $CH_4 + 2O_2 \longrightarrow CO_2 + 2H_2O$. (k) $Be_2C + 4H_2O \longrightarrow 2Be(OH)_2 + CH_4$. (l) $3Cu + 8HNO_3 \longrightarrow 3Cu(NO_3)_2 + 2NO + 4H_2O$. (m) $S + 6HNO_3 \longrightarrow H_2SO_4 + 6NO_2 + 2H_2O$. (n) $2NH_3 + 3CuO \longrightarrow 3Cu + N_2 + 3H_2O$. **3.64** (d). **3.66** 1,01 mol. **3.68** 20 mol. **3.70** (a) $2NaHCO_3 \longrightarrow Na_2CO_3 + CO_2 + H_2O$. (b) 78,3 g. **3.72** 255,9 g; 0,324 L. **3.74** 0,294 mol. **3.76** (a) $NH_4NO_3 \longrightarrow N_2O + 2H_2O$. (b) 20 g N$_2$O. **3.78** 18,0 g. **3.82** 6 mol NH$_3$; 1 mol H$_2$. **3.84** 0,709 g NO$_2$; O$_3$; $6{,}9 \times 10^{23}$ mol NO. **3.86** HCl; 23,4 g. **3.90** (a) 7,05 g. (b) 92,9%. **3.92** 20,6 g; 28,6%. **3.94** (b). **3.96** Cl$_2$O$_7$. **3.98** 18. **3.100** 65,4 u; Zn. **3.102** 89,6%. **3.104** CH$_2$O; C$_6$H$_{12}$O$_6$. **3.106** (a) Mn$_3$O$_4$. (b) $3MnO_2 \longrightarrow Mn_3O_4 + O_2$. **3.108** Mg$_3N_2$ (nitreto de magnésio). **3.110** $3{,}1 \times 10^{23}$ moléculas/mol. **3.112** 4%.

Capítulo 4

4.8 (c). **4.10** (a) Eletrólito forte. (b) Não-eletrólito. (c) Eletrólito fraco. (d) Eletrólito forte. **4.12** (b) e (c). Os íons não têm mobilidade no sólido. **4.14** HCl não se ioniza em benzeno. **4.18** (b). **4.20** (a) Insolúvel. (b) Solúvel. (c) Solúvel. (d) Insolúvel. (e) Solúvel. **4.24** (a) Adicione íons cloreto. (b) Adicione íons hidróxido. (c) Adicione íons carbonato. (d) Adicione íons sulfato. **4.32** (a) Base de Brønsted. (b) Base de Brønsted. **4.32** (c) Ácido de Brønsted. (d) Base de Brønsted e Ácido de Brønsted. **4.34** (a) $CH_3COOH + K^+ + OH^- \longrightarrow K^+ + CH_3COO^- + H_2O$; $CH_3COOH + OH^- \longrightarrow CH_3COO^- + H_2O$. (b) $H_2CO_3 + 2Na^+ + 2OH^- \longrightarrow 2Na^+ + CO_3^{2-} + 2H_2O$; $H_2CO_3 + 2OH^- \longrightarrow CO_3^{2-} + 2H_2O$. (c) $2H^+ + 2NO_3^- + Ba^{2+} + 2OH^- \longrightarrow Ba^{2+} + 2NO_3^- + 2H_2O$; $2H^+ + 2OH^- \longrightarrow 2H_2O$. **4.40** (a) $Fe \longrightarrow Fe^{3+} + 3e^-$; $O_2 + 4e^- \longrightarrow 2O^{2-}$. Agente oxidante: O$_2$; agente redutor: Fe. (b) $2Br^- \longrightarrow Br_2 + 2e^-$; $Cl_2 + 2e^- \longrightarrow 2Cl^-$. Agente oxidante: Cl$_2$; agente redutor: Br$^-$. (c) $Si \longrightarrow Si^{4+} + 4e^-$; $F_2 + 2e^- \longrightarrow 2F^-$. Agente oxidante: F$_2$; agente redutor: Si. (d) $H_2 \longrightarrow 2H^+ + 2e^-$; $Cl_2 + 2e^- \longrightarrow 2Cl^-$. Agente oxidante: Cl$_2$; agente redutor: H$_2$. **4.42** (a) $+5$. (b) $+1$. (c) $+3$. (d) $+5$. (e) $+5$. (f) $+5$. **4.44** Todos são iguais a zero. **4.46** (a) -3. (b) $-\frac{1}{2}$. (c) -1. (d) $+4$. (e) $+3$. (f) -2. (g) $+3$. (h) $+6$. **4.48** (b) e (d). **4.50** (a) Não há reação. (b) Não há reação. (c) $Mg + CuSO_4 \longrightarrow MgSO_4 + Cu$. (d) $Cl_2 + 2KBr \longrightarrow Br_2 + 2KCl$. **4.54** Dissolver 15,0 g NaNO$_3$ em bastante água para obter 250 mL. **4.56** 10,8 g. **4.58** (a) 1,37 M. (b) 0,426 M.

(c) 0,716 M. **4.60** (a) 6,50 g. (b) 2,45 g. (c) 2,65 g. (d) 7,36 g.
(e) 3,95 g. **4.64** 0,0433 M. **4.66** 126 mL. **4.68** 1,09 M. **4.72** 35,72%.
4.74 $2,31 \times 10^{-4}$ M. **4.78** 0,217 M. **4.80** (a) 6,00 mL. (b) 8,00 mL.
4.82 Os íons Ba^{2+} se combinam com os íons SO_4^{2-} formando um precipitado de $BaSO_4$. **4.84** Teste físico: Somente a solução de NaCl conduziria eletricidade. Teste químico: Adicione solução de $AgNO_3$. Apenas a solução de NaCl daria o precipitado de AgCl. **4.86** Mg, Na, Ca, Ba, K ou Li. **4.88** O número de oxidação do C é +2 no CO e +4 (máximo) no CO_2. **4.90** 1,26 M. **4.92** 0,171 M. **4.94** 0,115 M. **4.96** 0,80 L. **4.98** 1,73 M. **4.100** $NaHCO_3$. NaOH é básico e caro. **4.102** 43,97% NaCl; 56,03% KCl. **4.104** (a) O precipitado de $CaSO_4$ formado sobre o Ca impede que o Ca reaja como ácido sulfúrico. (b) O alumínio é protegido por uma fina camada de óxido (Al_2O_3). (c) Esses metais reagem mais rapidamente com água. (d) O metal deveria ser colocado abaixo do Fe e acima do H. **4.106** (a) $8,320 \times 10^{-7}$ M. (b) $3,286 \times 10^{-5}$ g. **4.108** 4,99 grãos. **4.110** (a) $NH_4^+ + OH^- \longrightarrow NH_3 + H_2O$. (b) 97,99%.
4.112 Porque o volume da solução varia (aumenta ou diminui) quando o sólido se dissolve.

Capítulo 5

5.14 0,797 atm; 80,8 kPa. **5.18** (1) b. (2) a. (3) c. (4) a. **5.20** 53 atm.
5.22 (a) 0,69 L. (b) 61 atm. **5.24** $1,3 \times 10^2$ K. **5.26** ClF_3.
5.32 6,2 atm. **5.34** 472°C. **5.36** 1,9 atm. **5.38** 0,82 L. **5.40** 33,6 mL.
5.42 $6,1 \times 10^{-3}$ atm. **5.44** 35,1 g/mol. **5.46** N_2: $2,1 \times 10^{22}$ moléculas; O_2: $5,7 \times 10^{21}$ moléculas; Ar: 3×10^{20} átomos.
5.48 2,98 g/L. **5.50** SF_4. **5.52** 18 g. **5.54** P_2F_4. **5.58** (a) 0,89 atm. (b) 1,4 L. **5.60** 349 mmHg. **5.62** 19,8 g. **5.64** N_2: 217 mmHg; H_2: 650 mmHg. **5.72** N_2: 472 m/s; O_2: 441 m/s; O_3: 360 m/s.
5.74 Velocidade média: 2,7 m/s; velocidade quadrática média: 2,8 m/s. Elevar ao quadrado favorece os valores maiores em relação ao valor médio. **5.80** Não ideal. A pressão do gás ideal é 164 atm.
5.82 $1,7 \times 10^2$ L. CO_2: 0,49 atm; N_2: 0,25 atm; H_2O: 0,41 atm; O_2: 0,041 atm. **5.84** (a) $NH_4NO_2(s) \longrightarrow N_2(g) + 2H_2O(l)$.
(b) 0,273 g. **5.86** Não. Um gás ideal não iria condensar.
5.88 Maior no inverno por causa da fotossíntese reduzida.
5.90 (a) 0,86 L. (b) $NH_4HCO_3(s) \longrightarrow NH_3(g) + CO_2(g) + H_2O(l)$. Vantagem: mais gases ($CO_2$ e NH_3) gerados; desvantagem: cheiro de amônia! **5.94** (a) $C_3H_8(g) + 5O_2(g) \longrightarrow 3CO_2(g) + 4H_2O(g)$.
(b) 11,4 L. **5.96** O_2: 0,166 atm; NO_2: 0,333 atm. **5.98** (a) $CO_2(g) + CaO(s) \longrightarrow CaCO_3(s)$; $CO_2(g) + BaO(s) \longrightarrow BaCO_3(s)$. (b) 10,5% CaO; 89,5% BaO. **5.100** $1,7 \times 10^{12}$ moléculas de O_2.
5.102 Ne, porque ele tem o menor valor. **5.104** 53,4%.
5.106 1072 mmHg. **5.108** 43,8 g/mol; CO_2.

Capítulo 6

6.16 (a) 0. (b) $-9,5$ J. (c) -18 J. **6.18** 48 J. **6.20** $-3,1 \times 10^3$ J.
6.26 $1,57 \times 10^4$ kJ. **6.28** 0; $-553,8$ kJ/mol. **6.32** A. **6.34** 728 kJ.
6.36 50,7°C. **6.38** 26,3°C. **6.46** O_2. **6.48** (a) $\Delta H_f^\circ[Br_2(l)] = 0$; $\Delta H_f^\circ[Br_2(g)] > 0$. (b) $\Delta H_f^\circ[I_2(s)] = 0$; $\Delta H_f^\circ[I_2(g)] > 0$. **6.50** Medir ΔH° para a formação de Ag_2O a partir de Ag e O_2 e de $CaCl_2$ a partir de Ca e Cl_2. **6.52** (a) $-167,2$ kJ/mol. (b) $-56,2$ kJ/mol.
6.54 -1411 kJ/mol. (b) -1124 kJ/mol. **6.56** 218,2 kJ/mol.
6.58 4,51 kJ/g. **6.60** $2,70 \times 10^2$ kJ. **6.62** $-84,6$ kJ/mol.
6.64 -780 kJ/mol. **6.66** $\Delta H_2 - \Delta H_1$. **6.68** (a) $-336,5$ kJ/mol.
(b) NH_3. **6.70** 43,6 kJ. **6.72** 0. **6.74** $-350,7$ kJ/mol.
6.76 0,492 J/g · °C. **6.78** A primeira reação (exotérmica) pode ser usada para promover a segunda reação (endotérmica).
6.80 $1,09 \times 10^4$ L. **6.82** 5,60 kJ/mol. **6.84** (a). **6.86** (a) Um congelador mais cheio tem maior massa e portanto maior capacidade calorífica. (b) Chá ou café tem maior quantidade de água, que tem um calor específico maior do que o macarrão. **6.88** $-1,84 \times 10^3$ kJ.
6.90 $3,0 \times 10^9$. **6.92** 5,35 kJ/°C. **6.94** $-5,2 \times 10^6$ kJ.
6.96 (a) $1,4 \times 10^2$ kJ. (b) $3,9 \times 10^2$ kJ.
6.98 104 g. **6.100** $9,9 \times 10^8$ J; 304°C.
6.102 (a) $CaC_2 + 2H_2O \longrightarrow C_2H_2 + Ca(OH)_2$. (b) $1,51 \times 10^3$ kJ.

Capítulo 7

7.8 (a) $6,58 \times 10^{14}$/s. (b) $1,22 \times 10^8$ nm. **7.10** 2,5 min.
7.12 $4,95 \times 10^{14}$/s. **7.16** (a) $4,0 \times 10^2$ nm. (b) $5,0 \times 10^{-19}$ J.
7.18 $1,2 \times 10^2$ nm (UV). **7.20** (a) $3,70 \times 10^2$ nm; $3,70 \times 10^{-7}$ m.
(b) UV. (c) $5,38 \times 10^{-19}$ J. **7.26** Use um prisma. **7.28** Compare o espectro de emissão com aqueles de elementos conhecidos na Terra.
7.30 $3,027 \times 10^{-19}$ J. **7.32** $6,17 \times 10^{14}$/s; 486 nm. **7.34** 5.
7.40 $1,37 \times 10^{-6}$ nm. **7.42** $1,7 \times 10^{-23}$ nm. **7.54** $\ell = 2$: $m_\ell = -2, -1, 0, 1, 2$. $\ell = 1$: $m_\ell = -1, 0, 1$. $\ell = 0$: $m_\ell = 0$. **7.56** (a) $n = 3$, $\ell = 0$, $m_\ell = 0$. (b) $n = 4$, $\ell = 1$, $m_\ell = -1, 0, 1$. (c) $n = 3$, $\ell = 2$, $m_\ell = -2, -1, 0, 1, 2$. Em todos os casos, $m_s = +\frac{1}{2}$ ou $-\frac{1}{2}$.
7.58 Diferem apenas na orientação. **7.60** $6s$, $6p$, $6d$, $6f$, $6g$, e $6h$.
7.62 $2n^2$. **7.64** (a) 3. (b) 6. (c) 0. **7.66** Não há blindagem no átomo de H. **7.68** (a) $2s < 2p$. (b) $3p < 3d$. (c) $3s < 4s$. (d) $4d < 5f$.
7.80 Al: $1s^22s^22p^63s^23p^1$. B: $1s^22s^22p^1$. F: $1s^22s^22p^5$. **7.82** B(1), Ne(0), P(3), Sc(1), Mn(5), Se(2), Kr(0), Fe(4), Cd(0), I(1), Pb(2).
7.84 Ge: $[Ar]4s^23d^{10}4p^2$. Fe: $[Ar]4s^23d^6$. Zn: $[Ar]4s^23d^{10}$. Ni: $[Ar]4s^23d^8$. W: $[Xe]6s^24f^{14}5d^4$. Tl: $[Xe]6s^24f^{14}5d^{10}6p^1$. **7.86** S^+.
7.92 $[Kr]5s^24d^5$. **7.94** (a) Um e em um orbital $2s$ e um e em cada orbital $2p$. (b) $2\,e$ cada nos orbitais: $4p$, $4d$, e $4f$. (c) $2\,e$ em cada um dos orbitais: $3d$. (d) Um e em um orbital $2s$. (e) $2\,e$ em um orbital $4f$.
7.96 Propriedades ondulatórias. **7.98** (a) $1,05 \times 10^{-25}$ nm. (b) 8,86 nm.
7.100 (a) $1,20 \times 10^{18}$ fótons. (b) $3,76 \times 10^8$ W. **7.102** 419 nm. Em princípio, sim; na prática, não. **7.104** $3,0 \times 10^{19}$ fótons. **7.106** He^+: 164 nm, 121 nm, 109 nm, 103 nm (todos na região do UV). H: 657 nm, 487 nm, 434 nm, 411 nm (todos na região do visível).
7.108 $1,2 \times 10^2$ fótons. **7.110** A luz amarela irá gerar mais elétrons; a azul irá gerar elétrons com maior energia cinética.
7.112 $7,39 \times 10^{-2}$ nm. **7.114** 0,929 pm; $3,23 \times 10^{20}$/s.

Capítulo 8

8.16 (a) $1s^22s^22p^63s^23p^5$. (b) Elemento representativo.
(c) Paramagnético. **8.18** (a) e (d); (b) e (e); (c) e (f).
8.20 (a) Grupo 1A. (b) Grupo 5A. (c) Grupo 8A. (d) Grupo 8B. **8.22** Fe. **8.28** (a) [Ne]. (b) [Ne]. (c) [Ar]. (d) [Ar]. (e) [Ar]. (f) $[Ar]3d^6$. (g) $[Ar]3d^9$. (h) $[Ar]3d^{10}$. **8.30** (a) Cr^{3+}. (b) Sc^{3+}. (c) Rh^{3+}. (d) Ir^{3+}.
8.32 Be^{2+} e He; F^- e N^{3-}; Fe^{2+} e Co^{3+}; S^{2-} e Ar.
8.38 Na > Mg > Al > P > Cl. **8.40** F. **8.42** A carga nuclear efetiva sobre os elétrons mais externos aumenta da esquerda para a direita como resultado da blindagem incompleta pelos elétrons mais internos. **8.44** $Mg^{2+} < Na^+ < F^- < O^{2-} < N^{3-}$. **8.46** Te^{2-}.
8.48 $-199,4$°C. **8.52** O elétron $3p^1$ do Al é efetivamente blindado pelos elétrons mais internos e pelos elétrons $3s^2$. **8.54** 2080 kJ/mol é para $1s^22s^22p^6$. **8.56** $8,43 \times 10^6$ kJ/mol. **8.60** Cl. **8.62** Os metais alcalinos têm configuração ns^1 e assim podem aceitar outro elétron.
8.66 Baixa energia de ionização, reage com água para formar FrOH, e com oxigênio para formar óxido e superóxido.
8.68 O elétron ns^1 dos metais do grupo Grupo 11 não são completamente blindados pelos elétrons d mais internos e, portanto, esses metais têm energias de ionização muito mais altas.
8.70 (a) $Li_2O(s) + H_2O(l) \longrightarrow 2LiOH(aq)$. (b) $CaO(s) + H_2O(l) \longrightarrow Ca(OH)_2(aq)$. (c) $CO_2(g) + H_2O(l) \longrightarrow H_2CO_3(aq)$.
8.72 BaO. Ba é mais metálico. **8.74** (a) Bromo. (b) Nitrogênio.
(c) Rubídio. (d) Magnésio. **8.76** (a) $Mg^{2+} < Na^+ < F^- < O^{2-}$.
(b) $O^{2-} < F^- < Na^+ < Mg^{2+}$. **8.78** M é potássio (K) e X é bromo (Br_2). **8.80** O^+ e N; Ar e S^{2-}; Ne e N^{3-}; Zn e As^{3+}; Cs^+ e Xe.
8.82 (a) e (d). **8.84** Primeiro: bromo; segundo: iodo; terceiro: cloro; quarto: flúor. **8.86** Flúor. **8.88** H^-. **8.90** Li_2O (básico), BeO (anfótero), B_2O_3 (ácido), CO_2 (ácido), N_2O_5 (ácido). **8.92** Pode formar íons H^+ and H^-. **8.94** 418 kJ/mol. Variar a frequência.
8.96 Cerca de 23°C. **8.98** (a) Mg [no $Mg(OH)_2$]. (b) Na líquido, (c) Mg (no $MgSO_4 \cdot 7H_2O$). (d) Na (no $NaHCO_3$). (e) K (no KNO_3). (f) Mg. (g) Ca (no CaO). (h) Ca. (i) Na (no NaCl); Ca (no $CaCl_2$).
8.100 Propriedades físicas: sólido, alto p.f.; $2NaAt + 2H_2SO_4 \longrightarrow At_2 + SO_2 + Na_2SO_4 + 2H_2O$. **8.102** 242 nm. **8.104** (a) F_2. (b) Na. (c) B. (d) N_2. (e) Al.

Capítulo 9

9.14 C—H < Br—H < F—H < Li—Cl < Na—Cl < K—F.
9.16 Cl—Cl < Br—Cl < Si—C < Cs—F. **9.18** (a) Covalente, (b) covalente polar, (c) iônica, (d) covalente polar.

9.22 (a) $[:\ddot{O}-\ddot{O}:]^{2-}$
(b) $[:C\equiv C:]^{2-}$
(c) $[:N\equiv O:]^{+}$
(d) $\begin{bmatrix} H \\ H-N-H \\ H \end{bmatrix}^{+}$

9.24 (a) Nenhum átomo de O está com o octeto completo; um átomo de H está formando ligação dupla.

(b) estrutura: H—C(H)(—)—C(=O)—O—H

9.28 (1) O átomo de C tem um par de elétrons isolados. (2) A carga negativa está no átomo de C que é menos eletronegativo.

9.30 $\ddot{O}=Cl-\ddot{O}:^{-} \longleftrightarrow {}^{-}:\ddot{O}-Cl-\ddot{O}:^{-} \longleftrightarrow {}^{-}:\ddot{O}-Cl=\ddot{O}$

9.32 $H-\underset{H}{C}=\overset{+}{N}=\ddot{N}:^{-} \longleftrightarrow H-\underset{H}{\overset{-}{C}}-\overset{+}{N}\equiv N:$

9.34 ${}^{-}:\ddot{N}=\overset{+}{N}=\ddot{O}: \longleftrightarrow :N\equiv \overset{+}{N}-\ddot{O}:^{-} \longleftrightarrow {}^{2-}:\ddot{N}-\overset{+}{N}\equiv O:^{+}$

9.40 ${}^{+}\ddot{Cl}=\overset{2-}{Be}=\ddot{Cl}^{+}$

9.42 Cl—Sb(Cl)(Cl)—Cl Não.

9.44 $:\ddot{Cl}-Al(\ddot{Cl})(\ddot{Cl})-\ddot{Cl}: + :\ddot{Cl}:^{-} \longrightarrow [:\ddot{Cl}-Al(\ddot{Cl})(\ddot{Cl})-\ddot{Cl}:]^{-}$

9.48 303,0 kJ/mol. **9.50** (a) −2759 kJ/mol. (b) −2855 kJ/mol.
9.52 Covalente: SiF_4, PF_5, SF_6, ClF_3; iônico: NaF, MgF_2, AlF_3.
9.54 KF é um sólido, tem alto ponto de fusão; é eletrólito. CO_2 é um gás; é um composto molecular.
9.56 $:\ddot{N}=\overset{+}{N}=\ddot{N}:^{-} \longleftrightarrow {}^{2-}:\ddot{N}-\overset{+}{N}\equiv N: \longleftrightarrow :N\equiv \overset{+}{N}-\ddot{N}:^{2-}$
9.58 (a) $AlCl_4^-$. (b) AlF_6^{3-}. (c) $AlCl_3$.
9.60 O C tem octeto incompleto no CF_2; O C está com octeto expandido no CH_5; F e H só podem formar ligação simples; os átomos de I são muito grandes para se acomodarem ao redor do átomo de P. **9.62** (a) Falsa. (b) Verdadeira. (c) Falsa. (d) Falsa. **9.64** −67 kJ/mol. **9.66** N_2.

9.68 NH_4^+ e CH_4; CO e N_2; $B_3N_3H_6$ e C_6H_6.

9.70 $H-\underset{H}{\ddot{N}}:^{-} + H-\ddot{O}: \longrightarrow H-\underset{H}{N}-H + :\ddot{O}-H$

9.72 F não pode expandir o octeto.

9.74 $H-\underset{H}{\overset{H}{C}}-\ddot{N}=C=\ddot{O} \longleftrightarrow H-\underset{H}{\overset{H}{C}}-\overset{+}{N}\equiv C-\ddot{O}:^{-}$

9.76 (a) Importante. (b) Importante. (c) Não importante. (d) Não importante.

9.78 $F-C(Cl)(Cl)-Cl$ $F-C(F)(Cl)-F$ $H-C(F)(Cl)-F$ $F-C(F)(F)-C(H)(F)-F$

9.80 (a) −9,2 kJ/mol. (b) −9,2 kJ/mol. **9.82** (a) $^-:C\equiv O:^+$
(b) $:N\equiv O:^+$ (c) $^-:C\equiv N:$ (d) $:N\equiv N:$ **9.84** Verdadeira.

9.86 $^-:C\equiv \overset{+}{N}-\ddot{O}:\longleftrightarrow {}^{2-}:\ddot{C}=\overset{+}{N}=\ddot{O} \longleftrightarrow {}^{3-}:\ddot{C}-\overset{+}{N}\equiv O:^+$

A importância diminui da esquerda para a direita. **9.88** 347 kJ/mol.
9.90 (a) −107 kJ/mol. (b) −92,6 kJ/mol.

Capítulo 10

10.8 (a) Trigonal planar. (b) Linear. (c) Tetraédrica.
10.10 (a) Tetraédrica. (b) Angular. (c) Trigonal planar. (d) Linear. (e) Quadrado planar. (f) Tetraédrica. (g) Bipiramidal trigonal. (h) Piramidal trigonal. (i) Tetraédrica. **10.12** $SiCl_4$, CI_4, $CdCl_4^{2-}$.
10.18 A Eletronegatividade diminui do F para o I. **10.20** Maior.
10.22 (b) = (d) < (c) < (a). **10.32** sp^3 para ambos os átomos de Si.
10.34 B: sp^2 para sp^3; N: permanece sp^3. **10.36** (a) sp^3. (b) sp^3, sp^2, sp^2. (c) sp^3, sp, sp, sp^3. (d) sp^3, sp^2. (e) sp^3, sp^2. **10.38** sp.
10.40 sp^3d. **10.42** Nove ligações pi e nove ligações sigma.
10.48 Os spins eletrônicos devem estar emparelhados no H_2.
10.50 $Li_2^- = Li_2^+ < Li_2$. **10.52** B_2^+. **10.54** Apenas a TOM prevê que o O_2 é paramagnético. **10.56** $O_2^{2-} < O_2^- < O_2 < O_2^+$.
10.58 B_2 contém uma ligação pi; C_2 contém duas ligações pi.
10.60 Linear. Medida do momento de dipolo. **10.62** O tamanho grande do Si resulta no pobre recobrimento lateral dos orbitais p para formar ligações pi. **10.64** XeF_3^+: Formato-T; XeF_5^+: piramidal quadrada; SbF_6^-: octaédrica. **10.66** (a) 180°. (b) 120°. (c) 109,5°. (d) Aproximadamente 109,5°. (e) 180°. (f) Aproximadamente 120°. (g) Aproximadamente 109,5°. (h) 109,5°. **10.68** sp^3d. **10.70** ICl_2^- e $CdBr_2$. **10.72** (a) sp^2. (b) Molécula à direita. **10.74** A ligação pi no cis-dicloroetileno impede a rotação. **10.76** O Si tem orbitais $3d$ e assim a água pode se adicionar ao Si (expansão da camada de valência). **10.78** C: sp^2; N: O átomo de N que forma ligação dupla é sp^2, os outros são sp^3. O é sp^2. **10.80** 43,6%.

10.82 (a) estrutura com dois Al em ponte por Cl, com Cl terminais.

(b) A hibridização do Al no $AlCl_3$ é sp^2. A molécula é trigonal planar. A hibridização do Al no Al_2Cl_6 é sp^3.
(c) A geometria ao redor de cada átomos de Al é tetraédrica.

(estrutura 3D de Al_2Cl_6)

(d) As moléculas são apolares; elas não possuem momento de dipolo.

Capítulo 11

11.12 $CH_3CH_2CH_2CH_2CH_2Cl$; $CH_3CH_2CH_2CHClCH_3$; $CH_3CH_2CHClCH_2CH_3$.

11.14 estruturas de alcenos:
H,CH₃ / Br,H   (C=C)
Br,CH₃ / H,H   (C=C)
H,CH₂Br / H,H (C=C)
ciclopropano com H e Br

11.16 (a) Alceno ou cicloalcano. (b) Alcino. (c) Alcano. (d) Igual a (a). (e) Alcino.

Respostas aos Problemas de Números Pares   **759**

11.18

A   B   C   D

A estabilidade diminui de A para D. **11.20** Não. Os ângulos de ligação são muito pequenos. **11.22** (a) é alcano e (b) é alceno. Somente um alceno reage com um haleto de hidrogênio. **11.24** $-630,8$ kJ/mol. **11.26** (a) cis-1,2-diclorociclopropano. (b) *trans*-1,2-diclorociclopropano. **11.28** (a) 2-metilpentano. (b) 2,3,4-trimetilhexano. (c) 3-etilhexano. (d) 3-bromo-1-penteno. (e) 2-pentino. **11.32** (a) 1,3-dicloro-4-metilbenzeno. (b) 2-etil-1,4-dinitrobenzeno. (c) 1,2,4,5-tetrametilbenzeno. (d) 3-fenil-1-buteno. **11.36** (a) Éter. (b) Amina. (c) Aldeído. (d) Cetona. (e) Ácido carboxílico. (f) Álcool. (g) Aminoácido (amina e ácido carboxílico). **11.38** $HCOOH + CH_3OH \longrightarrow HCOOCH_3 + H_2O$. Metilformiato. **11.40** $(CH_3)_2CH-O-CH_3$. **11.42** (a) Cetona. (b) Éster. (c) Éter. **11.46** (a) Os átomos de C ligados ao grupo metila e o grupo amino e o átomo de H. (b) Os átomos de C ligados ao Br. **11.48** -174 kJ/mol. **11.50** $-(CF_2-CF_2)_n$. **11.52** (a) Álcool para fricção. (b) Vinagre. (c) Bolas de naftalina. (d) Sínteses orgânicas. (e) Solvente. (f) Anticongelante. (g) Gás Natural. (h) Polímero sintético. **11.54** (a) 3. (b) 16. (c) 6. **11.56** (a) C: 15,81 mg; H: 1,33 mg; O: 3,49 mg. (b) C_6H_6O. (c) Fenol. **11.58** Fórmula empírica e molecular: $C_5H_{10}O$.

$CH_2=CH-CH_2-O-CH_2-CH_3$

11.60 (a), (b), (c), (d)

11.62 CH_3CH_2CHO. **11.64** (a) Álcool. (b) Éter. (c) Aldeído. (d) Ácido carboxílico. (e) Amina. **11.66** Os ácidos no suco de limão convertem as aminas a sais de amônio, que têm pressões de vapor muito baixas. **11.68** Metano (CH_4); etanol (C_2H_5OH); metanol (CH_3OH); isopropanol (C_3H_7OH); etilenoglicol (CH_2OHCH_2OH); naftaleno ($C_{10}H_8$); ácido acético (CH_3COOH). **11.70** (a) Um. (b) Dois. (c) Cinco. **11.72** O Br_2 se dissocia em átomos de Br, que reagem com CH_4 para formar CH_3Br e HBr.

Capítulo 12

12.8 Metano; ele tem o ponto de ebulição mais baixo. **12.10** (a) Forças de dispersão. (b) Forças de dispersão e dipolo-dipolo. (c) O mesmo que (b). (d) Iônicas e Forças de dispersão. (e) Forças de dispersão. **12.12** (e). **12.14** Somente 1-butanol pode formar ligações de hidrogênio, portanto tem o maior ponto de ebulição.

12.16 (a) Xe (forças de dispersão mais intensas). (b) CS_2 (forças de dispersão mais intensas). (c) Cl_2 (forças de dispersão mais intensas). (d) LiF (composto iônico). (e) NH_3 (ligação de hidrogênio). **12.18** (a) Ligação de hidrogênio, forças de dispersão. (b) Forças de dispersão. (c) Forças de dispersão. (d) As forças atrativas da ligação covalente. **12.20** O composto à esquerda pode formar ligações de hidrogênio com ele próprio (ligação de hidrogênio intramolecular). **12.32** Sua viscosidade está entre a do etanol e a do glicerol. **12.36** Iônico. **12.38** Covalente. **12.40** Li: metálico; Be: metálico; B: molecular (uma forma elementar do boro é B_{12}.); C: covalente; N: molecular; O: (molecular); F: molecular; Ne: (atômico). **12.42** Covalente: Si, C. Molecular: Se_8, HBr, CO_2, P_4O_6, SiH_4. **12.44** Cúbica simples: uma esfera; cúbica de corpo centrado: duas esferas; cúbica de faces centradas: quatro esferas. **12.46** $6,17 \times 10^{23}$ atom/mol. **12.48** 458 pm. **12.50** XY_3. **12.52** cada átomo de C no diamante liga-se covalentemente a quatro outros átomos de C. A grafite tem elétrons deslocalizados. **12.72** 2670 kJ. **12.74** 47,03 kJ/mol. **12.76** Primeira etapa: congelamento; segunda etapa: sublimação. **12.78** Quando o vapor d'água se condensa a 100°C há liberação de calor adicional. **12.80** 331 mmHg. **12.84** A pressão exercida pelas lâminas no gelo abaixa o p.f. do gelo. Um filme de água líquida entre as lâminas do gelo atua como lubrificante para o movimento do patinador. **12.86** (a) A água irá entrar em ebulição e retornar ao vapor d'água. (b) O vapor de água se transformará em gelo. (c) A água líquida irá vaporizar. **12.88** (a) Forças de dispersão e ligação de hidrogênio. (b) Forças de dispersão. (c) Iônica, ligação de hidrogênio (no HF), dispersão. (d) Ligação metálica. **12.90** Moléculas de HF molecules formam ligações de hidrogênio; moléculas de HI não. **12.92** (a) Sólido. (b) Vapor. **12.94** A temperatura crítica do CO_2 é 31°C. O CO_2 líquido nos extintores de incêndio é convertido em fluido crítico num dia quente de verão. **12.96** Inicialmente a água entra em ebulição sob pressão reduzida. Durante a ebulição a água resfria e congela. No final, ela sublima. **12.98** (a) Dois. (b) Diamante. (c) Aplicar alta pressão e alta temperatura. **12.100** W: Au; X: PbS; Y: I_2; Z: SiO_2. **12.102** $8,3 \times 10^{-3}$ atm. **12.104** Íons pequenos têm alta densidade de carga e são mais efetivos na interação íon-dipolo. **12.106** $3Hg + O_3 \longrightarrow 3HgO$. Conversão ao sólido HgO modifica sua tensão superficial. **12.108** 66,8%. **12.110** 1,69 g/cm3. **12.112** Quando a água congela, o calor liberado protege as frutas. Também, o gelo formado ajuda a isolar as frutas mantendo a temperatura a 0°C. **12.114** O vapor de água gerado na combustão do metano condensa no lado externo do béquer frio.

Capítulo 13

13.8 O Ciclohexano não pode formar ligações de hidrogênio com etanol. **13.10** Quanto mais longa a cadeia, menos polar a molécula se torna. O grupo –OH pode formar ligações de hidrogênio com água, mas o restante da molécula não. **13.14** (a) 25,9 g. (b) $1,72 \times 10^3$ g. **13.16** (a) 2,68 m. (b) 7,82 *m*. **13.20** $5,0 \times 10^2$ *m*; 18,3 *M*. **13.22** (a) 2,41 *m*. (b) 2,13 *M*. (c) 0,0587 L. **13.26** 45,9 g. **13.32** O gás oxigênio foi liberado na ebulição. **13.34** No fundo da mina a pressão do dióxido de carbono é maior e o gás dissolvido não é liberado da solução. Ao subir, a pressão diminui e o dióxido de carbono é liberado da solução. **13.36** 0,28 L. **13.50** $1,3 \times 10^3$ g. **13.52** Etanol: 30,0 mmHg; propanol: 26,3 mmHg. **13.54** 128 g. **13.56** 0,59 m. **13.58** 120 g/mol; $C_4H_8O_4$. **13.60** $-8,6$°C. **13.62** $4,3 \times 10^2$ g/mol; $C_{24}H_{20}P_4$. **13.64** $1,75 \times 10^4$ g/mol. **13.66** 343 g/mol. **13.72** Ponto de ebulição, pressão de vapor, pressão osmótica. **13.74** (b) > (c) > (a). **13.76** 0,9420 *m*. **13.78** 7,6 atm. **13.80** 1,6 atm. **13.82** 3,5 atm. **13.84** (a) 104 mmHg. (b) 116 mmHg. **13.86** $2,95 - 10^3$ g/mol. **13.88** Não. Supõe-se que o composto é puro, monomérico e não-eletrólito. **13.90** 12,3 *M*. **13.92** Sol. A: 124 g/mol; Sol. B: 248 g/mol. Dimerização em benzeno. **13.94** (a) Ebulição sob pressão reduzida. (b) CO_2 entra em ebulição, se expande e resfria, condensando o vapor de água que forma a névoa. **13.96** (a) A água do mar contém muitos

solutos. (b) A solubilidade do CO_2 em água diminui à pressão reduzida. (c) A densidade da solução é próxima à da água. (d) Molalidade não depende da temperatura. (e) Metanol é volátil.
13.98 C_6H_{12}: 36%; $C_{10}H_8$: 65%. **13.100** Primeira linha: positivo, positivo; segunda linha A: ⟷ A, B ⟷ B < A ⟷ B, negativo; terceira linha: A ⟷ A, B ⟷ B = A ⟷ B, não há desvio.
13.102 Etanol e água apresentam uma atração intermolecular que resulta em um volume global menor. **13.104** 14,2%.

Capítulo 14

14.6 (a) 0,049 M/s. (b) −0,025 M/s.
14.16 (a) velocidade = $k[F_2][ClO_2]$. (b) 1.2/M · s.
(c) $2,4 \times 10^{-4}$ M/s. **14.18** (a) Velocidade = $k[X]^2[Y]^3$; ordem cinco.
(b) 0,68 M/s. **14.20** (a) 0,046 s^{-1}. (b) 0,13 M^{-1} s^{-1}. **14.22** Três meias-vidas ou $2,08/k$. **14.24** (a) 0,0198 s^{-1}. (b) 151 s.
14.26 (a) 3,6 s. (b) 3,0 s, 6,6 s. **14.34** 135 kJ/mol. **14.36** 368°C.
14.38 51,0 kJ/mol. **14.48** (a) Velocidade = $k[X_2][Y]$.
(b) Z não aparece na etapa determinante da velocidade.
(c) $X_2 + Y \longrightarrow XY + X$ (lenta); $X + Z \longrightarrow XZ$ (rápida).
14.56 Velocidade = $(k_1k_2/k_{-1})[E][S]$. **14.58** Temperatura, energia de ativação, concentração do reagente, catalisador. **14.60** Área da esfera grande: 22,6 cm^2; área de oito esferas pequenas: 44,9 cm^2. A esfera com a maior área superficial é o catalisador mais efetivo.
14.62 $[H_2O]$ pode ser tratada como constante.
14.64 (a) Velocidade = $k[H^+][CH_3COCH_3]$. (b) $3,8 \times 10^{-3}/M \cdot s$.
14.66 2,63 atm. **14.68** M^{-2} s^{-1}. **14.70** 56,4 min. **14.72** (b), (d), e (e).
14.74 0,098%. **14.76** (a) Aumentou. (b) Diminuiu. (c) Diminuiu.
(d) Aumentou. **14.78** 0,0896 min^{-1}. **14.80** $1,12 \times 10^3$ min. **14.82** (a) Velocidade = $k[X][Y]^2$. (b) $1,9 \times 10^{-2}$ M^{-2} s^{-1}. **14.84** 3,1. **14.86** Durante os primeiros 10 min a máquina está relativamente fria e a reação será lenta. **14.90** Em concentração de H_2 muito alta, Velocidade = $(k_1/k_2)[NO]^2$, em concentração de H_2 muito baixa, Velocidade = $k_1[NO]^2[H_2]$. **14.92** $NO_2 + NO_2 \longrightarrow NO_3 + NO$ (lenta); $NO_3 + CO \longrightarrow NO_2 + CO_2$ (rápida). **14.94** Em altas pressões, todos os locais no W são ocupados e dessa forma a velocidade é de ordem zero em relação a $[PH_3]$.
14.96 (a) $\Delta[B]/\Delta t = k_1[A] - k_2[B]$. (b) $[B] = (k_1/k_2)[A]$. **14.98** Use H_2O enriquecida com o isótopo ^{18}O. Somente o mecanismo (a) daria ácido acético com aquele isótopo e somente o (b) daria metanol com aquele isótopo. **14.100** (1) (b) < (c) < (a). (2) (a): −40 kJ/mol; (b): 20 kJ/mol; (c) −20 kJ/mol. **14.102** Ti atua como um catalisador para decompor vapor d'água para formar o gás H_2 inflamável.
14.104 (a) $2,5 \times 10^{-5}$ M/s. (b) $2,5 \times 10^{-5}$ M/s. (c) $8,3 \times 10^{-6}$ M.

Capítulo 15

15.8 (a) $K_P = P_{CO_2}P_{H_2}$. (b) $K_P = P_{SO_2}^2P_{O_2}$.
15.12 (a) A + C ⇌ AC. (b) A + D ⇌ AD. **15.14** $1,08 \times 10^7$.
15.16 $1,1 \times 10^{-5}$. **15.18** (a) 0,082. (b) 0,29. **15.20** 0,105; $2,05 \times 10^{-3}$.
15.22 $7,09 \times 10^{-3}$. **15.24** 3,3. **15.26** 0,0356. **15.30** $[N_2]$ e $[H_2]$ diminuirão e $[NH_3]$ aumentará. **15.32** 0,50 atm e 0,020 atm.
15.34 $[I] = 8,58 \times 10^{-4}$ M; $[I_2]$ = 0,0194 M. **15.36** (a) 0,52.
(b) $[CO_2]$ = 0,48 M; $[H_2]$ = 0,020 M; $[CO]$ = 0,075 M; $[H_2O]$ = 0,065 M. **15.38** $[H_2] = [CO_2]$ = 0,05 M; $[H_2O] = [CO]$ = 0,11 M.
15.44 (a) Desloca para a direita. (b) Nenhum efeito. (c) Nenhum efeito. **15.46** (a) Nenhum efeito. (b) Nenhum efeito. (c) Desloca para a esquerda. (d) Nenhum efeito. (e) Desloca para a esquerda.
15.48 (a) Desloca para a direita. (b) Desloca para a esquerda. (c) Desloca para a direita. (d) Desloca para a esquerda. (e) Nenhum efeito. **15.50** Nenhuma variação. **15.52** (a) Desloca para a direita. (b) Nenhum efeito. (c) Nenhum efeito. (d) Desloca para a esquerda. (e) Desloca para a direita. (f) Desloca para a esquerda. (g) Desloca para a direita. **15.54** (a) NO: 0,24 atm; Cl_2: 0,12 atm. (b) 0,017.
15.56 (a) Não. (b) Sim. **15.58** (a) 8×10^{-44}. (b) A reação necessita de fornecimento de energia para se iniciar.
15.60 (a) 1,7. (b) P_A = 0,69 atm; P_B = 0,81 atm. **15.62** $1,5 \times 10^5$.
15.64 H_2: 0,28 atm; Cl_2: 0,049 atm; HCl: 1,67 atm. **15.66** 50 atm.
15.68 $3,86 \times 10^{-2}$. **15.70** 3,13. **15.72** N_2: 0,860 atm; H_2: 0,366 atm; NH_3: $4,40 \times 10^{-3}$ atm. **15.74** (a) 1,16. (b) 53,7%. **15.76** (a) 0,49. (b) 0,23. (c) 0,037. (d) 0,037 mol. **15.78** $[H_2]$ = 0,070 M; $[I_2]$ = 0,182 M; $[HI]$ = 0,825 M. **15.80** (c). **15.82** (a) A cor se intensifica. (b) Aumenta. (c) Diminui. (d) Aumenta. (e) Não muda. **15.84** K é mais volátil do que Na. Portanto, sua remoção desloca o equilíbrio para a direita. **15.86** (a) Alta temperatura e baixa pressão.(b) (i) $1,4 \times 10^5$; (ii) CH_4; H_2O: 2 atm; CO: 13 atm; H_2: 39 atm. **15.88** 1,2. **15.90** (a) Reagir Ni com CO acima de 50°C. (b) A decomposição é endotérmica. Aquecer $Ni(CO)_4$ acima de 200°C. **15.92** (a) K_P = $2,6 \times 10^{-6}$; $K_c = 1,1 \times 10^{-7}$. (b) 2,2 g; 22 mg/m^3; sim.
15.94 $[NH_3]$ = 0,042 M; $[N_2]$ = 0,086 M; $[H_2]$ = 0,26 M.

Capítulo 16

16.4 (a) Íon nitrito: NO_2^-. (b) Íon hidrogenosulfato: HSO_4^-. (c) Íon sulfeto de hidrogênio: HS^-. (d) Íon cianeto: CN^-. (e) Íon formiato: $HCOO^-$. **16.6** (a) H_2S. (b) H_2CO_3. (c) HCO_3^-. (d) H_3PO_4. (e) $H_2PO_4^-$. (f) HPO_4^{2-}. (g) H_2SO_4. (h) HSO_4^-. (i) HNO_2. (j) HSO_3^-.

16.8 (a) $^-O-\overset{O}{\underset{}{C}}-\overset{O}{\underset{}{C}}-OH$ $^-O-\overset{O}{\underset{}{C}}-\overset{O}{\underset{}{C}}-O^-$
(b) Ácido: H^+ e $C_2H_2O_4$; base: $C_2O_4^{2-}$; ácido e base: $C_2HO_4^-$. **16.16** (a) $6,3 \times 10^{-6}$ M. (b) $1,0 \times 10^{-16}$ M. (c) $2,7 \times 10^{-6}$ M. **16.18** 6,72.
16.20 (a) Ácido. (b) Neutro. (c) Básico. **16.22** $1,98 \times 10^{-3}$ mol; 0,444. **16.24** $2,2 \times 10^{-3}$ g. **16.30** (1) (c). (2) (b) e (d).
16.32 (a) Base forte. (b) Base fraca. (c) Base fraca. (d) Base fraca. (e) Base forte. **16.34** (a) Falso. (b) Verdadeiro. (c) Verdadeiro. (d) Falso. **16.36** Para a esquerda. **16.42** $[H^+] = [CH_3COO^-]$ = $5,8 \times 10^{-4}$ M; $[CH_3COOH]$ = 0,0181 M. **16.44** $2,3 \times 10^{-3}$ M.
16.46 (a) 3,5%. (b) 9,0%. (c) 33%. (d) 79%. A extensão da ionização aumenta com a diluição. **16.48** (a) 3,9%. (b) 0,30%.
16.52 $[H^+] = [HCO_3^-] = 1,0 \times 10^{-4}$ M; $[CO_3^{2-}] = 4,8 \times 10^{-11}$ M.
16.56 $7,1 \times 10^{-7}$. **16.58** 1,5%. **16.62** (a) $H_2SO_4 > H_2SeO_4$.
(b) $H_3PO_4 > H_3AsO_4$. **16.64** Somente o ânion do fenol pode ser estabilizado por ressonância. **16.72** HZ < HY < HX. **16.74** 4,82.
16.76 >7. **16.80** $AlCl_3$ é um ácido de Lewis, Cl^- é uma base de Lewis. **16.82** CO_2 e BF_3. **16.84** 0,106 L. **16.86** Não. **16.88** Não.
16.90 CrO é iônico e básico; CrO_3 é covalente e ácido.
16.92 $4,0 \times 10^{-2}$. **16.94** 0,028. **16.96** $[Na^+]$ = 0,200 M; $[HCO_3^-]$ = $4,6 \times 10^{-3}$ M; $[H_2CO_3] = 2,4 \times 10^{-8}$ M; $[OH^-] = 4,6 \times 10^{-3}$ M; $[H^+] = 2,2 \times 10^{-12}$ M. **16.98** NaCN + HCl ⟶ NaCl + HCN. HCN é um ácido muito fraco e escapa para a fase vapor.
16.100 1,000. **16.102** (a) Aumenta. (b) Diminui.
(c) Nenhum efeito. (d) Aumenta. **16.104** $1,6 \times 10^{-4}$.
16.106 4,40. **16.108** NH_3. **16.110** 21 mL.
16.112 $[H^+] = [H_2PO_4^-]$ = 0,0239 M; $[H_3PO_4]$ = 0,076 M; $[HPO_4^{2-}] = 6,2 \times 10^{-8}$ M; $[PO_4^{3-}] = 1,2 \times 10^{-18}$ M.

Capítulo 17

17.6 (a) e (c). **17.8** 4,74; (a) Concentração mais alta. **17.10** 7,03.
17.12 10; mais efetivo contra um ácido adicionado. **17.14** (a) 4,82.
(b) 4,64. **17.16** HC. pK_a é mais próximo do pH. **17.18** 90,1 g/mol.
17.20 (a) 110 g/mol. (b) $1,6 \times 10^{-6}$. **17.24** O CO_2 atmosférico é convertido a H_2CO_3, que neutraliza o NaOH. **17.26** Vermelho.
17.34 (a) $7,8 \times 10^{-10}$. (b) $1,8 \times 10^{-18}$. **17.36** $2,6 \times 10^{-6}$ M.
17.38 $1,7 \times 10^{-2}$ g/L. **17.40** $2,3 \times 10^{-9}$. **17.42** $[NO_3^-]$ = 0,076 M; $[Na^+]$ = 0,045 M; $[Sr^{2+}] = 1,6 \times 10^{-2}$ M; $[F^-] = 1,1 \times 10^{-4}$ M.
17.46 (a) 0,013 M. (b) $2,2 \times 10^{-4}$ M. (c) $3,3 \times 10^{-3}$ M.
17.48 (a) $1,0 \times 10^{-5}$ M. (b) $1,1 \times 10^{-10}$ M. **17.52** Formações de íons complexos. (a) $[Cu(NH_3)_4]^{2+}$. (b) $[Ag(CN)_2]^-$. (c) $[HgCl_4]^{2-}$. Para equações de formação de íons complexos veja a tabela 17.4.
17.54 $[Cd^{2+}] = 1,1 \times 10^{-18}$ M; $[Cd(CN)_4^{2-}] = 4,2 \times 10^{-3}$ M; $[CN^-]$ = 0,48 M. **17.56** $3,5 \times 10^{-5}$ M. **17.60** 0,011 M.
17.62 Íons cloreto precipitam apenas com íons Ag^+, ou um teste de chama para íons Cu^{2+}. **17.64** (a) 1,37. (b) 5,28. (c) 8,85.
17.66 2,51–4,41. **17.68** 1,28 M. **17.70** $[H^+] = 3,0 \times 10^{-13}$ M;

$[CH_3COO^-] = 0,0500\ M$; $[CH_3COOH] = 8,4 \times 10^{-10}$ M; $[OH^-] = 0,0335\ M$; $[Na^+] = 0,0835\ M$. **17.72** 9,25; 9,18. **17.74** 9,97 g; 13,04.
17.76 $[Ag^+] = 2.0 \times 10^{-9}\ M$; $[Cl^-] = 0,080\ M$; $[Zn^{2+}] = 0,070\ M$; $[NO_3^-] = 0,060\ M$. **17.78** pH é maior que 2,68 mas menor que 8,11.
17.80 Todos exceto (a). **17.82** $2,4 \times 10^{-13}$. **17.84** Um precipitado de $Fe(OH)_2$ se formará. **17.86** O precipitado original é HgI_2. Em concentração mais alta de KI, o íon complexo HgI_4^{2-} se forma e assim a massa de HgI_2 diminui. **17.88** 7,82–10,38. **17.90** (a) AgI. (b) $1,6 \times 10^{-7}\ M$. (c) 0,0016%. **17.92** (a) $MCO_3 + 2HCl \longrightarrow MCl_2 + H_2O + CO_2$, $HCl + NaOH \longrightarrow NaCl + H_2O$.
(b) 197 g/mol; Ba. **17.94** 2. **17.96** (a) Sulfato. (b) Sulfito.
(c) Iodeto. **17.98** 13 mL. **17.100** (c). **17.102** (a) $1,7 \times 10^{-7}\ M$.
(b) Porque $MgCO_3$ é pouco solúvel. (c) 12,40. (d) $1,9 \times 10^{-8}\ M$.
(e) Ca^{2+} porque está presente em quantidades maiores.

Capítulo 18

18.6 (a) 0,02. (b) 9×10^{-19}. (c) 2×10^{-181}. **18.10** (c) < (d) < (e) < (a) < (b). Os sólidos têm entropias menores que os gases. Estruturas mais complexas têm entropias maiores.
18.12 (a) 47,5 J/K · mol. (b) −12,5 J/K · mol. (c) −242,8 J/K · mol.
18.14 (a) $\Delta S < 0$. (b) $\Delta S > 0$. (c) $\Delta S > 0$. (d) $\Delta S < 0$. **18.18**
(a) −1139 kJ/mol. (b) −140,0 kJ/mol. (c) −2935,0 kJ/mol.
18.20 (a) Em todas as temperaturas. (b) Abaixo de 111 K.
18.24 $8,0 \times 10^1$ kJ/mol. **18.26** $4,572 \times 10^2$ kJ/mol; $4,5 \times 10^{-81}$.
18.28 (a) −24,6 kJ/mol. (b) −1,10 kJ/mol. **18.30** −341 kJ/mol.
18.32 −2,87 kJ/mol. O processo tem alta energia de ativação.
18.36 1×10^3; glicose + ATP $\longrightarrow$ glicose 6-fosfato + ADP.
18.38 (a) 0. (b) $4,0 \times 10^4$ J/mol. (c) $-3,2 \times 10^4$ J/mol.
(d) $6,4 \times 10^4$ J/mol. **18.40** (a) nenhuma reação é possível porque $\Delta G > 0$. (b) A reação tem energia de ativação muito alta e portanto velocidade baixa. (c) Reagentes e produtos já nas concentrações de equilíbrio. **18.42** Em todos os casos $\Delta H > 0$ e $\Delta S > 0$. $\Delta G < 0$ para (a), $= 0$ para (b), e > 0 para (c). **18.44** $\Delta S > 0$. **18.46** (a) A maioria dos líquidos tem estrutura semelhante e assim as variações de entropia do líquido para o vapor são similares. (b) ΔS_{vap} são maiores para etanol e água devido às ligações de hidrogênio (há menos microestados nesses líquidos). **18.48** (a) $2CO + 2NO \longrightarrow 2CO_2 + N_2$. (b) Agente oxidante: NO; agente redutor: CO. (c) 1×10^{121}.
(d) $1,2 \times 10^{18}$; da esquerda para a direita. (e) Não. **18.50** $2,6 \times 10^{-9}$.
18.52 976 K. **18.54** $\Delta S < 0$; $\Delta H < 0$. **18.56** 55 J/K · mol.
18.58 O aumento na entropia das vizinhanças compensa a diminuição da entropia do sistema. **18.60** 56 J/K. **18.62** $4,5 \times 10^5$.
18.64 $4,5 \times 10^{-75}$ atm. **18.66** (a) Verdadeiro. (b) Verdadeiro.
(c) Falso. **18.68** $C + CuO \rightleftharpoons CO + Cu$; 6.1. **18.70** A estrutura do cristal apresenta desordem ou impureza. **18.72** (a) $7,6 \times 10^{14}$.
(b) $4,1 \times 10^{-12}$. **18.74** (a) Uma reação de desproporcionamento inversa. (b) $8,2 \times 10^{15}$. Sim, um grande K faz desse um processo eficiente. (c) Menos efetiva. **18.76** $1,8 \times 10^{70}$. A reação tem uma alta energia de ativação. **18.78** Aquecer o minério sozinho não é um processo plausível. −214,3 kJ/mol. **18.80** $K_P = 36$; 981 K. Não.
18.82 $X_{CO} = 0,45$; $X_{CO_2} = 0,55$. Use valores de ΔG_f° a 25°C para 900°C. **18.84** 249 J/K. **18.86** 3×10^{-13} s.
18.88 $\Delta S_{sis} = -327$ J/K · mol; $\Delta S_{sur} = 1918$ J/K · mol; $\Delta S_{univ} = 1591$ J/K · mol. **18.90** q, w. **18.92** $\Delta H < 0$; $\Delta S < 0$; $\Delta G < 0$.

Capítulo 19

19.2 (a) $Mn^{2+} + H_2O_2 + 2OH^- \longrightarrow MnO_2 + 2H_2O$.
(b) $2Bi(OH)_3 + 3SnO_2^{2-} \longrightarrow 2Bi + 3H_2O + 3SnO_3^{2-}$.
(c) $Cr_2O_7^{2-} + 14H^+ + 3C_2O_4^{2-} \longrightarrow 2Cr^{3+} + 6CO_2 + 7H_2O$.
(d) $2Cl^- + 2ClO_3^- + 4H^+ \longrightarrow Cl_2 + 2ClO_2 + 2H_2O$.
19.12 2,46 V; $Al + 3Ag^+ \longrightarrow 3Ag + Al^{3+}$. **19.14** $Cl_2(g)$ e $MnO_4^-(aq)$. **19.16** Somente (a) e (d) são espontâneos.
19.18 (a) Li. (b) H_2. (c) Fe^{2+}. (d) Br^-. **19.22** 0,368 V.
19.24 (a) −432 kJ/mol; 5×10^{75}. (b) −104 kJ/mol; 2×10^{18}.
(c) −178 kJ/mol; 1×10^{31}. (d) $-1,27 \times 10^3$ kJ/mol; 8×10^{211}.

19.26 0,37 V; −36 kJ/mol; 2×10^6. **19.30** (a) 2,23 V; 2,23 V; −430 kJ/mol. (b) 0,02 V; 0,04 V; −23 kJ/mol. **19.32** 0,083 V.
19.34 0,010 V. **19.38** 1,09 V. **19.46** (b) 0,64 g. **19.48** (a) $2,10 \times 10^3$.
(b) $2,46 \times 10^3$. (c) $4,70 \times 10^3$. **19.50** (a) 0,14 F. (b) 0,121 F.
(c) 0,10 F. **19.52** (a) $Ag^+ + e^- \longrightarrow Ag$. (b) $2H_2O \longrightarrow O_2 + 4H^+ + 4e^-$. (c) $6,0 \times 10^2$ C. **19.54** (a) 0,589 g Cu. (b) 0,133 A.
19.56 2,3 h. **19.58** $9,66 \times 10^4$ C. **19.60** 0,0710 F. **19.62** 0,156 M;
$Cr_2O_7^{2-} + 6Fe^{2+} + 14H^+ \longrightarrow 2Cr^{3+} + 6Fe^{3+} + 7H_2O$.
19.64 45,1%. **19.66** (a) $2MnO_4^- + 16H^+ + 5C_2O_4^{2-} \longrightarrow 2Mn^{2+} + 10CO_2 + 8H_2O$. (b) 5,40%. **19.68** 0,231 mg Ca^{2+}/mL sangue. **19.70** (a) 0,80 V. (b) $2Ag^+ + H_2 \longrightarrow 2Ag + 2H^+$.
(c) (i) 0,92 V; (ii) 1,10 V. (d) A célula opera como um pHmetro.
19.72 O gás flúor reage com água. **19.74** $2,5 \times 10^2$ h.
19.76 Hg_2^{2+}. **19.78** $[Mg^{2+}] = 0,0500\ M$, $[Ag^+] = 7 \times 10^{-55} M$, 1,44 g. **19.80** (a) 0,206 L H_2. (b) $6,09 \times 10^{23}$/mol e^-.
19.82 (a) −1356,8 kJ/mol. (b) 1,17 V. **19.84** +3.
19.86 6,8 kJ/mol; 0,064. **19.88** 1,4 A. **19.90** +4.
19.92 $1,60 \times 10^{-19}$ C/e^-. **19.94** Uma célula feita de Li^+/Li e F_2/F^- dá a voltagem máxima de 5,92 V. Agentes oxidantes e redutores reativos são difíceis de manusear. **19.96** 2×10^{20}.
19.98 (a) $E°$ para X é negativo; $E°$ para Y é positivo.
(b) 0,59 V. **19.100** (a) O potencial de redução do O_2 é insuficiente para oxidar ouro. (b) Sim. (c) $2Au + 3F_2 \longrightarrow 2AuF_3$.
19.102 $[Fe^{2+}] = 0,0920\ M$, $[Fe^{3+}] = 0,0680\ M$.
19.104 (b) 104 A · h. A concentração de H_2SO_4 continua diminuindo. (c) 2,01 V; $-3,88 \times 10^5$ J/mol.
19.106 (a) Não variou. (b) Não variou. (c) Quadrado. (d) Dobrado.
(e) Dobrado. **19.108** Mais forte. **19.110** $4,4 \times 10^2$ atm.
19.112 (a) 8,2 g. (b) 0,40 M.

Capítulo 20

20.12 (a) +3. (b) 6. (c) Oxalato. **20.14** (a) Na: +1; Mo: +6. (b) Mg: +2; W: +6. (c) K: +1; Fe: +2.
20.16 (a) cis-diclorobis(etilenodiamina)cobalto(III).
(b) cloreto de pentaaminocloroplatina(IV). (c) cloreto de hexaaminocobalto(III). (d) cloreto de pentaaminoclorocobalto(III).
(e) trans-diamindicloroplatina(II). **20.18** (a) $[CrCl_2(en)_2]^+$.
(b) $[Fe(CO)_5]$. (c) $K_2[Cu(CN)_4]$. (d) $[CoCl(NH_3)_4(H_2O)]Cl_2$.
20.20 (a) 2. (b) 2.

20.22

Br   CN   NC   Br
  \\ /   \\ /
   Ni   Ni
  / \\   / \\
Br   CN   Br   CN
cis isômero   trans isômero

20.28 CN^- é um ligante de campo forte. A absorção ocorre próxima à extremidade de alta energia do espectro (azul) e o íon complexo é apresenta cor amarela. O H_2O é um ligante de campo fraco e a absorção ocorre na parte laranja ou vermelha do espectro. Consequentemente, o íon complexo apresenta cor verde ou azul. **20.30** (a) 2 spins desemparelhados.
(b) 4 spins desemparelhados. **20.32** 2; $[Co(NH_3)_4Cl_2]Cl$.
20.36 Use $^{14}CN^-$ marcado (no NaCN). **20.38** Primeiro forma-se $Cu(CN)_2$ (branco). Ele se redissolve como **20.40** 1.4×10^2.
20.42 $6,7 \times 10^{13}$. **20.44** O íon $[Mn(H_2O)_6]^{2+}$ é um complexo de spin alto, contendo cinco spins desemparelhados.
20.46 Esses absorverão em comprimentos de onda maiores:
(a) $[Co(H_2O)_6]^{2+}$, (b) $[FeF_6]^{3-}$, (c) $[CuCl_4]^{2-}$.
20.48 (a) $4Au(s) + 8CN^-(aq) + O_2(g) + 2H_2O(l) \longrightarrow 4[Au(CN)_2]^-(aq) + 4OH^-(aq)$. (b) $Zn(s) + 2[Au(CN)_2]^-(aq) \longrightarrow [Zn(CN)_4]^{2-}(aq) + 2Au(s)$. (c) Linear (a hibridização do Au é sp).
20.50 Mn^{3+} ($3d^4$) porque ele é menos estável que Cr^{3+} ($3d^5$).
20.52 O EDTA sequestra íons metálicos como Ca^{2+} e Mg^{2+} que são essenciais para o crescimento e função bacterianos.

Capítulo 21

21.6 (a) $_{-1}^{0}\beta$. (b) $_{20}^{40}Ca$. (c) $_{2}^{4}\alpha$. (d) $_{0}^{1}n$. **21.14** (a) $_{3}^{9}Li$. (b) $_{11}^{25}Na$. (c) $_{21}^{48}Sc$. **21.16** (a) $_{10}^{17}Ne$. (b) $_{20}^{45}Ca$. (c) $_{43}^{92}Tc$. (d) $_{80}^{195}Hg$. (e) $_{96}^{242}Cm$. **21.18** 6×10^9 kg/s. **21.20** (a) $4,55 \times 10^{-12}$ J; $1,14 \times 10^{-12}$ J/núcleo. (b) $2,36 \times 10^{-10}$ J; $\mathbf{1,28 \times 10^{-12}}$ J/núcleo. **21.24** $0,250$ d^{-1}; $2,77$ d. **21.26** $2,7$ d. **21.28** $_{82}^{208}Pb$. **21.30** A: 0; B: 0,25 mol; C: 0; D: 0,75 mol. **21.34** (a) $_{34}^{80}Se + _{1}^{2}H \longrightarrow _{1}^{1}p + _{34}^{81}Se$. (b) $_{4}^{9}Be + _{1}^{2}H \longrightarrow 2_{1}^{1}p + _{3}^{9}Li$. (c) $_{5}^{10}B + _{0}^{1}n \longrightarrow _{2}^{4}\alpha + _{3}^{7}Li$. **21.36** $_{80}^{198}Hg + _{0}^{1}n \longrightarrow _{79}^{198}Au + _{1}^{1}p$. **21.48** IO_3^- é formado somente a partir de IO_4^-. **21.50** Incorporar ^{59}Fe no corpo de uma pessoa. Após poucos dias, isolar células vermelhas do sangue e monitorar a radioatividade das moléculas de hemoglobina. **21.52** Um análogo ao princípio de exclusão de Pauli para núcleo. **21.54** (a) $0,343$ mCi. (b) $_{93}^{237}Np \longrightarrow _{2}^{4}\alpha + _{91}^{233}Pa$. **21.56** (a) $1,040 \times 10^{-12}$ J/núcleo. (b) $1,111 \times 10^{-12}$ J/núcleo. (c) $1,199 \times 10^{-12}$ J/núcleo. (d) $1,410 \times 10^{-12}$ J/núcleo. **21.58** $_{7}^{18}N \longrightarrow _{8}^{18}O + _{-1}^{0}\beta$. **21.60** Datação por radioatividade. **21.62** (a) $_{83}^{209}Bi + _{2}^{4}\alpha \longrightarrow _{85}^{211}At + 2_{0}^{1}n$. (b) $_{83}^{209}Bi(\alpha, 2n)_{85}^{211}At$. **21.64** O Sol exerce um gravidade muito maior sobre as partículas. **21.66** $2,77 \times 10^3$ anos. **21.68** (a) $_{19}^{40}K \longrightarrow _{18}^{40}Ar + _{+1}^{0}\beta$. (b) $3,0 \times 10^9$ anos. **21.70** (a) $5,59 \times 10^{-15}$ J; $2,84 \times 10^{-13}$ J. (b) $0,024$ mol. (c) $4,06 \times 10^6$ kJ. **21.72** $2,7 \times 10^{14}$ ^{131}I átomos. **21.74** $5,9 \times 10^{23}$/mol. **21.76** Todos exceto gravitacional. **21.78** ^{238}U e ^{232}Th. **21.80** $8,3 \times 10^{-4}$ nm. **21.82** $_{1}^{3}H$. **21.84** Os nêutrons refletidos induzem uma reação nuclear em cadeia. **21.86** $2,1 \times 10^2$ g/mol.

Capítulo 22

22.8 $-(CH_2-CHCl-CH_2-CCl_2)-$. **22.10** Por uma reação de adição envolvendo monômeros de estireno. **22.12** (a) $CH_2=CH-CH=CH_2$. (b) $HO_2C(CH_2)_6NH_2$. **22.22** A 35°C a enzima começa a se desnaturar. **22.28** As proteínas são formadas de 20 aminoácidos. Os ácidos nucleicos são constituídos de apenas quatro blocos de construção (purinas, pirimidinas, açúcar, grupo fosfato). **22.30** Os pares de bases C-G formam três ligações de hidrogênio; Os pares de bases A-T formam duas ligações de hidrogênio. A amostra com mais pares C-G tem maior p.f.. **22.32** Os músculos da perna são ativos, apresentam maior velocidade metabólica e portanto uma concentração de mioglobina mais alta. O conteúdo de ferro na Mb faz a carne parecer escura. **22.34** O sangue dos insetos não contém hemoglobina. Não é provável que um inseto do tamanho de um ser humano pudesse obter oxigênio suficiente para o metabolismo por difusão. **22.36** Há quatro átomos de Fe por molécula de hemoglobina. **22.38** Predominantemente forças de dispersão. **22.40** Gly-Ala-Phe-Glu-His-Gly-Ala-Leu-Val. **22.42** Não. As enzimas atuam somente sobre um dos dois enantiômeros de um composto. **22.44** Quando a desoxihemoglobina se liga ao oxigênio, ocorre uma mudança estrutural em razão do efeito cooperativo, que faz com que o cristal se quebre. Como a mioglobina é formada por apenas uma subunidade, não ocorre mudança estrutural à medida que a desoximioglobina se converte em oxihemoglobina.

Créditos

Sobre o Autor
© Nicholas Whitman.

Sumário
Capítulo 1: © Andrew Lambert/Photo Researchers; Capítulo 2: © Phil Brodatz; Capítulo 3: © The McGraw-Hill Companies, Inc./Foto de Stephen Frisch; Capítulo 4: © National Oceanic and Atmospheric Administration/Department of Commerce; Capítulo 5: © The Granger Collection; Capítulo 6: © Bill Stormont/Corbis Images; Capítulo 7: © IBM San Jose Research Laboratory; Capítulo 8: © Science & Society Picture Library; Capítulo 9: De G. N. Lewis, Valence, Dover Publications, Inc., New York 1966; Capítulo 10: Dr. Stephen Harrison of Harvard University; Capítulo 11: Cortesia de Laura Stern, U.S. Geological Survey—Menlo Park, Califórnia, Foto de John Pinkston & Laura Stern; Capítulo 12: © The McGraw-Hill Companies, Inc./Foto de Ken Karp; Capítulo 13: © Richard Megna/Fundamental Photographs; Capítulo 14: © The McGraw-Hill Companies, Inc./Foto de Ken Karp; Capítulo 15: © Videodiscovery; Capítulo 16: © The McGraw-Hill Companies, Inc./Foto de Ken Karp; Capítulo 17: © Allan Morgan/Peter Arnold; Capítulo 18: Cortesia de National Lime Association; Capítulo 19: © Corbis Images; Capítulo 20: © Stephen J. Lippard, Chemistry Department, Massachusetts Institute of Technology; Capítulo 21: NASA; Capítulo 22: © The McGraw-Hill Companies, Inc./Foto de Ken Karp.

Capítulo 1
Abertura: © Andrew Lambert/Photo Researchers; Fig. 1.2: © Fritz Goro/Time & Life Pictures/Getty Images; Fig. 1.3: © The McGraw-Hill Companies, Inc./Foto de Ken Karp; p. 7: © Ken Karp/McGraw-Hill Higher Education Group; p. 9: NASA; p. 11: © Comstock Royalty Free; p. 12: © Ken Karp/McGraw-Hill Higher Education Group; Fig. 1.9: Cortesia de Mettler; p. 21: © Ed Wheeler/Stock Market; p. 27: NASA/JPL.

Capítulo 2
Abertura: © Phil Brodatz; Fig. 2.4: © Richard Megna/Fundamental Photographs; Fig. 2.12: © E. R. Degginger/Color-Pic; pp. 44, 50: © The McGraw-Hill Companies, Inc./Foto de Ken Karp.

Capítulo 3
Abertura: © The McGraw-Hill Companies, Inc./Foto de Stephen Frisch; p. 58: © Andrew Popper; Fig. 3.1: © The McGraw-Hill Companies, Inc./Foto de Stephen Frisch; p. 60: © E. R. Degginger/Color-Pic; p. 61: © L. V. Bergman/The Bergman Collection; p. 62: © Dr. E. R. Degginger/Color-Pic; p. 63: © American Gas Association; p. 64: © The McGraw-Hill Companies, Inc./Foto de Ken Karp; p. 68: © Ward's Natural Science Establishment; pp. 74, 78: © The McGraw-Hill Companies, Inc./Foto de Ken Karp; p. 83: Cortesia, Merlin Metalworks, Inc.

Capítulo 4
Abertura: © National Oceanic and Atmospheric Administration/Department of Commerce; Fig. 4.1, Fig. 4.3, Fig. 4.4, p. 99, Fig. 4.5, Fig. 4.6, p.102, Fig. 4.9, p.109, Fig. 4.11: © The McGraw-Hill Companies, Inc./Foto de Ken Karp; Fig. 4.12: © The McGraw-Hill Companies, Inc./Foto de Stephen Frisch; Fig. 4.13: © The McGraw-Hill Companies, Inc./Foto de Ken Karp; p. 113: © Mula & Haramaty/Phototake; p. 115 (both), Fig. 4.17, p. 119, Fig. 4.18: © The McGraw-Hill Companies, Inc./Foto de Ken Karp; p. 129: Cortesia Dow Chemical USA.

Capítulo 5
Abertura: © The Granger Collection; p. 131, Fig. 5.10: © The McGraw-Hill Companies, Inc./Foto de Ken Karp; p. 146: Cortesia de General Motors Corporation; p. 155: NASA; Fig. 5.17: © The McGraw-Hill Companies, Inc./Foto de Ken Karp.

Capítulo 6
Abertura: © Bill Stormont/Corbis Images; p. 169: © Jacques Jangoux/Photo Researchers; Fig. 6.2: © UPI/Corbis Images; p. 171: © The McGraw-Hill Companies, Inc./Foto de Ken Karp; p. 173 © 1994 Richard Megna, Fundamental Photographs, NYC; p. 179: © The McGraw-Hill Companies, Inc./Foto de Stephen Frisch; p. 181: © Richard Megna/Fundamental Photographs, New York; p. 182: © The McGraw-Hill Companies, Inc./Foto de Stephen Frisch; p. 188 (em cima): © The McGraw-Hill Companies, Inc./Foto de Ken Karp; p. 188 (em baixo): Cortesia de the Diamond Information Center; pp. 190, 192: © Dr. E. R. Degginger/Color-Pic.

Capítulo 7
Abertura: © IBM San Jose Research Laboratory; Fig. 7.3: © B.S.I.P./Custom Medical Stock Photo; p. 208: © The McGraw-Hill Companies, Inc./Foto de Stephen Frisch; Fig. 7.6: © Joel Gordon; Fig. 7.12 (ambas): © Educational Development Center.

Capítulo 8
Abertura: © Science & Society Picture Library; Fig. 8.11 (Li), Fig. 8.11 (Na): © The McGraw-Hill Companies, Inc./Foto de Ken Karp; Fig. 8.11 (K): Life Science Library/MATTER, photo Albert Fenn @ Time-Life Books, Inc.; Fig. 8.11 (Rb), Fig. 8.11 (Cs), Fig. 8.12 (Be), Fig. 8.12 (Mg), Fig. 8.12 (Ca), Fig. 8.12 (Sr), Fig. 8.12 (Ba): © L. V. Bergman/The Bergman Collection; Fig. 8.12 (Ra): © Phil Brodatz; Fig. 8.13 (todas): © L. V. Bergman/The Bergman Collection; Fig. 8.14 (grafite): © The McGraw-Hill Companies, Inc./Foto de Ken Karp; Fig. 8.14 (diamante): © Diamond Information Center; Fig. 8.14 (Si): © Frank Wing/Stock Boston; Fig. 8.14 (Sn): © L. V. Bergman/The Bergman Collection; Fig. 8.14 (Ge), Fig. 8.14 (Pb): © The McGraw-Hill Companies, Inc./Foto de Ken Karp; Fig. 8.15 N2): © Joe McNally; Fig. 8.15 (P): © Albert Fenn/Time-Life Science Library/MATTER; Fig. 8.15 (As), Fig. 8.15 (Sb), Fig. 8.15 (Bi), Fig. 8.16 (S_8), Fig. 8.16 (Se_8): © L. V. Bergman/The Bergman Collection; Fig. 8.16 (Te): © The McGraw-Hill Companies, Inc./Foto de Ken Karp; Fig. 8.17: © Joel Gordon; Fig. 8.18 (todo): © The McGraw-Hill Companies, Inc./Foto de Ken Karp; Fig. 8.19 (ambas): © Neil Bartlett; Fig. 8.20: Cortesia de Argonne National Laboratory.

Capítulo 9
Abertura: From G. N. Lewis, Valence, Dover Publications, Inc., New York 1966; p. 282: © The McGraw-Hill Companies, Inc./Foto de Ken Karp; p. 285: © Cortesia de James O. Schreck, Professor de Química, University of Northern Colorado.

Capítulo 10
Abertura: Cortesia Aneel Aggarwal, Ph.D., e Stephen C. Harrison, Department of Biochemistry e Molecular Biology, Harvard University, de A. K. Aggarwal, et al., Reconhecimento de um operador DNA pelo repressor (pg 434); uma visão em alta

resolução. *Science* 242 (11 Novembro 1988) pp. 899–907. © AAAS; Fig. 10.20: © Donald Clegg.

Capítulo 11
Abertura: Cortesia, Laura Stern, U.S. Geological Survey—Menlo Park, Califórnia, Foto de John Pinkston & Laura Stern; p. 343: © J. H. Robinson/Photo Researchers; p. 344: Reimpresso por Cortesia de the American Petroleum Institute; Fig. 11.11, p. 355: © The McGraw-Hill Companies, Inc./Foto de Ken Karp; p. 356 (em cima): © E. R. Degginger/Color-Pic; p. 356(embaixo): © IBM's Almaden Research Center; p. 361 (embaixo), p. 364: © The McGraw-Hill Companies, Inc./Foto de Ken Karp; p. 365: © BioPhoto/Photo Researchers; Fig. 11.23: © Joel Gordon.

Capítulo 12
Abertura: © The McGraw-Hill Companies, Inc./Foto de Ken Karp; Fig. 12.9: © The McGraw-Hill Companies, Inc./Foto de Ken Karp; p. 384: © Hermann Eisenbeiss/Photo Researchers; Fig. 12.11: © The McGraw-Hill Companies, Inc./Foto de Ken Karp; p. 392: © Bryan Quintard/Jacqueline McBride/ Lawrence Livermore National Laboratory; p. 393: © L. V. Bergman/ The Bergman Collection; p. 394: © Grant Heilman/Grant Heilman Photography; Fig. 12.28 (tudo), p. 401: © The McGraw-Hill Companies, Inc./Foto de Ken Karp; Fig. 12.32: © Ken Karp; p. 408: © AFP/Corbis.

Capítulo 13
Abertura: © Richard Megna/Fundamental Photographs; Fig. 13.1 (tudo), p. 419: © The McGraw-Hill Companies, Inc./Foto de Ken Karp; p. 423: © Hank Morgan/Photo Researchers; p. 424: © The McGraw-Hill Companies, Inc./Foto de Ken Karp; Fig. 13.10 (tudo): © David Phillips/Photo Researchers; p. 427: © John Mead/Science Photo Library/Photo Researchers.

Capítulo 14
Abertura: Fig. 14.3, Fig. 14.6, p. 448, Fig. 14.16: © The McGraw-Hill Companies, Inc./Foto de Ken Karp; Fig. 14.19: Cortesia de Johnson Matthey; Fig. 14.21: Cortesia de General Motors Corporation.

Capítulo 15
Abertura: © Videodiscovery; p. 479: © The McGraw-Hill Companies, Inc./Foto de Ken Karp; p. 486: © Collection Varin-Visage Jacana/Photo Researchers; Fig. 15.5, Fig. 15.8a, Fig. 15.8b, Fig. 15.9: © The McGraw-Hill Companies, Inc./Foto de Ken Karp.

Capítulo 16
Abertura: Fig. 16.2: © The McGraw-Hill Companies, Inc./Foto de Ken Karp; p. 517: © The McGraw-Hill Companies, Inc./Foto de Stephen Frisch; p. 543: © Michael Melford; Fig. 16.9 (ambas), Fig. 16.10: © The McGraw-Hill Companies, Inc./Foto de Ken Karp.

Capítulo 17
Abertura: © Allan Morgan/Peter Arnold; p. 554, Fig. 17.1, Fig. 17.3, Fig. 17.8: © The McGraw-Hill Companies, Inc./Foto de Ken Karp; p. 568: © CNRI/SPL/Science Source/Photo Researchers; p. 568: © Bjorn Bolstad/Peter Arnold; pp. 570, 571, 572: © The McGraw-Hill Companies, Inc./Foto de Ken Karp; p. 573: © Runk/Schoenberger/ Grant Heilman Photography; Fig. 17.10, Fig. 17.11, Fig. 17.12 (tudo): © The McGraw-Hill Companies, Inc./Foto de Ken Karp; Fig. 17.13 (tudo): © The McGraw-Hill Companies, Inc./Foto de Stephen Frisch.

Capítulo 18
Abertura: Cortesia National Lime Association; p. 589: © Harry Bliss. Publicado originalmente na capa da *New Yorker Magazine*; p. 590: © The McGraw-Hill Companies, Inc./Foto de Ken Karp; p. 592: © Matthias K. Gobbert/University of Maryland, Baltimore County/Dept. of Mathematics and Statistics; p. 595: © The McGraw-Hill Companies, Inc./Foto de Ken Karp; Fig. 18.7: Cortesia National Lime Association; p. 606: © The McGraw-Hill Companies, Inc./Foto de Ken Karp.

Capítulo 19
Abertura: © Corbis Images; Fig. 19.2: © The McGraw-Hill Companies, Inc./Foto de Ken Karp; Fig. 19.11: NASA; Fig. 19.13: © The McGraw-Hill Companies, Inc./Foto de Ken Karp; Fig. 19.16: © The McGraw-Hill Companies, Inc./Foto de Stephen Frisch; p. 658, p. 659: © The McGraw-Hill Companies, Inc./Foto de Ken Karp.

Capítulo 20
Abertura: © Stephen J. Lippard, Chemistry Department, Massachusetts Institute of Technology; Fig. 20.2 (exceto Copper): © The McGraw-Hill Companies, Inc./Foto de Ken Karp; Fig. 20.2 (Cu): © L.V. Bergman/The Bergman Collection; Fig. 20.9, Fig. 20.15: © The McGraw-Hill Companies, Inc./Foto de Ken Karp; Fig. 20.21: © Stephen J. Lippard, Chemistry Department, Massachusetts Institute of Technology.

Capítulo 21
Abertura: NASA; p. 695: © Francois Lochon/ Getty Images; Fig. 21.5: © Fermilab Visual Media Services; Fig. 21.11: © Pierre Kopp/ Corbis Images; Fig. 21.12: © M. Lazarus/ Photo Researchers; Fig. 21.13: © Los Alamos National Laboratory; p. 704: © U.S. Department of Energy/Science Photo Library/ Photo Researchers; Fig. 21.15: © Lawrence Livermore National Laboratory; Fig. 21.16: © Department of Defense, Still Media Records Center, US Navy Photo; Fig. 21.17: © B. Leonard Holman; p. 708: © Alexander Tsiaras/Photo Researchers.

Capítulo 22
Abertura: © The McGraw-Hill Companies, Inc./Foto de Ken Karp; Fig. 22.2: © Neil Rabinowitz/Corbis Images; p. 720: © Richard Hutchings/Photo Researchers; Fig. 22.5: © E. R. Degginger/Color-Pic; p. 730: Cortesia de Lawrence Berkeley Laboratory.

Índice Analítico

% de ionização, 527

A

Abaixamento da pressão do vapor, 420
Abaixamento do ponto de congelamento, 423
Ação capilar, 384
Aceleradores de partículas, 698
Acetaldeído (CH_3CHO), 362
Acetato de etila ($CH_3COOC_2H_5$), 364, 467
Acetato de sódio (CH_3COONa), 538, 554
Acetileno (C_2H_2), 356
    combustão de, 192, 356
    ligação, 275, 325
    propriedades e reações de, 356
Acetona (CH_3COCH_3), 362
Ácido(s), 48, 102, 511. *Veja também ácidos fortes ácidos fracos*
    Arrhenius, 100
    Brønsted, 101, 511
    diprótico, 102, 527
    força, 102, 517, 535
    fortes e fracos, 102, 517
    Lewis, 545
    monoprótico, 102, 521
    nomenclatura, 48
    poliprótico, 102, 527
    propriedades gerais de, 100
    triprótico, 102, 527
Ácido acético (CH_3COOH), 96, 102, 517, 522, 533
    constante de ionização, 522
    sistema ácido acético-acetato de sódio, 554
    titulações, 562
Ácido acetilsalicílico (aspirina), 522
Ácido adípico, 721
Ácido benzóico, 363, 522
Ácido bórico, 545
Ácido Brønsted, 101, 511
Ácido carbônico (H_2CO_3), 529
    constante de ionização, 528
    formação, 543, 546

Ácido clórico, 49
Ácido cloroso ($HClO_2$), 49
Ácido conjugado, 511
Ácido de ionização constante (K_a), 521, 528
    de ácidos monotrópicos, 522
    de ácidos dipróticos e polipróticos, 528
    relação entre bases constantes de ionização, 533
Ácido desoxirribonucleico (ADN). *Ver* ADN
Ácido diprótico, 102, 527
    constante de ionização 528
Ácido fórmico (HCOOH), 363, 441
Ácido glutâmico, 723, 727
Ácido hidrociânico (HCN), 519, 522
Ácido hidroflórico, (HF), 517, 522
    como um ácido fraco, 517, 522
    ionização constante de, 522
Ácido hipocloroso (HCl), 100, 517
    como ácido monoprótico, 102, 521
    em tritations ácido-base, 121, 160
Ácido hipocloroso, 49
Ácido Lewis, 545
Ácido nítrico (HNO_3), 102
    como ácido forte, 517
    processo de produção de, 466
Ácido nucleico, 729
Ácido oxálico, 495
Ácido perclórico ($HClO_4$), 49, 519
Ácido ribonucleico. Veja RNA
Ácido sulfúrico (H_2SO_4)
    calor de diluição, 245
    como ácido diprótico, 102, 527
    como ácido forte, 517
    em baterias, 640
    ionização constante, 528
Ácido tripótico, 102, 527
Ácidos carboxílicos, 363
Ácidos fortes, 102, 517
Ácidos fracos
    constante de ionização, 522, 528
    definido, 102, 517
Ácidos monopróticos, 102, 521
Ácido poliprótico, 102, 527

Ácido fosfórico (H_3PO_4), 102, 528
    ionização constante, 528
Adenina, 729
Adenosina difosfato (ADP), 611
Adenosina trifosfato ATP), 611
Adesão, 384
ADN (ácido desoxirribonucleico), 729
Afinidade eletrônica, 253, 254
Agente antitumor, 680
Agente de oxidização, 106
Agente de redução, 106
Agente quelante, 667
Água
    autoionização, 512
    calor específico, 183, 385
    como moderador, 701
    constante de íon, 512
    densidade, 386
    diagrama de fase, 401
    eletrólise, 647
    estrutura, 390, 445
    ligações hidrogênicas, 381, 386
    momento dipolo, 311
    ponto de ebulição, 398
    pressão de vapor, 150 (*tabela*)
    propriedades ácido-base, 512
    tensão de superfície, 386
    viscosidade, 384
Alcano de cadeia linear, 344
Alcanos, 342
    nomenclatura, 352
    reações, 349
    substituídos, isomerismo óptico, 367
Alcanos substituídos, quirialidade, 367
Alcenos, 350
    nomenclatura, 352
    propriedades e reações, 353
Alcinos, 355
    nomenclatura, 355
Álcool de madeira. *Veja Metanol*
Álcool(s), 360
    desnaturado, 361
    oxidação do, 361
    reações de condensação, 362
Álcool, desidrogenase, 361

Aldeído cinâmico, 363
Aldeídos, 362
Alótropos, 39
  carbono, 39, 188, 394
  enxofre, 190, 260
  fósforo, 190, 260
  oxigênio, 39, 188
Alterações de fase, 394
  e entropia, 605
  efeitos de pressão, 402
  líquido-sólido, 400
  líquido-vapor, 395
  sólido-vapor, 401
Alumínio, 258, 652
  eletrometalurgia, 652
Alzheimer, doença de, 708
Aminas, 365
Aminoácidos, 363, 722
Amônia (NH_3)
  como base, 102, 511, 518
  como base de Lewis, 545
  geometria, 304, 316
  ionização constante da, 531
  produção de, 465
Ampère (A), 650
Amplitude de onda, 202
Análise conformacional, 345
Análise dimensional, 18, 60, 77
Análise quantitativa, 117
Análise química
  análise gravimétrica, 117
  análise qualitativa, 579
Analisador do hálito, 361
Anemia de células falciformes, 727
Ângulo diédrico, 346
Ângulos de ligação, 301, 304
Ânions, 38
  com átomos metálicos, 669
  configuração eletrônica, 243
  hidrólises, 538
  nomenclatura, 43, 44, 669
  raios do, 247
Ânodo de sacrifício, 646
Ânodos, 625
Anticongelante, 424
Ar, composição do, 131
Argônio, 263
Aristóteles, 29
Arrhenius, Svante A., 100, 457
Arsênio, 260
Aspirina (ácido acetilsalicílico), 522
Assimétrico, 367
Astato, 262
Aston, Francis, 65
Atividade, 514
Átomo doador, 666

Átomo, 30
  espectro de emissão, 208
  estrutura, 33
  modelo de Rutherford, 33
  modelo de Thomson, 32
  Teoria de Dalton, 29
  Teorias gregas, 29
Átomo de hidrogênio
  energia, 209
  equação de Schrödinger, 215
  espectro de emissão de, 208
  Teoria de Bohr, 208
Átomos de muitos elétrons, 215
ATP. *Veja trifosfato de adenosina*
Autoionização da água, 512
Avogadro, Amedeo, 58, 140

B

Balanceamento de equações, 73, 621, 687
  equilíbrio constante, 488
  reações nucleares, 687
  reações redox, 621
Bário, 257
Barômetro, 133
Bartlett, Neil, 263
Base Brønsted, 101, 511
Base conjugada, 511
Base constante de ionização (K_b), 531
  relação entre ácido e constante de ionização, 533
Base de Lewis, 545
Base(s), 49, 511
  Arrhenius, 100
  Brønsted, 101, 511
  constante de ionização, 532
  força da, 517, 531
  Lewis, 545
  nomenclatura, 49
  propriedades gerais, 100
Bases fortes, 102, 517, 531
Bases fracas, 730
Bateria de chumbo, 640
Baterias, 639
  células a combustível, 642
  de chumbo, 640
  a mercúrio, 640
  pilhas secas, 640
Bauxita, 652
Becquerel, Antoine, 32
Benzeno (C_6H_6), 285, 356
  estrutura, 285
  ligação, 285, 356
  micrografia eletrônica, 356
  ressonância, 285

Berílio, 257
Bipirâmide trigonal, 303
Bohr, Niels D., 208
Boltzmann, Ludwig, 151, 592
Bomba atômica, 700
Bomba calorimétrica, 184
Bomba de hidrogênio, 705
Bomba termonuclear, 706
Boro, 258
Borracha (polisopropeno), 718
  estrutura, 718
  natural, 718
  sintética, 719
  vulcanização, 719
Borracha sintética (elastômeros), 719
Borrracha estireno-butadieno (SBR), 720
Boyle, Robert, 135
Brometo de prata, 571
Bromo, 113, 262
Brønsted, Johannes N., 101
Bureta, 8, 119
Butadieno, 726

C

Cálcio, 258
Calor espécífio (s), 183
Calor molar
  de fusão, 400, 401 (*tabela*)
  de vaporização, 396, 397 (*tabela*)
  sublimação, 401
Calor, 170, 174
  de fusão, 400
  de neutralização, 186
  de solução, 412
  de sublimação, 401
  de vaporização, 396
  e trabalho, 174
Calorimetria, 182
Calorimetria a pressão constante, 186
Calorimetria a volume constante, 184
Calorímetro, 184
  bomba de pressão constante, 186
  bomba de volume constante, 184
Célula combustível de oxigênio-propano, 643
Camada, 216
Camada de valência, 300
Campo magnético
  spin eletrônico e, 217, 223, 676
Câncer, 710
Capacidade calorífica (c), 183, 186
Capacidade tamponante, 555
Captura eletrônica, 690

Carbeto de cálcio (CaC$_2$), 356
Carbetos, 43
Carbonato de cálcio (CaCO$_3$), 486, 604
Carbonato de cobre (CuCO$_3$; patina), 645
Carbono, 259. *Ver também diamante; grafite*
    alótropos de, 39, 188
    massa atômica de, 57
Carbono-12, 57
Carbono-14, 695
Carcinogenicidade
    de aminas, 365
    de hidrocarbonetos aromáticos, 360
    radiação, 710
Carga de energia. *Veja Entalpia*
    em reações químicas, 70
    e a primeira lei da termodinâmica, 172
Carga formal, 281
Carga nuclear efetiva, 244
Carothers, William H., 719
Catalisadores, 464
    conversores catalíticos, 467
    efeitos em equilíbrio, 499
    enzimas como, 468
    heterogêneos, 465
    homogêneos, 467
Catálise, 464
    enzima, 468
    heterogêneos, 465
    homogêneos, 467
    redução da poluição do ar por, 467
Cátions, 38
    configuração eletrônica, 243
    hidrólise, 540
    identificação de, em soluções, 579
    nomenclatura, 44
    raios, 247
Catódicos, 625
Célula combustível de oxigênio-hidrogênio, 642
Célula combustível de propano-oxigênio, 643
Célula cúbica de corpo centrado (ccc), 388
Célula cúbica de face centrada (cfc), 389
Célula cúbica simples (scc), 388
Célula de combustível, 642
Célula de combustível hidrogênio-oxigênio, 642
Célula de Daniel, 625
Célula de Leclanche, 640
Célula galvânica de cobre-zinco, 625

Célula pilha sêca, 640
Célula unitária, 387
Célula voltaica (galvânica), 624
Células de Down, 646
Células eletrolíticas, 646
Células galvânicas, 624
Centro
    atômico. *Veja núcleo*
    gás nobre, 228
    reator nuclear, 702
Césio, 256
Chadwick, James, 34
Charles, Jacques, 137
Chernobyl, 703
Chuva ácida, 543
Cicloalcano, 350
Ciclobutano, 350
Ciclohexano, 350
Cinética. *Veja Química cinética*
Cinética química, 439
Cinto de estabilidade, 689
Cisplatina, 680
Citosina, 729
Cloreto de alumínio (AlCl$_3$), 540
Cloreto de amônia (NH$_4$Cl), 538
Cloreto de berílio (BeCl$_2$), 301, 316
Cloreto de metila, 349
Cloreto de metileno (CH$_2$Cl$_2$), 349
Cloreto de potássio (KClO$_3$), 74, 149, 464
Cloreto de prata (AgCl)
    análise gravimétrica, 117
    solubildade, 568
Cloreto de sódio (NaCl), 42
    eletrólise de ... fundido, 646
    eletrólise de solução aquosa, 648
    estrutura, 42, 393
    fundir o gelo com, 423
Clorofórmio, (CHCl$_3$), 350
Cobre, 230
    configuração elétrica, 230
    corrosão de, 645
    purificação, 652
Coesão, 384
Combustão
    de acetileno, 192, 356
    de alcanos, 349
    de enxofre, 106, 173
    de hidrogênio, 7, 170
    de metano, 179
    de monóxido de carbono, 182
Complexo ativado, 456
Complexo de spin alto, 676
Complexo inerte, 679
Complexo planar quadrado, 671
Complexos lábiles, 679

Complexo tetraedro, 671
Complexos de baixo spin, 676
Comportamento do gás não-ideal, 157
Composição atmosférica, 131
Composição em % de massa, 66, 417
Composto covalente, 274
Composto ternário, 44
Compostos binários, 43
Compostos de coordenação, 666
    denominando, 668
    geometria, 670
    ligação, 672
    número de oxidação, 668
    propriedades magnéticas, 676
Compostos inorgânicos, 43
Compostos iônicos, 38
    fórmula, 43
    nomenclatura, 43, 44
Compostos molares, 46
Compostos orgânicos, 342
Comprimento da ligação, 275
Comprimento de onda, 202
    cor e, 205, 674
    radiação e, 205
Comprimento, unidade SI básica do, 10
Concentração, 113, 414
    de efeito fem, 635
    equilíbrio químico e variações, 494
Concentração de células, 638
Concentração de uma solução, 113, 414
    comparada, 415
    fração molar, 148, 420
    massa por percentual, 417
    molalidade, 417
    molaridade, 114
Concentração molar, 114
Condensação, 395
Condutividade, metálica, 394
Configuração eletrônica, 221, 228
    ânions, 243
    cátions, 243
    distribuição eletrônica nos orbitais, 222
    estado fundamental, 223, 241
    moléculas diatômicas, 329, 334
    paramagnetismo e diamagnetismo, 224
    princípio Aufbau, 228
    princípio da exclusão de Pauli, 223
    regra de Hund, 225
Confinamento magnético, 705
Constante de equilíbrio (K), 480, 607. *Veja também constantes de ionização*

e cálculos das concentrações de equilíbrio, 491
e lei de ação de massa, 481
equação balanceada, 488
equilíbrio heterogêneo, 486
equilíbrio homogêneo, 482
sentido de uma reação, 489
Constante de estabilidade. *Veja Formação constante*
Constante de Faraday (F), 632
Constante de ligação (K_f), 577
Constante de Planck (h), 205
Constante de Rydberg (R_H), 209
Constante do gás (R), 141
de van der Waals, 159 (*tabela*)
unidades de, 141, A-1
Constante do produto iônico, 513
Constante molal de depressão do ponto de fusão, 424
Constante molal de elevação do ponto de ebulição, 423
Constantes de van der Waals, 159 (*tabela*)
Contador gêiger, 708
Conversão de massa em energia, 691
Conversores catalíticos, 467
Cooperatividade, 728
Copolímeros, 719
Cor
de indicadores, 567
de íons de metais de transição, 675
Corrosão, 644
do cobre, 645
do ferro, 644
Coulomb (C), 31, 632
Cremação, 427
Crick, Francis, H. C., 730
Criptônio, 263
Cristais iônicos, 392
Cristais molares, 393
Cristais semente, 411
Cristal covalente, 393
Cristais metálicos, 394
Cristalização, 411
Crômio, 230
Cromossomos, 710
Curie, (Ci), 709
Curie, Marie, 32
Curva, titulação, 561, 562, 565

D

Dacron, 721
Dalton, John, 29
Danos somáticos da radiação, 710
Datação com radiocarbono, 695
Datação, radionuclear, 695
Davisson, Clinton, 214
de Broglie, Louis, 212
Debye (D), 310
Debye, Peter J., 310
Defeito de massa, 690
Degraus elementares, 460
Democritus, 29
Densidade da carga eletrônica, 215
Densidade do elétron, 207
Densidade de elétron zero (nó), 212
Densidade, 10. *Veja também densidade do elétron*
água, 386
gás, 144
nuclear, 688
Deposição, 401
Derivação do comportamento do gás ideal, 157
Desdobramento do campo cristalino, 673
Desintegração. *Ver desintregação nuclear*
Desintegração nuclear, 693
Desnaturação reversível, 728
Desnaturamento, 728
Deutério, 35
Diagrama de células, 625
Diagrama de superfície limite, 218
Diagrama orbital, 223
Diagramas de fase, 401
Diamagnetismo, 224
Diamante
como alótropo de carbono, 39, 188
de entropia, 594
de estrutura, 394
Dicloroetileno, 351
Dicromato de potássio ($K_2Cr_2O_7$), 361, 621
Difusão, 155
Diluição de soluções, 115
Dióxido de carbono (CO_2)
ácido de Lewis, 546
diagrama de fase, 402
entalpia de formação, 191
estrutura de Lewis, 275
fotossíntese, 707
momentos de ligação, 310
propriedades ácidas, 543, 546
sólido (gelo seco), 402
solubilidade, 419
Dióxido de enxofre (SO_2)
estrutura de Lewis, 304
Dióxido de nitrogênio (NO_2), 131, 482, 498
Dipeptídeo, 611, 722
Dipolo de temperatura, 379
Dipolo dipolo-induzido, 379
Dipolo induzido, 379
Disco de cores, 674
Distribuição da velocidade molecular, 153
Distribuição de velocidades de Maxwell, 153
Distribuição eletrônica em probabilidade, 215, 218
Dióxido de manganês (MnO_2), 149, 464
Droga quiral, 369
Dualidade onda-partícula, 212

E

EDTA (etilenodiaminetetraacetato)
estrutura, 667
Efeito de íon comum
solubilidade, 574
Efeito de Shielding, 224, 245
Efeito de um catalisador, 499
alterações de volume e pressão, p, 496
dinâmica, 96, 395
e alterações de concentração, 494
e alterações de temperatura, 498
energia livre, 607
heterogêneo, 486
homogêneo, 482
líquido-sólido, 400
líquido-vapor, 395
sólido-vapor, 401
Efeito fotoelétrico, 206
Efeitos biológicos da radiação, 709
Efeitos genéticos da radiação, 710
Efetividade biológica relativa (RBE), 709
Efusão, 156
Einstein, Albert, 206
Elastômeros (borracha sintética), 719
Eletrocatalisadores, 643
Elétrodo(s)
ânodo, 625
cátodo, 625
Eletrólise, 646
aspectos quantitativos, 649
de água, 647
de cloreto de sódio aquoso, 648
de cloreto de sódio fundido, 646
purificação de metal, 652
Eletrometalurgia, 652
Eletronegatividade, 276
Eletroquímica, 621

Elementos, 5
  abundância, 6
  afinidade eletrônica, 253
  classificação, 37, 241
  configuração eletrônica do estado fundamental, 222, 228
  eletronegatividade, 276
  energia de ionização, 251
  essencial, 6
  na crosta terrestre, 6
  propriedades periódicas e de grupo, 255
  raios atômicos, 245
  representativa, 241
Elementos de transurânio 698, 699
Elementos essenciais, 6
Elementos não-metálicos, 36, 241
Elétrodo de hidrogênio padrão (SHE), 626
Elétrodo de vidro, 638
Eletrólito(s), 94
  fortes, 94
  fracos, 94
Elétron, 31
  distribuição de probabilidade, 218
  razão carga-massa, 31
  valência, 242
Elétron spin, 208, 215
  compostos de coordenação, 664
  princípio da exclusão de Pauli, 214, 676
  regra de Hund, 217
Elétrons não-ligantes, 274
Elevação do ponto de ebulição, 422
Emissão automotiva, 467
Empacotamento de esferas, 388
Enantiômeros, 367, 672
Energia, 169. *Veja também Energia livre*; ligação
  termodinâmica, 290
Energia cinética, 151
Energia de ativação (E_a), 456
Energia de ionização, 250, 251 (*tabela*)
Energia de ligação média, 290
Energia interna, 172
Energia livre (*G*), 601
  de trabalho elétrico, 632
  alteração padrão de energia livre, 602
  em fase de transição, 605
  equilíbrio químico e, 607
  espontaneidade, 601
  temperatura e, 604
Energia nuclear de ligação, 690
  de urânio, 235, 699
  estabilidade nuclear, 692
  por núcleo, 692
Energia nuclear
  perigos, 703
  reatores de fissão, 701
  reatores de fusão, 704
Energia potencial, 169
Energia química, 169
Energia radiante, 169
Energia solar, 169
Energia térmica, 169
  ionização, 250
  lei de conservação, 169
  ligação nuclear. *Veja Energia nuclear de ligação. Veja calor*
  química, 169
  unidade de, 151
Energias de ligação, 290, 291
Entalpia (*H*), 178
  padrão, 188
Entalpia de formação padrão ($\Delta H°_f$), 188, A-2
Entalpia de reação (ΔH_{rxn}), 178
Entropia (*S*), 590
  absoluta, 599
  e desordem, 592
  e equação de Boltzmann, 592
  e microestado, 591
  e probabilidade, 591
  fase de transição, 605
  padrão, 594
  variações, 593, 596, 598
Entropia de formação (*S°*), 594, A-2
Entropia de reação padrão ($\Delta S°_{rxn}$), 596
Envenenamento por chumbo, tratamento, 668
Enxofre, 260
  alótropos, 260
  combustão, 106, 173
  em processo de vulcanização, 719
Enzima(s), 468
  álcool desidrogenase, 361
  catálise, 468
  hexoquinase, 468
  modelo de chave e fechadura, 468
Equação(ções). *Veja também equações químicas*
  balanceamento, 72, 621, 687
  de Arrhenius, 457
  de Einstein, 691
  de gases ideais, 141
  de Henderson-Hasselbach, 558
  de Nernst, 635
  de Schrödinger, 215
  de van der Waals, 159
  iônicas, 99
  molecular, 98
  nuclear, 687
  redox, 621
  termoquímica, 179
Equação Boltzmann, 592
Equação de Clausius-Clapeyron, 396
Equação nuclear, balanceamento, 687
Equação quadrática, 524, A-7
Equações químicas, 71
  balanceadas. *Veja também balanceamento de equações*
Equilíbrio, 96, 479, 607. Veja também indicadores ácido-base; constante de equilíbrio
Equilíbrio de solubilidade
  efeito de íon comum, 574
  íons complexos, 576
Equilíbrio dinâmico, 395
Equilíbrio físico, 479
Equilíbrio gelo-água, 400
Equilíbrio heterogêneo, 486
Equilíbrio homogêneo, 482
Equilíbrio líquido-sólido, 400
Equilíbrio líquido-vapor, 395
Equilíbrio químico, 96, 479
Equilíbrio sólido-vapor, 401
Escalas de temperatura
  Celsius, 11, 138
  Fahrenheit, 11
  Kelvin, 11, 138
Espectômetro da massa, 65
Espectro
  absorção, 442, 675
  emissão, 207
  visível, 205, 674
Estabilidade nuclear, 688
Estabilidade
  cinto de, 689
  nuclear, 688
Estado de oxidação. *Veja Número de oxidação*
Estado de transição, 456
Estado de um sistema, 171
Estado excitado, 209
Estado fundamental (nível fundamental), 209
Estado padrão, 188, 602
Estearato de etila, 364
Estequiometria, 76
  e reações de gás, 145
  real, teórica e % de rendimento, 82
  taxa de reação, 439
Éster, 364

Estrôncio, 258
Estrôncio-90, 258, 699
Estrutura cristal, 387
Estrutura de Lewis, 274
    carga formal e, 281
    conceito de ressonância, 284
    regra do octeto, 275
Estrutura de ressonância, 284
Estrutura esquelética, 345
Estrutura primária, 726
Estrutura quaternária, 726
Estrutura secundária, 726
Estrutura terciária, 726
Etano (C_2H_6), 74
    análise conformacional, 345
Etanol (C_2H_5OH), 69, 360
Éter, 362
Éter dietílico ($C_2H_5OC_2H_5$), 362, 396
Etileno (C_2H_4), 353
    ligação, 275, 323
    polimerização, 355
Etileno glicol [$CH_2(OH)CH_2(OH)$], 360, 424
Etilenodiamina, 667
Etilenodiaminatetraacetato. *Veja* EDTA
Evaporação. *Veja Vaporização*
Expansão da camada de valência, 322

F

Família de elementos, 36
Faraday, Michael, 632
Fase, 394
Fator de frequência (A), 457
Fator de orientação, 460
Fator van't Hoff, 430
Fenolftaleína, 119, 565
Fermentação, 360
Ferro
    corrosão, 644
    galvanizado, 645
Ferrugem, 644
Figuras significativas, 14, A-6
Fissão nuclear, 699
    reatores, 701
Flúor, 262
    defeito de massa, 690
    número de oxidação, 107, 278
Fluoreto de hidrogênio (HF), 276, 309, 382
Fluorídrico clorídrico, 262

Força, 132
    adesiva, 384
    coesiva, 384
    de dispersão, 379
    unidade de, 132
    van der Waals, 378
Força do ácido, 102, 517, 535
Força eletromotriz (fem), 625
    efeitos de concentração, 635
    padrão, 626
Força
    de ácidos e bases, 102, 517, 531, 535
Forças de London. *Veja Forças intermoleculares de dispersão*
Forças dipolares-dipolares, 378
Forças intermoleculares, 378
    forças de dispersão, 379
    forças de van der Waals, 378
    forças dipolo-dipolo, 378
    forças íon-dipolo, 378
Forças intramoleculares, 378
Formação de íons complexos, 576
Formação livre de energia padrão (ΔG_f°), 602
Formaldeído (CH_2O), 354
    ligação, 325
Formas moleculares. *Veja geometria molecular*
Fórmula empírica, 40
    determinação de, 69
Fórmula simples, 40, 69
Fórmulas químicas, 39
    empíricas, 40, 70
    estrutural, 40, 343
    molecular, 39, 70
Fósforo, 260
    alótropos, 260
Fósforo branco, 260
Fósforo vermelho, 260
Fótons, 206
Fotossíntese, 707
    dióxido de carbono, 707
Fração molar (X), 148, 421
Frasco volumétrico, 8, 114
Frequência, 202
Frequência Threshold, 206
Função de onda, 215
Funções de estado, 171
Fusão
    calor molar de, 401
    entropia, 593, 606
    nuclear, 699, 704

G

Gálio, 240, 259
Gás ideal, 141
Gás Marsh. *Veja Metano*
Gás natural, 343
Gás nobre, 228
Gás(es), 131
    densidade, 144
    espectro de emissão, 207
    estequiometria, 145
    Lei de Avogadro, 140
    Lei de Boyle, 135
    Lei de Charles, 139
    Lei de Dalton da pressão parcial, 146
    monatômico, 131
    pressão do, 132
    propriedades, 131
    solubilidade, 418
    teoria cinético-molecular, 151
Gases monoatômicos, 131
Gases nobres raros, 37, 262
Gay-Lussac, Joseph, 138
Geiger, Hans, 33
Gelo, 386
Gelo seco, 402
Geometria molecular, 300. *Veja também orbitais híbridos*
    de cicloalcanos, 350
    de compostos de coordenação, 670
Germer, Lester, 214
Gibbs, Josiah W., 601
Glândula tireóide, 707
Glicerol, 385
Glicina, 723
Glucose ($C_6H_{12}O_6$), 360
Goodyear, Charles, 719
Gorduras, 353, 375
Grafite
    alotropia do carbono, 39
    entropia, 594
    estrutura, 394
Grama (g), 10
Grupo (periódico), 36
Grupo amida, 725
Grupo carbonila, 362
Grupo carboxila, 363
Grupo principal de elementos, 241
Grupo etilo (C_2H_5), 347
Grupo fenil, 358
Grupo metil (grupo CH_3), 347
Grupo periódico, 36
Grupos alquinos, 347
Grupos funcionais, 342, 366 (*tabela*)
Grupos hidróxilo (grupos OH), 360
Guanina, 729

H

H_2
  energia potencial, 313
  estrutura de Lewis, 274
Haber, Fritz, 465
Halogenação de alcanos, 349
Halogênio(s), 37, 262
  deslocamento, 112
  eletronegatividade, 276
  oxiácidos, 48
  propriedades, 262
Heisenberg, Werner, 214
Hélice alfa, 725
Hélio, 262
  energia de ionização, 251
  forças intermoleculares, 379
  formação, 679
  ponto de ebulição, 379
  velocidade de escape, 155
Hemólise, 427
Hertz (Hz), 203
Hexafluorido de enxofre (SF_6), 288, 322, 399
Hexametilenodiamina, 721
Hexoquinase, 468
Hibridização sp, 316, 325
Hibridização sp^2, 317, 323
Hibridização sp^3, 315
Hibridização sp^3d, 323
Hibridização sp^3d^2, 322
Hidorcarbonos saturados, 342. *Veja também Alcanos*
Hidratação, 95
  de íons, 95
  de prótons, 101, 511
Hidrato de metano, 341
Hidreto de berílio (BeH_2), 286
Hidróxido de cobre [$Cu(OH)_2$], 572
Hidrocarbonetos alifáticos, 342
Hidrocarbonetos aromáticos, 342
  nomenclatura, 358
  propriedades e reações, 359
Hidrocarbonetos, 342
  Alifáticos. *Ver Alcanos*
  Aromáticos. *Ver hidrocarbonos*
  insaturados, 353
  saturados, 342
Hidrocarbono não saturado, 353. *Veja também Alcinos*
Hidrocarbonos aromáticos policíclicos, 360
Hidrocarbonos polinsaturados, 353
Hidrogenação, 353
Hidrogênio, 256
  combustão de, 7, 170
  deslocamento de, 110
  isótopos de, 35
  número de oxidação de, 109
  orbitais atômicas de, 217
  propriedades, 256
Hidrogenoftalato de potássio, 119
Hidrólise
  alcalina (saponificação), 364
  ATP, 612, 722
  de ésters, 364, 467
  íon metal, 540
  sal, 537
Hidrólise do sal, 537
Hidrômetro, 641
Hidróxido anfotérico, 579
Hidróxido de alumínio[$Al(OH)_3$], 579
Hidróxido de bário [$Ba(OH)_2$], 102, 121, 517
Hidróxido de metais alcalinos terrosos, 37, 257
  eletronegatividade 276
  energia de ionização, 251
  propriedades, 257
Hidróxido de metais alcalinos, 517
Hidróxido de sódio (NaOH), 517
  em saponificação, 364
  titulações, 119, 560, 562
Hidróxidos
  anfotéricos, 579
  de metais alcalino-terrosos, 102, 517
  metal alcalino, 102, 517
Hindenburg, 171
Hipótese, 3
Hipótese de Broglie, 212
Hiroshima, 701
Homopolímeros, 717

I

Ibuprofeno, 369
Indicadores ácido-base, 119, 565, 567
Índice de iodo, 375
Interferência construtiva, 327
Interferência destrutiva, 327
Intermediário enzima-substrato, 469
Intermediários, 461
Iodo, 262
  estabilidade nuclear, 692
  sublimação, 401
Íodo-131, 707
Íon acetato, 538
Ion amida, 519
Íon amônio, 44, 538
Íon carbonato, 285
Íon complexo(s), 576
  equilíbrio de solubilidade, 577.
  propriedades magnéticas do, 676
Íon de hidrogênio
  hidratado, 101, 511
  pH e concentração de, 514
Íon dicromático, 621
Íon hidrônio, 101, 511
Íon metálico
Íon óxido, 519
Íon permanganato, como agente oxidante, 622
Íon superóxido, 257
Íon tripositivo, 248
Íon unipositivo, 248
Íon, 38. *Veja também efeito do íon comum; Íon complexo*
  configuração do elétron, 243
  dipositivo, 248
  espectador, 99
  hidratado, 95
  metal de transição, 244, 665
  monatômico, 39, 44
  monovalente, 248
  poliatômico, 44
  trivalente, 248
Ionização constante.
  de ácidos dipróticos e polipróticos, 528
  de ácidos monopróticos, 521
  de bases, 531
Íons isoeletrônicos, 244
Íons monoatômicos, 38
Íons poliatômicos, 38
Íons tiossulfato, 706
Isomerização, 351
Isômeros(s)
  de polímeros, 718
  enantiômeros, 351, 671
Isômeros *cis-trans*
  de alcenos, 351
  de compostos de coordenação, 671
Isômeros de transição. Veja *isômeros cis-trans*
Isômeros dextrorotatórios, 368
Isômeros estruturais, 343
Isômeros geométricos, 351, 670
Isômeros levo-rotatórios, 368
Isopreno, 718
Isopropanol (álcool de fricções), 362
Isótopos, 35
  aplicações, 706
Isótopos radioativos, 707

J

Joule (J), 151

K

Kekulé, August, 285
Kelvin, escala de temperatura, 11, 138
Kelvin, Lord (William Thomson), 138
Ketones, 363

L

Le Chatelier, Henry, 494
Lei da razão, 444. *Veja também ordem de reação*
Lei das proporções múltiplas, 30
Lei(s), 3
    das oitavas, 240
    da ação da massa, 481
    de Avogadro, 140
    de Boyle, 135
    de Charles, 139
    de conservação de energia, 169
    de conservação de massa, 30
    de difusão de Graham, 156
    de Henry, 418
    de Hess, 190
    de múltiplas proporções, 30
    de pressão parcial de Dalton, 146
    de proporções definidas, 29
    de Raoult, 420
    primeira lei da termodinâmica, 172
    segunda lei da termodinâmica, 595
    taxa, 444
    terceira lei da termodinâmica, 599
Lewis, Gilbert N., 273
Ligação
    compostos de coordenação, 672
    comprimento, 275
    em metais, 394
    de energia, 290
    iônica, 276
    pi, 323
Ligação covalente, 274
    coordenada, 287
    polar, 276
Ligação de hidrogênio, 382, 386, 725, 730
Ligação peptídica, 722
Ligação simples, 275
Ligações covalentes coordenadas, 287
Ligações covalentes polares, 276
Ligações duplas, 275, 323
Ligações múltiplas, 275, 323
Ligações sigma (σ), 323
Ligações triplas, 275, 325
Ligando aquo, 666
Ligando bidentado, 667
Ligandos monodentados, 667
Ligantes, 666, 667 (*tabela*)
    de campo forte, 676
    de campo fraco, 676
Ligantes polidentados, 667
Linhas espectrais, 208
Líquido(s), 383
    propriedades, 377 (*tabela*)
    soluções de líquidos em, 411
    soluções de sólidos em, 411
    tensão da superfície em, 383
    viscosidade em, 383
Líquidos miscíveis, 413
Lítio, 256
Litro (L), 10
Logaritmo, A-6
London, Fritz, 379
Luz polarizada segundo um plano, 367
Luz
    absorção, e Teoria do cristal de campo, 674
    dualidade onda-partícula, 206
    polarizada segundo um plano, 367
    teoria eletromagnética, 203
    velocidade, 203

M

Maçarico de oxiacetileno, 192
Macromoléculas. *Ver Polímeros*
Magnésio, 257
    proteção catódica com, 646
Magnetismo
    de íons complexos, 676
    diamagnetismo, 223, 676
    paramagnetismo, 223, 676
Manômetro, 134
Marsden, Ernest, 33
Massa, 9
    crítica, 700
    de partículas subatômicas, 34
    defeito de, 690
    do elétron, 31
    molar, 59, 144, 428
    molecular, 62
    subcrítca, 700
    unidade SI básica da, 9
Massa atômica média, 57
Matéria, 4
    classificação de, 4
Maxwell, James C., 151
Mecânica quântica, 215
Mecanismos de reação, 460
    e reação de molecularidade, 461
    passos elementares, 460
Membrana potencial, 639
Membrana semipermeável, 425
Mendeleev, Dmitri I., 240
Mensageiro RNA, 730
Metabolismo, 611
Metais alcalinos, 37, 256
    eletronegatividade de, 276
    energia de ionização, 251
    propriedades comuns, 256
    reações com oxigênio, 256
    tendências dos grupos, 256
Metal de transição (s), 230
    elétron de configuração, 230, 664
    número de oxidação, 109, 665
Metal(s), 36, 241, 256
    corrosão. *Veja Corrosão*
    em compostos iônicos, 44
    ligação, 394
    propriedades, 36, 241, 256
    reações de deslocamento, 111
Metano (CH_4), 343
    combustão do, 349
    geometria molecular, 302, 315
Metanol (CH_3OH), 306, 361
Metil propil éter, 374
Metil, radical, 349
Método científico, 2
Método de isolamento, 445
Método íon elétron, 621
Método molar, 76
Metro, 16
Meyer, Lothar, 240
Microestados, 591
Microondas, 205
Millikan, Robert, 31
Mistura, 5
    de gases, e lei das pressões parciais, 146
    heterogênea, 5
    homogênea, 5
    racêmica, 368
Modelo Bohr, 208
Modelo da repulsão dos pares de elétrons da camada de valência (VSEPR), 300
    e moléculas cujo átomo central não tem pares isolados, 300
    e moléculas cujo átomo tem um ou mais pares isolados, 304
Modelo de esferas e bastões, 39

Modelo de preenchimento de espaço, 39
Modelos moleculares, 39
Moderador, 701
Mol, 58
Molalidade (m), 414
Molaridade (M), 114, 414
Molécula de hidrogênio
    combustão, 7
    estrutura de Lewis, 274
    ligação, 274, 313, 330
Molécula diatômica homonuclear, 331
Molecularidade, 461
Moléculas, 38
    apolares, 310
    aquirais, 367
    com número ímpar de elétrons, 287
    diatômicas, 38
    fórmulas químicas, 39
    linear, 302, 316, 325
    planar, 302, 323
    polar, 310
    poliatômicas, 38
    quiral, 367
Moléculas polares, 310
Momentos dipolares (μ), 310
Monômeros, 717, 720 (*tabela*)
Monóxido de carbono
    combustão, 182
    entalpia de formação, 191
Moseley, Henry, 240
Movimento rotacional, 594
Movimento térmico, 152
Movimento transnacional, 594
Movimento vibracional, 594
Mutágeno, 369

N

N_2. *Veja Nitrogênio*
Naftalina ($C_{10}H_8$), 360
Nagasaki, 701
Náilon (hexametilenodiamina), 719
Não eletrólito, 94
Não-metal, 36, 241
Néon, 65, 262
Neopreno (policloropreno), 719
Neotil, 362
Netúnio, 699
Nêutron, 34, 687, 700
Nêutron lento, 699
Nêutrons térmicos, 699
Newlands, John A., 240
Newton (N), 132
Newton, Sir Isaac, 132

Nitrogênio, 260
    eletronegatividade, 276
    energia de ligação, 290
    estrutura de Lewis, 275
    ligação em, 275, 334
Nó, 212
Nomenclatura
    de ácidos e suas bases conjugadas, 519 (*tabela*), 522, 528
    de ácidos simples, 48 (*tabela*)
    de ácidos, 48
    de alcanos, 347
    de alcenos, 352
    de alcinos, 355
    de ânions, 43 (*tabela*), 44, 669
    de bases, 49
    de cátions, 44 (*tabela*)
    de compostos aromáticos, 358
    de compostos coordenados, 668
    de compostos moleculares, 46
    de elementos de transuranium, 699
    de iônicos compostos, 43
    de oxoácidos, 49 (*tabela*)
    de oxoânions, 49 (*tabela*)
Nomes de compostos. *Veja Nomenclatura*
Notação científica, 13
Notação exponencial. *Veja notação científica*
Núcleo, 33
    densidade do, 688
Núcleo atômico, 33
Núcleo estável, 688
Núcleos, 690
Nucleótido, 730
Número atômico (Z), 35, 240
Número de Avogadro, 58
Número de coordenação, 389, 666
Número de massa (A), 35
Número de octano, 374
Número de oxidação (estado de oxidação), 106
    atribuição, 106, 278
    de elementos de transição, 106, 665
    de elementos não metálicos, 109
    de halógenos, 109
    de metais em compostos coordenados, 668
    eletronegatividade, 278
Número mágico, 688
Número quântico, 216
    magnético, 216
    momento angular, 216
    principal, 209, 216
    spin eletrônico, 217
Número quântico do elétron spin (m_S), 217

O

O_2. *Veja Oxigênio*
    configuração eletrônica, 333
    paramagnetismo, 326
    solubilidade, 418
O_3. *Veja Ozônio*
Octaedro, 303
Octeto expandido, 288, 322
Octeto incompleto, 286
Óleo cru, 344
Óleo, hidrogenado, 353
Onda mecânica, 215
Ondas, 202
    comprimento, 202
    eletromagnética, 203
    energia em forma de. *Veja Radiação*
    frequência, 202
    interferência, 327
    permanente, 212
    propriedades, 202
Ondas padrão, 212
Oprina, 351
Orbitais atômicos, 215
    atribuição de elétrons, 222
    energias, 220
    relações entre números quânticos, 215
Orbitais d, 219
    hibridização, 322
    Teoria do campo cristal, 672
Orbitais de formas geométricas, 218, 219, 319.
Orbitais f, 216
Orbitais híbridos, 315, 319 (*tabela*)
    de moléculas com ligações duplas e triplas, 323
    sp, 316, 325
    sp^2, 317, 323
    sp^3, 315
    sp^3d, 323
    sp^3d^2, 322
Orbitais moleculares sigma, 327
Orbitais moleculares, 327
    antiligantes, 327
    ligantes, 327
Orbitais p, 219
Orbitais s, 218
Orbital molecular Pi, 328
Orbital molecular antiligante, 327
Orbital molecular deslocalizado, 357
Orbital molecular ligante, 327
Ordem da ligação, 330
Ordem de reação, 444
    determinação, 445

ordem zero, 469
primeira ordem, 447
segunda ordem, 452
Osmose, 425
Oxiácidos, 48, 536
Oxiânion, 48
Óxido de alumínio (Al_2O_3), 264, 544, 652
Óxido de cálcio (CaO; Cal viva), 604
Óxido de fósforo (V) (P_4O_{10}), 260, 543
Óxido de mercúrio (HgO), 171, 590
Óxido de urânio (U_3O_8), 702
Óxido nítrico (NO), 287
Óxidos acídicos, 264, 543
Óxidos anfotéros, 264, 543
Óxidos básicos, 264, 543
Oxigênio, 260
    alótropos, 39
    eletronegatividade, 276
    número de oxidação, 106, 278
    reações metal-alcalinas, 256
Ozônio, 39
    cargas formais em, 282
    estrutura de ressonância, 284

P

Padrão em f, 627
Par de ácido-base conjugado, 502
Paramagnetismo, 224, 676
Pares de elétrons não compartilhados, 274
Pares de íons, 430
Pares isolados, 274
Partículas alfa α, 32
Partículas beta (β), 32
Partículas elementares, 34, 687
Partículas subatômicas, 31, 686
Pascal (Pa), 132
Passivação, 645
Pátina, 645
Pauli, Wolfgang, 223
Pauling, Linus, 276, 725
Pedra Kidney, 573
Pedras
    determinação da idade, 696
Pentacloreto de fósforo (PCl_5), 303
Pentano (C_5H_{12}), 343
Pentóxido de nitrogênio, 448, 543
Percentagem do caráter iônico, 277
Percentagem do rendimento, 83
Percentagem em massa, 414
Perigo de radiação
    genética, 710
    somática, 710
Período, 36
Peróxido de hidrogênio (H_2O_2), 66
    composição em % em massa, 66
    decomposição, 442, 462
    número de oxidação, 278
Peróxido, 256
Peso atômico. *Ver massa atômica*
Peso molecular. *Veja massa molecular*
pH, 514
pH metríca, 515, 560
    de soluções tampão, 554
    titulações ácido-base, 559
Pirimidinas, 729
pK_a, 558
Planck, Max, 202
Plasma, 705
Platina
    aplicações terapêuticas, 680
    como catalisador, 353, 467
    como eletrocatalisador, 626, 643
Plato, 29
Plutônio-239, 703
Poder de penetração, 225
pOH, 515
Polaridade da ligação, 276
Polarímetro, 367
Polarizabilidade, 379
Polaroid, filme, 367
Poli (cloreto de vinila (PVC)), 717
Poli-*cis*-isopreno, 718
Policloropreno (neopreno), 719
Poliéster, 721
Polietileno, 355
Polimerização
    por adição, 355, 717
    por condensação, 719, 722
Polímero(s), 717
Polímeros atáticos, 718
Polímeros isotáticos, 718
Polímeros naturais, 718, 721
Polímeros orgânicos. *Veja Polímeros*
Polímeros sindiotáticos, 718
Polimetilmetacrilato, 720
Polipeptídeo, 722
Polipropeno, 718
Politetrafluoroetileno (Teflon), 717
Poluição. *Veja poluição térmica*
Poluição térmica, 417, 702
Ponte de sal, 625
Ponto de congelamento, 400
Ponto de ebulição, 398
    forças intermoleculares, 398
    pressão de vapor, 398
Ponto de equivalência, 119, 560, 562, 565
Ponto de fusão, 400
Ponto final, 565
Ponto reticular, 387
Ponto triplo, 402
Posição ativa, 468
Posição axial, 303
Posição equatorial, 303
Pósitron, 687
Potássio, 256
Potência da célula, 625
Potencial da semi-célula. *Ver padrão potencial de redução*
Potencial. *Veja redução potencial padrão*
Prata
    corrosão, 645
Precipitação, 96
Precisão, 17
Prefixos
    nomenclatura, 46 (*tabela*)
    unidades SI, 9 (*tabela*)
Pressão, 132
    atmosférica. *Veja Pressão atmosférica*
    crítica, 399
    equilíbrio químico e alterações, 488
    gás, 132
    mudança de fases, 402
    osmótica, 425
    parcial, 146
    unidades SI, 132
    vapor. *Veja Pressão de vapor*
Pressão atmosférica, 132, 133
    padrão, 133
    ponto de ebulição, 398, 402
    ponto de fusão, 402
Pressão atmosférica padrão, 133
Pressão crítica (P_c), 399, 400
Pressão de vapor, 150, 395
Pressão de vapor de equilíbrio, 395
Pressão osmótica (π), 425
Pressão parcial, 146
    lei de Dalton, 146
Primeira energia de ionização, 250
Primeira lei da termodinâmica, 172
Princípio da incerteza de Heisenberg, 214
Princípio de Aufbau, 228
Princípio de exclusão de Pauli, 223, 676
Princípio de incerteza, 214
Princípio de Le Chatelier, 494
    efeito do íon comum, 575
    equilíbrio de solubilidade, 575
    equilíbrio químico e, 494
    ionização ácida e, 527

Probabilidade do elétron, 207
Probabilidade e entropia, 578
Processo de Oswald, 466
Processo endotérmico, 171
Processo exotérmico, 171
Processo Haber, 465
Processo Hall, 652
Processos de solução, 411
Processos espontâneos, 589
Produto de solubilidade, 568, 569 (*tabela*)
    análise qualitativa, 579
    solubilidade molar, 570
Produto, 73
Projeção de Newman, 346
Propano, 343, 643
Propeno, 354, 718
Propriedades químicas, 7
Proporções definidas, lei das, 29
Propriedades
    extensivas, 7
    físicas, 7
    intensivas, 7
    macroscópicas, 8
    microscópicas, 8
    químicas, 7
Propriedades ácido-base, 100
    de água, 512
    de hidróxidos, 579
    de óxidos, 264, 543
    de soluções de sais, 537
Propriedades coligativas, 420
    de soluções eletrolíticas, 430
    de soluções não-eletrolíticas, 420
Proteção catódica, 645
Proteínas, 721
    desnaturada, 728
    estrutura, 725
Próton, 32, 687
Proust, Joseph, 29
Purina, 729

Q

Qualitativa, 3
Quanta, 204
Quantidades estequiométricas, 80
Quantitativo, 3
Quantum, 204
Quartzo
    cristalino, 394
    ponto de fusão, 394
Quilograma (kg), 10
Química, 4
Química nuclear, 693
Química orgânica, 342
Quirialidade, 367
Quociente de reação (Q), 489, 570, 607

R

Rad, 709
Radiação, 30, 203
    efeito biológico, 709
    eletromagnética, 203
    ionização, 710
Radiação fechada, 709
Radiação ionizante, 247
Radiação solar
    como fonte de energia, 169
Radiações eletromagnéticas, 203
Radical, 349, 710
Rádio
    atômico, 245
    iônico, 247
Radioatividade, 32, 686
    artificial, 697
    efeitos biológicos, 709
    estabilidade nuclear, 688
    natural, 693
Radium, 28
Raio atômico, 245
Raio catódico, 30
Raios X, 32
    tabela periódica e, 240
Raios
    alfa (α), 32
    beta (β), 32
    gama (γ), 32
Rastreador, 707
Razão de passo determinante, 462
Razão de reação, 439
    dependência, energia de temperatura, 457
    e estequiometria, 439
    entre bromino e ácido fórmico, 441
Razão nêutrons-para-prótons, 688
RBE (eficiência biológica relativa), 709
Reação bimolecular, 461
Reação de decomposição, 109
Reação de entalpia de formação (ΔH°_{rxn}), 189
Reação de precipitação, 96, 568
Reação de redução, 106
Reação livre de energia padrão (ΔG°_{rxn}), 602
Reação nuclear em cadeia, 700
Reação reversível, 96
Reação térmica, 862
Reação. Veja *Reações químicas*; *Reações nucleares*
Reações ácido-base, 104, 119, 559
Reações acopladas, 611
Reações bromo-ácido fórmico, 441
Reações de adição, 353, 717
Reações de condensação, 362, 719
Reações de deslocamento, 110
Reações de fissão, 699
Reações de neutralização, 104, 119, 559
Reações de ordem zero, 469
Reações de oxidação, 106
Reações de oxidação-redução (reações redox), 105, 621
    balanceamento, 621
    espontâneas, 632
Reações de substituição, 359
Reações não espontâneas, 589
Reações nucleares, 686
    fissão, 699
    fusão, 704
    moderador, 701
    natureza, 686
    por transmutação, 686, 698
    série de desintegração, 693
Reações químicas, 71
    ácido-base, 104, 119, 559
    adições, 357, 717
    bimolecular, 461
    combinação, 108
    condensação, 362, 719
    de alcanos, 349
    de alcenos, 353
    de alcinos, 356
    de compostos aromáticos, 359
    de primeira ordem, 447
    de segunda ordem, 452
    decomposição, 109
    definição de Dalton, 29
    deslocamento 110
    espontâneas, 589
    meia célula, 625
    metátese, 96
    neutralização, 104, 119, 559
    precipitação, 96, 568
    reação nuclear comparada com, 686
    semi, 106
    substituição, 359
    trimolecular, 461
    unimolecular, 461

Reações redox. Veja *reações oxidação-redução*
Reações termonucleares, 704
Reagente em excesso, 80
Reagentes, limitantes, 85
Reatantes, 73
Reator nuclear de Tree Mile Island, 703
Reatores nucleares, 701
   de água leve, 701
   de água pesada, 702
   fissão, 701
   fusão, 704
   poluição térmica, 702
   reprodutor, 703
Redução potencial padrão, 626, 629 (*tabela*)
   de elementos de transição, 665
Reformando catalíticos, 374
Regentes limitantes, 80
Regra de Chargaff, 730
Regra de Hund, 225, 676
Regra de Markovnikov, 354
Regra de octeto, 275
   exceções, 286
Regra diagonal, 630
Relação carga-massa (*e/m*), 31
Relação diagonal, 255
Relação pressão-volume de um gás, 135
Rem, 709
Rendimento
   percentual, 83
   real, 82
   teórico, 82
Repolho roxo, 567
Representativo (grupo principal) elementos, 241
Reprodutor de reatores, 703
Resíduo, 722
Resíduos radioativos, dispersão, 704
Ressonância, 284
Retinal, 351
RNA Ribossômico, 730
RNA, 729
Rodopsin, 351
Röntgen, Wilhelm K., 32
Rotação
   de luz polarizada no plano, 367
   molecular, 594
   sobre ligações, 345, 725
Rutherford, Ernest, 33, 240, 697

S

Sabão, 364
Sal(s), 104
   hidrólise, 537
Saponificação, 364
SBR (borracha estireno-butadieno), 726
Schrödinger, Erwin, 215
Seda, 726
Segunda lei da termodinâmica, 595
Segunda lei do movimento de Newton, 132
Semi-reação, 106, 625
Semi-vida, 450
   de iodo-131, 707
   de plutônio-239, 703
   de potássio-40, 696
   de reações de primeira ordem, 450
   de sódio-24, 707
   de tecnécio-99, 708
   de trítio, 697
   de urânio-238, 695
   do carbono-14, 695
   do cobalto-60, 706
Série das terras raras, 231
Série de Balmer, 210
Série de decaimento radiotaivo, 693
Série de decaimento de urânio, 693
Série espectroquímica, 676
Séries de atividades, 112
Séries dos actinídeos, 231
Séries eletroquímicas, 112
SHE (elétrodo hidrogênio padrão), 626
SI, Sistema Internacional de Unidades, 8
Silicone, 259
Símbolos de pontos de Lewis, 273
Sistema
   aberto, 170
   definido, 170
   estado, 171
   fechado, 170
   isolado, 170
Sistema ácido-acético de acetato de sódio, 554
Sistema de Stock, 44
Sistema Internacional de Unidades (unidades SI), 9
Sobreposição
   hibridização de orbitais atômicas, 315
   teoria da ligação de valência, 313
Soda cáustica. *Veja hidróxido de sódio*

Sódio, 256
   produção, 646
   reação com água, 181
Sol
   Fusão nuclear, 704. Veja também *Radiação solar*
Sólido cristalino, 387
Sólidos amorfos, 394
Sólidos iônicos, 392
Sólidos. *Veja também Cristais*
   propriedades características, 377 (*tabela*)
   soluções de, em líquidos, 411
   temperatura e solubilidade, 417
Solubilidade, 96, 417, 570
   e pressão, 418
   e temperatura, 417
   efeito de íon comum, 574
   gás, 417
   molar, 570
   regras de, 97
Solução, 94, 411
   calor, 412
   diluição, 115
   eletrólito, propriedades coligativas, 430
   ideal, 422
   isotônico, hipetônico e hipotônico, 427
   não-eletrólito, propriedades coligativas, 420
   não-saturado, 411
   padrão, 119
   saturada, 411
   supersaturado, 411
   unidades de concentração, 114, 414
Solução de Stock, 115
Solução estequiométrica, 117, 559
Solução hipertônica, 427
Solução hipotônica, 427
Solução ideal, 422
Solução isotônica, 427
Solução não eletrólita, propriedades coligativas, 420
Solução supersaturada, 411
Solucionando problemas, 19, 76, 524
Soluções aquosas, 94
Soluções de sal, propriedades ácidos-base de, 537
Soluções eletrolíticas, propriedades coligativas, 430
Soluções não voláteis, 420
Soluções tampão, 554
Soluto, 94
   não-voláteis, 420
   voláteis, 422

Solvatação, 413
Solvente, 94
Sorensen, Soren P., 514
Stalactites, 553, 568
Stalagmites, 553, 568
Staudinger, Hermann, 717
STP (pressão e temperatura padrão), 141
Subcamada, 216
Subcamadas eletrônicas, 216
Sublimação, 401
Substância, 5
Substratos, 468
Subunidades, 727
Sudário de Turim, 695
Sulfato de bário ($BaSO_4$), 568
Sulfito de hidrogênio (H_2S)
    como ácido diprótico, 528
    em análises qualitativas, 579
Superóxido de potássio (KO_2), 257
Supervoltagem, 648

T

Tabela periódica, 36
    afinidade de elétrons, 254
    desenvolvimento histórico, 240
    eletronegatividade, 276
    energia de ionização, 251
    famílias, 36
    grupos, 36
    moderna, 241
    períodos, 36
    raios atômicos, 245
Talidomida, 369
Taxa constante, 444
Taxa instantânea, 442
Tecnécio-99, 708
Teflon (politetrafluoroetileno), 717
Temperatura
    alterações químicas e equilíbrio, 498
    crítica, 399
    e pressão do vapor d'água, 150 (*tabela*)
    e taxa de reação, 457
    reações químicas, 457
    solubilidade, 417
Temperatura e pressão padrão, (STP), 141
Tempo
    unidade SI, 9
Tempo de duplicação, 703
Tensão da superfície, 384
Teoria, 3

Teoria ácido-base
    Arrhenius, 100
    Brønsted, 101, 511
    Lewis, 545
Teoria atômica de Dalton, 29
Teoria atômica. *Veja átomo*
Teoria cinético-molecular
    de gases, 151
    de líquidos e sólidos, 377
Teoria da colisão, 455
Teoria da partícula da luz, 206
Teoria de chave e fechadura, 468
Teoria de Lewis do ácido-base, 545
Teoria de ligação de valência, 312
Teoria do campo cristal, 672
Teoria orbital molecular, 326
Teoria Quântica, 204
Terceira lei da termodinâmica, 774
Termodinâmica, 171, 589
    em sistemas vivos, 611
    primeira lei, 172
    segunda lei, 595
    terceira lei, 599
Termoquímica, 170
Terra
    composição, 6
    idade, 696
Teste da chama, 581
Tetracloreto de carbono (CCl_4), 350
Tetraedro, 302
Tetrafluorido de enxofre (SF_4), 305
Tetróxido de dinitrogênio (N_2O_4), 482, 498
Thomson, George P., 214
Thomson, Joseph J., 31
Tiocianeto de ferro, 494
Titulações ácido-base, 119, 559
Tokamak, 705
Tolueno, 422
Torr, 133
Torricelli, Evangelista, 133
Toxicidade
    de clorofórmio, 350
    de gases, 131
    de metanol, 361
    de plutônio-239, 703
    de tetracarboníquel, 350
    de estrônio-90, 258
Trabalho, 169, 173
    e expansão de gás, 174
    elétrico, 632
    energia livre, 632
Trabalho mecânico, 174
Transmutação nuclear, 686, 698
Transpiração, 428

Tratamento de resíduos radioativos, 704
Trifluoreto de boro (BF_3), 286, 312, 545
Trióxido de enxofre (SO_3), 262, 543
Tripéptido, 722
Tritium, 35, 697
Truque da corda de náilon, 721
Tubo de raio catódico, 30
Tyvek, 355

U

Ultravioleta (UV), 204
União Internacional de Química Pura e Aplicada (IUPAC), 37
Unidade de massa atômica (u), 57
Unidade derivada do SI, 10
Unidade métrica, 8
Unidade SI, 8
Urânio
    isótopos, 35, 703
    produto de fissão, 699
Urânio-235, 35, 699, 701
Urânio-238
    decaimento, 693
    isótopos, 696
    produto de cisão, 703

V

Valina, 724, 727
van der Waals, Johannes, 158
Vapor, 131
Vapor dágua, pressão, 150 (*tabela*)
Vaporização (evaporação), 395
    calor molar, 396, 397 (*tabela*)
    entropia, 605
Velocidade
    da luz, 203
    distribuição de velocidade de Maxwell, 153
    ondas eletromagenéticas, 203
Velocidade de escape, 155
Velocidade mais provável, 153
Velocidade molecular, 153
    distribuição de, 153
    quadrática média, 153
Velocidade quadrática média, 153
Vetor, 311
Vibração molecular, 594
Viscosidade, 384
Vizinhanças, 170, 598
Volt, 626

Voltagem, 610. *Veja também força eletromotriz*
Voltímetro, 624
Volume, 10
    unidade SI, 10
Volume molar, 142
Vulcanização, 719

W

Watson, James D., 730

X

Xenônio, 262

Z

Zero absoluto, 138
Zinco
    com proteção catódica, 646
    em baterias, 64

Tabela Periódica

1 1A																	18 8A
1 **H** Hidrogênio 1,008	2 2A											13 3A	14 4A	15 5A	16 6A	17 7A	2 **He** Hélio 4,003
3 **Li** Lítio 6,941	4 **Be** Berílio 9,012											5 **B** Boro 10,81	6 **C** Carbono 12,01	7 **N** Nitrogênio 14,01	8 **O** Oxigênio 16,00	9 **F** Flúor 19,00	10 **Ne** Neônio 20,18
11 **Na** Sódio 22,99	12 **Mg** Magnésio 24,31	3 3B	4 4B	5 5B	6 6B	7 7B	8	9 8B	10	11 1B	12 2B	13 **Al** Alumínio 26,98	14 **Si** Silício 28,09	15 **P** Fósforo 30,97	16 **S** Enxofre 32,07	17 **Cl** Cloro 35,45	18 **Ar** Argônio 39,95
19 **K** Potássio 39,10	20 **Ca** Cálcio 40,08	21 **Sc** Escândio 44,96	22 **Ti** Titânio 47,88	23 **V** Vanádio 50,94	24 **Cr** Crômio 52,00	25 **Mn** Manganês 54,94	26 **Fe** Ferro 55,85	27 **Co** Cobalto 58,93	28 **Ni** Níquel 58,69	29 **Cu** Cobre 63,55	30 **Zn** Zinco 65,39	31 **Ga** Gálio 69,72	32 **Ge** Germânio 72,59	33 **As** Arsênio 74,92	34 **Se** Selênio 78,96	35 **Br** Bromo 79,90	36 **Kr** Criptônio 83,80
37 **Rb** Rubídio 85,47	38 **Sr** Estrôncio 87,62	39 **Y** Ítrio 88,91	40 **Zr** Zircônio 91,22	41 **Nb** Nióbio 92,91	42 **Mo** Molibdênio 95,94	43 **Tc** Tecnécio (98)	44 **Ru** Rutênio 101,1	45 **Rh** Ródio 102,9	46 **Pd** Paládio 106,4	47 **Ag** Prata 107,9	48 **Cd** Cádmio 112,4	49 **In** Índio 114,8	50 **Sn** Estanho 118,7	51 **Sb** Antimônio 121,8	52 **Te** Telúrio 127,6	53 **I** Iodo 126,9	54 **Xe** Xenônio 131,3
55 **Cs** Césio 132,9	56 **Ba** Bário 137,3	57 **La** Lantânio 138,9	72 **Hf** Háfnio 178,5	73 **Ta** Tântalo 180,9	74 **W** Tungstênio 183,9	75 **Re** Rênio 186,2	76 **Os** Ósmio 190,2	77 **Ir** Irídio 192,2	78 **Pt** Platina 195,1	79 **Au** Ouro 197,0	80 **Hg** Mercúrio 200,6	81 **Tl** Tálio 204,4	82 **Pb** Chumbo 207,2	83 **Bi** Bismuto 209,0	84 **Po** Polônio (210)	85 **At** Astato (210)	86 **Rn** Radônio (222)
87 **Fr** Frâncio (223)	88 **Ra** Rádio (226)	89 **Ac** Actínio (227)	104 **Rf** Rutherfórdio (257)	105 **Db** Dúbnio (260)	106 **Sg** Seabórgio (263)	107 **Bh** Bóhrio (262)	108 **Hs** Hássio (265)	109 **Mt** Meitnério (266)	110 **Ds** Darmstádio (281)	111	112	113	114	115	(116)	(117)	(118)

| 58
Ce
Cério
140,1 | 59
Pr
Praseodímio
140,9 | 60
Nd
Neodímio
144,2 | 61
Pm
Promécio
(147) | 62
Sm
Samário
150,4 | 63
Eu
Európio
152,0 | 64<
Gd
Gadolínio
157,3 | 65
Tb
Térbio
158,9 | 66
Dy
Disprósio
162,5 | 67
Ho
Hólmio
164,9 | 68
Er
Érbio
167,3 | 69
Tm
Túlio
168,9 | 70
Yb
Itérbio
173,0 | 71
Lu
Lutécio
175,0 |
|---|---|---|---|---|---|---|---|---|---|---|---|---|---|
| 90
Th
Tório
232,0 | 91
Pa
Protactínio
(231) | 92
U
Urânio
238,0 | 93
Np
Netúnio
(237) | 94
Pu
Plutônio
(242) | 95
Am
Amerício
(243) | 96
Cm
Cúrio
(247) | 97
Bk
Berquélio
(247) | 98
Cf
Califórnio
(249) | 99
Es
Einstênio
(254) | 100
Fm
Férmio
(253) | 101
Md
Mendelévio
(256) | 102
No
Nobélio
(254) | 103
Lr
Laurêncio
(257) |

24 — Número atômico
Cr
Cromo
52,00 — Massa atômica

Metais
Metalóides
Não metais

A designação de grupos 1 a 18 é recomendada pela International Union of Pure and Applied Chemistry (IUPAC). Ainda não foram atribuídos nomes para os elementos 111 a 115. Os elementos 116 a 118 ainda não foram sintetizados.

Lista dos Elementos com Símbolos e Massas Atômicas*

Elemento	Símbolo	Número Atômico	Massa Atômica[†]	Elemento	Símbolo	Número Atômico	Massa Atômica[†]
Actínio	Ac	89	(227)	Ítrio	Y	39	88,91
Alumínio	Al	13	26,98	Lantânio	La	57	138,9
Amerício	Am	95	(243)	Laurêncio	Lr	103	(257)
Antimônio	Sb	51	121,8	Lítio	Li	3	6,941
Argônio	Ar	18	39,95	Lutécio	Lu	71	175
Arsênio	As	33	74,92	Magnésio	Mg	12	24,31
Astato	At	85	(210)	Manganês	Mn	25	54,94
Nitrogênio	N	7	14,01	Meitnério	Mt	109	(266)
Bário	Ba	56	137,3	Mendelévio	Md	101	(256)
Berílio	Be	4	9,012	Mercúrio	Hg	80	200,6
Berquélio	Bk	97	(247)	Molibdênio	Mo	42	95,94
Bismuto	Bi	83	209	Neodímio	Nd	60	144,2
Bóhrio	Bh	107	(262)	Neônio	Ne	10	20,18
Boro	B	5	10,81	Netúnio	Np	93	(237)
Bromo	Br	35	79,9	Nióbio	Nb	41	92,91
Cádmio	Cd	48	112,4	Níquel	Ni	28	58,69
Cálcio	Ca	20	40,08	Nobélio	No	102	−253
Califórnio	Cf	98	(249)	Ósmio	Os	76	190,2
Carbono	C	6	12,01	Ouro	Au	79	197
Cério	Ce	58	140,1	Oxigênio	O	8	16
Césio	Cs	55	132,9	Paládio	Pd	46	106,4
Chumbo	Pb	82	207,2	Platina	Pt	78	195,1
Cloro	Cl	17	35,45	Plutônio	Pu	94	(242)
Cobalto	Co	27	58,93	Polônio	Po	84	(210)
Cobre	Cu	29	63,55	Potássio	K	19	39,1
Criptônio	Kr	36	83,8	Praseodímio	Pr	59	140,9
Crômio	Cr	24	52	Prata	Ag	47	107,9
Cúrio	Cm	96	(247)	Promécio	Pm	61	(147)
Darmstádio	Ds	110	(281)	Protactínio	Pa	91	(231)
Disprósio	Dy	66	162,5	Rádio	Ra	88	(226)
Dúbnio	Db	105	(260)	Radônio	Rn	86	(222)
Einstênio	Es	99	(254)	Rênio	Re	75	186,2
Enxofre	S	16	32,07	Ródio	Rh	45	102,9
Érbio	Er	68	167,3	Rubídio	Rb	37	85,47
Escândio	Sc	21	44,96	Rutênio	Ru	44	101,1
Estanho	Sn	50	118,7	Rutherfórdio	Rf	104	(257)
Estrôncio	Sr	38	87,62	Samário	Sm	62	150,4
Európio	Eu	63	152	Seabórgio	Sg	106	(263)
Férmio	Fm	100	(253)	Selênio	Se	34	78,96
Ferro	Fe	26	55,85	Silício	Si	14	28,09
Flúor	F	9	19	Sódio	Na	11	22,99
Fósforo	P	15	30,97	Tálio	Tl	81	204,4
Frâncio	F	87	(223)	Tântalo	Ta	73	180,9
Gadolínio	Gd	64	157,3	Tecnécio	Tc	43	(98)
Gálio	Ga	31	69,72	Telúrio	Te	52	127,6
Germânio	Ge	32	72,59	Térbio	Tb	65	158,9
Háfnio	Hf	72	178,5	Titânio	Ti	22	47,88
Hássio	Hs	108	(265)	Tório	Th	90	232
Hélio	He	2	4,003	Túlio	Tm	69	168,9
Hidrogênio	H	1	1,008	Urânio	U	92	238
Hólmio	Ho	67	164,9	Vanádio	V	23	50,94
Índio	In	49	114,8	Tungstênio	W	74	183,9
Iodo	I	53	126,9	Xenônio	Xe	54	131,3
Irídio	Ir	77	192,2	Zinco	Zn	30	65,39
Itérbio	Yb	70	173	Zircônio	Zr	40	91,22

*Todas as massas atômicas têm quatro algarismos significativos. Estes valores são recomendados pelo Committee on Teaching of Chemistry, International Union of Pure and Applied Chemistry.
[†]Os valores aproximados das massas atômicas dos elementos radioativos são dados entre parênteses.

Constantes Fundamentais

Número de Avogrado	$6,0221367 \times 10^{23}$
Carga do elétron (e)	$1,6022 \times 10^{-19}$ C
Massa do elétron	$9,109387 \times 10^{-28}$ g
Constante de Faraday (F)	96.485,3 C/mol e^-
Constante dos Gases (R)	8,314 J/K · mol (0,08206 L · atm/K · mol)
Constante de Plank (h)	$6,6256 \times 10^{-34}$ J · s
Massa do próton	$1,672623 \times 10^{-24}$ g
Massa do nêutron	$1,674928 \times 10^{-24}$ g
Velocidade da luz no vácuo	$2,99792458 \times 10^8$ m/s

Fatores de Conversão Úteis e Relações

1 lb = 453.6 g
1 pol = 2.54 cm (exatamente)
1 mi = 1.609 km
1 km = 0.6215 mi
1 pm = 1×10^{-12} m = 1×10^{-10} cm
1 atm = 760 mmHg = 760 torr = 101.325 N/m^2 = 101.325 Pa
1 cal = 4.184 J (exatamente)
1 L atm = 101.325 J
1 J = 1 C × 1 V

$$?°C = (°F - 32°F) \times \frac{5°C}{9°F}$$

$$?°F = \frac{9°F}{5°C} \times (°C) + 32°F$$

$$?K = (°C + 273.15°C)\left(\frac{1\ K}{1°C}\right)$$

Alguns Prefixos Usados com Unidades SI

Tera (T)	10^{12}	Centi (c)	10^{-2}
Giga (G)	10^{9}	Milli (m)	10^{-3}
Mega (M)	10^{6}	Micro (µ)	10^{-6}
Kilo (k)	10^{3}	Nano (n)	10^{-9}
Deci (d)	10^{-1}	Pico (p)	10^{-12}

Código de Cores para Modelos Moleculares

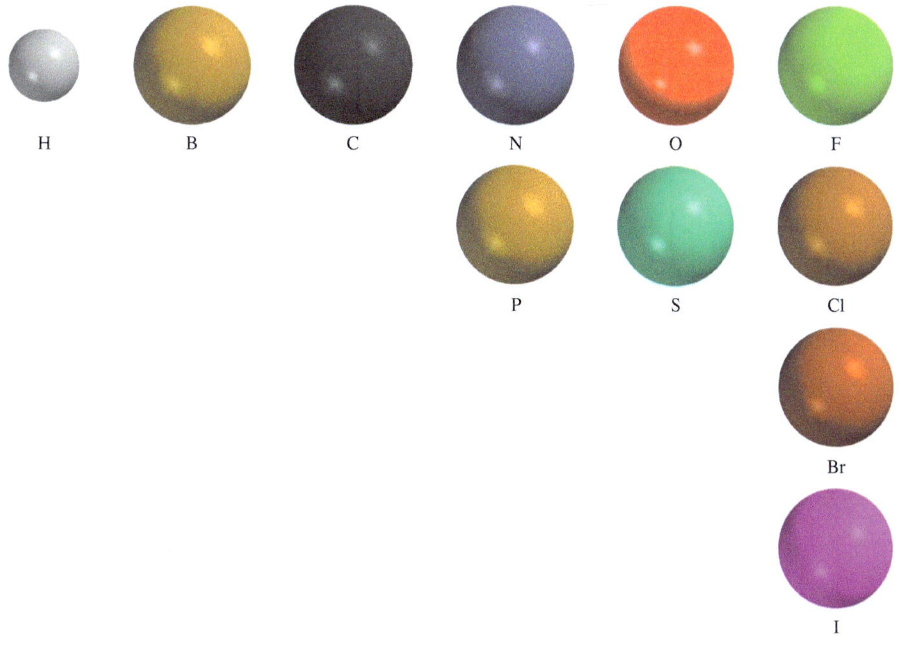

H, B, C, N, O, F, P, S, Cl, Br, I